陕西省基层气象台站简史

陕西省气象局　编

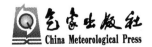

气象出版社
China Meteorological Press

内容简介

本书全方位、多角度地反映了建国 60 年来陕西省气象事业的发展变化,真实记录了全省各级(省级、地市级、区县级)气象事业的发展进程、机构历史沿革、气象业务发展、职工队伍建设、法制建设、文化建设、台站基本建设等情况,是一部具有留存价值的台站史料,同时也是一本进行台站史教育的教科书。

图书在版编目(CIP)数据

陕西省基层气象台站简史/陕西省气象局编. —北京:
气象出版社,2012.12
ISBN 978-7-5029-5641-7

Ⅰ.①陕… Ⅱ.①陕… Ⅲ.①气象台-史料-陕西省
②气象站-史料-陕西省 Ⅳ.①P411

中国版本图书馆 CIP 数据核字(2012)第 293248 号

Shanxisheng Jiceng Qixiangtaizhan Jianshi

陕西省基层气象台站简史

陕西省气象局 编

出版发行:气象出版社

地　　址:北京市海淀区中关村南大街 46 号		邮政编码:100081	
总 编 室:010-68407112		发 行 部:010-68409198	
网　　址:http://www.cmp.cma.gov.cn		E-mail: qxcbs@cma.gov.cn	
责任编辑:白凌燕		终　　审:周诗健	
封面设计:燕　彤		责任技编:吴庭芳	
印　　刷:北京中新伟业印刷有限公司			
开　　本:787 mm×1092 mm　1/16		印　　张:43	
字　　数:1100 千字		彩　　插:8	
版　　次:2012 年 12 月第 1 版		印　　次:2012 年 12 月第 1 次印刷	
定　　价:140.00 元			

《陕西省基层气象台站简史》编委会

主　　　任：李良序

副　主　任：杜继稳　赵国令　党志成

委　　　员：杜毓龙　薛春芳　罗　慧　吕东峰

　　　　　　王晓耕　王锋亮　高　智　王万瑞

　　　　　　何广林　张来相　年启华

《陕西省基层气象台站简史》编写组

主　　　编：王万瑞　张来相　年启华

编　　　委：吴建民　鲁渊理　宁志谦　张　景

　　　　　　乔　丽　屈振江　徐　斐　阳茂林

　　　　　　杨凯华　张晓佳　王峰博　董正君

审核人员：（按姓氏笔画排列）

　　　　　　马延庆　王万瑞　白　丁　白慧玲

　　　　　　冯　璐　年启华　刘新生　李新亚

　　　　　　李三明　李再刚　张丰龙　张来相

　　　　　　陈明彬　高社兵　袁　明　袁富军

　　　　　　常选如　韩　光　程林仙

总　序

　　2009 年是新中国成立 60 周年和中国气象局成立 60 周年，中国气象局组织编纂出版了全国气象部门基层气象台站简史，卷帙浩繁，资料丰富，是气象文化建设的重要成果，是一项有意义、有价值的工作，功在当代，利在千秋。

　　60 年来，气象事业发展成就辉煌，基层气象台站面貌发生翻天覆地的变化。广大气象干部职工继承和弘扬艰苦创业、无私奉献，爱岗敬业、团结协作，严谨求实、崇尚科学，勇于改革、开拓创新的优良传统和作风，以自己的青春和智慧谱写出一曲曲事业发展的壮丽篇章，为中国特色气象事业发展建立了辉煌业绩，值得永载史册。

　　这次编纂基层气象台站简史，是新中国成立以来气象部门最大规模的史鉴编纂活动，历史跨度长，涉及人物多，资料收集难度大，编纂时间紧。为加强对编纂工作的领导，中国气象局和各省（区、市）气象局均成立了编纂工作领导小组和办公室，制定了编纂大纲，举办了培训班，组织了研讨会。各省（区、市）气象局编纂办公室选调了有较高文字修养、有丰富经历的人员从事编纂工作。编纂人员全面系统地收集基层气象台站各个发展阶段的文字、图片和实物等基础资料，力求真实、客观地反映台站发展的历程和全貌。我谨向中国气象局负责这次编纂工作的孙先健同志及所有参与和支持这项工作的同志们表示衷心感谢。

　　知往鉴来，修史的目的是用史。基层气象台站史是一座丰富的宝库。每个气象台站的发展史，都留下了一代代气象工作者艰苦奋斗、爱岗敬业的足迹，他们高尚的精神和无私的奉献，将永远给我们以开拓进取的力量。书中记载的天气气候事件及气象灾害事例，是我们认识气象灾害规律、发展气象科学难得的宝贵财富。这套基层气象台站简史的出版，对于弘扬优良传统和作风，挖掘和总结历史经验，促进气象事业科学发展，必将发挥重要的指导和借鉴作用。

中国气象局党组书记、局长　郑国光

2009 年 10 月

序

    白驹悄然渡花甲,气象盛世记春秋。《陕西省基层气象台站简史》编纂历时 4 个多月,2009 年 9 月通过省气象局的初审、再审、终审,就要上报中国气象局审定并将出版了,是陕西气象人纪念中华人民共和国成立 60 周年、中国气象局建局 60 周年的一份献礼,亦是陕西气象发展史上的一件大事、喜事,值得庆贺。

    《陕西省基层气象台站简史》收录了县气象局简史 101 篇,市气象局简史 11 篇,省气象局简史 1 篇,共约 110 余万字,另有照片 300 多帧。全书内容丰富、资料翔实、文字流畅,融科学性和实用性为一体,系统、真实、客观、简明地记述了陕西省三级气象机构的演进历史,反映了陕西气象人艰苦奋斗、"创新求实、精业图强"的精神,再现了陕西气象事业克难求索、改革开放、拓展进取的发展历程,展示了陕西气象现代化建设的成就和"服务引领、管天惠秦"的光辉业绩,是中国特色气象事业陕西实践的真实写照,是陕西气象文化的珍贵财富,在陕西气象事业可持续发展中具有重要意义。

    在《陕西省基层气象台站简史》的编纂过程中,中国气象局给与了精心的指导;省气象局 2009 年 5 月成立《陕西省基层气象台站简史》编纂领导小组及其办公室;省、市、县气象部门各单位的领导和同志高度重视、广泛参与,落实机构、专人,克服时间短、任务紧、资料缺等各种困难,不辞劳苦,翻阅大量文献、档案,走访许多关联单位和知情人士,不断研讨、反复修改、再三锤炼、多重审阅;许多离退休老同志也投身其中,贡献出智慧和辛劳。在此一并表示由衷的谢意!

    这部简史的编纂,参与单位之多、动员人员之广,史无前例,凝聚了陕西气象人的心智和力量,也进一步振奋着陕西气象人的精神!让我们在中国气象局和省委省政府的领导下,认真搞好"项目带动计划、南北互动计划、文化助推行动"这"三个抓手"的实施,再创陕西气象事业的辉煌!

陕西省气象局局长 李三序

2009 年 9 月 15 日

1949年原华北电专气象班在北京合影

20世纪50—70年代华山气象站职工自己担粮食上山时的情景

　　1995年9月5日，国务委员李铁映（左三）在陕西省省长程安东（右一）的陪同下视察延安气象局

　　1998年11月12日，兰州军区司令员郭伯雄上将（左一）视察陕西省陇县民兵女子防雹高炮连。

1997年12月5日，中国气象局名誉局长邹竞蒙（左）与省委书记李建国（右）亲切交谈

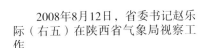

2008年8月12日，省委书记赵乐际（右五）在陕西省气象局视察工作

2008年10月，中国气象局局长郑国光（前排左二）视察汉中市气象局

2001年6月1日，陕西省人大常委会第23次会议通过《陕西省气象条例》

2007年11月，省政府召开全省气象防灾减灾大会

2007年3月，汉江流域气象预警中心成立

2006年9月，陕西省黄土高原干旱监测预测评估中心成立

2007年9月，杨凌气象局成立。

2006年9月，陕西省能源化工气象中心成立

棉花热量补偿菱形整枝实用技术示范

温室大棚小气候气象观测

2001年建成的陕西气象大厦

省气象预报预警业务平台

2008年建成的镇安县气象站全貌

商州区气象站观测场

2005年建成的汉中多普勒天气雷达站

2004年建成的西安雷达站

2003年建成的安康雷达站

2004年建成的延安雷达站

2007年建成的宝鸡雷达站

2008年建成的榆林市气象局雷达观测楼

太白县气象局

陈仓区气象局

神木县气象局

安塞县气象局

宝鸡市渭滨区气象局

米脂县气象局观测场

澄城县气象局

凤翔县气象局

南镇县气象局

西乡县气象局

洋县气象局

白河县气象局观测场

华山气象站观测场

2007年9月，全省气象系统职工运动会

2006年2月，全省气象系统职工文艺汇演

目　录

陕西省气象台站概况

陕西省气象部门概述

　　陕西省地处中华人民共和国西北部,简称"陕"或"秦",从北到南为陕北高原、关中平原、陕南山地,亦有"三秦"之称。陕西是中华民族及华夏文化的重要源头、是中华气象文化的发源地,所辖地延安是"革命圣地"和"新中国的摇篮",人民气象事业的发祥地,境内的泾阳县永乐镇是我国大地原点。全省设 10 个省辖市和 1 个省辖示范区,有 107 个县(区、市),总面积 20.58 平方千米,人口 3762 万。建国 60 年来,气象事业发展迅速,成绩斐然。

　　建制沿革　中国共产党 1939 年在延安光华农场建立气象组;1944 年 7 月同意并协助美军在延安建立气象台,1945 年接收美军所建延安气象台,这是人民气象事业之源。陕西省 1949 年解放,从国民政府接管的气象机构有省气象所、机场气象台和榆林测候所。1950年 12 月,中国人民解放军西北军区司令部气象处成立,负责管理陕西省境内的气象台站。1953 年 8 月,陕西气象台站与全国同步由军队建制转为地方建制。1955 年 3 月,经国务院批准成立陕西省气象局,归地方政府领导,业务受中央气象局领导。1966 年 6 月,陕西省人民政府决定,将省农业厅、林业厅、气象局合并为陕西省农林厅,下设农林厅气象局。1968 年,陕西省革命委员会生产组发文,撤销省气象局,保留省气象台。1971 年 8 月,陕西省革命委员会批准成立陕西省革命委员会气象局,实行以省军区领导为主。1973 年 9 月,转归陕西省革命委员会农林局领导。1980 年 1 月,陕西省政府通知陕西省革命委员会气象局改为陕西省气象局,省内气象工作由省气象局和地、县政府双重领导。1980 年 6 月,国务院批准全国气象部门进行管理体制改革,逐步实行气象部门与地方政府双重领导、以气象部门领导为主的管理体制,持续至今。

　　机构设置　省气象局 1955 年成立时,机关设办公室、业务科、供应科;1958 年机关内设机构由科改处,有办公室、人事处、天气通讯处、农业气象处、计划财务处。以后遇机构改革省气象局内设机构都有调整。2008 年底,机关内设 9 个处室:办公室、监测网络处、科技减灾处(下挂气象服务管理办公室)、计划财务处、人事教育处、政策法规处(下挂防雷减灾与行政执法办公室)、监察审计处(与党组纪检组合署办公)、机关党委办公室(精神文明办

1

公室）、离退休干部管理办公室；直属事业单位 10 个：省气象台、省气候中心、省气象信息中心、省大气探测技术保障中心、省气象科技服务中心、省气象科学研究所、省气象培训中心（挂靠省气象学会秘书处）、省气象局后勤服务中心、省气象影视和宣传中心、省气象局财务核算中心；直属地方气象事业单位 4 个：省人工影响天气管理办公室、省农业遥感信息中心、省经济作物气象服务台、省防雷中心；下属单位 114 个：11 个省辖气象局、103 个县（市、区）气象局。

人员状况 新中国成立前，陕西省气象工作人员仅 14 人。新中国成立后到 1977 年，陕西气象台站加速发展，人员成倍增长，但受多种因素影响，职工队伍不稳。1978 年党的十一届三中全会后，陕西气象事业进入新的发展时期，职工人数继续增长，素质不断提高，队伍比较稳定。在岗职工人数从 1978 年的 1582 人增加到 2008 年的 2423 人（在编人员 1820 人）；人员的学历结构由 1954 年 170 名职工中仅有大学生 1 人，到 2008 年底，全省气象系统有硕士学位以上人员 83 人（博士学位 4 人），本科以上人员占职工总数的 42.75%（高于全国气象部门的平均水平），大专以上人员占 77.47%。

队伍建设 陕西省气象局自建局以来，历届领导班子重视职工教育和培训，1992—1993 年实施"科技新星"计划，1999 年实施"三五人才工程"、"323 人才工程"计划，2002 年实施"基层台站优秀年轻人才"计划，2003 年实施"西部气象部门优秀年轻人才"计划和"正研级专家培养"计划，提升了陕西气象队伍素质。2008 年，全省有正研级高工 8 人，副研级高工 201 人，高级以上职称人数占职工总数的 11.48%，中级以上职称占 55.6%。

重要会议 1995 年 9 月 4—7 日，中国气象局和省政府联合在西安、延安举办了庆祝人民气象事业创建 50 周年纪念活动，邹竞蒙局长、王双锡副省长和中国气象局机关、直属单位，各省（市、区）气象局，气象院校、与气象密切相关部门的老领导、老同志代表参加纪念活动。

1997 年 12 月 5 日，省气象局在西安召开了陕西气象事业发展座谈会，中国气象局局长温克刚、名誉局长邹竞蒙、副局长马鹤年，陕西省委书记李建国、省长程安东、副省长王寿森等出席了会议，就促进气象事业发展、共同支持建设陕西"气象大厦"达成共识。

2001 年 6 月 1 日，《陕西省气象条例》在陕西省第九届人民代表大会常务委员会第二十三次会议上全票通过。

2007 年 11 月 27 日，在西安召开了全省气象防灾减灾会议，29 个厅局，11 个省辖市、示范区政府的 180 多位代表参加了会议，省政府副省长张伟代表省委省政府讲话。

领导视察 1991 年 5 月 10 日，全国政协副主席马文瑞在京听取了省气象局局长孙海鹰的工作汇报，题词："气象为经济建设多办实事。"

1995 年 9 月 15 日，中共中央政治局委员、国务委员李铁映视察延安气象局，题词："天公的使者，无名的英雄。"

2008 年 12 月 30 日，中共中央总书记、国家主席胡锦涛视察了安塞县沿河湾镇方塔村人工影响天气工作站。

省气象局成立以来，每年都有省委省政府领导到省气象局视察、调研、慰问、指导工作，支持气象事业发展。

外事活动 1978 年以来，世界气象组织和美国、英国、俄罗斯、韩国等 20 多个国家和地区的气象官员、学者来省气象局参观访问和进行学术交流。省气象局也组织多批次科技人员到国外参观、访问和交流。尤其是与以色列希伯莱大学罗斯菲尔德合作的研究成果《气溶胶影响地形云降水的定量研究》在世界著名杂志《科学》上发表。

基层党组织建设 2008 年底,陕西气象部门有中共党员 981 人,占职工总数的 52.7%,其中高级职称中党员人数 146 人,占高级职称总人数的 72.6%。建立党组、总支 21 个,基层党支部 151 个。其中多个党组织获得了上级党委的表彰和奖励。

党风廉政建设 全省气象部门落实"一把手"责任制,坚持多措并举、健全制度、教育常抓、警示前移、源头治腐。2002 年,省气象局被国家审计署授予"内部审计先进单位"。2004 年,省气象局被中央纪委驻中国气象局纪检组授予"全国气象部门党风廉政宣传教育先进单位"。2005 年,全省气象部门有 23 个单位被中国气象局授予"全国气象部门局务公开先进单位",省气象局被授予"推行局务公开先进单位"。

文明创建 1996 年以来,全省气象部门坚持精神文明创建,单位、职工精神面貌发生了很大变化。特别是 2007 年以来实施的"项目带动计划"、"南北互动计划"和"气象文化助推行动",为气象事业发展提供了物质基础、精神动力和智力支持。2008 年底,全省气象部门 104 个创建单位 100%建成文明单位。其中:国家级文明单位 5 个;全国气象部门文明标兵台站 5 个;全国气象部门文明示范窗口单位 2 个;省级文明单位 14 个;市级文明单位 71 个;县级文明单位 17 个。2003—2008 年,省气象局连续六年获省文明委"创佳评差"竞赛"最佳厅局"称号。2002 年,全省气象系统被省文明委和中国气象局联合命名为"文明行业先进系统"。2005 年,省气象局获得全国精神文明建设工作先进单位。2005 年起,省气象局连续四年目标考评获中国气象局和省政府表彰。"南北互动计划"获 2008 年全国气象系统目标考评创新一等奖。

气象法规 《中华人民共和国气象法》实施后,全省气象工作步入法制化轨道。2001 年 6 月 1 日,《陕西省气象条例》颁布实施。建立了省、市、县三级气象局行政许可办公室和行政执法机构,有执法人员 433 人。省政府制定规范性管理文件 8 件,省气象局制定规范性管理文件 19 件,与相关部门联合制定规范性文件 8 件,各设区市政府制定规范性文件 27 件,出台气象地方标准 9 件,实现了气象管理从内部管理向社会管理的转变。

气象服务 气象服务主要有决策气象服务、公众气象服务、专业气象服务和气象科技服务四大类。服务方式通过媒体(广播、电视、网络、报纸、"121"电话、手机等)、书面文本(对各级领导、部门、社会团体、公众等)、自建平台(气象电子显示屏、数字音频广播系统等)对外发布。近年来开展的气象服务内容有天气预报预警、气候预测和评估、气候变化分析、生态环境监测预报与评估、农业和经济作物生育生长期气象条件预报、生活指数预报、空气质量指数预报、旅游城市及景点的天气预报,交通、仓储、地质灾害、森林防火监测预报和雷电灾害的监测预报预警,抗震救灾、军事与社会重大活动的专项天气预报预警,人工防雹增雨、风能与太阳能等气候资源的开发利用。

专业服务和气象科技服务 1985 年,《国务院办公厅转发国家气象局关于气象部门开展有偿服务和综合经营的报告的通知》(〔1985〕25 号文件)印发后,全省气象部门干部职工解放思想,打破封闭,走向市场,锻炼了队伍,拓展了服务领域,气象科技服务从无到有,从小到大,走过了艰难曲折的发展道路,2008 年气象科技服务创收达到历史最高值,为陕西气象事业可持续发展提供了基础保障。

【气象服务事例】 1983年7月31日,安康地区出现900年一遇的特大暴雨和洪水,安康市区老城内水深十多米,人民生命财产损失惨重。各级气象台预报准确、服务及时,有效减少灾害损失,受到了各级党政部门的表彰和嘉奖,荣获国家科技进步一等奖。

1990年7月5—6日,汉中、宝鸡地区降暴雨引发洪灾,汉江洪峰流量达6090立方米/秒,为1935年以来最大洪水。省市气象台准确预报,减少灾害损失6亿元,受到国家防总的表彰,省政府授予"抗洪救灾先进集体"。

2003年9—10月,渭河流域出现连阴雨,连续5次大洪水,渭河下游告急。气象部门全程准确及时服务。省委书记李建国、省长贾治邦给予了高度评价。

2008年1月10—31日,陕西遭遇持续低温冰冻灾害,66个县区、185万人受灾,直接经济损失4.57亿元。省市县气象局预报信息准确,服务及时,灾害损失降至最低,袁纯清省长批示表扬。

科技创新 陕西省气象部门积极实施"科技兴气象"战略,气象科技能力不断提升。2002年以来,自筹科研经费1631万元,发表科技学术论文772篇,其中核心期刊208篇,被SCI或EI索引16篇。我局与中科院、大学院校等部门合作,拓展研究领域,获省部级科技奖励22项142人次,其中二等奖8项,三等奖14项。

集体荣誉 2001年8月陕西省委、省政府、省军区决定,授予陇县女子防雹连"防雹英雄女民兵连"称号。

2000年12月,中国气象局、人事部授予省气象台"全国气象系统先进集体"称号。

建局以来有39个单位获得中国气象局、人事部、省委、省政府等省部级以上综合先进奖励68项。

个人荣誉 1991年3月,陕西省委、省政府、省军区决定,授予商洛地区气象局政工干部陈素华"学雷锋标兵"称号,同年6月,陕西省委、省政府做出"关于开展向陈素华学习的决定"。同年6月29日国家气象局、人事部在京召开命名表彰大会,授予陈素华"全国气象系统模范工作者"称号;省委副书记安启元专程赴京参加表彰会议并讲话;全国政协副主席马文瑞为其题词。

建局以来有53位同志获得中国气象局、省委、省政府等省部级65项综合性奖励。周全瑞、李兆元、刘天适、吕从中、杨珍林、陈君寒、程廷江、胡中联、张伟、刘耀武、刘子臣等11位同志被国务院授予"享受政府特殊津贴专家"。

天气气候与气象灾害防御

天气气候特点 陕西地处内陆腹地,南北狭长,地形复杂,属大陆性季风气候,跨越北亚热带、暖温带、中温带三个气候带,春暖多风,夏热多雨间有伏旱,秋多阴雨,冬冷干燥;全年日照时间较长、气温适宜、降水适中,气象灾害及次生灾害种类多,发生范围广、频率高、成灾较重。作为我国南北气候分界线的秦岭山脉横贯全省东西,秦岭南北分属长江、黄河两大水系。

天气预报沿革 1952年6月,由西北军区空军司令部航行处气象科开始制作并发布天气预报。1954年3月,西安气象预报站(后改为省气象台)开始制作发布全省天气预报。1956年6月,县气象站相继开展天气预报制作发布。1958年10月,地区气象台相继制作发布短期天气预报。1958年以后,陕西省、市(地区)、县(市、区)三级气象台站都开展了长期(一个月以内)、中期(3～5天)、短期(3天以内)和短时(12小时)天气预报。省气候研究所还和地区气象台研究制作超长期(1年及以上)天气预报。1985年,省气象局改革了短期天气预报发布体制,省级气象台发布全省天气预报,向地市发短期指导预报,地市气象台做本地区短期、短时分片预报,向县局提供有关预报信息,县局做解释预报。2000年《中华人民共和国气象法》实施后,陕西各级气象台站天气预报制作发布更加规范。

气象灾害 陕西省气象灾害有干旱、暴雨、连阴雨、雷电、冰雹、大风、高温、寒潮、霜冻、大雾、沙尘暴、酸雨等;次生灾害有洪涝、泥石流、滑坡等。气象灾害每年均有发生,造成的直接经济损失每年平均约60亿元,占陕西国内生产总值的3.16%,高于全国平均水平,2003年直接经济损失最高,达115亿元。

气象灾害防御 2001年以来,相继出台《陕西省气象条例》、《陕西省重大气象灾害预警应急预案》、《陕西省气象部门应对突发公共事件气象保障服务应急预案》等6件气象法规和规范性文件,为气象灾害防御工作提供了法律制度保障。

1989年1月,陕西省灾害防御协会自然灾害研究会成立并挂靠省气象局,已续四届。1996年始,省气象局参加了陕西省《灾害年鉴》编写工作。2006年11月,省发改委立项的《陕西省突发自然灾害和公共事件应急气象服务系统》已实施。2007年省政府决定《陕西省突发公共事件预警信息发布平台建设》项目由省气象局牵头建设。2006年7～9月,省气象局成立了"渭河流域气象预警"、"汉江流域气象预警"、"陕西黄土高原干旱监测预警预测评估"、"陕西省能源化工气象"四个中心,在灾害频发区、大中城市、旅游景区、农业示范区、次生灾害易发区、重要交通干线等重点区域开展了气象灾害监测,并建成人工影响天气体系。2008年底,全省从事人工影响天气工作的人员有2046人。拥有WR型火箭发射系统211副,防雹增雨高炮428门,在92个县开展了人工影响天气工作,平均每年开展飞机人工增雨35架次。建成雷电预报预警、防雷安全设施监测体系。从事防雷减灾人员达600余人。建成气象灾害预报预警体系。建立气象灾害实景监测点28个,气象灾害预警信息电子显示屏1976个,组建了1.1万人的基层气象信息员队伍,全省气象防灾减灾体系初步形成。

基层气象台站沿革

1. 地基观测

地面气象观测 新中国成立前,全省气象站只有3个,新中国成立后,气象事业得到重视和发展。1950—1959年,全省气象站83个,中心气象台6个。2008年底,地面气象观测站100个,其中国家基准站6个,国家基本站29个,国家一般65个。2002—2006年,100个地面气象观测站全部建成地面观测自动气象站。2008年建成集现场气象探测、资料调用、通信联络、应急服务为一体的移动气象站1个。20世纪50年代末到70年代末,全省建气象组 18944 个,气象哨 1670 个(亦称简易气象站),后因体制、设备和经费等原因,陆续撤、迁、并、停。

区域气象观测 为增加气象要素观测网密度,从 2006 年开始,全省建设区域自动气象观测站网,至 2008 年底,共建区域自动气象观测站 1126 个,覆盖全省乡镇 70%,2008 年站网密度达到了 14 千米。

大气成分观测 2002—2008 年,建成沙尘暴观测站 3 个,建成大气成分观测站 2 个,酸雨观测站 15 个,与西北农林科技大学合作建成大气干湿沉降观测站 6 个。

大气成分观测项目是黑碳气溶胶、PM10/PM2.5;酸雨主要测量降水样本的 pH 值和电导率;沙尘暴观测项目有地表土壤水分、大气降尘、大气总悬浮颗粒物质量浓度、大气光学厚度、10 微米以下大气气溶胶质量浓度、大气浑浊度、大气光学能见度、近地面层气象梯度小塔;大气干湿沉降观测主要任务是采集干、湿沉降样品并储存。

农业与生态气象观测 农业气象观测始于 1954 年,由武功县气候站率先进行,1959 年有农业气象观测站 53 个,为最多年份,1963 年减至 8 个。2008 年,全省有农业气象观测站国家级 17 个,省级 1 个,有 94 个站承担了农业气象旬、月报任务。初步建成土壤墒情监测网,全省有 93 个人工和 29 个自动土壤水分监测站。初步建立了生态气候环境监测网,监测站点 232 个,涉及 90 个气象台站。监测项目包括:荒漠化、酸雨、秦岭山地立体气候、农作物、中草药、治沙植被、经济林果生长发育状况等。

闪电定位和大气电场监测 2004 年 7 月,建立了 9 个雷电探测站,初步建成了全省雷电监测定位系统。2007 年建成西安、洛川大气电场监测试验站。闪电定位监测内容有闪电的时间、经度、纬度,闪电强度、闪电陡度;大气电场监测内容有当前时间与实时电场强度。

实景观测 2007 年在 6 个雷达站和 9 个气象站建起了远程视频监控系统。2008 年在渭河流域重点服务区和延安、渭北果业区建成 13 个实景观测站,并实现了实景观测信息在省市县三级统一平台集成、浏览。

雷达探测 从 1972 年以来,全省陆续配备天气雷达 16 部,其中经过数字化升级的 711 型雷达 9 部,713 型雷达 1 部,2003 年以后建成新一代天气雷达 6 部。实现了全省雷达资料的拼图应用。

2. 空基观测

高空探测 1954—1960 年,成立西安、延安、汉中、安康 4 个高空探测站。1989 年后对观测仪器进行了改进,经纬仪测风改为雷达观测,2003 年对汉中、安康、西安 3 部雷达进行了换型。

无人飞机探测 2007 年始进行了无人飞机的遥控探测试验,投入业务试运行。

GPS/MET 水汽探测 2008 年开始建设宝鸡 GPS/MET 陆态基准站,与西安市勘察测绘院等部门合作建成了 7 个 GPS 卫星参考站,数据采集、共享及应用系统正在建设之中。

3. 天基观测

1972 年 8 月,省气象局成立卫星云图接收机构,云图气象信息用于天气预报。1991 年成立陕西省农业遥感信息中心。经过升级换代,2008 年省级建成了 EOS/MODOS、FY 系列、NOAA/AVHRR 系列卫星数据接收处理系统和 DVB-S 卫星资料接收处理系统;西安、延安市气象局建成了极轨气象卫星接收处理系统;省气象台和 9 个市气象局建成了风云二号气象卫星中规模利用站。

4. 气象通信

气象台站通信 20 世纪 50 年代,主要通过邮电局有线电话联络或拍发气象电报,个别台站通过自设莫尔斯电台发报。1958—1960 年,各专区气象台相继配备了电台。1963 年 1 月起,省、地区气象台相继配备气象有线电传,结束了人工抄报。1987 年 6 月,省气象局通过传真机向中国气象局和省政府办公厅传送重要天气情报,尔后扩大到省计委、省市防汛部门等 12 个单位。1990 年 5 月,覆盖全省的辅助通信网(SSB、VHF)基本建成。1992 年 8 月—1995 年 3 月,相继开通了全省 X.25 专线,全省气象通信进入了数字通信时代。2000 年 7 月开始,全省气象台站陆续接入了国际互连网。2000—2003 年,全省气象台站建成了中文电子邮件系统。2003—2005 年,与省移动、电信公司合作,开通了省市县三级宽带电路,建成了双备份气象宽带广域网。2008 年与省广电公司合作,开通了省市县三级 SDH 宽带电路。

气象卫星通信 1995 年开始建设气象卫星综合应用业务系统("9210"工程),先后建成省气象台、地市气象台的 VSAT 系统及县气象站气象卫星单收站,1997 年 2 月投入业务使用。1998 年 11 月开始,省气象台和各市、县气象台相继建成了 PC-VSAT 系统。2007 年 5 月,省级新一代卫星通信气象数据广播(DVB-S)运行。2008 年 6 月,成功升级了 DVB-S 小站接收软件,实现 FY-2C,FY-2D 卫星双星资料接收分发。

计算机网络建设 1990 年,省气象台的 3+网建成并投入业务运行。1992 年 7 月,升级为 NOVELL 网。1992—1994 年,各市气象局先后建成了计算机局域网络。1995 年 3 月,省气象局建成了计算机中心网络,开通了省—地市计算机远程通信,建立起全省计算机广域网,实现了全省气象部门的资源共享。2001—2006 年,省、市级计算机网络系统进行了升级,建成了高速局域网。县级气象部门建成了由交换机组成的局域网。随着升级改造,网速提高。

视频会议系统 2004 年 7 月建成了"全省天气预报可视会商及电视会议系统"辐射到市气象局,并延伸到大部分县气象局。2005 年 7 月,建成了省气象局到中国气象局"全国天气预报可视会商及电视会议系统",使全省可以收看中国气象局的视频会议。2007 年 6 月,省气象局与省政府应急办开通了视频会议系统。

省级主要气象业务

天气预报 开展的天气预报业务有短时临近预报、短期预报、中期预报和灾害性天气预警信号发布;向本省各级气象台站提供预报指导产品和技术指导,提供中期天气预报、精细化预报、灾害性天气落区指导预报。

气候预测 主要开展气候监测与诊断、短期气候预测服务、气候变化研究与应用、大气成分监测、环境影响评价等业务。气候资源开发应用、气候评价、气候论证、气候灾害调查与评估等工作。服务产品有年、季、月气候预测、旬滚动预测、年气候公报,西安市空气质量预报、污染潜势分布预报,酸雨监测公报,大气环境影响评价,风能资源审批、评估。

卫星遥感 主要开展森林火情,秸秆焚烧遥感监测预警;土壤墒情遥感监测服务;积雪、黄河凌汛、洪涝灾害,湖泊面积,林草覆盖,沙漠,西安城市变化的遥感监测、动态对比与服务;大气污染、城市热岛和沙尘暴的遥感监测与服务。农作物产量预报、农业气象情报服务。

经济作物服务 主要开展以果业(苹果、猕猴桃、柑橘、大枣等)、设施农业、畜牧业、中草药、农业气候资源区划、农业保险气象服务为主的气象服务及陕西农网建设运行管理。

西安市气象台站概况

西安市古称长安,位于关中平原,南依秦岭山脉,北靠渭北高原,渭河横穿境内,先后有周、秦、汉、唐等13个朝代在此建都,是人类文明和中华民族文化的发祥地之一,陕西省省会所在地。辖9区4县,总面积9983平方千米,人口837万。

西安属暖温带半湿润大陆性季风气候,冷暖干湿四季分明,年平均气温13.0～13.7℃,年降水量522.4～719.9毫米。主要气象灾害有干旱、暴雨、洪涝、沙尘、大雾等。

气象工作基本情况

始建情况 西安市气象局1984年5月前,无管理建制,属省气象局直属单位。1984年5月,经陕西省气象局批准,将渭南气象局所辖临潼县气象站,咸阳气象局所辖周至、户县、高陵县气象站,省气象局所辖长安县气象站,同原辖蓝田县气象站等6个县站,划归西安市气象管理处管理。其中:国家基准气候站1个,国家一般气象站6个。2004年、2006年,先后建成西安多普勒天气雷达站、西安泾河国家基准气候站。

人员状况 1984年,有在编职工72人。2008年底,全市气象部门编制数为138人,实有在编职工146人(含区、县气象局47人)。其中参照公务员管理19人,事业编制127人。其中30岁以下31人,31～35岁18人,36～40岁22人,41～45岁11人,46～50岁43人,51～55岁21人。在编职工中有高级工程师14人,工程师62人;在读博士1人,硕士6人,大专以上学历135人。有编外职工33人。

气象法规与管理 市人大常委会、市政府先后出台了《西安市气象灾害防御条例》、《西安市人工影响天气办法》、《西安市防雷减灾管理办法》、《关于在我市开展人工影响天气工作的通知》、《西安市升放气球管理规定》、《关于加强防雷减灾工作的通知》、《关于进一步做好防雷减灾工作的通知》、《关于进一步加快气象事业发展的意见》等地方法规和政府规章,并成立管理机构,组建气象执法队,对雷电防护、人工影响天气、探测环境保护、天气预报发布、气象资料使用、施放气球等实施依法管理。防雷装置设计审核和竣工验收进入西安市政府政务大厅集中办理。

党建、廉政建设和精神文明 2008年,机关党委有7个党支部,其中2个离退休职工党支部,共有党员79名,所辖6个区、县气象局均设有党支部,有党员36名。2002年11月,西安市气象局机关党委被市级机关工委授予"标准化基层党组织"称号。

历年来,各届领导班子重视党风廉政建设工作,成立了西安市气象局党风廉政建设与反腐败工作领导小组,每年均与所辖直属单位、区县局主要负责人签订党风廉政目标责任书,落实廉政建设责任制,纳入年度目标考核。2005 年 12 月,西安市气象局被陕西省直机关工委授予创佳评差"最佳单位"称号。

2008 年,市、县、区气象局全部创建市级文明单位,其中 2 个单位为省级文明单位。

领导关怀 西安市气象局自成立以来,得到了地方政府和气象部门各级领导的关心和支持,先后有温克刚、秦大河、郑国光、李黄、许小峰、孙清云、陈宝根等领导前来市气象局视察。

主要业务范围

西安市气象局所辖区、县气象局初建时,仅有地面常规气象要素观测业务,经过半个多世纪的发展,全市已初步建成涵盖地面综合观测,高空、雷达、卫星监测,气象信息网络、天气预报预测及气象服务等比较完善的气象业务服务技术体系。截至 2008 年底,全市已建成自动气象站 8 个、气象区域自动站 76 个(其中六要素站 17 个,二要素站 59 个)。

地面观测 西安市气象局所属基层气象站自建站始,使用常规观测仪器,每日 3 次定时观测云、能见度、天气现象、气压、气温、湿度、风向、风速、降水、日照、蒸发、地温、雪深、冻土、土壤湿度等项目。20 世纪 70 年代起,逐步配发压、温、湿、虹吸雨量计、EL 型电接风向风速仪等自记仪器,实现部分气象要素连续自动记录。

天气预报 20 世纪 50 年代末期,西安市气象局所属基层气象站,天气预报制作方式主要为收听中央和陕西省气象台播发的天气预报和天气形势。20 世纪 60—70 年代,根据上级台站发布的天气预报信息和本站气象要素,绘制综合时间剖面图、九线图、简易天气图制作补充订正天气预报。20 世纪 80 年代,预报业务技术体制改革后,不再制作中、长期预报,只转发省气象台预报;短期预报在省、市气象台指导预报基础上进行解释加工。

农业气象 1982 年、1989 年,长安县、临潼县相继建立二级、一级农气站,开展农作物、物候及农业生态气候环境观测,定期向国家气象局、省气象局编发农气旬、月报和土壤加测报,向地方政府及有关部门提供小麦、玉米、棉花、猕猴桃、石榴等作物生长情况及土壤墒情测定资料。1984 年起西安市气象局及所辖区、县气象局先后增加了农业气象产量预报,农用天气预报,作物发育期预报,土壤墒情预报等,并开展农业气候资源开发利用,农业气象灾害监测评估等工作。

人工影响天气工作 20 世纪 70 年代,所辖蓝田县气象局建立了高炮防雹点。20 世纪 90 年代,在周至、长安等地开展了高炮、火箭增雨试验。2002 年,成立了市、区县人工影响天气工作领导小组和管理机构,组建作业队伍,购置火箭作业装备,组织实施人工影响天气工作。

气象服务 围绕开展决策气象服务、公众气象服务、专业专项气象服务等,西安市气象部门通过送阅件、电话、传真、手机短信、电子显示屏、电视、组建气象信息员队伍等服务方式及技术手段,为当地党政领导和政府相关部门提供决策依据、为广大市民提供预报预警、为"2006·盛典西安"、2007·F1 世界摩托艇大赛及西安—汉中高速公路气象保障系统开发等大型活动和专项气象保障进行服务,得到好评。

西安市气象局

机构历史沿革

台站变迁 1931 年初,建于现西安市革命公园内;1950 年 3 月,迁至西安市西关正街公字 5 号;12 月迁至西安西关机场;1954 年 11 月迁至西安市自强路东口六合窑村,并建立西安探空站;1955 年 12 月迁至西安市太华北路;1959 年 1 月迁至西安市北门外肖家村(现称:西安市未央路 102-1 号),东经 108°56′,北纬 34°18′,海拔高度 397.5 米

历史沿革 西安市气象局前身始建于民国二十年(1931 年),原名为西安测候所;新中国成立后,更名为陕甘宁边区政府水利局气象所;1950 年 3 月,更名西安航空站机场气象台;1954 年 3 月,更名为陕西气象科预报站;1956 年 1 月,更名为陕西省西安气象台;1959 年 1 月,更名陕西省气象局观象台;1966 年 5 月,更名为陕西省农业厅气象台;1967 年 8 月,更名为陕西省气象局气象台;1968 年 4 月,更名为陕西省革命委员会气象台;1976 年 4 月,更名为陕西省革命委员会气象局业务组观测站;1977 年 10 月,更名为陕西省革命委员会气象局西安观测站;1979 年 10 月,更名为陕西省气象局西安观测站;1984 年 5 月,经陕西省气象局批准,成立了西安市气象管理处;1988 年 4 月,更名为西安市气象局;2001 年 11 月,西安市气象局升格为副厅级单位。

管理体制 新中国成立至 1950 年 3 月,属西北农林部管理。1950 年 4 月—1966 年 4 月,归陕西省气象局管理。1966 年 5 月—1967 年 6 月,归陕西省农牧厅管理。自 1967 年 7 月起,由陕西省气象局管理。1999 年 4 月,陕西省机构编制委员会下发《关于西安市气象局管理体制问题的通知》(陕编发〔1999〕22 号),确定列入西安市政府部门系列。2002 年 7 月,西安市机构编制委员会下发《西安市机构编制委员会关于西安市气象局管理体制问题的通知》(市编发〔2002〕7 号),同意西安市局列为市政府直属行政机构,实行陕西省气象局和西安市政府双重领导,以陕西省气象局领导为主的管理体制。

内设机构 1984 年 5 月前,西安观测站和区、县气象局均为科级建制。1984 年 5 月,西安市气象管理处成立,内设业务科、服务科、办公室、西安气象观测站,辖 6 个县气象站。1988 年 4 月,西安市气象管理处更名西安市气象局,内设机构不变。2001 年 11 月,西安市气象局机构升格为副厅级,内设办公室(与党组纪检组及人事教育处合署办公)、政策法规处、业务科技处、计划财务处 4 个职能处室和西安市气象台、西安市观象台、西安市局后勤服务中心、西安市气象科技服务中心(原陕西省气象学校)4 个直属事业单位,辖 6 个区、县气象局(2002 年临潼、长安区气象局由科级升格为正处级单位)。2007 年 6 月,西安市气象局增设 1 个直属事业单位:西安市气象局财务核算中心。

单位名称及主要负责人变更情况

单位名称	姓名	职务	任职时间
陕甘宁边区政府水利局气象所	不详	不详	不详—1950.03
西安航空站机场气象台 （又称西安航空站飞行场气象台） （又称西安航空站气象观测站）	李凤寿	台长	1950.03—1954.03
陕西气象科预报站	张智斌	站长	1954.03—1954.08
	贾承元	站长	1954.09—1954.10
陕西省西安气象台	张子诚	台长	1954.11—1956.01
			1956.01—1956.05
	贾树丛	副台长（主持工作）	1956.06—1956.11
陕西省气象局观象台	李海时	台长	1956.12—1959.01
			1959.01—1959.05
	张思恭	台长	1959.06—1962.06
	张子诚	台长	1962.07—1963.05
陕西省农林厅气象台	胡占奎	台长	1963.06—1966.05
			1966.05—1966.06
	何锡民	台长	1966.07—1967.08
陕西省气象局气象台	卜庆明	台长	1967.08—1968.04
陕西省革命委员会气象台			1968.04—1976.04
陕西省革命委员会气象局业务组观测站	郗俊英	站长	1976.04—1977.09
陕西省革命委员会气象局西安观测站			1977.10—1979.09
	王中方	站长	1979.10—1983.02
陕西省气象局西安观测站	李优良	站长	1983.03—1983.10
	王中方	站长	1983.11—1984.05
西安市气象管理处			1984.05—1984.10
	韩福琦	副处长（主持工作）	1984.10—1988.04
		副局长（主持工作）	1988.04—1989.07
	庞正宽	局长	1989.07—1993.04
西安市气象局	李远弟	副局长（主持工作）	1992.02—1993.04
	张来相	副局长（主持工作）	1993.05—1995.02
		局长	1995.02—1999.04
	党志成	局长	1999.04—2001.11
西安市气象局（升格为副局级）		副局长（主持工作）	2001.11—2002.03
		局长	2002.03—2008.09
	谢双亭	局长	2008.09—

注：1992年2月—1993年4月，因局长有病未免职，故李远弟副局长（主持工作）。

人员状况 西安市气象局1984年、1988年、1998年、2001年、2004年，在编工作人员分别为72人、88人、126人、152人、141人。截至2008年底，编制98人，实有在职职工132人（在编职工99人，聘用职工33人）。在编职工中：在读博士1人，硕士6人，大学本科59人，大专及以下学历33人；高级工程师14人，工程师41人，助理工程师及以下职称44人。

在职人员年龄结构为:25 岁以下 33 人,26～30 岁 32 人,31～35 岁 10 人,36～40 岁 10 人,41～45 岁 22 人,46～50 岁 10 人,51～55 岁 11 人,56 岁以上 4 人。

气象业务与服务

1. 气象业务

①气象观测

地面观测 西安基本气象站建立于 1963 年 1 月,每天进行 02、08、14、20 时 4 次定时观测,陆续增加了深层地温、大型蒸发、太阳辐射等观测项目。1987 年西安基准气候站建立,观测时次增加为 24 次,陆续开展沙尘暴、大气成份、土壤水分、大气干湿沉降、卫星遥感、GPS/MET 水汽探测、生态观测等。

高空探测 1956 年 12 月,使用 P3049 型探空仪进行高空大气探测,1968 年改用 59 型转筒式探空仪,2006 年 10 月改型电子探空仪。

1970 年 10 月使用 701 型测风雷达进行高空数据采集,1995 年改为 701C 型,2007 年 1 月改用 GFI(L)1 型 2 次测风雷达,探空观测时次为 08、20 时,01 时为单测风。

天气雷达观测 西安多普勒天气雷达 2005 年 4 月投入使用,24 小时监测半径 230 千米范围内云的强度、移动速度和云层宽度,每 6 秒钟产生 1 个雷达产品,每小时产生 1 张数据拼图资料,每小时定时上传监测结果。

西安泾河国家基准气候站安装有闪电定位仪设备、大气电场仪设备等。

②气象信息网络

信息接收 1981 年以前,主要利用收音机接收上级气象台站的天气形势及预报。1981 年起,配备传真机接收北京、欧洲气象中心和东京气象广播台发送的气象资料。1988 年 11 月开通了甚高频无线通信电话,实现市、县气象局业务会商。1998 年实施"9210"工程,各站陆续建成了 PC-VSAT 接收站,建立网络应用平台。2002 年 2 月成立技术开发与保障科,采用 64 千比特/秒 X.25 电路进行通信,实现了地市资料网上传输与共享。2003 年租用移动公司 SDH 光纤线路,建成省、市、县三级计算机局域网。2004 年租用电信公司 2 千比特/秒 SDH 线路作为主要通信方式,移动 2 千比特/秒 SDH 线路作为备份线路。2007 年建成了省、市、县三级天气预报可视会商系统和电视会议系统。

信息发布 1984 年前,市、县气象局主要通过电话、广播方式发布气象信息。1984 年市县气象局陆续建立气象警报系统,面向专业用户开展天气预报警报信息服务。1998 年开通天气预报电话自动答询系统。2000 年建立了政府气象信息门户网站。2002 年市气象台开始独立制作电视天气预报节目,在市级电视台发布,并通过《西安晚报》向公众发布每日预报信息。2003 年建立气象信息网站。2004 年开通手机短信气象信息发布系统。2007 年起,建成气象电子显示屏预警信息发布系统。

③天气预报

2002 年前,西安市气象局不承担气象预报制作任务,但根据地方政府及相关部门的要求,分析西安市气象局气象要素变化规律,结合上级气象台发布的天气形势及日本、欧洲气象中心的数值预报产品,制作气象预报产品。2002 年 1 月,成立西安市气象台,开始独立制作和发布西安地区天气预报,开展对各区、县天气预报的指导,开展城市空气质量预报、旅游景区天气预报、森林火险等级预报、地质灾害气象条件等级预报,结合关键农事季节、重要节假日、重大社会活动,制作专题气象预报。

2. 气象服务

随着西安城市现代化程度不断提高,西安市气象局把城市防御气象灾害作为服务重点之一。

决策气象服务 2002 年前决策气象服务产品主要有重要天气报告、汛期专题预报和农气专报等。2002 年 1 月起,逐步增加雨情通报、重大气象信息专报、重大节假日天气、"三夏""三秋"天气、城市内涝、地质灾害等预报产品。主要通过送阅件、电话、传真、手机短信等手段,为当地党政领导和政府相关部门提供决策依据。2003 年 9 月渭河流域遭遇罕见洪水灾害,2005 年 9 月西安地区连续出现暴雨天气,西安市气象局预报准确、服务及时,为西安市委、市政府组织防汛防洪赢得了时间,市委、市政府授予西安市气象局"防汛救灾先进集体"称号。2004 年 7 月西安地区出现洪涝灾害性天气,西安市气象局准确预报并发布暴雨预警,减轻了洪涝灾害造成的损失,荣获中国气象局授予的"全国重大气象服务先进集体"称号。2003—2008 年连续 6 年获得"陕西省气象系统气象服务先进集体"称号。2008 年荣获由中国气象局授予的"全国重大气象服务先进集体"称号。

公众气象服务 2002 年以前,主要以转发省气象台发布的天气预报为主,结合"三夏""三秋"等农事季节通过农村有线广播网为农民夏收、秋收、秋播提供适时天气预报。2002 年,西安市气象局承担了对外发布天气预报任务后,为公众提供气象信息的手段不断更新,除在"西安晚报"发布当日天气预报外,还通过西安电视台 2 套和西安教育电视台向公众发布早、晚 2 个时次的天气预报。遇有重要灾害性天气,及时通过电视台和广播电台向公众发布预警。2008 年,投资 450 余万元,在全市建成电子显示屏 300 余块,除发布常规天气预报外,还发布重要灾害性天气预警信息,短时临近预报和实况信息。截至 2008 年底,西安市气象局组建了 1496 人的气象协助员、信息员队伍。

专业与专项气象服务 20 世纪 70 年代,在蓝田建立了高炮防雹点。20 世纪 90 年代,在周至、长安等地开展了高炮、火箭增雨试验。2002 年西安市人民政府下发了《关于在我市开展人工影响天气工作的通知》(市政发〔2002〕131 号)后,成立了市、区县人工影响天气工作领导小组和管理机构,组建了作业队伍,购置了火箭作业装备,开展了人工影响天气工作。2008 年,全市从事人工影响天气管理、指挥和作业人员 30 余人,建立了 11 个人工影响天气作业点,装备了 9 套 WR98 火箭发射系统,3 辆火箭作业车。2008 年底,人工增雨作业 40 余次,直接经济效益 1.5 亿元。

1988 年西安市气象局成立了防雷电检测服务队,开展了防雷技术检测服务,各区、县也随之开展了此项工作。2004 年西安市人民政府办公厅下发了《关于加强防雷减灾工作的通知》(市政办发〔2004〕64 号),规范了全市防雷减灾工作,开展了防雷工程技术服务、防雷风险评估等工作。

城市气象服务 2006 年 10 月中旬,西安举办陕西建国以来规模最大的一次文化盛会——"2006·盛典西安"。9 月,西安市气象局接到气象保障服务任务后,组成领导小组,制定服务方案,建设移动气象站,预报人员进驻筹委会,进行现场服务,每日 2 次专题预报,滚动发布每 6 小时会场区域短时预报,并首次成功实施人工消雨作业,省委书记李建国在首场演出结束时,发来贺信对准确的预报和成功的服务表示祝贺。

在"2006·盛典西安"活动现场建起的六要素自动气象站

2007 年 10 月 4—5 日,为"2007·F1 世界摩托艇大赛"服务,西安市气象局在赛场旁布设自动气象站,竖起电子显示屏,用双语滚动显示天气实况信息和天气预报,开通"F1 摩托艇世锦赛西安站气象服务"网站,为赛事的成功举办制作发布了 80 期常规预报和 6 期重要转折性天气服务材料。

2007 年 11 月 8—9 日,欧亚经济论坛在西安举行,西安市气象局与省内邻近地区实现每半小时自动站和中尺度加密自动站资料的共享和天气联防,通报降水起止时间及各类灾害性天气,并与国家气象中心、陕西省气象台不定期增加会商,每日为筹委会提供专题预报、预警,由于预报准确,服务及时,筹委会给西安市气象局发来感谢信。

2008 年 8 月 25—29 日,为市奥组委发送《北京 2008 年残奥会》火炬接力专题服务材料 10 期,并通过手机短信向组委会主要领导及相关人员定时提供短期天气预报、不定时提供短时及临近天气预警。

2001 年,结合国家重点工程建设所涉及的气象问题,开发多项气象保障服务项目。2003—2008 年完成的主要项目有闫良试验飞行院气象业务平台建设和气象保障系统、石砭峪水库水文水情监测调度气象保障系统、西安—汉中高速公路气象保障系统和小河—安康高速公路气象保障服务。

气象科普宣传 西安市气象学会成立于 1991 年,承担了全市气象科普宣传工作。1992—2008 年,共组织了 16 届西安市"科技之春"气象科普宣传活动。每年利用"3·23"世界气象日,通过设立宣传点、举办报告会、放映气象灾害防御教育片等,开展气象科普宣传活动。1999 年西安市气象科普基地建成并对外开放。2000 年开始,参与市政府每年组织的"安全宣传月"活动,对市民开展雷电防御,人工影响天气、施放气球等安全知识教育,气象法律法规知识宣传。2005 年在西安泾河国家基准气候站投资 50 万元,建成陕西省气象科普馆,同年 5 月对外开放,并被省科协确定为全省气象科普教育基地,2008 年被中国气象局确定为全国气象科普教育基地。

气象法规建设与社会管理

地方法规 2006 年 12 月 22 日,市人大常委会第 34 次会议审议通过、2007 年 6 月 1 日陕西省第十届人民代表大会常务委员会第 31 次会议审议批准了《西安市气象灾害防御条例》。

政府规章 2005 年、2007 年西安市人民政府分别下发了《西安市人工影响天气办法》

(市政府第 58 号令)和《西安市防雷减灾管理办法》(市政府第 68 号令)。

规范性文件 2002 年,西安市人民政府下发了《关于在我市开展人工影响天气工作的通知》(市政发〔2002〕131 号)。2003 年,西安市人民政府办公厅下发了《西安市升放气球管理规定》(市政办发〔2003〕212 号)。2004 年,西安市人民政府办公厅下发了《关于加强防雷减灾工作的通知》(市政办发〔2004〕64 号)。2006 年西安市人民政府下发了《关于进一步做好防雷减灾工作的通知》(市政发〔2006〕167 号)。2007 年西安市人民政府下发了《关于进一步加快气象事业发展的意见》(市政发〔2007〕48 号)。

规章制度 2002 年起,陆续制定了《西安市气象部门行政执法责任制》、《西安市气象行政社会投诉制度》、《西安市实施气象行政许可规定》、《西安市气象部门行政执法过错追究办法》、《西安市气象行政许可项目实施规范》、《气象行政执法案件审定会议规程》等规章制度。

社会管理 1995 年 6 月,为加强西安施放气球活动的监管,西安市公安局和西安市气象局联合成立了"西安市氢气球飞艇安全管理办公室"。2001 年 4 月,西安市气象局成立了"行政执法领导小组"。2002 年 8 月 27 日,西安市人民政府以市政办发〔2002〕153 号文件,成立了西安人工影响天气领导小组和西安市防雷减灾领导小组,负责人工影响天气和防雷减灾日常管理工作。2003 年,组建了市、区县气象执法队,开始对雷电防护、人工影响天气、探测环境保护、天气预报发布、气象资料使用,施放气球等实施依法管理。截至 2008 年底,共处理违法案件 208 件,其中雷电防护 123 件,施放气球 80 件,探测环境保护 3 件,非法发布天气预报 2 件。

为了方便公众办事,政务公开、透明,利用政府网站、气象网站、户外公示栏等,向公众公开气象行政方面的法律、法规、规章以及行政审批办事程序、服务收费标准等项内容。防雷装置设计审核和竣工验收进入市政府政务大厅集中办理。

党建与气象文化建设

1. 党建工作

党的组织建设 1984 年,西安气象管理处(西安市气象局前身),共有党员 18 名,1 个党支部。1988 年 10 月,上级正式下文撤处建局。第一届党支部于 1988 年 11 月成立,共有党员 23 名。第二届党支部 1990 年 5 月换届,共有党员 27 名。第三届党支部 1993 年 6 月换届,共有党员 31 名。1996 年 9 月之前,市气象局机关党支部隶属陕西省气象局直属机关党委,之后隶属中共西安市农林工作委员会。2002 年 6 月,经中共西安市农林工作委员会批准,西安市气象局成立了机关党委,下设 6 个支部,有党员 80 名,同年 8 月,市农林工委撤销,市气象局机关党委交由市级直属机关工委管理。2008 年,市气象局机关党委有 7 个支部,党员 79 名。2002 年 11 月,西安市气象局机关党委被市级机关工委授予"标准化基层党组织"称号。

党风廉政建设 西安市气象局自建局以来,各届领导班子重视党风廉政建设工作,成立了西安市气象局党风廉政建设与反腐败工作领导小组,局长任领导小组组长,每年初与各区、县气象局、直属单位一把手签订党风廉政目标责任书,落实廉政建设责任制,纳入年度目标考核。每年 4 月坚持开展党风廉政宣传教育月活动,通过领导干部民主生活会、讲党课、专题理论学习、反腐倡廉知识竞赛、示范教育、警示教育等形式进行宣传教育。坚持局务公开、物资采购、财务监管"三项制度"建设,注重从源头上遏制腐败现象的产生。市气象局各单位配备了纪检员或廉政监督员,对党政领导干部选拔任用、领导干部民主集中制执行情况等进行监督。在全市气象部门大力开展"创佳评差"活动。2005 年 12 月,西安市气象局被陕西省直机关工委授予创佳评差"最佳单位"称号。

2. 气象文化建设

精神文明建设 1996 年,西安市气象局成立了精神文明建设领导小组,制订建设规划和工作计划,推进单位精神文明建设工作。组织汇编了各项行政、业务管理规章制度,在全市气象部门党员干部中开展了"三个代表"重要思想、"共产党员先进性教育"、"职业道德大讨论"、"三气象"理念的学习宣传和气象诚信服务"五满意"等活动,凝炼出"科学求实、爱岗敬业"的西安气象人精神,同时还注重精神文明建设的投入,修建了篮球场,安装了室外健身器械,购置了音响器材,修建了乒

西安市气象局参加省气象局举办的改革开改三十年文艺汇演(此节目荣获二等奖)

乓球室、职工阅览室、离退休干部活动室等文体活动场所。结合"五一"、"十一"、"春节"、"元旦"等重要节假日和重大社会活动,坚持开展丰富多彩的文体活动,先后荣获市农林工委迎国庆文艺汇演二等奖、"公仆杯"竞赛先进单位;市级机关第四、五届运动会乙组团体田径总分第一、女子篮球第一、男子篮球第五、围棋个人第一等成绩。

文明单位创建 市气象局机关 1999 年被西安市未央区委、区政府授予区级"文明单位";2004 年被西安市委、市政府授予市级"文明单位";2007 年 12 月,被省委、省政府授予省级"文明单位"。

市气象局机关多次被未央区、张家堡街道命名为"精神文明建设示范单位"。在机关文明建设中,市气象局是第一批获得市级机关"公仆杯"竞赛先进单位。

荣誉 截至 2008 年 12 月,共获得省部级以下集体荣誉 54 项。个人获得省部级以下奖励 81 人次;省部级表彰 2 人次。

台站建设

1984 年,西安市气象局仅有 1 栋 360 平方米砖木结构办公楼和 80 平方米的砖混结构业务值班室,2 排砖木结构和 2 排土木结构的职工宿舍,职工工作条件简陋,生活条件艰苦。1989 年、1996 年、1998 年、2002 年,分别建成 1 栋 2100 平方米的职工住宅楼、1 栋 1650 平方米的办公楼、1 栋 2400 平方米的职工宿舍楼、1 栋 2840 平方米的学生公寓楼。2002—2003 年,完成了对大院道路、上下水、取暖、供电等设施的全面改造。2002 年西安泾河多普勒天气雷达站开始建设,配套建设地面、探空业务值班室 210 平方米,职工公寓 540平方米,辅助用房 50 平方米,气象局大院按庭院式标准进行了绿化。

2004 年建成的西安市气象局多普勒天气雷达

长安区气象局

长安区地处关中平原中部,东、南、西三面拱围西安,总面积 1580 平方千米,人口 95 万。长安历史悠久,自西汉高祖五年置县,已 2200 多年,曾为周、秦、汉、唐等十三朝京畿之地。2002 年 9 月撤县设区,为西安市长安区。

长安区属于暖温带半湿润大陆性季风气候区,雨量适中,四季分明,秋短春长;气象灾害主要是旱涝、大风、寒潮、低温、晚霜等灾害性天气时有发生。

机构历史沿革

台站变迁 长安区气象局前身为长安县气候服务站,始建于 1959 年 1 月,位于长安县申店公社申店村南;2001 年迁至南长安街 351 号,同年 1 月开始正式观测,观测场位于北纬 34°09′,东经 108°55′,海拔高度 433.0 米。

历史沿革 1959 年 1 月,成立陕西省长安县气候服务站;1961 年 1 月,更名为长安县气象服务站;1972 年 4 月,更名为陕西省长安县革命委员会气象站;1980 年 3 月,更名为长安县气象站;1990 年 1 月,更名为长安县气象局(实行局站合一);2002 年 9 月,更名长安区气象局,升为正处级单位。

管理体制 1959 年 1 月—1960 年 12 月,隶属陕西省气象局领导;1961 年 1 月—1972 年 3 月,划归县农业局领导;1972 年 4 月—1980 年 2 月,归县人民武装部管理;1980 年 3 月起,实行气象部门与地方政府双重领导,以气象部门领导为主的管理体制。

机构设置 建站初,长安县气候服务站主要以地面观测为主,没有下设机构;1972 年 4

月,更名为陕西省长安县革命委员会气象站后下设预报组、测报组;1990年1月开始下设预报组、测报组及科技服务部三个机构;2002年9月西安市长安区气象局由正科级升格为正处级,下设气象台、办公室、科技服务中心三个科室。

单位名称及主要负责人变更情况

单位名称	姓名	职务	任职时间
陕西省长安县气候服务站	庞景芝(女)	站长	1959.01—1960.12
长安县气象服务站	杨安吉	站长	1961.01—1965.04
	冯金生	站长	1965.04—1965.12
	冯金生	站长	1966.01—1966.05
陕西省长安县革命委员会气象站	王丕显	站长	1966.05—1972.03
			1972.04—1980.02
			1980.03—1985.06
长安县气象站	吕 均	站长	1985.07—1986.06
	翟永健	站长	1986.06—1987.06
	薛胜武	站长	1987.06—1989.12
长安县气象局		局长	1990.01—2002.08
长安区气象局			2002.09—

人员状况 长安区气象局建站时有职工9人。2006年8月定编8人。2008年底,全局有在职职工15(在编职工11人,外聘职工4人)。在编职工中:本科8人,大专2人,大专以下1人;高级职称1人,中级职称6人,初级职称4人;50岁以上1人,40～49岁3人,30～39岁5人,30岁以下2人。

气象业务与服务

1. 气象业务

①气象观测

地面气象观测 1959年1月1日起,观测时次采用北京时,每日进行08、14、20时3次观测。按照中国气象局颁布的规范、规定对云、能见度、天气现象、气压、空气的温度和湿度、风向和风速、降水、日照、蒸发、地面温度、雪深、浅层地温和冻土等气象要素进行观测。1974年1月开始使用压、温、湿自记仪器。1980年4月开始使用虹吸雨量计。1980年被确定为气象观测国家一般站,2006年7月1日改为国家气象观测站二级站,2008年12月31日改为国家气象观测站一级站,每日进行08、14、20时3个时次地面观测并编发加密天气报,在遇到极端天气过程时编发重要天气报。

建站以来5人次获得250班无错情,51人次获得百班无错情。

雨量监测点 2002年5月,在鸣犊、喂子坪、青岗树、高冠、石砭峪、上红庙、小峪、库峪建立了8个雨量监测点。

农业气象观测 从1960年开始,由陕西省气象局指定根据当地农业生产的需要进行农业气象观测。1968—1981年取消了农业气象观测。1982年被确定为农业气象二级站,恢复农业气象观测观测任务。目前的观测项目有农作物（玉米、小麦）、物候（车前草、加拿大杨、蒲公英、大杜鹃、青蛙、蝉），定期向省气象局编发气象旬月报和土壤加测报。2006年1月1日开始进行农业生态气候环境观测，观测项目有柿子、玉米、小麦，每月通过陕西省生态气候环境监测服务系统发3次旬报。

报表制作 长安区气象局建站后，气象月报、年报，用手工抄写方式编制，一式3份，分别上报省气象局、市气象局各1份，本站留存1份。从2003年开始使用计算机打印气象报表，通过网络向上级部门传送报表，并在移动硬盘中备份。

自动气象站 2003年1月1日建成DYYZ-Ⅱ型自动气象观测站，对地面温度、气压、气温、湿度、风向、风速和降水进行连续的自动观测，与人工观测并行，发报以自动站采集资料为准，自动站采集资料与人工观测资料存于计算机中互为备份。自动站建成以后，开始利用计算机编报，结束了建站以来手工编报的历史。2005年实行单轨运行，只在20时进行自动站和人工并行观测，取消了其余时次的人工观测任务。

2008年4月在沿山地区安装了CAWS600-R(E)型两要素自动站5个，CAWS600-R(T)型六要素自动站3个。

卫星接收 2001年引进卫星云图接收设备，通过MICAPS系统使用高分辨率卫星云图。

②气象信息网络

信息接收 从1975年开始，利用收音机收听省气象台播发的天气预报和天气形势。20世纪90年代初到2000年，利用超短波单边带电台接收气象信息。2000—2008年，建立VSAT站、气象网络应用平台、专用服务器和市县气象视频会商系统，开通光缆，接收天气形势图、云图、雷达等数据，为气象信息的采集、传输处理、分发应用、会商分析提供支持。

信息发布 1975年起，通过广播传递天气预报。1994年开通"121"（2005年1月升位为"12121"）天气预报电话自动答询系统。2001年开始，与广电部门联合，通过电视节目播放天气预报。2003年建成了省—市—县三级计算机局域网及全国广域网系统。

③天气预报

1975年，长安县气象站通过收听天气形势，结合本站资料图表，每日分别制作24小时和72小时天气预报。20世纪90年代初起，每日下午16时参照西安市气象局发布的预报，结合本站资料图表做24小时预报。2001年以来，制作常规24小时、未来3~5天和月报、周报等短、中、长期天气预报及临近预报，开展灾害性天气预报预警业务和领导决策的各类重要天气报告等业务。2004年建立市县气象视频会商系统，开展了农业气象情报业务和服务、农作物产量预报、生态环境监测业务、森林火险等级预报等。

2. 气象服务

公众气象服务 1975年起，利用农村有线广播站和长安广播电台播报气象信息。2001年开始县气象局给电视台提供气象信息，由电视台制作电视气象节目。开展的服务项目有日常预报、天气趋势、灾害防御、科普知识、农业气象。每年开展防汛、"三夏"、"三秋"、节假日气象服务，并为大型活动提供气象保障。

决策气象服务 20 世纪 70 年代,县站以口头汇报、书面和电话形式向县委县政府提供决策服务。80 年代逐步开发《重要天气报告》、《雨情通报》、《气象条件分析》和《气象信息》等决策服务产品。在 2002 年 6 月 9 日暴雨洪灾和 2008 年初低温雨雪冰冻灾害中,长安区气象局准确预报灾害天气过程,及时向区委区政府及相关部门提供决策服务。2005年长安区政府在气象局建立了政府突发公共事件预警信息发布平台,全面承担突发公共事件气象预警信息的发布和管理,为 10 个部门及 43 个乡镇发布交通安全、公共卫生、地质灾害、农业病虫害等突发公共事件的气象服务。

专业与专项气象服务 1991 年起,开展建(构)筑物防雷电常规检测,每年对近百个加油站进行 2 次常规检测。2005 年开展建(构)筑物防雷工程设计审核和竣工验收。2002 年长安区人工影响天气办公室成立,挂靠区长安区气象局,配备人工增雨火箭发射装置 2 套,建立人工影响天气作业点 3 个。1991 年县局施放升空彩球,1993 年后中断。2001 年 9 月,在长安县政府的支持和公安、安监等部门的协助下,彩球服务市场逐渐规范。

气象科技服务 1985 年 3 月,县气象局遵照国务院办公厅《转发国家气象局关于气象部门开展有偿服务和综合经营的报告的通知》(国办发〔1985〕25 号)文件精神,开展专业气象有偿服务,利用传真、邮寄、警报系统、声讯、影视、手机短信等手段,向各行业提供气象科技服务产品。2006 年,自行开发了集数据查询分析、资料统计整理功能于一体的长安区气象局综合服务系统。

气象科普宣传 2001 年开始,每年不定期在《长安报》、《长安开发》等报刊上发稿,宣传气象法律法规及气象科普知识。2002 年以来,县气象局与中小学配合,组织中小学生到观测场、业务平台进行参观。2005 年开始,利用"3·23"世界气象日、"科技之春"等宣传活动,制作展板,印制传单、发放问卷调查表,开展气象科普知识宣传。

气象法规建设与社会管理

法规建设 2001 年以来,每年长安区人大和区法制委视察或听取气象工作汇报,区政府先后出台《关于规范防雷减灾管理工作的通知》(长政发〔2005〕24 号)等 8 个规范性文件,气象工作纳入区政府目标责任制考核体系。2001 年起每年 3 月开展气象法律法规和安全生产宣传教育活动。

社会管理 2003 年起,根据省、市气象局的统一安排,长安区气象局培训气象行政执法人员 5 名,组建了气象行政执法队伍。在气象探测环境保护、防雷装置设计审核和竣工验收、施放气球等方面开展行政执法。对新建(构)筑物依法进行防雷电安全检测验收,对长安区境内施放气球进行执法检查和审批。

2001 年,位于长安县气象局南面的炮兵预备役宿舍楼开始建设,为了保护观测场探测环境,长安区气象局多次派出气象行政执法人员进行行政执法,经过协商,炮兵预备役修改了原有的建设规划,降低了楼高。2002 年,长安气象局征用观测场及周边保护用地 1067平方米,改善了观测环境。2004 年 4 月长安区气象探测环境在区委办公室、规划局、建设局、土地局进行了备案,区气象局联合相关单位共同做好气象探测环境保护工作。

2001 年 9 月,长安县气象局与长安县公安局联合下发了《关于加强升空彩球、防雷静电安全管理的通知》(长气字〔2001〕08 号),规范了长安区升空彩球和防雷减灾安全管理工作。1991年起,每年对近百个加油站进行2次常规检测,2005年起对建(构)筑物防雷工程进行设计、施工和竣工验收。

政务公开 2003年,长安区气象局对气象行政审批办事程序、气象服务内容、服务承诺、气象行政执法依据、服务收费依据及标准等内容通过网站或公示栏张榜等方式进行公开。

党建与气象文化建设

党的组织建设 1959—1972年,长安县气象站没有党员。1973年,有1名党员,编入长安县兽医站党支部。2004年,长安区气象局成立党支部,有4名党员,2008年底有5名党员。

党风廉政建设 2000—2008年,长安区气象局参加气象部门和地方党委开展的党章、党规、法律法规知识竞赛共10次。2004年起每年开展领导党风廉政述职报告和党课教育活动,签订党风廉政建设目标责任书,设置廉政监督员,制订了长安区气象局综合管理制度汇编,对干部任用、财务收支、目标考核、基础设施建设等采用职工大会或公示栏张榜等方式向职工公开。2006年8月,长安区气象局党支部,印发了《西安市长安区气象局党支部工作制度汇编》。

气象文化建设 长安区气象局近年来,以开展精神文明建设为载体,加强干部职工的思想道德建设,塑造高效、廉洁、优质服务的机关形象和干部职工形象。2001年,长安区气象局制作了局务公开栏、法制宣传栏、健康教育宣传栏,开辟业务知识学习园地,每年组织干部职工参加中国气象局、省、市气象局开展的各类知识(体育)竞赛。2005年参加市局组织的演讲比赛。2006年参加市局举办的卡拉OK比赛。

2008年初,长安区气象局与安康市宁陕县气象局结对帮扶,开展多层面交流互助和文化建设。

文明单位创建 2002年3月,长安区气象局荣获"区级文明单位"、"区级花园式单位"称号。2004年被西安市委、市政府授予"市级文明单位"。2007年底,被西安市委、市政府重新确认为"市级文明单位"。

集体荣誉 1980年被省政府评为服务先进单位。2007年3月党支部被长安区直属机关工委授予"学习型党组织"荣誉称号。

台站建设

1959年长安县气象服务站建立时,有土木结构瓦房6间(140平方米)。1980年,投资建设6间砖混结构平房96平方米,房屋总面积380平方米,设有观测值班室、办公室、资料室、职工灶、宿舍等。2001年1月,长安区气象局建成1栋砖混结构三层办公楼(总面积560平方米),设有业务值班室、办公室、财务室、资料室、库房。建成1栋五层职工家属楼(总面积1960平方米)。2002年区气象局列入省气象局台站综合改造计划后,国家投资22.5万元,征用观测场以及周边保护用地1067平方米,装修办公楼360平方米,绿化大院1800平方米,道路硬化650平方米。

1984 年 2 月长安县气象站

2005 年 10 月长安区气象局

2008 年 6 月综合改造后的长安区气象局观测场

临潼区气象局

  临潼地处关中平原中部,是古都西安的东大门,南依骊山,东邻渭南高新技术产业开发区,西邻浐灞生态区和新筑国际港务区,北邻阎良国家航空产业基地,拥有驰名中外的兵马俑、华清池以及美丽雄伟的骊山,为周、秦、汉、唐京畿之地,著名的"褒姒一笑失江山"、"鸿门宴"和震惊中外的"西安事变"等重大历史事件就发生在此地。

  新中国成立后,临潼归西安市管辖,县级建制。1961—1983 年划归渭南市管辖,1984年重归西安市管辖,1997 年 7 月撤县设区,辖区总面积 915 平方千米,人口 67 万。

  临潼处于东亚暖温带半湿润气候向内陆干旱气候的过渡带,属于大陆性暖温带半干旱季风气候,容易发生暴雨、大风、雷电、干热风、干旱、低温冷冻、倒春寒等气象灾害。

机构历史沿革

台站变迁 1959 年 1 月建立临潼县气候服务站,站址位于雨金公社交口管区中柳村。1973 年,迁至临潼县晏寨公社砖头房村(现名为西安市临潼区秦陵街办砖房村),观测场位置北纬 34°24′,东经 109°14′,海拔高度为 450.0 米。2006 年,受国家重点项目秦陵遗址公园安置区建设的影响,气象站迁至原观测场东边 100 米,观测场纬度、经度不变,海拔高度为 425.2 米。

历史沿革 1959 年 1 月,成立陕西省临潼县气候服务站;1961 年 1 月,更名为临潼县气候服务站;1968 年 5 月,更名临潼县革命委员会气象站;1971 年 3 月,更名临潼县气象服务站;1980 年 3 月,改称为临潼县气象站;1990 年 1 月,改称临潼县气象局(实行局站合一),1997 年 7 月,随临潼撤县设区,更名为西安市临潼区气象局。

管理体制 1959 年 1 月—1960 年 12 月,隶属陕西省气象局管理;1961 年 1 月—1968 年 4 月,归县人民委员会领导;1968 年 5 月—1971 年 2 月,归县人民武装部管理;1971 年 3 月—1980 年 3 月,归县农业局领导;1980 年 3 月起,实行气象部门与地方政府双重领导,以气象部门领导为主的管理体制。

机构设置 初建时无机构设置,业务服务一体化;1980 年 1 月下设测报和预报服务组;2001 年 11 月。西安市临潼区气象局由正科级升格为正处级,下设气象台、办公室、科技服务中心 3 个科室。

单位名称及主要负责人变更情况

单位名称	姓名	职务	任职时间
陕西省临潼县气候服务站	孙志寿	站长	1959.01—1959.11
	狄恒善	站长	1959.11—1961.01
临潼县气候服务站			1961.01—1963.01
	张佑民	站长	1963.01—1966.01
	胡玉杰	站长	1966.01—1968.04
临潼县革命委员会气象站			1968.05—1970.04
	晁旭	站长	1970.04—1971.02
			1971.03—1971.11
临潼县气象服务站	赵世坤	站长	1971.11—1976.08
	杨彦修	站长	1976.08—1979.03
	邓文宏	站长	1979.03—1980.01
临潼县气象站	赵志英	站长	1980.01—1980.02
			1980.03—1990.01
临潼县气象局		局长	1990.01—1995.01
	王志安	局长	1995.01—1997.07
临潼区气象局			1997.07—1999.02
	王敏(女)	局长	1999.02—2001.01
	崔丁阳	局长	2001.01—

人员状况 1959 年建县气候服务站时共有 5 人。2003 年临潼气象局编制 8 人。2008 年有在职职工 15 人(在编职工 10 人,外聘职工 5 人),在职职工中:研究生 1 人,本科 5 人,大专 6 人,中专 3 人;高级工程师 2 人,工程师 5 人,助理工程师 2 人;40~55 岁 4 人,30~39 岁 5 人,30 岁以下 6 人。

气象业务与服务

1. 气象业务

①气象观测

地面观测 1959 年 1 月 1 日起开展地面测报业务,每日进行 08、14、20 时 3 次观测。观测项目有云、能见度、天气现象、气压、气温、湿度、风向风速、降水、雪深、日照、小型蒸发、地面温度等。1974 年 1 月开始使用温、压、湿自记仪器。1980 年 4 月开始使用虹吸雨量计。2003 年 1 月建成 DYYZ-Ⅱ自动气象站,开始进入双轨运行,进行对比观测,观测项目有气压、气温、湿度、风向风速、降水、地温等。2005 年自动气象观测正式单轨运行。2007 年 1 月 1 日起,增加了草温及深层地温观测。

发报内容 自 1959 年建站到 1991 年 11 月承担预约报。1983 年 1 月 1 日—1985 年 12 月 31 日向地区拍发小天气图报。1991 年 11 月执行加密天气报、重要天气报告。加密报内容有云、能见度、天气现象、气压、气温、湿度、风向风速、降水、雪深、日照、蒸发、地温等,每天 08、14、20 时定时编发天气加密报。重要天气报内容有降水、大风、雨淞、冰雹、积雪、龙卷等。2008 年 6 月增加雷暴、视程障碍现象(霾、浮尘、沙尘暴、雾)等。

报表制作 建站后气象月报、年报表,用手工抄写方式编制,一式 4 份,分别报国家气象局、省气象局气候资料室、市气象局各 1 份,气象站留底 1 份。自动站使用后通过网络传输省气象信息中心审核科,气象站利用异地异机、移动硬盘、纸质备份月报表。

区域自动气象站 截至 2008 年底,临潼区气象局在穆寨、相桥、骊山、零河、交口、斜口、徐扬共建成 7 个 CAWS600-R(E)型两要素区域自动站。2009 年在新市、何寨、兵马俑、兰州军区疗养院建成 4 个 CAWS600-R(T)型六要素区域自动站,兰州军区疗养院区域点另外增加负氧离子和紫外线观测,为八要素区域自动站。

②气象信息网络

卫星云图接收 1983 年 1 月开始卫星云图接收工作。2000 年通过 MICAPS 系统使用高分辨率卫星云图,2008 年系统升级为 MICAPS 系统 3.0 版本系统。2001 年地面卫星接收小站建成并正式启用。

信息接收 1983 年前,临潼区气象站用收音机收听中央气象台和陕西省气象台播发的天气预报与天气形势;1984—1987 年,配备天气传真接收机接收北京、欧洲气象中心以及日本的气象传真图;1988 年 11 月,开通甚高频无线对讲系统,实现与市气象局天气业务会商。2000—2005 年,建成 VSAT 站,气象网络平台和专用线路,接收各类天气形势图、云图和雷达图等数据,为气象信息采集、传输处理、分发应用、会商分析提供支持。2008 年安装了天气视频会商系统,实现了县与国家、省、市气象局的远程面对面的交流。

信息发布 1973 年 1 月起,通过广播站播报天气预报每日 2 次,关键农事季节每日播报 3 次,之后增加了邮寄、送阅等方式。1989 年 5 月,建立了预警预报服务系统开展对外气象服务,每日发布 2 次。1999 年 4 月,开通"121"天气预报自动咨询电话(2005 年 1 月,"121"电话升位为"12121"),2004 年 9 月开始发布电视天气预报。2008 年 6 月,"12121"答询电话实行集约经营,由西安市气象局负责管理。2008 年 9 月,建立了覆盖临潼区各个乡镇和相关部门的气象防灾减灾预警网,每日 07、16 时面向全县 45 块电子显示屏、200 余名防汛领导、350 余名气象信息员发布未来 72 小时内天气趋势变化,遇有重大灾害性天气,及时播发气象预警信息。

③天气预报

短期天气预报 1959 年起开始作补充天气预报,1982 年后,绘制简易天气图等 10 种基本图表。"9210"工程实施后,利用 MICAPS 平台、卫星及雷达回波云图、数值预报产品等分析制作预报,发布短时临近预报、重要天气报告、汛期逐日天气预报、气象灾害预警信息。2010 年 8 月份开始乡镇精细化预报业务。

中期天气预报 20 世纪 80 年代初,接收中央气象台、省气象台的中期天气预报产品,结合分析本地气象资料及天气形势,制作一旬天气过程趋势预报。

长期天气预报 1975 年,运用数理统计和常规气象资料图表、韵律关系等方法做补充订正预报。1980 年,建立长期预报的特征指标与方法,此后一直沿用。产品形式主要有春播预报、汛期预报、年度预报、秋季预报、月预报。

④农业气象

1989 年,临潼县气象站为国家一级农业气象站。自 1959 年建站起,就为当地政府及有关部门提供小麦、玉米、棉花作物生长情况及土壤墒情服务。农业气象观测项目包括农作物(玉米、小麦)、物候(车前草、蒲公英、桃树、蟋蟀、蝉),定期向国家气象局、省气象局编发旬、月报和土壤加测报。2005 年开始农业生态气候环境观测,分别在海拔 500 米、700 米处进行石榴、柿子的农业生态气候环境观测。

2. 气象服务

公众气象服务 1973 年起,利用农村有线广播播报气象消息。1997 年正式开通"121"天气预报电话自动答询系统。2005 年起在临潼电视台发布电视天气预报。2007 年开通气象信息显示屏服务。2008 年在临潼政府网发布网络气象预报。2009 年临潼区气象局网站正式开通,为社会提供预报服务。

决策气象服务 20 世纪 80 年代起,开始向县委县政府提供决策气象服务,2000 年之后逐步开发了《重要天气报告》《汛期天气形势分析》《临潼气象》《石榴气象》《农情与气象》《气象灾害预警信息》《雨情快报》《汛期逐日预报》等决策服务产品,在 2003 年特大暴雨洪涝和 2008 年初严重低温雨雪冰冻灾害中,发挥了重要作用。

专业与专项气象服务 1991 年起,依法开展建(构)筑物防雷电常规检测,2005 年,开始开展防雷工程的设计审核与竣工验收工作;1991 年,开始开展彩球服务;2002 年 5 月,人工增雨办公室成立,配备人工增雨火箭发射装置 2 套,建立新市固定作业点,新丰、零口 2个流动作业点。根据临潼区域经济发展特点有针对性地开展了石榴气象服务、奶牛养殖气象服务、旅游气象服务、医疗气象服务等专项服务。

气象防灾减灾 2005 年,启动了气象灾害应急响应体系建设工作,编制了全区气象灾害应急预案。2008 年,建立了电视、手机、网站、报纸、显示屏、"12121"六大系统防灾减灾预警体系。2010 年,在全区气象灾害普查基础上,对气象灾害影响进行了评估,编制了气象灾害防御规划,进一步明确了应急处置措施。

气象科技服务 1985 年 3 月,遵照国务院办公厅《转发国家气象局关于气象部门开展有偿服务和综合经营的报告的通知》(国办发〔1985〕25 号文件)精神,专业有偿服务开始起步。进入 20 世纪 90 年代,初步形成了专业气象服务、电视天气预报广告、公众气象信息服务、手机短信息服务、防雷检测与工程服务以及气球庆典服务体系。

气象科普宣传 2001—2008 年,通过《临潼气象》对气象科普知识进行宣传;每年"3·23"世界气象日,组织气象专业技术人员上街设立宣传点对气象科普知识、气象日主题活动等内容进行宣传。2001 年起,每年安全生产月(6 月)开展气象法律法规和安全生产宣传教育活动,同时利用电视、网络、报刊、手机、显示屏等多种方式不定期播报气象信息,普及气象知识。

气象法规建设与社会管理

法规建设 2000 年以来,临潼区认真贯彻落实《中华人民共和国气象法》、《陕西省气象条例》等法律法规,每年区人大和法制委视察或听取气象工作汇报,区政府先后出台《关于规范防雷减灾管理工作的通知》(临政发〔2005〕25 号)等规范性文件。2004 年 10 月,成立了行政执法队伍,4 名干部通过培训学习,取得行政执法证,多次与安监、建设、教育、消防等部门联合开展气象行政执法检查。

社会管理 1991 年,成立临潼县防雷设施检测所,开始逐步履行气象防雷社会管理职能。2002 年,组建了气象行政执法队伍,在气象探测环境保护、防雷装置设计审核和竣工验收、施放气球等方面实施管理。2004 年 10 月,被列为临潼区安全生产委员会成员单位,负责全区防雷安全的管理,定期对液化气站、加油站、民爆仓库等易燃易爆场所和建(构)筑物防雷设施进行安全检查。2005 年,在西安临潼旅游商贸开发区管委会进行气象探测环境保护备案,为气象探测环境保护起到重要作用。2005 年,成立临潼区气象局行政许可办公室。

政务公开 对气象行政审批办事程序、气象行政执法依据、气象服务内容、服务承诺、服务收费依据及标准等,在户外公示栏、政府网站、报纸等媒体向社会公开。

党建与气象文化建设

党的组织建设 1959 年,建站时有 2 名中共党员,1978 年成立临潼县气象服务站党支部。2008 年,临潼县气象局党支部有党员 6 人,支部由农林局党委领导,2010 年党支部转入临潼区机关工委领导。

党风廉政建设 2000—2008 年,参加气象部门和地方党委开展的党章、党规、法律法规知识竞赛 7 次。2002 年起,连续 7 年开展党风廉政教育月活动。2006 年之后,开展局领导党风廉政述职述廉报告和党课教育活动,签订党风廉政目标责任书,推进惩治和预防腐败体系建设。2001年,开展局务公开、财务监管、物资采购"三项制度",2005年被中国气象局授予"局务公开先进单位"。2005—2008年,为规范职工行为,先后制定工作、学习、服务、局务公开、财务、党风廉政、安全等规章制度。

文明单位创建 2000年,临潼县气象局成立精神文明建设领导小组,加强精神文明建设,确立创建文明单位目标,并以告示牌的方式对外公示。2001年,临潼区气象局被中共临潼区委、区政府授予"文明单位"。2006年,被中共西安市委、市政府授予"市级文明单位"称号。

气象文化建设 临潼区气象局始终坚持以人为本,弘扬自力更生、艰苦创业精神,把领导班子的自身建设和职工队伍的思想建设作为文明建设的重要内容,开展经常性的政治理论、法律法规学习。2003年,临潼县气象局办公楼建成后制作了局务公开栏、创建文明单位告示牌、开办了学习园地,建成了40多平方米的职工活动中心,购置了乒乓球台等设施,组织职工参加各类知识竞赛、演讲比赛,不断丰富职工的文化生活。

荣誉 2000—2008年,临潼区气象局共荣获集体荣誉32项。

2001—2008年,临潼区气象局个人获奖共40人(次)

台站建设

临潼区气象局始建在农场内,办公用房是3间土房,职工住宿租用农场的2间房子,值班使用煤油灯照明,1963年通电,1973年,气象站搬迁至临潼县宴寨公社砖头村,修建了一个全部是土房的小四合院。1986年,修建了4间50多平方米办公用房和两层砖混结构职工住宅楼。2003年,中央和地方共投资84万,修建了办公楼和辅助用房,面积700平方米。2006年,新建了25米×25米标准化观测场,于2007年1月1日投入运行。2008年10月,开始在观测场修建面积为216平方米业务办公楼。

2003—2004年,临潼区气象局对单位院内的环境进行了绿化改造,整修了道路、草坪和花坛,栽种了风景树,全局绿化面积达到了70%,使机关院内变成了风景秀丽的花园。2008年起对综合业务值班室院内进行建设和绿化。

1986年修建的办公用房

2003年修建的办公楼

2008 年 12 月建成的综合业务值班室

2008 年 12 月建成并投入使用的观测场

户县气象局

　　户县地处关中平原,秦岭分水岭以北,渭河以南,地势南高北低,南部属秦岭山系,北部属平原地带,总面积 1255 平方千米,总人口 56 万。户县是全国闻名的农民画和诗词之乡,有"银户县"之美称。

　　户县属暖温带半湿润气候区,大陆性季风气候特点显著。年平均气温 13.7℃,极端最高气温 41.6℃,极端最低气温 −19.0℃,≧ 10℃ 活动积温 2980℃,年平均降水量 620.4 毫米,年平均日照时数 1748.2 小时。气象灾害主要是干旱,冬春旱和伏旱明显;其次是秋季连阴雨,特别是 9 月份的连阴雨,时间长,容易造成山体滑坡、泥石流等自然灾害;暴雨、大风、雷暴、霜冻、干热风等也会造成不同程度的危害。

机构历史沿革

　　台站变迁　1959 年 1 月,户县气候服务站在户县南木家庄建成投入气象业务工作。1961 年 6 月,迁移至县城东关,观测场位于北纬 34°07′,东经 108°37′,海拔高度 414.8 米,属国家一般气象站。

　　历史沿革　1959 年 1 月成立户县气候服务站;1963 年 2 月,改为户县气象服务站;1968 年 4 月,改为户县农业服务站革命委员会气象组;1971 年 8 月,改为户县革命委员会气象站;1980 年 3 月,改称为户县气象站;1990 年 1 月起,更名为户县气象局(实行局站合一)。

　　管理体制　1959 年 1 月—1961 年 8 月,行政归陕西省气象局领导,业务归西安市农林局气象科管理;1961 年 9 月—1962 年 7 月,归咸阳专区农林局管理;1962 年 8 月—1966 年 5 月,归咸阳中心气象局管理;1966 年 6 月—1970 年 9 月,行政归县农牧局主管,业务归咸阳中心气象站管理;1970 年 9 月—1973 年 4 月,归县革命委会和武装部双重领导;1973 年 5 月—1979 年 10 月,归县革命委员会领导;1980 年 1 月起,实行气象部门与地方政府双重领导,以气象部门领导为主的管理体制。1983 年 7 月,随行政区划由咸阳市气象局移交西安市气象局管理。

机构设置 1980 年气象站设立业务股、服务股、办公室;2008 年内设办公室(行政执法科、行政许可办公室)、业务科(气象台、公共气象服务中心)、服务科(西安防雷点检测所户县分所、户县升空气球服务中心、户县气象科技服务部)、户县人工影响天气作业队。

单位名称及主要负责人变更情况

单位名称	姓名	职务	任职时间
户县气候服务站	宫瑞生	站长	1959.01—1960.12
户县气象服务站	唐大权	站长	1961.01—1963.02
			1963.02—1968.03
户县农业服务站革命委员会气象组		组长	1968.04—1971.08
户县革命委员会气象站	陈冬生	站长	1971.08—1980.02
户县气象站			1980.03—1989.12
户县气象局		局长	1990.01—2001.04
	冯 旭	副局长(主持工作)	2001.04—2002.09
	张宏利	局长	2002.09—2006.09
	陈新峰(女)	局长	2006.09—

人员状况 建站时只有 3 人。20 世纪 70 年代,增加至 5 人。截至 2008 年底,有在职职工 12 人(在编职工 7 人,外聘人员 5 人),在职职工中:大专以上学历 8 人,大专以下 4 人;中级职称 4 人,其他 3 人。

气象业务与服务

1. 气象业务

户县气象局主要工作任务有地面气象观测、气象预报服务和农业气象观测,每天定时向省气象台传输观测的气象要素,制作气象报表,及时向当地政府提供决策气象服务,开展公众气象服务、专业气象服务和气象科技服务。

地面观测 每天进行 08、14、20 时 3 个时次地面观测。观测项目有风向、风速、云、能见度、天气现象、气压、气温、湿度、降水、日照、小型蒸发、地温(0、5、10、15、20 厘米)、积雪、冻土等。20 世纪 70 年代起逐步配备了压、温、湿、虹吸雨量计、EL 型电接风向风速仪等自记仪器,部分气象要素实现了连续自动记录。发报内容有加密天气报、重要天气报、雨量报等。加密天气报每天 08、14、20 时定时向省气象信息中心传输;重要天气报分为定时和不定时,只要出现需要编发的天气现象,按规定向省气象信息中心传输;雨量报每天向市气象台传输。2003 年 10 月开始建立自动气象站,2004 年 1 月—2005 年 12 月,自动气象站与人工站双轨运行,进行对比观测,2004 年以人工站为主,2005 年以自动站为主,2006 年 1 月 1 日自动气象站正式投入单轨运行。自动观测的项目有气压、气温、湿度、风向风速、降水、地温(包括深层地温)等,观测项目全部采用仪器自动采集、记录,代替了人工观测。户县气象局建站后,气象月报表、年报表,用手工抄写方式编制,资料经审核后一式 3 份分别上报省、市气象局各 1 份,户县气象站留底 1 份。从 2005 年 1 月开始使用微机打印气象报表,向省气象局传输原始资料,停止报送纸质报表。

2007 年,户县气象局在县境内建立 7 个区域自动站,分别安装在县原种场、朱雀森林公园、西安市葡萄研究所、牛东乡、涝峪、清凉山、太平峪。其中原种场和朱雀森林公园为六要素站,其余为两要素站。所有区域站每小时将采集的要素定时向省气象信息中心传输。

气象信息网络 20 世纪 80 年代前,户县气象站主要通过收音机接收省气象台播发的天气形势预报,预报产品通过广播、邮寄方式发布。20 世纪 80 年代初,配备了传真机,接收北京、东京广播的传真天气图和数值预报产品。20 世纪 90 年代中期建成市、县甚高频无线通讯系统。2000 年起,逐步建成市、县局域网、可视会商系统,气象信息发布也逐步由电台、邮寄发布方式发展为警报系统、电视台、电话自动答询、手机短信平台和电子显示屏等方式。2003 年开通信息网络,市气象局到县气象局通过光纤链接,通过局域网直接调用省、市气象台的各种预报产品和信息,大大提高了县局的预报水平和预报服务效果。

天气预报 1959 年建站初期,户县气象站不制作天气预报。1961 年开始,主要依据省气象台发布的天气预报,结合单站要素时间变化,运用群众经验,点绘时间剖面图、简易天气图制作县站补充订正预报。20 世纪 80 年代初期,逐步配备传真机、卫星云图接收系统,增加了预报信息量,气象预报准确率有较大提高,预报产品除常规短期、中期、长期天气预报外,逐步增加了短时临近预报、农业气象预报、灾害性天气预报警报等。1986 年后,户县气象站不作中期天气预报,只转发省气象台中期天气预报产品,短期天气预报在省、市气象台指导预报的基础上进行解释加工。

2. 气象服务

户县气象局开始是以天气预报服务为中心,以农业服务为重点的公益服务。2000 年,户县气象局为社会经济提供三个方面的单项、专项、公益、有偿服务。即为各级政府组织防灾减灾、经济建设和社会发展提供决策气象服务;为广大人民群众生产生活提供公众气象服务;为企业的生产经营和社会团体的社会活动提供专业气象服务。

公众气象服务 20 世纪 90 年代前,户县气象站主要通过农村有线广播、电话、邮寄方式向公众进行气象服务,服务内容主要是天气预报。20 世纪 90 年代开始,户县气象站相继建立气象警报系统、"121"气象自动答询系统、电视天气预报、手机短信平台和电子显示屏系统,公众气象服务手段增多,服务产品也有了增加。

决策气象服务 20 世纪 80 年代前,户县气象站主要以书面形式向县委、县政府有关部门提供决策气象服务信息。20 世纪 80 年代后,户县气象站逐步以《送阅件》《重要天气报告》《雨情通报》《人影快讯》和手机短信等方式为地方政府各级领导提供灾害性天气与汛期、"三夏"、"三秋"等关键农事季节中长期预报,以及气象影响评价、农业气象条件分析等信息。

专业与专项气象服务 1991 年开始,户县气象站开展建(构)筑物防雷电常规检测;2005 年开始,开展对新建建(构)筑物施工图纸的防雷电审核,对建筑物易燃易爆场所、计算机机房防雷设施等提供检测服务。

2002 年 5 月,成立户县人工影响天气领导小组办公室。配备 WR-98 型人工增雨火箭发射装置 1 套,在蒋村镇青二村设固定作业点,开展人工增雨作业。

气象科技服务 1985 年,户县气象站遵照国务院办公厅《转发国家气象局关于气象部门开展有偿服务和综合经营的报告的通知》(国办发〔1985〕25 号)精神,面向社会各行各业积极开展气象专业有偿服务。服务项目和内容主要有中长期天气预报、气象资料、农业引种改制、气象灾害评估和鉴定、重大工程项目建设等。

气象科普宣传 从 2003 年开始,户县气象局对外开放,对前来参加气象园地的中小学生进行科普教育。1983 年,编写了《农业气象服务手册》和一些科普知识材料,每年的"科技之春"宣传月、3 月 23 日世界气象日都上街散发自编的气象科普材料,使广大群众了解气象、认识气象,利用有利气象条件搞好生产和生活。

气象法规建设与社会管理

依法行政 2000 年以来,户县气象局依据《中华人民共和国气象法》、《中华人民共和国行政处罚法》、《气象行政处罚办法》、《陕西省气象条例》以及《气象行政复议办法》等法律法规的有关规定,对气象探测环境保护、气象信息发布与传播,防雷减灾、施放气球等进行管理,对违反气象法律法规的行为开展行政执法,组织执法检查,规范彩球市场。2007 年,户县人民政府出台了《户县防雷工程设计审核、施工监督和竣工验收管理办法》,在全县范围内实施,防雷行政许可和防雷技术服务逐步规范。

政务公开 对气象行政审批办理程序、气象服务内容、服务承诺、气象行政执法依据、服务收费依据及标准等,采取了户外公示栏,向群众公开。

党建与气象文化建设

党的组织建设 1986 年以前,户县气象站有 1 名中共党员,先后编入县武装部党支部、县农技站党支部。1986 年,有 3 名党员,成立了党支部。截至 2008 年底,共有党员 5人。加强党支部建设健全组织生活制度,对党员进行严格管理,促使党员作群众的表率。

党风廉政建设 户县气象局认真落实党风廉政建设目标责任制,每年年初与各单位签订目标责任书,年终考核。定期召开局党组领导班子民主生活会、党员干部讲党课、开展反腐倡廉知识竞赛、示范警示教育和党风廉政教育。坚持局务公开、物资采购、财务监管"三项制度"。干部选拔任用、财务收支、工程建设招投标向职工公开。设立纪检员和廉政监督员,加强对领导干部的全方位监督。

气象文化建设 户县气象局坚持以人为本,弘扬自力更生,艰苦创业精神。开展文明科室、文明职工、文明家庭创建活动,引导全体职工树立正确的世界观、人生观、价值观,努力造就"政治强、业务纪律严、作风正"的气象职工队伍。

文明单位创建 1999 年,被县委、县政府命名为"县级文明单位",2003 年被西安市委、市政府命名为"市级文明单位",2008 年陕西省委、省政府授予"省级文明单位"。

集体荣誉 1974—2008 年,户县气象局共获中国气象局、省、市气象局各项集体荣誉54 项。2005 年,被省气象局和中国气象局分别确认为局务公开先进集体。

台站建设

1958 年 11 月,户县气候服务站初期仅有 3 间房屋,职工居住在 1 座破庙里,交通工具仅有 1 辆自行车。1961 年 6 月,户县气候服务站迁至县城东关农场,由农场划拨平房 5 间(共 75 平方米)作为办公用房,工作环境、生活条件较原来有所改善。1978 年户县气象站筹集资金,建起了 5 间窑洞(共 150 平方米)。1980 年建成二层 3 间办公楼(共 120 平方米)。1991 年省气象局投资修建成套单元式住宅 500 平方米,改善了职工住房条件。

2003 年进行台站综合改造,户县气象局对大院环境进行重新规划,对办公场所装修改造,获得了西安市政府颁发的"园林式单位"称号。2005 年购买北京现代轿车 1 辆。2007 年新建锅炉房,办公楼、家属楼安装了供暖设施。

2008 年的户县气象局

户县气象局庭院全景(2008 年 6 月)

周至县气象局

周至在尧舜时为古骆国,夏属古雍州,商称郝国,周秦地属京畿,汉武置县,即名周至,相沿至今。周至县南依秦岭,北濒渭水,山、川、塬、滩皆有,呈"七山一水二分田"格局,山区面积占 76.4%,为千里秦岭最雄伟且资源丰富的一段,素有"金周至"之美称。全县总面积 2974 平方千米,人口 63 万,是全国最大的猕猴桃生产基地,被称为"中国猕猴桃之乡"。

气候属暖温带半湿润大陆性季风气候,主要气象灾害有暴雨、大风、暴雪、干旱、低温冻害等。

机构历史沿革

台站变迁 1956 年 9 月,陕西省周至县气候站成立,站址位于马召公社富饶农场。1960 年 4 月,迁至城关公社棉花营。1970 年 1 月,迁至二曲镇中心街 18 号,观测场位于北纬 34°06′,东经 108°12′,海拔高度 433.1 米。

历史沿革 1956 年 8 月成立陕西省周至县气候站;1960 年 2 月,更名为周至县气象服务站;1968年10月,更名为周至县农林牧工作站革命委员会气象组;1969年11月,更名为周至农林管理站革命委员会气象组;1970年9月,更名周至县革命委员会农林局气象站;1971年5月,更名为陕西省周至县气象站;1972年5月,更名为周至县革命委员会气象站;1979年12月,改称为周至县气象站;1989年12月,更名为周至县气象局(实行局站合一)。

管理体制 1956年9月—1957年12月,由咸阳地区周至县人民委员会管理。1958年1月—1970年8月,由陕西省气象局和周至县人民委员会双重管理,以省气象局管理为主。1970年9月—1979年12月,实行军事部门和地方革命委员会双重管理,以地方军事部门管理为主。1980年1月起,实行气象部门与地方政府双重领导,以气象部门领导为主的管理体制。

机构设置 1979年1月前,未设内设机构,1979年2月起,设测报股、预报股,2003年1月起,设业务科及气象科技服务中心。

单位名称及主要负责人变更情况

单位名称	姓名	职务	任职时间
周至县气候站	刘先珍	站长	1956.08—1960.02
周至县气象服务站	武维阳	站长	1960.02—1968.10
周至县农林牧工作站革命委员会气象组	李宏泉	组长	1968.10—1969.11
周至农林牧管理站革命委员会气象组		组长	1969.11—1970.09
周至县革命委员会农林局气象站		站长	1970.09—1971.05
陕西省周至县气象站	李旺盛	站长	1971.05—1972.04
周至县革命委员会气象站	赵昆芳	站长	1972.05—1979.12
周至县气象站	李耀辉	站长	1979.12—1985.01
	崔会芳	站长	1985.01—1987.01
	王 敏	站长	1987.01—1989.12
周至县气象局	王 敏	局长	1989.12—1990.10
	李新民	局长	1990.10—1994.01
	张 冰	局长	1994.01—1997.12
	黄长社	局长	1997.12—2001.04
	陈新峰	局长	2001.04—2006.08
	董长宝	局长	2006.08—

人员状况 1956年建站时只有2人。2008年12月,周至县气象局编制6人,共有在职职工10人(在编职工7人,外聘职工3人),在职职工中:研究生1人,大学本科1人,大专4人,中专3人,高中1人;中级职称4人,初级职称3人。

气象业务与服务

1. 气象业务

①气象观测

地面观测 1956年9月1日起,每天进行02、08、14、20时4次观测,观测项目有气温、湿度、地温、降水、风向风速、日照、蒸发。1960年1月1日起改为每天08、14、20时3次观测,增加了云、能见度、天气现象、气压、雪深等观测项目。从建站起,气象月报、年报气表为手工抄写,1993年4月起计算机制作报表,编制的报表有1份气表-1,3份气表-21。

自动气象站 2007年12月,建成DYYZ-Ⅱ型自动气象站。2008年1—12月,自动气象站与人工站双轨运行,进行对比观测,以人工站为主。自动气象站观测项目有气压、气温、湿度、风向风速、降水、地温等,并由仪器自动采集、记录。

2002年8—10月,在厚畛子、板房子、安家岐、王家河、陈河、马召、集贤、九峰8个乡镇安装了人工雨量点。2008年5—8月,在青化、四屯、司竹3个乡镇安装了六要素自动气象观测站,在哑柏、竹峪、翠峰、广济、骆峪、富仁、尚村7个乡镇安装了两要素自动气象观测站。

②气象信息网络

卫星云图接收 1983年1月开始卫星云图接收工作,主要接收北京的气象传真和日本的传真图表。2000年通过MICAPS系统使用高分辨率卫星云图。2001年地面卫星接收小站(PC-VSAT)建成并正式启用。

周至县气象局在陕西省嘉岭野生动物保护中心建设的六要素自动气象站

信息接收 1983年前,利用收音机收听中央气象台、陕西省气象台播发的天气预报和天气形势。1984—1987年,利用单边带接收气象信息,使用天气传真接收机接收北京、欧洲气象中心以及日本的气象传真图。1988年11月,开通甚高频(VHF)无线对讲通讯电话,实现与地区气象局直接业务会商。2000—2005年,建立地面卫星接收小站、气象网络应用平台、气象网络专用线路及设备,接收从地面到高空的各类天气形势图、云图和雷达等数据,为气象信息的采集、传输处理、分发应用、会商分析提供支持。2008年建成了天气视频会商系统,实现了与国家、省、市气象局的远程交流。

信息发布 1973年1月起,通过广播站播报天气预报,每日2次,关键农时季节每日3次,之后增加了邮寄、送阅等信息发布方式。1989年5月,建立了预报预警服务系统,每日发布2次。1999年4月,开通了"121"天气预报自动咨询电话(2005年1月,"121"电话升位为"12121")。2008年6月,由西安市气象局统一管理"12121"天气预报自动咨询电话。2008年9月,建立了覆盖全县22个乡镇和建设局、水务局、矿管办的气象灾害预警电子显示屏和手机短信预警系统,每日09、16时向全县48块电子显示屏、200余名县级及部门领导、500余名气象信息员发布未来72小时天气预报,遇有重大灾害性天气,及时发布气象预警信息。

③天气预报

1959年5月,开始制作补充订正天气预报。20世纪70年代初期,确立了台站的基本资料、基本图表、基本档案和基本方法的达标目标。20世纪70年代末期以来,根据预报需要抄录整理资料,绘制简易天气图等基本图表。在基本档案方面,主要对建站后有气象资料以来的各种灾害性天气个例进行建档,对气候分析材料、预报服务调查与灾害性天气调查材料、预报方法使用效果检验、预报质量月报表、预报技术材料、中央省地各类预报业务会议材料等建立了档案。2008年,采取补充订正和发布短期、短时天气预报和预警,服务当地政府部门和社会公众。

2. 气象服务

公众气象服务 1973 年起,利用农村有线广播播报关键农时季节气象信息;2007 年底,通过周至县电视台发布全县 5 个片区和 2 个景区的 72 小时预报;2008 年 5 月,通过周至县政府网、《金周至》报社发布《重要气象信息》及一周天气预报;2008 年 8 月,建立了电子显示屏和手机短信系统,发布 72 小时天气预报和预警信息。

决策气象服务 建站初期,主要以口头或书面形式向政府及相关部门提供决策气象服务。20 世纪 70—80 年代逐步利用信件、预警预报接收机、电话、传真为政府及相关部门提供决策气象服务。20 世纪 90 年代,逐步开发了《重要天气报告》、《送阅件》、《雨情通报》等决策服务产品,并引入网络、手机短信等媒介提供服务。

2003 年"8·24"连阴雨,周至县气象局预报服务准确及时,挽回直接经济损失 3000 余万元;2005 年"9·28"特大暴雨,周至县气象局提前发布预报预警信息,及时利用雷达、卫星云图、数值预报等进行跟踪预报服务,减少经济损失 6000 余万元;2008 年 1 月,周至县遭遇特大冰雪灾害,周至县气象局及时发布气象服务信息,确保交通畅通,创经济效益 1000 余万元。

专业与专项气象服务 2002 年 5 月,周至县人民政府成立了人工影响天气领导小组办公室。同年投资 5 万元,在马召镇建成 WR-98 人工影响天气火箭发射点 1 个。

1990 年,周至县气象局成立西安防雷装置检测所周至分所,1991 年起开展了建(构)筑物、易燃易爆场所防雷电装置检测工作。2005 年,逐步开展了新建建(构)筑物防雷工程图纸审核、设计评价、竣工验收工作。

自建站之日起,根据不同农事(时)季节,开展了为农业生产气象服务项目。20 世纪 70 年代,针对关键农事季节,提供周、旬、月、年预报和农时季节专业预报(棉花、小麦、玉米)及土壤墒情服务。2003 年起,开展了猕猴桃气象服务。2003 年年底,开展了农业气象灾害和病虫害气象预报等业务工作。

气象防灾减灾 2005 年,周至县气象局启动了气象灾害应急响应体系建设工作,编制了全县气象灾害应急预案。2006 年,在全县气象灾害普查基础上,对气象灾害影响进行了评估,编制了气象灾害防御规划,进一步明确了应急处置措施。2008 年,建立了电视、手机、网站、报纸、显示屏、"12121"六大系统防灾减灾预警体系。

气象科技服务 1985 年,按照国务院办公厅《转发国家气象局关于气象部门开展有偿服务和综合经营的报告的通知》(国办发〔1985〕25 号)精神,利用传真、电话、手机、显示屏等多种方式,面向各行业开展气象科技服务。服务内容涉及气象信息电话服务、施放气球技术服务、防雷服务、气象影视与广告服务等多个领域。1992 年 1 月,根据陕西省物价局、财政厅(陕价涉发〔1992〕178 号)文件就周至县气象局有偿专业服务的对象、范围、收费原则和标准等进行了规范。2003 年 4 月在周至县工商局注册成立了周至县气象科技服务中心,开展有偿气象服务。

气象科普宣传 每年在科技之春宣传月、"3·23"世界气象日、"6·15"安全生产日等活动日走上街头进行气象科普宣传,普及防雷等气象知识。利用电视、网络、报刊、手机、显示屏等多种方式不定期播报气象信息,普及气象知识。

气象法规建设与社会管理

依法行政 2000 年以来,周至县气象局认真贯彻落实《中华人民共和国气象法》、《陕西省气象条例》等法律法规。周至县政府下发了《关于进一步加快气象事业发展的实施意见》(周政发〔2007〕3 号)等 10 余个规范性文件,并把气象工作纳入县政府目标责任制考核体系。每年 3 月和 6 月开展气象法律法规和安全生产宣传教育活动。2003 年 1 月,周至县人民政府成立了防雷减灾领导小组办公室,将防雷工程从设计、施工到竣工验收,全部纳入气象行政管理范围。2004 年 10 月,周至县气象局成立了行政执法队伍,并为 4 名干部办理了执法证。2004—2008 年,与县安监局、建设局、质监局、教育局等部门联合开展气象行政执法检查 60 余次。

社会管理 2004 年 10 月,被列为周至县安全生产委员会成员单位,负责全县防雷安全的管理,定期对液化气站、加油站、民爆仓库等易燃易爆场所和建(构)筑物防雷设施进行安全检查。

政务公开 对气象行政审批办事程序、气象行政执法依据、气象服务内容、服务承诺、服务收费依据及标准等,在户外公示栏、政府网站、报纸等媒体向社会公开。

党建与气象文化建设

党的组织建设 周至县气象站在 1959 年 8 月—1960 年 10 月、1971 年 7 月—1972 年 10 月、1975 年 2 月—1979 年 6 月期间只有党员 1 人。2003 年,经周至县直属机关工作委员会批准,成立周至县气象局党支部,有党员 5 人。截至 2008 年底有党员 6 人(其中离退休职工党员 2 人)。

党风廉政建设 自 2002 年起,连续 7 年开展党风廉政宣传教育月活动。通过专题学习、辅导讲座、廉政党课、知识竞赛等多种方式开展廉政教育和廉政文化建设。自 2004 年起,每年与西安市气象局签订党风廉政建设目标责任书,积极开展领导班子述职述廉述学活动。2006 年 10 月,建立了"三人决策"议事规则,深化"局务公开、财务监管、物资采购"三项制度,设立廉政监督员,进一步推进惩治和预防腐败体系建设。

局(事)务公开 周至县气象局对干部任用、财务收支、目标考核、基础设施建设等工作通过局务会、职工会和张榜公示等方式进行公开,并向职工做详细说明。

精神文明建设 1998 年,周至县气象局成立了以局长为组长的创建县级文明单位领导小组,制订了县级文明单位创建规划和实施方案。县气象局领导班子坚持把自身建设和职工队伍思想作风建设作为文明创建的重要内容,举办了业务大比武、气象人精神演讲、职工运动会等各类活动,使精神文明创建工作做到了政治学习有制度、文体活动有场所、电化教育有设施。全局干部职工及家属子女无一人违法违纪,无一人计划外生育。

文明单位创建 2000 年,周至县气象局被县委、县政府授予"文明单位"称号。

荣誉 2000—2008 年,共荣获上级各项集体荣誉奖 28 项。建站至 2008 年 12 月,个人荣获上级各项奖励 40 余人次。

台站建设

1978 年之前，周至县气象站有办公用房 100 平方米，工作和生活条件十分简陋。1978 年，新建砖木结构房屋 230 平方米。1989 年通过与周至县国税局土地置换，新建砖混二层宿办楼 450 平方米，辅助用房 150 平方米，作为职工工作、生活用房。

2007 年 8 月，周至县气象局启动台站综合改造工程，总投资 134 万元。新观测站占地 5087 平方米，位于二曲镇小寨子村（县城西南方），距离县城 3 千米。新观测站建有砖混结构业务平房 220 平方米，25 米×25 米标准观测场一个，气象灾害预警平台 1 个。同时还建成了配电房、水房、锅炉房、门卫室等辅助用房。拥有现代化气象观测设备、先进网络通信技术、整洁美观的办公环境。

周至县气象站旧貌(1978 年建)

周至县气象局新颜(2008 年建)

蓝田县气象局

蓝田县地处关中平原东部，面积 1969 平方千米，辖 10 镇 12 乡，519 个行政村，人口 63.7 万。

蓝田县属暖温带半湿润大陆性季风气候，四季冷暖分明，年平均气温 13.1℃，日照 2149 小时，平均降水量 720.4 毫米。主要气象灾害有干旱、冻害、冰雹、大风等。

机构历史沿革

台站变迁 1958 年 10 月，成立蓝田县气候站，气象站观测场位于东经 109°19′，北纬 34°10′，海拔高度 540.2 米，1959 年 1 月开展工作。2005 年 7 月，蓝田县气象局迁至县城，实现局、站分署办公。

历史沿革 1958 年 10 月，成立蓝田县气候站，1959 年 1 月开始正式运行；1963 年 1 月，更名为蓝田县气象服务站；1980 年 3 月，更名为蓝田县气象站；1990 年 1 月，改称蓝田县气象局(实行局站合一)。

2003 年 1 月,建成地面观测自动站二级站,2009 年 1 月,改为蓝田国家一般气象站。蓝田县气象局(站)属国家级六类艰苦台站。

管理体制 1959 年 4 月—1961 年 8 月,行政归陕西省气象局领导,业务归西安市农林局气象科管理;1961 年 9 月—1962 年 7 月,归渭南专区农林局管理;1962 年 8 月—1966 年 6 月,归渭南中心气象站管理;1966 年 6 月—1970 年 9 月,行政归属蓝田县农牧局主管,业务归渭南中心气象站管理;1970 年 9 月—1975 年 12 月,归县农牧局和武装部双重领导,业务由渭南地区气象局管理;1976 年 1 月—1979 年 12 月,行政归县农牧局主管,业务由渭南地区气象局管理;1980 年 1 月起,实行气象部门与地方政府双重领导,以气象部门领导为主的管理体制。1984 年 7 月,随行政区划由渭南市气象局移交西安市气象局管理。

机构设置 蓝田县气候站建站初期无内设机构。1980 年内设机构有办公室、预报股、测报股;2002 年 9 月,设立业务科、办公室、服务科、人影办、防雷办;2008 年 12 月,内设机构有业务科、办公室、科技服务中心、人影办、防雷办。

单位名称及主要负责人变更情况

单位名称	姓名	职务	任职时间
蓝田县气候站	樊尧勤	站长	1958.10—1962.12
蓝田县气象服务站	刘远明	副站长(主持工作)	1963.01—1971.11
	李日郎	站长	1971.12—1973.09
	沈愉安	站长	1973.10—1979.03
	刘远明	副站长(主持工作)	1979.04—1979.09
蓝田县气象站	张宏勋	站长	1979.10—1980.02
			1980.03—1983.12
	王林平	副站长(主持工作)	1984.01—1987.12
	张佑民	站长	1988.01—1989.12
蓝田县气象局	张华夫	副局长(主持工作)	1990.01—1991.11
	李家华	局长	1991.12—2003.11
	杨小卫	局长	2003.12—

人员状况 1959 年建站时有职工 2 人。2006 年 8 月蓝田县气象局编制 7 人。2008 年底实有职工 12 人(在编职工 8 人,外聘职工 4 人)。在编职工中:本科 3 人,大专 3 人,中专 1 人,高中 1 人;工程师 1 人,助理工程师 3 人,技术员 1 人。

气象业务与服务

1. 气象业务

①气象观测

地面观测 蓝田县气象站 1960 年 8 月前,观测时间采用地方时,每天进行 01、07、13、19 时 4 次;1961 年 1 月改为北京时,每天进行 08、14、20 时 3 次观测。观测的项目有云、能见度、天气现象、气压、气温、湿度、风、日照、雪深、浅层地温、冻土、降水、蒸发(小型)等。其中气压、温度、湿度、降水 4 项均有自记仪器。

1959年9月25日开始,进行农业气象观测和土壤湿度测定,并向西安市农林局拍发农业气象旬报,1961年1月,停止观测发报,但根据需要随时测定土壤湿度向上汇报。1971年1月,配置电接风向风速自记仪器和传真机。

气象报告发布 1960年1月20日开始,每日14时拍发小天气图报,同年5月25日开始,每日增加至3次小天气图报。1962年9月1日停止拍发。20世纪70至80年代,每天04—21时向OBSAV(军航)西安、武功、临潼、栾川和OBSMH(民航)等单位发固定航空(危险)报;每天08、14、20时定时向陕西省气象局拍发加密天气报。当出现危险天气时,5分钟内及时向所有需要航空报的单位拍发危险报;重要天气报分为定时发报和不定时发报。

报表制作 蓝田县气象站编制的报表有气表-1和气表-21。气表-21分别向中国气象局、省气象局、市气象局各报送1份,县站留底本1份。气表-1分别向省气象局、市气象局各报送1份,县站留底本1份。2003年之前,各种报表均手工抄写统计编制,2003年1月,建成自动气象站,通过自动站组网向省气象局传输各种报表电子数据文件,停止报送气表-1纸质报表。

自动气象站 2002年11月,蓝田气象局建成DYYZⅡ型自动气象站,12月1日运行。自动气象站观测项目有气压、气温、湿度、风向风速、降水、地温等。2003年1月1日,地面自动站开始对比观测。2004年,自动站观测进入单轨,自动观测全面代替人工观测。

2005年蓝田气象局在全县建立了18个人工雨量观测点。2007年后,建成8个两要素和6个六要素气象区域自动站。

②天气预报

20世纪60年代初,在省气象台大范围天气预报的基础上,结合本站观测气象要素,制作订正天气预报。1976年,建立预报工具和模式,绘制点聚图,从历史气候演变中找规律,找预报指标,找气候因子,制作"九线图",加上收听兰州气象中心播发的小天气图电码,点绘出小天气图,提高综合预测分析能力。20世纪80年代,蓝田县气象站配置了传真机,接收欧洲、日本及北京的天气图,增强预报手段,提高预测水平。2000年以来,蓝田县气象局建起了局域网络,建立了卫星云图接收系统,扩展了预报方法,提高了灾害性、关键性、转折性天气预报水平。

2. 气象服务

2000年,蓝田县气象局为社会提供公益、有偿服务;为各级政府组织防灾、减灾,经济建设和社会发展提供决策气象服务;为广大人民群众的生产生活提供公众气象服务;为企业的生产经营和社会团体的社会活动提供专项气象服务。

公众气象服务 每日通过电视台、广播电台定时向外公开发布天气预报,通过"12121"系统,随时给群众答询天气情况。2007年,在所有乡镇、部门、公共场所建成电子显示屏预警系统,布设电子显示屏80块,遇有突发气象灾害天气,随时发布传送预警信号,提醒公众作好防御工作。

决策气象服务 为政府领导决策提供中长期天气预报、气候展望、关键农时季节天气预报以及气候影响评价、气象条件分析、气象情报服务产品、重要天气通报、雨情通报、专题分析材料、送阅件等。

气象科技服务 根据用户需要,提供各项气象资料,气候分析,气候评价;对灾情现场进行实地勘查并写出灾情报告;对需要气象灾害鉴定和证明的,据实签发。

专业专项气象服务 开展建筑物、构筑物防雷设施图纸技术审核;建筑物及易燃易爆场所防雷设施检测;储油罐、机械设备以及计算机房静电检测等。

人工影响天气 蓝田县人工影响天气工作始于20世纪70年代初,使用自制的土炮、炮弹作业。1976年5月,从省军区调拨2门"三七"高炮,在三官庙乡和华胥镇设立作业点,进行人工增雨防雹作业。2002年5月,成立蓝田县人工影响天气领导小组,配备火箭发射架2套,在三官庙乡和华胥镇开展火箭增雨作业。

气象法规建设与社会管理

依法行政 2003年,蓝田县气象局行政执法队伍成立,配备了3名执法人员。依据《中华人民共和国气象法》、《陕西省气象条例》对升放无人驾驶自由气球、系留气球、防雷装置设计审核和竣工验收、气象探测环境保护、气象信息发布与传播、人工影响天气、气象资料共享和使用等方面进行管理。

社会管理 2001年,成立蓝田县防雷工作领导小组,先后下发了《蓝田县防雷工程设计审核、施工监督和竣工验收管理办法》、《关于加强蓝田县建设项目防雷装置防雷设计、跟踪检测、竣工验收工作的通知》和《关于加强易燃易爆场所和建(构)筑物防雷设施安全检测的通知》等文件,使防雷管理工作正规化。

政务公开 气象行政审批办事程序、气象服务内容、服务承诺、气象行政执法依据、服务收费依据及标准等,通过户外公示栏、电视广告、发放宣传单等方式向社会公开。

党的建设与气象文化建设

党的组织建设 1959—1979年,蓝田气象站无党员。1980年6月,蓝田气象局有3名党员,并成立蓝田县气象站党支部。1990年1月,成立蓝田县气象局党支部,隶属蓝田县县级机关党委领导。1993年,县气象局党支部归属县农委党委领导。2002年8月,蓝田县气象局党支部隶属蓝田县县直机关工委领导。2008年有党员7人。开展党员教育发挥党支部的战斗堡垒作用和党员的先锋模范作用,引导党员和职工,扎根艰苦台站,不计名利得失,清正廉洁,团结协作,开拓创新,协助局务会完成上级下达的各项目标任务。

党风廉政建设 蓝田县气象局党支部组织党员和职工学习贯彻党的路线、方针、政策,落实党风廉政建设目标责任制,开展廉政教育和廉政文化建设活动,建设文明机关、和谐机关和廉政机关。开展"情系民生,勤政廉政"为主题的廉政教育,设立了廉政监督员,建立了局务公开栏。财务收支、目标考核、基础设施建设、工程招投标等内容则采取职工大会或局公示栏张榜等方式向职工公开。对全年收支、职工奖金福利发放、领导干部待遇、劳保、住房公积金、职工晋职、晋级等及时向职工公示或说明,增强了工作的透明度。

气象文化建设 蓝田县气象局在气象文化建设方面,始终坚持以人为本,弘扬自力更生、艰苦创业精神,深入持久地开展文明创建工作,政治学习有制度、职业道德有要求,文体活动有场所、电化教育有设施。县气象局引导职工树立正确的世界观、人生观、价值观,努力造就政治强、纪律严、作风正的气象职工队伍。干部职工及家属子女无一人违法违纪,无一例刑事民事案件,无计划外生育。

精神文明建设 改造了观测场,装修了业务值班室,统一制作局务公开栏、学习园地、法制宣传栏和文明创建标语等宣传用语牌,统一了服装和值班装备。建设了"两室一场"(图书阅览室、职工学习室、小型运动场),拥有各种图书3000册。开展文体活动,参加省市气象局组织的文体活动。

文明单位创建 1999年1月,县气象局成立双文明单位创建领导小组,制定创建规划。1999年,蓝田县气象局被蓝田县委、县政府命名为县级文明单位。2005年,被西安市委、市政府命名为市级双文明单位。

荣誉 2006年,被评为陕西省气象系统先进集体,受到陕西省人事厅、陕西省气象局表彰。1999—2008年,共获得省、市气象局表彰奖励的个人有21人次。

台站建设

1958年建蓝田县气候站时,政府调拨土地1867平方米,在院落北侧建土木结构房屋4间126平方米,瓦屋顶。1968年,在原房屋的东西边增建土木结构房屋3间,面积为79.2平方米,在院落的西南角建砖木结构房屋2间52.8平方米,瓦屋顶,作为业务值班室。1976年,在院落的南侧建砖木结构房屋6间158.4平方米,作为业务行政办公用房。1988年,经市气象管理处同意,拆除房屋,建起砖混结构宿办楼1栋二层9间430平方米。2004年,经市气象局同意并报经省气象局批准,县气象局在县城新城路购买街楼房1栋三层4间,装修后于2005年迁入,实行了局、站分署办公。2007年拆除了气象站原南排和西南角房屋,在西南角建80平方米平房,装修后于2008年5月开始使用。同年完成了气象站值班室和气象局办公楼供暖设施建设。2008年对宿办楼进行了维修,县气象局的工作和生活环境得到改善。

2007年,县气象局将观测场土路加宽修建为混凝土路,将观测场围栏底座换成瓷砖质,百叶箱更换为玻璃钢材料,围栏换成不锈钢围栏,并将观测场小路用水泥浇注、艺术砖铺成。

经过50年来的不断建设与发展,已成为具有现代化气象观测装备、先进的网络通信技术、整洁美观的环境设施、管理措施完善的气象局。

没有进行台站综合改造前的蓝田县气象局
(2006年12月)

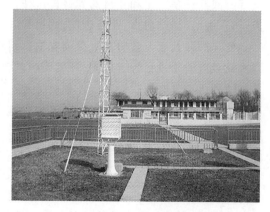

进行台站综合改造后的蓝田县气象局
(2007年12月)

高陵县气象局

高陵县地处关中平原腹地,位于西安市辖域北部,是"泾渭分明"人文景观所在地,地势平坦,土壤肥沃,素有"黄壤陆海"和关中"白菜心"之称。辖4乡4镇2个管委会,88个行政村,总面积294平方千米,总人口28万。20世纪50年代,被国务院授予粮食生产先进单位称号。20世纪80年代中期,养鸡业闻名全国。20世纪90年代初,以吨粮县为誉,堪称西北之首。

高陵县属暖温带半湿润大陆性季风气候,四季分明。气象灾害主要是干旱,冬春旱和伏旱明显,其次是秋季连阴雨,特别是9月份的连阴雨,对农作物的收获、晾晒影响大。此外,暴雨、大风、雷电、霜冻、干热风、低温冷冻、倒春寒等也可造成不同程度的危害。

机构历史沿革

台站变迁 高陵县气象服务站成立于1970年1月,位于高陵县造纸厂。1978年1月迁移至高陵县昭慧路,观测场位于北纬34°31′,东经109°05′,海拔高度377.6米。

历史沿革 1921年11月—1938年1月,高陵县通远坊天主教堂设站观测气温、降水、风等气象要素;1970年1月,成立陕西省高陵县气象服务站;1972年5月,更名为高陵县革命委员会气象站;1980年3月,更名为高陵县气象站;1990年1月,改称高陵县气象局(实行局站合一)。

管理体制 高陵县气象局1970年1月—1971年5月,由陕西省气象局和高陵县政府双重领导,以陕西省气象局领导为主;1971年6月—1982年4月,以高陵县政府领导为主(1971年6月—1972年12月,由县人武部管理);1982年4月起,实行气象部门与地方政府双重领导,以气象部门领导为主的管理体制。1984年7月,随行政区划由咸阳地区气象局移交西安市气象局管理。

机构设置 建站初至1980年高陵县气象站一直开展气象测报、预报业务,自2008年起,下设气象台、科技服务部、人影办、办公室、防雷办等科室。

单位名称及主要负责人变更情况

单位名称	姓名	职务	任职时间
陕西省高陵县气象服务站	刘孝贤	站长	1970.01—1972.05
高陵县革命委员会气象站			1972.06—1975.03
	张朝兴	站长	1975.03—1978.05
	刘琨	站长	1978.05—1978.11
	尚培峰	站长	1978.11—1979.11
	刘琨	站长	1979.11—1980.03

单位名称	姓名	职务	任职时间
高陵县气象站	冯　欣	站长	1980.03—1987.12
	张　锋	站长	1987.12—1990.01
高陵县气象局		局长	1990.01—1994.11
	毛志海	副局长（主持工作）	1994.11—1996.11
		局长	1996.11—

人员状况　1970年建站时有正式职工5人。截至2008年底，实有在职职工10人（在编职工7人，聘用职工3人）。在编职工中：大学2人，大专1人，中专4人；中级职称3人，初级3人；在职职工中：50～60岁4人，40～49岁1人，30岁以下5人。

气象业务与服务

1. 气象业务

①地面观测

1970年1月1日起，采用北京时每天进行08、14、20时3次观测，夜间不守班。观测项目有云、能见度、天气现象、气压、气温、湿度、风向风速、降水、雪深、日照、蒸发、地温等。1974年1月开始使用温、压、湿自记，1980年4月开始使用虹吸式雨量计。自建站到1991年11月承担预约报，其中1983年1月1日至1985年12月31日向咸阳地区拍发小天气图报。1991年11月执行加密天气报、重要天气报告。加密报的发报内容有云、能见度、天气现象、气压、气温、湿度、风向风速、降水、雪深、日照、蒸发、地温等，每天08、14、20时3次定时编发天气加密报。重要天气报的内容有暴雨、大风、雨凇、冰雹、积雪、龙卷风等，2008年增加了雷暴、雾等。高陵县气象局建站后气象月报、年报表用手工抄写方式编制，一式4份，分别报中国气象局、陕西省气象局、西安市气象局各1份，高陵站留底1份。自动气象站建成后，开始通过网络传输至陕西省气象信息中心审核科，利用异地异机、移动硬盘、纸质备份月报表。

自动气象站　2002年10月开始建设自动气象站，2003年1月—2004年12月，自动气象站与人工站双轨运行，进行对比观测。2003年以人工站为主。2004年以自动站为主。2005年1月1日自动气象站正式投入单轨运行。自动观测的项目有气压、气温、湿度、风向风速、降水、地温等，观测项目全部采用仪器自动采集、记录。

区域自动站　2007在耿镇、通远、崇皇、张卜4个乡镇建立区域自动站4个。2008年在万亩①大棚蔬菜基地何村建立区域自动站1个。

②气象信息网络

卫星云图接收　1983年1月开始卫星云图接收工作，主要接收北京的气象传真和日本的传真图表，2000年通过MICAPS系统使用高分辨率卫星云图。

---

① 1亩＝1/15公顷，下同。

信息接收 1983 年前,高陵县气象站利用收音机收听中央、陕西省气象台播发的天气预报和天气形势。1984—1987 年,利用电台接收气象信息,同时配备了天气传真接收机接收北京、欧洲气象中心以及日本的气象传真图。1988 年 11 月,架设开通甚高频无线对讲通讯电话,实现与地区气象局直接业务会商。2000—2005 年,建立 VSAT 站,气象网络应用平台、气象网络专用线路及设备,接收各类天气形势图、云图和雷达图等数据。2008 年,安装了新的天气视频会商系统,并配备了液晶电视、会商室与观测场的摄像头、音箱、麦克风等设备,实现了中国气象局—省—市—县气象局的远程会商交流。

③天气预报

自建站始,高陵县气象局通过接收听天气形势,结合本站资料图表每日早晚制作 24 小时日常天气预报。20 世纪 80 年代开始,利用天气传真接收机接收北京、欧洲气象中心以及东京的气象传真图,分别制作长期、中期、短期和短时临近天气预报。2002 年后,利用互联网收看地面、高空等各类天气形势和卫星云图、雷达图,经过会商制作出精细的天气预报,同时,开展灾害性天气预警、重要天气报告等业务。

2. 气象服务

公众气象服务 1973 年 1 月,高陵县气象站通过县广播站早、晚各播发 1 次公众天气预报,关键农事季节播发 3 次。1997 年,气象局同电信局合作开通"121"天气预报自动咨询电话。2004 年 4 月,"121"答询电话实行集中经营。2005 年 1 月,通过高陵县电视台播放天气预报,预报产品由高陵县气象局提供,电视节目由电视台制作。2005 年,开始为高陵县政府网、高陵通讯发送周天气预报。2008 年,在全县境内安装气象电子显示屏 13 块,主要用于发布天气预报和气象灾害预警信息。2008 年,开展网络气象服务、电子显示屏服务。

决策气象服务 20 世纪 70 年代,决策服务主要以口头汇报、书面和电话形式向县委县政府提供决策气象服务。80 年代,逐步开发了《重要天气报告》、《雨情通报》、《气象条件分析》和《气象信息》等决策服务产品。如 1987 年 9 月 8 日晚遭受冰雹袭击、2007 年 8 月 8 日晚,出现百年不遇大暴雨灾害,由于灾害天气过程预报准确,及时向地方政府和有关部门提供决策服务,为政府安排抢险救灾争取了主动权。2007 年被西安市气象局评为防汛气象服务工作先进单位。

气象科技服务 1985 年,遵照国务院办公厅《转发国家气象局关于气象部门开展有偿服务和综合经营的报告的通知》(国办发〔1985〕25 号)文件精神,开始推行专业气象有偿服务,利用传真、邮寄、警报系统、声讯等手段面向各个领域开展气象科技服务。1989 年起,开始建立预警警报系统,为县农业局、各乡镇、全县 11 个粮站开展气象服务。1995 年,开展防雷减灾工作,为建(构)筑物开展安全检测,2006 年起,对各类新建建(构)筑物安装避雷装置和防雷工程图纸专项审查。1995 年起,开展庆典气球施放服务。2004 年,成立了高陵县气象科技服务部。

专业与专项气象服务 1990 年,成立了高陵县防雷设施检测分站,开展建(构)筑物防雷电常规检测,每年对易燃易爆场所、重要公共场所、昭慧塔古建筑等进行两次防雷电常规检测。2005 年,逐步开展建筑物防雷装置、新建建(构)筑物防雷工程图纸技术审核、设计评价、竣工验收等工作。2002年5月,成立了高陵县人工影响天气办公室,在湾子乡建成1个人工影响天气作业基地,并配备了火箭炮1架、发射系统1套。

气象科普宣传 1992年以来,结合"3·23"世界气象日、西安市的"科技之春"宣传月活动等,以制作展板、悬挂横幅、上街设立宣传点,不定期组织中小学生参观气象工作流程,普及气象科普知识。在"三夏"、"三秋"汛期利用广播、电视、电子显示屏向广大农民提供气象信息、防灾减灾知识。

气象法规建设与社会管理

法规建设 2000年以来,高陵县气象局认真贯彻落实《中华人民共和国气象法》、《陕西省气象条例》等法律法规,县委、县政府、县人大每年视察或听取气象工作汇报。2005年,县政府下发了《高陵县人民政府关于规范防雷减灾管理工作的通知》(高政发〔2005〕31号)。在每年的3月和6月组织开展气象法律法规、安全生产宣传月活动。

社会管理 2004年10月,高陵县气象局成立了行政执法队伍,并为4名干部办理了行政执法证。同年,高陵县气象局被列为高陵县安全生产委员会成员单位,负责全县防雷安全的管理,定期对液化气站、加油站、民爆仓库等行业的防雷设施进行检查,对不符合防雷技术规范的单位,责令进行整改。2006年、2007年,高陵县气象探测环境在高陵县委办、县政府办、县建设局、县土地局备了案。

2006年1月,将防雷工程从设计、施工到竣工验收,全部纳入气象行政管理范围。2008年4月,高陵县党务政务服务中心成立,设立了气象窗口,承担防雷电设计审核、竣工验收和施放气球审批。2005—2008年,与县安监、建设、教育等部门联合开展气象行政执法检查40余次。

政务公开 2004年起,对气象审批办事程序、气象行政执法依据、气象服务收费向社会公开。

党建与气象文化建设

党的组织建设 建站初期有党员1人,编入县农林局党支部。1990年,党员人数增加至3人,建立高陵县气象局党支部。截至2008年底高陵县气象局有党员5人。

2007年被高陵县机关工委授予"先进基层党组织"。

党风廉政建设 2002年起,高陵县气象局党支部落实党风廉政建设责任制,通过讲党课,参加党风廉政知识竞赛、看电教片等方式进行党风廉政教育。2004年起,每年开展作风建设年活动,开展局领导述职述廉报告,并签订《党风廉政目标责任书》,设立廉政监督员,推进惩治和预防腐败体系建设,坚持局务公开、物资采购、财务监管三项制度。

文明单位创建 1983年,高陵县气象站成立了创建县级文明单位领导小组,开始文明单位创建工作。1985年,被中共高陵县委员会、高陵县人民政府授予"文明单位"。2004年被中共西安市委、市人民政府授予"文明单位"。

气象文化建设 高陵县气象局把领导班子自身建设和职工队伍思想建设作为气象文化建设的重要内容,注重经常性的政治理论、法律法规学习和职工培训,多次选送职工到成都信息工程学院、兰州大学学习,积极参加中国气象局的各类培训课程。开展丰富多彩的文体活动,组织乒乓球比赛、拔河比赛、歌唱比赛、演讲比赛等各项活动。全局干部职工及家属子女无1人违法违纪,无1例刑事民事案件。

荣誉 1970—2008年,高陵县气象局共获得集体荣誉6项。

台站建设

高陵县气象局始建时占地面积2000平方米,建成砖木结构平房8间(其中2间为办公用房,6间为职工生活用房)。1977年1月,由县政府无偿划拨土地4346平方米,建设1栋二层楼(办公室5间,职工宿舍11间)。2003年,投资98万元对大院进行综合改造,建成办公楼和家属楼各1栋,面积分别为378平方米和1072平方米。绿化面积60%,改变了高陵县气象局的面貌,职工的办公、生活条件得到了改善。2006年8月,购买了1辆北京现代小轿车。

1977年高陵县气象站所建职工生活用房

1977年高陵县气象站所建办公楼

2003年建成的高陵县气象局办公、住宅楼

2003年经过台站综合改造后的高陵县气象局观测场和花园

榆林市气象台站概况

榆林市位于陕西省最北部,地处陕甘宁蒙晋五省(区)交界接壤地带,是煤、气、油、盐资源富集地,红枣、小杂粮等特产享誉国内。全市辖1区11县,总面积4.35万平方千米,人口356万。

气象工作基本情况

台站概况 榆林市局下辖神木、府谷等11个县气象局和榆阳区气象局,12个地面气象观测站,1个农业气象观测站,1个天气雷达站,2个辐射观测站,3个酸雨观测站,1个雷电观测站。

历史沿革 1935年建立榆林测候所。1951年1月建立榆林气象站。相继建立了绥德(1953年),横山(1954年),定边、靖边、神木、米脂、子洲、清涧(1956年),佳县(1958年),府谷、吴堡(1959年),榆阳区(1976年)气象站。其中,靖边县气象站1962年5月—1965年5月、米脂县气象站1962年3月—1965年3月、子洲县气象站1962年5月—1965年4月、吴堡县气象站1962年6月—1965年6月被撤销,随后又重建。1959年,全市各人民公社陆续组建了气象哨组,后因仪器设备和维持经费缺乏,哨组陆续撤、迁、并、停。2006年9月,经中国气象局批准成立能源化工基地气象预警中心,挂靠榆林市气象局。

管理体制 从建站至1957年12月,实行陕西省气象局、榆林地区专署双重领导,以省气象局领导为主的管理体制。1958年1月—1962年4月,由榆林地区专署领导。1962年5月—1964年12月,由省气象局领导。1965年1月—1979年12月,由榆林地区行署革命委员会领导(1971年9月—1973年12月由榆林军分区人武部领导)。1980年1月改为气象部门与地方政府双重领导,以气象部门领导为主的管理体制,这种管理体制一直延续至今。

人员状况 1959年前,全市气象部门有职工81人。1980年,全市气象部门有在编职工169人。2008年底,全市气象部门有共在职职工248人(在编职工159人,外聘89人),离退休职工45人。在编职工中:副研级高工6人,中级职称62人,助理工程师,技术员85人;大学本科48人,专科64人,中专及以下47人;50岁以上28人,40~49岁70人,30~39岁32人,29岁以下29人。

党建工作 全市气象部门有党总支 1 个(市气象局),独立党支部 9 个,联合党支部 3 个,党员 89 人。

文明单位创建 全市气象部门截至 2008 年底,共有省级文明单位 2 个(神木、府谷县气象局),市级文明单位 10 个(市气象局和定边、靖边、横山、子洲、绥德、清涧、米脂、佳县、吴堡 9 个县气象局)。

3. 荣誉

获省部级奖励统计表

年份	姓名	表彰称号	授予部门
1980 年	郑 典	陕西省农业先进生产者	陕西省政府
1982 年	雷贵金	陕西省劳动模范	陕西省政府
1989 年	刘慧敏	双文明先进个人	国家气象局
1992 年	高柏金	陕西省劳动模范	陕西省政府
1996 年	郭利生	双文明先进个人	中国气象局
2000 年	杨加信	双文明先进个人	中国气象局

领导关怀 建局以来,上级气象部门领导非常重视关心榆林市气象事业发展,中国气象局领导马鹤年和省气象局主要领导孙海鹰、程廷江、崔讲学、李良序等先后来榆林市气象局检查指导工作。

台站建设 榆林自然条件恶劣,改革开放初期工农业生产发展较为缓慢,经济增长相对落后。全市 12 个基层台站有 5 个高山艰苦站(府谷、绥德、横山、吴堡、定边),基础设施普遍较差,台站房屋是 20 世纪 50—60 年代建造的,业务用房建筑面积仅有 100～150 平方米。无任何交通工具,职工外出均靠步行。全市气象部门固定资产累积 1988 年固定资产总量 131.46 万元;1998 年全市固定资产达到 304 万元;房屋面积为 18350 平方米;机动车 6 辆,其中小车 5 辆、专用工程车 1 辆;计算机 27 台,卫星接收设备 2 套,影视制作设备 1 套。2002 年对市气象局和 12 个县区气象局进行台站综合改造全面规划,省气象局计划批复总投资 810 万元(其中地方匹配资金 190 万元)。2003—2008 年 12 个基层气象台站全面完成综合改善建设任务,新增业务用房面积 3800 平方米,新增职工住房 62 套,面积 7400 平方米。2007 年 10 月,榆林市气象预警减灾中心综合楼开工建设,该项目总投资 1627 万元(中央投资 977 万元、地方配套资金 650 万元),建筑面积为 4800 平方米。2008 年底,全市固定资产总额为 1366 万元,其中:车辆 31 部、房屋建筑面积 1.2 万平方米(包括辅助用房)、计算机 178 台。随着榆林市台站基础设施改造项目的完成,全面提高了气象台站业务发展能力,改变了台站面貌和职工工作生活环境,树立了气象部门对外形象。

主要业务范围

1. 气象观测

地面气象观测 全市地面观测站 12 个,其中国家基准站 2 个,基本站 4 个,一般站 6 个。参加全球资料交换有 1 个站,承担航空(危)报任务 6 个站。2003—2007 年底,12 个气象站全部建成自动气象站,实现了除云、能、天外的全部地面业务自动化,实行以自动站观测为主,人工观测与自动站观测并行的业务体制。新建自动区域气象站155个,其中两要素站135个,六要素站20个。全市基层台站的气象资料按时按规定上交省气象局档案馆。

农业气象观测 全市12个气象台站都开展农业气象服务工作,其中榆林、绥德2个国家一级农业气象观测站,从建站开始,就开展当地主要农作物和经济作物生长期的观测及土壤水分的监测等。

风能监测 全市有4个国家风能监测站,20个地方风能监测站。

土壤水分监测 全市有6个自动土壤水分站。

生态气候监测 全市有12个生态气候环境监测站。

大气成分监测 全市有3个酸雨站,1个大气成分站。

沙尘暴监测 全市有1个沙尘暴站。

雷电监测 绥德雷电定位监测站。

2. 天气预报及服务

1959年成立气象台以来,从单纯依靠手工绘制的天气图预报方法到以数值预报为基础,综合应用天气学、动力学和统计学的预报方法,实现了天气预报图、表的自动分析处理。公众气象服务和决策气象服务的服务水平不断提高,从当初的只提供天气预报和航空保障服务,拓展为提供农业气象预报、森林火险预报、地质灾害预报和空气质量预报、交通气象服务、能源化工气象服务等,服务地方经济和社会发展的能力显著增强。

3. 人工影响天气

人工影响天气工作始于20世纪50年代中期,归农业部门管理,1986年3月后由气象部门管理。1992年后,地区和各县先后成立了人工影响天气领导小组,下设办公室,挂靠气象部门。2007年市编委给全市人工影响天气核定了13个机构,其中市级人工影响天气办公室1个,县区级人工影响天气办公室12个;落实地方编制38个(其中市级人工影响天气办公室7个,县级31个)。截至2008年,全市拥有WR型增雨火箭发射架18副,"三七"高炮70门,从事人工影响天气工作的人员286人。

气象部门管理人工影响天气工作后,积极筹资购置"三七"高炮开展防雹增雨作业。1999年、2000年,市政府投资200万元购置14套车载式增雨火箭发射架,并建成了市级人工影响天气指挥系统。2003年,高炮作业人员全部编入民兵组织,实现了准军事化管理。2006年市政府投资177.5万元为市县13个人工影响天气单位更换新式皮卡车和新式WR98-1D复合型火箭架。市人工影响天气办公室研发的"榆林市飞机增雨指挥系统"和"高炮防雹指挥系统"投入业务使用。市县初步建成了增雨、防雹监测、指挥、作业为一体的现代化地面人工影响天气作业体系。从2003年开始,各县人工影响天气办公室陆续开展标准化炮点建设,到2008年全部完成。

2005年榆林新一代天气雷达建成投入使用,全市布设电子显示屏160块,布设自动气象站、区域加密站、卫星云图接收处理系统和气象专用宽带网络系统等,为科学指挥人工影响天气作业提供了有力保障。

4. 气象科技服务

1985 年开始推行气象有偿服务以来,全市服务信息主要是常规预报产品和情报资料。1996 年后全市逐步开辟了电视天气预报节目和"12121"天气自动答询电话。2004 年开始,气象科技服务快速发展。电视天气预报制作系统升级,增加了精细化预报,森林火险等级、旅游气象、公路气象、地质灾害预报等节目,并通过广播、报纸、互联网、电子显示屏、手机短信等方式为广大市民服务。市县局积极探索气象科技服务新途径,不断提高气象服务的科技含量和市场竞争能力,为专业用户提供气象预报服务,广泛开展了包括煤炭、石油、天然气、电力、化工、生态、建设行业的科技服务和气候论证等工作,取得了显著的社会经济效益。形成由气象信息服务、气候资源开发利用、能源化工气象服务、城市环境气象服务为主体,相关产业为补充的气象科技服务体系,增强了气象部门自我发展能力。截至 2008 年底,全市气象科技服务收入比 1985 年有了很大增长。

榆林市气象局

榆林地处陕西省最北部,历史悠久,文化底蕴深厚。秦时属上郡地,明初建立榆林寨,公元 1437 年建榆林城。成化九年延绥镇治所由绥德移驻榆林,始称榆林镇,自此成为九边重镇之一。清雍正年撤镇设县。1949 年 6 月 1 日,榆林和平解放,此后,榆林一直是榆林地区行政公署所在地。2000 年撤地改市。

机构历史沿革

台站变迁 1951 年 1 月,榆林气象站成立,站址在榆林城内吕二师上巷;1951 年 12 月,迁至榆林城内胜利上巷;1953 年 8 月,迁至榆林城内胜利中巷;1954 年 4 月,迁至榆林城内韦则巷口;1956 年 7 月,迁至榆林城南飞机场内(后改为榆林市肤施路),局址位于东经 109°42′,北纬 38°14′,海拔高度 1057.5 米。

历史沿革 榆林市气象局的前身是榆林测候所,始建于 1935 年;新中国成立以后,1951 年 1 月,成立了榆林气象站;1958 年 11 月,设立榆林专区气象台;1959 年 1 月,改成榆林专区中心气象站,承担全地区气象业务管理工作;1968 年 10 月,改名为榆林专区气象台革命领导小组;1973 年 9 月,更名榆林地区革命委员会气象局;1980 年 1 月,改为榆林地区气象局;2000 年 7 月,改称榆林市气象局。

管理体制 1951 年 1 月—1953 年 10 月,由西北军区管理;1953 年 11 月—1958 年 7 月,由陕西省气象局管理;1958 年 8 月—1962 年 6 月,改为以地方政府领导为主、省气象局负责业务管理的双重领导体制;1962 年 7 月—1966 年 6 月,改由省气象局直接领导;1966 年 6 月—1979 年 12 月,改由当地政府领导(1971—1973 年由榆林军分区管理);1980 年 1 月起,实行气象部门与地方政府双重领导,以气象部门领导为主的管理体制。

机构设置 市气象局内设 4 个职能科室:办公室、政策法规科、计划财务科、业务科技科;7 个直属事业单位:气象台、人工影响天气办公室、气象科技服务中心、信息技术保障中心、防雷中心、财务结算中心、后勤中心。

单位名称及主要负责人变更情况

单位名称	姓名	职务	任职时间
榆林气象站	朱志明	组长	1951.01—1953.11
	赵恒山	站长	1953.11—1954.05
	刘金怀	站长	1954.05—1956.04
	朱永铭	副站长(主持工作)	1956.04—1957.08
榆林专区气象台	朱志明	站长	1957.08—1958.11
		副台长(主持工作)	1958.11—1958.12
榆林专区中心气象站	李本义	站长	1959.01—1961.10
	王殿威	副站长(主持工作)	1961.10—1963.01
	张巨斌	站长	1963.01—1967.03
榆林专区气象台革命领导小组	白进宝	站长	1967.03—1968.10
		组长	1968.10—1970.03
	雷 云	组长	1970.03—1971.09
	康文瑞	台长	1971.09—1972.12
榆林地区革命委员会气象局	马维良	副台长(主持工作)	1972.12—1973.09
		副局长(主持工作)	1973.09—1974.01
	王得洲	局长	1974.01—1975.08
	田彦如	局长	1975.08—1977.11
	马祖飞	局长	1977.11—1979.02
榆林地区气象局	丁绍文	局长	1979.02—1980.01
			1980.01—1982.08
	高柏金	局长	1982.08—1993.09
	魏长礼	局长	1993.09—1996.09
榆林市气象局	马荣明	局长	1996.09—2000.07
			2000.07—2001.10
	张永祥	局长	2001.10—2003.09
	贺文彬	局长	2003.09—2007.12
	李社宏	局长	2007.12—

人员状况 1951 年 1 月成立时编制 4 人。1959 年 1 月建专区中心气象站时有 15 人,全部为外地支援榆林建设的同志。1980 年有职工 58 人。截至 2008 年底,有在职职工 101人(在编职工 68 人,外聘人员 33 人),退休职工 21 人。在编职工中:大学本科 33 人,专科17 人,中专及以下 18 人;高级职称 4 人,中级职称 31 人,初级及其他 33 人;50 岁以上 15人,40~49 岁 29 人,30~39 岁 10 人,29 岁以下 14 人。

气象业务与服务

1. 气象业务

①气象观测

地面观测 承担国家基本观测站任务。1951 年每日进行 3 次观测,观测时间为 08、14、20 时,每日发报次数为 1 次,观测项目有:云、能见度、天气现象、气压、气温、湿度、风向、风速、降水。测报采用的技术规定为《测报简要》及《气技 921》。随着气象工作需要,观测项目增加了地温、蒸发、日照、冻土、积雪、电线积冰等。每天编 02、05、08、11、14、17、20、23 时 8 个时次的定时绘图报。1979 年 11 月 1 日增设了 EL 型电接风向风速计。

1957 年 1 月 1 日至 1980 年 12 月 30 日(除个别年份外)每天 24 小时发固定航空(危险)报,即每小时整点前观测发航空报 1 次,危险报则是当有危险天气现象时,5 分钟内及时拍发。向省气象局发送的重要天气报内容有暴雨、大风、冰雹、龙卷风等。

1951 年后,气象月报、年报表,用手工抄写方式编制,一式 3 份,分别上报国家气象局、省气象局气候资料室各 1 份,市气象局地面组留底 1 份。

承担国家一级农业气象观测站任务。1958 年 3 月开始农业气象观测(当时称为榆林农业气象试验站,编制 5 人。地址在榆林南郊农场,1962 年迁至榆林城南飞机场气象站内),主要观测马铃薯、玉米、春小麦农作物及目测土壤湿度。1958 年 6 月 21 日起开始拍发农业气象旬(月)报。1960 年改用烘干法观测土壤湿度。1980 年定为国家一级农业气象观测站,承担作物观测、土壤湿度观测任务。作物观测项目不变。土壤湿度观测分为固定地段和作物地段,固定地段观测土层深度为 0～100 厘米,作物地段观测土层深度为 0～50 厘米。

1980 年 12 月 31 日起,榆林市气象局地面、农气观测任务由榆阳区气象局承担。

1975 年,榆林市局购置 711 天气雷达 1 台,开始雷达观测业务。1998 年经过数字化改造,使观测更精细、直观,在短时灾害性天气观测和指挥防雹增雨作业中发挥着重要作用。

2001 年,由中国气象局、省政府和市政府投资 2955 万元在榆阳区刘家洼建成多普勒天气雷达站,2005 年 4 月投入业务运行。

②气象信息传输

20 世纪 50 年代开始,气象电报拍发经过邮电局发报。1958—1960 年配备了电台抄收国内外的高空和气象报告。1975 年使用电传,结束了人工抄报。1990 年 5 月建成 VHF 辅助通讯网。1992 年开通了计算机远程终端。1994 年 3 月安装 Netware Access 服务器,实现远程拨号方式传输资料。

1995 年 3 月开通了 X.25 专线,气象通信进入数字通信新时代。2000 年 8 月建成中文电子邮件系统,延伸到县局。2004 年开通了省—市—县 SDH 宽带电路,建成了双路气象宽带广域网。

③天气预报

1958 年 11 月,榆林气象台成立,省气象局选派詹维泰等 3 人来榆林开展天气预报业务。经过榆林气象人 50 多年的努力,天气预报工作从无到有,历经从单纯依靠手工绘制天气图预报方法到综合应用天气学、动力学和统计学的预报;从定性晴雨预报到多种天气现象的精细化预报;从单一的短期预报到中期预报方法和预报手段逐步改善;基本完成了由传统的手工为主的定性分析方式向自动化、客观和定量分析方向的重大变革。形成了以数值天气预报产品为基础、以人机交互处理系统为平台、综合应用多种技术方法的天气预报业务流程。2003 年由发布区域天气预报到制作发布分县天气预报,由发布 24 小时间隔天气预报到制作发布 6~12 小时间隔天气预报。1992 年市气象台接收日本卫星的观测资料。2004 年榆林市卫星中规模利用站、新一代雷达观测系统、卫星接收系统和地面自动观测系统的建成,使气象现代化水平上了一个台阶,为提高天气预测预报准确率和防灾减灾提供了强有力的技术支撑。2004 年建成省—市—县天气预报可视会商系统,为预报员技术交流提供了平台。2007 年开始发布乡镇预报,天气预报向定时、定点、定量化方向发展,准确度大幅度提高。

2. 气象服务

①公众气象服务

1978 年以前榆林市公众气象服务通过信函、电话、有线广播对外发布。1978 年改革开放以后,随着科学技术的发展,公众气象服务通过电视、电台、互联网、手机短信、"12121"电话、电子显示屏、传真及报纸等途径发布,为地方经济、社会发展和人民生活服务。

②决策气象服务

20 世纪 70 年代以后,气象部门开展为各级领导的决策服务。决策服务由提供雨情、旱情逐渐发展到积极主动地为地方各级党委、政府提供了重要天气信息和防灾减灾信息,为其指挥防灾救灾、制定国民经济和社会发展计划、组织重大社会活动等起到了重要参谋作用。开展了包括灾害性、关键性、转折性天气预报和情报的服务;短期气候预测、气候变化、农业气象产量预报预测等服务;针对重大决策、突发公共事件等提供的专项服务。决策服务的针对性明显加强,服务的领域越来越宽,服务的效益不断增大,得到了各级党政领导的高度评价。1994 年 7—8 月,榆林全区连续遭受暴雨、大暴雨袭击,次数之多、强度之大、范围之广、灾害之严重,属历史罕见。面对如此严重的天气灾害,市县气象部门为领导指挥决策提供了准确、及时、可靠的预测预报,为全市抗洪抢险做出了重要贡献。

③专业与专项气象服务

人工影响天气　榆林市地处毛乌素沙漠的边缘,降水量在 320~480 毫米之间,而且集中在 7、8、9 三个月,素有"十年九旱"之称,夏季暴雨频发,冰雹灾害严重。

榆林人工影响天气工作始于 20 世纪 50—60 年代,当时只进行土炮防雹作业,归属农业局管理。1989 年开始组织飞机增雨作业,增雨防雹能力大幅度提高。1992 年地区行署成立了人工影响天气领导小组,办公室设在地区气象局,筹资购置"三七"高炮,建立防雹作业点,

榆林人工影响天气火箭增雨车队(2008 年 8 月)

1999 年地委扩大会专题研究人工影响天气工作,提出了"蓄水、节水、保水、增水"的方针,要求各级政府重视和支持人工影响天气工作。2002 年,市政府召开了首次全市人工影响天气工作会议,使全市的人工影响天气工作出现了新的局面。

榆林是全国开展飞机增雨较早的地级市之一,1989—1995 年,省政府租机和同宁夏人工影响天气办公室合作在榆林开展飞机增雨工作,2004 年开始,榆林市政府每年租调 1 架飞机在 4—7 月实施人工增雨,宁夏人工影响天气办公室继续协作开展增雨作业。2008 年增加冬季增(雨)雪任务。2000—2008 年,累计飞行增雨作业 130 架次、213 小时,增加有效降水量 48 亿吨,经济效益明显。

榆林的人工影响天气工作多次受到上级的表彰,各级领导先后 18 次在《增雨防雹简讯》上批示表扬,省气象局、市委市政府 4 次通报表彰榆林人工影响天气工作。2006 年开展冬季增雪取得成功,李金柱市长慰问市气象局时称作业人员为"天兵天将"。2007 年 8 月 26 日,榆林市人工影响天气办公室首次实施了人工消雨作业,保障三大民歌演唱会顺利在榆举办。

防雷减灾　2000 年成立榆林市防雷中心,在全市范围内开展防雷电装置常规安全检测。2003 年开展防雷工程图纸审核和防雷工程。2001 年,经市编委批准为独立事业机构。

④气象科技服务与技术开发

1985 年开始发展气象有偿服务,利用气象警报接收机和电话传递气象信息。1996 年在榆林市电视台制作、发布电视天气预报。2001 年"12121"天气自动答询电话系统建成并投入使用。2008 年电视天气预报制作系统升级,增加了精细化预报、森林火险等级、旅游气象、公路气象、地质灾害等预报节目,服务内容更加贴近生产生活。

2006 年,榆林市局成立了陕西省能源化工气象中心,逐步形成由气象信息服务、气候资源开发利用、能源化工气象服务、城市环境气象服务为主体,相关产业为补充的气象科技服务体系。

气象法规建设与社会管理

法规建设　2000 年开始,贯彻实施《中华人民共和国气象法》、《陕西省气象条例》和中国气象局的有关法律法规。市政府下发《榆林市人民政府关于切实加强人工影响天气工作的意见》(榆政发〔2004〕34 号)。榆林市人民政府办公室转发《国务院办公厅关于进一步加强气象灾害防御工作的意见》(国办发〔2007〕49 号),两次发文规范防雷减灾工作,并与教育、安监、城建、公安、消防等部门联合发文 7 次,对全市防雷减灾工作规范化管理起到了重要作用。成立气象行政执法机构和执法队伍并规范管理,建立行政执法责任制,执法水平不断提高,为气象事业可持续发展提供了保障。

社会管理　2003 年市政府成立防雷减灾领导小组,研究讨论防雷工作。市气象局每两年召开一次行业座谈会议。2006 年 9 月,组织召开了陕甘宁晋蒙防雷联席会议,研究解决防雷社会管理问题,中国气象局政策法规司周韶雄出席会议。2008 年 9 月配合省防雷中心、气象学会、山西省雷电防护监测中心举办了第一届秦晋防雷论坛。对子洲、靖边、定边、神木的探测环境保护进行了气象行政执法,使其得到依法保护。对施放气球活动和资质进行了清理和整顿,市场管理得到进一步规范。

党建与气象文化建设

1. 党建工作

党的组织建设 1958年,榆林气象中心站成立独立党支部。1984年6月由榆林地委批准榆林地区气象局建立党组。1985年健全了局机关党支部,党建工作逐步走上了正轨。党支部坚持抓党员党性教育,充分发挥战斗堡垒作用和党员的先锋模范作用,为气象事业的发展提供了保证。由于支部工作成绩突出,1992年被地委评为地区先进党支部,受到奖励。2004年机关党支部升级为总支,使党建工作更加活跃,在市直工委开展的党建目标管理中,市局党总支和党支部连续被评为先进基层党组织和一类党支部。截至2008年底,市气象局共有党员48人(包括退休党员),占全局职工的74%。

党风廉政建设 市气象局1986年成立党组纪检组。在局党组的领导下,先后制订了《气象部门构建警示训诫防线工作实施办法》《气象部门政府采购领域治理商业贿赂实施方案》和"三项制度"、"三重一大"、"联签会审"、"三人决策"等制度;制订了《党风廉政建设和反腐败工作意见》、《建立健全惩治和预防腐败体系工作规划实施细则》、榆林市局实体和县区局领导干部审计计划;每年与各县区局和市局各科室签订"党风廉政建设责任书";开展"党风廉政宣传教育月"活动;认真加强党风廉政教育,组织职工观看警示教育片和廉政电教片,参观革命旧址。通过制定管理制度、措施和开展多种形式的教育活动,完善监督体系,广大干部职工牢固树立思想道德和党纪国法两道防线,形成警钟长鸣抓廉政的工作格局,多年来未发生严重违法违纪案件,为全市气象事业快速发展和全面完成目标任务提供强有力的政治保障。

2. 气象文化建设

精神文明建设 1978年以来,市气象局党组一直坚持"两个文明"一起抓,注重精神文明建设,先后制订《榆林市精神文明建设计划》和《全市气象部门精神文明和气象文化建设工作要点》。经过努力,市局1984年被区委、区政府命名为县级文明单位,1999年和2005年两次被市委、市政府命名为市级文明单位。

文体活动 市气象局多次组织职工参加省气象局和榆林市举办的乒乓球、羽毛球、田径等比赛,并获得名次和奖励。2005年全省气象部门文艺汇演,市气象局选送的舞蹈《崖畔上酸枣红艳艳》获得一等奖,表演唱《走西口》获得优秀奖。

3. 荣誉

集体荣誉 榆林市气象局2004年被陕西省防汛指挥部评为"防抗汛旱先进集体"

个人荣誉

时间	姓名	表彰名称	授予单位
1992年7月	高柏金	陕西省劳动模范	陕西省人民政府
2006年	方业林	全省气象系统先进工作者	陕西省人事厅、省气象局
2007年	贺文彬	榆林市十大杰出青年	共青团榆林市委

人物简介 高柏金,1940年生,陕西省榆阳区人。1984年6月—1993年9月任榆林地区气象局局长。高柏金任局长后,带领局领导班子,努力改变"文化大革命"造成的气象工作被动的局面,工作以身作则,坚持"两个文明"一起抓和改革的方向,实行目标管理,大胆启用年轻业务干部,强化职工业务培训,提高了全区气象职工的综合素质。重视业务现代化建设,带领职工总结天气预报方法,建立无线通信网,开展有偿专业气象服务和防雹增雨作业,努力把气象服务推进到经济建设的主战场。重视党建工作,努力推进精神文明建设。重视农气服务工作,同气象科技人员一起,引种高产甜椒,蚕桑草等,为农村脱贫致富提供示范,使榆林气象工作的落后状况有了根本性的改变。他在任期间,市局多次受到省气象局和地委、行署的表彰奖励。他连续5年被评为优秀处级干部,1991年被评为全省气象部门"学英模 创先争优"先进个人,1992年被省政府授予"陕西省劳动模范"称号。

台站建设

1985年以前,市气象局机关业务用房面积不足800平方米,且全部为窑洞。1985年省气象局投资40.6万元新建市气象局机关办公楼1栋,面积1849平方米。1993年省气象局投资45万元,市气象局职工集资新建住宅楼1栋,同时改造职工原有住房19套,解决了市气象局机关大部分职工的住房问题。2003年在榆阳区刘家洼建成新一代天气雷达塔楼,这一雷达楼成为榆林城市标志性建筑。

榆林市气象局办公大楼(1995年8月)

榆林市气象局雷达观测楼(2008年8月)

榆阳区气象局

榆阳区气象局地处陕北北部,黄河河套以南,无定河上游,是毛乌素沙漠与黄土高原的过渡地带。属中温带半干旱大陆性季风气候。基本气候特征是:季风气候较明显,冬半年因处在蒙古冷高压控制之下,气候寒冷,雨雪稀少,多西北大风,夏季受太平洋副高影响,西南暖湿气流北上,雨水增多,且多雷阵雨和冰雹。年平均降水量365.7毫米,主要集中在6—9月,年平均气温8.3℃,总日照时数2776.7小时。气候特点是降水少、日照强烈、蒸发量大、冬季寒冷期长,夏季雨水集中炎热期短,秋季秋高气爽,春季冷热剧变,风大沙多。主要气象灾害有干旱、霜冻、大风、冰雹和暴雨。

机构历史沿革

台站变迁　榆林县气象站成立于1976年9月,站址位于榆林东城墙水塔以西。1977年7月,迁至榆林县城北门外官井滩。2004年1月,迁至榆阳区青云乡刘家洼(山顶),站址地点,东经109°47′,北纬38°16′,海拔高度1157.0米。

历史沿革　1976年9月,成立榆林县气象站;1980年12月,根据陕西省气象局(陕气业发〔80〕068号)文件精神,榆林县气象站与榆林地区气象局观测组合并,组成榆林县气象站。1990年1月,更名为榆林市气象局(县级)。2000年7月,榆林地区撤地改市,榆林市气象局更名为榆阳区气象局(实行局站合一)。

管理体制　1976年9月—1980年12月,实行地方管理体制,归榆林县政府领导;地区气象观测组1980年12月以前,属榆林地区气象局直属机构,归榆林地区气象局领导;1980年12月起,实行气象部门与地方政府双重领导,以气象部门领导为主的管理体制。

机构设置　内设机构有:地面测报组、农气生态组、办公室、人工影响天气办公室。党支部承担局内党务工作。

单位名称及主要负责人变更情况

单位名称	姓名	职务	任职时间
榆林县气象站	王进银	站长	1976.09—1980.01
	钱福安	站长	1980.01—1982.02
	丁万明	站长	1982.02—1984.06
	刘海英	副站长(主持工作)	1984.06—1985.07
	陈在孝	站长	1985.07—1988.03
	李强	站长	1988.03—1988.10
	郝柱林	站长	1988.10—1990.01
榆林市气象局	李登平	局长	1990.01—1991.03
	郝柱林	局长	1991.03—2000.07
榆阳区气象局			2000.07—2007.06
	田红卫	局长	2007.06—2010.03
	薛卫东	局长	2010.03—

人员状况　1976年榆林气象站成立时编制7人,除站长、观测员、报务员外,还配备了炊事员。2008年底,有在职职工15人(在编职工12人,外聘职工3人),退休职工4人。在编职工中:本科学历5人,大专7人;副研级高工1人,中级职称4人,初级职称7人;50岁以上1人,40~49岁7人,30~39岁3人,29岁以下1人。

气象业务与服务

1. 气象业务

①气象观测

榆阳区气象站属国家基本观测站,主要承担气象观测和气象服务业务。气象观测有地面观测、农业气象与生态观测、大气成分观测、酸雨观测。气象服务主要是开展公众气象服务和人工影响天气。

地面气象观测 1976 年 9 月成立时承担国家一般观测站任务,每日进行 3 次观测,观测时间为 08、14、20 时,每日 3 次发报,观测项目有云、能见度、天气现象、气压、气温、湿度、风向、风速、降水、蒸发、浅层地温、日照、冻土、积雪,测报采用的技术规定为《地面气象观测规范》。1979 年 11 月 1 日增设了 EL 型电接风向风速计。1980 年 12 月 31 日起停止所有原项目的观测,承担榆林地区气象局观测组国家基本站观测任务。每天编发 02、05、08、11、14、17、20、23 时 8 个时次的定时绘图报。1984 年 9 月 1 日增设 E-601 大型蒸发观测。2003 年 1 月 1 日 DYYZ-II 型自动气象站投入业务运行,自动气象站观测项目包括温度、湿度、气压、风向风速、降水、地面温度、草面温度等,除草面温度外其余均为发报项目,观测项目全部采用仪器自动采集、记录,替代了人工观测。每日 20 时进行人工站与自动站的对比观测。

从 1981 年 1 月 1 日至今(除个别年份外)每天 24 小时发固定航空(危险)报,即每小时整点前观测发航空报 1 次,危险报则是当有危险天气现象时,5 分钟内及时拍发。向省气象局发送的重要天气报内容有暴雨、大风、冰雹、龙卷风等。

1976—1987 年气象月报、年报表,用手工抄写方式编制,一式 4 份,分别上报国家气象局、省气象局气候资料室、市气象局各 1 份,榆阳区气象站留底 1 份,1988 年 1 月起停止手工报表的制作,只上报简表,由省气象局审核科统一制作机制报表,2000 年 10 月起开始使用微机制作并打印气象报表,向上级气象部门发送电子报表,停止报送纸质报表。

2006—2008 年完成 10 个自动区域气象站建设。2010—2011 年又完成 15 个自动区域气象站建设。总共建成 25 个自动区域气象站。

2007 年 1 月 1 日确定为国家气候观象台。2008 年 12 月 31 日恢复为国家基本气象站。

农业气象与生态 1980 年 12 月定为国家一级农业气象观测站,地址在榆林城南飞机场气象站内,承担马铃薯、玉米、春小麦农作物观测、土壤湿度观测任务并拍发农业气象旬(月)报。土壤湿度观测分为固定地段和作物地段,固定地段观测土层深度为 0～100 厘米,作物地段观测土层深度为 0～50 厘米。1994 年开始自然物候观测。2006 年 1 月起增加地下水位、风蚀量、沙漠植被等生态观测项目。2005 年 5 月 1 日至今开展土壤水分自动观测项目并进行人工对比观测。

酸雨观测 榆阳区气象站 2006 年 1 月 1 日增加酸雨及大气成分观测项目。酸雨监测地点在榆阳区气象站观测场内,主要监测大气降水的酸碱度和电导率。

大气成分观测 从 2006 年 1 月 1 日开始承担气溶胶的吸收特性、气溶胶的光学特性等要素的监测任务。

2007 年 6 月 1 日增设了干湿沉降观测项目。

2008 年 8 月安装了 CE318 太阳光度计仪器,实现了气溶胶光学特性的自动监测和采集数据的自动上传。

②气象信息网络

1980—1983 年使用无线短波电台(靠手摇发电机给电台供电),报务员用电键每天进行 8 次地面绘图报的传输发报,由榆林邮电局接收后,传至西北区域气象中心。1983 年安装了专线电话,观测电报通过专线电话发至省气象台,由省气象台转发至西北区域气象中心。1986 年 1 月 1 日榆阳区气象站配备了 PC-1500 袖珍计算机取代人工编报。2000 年 7 月使用微机运用 AHDM 4.1 版测报软件编发报文,2000 年 12 月开始通过 X.25 专线网络向省气象台传送报文,结束了通过邮局转发电报的历史。2002 年 11 月 27 日建成了 DYYZ-Ⅱ型自动气象站,2003 年 1 月 1 日投入业务运行并停止 X.25 专线,改用光缆通讯设施将自动气象站数据传送至省气象数据网络中心,每天定时传输 24 次,气象电报传输实现了网络化、自动化。之后备用了移动光纤网络,气象电报的传输得到双重保障。2005 年 1 月 1 日停止使用 AHDM 4.1 版测报软件,改为 OSSMO 2004 版测报软件。自 2008 年 12 月 31 日自动气象站数据传输频次由先前的每一小时改为每十分钟。自动站采集的资料与人工观测资料存于计算机中做备份,定时复制光盘归档、保存、上报。

2. 气象服务

1976 年 9 月成立榆林县气象站后,开展针对榆林县政府的决策气象服务、公众气象服务、专业气象服务,把气象科技服务融入到经济社会发展和人民群众生产生活中。

公众气象服务　为地方经济服务是气象服务的主要内容,榆阳市气象站根据当地经济发展需要,不断拓展服务领域。1976 年开始,主要通过榆林市广播电站对外发布天气预报信息。1988 年通过甚高频电话对外发布天气预报。2004 年通过网站发布未来 3 天天气预报、周天气趋势、重要天气消息等综合气象服务信息。

决策气象服务　建站初期采用书面材料、电话等方式向当地领导传送决策气象服务信息,1990 年后分别采用专题材料、传真、手机短信、网络等方式将服务产品传送到榆林市委、市政府领导手中,为正确决策、防灾减灾提供科学依据。决策气象服务产品主要有:《气象信息》《送阅件》《重大气象信息专报》《重要天气消息》《灾害性天气预警》《雨情通报》等。按月、季、年编发《气候趋势预报》和《气候影响评价》,按季编发《生态监测公报》,适时制作农作物发育期天气预报和产量预报等。

专项气象服务　1985 年开始,以电话、传真等方式向供电、交通、供水等单位提供专业气象服务信息;开展气象森林防火、飞播造林、重大社会活动、重大工程等专项气象服务。1989 年在县委办公室、县政府办公室、县防汛抗旱指挥部办公室、县农业局及各乡镇安装气象警报服务接收机,服务单位通过警报接收机定时接收气象信息服务。1991 年起开展农业、林业、水利、环保等行业的专项气象服务。

人工影响天气　2000 年 7 月 1 日设立榆阳区人工影响天气办公室,配置 WR-IB 型车载流动式增雨防雹作业火箭系统 1 套和增雨作业车 1 辆。

截至 2008 年,共有增雨防雹"三七"高炮 10 门,分别位于补浪河、小壕兔耳林、马合补兔、孟家湾、巴拉素赵家卯、芹河马家卯、榆阳镇三岔湾、鱼河镇鱼河和米家园子、鱼河峁白家沟,并全部建成了标准化炮站。

气象法规建设与社会管理

法规建设 贯彻落实《中华人民共和国气象法》、《陕西省气象条例》等法律法规。先后与县安监、建设、教育、公安等单位联合发文,重点开展行业防雷设施管理和行政执法,组织执法人员重点对各建设施工单位进行建筑物防雷设施图纸设计审查和竣工验收检测报告的专项执法检查。2005 年对气象探测环境在县有关部门进行了备案保护。社会管理主要有:规范升空氢气球管理、气象信息传播、避雷装置检测、探测环境保护等。

政务公开 对气象行政审批办事程序、气象服务内容、服务承诺、气象行政执法依据、服务收费依据及标准等,采取了通过户外公示栏、电视广告、发放宣传单等方式向社会公开。财务收支、目标考核、基础设施建设、工程招投标等内容则采取职工大会或上局公示栏张榜等方式向职工公开。干部任用、职工晋职、晋级等及时向职工公示或说明。

规章制度 制定了包括业务值班室管理制度、会议制度,财务,福利制度等内容的县气象局综合管理制度。

党建与气象文化建设

1. 党建工作

党的组织建设 1981 年 11 月以前,无独立党支部,党员归榆林县林站党支部管理。1992 年经上级机关党委批准成立了独立党支部,有党员 3 名,隶属于榆阳区直属机关党委。截至 2008 年有党员 4 名。

榆阳区气象站党支部一直重视党的建设,加强党的领导,对政治上要求进步的青年,党支部进行重点培养,条件成熟及时发展,1992 年至今累计发展党员 10 余名。党支部一直保留着优良的传统作风,尤其重视对党员和群众进行爱岗敬业和艰苦奋斗的教育,坚持组织党员学习政策文件,平时积极参与气象部门和地方党委开展的党章、党规、法律法规知识竞赛。积极发挥党支部的战斗堡垒作用和党员的模范带头作用。党员干部能勇挑重担,在单位一直起着骨干核心的作用。

党风廉政建设 党风廉政建设得到加强,认真落实党风廉政建设目标责任制,积极开展廉政文化建设活动,努力建设文明机关、和谐机关和廉政机关。按照省、市气象局部署,抓好职工基础教育,确保思想过硬,针对干部思想中所存在的问题,对症下药,从而树立正确的世界观、人生观、价值观,使干部职工做到自重、自省、自警、自励。

2. 气象文化建设

榆阳区气象站从建站初期至 20 世纪 80 年代不断有来自全国各地的有志青年支援边区气象工作,他们扎根大西北,不畏艰苦、无私奉献、默默工作在祖国气象事业的第一线,留下了许多可歌可泣的故事。这种精神代代相传,影响了几代气象人。2006年之前榆阳区气象局为县级文明单位,2010年升为市级文明单位。

自从2004年1月1日迁到现址榆阳区青云乡刘家洼山顶后,由于地处山顶,四周荒芜,交通不便,冬季饮水困难,环境较差,生活艰苦。面对台站艰苦环境,榆阳气象局把职工队伍的思想建设作为文明创建的重要内容,积极倡导艰苦奋斗的工作作风,先后开展了学习"八荣八耻"、围绕十七大精神开展解放思想、深入学习实践科学发展观等活动。通过开展经常性的政治理论、法律法规学习,培养锻炼出一支爱岗敬业、不惧艰险,以艰苦为荣、克服困难、团结友爱的干部职工队伍。

榆阳区气象局从20世纪90年代至今,多次选送职工到南京信息工程大学、成都信息工程学院和延安大学学习深造,培养高素质人才。

每年在"3·23"世界气象日组织科技宣传,在街头设立咨询台,普及气象知识,邀请有关单位召开座谈会,征求用户意见,了解用户需求,拓展服务领域,提高服务效益和质量。

3. 精神文明建设

"观云测天为人民,优质服务创一流"为口号,以"内强素质、外树形象"为核心,积极开展精神文明创建活动。成立精神文明建设领导小组,形成了主要领导负总责、班子成员分工负责、各科室负责人各负其责、职工人人参与的工作体系。2004年起,每年3月份开展职业道德教育月活动。积极开展与社区共建,与渭南富平、榆林府谷等气象局南北互动、结对帮扶。积极向困难群众捐款捐物献爱心。积极开展创建"团结、廉洁、开拓"好班子、学习型党组织、学习型机关等活动。组织干部职工参加各类文化体育活动,努力营造和谐的工作环境。

台站建设

榆阳区气象站1981年7月扩建了3排19间房屋。2002年对房屋外墙贴墙面瓷砖。2004年1月1日迁站至榆林市气象局雷达站院内(榆阳区青云乡刘家洼山顶),工作环境得到改善,2005年规划整修了道路,在庭院内进行了绿化,建造花坛,种植草坪,使院内风景更加秀丽。增加了现代化气象观测装备、先进的网络通信设施,气象业务现代化建设取得了突破性进展。

20世纪50年代修建的榆林气象站办公室

2004年以前的榆林气象站全貌(2004年6月)

2004 年修建的榆阳区气象局(2008 年 12 月)

府谷县气象局

府谷,唐朝设府谷城,为镇,五代后唐天佑七年设府谷县。位于举世瞩目的"神府东胜煤田"腹地。全县设 20 个乡(镇),334 个行政村,1370 个自然村。总面积 3229 平方千米,人口 21.7 万。

府谷属中温带半干旱大陆性季风气候,冷暖干湿、四季分明;冬夏长,春秋短,雨热同期,日照时间长,太阳辐射强。主要气象灾害是旱、涝、霜、雹。年平均气温 9.1℃;年平均日照为 2894.9 小时;无霜期 177 天。年平均降水量 453.5 毫米,降水主要集中在 7—9 月,占年降水量的 67%。

机构历史沿革

台站变迁 1959 年 1 月,成立陕西省神木县府谷镇气候站,站址在神木县府谷镇官井村村北。1960 年 6 月,站址迁至府谷县府谷镇高家印则村南梁,属国家一般气象站,观测场位于东经 111°05′,北纬 39°02′,海拔高度 981.0 米。

历史沿革 1959 年 1 月,陕西省神木县府谷镇气候站成立;1961 年 12 月,更名为府谷县气象服务站;1972 年 6 月,更名为府谷县革命委员会气象站;1980 年 1 月,变更为府谷县气象站;1990 年 1 月,改称府谷县气象局(实行局站合一)。

2007 年 1 月—2008 年 12 月,由原一般气象站更名为国家气象观测站二级站;2008 年 12 月起,改为府谷县国家一般气象站。

管理体制 1959 年 1 月—1962 年 8 月,由府谷县人民政府领导;1962 年 8 月—1966

年6月,由陕西省气象局直接管理;1966年7月—1971年12月,由县人武部军队管理;1972年1月—1979年12月,由县农牧局主管;1980年1月起,实行气象部门与地方政府双重领导,以气象部门领导为主的管理体制。

机构设置 设办公室、业务股、气象科技服务中心、防雷监测所、人工影响天气办公室。

单位名称及主要负责人变更情况

单位名称	姓名	职务	任职时间
陕西省神木县府谷镇气候站	马祖宪	站长	1959.01—1961.07
	郑典	站长	1961.07—1961.12
府谷县气象服务站			1961.12—1972.06
府谷县革命委员会气象站			1972.06—1980.01
			1980.01—1981.03
府谷县气象站	王宇之	副站长(主持工作)	1981.03—1984.07
	柴玉锋	副站长(主持工作)	1984.07—1988.09
	郭利生	站长	1988.09—1990.01
府谷县气象局		局长	1990.01—2005.01
	侯庆国	局长	2005.01—

人员状况 府谷县气象站成立时有在编职工2人。1980年有在编职工6人。2008年底,实有在职职工13人(在编职工6人,外聘7人),退休职工1人。在编职工中:本科3人,大专3人;工程师1人,助理工程师4人,技术员1人;29岁以下2人,30～39岁2人,40～49岁2人。

气象业务与服务

建站至20世纪60年代中期,以地面观测、发报、编制气表、积累气候资料为主,并与准格尔旗、沙圪堵、神木、银川、河曲等站互相交换年、月、旬预报、土壤墒情资料,并存档。20世纪60年代中后期至90年代,开始发布年、月、关键农事季节天气趋势预报、旬预报和通过有线广播发布短期24小时、48小时天气预报,1985年增加专业有偿服务。20世纪90年代开始为当地政府主管领导和乡镇有关部门企业提供雨情通报、旱情、增雨简讯、土壤墒情情况、重要天气报告以及灾害性天气预警、临近预报、短时预报。

1. 气象业务

地面气象观测 1959年1月1日开始地面气象人工观测,采用地方时(01、07、13、19时)每天进行4次观测;1960年1月1日起,改为每天07、13、19时3次观测;1960年8月1日起,采用北京时(08、14、20时)每天进行3次观测。观测项目有云、能见度、天气现象、气温、湿度、风向风速、降水、雪深、日照、蒸发、地温等。1965年1月增加了气压观测。1980年主要业务是完成地面一般站的气象观测与发报,手工制作气象月报和年报报表。2000年开始使用安徽地面测报软件机制气表。2003年10月建成CAWS600型自动气象站。2004年1月1日自动气象站投入气象观测业务试运行,采用人工站和自动站双轨运行并以人工站为主,2005年以自动站为主双轨运行,2006年1月1日自动站单轨运行,人工观测仪器仅在每天 20 时进行一次对比观测记录,08、14 时仅保留原来的人工观测项目:云、能见度、天气现象以及降水。

2006 年 10 月—2007 年 11 月先后建成古城等 13 个乡镇两要素及黄甫、庙沟门六要素自动区域气象站。

气象信息网络 建站至 1993 年,发报和日常通讯均为手摇电话,县邮局接转。20 世纪 80 年代前,预报信息用收音机收听省气象台定时播发的小天气图形势电码和 48 小时预报,榆林地区气象台以气象电报形式通过邮局向县站传递短期预报。1993 年,手摇电话改程控拨号电话,各类电报仍通过电话传邮局转发。2003 年 3 月开通了 ADSL 宽带网络,部门内部信息和部分气象电报通过互联网传输;2003 年 10 月 1 日,开通电信 SDH 数据专线,自动站实时数据和各类气象电报通过气象信息网络传输。2005 年 8 月开通中国移动 2 兆光纤互联网络。

天气预报 1963 年 1 月 1 日开始绘制压、温、湿三线图,制作并发布天气预报,预报员通过广播收听上级台站的指导预报,预报产品只有 24 小时短期天气预报。1983 年利用滚筒式无线传真机接收天气分析图和省气象台的指导预报意见,制作发布补充订正预报。20 世纪 80 年代后期到 90 年代初接收北京和日本的传真图表进行分析,通过甚高频无线对讲系统与榆林地区气象台进行天气会商。1990 年 6 月,利用气象警报系统每天 08、17 时 2 次对外发布天气预报。1998 年,建成多媒体电视天气预报制作系统,自制录像带送电视台播放。

2003 年 3 月建成了 PC-VSAT 卫星单收站和气象信息综合分析处理系统(MICAPS 1.0),开始运用卫星云图、各种数值预报产品。2005 年 MICAPS 2.0 版安装使用并建成综合业务平台。2006 年建成了多普勒天气雷达远程终端应用系统,雷达回波、加密观测站采集数据在短时临近预报和突发灾害性天气预警中发挥了重要作用。

2. 气象服务

公众气象服务 建站至 20 世纪 60 年代前期,通过街道墙上黑板发布未来 24 小时、48 小时天气预报。20 世纪 60 年代中期至 1999 年,通过县广播站向公众发布 48 小时天气预报和 24 小时订正预报。1998 年开始,通过"121"气象信息自动答询电话和电视天气栏目发布天气预报。2005 年建成了气象短信发布平台。2007 年在全县安装了 10 块电子显示屏开展预报服务。

决策气象服务 决策服务内容涉及到三农、防汛抗旱、地质灾害、能源化工气象服务、以及重大活动专题气象保障服务等;决策服务产品包括短时临近预报、精细化预报、短期气象预报、气候预测、中长期天气预报、重要天气消息、灾害性天气预警以及重大天气过程的实时跟踪服务等,为党政领导的决策提供了科学的依据;决策服务产品传递由以前的人工送达发展到电话、传真,并为县委、县政府领导及防汛抗旱指挥部成员开通手机短信,提高了决策气象服务信息传输的时效性。

专业气象服务 2001 年开始选派人员进行防雷检测等培训,2002 年防雷检测工作开始进行。2007 年成立了榆林防雷中心府谷检测所,并与城建、安监、公安、教育等部门联合发文,明确了防雷减灾工作的重要性、防雷减灾工作制度和防雷装置管理及定期检测制度,防雷检测业务有了新的拓展;2008年开始承揽各种防雷工程的设计与施工。2005年与榆林市防雷中心联合对新建公共建筑的防雷设计图纸进行行政审查和竣工验收。2006年对全县范围内的新建公共建筑的防雷设计图纸进行行政审查和竣工验收。2008年进一步加强与建设、公安、安监部门合作,使建筑防雷图审、竣工验收和易燃易爆场所的防雷工作基本步入正规化、法制化轨道。建起了集观测、预报、服务于一体的综合性业务平台。

人工影响天气 2000年4月,县政府成立了人工影响天气领导小组,办公室设在气象局。购置了人工防雹、增雨火箭发射车,在全县范围内合理布局了6个"三七"高炮防雹点。

气象科技服务 1985年国办发〔1985〕25号文件下发后,开始开展气象科技服务。初始阶段以气象观测资料、旬、月、年预报对少数单位进行有偿服务;20世纪90年代中期购置了彩球虹门,对外开展庆典和重大节假日庆祝活动服务;1998年开通"121"气象信息自动答询电话服务;1999年通过电视天气预报节目画面插播商业广告;2002年起,防雷装置年度检测、防雷工程、建筑防雷图审、随工竣工验收、"12121"电话、彩球庆典、专业专项有偿服务等项目全面开展,科技服务收入成为陕西气象部门县局的排头兵。

气象科普宣传 2000年以前,主要以站(局)工作人员自发撰写气象知识稿件,通过县广播站相关栏目向公众传播。2000年以后,每年利用府谷县科技宣传月和"3·23"世界气象日用图文并茂的展版、传单的形式宣传《中华人民共和国气象法》、《气象条例》及防雷减灾等科技知识。2008年开始,在全县中小学校、工矿企业以及加油站等大门或墙面张贴气象科普宣传单,全县师生和广大群众的气象科技知识、气象防灾减灾意识得到明显增强。

气象法规建设与社会管理

法规建设 《中华人民共和国气象法》、《陕西省气象条例》、《防雷减灾管理办法》、《大气探测环境保护办法》、《人工影响天气管理条例》、《施放气球管理办法》等法律、法规颁布实施后,为加强依法行政、依法管理,成立了以局长为组长,副局长为副组长的执法领导小组。加强同公安、安监、城建部门合作,民爆物品储存场所防雷电装置逐步完善,防雷设施年度安全检测有序进行,大部分新建建筑防雷设计图纸审核、竣工验收和检测步入规范程序。

政务公开 对气象行政审批办事程序、气象服务内容、服务承诺、气象行政执法依据、服务收费依据及标准等,采取了通过户外公示栏、电视广告、发放宣传单等方式向社会公开。财务收支、目标考核、基础设施建设、工程招投标等内容则采取职工大会或上局公示栏张榜等方式向职工公开。干部任用、职工晋职、晋级等及时向职工公示或说明。

党建与气象文化建设

党的组织建设 建站以来,先后发展了6名党员。但因工作调动,最多时站里只有2名党员,一直归农业局党支部管理。2007年开始,要求加入党组织的职工增加,已吸收1名预备党员,截至2008年底,有2名党员,尚无独立支部。

党风廉政建设 平时积极参与气象部门和地方党委开展的党章、党规、法律法规知识竞赛,办学习党章、十七大精神、学习科学发展观等心得体会专栏多期。积极开展党风廉政建设,制订了《党风廉政规章制度》、《工作计划》、《实施办法》、《局(事)务公开制度》、《"三人"决策制度》,成立了集体采购小组。与职工利益相关的敏感问题,都定期或不定期地通过全体职工大会或局务公开栏向职工公开。

精神文明建设 为增强集体的凝聚力,改善职工的生活、工作条件,府谷县气象局先后购买了全自动洗衣机,办起了职工食堂,解决了职工吃饭难等问题,对职工旧宿舍进行了一系列改造。同时,争取林业部门的支持,自己动手将机关院内外进行了全面绿化、美化。增建了花池、凉亭,观赏水池。购置了各种体育器材,建起了阅览室、职工活动中心。对全局职工进行了全面身体检查。为大家购买了工作服,防寒衣和运动服。成功举办了全市气象部门体育运动邀请赛。

开展了"文明单位一帮一创建文明村"和"扶贫帮困助学育才"等活动,为被帮扶村订阅报刊,购买文化设备,成立农民学校,给被帮扶户送去钱粮。资助一名贫困大学生直到其大学毕业。2008年为地震灾区四川和太白、宁强两县积极捐款,奉献爱心。

文明单位创建 2003年被市委、市政府授予市级文明单位;2007年初被市委、市政府授予市级文明单位标兵;2008年被陕西省委、省政府授予省级文明单位,中央精神文明建设指导委员会授予"全国精神文明创建工作先进单位"。

集体荣誉 2008年1月,陕西省委、省政府授予"省级文明单位";2008年8月,获中央精神文明建设指导委员会"全国精神文明创建工作先进单位"。

个人荣誉 1980年1月,郑典被陕西省人民政府授予"陕西省农业先进生产者";1996年11月郭利生被中国气象局授予"全国气象部门双文明建设先进个人"。

台站建设

建站初期,办公用房为土木结构的瓦房和窑洞,台站环境和办公设施简陋分散。1988—1989年,房为砖木结构,窑为砖混结构,职工生活、工作环境有了较大改善。2003年以来,累计投资近53万元,新建了288平方米的业务办公楼房,改建了观测场。办公家具全部更新,办公室和厨房安装了空调,职工宿舍安装电暖气,在锅炉房安装电热水器,解决职工洗澡问题,同时改造了局院大门,对院内进行了道路硬化、绿化,安装了路灯。为职工创造了舒适、优雅、整洁的工作生活环境。

台站综合改造前府谷气象站使用的观测场

台站综合改造后的府谷气象局办公楼
(2008年7月)

神木县气象局

　　神木县位于陕西北部,毛乌素沙漠东南沿,为秦、晋、蒙接壤地带。全县总面积 7635 平方千米,人口 38 万,居陕西省县区面积之首。神木地域广阔,资源丰富,县境内储煤面积达 4500 平方千米,占全县总面积的 59%,已探明储煤量 500 亿吨。境内有杨家城(杨继业世代居住地)、红碱淖(全国最大的沙漠淡水湖)、汉墓群和秦长城、明长城等遗址,同时也是陕西省唯一的全国百强县。神木县是国家能源重化工基地。

　　神木县属中温带半干旱大陆性季风气候,主要气象灾害有干旱、暴雨、大风、霜冻、冰雹,以干旱危害最为严重。

机构历史沿革

　　台站变迁　1956 年 1 月,神木县气候服务站在神木县城南五里墩郊外建成,同年 9 月正式开始观测工作。1974 年 11 月,迁至神木县城北五里墩郊外。观测场位于北纬 38°49′,东经 110°26′,海拔高度 940.3 米。

　　历史沿革　神木县气候服务站成立于 1956 年 1 月;1963 年 5 月,更名为神木县气象服务站;1972 年 8 月,更名为神木县革命委员会气象站;1978 年 1 月,更名为神木县气象站;1990 年 1 月,改称为神木县气象局(实行局站合一)。

　　1956 年 9 月—2006 年 12 月,神木县气象站属国家一般气象站;2007 年 1 月由国家一般气象观测站改为国家一级气象观测站;2008 年 12 月 31 日,神木县气象站由国家一级气象观测站改为国家基本气象站。

　　管理体制　1956 年 1 月—1958 年 12 月,由陕西省气象局领导;1959 年 1 月—1962 年 8 月,实行榆林中心气象站和神木县人民委员会双重领导,以榆林中心气象站领导为主;1962 年 8 月—1966 年 6 月,由陕西省气象局领导;1966 年 7 月—1971 年 12 月,由神木县人民武装部领导;1972 年 1 月—1979 年 12 月,由神木县革命委员会领导;1980 年 1 月起,实行气象部门与地方人民政府双重领导,以气象部门领导为主的管理体制。

单位名称及主要负责人变更情况

单位名称	姓名	职务	任职时间
神木县气候服务站	雷贵金	站长	1956.01—1963.05
神木县气象服务站	汪 超	站长	1963.05—1972.08
神木县革命委员会气象站	丁万明	负责人	1972.08—1978.01
			1978.01—1981.03
神木县气象站	汪 超	站长	1981.03—1988.11
	杨加信	站长	1988.11—1990.01
神木县气象局		局长	1990.01—

人员状况　神木县气象站成立时有职工 8 人。1980 年有在职职工 13 人。截至 2008 年底,有在职职工 20 人(在编职工 10 人,外聘职工 10 人),离休职工 1 人。在编职工中:大专学历 7 人,中专学历 2 人,高中学历 1 人;工程师 4 人,助理工程师 6 人;40～49 岁 7 人,50 岁以上 3 人。

气象业务与服务

1. 气象业务

1956 年 9 月 21 日—2006 年 12 月 31 日,神木县气象站属国家一般气象站,承担的观测任务有:地面观测和农气观测,2005 年 1 月 1 日起增加了农业生态环境监测项目,2006 年 6 月 1 日增加了酸雨观测项目。2007 年 1 月 1 日由国家一般气象观测站改为国家一级气象观测站,由白天守班改为 24 小时守班。2008 年 12 月 31 日,神木县气象站由国家一级气象观测站改为国家基本气象站,观测项目有:地面观测、农业生态环境监测、大气成分(酸雨)观测。

①地面气象观测

观测时次与项目　神木县气象站 1956 年—1962 年 4 月 19 日每天进行 02、08、14、20 时 4 次定时观测,1962 年 4 月 20 日—1979 年 12 月 31 日改为 08、14、20 时 3 次观测,1980 年 1 月 1 日—1982 年 12 月 31 日为 02、08、14、20 时 4 次定时观测,1983 年 1 月 1 日—2006 年 12 月 31 日为 08、14、20 时 3 次观测,2007 年 1 月 1 日至今为 02、08、14、20 时 4 次定时观测。观测项目有云状、云量、云高、能见度、天气现象、风向风速、降水、空气的温度和湿度、气压、地温(浅层)、冻土、蒸发、日照、雪深。每天编发 02、08、14、20 时 4 个时次的定时绘图天气报,05、11、17、23 时 4 个时次的补充绘图天气报。

自动气象站　2003 年 9 月 20 日自动气象站建成,2004 年 1 月 1 日—12 月 31 日为平行观测第一年,以人工站观测记录为正式记录,2005 年 1 月 1 日—12 月 31 日为平行观测第二年,以自动站观测记录为正式记录,2006 年 1 月 1 日起进入单轨运行。自动站观测项目有气温、湿度、气压、风向、风速、地温、降水,自动站采集的资料定时备份,每月复制光盘、归档、保存、上报。人工观测资料每日打印纸质,每月装订归档。

发报种类　1958 年 6 月 23 日—2007 年 12 月 31 日承担向榆林、包头、西安、太原、银川、兰州、中国人民解放军 2452 部队、镇川、五寨、临潼、原平拍发过航空报和危险报的任务。航危报有白天固定、白天预约和 24 小时固定 3 种。白天固定有 OBSAV 西安、延安、镇川、原平。白天预约有 OBSDS 太原、OBSAV 五寨、OBSMH 榆林。24 小时固定有 OBSMH 榆林。另有重要报和气象旬、月报的发报任务。2008 年 1 月 1 日,取消了航危报的发报任务。

气象报表制作　建站至 1998 年 3 月,地面气象记录月报表、年报表用手工抄写方式编制,一式 3 份,分别上报国家气象局、陕西省气象局、榆林市气象局。1998 年 4 月开始用微机制作报表,上报报表数据文件。

②气象信息网络

1956 年—1999 年 9 月为人工查算编制气象报告,并通过电信公司专线电话向用报部门传输报文。1999 年 10 月起采用"AHDM 4.1"软件编制气象报告,通过网络传输资料。2002 年 8 月建成了 X.25 数据专线,2003 年 1 月开通了 ADSL 宽带网业务和气象宽带广域网,开通了气象远程教育系统,同时采用"地面气象测报业务软件OSSMO 2004"编制气象电报,微机编制气象报告。截至2008年有移动、电信、广电3条数据专线,2条使用,1条备份,可随时切换高速、稳定的气象数据网络,保证了气象数据的传输。利用现有的宽带网络,进行市—县可视系统会商,进行气象预警信息短信群发等,2008年开始采用电子显示屏发布气象预报。

③天气预报

1958年5月23日起开始发布天气预报,当时靠收听气象广播资料和手工绘制简易天气图、综合时间剖面图、结合本站要素制作预报。1983年神木站对基本资料进行续加,对基本图表、基本档案进行管理,总结归纳预报基本方法。1985年正式开始天气图传真接收工作,主要接收北京的气象传真和日本的传真图表。1987年7月架设开通了甚高频无线对讲通信电话,实现与市气象局直接天气会商。1995年建立了地、县计算机远程终端。2000年建立了县级卫星单收站接收系统。预报人员通过分析高空、地面天气云图、卫星云图、雷达资料等,做出准确预报。

2. 气象服务

公众气象服务 建站初期,神木县气象站主要通过广播对外发布天气预报信息。1989年9月购买了警报接收装置,安装到防汛办、农业局等相关单位,建成了气象预警服务系统,并使用预警系统对外服务,每天发布两次,服务单位通过预警接收机定时接收气象预报。1997年7月,神木县气象局与电信局合作正式开通了"121"天气预报自动答询电话(2005年1月"121"电话升位为"12121")。1997年10月,职工个人自等资金与榆林市气象局产业科联合开办了电视天气预报栏目,气象局负责制作天气预报节目录像带送电视台播放。2008年在6个乡镇安装电子显示屏,开展气象灾害预警信息发布。

决策气象服务 决策服务方式在20世纪60—80年代主要为书面材料、电话等;20世纪90年代后逐步用传真、网络、手机短信等方式为领导防灾减灾提供决策服务。服务内容有:灾害性天气预报预警、旬月预报、雨情通报、旱情分析与预报、节日天气预报、汛期天气预报、关键农事季节、重大活动期间天气预报以及短时天气警报等。2003年9月12—17日陕西省第五届农民运动会在神木召开,神木县气象局为其提供了全程预报服务,准确及时的服务受到了神木县政府的表扬,县电视台还做了专题报道。

气象科技服务 神木县气象局1986年开始开展专业有偿服务工作,主要为一些企业和乡镇提供天气预报和气象资料。1988年有偿服务收入700元。1989年通过加大宣传力度,改进服务方式,全局职工参与等一系列措施创收达4800元。1997年"121"电话、电视天气预报开通,有偿服务创收有了突破性的发展。2000年以来,神木气象局充分调动广大职工的主观能动性,不断拓展气象科技服务领域,在开展原专业有偿服务、影视广告服务、"12121"电话答询服务的基础上,2003年开展了气象短信服务和防雷检测、防雷工程等多项气象科技服务。2007年增加了对火工库安全隐患防雷装置的改造工作,两个月内整改火工库16个。2008年增加了对30多家建设单位的防雷工程图审,70多家建筑工地防雷设施安全检测,50余栋县城内的高层建筑物防雷装置检测,全县42所学校防雷工程改造,5家建设单位的建设项目竣工验收。通过全体职工的共同努力,气象科技服务用户由过去的几十户增加到目前的350多户,科技服务收入成为陕西气象部门县局的"领头羊"。

人工影响天气 1994 年,神木人工影响天气工作由神木县气象局管理。1995 年神木县成立神木县人工影响天气领导小组,组长由主管副县长担任,副组长由农业局局长和气象局局长担任,成员由相关部们负责人组成,下设办公室,主任由气象局局长担任。2006 年正式成立神木县人工影响天气办公室,下设办公室在县气象局,办公室主任由气象局杨加信局长兼任。

1956—1992 年,神木县一直使用土炮、土枪、土火箭进行人工增雨、防雹作业。1992 年至 1994 年先后购置"三七"高炮 4 门,根据冰雹路径分别安置在尔林兔、大保当、店塔和高家堡 4 个乡镇。每个炮点有 3 名炮手,并配发通讯手机,雨衣,雨鞋等。2000 年榆林市政府为县人工影响天气办公室配发 1 辆移动式火箭增雨防雹车。2004 年 4 个高炮点均建成了标准化炮点(具备炮库、弹库、值班室)。2006 年市政府和县政府共同投资更换了火箭增雨车。2007 年榆林市政府批准神木县人工影响天气管理编制 2 人。

2000—2008 年神木县政府对人工影响天气工作共投入 106.8 万元,主要用于更换火箭增雨车、高炮弹、火箭弹购置、标准化炮点建设、支付炮手人员工资、购置通讯设备等。

神木县人工影响天气办公室担负着神木县人工影响天气管理的重要职责,严格执行《陕西省人工影响天气工作安全管理规定》,每年对所有高炮作业人员和火箭增雨作业人员进行理论讲解和实弹演示培训,合格后发给作业资格证,并为防雹增雨作业人员购买意外伤害保险。县人工影响天气办公室每年对各炮点高炮的清洁维护和人员到位情况进行认真细致的检查,县政府、县人工影响天气办公室与炮点所在乡镇签订《人工影响天气工作安全责任书》,要求炮点所在乡镇一把手对防雹工作负总责,与炮手签订安全责任书,确定一名乡镇副职分管此项工作,保证安全作业,要求各乡镇要加强组织领导,重视人工影响天气工作,树立安全意识,提高防雹增雨效果,认真做好作业效益上报工作。自人工影响天气办公室成立至今,乡镇各炮点和火箭增雨车适时实施了多次人工防雹和增雨作业,有效地减轻了冰雹和干旱造成的损失。

气象法规建设与社会管理

法规建设 贯彻落实《中华人民共和国气象法》、《陕西省气象条例》等法律法规。积极规范升空氢气球管理、气象信息传播、避雷装置检测、探测环境保护等。神木县气象局先后与县安监、建设、教育、公安等单位联合先后下发了《关于转发榆林市安全生产监督管理局、榆林市气象局〈关于加强防雷设施安全管理工作的通知〉》(神安检发〔2003〕5 号)、神木县人民政府办公室《转发榆林市人民政府办公室关于做好防雷减灾工作的通知》(神政办发〔2006〕66 号)、神木县教育局、安监局、气象局联合转发《榆林市教育局、安监局、气象局〈关于加强学校防雷安全工作的通知〉》(神气发〔2007〕6 号)、神木县气象局、神木县建设局联合下发《神木县关于建(构)筑物防雷工作的通知》(神气发〔2008〕4 号)等文件。重点开展了行业防雷设施管理和行政执法,组织执法人员重点对各建设施工单位进行了建筑物防雷设施、图纸设计审查和竣工验收检测报告的专项执法检查。

政务公开 对气象行政审批办事程序、气象服务内容、服务承诺、气象行政执法依据、服务收费依据及标准等,采取了通过户外公示栏、电视广告、发放宣传单等方式向社会公开。财务收支、目标考核、基础设施建设、工程招投标等内容则采取职工大会或上局公示栏张榜等方式向职工公开。干部任用、职工晋职、晋级等及时向职工公示或说明。

制度建设 为了进一步完善监督制度,神木县气象局结合实际制定了《神木县气象局局务公开制度》、《神木县气象局政治、业务学习制度》、《岗位目标责任制奖惩制度》、《计划生育管理制度》、《车辆管理制度》、《增雨、防雹高炮、火箭架管理制度》、《高炮、火箭作业空域请示制度》等20多项制度。

党建与气象文化建设

1. 党建工作

党的组织建设 1956—1974年,有2名党员,编入南郊县农场党支部。1974—1981年,有2名党员,编入县草原站党支部。1988—2008年,有1名党员,编入县草原站党支部。

党风廉政建设 神木气象局认真落实党风廉政建设目标责任制,积极开展廉政教育和廉政文化建设活动,努力建设文明机关、和谐机关和廉政机关。开展了以"情系民生、清正廉洁"为主题的廉政教育,定期召开民主生活会,组织观看模范人物事迹片和警示教育片,学习模范人物的廉政品质。认真执行"三项制度"、"三人决策制度"、"联签会审制度"和"工程项目招投标制度"等,使站内财务、政务、集体采购等走向规范化。

2. 气象文化建设

文明单位创建 1999年,神木气象局就把省级文明单位创建活动作为一项重要工作来抓,按照创建标准,局内成立了创建领导小组,结合工作实际,制定了创建活动实施细则,一把手负责,副局长和各股室分工负责,精心组织,开展了扎实有效的创建活动,把创建工作与业务考核挂起钩来,把创建活动纳入经常化、制度化和规范化的轨道。利用黑板报和专题会议等形式,大力宣传创省级文明单位的意义和计划步骤,并使之深入人心,使创建活动成为每个职工的自觉行动,同时通过报刊、电台大力宣传报道神木气象局在两个文明建设方面的情况,为创建工作营造了良好舆论氛围。神木气象局通过强化学习,提高干部职工的综合素质;通过健全规章制度,完善监督制约机制;通过明确目标,使基本业务质量稳步提高,预报服务准确到位,科技服务再创新高,现代化建设水平得到了进一步提高。2006年1月,被省委、省政府授予"省级文明单位"。

精神文明建设 神木气象局精神文明活动内容丰富,形式多样。购置了家庭影院、象棋、羽毛球、等文体设施,建造了篮球场。节假日经常组织职工开展一系列有益的文体活动。在气象服务中,改进工作作风,做好电视天气预报、"12121"电话自动答询、气象专业有偿服务和防雷电检测等对外的气象服务,让社会满意,让人民群众满意。在防雷电检测中,加大对检测人员的技术培训,严格按照法律赋予的职责,做好安全检测工作。局办公室定期进行环境卫生等检查评比,奖优罚劣,使机关办公室经常保持干净整洁,绿化带花草争艳。

气象科普宣传 每年"3·23"世界气象日,通过悬挂条幅、上街发放宣传单、设气象咨询点和在电视上开设专栏等方式大力宣传气象科普知识、防雷法规及避险常识。

集体荣誉 1985年"神木县气候区划"被陕西省区划委员会评为优秀成果三等奖;2001年被省人事厅、省气象局评为全省气象系统先进集体。

台站建设

1956 年建站后神木县气象站共有砖木结构房屋 10 间。1974 年 11 月 1 日迁站,共有砖木结构房屋 12 间,砖窑洞 12 孔。1986 年 4 月 5 日,对房屋进行了翻修,由砖木结构房顶改造为现浇混凝土结构房顶。1992—1996 年新建职工家属住房 3 套(6 间),维修粉刷家属住房窑洞 12 孔,同时维修改造了站内办公区与家属区大部分生活与办公设施。1998 年将 12 孔窑洞拆除,新建住宅楼 1 栋(8 套)。2001 年 7 月—2003 年 9 月,进行了全面的综合改造,新建办公房 12 间,总面积 381.65 平方米。新修机关与家属区下水道 320 延长米,接入城市排水管网。扩展硬化机关大院,并对院落进行了绿化。修库房 1 间,新修了标准化观测场,观测场东部护坡挡墙 20 延长米。

2005 年神木县气象局为"神木锦界建设煤电化工专业气象服务台"争取到神木地方财政建设资金 70 万元,建设用地 5133.6 平方米。

神木县气象局经过几代气象人的艰苦努力,不断的建设和发展,成为具有现代化气象观测装备、先进的网络通信技术、舒适的办公条件、美观整洁的环境、管理措施完善的国家基本气象观测站。

神木县气象旧貌站(1984 年 5 月)

神木县气象局现观测场(2008 年 8 月)

神木县气象局现综合业务办公楼(2008 年 8 月)

定边县气象局

明成化六年(1470年)置定边营,清雍正九年(1731年)设定边县。地处陕西省西北角、榆林市最西端,是黄土高原与内蒙古鄂尔多斯荒漠草原过渡地带,系陕、甘、宁、蒙四省区交界地,素有"旱码头"之称。石油、天然气、原盐等矿产资源在周边地区中具有独特的优势。全县总面积6920平方千米,辖30个镇乡,338个村委会,人口32万。

定边属温带半干旱大陆性季风气候。主要特点是:春多风、夏干旱、秋阴雨、冬严寒,日照充足,雨季迟且雨量年际变化大。

机构历史沿革

台站变迁 1956年9月,按一般气象站标准在定边县贺圈乡刘圈村建成定边气候站,同月,开展气象业务观测;1961年12月,迁至定边县城西关外;1968年12月,迁至定边县城北关外三里墩,观测场位于东经107°35′,北纬37°35′,海拔高度1360.3米。

历史沿革 定边气候站成立于1956年9月;1959年7月,更名为定边县气候服务站;1962年5月,更名为定边县气象服务站;1972年5月,更名为定边县革命委员会气象站;1978年3月,更名为定边县气象站;1990年1月,更名为定边县气象局(实行局站合一)。

定边县气象站成立时被定为国家一般站,1989年1月调整为国家基准气候站,2007年1月1日调整为国家气候观象台,2008年12月31日调整为国家基准气候站。

管理体制 1956年9月—1957年12月,由陕西省气象局和定边县政府双重领导,以陕西省气象局领导为主。1958年1月—1962年4月,由地方政府领导,业务受陕西省气象局指导。1962年5月—1964年12月,由省气象局领导。1965年1月—1979年12月,改为以地方政府领导为主,业务受陕西省气象局指导(其中1971年9月—1973年12月由县人民武装部管理)。1980年1月起,实行气象部门与地方政府双重领导,以气象部门领导为主的管理体制。

机构设置 定边县气象局为国家基准气候站,内设测报股、预报股、科技服务中心。

单位名称及主要负责人变更情况

单位名称	姓名	职务	任职时间
定边气候站	方志福	站长	1956.09—1959.07
定边县气候服务站			1959.07—1962.05
定边县气象服务站			1962.05—1964.11
	王诚	站长	1964.11—1966.12
	王万斌	负责人	1966.12—1972.02
	魏存章	站长	1972.02—1972.05

单位名称	姓名	职务	任职时间
定边县革命委员会气象站	魏存章	站长	1972.05—1973.05
	褚玉生	站长	1973.05—1975.08
	薛华亭	站长	1975.09—1976.10
	高维斌	站长	1976.10—1978.03
			1978.03—1979.12
定边县气象站	蒋国斌	负责人	1979.12—1982.09
	马进武	负责人	1982.09—1983.03
	杨衍杜	站长	1983.03—1985.08
	李彩莲	负责人	1985.08—1985.12
	高扬	负责人	1985.12—1986.11
定边县气象局	任培玉	站长	1986.11—1990.01
		局长	1990.01—1994.09
	蒋国斌	局长	1994.09—2008.12
	何军	局长	2008.12—

人员状况 建站时只有 2 人。1980 年有职工 7 人。1989 年 1 月由国家一般站调整为国家基准气候站时定编为 12 人。2008 年底,有在职职工 18 人(在编职工 11 人,外聘 7 人),退休职工 4 人。在职职工中:本科 10 人,大专 6 人,中专以下 2 人;高级工程师 1 人,工程师 6 人,初级职称 5 人;50 岁以上 3 人,40～49 岁 4 人,30～39 岁 4 人,29 岁以下 7 人。

气象业务与服务

1. 气象业务

建站初期主要承担地面气候站的气象观测任务,每天向陕西省气象台(通过邮电局用电话)传输 3 次定时观测电报,制作气象月报表和年报表。1958 年 6 月—1984 年,增加制作补充天气预报业务和防雹任务,开展公益气象服务。1985 年增加气象科技服务。1992 年开始与宁夏气象科研所联合,开展飞机人工增雨作业。2000 年配备车载式 WR-1 火箭发射架,每年用火箭与飞机配合进行人工增雨作业。《中华人民共和国气象法》颁布之后,2001 年开始防雷安全检查工作。

①地面气象观测

1956 年 9 月 14 日 20 时开始,每天进行 08、14、20 时 3 次地面气象观测,观测项目有风向、风速、气温、云、能见度、天气现象、降水、小型蒸发、雪深。1957 年 6 月增加气压自记仪器,8 月增加温度自记仪器;1958 年 1 月增加气压观测和湿度自记仪器,3 月增加地面最低温度观测;1961 年 11 月增加地面温度、地面最高温度、冻土和日照观测;1963 年 1 月增加 5、10、15、20 厘米地温观测;1972 年 2 月—1997 年 10 月增加 EL 风向风速自记观测;1987 年 4 月增加虹吸雨量计观测。1989 年 1 月 1 日由国家一般站调整为国家基准气候站时,观测时次由原来的每天 3 次调整为昼夜 24 小时定时观测。观测项目增加了直管地温(40、

80、160 厘米)、电线积冰、雪压、E601 型大型蒸发及遥测雨量计观测,并承担天气报、航空报、水情报和农业气象旬(月)报任务。1993 年 9 月开始用 EN 型测风数据处理仪测风;2007 年 1 月 1 日增加了海平面气压观测。

1958 年 7 月—1961 年 6 月开展作物物候观测;1966 年 12 月—1968 年 9 月开展天物象观测;1979 年 12 月—1984 年 9 月开展"三性云"观测。

1988 年 10 月,地面气象测报工作告别了人工观测、手工操作和编报的原始观测方法,初步实现了人工与 PC-1500 袖珍计算机相结合的半自动观测方法。1992 年 8 月,陕西省气象局配发了计算机,1997 年 1 月 1 日起,正式把观测数据全部录入计算机,用计算机处理数据、编发报,取代了繁重的人工制作抄录报表业务,明显提高了测报质量和工作效率。

自动气象站 2002 年 11 月,建成了 CAWS600 型自动气象站,2003 年 1 月 1 日开始试运行一年,2004 年 1 月 1 日正式投入业务运行,实现了除地面云、能、天项目外的全部自动化观测和编发报文,提高了观测质量和报文传输时效。自动站观测项目包括:温度、湿度、气压、风向、风速、降水、地面温度和蒸发。2004 年 1 月 1 日起,地面测报坚持自动站观测与人工观测双轨运行,以自动站监测资料为准发报,自动站采集的资料与人工观测资料分别存入计算机中互为备份,每天定时备份,每月按要求归档、保存、上报。2005 年开始区域气象自动观测站建设。

2005 年 8 月,在杨井、砖井 2 镇建成温度、湿度两要素自动观测站 2 个;2006 年 8 月,在姬塬、白泥井、白湾子、堆子梁 4 乡镇建成温度、雨量两要素自动观测站 4 个;2007 年 6 月,在贺圈镇建成六要素自动观测站 1 个,在石洞沟、周台子、油房庄、王盘山、白马崾岘、新安边六个乡镇建成温度、雨量两要素自动观测站 6 个;2008 年 12 月,在武峁子、冯地坑两乡建成六要素自动观测站 2 个;均于建成时间开始运行。

2004—2008 年,先后在定边县境内安装测风仪器 15 套,其中陕西省气象局安装 2 套 10 米高的测风仪器;13 套 70 米高的测风仪器中,2 套为国家气象局布点安装,11 套为开发商通过当地政府备案安装。

航危报 1961 年 7 月 1 日—9 月 30 日、1964 年 5 月 1 日—12 月 31 日、1969 年 9 月 1 日—1971 年 9 月 13 日、1973 年 1 月 1 日—1982 年 12 月 31 日,定边站承担每天向 OBSAV(指为军航拍发的航危报)银川拍发白天固定航空报任务。1971 年 9 月 14 日—1972 年 12 月 31 日,每天 24 小时向 OBSAV 银川拍发固定航(危)报,即每小时整点前观测并拍发航空报 1 次,危险报则是当有危险天气现象出现时,5 分钟内及时发报。1976 年 10 月 1 日—2006 年 12 月 31 日,承担 OBSMH(指为民航拍发的航危报)榆林白天固定航(危)报任务。航危报的内容有:云、能见度、天气现象、气压、气温、风向风速、降水、雪深、地温等。

②气象信息传输

定边县气象局从建站至 1991 年,通信条件落后,拍发气象电报采用手摇电话先传至邮电局报房,邮电局报房再逐级传至目的地。1992 年电信局程控电话开通后,定边县气象局相继开通了 X.32 拨号电话专线传输气象电报。1993—1998 年,采用开通的 X.25 专线传输气象电报。1999 年至今,先后通过移动、电信、广电三个公司的光缆,建起了通讯网络,使气象电报的传输和资料信息共享有了根本保证。建站至 2003 年,气象资料除报表复制本要求上报中、省、市气象局归档外,其他原始气象资料均在定边站保管。2004 年开始,所有原始气象资料全部上交陕西省气象档案馆归档,站上只保留报表底本和观测数据光盘。

③天气预报

定边县气象站建站初期,根据地面测报,进行时效 24～48 小时的天气预报。1958 年开始进行单站天气预报。定边县制作天气预报基本处于"收听广播加看天"的落后局面,使用的资料只有用收音机收听省台广播的 20 多个指标站点资料,点绘出简易天气图,然后由预报员根据简易天气图、档案资料和群众经验相结合的办法制作预报,按省、地气象台指导预报进行校正后,通过县广播站向公众发布预报。1962 年开始制作和发布 1～3 天内的短期未来天气预报。随着生产发展的需要,制作和发布定期和不定期的天气趋势预报。1984 年后,逐步开展时效 12 小时的天气预报。定边站还有旬、月、季度的长期预报和春播期、汛期、霜冻的专题预报。

随着气象通信网络的建成,定边县气象站建立以高科技为支撑的天气预报业务系统。天气预报方法和手段得到不断发展和完善。MICAPS 系统、新一代卫星通信气象数据广播系统、新一代天气雷达系统等为天气预报提供了大量信息,数值预报得到飞速发展。预报员不仅参考使用我国数值预报产品,还大量参考日本、欧洲气象中心等国家和地区的数值预报产品,使得预报准确率不断提高。

④农业气象

定边县气象局不承担农业气象观测任务,20 世纪 50 年代后期,为贯彻"以服务农业生产为重点"的方针,本站配备 1 名兼职农业气象员,负责不定期的农业气象观测、调查。1958 年 7 月—1961 年 6 月开展作物物候观测。1966 年 12 月—1968 年 9 月开展天物象观测。1959 年 4 月开展取土测墒至今,并坚持在春收春种、夏收夏种、低温霜冻等农业生产季节或灾害性天气中,发布紧急预报,配合农业部门做好防寒、防旱、防风、防洪工作。1983—1985 年开展农业气候资源调查,完成了农业气候区划,并获国家农业部和国家区划办、省区划办"气候区划"三等奖 4 人次。2006 年增加了农业生态气象观测,观测项目有沙丘移动、土壤风蚀度、治沙植被和荞麦的生育期观测等。

2. 气象服务

公众气象服务 公众气象服务一直是定边县气象局服务工作的重要内容。制作的天气预报产品有:定边县 48 小时天气趋势预报和灾害性天气警报。服务方式:20 世纪 80 年代以前,预报制作后每天 21 时通过县广播站有线广播发布;1981—1994 年每天 19 时通过县广播电台发布;1995 年至今通过电信局开通"121"天气自动答询电话服务;2000 年 1 月发布电视天气预报;2008 年 1 月开始在定边县政府网站上发布天气预报。

决策气象服务 20 世纪 80 年代以前定边县气象站采用书面方式向当地政府传送旬、月、季中、长期预报和春播期、汛期、霜冻的专题预报,为当地政府安排部署农业生产提供了重要的决策参考。20 世纪 90 年代以后利用天气预报、气象灾害预警、重要天气报告、气象服务专报、雨情通报等提供决策服务。分别采用专题材料、传真、手机短信等方式及时的传递到领导手中。为当地政府和领导提供正确决策、科学指挥防灾减灾提供准确依据,产生了显著地社会效益和经济效益。

气象科技服务 1985 年开始开展气象科技服务,当时利用定边站制作的中、长期天气预报和气象资料,以旬天气预报为主,为全县各乡、镇及企事业单位服务。1990 年建成气象警报发射系统,用户通过警报接收机定时接收气象信息。1996 年 4 月,气象局同电信局合作开通"121"天气预报自动咨询电话。2004 年起,榆林市"121"咨询电话实行集约经营。2005 年,电话升位为"12121"。2000 年 1 月,定边县气象局建成多媒体电视天气预报制作系统,将自制节目录像带送县电视台播放。2003 年因广播电视局主要领导变动影视气象服务节目停播。

定边站开展气象科技服务 25 年来,专业气象服务用户由 30 多户增加到 200 多户,服务领域不断扩大,经济效益不断提高。

人工影响天气 定边县委、县政府历届领导重视人工影响天气工作。定边县气象站开展人工防雹作业起始于 20 世纪 50 年代末,当时的作业工具均为自制的土火箭、土炮。1959 年在全省气象会议上,定边站作了人工影响天气经验介绍。土火箭、土炮一直使用到 20 世纪 90 年代初。1992 年至今,连续 18 年与宁夏气象科学研究所协作在定边开展飞机人工增雨作业,累计飞行 86 架次。2000 年,在开展飞机人工增雨作业的基础上,增加了火箭人工增雨防雹作业。定边县气象局多次开展火箭、飞机联合人工增雨抗旱作业,为缓解定边水资源短缺、农业增产、农民增收发挥了应有的作用。

2008 年,定边县遭受 50 年一遇的特大干旱,100 万亩农田无法播种,白于山区十多万人饮水出现严重危机,省、市气象局高度关注定边旱情。7 月 13 日—14 日,省、市、县气象局三级联动抓住有利天气时机,利用榆阳、银川两架飞机、五辆移动火箭车开展了全方位立体式大规模的空地联合增雨,作业过程实施飞行 5 架次,发射火箭弹 86 枚,全县普降中到大雨,旱情得到有效缓解。

气象科普宣传 2000 年以来,定边县局每年"3·23"世界气象日开展气象科普宣传。先后三次参加了定边县科普宣传周"科技下乡"服务队,分别在学庄、白泥井、冯地坑乡镇向群众发放了 4500 份气象宣传材料,材料内容涉及气象法律、法规、天气预报、气象灾害、防雷避险、人工影响天气、如何使用"12121"气象信息自动答询系统、气象手机短信、怎样了解最新气象信息等,使更多的群众了解气象、关注气象、应用气象和支持气象。

气象法规建设与社会管理

法规建设 2004 年和 2006 年定边县人民政府分别下发了《定边县建设工程防雷项目管理办法》(定政办发〔2004〕26 号)和《关于加强防雷装置防雷设计、跟踪检测、竣工验收工作的通知》(定建发〔2006〕18 号)文件并在全县范围内实施,防雷行政许可和防雷技术服务逐步规范化。

制度建设 1995 年 1 月制定了《定边县气象局综合管理制度》。2001 年、2006 年经两次重新修订并执行。主要内容包括计划生育,干部、职工脱产(函授)学习和申报职称等,干部、职工休假及奖励工资,医药费,业务值班室管理制度、会议制度、财务和福利制度等。

社会管理 2002 年开始与有关部门联合开展了防雷安全管理和检测工作。制定相关规章制度,加强了同县安监局、公安局、消防队等部门的合作。先后联合开展了安全生产执法检查,对存在防雷安全隐患较多、安全意识淡薄的单位进行重点督查,发现问题,责令限期整改。防雷工作的开展,消除了防雷安全隐患,规范了定边县的防雷管理,取得了良好的社会效益。

政务公开 对气象行政审批办事程序、气象服务内容、服务承诺、气象行政执法依据、服务收费依据及标准等,通过公示栏、发放宣传单等方式向社会公开。财务收支、目标考核、基础设施建设、工程招标等内容利用职工大会或公示栏张榜等方式向职工公开。财务每半年公示一次,年底对全年收支、职工奖金福利发放等向职工作详细说明。职工晋职、晋级等及时向职工公示或说明。

党建与气象文化建设

1. 党建工作

党的组织建设 1956年9月—1964年12月,有党员1人,由定边县委办公室党支部管理。1965年1月—1966年12月,有党员1人,由定边县农牧局党支部管理。1972年3月—1977年6月,有党员4人,由定边县农业局党支部管理。1977年7月,定边县气象站成立党支部,截至2008年有党员3人。

2006年蒋国斌被定边县委评为"优秀共产党员"。

党风廉政建设 认真落实党风廉政建设目标责任制,积极开展廉政教育和廉政文化建设活动,努力建设文明机关、和谐机关和廉洁机关。开展了以"情系民生,勤政廉政"为主题的廉政教育。经常组织观看警示教育片,提高党员思想觉悟。

2. 气象文化建设

精神文明建设 定边县气象局始终坚持以人为本,弘扬自力更生、艰苦创业精神,深入持久的开展文明创建工作,政治学习有制度、文体活动有场所、电化教育有设施,职工生活丰富多彩。同时把领导班子的自身建设和职工队伍的思想建设作为文明创建的重要内容,通过开展经常性的政治理论、法律法规学习,造就了清正廉洁的干部队伍,锻炼出一支高素质的职工队伍。把符合条件的职工选送到南京和成都信息工程大学学习深造。全局干部职工无一人违法违纪,无一例刑事民事案件,无一人超生超育。

改革开放前设备原始、人员少、任务重,但能够艰苦奋斗,精神乐观。改革开放后,新一代气象人利用出台的改革政策创业,市场不断扩大,创收逐年增加,增强了单位的活力,职工精神面貌焕然一新。开展文明创建规范化建设,改造观测场,装修业务值班室,统一制作局务公开栏、学习园地、法制宣传栏和文明创建标语等宣传用语牌。建设"两室一场"(图书阅览室、职工学习室、小型运动场)。职工积极参加户外运动健身。

文明单位创建 广泛吸引职工自觉参加各种创建活动,积极响应市委"书香榆林"、市气象局"周周读书,人人培训"的倡议,开展"24小时时时学习,365天天天进步"活动,大力开展气象文化建设,加强宣传交流,努力提高创建水平。学习同行业创建活动中的好人好事和先进典型,采取请进来,走出去的办法,学习其他县区局创建文明单位的先进经验,开阔视野,丰富自己,引发思路。

此外,定边局狠抓制度建设。建立健全各项规章制度,做到凡事有人负责,凡事有章可循,凡事有序可查,凡事有人监督。

以"强基础、促服务、保民生、大发展"为目标,以"项目带动计划、南北互动计划、文化助推行动"为抓手,加强党的建设,加大气象文化建设力度,树立爱岗敬业的气象精神,提供准确及时的优质服务,创建文明优美的工作环境,营造健康向上的文化氛围,建设高素质的职工队伍,促进两个文明建设协调发展。

个人荣誉 2000年蒋国斌被陕西省人事厅、陕西省气象局评为"气象系统先进工作者"。

台站建设

1987年定边县气象局由一般站改建基准站时,国家投资8万元,修建了300平方米的职工宿舍兼办公室二层小楼。1998年争取资金24万元,征得环境保护用地3334平方米。2004年进行台站综合改造,主要实施了旧楼改造、装修,新建测报值班室133平方米,新建锅炉房、围墙、大门、蓄水池、污水池,对院落环境进行了绿化改造,硬化了道路,修建了花园,并解决了吃水和冬季取暖等问题,办公条件有了明显改善,硬件设施逐步齐全。

定边县气象站旧貌(1978年)

1988年的定边县气象局

定边县气象局现貌(2008年)

定边县气象局综合业务办公楼(2008年8月)

靖边县气象局

靖边县历史悠久,十六国时期(公元 413 年),匈奴族建立的大夏国都统万城遗址就在县城北 58 千米处红墩界乡白城子村。北魏孝文帝太和十一年(公元 487 年),改为夏州,唐太宗贞观二年(公元 628 年)置夏州都督府,统领夏、绥、银三州,雍正九年(公元 1731 年)设为靖边县,现隶属陕西省榆林市。

靖边县地处黄土高原与蒙古高原鄂尔多斯台地过渡带,北接毛乌素沙漠,南连白于山山脉,属温带半干旱内陆季风气候。灾害性天气频发,尤以干旱、冰雹、大风、雷电、暴雨、霜冻为甚。

机构历史沿革

台站变迁 1956 年 9 月,建成靖边县张畔气候服务站,站址在张畔镇十字街南口。1962 年 5 月被撤销,1965 年 6 月又在原址恢复建站。1973 年 1 月,站址迁至靖边县城北郊新农村乡官路畔村,观测场位于北纬 $37°37'$,东经 $108°48'$,海拔高度 1335.8 米。

历史沿革 靖边县张畔气候服务站成立于 1956 年 9 月;1962 年 5 月—1965 年 5 月,被撤销;1967 年 1 月,更名为靖边县农林水牧革委会气象站;1971 年 1 月,改为靖边县革命委员会气象站;1980 年 1 月,更名为靖边县气象站;1990 年 1 月,更名为靖边县气象局(实行局站合一)。

靖边县气象站成立时被定为国家一般站,2007 年 1 月 1 日,由国家一般气候站升为国家基本气象站。

管理体制 1956 年 9 月—1958 年 9 月,由陕西省气象局管理;1958 年 10 月—1970 年 9 月,由榆林市气象局、靖边县农林局双重管理;1970 年 10 月—1973 年 5 月,由军事部门和地方革命委员会双重管理;1973 年 6 月—1979 年 12 月,由靖边县革命委员会管理;1980 年 1 月起,实行气象部门与地方政府双重领导,以气象部门领导为主的管理体制。

机构设置 靖边县气象局下设办公室、气象依法行政办公室、地面测报股、预报服务股、人工影响天气办公室、气象科技服务中心。

单位名称及主要领导变更情况

单位名称	姓名	职务	任职时间
靖边县张家畔气候服务站	李 纲	站长	1956.09—1958.12
	张正云	站长	1958.12—1962.05
撤销			1962.05—1965.05

续表

单位名称	姓名	职务	任职时间
靖边县张家畔气候服务站	张正云	站长	1965.05—1967.01
靖边县农林水牧革命委员会气象站			1967.01—1971.01
靖边县革命委员会气象站			1971.01—1975.09
	刘应才	站长	1975.09—1977.06
	李树林	站长	1977.06—1978.01
靖边县气象站	谷 涛	站长	1978.01—1980.01
			1980.01—1980.12
	姬盛昌	站长	1980.12—1984.06
	艾绍川	副站长(主持工作)	1984.06—1985.09
	姬海生	站长	1985.09—1990.01
靖边县气象局		局长	1990.01—1992.03
	张闻廷	局长	1992.03—1993.11
	常胜豹	副局长(主持工作)	1993.11—1994.11
	李采莲	局长	1994.11—2002.08
	刘宝玉	局长	2002.09—

人员状况 靖边气象站成立时有职工 2 人。1980 年有在职职工 6 人。2008 年有在职职工 16 人(在编职工 10 人,地方编制 2 人,外聘 4 人),退休职工 1 人。在编职工中:大专以上 8 人,中专 2 人;中级职称 6 人,初级职称 4 人;在职职工中:50 岁以上 2 人,40~49 岁 4 人,30~39 岁 3 人,29 岁以下 7 人。

气象业务与服务

1. 气象业务

①地面气象观测

观测时次 1956 年 9 月 15 日至 1962 年 5 月,每天进行 02、08、14、20 时 4 次观测;1965 年 6 月—2006 年 12 月 31 日,每天进行 08、14、20 时 3 次观测;2007 年 1 月 1 日起,每天进行 02、08、14、20 时 4 次观测。

观测项目 云、能见度、天气现象、气压、气温、湿度、风向风速、降水、雪深、日照、小型蒸发、地温、冻土、辐射、土壤水分等。

编报任务 1972 年 1 月 25 日起向镇川拍发挂号为 OBSAV 的 06—20 时预约航空(危)报,同年 4 月 1 日起向西安拍发挂号为 OBSAV 的 05—20 时预约航空(危)报,6 月 1 日起向户县拍发挂号为 OBSAV 的 06—20 时预约航空(危)报。1974 年 1 月 1 日起向兰州、银川拍发挂号为 OBSAV 的 24 小时预约航空(危)报。1977 年 1 月 1 日向延安、榆林拍发挂号为 OBSMH 的白天预约航空(危)报。2008 年向西安拍发挂号为 OBSAV 白天固定、榆林拍发挂号为 OBSMH 白天预约航空(危)报。

2007 年 1 月起承担每天 02、08、14、20 时 4 次定时天气报与不定时预约报、气象旬(月)报、重要天气报发报任务。

报表制作 1956 年 10 月—2000 年 12 月为手工抄录、编制报表。2001 年 1 月起结束了手工抄录报表的历史,改为机制报表。2004 年 6 月开始通过 162 分组网向省气象局上传原始资料。

自动气象站 2003 年 1 月县级气象现代化建设开始起步,2004 年 7 月建成 AMS-Ⅱ型自动气象站,同年开始双轨试运行观测,2007 年 1 月 1 日正式启用。自动气象站观测项目有气压、气温、湿度、风速风向、降水、地温等,并采用仪器自动采集记录替代人工观测。

截至 2008 年底,靖边县境内共建成气象区域自动站 21 个,百米测风塔 1 座。

②天气预报

短期天气预报 1958 年 5 月 23 日,靖边县气象站开始制作补充天气预报,采取"土、洋、群"三结合(土:物候观测,洋:天气图,群:群众看天经验及农谚)制作发布短期预报。20 世纪 80 年代初期,在上级业务指导下,完成了四个基本(基本资料、基本图表、基本档案、基本方法)的建设。1984 年后,绘制简易天气图、综合时间剖面图等九种基本图表,同时引入数值统计预报等多种方法制作预报。20 世纪 90 年代,找出了关键农时季节的预报指标,建成暴雨、大风、冰雹等预报模式。21 世纪,气象信息网实现大量气象资料共享,预报手段和预报质量得到改善与提高。

中期天气预报 20 世纪 80 年代初,靖边县气象站通过传真接收中央气象台、陕西省气象台的旬月天气预报,并根据本站的气象资料和基本方法加以订正,制作旬、月天气趋势预报。

短期气候预测(长期天气预报) 靖边县气象站根据中央、省、市气象部门的预报,运用数理统计方法和常规气象资料图表及预报员多年积累的预报经验结合本地气候、地形等特点做出补充订正预报。20 世纪 70 年代,靖边县气象站开始制作长期天气预报,80 年代建立长期预报指标和方法,一直延用至今。内容主要有:春播预报、汛期预报、半年预报、年预报、春夏秋季干旱专项预报等。

③气象信息网络

从建站至 1997 年利用电话通过邮电局转发报文;1988 年建立市县甚高频无线通信系统,进行预报传递和天气会商;1998 年开通了 X.25 拨号网上传输报文、建成县级 PC-VSAT 气象卫星地面接收站;2001 年开通省—市—县中文电子邮件办公系统;2003—2008年,采用专用光纤网络,气象电报传输实现了网络化、自动化,建成省—市—县宽带网、安装多普勒雷达显示终端,开通市—县天气预报可视会商、电视会议系统。

2. 气象服务

靖边县气象局坚持以旱作农业与油气田开发需求为服务宗旨,把决策服务、公众服务、专业服务等气象科技服务落实到经济社会发展和人民群众生产生活中。

①公众气象服务

20 世纪 60 年代开始,主要通过靖边县广播电站对外发布天气预报信息。1988 年利用警报发射系统对外发布天气预报。1999 年靖边县气象局与电信局合作开通"121"天气预报自动答询电话。2004 年开设电视天气预报栏目,每天播放 2 次。2005 年通过网站发布

24、48小时天气预报、每周天气趋势、重要天气消息等综合气象服务信息。2005年8月开始使用手机短信开展气象服务。

2007年以来先后为县委、政府、各乡镇、农场、企业等安装30块电子显示屏,用于传播公众气象服务信息和气象预警信息等。

②决策气象服务

决策气象服务产品主要有:《气象信息》、《送阅件》、《重大气象信息专报》、《重要天气消息》、《灾害性天气预警》、《雨情通报》等。按月、季、年编发《气候趋势预报》和《气候影响评价》,按季编发《生态监测公报》。适时制作农作物等发育期天气预报和产量预报,为地方党政领导和相关部门提供决策依据。

③专业与专项气象服务

专业气象服务 1985年开始,以电话、传真等方式向供电、交通、供水等单位提供专业气象服务信息;开展气象森林防火、飞播造林、重大社会活动、重大工程等专项气象服务。1988年在靖边县委办公室、县政府办公室、县防汛抗旱指挥部办公室、县农业局办公室、水库管理办公室及各乡镇安装气象警报服务接收机,每天上午、下午各广播一次,服务单位通过警报接收机定时接收气象信息服务。1990年起开展农业、林业、水利、环保等行业的专项气象服务。

人工影响天气 靖边有"十年九旱"之称,增雨防雹是历届领导十分关注的工作。1969年,靖边县气象站开始了人工影响天气工作。当时安全条件差,生产设备简陋。1971年6月9日09时59分在借用的张家畔小学教室内制造土火箭炮弹时,药库发生意外爆炸,炸毁房屋72间,损坏房屋279间,造成9死48伤的重大事故,直接经济损失8万多元,靖边县气象站主要负责人给予行政处分。

靖边县气象局人工影响天气装备及人员队伍
(2008年8月)

1997年,靖边县人工影响天气领导小组正式成立,办公室设在气象局。同年县计划委员会立项拨付30万元专项经费购置"三七"高炮8门。2001年与宁夏气象科研所签订飞机增雨协议。2006年建成8个标准化炮站。2007年购置车载式火箭发射架2副。2008年靖边县政府投入人工影响天气经费93万元。

防雷减灾 2000年起开展靖边县各单位建筑物避雷设施安全检测,最初主要开展避雷装置安全检测。截至2008年开展防雷减灾项目有避雷装置安全检测、防雷工程建设、建(构)筑物防雷图纸设计与审核、雷电预警、雷电灾害调查审核、雷击安全风险评估等。避雷装置安全检测工作主要开展对高大建筑物、炸药库、油库、加油站、液化气站、计算机机房、通信机站等防雷设施的安全检测,特别对重点行业、重点单位、重点部位进行每年两次检测。

④气象科技服务

1986年开始开展气象有偿服务工作,主要以中、长期天气预报和实测气象资料向各乡镇、企业单位及长庆油田前线指挥部提供有偿服务。1989年利用单边带每天向长庆油田前线指挥部发布24小时天气预报。1997年在对油气田开发服务中,靖边局总结多年服务经验,研发了勘探、开采、冶炼等方面的服务指标。2008年与1997年相比,有偿服务和综合经营毛收入增长了10倍,气象科技服务用户由过去的20余户增加到目前的200多户。

气象法规建设与社会管理

法规建设 1982年靖边县人民政府下发文件,规定观测场周围500米内不得修建及破坏观测环境,如有特殊情况必须经县政府办公室会议研究通过。

2000年开始,靖边县人民政府依据《中华人民共和国气象法》、《陕西省气象条例》、《气象探测环境和设施保护办法》等法律法规,先后下发了《关于转发榆林市安全生产监督管理局、榆林市气象局〈关于加强防雷设施安全管理工作的通知〉》、靖边县人民政府办公室《转发榆林市人民政府办公室关于做好防雷减灾工作的通知》。靖边县教育局、安监局、气象局联合转发《榆林市教育局、安监局、气象局〈关于加强学校防雷安全工作的通知〉》。靖边县气象局、县建设局联合下发《靖边县关于建(构)筑物防雷工作的通知》。

社会管理 2005年开始承担行政许可工作,项目有防雷装置设计图纸审核,防雷装置竣工验收、升空气球活动审批(受市级气象主管机构委托)。

政务公开 靖边县气象局对气象行政审批办事程序、气象服务内容、服务承诺、气象行政执法依据、服务依据等采取户外公示栏向社会公开;组长任用、目标考核、物资采购、财务收支、职工奖金福利发放、领导待遇、劳保、基础设施建设、工程招标等内容采取职工大会或公示栏张榜等方式向职工公开,并严格执行"三人决策制度"、"联签会审制度"和"三项制度"。

制度建设 2005年靖边县气象局在原有规章制度的基础上,进一步完善充实,制订了《靖边县气象局综合管理制度》、《靖边县气象局综合管理奖惩制度》等。

党建与气象文化建设

1. 党建工作

党的组织建设 1956年9月,靖边气象站成立时无中共党员。1960年有1名党员,编入县农业技术推广站党支部。1972年有4名党员,1973年1月,靖边县气象站党支部正式成立,截至2008年底有6名党员。

靖边县气象局(站)历届党支部均重视对党员和群众进行荣誉教育,爱岗敬业、艰苦奋斗和团结协作的集体主义教育。坚持每月召开一次党的生活会,组织党员学习政策文件,发挥党支部的战斗堡垒作用和党员模范带头作用,团结群众完成各项工作任务,注重培养和考察入党积极分子。1974—2008年先后发展了8名党员,培养出一支爱岗敬业,不惧艰险,特别能战斗的队伍。

党风廉政建设 靖边县气象局加强党风廉政建设。每年签订并落实党风廉政建设目标责任制,积极实施阳光政务,结合工作实际做到标本兼治,综合治理,强化责任,抓好落实,加大从源头上预防和治理腐败的力度,不断推进党风廉政建设和反腐败工作深入开展,重点抓班子和职工队伍建设。2002—2008年每年4月开展党风廉政宣传教育月活动,多次参加廉政教育、廉政文化建设和反腐倡廉知识竞赛等活动,努力建设文明机关,和谐机关。靖边县气象局党支部和纪检员在加强自身廉政建设的基础上加强对局领导成员的监督。

2. 气象文化建设

精神文明建设 靖边县气象局始终坚持以人为本,弘扬自力更生,艰苦创业精神,深入持久的开展文明创建活动。政治学习有制度,文体活动有场所,专业学习教育有设施,职工生活丰富多彩,文明创建工作有很大进展。

靖边县气象局领导班子始终把自身建设和职工队伍的思想建设作为文明创建的重要内容,锻炼出一支高素质的干部职工队伍。职工先后有7人在中央党校靖边函授站本科毕业,1人在成都信息工程学院陕西函授站就读。

每年"3·23"世界气象日组织职工上街宣传气象科普知识,介绍防雷知识,传授防灾措施。建设"两室一场"(图书阅览室,职工学习室,小型运动场),积极参加地方组织的各种文艺活动和户外健身运动,丰富职工的业余文化生活。改善了局办公区,绿化了庭院,铺设了道路,美化了环境。

文明单位创建 文明创建阵地得到加强,装修业务值班室,统一制作局务公开栏、学习园地、法制宣传栏和文明创建标语等宣传用语牌。1991年被靖边县委县政府命名为"县级文明单位",2006年被榆林市委市政府命名为"市级文明单位"。

台站建设

靖边气象站始建时仅有72平方米的(平房)值班室兼办公室和宿舍,用小煤油照明,小煤炉子取暖,无交通工具。1973年迁到靖边县新农村乡官路畔建起窑洞216平方米,设有值班室,办公室,库房,宿舍等。2002年省气象局下拨台站改造款15万元,靖边县政府资助15万元,单位自筹6万元,向职工借款10万元,建起了804平方米的气象综合办公楼,气象局面貌焕然一新。

2003年,省气象局下拨37万元对机关办公楼的改造和院内环境美化,重新装饰了办公楼和业务值班室,完成了业务系统的规范化建设。修建了道路、草坪和花坛,栽种了风景树,庭院绿化率达到了60%。2008年底有工作用车2辆,增雨专用车2辆,办公和生活均采用电力照明和集中供暖,办公条件得到了极大地改善。

靖边县气象局经过50多年的不断建设与发展走过了一条艰苦奋斗的道路,通过几代气象人的努力,已成为具有现代化气象观测装备、先进的网络通讯技术、整洁美观的环境、管理措施完善的基层台站,为靖边的气象事业和社会经济的发展发挥着重要的作用。

靖边县气象站旧貌(1983 年)　　　　　综合改造后的靖边县气象局办公楼(2008 年)

横山县气象局

　　横山县位于陕西省北部,地处陕北长城沿线,毛乌素沙漠南缘,东邻榆阳(区)、米脂;南接子洲、子长,西与靖边接壤,北靠内蒙古乌审旗,全县总面积 4333 平方千米,辖 10 镇 8 乡,358 个行政村,人口 33 万。横山以农业立县,大明绿豆国内外享有盛名;横山以资源富县,被国家列为晋陕蒙能源重化工基地建设区,特别是煤炭、天然气、石油和盐,开采前景十分广阔。

　　横山县属于温带大陆性半干旱季风气候区,气候特点:降水少、日照强烈、蒸发量大、冬季寒冷期长,夏季雨水集中,炎热期短,秋季秋高气爽,春季冷热剧变,风大沙多,"早穿棉衣午穿纱,晚上抱着火炉吃西瓜"正是横山县气候变化的真实写照。

机构历史沿革

　　台站变迁　陕西省横山气象站始建于 1954 年 1 月,地址在殿市镇;1958 年 9 月,迁至横山镇李家洼(山顶);1982 年 10 月,观测场向东移 50 米,并抬高 2.5 米。观测场位于北纬 37°56′,东经 109°14′,海拔高度 1111.0 米。

　　历史沿革　1954 年 1 月,定名为陕西省横山气象站;1959 年 1 月,改为陕西省榆林县气象站;1960 年 4 月,更名为榆林县横山气象服务站;1961 年 10 月,改称为横山县气象服务站;1963 年 2 月,改称为陕西省横山县气象服务站;1968 年 8 月,更名为陕西省横山县气象站革命领导小组;1972 年 1 月,更名为横山县革命委员会气象站;1980 年 3 月,改称为横山县气象站;1990 年 1 月,更名为横山县气象局(实行局站合一)。

　　2006 年 1 月—2008 年 12 月,被确定为国家气象观测一般站,2008 年 12 月起改为国家基本气象站。

　　管理体制　1954 年 1 月—1954 年 8 月,由西北气象处管理;1954 年 9 月—1955 年 1 月,由陕西省气象科管理;1955 年 2 月—1958 年 9 月,由陕西省气象局管理;1958 年 10 月—1959 年 1 月,由榆林市气象局、横山县农林局双重管理;1959 年 2 月—1961 年 9 月由榆林市气象局、榆林县农林局双重管理；1961年10月—1970年9月由榆林市气象局、横山县农林局双重管理；1970年10月—1973年5月由军事部门和地方革委会双重管理；1973年6月—1979年12月，由横山县革命委员会管理；1980年1月起，实行气象部门与地方政府双重领导，以气象部门领导为主的管理体制。

机构设置 1954年至1991年有地面观测股和预报服务股；2002年增设人工影响天气领导小组办公室；2006年增设气象科技服务中心。

单位名称及主要负责人变更情况

单位名称	姓名	职务	任职时间
陕西省横山气象站	常应珍	站长	1954.01—1956.07
陕西省榆林县气象站	汪 超	站长	1956.07—1959.01
			1959.01—1960.04
榆林县横山气象服务站			1960.04—1961.10
横山县气象服务站			1961.10—1962.02
	李玉山	站长	1962.02—1963.02
陕西省横山县气象服务站			1963.02—1963.05
	雷贵金	站长	1963.05—1968.08
陕西省横山县气象站革命领导小组	李应和	站长	1968.08—1971.01
	何旺山	站长	1971.01—1972.01
			1972.01—1978.11
横山县革命委员会气象站	王文政	副站长（主持工作）	1978.11—1979.09
	雷贵金	站长	1979.09—1980.03
横山县气象站			1980.03—1984.07
	张桂梅	副站长（主持工作）	1984.07—1988.09
	张闻廷	站长	1988.09—1990.01
横山县气象局		局长	1990.01—1992.02
	崔丁阳	局长	1992.02—2000.12
	何 军	局长	2000.12—2008.12
	张桂梅	副局长（主持工作）	2008.12—

人员状况 横山县气象站建站时有职工12人。1980年有在职职工14人。由于台站条件艰苦，工作人员交流频繁，建站至今，先后有60多人在横山站工作过。截至2008年底，共有在职职工15人（在编职工9人，外聘职工1人，地方编制职工5人），离退休3人。在职职工中：大学本科1人，大专10人，中专以下4人；中级职称5人，初级职称3人；在编职工中：29岁以下1人，30～39岁4人，40～49岁4人。

气象业务与服务

横山县气象站实行上级气象主管部门和地方政府双重管理体制，是横山县政府组织协调全县气象、气候资源利用的职能部门。主要职责承担横山县气候监测、预报服务、人工影响天气和防雷安全检测等工作。任务是：一日8次的气象要素观测及24小时整点数据上传；每月上报地面气象记录报表；承担发布横山县的天气预报及气象服务工作；负责全县人工影响天气作业管理;负责全县防雷电检测、建筑物图纸审核等管理职能工作。

1. 气象业务

①气象观测

气象观测和发报时次 1954年1月1日起每日进行4次观测(02、08、14、20时);1954年3月28日起增加为8次观测(02、05、08、11、14、17、20、23时)、4次发报(05、08、14、17时)任务;1967年3月—1974年5月每日进行3次观测(08、14、20时);1974年6月—2005年12月每日进行8次观测(02、05、08、11、14、17、20、23时)、4次发报(05、08、14、17时);2006年1月—今,每日进行8次观测8次发报(02、05、08、11、14、17、20、23时),并拍发气象旬(月)报。

观测项目 横山县气象站建站时观测项目有:云、能见度、天气现象、风向、风速、气温、湿度、气压、降水、蒸发、日照、地温、冻土、积雪等气象要素。2002年12月建成了自动气象站,增加的观测项目有40厘米、80厘米、160厘米、320厘米深层地温、草温,目前承担气候观测资料和气象情报的国内交换任务。

观测方法 1954年1月1日至2002年12月为人工观测。2002年12月,建成DYYZ-Ⅱ自动气象站,2003年1月—2004年12月实行人工站与自动气象站双轨运行,其中2003年以人工站资料为主,2004年以自动气象站资料为主,2005年1月起实行自动站单轨运行,除云、能见度、天气现象、蒸发、日照、冻土、雪深项目外,其余项目全部实行自动采集,20时进行全部项目人工对比观测。自动气象站的运行减轻了观测员的负担,提高了数据的精确度,而且实现了分钟数据的存储等功能。

2005年至今共建成14个气象区域自动站,其中两要素站13个,六要素站1个。

编报方法 1954年3月—1985年12月为人工查算编制气象报告,1986年1月启用PC-1500袖珍计算机编制气象电报,2000年1月起采用AHDM 4.1软件编制气象报告,2003年1月起采用地面气象测报业务软件OSSMO 2004编制气象电报,启用微机编制气象报告进一步提高了工作效率和发报准确率。

报表编制 1954年1月—2000年12月为手工抄录、编制报表,2001年1月起结束了手工抄录报表的历史,改为机制报表。

航空报观测 1958年9月—1981年3月承担24小时预约航空报任务,1981年4月—1984年12月承担24小时固定航空报任务,1985年1月—1997年12月承担白天预约航空报任务。

②气象信息网络

1954年3月28日—1958年8月31日采用无线电台发报;1958年9月1日起用电话通过邮电局转发报文;1988年建立市县甚高频无线通信系统,进行预报传递和天气会商;1998年开通了X.25拨号网上传输报文、建成县级PC-VSAT气象卫星地面接收站;2001年开通省—市—县中文电子邮件办公系统;2003—2008年,采用专用光纤网络,气象电报传输实现了网络化、自动化,建成省—市—县宽带网、安装多普勒雷达显示终端,开通市—县天气预报可视会商、电视会议系统。

③天气预报

横山县气象站建站到20世纪80年代初,主要利用收音机收听陕西气象台广播电台播送的气象高空探测资料结合本站实况制作天气预报,并通过县广播站向全县发布;1983年组织预报员进行台站预报"四个基本"建设,即整理基本资料、分析绘制基本图表、总结归纳预报基本方法、整理预报基本档案;1985年3月安装了传真机,接收天气图等资料,预报员在分析天气图的基础上,结合实况资料制作天气预报;1998年6月建成卫星接收小站,安装使用气象信息综合分析处理系统软件,预报员通过分析高空天气图、地面天气图、卫星云图、雷达天气图等资料,做出准确率比较高的天气预报。20世纪80年代后期,预报产品发布形式不断增加,主要有电台广播、电视、电话传真、信函、"121"自动答询系统、电子显示屏、互联网等,气象服务内容更加贴近生活。

④农业气象

1981年开始每月逢8日进行土壤湿度观测,手工编制(AB)报,电话报告榆林市气象台;2007年5月增加了土壤水分逢3日观测任务,同年8月建成土壤水分自动观测站,实行人工、自动同时观测,并将自动采集数据传递省、市气象局。2008年1月起人工观测的土壤水分报文在气象旬(月)报中代发。横山县气象站从2005年开始承担生态监测,监测的项目有农作物(绿豆、谷子)的生长发育、治沙植被(樟子松、紫穗槐)、土壤风蚀、沙丘移动。

2. 气象服务

①公众气象服务

20世纪60年代开始,主要通过横山县广播电站对外发布天气预报信息。1988年通过甚高频电话对外发布天气预报。1998年开通121天气预报自动答询电话,开设电视天气预报栏目,每天播放2次。2004年通过网站发布未来3天天气预报、周天气趋势、重要天气消息等综合气象服务信息。2005年开始使用手机短信开展气象服务。2007年建成移动"企信通"手机短信发布系统。

②决策气象服务

为地方经济服务是气象服务的主要内容,根据横山经济发展需求,横山县气象站不断拓展服务领域。20世纪80年代前采用书面材料、电话等方式向当地领导传送预报服务信息;90年代后分别采用专题材料、传真、手机短信、网络等方式将服务产品传送到领导手中,为正确决策、防灾减灾提供科学依据。决策气象服务产品主要有:《气象信息》、《送阅件》、《重大气象信息专报》、《重要天气消息》、《灾害性天气预警》、《雨情通报》等。按月、季、年编发《气候趋势预报》和《气候影响评价》,按季编发《生态监测公报》。及适时制作农作物发育期天气预报和产量预报等。

2007年以来,先后为县委、政府、各乡镇、农场、企业等安装80块电子显示屏,用于传播气象决策服务信息和气象预警信息等。

③专业与专项气象服务

1985年开始,以电话、传真等方式向供电、交通、供水等单位提供专业气象服务信息;开展气象森林防火、飞播造林、重大社会活动、重大工程等专项气象服务。1988年在县委办公室、县政府办公室、县防汛抗旱指挥部办公室、县农业局水库管理办公室及各乡镇安装气象警报服务接收机,服务单位通过警报接收机定时接收气象信息服务。1990 年起开展农业、林业、水利、环保等行业的专项气象服务。

人工影响天气 横山县的人工影响天气工作起步较早,早在 20 世纪 70 年代,横山县农业局就开展了人工防雹工作,当时主要使用自制土炮进行防雹作业,没有形成规模,管理不规范,对天气的影响效果也不明显。横山县委、政府根据县域经济发展的需要,1992 年成立了横山县人工影响天气领导小组,办公室设在气象局,从此横山县气象站承担起全县人工影响天气工作的重任,2002 年县政府成立了横山县人工影响天气领导小组办公室,并核定事业编制 5 名。2003 年将人工影响天气工作经费列入财政预算。1995—2008 年横山县政府累计购买增雨防雹"三七"高炮 12 门、车载式火箭发射架 1 套,12 个"三七"高炮作业点全部建成标准化炮点,达到了"两库、一室、一平台"的要求。截至 2008 年底,横山县有人工影响天气指挥人员 3 名,高炮作业人员 36 名。

2007 年 5 月 21—23 日,横山县气象站利用天气时机,开展高炮、火箭人工增雨作业,使全县范围普降中到大雨,有效缓减旱情。

2007 年 8 月 6 日,横山县上游地区出现冰雹天气,雹云正向横山移动,县气象站将这一信息及时向县主管领导汇报,积极指挥 12 个高炮点进行人工防雹作业,全县高炮保护区均未出现冰雹灾害。横山县人工影响天气办公室成立至今,在全县防灾减灾中发挥着重要作用。2004 年、2005 年连续两年被榆林市政府评为全市人工影响天气工作先进单位。

防雷技术服务 雷电灾害也是横山县主要的气象灾害之一。2003 年,横山县气象站开展防雷电检测业务,对全县境内易燃易爆场所、大型企事业单位等进行常规防雷检测。2008 年,横山县气象局积极开展高大建筑物、炸药库、油库、加油站、油井、计算机机房、通信机站等避雷装置安全检测、防雷工程、建(构)筑物防雷图纸设计与审核、雷电预警、雷电灾害调查鉴定、雷击安全风险评估等,收到了显著的社会效益。

④气象科技服务

横山县气象站于 1984 年开展气象有偿服务工作,与农业、林业、畜牧、水利等部门和部分企业签订专业有偿服务合同,为用户提供旬、月天气预报资料,并收取服务费;1991 年通过高频电话为用户提供 24 小时、48 小时天气预报;1992 年横山站全体职工筹集资金,建起了横山县第一家电脑打字复印部,职工利用业余时间,积极参与经营,取得了明显的经济效益,提高了职工的福利待遇;1995 年横山站率先在全市开通了"121"天气预报自动答询系统,用户可拨打电话"121",获取天气预报、天气实况资料;2006 年开展手机短信气象服务。

气象法规建设与社会管理

法规建设 2007 年 7 月横山县人民政府制定印发了《横山县防雷减灾管理办法》,《横山县防雷减灾管理办法》的制订为横山县气象站开展气象科技服务工作提供了政策依据,有力地推动了气象科技服务工作迅速开展。

制度建设 2002 年 5 月横山县气象局制定了各项工作管理制度,并汇编成册,2007 年重新修订后发给每个职工。主要内容包括正副局长、各股室岗位职责、政治业务学习制度、业务管理制度、财务管理及财务公开制度、机关工作制度、党员纪律制度等。

社会管理 认真贯彻落实《中华人民共和国气象法》、《陕西省气象条例》等法律法规。

先后与县安监、建设、教育、公安等单位联合发文,重点开展行业防雷设施管理和行政执法,组织执法人员重点对各建设施工单位进行建筑物防雷设施图纸设计审查和竣工验收检测报告的专项执法检查。2005年对气象探测环境在县有关部门进行了备案保护。规范升空氢气球管理、气象信息传播、避雷装置检测、探测环境保护等。

政务公开 对气象行政审批办事程序、气象服务内容、服务承诺、气象行政执法依据、服务收费依据及标准等,采取了通过户外公示栏、电视广告、发放宣传单等方式向社会公开。财务收支、目标考核、基础设施建设、工程招投标等内容则采取职工大会或上局公示栏张榜等方式向职工公开。干部任用、职工晋职、晋级等及时向职工公示或说明。

党建与气象文化建设

党建工作 横山县气象站的党务工作一直隶属地方党委管理,从建站至1992年由于党员人数少,未能成立独立支部,党员由农业局支部管理。1993年横山县气象站党员增至3人,经横山县机关党委审查,建立独立党支部,截至2008年底有3名党员和1名预备党员。

横山县气象站党支部一直重视加强党的建设,积极培养吸收进步青年入党,2008年7月党支部通过培养考察吸纳1名新党员。成立党独立支部以来,横山县气象站党支部始终坚持加强党风廉政建设,认真贯彻落实党风廉政建设目标责任制,积极开展廉政文化建设活动,努力建设文明机关、和谐机关和廉政机关。

气象文化建设 近年来,横山县气象站有计划、有步骤地广泛深入开展各类精神文明创建活动。全局树立"讲文明、树新风"之风。先后开展了送温暖、献爱心、捐资助教助学。

2005年为武镇乡层家畔村投资3万元打了1眼饮水井,解决了当地群众的生活用水困难。2008为吴堡县气象局赠送1辆价值4万元的轿车,并派送科技服务业务骨干帮助吴堡局开展防雷检测业务,为吴堡县气象局防雷检测工作打开了局面,取得了显著的经济效益和社会效益。横山县气象站干部职工积极参与社会救助活动,个人累计捐款2万余元,扶贫济困,并且踊跃参加义务献血活动,为社会献一份爱心、尽微薄之力。

2005年,横山县气象站投资2万元进行了院内绿化、美化,新增绿化面积677平方米,绿化面积达到了可绿化面积的98%;2006年投资11万元,实施了观测场护坡工程建设、购置了乒乓球台、健身器材,使横山气象站探测环境和职工工作生活环境有了极大地改善,充分调动了职工热爱集体、爱岗敬业的热情。2008年投资6万多元,进行了业务服务平台建设,计算机显示屏全部更换为液晶屏,购置桌椅1套、笔记本电脑1台专门用于天气预报会商,新增1部投影仪和1台彩色打印机,使横山气象站业务现代化水平不断提高。

精神文明创建 横山县气象站将文明单位创建活动列入议事日程,融入各项工作中,并取得了一定的成绩。1998年被横山县政府命名为"县级文明单位";2000年被榆林市人民政府命名为"市级文明单位";2005年被榆林市政府命名为"市级文明标兵单位"。

人物简介 雷贵金,1928年生,陕西省子洲县人。1946年10月入伍,1955年8月复员后分配到神木县气象站担任站长职务,1963年4月调到横山县气象站担任站长。1970年调到横山县电信局,1972年调到横山县养路段工作。1979年重新担任横山县气象站站长职务。1982年荣获陕西省人民政府颁发的"劳动模范"称号。

在横山县气象站默默工作的20多年中。雷贵金始终凭着让横山县气象站基础设施建设及职工工作生活环境改善的信念,团结带领全站职工在极其困难的条件下顽强拼搏、艰苦创业,先后为横山站修住房 10 间,并积极向政府领导争取,将观测场迁移到更具代表性的位置,改善了职工住房条件,稳定了职工队伍。作为一名共产党员,雷贵金同志在平时学习、工作、生活等方面,特别注重廉洁自律,注意树立好党员在人民群众中的形象。

台站建设

20 世纪 70 年代后期,横山县气象站共有房屋 25 间,建筑面积 470.4 平方米。1982 年,因迁移观测场,同时也为了改善办公环境和职工住房条件,新建平房 10 间,小房 8 间。1998 年,对原有 20 间平房进行了装修,新建锅炉房 1 间、车库 1 间,所有住房采取集体供暖。2004 年,横山县气象站进行了台站综合改造,新建二层办公楼 357 平方米、平房 6 间、大门 1 个、围墙及铁艺透视围墙 147.5 米、7 个花池,硬化地面 1551.5 平方米,拆除旧房 10 间,购置部分办公设施。2005 年在观测场西北方修建 665 平方米篮球场,购置篮球架 1 副。2008 年,横山县政府实施“村村通”工程,将气象站通往县城的道路进行了拓宽和硬化,横山站抢抓机遇,实施改造了道路排水工程。随着台站基础设施的逐步完善,横山县气象站的站容站貌焕然一新,职工队伍稳定,大家齐心协力搞好气象事业。

横山县气象站 1981 年以前使用的观测场
(1981 年 3 月)

经综合改造后的横山县气象局观测场
(2004 年 11 月)

经综合改造后的横山县气象局(2008 年 8 月)

佳县气象局

佳县过去称葭县,1964 年 9 月改为佳县。佳县位于陕西省东北部黄河中游西岸,毛乌素沙漠的东南缘。全县总面积 2028 平方千米,辖 20 个乡(镇),653 个行政村,人口 27.2 万,是一个以农业为主的革命老区。1947 年,党中央毛主席转战陕北期间,曾在佳县生活、工作、战斗过。白云山是全国著名风景名胜区和道教名山,全国重点文物保护单位。

佳县属于暖温带半干旱大陆性季风气候区。气候特点是冬季寒冷、夏季炎热、秋季湿润、春季冷热剧变,四季分明。气温年较差和日变化率较大,光能充分,蒸发量大,雨水集中于夏秋两季。主要气象灾害:干旱、暴雨、大风、冰雹、霜冻等,以干旱对农业生产的影响最大。

机构历史沿革

台站变迁 佳县气象站于 1958 年 8 月经陕西省气象局批准,在佳县城北郊暴家圪山顶建站至今。观测场位于东经 110°29′,北纬 38°02′,海拔高度 894.4 米。属国家一般气象观测站。

历史沿革 米脂县葭芦镇气候服务站于 1958 年 8 月成立,1959 年 1 月 1 日起,正式进行气象观测;1961 年 8 月,更名为陕西省葭县气候服务站;1962 年 4 月—1968 年 12 月,被撤销。1969 年 1 月恢复,定名为陕西省佳县气象站革命领导小组;1977 年 1 月,更名为佳县气象站;1990 年 1 月,改称为佳县气象局(实行局站合一)。

2007 年 1 月—2008 年 12 月期间,改为"佳县国家气象观测站二级站",2008 年 12 月 31 日起改为"国家一般气象站"。

管理体制 1958 年 8 月—1961 年 7 月,由米脂县政府领导。1961 年 8 月—1962 年 3 月,行政由葭县政府领导,业务由陕西省气象局管理。1969 年 1 月—1979 年 12 月,实行以地方领导为主,榆林地区气象局管理业务的双重管理体制(1970 年 9 月—1973 年 5 月,由县人民武装部管理)。1973 年 6 月—1979 年 12 月,由县农牧局主管。1980 年 1 月起,实行气象部门与地方政府双重领导,以气象部门领导为主的管理体制。

机构设置 地面测报股,预报服务股,防雷检测所,行政许可办公室,人工影响天气办公室。

单位名称及主要领导变更情况

单位名称	姓名	职务	任职时间
米脂县葭芦镇气候服务站	刘振海	书记	1958.08—1960.01
	张维球	站长	1960.01—1961.08
陕西省葭县气候服务站			1961.08—1962.03
撤销			1962.04—1968.12

续表

单位名称	姓名	职务	任职时间
陕西省佳县气象站革命领导小组	张增亮	站长	1969.01—1976.03
	徐子成	书记	1976.03—1977.01
			1977.01—1979.10
佳县气象站	高振其	站长	1979.10—1983.07
	乔克功	书记	1983.07—1990.02
	刘光英	站长	1984.05—1987.04
	刘慧敏	副站长（主持工作）	1987.04—1988.10
	刘建和	站长	1988.10—1990.01
佳县气象局			1990.01—2004.05
	张凌云	局长	2004.05—

人员状况 1959 年建站初期有职工 4 人。1980 年有在职职工 10 人。截至 2008 年底,共有在职职工 6 人(在编职工 4 人,外聘职工 2 人)。在编职工中:本科 2 人,大专 2 人;,工程师 2 人,助理工程师 1 人;40～49 岁 3 人,29 岁以下 1 人。

气象业务与服务

1. 气象业务

①地面观测

观测项目与时次 1959 年 1 月 1 日开始地面气象观测、发报,编制气象报表。观测项目有:气温、气压、湿度、风、降水、云、能见度、天气现象、日照、雪深、雪压、蒸发、地温、冻土等,每天进行 02、08、14、20 时 4 次地面观测,并编发气象补绘电报,编制地面气象报表。1962 年 3 月 31 日气候站撤销,终止了观测。1969 年 1 月 1 日恢复业务后,观测的项目也全部恢复,每天进行 08、14、20 时 3 次定时观测,并编发气象加密电报,编制地面气象报表,增发重要天气报、降水量报、区域协作报等任务。1980 年 1 月取消雪压观测,1981 年 1 月 1 日增加风自记观测项目。1981 年 5 月 1 日使用虹吸雨量计,2003 年 11 月建成自动气象站,型号为天津 CAWS600。2004 年 1 月 1 日自动气象站开始运行,增加 40 厘米、80 厘米、160 厘米、320 厘米深层地温的观测,同时实行人工站与自动站双轨运行,其中 2004 年以人工站观测资料为主,2005 年以自动站采集资料为主。2006 年 1 月起实行自动站单轨运行,除云、能见度、天气现象、蒸发、日照、冻土、雪深项目,其余项目全部实行自动采集,20 时进行全部项目的人工对比观测。

报表编制 1959 年 1 月—1962 年 3 月、1969 年 1 月—1999 年 12 月为手工抄录、编制报表。2000 年 1 月开始实行机制报表。

航空(危)报 1960 年 1 月 1 日—1962 年 3 月、1972 年 12 月 20 日—1981 年 2 月 28 日,承担榆林 OBSMH 预约航空(危)报发报任务。1972 年 1 月 26 日—1981 年 2 月 28 日承担镇川 OBSAV 预约航空(危)报任务。1972 年 2 月 2 日—1975 年 2 月 17 日每日 08、14 时向 2883 部队拍发小天气图报。

区域站建设　1972年在王家砭、通镇、金明寺、坑镇、螅镇公社建起了5个雨量点。1980年全县各公社新建了20个雨量点。2006年在白云山建成第一个两要素气象区域自动站,2007年在王家砭、通镇、金明寺、坑镇、木头峪乡镇建成5个气象区域自动站。2008年在上高寨、方塌、刘国具、朱家坬、乌镇、店镇乡镇新建6个气象区域自动站。

②地震观测

1974年6月12日至1981年12月31日与地震台站合作开展地震观测。

③农业气象

1959年1月1日开始农业气象观测,主要观测作物是小麦,服务于地方政府。1962年3月停止观测业务。1969年4月1日至2006年每月逢8进行人工土壤水分观测,向榆林气象局发土壤墒情报。2007年增加为每月逢3、8观测,观测数据传送省、市气象局。从2005年开始承担农业生态监测任务,观测的作物有红枣、谷子。

④气象信息网络

1959年1月—1962年3月、1969年1月—1999年9月为人工查算编制气象报告,并通过邮电局转发。1999年10月起采用"AHDM 4.1"软件编制气象报表,通过网络传输资料。2002年8月建成了X.25数据专线。2003年1月开通了互联广域网和气象宽带网,同时采用地面气象测报业务软件OSSMO 2004编制气象报文,微机编制气象报表。截至到2008年有移动、电信、广电3条网络专线,两条使用,一条备份,确保气象数据的及时传输。先后安装使用了省—市—县可视会商系统、气象预警信息发布系统、陕西省气象办公业务系统。

⑤天气预报

主要负责佳县行政区域范围内的天气预报、气象警报及其他气象信息的发布。1959年1月—1962年3月,制作发布24～48小时天气预报;1969年1月—1985年采用每天定时收听气象广播,手工绘制天气图,分析制作天气预报。1985年6月11日正式开始天气图传真接收工作,主要接收北京的气象传真图表和省气象局天气预报指导产品,1997年12月停止使用。1983年组织预报员进行台站预报"四个基本"建设,即整理基本资料、分析绘制基本图表、总结归纳预报基本方法、整理预报基本档案。1999年建成了PC-VSAT卫星单收站和MICAPS系统1.0版本的天气预报应用系统,2005年5月建成了预报业务平台。1985—2008年预报项目有短时天气预报、短期天气预报、灾害性天气预报,转发省、市气象台的中、长期天气预报等。并以上级指导预报产品为基础,结合本地天气特点,制作订正天气预报,为社会提供公益服务和专业气象信息服务。

2. 气象服务

公众气象服务　从建站至1962年每天在县城中心利用板报形式发布天气预报,1969—1985年每天08、20时在佳县有线广播节目中发布24、48小时天气预报。1986年县有线广播停播,短期天气预报也停止在全县发布,中、长期天气预报采用简报的形式向地方政府传送。1997年11月开通"121"天气答询电话(2005年"121"电话升位为"12121")。2005年开始利用移动、联通、电信网络开展气象手机短信服务业务。2008年开通电子显示屏。

气象决策服务　主要通过《气象情报》、《重要天气报告》、《雨情通报》、《旱情分析与预报》、《增雨防雹简讯》、《防雷简报》等,向政府提供月、旬、春播、三夏、汛期、秋收等不同时段预报。预报准确率的提高和服务平台的提升,使气象服务在当地经济建设和防灾减灾中发挥着越来越重要的作用。2006年开始了生态气候服务。

【**气象服务事例**】　2007年秋季出现的百年不遇连阴雨天气过程,9月26日—10月10日连续15天连阴雨天气,累计降水量为188.8毫米,佳县气象局先后发布《重要天气报告》4期、《雨情通报》3期,县政府根据气象局提供的气象信息,及时组织了抢险救灾工作,挽回经济损失2000多万元。

2008年利用《生态气候服务简报》,向县政府、林业局发布全年枣树虫情预报,县政府非常重视,县林业局及时组织实施了全县范围枣树防虫灭虫大会战,使红枣虫害损失降到最低程度,准确的预报赢得了政府和林业部门的高度评价。

专项气象服务　佳县人工影响天气工作开始于1974年,同年在王家砭、店镇建起了2个"三七"高炮防雹作业点。1993年县政府投资在金明寺、方塌增设了2个"三七"高炮作业点。1997年配备了JFJ车载式流动火箭作业架,用于流动防雹增雨作业和指挥。2000年更换为WR-1B型火箭发射架。2005年又在通镇、刘国具新建了2个标准化高炮作业点。2006年将原有的4个炮点建成标准化炮点,全部达到了"两库、一室、一平台"的要求。

截至2008年形成了6个"三七"高炮作业点,1个车载式流动火箭作业架的防雹增雨作业网,保护着全县大部分红枣、烤烟和农作物的生产安全,为当地的经济发展起着重要作用。

气象科技服务　为落实国家、省、市气象局拓展战略,发挥部门优势,佳县气象局从2000年开始,先后开展了彩虹门礼仪、防雷检测、工程验收、"12121"电话、手机气象短信、专项气象服务工作。

2007年春季,佳县气象局利用移动火箭实施人工增雨时的情景(2007年5月)

科研技术开发　1983年6月参加"佳县农业资源调查和农业区划",同时完成《佳县气候区划报告》。1985年2月10日通过榆林地区气象局验收。2008年承担市局"秋季连阴雨对红枣影响及预测预期系统的建立"、"利用气候因子预测预报枣树虫害发生"两项科技创新课题,同年通过市局验收。

气象法规建设与社会管理

法规建设　2000年以来,佳县气象局认真贯彻落实《中华人民共和国气象法》、《陕西省气象条例》等法律法规,先后规范了升空氢气球、气象信息传播市场秩序,参与了避雷装置检测、探测环境保护社会管理。2005年对佳县气象局气象探测环境在县有关部门进行了备案保护。2006年与县安监、建设、教育、公安等单位联合发文,重点开展行业防雷设施管理和行政执法,组织执法人员重点对各建设施工单位进行了建筑物防雷设施、图纸设计审查和竣工验收检测报告的专项执法检查。

政务公开 对气象行政审批办事程序、气象服务内容、服务承诺、气象行政执法依据、服务收费依据及标准等,采取了通过户外公示栏、电视广告、发放宣传单等方式向社会公开。财务收支、目标考核、基础设施建设、工程招投标等内容则采取职工大会或上局公示栏张榜等方式向职工公开。干部任用、职工晋职、晋级等及时向职工公示或说明。

制度建设 制定了包括业务值班室管理制度、会议制度,财务、福利制度等内容的县气象局综合管理制度。

党建与气象文化建设

党的组织建设 1969年7月佳县气象站与佳县农技站、林业站、畜牧站、种子公司成立了中共佳县农、林、水、牧、气联合党支部。1979年11月成立中共佳县气象站党支部。1986—1996年,8名职工全是党员,是榆林气象部门唯一全部是党员的县气象局。2008年有党员5名。

党风廉政建设 佳县气象局积极实施阳光政务,结合工作实际做到标本兼治,综合治理,强化责任,抓好落实,重点抓班子和职工队伍建设,加大从源头上预防和治理腐败的力度,不断推进党风廉政建设和反腐败工作深入开展。2002—2008年每年4月开展党风廉政宣传教育月活动、反腐倡廉知识竞赛等活动。2004年配备了一名兼职纪检员。2008年成立了了"三人决策小组",对台站综合改造续建、灾后重建项目进行阳光招标和工程实施全过程监督。制订了14项规章制度和管理办法,形成《佳县气象局规章制度汇编》。采取定期与不定期方式向全局职工公开县局政务、事务、财务情况。

精神文明建设 1984年建起了图书专柜,藏书400多册,组织开展自学读书活动,先后有10人次通过自学函授取得大专、本科学历。开展了学先进树新风和"创佳评差"等活动,建起了局务公开栏、学习园地、职工文明公约,并组织开展丰富多彩的文化活动,把气象文化建设引向深入。

文明单位创建 1983年4月,佳县气象局被中共佳县县委、佳县人民政府授予"县级文明单位";2007年3月,被中共榆林市委、市政府授予"市级文明单位"。

个人荣誉 1978年10月佳县气象站徐子成、高振其出席中央气象局在北京召开的全国气象部门"双学"代表大会,受到党和国家领导人接见,并合影留念。1980年1月被陕西省人民政府授予"陕西省农业先进生产者"。

人物简介 高振其,男,汉族,1938年出生,湖北省孝感市人,中共党员,中共佳县县委委员。1963年7月毕业于西北大学,1963年8月参加工作,1968年12月在佳县气象站从事气象工作,1978年6月和徐子成代表佳县气象站参加全省气象部门"双学"代表大会,1978年10月参加了全国气象部门"双学"先进代表大会,受到党和国家领导人接见,1980年取得工程师任职资格。在县级天气预报建设中与气候预报指标的研究方面做出了成绩,先后多次受到省、地气象局和县委县政府的表彰奖励,省级及以上刊物发表论文数篇。1980年1月被陕西省人民政府授予"陕西省农业先进生产者",1984年1月调离佳县气象站。

台站建设

1958 年 8 月建站时只有 3 孔办公窑洞,1968—1977 年增修 8 孔窑洞和自用小水库及抽水设施。1978 年县政府投资扩建气象站办公窑洞工程,新建窑洞 11 孔。2004 年台站综合改造,新建二层办公楼 236 平方米。2008 年实施了综合改造续建和灾后重建工程,装修了职工公寓、办公窑洞等,使办公环境和条件得到了明显改变,基础设施及其功能更加完善,工作、生活条件和局风站貌得到了彻底改观,促进了双文明建设的协调发展。

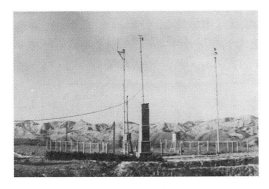
佳县气象站 1980 年以前使用的观测场

佳县气象局综合业务办公楼(2008 年 8 月)

米脂县气象局

米脂县历史悠久,是著名的革命老区。县气象站位于城北"李自成行宫"东侧"印台山",号称"龙脊"的风水宝地上。米脂县属于中温带半干旱大陆性季风气候,四季分明,冷暖有序,冬春长而夏秋短,雨热同期。春季干旱多风,回温明显,变化不稳定,常伴有春寒春雪;夏季炎热,伏旱频繁;秋季气温适中,晴时天高气爽,风和日丽,降雨稍多,降霜较早;冬季干寒,冰封期长。主要气象灾害有干旱、冰雹、大风、暴雨、连阴雨、霜冻、大雾、沙尘天气等。

机构历史沿革

台站变迁 米脂县气象站始建于 1956 年 1 月,站址在米脂镇川堡村;1958 年 1 月,迁移到县城河西官庄村河神庙前园艺场附近;1962 年 3 月,因当地政府精简机构,气象站撤销;1970 年 3 月,米脂县气象站在米脂县城郊北门川道重新成立,同年 7 月 1 日正式开展气象业务。2007 年 1 月,观测场迁移到米脂县银洲镇张米脂沟村印台山。观测场位于北纬 37°46′,东经 110°11′,海拔高度 931.0 米。

历史沿革 1956 年 1 月,成立米脂气候站;1959 年 5 月,更名为米脂县气候服务站;1962 年 3 月撤销,1970 年 3 月重新成立,名称为米脂县革命委员会气象站;1979 年 12 月,更名为米脂县气象站;1990年1月,改称米脂县气象局(实行局站合一)。

2007年1月改为米脂国家气象观测站二级站,2008年12月31日改为米脂国家一般气象站。

管理体制　1956年1月—1959年5月,由陕西省气象局管理;1959年5月—1962年3月,由榆林专区中心气象站管理;1970年3月—1971年8月,由米脂县人民政府管理;1971年9月—1973年12月,由米脂县人民武装部管理;1974年1月—1979年12月,由米脂县人民政府管理;1980年1月起,实行气象部门与地方政府双重领导,以气象部门领导为主的管理体制。

机构设置　单位内设三股一室,即业务股、地方气象事业股、科技服务股和办公室。下设榆林市防雷中心米脂检测所,米脂县人工影响天气领导小组办公室。

单位名称及主要负责人变更情况

单位名称	姓名	职务	任职时间
米脂气候站	叶亦华	负责人	1956.01—1958.01
	王宇之	负责人	1958.01—1959.05
米脂县气候服务站	李子旭	负责人	1959.05—1961.12
	冠学仁	负责人	1961.12—1962.03
撤销			1962.03—1970.03
米脂县革命委员会气象站	刘好学	站长	1970.03—1973.03
	冯爱民	站长	1973.03—1975.12
	刘亮明	站长	1975.12—1977.04
	梁小卿	站长	1977.04—1979.12
米脂县气象站	王万彬	负责人	1979.12—1981.05
	余谋远	负责人	1981.05—1984.05
	王敏	负责人	1984.05—1986.03
	王宇之	负责人	1986.03—1986.11
米脂县气象局	艾绍川	站长	1986.11—1990.01
		局长	1990.01—2002.04
	白光明	局长	2002.04—2007.04
	常善刚	局长	2007.05—

人员状况　1956年建站时有职工3人。1980年有职工5人。2008年底,共有在职职工8人(在编职工4人,外聘职工4人),退休职工4人。在编职工中:大学本科1人,专科3人;中级职称2人,初级职称2人;29岁以下1人,30~39岁2人,40~49岁1人。

气象业务与服务

气象业务工作内容:气象观测、天气预报制作发布、农业气象服务、气候资源的开发与利用、生态气候监测与服务、人工影响天气、防雷工程的设计、施工与检测、专项气象服务。

1. 气象业务

①气象观测

地面观测　米脂气象站 1956 年 1 月 1 日开始进行地面气象观测,每天 08、14、20 时 3 次定时观测。观测项目有风向、风速、气温、气压、湿度、云、能见度、天气现象、降水、日照、小型蒸发、地面温度、雪深、冻土。1997 年 AHDM4.1 业务软件开始运行,利用业务软件编报发报。

酸雨观测　2005 年 1 月 1 日开始酸雨观测,2005 年 5 月 1 日开始生态环境气候监测,主要监测的对象有农作物(谷子),有关数据同时上报省信息中心。

自动气象站　2007 年 1 月 1 日,建成了 DYYZ-Ⅱ型自动气象站,24 次自动观测,实行自动站和人工站平行观测,2008 年 12 月 31 日改为自动气象站单轨观测。增加的观测项目有 40 厘米、80 厘米、160 厘米、320 厘米深层地温、草面温度。云、能见度、天气现象、蒸发、冻土、雪深为人工观测,降水实行人工、自动并行观测,自动观测资料与人工观测资料存于计算机中互为备份,每月定时复制光盘归档、保存、上报。2006—2008 年先后在全县建成 10 个两要素气象区域自动站,1 个六要素气象区域自动站,同年开始正式运行。2007 年 5 月 1 日开始增加逢 3 土壤水分观测任务,并将信息传递省、市气象局。

报表制作　米脂气象站建站后气象月、年报表采用人工编制方式制作,一式 2 份,上报省气象局资料室 1 份,留底 1 份。1999 年开始使用微机编制、打印气象报表,向上级报送纸质和电子文档气象报表,米脂气象站纸质气象报表和电子文档气象报表同时留底。

建站以来存档气象观测簿、地面气象月(年)报表、历史天气图、气压、湿度、温度、风、降水、日照等自记气象资料。2004 年将观测记录原始气象资料全部上交省气象局资料档案室保存。

电报传输　米脂气象站承担汛报、预约航空报、危险报、土壤墒情报、重要天气报、降水量报等任务,编发 08、14、20 时 3 次定时天气绘图报,3 次定时发报通过邮电局电话传输给省气象台。2003 年气象电报传输通过内部 X.25 分组交换网进行传输,实现了网络自动化。2007 年开始使用电信光缆、移动光缆互为备份网络传输系统,每天 24 小时上传自动站实时数据,实现了资料共享。

②天气预报

短期天气预报　米脂县气象站 1970 年 8 月 1 日开始制作天气预报。20 世纪 70 年代初,短期预报采用收听广播加看天气实况进行预报。1973 年 1 月 1 日开始使用小天气图、综合时间剖面图制作短期预报。后经不断总结,找出了适合本地预报使用的暴雨、冰雹订正指标。1985 年 7 月正式开始天气传真图接收工作,主要以接收北京的气象传真和日本的气象传真图表,利用传真图表分析天气变化,配合三线图,取得了比较好的预报效果。

中期天气预报　20 世纪 80 年代初,通过传真接收中央气象台、省气象台的旬、月天气预报,结合本站气象资料、天气形势等制作一旬天气趋势预测。

长期天气预报　主要运用数理统计方法和常规气象资料图表及天气谚语、韵律关系等方法,制作具有本地特点的补充订正预报。

2. 气象服务

米脂县地处陕北无定河中游,春夏多连旱,秋季多阴雨,冬季寒冷干燥,多风沙等灾害性天气。米脂县气象站一直注重为当地社会经济服务,将决策气象服务、公众气象服务、专业气象服务、气象科技服务融入地方经济、社会发展和人民群众生产生活中。

公众气象服务 1970 年 6 月—1984 年,主要利用县级有线广播对外发布短期预报,中、长期预报主要利用信件方式传送。遇突发性天气过程通常以口头或电话方式向有关部门发布。1984 年至 1994 年,主要利用有线广播、电话、信件、服务材料开展气象服务。1995 年底,利用甚高频无线对讲通讯装置,对县防汛办、农业局、各乡镇及专业用户开展气象警报服务,每天上、下午各播发 1 次,服务单位通过预警接收机定时接收气象服务产品。1997 年 11 月 1 日,米脂县气象局同电信局合作正式开通"121"天气预报自动答询电话。2004 年,气象局与县广播电视局合作在电视台播放米脂县天气预报,天气预报信息由气象局通过电话传输至电视台,电视节目由电视台制作发布。2005 年 1 月根据市气象局要求,全市"121"答询电话实行集约经营,主服务器由榆林市气象局建设维护,"121"电话升位为"12121"。

决策气象服务 2001 年米脂县气象局投资 2 万元购置 2 台电脑,建起县级气象卫星地面接收站,通过网络接收卫星资料(与传真图接收同时进行)。同时,在县防汛抗旱指挥部办公室安装接收终端,气象预报服务功能增强。2006 年,为更好地服务地方经济,建起了"米脂县气象网",促进了全县信息化的发展。2007 年,通过移动通信网开通了气象商务短信平台,利用电话精灵手机短信方式向全县各级领导、各乡镇、各用户发送气象信息。2007 年,在全县公共场所安装了电子显示屏,开展了气象灾害预警信息发布工作,提高气象灾害预警信号的发布速度,避免和减轻气象灾害造成的损失。

专业气象服务 在继续做好公益服务的同时,1985 年开始推行气象有偿专业服务。主要是为全县各乡镇或相关企事业单位提供中、长期天气预报和气象实况资料。1995 年气象专业有偿服务内容增加了气象条件实时监测、气象条件分析、气象信息警报。

人工影响天气 1995 年,米脂县成立人工影响天气领导小组,领导小组办公室设在县气象局。同年县财政拨款 2.7 万元,在米脂县银州镇、印斗镇、石沟镇、郭兴庄乡、李站乡相继建成"三七"高炮防雹增雨作业点,2000 年榆林市政府为米脂县气象局购置人工增雨车载式火箭架,配合"三七"高炮常年开展人工防雹增雨作业,为全县缓解旱情,防御冰雹灾害发挥了重要作用。

防雷技术服务 2003 年 1 月,依据气象法律法规和上级文件精神,米脂县将防雷设施建设从设计、施工到竣工验收,全部纳入气象行政管理范围。2004 年 5 月,气象局取得独立的行政执法主体资格,并有 2 名干部通过上岗考核,办理了行政执法证。2007 年,气象局被列为县安全生产委员会成员单位,负责全县防雷安全的管理。2008 年 1 月成立了榆林市防雷中心米脂检测所,定期开展了对液化气站、加油站、易燃易爆仓库等高危行业和非煤矿山的防雷设施进行检查,对不符合防雷技术规范的单位,责令进行整改。

气象法规建设与社会管理

法规建设 贯彻落实《中华人民共和国气象法》、《陕西省气象条例》等法律法规。县气象局先后与县安监、建设、教育、公安等单位联合发文,重点开展行业防雷设施管理和行政执法检查。2005年对气象探测环境在县有关部门进行了备案保护。社会管理主要有:规范升空氢气球管理、气象信息传播、避雷装置检测、探测环境保护等。

政务公开 对气象服务内容、服务收费依据及标准等,采取户外公示栏,发放宣传单等方式向社会公开。

依法行政 2003年1月,依据气象法律法规和上级文件精神,米脂县将防雷设施建设从设计、施工到竣工验收,全部纳入气象行政管理范围。2004年5月,米脂县气象局取得独立的行政执法主体资格,并有2名干部通过上岗考核,办理了行政执法证。2007年,米脂县气象局被列为县安全生产委员会成员单位,负责全县防雷安全的管理。2008年1月成立了榆林市防雷中心米脂检测所,定期开展了对液化气站、加油站、易燃易爆仓库等高危行业和非煤矿山的防雷设施进行检查,对不符合防雷技术规范的单位,责令进行整改。

党建与气象文化建设

党的组织建设 2005年以前无党支部,党员归农业局党支部管理。2005年4月成立独立党支部。2008年有中共党员4名。

党风廉政建设 米脂县气象局落实党风廉政建设责任制,结合工作实际做到标本兼治,综合治理,强化责任,抓好落实,加大从源头上预防和治理腐败的力度,不断推进党风廉政建设和反腐败工作深入开展,重点抓班子和职工队伍建设。2002—2008年每年4月开展党风廉政宣传教育月活动,多次参加反腐倡廉知识竞赛等活动,制定"三人决策"、"联签会审"、"三重一大"等制度,落实"局务、事务、财务"公开制度,对干部任免、财务收支、目标考核、基础设施建设、工程招标等内容采取职工大会或局公示栏张榜向职工公开。

精神文明建设 坚持以人为本原则,弘扬优良传统,激励创业,开展劳动竞赛。五六十年代,生活、工作条件艰苦,前辈们在旧庙里、煤油灯下记录气象数据,完成气象电报的传输,发布天气预报。为了更好的弘扬先辈们默默奉献、爱岗敬业的艰苦奋斗精神,激励职工更好地为气象事业科学发展做出贡献,米脂县气象局创建了气象文化室,记录展出一代又一代气象人的精神风貌。局领导班子十分重视职工的培训工作,多次选送职工到气象学院、党校、电大等进行培训。2005—2006年先后购置了DVD放像机和数码照相机,每年组织职工参加乒乓球等文体活动,丰富职工文化生活。

文明单位创建 米脂县气象局被榆林市委、市政府授予"市级文明单位"。

台站建设

1994年投资11万建成1排平房。2001年建成了县级气象卫星地面接收站,2007年局站分离,在距县气象局1千米的地方建成了新的观测场,同时完成DYYZ-Ⅱ型自动气象站建设。观测站院内修整了道路,硬化了院落,环境进行绿化,种植了风景树、草坪,使工作环境进一步美化。

2008 年在原址建成综合办公楼。

米脂县气象站 20 世纪 60 年代使用的业务值班室(2008 年 4 月)

米脂县气象站 20 世纪 70—80 年代使用的观测场(2006 年 9 月)

2007 年修建的米脂县气象观测场(2008 年 2 月)

绥德县气象局

绥德县位于陕西省北部,无定河下游,境内梁峁交错、沟壑纵横,属陕北黄土高原丘陵沟壑区。绥德历史悠久,夏、商为雍州地,战国时秦设上郡,金大定二十二年改宋时的绥德军为绥德州。清雍正三年改为直隶州,辛亥革命后设绥德县。全县总面积 1848 平方千米,辖 20 个乡(镇),661 个自然村,14 个城镇(社区)居民委员会,人口 35.2 万。

绥德县属于温带大陆性半干旱季风气候区。基本气候特征是:季风气候较明显,冬半年因处在蒙古冷高压控制之下,气候寒冷,雨雪稀少,多西北大风。主要气象灾害是:干旱、冰雹、暴雨。干旱对农业生产的影响最大。

机构历史沿革

台站变迁　绥德气象站始建于 1953 年 1 月,地点位于在西山寺大众报社院内;1953 年 12 月,迁至距原址 120 米的半山坡上;1956 年 10 月,迁移至绥德城南卧虎湾山顶,观测场位于北纬 37°30′,东经 110°13′,海拔高度 929.7 米。

历史沿革　1953 年 1 月,成立绥德气象站;1959 年 12 月,更名为绥德县气候服务站;1962 年 10 月,更名为绥德县气象服务站;1972 年 1 月,更名为绥德县革命委员会气象站;1978 年 3 月,更名为绥德县气象站;1990 年 1 月,改为绥德县气象局(实行局站合一)。

1993 年 1 月 1 日起,改为国家基准气候站。2008 年 12 月 31 日被确定为国家基准气候站。

管理体制　1953 年 1 月—1958 年 12 月,由陕西省气象局管理;1959 年 1 月—1968 年 1 月,由榆林专区中心气象站管理;1968 年 1 月—1979 年 12 月,由绥德县革命委员会管理(其中 1971 年 9 月—1973 年 12 月由县人武部管理);1980 年 1 月起,实行气象部门与地方政府双重领导,以气象部门领导为主的管理体制。

机构设置　下设机构:测报股、预报股,农气室、人工影响天气办公室、防雷检测所。

单位名称及主要负责人变更情况

单位名称	姓名	职务	任职时间
绥德气象站	吴泰荣	站长	1953.01—1959.07
	高玉生	站长	1959.07—1959.12
绥德县气候服务站			1959.12—1960.12
	杨如生	站长	1960.12—1962.10
绥德县气象服务站			1962.10—1967.12
	贺登发	站长	1967.12—1969.12
	高玉生	站长	1969.12—1972.01
绥德县革命委员会气象站			1972.01—1974.03
	崔文进	站长	1974.03—1977.05
	杨如生	站长	1977.05—1978.03
绥德县气象站			1978.03—1981.12
	马景玉	副站长(主持工作)	1981.12—1984.08
	艾绍前	站长	1984.08—1986.12
	陈绥平	站长	1986.12—1990.01
绥德县气象局		局长	1990.01—1993.04
	刘建雄	局长	1993.04—2002.07
	常春和	副局长(主持工作)	2002.07—2004.04
	孙晓瑜	局长	2004.04—2007.05
	梁堆多	局长	2007.05—

人员状况　1953 年建站时有职工 4 人。1980 年有职工 11 人。截至 2008 年底有在职职工 16 人(在编职工 11 人,外聘职工 5 人),退休职工 4 人。在编职工中:本科 1 人,大专 4 人,中专 6 人;中级 4 人,初级 7 人;50 岁以上 3 人,41～49 岁 5 人,30 岁以下 3 人。

气象业务与服务

气象业务工作内容：气象观测、天气预报制作发布、农业气象服务、气候资源的开发与利用、生态气候监测与服务、人工影响天气、防雷工程的设计、施工与检测、专项气象服务。

1. 气象业务

①地面气象观测

绥德气象站1953年1月1日开始观测，每天进行03、06、09、12、14、18、21、24时8次地面气象观测，1960年8月起改为02、05、08、11、14、17、20、23时8次地面气象观测。观测项目有：风向、风速、气温、湿度、云、能见度、天气现象、降水、蒸发、地面状况、积雪、冻土、草温，同年8月增加日照。1953年9月10日开始编发天气报、预约航危报，同时将地面状况改为地面温度观测，取消草温观测。1959年1月增加电线积冰观测。1972年2月—1997年10月增加EL风向风速自记观测。1987年4月增加虹吸雨量计观测。1993年1月1日由国家基本站改为国家基准气候站，观测时次由原来的每天8次调整为昼夜24小时定时观测，8次发报，并增加E601大型蒸发，遥测雨量计，深层地温观测，重新布局了观测场仪器安装位置。观测项目增加了直管（40厘米、80厘米、160厘米）地温的观测。

1988年10月，PC-1500袖珍计算机投入业务运行，改变了人工观测、手工操作和编报的原始观测方法。1992年8月，陕西省气象局给绥德县气象局配备了计算机，1997年1月1日起，绥德县气象局正式把观测数据全部录入计算机，用计算机处理数据、编发报，取代了繁重的人工制作抄录报表业务，明显提高了测报质量和工作效率。

为了掌握服务所需的第一手资料，1975年为20个乡（公社）布设了雨量点，3个乡（公社）布设了气象哨，由当地政府或中学代观测，每月向县气象站报送观测报表。雨量点单项观测每次降水，气象哨加测温度、湿度、风向风速、表层地温。县气象站每年派出工作人员下乡检查指导工作，1984年各乡（公社）的气象哨、雨量点全部撤销。

自动气象站 2002年11月，绥德县气象局建成了CAWS600型自动气象站，2003年1月1日开始试运行，2004年1月1日正式投入业务运行，实现了除地面云、能见度、天气现象项目外的全部自动化观测和编发报文，提高了观测质量和报文传输时效。自动站观测项目包括：温度、湿度、气压、风向、风速、降水、地面温度和蒸发。2005年1月1日起，自动站观测与人工观测双轨运行，自动站采集的资料与人工观测资料分别存入计算机中互为备份，每天定时备份，每月按要求归档、保存、上报。2005年绥德开始建设乡镇自动区域气象站，建成六要素站2个，两要素站14个。

航危报 1953年9月开始编发每日4次气象报和预约航危报。1958年5月增加单站补充天气报。1974年4月航危报预约改为太原24小时固定报。1974年11月增加西安、银川、镇川24小时预约航危报，即每小时整点前观测并拍发航空报1次，危险报则是当有危险天气现象出现时，5分钟内及时发报。航危报的内容有：云、能见度、天气现象、气压、气温、风向风速、降水、雪深、地温等。

气象报表编制 建站至1996年12月编制的报表有气表-1、气表-19、气表-21。其中：建站至1958年12月编制2份气表-1、2份气表-19、2份气表-21，向省气象局各报送1

份,留底本各 1 份。1959 年 1 月—1988 年 12 月编制 3 份气表-1、2 份气表-19、3 份气表-21,向省气象局各送 1 份气表-1、1 份气表-21,留底本各 1 份。1989 年 1 月—1996 年 12 月编制 4 份气表-1(基准)、2 份气表-19、4 份气表-21(基准),增加了向国家局报送气表-1(基准)、气表-21(基准)各 1 份的任务,其他报送任务不变。1997 年开始机制报表,停止制作气表-19。气表-1(基准)和气表-21(基准)的编制份数与报送单位不变。2001 年 1 月通过 162 分组数据交换网向省气象局传输编制好的气表-1(基准)和气表-21(基准)电子版本资料,停止了纸质报表报送。

②气象信息传输

建站至 1991 年,通信条件落后,拍发气象电报采用手摇电话先传至邮电局报房,邮电局报房再逐级传至目的地;1992 年电信局程控电话开通后,绥德县气象局相继开通了 X.32 拨号电话专线传输气象电报;1993—1998 年采用开通的 X.25 专线传输气象电报;1999 年至今,先后通过移动、电信、广电三个公司的光缆,建起了通讯网络,使气象电报的传输和资料信息共享有了根本保证。建站至 2003 年,气象资料除报表复制本要求上报省、市气象局归档外,其他原始气象资料均在绥德站保管。2004 年开始,所有原始气象资料全部上交陕西省气象档案馆归档,站上只保留报表底本和观测数据光盘。

③天气预报

1958 年开始进行天气预报服务,基本上是"收听广播加看天",用收音机收听省台广播的指标站、点资料,点绘出简易天气图,然后由预报员根据简易天气图、档案资料和群众经验相结合的办法制作预报,通过县广播站向公众发布预报。1962 年开始制作和发布 1~3 天内的短期未来天气预报。随着生产发展的需要,制作和发布定期和不定期的中、长期天气趋势预报。1984 年后,逐步开展时效 12 小时的天气预报。绥德气象站还有旬、月、季度的长期预报和春播期、汛期、霜冻的专题预报。

随着气象通信网络的建成,天气预报方法和手段得到不断发展和提高。MICAPS 系统、新一代卫星通信气象数据广播系统、新一代天气雷达系统等为天气预报提供了大量信息,数值预报得到发展。预报员不仅参考使用我国数值预报产品,还大量参考日本、欧洲气象中心等国家和地区的数值预报产品,使得预报准确率不断提高。

④农业气象

绥德气象站 1958 年 3 月增加农业气象观测,观测玉米、高粱、谷子、糜子 4 种农作物。1958 年 5 月开展单站农业气象旬报服务工作,1962 年 4 月停止农业气象观测和编发农业气象旬报。1980 年恢复农业气象观测和土壤湿度观测,观测项目有冬小麦、谷子、大豆、马铃薯。后因退耕还林还草政策的实施,取消冬小麦、谷子 2 种作物的观测。2003 年 1 月建立了农业气象观测及报表制作系统软件。2006 年 1 月增加生态农业观测。2007 年 9 月建成自动土壤湿度观测系统,2008 年与人工观测土壤湿度双轨运行。

2. 气象服务

绥德属温带半干旱大陆性季风气候,主要气象灾害有干旱、大风、霜冻、冰雹等,以春旱、夏旱和风沙危害最重。绥德县气象局多年坚持把气象服务放在气象工作的首位,牢固树立积极主动的服务意识,以提高气象服务能力为基本出发点,加强气象科普宣传,逐步建设现代化综合气象服务体系,把公众气象服务、决策气象服务、专业气象服务和气象科技服务融入到经济社会发展和人民群众生产生活之中。

公众气象服务　绥德县气象站制作出的天气预报产品有:绥德县 2 天天气趋势预报和灾害性天气警报。服务方式:20 世纪 80 年代以前,预报制作后每天 21 时通过县广播站有线广播发布;1981—1994 年,每天 19 时通过县广播电台发布;1995 年至今通过电信局开通"121"天气自动答询电话服务。2000 年 1 月发布电视天气预报,2008 年 1 月开始在县政府网站上发布天气预报。

决策气象服务　绥德县气象站开展旬、月、季度中、长期预报和春播期、汛期、霜冻专题预报和服务,为当地政府安排部署全年的工作提供了重要的决策依据。对每一次关键性、转折性、灾害性天气过程基本做到了精心的预报和认真的服务。特别在防汛抗旱和重大社会活动的关键时刻,为当地政府和领导提供较为准确及时的预报服务,成为领导指挥防灾救灾的参谋和助手。

人工影响天气工作　干旱、冰雹和霜冻是绥德的主要气象灾害,人工影响天气则是防灾减灾的有效措施。绥德县人工防雹作业开始于 20 世纪 60 年代初,县委、县政府重视人工影响天气工作,但当时的作业工具均为自制的土火箭、土炮,并一直使用到 20 世纪 80 年代末。为了更好地为防灾减灾服务,1990 年政府购置"三七"高炮 3 门,分布在石家湾、薛家峁、马川三乡(镇),同时成立绥德县人工影响天气领导小组办公室(设在县气象局),负责全县的人工影响天气工作管理与作业。1999 年政府投入资金为气象局购置了车载式增雨火箭架 1 台,形成了车载式火箭与"三七"高炮作业相结合的格局,适时开展增雨防雹作业,使每年都能取得很好的社会效益。

防雷工作　防雷安全管理是《中华人民共和国气象法》赋予气象部门的一项管理职能,并被列入安全生产管理的重要内容。2002 年开展防雷安全管理和检测工作。加强与有关部门进行联系和合作,制定相关的执行措施,特别是加强了同县安监局、公安局、消防队等相关部门的合作,联合开展安全生产执法检查,有针对性地对防雷安全隐患较多、安全意识淡薄的单位进行重点督查,对发现的问题,责令限期整改。防雷工作的开展,规范了绥德的防雷管理,取得了良好的社会效益。

气象科技服务　绥德县气象站 1985 年起开展气象科技服务工作,当时利用绥德气象站制作的中、长期天气预报和气象资料,以旬天气预报为主,为全县各乡镇(场)或相关企事业单位服务。1990 年建设无线通讯接收装置,安装到乡镇和各砖厂,使用预警系统对外开展服务,用户通过警报接收机定时接收气象服务。1996 年 4 月,气象局同电信局合作开通"121"天气预报自动咨询电话。2004 年起,全市"121"答询电话实行集约经营,主服务器由榆林市气象局建设维护。2005 年电话升位为"12121"。1985—2008 年,气象科技服务用户由 20 多户增加到近 200 户,科技服务收入逐年增加。

气象科普宣传　组织开展"3·23"世界气象日宣传活动,制作气象知识、气象灾害、雷电防护知识等宣传展板,发放气象科普宣传材料,气象局向社会开放,接待群众、学生等进行参观;参加绥德县组织的科普、安全等宣传活动。

气象法规建设与社会管理

法规建设　为了贯彻落实好《中华人民共和国气象法》、《陕西省气象条例》,绥德县政府先后转发省政府办公厅《关于加强雷电灾害防御管理工作的通知》(陕政办发〔2001〕40号)、榆林市政府《关于加强雷电灾害防御管理工作的通知》(榆政办发〔2001〕63号文件)、《榆林市气象灾害防御和气候资源开发利用管理办法》、《榆林市防雷减灾管理办法》,并要求全县共同执行。绥德县气象局除贯彻落实法规和各项管理办法外,还与绥德县安监局联合发出《关于进一步加强防雷电设施安全管理工作的通知》(绥政安监发〔2005〕16号),使气象工作逐步走上了法制化管理的轨道。

社会管理　开展气象行政许可和气象行政执法工作。先后与县安监、建设、教育、公安等单位联合发文,重点开展行业防雷设施管理和行政执法,组织执法人员重点对各单位建筑物防雷安全进行专项执法检查。气象探测环境在县有关部门进行了备案保护。社会管理主要有:规范升空氢气球管理、气象信息传播、避雷装置检测、探测环境保护等。

党建与气象文化建设

党的组织建设　绥德县气象站从建站至 1976 年由于党员人数少,未成立独立党支部,中共党员编入县农牧局支部管理。1977 年县气象站建立了独立党支部,隶属县农业局党总支。2008 年有党员 6 名,退休党员 1 名。

党支部一直重视党的建设,加强对党员的教育和管理,组织党员学习党的基础知识、政治理论及党和国家的有关政策,加强党性修养,发挥党员的先锋模范作用。积极培养优秀青年入党,2008 年吸收新党员 1 名。

党风廉政建设　贯彻落实党风廉政建设目标责任制,开展党风廉政宣传教育,特别是开展了以"情系民生、勤政廉政"为主题的党风廉政教育,组织学习观看反腐倡廉警示录、影视片,多次参加反腐倡廉知识竞赛等活动;加强廉政文化、文明机关、和谐机关和廉政机关建设;制定"三人决策"、"联签会审"、"三重一大"等制度;落实"局务、事务、财务"公开制度,对财务收支、物资采购、目标考核、基础设施建设、工程招标等内容采取职工大会或局公示栏张榜向职工公开。

政务公开　对气象行政职责、气象行政审批办事程序、气象行政执法依据、气象服务内容、服务收费依据及标准、服务承诺等采用户外公示栏、发放宣传单等方式向社会公开。

精神文明建设　绥德县气象局重视精神文明建设,注重加强领导班子自身建设和职工队伍建设。开展公民道德建设活动,加强政治理论、法律法规和专业知识学习,教育职工树立和弘扬开拓创新、顽强拼搏、敬业爱岗、无私奉献的精神。健全内部规章制度,2002 年 5 月将制定的各项工作管理制度汇编成册,严格执行。深入持久地开展文明单位创建活动。加强职工学习教育,建立政治学习制度,提高职工综合素质;加强内部管理,制定规章制度,汇编成册,并严格执行;加强台站综合改造,修整道路,修建花园草坪,美化环境;修建文体活动场所,购置电教化设施,开展丰富多彩文化体育活动,文明创建步上台阶,先后建成合格职工之家。

文明单位创建　2001 年被县委、县政府命名为"县级文明单位";2007 年被市委、市政府命名为"市级文明单位"。

台站建设

绥德县气象站地处县城南 3 千米的小山顶上,总占地面积 3800 平方米,其中观测场 625 平方米。1956 年建站时,建石窑洞 9 孔。1990 年建职工宿舍砖窑 8 孔。2003 年开始台站综合改造,新建砖混结构平房 210 平方米(办公业务用房),维修改造职工公寓 254.8 平方米。同时对院内环境进行绿化、硬化改造,修整了道路 216 平方米,修建草坪 657 平方米,硬化路面 813 平方米,栽种风景树,院内风景秀丽。

综合改造使站容站貌有了很大的变化,由建站初期住土炕,点煤油灯,下山挑水等艰苦环境发展到现在宽敞明亮,水、暖、电等配套设施齐全的居住环境。职工的工作、生活条件得到了改善。

1990 年修建的绥德县气象站职工宿舍
(2008 年 9 月)

综合改造后的绥德县气象局业务值班室
(2008 年 8 月)

综合改造后的绥德县气象局观测场(2008 年 8 月)

子洲县气象局

为纪念革命烈士李子洲,1944年2月,中共中央西北局和陕甘宁边区政府把绥西县改为子洲县。子洲县位于陕西省北部,榆林市南部,境内大理河、淮宁河从中部及南部穿越而过,两河沿岸形成地势低平、土壤肥沃的川道地区,两川素有"米粮川"之称。全县总面积2043平方千米,辖18个镇乡,人口24.9万。

子洲县系地跨中温带与暖温带之间的亚干旱区,具有大陆性季风气候特点,年平均气温9.2℃,年平均降水量449.1毫米,年日照时数2543.3小时,无霜期164天。主要气象灾害有干旱、冰雹、大风、暴雨、连阴雨、霜冻、大雾、沙尘天气等。

机构历史沿革

台站变迁 1956年11月,按国家一般气象站标准建成子洲气候站,站址位于老君殿红柳湾半山腰。1962年5月,精简机构气象站撤销。1970年5月重新建站,站址位于子洲县城东南峨岇峪川道。2003年1月,根据自动气象站建设和台站综合改善的要求,观测场向西南方向平移15米,将25米×25米的正方形观测场改为直径为20米的圆形观测场,填土增高0.64米,地址位于东经110°03′,北纬37°36′,观测场海拔高度变为895.2米。

历史沿革 1956年11月成立子洲气候站;1959年8月,更名为子洲县气候服务站;1962年5月撤销;1970年5月,重新成立时定名为子洲县气象服务站;1972年6月,更名为子洲县革命委员会气象站;1978年4月,更名为子洲县气象站;1990年1月,改为子洲县气象局(实行局站合一)。

子洲县气象站成立起,被确定为国家一般站;2007年1月1日改为子洲国家气象观测站二级站;2008年12月31日改为子洲国家一般气象站。

管理体制 1956年11月—1958年12月,由省气象局垂直领导;1959年1月—1962年4月,由子洲县人民政府领导;1962年5月—1970年4月撤消;1970年5月—1979年12月,由子洲县政府领导(1971年8月—1973年12月,由县武装部管理);1980年1月起,实行气象部门与地方政府双重领导,以气象部门领导为主的管理体制。

机构设置 单位下设局办公室、观测预报股、气象科技服务股和人工影响天气办公室4个职能科室。

单位名称及主要负责人变更情况

单位名称	姓名	职务	任职时间
子洲气候站	李树慧	站长	1956.11—1959.08
子洲县气候服务站			1959.08—1962.04
撤销			1962.05—1970.04

续表

单位名称	姓名	职务	任职时间
子洲县气象服务站	李树慧	站长	1970.05—1972.06
子洲县革命委员会气象站			1972.06—1976.01
子洲县气象站	张庆兰	站长	1976.01—1978.04
			1978.04—1979.01
	高怀军	站长	1979.01—1984.07
	马荣明	站长	1984.07—1990.01
子洲县气象局		局长	1990.01—1993.11
	王宪生	局长	1993.11—2008.12
	乔中丰	副局长(主持工作)	2008.12—

说明:马荣明(1984年9月—1987年1月)在陕西省气象学校学习期间,由王宪生主持工作。

人员状况 1956年建站时3人。1980年有职工11人。2008年底,共有在职职工7人(在编职工6人,外聘职工1人),退休职工2人。在编职工中:本科1人,大专2人,中专3人;工程师4人,助理工程师2人;31～40岁3人,41～50岁1人,51岁以上2人。

气象业务与服务

气象业务工作内容:气象观测、天气预报制作发布、农业气象服务、气候资源的开发与利用、生态气候监测与服务、人工影响天气、防雷工程的设计、施工与检测、专项气象服务。

1. 气象业务

①气象观测

地面气象观测 1956年11月开始,每天进行08、14、20时3次地面观测。观测项目有风向、风速、气温、湿度、云、能见度、天气现象、降水、小型蒸发、雪深。1957年6月增加气压自记仪器,8月增加温度自记仪器;1958年1月增加气压观测和湿度自记仪器,3月增加地面最低温度观测;1961年11月增加地面温度、地面最高温度、冻土和日照观测。

1970年5月重新建站后,每天进行08、14、20时3次地面观测,观测项目有风向、风速、气温、湿度、气压、降水、地温、日照、云、能见度、天气现象、雪深、冻土。1977年12月31日起恢复小型蒸发观测。1981年1月1日增加自记风,5月1日开始使用虹吸雨量计。

自动气象站 2003年10月1日,建成了CAWS600型自动气象站,实行自动站和人工站平行对比观测,2006年1月1日自动气象站正式运行。自动站观测项目有温度、湿度、气压、风向、风速、降水量、地面温度、深层地温、草面温度。云、能见度、天气现象、蒸发、冻土、雪深为人工观测,降水量实行人工、自动并行观测,自动观测资料与人工观测资料存于计算机中互为备份,每月定时复制光盘归档、保存、上报。

2007年8月在电市镇建成六要素气象区域自动站1个、在何家集乡、马蹄沟镇建成两要素气象区域自动站2个;2008年在裴家湾建成六要素气象区域自动站1个、在高家坪乡、马岔乡、三川口镇、驼耳巷乡建成两要素气象区域自动站4个,均于建成时间开始运行。

农业气象观测 1971年1月1日开始承担农作物观测和土壤水分观测任务,作物观测品种为玉米,土壤水分观测土层深度为0～50厘米,并向榆林气象局发土壤墒情报。2004年起进行农作物物候观测。2005年开始承担玉米生态气候环境监测。2007年增加每月逢3土壤水分加密观测,观测数据传送省、市气象局。

地震观测 1978年4月1日—1981年6月30日进行地震观测。观测时间为每日08、14、20时3次,观测项目是土地电。

各类气象电报 1971年1月增发重要天气报、降水量报、区域协作报;1972年1月25日—1975年2月17日向2883部队拍发预约航危报;1971年4月22日至今向榆林、省气象台拍发土壤墒情报;1971年1月1日向陕西省气象台拍发08—08时日降水量报;1971年7月1日向榆林、绥德、清涧台站拍发重要天气协作报;1972年12月22日至1997年9月向榆林民航站拍发白天(06—20时)预约航危报;1979年开始担负每年6月1日—10月31日向省防汛部门拍发雨情报任务。

报表制作 气象月报、气象年报,开始用手工抄写方式编制,一式3份,分别上报陕西省气象局气候中心,榆林地区气象局气象台和子洲站留底本1份。2002年10月开始使用微机制作打印气象报表。建站至2003年,气象资料除报表复制本上报中、省、市气象局归档外,其他原始气象资料均在子洲站保管。2004年开始,所有原始气象资料全部上交到陕西省气象档案馆归档,站上只保留报表底本和观测数据光盘。

②天气预报

1956年11月—1962年5月,制作发布24～48小时天气预报。1970年5月—1985年采用每天定时收听气象广播,手工绘制天气图,分析制作天气预报。1985年6月11日正式开始天气图传真接收工作,主要接收北京的气象传真图表和省气象局天气预报指导产品。1986年以前,县站天气预报主要是每天收听天气预报广播,绘制简易天气图,填绘时间综合剖面图,再根据平时总结的预报指标,制作24小时、48小时、72小时天气预报,送县广播站进行广播。

1977年榆林气象台抽调部分台站预报员在子洲站进行天气预报会战。绘制了历年时间综合剖面图、降水、温度曲线图,总结了预报方法、指标。对子洲县冰雹云的形成条件、冰雹路径进行了详细调查。

1999年建成了卫星单收站和天气预报应用系统,2005年5月建成了预报业务平台。

1985—2008年预报项目有短时天气预报、短期天气预报、灾害性天气预报,转发省、市气象台的中、长期天气预报等。并以上级指导预报产品为基础,结合本地天气特点,制作订正天气预报,为社会提供公益服务和专业气象信息服务。

③气象信息网络

1959年1月—1962年4月、1970年5月—1999年9月为人工查算编制气象报告,并通过邮电局转发。1999年10月起采用AHDM 4.1软件编制气象报表,通过网络传输资料。2002年8月建成了X.25数据专线。2003年1月开通了互联广域网和气象宽带网,同时采用地面气象测报业务软件(OSSMO 2004)编制气象报文,微机编制气象报表。截至2008年有移动、电信、广电3条网络专线,其中2条使用,1条备份,确保气象数据的及时传输。先后安装使用了省—市—县可视会商系统、气象预警信息发布系统、陕西省气象办公业务系统。

2. 气象服务

公众气象服务 1970 年 5 月开始,主要通过子洲县广播电站对外发布天气预报信息。1988 年通过甚高频电话对外发布天气预报。1998 年开通 121 天气预报自动答询电话,开设电视天气预报栏目,每天播放 2 次。2004 年通过网站发布未来 3 天天气预报、周天气趋势、重要天气消息等综合气象服务信息。2005 年开始使用手机短信开展气象服务。2007 年建成手机短信发布系统。

决策气象服务 20 世纪 80 年代前采用书面材料、电话等方式向当地领导传送预报服务信息,90 年代后分别采用专题材料、传真、手机短信、网络等方式将服务产品传送到领导手中,为正确决策、防灾减灾提供科学依据。决策气象服务产品主要有:《送阅件》、《重大气象信息专报》、《灾害性天气预警》、《雨情通报》等。按月、季、年编发《气候趋势预报》和《气候影响评价》,按季编发《生态监测公报》。及适时制作农作物发育期天气预报和产量预报等。

专业气象服务 1985 年开始,以电话、传真等方式向供电、交通、供水等单位提供专业气象服务信息;开展气象森林防火、飞播造林、重大社会活动、重大工程等专项气象服务。1988 年在县委办公室、县政府办公室、县防汛抗旱指挥部办公室、县农业局水库管理办公室及各乡镇安装气象警报服务接收机,服务单位通过警报接收机定时接收气象信息服务。1990 年起开展农业、林业、水利、环保等行业的专项气象服务。

农业气象服务 1988—1995 年开展了蚕桑草试种试养及示范,先后推广到全国十多个省、市、县气象局。1997 年获陕西省气象局科学技术进步二等奖。1994 年开展了农业资源调查与农业区划工作,1995 年荣获榆林地区农业区划委员会优秀科技成果二等奖。2005 年开展玉米生态气候监测、服务。2006 年开始生态气候监测、服务。

人工影响天气 1991 年子洲县政府成立防雹工作领导小组,下设办公室在气象局,气象局局长任办公室主任。人工影响天气工作由子洲县气象局管理以后,根据地理地形、农作物、经济林业分布、冰雹路径等,对全县高炮作业点进行了重新布局调整,在马岔、电市、马蹄沟、瓜园子湾、三川口、城关、苗家坪、裴家湾、何集 9 个乡镇设立了防雹增雨作业点,配备"三七"高炮 9 门。

2000 年配备了火箭增雨作业车,2008 年进行了更新。

气象科技服务 根据《国务院办公厅转发国家气象局关于气象部门开展有偿服务和综合经营的报告的通知》(国办发〔1985〕25 号),1986 年起先后开展了彩虹门礼仪、防雷检测、工程验收、"121"电话、手机气象短信、专项气象服务工作。

科学管理与气象文化建设

社会管理 贯彻落实《中华人民共和国气象法》、《陕西省气象条例》等法律法规。子洲县气象局先后与县安监、建设、教育、公安等单位联合发文,重点开展行业防雷设施管理和行政执法,组织执法人员重点对各建设施工单位进行建筑物防雷设施图纸设计审查和竣工验收检测报告的专项执法检查。2005 年对气象探测环境在县有关部门进行了备案保护。

社会管理内容包括规范升空氢气球管理、气象信息传播、避雷装置检测、探测环境保护等。

政务公开 对气象行政审批办事程序、气象服务内容、服务承诺、气象行政执法依据、服务收费依据及标准等,采取了通过户外公示栏、电视广告、发放宣传单等方式向社会公开。财务收支、目标考核、基础设施建设、工程招投标等内容则采取职工大会或上局公示栏张榜等方式向职工公开。财务一般每半年公示一次,年底对全年收支、职工奖金福利发放、领导干部待遇、劳保、住房公积金等向职工作详细说明。干部任用、职工晋职、晋级等及时向职工公示或说明。

制度建设 1999年12月县气象局制定了《子洲县气象局综合管理制度》,2002年经重新修订后下发,主要内容包括业务值班室管理制度、会议制度,财务、福利制度等。

党的组织建设 1979年子洲气象站成立了党支部。支部成立以来共发展党员8名,截至2008年有党员4名。

历届党支部均重视对党员和群众进行党性与政策教育,爱岗敬业和艰苦奋斗、团结协作的集体主义教育。坚持定期召开党的生活会,组织党员和青年进行政策、文件和书籍的学习,发挥党支部的战斗堡垒作用和党员的模范带头作用。在全站形成了艰苦为荣、团结友爱、无私奉献、努力创新的和谐风气。

气象文化建设 子洲县气象局开展经常性的政治理论、法律法规学习,加强职工的思想建设。建起了活动室、阅览室,购买了图书、乒乓球台、羽毛球架网等活动器材,丰富了职工的业余生活,激发了职工的工作积极性。开展"3·23"世界气象日宣传活动,通过展板、发放宣传单、现场答疑、邀请社会公众参观气象站等形式,广泛对外进行宣传。

1984年成立了职工工会组织。全体职工踊跃参加县工会组织的各项活动。积极组织职工开展各类文体活动和"比、学、帮"活动。树立学先进,做贡献的高尚风格。开展向困难群众献爱心、无偿献血等活动,体现了单位团结和谐的风尚。

文明单位创建 1988年被县委、县政府命名为"县级文明单位",被授予县级"卫生模范"单位;1993年被市委、市政府命名为"市级文明单位"。

集体荣誉 1995年"农业资源调查与农业区划"获榆林地区农业区划委员会优秀科技成果二等奖。

参政议政 2007年王宪生同志当选为子洲县第七届政协委员。

台站建设

1970年重新建站时,修石窑6孔,配有围墙、水井、厕所等设施。1976年修建新办公窑洞,建筑面积1037平方米。1985年加修4间(二层)平房。2005年省气象局投资59.8万元进行台站综合改造,将旧窑洞全部拆除。修建办公楼468平方米。修建职工住宿楼1716平方米、地下室234平方米。修建锅炉房、车库等4间,院内路面等硬化890平方米,全部工程2007年交付使用。

1979 年的子洲县气象站观测场(1979 年 9 月)

2005 年综合改造后的子洲县气象站观测场

综合改造后的子洲县气象局办公、住宅楼(2008 年 4 月)

子洲县气象局业务值班室工作平台(2008 年 4 月)

吴堡县气象局

吴堡县总面积 428 平方千米,辖 10 个镇乡、221 个村委会、5 个社区,人口 7.3 万。吴堡位于中温带亚干旱区,为大陆性气候。气候寒冷,气温年较差和日变化率较大,光能充分,热量丰富,适宜发展农林牧副业。但旱、风、霜冻等气象灾害常有出现,对发展生产有很大的危害。

机构历史沿革

台站变迁 1959 年 2 月,陕西省绥德县寇家塬气候站成立,地址在绥德县寇家塬公社西峰寺农场;1962 年 5 月精简机构,吴堡县气象服务站撤销;1970 年 7 月,在原址恢复成立吴堡县气象站;1974 年 7 月,迁至吴堡县宋家川公社宋家川大队龙凤山(山顶);2007 年 1 月,迁至吴堡县宋家川镇古城路半山腰,观测场位于东经 110°43′,北纬 37°31′,海拔高度 744.0 米。

历史沿革 1959 年 2 月成立时,称陕西省绥德县寇家塬气候站;1959 年 3 月,更名为陕西省绥德县西峰寺气候站;1960 年 4 月,更名为绥德县西峰寺气候服务站;1961 年 9 月,更名为吴堡县西峰寺气候站;1961年12月,更名为吴堡县气象服务站;1962年6月撤销;1970年7月,恢复观测时更名为吴堡县气象站;1990年1月,改为吴堡县气象局(实行局站合一)。

2007年确定为吴堡国家气象观测站二级站,2009年1月1日改为吴堡国家气象观测一般站。

管理体制 1959年2月—1961年8月,属绥德县政府管理;1961年9月—1962年5月,由吴堡县政府管理;1962年6月,精简机构,撤销吴堡县气象服务站;1970年7月—1979年12月,由吴堡县农业局管理(1971年9月—1973年12月由吴堡县人武部管理);1980年1月起,实行气象部门与地方政府双重领导,以气象部门领导为主的管理体制。

机构设置 下设机构:测报股、预报股、科技服务中心、人工影响天气办公室。

单位名称及主要负责人变更情况

单位名称	姓名	职务	任职时间
陕西省绥德县寇家塬气候站	刘怀谦	负责人	1959.02—1959.03
陕西省绥德县西峰寺气候站	霍成贤	站长	1959.03—1960.04
绥德县西峰寺气候服务站			1960.04—1961.09
吴堡县西峰寺气候站			1961.09—1961.11
吴堡县气象服务站	刘俊岐	负责人	1961.12—1962.05
撤销			1962.06—1970.06
吴堡县气象站	薛大进	站长	1970.07—1977.01
	慕生发	站长	1977.02—1979.12
	薛大进	站长	1980.01—1981.11
	王敏	副站长(主持工作)	1981.12—1984.05
	冯宝林	副站长(主持工作)	1984.05—1984.10
	崔丁阳	副站长(主持工作)	1984.10—1988.08
	霍常虎	站长	1988.09—1990.01
吴堡县气象局		局长	1990.01—2002.03
	梁堆多	局长	2002.03—2007.04
	李武斌	负责人	2007.04—2007.08
	侯建彪	局长	2007.08—

人员状况 1959年建站时有职工3人。1980年有职工14人。1974年迁站后编制8人,2006年业务体制改革定编6人。截至2008年底,共有在职职工6人(在编职工4人,外聘职工2人)。在编职工中:大专3人,中专1人;中级职称2人,初级职称2人;40~49岁3人,50岁以上1人。

气象业务与服务

1. 气象业务

①气象观测

地面观测 1959年2月起开始每天进行08、14、20时3次观测,夜间不守班;观测项目有气温、湿度(干湿球、毛发表)、降水量、云、能见度、天气现象、地面温度、地面状态、风向风速、蒸发、冻土、积雪;1960年1月起增加日照、40厘米和80厘米地温观测,增加了3—11月间的5厘米、10厘米、15厘米、20厘米地温观测;1961年8月取消80厘米、9月取消40厘米地温观测。

1970年起观测项目有气压、气温、湿度(包括压、温、湿自记仪器)降水、云、能见度、天气现象、地温(地面和浅层地温)、风向风速、蒸发、日照、冻土、积雪。1980年增加了风向风速自记和5—9月降水量自记。2007年1月1日起用DYYZ-Ⅱ型自动气象站,观测项目有:气压、气温、湿度、风向风速、降水、地温(包括深层地温)、草温。2008年1月1日自动气象站观测资料正式代替人工观测的相同项目作为正式气象资料。2008年12月31日21时起取消与自动观测重复的人工观测项目(自记仪器除外),仪器保留作为备份。

自动气象站 2007—2008年在张家山乡、岔上乡、丁家湾乡、辛家沟镇和郭家沟镇建成两要素自动区域气象站5个,均于建成时间开始运行。

土壤观测 1970年3月开始增加了土壤墒情观测,3—9月逢8的日期,测量土层深度为5厘米、10厘米、20厘米、30厘米4个层次上的土壤含水百分率,编报发送至榆林气象台。2003年5月开始改为每旬逢3日、8日2次观测发报。2007年3月开始改为土壤墒情观测,从土壤解冻到土壤冻结期间,每旬逢3日、8日观测发报,观测土层深度为0～10厘米、10～20厘米、20～30厘米、30～40厘米、40～50厘米5个层次上的土壤相对湿度,并逢3日、8日分别观测2～4个重复,取平均数,编发墒情报分别在逢5日和旬末发至陕西省气象台。

生态观测 2005年3月开始增加了生态观测,承担农作物谷子和经济林果红枣两个观测项目,2006年1月取消谷子观测项目,生态观测数据应用生态观测系统通过网络上传省气象局,并手工制作年报表。

报表制作 从建站开始坚持手工制作月报表(气表-1)和年报表(气表-21),分别做旬、月、年统计后手工抄录2份,经过本站预审员审核后邮寄榆林地区气象局。1994年1月开始报表制作改为简表,不做旬、月、年统计,抄录1份经过预审后邮寄到陕西省气象台审核。2002年1月开始人工只制作报表底本,不做旬、月、年统计,利用"AHDM 4.1"软件制作月报表数据文件D文件和封面封底文件V文件经预审后网络上传陕西省气象台,并拷贝软盘邮寄省气象台。年报表只做15个降水时段的挑取和封面封底制作,并预审后邮寄省气象台。2004年1月取消软盘邮寄。2005年1月改用OSSMO 2004地面气象测报业务软件制作月、年报表经吴堡气象站预审和省气象台审核后,自行打印成报表。数据由电子和纸质双备份。

②气象信息网络

1989年12月以前吴堡县气象站通过电话将气象电报传到邮电局,通过邮电局转发。1990年1月安装了单边带电台,天气报改为由单边带无线通讯直接发到榆林地区气象台。2001年6月气象电报传输通过内部X.25分组交换网进行传输,实现了网络自动化。2005年1月1日测报采用OSSMO 2004地面气象测报业务软件进行数据输入、编发加密天气报和重要天气报,并直接发至陕西省气象台。2007年开始使用电信光缆、移动光缆互为备份网络传输系统,每天24小时上传自动站实时数据,实现了资料共享。天气报发报内容:云、能见度、天气现象、气压、气温、湿度、风向风速、降水、雪深等,重要天气报的内容:暴雨、大风、冰雹、龙卷风、积雪等。

③天气预报

1959年建站开始开展天气预报业务,主要利用看云识天气、天气谚语、老农经验、吴堡气象站资料和经验分析等手段制作48小时内短期预报和月年中长期气候旱涝预测。1970年6月2次建站后,通过收听省台的天气指导预报和指标站实况资料,绘制简易天气图,开展补充订正天气预报的制作。1983年3月根据预报服务的需要,开展基本资料、基本图标、基本档案和基本方法四个基本建设,整理统计了大量的气候统计资料、绘制三曲线、简易天气图等基本图标,建立了灾害性天气个例分析建档,利用指标站资料和吴堡气象站统计资料,总结建立了十几种一般降水和灾害性天气预报方法或指标,对提高短期预报质量起到了很大的作用。

1987年1月预报体制改革后,停止制作中长期预报,转发地区气象台的中长期预报产品。对省、市气象台发布的短期指导预报产品进行解释加工,实现了本地化、具体化、专业化。

2005年开始,各种气象网站服务器、多普勒雷达投入业务运行,天气信息网络共享,预报业务精细化,短期预报由48小时延长到72小时,开展了6小时、12小时短时临近预报。

2. 气象服务

吴堡县地处黄河中游,属大陆性季风气候。灾害性天气频发,尤以干旱、暴雨、冰雹、大风、雷电、霜冻为甚。吴堡县气象局把决策气象服务、公众气象服务、专业气象服务和气象科技服务融入到经济社会发展和人民群众生活当中,取得了明显的效益。

公众气象服务 1959年建站时,主要通过电话向政府领导提供气象服务,通过全县有线广播发布天气预报,主要开展短期天气预报和长期天气预测。1985年开展有偿服务,增加了气候资料服务和气候分析评价等。1990年安装了甚高频无线通讯电话,通过警报接收机向用户服务。1998年3月气象局同电信局合作正式开通"121"天气预报自动答询电话。2004年榆林市"121"答询电话实行集约经营,主服务器由榆林市气象局建设维护,2005年"121"电话升位为"12121"。

决策气象服务 2008年为吴堡县委、县政府和各乡镇安装了无线天气预报预警电子显示屏,利用企信通开展手机短信气象服务,每一个村确定了一位气象信息员,采用向信息员手机发天气预警短信方式,开展天气预报预警服务,预报服务影响面大大拓宽。2007—2008年,气象服务连续两年在减轻秋季连阴雨对吴堡县主导产业红枣造成灾害中发挥了较大作用。气象服务工作为吴堡县经济建设做出显著贡献。

人工影响天气 1995年4月吴堡县人工影响天气领导小组成立,领导小组办公室设在县气象局,并由市计划局调配了1门"三七"高炮,安装在寇家塬镇车家塬村,开展人工防雹工作。1999年4月吴堡县政府在财政极其紧张的情况下,筹资13万元,购置榆林市第一套WR-1B流动火箭增雨系统,在缓减和解除干旱灾害中发挥了重大作用。

防雷减灾 2003年4月县气象局开展建(构)筑物和计算机场地防雷防静电设备年度检查工作,2008年增加了易燃易爆场所防雷检测和建筑物防雷图纸审核、工程检测和竣工验收工作。

科学管理与气象文化建设

法规建设　重点是加强雷电灾害防御工作的依法管理工作,2003年4月吴堡县安全生产监督管理局和气象局联合下发了《关于加强防雷电设施安全管理的通知》(吴政安监发〔2003〕3号),吴堡县城乡建设局和气象局联合下发了《关于加强建(构)筑物防雷工作的通知》(吴城建发〔2008〕21号),防雷行政许可和防雷技术服务逐步规范化。在加强气象灾害防御方面,吴堡县人民政府办公室下发了《关于加快气象灾害监测预警信息服务网建设的通知》(吴政办发〔2008〕57号)。

政务公开　对气象行政职责、气象服务内容、服务承诺等采用户外公示栏向社会公开。

党的组织建设　1988年5月前,吴堡气象站没有独立党支部。1959年2月—1962年5月、1970年7月—1974年3月党员归吴堡县农场党支部管理。1974年4月—1987年4月归吴堡县种子公司党支部管理。1987年5月吴堡县气象站党支部成立,截至2008年有党员2名。

党风廉政建设　落实党风廉政建设责任制,开展党风廉政宣传教育月活动,加大从源头上预防和治理腐败的力度,不断推进党风廉政建设和反腐败工作深入开展,制定"三人决策"、"联签会审"、"三重一大"等制度,执行局务公开、事务公开、财务公开三项。健全内部规章制度,2003年4月县气象局修改制定了局务会制度、局务公开制度、财务管理制度、综合奖惩制度等21项职责和制度,编辑成册下发,并每年根据实际情况修订实施。

精神文明建设　吴堡气象站虽然两次迁址,但都属于艰苦台站。1999年,吴堡县气象局把精神文明建设作为一项重要工作来抓,局内成立了创建领导小组,结合工作实际,制定了创建活动实施细则。通过报刊、电台大力宣传报道吴堡县气象局在两个文明建设方面的情况,为创建工作营造了良好舆论氛围;通过强化学习,提高干部职工的综合素质;通过健全规章制度,完善监督制约机制;通过明确目标,使基本业务质量稳步提高;通过加强政治思想教育,丰富职工精神文化生活,使职工安心工作。

文明单位创建　1994年吴堡县气象局被县委县政府授予"县级文明单位";1998年被地委行署命名为"地区级文明单位";文明单位动态管理后,2006年被市委市政府确定为"市级文明单位"。

台站建设

吴堡县气象站1960年有窑洞3间,职工3人,1974年7月迁站到吴堡县城,但地处高山,交通十分不便,职工的工作和生活仍然比较艰苦。2003年省气象局决定吴堡气象站迁站并采取局站分离进行综合改造。2007年1月吴堡县气象局正式迁到吴堡县宋家川镇古城路半山腰,省气象局投资124.5万元、榆林市气象局投资4万元、地方政府支持5万元、自筹资金1万元,新建业务用房251平方米,辅助用房40平方米,硬化面积500平方米、绿化面积500平方米,对围墙、大门、供电、供水、供暖、排污、院内环境进行改造。同时迁建县气象站,征地1050平方米,新建观测场,修建值班室40平方米,辅助房20平方米,解决了供电、供水、排污、供暖等。通过综合改造,职工工作、生活条件得到改善。

1959—1974 年的吴堡县气象站

1974—2004 年的吴堡县气象站

2007 年综合改造后的吴堡县气象局业务办公楼

2007 年综合改造后的吴堡县气象局观测场

清涧县气象局

清涧县位于榆林地区东南部,境内黄土丘陵沟壑区水土流失严重,梁峁起伏,沟壑交错。全县总面积 1881 平方千米,辖 13 乡镇,人口 23 万。清涧县属暖温带半干旱大陆性季风气候,气象灾害主要以干旱、冰雹、大风、暴雨、沙尘天气为主。

机构历史沿革

台站变迁 清涧气象站始建于 1956 年 12 月,1957 年 1 月正式开始工作,站址在清涧县老关庙山顶,一直沿用至今,地理位置北纬 37°07′,东经 110°07′,观测场海拔高度 938.0 米。

历史沿革 1956 年 12 月,成立清涧气候站;1957 年 2 月,与绥德县合并,更名为绥德县清涧气候站;1960 年 4 月,更名为绥德县清涧气候服务站;1961 年 12 月,清涧又单独设县,更名为清涧县气象服务站;1972 年 1 月,更名为清涧县革命委员会气象站;1978 年 6 月,更名为清涧县气象站;1990 年 1 月,改称为清涧县气象局(实行局站合一)。

2008 年 12 月 31 日,被确定为国家气象观测一般站。

管理体制　1956 年 12 月—1958 年 12 月,归陕西省气象局直接管理;1959 年 1 月—1962 年 4 月,归清涧县政府领导,由县农业局管理;1962 年 5 月—1965 年 12 月,归省气象局领导;1966 年 1 月—1979 年 12 月,归清涧县政府领导(1971 年 8 月—1973 年 12 月由县武装部管理);1980 年 1 月起,实行气象部门与地方政府双重领导,以气象部门领导为主的管理体制。

机构设置　地面测报股,预报服务股,气象科技服务中心,行政许可办公室,人工影响天气办公室。

单位名称及主要负责人变更情况

单位名称	姓名	职务	任职时间
清涧气候站	刘诗莉	组长	1956.12—1957.02
绥德县清涧气候站	蒋姣春	组长	1957.02—1959.02
绥德县清涧气候服务站	李树慧	站长	1959.02—1960.04
			1960.04—1960.06
	康正信	站长	1960.06—1960.10
	李尚均	站长	1960.10—1961.08
清涧县气象服务站	姬盛昌	站长	1961.08—1961.12
			1961.12—1972.01
清涧县革命委员会气象站			1972.01—1978.05
清涧县气象站	张志杰	站长	1978.06—1979.12
	马荣明	站长	1979.12—1983.04
	陈在孝	站长	1983.04—1985.09
	艾绍川	副站长(主持工作)	1985.09—1986.01
	郭德生	副站长(主持工作)	1986.01—1990.01
		局长	1990.01—1991.10
清涧县气象局	景春荣	局长	1991.10—2004.06
	刘建和	局长	2004.06—2006.06
	惠鸿泽	副局长(主持工作)	2006.06—2008.12
	姬　升	局长	2008.12—

人员状况　1956 年建站时有职工 3 人。1980 年有职工 8 人。2008 年底,共有在职职工 9 人(在编职工 5 人,外聘职工 2 人,借调职工 2 人)。在编职工中:本科 1 人,大专 2 人,中专 2 人;中级 3 人,初级 2 人;50 岁以上 1 人,40～49 岁 2 人,30～39 岁 2 人。

气象业务与服务

主要承担的气象业务:地面观测、气象预报、农业气象服务、气候资源的开发与利用、生态气候监测与服务、人工影响天气、防雷工程设计和施工与检测及气球升空、防雷减灾、气象探测环境保护社会管理。

1. 气象业务

①气象观测

地面观测　根据上级气象部门要求 1957 年 1 月 1 日开始观测,观测的主要项目有:气温、气压、湿度、风、降水、云、能见度、天气现象、日照、雪深、雪压、蒸发、地温、冻土等。每天进行 01、07、13、19 时 4 次地面观测,并编发气象补绘电报,编制地面气象报表,承担白天预约航空报、农业气候观测等任务。1960 年 8 月 1 日起,每天进行 08、14、20 时 3 次地面观测,并增加气象加密电报、重要天气报、土壤墒情报、降水量报等发报任务。1980 年 1 月取消雪压观测,1981 年 1 月 1 日增加自记风观测,1981 年 5 月 1 日使用虹吸雨量计,1982 年取消白天预约航空报,2003 年 11 月,清涧县气象站建成了 CAWS600 型自动气象站,2004 年 1 月 1 日投入业务运行。增加的观测项目有 40 厘米、80 厘米、160 厘米、320 厘米深层地温。

气象档案 气象档案资料有建站以来的气象观测簿、地面气象月(年)报表、历史天气图、气压、湿度、温度、风、降水、日照等自记气象资料。

从建站至 2006 年保管文书档案、财务档案、科技档案、全宗卷。各类档案资料存放在综合档案室,配备档案柜 5 个,有专室专人保管。档案室配备温湿度计、灭火器、柜内放置卫生球,通风好,温湿度适宜,基本达到了防鼠、防虫、防尘、防湿、防高温、防火、防盗。档案编研方面,清涧气象站著有《清涧县农业气候区划报告》,并与水保局合编出版了《红旗沟流域验收鉴定技术成果资料汇编》。1992 年经清涧县档案局验收,清涧气象局档案管理达到了三级档案室标准,获得机关档案升级三级合格证。2006 年经档案局同志指导,档案管理符合档案工作目标管理,并取得陕西省档案工作目标管理认证证书-A 级。

②气象信息网络

清涧县气象站从建站至 1991 年,通信条件落后,拍发气象电报采用手摇电话先传到邮电局报房,再由邮电局报房发出;1992 年通过电信局电话专线传输气象电报;1988 年,建立市县甚高频无线通信系统,进行预报传递和天气会商;1998 年开通了 X. 25 拨号网上传输报文、建成县级 PC-VSAT 气象卫星地面接收站;1999 年开始,先后通过移动、电信、广电三个公司的光缆,开通了 2 兆 ADSL 宽带网业务,气象电报的传输和资料信息共享有了保证;2001 年开通省—市—县中文电子邮件办公系统;2003—2008 年,采用专用光纤网络,气象电报传输实现了网络化、自动化。建成省—市—县宽带网、安装多普勒雷达显示终端,开通市—县天气预报可视会商、电视会议系统。

③天气预报

负责行政区域范围内的天气预报、警报及其他气象信息的发布。短期天气预报主要是依托省、市气象台指导预报产品,结合本地天气气候特点,采用经验外推方法预报地面天气系统的移动和天气的短期变化。中长期天气预报主要是依托上级中期数值天气分析预报产品。重点是做好灾害性、关键性、转折性天气的预报。预报内容有:降水量、风向风速、气温以及常年同期的比较;极端最高气温或极端最低气温;可能出现的旱涝及阴雨、高温、初(终)霜等农业气象灾害。

④农业气象

2007 年 5 月 1 日开始将逢 8 日的土壤水分观测任务增加为逢 3 日、8 日观测,并将信息传递省、市气象局。开展农作物气象灾害预报、红枣气象服务等工作;发布专题旱情分析、农业生态气候条件分析和农事建议等服务材料。

2．气象服务

清涧县气象站一直注重为当地社会经济服务,将决策气象服务、公众气象服务、专业气象服务、气象科技服务融入地方经济、社会发展和人民群众生产生活中。

公众和决策气象服务　气象服务通过广播、"121"气象电话、气象短信、气象电子显示屏对社会发布;编发《重要天气报告》、《干旱分析与预报》、《降雨消息》、《雨情通报》和《专题气象服务》等材料,向县委县政府及有关部门领导提供所需的天气预报和气象资料;向有关单位提供以灾害性天气预报和警报为主要内容的专业服务;通过电视天气预报向社会提供天气预报服务。积极为社会性公众提供气象信息服务,为县政府和相关政府部门提供决策气象服务。

气象科技服务　1985年开始气象科技服务。1997年6月,气象局与电信局合作正式开通"121"天气预报自动咨询电话。2004年,全市对"121"答询电话实行资源整合,全部由市局管理。2005年,"121"电话升位为"12121"。2007年,为了更及时准确地服务于领导和群众,通过移动通信网开通了气象商务短信平台,以手机短信方式向全县各级领导发送气象信息。为有效应对突发气象灾害,提高预警信号的发布速度,避免和减轻气象灾害造成的损失,在公共场所安装电子显示屏开展气象灾害信息发布工作。

气象科普宣传　组织开展"3·23"世界气象日宣传活动,制作气象知识、气象灾害、雷电防护知识等宣传展板,发放气象科普宣传材料,气象局向社会开放,接受群众、学生等进行参观;参加清涧县组织的科普、安全等宣传活动。

科学管理与气象文化建设

社会管理　清涧县气象局根据榆林市人民政府下发的《关于加强雷电灾害防御管理工作的通知》(榆政办发〔2001〕63号)、《关于加强防雷设施安全管理工作的通知》(榆政安监发〔2003〕31号)和清涧县政府办公室印发《关于进一步规范和加强防雷减灾工作的通知》(清政办发〔2008〕15号)等文件,在全县范围内开展了气象观测环境保护、升空气球、天气预报发布、防雷减灾等行政执法检查。

政务公开　对气象行政审批办事程序、气象服务内容、气象行政执法依据、服务收费依据及标准等,通过户外公示栏、发放宣传单等方式向社会公开。

党的组织建设　2008年底前,清涧县气象局无独立党支部,2名党员参加县检察院党支部组织活动。

党风廉政建设　落实党风廉政建设责任制,开展党风廉政宣传教育月活动,参加反腐倡廉知识竞赛等活动,抓班子和职工队伍建设,不断推进党风廉政建设和反腐败工作深入开展。制定"三人决策"、"联签会审"、"三重一大"、《清涧县气象局单位管理制度》等制度。落实"局务、财务、物资采购"三项制度,对财务收支、目标考核、基础设施建设等内容,采取职工大会、公示栏等方式向职工公开。

精神文明建设　深入持久地开展文明创建工作,政治学习有制度、电化教育有设施、文体活动有场所,职工生活丰富多彩。为了搞好精神文明建设,装修大气监测中心,建设预警减灾中心,统一制作局务公开栏、学习园地、法制宣传栏和文明创建标语等。加强领导班子自身建设和职工队伍的思想建设,坚持以人为本,弘扬自力更生、艰苦奋斗精神,开展经常性的政治理论、法律法规学习,造就了清正廉洁的干部队伍,锻炼出一支高素质的职工队伍。在干部职工中牢固树立创新理念,营造创新氛围,完善创新机制,制定和推行相关创新工作制度。组织开展群众性、经常性的文化体育活动,丰富职工的业余文化生活和精神生活。

文明单位创建 2008 年被市委、市政府授予"市级文明单位"称号。

台站建设

建站之初用煤油灯照明,用木柴烧炕取暖。1974 年 7 月接通照明用电线路,解决了工作和生活用电。1998 年以前有房屋 4 幢 34 间,建筑面积 639.11 平方米,2 间平房,8 孔石窑洞,24 间砖砌小薄壳窑洞。1998 年购土地 1300 平方米,在院内打饮水井 1 口,井深 70 米,投资 2 万元,解决了工作、生活用水问题。1999 年,新建住宅楼 1 栋,面积 480 平方米。2002 年,省气象局投资 20 万元进行了台站综合改造,新修办公楼 1 栋,面积 295 平方米,工作和生活环境得到改善。2003 年修建门房及大门,改造观测场,硬化、绿化院落,总投资 35 万元。2004 年配备 1 辆增雨车,1 辆皮卡车。2008 年对办公楼室内作了防水、防潮处理。通过综合改造,清涧气象站办公楼面貌一新。

20 世纪 70—90 年代,清涧县气象站使用的观测场

20 世纪 70—90 年代,清涧县气象站使用的业务值班室

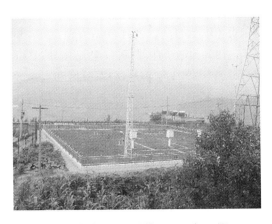

清涧县气象局现观测场(2008 年 8 月)

清涧县气象局现业务值班室(2008 年 8 月)

延安市气象台站概况

气象工作基本情况

延安是中国革命的圣地,也是人民气象事业的发祥地。地处陕西省北部,辖 12 县 1 区,面积 3.7 万平方千米,人口 215 万。属内陆干旱半干旱气候,四季分明、日照充足、昼夜温差大、年均无霜期 170 天,年均气温 7.8℃～10.6℃,年均日照数 2300～2700 小时,年均降水量 450～650 毫米。

历史沿革 1944 年美军观察组在延安北门外建立了气象台,1945 年 9 月,美军气象人员撤离,中央军委批准组建了中国共产党历史上第一个气象台——延安气象台。1947 年 3 月随中央机关撤离延安。1951 年,中央军委气象局在延安成立了延安飞行场气象站。1954 年 11 月,建立了洛川县气象站。1956 年先后建成了吴旗、宜川、富县、子长、延长、志丹、黄龙气象站。1960 年建立安塞(1962 年 4 月撤销)、甘泉(1962 年 4 月撤销)气候站。1961 年建立延川气候站(1962 年 7 月撤销)。1970 年 1 月,重新建立了甘泉、安塞、延川气象站。1970 年 11 月新建黄陵县气候站。1990 年 1 月,延安市各县气象站改为县气象局。

管理体制 中华人民共和国成立后,延安市气象系统体制几经变动。1951 年 1 月—1954 年 7 月,归西北军区空军领导;1954 年 7 月—1958 年 10 月,归省气象局领导;1958 年 10 月—1962 年 1 月,归当地政府领导;1962 年 2 月—1966 年 10 月,归省气象局领导;1966 年 10 月—1969 年 10 月,由当地政府领导;1969 年 10 月—1973 年 9 月,归军分区和当地政府领导;1973 年 9 月—1979 年 12 月,归当地政府领导。1980 年 1 月起,实行气象部门与地方政府双重领导,以气象部门领导为主的管理体制。

人员状况 1951 年成立延安飞行场气象站时,只有职工 6～7 人。1954 年,全区有 2 个气象站(延安、洛川),职工十几人。20 世纪 50 年代中期至 70 年代初,随着各县气象站的陆续创建,人员逐步增加,到 1979 年底管理体制调整时,全区共有在册固定职工 149 人。其中大专以上 4 人,占职工总数的 5.3%;中专 20 人,占 13.4%。到 2008 年底,全市共有在职职工 161 人。在职职工中:研究生 4 人,本科生 50 人,大专生 54 人,中专生 34 人,其他学历 19 人;高级工程师 8 人,工程师 64 人,助理工程师 63 人;50～59 岁 28 人,40～49

岁 83 人,40 岁以下 50 人。

气象法规建设 2000 年以来,延安市认真贯彻落实《中华人民共和国气象法》、《陕西省气象条例》等法律法规,在全市开展了气象依法行政管理。市局 2001 年成立了政策法规科,2004 年成立了专职执法队,全市持证专兼职执法人员 58 人。每年与市政府法制办就贯彻落实气象法律法规进行执法检查,与城建、安监、教育进行联合执法。

2006 年,市二届人大常委会第三十二次会议专题审议了延安市贯彻落实国务院《人工影响天气条例》情况的报告;10 月 23 日,中国气象局人工影响天气专家评委员会对洛川县人工影响天气开展情况进行评议,给予了高度评价。2008 年 8 月,省政府法制办执法监督处检查了延安市防雷安全专项督查活动;11 月,省人大对延安市贯彻落实《中华人民共和国气象法》情况进行了专项执法检查。

党的组织建设 全市气象系统有党总支 1 个,党支部 14 个,党员 115 人,其中在职职工党员 81 人。

精神文明创建 截至 2008 年底,全市气象部门共建成市级文明单位 9 个,省级文明单位 2 个,国家级文明单位 2 个。

领导关怀 1991 年 7 月,第十届全国青少年气象夏令营及九省区联营活动在延安开营,中国气象局副局长章基嘉出席开营式。1991 年 7 月 20—25 日,全国气象部门政工会议在延安召开,温克刚副局长出席会议并做了总结讲话。1995 年 4 月 9 日,陕西省省长程安东在延安地委书记逯靠山等领导的陪同下,视察了延安地区气象局的工作。1995 年 9 月 4—7 日,纪念人民气象事业创建 50 周年纪念活动在延安隆重举行。中共中央候补委员、前世界气象组织主席、中国气象局局长邹竞蒙出席会议并视察延安市气象局工作。1995 年 9 月 15 日,中共中央政治局委员、国务委员李铁映来延安市气象局视察工作,李铁映同志为气象台题词:"天公的使者、无名的英雄"。2002 年 7 月 4 日,中国气象局局长秦大河视察了延安市气象局、慰问了子长县气象局。2004 年 10 月 16 日,中央纪委驻中国气象局纪检组长孙先健到延安市气象局视察工作。2008 年 10 月 30 日,中共中央总书记胡锦涛视察了安塞县沿河湾镇方塔人工影响天气工作站。

主要业务范围

1. 气象观测

①地面观测

延安地面气象观测工作始建于抗日战争时期的光华农场。1944 年美军观察组在延安建立了气象台,1945 年秋美军气象人员撤离时,八路军总部抽调人员组建了延安气象台,设有地面观测和高空气象探测两种。1951 年 1 月由中央军委气象局在延安东关建立了延安飞行场气象站(现宝塔区气象局),标志着延安气象观测的建立。截至 2008 年底,全市地面气象观测站 13 个,其中 1 个国家基准气象站为洛川站,3 个国家基本气象观测站为延安、吴旗和延长站,9 个国家一般气象观测站为志丹、安塞、子长、延川、甘泉、富县、宜川、黄龙、黄陵站等。

延安气象站的地面观测资料被联合国世界气象组织确定为参加全球气象情报交流站

点。2003年1月1日洛川、延安和吴旗站建成地面自动气象站,并开展业务运行,人工观测和自动观测并行,月(年)报表制作并行,2005年1月1日实行单轨运行;2004年1月1日志丹、安塞、子长、延川、延长、富县、宜川站建成地面自动气象站,并开展业务运行,人工观测和自动观测并行,月(年)报表制作并行,2006年1月1日实行单轨运行;2007年1月1日甘泉、黄龙、黄陵站建成地面自动气象站,并开展业务运行,人工观测和自动观测并行,月(年)报表制作并行,2008年12月31日实行单轨运行。全市13个地面自动观测站实行单轨运行后,以自动气象站为主。1997年—2002年7月,全市13台站在不同时间使用地面测报软件《AHDM 4.0》版,利用计算机编发天气报和制作机制月(年)报表;2003—2007年自动站运行后,13站上传地面报表数据文件,停止制作机制月(年)报表。

从建站承担发报任务的各站均通过邮电局专线转发。2000年9月1日基准站、基本站的天气报停止邮局发报,改用分组数据交换网 X.25 专线传递;2001年3月20日08时起全省航危报任务站,通过分组数据交换网传输航危报到省台;2001年6月1日08时起一般站用分组数据交换网 X.25 专线传递加密天气报到省台,停止通过邮电局发报。

②农业气象观测

1945年4月,组建延安农业气象观测组,主要观测气温、气压、物候和天气现象。1958年2月,洛川县气象站开始农业气象观测。1959年2月,延安专区气象局成立了延安专区农业气象试验站,1960年12月撤消延安专区农业试验站,业务与气象局合并。自1962年起,保持了农田土壤水分的观测,同时承担部分农气业务。子长气象站和吴旗金佛坪气象站于1961年3月和1962年5月停止农气观测业务。1981年1月,延安地区气象局在延安市河庄坪公社井家湾村重建延安地区农业气象试验站。洛川、延安气象站作为国家农业气象观测站开展农业气象观测工作,宜川县气象站作为全省农气旬月报站开展农业气象观测工作。1988年,延安地区农业气象试验站办公室迁至延安地区气象局院内。2004年农气观测业务由宝塔区气象局负责。

自动土壤水分监测 2005年5月15日延安站建成,8月1日开展业务观测。2008年1月,建成吴旗、子长、宜川、洛川四县局土壤水分自动监测系统。

2007年5月1日,吴旗、子长、志丹、安塞、甘泉、延川、延长、富县、黄陵、黄龙等气象站开展土壤墒情观测业务,人工土壤墒情观测站每旬向省气象局上传观测资料一次。新建自动土壤墒情观测站及时采用最新下发的升级业务软件上传资料。

③特种观测

辐射 1990年1月1日延安建立国家三级辐射站,开始气象总辐射观测,仪器型号 DRB-C 记录器,1993年又更换为 RYJ-2 型全自动辐射记录仪;2004年1月1日由自动气象站替代原辐射观测业务,并进行辐射软件升级,辐射报表改为机制报表和信息化数据文件。1997年1月1日中国气象局实行气象辐射观测质量考核办法和规章制度。

酸雨 2005年年底建成,2006年6月1日08时正式开展业务运行,并升为国家级,2007年1月1日纳入质量考核。

沙尘暴 2003年10月19日在延安建成,沙尘暴 A 类站。观测内容:边界层梯度、大气悬浮物、气溶胶、PM_{10}、大气浑浊度、大气降尘、土壤水分、大气光学厚度、太阳光度计。发报内容:大气光学厚度、边界层梯度、大气悬浮物、气溶胶。资料提供对象:中国气象科学研究院。太阳光度计 2005 年 5 月停止观测。

闪电定位仪 2004 年 6 月在吴旗站建成雷电监测定位仪,并投入使用。

自动区域气象站 2007 年 1 月—2008 年 12 月全市完成了 82 个自动区域气象站建设,其中两要素站 72 个,四要素站 10 个。

2. 天气预报预测及服务

除宝塔区外全市 12 县气象局全部开展天气预报业务。20 世纪 50—70 年代,县气象站利用时间剖面图、小天气图制作短期天气预报,通过城乡有线广播对外发布。20 世纪 80 年代以来县气象站逐步配备传真接收机,获得更多的空间资料,预报准确率进一步提高。1988 年逐步开展解释预报的制作,取得了较大成效。20 世纪 90 年代以后建成单收站,开通宽带,接收从地面到高空各类天气图、卫星云图、雷达资料数据,利用 MICAPS 平台制作短时、短期、中期、延伸期天气预报,在电视、广播、农经网站、电子显示屏、"12121"、手机短信等向广大公众发布。同时,开展灾害性天气预报预警业务和供领导决策的重要天气报告等。多数县局获中国气象局、省气象局重大气象服务先进集体,13 人次获先进个人。

3. 人工影响天气

延安人工影响天气(以下简称人影)工作始于 1959 年。1960 年专署成立了人工控制天气委员会。1971 年成立了地区防雹指挥部。1989 年 8 月成立了延安地区人工影响天气领导小组,办公室设在地区气象局。1995 年以前人影工作由农业或气象部门交替管理,1995 年后实行了由地方政府领导,气象部门归口管理的体制。2003 年、2005 年、2008 年在各级政府的重视支持下,省、市、县共投资 2896 万元相继进行了苹果主产 8 县区防雹体系、北部 8 县增雨体系、渭北优势果业区人工防雹增雨及气象灾害防御体系建设。体系建成后使全市人影事业得到长足发展,形成了长效发展机制。全市人影工作在监测、指挥、作业方面得到全面加强,形成了以 3 部 711(延安、洛川、富县)雷达、3 部 TWR01 型(延安、宜川、黄陵)雷达和 95 个自动标校站构成的监测系统;以地理信息系统、全球定位系统和现代通信技术为支撑的作业指挥系统和综合管理系统;以 140 门"三七"高炮和 111 副 WR-1B 型火箭,223 个固定、23 个移动作业点构成的作业火力系统。全市建市级指挥中心 2 个,县级 12 个、高炮站 140 个、火箭站 81 个,有移动作业车 23 辆,从事人影工作人员 724 人,人影规模和作业量列全省首位。2004—2008 年 5 年期间全市平均每年高炮防雹增雨作业 1085 点次,耗人工增雨防雹弹 44134 发;火箭作业 189 点次,耗 WR-1B 型火箭弹 637 枚。防雹作业累计受益面积近 3 万平方千米,保护苹果面积 170 万亩,增雨作业共增加降水约 25 亿吨,防雹增雨作业为延安经济社会发展做出了积极贡献。

台站建设

延安市气象局所辖 13 个基层台站建站初期基础设施条件落后,业务、办公、职工住宿基本为平房和窑洞,20 世纪 90 年代后期逐步由职工集资、省气象局部分配套资金建设了职工住宅。2003 年以新一代天气雷达和大气监测自动站建设为契机,对基层台站进行了大规模综合改造,共完成办公楼(房)修建 2100 平方米,改造旧房 885 平方米,硬化院落 5954 平方米,绿化面积 10730 平方米,安装取暖锅炉 9 套,新建排洪渠道 659 米,排污渠 657 米,新建透视墙 15200 米,建设投资 630 万元。近年来,通过地方气象事业投入,各县区局全部解决了交通车辆,13 个县区气象局共有车辆 29 辆。

延安市气象局

机构历史沿革

台站变迁 1945 年 9 月,中央军委在延安清凉山建立了中国共产党历史上的第一个气象台——延安气象台。1951 年 1 月,中央军委气象局在延安县东关(延安东关旧飞机场)建立了延安飞行场气象站。1954 年 7 月,移交省气象局,定名为陕西省延安气象站,地址至今未变。

历史沿革 1945 年 9 月,成立延安气象台;1951 年 1 月,成立延安飞行场气象站;1955 年 1 月,更名为陕西省延安气象站;1958 年 10 月,延安专署决定,延安气象站扩建为延安专区中心气象站;1959 年 1 月,改名为延安专区气象台;1961 年 7 月,更名为延安专区气象局;1962 年 1 月,成立陕西省延安专区中心气象站;1966 年 10 月,更名为延安专区中心气象台;1968 年 8 月,延安专区气象台革命委员会成立;1969 年 10 月,更名为延安地区气象台革命委员会;1972 年 4 月,成立延安地

1957 年延安气象观测人员合影留念

区革命委员会气象局;1983 年 2 月,改名为延安地区气象局;1997 年 1 月,更名为延安市气象局。

管理体制 1945 年 3 月—1947 年 3 月,隶属中央军委三局领导;1951 年 1 月—1954 年 6 月,属西北空军司令部西安航空站领导;1954 年 7 月—1958 年 9 月,由省气象局领导;1958 年 10 月—1961 年 12 月,归地方政府领导;1962 年 1 月—1966 年 9 月,归省气象局直接领导;1966 年 10 月—1969 年 10 月由延安专署农林畜牧局领导;1969 年 10 月—1972 年 3 月,改由延安军分区和延安地区革命委员会领导;1972 年 4 月—1973 年 7 月,由延安地区革命委员会生产组和军分区领导;1973 年 8 月—1979 年 12 月,由地区农业局领导;1980 年 1 月起,实行气象部门与地方政府双重领导,以气象部门领导为主的管理体制。

机构设置 2006 年 11 月,根据陕西省气象系统机构编制调整指导意见精神,延安市

气象局机构调整为4个科级内设机构:办公室(与人事教育科、审计室合署办公)、业务科技科、政策法规科(与市局行政许可办公室、市防雷减灾管理办公室合署办公)、计划财务科。延安市气象局后勤服务中心挂靠市局办公室;延安市气象学会挂靠市局业务科技科;延安市气象局财务结算中心挂靠市局计划财务科。直属事业单位有:气象台、科技服务中心、专业气象台、气象影视广告中心、雷电预警防护中心、技术保障中心6个;地方编制机构有市人工影响天气办公室、生态农气中心。

2006年9月,陕西省气象局与延安市政府联合,在延安市挂牌成立了陕西黄土高原干旱监测预测评估中心。

单位名称及主要负责人变更情况

单位名称	姓名	职务	任职时间
延安气象台	张乃召	负责人	1945.09—1947.03
延安飞行场气象站	张晓云	站长	1951.01—1951.12
	李承绪	站长	1952.01—1952.12
	徐明亮	负责人	1953.01—1953.07
	张宝善	站长	1953.08—1953.12
	徐明亮	负责人	1954.01—1954.06
	杨观竹	业务组长	1954.07—1954.12
陕西省延安气象站	任香荣	业务组长	1955.01—1955.08
	吕 均	站长	1955.09—1957.02
	马思儒	站长	1957.03—1958.10
延安专区中心气象站			1958.10—1959.01
延安专区气象台	张宝善	台长	1959.01—1962.01
延安专区气象局	刘尚钰	代理局长	1961.07—1962.01
陕西省延安专区中心气象站	高振东	站长	1962.01—1966.10
延安专区中心气象台	于文华	负责人	1966.10—1967.02
		台长	1967.02—1968.08
延安专区气象台革命委员会		副主任(主持工作)	1968.08—1969.09
			1969.10—1969.12
延安地区气象台革命委员会	郭有治	主任	1969.12—1972.04
延安地区革命委员会气象局	杨 湘	组长	1972.04—1973.04
	杨志远	局长	1973.04—1974.12
	杨 湘	局长	1974.12—1979.06
	雷增寿	局长	1979.08—1983.02
延安地区气象局			1983.02—1984.08
	赵凡衍	副局长	1984.08—1986.07
	雷增寿	局长	1986.07—1991.09
	万兆忠	局长	1991.09—1997.01
延安市气象局			1997.01—2001.08
	杜毓龙	局长	2001.8—2008.12

注:1947年4月—1951年12月延安市无气象机构。

人员状况 1951 年建站时有职工 6～7 人。1980 年,有 23 人。截至 2008 年底,有在职职工 112 人(在编职工 83 名,外聘职工 29 人)。在编职工中:研究生 4 人,大学本科 40 人,大学专科 20 人,中专以下 19 人;高工 7 人,工程师 35 人,助理工程师 26 人。

气象业务与服务

1. 气象业务

①气象观测

地面观测 建站初期,每天进行 02、08、14、20 时 4 个时次地面观测;1956 年 11 月改为 02、05、08、11、14、17、20、23 时 8 次观测。观测的项目执行《地面气象观测规范》。

发报 1956 年以前,每天编发 02、08、14、20 时天气报,1956 年 11 月改为 02、05、08、11、14、17、20、23 时天气报,增加气候旬(月)报,预约航危报、气候月报任务。1998 年取消了航危报。

高空气象观测 1945—1947 年在延安北门外建立了探空观测场地,开展探空业务。1954 年在延安气象站增建了高空风观测场地(市供电局院内),1956 年 10 月迁至东关飞机场,1974 年 6 月迁至清凉山太华峁顶。1945—1947 年每天 2 次探空、2 次经纬仪测风,为当时军事飞行服务。1954 年增设了每天 2 次经纬仪测风。1957 年 4 月起每日 07 时增设了 1 次探空观测,经纬仪测风改为每日 23 时进行,1960 年 1 月改为每日 07、19 时 2 次探空,同时进行大球测风。同年 3 月增设 01 时经纬仪测风。1991 年取消 01 时测风。1985 年起使用了电解水制氢,取代了化学制氢。1995 年 5 月起探空及测风使用 701-C 雷达。延安高空探测资料参加全球气象资料信息交换。

雷达观测 1976 年 4 月,配备了 711 测雨雷达,1995 年延安市人工影响天气办公室对 711 雷达进行了数字化改造,2006 年升级再次改造,达到了 XDR-21 数字化天气雷达技术性能。

延安新一代天气雷达(CHIRAD/CB)站位于延安清凉山郭家峁,占地面积一万平方米,雷达站海拔高度 1141 米,总投资 1697.3 万元,2003 年 9 月开工建设,2005 年 8 月开始投入业务试运行,2007 年 12 月 25 日通过中国气象局组织的专家组现场验收。雷达主要对中小尺度天气系统进行探测,最大监测距离大于 450 千米,能形成 40 多种气象常用数据产品,对暴雨、冰雹、龙卷气旋等灾害性天气有良好的监测能力。雷达产品资料广泛地应用于天气预报预警服务、人影指挥工作和气象专业服务等领域。

卫星接收 1979 年延安气象台配备了低分辨率气象卫星云图接收设备,每天定时接收云图 2 张,1994 年停用。1995 年安装静止气象卫星接收处理系统(中规模地球利用站),2003 年 7 月 7 日升级。接收内容:FY-2B 卫星可见光、红外、水汽云图,接收范围:西北半球。2003 年安装极轨气象卫星接轨处理系统,2009 年 2 月更新为 FengYuncast 接收系统。接收内容 NOAA. FY-1D. MODIS 卫星资料。

干旱监测 2006 年成立陕西黄土高原干旱监测预测评估中心。主要负责黄土高原区域 8 个地市 69 个县区的干旱监测业务和服务工作,负责延安市卫星遥感监测工作和农业气象服务工作。对外服务材料有《黄土高原干旱通报》、《生态与农业气象》、《火情监测》、

《送阅件》《重大气象服务专报》《大棚菜农业气象服务》等。《延安市极轨气象卫星接收处理及应用服务系统》获陕西省政府2005年度科学技术进步三等奖。《高效设施农业气象服务技术研究应用》获陕西省政府2006年度科学技术进步三等奖。

②天气预报预测

1945—1947年中央军委在延安建立气象台,制作本场及航线的短时天气预报。1958年将延安气象站扩建为气象台,11月1日正式公开发布天气预报,主要以天气图为预报工具,结合本站要素及一些辅助图表进行综合分析制作出天气预报,每日在《延安报》上刊登未来48小时天气预报,延安广播站二次广播延安24小时天气预报。1962年开展长、中、短期天气预报,主要结合中央气象局推广的四川、晋西北预报方法,对本区天气形势进行分型,建立模式,开展小天气图填绘及分析。1966年采用了"图、资、群"结合,"土、洋"结合的预报措施,进行综合分析判断,得出结果,预报效果不佳。1974年引进数理统计预报方法。1975年增配测雨雷达,1978年增配传真机,1979年接收卫星云图,1985年应用MOS进行预报方法试验,1987年进行分片预报试验,取得了较大成效,明显提高了预报准确率。1990年开始制作、发布各县(区)天气预报,为县局提供指导预报。预报产品有短时(临近)、短期、中期、延伸期预报、气候预测。2001年后开发引进了T213数值预报解释应用系统、决策服务系统、GRAPES中尺度数值预报模式、大降水预报方法等,并充分利用高时空分辨率卫星云图和丰富的新一代天气雷达产品在MICAPS平台上开展精细化预报预警,明显提高了预报准确率和服务水平。预报内容包含最高(最低)温度、风向风速等要素。每日早、中、晚3次制作短期、短时天气预报,在中央、陕西、延安电视台、延安广播电台、延安气象网站、延安农经网站、电子显示屏、"12121"电话查询、手机短信等上向广大公众发布。预报技术从初期单纯的天气图加经验的主观定性预报,逐步发展为采用气象雷达、卫星云图、数值预报并行计算机系统等先进工具制作的客观定量定点预报。2007年开始增发气象灾害预警信息。

③气象信息网络

1958年配备"402、M138"短波接收机各1台,1974年更新为移频电传,单边带接收机,1978年配传真收片机,1994年开通9.6千比特/秒省市X.25专线,市局组建了同轴电缆局域网,1999年市—县X.25专线开通。1997年建立市级VSAT站,随后县局PC-VSAT站建成,2002年省—市X.25专线速率升至64千比特/秒,中文电子邮件系统(Notes)延伸到市局,随后又伸至县局。2003年建立2兆省—市、市—县气象宽带专用通信网络,2004年建成省—市可视会商系统和电视会议系统,2005年市局进行了网络升级改造,骨干线路光纤布线达到千兆传输能力,2006年建成市—县可视会商系统和电视会议系统。2008年在市气象台建成DLP大屏拼接显示系统。

2. 气象服务

围绕延安经济社会发展、人民生产生活和气象防灾减灾,开展决策气象服务、公众气象服务、农业气象服务和专业气象服务。气象服务在当地经济社会发展和防灾减灾中发挥了积极作用。

公众气象服务 初期利用城乡有线广播播报气象消息。1996年市气象局成立影视中心,制作电视天气预报节目。2000 年以后,不断开辟电视、广播、气象网站、"12121"电话查询、电子显示屏、手机短信等发布渠道,为广大公众发布延安及各县区短时、临近、短期、中期、延伸期天气预报、气候预测和气象灾害预警信号等预报预警产品。

决策气象服务 20 世纪 80 年代以前采用口头或书信方式向市级领导传送预报服务信息。20 世纪 90 年代以后逐步为领导决策提供天气预报预警、气象灾害预警信号、干旱监测预测评估信息、农业生产、畜牧、果树、设施农业生产建议和农业产量预报、遥感火情及生态监测信息、人工影响天气警报等服务产品。服务产品主要有:重要天气报告、气象服务专报、雨情通报、政府工作安排气象服务专报、黄土高原干旱通报、生态与农业气象、火情监测、人工影响天气警报。分别采用专题材料、传真、电话、手机短信等方式及时将预报服务产品传送到领导手中,为领导正确决策、指挥生产和防灾减灾提供准确科学依据。气象服务取得显著社会和经济效益,市气象局多次获得中国气象局、省气象局和地方政府表彰奖励。市气象局荣获中国气象局重大气象服务先进集体。市气象台先后为江泽民、胡锦涛等党和国家领导人来延安视察以及"心连心艺术团"、"同一首歌"等演出和 2008 年北京奥运会、残奥会火炬延安传递提供准确及时预报服务。1994 年设立重大气象服务奖以来,延安气象局、延安气象台 11 次分别获得中国气象局、省气象局重大气象服务先进集体,17 人次获得中国气象局、省气象局重大气象服务先进个人称号。

气象科技服务 1985 年市气象局专业有偿服务开始起步,利用信件、传真、"12121"电话查询、电子显示屏、手机短信、影视等手段,面向各行业开展气象科技服务。1990 年起,增加庆典气球施放、建筑物、易燃易爆设施避雷设施安全检测、建筑防雷工程设计、雷击风险评估、影视广告等气象科技服务项目。

专业气象服务 20 世纪 80 年代,气象服务按农业、林业、水利、防汛、交通、建筑等部门的特点和需求,开展了各种不同的专业、专题气象服务,"春播、秋播、三夏"专题农业气象服务,森林火险预报服务等在本地经济建设中发挥重要作用。2000 年以后,不断开展局局合作,与市环保局联合每天在电视天气预报节目中播发延安空气质量预报,与市林业局合作在森林火险易发期,联合发布森林火险等级预报,根据交通、农业、国土、水文等部门需要,开展交通气象、作物病虫害、地质灾害等专项气象服务。

气象科普宣传 延安市气象台 1999 年 11 月被中国科协首批命名为全国科普教育基地,2003 年 1 月被中国气象局、中国气象学会命名为全国气象科普教育基地。市气象学会在每年"3·23"世界气象日、科技之春宣传月、科技周对外免费开放科普基地,组织气象科技人员深入学校、社区进行气象科普宣传,同时组织专家编写气象科普书籍,已出版《气象天地》、《气象与农业技术》等书籍。

科学管理与气象文化建设

1. 法规建设

2005 年 3 月延安市政府出台《延安市防雷减灾管理办法》、《延安市升空气球管理办法》(延政办发〔2005〕21 号);2006 年 12 月出台《关于加快气象事业发展的意见》(延政发〔2006〕61 号);2007 年 10 月出台《延安市人工影响天气管理办法》(延安市人民政府 1 号令);2001 年 6 月,延安市人民政府办公室出台《关于加强雷电灾害防御鼓励工作的通知》(延政办发〔2001〕41 号);2002 年 4 月,市气象局与市城乡建设规划局联合下发了《关于加强建(构)筑物防雷安全管理工作的通知》(气发〔2003〕37 号);2003 年市气象局与市安全生产监督管理局、市公安局联合下发了《关于加强全市升空气球安全管理工作的通知》、《关于加强防雷电设施安全管理工作的通知》(延气发〔2003〕37 号);2003 年 5 月,延安市政府出台《关于加强苹果主产区防雹体系建设的实施意见》(延政发〔2003〕60 号);2005 年 6 月,延安市政府出台《关于加强北部五县增雨体系建设的实施意见》(延政发〔2005〕45 号);2008年 5 月出台了《关于加强学校防雷安全工作的实施意见》(延政发〔2008〕22 号)。2004 年成立气象行政许可办公室,同年 9 月,进入市政行政审批大厅。2001 年,延安市防雷中心和各县防雷站的防雷电安全检测资质获得省气象局首批认证,防雷电安全管理社会化服务有序开展。

2. 党建工作

党的组织建设 1991 年 4 月 8 日,中共延安地直机关工委批准建立延安地区气象局总支委员会,下设机关行政科室党支部和业务科室党支部两个支部,共有党员 35 名。2001年改选了延安市气象局党总支,成立了机关、老干部 2 个支部,3 个党小组,共有 60 名党员;截至 2008 年底共有 4 个党支部,68 名党员。

延安局党总支 2003—2005 年连续 3 年被延安市直机关工委评为"先进党支部"。

申志珍 1993—1995 同志年连续 3 年被地直机关工委评为优秀共产党员。

党风廉政建设 1995 年延安地区各级气象部门建立纪检监察工作网络,地区局配备了分管纪检监察人员。2002 年聘任了廉政监督员;2008 年市气象局党组任命了市气象局各单位、各县区气象局的纪检监察员。2000—2008 年,多次组织参加气象部门和地方党委的党风廉政知识测试以及党章、党规、法律法规知识竞赛。积极了开展党风廉政教育月活动,局领导述职述廉报告和党课教育活动,层层签订党风廉政目标责任书。2008 年制定下发《惩治和预防腐败体系 2008 年—2012 年工作规划实施细则》;2002 年修订各类工作规章制度 79 种,并汇编成册。

局务公开 2002 年起对气象行政审批办事程序、气象服务、服务承诺、气象行政执法依据、服务收费依据及标准等内容向社会公开,内部公开建立了公开目录表,制定了《局(事)务公开工作考核办法》,市气象局建立了局(事)务公开档案和公示栏。2004 年中国气象局在延安召开了局(事)务公开经验交流现场会,2005 年延安市气象局被中国气象局授予"局务公开先进单位"。

3. 气象文化建设

精神文明建设 1983 年起,开展争创文明单位活动,1994 年编纂出版《延安地区气象志》,1995 年,建立了延安时代的气象史展室,编写出版发行了《延安时代的气象事业》一书。2003 年 10 月召开延安市气象部门文化建设研讨会,并凝炼出具有延安特色的气象精神:"艰苦奋斗、团结进取、精准求实、兴利减灾。"同年,市县气象局均建立图书室架、文体活动室,市气象局积极组织职工参加各类文体活动、系统内与地方的运动会。积极举办文化作品征集比赛活动,10件作品获得中国气象局、省气象局的奖励。2008年中国气象局投资30万元,延安市气象局自筹资金12万元,建成72平方米的延安时期气象事业展室。

文明单位创建 1983年创建成区级文明单位;2000年3月晋升为市级文明单位;2001年3月晋升市级文明单位标兵;2006年1月晋升为省级文明单位;2009年1月被中央文明委评为全国精神文明建设先进单位。

4. 荣誉

集体荣誉 1984—2008年,延安市气象局获地厅级以上集体荣誉25项。

1996年、2002年2次被中国气象局评为"重大气象服务先进集体";2003年被延安市委、市政府评为"抗洪救灾先进集体";2004—2007年在"创佳评差"竞赛活动中被陕西省委、省政府评为"最佳单位";2005年延安市气象局被中国气象局评为"局务公开先进单位";2006年被陕西省人事厅、陕西省气象局评为"全省气象系统先进集体";2008年被中央文明委授予"全国精神文明建设先进单位"称号。

个人荣誉

姓名	工作单位	奖励名称	颁奖机构	受奖励
王兴顺	洛川县气象站	全国气象系统先进工作者	中央气象局	1957.04
张松盛	延安地区气象局	全国气象系统甲等先进工作者	中央气象局	1957.04
陈水金	延安地区气象局	全国气象系统先进工作者	中央气象局	1977.05
唐俐	吴旗县气象站	全国气象系统先进工作者 全国"三八"红旗手	中央气象局 全国妇联	1978.03
罗碧华	延安地区气象局	陕西省"三八"红旗手	陕西省妇联	1988.03
张薇	延安市气象局	陕西省先进工作者	陕西省人民政府	1997.05

台站建设

从建局到1986年,职工居住和办公室都在平房或窑洞里。1985年4月,由中国气象局拨款修建住宅楼1栋,于1986年10月竣工,面积2347.8平方米,40套。1994年,中国气象局和延安市人民政府拨款修建了1栋四层办公楼,面积1469.74平方米。2000年由职工全额集资修建住宅楼1栋,面积4007.43平方米,36套。2005年,由中国气象局和延安市人民政府拨款修建雷达数据处理楼1栋,面积2983平方米。近年来,精心设计了大院环境改造规划,对院落进行了硬化、绿化、美化综合治理,新修排洪、排污渠,新建绿篱、草坪、花园、凉亭,安装路灯、雕塑、健身器械等。使机关大院实现了三季有花,四季常青,风天无尘、雨天无泥、红花白墙映衬的花园式单位。

20 世纪 80 年代的延安市气象局

20 世纪 90 年代建成的延安市气象局
机关办公楼

延安市气象局新建业务平台一角

宝塔区气象局

宝塔区位于陕西北部,地处黄土高原中部,全区面积 3556 平方千米,全区辖 11 镇 9 乡,621 个行政村,3 个城市街道办事处,20 个社区,人口 40 万。宝塔区是延安市的驻地,历史悠久。唐代设延州和延安郡,宋升为延安府,明清仍称延安府,民国改称延安县。1937 年,党中央进驻延安,设延安市,建国后改称延安县,1972 年撤县设市,1996 年 12 月撤市设区。

宝塔区属于半干旱大陆性季风型气候,四季冷暖干湿差异较大,春季多风,秋季多阴雨天气,年平均气温 9.9℃,年平均降水量 507.7 毫米。年平均日照时数为 2448.6 小时,平均无霜期为 150 天。

机构历史沿革

始建情况 1951年1月,建成延安飞行场气象观测站,地址:延安县城东关,站址一直未变,观测场位置,北纬36°36′东经109°30′,海拔高度958.5米。

历史沿革 1951年1月,延安飞行场气象观测站成立;1989年9月以前,宝塔区气象局属于地区气象局(台)的一个科室,称为延安地区气象局测报科;1989年9月,改为延安地区气象局观测站;1999年5月,成立了延安市宝塔区气象局(实行局站合一)。

2007年1月改名为延安国家气象观测站一级站;2008年12月31日改为延安国家基本气象站。

管理体制 1945年3月—1947年3月,隶属中央军委三局领导;1951年1月—1954年6月,属西北空军司令部西安航空站领导;1954年7月—1958年9月,由省气象局领导;1958年10月—1961年12月,归地方政府领导;1962年1月—1966年9月,归省气象局直接领导;1966年10月—1969年10月,由延安专署农林畜牧局领导;1969年10月—1972年3月,改由延安军分区和延安地区革命委员会领导;1972年4月—1973年7月,由延安地区革命委员会生产组和军分区领导;1973年8月—1979年12月,由地区农业局领导;1980年1月起,实行气象部门与地方政府双重领导,以气象部门领导为主的管理体制。

机构设置 内设测报股、预报股、办公室、人影办。

局(台)名称及主要负责人变更表

单位名称	领导人	职务	任职时间
宝塔区气象局	王长轩	局长	1999.05—2000.07
宝塔区气象局	蒋小莉	局长	2000.07—

注:宝塔区气象局原属延安市气象局一个直属机构,1999年5月成立。

人员状况 1999年成立时有在职职工29人。截至2008年底,共有在职职工11人(在编职工7人,外聘职工4人)。在职职工中:研究生1人,本科学历4人,大专4人,中专生2人;40~49岁3人,40岁以下8人。

气象业务与服务

1. 气象业务

①气象观测

地面观测 建站初期,每天进行02、08、14、20时4个时次地面观测。地面测报观测的项目有:空气温度、湿度、风向风速,降水,能见度,天气现象,云状、云量、积雪,地面状态。1952年增加地面0厘米、气压计、温度计观测;1953年增加日照计观测;1954年10月增加湿度计观测,12月增加冻土器观测;1955年1月增加气压表观测和40、80、160、320厘米深层地温的观测,10月增加地面最低温度观测,11月增加地面最高温度的观测以及浅层(5、10、15、20厘米)地温观测;1956年11月增加气候旬(月)报,预约航空报、气候月报任务,天气报改为 02、05、08、11、14、17、20、23 时 8 次观测;1972 年 1 月增加达因仪测风;1974 年 5 月参加全国全球地面交换站;1984 年 4 月开始 E-601 型大型蒸发器观测;2001 年蒸发采用 4—10 月进行 E-601B 蒸发观测,11 月—次年 3 月采用小型蒸发观测。2003 年 1 月自动气象站正式投入业务运行。自动气象观测的项目有:空气温度、湿度、风向、风速、气压、降水、地面温度、地温(5、10、15、20、80、160、320 厘米)和太阳总辐射,其他项目仍然沿用人工观测方式。2005 年自动气象站转入单轨运行。

特种观测　2003 年 12 月完成沙尘暴国家延安 A 级站的建设。沙尘暴观测的项目有:太阳光度计观测,大气浑浊度观测,近地面层气象梯度塔观测,大气总悬浮颗粒物质量浓度观测,大气降尘总量观测,10 微米以下大气气溶胶质量浓度(PM_{10})观测以及地表土壤水分观测。其中近地面层气象梯度塔观测,采用 20 米五层的温度、湿度、风速和风向的气象要素的观测。五层的设定为:1 米、2 米、4 米、10 米、20 米(自下而上)。2004 年 3 月沙尘暴数据开始正式上传;2005 年 1 月沙尘暴正式投入业务运行。2005 年 5 月停止沙尘暴太阳光度计的观测。同年开始酸雨观测。酸雨观测的项目有:降水样品的酸碱度(pH 值)和导电率测量,使用的仪器有 pH 计和电导仪。2006 年 6 月酸雨由省定项目升为国家项目。2007 年 1 月开始考评酸雨,酸雨业务正规。

农业气象与生态观测　1958 年建立了延安专区农业气象试验站,站址在马家湾农科所院内,1960 年,撤销延安专区农业试验站,业务与气象局合并,1962 年至 1980 年,仅保持了农田土壤水分观测,1981 年,延安地区农业气象试验站成立,地点在延安市河庄坪公社井家湾队。自此农业气象业务正规、系统的开展起来。承担了农作物生育期、土壤水分、物候、农业气象灾害等观测任务。1988 年撤销延安地区农业试验站,农气观测工作并入气象局综合服务科。主要观测小麦、谷子、玉米几种粮食作物的生育期和土壤湿度。承担的任务有:农作物生育状况观测,土壤水分状况观测,农业自然灾害观测和物候观测。观测的项目有:冬小麦、玉米、高粱、谷子、马铃薯、花生 6 种作物,从播种到成熟的发育期、植株生长高度、植株密度、生长状况的观测;物候观测的项目木本有:苹果树、桃树、枣树、梨树、柳树、杏树、刺槐、槐树、小白杨 10 种树;草本植物有:蒲公英、车前子、芦苇 3 种;动物有布谷鸟、青蛙、大雁、家燕、蟾蜍、蟋蟀、蚱蝉等 7 种。气象水文观测有:霜、雪、闪电、雷鸣、结冰、河流封冻、土壤表面冻结与解冻现象。土壤水分观测有:作物地段水分观测和固定地段水分观测同时还测定田间持水量、干土层厚度、降水渗透深度、农田土壤 10 厘米、20 厘米冻结和解冻时间等。农业自然气象灾害观测有:冻害、霜冻、低温冻害、连阴雨、干旱、干热风、水涝、冰雹、暴雨、大风共 10 种,病虫害主要观测其发生、发展及植株受害情况。2003 年农业气象观测归入宝塔区气象局,承担的任务主要有:固定地段土壤水分的观测、作物生育期及土壤水分的观测、物候观测以及农业气象灾害观测。物候观测以及农业气象灾害观测基本没有变动。作物观测随着当地农作物的变化而变化,目前观测农作物有:玉米和大豆。2005 年 5 月土壤湿度自动监测站建成,开始对土壤湿度进行每间隔 1 小时的全天 24 小时的观测,每 6 小时进行 1 次数据上传;2005 年 8 月开始进行自动土壤水分与人工观测对比观测,同年开始生态观测,观测的经济作物有:苹果;农作物有:玉米、大豆。每旬给陕西生态气候服务环境监测服务系统上传 1 次数据。2006 年 5 月生态观测正式开始考评。

2005—2009年获得地面、农气、气象辐射百班无错情42个、250班无错情4个。

②气象信息网络

信息接收、传输 1958年配备"402、M138"短波接收机各1台,1974年更新为移频电传,单边带接收机,1978年配传真收片机,1994年开通9.6千比特/秒省市X.25专线,市局组建了同轴电缆局域网,1999年市—县X.25专线开通。1997年建立市级VSAT站,随后县局PC-VSAT站建成,2002年省—市X.25专线速率升至64千比特/秒,中文电子邮件系统(Notes)延伸到市局,随后又伸至县局。2003年建立2兆省—市、市—县气象宽带专用通信网络,2004年建成省—市可视会商系统和电视会议系统,2005年市局进行了网络升级改造,骨干线路光纤布线达到千兆传输能力,2006年建成市—县可视会商系统和电视会议系统。2008年在市气象台建成DLP大屏拼接显示系统。

信息发布 1993年之前,通过电话向外发送各种气象报文,1996年,开始使用计算机,通过网络向外发送气象报文。宝塔区气象局成立以后,开始对地方政府进行气象服务,服务的手段一般是:通过手机短信发送主要天气过程或灾害天气;通过传真或者人送的方式,发送气象快报;直接通过电话通知有关部门等。2004年建成电视天气预报系统,开始通过宝塔区电视台传播天气预报及一些重要气象信息。2004年建起了"宝塔区兴农网",开始通过网络发布各种气象预报信息。2007年,开始在全区公共场所安装电子显示屏,通过电子显示屏对外发布天气预报信息,由于服务手段的多种多样,速度快捷,有效提高了气象对外的服务能力,避免和减轻了气象灾害造成的经济损失。

2. 气象服务

公众气象服务 随着气象现代化建设的推进,公众气象服务有了长足的发展,服务手段多样化,服务面不断扩大。1999年气象服务仅限于电话或服务材料,服务面很有限。2004年以后,不断开辟电视、气象网站、手机短信等发布渠道,为广大公众发布天气预报、气候预测和气象灾害预警信号等预报预警产品。2007年,开始在全区公共场所安装电子显示屏,使公众气象服务走进千家万户。在每年的气象公众服务调查中,公众对气象的关注程度明显提高,气象服务也基本能满足公众的需求。

决策气象服务 宝塔区气象局自成立以来,开始为地方政府领导及有关部门提供相关决策气象服务,主要是灾害性天气、关键性天气的决策气象服务,服务产品主要有:《重要天气报告》《气象服务》《长期天气展望》等,分别采用专题材料、传真、电话、手机短信等方式及时将预报服务产品传送到领导手中,为领导正确决策、指挥生产和防灾减灾提供准确科学依据,在为地方防霜冻、抗干旱、防洪涝的决策发挥了重要作用。

专业气象服务 开展对交通、农业、国土、能源、林业等部门的专业气象服务,开展了森林火险气象服务工作以及地质灾害预报、"春播、三夏"等专题农业气象服务等,和一些部门建立了长期合作关系,使气象服务工作逐步渗透在各个领域。

人工影响天气 1999年成立宝塔区人工影响天气办公室时只有3门高炮分别安放在姚店、临镇、冯庄。随着国民经济的发展,地、市领导的重视,特别是在延安市政府下发《关于加强苹果主产区防雹体系建设的实施意见》延政发〔2003〕60号文件后,人工影响天气工作在宝塔区防灾减灾中越来越发挥重要作用,政府投入了大量的资金支持和发展人影事业。2004 年宝塔区财政投入 70.7 万元;2005 年以后每年投入都超过百万元。目前共购置高炮、火箭,总数达到 29 门,建成 28 个高标准炮(箭)库,拥有近 80 人的防雹作业队伍,建成了覆盖全区的炮点与指挥部之间的甚高频通信网络。宝塔区政府出台了《宝塔区防雹工作责任追究办法》,明确了气象、乡镇政府、炮手的责任。每年区局都要对炮手进行培训,高炮、火箭手均获得上岗证书,实行持证上岗。每年邀请省军械所和市人工影响天气办公室的有关技术人员对高炮进行年检,实行现役高炮使用许可证制度。由于制度完

图为宝塔区气象局人工影响天气操作人员进行高炮检修试验。

善,措施得力,保证了人工影响天气工作多年无事故。2008 年为炮站安装了太阳能发电系统,解决了值班室和作业平台的照明以及部分生活用电问题。目前,形成覆盖全区 40 万亩苹果面积的防雹火力网。

科学管理与气象文化建设

行政执法 2000 年以来,宝塔区气象局认真贯彻落实《中华人民共和国气象法》、《陕西省气象条例》等法律法规,2004 年成立了气象行政执法队,共有持证执法人员 3 人。近年来,随着城市的发展,宝塔区探测环境保护工作面临挑战,2008 年 4 月初市局专门成立了探测环境保护领导小组,安排部署宝塔区的探测环境保护工作,并且由市局局长挂帅、主管副局长带领业务、法规科以及宝塔区局有关同志近十次地去市城建规划局通过口头、书面形式进行协调。宝塔区气象局也主动组织人员、走访建设单位的情况,曾多次配合市局或单独对观测场探测环境保护进行执法,对违法建筑进行立案,罚款,制止了观测场周边的违法建筑行为。

社会管理 2002 年开始执行《宝塔区人工影响天气工作安全管理规定》,2007 年区政府又下发了《宝塔区防雹工作责任追究办法》,明确了气象、乡镇政府、炮手的责任,使人工影响天气管理日趋正轨。2005 年区政府印发了《宝塔区重大气象灾害预警应急预案》,成立了重大灾害应急领导小组,全面开始了重大气象灾害应急工作,气象局负责日常事务。

党的组织建设 党员的组织管理归口延安市气象局、党员参加市气象局组织的各项活动。

党风廉政建设 2002 年宝塔区气象局局务公开工作。公开方式主要是通过召开各种会议和在公开栏公开,主要内容涉及政务、局务、财务等。2004 年宝塔区气象局正式成立了领导班子,纪检监察员开始正常工作。近年来参与气象部门和地方的法律法规知识竞赛十多次,自 2003 年至今连续 6 年开展了党风廉政教育月活动,每年定期召开民主生活会,征求群众意见,加强民主监督,解决群众关心的问题。严格遵守廉洁自律各项规定,不断拓展和深化"局务公开、财务监管、物资采购"、"三项制度"工作,制定出了本单位保持先进性教育长效机制和实施具体办法,进一步促进领导干部廉洁从政。开展了廉政文化建设和

"创佳评差"竞赛活动,在办公区制作了廉政文化宣传牌匾和标语口号,注重营造廉政文化氛围,在创佳评差工作中完成上级部门下达的各项目标,完善了评先评优和奖罚兑现制度,被延安市精神文明指导委员会授予"创佳评差先进单位"。2005 年在省气象局举办的廉政文化书法、绘画评比活动中我局推荐的绘画作品获得三等奖。

气象文化建设　近年来,宝塔区气象局把气象文化建设与气象业务现代化建设放在同等重要的位置进行部署。改造了观测场,美化了环境,增设了体育器材、文化娱乐设施,建成了图书室,为职工创造了学习、文化娱乐和锻炼身体的条件;制作了局务公开栏、规章制度栏、业务流程和宣传标语,统一工作着装,文明上岗,促进单位内部管理规范化;成立了市民文明学校,丰富职工的业余生活,每年积极组织职工参加各项体育活动,参加省、市气象局举办的各种文艺活动,并获得奖励,通过多种文化与艺术活动的参与,提高职工文化生活和精神面貌;注重气象宣传工作,先后有 240 多篇稿件,分别被中国气象报、延安日报、延安电视台以及陕西气象内部刊物、气象网站进行报道。

集体荣誉　截至 2008 年,获省部级以下集体奖励共 18 项。其中 2005 年获全国气象部门局(事)务公开先进单位奖。2005 年获延安市精神文明指导委员会颁发的"创佳评差"活动先进单位奖。

个人荣誉　截至 2008 年,个人获得中国气象局、省气象局、市气象局及市委、县委和政府表彰奖励共 32 人次。

台站建设

宝塔区气象局目前有办公室 6 间,面积 150 平方米,先后对办公室进行了装修,更换了办公设施。建成了现代化的业务平台,购置了工作、业务车辆,绿化了观测场周围环境,单位面积焕然一新。

宝塔区气象局全貌(2006 年 10 月)

吴起县气象局

吴起县位于陕西省延安市西北部,地貌属黄土高原梁状丘陵沟壑区,境内有无定河与北洛河两大流域,地形主体结构可概括为八川二涧两大山区,总面积3791.5平方千米,辖4镇8乡1个街道办、164个行政村,人口12.6万。吴起是红军长征的终点,1935年10月19日中央红军到达吴起镇,从此结束了举世闻名的二万五千里长征。吴起是国家命名的"全国文明县城"和"国家级卫生县城",也是全国退耕还林第一县,全县林草覆盖率达到62.9%。

吴起属半干旱温带大陆性季风气候,春季干旱多风,夏季旱涝相间,秋季温凉湿润,冬季寒冷干燥,年平均气温8.0℃,极端最高气温38.3℃,极端最低气温−28.5℃。年平均降雨量466.4毫米。年平均无霜期151天。

机构历史沿革

台站变迁　1956年9月,按照国家基本站标准在吴起县金佛坪村建成吴起县气象站;1991年1月,站址迁到吴起县城郊宗湾子村,观测场位于北纬36°55′,东经108°10′,海拔高度1331.4米。

历史沿革　1956年9月,定名陕西省吴旗气象站;1959年6月;更名为志丹县吴旗气象站;1961年12月,更名为志丹县吴旗县气象站;1962年6月,更名为陕西省志丹县吴旗气象服务站;1972年8月,更名为吴旗县革命委员会气象站;1980年9月,更名为吴旗县气象站;1990年1月,改称为吴旗县气象局(实行局站合一);2005年10月,吴旗县更名为吴起县,气象局更名为吴起县气象局。

管理体制　1956年9月—1958年10月,归陕西省气象局领导;1958年10月—1962年1月,实行以当地政府和上级气象部门双重领导,以地方政府领导为主,隶属县农业局;1962年2月—1966年10月,实行双重领导,以延安中心气象站领导为主;1966年10月—1970年10月,实行双重领导,以当地政府领导为主,隶属农业局;1970年10月—1973年8月,归县人民武装部和当地政府领导,以人武部管理为主;1973年8月—1979年12月,实行双重领导,以当地政府领导为主,隶属农林局;1980年1月起,实行由气象部门与地方政府双重领导,以气象部门领导为主的管理体制。

机构设置　吴起县局内设测报股、预报股、办公室、人工影响天气办公室,直属机构有气象科技服务中心、防雷检测站。

单位名称及主要负责人变更情况

单位名称	姓名	职务	任职时间
陕西省吴旗气象站	胡玉杰	站长	1956.09—1959.06
志丹县吴旗气象站			1959.06—1961.12
吴旗县气象服务站			1961.12—1962.06

续表

单位名称	姓名	职务	任职时间
陕西省志丹县吴旗气象服务站	孔令候	站长	1962.06—1972.08
吴旗县革命委员会气象站			1972.08—1980.09
吴旗县气象站			1980.09—1982.04
	杨自力	指导员	1982.04—1984.04
	任培玉	站长	1984.04—1986.08
	崔晓荣	副站长（主持工作）	1986.03—1987.05
	孙公社	站长	1987.05—1989.04
吴旗县气象局	梁中平	副站长（主持工作）	1989.04—1990.01
		局长	1990.01—1991.01
	薛青云	局长	1991.01—1993.06
	苏　锋	副局长（主持工作）	1993.06—2000.02
吴起县气象局		局长	2000.02—2005.10
			2005.10

注：1972年8月—1975年12月，张德运任指导员；1977年12月—1982年4月，唐俐任副指导员。

人员状况　1956年建站初期只有2人在站工作。由于台站条件十分艰苦，所以人员流动比较快，先后有80多位同志在此工作过。1980年有职工10人。截至2008年底，有在职职工13人（在编职工10人，编外职工3人）。在编职工中：本科5人，专科2人，中专1人，其他2人；工程师4人，助理工程师5人，技术员2人；40～49岁4人，40岁以下9人。

气象业务与服务

1. 气象业务

①气象观测

地面观测　自1956年建站以来，每天进行02、05、08、11、14、17、20、23时8个时次的观测，每天编发02、08、14、20时4个时次定时地面天气报告和05、11、17、23时4个时次补充地面天气报告，并承担航空天气报、危险天气报及重要天气报告任务。观测项目有风向、风速、气温、气压、湿度、云、能见度、天气现象、降水、日照、小型蒸发、地面温度、雪深、雪压、电线积冰等。1980年1月1日增加电线积冰观测，同年5月增加了电接风观测项目；1981年5月1日增加了遥测雨量计；1986年4月1日配备了PC-1500袖珍计算机，取代了人工编报。1997年8月增加了E-601型蒸发项目观测；2000年配备了AH地面测报业务系统，实现了在计算机上编写各种电报。2000年6月开始使用针式打印机打印气象报表，并按规定上传到上级气象部门，各种气象资料的保存、报表的制作，实现了从人工记录、手工抄写归档保存到完全通过计算机进行整理、保存、计算机备份、移动硬盘以及刻录光盘的转变。2005年11月29日增加了自动站草面温度观测项目。2007年1月1日开始增加了气象旬（月）报的编发报任务。全站获百班无错情奖励89人次，250班无错情奖励6人次。

特种观测 2004 年闪电定位仪投入使用,成为全国雷电监测网中的一员。

自动站观测 2003 年 1 月建起了 DYYZ Ⅱ 型地面自动观测站,并投入试运行;2004 年 12 月 20 日自动气象站实现单轨运行,实现了各种气象要素的自动观测、存储、计算机编发电报、报表,通过计算机网络上传各种气象电报和报表以及实现每天 24 次自动上传定时资料。2006 年 12 月,分别在薛岔、白豹、吴仓堡、新寨 4 个乡镇建成温度、雨量两要素自动区域气象站。2007 年 12 月又分别在长城、长官庙建成 2 个两要素自动区域气象站,周湾建成 1 个四要素自动区域气象站,并投入业务运行。

②气象信息网络

信息接收、传输 1956 年建站开始到 1986 年 12 月,通过邮局报房、手摇式电话进行资料传输。1992 年建成气象超短波辅助通讯网,并一直沿用到 1996 年年底。1997—2004 年采用 X.25 专线方式传输气象信息。2000 年建成了气象卫星地面接收站;2003 年 Notes 网开通;自动气象站建成后,资料传输实现了网络化、自动化。2004 年全省气象内部网开通;2005 年开始通过光纤通讯方式进行各种资料的传输,实现了电信、移动光纤的互为备份,极大地提高了气象资料的传输质量和效率;2007 年天气预报可视会商、视频会议系统开通;2008 年建成了 DVB-S 卫星接受系统。

信息发布 20 世纪 90 年代以前,主要通过广播、电话和邮寄旬报方式向全县发布气象信息,90 年代以后建立气象预警系统,面向有关部门、乡(镇)、村、农业大户、石油钻采等企业开展天气预警信息发布服务;制作《重要天气报告》和《吴起气象信息与情报》送领导和有关部门,后期增加传真提高服务时效。2002 年增加"12121"天气预报电话答询系统;2004 年和县广电局联合开播电视天气预报栏目;之后,又开展了手机气象短信和网络气象服务;2005 年开办了农村经济信息网,方便公众在网络上查询气象信息;2007—2008 年,全县安装电子显示屏 20 多块,滚动播出天气预报

③天气预报

1986 年前以接收陕西广播气象频道通过电码获得地面高空气象资料,结合本站九线图制作预报,有一阶段还结合动物对气象要素反应做预报,同时还进行过市、县大规模的预报方法大会战,总结预报方法。1986 年起,通过无线传真机定时定频接收地面、高空气象资料、卫星云图、欧洲数值预报等信息制作预报。2000 年建成地面卫星接收小站,接收信息质量更有保障,数值预报产品更加丰富。现在吴起站已具有短、中、长期天气预报以及邻近预报的服务能力,每天通过广播发布 2 次、电视发布 1 次预报,定期向县委和政府及有关部门和单位报送周、旬、月预报,及时发布重要天气报告,供领导和有关部门参考。

2. 气象服务

吴起县气象局坚持以当地经济社会需求为引领,把决策气象服务、公众气象服务、专业气象服务和气象科技服务融入到经济社会发展和人民群众生产生活中,并确定了自己的服务理念:一切依靠服务、一切围绕服务、一切为了服务。

①公众气象服务

通过广播传播气象信息和编写《吴起气象信息与情报》等方式向社会各界及群众服务

是县气象局对公众服务的主渠道。20世纪90年代开发了《周预报》和《专题气象服务》等服务产品向用户提供服务。2004年4月，在吴起县有线电视台上了气象主持人，电视气象节目主持人走上荧屏讲气象，以气象人新的形象开展日常预报、天气趋势、生活指数、灾害防御、科普知识、农业气象等服务。2004年通过移动通信网络开通了商务平台，以手机短信方式发送气象信息。2007年利用公共场所安装的电子显示屏，开展了气象灾害信息发布工作，提高气象灾害预警信号的发布速度，避免和减轻气象灾害造成的损失。

②决策气象服务

20世纪80年代以口头或传真方式向县委、县政府提供决策服务。90年代之后，逐步开发了《重要天气报告》和《吴起气象信息与情报》等决策服务产品。在吴起县1999年全县产业结构调整中，气象工作围绕吴起实施的一次性退耕还林政策提供决策服务，按照退耕还林和林草种植规划，积极做好气候分析和分点、分时段开展春、秋季的增雨和墒情预报服务工作，通过气象保障，促进实现了全县林草覆盖率的规划目标。2004年开始为县政府提供"绿色吴起"的遥感图片，为县政府退耕还林的宣传提供了有力的证据，每年提供遥感图片上千张。由于遥感图片在决策层起到积极的宣传作用，使退耕还林工作产生了较大的社会经济效益，2008年县政府投资20万元建成DVB-S卫星接收系统，为这项服务的开展提供了保障。2006年6月23日，县气象局为县委组织的庆"七一"活动提供专题气象服务材料，供县委参考，并决定择日举行活动。同年8月31日为9月2日在长征广场举行的《长征组歌》大型公益演出活动提供了及时准确的预报。

③专业与专项气象服务

专业与专项气象服务主要以用户需求为引领，2000年以来，先后开展了石油能源气象服务、围绕退耕还林、林业与森林防火气象服务、交通气象服务、病虫害气象服务、小杂粮气象服务、地质灾害气象预报服务等。服务主要是为用户提供短、中、长期天气预报，有偿提供降水、温度等气象资料。

人工影响天气　吴起县从1978年4月开始实施人工影响天气工作，归属地方政府管理。1994年，人工影响天气工作改由气象局直接管理，人工影响天气工作取得了长足的发展。防雹点从原来的5个增加到32个，制定了《吴旗县增雨防雹职责及安全操作作业规程》等制度，促进了人工影响天气工作安全有序开展。1995年6月13日和7月10日至13日组织开展两次增雨作业，消耗JFJ火箭170余枚，累计增加降水量10毫米，缓减了旱情，县政府领导7月10日亲临气象局，现场办公，李瑞支县长说："农民到庙里祈雨，我们到气象局祈雨"。11日县电视台到气象局专题采访，编制了长15分钟的题为"火箭人工增雨能起作用吗?"专题片，在新闻中播放。《吴政通讯》专题报道了气象局首次成功地开展的增雨作业专刊。1998年针对退耕还林，降水偏少的问题，向县委、县政府建议在相关乡镇设立WR-98火箭发射点被采纳，经实施，有效地缓解了干旱问题。县政府加大对人工增雨的投入，2004年在五谷城、吴仓堡、白豹、新寨四乡镇各设1副WR-98火箭架，同时淘汰了原来的小火箭;2005年，又在长官庙增设1副WR-98火箭架，给气象局配备人工影响天气流动作业车和指挥车各1辆。人工增雨及时有效地缓解旱情和沙尘天气，净化了环境，降低森林火险等级。2006年5月与吴起县人民武装部协商一致在气象局设立了高炮增雨防雹连，五谷城、吴仓堡、白豹、新寨、长官庙、吴起镇6乡镇各设1个排。

防雷工作 从 2001 年开始全面开展建筑物防雷电检测和图纸审核工作。建筑物的防雷设计、图审、施工、竣工验收等环节都需要气象局防雷技术把关,并参加全县建(构)筑物竣工验收工作。

④气象科技服务

1986 年,遵照国务院办公厅(国办发〔1985〕25 号)文件,专业气象服务开始起步。起初,主要利用传真邮寄、警报系统、声讯等面向各乡镇(场)或相关企业单位提供中、长期天气预报和气象资料,一般以旬天气预报为主。20 世纪 90 年代末,开展了为各单位建筑物避雷设施安全检测工作,之后,又发展为新建建(构)筑物按照规范要求安装避雷装置;2002年 4 月,气象局同电信局合作正式开通了"12121"天气预报自动咨询电话服务;2004 年 4 月气象局与广电局合作在新建的县有线电视台开展电视天气预报服务;同年发展了手机短信发送气象信息服务;2007 年利用公共场所安装的电子显示屏,开展气象灾害信息发布工作,有效应对突发气象灾害,开展气象科技服务。

⑤气象科普宣传

20 世纪 90 年代以来,利用广播开展气象知识专题宣传;制作专题片在电视台播发;在《吴政通讯》发专刊宣传气象;利用"3·23"世界气象日和全县进行的气象科普宣传,散发宣传单、设立咨询台;利用县电视台的气象影院栏目播放《北极光》等气象宣教片进行气象宣传;利用各种报刊和气象内部网站进行宣传;2007 年利用电视台和宣传图片对学校防雷进行了宣传,增强公众的防雷意识和责任感。

气象法规建设与社会管理

行政执法 2000 年以来,吴起县认真贯彻落实《中华人民共和国气象法》、《陕西省气象条例》等法律法规,县人大领导和法制委视察或听取气象工作汇报,县政府、城建局、经济发展局等有关部门进行了探测环境保护文件的备案,加强对气象探测环境保护。近年来,县局每年都要组织开展气象法规和安全生产宣传教育活动,积极实施执法检查,认真履行职责,依法对在县境内施放气球、开展防雷工程施工的单位或个人进行资质查验和登记备案,及时发现和纠正县域内违反气象法规的行为。

防雷减灾的管理 吴起县气象局的防雷工作启动于 1997 年,2001 年成立了防雷检测站,成为地方项目扩建、竣工验收小组成员,负责全县建设项目立项、图审和竣工验收,建(构)筑物的防雷常规检测工作。为了加强防雷减灾的管理,县政府还转发了县气象局关于进一步加强防雷电检测工作的通知,目前,防雷工作的社会化管理越来越规范。

探测环境保护 近年来,采用多种形式,向有关部门和单位大力宣传《中华人民共和国气象法》,加强监督检查,依法维护探测环境。县政府、城建局、经济发展局等有关部门进行了探测环境保护文件的备案工作,加强对气象探测环境保护。

施放气球管理 负责全县升放气球管理工作,承担全县升放气球组织资质证和作业人员资格证的审查、县内升放气球活动的行政许可事项。

党建与气象文化建设

1. 党建工作

党的组织建设　1993年以前，吴起站与金佛坪农场建立联合党支部，期间气象站发展了3人入党。1993年成立独立党支部。截至2008年底有党员5人。

1999年被吴旗县委评为"优秀党支部"。

党风廉政建设　2000—2008年，每年都组织参加气象部门和地方党委、纪委组织的党章、党规、法律法规、党风廉政建设和反腐败知识竞赛。从2002年起，连续7年开展党风廉政教育宣传教育月活动。局领导班子认真落实党风廉政建设一把手负责制，局领导与下属单位领导都把执行党风廉政责任制情况，作为干部每年述职的主要内容之一。对党风廉政工作目标任务进行分解，明确工作要求，推进惩治和预防腐败体系建设。加强制度建设，落实"三重一大"、"三人决策"、"联签会审"和"局务公开、财务监管、物资采购"等制度，制定内部监管制度20多个。

政务公开　2002年以来，逐步建立健全了政务公开制度。建立公开栏和网上公开，把行政审批、服务内容、执法依据、收费依据、办事程序等与社会管理相关内容及时、准确地向社会公众公开，推进行风建设；对内部职工及时公开人事变动、职工福利、工程招标、评先选优、职称评定等政务信息，使职工快速了解单位发展状况，增进互信。通过政务公开，改进了领导作风，对内增强了团结互信，对外树立了新形象，推进了廉政建设。

2. 气象文化建设

精神文明建设　自开展文明单位创建活动以来，以气象文化建设为载体建设一流台站，凝炼了吴起气象人精神——"创新、求实、和谐、卓越"。在实际工作中逐步形成了"竞争、合作、发展"的工作理念、"一切为了服务、一切围绕服务、一切依靠服务"的服务理念、"我为人人、人人为我"的行为理念和"工作创一流、生活奔小康、精神求向上"的奋斗目标。2000—2008年，先后开展了职业道德、"三个代表"、"保持共产党员先进性"、践行科学发展观等教育活动。每年都认真组织职工参加省、市气象部门的演讲比赛、文艺汇演、体育比赛、廉政歌曲演唱和征文活动。在近年台站综合改造中，不断改善工作和居住环境。建成"四室一场"，种草坪花卉3000余平方米，栽植风景树200余株，达到了三季有花、四季常青。2004年建成复式职工住宅楼，使职工安居乐业。

文明单位创建　1993年被中共延安市委、市人民政府授予"市级文明单位"称号；2000年被延安市委、市政府命名为"市级文明单位标兵"；2001年被省委、省政府授予"省级文明单位"；2005年1月，被省委、省政府授予"省级文明单位标兵"。

文体活动　县气象局办起了文明市民学校，建起了党员活动室，设立了图书阅览室，现有图书300余册，影像光碟100余部。组织职工开展形式多样的文体活动，丰富职工文体生活。

3. 荣誉与人物

集体荣誉　1978年吴起县气象局出席全国气象部门"双学"先进表彰大会。1980年陕西省人民政府授予吴起县气象站"陕西农业先进集体"称号。2001年被陕西省气象局、陕西省人事厅授予"先进集体"称号。2005年10月被中央文明委授予"全国精神文明建设工作先进单位"称号。

个人荣誉　1978年以来，获得中国气象局，省、市气象局及市、县委和政府表彰奖励共153人次。

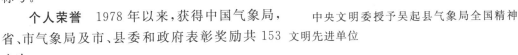

中央文明委授予吴起县气象局全国精神文明先进单位

人物简介　唐俐，女，1936年3月出生于四川，1953年参加工作，1955年加入共青团，1975年加入中国共产党。1962年4月到吴旗气象站工作，先后担任测报组组长和县局副指导员，工作期间曾多次被评为先进工作者。1978年10月荣获"全国气象部门学大寨、学大庆"先进工作者；1978年获全国气象部门"先进工作者"称号；1979年荣获全国"三八红旗手"称号。

台站建设

建站初期，吴起站距离县城10千米，有石窑洞29孔，平房3间，除办公和观测场外，其余均为菜地和院子，由于生活条件艰苦，在上级主管部门和吴旗县政府的支持下，于1991年1月搬迁至现址，总投资19.2万元。2001年申请维修资金25万元，改善基础条件和办公设施。2003年投入30余万元综合改造资金按照省市局建成"四室一场"，对院落进行美化、硬化，增设供暖、排水和自动站辅助设施。2008年投入24万元，维修了办公室屋面。累计投入资金100余万元。现有办公用房12间、辅助用房3间，办公面积240平方米，总占地面积5934.51平方米。

1979年的吴旗县气象站

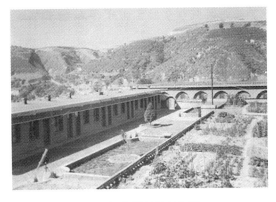

1998年的吴起县气象局

2008 年的吴起县气象局

志丹县气象局

志丹县原名保安县,1936 年 6 月为纪念刘志丹将军而更名。志丹县有着光荣的革命历史,陕北红军 1934 年 7 月在此建立了保安县苏维埃政府,为陕北红色政权的建立、发展和壮大作出了重要贡献;1936 年 7 月中央机关进驻志丹,中华苏维埃中央政府奠都志丹,志丹成为继江西瑞金之后中国革命的第二个"红都"。

志丹县位于陕西省北部,延安市西北部。地貌属黄土高原丘陵沟壑区,杏子河、周河、洛河把全县划分为东、中、西三个自然区域。土地面积 3781 平方千米,下辖 6 镇五乡 1 个管理区 1 个街道办,总人口 14.5 万。

志丹县气候属暖温带干旱和半干旱地带,年平均气温 8.1℃,年平均降水量 474.2 毫米。

机构历史沿革

始建情况 1956 年 10 月,按照国家一般站标准建成志丹县气象站,11 月底开展气象业务,站址位于县城南 1 千米的保安镇柳树坪,至今未变,观测场位置,北纬 36°46′,东经 108°46′,海拔高度 1218.2 米。

历史沿革 1956 年 10 月,定名志丹县气象站;1960 年 4 月,更名为志丹县气候服务站;1961 年 12 月,更名为志丹县气象服务站;1963 年 3 月,更名为志丹气象服务站;1972 年 12 月,更名为志丹县革命委员会气象站;1980 年 1 月,更名为志丹县气象站;1990 年 1 月,改称为志丹县气象局(实行局站合一)。

2007 年 1 月 1 日更名为志丹国家气象观测二级站,2008 年 12 月 31 日更名为志丹国家气象观测一般站。

管理体制　1956 年 10 月—1958 年 10 月,归陕西省气象局领导;1958 年 10 月—1962 年 1 月,实行以当地政府和上级气象部门双重领导,以地方政府领导为主,隶属县农业局;1962 年 2 月—1966 年 10 月,实行双重领导,以延安中心气象台领导为主;1966 年 10 月—1970 年 10 月,实行双重领导,以当地政府领导为主,隶属农业局;1970 年 10 月—1973 年 9 月,归县人民武装部和当地政府领导,以人武部管理为主;1973 年 9 月—1979 年 12 月,实行双重领导,以当地政府领导为主,隶属农林局;1980 年 1 月起,实行气象部门与地方政府双重领导,以气象部门领导为主的管理体制。

机构设置　现内设测报股、预报股、办公室、人工影响天气办公室,直属机构有气象科技服务中心、防雷检测站。

单位名称及主要负责人变更情况

单位名称	姓名	职务	任职时间
志丹县气象站	张才高	站长	1956.10—1960.04
			1960.04—1960.08
志丹县气候服务站	赵文汉	负责人	1960.08—1961.12
			1961.12—1962.02
志丹县气象服务站	高树勋	负责人	1962.02—1963.03
			1963.03—1965.04
志丹气象服务站	谢梅清	站长	1965.04—1971.10
	贺文斌	站长	1971.10—1972.12
志丹县革命委员会气象站			1972.12—1979.07
	张成忠	站长	1979.07—1980.01
			1980.01—1980.03
志丹县气象站	兰清海	站长	1980.03—1985.01
	宋宏刚	副站长(主持工作)	1985.01—1989.02
	刘清安	站长	1989.02—1990.01
		局长	1990.01—1995.01
志丹县气象局	袁延文	局长	1995.01—1999.04
	王昱	局长	1999.04—2008.09
	杜文	局长	2008.09—

人员状况　1956 年建站时只有 2 人;1980 年有职工 10 人;2006 年确定编制 6 人。截至 2008 年底,共有在职职工 10 人(在编职工 5 人,聘用职工 5 人);在职职工中:大学本科 2 人,大专 4 人,其他 4 人;工程师 2 人,助理工程师 3 人,技术员 5 人;40～49 岁 3 人,40 岁以下 7 人。

气象业务与服务

志丹县气象站的主要业务是地面气象观测,每天 08、14、20 时 3 次向省气象局拍发定时加密天气报,并编制气象月报和年报报表。在气象服务方面,始终把决策气象服务放在首位,强化公众气象服务,突出重点工程、重点项目和重点部门的专业专项气象服务,坚持"无所不在,无微不至,以人为本"的服务理念。

1. 气象业务

①气象观测

地面观测 1957年1月起,每天进行08、14、20时3次观测。观测的项目,1957年1—4月有气温、降水、风、云、能见度、天气现象、积雪、蒸发等。1957年5月增加雨量自记观测,7月开始增加日照观测,11月增加冻土观测;1958年1月开展农业气象观测,9月1日向AV西安拍发航危报;1959年1月增加压、温自记观测,5月向MH西安拍发航危报;1961年1月取消农气观测;1962年5月1日调整观测项目为:气温、湿度、降水、云、能见度、天气现象、风、日照、冻土、地温(地面、5厘米、10厘米、15厘米、20厘米)、气压、温度自记等,取消蒸发观测。1981年12月增加向兰州拍发地面最低及日总降水量报;1983年1月1日增加自记风观测并制作报表。2001年6月1日08时启用《AHDM4.1》编发加密天气报,按规定的时次、种类和有关电码,观测、编发航空天气报告、危险天气通报和其他种类的气象报告。主要项目有:航空报(预约)发往OBSAH延安、OBSAV镇川;危险报(预约)发往OBSMH延安、OBSAV镇川;重要天气报发往OBSER西安。1999年6月1日安装使用气象卫星地面接收站。报表制作方面,1999年以前全部为人工手工抄录报表;2000年4月启用《AHDM 4.1》编制月报表;2001年6月1日08时启用《AHDM 4.1》编发加密天气报。共获百班无错情18个。

自动气象站 2003年11月建成地面自动观测站,自动观测的项目有气温、湿度、降水、风向风速、气压、地表、浅层地温和深层地温等,实现地面基本气象要素自动记录。2007年陆续建设了7个区域自动站,主要观测气温、降水两项。

②气象信息网络

信息接收、传输 建站到1992年以前,通信条件困难,每天的报文传输靠手摇电话传到县邮电局发报。1992年程控电话开通以后,用程控电话传、发报。2000年建成X.25专线,气象信息传输首次实现了半自动化传输。2003年建成自动气象站,通讯网络建设也同步进行。2003年11月,开通移动通讯2兆光缆,2004年接通2兆电信光揽,至此气象信息传输实现网络化、自动化。

信息发布 20世纪90年代以前,主要通过广播、电话和邮寄旬报方式向全县发布气象信息,90年代以后建立气象预警系统,面向有关部门、乡(镇)、村、农业大户开展天气预警信息发布服务;1999年开通了"12121"天气预报电话答询系统,开始为公众提供了气象信息查询平台;2001年和县广电局联合开播电视天气预报栏目;2006年陆续开发制作了《专题气象服务》、《雨情通报》、《农情信息》等信息产品;同年3月,建立了"企信通"气象信息群发系统,为领导和有关部门及石油钻采等企业及时提供气象服务。2007—2008年全县安装电子显示屏32块,滚动播出天气预报。

③天气预报

天气预报工作最初是收听省气象台天气预报广播,结合单站要素变化、天物象反映、天气气候规律,对市台的区域天气预报作单站的补充订正。20 世纪 90 年代,主要以点聚图、气象要素的时间演变曲线图、气象要素综合时间剖面图和简易天气图制作天气预报。1999 年 10 月,建成 PC-VSAT 单收站、综合应用系统(MICAPS),预报制作水平、服务能力和服务效益有了质的提高。2005 年,市县等效雷达业务系统投入运行,极大地提升服务能力。制作的预报产品主要包括:短、中、长期天气预报和气候预测、短期短时气象灾害预警信息发布及服务。短期天气预报,自 20 世纪 80 年代以来,主要是发布补充的上级指导预报。中期天气预报,20 世纪 80 年代,通过传真接收中央气象台、省气象台的月、旬预报,再结合分析本地气象资料,制作中期预报,当时主要是制作 1 旬天气预报。20 世纪 90 年代后期,开始接收日本传真图,结合省气象台预报制作 1 旬天气预报和 1 周预报。2000 年以后,随着气象网络通讯的自动化,直接从省、市气象局内网和互联网调取资料,制作中期预报、长期预报。

④农业气象

2005 年根据省气象局生态观测业务部署,开始观测仁用杏、春玉米、谷子、土壤风蚀度 4 项,2007 年调整为春玉米、谷子 2 项,并增加土壤墒情综合监测工作。开发了《农情信息》等为农服务产品,有针对性的提供农作物生长各个环节的气象服务。

2. 气象服务

①公众气象服务

20 世纪 90 年代以前,公众气象服务方式主要依靠广播。1999 年 7 月,县气象局与县电信局合作开通了"12121"天气预报自动答询电话,2004 年 4 月根据市气象局要求,全市"12121"电话实行集约经营。2001 年 4 月,县气象局与县广播电视局联合在县电视台播出志丹电视天气预报,由气象局制作,预报信息通过录像带送至广电局发布,2004 年 9 月,县气象局进行天气预报制作系统升级,预报信息通过移动磁盘送至广电局。2008 年 6 月份再次改版升级,增加了地质灾害等级和森林火险等级预报。

②决策气象服务

决策气象服务服务方式在 20 世纪 90 年代主要以纸质服务材料为主,服务种类有《重要天气报告》、《送阅件》等。2007 年县气象局与县移动公司合作,开通了"企信通"手机短信平台,向县、乡镇领导及部门领导开展气象短信服务,为领导决策提供气象信息。2007 年起,县气象局为各乡镇、有关防汛单位、重要的公众聚集场所安装了气象信息电子显示屏,利用电子显示屏快速便捷发布气象信息。

③专业与专项气象服务

专业与专项气象服务主要以用户需求为引领,2000 年以来,先后开展了石油能源气象服务、林业与森林防火气象服务、交通气象服务、病虫害气象服务、小杂粮气象服务、地质灾害气象预报服务等。服务主要是为用户提供短、中、长期天气预报,有偿提供降水、温度等气象资料。

人工影响天气　1996 年 9 月,志丹县成立人工影响天气领导小组,领导小组办公室设在县气象局。2005 年 11 月,根据市政府部署,建设志丹县人工增雨体系,当年建成固定火箭站 6 个,1 部流动增雨作业车,为人工影响天气工作长足发展奠定了基础。

防雷减灾 2003 年 2 月,志丹县人民政府办公室发文,将防雷工作管理全部纳入气象行政管理范围。2005 年 5 月,延安市防雷中心志丹县防雷站成立。2004 年 9 月,县气象局被县安全生产委员会列为成员单位,负责全县雷电安全管理工作,全面开展建筑物防雷电检测和图纸审核,并参加全县建(构)筑物竣工验收工作。

④气象科技服务

1986 年,遵照国务院办公厅(国办发〔1985〕25 号)文件,专业气象服务开始起步。起初,主要利用传真邮寄、警报系统、声讯等面向各乡镇(场)或相关企业单位提供中、长期天气预报和气象资料,一般以旬天气预报为主。20 世纪 90 年代末,先后开展了庆典气球施放服务、建筑物避雷设施安全检测、气象局同电信局合作正式开通了"12121"天气预报自动咨询电话服务;2001 年 4 月气象局与广电局合作在新建的县有线电视台开展电视天气预报服务;2006 年发展了手机短信发送气象信息服务;2004 年全面开展建筑物防雷电检测和图纸审核,为新建建(构)筑物按照规范要求安装避雷装置;2007 年利用公共场所安装的电子显示屏,开展气象灾害信息发布工作,有效应对突发气象灾害,开展气象科技服务。

⑤气象科普宣传

20 世纪 90 年代以来,利用广播开展气象知识专题宣传;利用"3·23"世界气象日和全县科技宣传日进行大规模的气象宣传,散发宣传单、设立咨询台;利用各种报刊和气象内部网站进行宣传;2007 年利用电视台和宣传图片对学校防雷进行了宣传,增强公众的防雷意识和责任感。

气象法规建设与社会管理

1. 法规建设

2000 年以来,志丹县认真贯彻落实《中华人民共和国气象法》、《陕西省气象条例》等法律法规,县人大领导和法制委视察或听取气象工作汇报。2005 年 5 月,志丹县人民政府法制办批复确认了县气象局具有独立的行政执法资格,3 名干部办理了气象行政执法证。2007 年,志丹县人民政府下发了《关于加快气象事业发展的意见》(志政发〔2007〕15 号)、《关于进一步做好防雷减灾工作的通知》(志政发〔2007〕47 号);2009 年志丹县人民政府下发了《关于加强气象探测环境保护工作的通知》(志政发〔2009〕4 号)。2007 年 3 月,成立了志丹县气象局行政许可办公室,主要负责全县气象行政执法监督检查、安全生产管理、气象行政诉讼、气象行政复议,统一受理气象行政审批事项,负责审批项目的档案管理。近年来,县局积极组织开展气象法规和安全生产宣传教育活动,认真实施执法检查、履行职责,依法对在县境内施放气球、开展防雷工程施工的单位或个人进行资质查验和登记备案,及时发现和纠正县域内违反气象法规的行为。

2. 社会管理

防雷管理 2003 年 2 月,志丹县人民政府办公室发文,将防雷工作管理全部纳入气象行政管理范围。2004 年 9 月,县气象局被县安全生产委员会列为成员单位,负责全县雷电安全管理工作,县局每年对全县建构筑物和加油站等易燃易爆场防雷设施进行安全检查,严格执法,对防雷设施不合格、无检测合格证的,限期整改。承担县内防雷电设计图纸审查和防雷电工程竣工验收的行政许可工作。

探测环境保护　近年来,采用多种形式,向有关部门和单位大力宣传《中华人民共和国气象法》,加强监督检查,依法维护探测环境。县政府、城建局、经济发展局等有关部门进行了探测环境保护文件的备案工作,加强对气象探测环境保护。

施放气球管理　负责全县升放气球管理工作,承担全县升放气球组织资质证和作业人员资格证的审查、县内升放气球活动的行政许可事项。

党建与气象文化建设

1. 党建工作

党的组织建设　2004 年以前,只有 2 名党员,气象局与县植保站联合建立了党支部。2004 年成立了独立的党支部,支部成立以后,重视党员队伍建设,2006 年发展党员 3 名。截至 2008 年底共有 5 名党员(其中离退休职工党员 1 名)。

重视对党员和群众进行爱岗敬业、艰苦奋斗、团结协作的集体主义教育。坚持每周召开一次党的生活会,组织党员学习政策文件。党员干部以身作则,发挥党支部的战斗堡垒作用和党员的模范带头作用,带头向遭受洪涝灾区、地震灾区和生活贫困户捐款。

党风廉政建设　2000—2008 年,每年都组织参加气象部门和地方党委、纪委组织的党章、党规、法律法规、党风廉政建设和反腐败知识竞赛。从 2002 年起,连续 7 年开展党风廉政教育宣传教育月活动。开展廉政文化建设活动,建设文明机关、和谐机关和廉洁机关。局领导班子认真落实党风廉政建设一把手负责制,局领导与下属单位领导都把执行党风廉政责任制情况,作为干部每年述职的主要内容之一。对党风廉政工作进行目标管理,逐级签订责任书,明确工作目标任务,推进惩治和预防腐败体系建设。加强制度建设,落实"三重一大"、"三人决策"、"联签会审"和"局务公开、财务监管、物资采购"等制度,制定内部监管制度 20 多个。

政务公开　2002 以来,逐步建立健全了政务公开制度。对气象行政审批办事程序、气象服务内容、服务承诺、气象行政执法依据、服务收费依据及标准等,采取了通过户外公示栏、电视广告、发放宣传单等方式向社会公开,推进行风建设;对干部任用、财务收支、目标考核、基础设施建设、工程招投标等内容则采取职工大会或上局公示栏张榜等方式向职工公开。财务一般每半年公示 1 次,年底对全年收支、职工奖金福利发放、领导干部待遇、劳保、住房公积金等向职工作详细说明。通过政务公开,改进了领导作风,对内增强了团结互信,对外树立了新形象,推进了廉政建设。

2. 气象文化建设

精神文明建设　2000—2008 年,先后开展了职业道德、"三个代表"、"保持共产党员先进性"、践行科学发展观等教育活动,每年都认真组织职工参加省、市气象部门的演讲比赛、文艺汇演、体育比赛、廉政歌曲演唱和征文活动。2005 年被延安市委、延安市政府评为

"创佳评差"竞赛活动最佳单位。2005年被陕西省爱委会授予省级卫生先进单位光荣称号。

文明单位创建 2001年被市委、市政府命名为"市级文明单位标兵";2005年被延安市委、延安市政府命名为"市级文明单位";2007年被延安市委、延安市政府命名为"市级文明单位标兵"。

文体活动及设施建设 在院内建起了党员活动室,设立了图书阅览室,现有图书300余册,影像光碟100余部。在院内安装了多种体育器材,组织职工开展形式多样的文体活动,丰富职工文化生活。

荣誉 2000年以来,志丹县气象局获市(县)以上集体荣誉23项。20世纪80年代以来,获得省、市气象局及市、县委和政府表彰奖励共64人次。

台站建设

1997年,修建了总面积为520平方米的职工家属房。2000年,进行了办公房的修建,填平了大院,修建了围墙,硬化了部分院落。2003年,台站综合改造累计投入90余万元,改造办公用房230平方米,绿化2400多平方米,占单位总面积的47%,硬化地面1600多平方米,新修了水厕、锅炉房等。

志丹县气象局旧观测场(1997年5月)

志丹县气象局观测场(2006年10月)

2004年9月修建的志丹县气象局职工宿舍

2008年12月志丹县气象局业务平台

安塞县气象局

安塞县位于陕西省北部,属黄土高原丘陵沟壑区。总面积 2950 平方千米,辖 7 个镇、5 个乡、2 个管委会、1 个街道办,总人口 16.44 万。安塞先后被国家文化部授予"民间绘画之乡"、"剪纸之乡"、"腰鼓之乡",被省文化厅命名为"民歌之乡"。

安塞气候属大陆性半干旱季风气候,年平均气温 8.9℃,年平均降水量 497.8 毫米,全年无霜期 157 天。主要自然灾害有:干旱、大风、冰雹、霜冻等,尤以干旱最为严重。

机构历史沿革

台站变迁 1960 年 10 月,按照国家一般站标准在距县城北面 2.5 千米的真武洞镇石峁村建成安塞县气象站。1962 年 5 月—1969 年 12 月,该站被撤销。1970 年 1 月,在原站址恢复气象业务,站址一直沿用至今,位于北纬 36°53′,东经 109°19′,观测场海拔高度 1068.3 米。

历史沿革 1960 年 10 月,定名子长县真武洞气候站(即子长县第二气候站)。1970 年 1 月,改为安塞县革命委员会气象站;1975 年 8 月,更名为安塞县气象站;1990 年 1 月,更名为安塞县气象局(实行局站合一)。

2006 年 12 月以前,属于国家一般气象站。2007 年 1 月 1 日改为国家气象观测站二级站,2008 年 12 月 31 日改为国家气象观测一般站。

管理体制 1960 年 10 月—1962 年 5 月,实行地方政府与上级气象部门双重管理,以地方管理为主,隶属子长县农业局;1970 年 1 月恢复气象业务后,仍实行双重领导,以地方领导为主,隶属安塞县农业局;1980 年 1 月起,实行气象部门与地方政府双重领导,以气象部门领导为主的管理体制。

机构设置 2008 年底,内设机构有办公室、综合测报股、预报服务股、防雷检测站和人工影响天气办公室。

单位名称及主要负责人变更情况

单位名称	姓名	职务	任职时间
子长县真武洞气候站	王秀谦	站长	1960.10—1962.04
撤销			1962.05—1969.12
安塞县革命委员会气象站	王秀谦	站长	1970.01—1975.08
安塞县气象站	张民山	站长	1975.08—1978.01
	拓玉祥	站长	1978.01—1983.12
	汪尚义	副站长(主持工作)	1983.12—1984.12
	刘红梅	站长	1984.12—1990.01

续表

单位名称	姓名	职务	任职时间
安塞县气象局	杨东宏	副局长(主持工作)	1990.01—1990.12
	张 浩	局长	1990.12—1992.02
	周塞平	局长	1992.02—1993.06
	丁 华	副局长(主持工作)	1993.06—1995.01
	周塞平	局长	1995.01—1999.01
	冯青秀	局长	1999.2—

人员状况 1960 年建站初期有 2 人;1980 年有职工 6 人;2006 年 5 月定编为 6 人;截至 2008 年底,共有在职职工 9 人(在编职工 6 人,聘用 3 人);在职职工中:大学 3 人,大专 3 人,中专 1 人,其他 2 人;中级职称 2 人,初级职称 4 人;40～49 岁 2 人,40 岁以下 7 人。

气象业务与服务

1. 气象业务

①气象观测

地面观测 安塞县气象站自建站起,每天进行 08、14、20 时 3 个时次地面观测。观测的项目有风向、风速、气温、气压、云、能见度、天气现象、降水、日照、小型蒸发、地温(地面、5 厘米、10 厘米、15 厘米、20 厘米)、雪深、冻土等。每天 3 次定时向省气象局信息中心发省区域天气加密电报。按规定的时次、种类和有关电码,观测、编发航空天气报告、危险天气通报和其他种类的气象报告。项目有:航空报(预约)发往 OBSAH、OBSAV 延安;OBSAV 镇川。危险报(预约)发往 OBSMH、OBSAV 延安;OBSAV 镇川;重要天气报发往 OBSER 西安。另外制定编发小天气图报(每年 4 月 1 日至 9 月 30 日 14 时用 OBSER 发往延安)、协作天气报(每年 5 月 1 日至 9 月 30 日按规定用 OBSER 发往延安、延长、延川、子长),1985 年停止拍发。1999 年购买 3 台微机用于"121"、卫星单收站。自建站后气象月报、年报用手工抄写方式编制,从 1999 年开始使用针式打印机打印气象报表,各种气象资料的保存、报表的制作,实现了从人工记录、手工抄写归档保存到完全通过计算机进行整理、保存、计算机备份、移动硬盘以及刻录光盘的转变。1980 年以来,全局共获百班无错情 30 个。

自动气象站 2003 年开始建设自动气象站,实现地面气压、气温、湿度、风向风速、降水、地温(包括地表、浅层和深层)自动记录。2007 年陆续建设了 6 个自动区域气象站。

②气象信息网络

信息接收、传输 自 1970 年建站到 1981 年 12 月使用电话传输气象资料。1982 年建成气象超短波辅助通讯网,经过不断地改进延用至 2000 年。1999 年建成卫星单收站,2001—2004 年采用专线方式传输气象信息。2003 年 Notes 网开通,自动气象站建成后,资料传输实现了网络化、自动化。2004 年全省气象内联网开通,2005 年利用光纤进行传输,实现了电信、移动宽带网络的互为备份,极大地提高了气象信息网络传输质量和效率。2007 年视频会议系统开通。目前实现了电信、移动、广电宽带网络的双备份的网络化传输系统,增强了传输保障能力。

信息发布 20 世纪 90 年代以前,主要通过广播、电话和邮寄旬报方式向全县发布气象信息,九十年代以后建立气象预警系统,面向有关部门、乡(镇)、村、农业大户开展天气预警信息发布服务。1999 年以后在原有服务产品《内参》《雨情》的基础上,陆续开发制作了《专题气象服务》《农业专题气象服务》《重要灾害性天气通报》和《重要天气报告》等信息产品;同年开通了"121"天气预报电话答询系统,开始为公众提供了气象信息查询平台;2001 年和县广电局联合开播电视天气预报栏目;2005 年开办了农村经济信息网,方便公众在网络上查询气象信息;2007 年,开通了手机发送气象短讯服务。2007—2008 年全县安装电子显示屏 24 块,滚动播出天气预报。

③天气预报

从建站到 20 世纪 80 年代初,安塞的天气预报工作,主要依靠收听省气象台天气预报广播,结合本站天气要素的变化、天物象反映和本地天气气候规律,对上级气象台的区域天气预报作单站的补充订正。之后,发展成使用单站气象资料,以三图(点聚图、气象要素时间演变曲线图、气象要素综合时间剖面图)为基本工具的资料图表方法,并合理、正确的使用简易天气图,建立相关、相似、过程相似、阴阳叠加、马尔科夫链、多因子综合法等预报方法进行预报服务。一直到 1985 年安装并使用了现代化预报工具 ZSQ-IB 型气象图传真收片机,组成整套较完整的天气预报系统。90 年代初发展为单收站系统,即将传统的作业方式转变到人机交互处理方式(气象卫星综合应用业务系统,简称"9210"工程),也即 MICAPS 系统 1.0 版本版操作系统。网络技术的发展,气象信息获取来源更加广阔,MICAPS 系统 3.0 版本的应用使天气预报业务变得空前方便,使气象预报服务手段发生了重大变化,预报准确率大幅度提高。制作的预报产品主要包括:短、中、长期天气预报和气候预测、短期短时气象灾害预警信息发布及服务。

④农业气象

负责全县玉米、苹果、蔬菜等作物的生态气象观测、全县土壤墒情综合监测、干旱预警评估。实时制作为农业、果业部门提供所需的墒情等。同时组织全县重大气象灾害的调查和评估以及灾情的收集上报。开发制作了《农业专题气象服务》,为广大农户提供农作物生育期的气象信息。

2. 气象服务

①公众气象服务

20 世纪 90 年代以前,主要通过电话、文字材料向党政部门、用户进行服务,通过有线广播向公众播放天气预报。1999 年,县气象局与县电信局合作开通了"121"天气预报自动答询电话,2004 年 4 月根据市气象局要求,全市"121"电话实行集约经营(2005 年"121"电话升位为"12121")。2001 年,县气象局与县广播电视局联合在县电视台播出安塞电视天气预报。与移动通信网络合作开通了气象短信平台,以手机短信方式向全县各级领导及公众发送气象信息及预警信号,有效应对突发气象灾害,避免和减轻气象灾害造成的损失。2007 年开展气象预警显示屏建设,为社会公众和政府部门解决气象信息最后一千米问题开辟了新的渠道。

②决策气象服务

20世纪90年代主要以纸质服务材料为主,服务种类有《重要天气报告》、《送阅件》、《气象内参》等。1999年以后,安塞气象局开发制作了《专题气象分析》、《重要天气报告》、《雨情通报》等产品,为当地政府、防汛部门提供防汛抗旱决策气象服务,为县地质灾害办公室提供地质灾害预测服务,为各级领导、社会各界团体提供重大社会活动气象保障服务;开展了旬(月)、春播、植树造林、汛期、三夏、秋播、森林防火等专题预报,为农业部门提供干旱生态预测和墒情、雨情、农情等服务,为林业部门提供森林气象火险等级服务。

③专业与专项气象服务

人工影响天气 20世纪90年代初期,安塞县人工影响天气工作由安塞县农业局管理,县气象局技术指导。1992年移交至气象部门管理以后,人工影响天气在硬件设施、队伍建设方面都有了飞跃发展。技术已由过去的单一依靠人工观测云层、采用"三七"高炮火箭发射碘化银炮弹作业,发展到利用气象卫星、多普勒天气雷达等先进探测手段,形成与车载式火箭、"三七"高炮作业相结合的新局面。目前防雹增雨规模已扩展到21个点,现有"三七"高炮8门、WR-1B火箭12副和1个车载WR-1B火箭,为安塞的农业及经济发展做出了积极贡献。2008年10月30日,在安塞考察的中共中央总书记胡锦涛视察了安塞县沿河湾镇方塔人工影响天气工作站。

防雷电检测 1995年成立了安塞县防雷检测站,挂靠延安市气象局雷电预警防护中心。2001年安塞县人民政府发文,将防雷工程从设计到施工、验收,全部纳入气象行政管理范围。县气象局被县安全生产委员会列为成员单位,负责全县雷电安全管理工作,全面开展建筑物防雷电检测和图纸审核,并参加全县建(构)筑物竣工验收工作。对石油、化工、燃气等易燃易爆物品的生产、储运、输送、销售等场所和设施每半年进行一次检测。2007年,为全县中心规模以上的中小学校安装了防雷设施,进一步保障了学校师生的安全。

④气象科技服务

1986年,遵照国务院办公厅(国办发〔1985〕25号)文件,专业气象服务开始起步。起初,主要利用传真邮寄、警报系统、声讯等面向各乡镇(场)或相关企业单位提供中、长期天气预报和气象资料,一般以旬天气预报为主。20世纪90年代末,先后开展了庆典气球施放服务、建筑物避雷设施安全检测、气象局同电信局合作正式开通了"121"天气预报自动咨询电话服务;2001年气象局与广电局合作在新建的县有线电视台开展电视天气预报服务;2007年发展了手机短信发送气象信息服务;2005年全面开展建筑物防雷电检测和图纸审核,为新建建(构)筑物按照规范要求安装避雷装置;2007年利用公共场所安装的电子显示屏,开展气象灾害信息发布工作,有效应对突发气象灾害,开展气象科技服务。

⑤气象科普宣传

每年利用世界气象日、安全生产教育月、科技之春宣传月、法制宣传日、科技四下乡等活动进行气象科普知识。同时利用报刊杂志、手机短信、电子显示屏、电视广播和网络媒体等方式进行科普宣传,普及气象知识,提高社会公众利用气象科技趋利避害的能力,进而促使形成关心气象、支持气象的社会氛围。

气象法规建设与社会管理

1. 行政执法

2000 年以来,安塞县认真贯彻落实《中华人民共和国气象法》、《陕西省气象条例》等法律法规,县人大领导和法制委视察或听取气象工作汇报。2001 年起每年联合县安监局下发《关于做好全县防雷防静电装置安全检测工作的通知》并在全县范围内实施。2003 年设立安塞县气象局行政许可办公室,挂靠安塞县气象局办公室。2006 年、2008 年两次将气象相关法律法规备案至县人大、城建、安监、法制等部门,要求其切实履行责任,做好建设项目审批前气象环境的保护工作。近年来,县气象局积极组织开展气象法规和安全生产宣传教育活动,认真实施执法检查、履行职责,依法对在县境内施放气球、开展防雷工程施工的单位或个人进行资质查验和登记备案,及时发现和纠正县域内违反气象法规的行为。

2. 社会管理

防雷管理　2001 年安塞县人民政府发文,将防雷工程从设计到施工、验收,全部纳入气象行政管理范围。之后,县气象局被县安全生产委员会列为成员单位,负责全县雷电安全管理工作,县局每半年对全县建构筑物和加油站等易燃易爆场防雷设施进行安全检查,严格执法,对防雷设施不合格、无检测合格证的,限期整改。承担县内防雷电设计图纸审查和防雷电工程竣工验收的行政许可工作。

探测环境保护　近年来,采用多种形式,向有关部门和单位大力宣传《中华人民共和国气象法》,加强监督检查,依法维护探测环境。县政府、城建局、经济发展局等有关部门进行了探测环境保护文件的备案工作,加强对气象探测环境保护。

施放气球管理　负责全县升放气球管理工作,承担全县升放气球组织资质证和作业人员资格证的审查、县内升放气球活动的行政许可事项。

党建与气象文化建设

1. 党建工作

党的组织建设　1996 年以前,有 6 名党员,与县畜牧局为联合党支部。1996 年 1 月 1 日成立独立党支部。县局支部成立以后,重视党员队伍建设,发展党员 3 名。现有中共党员 5 人。

重视对党员和群众进行爱岗敬业、艰苦奋斗、团结协作的集体主义教育。2002 年、2004 年获安塞县机关党建工作先进党支部。

党风廉政建设　2000—2008 年,每年都组织参加气象部门和地方党委、纪委组织的党章、党规、法律法规、党风廉政建设和反腐败知识竞赛。从 2002 年起,连续 7 年开展党风廉政教育宣传教育月活动,开展廉政文化建设活动,建设文明机关、和谐机关和廉洁机关。局领导班子认真落实党风廉政建设一把手负责制,局领导与下属单位领导都把执行党风廉政责任制情况,作为干部每年述职的主要内容之一。对党风廉政工作目标任务进行分解,配合上级部门的财务审计,并将结果向职工公布,推进惩治和预防腐败体系建设。加强制度建设,落实"三重一大"、"三人决策"、"联签会审"和"局务公开、财务监管、物资采购"等制度,制定内部监管制度20多个。

局务公开 2002年起开始政务公开工作。对气象行政审批、办事程序、气象服务内容、服务承诺、执法依据、服务收费依据及标准等,通过公开栏、县电视台公开。财务收支、目标考核、基础设施建设、工程招投标等内容采取职工大会或局内公示栏张榜等方式向职工公开。年底对全年收支、职工奖金福利发放、领导干部待遇、劳保、住房公积金等向职工作详细说明。通过政务公开工作,改进了领导作风,增强团结互信,推进了廉政文化建设。2005年被陕西省气象局、中国气象局评为"局务公开"先进单位。

2. 气象文化建设

精神文明建设 2000—2008年,先后开展了职业道德、"三个代表"、"保持共产党员先进性"、践行科学发展观等教育活动。每年都认真组织职工参加省、市气象部门的演讲比赛、文艺汇演、体育比赛、廉政歌曲演唱和征文活动。做到政治学习有制度、文体活动有场所、电化教育有设施,职工生活丰富多彩,精神文明创建工作跻身于全省先进行列。2004年被陕西省委、省政府评为"创佳评差"竞赛活动最佳单位;2005年被中国气象局、省气象局评为"局务公开"先进单位;2005年被陕西省爱委会授予省级卫生先进单位;2007年获安塞县安全生产工作先进集体。通过开展经常性的政治理论、业务知识学习,造就了清正廉洁的领导班子,锻炼出一支高素质的职工队伍。开展精神文明创建规范化管理,改造院落、办公楼,统一制作局务公开栏、规章制度、业务流程和宣传标语。建有图书阅览室、文体活动室,拥有图书1000册、购置了文体活动器材,积极参加县上组织的文体活动和户外健身活动,丰富职工的业余生活。

文明单位创建 2001年初被市委、市政府授予市级文明单位标兵,2002年初被陕西省委、省政府命名为省级文明单位,2008年初被陕西省委省政府命名为省级文明单位标兵,2008年被中国气象局评为全国气象部门文明台站标兵。

文体活动及设施建设 在院内建起了党员活动室,设立了图书阅览室,现有图书300余册,影像光碟100余部。在院内安装了多种体育器材,组织职工开展形式多样的文体活动,丰富职工文体生活。

3. 荣誉

集体荣誉 2004年被陕西省委、省政府评为"创佳评差"竞赛活动最佳单位;2005年被中国气象局、省气象局评为"局务公开"先进单位;2005年被陕西省爱委会授予省级卫生先进单位;2008年被中国气象局评为全国气象部门文明台站标;2008年被延安市委、市政府评为"创佳评差"竞赛活动最佳单位。

个人荣誉 1996年以来,获得中国气象局表彰奖励1人次,获得省气象局表彰奖励30人次,获得市、县委和政府表彰奖励共4人次,获得市气象局表彰奖励22人次。

台站建设

　　1970 年建站时办公、住宿均为窑洞。1997 年修建了职工宿舍及办公平房,改善了住宿、工作环境。2003 年投资 90 万元进行了台站综合改造,修建业务办公楼 1 栋,总建筑面积 439 平方米,新修围墙 183.4 米,新修了大门、围墙;新建了锅炉房、车库;安装了暖气;硬化、绿化、美化了院落和道路等设施;2004 年加大单位绿化工作,新栽植各种风景树 1420 棵,种植草坪 1200 平方米,在院子中安装了近万元的健身器材。2006 年花费近 10 万元对业务平台进行了改造。2008 年又维修办公窑洞、更换了铝合金门窗,解决了单位办公楼与职工宿舍的集中供暖问题,单位工作环境和职工精神面貌都发生了较大变化。

安塞县气象站旧貌(1970 年 10 月)　　　　　　安塞县气象局现貌(2006 年)

子长县气象局

　　子长县位于黄土高原中部、延安市北部,是民族英雄谢子长的故乡,万里长城的落脚地和红军东征的出发点,土地革命后期曾为中共中央所在地,建国后定为革命老根据地之一。1942 年为纪念民族英雄谢子长改名为子长县。子长县总面积 2405 平方千米。设 8 镇 5 乡,辖 358 个村,总人口 25.7 万。境内矿产资源丰富,主要有煤炭、石油、铁矿石、石灰石等 10 余种。

　　子长县属暖湿带半干旱大陆性季风气候。年平均气温 9.1℃,平均降水量 514.7 毫米,无霜期 175 天。

机构历史沿革

　　始建情况　1956 年 10 月,按国家一般站标准建成子长县气候站,同月,开展气象业务。站址位于子长县县城东郊湫沟台,沿用至今未变,观测场位置北纬 37°11′,东经

109°42′,海拔高度1063.3米。

历史沿革 1956年10月,定名子长县气候站;1960年1月,更名为子长气候服务站;1961年1月,更名为子长县气象服务站;1963年1月,更名为陕西省子长气象服务站;1972年7月,更名为子长县革命委员会气象站;1980年1月,更名为子长县气象站;1990年1月,改为子长县气象局(实行局站合一)。

2006年12月以前,为国家一般站,2007年1月1日,更名为子长县国家气象观测站二级站,2008年12月31日,更名为子长国家一般气象站。

管理体制 1956年10月—1958年10月,归陕西省气象局领导;1958年11月—1962年1月,实行当地政府和上级气象部门双重领导,以地方政府领导为主,隶属县农业局;1962年2月—1966年10月,以上级气象部门领导为主;1966年11月—1970年10月,以当地政府领导为主,隶属农业局;1970年11月—1973年9月,归县人民武装部和当地政府领导,以人武部管理为主;1973年10月—1979年12月,以当地政府领导为主,隶属农林局;1980年1月起,实行气象部门与地方政府双重领导,以气象部门领导为主的管理体制。

机构设置 内设监测网络中心、预报服务中心、人工影响天气办公室、雷电预警防护中心和办公室。

单位名称及主要负责人变更情况

单位名称	姓名	职务	任职时间
子长县气候站	杨根林	站长	1956.09—1959.12
子长气候服务站			1960.01—1960.12
子长县气象服务站			1961.01—1962.12
陕西省子长气象服务站			1963.01—1971.12
子长县革命委员会气象站	刘思德	站长	1971.12—1973.06
	马永宽	站长	1973.06—1976.07
	肖炳文	站长	1976.07—1978.06
	乔秉章	站长	1978.06—1979.12
子长县气象站			1980.01—1981.06
	方士辉	站长	1981.06—1984.06
	杨金海	站长	1984.06—1989.12
子长县气象局		局长	1990.01—2006.09
	魏学华	局长	2006.09—

人员状况 1956年建站时有3人,1980年有职工10人,截至2008年底,共有在职职工12人(在编职工6人,外聘职工6人)。在编职工中:本科2人,大专4人;工程师1人,助理工程师5人。在职职工中:40～50岁1人,40岁以下11人。

气象业务与服务

1. 气象业务

①气象观测

地面观测 1956年10月15日至今每天进行08、14、20时3个时次地面观测,夜间不守班。观测的项目有云、能见度、天气现象、气压、气温、湿度、风向风速、降水、积雪、雪深、冻土、日照、小型蒸发、地温。每天编发08、14、20时3个时次的加密天气报。重要天气报包括降水、暴雨、雷暴、大风、冰雹、雾、霾、浮尘、沙尘暴定时和不定时的编发。1996年起,计算机取代人工编报,提高了测报质量和工作效率,减轻了观测员的劳动量。自建站后气象月报、年报用手工抄写方式编制,一式3份上报省气象局、市气象局备份,本站留底1份。从1997年开始使用针式打印机打印气象报表,按规定上传到上级气象部门,并保存资料档案。从1997年以来共获百班无错情16个。

自动气象站 2004年1月1日起建成CAWS600-BS型自动气象站,进行了两年的对比观测,2004年以人工观测为主,2005年以自动观测为主,2006年1月1日正式投入单轨业务运行。自动观测项目有温度、湿度、气压、风向、风速、降水、地面温度和5、10、15、20、40、80、160、320厘米地温,人工观测的项目有云、能见度、天气现象、蒸发、日照、冻土、雪深。2006年12月建成南沟岔、杨家园则、余家坪、安定4个两要素区域自动气象观测站,2007年12月建成玉家湾(四要素)和热寺湾(两要素)2个区域自动气象观测站,并投入业务运行。

农业气象观测 2005年5月1日起开展生态农业监测,监测项目为马铃薯。2007年5月1日起开展人工土壤墒情观测。

②气象信息网络

信息接收、传输 自1956年建站到2001年4月7日使用电话传输资料;1999年购买3台计算机用于"121"、卫星单收站;2001—2004年采用专线方式传输气象信息;2003年Notes网开通;自动气象站建成后,资料传输实现了网络化、自动化。2004年全省气象内联网开通;2005年利用光纤进行传输,实现了电信、移动宽带网络的互为备份,极大地提高了气象信息网络传输质量和效率;2007年视频会议系统开通。先后通过移动、电信、广电三个公司的光缆,建起了通讯网络,使气象电报的传输和资料信息共享有了根本保证。

信息发布 20世纪90年代以前,主要通过广播、电话和邮寄旬报方式向全县发布气象信息;90年代以后建立气象预警系统,面向有关部门、乡(镇)、村、农业大户开展天气预警信息发布服务;1999年开通了"121"天气预报电话答询系统,开始为公众提供了气象信息查询平台;2004年和县广电局联合开播电视天气预报栏目;2005年开办了农村经济信息网,方便公众在网络上查询气象信息;同年,建立了"企信通"气象信息群发系统;陆续开发制作了《子长简讯》、《专题气象分析》、《重要天气报告》等信息产品;2007—2008年全县安装电子显示屏204块,滚动播出天气预报。

③天气预报

由建站初期的收听气象台气象广播,参考本站气象要素订正制作天气预报,到利用天气电码点绘天气图,结合本站气象要素订正制作天气预报,发展到 20 世纪 80 年利用传真图和本站气象要素订正制作天气预报。20 世纪 90 年代发展为卫星单收站系统(气象卫星综合应用业务系统,简称"9210"工程)和 MICAPS 系统 1.0 版本操作系统,将传统的作业方式转变到人机交互处理方式,从而使预报服务发生重大变化,MICAPS 系统 3.0 版本的应用使天气预报业务上升到了更高的层次。网络技术的发展,使预报产品的内容更加丰富,预报准确率逐步提高。

④农业气象

2005 年 5 月 1 日起开展生态农业监测,监测项目为马铃薯。2007 年 5 月 1 日起开展人工土壤墒情观测,每旬逢 3 日、8 日取土观测,逢 8 日资料上传统一采用 AB 报格式,逢 3 资料上传统一采用《土壤湿度加测报电码》格式。2008 年 1 月,建成 Gstar-I 土壤水分自动监测系统,并开展监测至今。人工土壤监测 0～50 厘米的土壤墒情,自动土壤监测 0～100 厘米的土壤墒情,并开展对比观测。

2. 气象服务

①公众气象服务

公众气象服务分为短期、中期、长期天气预报服务、突发灾害性天气预警预报服务、节假日预报服务、重大社会活动天气预报服务。2002 年以前,气象服务主要通过"121"固定电话答询系统、纸质材料等实现。2002 年以后,逐步拓宽了服务渠道,在原有方式的基础上,充分利用手机气象短信、电视天气预报、室内(外)显示屏、电子信箱、QQ 等。

②决策气象服务

决策气象服务根据当地党政部门指挥农业生产、防灾减灾、重大社会活动、重点工程建设的需求,开展旬(月)、春播、植树造林、汛期、三夏、水库蓄水、秋播、森林防火专题预报服务,灾害性天气的调查报告,重大社会活动、重点工程建设的专题预报服务、农业服务以及墒情、雨情、农情等服务。手机气象短信和纸质材料是决策气象服务的最好载体,遇关键性、转折性、重要性天气过程,做到过程前及时、主动服务,过程中跟踪服务,过程后上报服务总结和天气实况。

【气象服务事例】 2002 年 7 月 4 日 3 时 20 分至 9 时 45 分和 4 日 20 时 10 分至 5 日 15 时 15 分,子长县连续遭受短时局地突发性特大暴雨袭击,两次过程降水量分别为 195.3 毫米和 111.8 毫米,3 小时最大降水量 140 毫米;强雷暴和暴雨导致子长县城有线通信和供电、供水中断,清涧河水暴涨,引发了百年一遇的特大洪涝,洪峰流量 4500 立方米/秒,子长县城区的主要街道全部进水、淹没 1～2 米,数百孔窑洞倒塌。子长县气象局提前发布暴雨和大暴雨预报和紧急警报,过程开始后,连续滚动提供短时预报和实时情报。子长县气象局在停电和电话被击坏的情况下后,用手机 73 次保持与县委书记、100 多次与市台、市雷达站、县委办、县政府、县防汛办和市局业务科的紧密联系。准确预报两次暴雨的落区中心和终止时间,为争取城区低洼地带 3 万多群众安全撤离,保证无一人伤亡做出了重要贡献。

2002 年 7 月 27 日,中国气象局局长秦大河来子长县气象局进行慰问。秦局长对子长县气象局 7 月 4—5 日特大暴雨过程的服务给予肯定:"这一次子长县气象局在县委、县政府的关心下能将灾害损失减小到最低程度,确实不容易。我想如果没有气象现代化和天气会商的话,这个是做不到的,体现了高科技的优势,业务重在领导,服务是面向地方的。你们要做好基本业务工作,为领导决策和地方经济提供好的气象服务。"

③专项气象服务

人工影响天气 子长县人工影响天气工作始于20世纪90年代初期,1995年归口气象局管理。子长县政府逐年配备了高性能WR-98型火箭,2003年延安市政府投资实施延安市苹果主产区防雹体系建设项目以来,子长县防雹工作在硬件设施、队伍建设方面都有了飞跃发展。截至2008年,子长县已建成人工防雹增雨火箭站12个(2个流动作业点,10个固定作业点),火箭作业人员20人,指挥管理人员3人,WR-98型火箭10副(车载),流动作业车2辆,遍布全县大部,子长县人工影响天气办公室平均每年开展人工防雹增雨(雪)作业15余次。

防雷检测 以气象法为依据积极与政府有关部门联合促使了当地政府出台防雷工作有关文件,将防雷工程从设计、施工到竣工验收,全部纳入气象行政管理范围。从2002年以来对建筑物、信息场所、易燃易爆场所每年严格按规范进行检测,对存在问题的检测对象,及时发放整改通知,限期整改。2007年,在全省率先开展中小学校的防雷设施安装,对全县摸底检查中未安装防雷设施的64所中小学校安装防雷设施,有效地减轻和避免雷电灾害对中小学生的危害。

④气象科技服务

科技服务工作从1985年开始,利用信件、传真开展气象科技服务,以后逐步由"121"电话查询、手机短信、电视、电子显示屏等手段进行服务。2004年起开展电视天气预报,每天在子长县有线电视台播出3次,播报全县5乡镇、7个邻近市、县的天气信息。2007年起,推广室内气象信息显示屏64块,1块大型双面户外显示屏,走在了全省气象信息显示屏推广的前列,子长县气象局在省气象局科技服务中心组织的全省气象科技服务研讨会上进行了经验交流,为全省其他市、县局开展气象信息显示屏的推广提供了思路。2008年与子长县老区办合作,向全县60多个扶贫村推广气象信息显示屏139块,涉及大部分扶贫村。气象信息每天08时和17时更新,提供24~72小时天气预报及短时天气预报。

⑤气象科普宣传

利用电视、网络、手机气象短信、电视天气预报、气象预警信息显示屏、"12121"固定电话答询系统宣传气象科普知识。2006—2008年,设立大型户外宣传牌3块,宣传标语打出"公共气象、安全气象、资源气象"和其他气象理念,醒目地宣传气象工作。同时在全县15个乡镇的道路沿途书写宣传标语100余条。从气象法规、气象理念、气象科普、公共气象、文明气象等多个方面出发,打出"创文明县城,做文明市民"、"满足您每时每刻的气象需求,解决好您每时每刻的气象问题"等口号,逐步使广大群众深入认识和了解气象工作。

充分利用"3·23"世界气象日、科技周等活动上街宣传,向群众发放科普知识宣传单、科普图册、防灾减灾知识问卷、《中国气象报》等。每次都能认真宣传气象知识,对群众提出的问题和疑惑,能一一详细解答,一时不能答复的,留下提问者的联系方式,回单位讨论后,及时通过电话答复。广大群众对子长县气象局的宣传比较关注。

气象法规建设与社会管理

1.法规建设

《中华人民共和国气象法》颁布实施以来,子长县气象局在加强自身法律法规学习的同时,积极与地方部门协调,联合发文,加强法律法规建设。自 2004 年以来,由子长县政府、子长县气象局与其他部门联合发文共 8 次,将防雷工程从设计、施工到竣工验收,全部纳入气象行政管理范围。2008 年子长县规划局下发了《关于加强气象探测环境保护的通知》(子规字〔2008〕19 号),依法保护了气象探测环境。2006 年以来,多次联合县人大、城建、规划、安监、法制等部门开展气象执法检查,对违反气象法律法规的单位、企业和个人,依法查处,并建立执法档案。

2.社会管理

严格按照《中华人民共和国气象法》、《防雷减灾管理办法》、《陕西省气象条例》等法律法规开展工作,切实履行社会管理职责。依法对气象探测环境保护、施放氢气球、防雷防静电安全、人工影响天气等进行管理。

防雷管理 2004 年以来,由子长县政府、子长县气象局与其他部门联合发文共 8 次,将防雷工程从设计、施工到竣工验收,全部纳入气象行政管理范围。县气象局被县安全生产委员会列为成员单位,负责全县雷电安全管理工作,县局每年对全县建构筑物和加油站等易燃易爆场防雷设施进行安全检查,对防雷设施不合格、无检测合格证的,限期整改。承担县内防雷电设计图纸审查和防雷电工程竣工验收的行政许可工作。

探测环境保护 2008 年子长县规划局下发了《关于加强气象探测环境保护的通知》(子规字〔2008〕19 号),依法保护气象探测环境。

施放气球管理 负责全县升放气球管理工作,承担全县升放气球组织资质证和作业人员资格证的审查、县内升放气球活动的行政许可事项。

党建与气象文化建设

1.党建工作

党的组织建设 2004 年以前,气象局与县农业局联合建立了党支部。2004 年成立了独立的党支部,截至 2008 年底有党员 4 名,入党积极分子 1 名。支部每年召开民主生活会,积极参加上级党支部组织的各种活动,进行党风廉政知识测试,组织全体职工参加革命传统教育。重视对党员和群众进行爱岗敬业、艰苦奋斗、团结协作的集体主义教育。坚持每周召开一次党的生活会,组织党员学习政策文件。

党风廉政建设 2000—2008 年,每年都组织参加气象部门和地方党委、纪委组织的党章、党规、法律法规、党风廉政建设和反腐败知识竞赛。从 2002 年起,连续 7 年开展党风廉政教育宣传教育月活动,开展廉政文化建设活动,建设文明机关、和谐机关和廉洁机关。

2004 年设立纪检监察员一职,党风廉政建设工作开始有专人负责监督。局领导班子认真落实党风廉政建设一把手负责制,局领导与下属单位领导都把执行党风廉政责任制情况,作为干部每年述职的主要内容之一。对党风廉政工作目标任务进行分解,明确工作要求,推进惩治和预防腐败体系建设。加强制度建设,落实"三重一大"、"三人决策"、"联签会审"和"局务公开、财务监管、物资采购"等制度,制定内部监管制度 20 多个。

政务公开 2002—2008 年,子长县气象局逐步建立健全了政务公开制度。从行政审批、服务内容、执法依据、收费依据、人事变动、职工福利、工程招标、财务开支等内容严格按规定向社会公众和内部职工公开;政务公开坚持公正、真实、透明,坚持行政事项的全面公开,不公开的属例外;规范公开工作的管理,公开的内容及时归档。通过政务公开,提升了领导班子的威信,增强了职工团结,促进了廉政建设。

2. 气象文化建设

精神文明建设 专门成立了精神文明建设领导小组,做到了组织健全、思想认识统一、目标明确、措施到位,制定和完善了精神文明建设的长远规划,取得了丰硕的成果。积极参加县文明办组织的"两助一扶"活动,每年帮扶 3~4 名贫困学生,已累计帮扶资金 1 万余元。在退耕还林工作中,子长县气象局已连续 10 余年参加包片建设,所包地段的树木现已初具规模。在延安市气象局组织的演讲比赛、象棋比赛等活动中,2 人先后获得演讲第三名,1 人获得象棋第二名的好成绩。子长县气象局先后 2 次制作宣传纸杯 3 万余个,分送到全县多个部门和单位。同时统一工作服、佩戴气象徽标,建立图书室、娱乐室,积极开展形式多样的文化娱乐活动,增强了单位凝聚力。

文明单位创建 2000 年被县委、县政府授予县级文明单位,2002 年被市委、市政府授予市级文明单位,2004 年被市委、市政府授予市级文明单位标兵,2008 年被省委、省政府授予省级文明单位。

3. 荣誉

集体荣誉

序号	获奖日期	获奖名称	授予单位
1	2004 年	"创佳评差"活动先进单位	延安市委、市政府
2	2007 年	支持地方经济建设先进单位	子长县委、县政府
3	2008 年	支持县域经济发展先进单位	子长县委、县政府

个人荣誉 2002 年以来,获得中国气象局,省、市气象局及市、县委和政府表彰奖励 32 人次。

台站建设

1992 年,子长县气象局对 10 间办公平房进行改造;2003 年,投资 79 万元对台站进行综合改造,新修办公楼 1 栋,建筑面积为 242 平方米,新修大门、卫生间、锅炉房、门卫室和弹药库。硬化面积为 500 平方米,种植草坪 300 平方米,栽种各种花卉 20 余株。近年来,购置两辆工作用车,为职工宿舍统一配备了空调、电视、饮水机、沙发等。

建站初期的子长县气象站观测场(1956年)

综合改造后的子长县气象局(2003年)

延川县气象局

延川县地处陕西省北部,延安市东北部,地形地貌属黄土高原丘陵沟壑区,总面积1985平方千米,辖8镇6乡,346个行政村,人口18.7万。延川历史悠久,文风斐然,人才辈出,素有"文化之乡"美誉,黄土风情文化积淀深厚,被国家文化部命名为"全国现代民间艺术"之乡,布堆画、剪纸等民间艺术独树一帜。延川各类资源比较丰富,已探明石油储量2128万吨,煤炭1亿吨,且埋藏浅,煤质好。

延川属温带大陆性季风气候,年平均气温10.6℃,年日照时数2558小时,无霜期185天,常年降水量不足500毫米。

机构历史沿革

台站变迁 1961年1月,按国家一般气候站标准建成延川县气候站,同月开展气象业务,站址位于永坪公社枣林湾沙河滩。1962年7月—1969年12月,由于历史原因,气象站撤销。1970年1月1日重建气象站,站址位于延川县县城育才坡15号,观测场位置,北纬36°53′,东经110°11′,海拔高度803.7米。2002年11月。台站改造抬高观测场1.2米,现址观测场海拔高度804.9米,

历史沿革 1961年1月,成立延川县气候站(1962年7月撤销);1970年1月,恢复后定名为延川县气象站;1990年1月,更名为延川县气象局(实行局站合一)。

2006年12月以前,为国家一般气候站,2007年1月1日变更为延川县国家气象观测站二级站,2009年1月1日变更为延川县国家一般气象站。

管理体制 延川自建站至1962年7月撤销前,由县政府领导,隶属县农业局;1970年1月—1970年10月,实行双重领导,以当地政府领导为主,隶属农业局;1970年10月—1973年9月,归县人民武装部和当地政府领导,以人武部管理为主;1973年8月—1979年

12月,实行双重领导,以当地政府领导为主,隶属农林局;1980年1月起,实行气象部门与地方政府双重领导,以气象部门领导为主的管理体制。

机构设置 办公室、综合测报股、预报服务股、防雷检测站和人工影响天气办公室。

单位名称及主要负责人变更情况

单位名称	姓名	职务	任职时间
延川县气候站	张才高	站长	1961.01—1962.07
撤销			1962.07—1969.12
延川县气象站	杨增妙	站长	1970.01—1972.06
	刘如金	站长	1972.06—1974.10
	张有森	站长	1974.10—1979.10
	高树勋	站长	1979.10—1982.01
	刘玉珊	站长	1982.01—1986.01
	高玉珠	站长	1986.01—1986.05
	薛青云	站长	1986.05—1989.07
	惠高厚	站长	1989.07—1990.01
延川县气象局		局长	1990.01—1990.12
	杨东宏	局长	1991.01—1994.08
	张延峰	局长	1994.08—2000.04
	袁延文	局长	2000.5—

人员状况 延川县气象局建站时有职工2人,1980年有职工12人。截至2008年底,共有在职职工7人(在编职工4人,外聘职工3人),在职职工中:大学1人,大专6人;中级职称2人,初级职称1人,技术员1人,其他3人;40~50岁3人,40岁以下4人。

气象业务与服务

1. 气象业务

①气象观测

地面观测 1961年建站至气象站撤销前、1970年重新建站至今每天进行08、14、20时3个时次地面观测,夜间不守班。观测的项目有云、能见度、天气现象、气压、气温、湿度、风向风速、降水、积雪、雪深、冻土、日照、小型蒸发、地温。重要天气报包括降水、雷暴、大风、冰雹、雾、霾、浮尘、龙卷、积雪、雨凇、沙尘暴定时和不定时的编发。降水、积雪、雨凇采用定时发报,定时报在整点后10分钟内编发,其余为不定时报即观测到这些现象达到发报标准时,在10分钟内编发出重要天气报告。1996年起,计算机取代人工编报。从建站到1998年,一直用手工编制气象月报、年报表,从1999年元月开始使用"AHDM 4.1"软件微机制作并打印气象报表。2004年自动站建成双轨运行时,人工站和自动站分别制作报表。2006年单轨运行,人工站不再制作报表,不再邮寄纸质报表。本站报表打印归档。1989年获中国气象局250班无错情奖励。

自动气象站 2004年1月1日起建成CAWS600-BS型自动气象站,2004—2005年自动观测和人工观测双轨运行;2006年1月1日正式投入单轨业务运行。自动观测项目有温度、湿度、气压、风向、风速、降水、地面温度、浅层地温(5、10、15、20厘米)、深层地温(40、80、160、320厘米),人工观测的项目有云、能见度、天气现象、蒸发、日照、冻土、雪深。2006年12月建成鲁家屯、贾家坪、关庄、禹居、王马家坪5个两要素自动区域气象观测站,2007年12月建高家屯(四要素)自动区域气象观测站,2009年7月将鲁家屯站搬迁至延水关、贾家坪站搬迁至马家河,并投入业务运行。

农业气象观测 2005年5月1日起开展生态农业监测,监测项目为苹果、红枣。2007年5月1日起开展人工土壤墒情观测,每旬逢3日、8日取土观测,逢8日资料上传统一采用AB报格式,逢3日资料上传统一采用《土壤湿度加测报电码》格式。人工土壤监测0~50厘米的土壤墒情。

②气象信息网络

信息接收、传输 建站开始到1991年12月,通过邮局报房、手摇式电话进行电报资料传输。1992年建成气象超短波辅助通讯网,并一直沿用到1996年年底。1997—2004年采用X.25专线方式传输气象信息。2001年6月起利用"AHDM 4.1"软件传输定时加密气象报后,2003年Notes网开通;2003年11月自动气象站建成后,资料传输实现了网络化、自动化。2003年更新为一条移动光缆专线,所采集的数据通过路由器传送至省气象局,2004年全省气象内部联网开通;2005年又增加一条电信光缆专线,气象数据传输得到了双重保障。目前,实现了电信、移动、广电网络三保险,确保数据传输及时有效。

信息发布 20世纪90年代以前,主要通过广播、电话和邮寄旬报方式向全县发布气象信息;20世纪90年代以后建立气象预警系统,面向有关部门、乡(镇)、村、农业大户开展天气预警信息发布服务;2000年开通了"121"天气预报电话答询系统,开始为公众提供了气象信息查询平台;2006年开办了农村经济信息网,方便公众在网络上查询气象信息;同年,建立了"企信通"气象信息群发系统,为领导和有关部门及公众及时提供气象服务。2007年和县广电局联合开播电视天气预报栏目;2007—2008年全县安装电子显示屏20块,滚动播出天气预报。

③天气预报

由建站初期的收听气象台气象广播,参考本站气象要素订正制作天气预报,到利用天气电码点绘天气图,结合本站气象要素订正制作天气预报,发展到1980年利用传真图和本站气象要素订正制作天气预报。20世纪90年代发展为卫星单收站系统(气象卫星综合应用业务系统,简称"9210"工程)和MICAPS系统1.0版本操作系统,将传统的作业方式转变到人机交互处理方式,从而使预报服务发生较大变化,MICAPS系统3.0版本的应用使天气预报业务上升到了更高的层次。2007年视频会议系统开通,2008年建成了DVB-S卫星接受系统,以及网络技术的发展,使预报产品信息的获取来源更加丰富,提高了预报准确率。

2. 气象服务

①公众气象服务

20世纪90年代以前,主要通过电话、文字材料向党政部门、用户进行服务,通过有线广播向公众播放天气预报。90年代以后,公众服务手段和服务内容有了较大变化。2000年,开通了"121"固定电话天气预报答询系统,2002年以后,逐步拓宽了服务渠道,在原有方式的基础上,充分利用手机气象短信、电视天气预报、农村经济信息网、室内(外)显示屏、电子信箱、QQ等为公众提供方便快捷的气象服务;服务内容不断完善,为公众提供短期、中期、长期天气预报服务、突发灾害性天气预警预报服务、节假日预报服务、重大社会活动天气预报服务,以及每年中、高考期间的天气预报服务。

②决策气象服务

近年来,延川局坚持"三个面向",根据当地党政部门指挥农业生产、防灾减灾、重大社会活动、重点工程建设的需求,开展旬(月)、春播、植树造林、汛期、三夏、水库蓄水、秋播、森林防火专题预报服务,灾害性天气的调查报告,重大社会活动、重点工程建设的专题预报服务、农业服务以及墒情、雨情、农情等服务,主要以《春季、夏季、秋季、冬季气候分析》、《重要天气预报》、《临近气象预警》、《专题气候分析》、《延川降水情况分布图》等服务产品,通过纸质材料、电话、手机气象短信报送县委政府以及相关决策部门,遇关键性、转折性、重要性天气过程,做到过程前及时、主动服务,过程中跟踪服务,过程后上报服务总结和天气实况,为当地政府科学决策防灾减灾提供依据。2005年以来针对红枣采收的秋季连阴雨服务,取得了明显效果,受到广大枣农和政府的好评。如:2007年第一届红枣节,天气预报准确,服务及时,为领导果断决策、科学指挥提供了依据,气象服务取得了较好的社会经济效益。

③专业与专项气象服务

人工影响天气 1992年以前,人工影响天气工作,归属县农业局管理。1992年开始,改由气象局管理。1992年以来,人工影响天气工作取得了较快发展,县政府先后投入260万元,用于防雹增雨体系建设。防雹点从原来的1个FJF型火箭增加到13个,增加了"三七"高炮1门,2000年以后,火箭(炮)站逐步更新换代,将旧的FJF火箭淘汰,相继建立5个WR-98型火箭站,1个移动火箭站,建立了高标准炮库、弹库。配备人工影响天气流动作业车1部。县局制定了《延川县增雨防雹职责及安全操作作业规程》。人工影响天气工作归属气象局管理以来,取得较好社会和经济效益。2008年,出现了50年一遇的严重干旱。县局及时抓住有利天气形势,进行增雨作业,县长呼延鹏、副县长高明星亲临指挥,安排部署人工抗旱增雪工作。通过3次的人工增雪,共发射增雨火箭71枚,增雪效果明显,有效缓解了旱情。

防雷电检测 2001年,成立了延川县防雷检测站,将防雷工程从设计、施工到竣工验收,全部纳入气象行政管理范围。2001年,全面开展了建筑物防雷电检测和图纸审核工作;2006年,气象局被列入县安全生产委员会成员单位,负责全县雷电安全管理工作,全面开展建筑物防雷电检测和图纸审核,并参加全县建(构)筑物竣工验收工作。县气象局每半年对液化气站、加油站、民爆仓库等易燃易爆场所和一般建筑物的防雷设施进行检测,加强执法检查,对不符合防雷技术规范要求的单位,责令进行整改。2008年,国务院要求加强学校防雷设施的安装和检测,政府投入项目资金80余万元,县局为全县24所中小学安装防雷设施。有效减轻和避免雷电灾害对中小学校的危害。

④气象科技服务

1986年,遵照国务院办公厅(国办发〔1985〕25号)文件,专业气象服务开始起步。起初,主要利用传真邮寄、警报系统、声讯等面向各乡镇(场)或相关企业单位提供中、长期天气预报和气象资料,一般以旬天气预报为主;2000年以后,开展了建筑物避雷设施安全检测、开通了"12121"天气预报自动咨询电话服务、开展建筑物防雷电检测和图纸审核、在县有线电视台开展电视天气预报服务;2006年发展了手机短信发送气象信息服务和农村经济信息网;2007年利用公共场所安装的电子显示屏20块,开展气象灾害信息发布工作,有效应对突发气象灾害,开展气象科技服务。

⑤气象科普宣传

利用电视、网络、手机气象短信、电视天气预报、气象预警信息显示屏、"12121"固定电话答询系统广泛宣传气象科普知识、工作动态和文化生活。利用"3·23"世界气象日和科技周上街进行宣传,向群众发放科普知识宣传单、科普图册、防灾减灾知识问卷等,累计发放传单50000余份、问卷2000余份。为学校播放防雷专题片10场次、挂图宣传10余次、科普图册400余册、悬挂宣传标语横幅30余次。

气象法规建设与社会管理

1. 法规建设

2000年以来,延川县认真贯彻落实《中华人民共和国气象法》、《陕西省气象条例》等法律法规。2002年,延川县人大下发了《关于加强气象探测环境保护的通知》(延人发〔2002〕13号);2003年以来,延川县人大、政府办9次发文,部署对全县建筑物、构筑物、油库、加油站等进行避雷装置安全检测和防雷电工作专项检查;县局与有关部门7次发文,规范防雷电装置检测工作。2006年,延川县人民政府法制办批复确认县气象局具有独立的行政执法主体资格,并为3名干部办理了行政执法证,气象局成立行政执法队伍。

2. 社会管理

防雷减灾管理 2001年成立了延川防雷检测站。近几年,延川县气象局进一步规范了防雷管理,按照有关法律、法规和规章的规定,依法对防雷设计图纸审核、随工检测、竣工检测等进行管理和监督。气象局成立行政执法队伍,延川县政府法制办为3名干部办理了行政执法证,加强防雷执法检查,已查处违法案件6起,处理6起。目前,防雷工作的社会化管理越来越规范。

探测环境保护 近年来,采用多种形式,向有关部门和单位大力宣传《中华人民共和国气象法》,加强监督检查,依法维护探测环境。2002年县职业中学教学楼建设,影响气象探测环境,县人大、政府接到县气象局的报告后,责令其停止建设,支持气象局维护探测环境。

施放气球管理 负责全县升放气球管理工作,承担全县升放气球组织资质证和作业人员资格证的审查、县内升放气球活动的行政许可事项。

党建与气象文化建设

1. 党建工作

党的组织建设 自 1970 年建站—1972 年先后有 4 名党员,1972—1979 年先后有 5 名党员,1977 年以前,气象站与农业局建立了联合党支部。1977 年成立了独立的气象站党支部。截至 2008 年底有党员 5 人(其中离退休职工党员 2 人)。

自县气象局党支部成立以后,重视组织建设和党员队伍建设,每年召开 2 次民主生活会,2002 年以后发展党员 3 名。重视对党员和群众进行爱岗敬业、艰苦奋斗、团结协作的集体主义教育。坚持每周过一次组织生活,组织党员学习政策文件。党员干部以身作则,发挥党支部的战斗堡垒作用和党员的模范带头作用,带头向遭受洪涝灾区、地震灾区和生活贫困户捐款。

改进了领导作风,对内增强了团结互信,对外树立了新形象,推进了廉政建设。

党风廉政建设 2000—2008 年,每年都组织参加气象部门和地方党委、纪委组织的党章、党规、法律法规、党风廉政建设和反腐败知识竞赛。从 2002 年起,连续 7 年开展党风廉政教育宣传教育月活动;近年来,围绕十七大精神开展解放思想、深入学习实践科学发展观等活动,积极推进科学管理与反腐倡廉工作。局领导班子认真落实党风廉政建设一把手负责制,局领导与下属单位领导都把执行党风廉政责任制情况,作为干部每年述职的主要内容之一,局长袁延文获陕西省气象部门"廉勤兼优领导干部"称号。对党风廉政工作目标任务进行分解,明确要求,推进惩治和预防腐败体系建设。加强制度建设,落实"三重一大"、"三人决策"、"联签会审"和"局务公开、财务监管、物资采购"等制度,制定内部监管制度 20 多个。

局务公开 2002—2008 年,延川县气象局逐步建立健全了政务公开制度,每年平均公示 70 期。从行政审批、服务内容、执法依据、收费依据、人事变动、职工福利、工程招标等进行多方面公示,严格遵守财务方面的各项规章制度,坚持财务公开,年底对全年收支、职工奖金福利发放、领导干部待遇、劳保、住房公积金等向职工详细说明。

2. 气象文化建设

精神文明建设 2000—2008 年,先后开展了职业道德、"三个代表"、"保持共产党员先进性"、"践行科学发展观"等教育活动。每年都认真组织职工参加省、市气象部门的演讲比赛、文艺汇演、体育比赛、廉政歌曲演唱和征文活动。制定方案、规划、目标等,深入持久的开展文明创建工作。在 2008 年四川大地震中,延川县气象局组织职工积极捐款 2 千余元,缴纳特殊党费 900 元。在每年的帮扶大学生计划中,延川县气象局积极组织职工捐款,已累计捐款 1 万余元。统一上岗工作着装服,佩戴气象徽标等,职工精神面貌焕然一新。同时,积极组织职工参加各项活动,其中在延安市气象局组织 2006、2009 演讲比赛活动中,先后获得演讲第二名、优秀奖。从而增加单位凝聚力。

文明单位创建 2001 年被县委、县政府授予县级文明单位;2002 年被市委、市政府授予市级文明单位;2006 年被市委、市政府授予市级文明单位标兵。

文体活动 近年来,延川县气象局办起了文明市民学校,建起了党员活动室和图书阅览室,相继投资 8000 元,扩充图书。投资 1 万元建立了室内外文体活动场所,购置了文体活动器材,组织职工开展各项文体活动。

荣誉 2000 年以来,获市(县)以上集体荣誉 13 项。1989 年以来,个人获得中国气象局、省、市气象局及市、县委和政府表彰奖励共 90 人次。

台站建设

延川县气象站 1970 年建站修建了 8 孔办公窑洞,1977 年修建 13 孔住宅窑洞,1988 年将 3 孔办公窑洞改建成为 7 间平房。2003 年实施了台站综合改造一期任务,建成 350 平方米的二层办公楼,硬化了单位部分院落,改造了观测场平台以及供暖供水设施,绿化院落。新修大门、卫生间和弹药库,单位环境面貌发生了根本性的变化。

建站初期的延川县气象站

20 世纪 80 年代的延川县气象站业务值班室

综合改造后的延川县气象局办公楼(2003 年)

综合改造后的延川县气象局业务平台(2003 年)

延长县气象局

延长县地处陕西北部,延安地区东部,以延水纵贯全县境内流入黄河而得名。延长县辖 7 镇 7 乡,288 个行政村,总人口 14 万,面积 2368.7 平方千米。延长矿产资源丰富,主要有石油、煤炭、天然气、石灰石等;延长县位于黄土高原沟壑区,境内梁峁起伏,沟壑纵横。

延长县属中温带半干旱、半湿润性季风气候。灾害性天气种类多,主要灾害有干旱、冰雹、霜冻、低温冻害、暴雨、连阴雨、大风等。年平均气温10.4℃,平均降水量495.6毫米,无霜期170天。

机构历史沿革

台站变迁　1956年11月,按国家一般气候站标准建成延长县气候站,同时开展气象业务,站址位于延长县大东坪六形盖"山顶"。1969年1月,迁至延长县七里村镇槐里坪村,地理位置在北纬36°35′,东经110°04′,观测场海拔高度804.8米。

历史沿革　1956年11月,成立延长县气候站;1962年1月,更名为延长县气象服务站;1966年6月,更名为陕西省延长县气象站革命领导小组;1972年1月,更名为延长县革命委员会气象站;1980年5月,更名为延长县气象站;1990年1月,更名为延长县气象局(实行局站合一)。

2006年12月以前属国家一般气候站,2007年1月升级为国家气象观测站一级站;2008年12月31日改为国家基本气象站。

管理体制　1956年11月—1958年9月,归陕西省气象局领导;1958年10月—1962年1月,实行以当地政府和上级气象部门双重领导,以地方政府领导为主,隶属县农业局;1962年2月—1966年9月,实行双重领导,以延安中心气象站领导为主;1966年10月—1970年9月,实行双重领导,以当地政府领导为主,隶属农业局;1970年10月—1973年7月,归县人民武装部和当地政府领导,以人武部管理为主;1973年8月—1979年12月,实行双重领导,以当地政府领导为主,隶属农林局;1980年1月起,实行气象部门与地方政府双重领导,以气象部门领导为主的管理体制。

机构设置　内设办公室、综合测报股、预报服务股、防雷检测站和人工影响天气办公室。

单位名称及主要负责人变更情况

单位名称	姓名	职务	任职时间
延长县气候站	高　山	站长	1956.11—1961.12
延长县气象服务站			1962.01—1966.05
陕西省延长县气象站革命领导小组			1966.06—1968.12
	李国瑞	站长	1969.01—1971.12
延长县革命委员会气象站			1972.01—1978.03
	吴毓斌	站长	1978.04—1980.04
延长县气象站			1980.05—1981.12
	余川广	站长	1982.01—1987.10
	崔晓荣	站长	1987.11—1989.12
延长县气象局		局长	1990.01—2002.02
	杜晓利	局长	2002.03—

人员状况 1956 年建站初期有职工 2 人。1980 年有在职职工 9 人。截至 2008 年底,共有在职职工 11 人(在编职工 6 人,地方编制职工 1 人,外聘职工 4 人)。在职职工中:大学学历 4 人,大专学历 4 人,中专学历 3 人;中级职称 1 人,初级职称 5 人;50～55 岁 1 人,40～49 岁 2 人,40 岁以下 8 人。

气象业务与服务

1. 气象业务

①气象观测

地面观测 自 1956 年 11 月 1 日—1962 年 4 月 30 日每天采用地方时进行 01、07、13、19 时 4 个时次地面观测,夜间不守班。1962 年 5 月 1 日—2006 年 12 月 31 日每天采取北京时进行 08、14、20 时 3 个时次的地面观测,夜间不守班。2007 年 1 月至今,每天进行 02、05、08、11、14、17、20、23 时 8 个时次地面观测,夜间守班。观测的项目有云、能见度、天气现象、气压、气温、湿度、风向风速、降水、积雪、雪深、冻土、日照、小型蒸发、地温。每天编发 02、05、08、11、14、17、20、23 时 8 个时次的天气报。重要天气报包括降水、暴雨、雷暴、大风、冰雹、雾、霾、浮尘、沙尘暴定时和不定时的编发。自 1986 年配备了 PC-1500 袖珍计算机取代人工编报,提高了测报质量和工作效率,减轻了观测员的劳动强度。自建站后气象月报、年报用手工抄写方式编制,一式 3 份上报省气象局、市气象局备份,本站留底 1 份。从 1999 年开始使用针式打印机打印气象报表,按规定上传到上级气象部门,并保存资料档案。2006—2008 年延长县气象局测报组被延安市气象局授予地面测报先进集体、地面报表质量奖。1995—2008 年有 6 人次获 26 个"百班无错情"。

自动站观测 2003 年 11 月 15 日起建成 CAWS600-BS 型自动气象站,进行了两年的对比观测,2004 年以人工观测为主,2005 年以自动观测为主,2006 年 1 月 1 日正式投入单轨业务运行。自动观测项目有温度、湿度、气压、风向、风速、降水、地面温度和 5、10、15、20、40、80、160、320 厘米地温;人工观测的项目有云、能见度、天气现象、蒸发、日照、冻土、雪深。2006 年 12 月建成安沟、刘家河、张家滩、黑家堡四个两要素自动区域气象站,2007 年 11 月建成 1 个四要素自动区域气象站(郑庄)和 1 个两要素自动区域气象站(郭旗),并投入业务运行。

生态和土壤墒情观测 2007 年 5 月 1 日人工土壤墒情观测业务开始运行,人工土壤墒情观测每旬逢 8 日取土观测资料上传,采用 AB 报格式,每旬逢 3 日取土观测资料上传,采用《土壤湿度加测报电码》格式。2005 年 5 月 1 日生态观测业务开始运行,目前生态观测项目主要有苹果、梨、玉米。

②气象信息网络

信息接收、传输 自 1956 年建站到 1981 年 12 月使用电话传输资料,1982 年建成气象超短波辅助通讯网,延用至 2000 年。1999 年购买 3 台微机用于"121"、卫星单收站,2001—2004 年采用专线方式传输气象信息,2003 年 Notes 网开通。自动气象站建成后,资料传输实现了网络化、自动化。2004 年全省气象内联网开通,2005 年利用光纤进行传输,实现了电信、移动宽带网络的互为备份,极大地提高了气象信息网络传输质量和效率。2007 年视频会议系统开通。目前,实现了电信、移动、广电宽带网络互为备份的三保险,进一步增强了网络传输保障能力。

信息发布 20世纪90年代以前,主要通过广播、电话和邮寄旬报方式向全县发布气象信息,90年代以后建立气象预警系统,面向有关部门、乡(镇)、村、农业大户、石油钻采等企业开展天气预警信息发布服务;1999年9月增加"121"(2005年1月改为"12121")天气预报电话答询系统;2002年和县广电局联合开播电视天气预报栏目;2002年开办了农村经济信息网,方便公众在网络上查询气象信息;2004年底,又开展了手机气象短讯和网络气象服务;2007—2008年全县安装电子显示屏30多块,滚动播出天气预报。

③天气预报

由建站初期的收听气象台气象广播,参考本站气象要素订正制作天气预报,到20世纪70年代利用天气电码点绘天气图,结合本站气象要素订正制作天气预报,发展到20世纪80年代利用传真图和本站气象要素订正制作天气预报。20世纪90年代初发展为单收站系统(气象卫星综合应用业务系统,简称"9210"工程)和MICAPS系统1.0版本操作系统,将传统的作业方式转变到人机交互处理方式,使气象预报服务手段发生重大变化。网络技术的发展,使气象信息获取来源更加广阔。MICAPS系统3.0版本的应用使天气预报业务变得更加方便。预报技术从初期单纯的天气图加经验的主观定性预报,逐步发展为利用气象雷达、卫星云图、数值预报并行计算机系统等先进工具制作的客观定量定点预报。天气预报以省、市气象局的指导预报为主,利用自动站资料、高空图、卫星云图、雷达图、各种降水预报图等,结合延长县的天气,订正预报结论。开展的气象预报业务主要有短时临近预报、短、中、长期天气预报和灾害性天气预警信号的发布。

2. 气象服务

①公众气象服务

由初期的利用城乡有线广播播报气象消息比较单一的发布渠道,发展为利用广播、电话、传真、"12121"电话查询、电视和电视天气预报节目、气象网站、手机短信、气象电子显示屏等多种手段的发布渠道。服务内容有短时、临近、短期、中期、长期天气预报、气候预测和气象灾害预警信号、突发灾害性天气预警预报服务、节假日预报服务、重大社会活动天气预报服务等预报、预警服务产品等。

②决策气象服务

决策气象服围绕为当地党政部门指挥农业生产、防灾减灾、重大社会活动、重点工程建设的需求,开展旬(月)、春播、植树造林、汛期、三夏、水库蓄水、秋播、森林防火专题预报服务,开展灾害性天气的调查报告、重大社会活动、重点工程建设的专题预报服务和农用天气预报服务以及墒情、雨情、农情等情报服务。

决策气象服务由过去通过电话、文字材料、图像传真向各级领导和有关部门进行服务的基础上,近几年又增加了手机短信和预警显示屏服务。

③专项气象服务

人工影响天气 延长县人工影响天气工作始于20世纪80年代,归属县农业局管理,有高炮4门。1992年归属县气象局管理,人工影响天气工作围绕延长社会经济的发展和农业产业结构的调整,特别是林果业、棚栽业、草畜业和生态农业的发展,增雨防雹工作在硬件设施、队伍建设方面都有了发展。2008 年拥有高炮、火箭作业人员 42 人,双"三七"高炮 10 门,WR-1B 火箭 2 副(车载),流动作业车 2 辆,新增 WR-1B 火箭 6 副,6 个火箭站点正在建设中,人工增雨防雹作业经费县政府每年平均投入 40 万元。在渭北优势果业区防雹增雨体系建设项目中,购置天气雷达 1 部,进一步提高了天气监测水平和防灾减灾服务能力。2000—2008 年平均消耗高炮炮弹 3500 发以上,消耗火箭 80 枚以上,人工防雹增雨工作为当地工农业生产、生态建设、城乡供水发挥了重要的作用。其中,2006 年全年共出现强对流天气过程 28 次,进行防雹作业 66 点次,消耗高炮炮弹 3808 发,成功阻击雹灾 24 次,减轻雹灾 4 次,防御区未发生一次雹灾,预计可减少经济损失 3400 万元以上。

防雷工作 1999 年成立延安市防雷中心延长县防雷检测站,开始全面开展建筑物防雷电检测工作。2001 年起每年与县安监局联合下发《关于做好全县防雷防静电装置安全检测工作的通知》,并在全县范围内实施图纸审核工作。建筑物的防雷设计、图审、施工、竣工验收等环节都需要气象局防雷技术把关,并参加全县建(构)筑物竣工验收工作。2007 年,为全县中心规模以上的中小学校安装了防雷设施,进一步保障了学校师生的防雷安全。

④气象科技服务

1985 年开始开展专业有偿气象服务,主要根据不同用户提供专题预报、气候评价等服务,主要是利用信件、电话、传真等服务。1999 年起,开始增加庆典气球施放、121 电话天气预报查询、建(构)筑物、易燃易爆场所避雷设施安全检测、建筑防雷工程设计、雷击风险评估,2004 年开展了影视广告等气象科技服务项目,2006 年又开展了手机短信和农经网气象信息服务。科技服务收入由初期的几百元增加到 2008 年的 20 万元。

⑤气象科普宣传

20 世纪 90 年代以前,利用广播开展气象知识专题宣传。20 世纪 90 年代以后,利用世界气象日、安全生产教育月、科技之春宣传月、法制宣传日、科技四下乡、报刊杂志、手机短信、电子显示屏、电视广播和网络媒体等进行科普宣传。每年在"3·23"世界气象日、科技之春宣传月、科技周开放气象观测站,为公众进行气象知识讲解,组织气象科技人员深入学校、街头、社区进行气象科普宣传,每年发放各类气象科技服务资料 3000 余份。

气象法规建设与社会管理

1. 行政执法

2000 年以来,延长县认真贯彻落实《中华人民共和国气象法》、《陕西省气象条例》等法律法规,县人大、政府领导视察或听取气象工作汇报,政府有关主管部门加强与气象局的工作配合,在探测环境保护、人工影响天气等方面完善制度建设。自 2001 年起县安监局每年与气象局联合下发《关于做好全县防雷防静电装置安全检测工作的通知》。2008 年 6 月 5 日,延长县政府印发《关于开展防雷防静电安全联合检查的通知》(长政办发〔2008〕41 号)。2006 年、2008 年两次将气象相关法律法规备案至县人大、城建、安监、法制等部门。2006 年先后两次到县人大常委会汇报气象法规的贯彻落实情况,2006 年 11 月份县人大常委会副主任藏国锋等一行 4 人到县气象局听取了近年来《中华人民共和国气象法》执行情况专题汇报并进行了联合执法检查。

2. 社会管理

防雷减灾管理　延长县气象局的防雷工作启动于 1999 年,2001 年成为地方项目扩建、竣工验收小组成员,负责全县建设项目立项、图审和竣工验收,建(构)筑物的防雷常规检测工作。为了加强防雷减灾的管理,县安监局每年与气象局联合下发《关于做好全县防雷防静电装置安全检测工作的通知》,县政府 2008 年下发了《关于开展防雷防静电安全联合检查的通知》。目前,防雷工作的社会化管理越来越规范。

探测环境保护　近年来,采用多种形式,向有关部门和单位大力宣传《中华人民共和国气象法》,加强监督检查,依法维护探测环境。县政府、城建局、经济发展局等有关部门进行了探测环境保护文件的备案工作,加强对气象探测环境保护。

施放气球管理　负责全县升放气球管理工作,承担全县升放气球组织资质证和作业人员资格证的审查、县内升放气球活动的行政许可事项。

党建与气象文化建设

1. 党建工作

党的组织建设　2008 年以前,与农业局成立联合党支部,期间,县气象局只有 1 名党员,发展预备党员 2 名。2008 年成立延长县气象局党支部,有党员 4 名。

延长县气象局党支部成立后,重视党员教育,积极开展组织活动,不断完善规章制度,充分发挥党支部的战斗堡垒和党员的模范带头作用。

党风廉政建设　2000—2008 年,每年都组织参加气象部门和地方党委、纪委组织的党章、党规、法律法规、党风廉政建设和反腐败知识竞赛。从 2002 年起,连续 7 年开展党风廉政教育宣传教育月活动。认真落实党风廉政建设目标责任制,贯彻执行领导干部廉洁自律各项规定,完善了民主评议、政务公开等制度。积极开展廉政教育和廉政文化建设活动,努力建设文明机关、和谐机关和廉洁机关。在党员干部中开展思想作风、工作作风等方面的教育,促进单位良好风气的形成。落实"三重一大"、"三人决策"、"联签会审"制度,加强科学、依法和民主管理。2002 年以来,积极推行和规范实施"局务公开、财务监管、物资采购"三项制度,建立和完善内部管理制度 20 多个,并汇编成册。

政务公开　2002 以来,逐步建立健全了政务公开制度。对气象行政审批办事程序、气象服务内容、服务承诺、气象行政执法依据、服务收费依据及标准等,采取了通过对外公示栏、发放宣传单等方式向社会公开。财务收支、目标考核、基础设施建设、工程招投标等内容采取职工大会或局内公示栏张榜等方式向职工公开。年底对全年收支、职工奖金福利发放、领导干部待遇、劳保、住房公积金等向职工作详细说明。通过政务公开工作,改进领导作风,增强内部团结,推动勤政、廉政建设。

2. 气象文化建设

精神文明建设　1997 年成立了精神文明建设领导小组,制定和完善了精神文明建设的长远规划。一抓精神文明建设不放松。围绕"文明服务,高效服务"的主题,从整顿工作纪律、提高服务质量入手,树立形象。坚持把气象工作为地方经济社会发展服务摆在首位,扎实工作,重大灾害性天气预报预警服务效益显著,决策服务能力不断提高。二抓基础设施建设不放松。积极争取项目资金对观测场、办公房和职工公寓等进行改造。对单位院落进行硬化、绿化、美化。三抓文化娱乐活动不放松。建立了图书室、娱乐室,积极开展形式多样的文化娱乐活动,并组织职工积极参加省、市举办的各种文体活动,在 2008 年省气象局举办的第二届廉政文化征文活动中我局职工获得了三等奖。

文明单位创建　2002 年被延长县委、县政府授予县级"文明单位",2004 年被延安市委、市政府授予市级"文明单位",2006 年被延安市委、市政府授予市级"文明单位标兵"。

文体活动　建立了图书室、娱乐室、活动场所,购置了体育锻炼设施,组织职工参加户外健身锻炼,不断丰富职工的业余文化生活。积极参加地方和上级气象部门组织的各种文艺、体育活动。

荣誉　2007 年被延长县委、县政府评为"创佳评差"最佳单位。

1978 年以来,个人获得中国气象局、省、市气象局及市、县委和政府表彰奖励 53 人次。

台站建设

2003 年 7 月投入 50 余万元实施综合改造工程,抬高了观测场,新修了大门、透视围墙,新建了锅炉房、车库,安装了暖气,绿化、美化了院落,硬化了道路;2004 年又维修了办公窑洞、更换了铝合金门窗。2006 年对资料室的木质资料柜进行了更换,购置了铁皮专用柜,进一步规范了资料管理工作。2008 年投入 10 多万元完成了由农网供电线路向城网供电线路的改造并已投入业务运行,改善了延长县气象局的供电用电状况。2008 年又筹资 3 万多元对单位职工灶进行了重建,购置了新的灶具、餐具、餐桌和餐椅,并对个别宿舍暖气进行了维修和安装,对供暖设施进行了检修。争取地方专项资金 5 万元购置了天气预报制作系统,丰富了气象预报节目和内容。

20 世纪 80 年代的延长县气象站

综合改造后的延长县气象局(2004 年)

硬化后的延长县气象局院落(2008 年)

延长县气象局业务测报值班室(2008 年)

富县气象局

富县位于陕西北部,延安地区南部,属渭北黄土高原丘陵沟壑地带,县域面积为 4182 平方千米。辖 8 镇 5 乡 250 个行政村,总人口 14.03 万。富县是革命老区。富县矿产资源和森林资源丰富,已探明县内原油储量 3000 多万吨,天然气储量约 14.6 亿立方米,原煤储量 2.4 亿吨;林草覆盖占总面积的 61.6%。

富县年均气温 8℃~9℃,平均无霜期 140 天左右,年降水量 500~600 毫米。

机构历史沿革

台站变迁 1956 年 11 月,按国家一般气候站标准建成富县槐树庄气候站。同年 12 月 1 日,开展气象业务,站址位于距县城 80 千米的富县槐树庄农场;1961 年 1 月迁到羊泉乡,距县城 25 千米;1966 年 1 月迁到富县城关镇北校场"乡村"。2008 年 12 月 31 日,由于城市规划,迁到富县城关镇寺坡村"西山",地理位置北纬 36°00′,东经 109°22′,观测场海拔高度为 984.0 米。

历史沿革 1956 年 11 月,成立富县槐树庄气候站;1961 年 1 月,更名为富县羊泉气候服务站;1966 年 1 月,改称富县气象服务站;1972 年 6 月,更名为富县革命委员会气象站;1980 年 3 月,更名为富县气象站;1990 年 1 月,更名为富县气象局(实行局站合一)。

管理体制 1956 年 11 月—1958 年 10 月,归陕西省气象局领导;1958 年 10 月—1962 年 1 月,实行以当地政府和上级气象部门双重领导,以地方政府领导为主,隶属县农业局;1962 年 2 月—1966 年 10 月,实行双重领导,以延安中心气象站领导为主;1966 年 10 月—1972 年 6 月,实行双重领导,以当地政府领导为主,隶属农业局;1972 年 6 月—1979 年 12 月,实行双重领导,以当地政府领导为主,隶属农林局;1980 年 1 月起,实行上级气象部门与地方政府双重领导,以气象部门领导为主的管理体制。

机构设置 内设测报股、预报股、办公室,人影办、气象科技服务中心、防雷检测站。

单位名称及主要负责人变更情况

单位名称	姓名	职务	任职时间
富县槐树庄气候站	李金栋	站长	1956.11—1961.01
富县羊泉气候服务站			1961.01—1966.01
富县气象服务站	杨俊德	站长	1966.01—1972.01
	成居强	站长	1972.01—1972.06
富县革命委员会气象站			1972.06—1980.02
富县气象站			1980.03—1990.01
富县气象局		局长	1990.01—1990.12
	呼新民	局长	1990.12—1992.02
	李生袖	局长	1992.02—2004.02
	都全胜	局长	2004.02—

人员状况　建站时有职工 1～2 人。1980 年有职工 10 人。截至 2008 年底,有在职职工 9 人(在编职工 4 人,聘用职工 5 人)。在职职工中:本科 3 人,大专 4 人,中专 1 人,其他 1 人;中级职称 2 人,初级职称 1 人;40～50 岁 1 人,40 岁以下 8 人。

气象业务与服务

1. 气象业务

①气象观测

地面观测　自 1956 年 12 月 1 日—1962 年 4 月 30 日,采用地方时每天进行 01、07、13、19 时 4 个时次地面观测,夜间守班。观测项目有温度、湿度、风向风速降水、能见度、天气现象、云、积雪、小型蒸发、地面状态。1962 年 5 月 1 日至今每天进行 08、14、20 时 3 个时次的地面观测,夜间不守班。观测项目有云、能见度、天气现象、气压、气温、湿度、风向风速、降水、积雪、雪深、冻土、日照、小型蒸发、地温。每天编发 08、14、20 时 3 个时次的天气加密报。重要天气报包括降水、暴雨、雷暴、大风、冰雹、雾、霾、浮尘、沙尘暴定时和不定时的编发。自建站后气象月报、年报均用手工抄写方式编制。从 2001 年 7 月安徽地面系统投入使用,实现了计算机编写天气加密报,开始使用微机制作气象报表,按规定上传到上级气象部门,并保存资料档案。

共获百班无错情 18 个,吕莉芳获 250 班无错情 1 个,都全胜 2001 年延安市第三次地面测报竞赛,获全能第一,理论、笔试与云能天两项第一名,编报、预审两项第二名,任芳娥 1983—1984 获省气象局测报先进个人。

自动气象站　2003 年 10 月 25 日起建成 CAWS600-BS 型自动气象站,进行了两年的对比观测,2004 年以人工观测为主,2005 年以自动观测为主,2006 年 1 月 1 日正式投入单轨业务运行。自动观测项目有温度、湿度、气压、风向、风速、降水、地面温度、浅层地温(5、10、15、20 厘米)、深层地温(40、80、160、320 厘米),人工观测的项目有云、能见度、天气现象、蒸发、日照、冻土、雪深。2006 年 12 月建成羊泉、南道德、北道德 3 个两要素自动区域气象观测站和直罗两要素区域自动气象观测站。2007 年 6 月采取局局合作方式与桥北林业局合作在槐树庄农场建成温度、降水、风向、风速为一体的四要素自动观测站。2007年11月建成钳二、交道2个两要素自动区域气象观测站,并投入业务运行。

生态和土壤墒情观测 2005年5月1日生态观测业务、人工土壤墒情观测业务开展运行,观测项目主要有玉米、大豆;人工土壤墒情观测每旬逢8日取土观测资料上传采用AB报格式,每旬逢3日取土观测资料上传采用《土壤湿度加测报电码》格式。

②气象信息网络

信息接收、传输 自1956年建站到1981年12月使用电话传输资料,1982年建成气象超短波辅助通讯网,延用至2000年。1999年购买2台微机用于开展"121"气象信息服务和接收卫星单收站资料,2001—2004年采用专线方式传输气象信息,2003年Notes网开通。2003年自动气象站建成后,资料传输实现了网络化、自动化。2004年全省气象内联网开通,2005年利用光纤进行传输,实现了电信、移动宽带网络的互为备份,极大地提高了气象信息网络传输质量和效率。2007年天气预报可视会商系统和电视会议系统开通。实现了电信、移动、广电宽带网络互为备份的三保险,进一步增强了网络传输保障能力。

信息发布 20世纪90年代以前,主要通过广播、电话和邮寄旬报方式向全县发布气象信息,90年代以后建立气象预警系统,面向有关部门、乡(镇)、村、农业大户、企业等开展天气预警信息发布服务;1999年9月增加"121"(2005年1月改为"12121")天气预报电话答询系统;2002年和县广电局联合开播电视天气预报栏目;2002年开办了农村经济信息网,方便公众在网络上查询气象信息;2004年底,又开展了手机气象短讯和网络气象服务;2007—2008年全县安装电子显示屏31块,滚动播出天气预报。

③天气预报

由建站初期的收听气象台气象广播,参考本站气象要素订正制作天气预报,到20世纪70年代利用综合时间剖面图结合本站气象要素制作天气预报,结合本站气象要素订正制作天气预报,发展到80年代中期利用传真图和本站气象要素订正制作天气预报。90年代发展为卫星单收站系统(气象卫星综合应用业务系统,简称"9210"工程)和MICAPS系统1.0版本操作系统,将传统的作业方式转变到人机交互处理方式,使气象预报服务手段发生重大变化。网络技术的发展,气象信息获取来源更加广阔。MICAPS系统3.0版本的应用使天气预报业务变得更加方便。预报技术从初期单纯的天气图加经验的主观定性预报,逐步发展为利用气象雷达、卫星云图、数值预报并行计算机系统等先进工具制作的客观定量定点预报。天气预报以省、市气象局的指导预报为主,利用自动站资料、高空图、卫星云图、雷达图、各种降水预报图等,结合富县的天气,订正预报结论。开展的气象预报业务主要有短时临近预报、短、中、长期天气预报和灾害性天气预警信号的发布。

任芳娥1995年、1997年被省气象局评为优秀值班预报员。

2. 气象服务

富县气象局坚持以当地经济社会需求为引领,把决策气象服务、公众气象服务、专业气象服务和气象科技服务融入到经济社会发展和人民群众生产生活中。围绕当地的主导产业苹果,作好特色服务。

①公众气象服务

由初期的利用城乡有线广播播报气象消息比较单一的发布渠道,发展为利用电视、广播、手机短信、电子显示屏、"12121"等多种形式向社会公众提供优质可靠的气象服务,利用《富县气象快讯》为社会各界提供短期、中期、长期天气预报服务、突发灾害性天气预警预报服务、节假日预报服务、重大社会活动天气预报服务。特别是在 2007 年开通手机短信、电子显示屏以来为社会公众提供方便快捷的服务,为社会公众特别是广大农村解决气象信息最后一千米问题开辟了新的渠道。1992 年 8 月 12 日,富县出现了有史以来特大暴雨,日降水量达 134.5 毫米,08—08 时达 152.0 毫米,一小时最大达 49.5 毫米,强降水引起山洪暴发,滑坡严重,良田淹没,房屋被毁,通讯中断,交通阻塞,损失严重,这次特大暴雨造成直接经济损失达 1196 万元,死亡 1 人。由于本次预报准确,对公众服务及时,最大限度的减轻了暴雨带来的气象灾害。

②决策气象服务

富县是一个典型的农业大县,富县的决策服务是以主导产业为导向,通过《专题气象分析》和《气象内参》等文字材料向县委、政府及相关单位提供气象服务。多年来以服务"三农"为主,重点在为党政部门指挥农业生产、防灾减灾、重大社会活动、春(秋)播、植树造林、防汛、森林防火专题预报服务,灾害性天气调查报告,同时利用《重要天气报告》的形式向当地政府领导提供短时灾害性天气预报,为领导防灾决策提供依据。决策气象服务由过去通过电话、文字材料、图像传真向各级领导和有关部门进行服务的基础上,近几年又增加了手机短信和预警显示屏服务。

③专项气象服务

人工影响天气 1995 年以前,富县的人工影响天气工作归属县农业局管理,当时只有 7 门高炮。1995 年,人工影响天气工作归属气象局管理以后,以人工影响天气工作为龙头的地方气象事业得到迅猛发展。特别是近几年来,已拥有 17 门高炮,4 部火箭,2 辆流动作业车,从业人员 63 人。2008 年省人工影响天气办公室在富县北道德照八寺安装碘化银地面燃烧炉 4 套,开展防雹科学试验研究,人工影响天气工作逐步由业务型向科研型转变。2008 年《渭北优势果业区防雹增雨及气象灾害防御体系项目》将富县列为项目实施重点县,投资 123 万元,建成 711 数字雷达 1 部,并增加流动作业车 1 辆,WR-1B 型固定火箭发射系统 2 套,同时对人工影响天气指挥分中心进行了改造。在全省县气象局中人工影响天气规模和作业量位居前列,产生了较大的经济效益。2008 年 3 月中央电视台对富县的人工影响天气工作做了报道。2009 年 5 月全市人工影响天气工作的启动仪式在富县进行,中共中央候补委员、省委常委、延安市委书记李希亲自按动启动电钮。

防雷减灾工作 2001 年开始防雷检测工作,最初只是对建(构)筑物进行常规的检测。从 2002 年起,每年与县安监局联合发文作好防雷检测工作,富县气象局被列入安委会成员单位,目前已经对易燃易爆场所、石油工矿、化工企业全面开展防雷电检测工作;对新建建(构)筑物开展项目评审、图纸审核、随工检测、竣工验收。2008 年实施市政府中小学防雷设施项目,投入资金 53.15 万元对全县 23 所学校的防雷设施进行了重建或整改,对防直击雷以及电源系统防雷设施进行了系统的整改。

④气象科技服务

1985年开始开展专业有偿气象服务,主要利用信件、电话、传真为不同用户提供专题预报、气候评价等服务。1999年起,开始增加庆典气球施放、"121"(2005年改为"12121")电话天气预报查询、建(构)筑物与易燃易爆场所避雷设施安全检测、建筑防雷工程设计、雷击风险评估;2002年开展了影视广告等气象科技服务项目;2005年又开展了手机短信和农经网气象信息服务。2007—2008年发展电子显示屏22块,利用公共场所开展气象灾害信息发布工作,有效应对突发气象灾害,开展气象科技服务。

⑤气象科普宣传

每年的世界气象日、安全生产教育月、科技之春宣传月等,通过绘制宣传图片、散发宣传单的方式进行大规模的上街宣传工作。特别是在近几年县电视台对气象工作进行了多个方面宣传报道,2007年与县电视台合作拍摄了《风雨气象人》、《防雷专题》等科普宣传专题片,使社会各界对气象工作有了新的认识,进一步提高了气象部门的形象。2007年在市气象局考评中获得"大宣传"一等奖。

气象法规建设与社会管理

1. 行政执法

2000年以来,富县认真贯彻落实《中华人民共和国气象法》、《陕西省气象条例》等法律法规,县人大、政府领导视察或听取气象工作汇报,政府有关主管部门加强与气象局的工作配合,在探测环境保护、人工影响天气等方面完善制度建设。从2002年起每年与县安监局联合发文作好防雷检测工作。从2006年开始多次联合县人大、城建、规划、安监、法制等部门对防雷工作进行执法检查。

2. 社会管理

防雷管理 2005年12月,县气象局被县安全生产委员会列为成员单位,负责全县雷电安全管理工作,每年对全县建(构)筑物和加油站等易燃易爆场所防雷设施进行安全检查,严格执法,对防雷设施不合格、无检测合格证的,限期整改。承担县内防雷电设计图纸审查和防雷电工程竣工验收的行政许可工作。

探测环境保护 近年来,采用多种形式,向有关部门和单位大力宣传《中华人民共和国气象法》,加强监督检查,依法维护探测环境。县政府、城建局、经济发展局等有关部门进行了探测环境保护文件的备案工作,加强对气象探测环境保护。

施放气球管理 负责全县升放气球管理工作,承担全县升放气球组织资质证和作业人员资格证的审查、县内升放气球活动的行政许可事项。

党建与气象文化建设

1. 党建工作

党的组织建设 1999年以前,气象局与县农业局成立联合支部,当时有4名党员。

1999年成立独立的气象局党支部,截至2008年底有在职职工党员3名,退休职工党员1名。

自党支部成立以来,建立健全工作制度和学习制度,重视党员教育,积极开展组织活动,不断完善工作制度和学习制度,充分发挥党支部的战斗堡垒和党员的模范带头作用。

党风廉政建设 2000—2008年,每年都组织参加气象部门和地方党委、纪委组织的党章、党规、法律法规、党风廉政建设和反腐败知识竞赛。从2002年起,连续7年开展党风廉政教育宣传教育月活动。认真落实党风廉政建设目标责任制,贯彻执行领导干部廉洁自律各项规定,完善了民主评议、政务公开等制度。在党员干部中开展思想作风、工作作风等方面的教育,不断提高党员干部的大局意识、责任意识、创新意识和服务意识。落实"三重一大"、"三人决策"、"联签会审"制度,加强科学、依法和民主管理。2002年以来,积极推行和规范实施"局务公开、财务监管、物资采购"三项制度,建立和完善内部管理制度20多个,并汇编成册。

政务公开 2002年以来,逐步建立健全了政务公开制度。对气象行政审批办事程序、气象服务内容、服务承诺、气象行政执法依据、服务收费依据及标准等,采取了通过对外公示栏、发放宣传单等方式向社会公开。财务收支、目标考核、基础设施建设、工程招投标等内容采取职工大会或局内公示栏张榜等方式向职工公开。年底对全年收支、职工奖金福利发放、领导干部待遇、劳保、住房公积金等向职工作详细说明。2002年,被市气象局确定为局务公开试点单位,2005年分别被陕西省气象局和中国气象局授予"气象部门局务公开先进单位",2008年获中国气象局"局务公开示范单位"。

2. 气象文化建设

精神文明建设 2000年成立了精神文明建设领导小组,制定和完善了精神文明建设的长远规划。一抓形象工程不放松。围绕"文明服务,高效服务"的主题,从整顿工作纪律、提高服务质量入手,树立形象。坚持把气象工作为地方经济社会发展服务摆在首位,扎实工作,服务能力、服务效果不断提高。二抓基础设施建设不放松。近几年,积极争取项目资金对观测场、办公房和职工公寓等进行改造。对单位院落进行硬化、绿化、美化。三抓文化娱乐活动不放松。建立了图书室、娱乐室,积极开展形式多样的文化娱乐活动,并组织职工积极参加省、市举办的各种文体活动,在2008年省气象局举办的第二届廉政文化征文活动中我局职工获得了三等奖。

文明单位创建 2002年被富县委、县政府授予县级"文明单位",2004年被延安市委、市政府授予市级"文明单位",2006年被延安市委、市政府授予市级"文明单位标兵"。

文体活动 建立了图书室、娱乐室、活动场所,购置了体育锻炼设施,组织职工参加户外健身锻炼,不断丰富职工的业余文化生活。积极参加地方和上级气象部门组织的各种文艺、体育活动。

荣誉 获县级以上综合性奖励共13项。2005年获中国气象局"气象部门局务公开先进单位"。个人获县级以上表彰的综合性奖励有61人次。

台站建设

建站时办公、住宿均为瓦房,1989年修建了350平方米的职工公寓楼,改善了职工的住宿条件。2003年6月实施综合改造工程,抬高了观测场,更换观测场围栏,新建了锅炉房、车库,安装了暖气,硬化、绿化、美化了院落和道路等设施。2008年办公室安装了空调、防静电地板,重建了业务平台,对职工宿舍进行了全面改造。2008年观测站搬迁被列为政府当年"十大"重点工程之一。目前台站基础设施建设基本完成,新台站是按照国家规范化台站标准建设。

20世纪90年代的富县气象站

2008年12月建成的富县气象局观测场

搬迁后建成的富县气象局(2008年)

洛川县气象局

洛川县位于陕西省中部,延安市南部,因境内洛水而得名。总面积1804.8平方千米,辖7镇、9乡、1个街道办事处、365个行政村(社区、居委),总人口20.4万。洛川是陕西苹果种植大县,种植面积50万亩,居全国之首。

洛川位于黄土高原丘陵沟壑区,属暖温带气候,早晚温差大,光照充足,年平均气温9.2℃,年均降水量623.3毫米。

机构历史沿革

始建情况 1954年11月,按国家基本站标准筹建洛川县气象站,同月开展气象业务。站址位于县城北关"郊外",观测场位于北纬35°49′,东经109°49′,海拔高度1158.3米。

历史沿革 1954年11月,成立洛川县气象站;1990年1月,改名为洛川县气象局(实行局站合一)。

1994年1月1日被确定为国家气候基准站。

管理体制 1954年—1958年10月,归陕西省气象局领导;1958年10月—1962年1月,实行以当地政府和上级气象部门双重领导,以地方政府领导为主,隶属县农业局;1962年2月—1966年10月,实行双重领导,以延安中心气象站领导为主;1966年10月—1970年10月,实行双重领导,以当地政府领导为主,隶属农业局;1970年10月—1973年9月,归县人民武装部和当地政府领导,以人武部管理为主;1973年8月—1979年12月,实行双重领导,以当地政府领导为主,隶属农林局;1980年1月以后实行气象部门与地方政府双重领导,以气象部门领导为主的管理体制。

机构设置 洛川县气象局设测报股、预报股、农气股、人影办、办公室、科技服务中心、县防雷检测中心。

单位名称及主要负责人变更情况

单位名称	姓名	职务	任职时间
洛川县气象站	郭建钦	站长	1954.11—1956.09
	孔令候	站长	1956.10—1961.04
	王兴顺	站长	1961.04—1990.12
洛川县气象局	侯俊才	局长	1991.01—1992.08
	梁中平	局长	1992.08—

人员状况 1954年建站时只有5人,1980年有职工人11人,截至2008年底,有在职职工15人(在编职工11人,外聘职工4人)。在职职工中:大学2人,大专9人,中专2人,高中2人;中级职称4人,初级职称11人;40~50岁8人,40岁以下7人。

气象业务与服务

1. 气象业务

①气象观测

地面观测 1954年11月1日起,观测时次为02、08、14、20时(北京时)每天4次观测;1994年1月1日,24小时观测。其中,天气报定时为02、05、08、11、14、17、20、23每日8次观测。观测项目有云、能见度、天气现象、气压、气温、湿度、风向风速、降水、雪深、日照、蒸发、地温等。航危报,目前发报地点有OBSZC北京、OBSMH西安、OBSAV阎良,西安。

天气报的内容有云、能见度、天气现象、气压、气温、湿度、风向风速、降水、雪深、日照、蒸发、地温等。危险报的内容有雷暴、大风、冰雹、雷雨形势、恶劣能见度、龙卷等。当出现危险天气时,5 分钟内及时向所有需要航空报的单位拍发危险报。重要天气报的内容有暴雨、大风、雨凇、积雪、冰雹、龙卷风等。编制的报表有 4 份气表-1;4 份气表-2,向国家局、省气象局、市气象局各报送 1 份,本站留底本 1 份。1986 年前,手工编制报表。自 1986 年配备了 PC-1500 袖珍计算机取代人工编报,提高了测报质量和工作效率,减轻了观测员的劳动强度。从 1999 年开始使用针式打印机打印气象报表,按规定上传到上级气象部门,并保存资料档案。2000 年又有了 AH 地面系统,实现了在计算机上编发各种电报。8 人次共获得 110 个百班无错情,4 人次共获得 7 个 250 班无错情。

自动气象站 2002 年,建成 CAWS600 型自动气象站,2002 年 12 月 31 日,自动站正式投入业务试行。自动气象站观测项目有气压、气温、湿度、风向风速、降水、地温等,观测项目全部采用仪器自动采集、记录,替代了人工观测。2003 年 5 月 1 日,自动站正式投入业务运行,目前洛川局测报业务一直为双轨运行。2007 年 1 月起乡镇自动雨量观测站陆续开始建设。先后在北界、党家塬、槐柏、洛阳、吴家庄、堡子头建成了温度、雨量两要素自动观测站,在严家庄建成温度、雨量、风向风速四要素自动观测站。2008 年 1 月,新建成了 Gstar-I 土壤水分自动监测系统。土壤水分自动监测系统是连续、自动观测、记录土壤湿度、了解土壤墒情的自动监测仪器,Gstar-I 土壤水分自动监测系统是河南省气象科研所自行研究开发的,是目前国内较先进的土壤自动监测设备。

农业气象观测 1956 年起,开展冬小麦生育期观测;1961 年开展物候观测;2002 年开展富士苹果生育期观测;2005 年起开展固定地段 0～100 厘米、作物地段 0～50 厘米土壤墒情监测,每旬逢 3 日逢 8 日监测,逢 5 日发送 TR 报,逢 1 日发送气象旬(月)报。2008 年 1 月 10 日建成自动土壤水分站,并投入正常运行阶段。与人工土壤监测开展对比观测。

雷达观测 1999 年建成 711 数字化测雨雷达,2000 年投入使用,主要用于人工增雨防雹、强对流突发天气的监测。2007 年,投入 22 万元,对 711 数字化测雨雷达进行了升级换代。

②气象信息网络

信息接收、传输 自 1954 年建站到 1981 年 12 月使用电话传输资料,1982 年建成气象超短波辅助通讯网,1999 年购买 3 台微机用于"121"、卫星单收站,2001—2004 年采用专线方式传输气象信息,2003 年 Notes 网开通,同年,自动气象站建成后,资料传输实现了网络化、自动化。2004 年全省气象内联网开通;2005 年利用光纤进行传输,实现了电信、移动宽带网络的互为备份,极大地提高了气象信息网络传输质量和效率;2007 年视频会议系统开通。目前,实现了电信、移动、广电宽带网络互为备份,提高了网络传输保障能力。

信息发布 20 世纪 90 年代以前,主要通过广播、电话和邮寄旬报方式向全县发布气象信息,90 年代以后建立气象预警系统,面向有关部门、乡(镇)、村、农业大户、企业开展天气预警信息发布服务;开发制作了《气象服务与信息》《送阅卷》《重要天气报告》《重大决策服务》和《雨情通报》《预警信息》《中长期预报》《气候影响评价》等送领导和有关部门及乡镇。2002 年,增加"121"天气预报电话答询系统;2004 年,与县广电局联合开播电视天气预报栏目;2005 年,开办了农村经济信息网提供气象信息;2006 年,与移动通讯合作开展了手机发送气象短讯服务;2007—2008年全县安装电子显示屏40多块,滚动播出天气预报,特别是近几年,气象信息服务的手段和科技能力迅速增强。

③天气预报

建站初期,以收听气象台气象广播,参考本站气象要素订正制作天气预报,到利用天气电码点绘天气图,结合本站气象要素订正制作天气预报。20世纪70年代,发展成使用单站气象资料,以三图(点聚图、气象要素的时间演变曲线图、气象要素综合时间剖面图)为基本工具的资料图表方法,并合理、正确的使用简易天气图,建立相关、相似、过程相似、阴阳叠加、马尔科夫链、多因子综合法等预报方法进行预报服务。1980年开始利用传真图和本站气象要素订正制作天气预报。1985年安装并使用了现代化预报工具ZSQ-IB型气象图传真收片机,组成整套较完整的天气预报系统。90年代建立了卫星单收站系统(气象卫星综合应用业务系统,简称"9210"工程)和MICAPS系统1.0版本操作系统,将传统的作业方式转变到人机交互处理方式,使天气预报的准确率得到了很大的提高。网络技术的发展,使气象信息获取来源更加广阔,MICAPS系统3.0版本的应用使天气预报业务变得空前方便,使气象预报服务手段发生了重大变化,预报准确率大幅度提高。制作的预报产品主要包括:短、中、长期天气预报和气候预测、短期短时气象灾害预警信息发布及服务。

④农业气象

农业气象服务从1956年即开展了冬小麦生育期观测,1961年又增加开展了物候观测和油菜生育期观测,2002年又增加开展了富士苹果生育期观测,开发制作了《苹果生育期气候分析》、《农业产量预报》、《农气旬月报》、《气候影响评价》等为农服务产品,促进了农业增收增产,促进了洛川苹果基地的形成。2005年起又开展了固定地段0~100厘米、作物地段0~50厘米土壤墒情监测;2008年1月10日建成自动土壤水分站,与人工土壤监测开展对比观测,通过制作土壤墒情分析等材料向涉农等有关部门提供针对性的气象信息。

2. 气象服务

①公众气象服务

20世纪90年代以前,主要通过有线广播向公众播放天气预报。2002年4月,气象局同电信局合作正式开通"121"天气预报自动咨询电话。2004年,建成多媒体电视天气预报制作系统,将自制节目文件拷贝在U盘送电视台播放。2004年8月根据延安市气象局的要求,全市"121"答询电话实行集约经营,主服务器由延安市气象局建设维护。2005年,为更好地为农业生产服务,建成了洛川县兴农网,将天气预报及各种农业技术资料、供求信息及时发布于互联网。2006年,为了更及时准确地为县、乡、村各级领导及广大人民群众服务,通过移动通信网络开通企信通短信平台,以手机短信方式向全县各级领导发布气象信息。为有效应对突发气象灾害,提高气象灾害预警信息的发布速度,避免和减轻气象灾害造成的损失,2007年起,为全县各重要部门、各乡镇安装了气象预警信息电子屏。

②决策气象服务

20世纪80年代,决策气象服务通过电话、文字材料向党政部门、用户进行服务。服务种类有《重要天气报告》、《送阅件》、《气象内参》等。1999年以后,洛川局开发制作了《气象服务与信息》、《送阅卷》、《重要天气报告》、《重大决策服务》和《雨情通报》、《预警信息》、《中长期预报》《气候影响评价》等产品,为当地政府及有关部门提供防汛、抗旱、地质灾害决策气象服务,为各级领导、社会各界团体提供重大社会活动气象保障服务,为农业部门、果业部门提供干旱生态预测和墒情、雨情、农情、灾情等服务。2008 年 10 月 10 日—13 日,省委、省政府与延安市在洛川举办的"洛川国际苹果节暨陕西文艺家今秋果乡洛川行"活动,洛川局预报准确,服务及时,服务效果明显。通过手机短信方式,向全县各级领导及时发送气象信息。

③专项气象服务

人工影响天气 1986—1996 年,洛川人工影响天气工作归属由当地政府农业部门管理。1996 年移交至气象部门管理后,县政府成立了以主管县长任组长,气象局、财政局、人武部、苹果局等部门主要领导为成员的人工影响天气领导小组,办公室设在县气象局,具体负责日常管理。乡镇成立以乡镇长为组长,主管乡(镇)长、有关单位和炮手为成员的人工影响天气工作小组,具体负责乡镇人工影响天气经费筹集、炮弹拉运、信息收集和高炮维护等。2003 年,市政府建立延安防雹指挥分中心和渭北果区防雹增雨防御体系,洛川建立分中心,负责南六县的监测指挥及联防工作。目前拥有 711 数字化测雨雷达 1 部;"三七"高炮 33 门;WR-1B 型移动火箭作业车 4 辆,WR-1B 型固定火箭发射架 8 副,标准化炮库 40 个;通讯中转发射机 3 台、车载电台 4 台、手持对讲机 48 部;作业指挥车 1 辆。目前,组建了高炮民兵防雹连,人员 135 人。县气象局直接负责人工影响天气工作以来,服务效益不断提高。2005 年 5 月 30 日和 9 月 8 日冰雹天气过程,造成 11 个县区出现降雹,最大冰雹直径达 75 毫米,部分县市农作物绝收。而这两次冰雹天气过程由于洛川站预报准确、组织严密防御,先后发射"三七"炮弹 4206 发,大型火箭弹 56 枚,作业炮点 34 个,最大限度的减轻了灾情,果农喜获丰收,敲锣打鼓将一面绣有"与天斗、防雹增雨显神威;保丰收、服务果农奔小康"的大红锦旗送到县局。近年来,洛川县全县平均每年作业 350 多炮(箭)次,每年减损增效可达 2~3 亿元,使苹果商品率得到了显著的提高,人工影响天气工作被誉为果农的保护神。苹果年总产值从原来 2 亿元提高到去年的 8 亿元,人工影响天气工作多次受到市政府和洛川县委、县政府的表彰,县财政年平均投入人工影响天气经费超过 100 万。2006 年 10 月 23 日,国家人工影响天气咨评委咨评结论是:"延安洛川的人工影响天气工作进入全国先进行列,尤其在现代化建设、规范化管理、科学研究、经费投入方面表现尤为突出"。

防雷电检测 2005 年 5 月 7 日,洛川县人民政府办公室发文,将防雷工程从设计、施工到竣工验收,全部纳入气象行政管理范围。2006 年,气象局被列入县安全生产委员会成员单位,负责全县雷电安全管理工作,全面开展建筑物防雷电检测和图纸审核,并参加全县建(构)筑物竣工验收工作。县局每半年对液化气站、加油站、民爆仓库等易燃易爆场所和一般建筑物的防雷设施进行检测,加强执法检查,对不符合防雷技术规范要求的单位,责令进行整改。2007 年,为全县中心规模以上的中小学校安装了防雷设施,进一步保障了学校师生的防雷安全。

④气象科技服务

1985 年开展专业有偿气象服务,起初,主要利用传真、邮寄、警报系统、声讯等面向各乡镇(场)或相关企业单位提供中、长期天气预报和气象资料,一般以旬天气预报为主,根据不同用户提供专题预报、气候评价等服务。20 世纪 90 年代末,开展了为各单位建筑物避雷设施开展安全检测,2005 年以后,又发展为新建建(构)筑物按照规范要求安装避雷装置;2002 年,气象局同电信局合作正式开通了"121"天气预报自动咨询电话服务;2004 年气象局与广电局合作在新建的县有线电视台开展电视天气预报服务;同年,建成多媒体电视天气预报制作系统,将自制节目文件拷贝在 U 盘送电视台播放;2006 年,发展了手机短信发送气象信息服务;2007 年利用公共场所安装的电子显示屏,开展气象灾害信息发布工作,有效应对突发气象灾害,开展气象科技服务。

⑤气象科普宣传

洛川县局历来重视气象宣传工作,在每年的世界气象日、安全生产教育月、科技之春宣传月等,通过绘制宣传图片、散发宣传单、悬挂宣传标语等方式进行大规模的宣传工作。特别是在近几年在《中国气象报》《延安日报》及县电视台对气象工作进行了多个方面宣传报道。2004 年以来,在有关报刊和《陕西气象简讯》、《延安气象》和陕西气象内网等刊登各类文章 180 多篇,促进社会各界对气象工作的进一步了解,对外树立洛川县气象部门的良好形象。

气象法规建设与社会管理

1.法规建设

2000 年以来,洛川县认真贯彻落实《中华人民共和国气象法》、《陕西省气象条例》等法律法规。2000 年,洛川县委、县政府出台了《洛川县防雹工作责任追究暂行办法》、《洛川县防雹作业点炮手管理办法及责任追究暂行办法》;2005 年,洛川县人民政府办公室印发《洛川县防雹目标责任书》;县人工影响天气办公室也相应配套出台了《作业点防雹作业实施规程及制度》、《流动火箭车辆管理制度》、《武器、弹药、备件的保管维护制度》、《通信设备的保管维护制度》以及《炮手工作考核办法》和《炮点安全目标责任书》、《作业前安全十二项检查规定》。2006 年 8 月 1 日,洛川县人民政府法制办批复确认县气象局具有独立的行政执法主体资格,并为 5 名干部办理了行政执法证,气象局成立行政执法队伍。

2.社会管理

防雷减灾管理 洛川防雷工作启动于 1999 年,2001 年成立了防雷检测站。2003 年,洛川县人民政府下发了《洛川县建设工程防雷项目管理办法》(洛政办发〔2003〕18 号)和《关于加强洛川县建设项目防雷装置防雷设计、跟踪检测、竣工验收工作的通知》(洛建发〔2006〕17 号)等有关文件,进一步规范了洛川县防雷管理。气象局成立行政执法队伍,洛川县政府法制办为 5 名干部办理了行政执法证,加强防雷执法检查。目前,防雷工作的社会化管理越来越规范。

探测环境保护 近年来,采用多种形式,向有关部门和单位大力宣传《中华人民共和国气象法》,加强监督检查,依法维护探测环境。2007 年,县政府下发了《洛川县人民政府关于气象探测环境保护的通知》(洛政办发〔2007〕38 号),加强对气象探测环境保护。

施放气球管理 负责全县升放气球管理工作,承担全县升放气球组织资质证和作业人员资格证的审查、县内升放气球活动的行政许可事项。

党建与气象文化建设

1. 党建工作

党的组织建设 1954 年 11 月—1956 年 9 月,有中共党员 1 人,县气象站与县农业局成立联合支部。1976 年,县气象站成立独立党支部,成立支部以来,共发展党员 11 名。截至 2008 年,县气象局共有 11 名党员。

多年来,党支部充分发挥战斗堡垒作用和党员的先锋模范带头作用,以党风带局风,以党员带职工,推动了洛川气象事业持续快速健康发展。

党风廉政建设 2000—2008 年,每年都组织参加气象部门和地方党委、纪委组织的党章、党规、法律法规、党风廉政建设和反腐败知识竞赛。从 2002 年起,连续 7 年开展党风廉政教育宣传教育月活动。县局认真落实党风廉政建设目标责任制,加强制度建设,落实“三重一大”、“三人决策”、“联签会审”和“局务公开、财务监管、物资采购”等制度,制定内部监管制度 20 多个。积极配合审计部门的经济责任审计和财务收支审计,对审计提出的问题进行认真进行整改,针对存在的问题,进一步完善内部管理制度。

政务公开 对气象行政审批的办事程序、气象服务内容、服务承诺、气象行政执法依据、服务收费依据及标准等,通过户外公示栏、电视宣传等方式向社会公开。干部任用、财务收支、目标考核、基础设施建设、工程招投标等内容采取职工大会或上局公示栏张榜等方式向职工公开。财务每半年公示一次,年底对全年收支、职工奖金福利发放、领导干部待遇、劳保、住房公积金等向职工作详细说明。

2. 气象文化建设

精神文明建设 政治学习有制度、文体活动有场所、电化教育有设施,职工生活丰富多彩。局领导班子始终将自身建设和职工队伍的思想建设作为文明创建的重要内容。对政治上要求进步的职工,党支部进行重点培养,条件成熟及时发展;多次选送职工到成都信息工程学院等院校学习深造。全局职工及家属子女无一人违法违纪,无一例刑事民事案件,无一人超生超育。近年来,洛川局坚持两个文明建设一起抓的指导思想和工作方针,坚持广泛持久地开展了“争先进、比贡献、创优质”的创评活动。

文明单位创建 1995 年被洛川县委、县政府授予“县级文明单位”称号;2001 年被延安市委、市政府授予“市级文明单位”称号;2005 年被延安市委、市政府授予“市级文明单位标兵”称号。

文体活动 改造观测场,装修业务值班室,统一制作局务公开栏、学习园地、法制宣传栏和文明创建标语等宣传用语牌。建设图书室、阅览室、职工学习室,拥有图书 3000 册。修建了小型运动场,安装了健身器材。组织职工开展形式多样的文体活动,丰富职工文体生活。

3. 荣誉与人物

荣誉　自 1996 年以来,共获得省部级以下集体奖励 28 项,个人奖励 128 人次。

人物简介　王兴顺,男,1933 年 6 月出生于陕西合阳县,1949 年 10 月参加中国人民解放军,1953 年 3 月转业到气象部门工作。在洛川站工作期间,担任站长,工作认真负责,在站务行政管理和业务质量管理等方面,取得了显著成效,任职期间多次被上级评为先进工作者。1957 年获全国气象部门先进工作者称号,参加了全国气象工作会议;1958 年获全省农业先进工作者,参加了全省农业工作会议。

台站建设

2003 年,进行了台站综合改造,新建二层办公楼,对单位院落进行了绿化、美化、硬化,使机关院内变成了风景秀丽的花园。购置 3 辆业务、工作用车。同时气象业务现代化建设取得了突破性进展,建设了气象地面卫星接收站、自动观测站、业务运行监控系统、气象综合服务系统、视频会商系统、人工影响天气监测指挥体系、天气预报制作系统等业务系统工程。

20 世纪 80 年代的洛川县气象站

综合改造后的洛川县气象局(2003 年)

黄陵县气象局

黄陵县位于陕西省中部偏北,是延安市的南大门。全县总面积 2292 平方千米,辖 10 个乡镇 191 个行政村,人口 13 万。黄陵县矿产资源丰富,已探明的煤炭资源面积 1000 平方千米,地质储量 27.3 亿吨,是陕西四大煤田之一。黄陵县有号称"天下第一陵"的"轩辕黄帝陵",是国务院首批公布的第 1 号古墓葬;有孙中山、蒋介石、毛泽东、郭沫若、江泽民、李鹏等名人手迹以及香港、澳门回归纪念碑;每年清明节、重阳节都要聚集在黄帝陵前,举行公祭轩辕黄帝活动,来自海内外的中华儿女共同祭拜中华民族的"人文始祖"轩辕黄帝。

黄陵县属大陆性季风气候区,年平均气温 9.4℃,年平均降水量 599.2 毫米,年平均日照时数 2528.4 小时。干旱是影响黄陵县的主要气象灾害。

机构历史沿革

站址变迁 1970 年 11 月,按照国家一般气候站建成黄陵县气候站,同年 12 月 1 日,开展气象业务,站址位于黄陵县侯庄乡黄渠。1989 年 9 月,站址迁往县城轩辕街 004 号,观测场位于办公楼楼顶,地理位置北纬 35°34′,东经 109°115′,海拔高度 863 米。

历史沿革 1970 年 11 月,成立黄陵县气候站;1973 年 1 月,更名为黄陵县革命委员会气象站;1981 年 1 月,更名为黄陵县气象站;1991 年 1 月,改名为黄陵县气象局(实行局站合一)。

1989 年 9 月改为国家辅助气候观测站,停止地面观测业务;2007 年改为国家一般气候站,恢复地面观测业务。2008 年 1 月 1 日,改为国家一般气象站。

管理体制 1970 年 11 月—1973 年 8 月,归县人民武装部和当地政府领导,以人武部管理为主;1973 年 8 月—1979 年 12 月,实行双重领导,以当地政府领导为主,隶属农林局;1980 年 1 月起,实行气象部门与地方政府双重领导,以气象部门领导为主的管理体制。

机构设置 设测报股、预报股、人影办、办公室、科技服务中心、县防雷检测中心。

单位名称及主要负责人变更情况

单位名称	姓名	职务	任职时间
黄陵县气候站	刘国栋	站长	1970.11—1972.12
黄陵县革命委员会气象站			1973.01—1975.06
	胡荣才	站长	1975.06—1980.12
黄陵县气象站			1981.01—1984.12
	兰青海	站长	1984.12—1990.12
黄陵县气象局			1991.01—1995.06
	孙公社	局长	1995.06—2004.06
	姚士章	局长	2004.06—

人员状况 1970 年建站时有职工 14 人。1980 年有职工 10 人。截至 2008 年底,共有在职职工 8 人(在编职工 5 人,聘用职工 3 人)。在职职工中:大学本科 1 人,大专 2 人,中专 4 人,高中 1 人;工程师 2 人,助理工程师 3 人;40~50 岁 3 人,40 岁以下 5 人。

气象业务与服务

1. 气象业务

①气象观测

地面观测 建站初期,每天进行 08、14、20 时 3 个时次观测,观测项目有风向、风速、气温、气压、云、能见度、天气现象、降水、日照、小型蒸发、地面温度、雪深等,每天 08、14、20 时发报 3 次,采用人工编报方式,通过打电话给邮局进行发报。气象月报、年报表,用手工抄写方式编制,一式4份,上报给延安地区气象局,审核后发往省气象局气候资料室等。1980年开始使用虹吸雨量计。1989年改为国家辅助气候站之后,只进行简单的雨量、气温等观测,不承担发报任务。

自动气象站　2007年建成了DYYZ-Ⅱ型自动气象站,于1月1日投入业务运行。自动站观测项目包括温度、湿度、气压、风向风速、降水等,地面温度、浅层地温进行人工观测。2007年双轨运行,以人工站为主;2008年双轨运行,以自动站为主;2009年单轨运行。发报以自动站为准,自动站采集的资料与人工观测资料存于计算机中互为备份。采用计算机编报方式,取代人工编报,通过移动、电信两条宽带发报。从2007年开始使用微机打印气象报表,并通过网络上报月报表和年报表,并将纸质年报表一份上报给省气象局气候中心。2006年在田庄镇、太贤乡和隆坊镇安装了3个两要素(气温和降水量)自动观测站,2007年在店头镇、腰坪乡和阿党镇安装了3个两要素(气温和降水量)自动观测站。

农业气象观测　2004年开始生态观测,观测作物是苹果;2006年开始土壤水分观测。

②气象信息网络

信息接收、传输　自建站到1981年12月使用电话传输资料,1982年建成气象超短波辅助通讯网,延用至2000年。1999年购买3台微机用于"121"、卫星单收站,2001—2004年采用专线方式传输气象信息,2003年Notes网开通。自动气象站建成后,资料传输实现了网络化、自动化。2004年全省气象内联网开通,2005年利用光纤进行传输,实现了电信、移动宽带网络的互为备份,极大地提高了气象信息网络传输质量和效率。2007年开通市—县天气预报可视会商、电视会议系统。现有电信、移动、网通3条各为2兆的气象信息传输宽带网络。

信息发布　20世纪90年代以前,主要通过广播、电话和邮寄旬报方式向全县发布气象信息;90年代以后建立气象预警系统,面向有关部门、乡(镇)、村、农业大户、企业开展公众天气预警信息发布服务;1998年6月1日增加"121"(2005年1月改为"12121")天气预报电话答询系统;2002年开办了兴农网,方便公众在网络上查询气象信息;2005年开始在县电视节目中播出天气预报;2006年又开展了手机气象短讯和网络气象服务;2007—2008年全县安装电子显示屏20块,滚动播出天气预报。

③天气预报

1970年,开始作补充天气预报。利用收音机接收台站气象资料,绘图,制作成小天气图,并利用本站资料填图(剖面图)进行天气预报。20世纪80年代以后逐步利用传真图和本站气象要素订正制作天气预报。90年代发展为卫星单收站系统(气象卫星综合应用业务系统,简称"9210"工程),MICAPS系统1.0版本版操作系统,将传统的作业方式转变到人机交互处理方式,MICAPS系统3.0版本的应用使气象信息获取来源更加丰富。2003年利用点聚图预报本县降水,2006年利用三维资料研究制作出本站冰雹预报方法,天气预报准确率逐步提高。开展的气象预报业务主要有短时临近预报、短、中、长期天气预报和灾害性天气预警信号的发布。

④农业气象

2004年开始生态观测,观测作物是苹果。2006年开始土壤水分观测,每旬观测2次。制作的服务产品有:《苹果专题气象服务》、《农业气候专题气象分析》、《气象专题分析》、《产量分析与预报》、《土壤湿度专题分析》等。

2. 气象服务

①公众气象服务

20 世纪 90 年代以前,公众气象服务通过电话、文字材料向公众及用户进行服务,通过有线广播播放天气预报,服务内容为短期、中期、长期天气预报服务、突发灾害性天气预警预报服务、节假日预报服务。1998 年开通"121"(2005 年改为"12121")电话天气预报答询系统,2002 年,为更好地为农业生产服务,建起了"黄陵县兴农网",网络上发布天气预报等信息,促进了全县农村产业化和信息化的发展。2005 年开始在县电视节目中播出天气预报,2006 年,通过移动通信网络开通了气象短信平台,以手机短信方式向公众发送气象信息及预警信号,2007 年后开始气象预警显示屏建设,进一步提高气象灾害信息发布的范围和时效,避免和减轻气象灾害造成的损失。

②决策气象服务

20 世纪 90 年代以前,决策气象服务通过电话、图像传真和邮寄、派专人送文字材料,主要报送《气象信息》、《送阅件》、《重大气象信息专报》、《重要天气消息》、《灾害性天气预警》、《雨情通报》等专题材料。90 年代后,增加了手机短信和预警显示屏服务,为各级领导和有关部门提供更加快捷的气象信息,为领导指挥防灾减灾,应对突发气象灾害赢得了时间。黄陵县每年都要在清明节举行公祭轩辕黄帝活动,国家领导人、台湾同胞、港澳同胞、海外侨胞等聚集在黄帝陵前,共同祭拜中华民族的"人文始祖"轩辕黄帝,缅怀我们共同先祖。县局每年都指定专人负责气象服务,发布《清明节专题气象服务》等服务材料,提供活动期间的天气、气温、风力等情况,通过电视、电台、"12121"电话等形式发布,为活动的决策提供了科学依据。2008 年 7 月 2 日,北京奥运会火炬在黄陵传递,县局制定了详细的气象服务计划,为政府提供了准确的天气预报和气象信息,使火炬传递能顺利进行。从 1999 年开始,每年为飞播造林提供气象服务,保障飞播造林工作安全进行。制作的决策服务产品有《重要天气报告》、《专题气象服务》、《预警信号》、《送阅件》等。

③专项气象服务

人工影响天气 建站以来,人工影响天气工作由县气象站管理,1988 年转交给县农委管理,1995 年由县气象局统一归口管理。2003 年,成立黄陵县人工影响天气工作领导小组和黄陵县防雹指挥部,主管农业副县长任组长,领导小组办公室设在气象局,气象局长兼任办公室主任。1995 年 XDR-X 波段数字化天气雷达系统在延安建成,黄陵建立了计算机远程终端,实现了雷达图像的有线远程接收。2003 年 7 个乡镇安装了 18 个"三七"高炮作业点,5 个固定 WR-1B 型火箭作业点和 1 部流动防雹作业车。2005 年 8 月 1 日安装了单点对多点的甚高频无线对讲系统,解决了防雹指挥通讯联络问题。2008 年建设了渭北优势果业区人工防雹增雨及气象灾害防御体系,在苹果主产乡镇增加了 1 个固定 WR-1B 型火箭作业点和 1 部流动防雹作业车,并在气象局楼顶安装了 1 台 TWR01 型雷达,实时监控云层变化。每年约组织 10 次防雹作业,5 次增雨作业,发射 5000 发"三七"高炮弹,50 余枚 WR-1B 型火箭,取得了明显的社会经济效益。

【气象服务事例】 2007 年 6 月 24 日黄陵县进行了防雹作业,从 15 时 55 分至 17 时 30 分,全县 18 个炮点和 2 个火箭点共发射人工增雨弹 1060 发,WR-1B 型火箭 4 枚。通过及时有效的防御,全县部分村镇仅降黄豆粒大小的短时冰雹,未造成灾害。

防雷电检测 1995年5月2日成立"避雷检测站",2001年7月25日成立黄陵县防雷站,承担黄陵县域内的防雷电安全检测工作和防雷工程图纸审核及竣工验收工作。2008年给全县15所中小学校安装了避雷设施,有效提高了学校的防雷安全等级。

④气象科技服务

1985年开始开展专业有偿气象服务,主要利用信件、电话、传真为不同用户提供专题预报、气候评价等服务。1996年起开展建(构)筑物、易燃易爆场所避雷设施安全检测,1998年开始增加庆典气球施放、"121"(2005年改为"12121")电话天气预报查询,2001年开展建筑防雷工程设计、雷击风险评估,2002年开展农经网气象信息服务,2005年开展了影视广告,2006年又开展了手机短信服务等气象科技服务项目。2007年安装室内气象信息显示屏,气象科技服务领域不断扩大,经济效益不断增加。

⑤气象科普宣传

从2004年开始,每年清明节或气象日前后组织人员在县城广场或者乡镇进行气象科普宣传。2007年春季,在全县部分中小学校开展气象防灾减灾科普知识有奖问答活动,提高了在校师生的防灾意识和水平。2008年5月12日,组织全体职工在县广场进行首个"防灾减灾日"宣传活动,现场宣传气象防灾减灾知识。

气象法规建设与社会管理

1. 行政执法

2000年以来,黄陵县认真贯彻落实《中华人民共和国气象法》《陕西省气象条例》等法律法规,县人大、政府领导视察或听取气象工作汇报,政府有关主管部门加强与气象局的工作配合,在探测环境保护、人工影响天气等方面完善制度建设。县政府下发了《黄陵县人工影响天气工作安全管理规定》(黄政发〔2002〕30号),2007年又下发了《黄陵县防雹工作责任追究暂行办法》(黄政办发〔2007〕21号),加强对人工影响天气工作的管理。县人民政府对防雷减灾工作高度重视,2002年11月下发了《黄陵县人民政府关于做好防雷减灾工作的通知》,2008年4月下发了《黄陵县人民政府关于进一步加强防雷减灾工作的通知》等文件,进一步规范了黄陵县防雷工作,防雷行政许可和防雷技术服务正逐步规范化。

2. 社会管理

防雷减灾管理 黄陵局的防雷工作启动于1998年,从2001年开始逐渐加强对当地加油站、煤矿等易燃易爆场所和高大建筑物的防雷检测,严格气象执法,对防雷设施不合格的下发整改通知单,要求其按规范整改。同时对所有新建(构)筑物进行图纸审核,作为施工前提条件,并对其进行工程验收。为了加强防雷减灾的管理,县人民政府2002年11月下发了《黄陵县人民政府关于做好防雷减灾工作的通知》,2008年4月下发了《黄陵县人民政府关于进一步加强防雷减灾工作的通知》等文件,进一步规范了黄陵县防雷工作。

探测环境保护 近年来,采用多种形式,向有关部门和单位大力宣传《中华人民共和国气象法》,加强监督检查,依法维护探测环境。县政府、城建局、经济发展局等有关部门进行了探测环境保护文件的备案工作,加强对气象探测环境保护。

施放气球管理 负责全县升放气球管理工作,承担全县升放气球组织资质证和作业人员资格证的审查、县内升放气球活动的行政许可事项。

党建与气象文化建设

1. 党建工作

党的组织建设 2007 年以前有党员 5 名,归属县农业局党支部管理。2007 年成立了独立的气象局党支部。截至 2008 年有 3 名党员。

党支部成立后,重视党组织和党员队伍建设,坚持每年召开 2 次民主生活会,不断完善工作制度和学习制度,充分发挥党支部的战斗堡垒和党员的模范带头作用。2008 年被中共黄陵县农业局直属机关委员会评为先进基层党组织。

党风廉政建设 2000—2008 年,每年都组织参加气象部门和地方党委、纪委组织的党章、党规、法律法规、党风廉政建设和反腐败知识竞赛。从 2002 年起,连续 7 年开展党风廉政教育宣传教育月活动。认真落实党风廉政建责任制,贯彻执行领导干部廉洁自律各项规定,完善了民主评议、政务公开等制度。在党员干部中开展思想作风、工作作风等方面的教育,促进单位良好风气的形成。落实"三重一大"、"三人决策"、"联签会审"制度,加强科学、依法和民主管理。2002 年以来,积极推行和规范实施"局务公开、财务监管、物资采购"三项制度,建立和完善内部管理制度 20 多个,并汇编成册。

政务公开 2002 以来,逐步建立健全了政务公开制度。对气象行政审批办事程序、内容、服务承诺、行政执法依据、服务收费依据及标准等,采取了通过户外公示栏、电视广告、发放宣传单等方式向社会公开。干部任用、财务收支、目标考核、基础设施建设、工程招投标等内容则采取职工大会或内部公示栏等多种方式向职工公开。财务每半年公示一次,年底对全年收支、职工奖金福利发放、住房公积金以及职工晋职、晋级等职工关心的问题,作详细说明。

2. 气象文化建设

精神文明建设 积极开展精神文明创建活动,政治学习有制度、文体活动有场所、电化教育有设施,职工生活丰富多彩。改造观测场,装修业务值班室,统一制作局务公开栏、学习园地、法制宣传栏和文明创建标语等宣用语牌,建设小型运动场,购置文体活动器材,组织职工开展各项文体活动,丰富职工的业余生活。积极组织职工参加上级气象部门和地方有关部组织的文艺表演和比赛,2008 年在农业局党委举行的庆"七一"文艺演出和演讲活动中,县气象局踊跃参加,并荣获演讲三等奖和文艺演出三等奖。

文明单位创建 2001 年被评为县级精神文明单位,2005 年被评为市级精神文明单位。

文体活动 设立了图书阅览室,现有图书 3000 余册,影像光碟 50 余部。购置了体育锻炼设施,修建活动场所,组织职工参加户外健身锻炼,不断丰富职工的业余文化生活。积极参加地方和上级气象部门组织的各种文艺、体育活动。

3. 荣誉

建站以来,集体荣获县级及县级以上表彰的综合性奖励共 12 项。个人获得中国气象局,省、市气象局及市、县委和政府表彰奖励共 10 人 50 余次(其中获中国气象局表彰奖励 1 人次,省气象局表彰奖励 16 人次,市气象局表彰奖励 21 人次,县委、政府表彰奖励 13 人次)。

台站建设

1992 年新建 1 栋三层办公楼,建筑面积 427 平方米,设有预报值班室、办公室、宿舍、厨房、弹药库、贮藏室等。2008 年建设人工影响天气指挥平台,对人工影响天气指挥室进行了维修、改造,更新了业务平台,增加了 3 台计算机和 1 台打印机,有效地提高了人工影响天气指挥工作的科技含量。

2008 年黄陵县气象局
建成的 TWR-01 型雷达

黄陵县气象局综合办公业务平台

黄陵县气象局楼顶观测平台

宜川县气象局

宜川县地处陕西省北部、延安市东南部,东隔黄河与山西吉县相望,总面积2938.5平方千米。全县辖5镇7乡,1个城区街道办事处,214个行政村,总人口11.5万。宜川县旅游资源丰富,被国家旅游局评定为"中国旅游胜地四十佳之一",被国土资源部命名为"国家地质公园"和"自然遗迹保护区",闻名中外的黄河壶口瀑布就在宜川县境内。宜川属陕北黄土高原丘陵沟壑区,地形地貌复杂,南北东西差异较大。县境内区域性气候特征明显,年平均温度10.0℃,年平均降水量521.1毫米,无霜期186天,年平均日照时数2435.6小时。

机构历史沿革

始建情况　1956年10月,按照国家一般气候站建成陕西省宜川县党家湾气候站。同月,开展气象业务,站址位于宜川县城北党家湾(郊外),一直沿用至今,观测场位置北纬36°04′,东经110°11′,海拔高度890.3米。

历史沿革　1956年10月,建成陕西省宜川县党家湾气候站;1960年4月,更名为宜川气候服务站;1962年1月,更名为宜川县气象服务站;1963年3月,更名为陕西省宜川县气象服务站;1966年11月,更名为宜川气象服务站;1969年11月,更名为宜川县革命委员会气象站;1981年9月,更名为宜川县气象站;1990年1月,更名为宜川县气象局(实行局站合一)。

2006年12月以前,为国家一般气候站,2007年1月1日变更为宜川县国家气象观测站二级站,2008年12月31日改为宜川国家一般气象站。

管理体制　1956年10月—1958年9月,归陕西省气象局领导;1958年10月—1962年1月,实行以当地政府和上级气象部门双重领导,以地方政府领导为主,隶属县农业局;1962年2月—1966年10月,实行双重领导,以延安中心气象站领导为主;1966年10月—1970年10月,实行双重领导,以当地政府领导为主,隶属农业局;1970年10月—1973年8月,归县人民武装部和当地政府领导,以人武部管理为主;1973年8月—1979年12月,实行双重领导,以当地政府领导为主,隶属农林局;1980年1月起,实行气象部门与地方政府双重领导,以气象部门领导为主的管理体制。

机构设置　内设测报股、预报服务股、人工影响天气办公室、气象科技服务中心、防雷检测站和办公室。

单位名称及主要负责人变更情况

单位名称	姓名	职务	任职时间
陕西省宜川党家湾气候站	张松盛	组长	1956.10—1960.03
宜川县气候服务站			1960.04—1961.09
	姚培福	站长	1961.10—1961.12
宜川县气象服务站			1962.01—1963.02

续表

单位名称	姓名	职务	任职时间
陕西省宜川县气象服务站	张向阳	站长	1963.03—1966.10
宜川县气象服务站			1966.11—1969.10
			1969.11—1972.08
宜川县革命委员会气象服务站	张礼书	站长	1972.09—1977.04
			1977.05—1981.08
宜川县气象站	张向阳	站长	1981.09—1989.12
			1990.01—1998.03
宜川县气象局	赵榜礼	局长	1998.04—

人员状况 建站时有 3 人，1980 年有 10 人；截至 2008 年底，共有在职职工 8 人（在编职工 5 人，外聘职工 3 人）。在职职工中：大专 3 人，中专 5 人；工程师 4 人，助理工程师 1 人；50 岁以上 1 人，40～49 岁 4 人，40 岁以下 3 人。

气象业务与服务

1. 气象业务

①气象观测

地面观测 1956 年 10 月 1 日至 1962 年 4 月 30 日，采用地方时每天进行 01、07、13、19 时 4 个时次地面观测，夜间不守班。1962 年 5 月 1 日至今每天进行 08、14、20 时 3 个时次的地面观测，夜间不守班。观测的项目有云、能见度、天气现象、气压、气温、湿度、风向风速、降水、积雪、雪深、冻土、日照、小型蒸发、地温。每天编发 08、14、20 时 3 个时次的天气加密报。重要天气报包括降水、雷暴、大风、冰雹、雾、霾、浮尘、沙尘暴定时和不定时的编发。自建站后气象月报表、年报表用手工抄写方式编制，一式 3 份上报省气象局、市气象局备份，本站留底 1 份。从 2002 年开始使用针式打印机打印气象报表，按规定上传到上级气象部门，并保存资料档案。5 人次共获百班无错情 34 个；获得中国气象局表彰奖励的优秀观测员 2 人，3 次。

自动气象站 2003 年 10 月 15 日起建成 CAWS600-BS 型地面自动气象站，进行了两年的对比观测，2004 年以人工观测为主，2006 年 1 月 1 日正式投入单轨业务运行。自动观测项目有温度、湿度、气压、风向、风速、降水、地面温度以及浅层、深层地温（5、10、15、20、40、80、160、320 厘米），人工观测的项目有云、能见度、天气现象、蒸发、日照、冻土、雪深。2008 年起以自动站观测为主，观测项目有温度、湿度、气压、风向、风速、降水、地面温度（包括深层、浅层地温），报表制作 1 份。人工站全部观测程序变更为 20 时进行 1 次，08 时和 14 时只进行云、能、天及各类自记纸读数并做时间记号观测。2006 年 12 月建成高柏乡、牛家佃乡、寿峰乡、阁楼镇 4 个两要素自动区域气象站，2007 年 12 月建成秋 1 个（林镇）四要素自动区域气象站和 1 个（英旺乡）两要素自动区域气象站。

②气象信息网络

信息接收、传输 自 1956 年建站到 1981 年 12 月使用电话传输资料，1982 年建成气象超短波辅助通讯网，延用至 2000 年。1999 年购买 3 台微机用于"121"、卫星单收站，2001—

2004 年采用专线方式传输气象信息,2003 年 Notes 网开通。自动气象站建成后,资料传输实现了网络化、自动化。2004 年全省气象内联网开通,2005 年利用光纤进行传输,实现了电信、移动宽带网络的互为备份,极大地提高了气象信息网络传输质量和效率。2007 年开通市—县天气预报可视会商、电视会议系统。现有电信、移动、网通 3 条各为 2 兆的气象信息传输宽带网络。

信息发布 20 世纪 90 年代以前,主要通过广播、电话和邮寄旬报方式向全县发布气象信息;90 年代以后建立气象预警系统,面向有关部门、乡(镇)、村、农业大户、企业开展天气预警信息发布服务;1999 年增加"121"(2005 年 1 月改为"12121")天气预报电话答询系统;2001 年开始在县电视节目中播出天气预报;2002 年开办了农村经济信息网,方便公众在网络上查询气象信息;2004 年底,又开展了手机气象短讯和网络气象服务;2007—2008年全县安装电子显示屏 15 块,滚动播出天气预报。

③天气预报

由建站初期的收听气象台气象广播,参考本站气象要素订正制作天气预报,到 20 世纪70 年代利用天气电码点绘天气图,结合本站气象要素订正制作天气预报,发展到 80 年代利用传真图和本站气象要素订正制作天气预报。90 年代发展为卫星单收站系统(气象卫星综合应用业务系统,简称"9210"工程),MICAPS 系统 1.0 版本版操作系统,将传统的作业方式转变到人机交互处理方式,MICAPS 系统 3.0 版本的应用使气象信息获取来源更加丰富,天气预报准确率逐步提高。开展的气象预报业务主要有短时临近预报、短、中、长期天气预报和灾害性天气预警信号的发布。获得省气象局表彰奖励的优秀预报员、重大气象服务先进个人、气象科技服务先进个人各 1 人次。

④农业气象

1981 年宜川县气象站作为全省农气旬月报站开展农业气象观测工作。2005 年开展农业气象与生态观测,观测项目为冬小麦、苹果、春玉米、土壤风蚀度、0～50 厘米的土壤墒情,逢 3 逢 8 日观测,逢 5 日发送 TR 报,逢 1 日发送气象旬(月)报。2008 年 1 月 10 日建成自动土壤水分站,与人工土壤监测开展对比观测。制作的服务产品有《苹果专题气象服务》、《旬月气象信息服务》、《产量分析与预报》、《土壤湿度专题分析》等。

2. 气象服务

①公众气象服务

20 世纪 90 年代以前,主要通过电话、文字材料向公众及用户进行服务,通过有线广播播放天气预报,服务内容为短期、中期、长期天气预报服务、突发灾害性天气预警预报服务、节假日预报服务。1999 年开通 121 电话天气预报答询系统,2001 年开始在县电视节目中播出天气预报,2004 年,通过移动通信网络开通了气象短信平台,以手机短信方式向公众发送气象信息及预警信号,2007 年后开始气象预警显示屏建设,进一步提高气象灾害信息发布的范围和时效,避免和减轻气象灾害造成的损失。

②决策气象服务

决策气象服围绕为当地党政部门指挥农业生产、防灾减灾、重大社会活动、重点工程建设的需求,开展旬(月)、春播、植树造林、汛期、三夏、水库蓄水、秋播、森林防火专题预报服务,开展灾害性天气的调查报告、重大社会活动、重点工程建设的专题预报服务和农用天气预报服务以及墒情、雨情、农情等情报服务。

20 世纪 90 年代以前,决策气象服务通过电话、图像传真和邮寄、派专人送文字材料,主要报送《气象信息》、《送阅件》、《重大气象信息专报》、《重要天气消息》、《灾害性天气预警》、《雨情通报》等专题材料。20 世纪 90 年代后,增加了手机短信和预警显示屏服务,为各级领导和有关部门提供更加快捷的气象信息,为领导指挥防灾减灾,应对突发气象灾害赢得了时间。遇到关键性、转折性、灾害性天气过程,全程跟踪监测,做到过程前及时主动服务,过程中跟踪服务,过程后上报整个过程的服务和实况。其中,为 2005 年国家领导人贺国强来宜川视察、大型文艺演出《黄河颂》、2006 年《保护母亲河—2006. 中国壶口青年黄河文化艺术节》、2007 年《著名文学家艺术家看壶口论坛》等重大社会活动,提供了准确天气预报和气象信息,保证了重大活动成功举办。

③专项气象服务

人工影响天气 1995 年前,宜川县人工影响天气工作归属县农业局管理。1995 年起,归属气象局管理后,人工影响天气工作围绕宜川社会经济的发展和农业产业结构的调整,特别是林果业、棚栽业、草畜业和生态农业的发展,增雨防雹工作在硬件设施、队伍建设方面都有了较大发展。宜川县政府不断加大人工影响天气经费投入。截至 2008 年我县已建成 15 个双"三七"高炮站,4 个 WR-1B 火箭站,流动作业车 1 辆。建立了人工影响天气综合管理系统、指挥通信系统、雹云观测接收系统,建立了人工影响天气工作制度,使防雹作业实现了由经验指挥到科学指挥的转变,在多次增雨防雹工程中,发挥了重要作用。获得省政府表彰奖励的全省人工影响天气先进个人 1 人次。

防雷减灾工作 1996 年开展防雷减灾服务,最初主要开展避雷装置安全检测。2002 年开展防雷工程、建(构)筑物防雷图纸设计审核、雷电预警、雷电灾害调查鉴定、雷击安全风险评估、易燃易爆场所防雷检测等。每年对易燃易爆场所实施两次避雷装置安全检测工作。2008 年,为全县 19 所中小学校安装了防雷设施,全部检测合格,基本消除了学校防雷安全隐患,保障了学校师生和国家财产安全。

④气象科技服务

1985 年开始开展专业有偿气象服务,主要利用信件、电话、传真为不同用户提供专题预报、气候评价等服务。1996 年起开展建(构)筑物、易燃易爆场所避雷设施安全检测,1999 年开始增加庆典气球施放、"121"(2005 年改为"12121")电话天气预报查询,2002 年开展建筑防雷工程设计、雷击风险评估,2001 年开展了影视广告等气象科技服务项目。2006 年又开展了手机短信和农经网气象信息服务。2007 年安装室内气象信息显示屏,气象科技服务领域不断扩大,经济效益不断增加。

⑤气象科普宣传

20 世纪 90 年代以来,利用电视、网络、手机气象短信、气象预警信息显示屏、"12121"固定电话答询系统广泛宣传气象科普知识。充分利用"3·23"世界气象日和科技之春,上街进行宣传,向群众发放科普知识宣传单、科普图册、防灾减灾知识问卷等,使广大公众提高了对气象的认识,增加了防灾减灾的意识。

气象法规建设与社会管理

1. 行政执法

2000 年以来,宜川县认真贯彻落实《中华人民共和国气象法》、《陕西省气象条例》等法律法规,县人大、政府领导视察或听取气象工作汇报,政府有关主管部门加强与气象局的工作配合,在探测环境保护、人工影响天气等方面完善制度建设。2002 年宜川县气象局与宜川县城乡建设局联合下发《关于加强建(构)筑物防雷安全管理工作的通知》,2003 年宜川县气象局与宜川县安全生产委员会联合下发《关于加强雷电安全管理工作的通知》。2008年 8 月 26 日,宜川县政府发出《关于进一步做好防雷减灾工作的通知》(宜政办发〔2008〕76号)。2006 年、2008 年 2 次将气象相关法律法规备案至县人大、城建、安监、法制等部门,要求其依法履行责任,做好项目建设的评估审查。2006 年 6 月 27 日,县人大常委会副主任罗焕堂、邓黎明带领部分县人大代表组成的视察组一行 10 人,到宜川县气象局进行对气象法贯彻执行进行检查,听取工作汇报。

2. 社会管理

防雷减灾管理　宜川县气象局的防雷工作启动于 1996 年,2002 年成为地方项目扩建、竣工验收小组成员,负责全县建设项目立项、图审和竣工验收,建(构)筑物的防雷常规检测工作。加强防雷减灾的管理,不断加大防雷工作的监督检查,查处违法案件 15 起,下发《整改通知》20 份。目前,防雷工作的社会化管理越来越规范。

探测环境保护　近年来,采用多种形式,向有关部门和单位大力宣传《中华人民共和国气象法》,加强监督检查,依法维护探测环境。县政府、城建局、经济发展局等有关部门进行了探测环境保护文件的备案工作,加强对气象探测环境保护。

施放气球管理　负责全县升放气球管理工作,承担全县升放气球组织资质证和作业人员资格证的审查、县内升放气球活动的行政许可事项。

党建与气象文化建设

1. 党建工作

党的组织建设　2004 年以前,气象局与县畜牧局成立联合党支部,有党员 3 名。2004年气象局成立了独立的党支部。党支部成立后,重视党组织和党员队伍建设,发展了 1 名入党积极分子,截至 2008 年底有党员 3 名。

党风廉政建设　2000—2008 年,每年都组织参加气象部门和地方党委、纪委组织的党章、党规、法律法规、党风廉政建设和反腐败知识竞赛。从 2002 年起,连续 7 年开展党风廉政教育宣传教育月活动。每年组织 1～2 次党风廉政知识测试,组织全体职工参加革命传统教育 1～2 次。认真落实党风廉政建设目标责任制,贯彻执行领导干部廉洁自律各项规定,完善了民主评议、政务公开等制度。在党员干部中开展思想作风、工作作风等方面的教育,促进单位良好风气的形成。落实"三重一大"、"三人决策"、"联签会审"制度,加强科学、依法和民主管理。2002 年以来,积极推行和规范实施"局务公开、财务监管、物资采购"三项制度,建立和完善内部管理制度 20 多个,并汇编成册。1998 年获宜川县委县政府颁发的党风廉政建设先进奖。

局务公开 2002 以来,逐步建立健全了政务公开制度。对气象行政审批的办事程序、气象服务内容、服务承诺、气象行政执法依据、服务收费依据及标准等,采取了通过对外公示栏、发放宣传单等方式向社会公开。财务收支、目标考核、基础设施建设、工程招投标等内容采取职工大会或局内公示栏张榜等方式向职工公开。年底对全年收支、职工奖金福利发放、领导干部待遇、劳保、住房公积金等向职工作详细说明。公开的内容及时归档。1998年获宜川县委县政府颁发的党风廉政建设先进奖

2. 气象文化建设

精神文明建设 1999 年成立了精神文明建设领导小组,制定和完善了精神文明建设的长远规划。在创建文明单位过程中宜川局狠抓基础设施建设,近几年,积极争取项目资金对观测场、办公房和职工公寓等进行改造。对单位院落进行绿化、美化,道路进行了硬化。建立了图书室、娱乐室,积极开展形式多样的文化娱乐活动,在地方组织的演讲比赛、大合唱等活动中,县局职工踊跃参与。在延安市气象局组织的演讲比赛活动中,3 名职工分别获得演讲第一名和两名优秀奖。宜川县气象局先后 2 次制作宣传纸杯 3 万余个,分送到全县多个部门和单位,广泛宣传气象文化知识。县局认真落实县委、县政府关于《宜川县部门包村帮扶产业工作实施意见》,2008 年为包扶的阳坪行政村购买了价值 1000 多元的一套扩音设备,赠送价值 6000 多元的电脑 2 台,看望和慰问了村里的老党员和贫困户,并为他们送上 20 袋面粉。聘请果树专家为村里果农举办果树培训班 4 次,并发放科技材料2000 份,征订果业报 40 份。累计为包扶村投入资金 2 万多元。

文明单位创建 宜川县气象局 2000 年被县委、县政府授予县级文明单位,2004 年被市委、市政府授予市级文明单位,2008 年被市委、市政府授予市级文明单位标兵。

文体活动 建立了图书室、娱乐室、活动场所,购置了体育锻炼设施,组织职工参加户外健身锻炼,不断丰富职工的业余文化生活。积极参加地方和上级气象部门组织的各种文艺、体育活动,在 2005 年省气象局组织的体育运动会中,1 名职工分别获得 2 枚金牌和 1 枚铜牌。

荣誉 2006 年被县委、县政府评为创佳评差最佳单位。1991 年以来,个人共获得省部级以下奖励 55 人次。

台站建设

经过 1956 年、1968 年、1974 年、1979 年 4 次修建,共建土石窑洞、砖木结构平房 828.8平方米,为单位办公和职工宿舍用房。1998 年县气象局通过职工集资修建了住宅楼;1999年投资 35 万元修建围墙护岸,新建地面值班室及业务楼;2003 年投资 29 万元进行台站综合改造,包括大院道路硬化,改建观测场,安装采暖设备,装修业务室,新建锅炉房及车库,绿化大院,安装透视墙,安装大院路灯。2008 年投资 26 万元对业务楼进行了装修改造,封闭了楼道,新建了业务平台。职工工作、生活环境有了较大的改善。

20 世纪 80 年代的宜川县气象站观测场

综合改造以后的宜川县气象局观测场(2008 年)

综合改造以后的宜川县气象局大院(2008 年)

宜川县气象局综合办公业务平台(2008 年)

黄龙县气象局

　　黄龙县地处黄土高原丘陵沟壑区,位于陕西省中北部,延安市东南缘,总面积 2752 平方千米。辖 6 乡、4 镇,110 个行政村,总人口 4.6 万。黄龙境内群山绵亘,林木丰蕴,资源广博,风光秀美,著名的瓦子街战役就在这里打响。全县森林面积 150 万亩,林草覆盖率高达 75.4%。

　　黄龙县属温带大陆性半湿润季风气候,年平均气温 8.7℃,年均降水量 563.9 毫米,无霜期长达 172 天。灾害性天气频发,尤以暴雨、干旱、冰雹、大风、雷电为甚。

机构历史沿革

　　站址变迁　1956 年 10 月按照国家一般气候站建成陕西省宜川县马蹄掌气候站,同月,开展了气象业务,站址位于黄龙县马蹄掌。1959 年 9 月,迁至黄龙县石堡镇"西郊",观测场位于北纬 35°36′,东经 109°49′,海拔高度 1087.8 米。2002 年 7 月 15 日,观测场在原基础上北移 30.0 米,东移 21.0 米,抬高 2.2 米,海拔高度为 1090.0 米。2006 年 9 月 1 日,观测场在原基础上抬高 1.0 米,观测场海拔高度为 1091.0 米。

历史沿革 1956 年 10 月,成立陕西省宜川县马蹄掌气候站;1959 年 9 月,更名为陕西省宜川县石堡气候站;1960 年 7 月,更名为宜川县石堡气候服务站;1961 年 10 月,更名为黄龙县气候服务站;1962 年 2 月,更名为黄龙县气象服务站;1963 年 3 月,更名为陕西省黄龙县气象服务站;1971 年 10 月,更名为黄龙县气象站;1973 年 1 月,更名为黄龙县革命委员会气象站;1980 年 5 月,更名为黄龙县气象站;1990 年 1 月,改为黄龙县气象局(实行局站合一)。

2006 年 12 月以前,为国家一般气候站;2007 年 1 月 1 日站名由国家一般气象站变为二级站;2008 年 12 月 31 日更名为黄龙国家一般气象站。

管理体制 1956 年—1958 年 10 月,归陕西省气象局领导;1958 年 10 月—1962 年 1 月,实行以当地政府和上级气象部门双重领导,以地方政府领导为主,隶属县农业局;1962 年 2 月—1966 年 10 月,实行双重领导,以延安中心气象站领导为主;1966 年 10 月—1970 年 10 月,实行双重领导,以当地政府领导为主,隶属农业局;1970 年 10 月—1973 年 8 月,归县人民武装部和当地政府领导,以人武部管理为主;1973 年 8 月—1979 年 12 月,实行双重领导,以当地政府领导为主,隶属农林局;1980 年 1 月起,实行气象部门与地方政府双重领导,以气象部门领导为主的管理体制。

机构设置 内设测报股、预报股、办公室,气象科技服务中心、防雷检测站,人影办。

单位名称及主要负责人变更情况

单位名称	姓名	职务	任职时间
陕西省宜川县马蹄掌气候站			1956.10—1959.09
陕西省宜川县石堡气候站			1959.09—1960.06
宜川县石堡气候服务站	刘支全	站长	1960.07—1961.10
黄龙县气候服务站			1961.10—1962.02
黄龙县气象服务站			1962.02—1963.03
陕西省黄龙县气象服务站			1963.03—1971.03
黄龙县气象站	杨金傲	站长	1971.03—1971.10
			1971.10—1973.01
黄龙县革命委员会气象站			1973.01—1977.03
	罗山成	站长	1977.03—1978.01
	王治堂	站长	1978.01—1980.05
黄龙县气象站			1980.05—1982.11
	杜亮珠	站长	1982.11—1985.02
	张茂春	站长	1985.02—1990.01
黄龙县气象局			1990.01—1997.07
	张根虎	局长	1997.07—2008.10
	雷晓英	局长	2008.10—

人员状况 建站初期有 2 人,先后有近百名同志在站工作过。1980 年有职工 8 人。截至 2008 年底共有在职职工 9 人(在编职工 6 人,外聘职工 3 人),在编职工中:本科 3 人,大

专 2 人,中专 1 人;工程师 4 人,助理工程师 2 人;在职职工中:50 岁以上 1 人,40～49 岁 2 人,40 岁以下 6 人。

气象业务与服务

1. 气象业务

①气象观测

地面观测 1956 年 10 月 1 日开始,每日采取地方时进行 07、13、19 时 3 次观测;1960 年 8 月 1 日改为北京时,每天进行 08、14、20 时 3 次观测,观测项目有:气压、气温、风向、风速、云、能见度、天气现象、日照、蒸发、降水、地温、积雪深度。1956 年 12 月 1 日,增发气候旬报;1958 年 6 月 1 日,增加地面温度;1960 年 1 月增加小天气图;1962 年 5 月 1 日减少蒸发观测;1964 年 1 月增加温度自记纸;1965 年 6 月 1 日取消空盒气压表,使用水银气压表;1965 年 8 月 1 日增加气压自记;1966 年 8 月 6 日向省台发送雨情报;1966 年 9 月 28 日向省台编发 08—08 降水报;1967 年 7 月 1 日增加湿度自记;1970 年 12 月 16 日至 1971 年每日 08 时向兰州台发送降水量和重要天气报;1975—1979 年向兰州黄委会、三门峡、西安发降水量报;1980 年 1 月 1 日增加小型蒸发观测;1981 年增加虹吸雨量记观测;1981 年起增加"异常气象年表";1982 年 1 月 1 日向兰州台编发地面最低和降雨量报,并增加了风向风速自记记录观测;1983 年 10 月 1 日增加编发重要天气报告;2001 年 1 月承担编发加密天气报;2001 年 10 月 1 日气象月报表与年报表实现了微机制作;2004 年 1 月 1 日执行新版《地面测报新规范》;2005 年 1 月 1 日停止使用 AHDM4.1 版本,开始使用"地面气象测报软件 OSSMO"。2005 年 7 月 1 日增加编发加密雨量报。共有 6 人次获得百班无错情 32 个。

自动气象站 2007 年 1 月 1 日安装自动气象站,并进入第一阶段试运行,开始观测直管地温、草温、雪温;2007 年 12 月 31 日 20 时起进入人工与自动气象站平行观测第二阶段;2008 年 5 月 31 日 20 时增加重要天气报项目(94917 等);2008 年 7 月 31 日 20 时调整雪深观测(增加 02、14、20 时);2008 年 12 月 31 日 20 时自动站业务进入单轨运行。2007 年 12 月,分别在三岔、白马滩、范家桌子、界头庙、崾岘等 5 个乡镇建成温度、雨量两要素自动区域气象站,在瓦子街建成 1 个四要素自动区域气象站,并投入业务运行。

农业气象观测 2004 年开展了土壤湿度观测;2005 年 5 月 1 日根据县域经济结构特点开展了玉米和核桃等生态环境监测项目。

②气象信息网络

信息接收、传输 1956 年—1986 年 12 月,通过邮局报房、手摇式电话进行资料传输。1992 年建成气象超短波辅助通讯网,并一直沿用到 1996 年年底。1997—2004 年采用 X.25 专线方式传输气象信息。2000 年建成气象卫星地面接收站,2003 年 Notes 网开通,2004 年全省气象内部联网开通,2005 年开始通过光纤通讯方式进行各种资料的传输,实现了电信、移动光纤的互为备份,提高了气象资料的传输质量和效率。2007 年开通可视天气会商、电视会议系统,2008 年建成了 DVB-S 卫星接收系统。

信息发布 20 世纪 90 年代以前,主要通过广播、电话和邮寄旬报方式向全县发布气象信息,90年代以后建立气象预警系统,面向有关部门、乡(镇)、村、农业大户、企业开展天气预警信息发布服务;2000年增加"121"(2005年1月改为"12121")天气预报电话答询系统;2001年开始在县电视节目中播出天气预报;2005年开办了农村经济信息网,方便公众在网络上查询气象信息;同年,还开展了手机气象短讯和网络气象服务;2007—2008年全县安装电子显示屏10块,滚动播出天气预报。

③天气预报

由建站初期的收听气象台气象广播,参考本站气象要素订正制作天气预报,20世纪70年代利用天气电码点绘天气图,结合本站气象要素订正制作天气预报,发展到80年代利用传真图和本站气象要素订正制作天气预报。90年代发展为卫星单收站系统(气象卫星综合应用业务系统,简称"9210"工程),MICAPS系统1.0版本版操作系统,即将传统的作业方式转变到人机交互处理方式,MICAPS系统3.0版本的应用使气象信息获取来源更加丰富,天气预报准确率逐步提高。开展的气象预报业务主要有短时临近预报、短、中、长期天气预报和灾害性天气预警信号的发布。

④农业气象

2004年开展了土壤湿度观测。2005年5月1日根据县域经济结构特点开展了玉米和核桃等生态环境监测项目。制作的服务产品有:《玉米专题气象服务》、《农业气候专题气象分析》、《气象旬月报》、《雨情通报》、《土壤湿度专题分析》、《生态旬月报》等。

2. 气象服务

①公众气象服务

20世纪90年代以前,主要通过电话、文字材料向公众及用户进行服务,通过有线广播播放天气预报,服务内容为短期、中期、长期天气预报服务、突发灾害性天气预警预报服务、节假日预报服务。2000年开通"121"(2005年改为"12121")电话天气预报答询系统,2001年开始在县电视节目中播出天气预报。2005年,为更好地为农业生产服务,建起了黄龙农经网,网络上发布天气预报等信息,促进了全县农村产业化和信息化的发展。同年,通过移动通信网络开通了气象短信平台,以手机短信方式向公众发送气象信息及预警信号,2007年后开始气象预警显示屏建设,进一步提高气象灾害信息发布的范围和时效,避免和减轻气象灾害造成的损失。根据当地的经济作物特点,制作不同服务材料,如《长期天气展望》、《气象旬报》等。在2007年、2008年的春季晚霜冻气象服务中,提前预报并通知到各乡镇及有关单位,使果农采取烟熏等方法进行预防,减少了灾害损失。

②决策气象服务

20世纪90年代以前,通过电话、图像传真和邮寄、专人派送文字材料,主要报送《气象信息》、《送阅件》、《重大气象信息专报》、《重要天气消息》、《灾害性天气预警》、《雨情通报》等专题材料。90年代后,增加了手机短信和预警显示屏服务,为各级领导和有关部门提供更加快捷的气象信息,为领导指挥防灾减灾,应对突发气象灾害赢得了时间。特别是在出现灾害性、关键性天气以及天气突发事件时,及时向当地政府和有关部门报送气象预报及预警信息,为领导和政府决策提供科学依据。在黄龙县每年召开的"两会"及国庆、元宵节等重大社会活动期间开展气象服务,为筹办单位提供专题气象服务。

③专项气象服务

人工影响天气　1995年以前,人工影响天气工作归属县农业局管理,当时租用省人工影响天气办公室的2门"三七"高炮。1995年由县气象局统一归口管理。2003年建成22个标准化炮站。2003—2008年,每年县政府对人工影响天气工作投资35万元。2008年共有"三七"高炮16门,"WR-1B"火箭4副,云南小火箭2副,流动作业车1辆。人工防雹增雨防御减轻了气象灾害对农业造成的损失。平均每年组织13次防雹作业,3次增雨作业,发射1500发"三七"高炮弹,30余枚WR-1B型火箭,取得了明显的社会经济效益。2008年6月10—12日出现强冰雹天气过程,2次过程共消耗"三七"炮弹356发、新型火箭弹6枚、"JFJ-3"火箭弹12枚,有效地减少了灾害损失,由于防御及时,没有出现灾情。

防雷电工作　1998年成立避雷检测站,2001年成立黄龙县防雷站,承担黄龙县域内的建(构)筑物、易燃易爆场所等的防雷电安全检测工作。2005年成立了黄龙县气象科技服务中心,承担防雷检测、图纸审核和防雷工程图纸审核及竣工验收工作。2008年争取59万元专项资金给全县18所中小学校校舍安装防雷设施。

④气象科技服务

1985年开始开展专业有偿气象服务,主要利用信件、电话、传真为不同用户提供专题预报、气候评价等服务。2000年,气象局与电信局合作正式开通了"121"天气预报自动答询电话。2004年根据延安市气象局的要求,全市"121"自动答询电话实行集约管理,由市局专业气象台统一制作和维护,2005年开通手机短信气象信息服务业务。同年开展防雷检测、图纸审核、施放气球、专业气象服务等工作。2007年开始安装室内气象信息显示屏,气象科技服务领域不断扩大,经济效益不断增加。

⑤气象科普宣传

每年"3·23"世界气象日和科技宣传周组织科技宣传,普及防雷电安全知识和《中华人民共和国气象法》等有关法律法规知识。利用当地电视台、集会播音、散发传单、讲解咨询等形式宣传气象知识,让广大农民在第一时间学会运用气象知识进行科学生产;在雷暴多发期,举办学校防雷电安全员和气象信息员知识培训班;在冰雹多发期,加强高炮和炮弹的安全管理宣传。通过广泛宣传,使广大农民掌握气象基本知识和灾害防御知识。

气象法规建设与社会管理

1. 行政执法

2000年以来,黄龙县认真贯彻落实《中华人民共和国气象法》、《陕西省气象条例》等法律法规,县人大、政府领导视察或听取气象工作汇报,政府有关主管部门加强与气象局的工作配合,在探测环境保护、人工影响天气等方面完善制度建设。2005年到县政府、城建局、经济发展局等有关部门进行了探测环境保护文件的备案工作,加强对气象探测环境保护。依法对在黄龙县境内施放气球、开展防雷工程施工的单位或个人进行资质查验和登记备案。

2. 社会管理

防雷减灾管理 黄龙县气象局的防雷工作启动于 1998 年,从 2001 年开始逐渐加强对当地加油站、煤矿等易燃易爆场所和高大建筑物的防雷检测,严格气象执法,对防雷设施不合格的下发整改通知单,要求其按规范整改。2005 年对所有新建建(构)筑物进行图纸审核,作为施工前提条件,并对其进行工程验收。为了加强防雷减灾的管理,安监局与气象局联合每年都下发关于开展防雷检测的通知,2008 年县政府下发了《黄龙县人民政府关于加强建筑物、构筑物防雷安全工作的通知》,进一步规范了黄龙县防雷工作。

探测环境保护 近年来,采用多种形式,向有关部门和单位大力宣传《中华人民共和国气象法》,加强监督检查,依法维护探测环境。县政府、城建局、经济发展局等有关部门进行了探测环境保护文件的备案工作,加强对气象探测环境保护。

施放气球管理 负责全县升放气球管理工作,承担全县升放气球组织资质证和作业人员资格证的审查、县内升放气球活动的行政许可事项。

党建与气象文化建设

1. 党建工作

党的组织建设 2004 年 7 月以前,黄龙县气象局有中共党员 3 人,气象局和农业局为联合党支部。2004 年 7 月成立了独立的黄龙县气象局党支部,截至 2008 年底有党员 3 人。

支部成立以来,坚持每年召开 2 次民主生活会,不断完善工作制度和学习制度,重视党员教育,注意发挥党支部的战斗堡垒和党员的模范带头作用。

党风廉政建设 2000—2008 年,每年都组织参加气象部门和地方党委、纪委组织的党章、党规、法律法规、党风廉政建设和反腐败知识竞赛。从 2002 年起,连续 7 年开展党风廉政教育宣传教育月活动。认真落实党风廉政建设责任制,贯彻执行领导干部廉洁自律各项规定,完善了民主评议、政务公开等制度。在党员干部中开展思想作风、工作作风等方面的教育,促进单位良好风气的形成。落实"三重一大"、"三人决策"、"联签会审"制度,加强科学、依法和民主管理。2002 年以来,积极推行和规范实施"局务公开、财务监管、物资采购"三项制度,建立和完善内部管理制度 20 多个,并汇编成册。

政务公开 2002 以来,逐步建立健全了政务公开制度。对气象行政审批办事程序、内容、服务承诺、行政执法依据、服务收费依据及标准等,采取了通过户外公示栏、电视广告、发放宣传单等方式向社会公开。干部任用、财务收支、目标考核、基础设施建设、工程招投标等内容则采取职工大会或内部公示栏等多种方式向职工公开。财务每半年公示一次,年底对全年收支、职工奖金福利发放、住房公积金以及职工晋职、晋级等职工关心的问题,作详细说明。通过公开栏、宣传材料等形式对社会公开气象法律法规、行政管理职责、行政许可内容、防雷检测项目和收费标准等。

2. 气象文化建设

精神文明建设 开展文明创建规范化建设,政治学习有制度、文体活动有场所、电化教育有设施,职工生活丰富多彩。改造观测场,装修业务值班室,统一制作局务公开栏、学习园地、法制宣传栏和文明创建标语等宣传用语牌,建设小型运动场,购置文体活动器材,组织职工开展各项文体活动,丰富职工的业余生活。开展气象文化建设。加强职工学习教育,提高职工政治思想素质;绿化美化环境,粉刷围墙,布置文化展板、宣传栏;弘扬"勤俭朴实,团结奋进,服务引领,通天惠农"的黄龙气象人精神。通过文明单位的创建,使单位的面貌发生了变化,改善了职工的办公和住宿条件,建成了"花园式"单位。

文明单位创建 2003年被黄龙县委、县政府授予"县级文明单位",2006年被延安市委、市政府命名为"市级文明单位"。

文体活动 设立了图书阅览室,现有图书600余册,影像光碟20余部。购置了体育锻炼设施,修建活动场所,组织职工参加户外健身锻炼,不断丰富职工的业余文化生活。经常组织职工开展形式多样的文体活动,如羽毛球、跳绳、爬山比赛、演讲比赛、野炊、外出参观学习等活动,丰富职工文体生活。

荣誉 1987年以来,集体获得省部级以下奖励3项。1987年以来,个人获得省部级以下奖励55人次。

台站建设

建站初期有瓦房120平方米。2000年以前办公室有7间平房,器材室、库房等为7间瓦房,面积126平方米,职工住宿为6间瓦房,面积96平方米。2002年,新建办公用房197.4平方米;2008年进行综合改造,有办公室10间、辅助用房11间,办公面积320平方米,总占地面积3417.8平方米,工作和生活条件得到了较大的改善。通过综合改造,办公楼,住宿楼面貌一新,职工有专门的活动室、健身器材、洗浴室和就餐场所,台站综合改造为职工营造了一流的工作、生活环境。

20世纪70年代的黄龙县气象站观测场

综合改造后黄龙县气象局全貌(2008年)

黄龙县气象局综合业务平台(2008 年)

甘泉县气象局

甘泉县位于陕西省北部,延安市中部,属黄土高原丘陵沟壑区,县域总面积 2300 平方千米,辖 3 镇 5 乡、1 个街道办事处、117 个行政村,总人口 8.02 万。甘泉石油资源丰富,已探明石油储油面积 308 平方千米,储量约 1 亿吨。甘泉属黄龙山子午岭林区,森林覆盖率 54.8%。

甘泉县属典型的大陆性季风气候,气候差异明显,自然降水分布不均,旱涝相间,年平均气温 9.0℃、降水量 527.7 毫米、日照时数 2365.5 小时、无霜期 167 天。

机构历史沿革

台站变迁　1960 年 12 月,按国家一般站标准建成甘泉县气象站。同月开展了气象业务,地址位于甘泉县县城南关西台区;1962 年 4 月—1969 年 12 月,气象站撤销。1970 年 1 月,在原址上恢复气象站,地理位置北纬 36°16′,东经 109°21′,海拔高度为 1005.5 米。1980 年 11 月 1 日将观测场 16 米×20 米扩大为 25 米×25 米,观测场地向东南移动约 1 米。

历史沿革　1960 年 12 月,成立陕西省甘泉县气候站,由于国家精简机构,1962 年 4 月 1 日气候站撤销;1971 年 1 月,成立甘泉县气象站;1990 年 1 月,改为甘泉县气象局(实行局站合一)。

2006 年 12 月以前,为国家一般气候站;2007 年 1 月 1 日调整为国家气象站二级站;2008 年 12 月 31 日调整为甘泉国家一般气象站。

管理体制　1960 年 12 月—1962 年 3 月,实行以甘泉县政府和上级气象部门双重领导,以甘泉县政府领导为主,隶属农业局;1970 年 1 月—1973 年 8 月,由县人民武装部管理为主,业务受上级气象部门指导;1973 年 9 月—1979 年 12 月,以地方政府管理为主,隶属县农林局,业务受上级气象部门指导;1980 年 1 月起,实行气象部门与地方政府双重领导,以气象部门领导为主的管理体制。

机构设置　内设测报股、预报股、办公室,气象科技服务中心、防雷检测站,人工影响天气办公室。

单位名称及主要负责人变更情况

单位名称	姓名	职务	任职时间
陕西省甘泉县气候站	梁伦慧	负责人	1960.12—1962.03
撤销			1962.04—1969.12
甘泉县气象站	张松盛	负责人	1970.01—1970.03
	牛福生	站长	1970.04—1971.01
	李金东	站长	1971.02—1973.02
	张风财	站长	1973.02—1974.02
	高汉昌	站长	1974.02—1976.02
	冯志李	站长	1976.02—1978.04
	连国和	站长	1978.04—1978.12
	王　鹰	负责人	1978.12—1980.10
	高玉珠	负责人	1980.10—1985.01
	张　浩	站长	1985.02—1989.06
	孙公社	站长	1989.06—1989.12
甘泉县气象局		局长	1990.01—1991.01
	惠高厚	局长	1991.02—2002.02
	师世荣	局长	2002.03—

人员状况　1960年建站至1962年撤站,有职工1～2人。1980年有在职职工7人。截至2008年底,共有在职职工9人(在编职工6人,编外职工3人),退休职工3人。在职职工中:大专6人(1人本科在读),中专3人;工程师4人,助理工程师2人;50以上1人,40～49岁4人,40岁以下4人。

气象业务与服务

1. 气象业务

①气象观测

地面观测　1960年12月27日起,观测时次采取北京时,每天进行08、14、20时3次观测;观测项目有气温、气压、云、能见度、天气现象、降水、日照、雪深、冻土等。1980年起,增加风向风速、小型蒸发;2006年起,增加土壤、墒情观测;2007年起,增加地面温度、浅层地温、深层地温、草面温度。每天编发08、14、20时3次定时观测电报和不定时的重要天气报。2001年6月1日08时开始在计算机上利用"AHMD4.1"软件每天编发3次定时天气加密报。制作气象月报表和年报表、承担MH延安预约(20世纪90年代撤销)航危报、70895郑州预约水情报(21世纪初撤销)和向省气象局传输3次定时观测电报。共获百班无错情48个;1995—1997年连续3年被评为地面测报工作先进集体;1999—2000年连续2年被评为地面测报工作先进集体。

自动站观测　2006年12月26日建成了DYYZ-Ⅱ型自动气象站,于2007年1月1日正式投入业务运行。自动站观测项目包括温度、湿度、气压、风向、风速、降水、地温(0～320厘米)、草面温度,除深层地温(40～320厘米)和草面温度外,其他各项目都进行人工并行观测,现以自动站资料为准发报,自动站采集的资料与人工站观测资料于 20 时对比一次并打印备份存档。

②气象信息网络

信息接收、传输 甘泉县气象站从建站至 2001 年 5 月止,所有的报文及信息都是用手摇电话口传给邮电局(1999 年后改为电信局),由报务员转发到目的地。2001 年 6 月 1 日起利用"AHDM4.1"软件传输定时加密气象报后,采用 X·25 电信传输线路定时传输;2003 年,利用移动光缆专线传输气象数据;2005 年又增加一条电信光缆专线,气象数据传输得到了双重保障。2007 年自动站建成后,每天定时传输 24 次,2009 年自动站单轨运行后,采集数据改为每 10 分钟传输 1 次,2009 年 7 月又增加一条电视网络光缆专线,更加保障了气象数据的传输。

信息发布 20 世纪 90 年代以前,主要通过广播、电话和邮寄旬报方式向全县发布气象信息,90 年代以后建立气象预警系统,面向有关部门、乡(镇)、村、农业大户、企业开展天气预警信息发布服务。1999 年增加"121"天气预报电话答询系统;2005 年和县广电局联合开播电视天气预报栏目;2006 年,开展了手机气象短讯和网络气象服务;同年,开办了农村经济信息网,方便公众在网络上查询气象信息;2007—2008 年,全县安装电子显示屏 20 块,滚动播出天气预报。

③天气预报

20 世纪 80 年代以前,每天通过收音机收听指标站要素,结合本站要素绘制简易天气图制作预报。20 世纪 80 年代起利用传真机接收北京气象中心的天气图和省气象台指导预报,由预报员分析制作短期天气预报。20 世纪 90 年代后期,随着"9210"工程的实施,通过地面卫星单收站、MICAPS 平台接收数值预报产品的天气图,通过局域网收看到省、市气象台指导预报,二者结合由预报员分析制作出解释预报和订正预报产品。制作的预报产品,有短期、中期、长期、短时临近天气预报等。1993 年度被评为延安地区灾害性天气预报先进集体;2008 年被县防汛抗旱指挥部评为防汛工作先进集体;南建仁 2002 年获全省气象系统优秀值班预报员称号。

④农业气象

自建站以来没有具体的农业气象观测任务,但也开展了一些农业气象业务。1985 年撰写了《甘泉县农业气候资源考察和农业气候区划报告》。甘泉县的农业气象灾害主要有:霜冻、干旱、冰雹、暴雨、连阴雨、干热风等,因此每年有针对性地开展农业气象服务,年终形成《气候影响评价报告》。2006 年起每年承担玉米、大豆全生育期的生态观测任务,2007 年起每年按农业气象规定承担土壤水分观测任务,并按时上传相关资料信息。

惠高厚 1985 年参加宜川、志丹、延川 3 县的《农业气候区划报告》获省农业委员会三等奖,1987 年参加的《吴起县农业气候区划报告》获省农业委员会一等奖;

师世荣 1990 年参加省气象局的《冬小麦遥感综合估产》项目获省政府科技进步二等奖。

2. 气象服务

公众气象服务 20 世纪 90 年代以前,主要通过电话、文字材料向党政部门、用户进行服务,通过有线广播向公众播放天气预报。1999年,县气象局与县电信局合作开通了"121"天气预报自动答询电话,2004年4月根据市气象局要求,全市"121"电话实行集约经营。2005年,县气象局与县广播电视局联合在县电视台播出电视天气预报。2006年与移动通信网络合作开通了气象短信平台,以手机短信方式向全县各级领导及公众发送气象信息及预警信号,有效应对突发气象灾害,避免和减轻气象灾害造成的损失。2007年开展气象预警显示屏建设,为社会公众和政府部门解决气象信息最后一千米问题开辟了新的渠道。

决策气象服务 决策气象服务方式在20世纪90年代主要以纸质服务材料为主,业务服务产品主要有《重要天气报告》《送阅件》《气象内参》等。1999年以后,决策气象服务进一步完善和开发业务产品,以满足政府等领导部门指挥生产和防灾减等工作的需要。主要有灾害性、关键性、转折性天气的《重要天气报告》,有重大社会活动的《专题气象服务》、有实况通报的《雨(雪)情通报》和《送阅件》;有指导农业生产的《春(秋)播气象服务》;有安全度汛的《汛期天气气候预测》;有森林防火的《森林火险气象服务》等。特别是1994年"8·31"洛河特大洪水、党和国家领导人视察延安、2007年"7·2"大暴雨(153.2毫米)、2008年1月雨雪冰冻灾害和"5·12"大地震的气象决策服务,受到县委、县政府的肯定。

人工影响天气 甘泉的人工影响天气工作开始于20世纪90年代中后期。1996年,全县人工影响天气装备有2门"三七"高炮,1997布设28副JFJ-1型火箭,人工影响天气工作归属县农业局管理,由气象站进行业务技术指导。1998年,人影防雹工作改由气象部门管理,人工影响天气工作得到了较快发展。2003年在《延安市苹果主产区防雹体系建设》项目的带动下,争取市政府资金23万元、县政府配套资金18万元,淘汰全部JFJ-1型火箭,增设6门"三七"高炮,修建8个标准化炮站。2003年以来,平均每年财政投入30万元。2008年在《渭北优势果业区人工防雹增雨及气象灾害防御体系》项目的带动下,争取省市财政资金18万元、县政府配套资金21万元,又增设2副WR-1型火箭和1副WR-1型流动火箭,防雹规模进一步扩大。目前,已发展到有8门"三七"高炮、3副WR-1型火箭。2003—2008年人工影响天气经费累计投入220多万元。

防雷电服务 1998年起,成立了防雷检测站,逐步开展防雷电检测工作,对县境内有防雷电装置的建(构)筑物、锅炉等进行年检。2002年,甘泉县人民政府发文,将防雷工程从设计到施工、验收,全部纳入气象行政管理范围。县气象局被县安全生产委员会列为成员单位,负责全县雷电安全管理工作,全面开展建筑物防雷电检测和图纸审核,并参加全县建(构)筑物竣工验收工作。对石油、化工、燃气等易燃易爆物品的生产、储运、输送、销售等场所和设施每半年进行一次检测。2007年,为全县中心规模以上的中小学校安装了防雷设施,进一步保障了学校师生的安全。

气象科技服务 1986年,遵照国务院办公厅(国办发〔1985〕25号)文件,专业气象服务开始起步。起初,主要利用传真邮寄、警报系统、声讯等面向各乡镇(场)或相关企业单位提供中、长期天气预报和气象资料,一般以旬天气预报为主。20世纪90年代末,先后开展了庆典气球施放服务、建筑物避雷设施安全检测、气象局同电信局合作正式开通了"121"天气预报自动咨询电话服务;2005年气象局与广电局合作在县有线电视台开展电视天气预报服务;2005年全面开展建筑物防雷电检测和图纸审核,为新建建(构)筑物按照规范要求安装避雷装置；2006 年发展了手机短信发送气象信息服务；2007 年利用公共场所安装的电子显示屏，发布气象灾害信息，开展气象科技服务。科技服务从初期的年收入几千元，增加到 2008 年的 50 万元，累计科技服务收入达 150 多万元。

气象科普宣传　每年利用世界气象日、安全生产教育月、科技之春宣传月、法制宣传日、科技周、"科技之春"宣传月，制作版面、挂图上街进行气象科普的宣传；利用气象防灾减灾专题活动，组织职工深入田间地头、社区、校园等，散发气象科普宣传单，让群众进一步了解气象防灾减灾知识；利用报刊杂志、手机短信、电子显示屏、电视广播和网络媒体等方式进行科普宣传，普及气象知识提高社会公众利用气象科技趋利避害的能力，进而促使形成关心气象、支持气象的社会氛围。

气象法规建设与社会管理

1. 法规建设

2000 年以来，甘泉县局认真贯彻落实《中华人民共和国气象法》《陕西省气象条例》等法律法规，并根据陕气发〔2004〕218 号《关于加强气象探测环境保护和设施保护的通知》精神，于 2005 年以甘气函〔2005〕1 号《关于甘泉县国家一般气象站气象探测环境保护技术规定备案的函》向甘泉县城乡建设规划局备案了相关文件，甘泉县城乡建设规划局复函接受了备案，备案文件包括：《中华人民共和国气象法》、中国气象局令第 7 号、《陕西省气象条例》、陕西省气象局《关于转发中国气象局、中华人民共和国建设部〈加强气象探测环境和设施保护的通知〉的通知》（陕气发〔2004〕179 号）、陕西省气象局和陕西省建设厅联合下发的《关于加强气象探测环境和设施保护的通知》（陕气发〔2004〕218 号）、甘泉县气象站观测环境保护控制图等。近年来，县局积极组织开展气象法规和安全生产宣传活动，认真实施执法检查、履行职责，依法对在县境内施放气球、开展防雷工程施工的单位或个人进行资质查验和登记备案，及时发现和纠正县域内违反气象法规的行为。

2. 社会管理

防雷管理　依据《延安市防雷减灾管理办法》等法律法规赋予的职责，对县境内的雷电防御行使管理职能。主要职责是：负责对新建、扩建、改建的建（构）筑物及其他设施的防雷电装置进行图纸设计扩初审查、施工图纸审核、随工检测、竣工验收；负责对不符合《建筑物防雷设计规范》(GB50057-94) 的设计图纸提出修改意见，对不合格的安装要求整改，防雷电装置验收不合格的建筑物不得交付使用。县局每年都要与相关单位和部门联合专项检查防雷电装置，对检查不合格和有安全隐患的防雷电装置填发《整改通知书》，限期整改，对县境内的防雷电装置实行定期检测，消除安全隐患，避免安全事故的发生。

探测环境保护　县气象局气象探测环境现在被开发区、居民区所包围，《甘泉县城市建设详细规划》中，开发区为 20 米高度建筑、居民区为 12 米高度建筑，按照《甘泉县城市建设详细规划》，甘泉县气象站探测环境将遭到严重破坏，政府要求迁站。在未迁站之前，为了保护好探测环境，县气象局加强与城建规划局工作协调，尽可能保护探测环境，对有些未批先建的建筑物，一经发现，马上通过与县政府、城建规划局及时衔接，制定措施，严格处理，较好地保护了探测环境。

施放气球管理 负责全县升放气球管理工作,承担全县升放气球组织资质证和作业人员资格证的审查、县内升放气球活动的行政许可事项。

党建与气象文化建设

1. 党建工作

党的组织建设 自建站至 2005 年以前,有 3 名党员,与县农业局党委下设的农业技术推广站建立联合党支部。2005 年农业局党委正式批准成立了甘泉县气象局党支部,甘泉县农业综合执法大队和甘泉县农产品质量检测中心 2 个单位的党员参加气象局的支部活动,截至 2008 年底有党员 10 人(其中气象站 4 人、农业综合执法大队 4 人、农产品质量检测中心 2 人)。县气象局支部成立以后,重视党员队伍建设,发展党员 2 名。重视对党员和群众进行爱岗敬业、艰苦奋斗、团结协作的集体主义教育。建立健全了各项工作制度。

党风廉政建设 2000—2008 年,每年都组织参加气象部门和地方党委、纪委组织的党章、党规、法律法规、党风廉政建设和反腐败知识竞赛。从 2002 年起,连续 7 年开展党风廉政教育宣传教育月活动;开展"筑防线、保廉洁、树形象"活动、"学理论、找差距、求创新"新一轮思想解放大讨论活动和"学习实践科学发展观"活动,在党员干部中开展思想、作风等方面的剖析和整改,使党员干部思想认识逐步提高,工作作风和生活作风有了明显的改变,党群、干群关系进一步密切,职工团结互信意识增强,形成了群众参与、群众监督、集体决策的良好风气。加强制度建设,落实"三重一大"、"三人决策"、"联签会审"和"局务公开、财务监管、物资采购"等制度,制定内部监管制度 20 多个。

局务公开 2002 年起开始政务公开工作。对气象行政审批、办事程序、气象服务内容、服务承诺、执法依据、服务收费依据及标准等,通过公开栏、县电视台公开。财务收支、目标考核、基础设施建设、工程招投标等内容采取职工大会或局内公示栏张榜等方式向职工公开。年底对全年收支、职工奖金福利发放、领导干部待遇、劳保、住房公积金等向职工作详细说明。

2. 气象文化建设

精神文明建设 2000—2008 年,先后开展了职业道德、"三个代表"、"保持共产党员先进性"、践行科学发展观等教育活动,每年都认真组织职工参加省、市气象部门的演讲比赛、文艺汇演、体育比赛、廉政歌曲演唱和征文活动。政治学习有制度、文体活动有场所、电化教育有设施,职工生活丰富多彩。成立了精神文明创建领导小组,由局长担任组长、副局长和监察员担任成员,制订了创建工作近期目标和长远规划,年度有《安排实施意见》,每年开展行业内部"创佳评差"和县上窗口单位"创佳评差"竞赛活动,通过创建工作和"创佳评差"竞赛活动,促进单位各项工作的协调、可持续、健康发展。开展精神文明创建规范化管理,改造院落、办公楼,统一制作局务公开栏、规章制度、业务流程和宣传标语。

文明单位创建 2001 年被县委、县政府命名为县级文明单位,2004 年被市委、市政府命名为市级文明单位,2007 年被市委、市政府命名为市级文明单位标兵。

文体活动　2003年台站综合改造中修建了10米×10米的健身场地,2008年在健身场地中安装了三套健身器材、两张大理石棋牌桌,供单位职工健身和休闲娱乐。建有图书阅览室、文体活动室、党员活动室,积极参加县上组织的文体活动和户外健身活动,丰富职工的业余生活。

荣誉　截至2008年,集体共获得省部级以下奖励13项,个人共获得各种表彰奖励123人次。

台站建设

1980年,甘泉县气象站修建了10孔窑洞,值班室和办公环境在原有瓦房的基础上进行了第一次改善。2003年实施台站综合改造投入91万元,拆除了7孔窑洞,修建了475平方米二层的业务办公楼,绿化、美化了院落,拆除土墙修建了高2米的砖墙(内外粉刷上防水涂料),更换了办公设施,业务办公环境得到较大改善。2007年申报了《绿化美化工程》项目,争取到国库资金11万元,于2008年在大院实施了《绿化美化工程》,大院环境更加优美,为创建"园林式"单位和精神文明单位创建升级奠定了基础。

甘泉县气象站旧站全景(1980年)

综合改造后的甘泉县气象局外景(2003年)

气象预警信息发布平台(2003年)

业务平台(2003年)

铜川市气象台站概况

    铜川市位于陕西省中部,地处关中平原向陕北黄土高原过渡地带,东经 108°35′～109°29′,北纬 34°48′～35°35′。东和东南与渭南市接壤,西和南与咸阳市毗连,北和西北与延安市相邻,是陕西省重要工业城市,1958 年 4 月建市。辖耀州区、印台区、王益区、新区和宜君县,总面积 3882 平方千米,总人口 86 万。铜川历史悠久,名胜古迹众多,耀州窑遗址、唐初三代帝王的避暑行宫、唐高僧玄奘法师译经圆寂之地玉华宫、隋唐伟大的医药学家孙思邈隐居行医之地药王山、佛教圣地大香山寺院等人文景观闻名于世。

    铜川属暖温带大陆性季风气候,年日照时数 2241.5～2379.3 小时,年降水量 541.3～674.7 毫米,年平均气温 9.3～12.5℃,极端最高气温 39.7℃,极端最低气温－21.8℃。冬季寒冷,夏季炎热,春季升温较快,秋季降温迅速,昼夜温差大,气候差异明显,灾害比较频繁,主要气象灾害有干旱、冰雹、暴雨、连阴雨、大风、雷电等。其中干旱是铜川最主要的气象灾害,危害范围广,损失大。

气象工作基本情况

    所辖台站概况   2008 年,下辖耀州区气象局(耀县国家基本气象站)、宜君县气象局(宜君国家一般气象站)、铜川市气象局(铜川国家一般气象站)。

    管理体制   铜川气象站自 1955 年 1 月—1956 年 3 月,由铜川矿务局管理;1956 年 4 月—1958 年 12 月,由省气象局管理;1959 年 1 月—1962 年 7 月,由铜川市人民委员会管理;1962 年 8 月—1966 年 1 月,划归省气象局领导;1966 年 2 月—1979 年 12 月,由铜川市人民委员会领导(1971 年 8 月—1973 年 8 月,建制归铜川市革命委员会,以地方人民武装部领导为主;1973 年 9 月—1979 年 12 月,归铜川市革命委员会领导);1980 年 1 月起,实行上级气象部门与地方政府双重领导,以气象部门领导为主的管理体制。1980 年 3 月、1983 年 10 月因行政区划调整,耀县、宜君县气象站先后由渭南、延安地区气象局移交铜川市气象局管理。

    人员状况   1955 年,陕西省铜川气象站在编职工 7 人,1979 年 8 人。2008 年底,全市气象部门编制 46 人,共有在职职工 81 人(在编职工 48 人,外聘职工 33 人)。在编职工中:30 岁以下 9 人、31～35 岁 4 人、36～40 岁 10 人、41～45 岁 15 人、46～50 岁 6 人、51～55

岁4人;研究生1人,本科24人,大专17人,中专6人;高级职称3人,中级职称25人,初级职称20人。

气象法规建设　2005年起,铜川市人民政府先后印发《关于印发铜川市气象灾害预警应急预案的通知》、《关于加快气象事业发展的实施意见》、《铜川市防雷减灾实施办法》、《关于进一步加强防雷减灾工作的紧急通知》、《关于进一步加强气象灾害防御工作的意见》等规范性文件,区县政府先后印发、转发相关文件。市、区县气象局开展气象行政许可工作,制定相关制度,组建气象行政执法队,依法履行气象社会管理职责。

党建与精神文明　截至2008年,铜川市气象部门有3个党支部,共有党员33人。

市气象局每年与各单位签订党风廉政建设责任书;2001年,在全省气象部门率先实行局务公开和会计集中核算制度;2008年,落实"三重一大"、"联签会审"、"三人决策"等制度。市气象局、耀州区气象局、宜君县气象局均建成"市级文明单位标兵"单位。

领导关怀　铜川气象事业得到了各级领导的关心支持。1986—2005年期间,郑国光、薛伟民、章基嘉、李黄、刘英金、孙先健、沈晓农等中国气象局领导先后来铜川检查指导气象工作。

主要业务范围

地面气象观测　2008年12月,全市地面气象观测站有耀县国家基本气象站、宜君国家一般气象站、铜川国家一般气象站3个;3个生态站;1个酸雨站;1个闪电定位站;3个人工土壤墒情监测站;1个自动土壤水分站;1个711天气雷达站;27个自动区域气象站。

国家基本气象观测站承担全国统一观测项目任务,包括云、能见度、天气现象、风向、风速、雪深、气温、湿度、降水、蒸发、冻土、日照、草温、地温(地表、浅层、深层)、电线积冰等,每天8次定时观测发报,并承担旬、月报,重要天气报,航危报等任务。

国家一般气象观测站承担全国统一观测项目任务,包括云、能见度、天气现象、气压、气温、湿度、风、降水、雪深、日照、蒸发(小型)和地温(地表、浅层、深层),每天3次定时观测发报,并承担旬、月报,重要天气报等观测发报任务。

1986年,地面观测业务采用PC-1500袖珍计算机代替人工计算和编报;1998年,全市气象台站记录数据计算、统计、报表制作、编发报文实现计算机自动处理。

1980年以前,执行《地面气象观测暂行规范》;1980年1月1日起执行《地面气象观测规范》;2004年1月1日起执行《地面气象观测新规范》。2000年1月1日起使用AHDM-4.1地面测报业务系统软件,2005年1月1日起使用OSSMO 2004地面测报业务系统软件。

2002开始启用自动气象站,实现地面气压、气温、湿度、风向风速、降水、地温(地表、浅层、深层)自动记录。2004年8月,在宜君县气象局建成闪电定位监测站。2005年5月,各台站增加生态观测,耀县气象站增加酸雨特种观测。2007年5月,耀县、宜君县气象站新增人工土壤墒情观测。2008年8月,在铜川市气象站建成711天气雷达站和自动土壤水分监测站。

天气预报　1958年8月,开展单站天气预报,主要是收听天气形势广播加"看天"经验,判断未来天气变化趋势,发布短期预报。到20世纪80年代中期,依据单站气象要素时间序列变化,制作单站要素曲线图、剖面图、点聚图,寻找预报指标,建立冰雹、降水天气预报方法,接收传真天气图,开展解释订正预报。1998 年,应用 MICAPS 系统查看高空、地面气象资料,查阅数值预报产品以及卫星云图、天气雷达等气象信息,同时,结合单站气象要素变化规律、单站要素指标、预报员经验等,对上级指导预报进行本地化预报服务。

人工影响天气 1969 年 5 月 23 日起开展防雹工作。1990 年、1995 年、1998 年,人工防雹增雨工作分别由市气象局、宜君、耀县气象局管理。铜川市印台区、王益区因未设气象部门,由区政府管理。

气象服务 主要有公共气象服务、决策气象服务和专业气象服务三大类。主要内容:天气预报预警、气候评价、灾害评估、气象情报等。服务方式:电话传真、传呼机、广播电视、报纸、专题材料、手机短信、"12121"自动气象答询台、气象新闻发布会、气象网站、气象预警电子显示屏等。2008 年,建立乡村气象信息员队伍,传递气象信息。

铜川市气象局

机构历史沿革

台站变迁 1955 年 1 月 1 日,陕西省铜川气象站成立,铜川市气象台同时成立,位于铜川十里铺。1957 年 3 月,迁至铜川十里铺桃园矿区坪顶,站址位于东经 109°04′,北纬 35°05′,海拔高度 978.9 米。2002 年 10 月,局站分离,铜川市气象局迁至新区金谟东路 5 号,气象站仍在原址办公、开展业务。

历史沿革 1955 年 1 月,陕西省铜川气象站成立。1959 年 1 月,更名为陕西省铜川市气象服务站;1961 年 12 月,更名为铜川市气象服务站;1962 年 12 月,更名为陕西省铜川市气象服务站;1966 年 7 月,更名为铜川市气象服务站;1980 年 2 月,更名为铜川市气象站;1980 年 3 月,更名为铜川市气象局。

1999 年 12 月 31 日以前,铜川市气象站为国家基本站。2000 年 1 月 1 日,铜川市气象站改为一般气象站。2007 年 1 月 1 日铜川气象站改为铜川国家气象观测站二级站;2008 年 12 月 31 日铜川国家气象观测站二级站恢复为铜川国家一般气象站。

管理体制 1955 年 1 月—1959 年 7 月,由铜川矿务局管理;1959 年 8 月—1962 年 7 月移交铜川市人民委员会领导;1962 年 8 月—1966 年 1 月,归省气象局领导;1966 年 2 月—1971 年 7 月,移交铜川市人民委员会领导;1971 年 8 月—1973 年 8 月,建制归铜川市革命委员会,以铜川市军分区领导为主;1973 年 9 月—1979 年 12 月,归铜川市革命委员会领导;1980 年 1 月起,实行气象部门与地方政府双重领导,以气象部门领导为主的管理体制。

机构设置 至 2008 年,铜川市气象局机关内设机构有办公室(计划财务科、监察审计、人事教育科)、业务科技科、政策法规科(市气象行政执法队);直属事业单位有气象台(市气象信息技术保障中心)、生态与农业气象中心(人工影响天气指挥中心)、气象科技服务中心、财务核算中心、后勤服务中心;地方机构有市防雷中心、市防雷减灾工作领导小组办公室、市人工影响天气工作领导小组办公室。

单位名称及主要负责人变更情况

单位名称	姓名	职务	任职时间
陕西省铜川气象站	郑泽洲	站长	1955.01—1957.04
陕西省铜川市气象服务站	韩志新	站长	1957.04—1959.01
			1959.01—1961.12
铜川市气象服务站			1961.12—1962.12
陕西省铜川市气象服务站	李刚	站长	1962.12—1966.01
	吕钧	站长	1966.01—1966.07
			1966.07—1968.07
铜川市气象服务站	孙正贤	革命领导小组组长	1968.07—1969.05
	吕钧	负责人	1969.05—1972.02
	王德考	政治指导员	1972.02—1973.09
铜川市气象站	吕钧	站长	1973.09—1980.02
			1980.02—1980.03
铜川市气象局	史忠武	局长	1980.03—1982.08
	胡杰	副局长(主持工作)	1982.08—1984.07
	宁志强	副局长(主持工作)	1984.07—1986.06
	胡宜品	副局长(主持工作)	1986.06—1987.01
		局长	1987.01—1988.11
	王万瑞	副局长(主持工作)	1988.11—1990.12
	赵国令	副局长(主持工作)	1990.12—1991.03
	袁明	副局长(主持工作)	1991.03—1991.10
	黄怀义	局长	1991.10—1997.12
	袁明	副局长(主持工作)	1997.12—1999.06
		局长	1999.06—2007.12
	苏长年	局长	2007.12—

人员状况 1955年建站时有在编职工7人,1979年为8人。截至2008年底,市气象局共有在职职工56人(在编职工37人,外聘职工19人),退休职工7人。在编职工:研究生1人,大学本科20人,大专11人,中专5人;高级职称3人,中级职称20人,初级职称14人;30岁以下6人,36～40岁8人,41～45岁13人,46～50岁6人,51～55岁4人。

气象业务与服务

1. 气象业务

气象观测 1955年1月1日起开始地面观测,实测次数4次,发报7次,观测项目有云、能见度、天气现象、风向、风速、降水、最高最低气温、毛发湿度、湿度、地面状态、积雪、雪深、蒸发、日照、气压,并承担编发航危报任务;1960 年 2 月起编发旬、月报;1983 年 10 月 1日起增发重要天气报;2005 年 5 月 1 日增加生态(苹果)观测;2007 年 1 月 1 日 DYYZ-ⅡB型自动气象站运行;2008 年 8 月开展 711 天气雷达和自动土壤水分监测。

信息传输　1984 年前,采用手摇电话机发报,利用收音机接收天气形势广播信息。1984 年,配备 CZ-80 型传真机,接收北京、东京气象传真天气图和数值预报图。1988 年,建立市县甚高频无线通信系统,进行预报传递和天气会商。1992 年,开通省—市远程拨号终端;1994 年,开通市—县远程拨号终端。1994 年,建成市级局域网。1996 年开通省—市X.25 专线。2001 年,开通县级远程拨号 X.25 专线。1997 年 10 月,建成市级气象卫星地面站。1999 年,全省气象部门气象卫星地面站建设现场会在铜川市气象局召开。2001 年,开通省—市—县中文电子邮件办公系统。2003 年,建成省—市天气预报可视会商系统和电视会议系统。2003—2008 年,先后开通移动、电信、广电宽带。2005 年,建成省—市—县宽带网,安装多普勒雷达显示终端。2006 年,建成 FY-2C 卫星地面中规模接收站。2007 年,建成DVB-S 地面卫星数据接收系统。2008 年,建成市—县天气预报可视会商、电视会议系统。

天气预报　1984 年前,采用单站要素时间变化曲线图、点聚图以及结合农谚和看天经验,使用综合时间剖面图、简易天气图等方法制作补充天气预报,总结出简单地面要素指标、经验预报方法等。1984 年,接收北京、东京气象传真天气图和数值预报图,结合单站要素曲线图制作预报。结合当地气候变化规律,运用数理统计方法,对省气象台的周预报、月趋势预报进行本地化订正和服务。1997 年,MICAPS 系统业务化。截至 2008 年,相继建立预报制作系统、预报预警业务系统等,分别按每 06、12、24 小时间隔制作 24、48、120 小时分县精细化预报。

2. 气象服务

①公众气象服务

20 世纪 60 年代开始,通过广播发布短期天气预报。1990 年,在《铜川报》开设天气预报栏目。1997 年,开设铜川电视天气预报栏目。1998 年,开通电信、移动、联通"121"气象自动答询电话。2003 年,开通气象网站,年点击率 1 万余次。2007 年,开设《铜川日报》"下周天气与农事"专栏。2008 年,电视天气预报节目有 2 套,每天播放 5 次。2008 年,手机气象短信用户达到 3.5 万户,占全市手机用户的 9%,年拨打量 26 万次;安装气象预警信息电子显示屏 57 块,发布常规天气预报、灾害天气预报信息、预警信号、短时临近预报等;建立乡村气象信息员队伍,传递气象信息。

②决策气象服务

根据天气气候变化情况,适时编发《气象信息》《送阅件》《重大气象信息专报》等服务产品,每月编发《铜川气候与农情》,按月、季、年编发《气候影响评价》,为市委、市政府领导和相关部门提供决策依据。2006 年,建成气象预警手机短信发布平台,向政府领导及相关部门管理人员发布灾害性短时临近预报预警服务信息。2000、2003 年,被省气象局评为全省气象服务先进集体。

③专业与专项气象服务

专业气象服务　围绕铜川"果、牧、药、菜"四大支柱产业,开展针对性专业气象服务。

1988—2008 年,研发铜川烤烟、苹果等作物以及农业气象综合服务系统,开展苹果、樱桃等生育期系列化气象服务。建立铜川农业经济信息气象服务网。

根据农业、供电、交通、林业、水利、环保等行业需求,开展专项气象服务。2002 年,开展小麦、苹果产量预测专题服务、地质灾害等级和森林火险等级气象预报预警服务。2003年,与市环保局合作开设环境质量预报电视栏目,每日 4 次播发环境质量、生活指数等预报服务信息。围绕重大社会活动和重大工程项目建设需求制作专题预报服务产品。2006年,铜川市气象局被市政府评为森林防火先进单位。

人工影响天气 1969 年 5 月 23 日,市革委会成立防雹指挥部,开展防雹工作。1970年全市设立防雹点 100 个,土炮 241 门,土枪 118 支,土火箭架 500 个,以民兵为骨干组成防雹组,建立观天组织,5 月在向阳公社崾崄大队设立气象哨 1 处。1971—1972 年,8 个公社共有土炮 700 门(1971 年配制购买火药 5000 余千克),设立 175 个防雹点,201 个战斗班,防雹人员 2000 余人,广泛开展防雹试验。1975 年 4 月,配发铜川 6 门"三七"高炮。1977 年在崾崄布设 711 测雨雷达 1 部,配合防雹增雨研究试验。1984—1986 年,防雹工作中断。1987 年,重新开展人工防雹增雨工作。

1990 年 3 月,成立铜川市人工影响天气工作领导小组,领导小组办公室设在市气象局,管理、指挥全市人工影响天气工作。

2008 年 12 月,全市拥有"三七"高炮 9 门,WR-1B 型火箭发射架 17 套,布设 23 个作业点,建成标准化炮(箭)站 12 个。2001—2008 年共计耗弹 11907 发,WR 型火箭 630 枚。

防雷减灾 1990 年起,开展建(构)筑物避雷设施安全检测。2001 年 6 月,市编办批准成立铜川市防雷中心,编制 8 人,属自收自支科级事业单位,挂靠市气象局。主要职责任务:负责防雷电装置安全检测、防雷图纸审核、防雷工程的专业设计和施工、雷电灾害调查鉴定、防雷装置技术研发和引进工作。

④气象科技服务

1986 年起,开展气象科技服务工作。先后开展专业气象预报、气象情报、气候评价与论证、彩球施放、防雷安全检测等;1997 年,开展无线寻呼气象服务、电视天气预报和广告服务;1998 年,开展"121"电话气象声讯自动答询服务;2004 年,开展手机短信气象服务;2005年,开展防雷工程、雷击风险评估等服务;2008 年,开展 LED 气象电子显示屏预报预警服务。

⑤气象科普宣传

铜川市气象学会成立于 1988 年。每年开展"3·23"世界气象日宣传活动。1992 年起,连续参加铜川市科技之春宣传、中国科协举办的科技活动周、全国科普日宣传活动。3次被铜川市科技之春宣传月活动组委会评为"科技之春"宣传月活动先进集体。2005 年,市气象局被铜川市科协授予铜川市科普教育基地;2006 年,被省委宣传部、省科技厅、省科协授予陕西省科普教育基地。2007 年,市气象学会被省科协评为四星级学会。截至 2008年,科普教育基地累计接待大、中、小学生及社会各界人士 1.5 万人次。

⑥气象科研

1987 年,由申照行、刘德学等完成的《宜君县农业气候区划报告》获陕西省农业区划委员会一等奖;由申照行、袁明、童新民等完成的《铜川市农业气候区划报告》获省、市农业区划委员会"农业资源调查与农业气候区划优秀成果"二等奖和一等奖。1991 年,由赵国令、申照行、董亚龙等完成的《铜川市小麦产量预报方法研究》获铜川市科技进步三等奖、获省气象局科技进步二等奖。2000年,由孙田文、李社宏等完成的《铜川气象卫星通信天气预报综合业务系统》获铜川市科技进步二等奖。2005—2008年,市气象局自立科研课题21个,承担省科技厅、省气象局、市科技局科研攻关项目5个;在《气象科技》等核心刊物发表论文5篇,在《陕西气象》等刊物发表论文20篇。

气象法规建设与社会管理

法规建设　2005年8月,铜川市人民政府印发《关于印发铜川市气象灾害预警应急预案的通知》(铜政发〔2005〕54号)。2006年7月,铜川市人民政府办公室印发《转发省政府办公厅〈关于进一步做好防雷减灾工作的通知〉的通知》(铜政办发〔2006〕44号)。2006年11月,铜川市人民政府下发《关于加快气象事业发展的实施意见》(铜政发〔2006〕54号)。2006年12月,铜川市人民政府下发《铜川市防雷减灾实施办法》(铜政发〔2006〕59号)。2007年7月,铜川市人民政府办公室印发《关于进一步加强防雷减灾工作的紧急通知》(铜政办发〔2007〕59号)。2008年6月铜川市人民政府办公室印发《关于进一步加强气象灾害防御工作的意见》(铜政办发〔2008〕63号)。2008年8月,铜川市人民政府办公室印发《关于印发铜川市气象灾害预警发布网络建设实施方案的通知》(铜政办发〔2008〕78号)。

制度建设　建立《铜川市气象局行政许可工作制度》、《铜川市气象局实施行政许可工作规定》、《铜川市气象局防雷设施行政许可实施办法》、《铜川市气象局升空气球行政许可实施办法》、《铜川市气象局行政执法责任制实施办法》、《铜川市气象局行政执法监督检查制度》等。

社会管理　为履行好防雷减灾管理的社会职能,依法统一组织和管理全市的防雷减灾工作。2001年3月铜川市人民政府办公室印发《关于成立防雷减灾工作领导小组的通知》(铜政办字〔2001〕17号),领导小组办公室设在市气象局。2001年成立气象行政执法队,开展气象行政执法工作。

气象行政许可工作始于2005年,开展行政许可项目有:建设项目大气环境影响评价使用气象资料审查;防雷装置设计审核;防雷装置竣工验收;升空气球单位资质认定;升空气球活动审批。

2008年《铜川市气象站探测环境保护专项规划图》经铜川市王益区城乡建设管理局备案批准,为气象观测环境保护提供了依据。

政务公开　2001年开展政务公开工作,通过电视、报纸、铜川气象网、公示栏等对社会公开气象部门工作职责、机构设置、气象法律法规、气象行政许可审批事项、气象科技服务项目和收费依据等。

党建与气象文化建设

1. 党建工作

党的组织建设　1974年8月,成立铜川市气象服务站党支部,有党员4人。1980年3

月,更名为铜川市气象局党支部。2008年支部有党员25人(其中退休党员2人)。

2006年、2008年,被市直机关工委评为"市直机关先进党支部",2008年,被市直机关工委评为"规范化党支部"。俱开省、高社兵等获市直机关优秀党务工作者;申照行、高社兵、刘军性等获市直机关优秀共产党员。

党风廉政建设 市气象局每年与各单位签订党风廉政建设责任书。2001年,在全省气象部门率先实行局务公开和会计集中核算制度。2008年,落实"三重一大"、"联签会审"等制度。建立健全惩治和预防腐败体系。2005年,获全省气象部门局务公开"先进单位"。

2. 气象文化建设

精神文明建设 市气象局成立了精神文明建设领导小组。开展公民道德建设、"创佳评差"竞赛、向先进模范人物学习活动。2008年,开展南北互动活动和气象文化助推行动,弘扬"情系气象、敬业奉献、求实创新、服务铜川"的铜川气象人精神。

文明单位创建 1998年,被铜川市王益区委、区政府命名为区级"文明单位";2006年,被铜川市委、市政府命名为市级"文明单位";2008年,被铜川市委、市政府命名为市级"文明单位标兵"。

文体活动 市气象局设有文化宣传栏、职工活动室、阅览室等。2002年获市直机关公民道德建设知识竞赛组织奖;2002年、2006年、2008年,3次获市直机关运动会体育道德风尚奖。

3. 荣誉

集体荣誉 2006年,被市委、市政府评为"创佳评差"先进系统;2008年,被省委省政府评为"创佳评差"最佳单位。

个人荣誉 1982年,孙正贤获铜川市劳动模范称号;1995年,李社宏获铜川市十大杰出青年称号;2004年、2007年,孙田文被市委、市政府评为铜川市有突出贡献拔尖人才。有7人次先后荣获中国气象局表彰奖励。

台站建设

1980年3月,成立铜川市气象局,利用原铜川市气象站业务用房临时进行办公。1981年,省气象局下拨基建专款10万元在市气象局院内修建1100平方米办公业务用房和职工宿舍。1984年,国家投资4万元修建供水设施,配备业务用车1辆。1987年,省气象局下拨基建资金5万元新建办公用房160平方米。1988年,国家投资47万元在市区内购职工成套住房20套(1200平方米)。1997—1998年,市政府配套投资20万元建成VSAT气象卫星地面站和PC-VSAT气象卫星地面接收站。1998年,市政府在新区划拨土地0.86公顷,国家投资210万元,新建综合楼2050平方米。2005年,国家投资70万元改造市气象局供电设施,更新业务设备。2006年,国家投资62万元综合改造铜川市气象站,新建业务办公用房195平方米,建成自动气象站。2007年,国家投资40万元改造市气象局基础设施。2008年国家投资57.2万元装修改造市气象局办公楼和业务平台;新建铜川市气象站道路100米。

2002 年以前的铜川市气象局办公楼（2001 年 6 月）

2006 年以前的铜川市气象站旧业务值班室

2002 年新建的铜川市气象局办公大楼

2006 年建成的铜川市气象站业务办公楼

宜君县气象局

　　宜君县位于陕北黄土高原南缘，子午岭山系东南隅。全县总面积 1476 平方千米，辖 10 个乡镇、178 个行政村，人口 9.2 万。公元前 2600 年，宜君与北邻黄陵县同为人文初祖轩辕氏活动区域的桥国。北魏首建宜君县制，迄今已 1540 多年。境内古迹文物众多，有公元前 7000 多年的仰韶文化遗迹，有唐太宗游猎避暑后赐予高僧玄奘翻译佛教经典的玉华宫等旅游胜地。

　　宜君地处东经 108°54′～109°29′，北纬 35°08′～35°35′，属大陆性温带季风气候，四季分明，光热适中。年日照时数 2379.3 小时，年平均气温 9.3℃，极端最高气温 34.6℃，极端最低气温-21.0℃，无霜期 205 天，年降水量 674.7 毫米，是陕西省第三个多雨中心。温度、降水等气象要素年际差异大，时空分布不均，霜冻、干旱、冰雹等天气引发的气象灾害比较严重。

机构历史沿革

　　台站变迁　1955 年 10 月，陕西省宜君气候站成立，位于宜君县焦坪石管村；1959 年 10 月，迁至宜君县城北郊外，位置为东经 109°04′，北纬 35°26′，海拔高度 1395.2 米。

　　历史沿革　1955 年 10 月，陕西省宜君气候站成立；1957 年 10 月，更名为陕西省宜君石管气候站；1959 年 5 月，更名为陕西省黄陵县宜君气候站；1961 年 10 月，更名为陕西省宜君县气象服务站；1961 年 12 月，更名为宜君县气象服务站；1962 年 12 月，更名为陕西省宜君县气象服务站；1966 年 7 月，更名为宜君县气象服务站；1980 年 2 月，更名为宜君县气象站;1990 年 1 月,改称为宜君县气象局(实行局站合一)。

2007 年 1 月 1 日,宜君一般气象站调整为宜君国家气象观测站二级站;2008 年 12 月 31 日,宜君国家气象观测站二级站恢复为宜君国家一般气象站。

管理体制 1955 年 10 月—1956 年 3 月,由宜君县人民委员会管理。1956 年 4 月—1958 年 12 月,由省气象局管理。1959 年 1 月—1961 年 9 月,由黄陵县人民委员会管理。1961 年 10 月—1962 年 7 月,由宜君县人民委员会管理。1962 年 8 月—1966 年 1 月,省气象局管理。1966 年 2 月—1971 年 7 月,由宜君县人民委员会管理。1971 年 8 月—1973 年 8 月,建制归宜君县革命委员会,以宜君县人民武装部领导为主。1973 年 9 月—1979 年 12 月,由宜君县革命委员会领导。1980 年 1 月起,实行气象部门与地方政府双重领导,以气象部门领导为主的管理体制。

1983 年 10 月,因行政区划调整,宜君县气象站由延安地区气象局移交铜川市气象局管理。

单位名称及主要负责人变更情况

单位名称	姓名	职务	任职时间
陕西省宜君气候站	胡玉杰	站长	1955.10—1956.08
	王天寿	站长	1956.08—1957.10
陕西省宜君石管气候站			1957.10—1958.10
	昌学文	站长	1958.10—1959.05
陕西省黄陵县宜君气候站			1959.05—1959.07
陕西省宜君县气象服务站	何正春	站长	1959.07—1961.10
			1961.10—1961.12
宜君县气象服务站			1961.12—1962.12
陕西省宜君县气象服务站			1962.12—1966.07
			1966.07—1967.04
	刘德学	站长	1967.04—1970.02
	何正春	站长	1970.02—1971.12
	刘树棠	站长	1971.12—1973.05
宜君县气象服务站	李世荣	站长	1973.05—1975.01
	周治西	站长	1975.01—1978.07
	刘荣仓	站长	1978.07—1978.09
	何正春	站长	1978.09—1979.04
	刘荣仓	站长	1979.04—1980.02
			1980.02—1984.09
宜君县气象站	童新民	站长	1984.09—1985.02
	杨立权	局长	1985.02—1986.08
	栗启民	副站长(主持工作)	1986.08—1988.06
	寇爱民	副站长(主持工作)	1988.06—1989.12
		副局长(主持工作)	1990.01—1991.05
宜君县气象局	杨立权	局长	1991.05—2004.11
	郑合清	副局长(主持工作)	2002.12—2006.11
		局长	2006.11—

人员状况 1955 年,建站初期有职工 3 人。截至 2008 年底,有在职职工 9 人(在编职工 4 人,外聘职工 5 人),退休职工 2 人。在编职工中:大专学历 4 人;中级职称 2 人,初级职称 2 人;30 岁以下 1 人,31～35 岁 2 人,36～40 岁 1 人。

气象业务与服务

1. 气象业务

气象业务从建站时简单的人工观测和预报业务发展到 2008 年的人工和自动化相结合的现代业务体系,气象服务从单一电话方式发展到现在的手机短信、电子显示屏、新闻媒体等综合服务体系。1998—2008 年,相继建成卫星地面接收站、地面自动气象站、天气预报可视会商系统和电视会议系统等,地面观测、数据、信息处理、资料传输基本实现自动化。

①气象观测

1955 年 10 月 1 日,开始地面观测,观测时次采用地方时 01、07、13、19 时每天进行 4 次观测。1960 年 1 月 1 日,改为每天 07、13、19 时 3 次观测。1960 年 8 月 1 日,每天改为 08、14、20 时 3 次观测。观测项目有云、能见度、天气现象、气压、气温、湿度、风向风速、降水、雪深、日照、蒸发、冻土、地温等。1972 年 7 月 1 日,承担西安等地航危报业务。1980 年以前,执行《地面气象观测暂行规范》。1980 年 1 月 1 日,执行《地面气象观测规范》。1983 年 10 月 1 日,编发重要天气报。2000 年 1 月 1 日,使用"AHDM 4.1"地面测报业务系统软件。2001 年,编发加密天气报。2004 年 1 月 1 日,自动气象站正式投入业务运行,实现地面气压、气温、湿度、风向风速、降水、地温(地表、浅层、深层)自动记录。2004 年 1 月 1 日,执行《地面气象观测新规范》。2004 年 9 月,闪电监测定位系统业务正式运行。2005 年 1 月 1 日,使用地面测报业务系统软件(OSSMO 2004),5 月 1 日,增加生态(春玉米、苹果、核桃)观测。2007 年 1 月 1 日,取消航危报业务。2007 年 5 月 1 日,增加人工土壤墒情观测。2006—2007 年,在尧生、云梦、哭泉、西村、五里镇、彭镇、太安、棋盘等 8 个乡镇建立了 7 个两要素、1 个四要素自动区域气象站。

②气象信息网络

信息接收 20 世纪 60 年代开始,使用收音机接收陕西气象形势广播信息。1994 年,开通远程拨号终端。1998 年,建成县级 PC-VSAT 气象卫星地面接收站。2001 年,开通远程拨号 X.25 专线、省—市—县中文电子邮件办公系统。2003—2008 年,先后开通移动、电信、广电宽带。2005 年,建成省—市—县宽带网。2008 年开通市—县天气预报可视会商系统、电视会议系统。

信息发布 20 世纪 60 年代开始,气象预报通过手摇电话机传递到县广播站,利用广播向社会公众发布;书面气象服务材料通过专人送达政府或邮寄到相关单位。1998 年,开通"121"气象自动答询电话。2004 年,开始利用手机短信发布预报预警信息。2008 年,通过气象警报电子屏发布天气预报警报信息。

③天气预报

20 世纪 60 年代开始,制作单站天气预报,主要方法是收听广播加"看天"。20 世纪 80 年代中后期,总结单站要素预报指标,在省市台预报的基础上制作单站解释订正预报。

1998 年 PC-VSAT 建成后,应用 MICAPS 系统,结合单站要素指标和上级指导预报产品制作发布天气预报。

④农业气象

20 世纪 60 年代开始,逐步开展农业气象业务,主要内容有土壤墒情监测,结合春播、"三夏"、秋播等关键农业生产活动需求,向县政府和县农业管理部门提供天气预报和气象信息。1984—1985 年,完成《宜君县农业气候资源和区划》。1990 年,开始向县政府、涉农部门和乡镇编发"重要天气消息"、"农业产量预报"、"三夏专题预报"、气候影响评价、气候分析及农事建议等产品。2005 年 5 月 1 日,开展生态(春玉米、苹果、核桃)观测。2007 年 5 月 1 日,开展人工土壤墒情观测。

2. 气象服务

①公众气象服务

20 世纪 60 年代开始,通过农村有线广播发布短期天气预报。1998 年,县气象局与市气象局联合开通"121"气象自动答询电话,面向电信、移动、联通通信商的手机、固定电话、小灵通用户提供预报服务信息。2008 年,在乡镇、乡村及相关部门建立气象预警信息电子显示屏,发布常规预报信息、灾害天气预报信息、预警信号、短时临近预报等。

②决策气象服务

20 世纪 90 年代前,以电话、传真方式向县委、县政府及相关部门提供决策气象服务信息。90 年代后,逐步编发《送阅件》、《重要天气报告》、《气象信息》、《气象灾害预警信息》、《雨情通报》、《气候评价》等决策服务产品,为各级政府和生产主管部门提供重要决策信息。2004 年,开展气象预报预警手机短信服务。2006 年,在县气象局建立县政府突发公共事件短信预警发布平台,承担突发公共事件预警信息的发布与管理。

③专业与专项气象服务

专业气象服务 20 世纪 80 年代中期开始,以电话、传真等方式向供电、交通、供水等单位提供专业气象服务信息;开展气象森林防火、飞播造林、重大社会活动、重大工程等专项气象服务。1972 年 7 月—2006 年 12 月,为民航开展航危报气象信息服务。

人工影响天气 1971 年春季,开始使用土炮、土火箭、长龙炮进行防雹试验。1995 年宜君人民政府成立人工影响天气领导小组,领导小组办公室设在县气象局,有"三七"高炮 5 门。2000 年 12 月,"三七"高炮增加至 9 门。2006—2007 年,在尧生乡、彭镇、哭泉、太安建成 4 个标准化人工影响天气火箭站。2005 年 4 月,建成人工影响天气综合管理信息系统。2006 年,建成人工影响指挥中心。2008 年,开发宜君县人工影响天气指挥系统和区域自动气象站监控系统,并投入业务使用。2008 年,宜君县有防雹增雨炮站 5 个、火箭站 4 个。2005—2008 年,防雹增雨累计作业 391 次,发射"三七"高炮炮弹 6770 发、WR 型火箭 63 枚,保护农田 350 万亩。

防雷减灾 1990 年起,县气象局开展建筑物避雷设施安全检测服务。2005 年起,开展防雷工程、雷击风险评估等服务。

④气象科技服务

从 1985 年开始,通过传真、邮寄、警报系统、声讯、电子显示屏、手机短信等方式,面向社会开展气象科技服务。气象科技服务项目主要有专业气象预报服务、气象资料信息服务、气候评价与论证服务、彩球施放服务、雷电防护服务等。

⑤气象科普宣传

每年开展"3·23"世界气象日宣传活动。1992年起,连续参加县科技之春、科技活动周、科普日宣传活动。发挥科普教育基作用,接待中、小学生及群众来县气象局参观。

气象法规建设与社会管理

法规建设 2000年起,宜君县人大和县政府法制办领导每年视察、听取气象工作汇报。县政府出台《关于加快气象事业发展的实施意见》(君政发〔2006〕42号)等规范性文件,气象工作纳入县政府目标责任制考核。每年3月和5月开展气象法律法规和安全生产宣传教育活动。

社会管理 依法开展气象行政执法、气象行政许可、雷电防护管理、升空气球管理、气象信息发布管理、气象探测环境保护等社会管理工作。2003年8月,县气象局成立气象行政执法队。2006—2008年,县气象局与县安监、建设、教育等部门联合开展气象行政执法检查11次。2005年开展行政许可工作,行政许可项目有防雷装置设计审核、防雷装置竣工验收、升空气球活动审批(受市级气象主管机构委托)。2008年《宜君县气象探测环境保护专项规划图》经宜君县城乡建设管理局备案批准,为气象观测环境保护提供了重要依据。

政务公开 2001—2008年,按照省、市气象局的统一部署,设立了政务公开栏,对外公开气象局的工作职责、机构设置、政策法规、行政许可审批事项、气象服务内容、服务承诺、气象行政执法依据、服务收费依据及标准等等。

党建与气象文化建设

1. 党建工作

党的组织建设 1996年前,县气象局与宜君县农业局成立联合党支部。1996年9月9日,成立宜君县气象局党支部,归宜君县直属机关工委领导,截至2008年有党员3人(其中退休党员1人)。

党风廉政建设 宜君县气象局贯彻落实党风廉政建设责任制,每年与市气象局签订党风廉政建设责任书。2001年,实行局务公开制度。2000—2008年,参与气象部门和地方党委开展的党章和法律法规知识竞赛共12次。2002—2008年,连续7年开展党风廉政教育月活动。2004年起,每年开展作风建设年活动。2006年起,县气象每年开展局领导党风廉政述职报告和党课教育活动。2000—2008年,县气象局制定35项规章制度。2008年,贯彻落实"三人决策"、"三重一大"、"联签会审"制度。建立健全惩治和预防腐败体系。

2. 气象文化建设

精神文明建设 县气象局精神文明建设工作由主要领导负责。2000—2008年,开展公民道德建设活动、职业道德教育月活动、"创佳评差"竞赛活动、与贫困村(户)结对帮扶活动等。2008年,县气象局开展南北互动活动和气象文化助推行动,弘扬"凝心聚气、顽强拼搏、科学管理、开拓创新"的宜君气象人精神。

文明单位创建 1995年,宜君县气象局被宜君县委、县政府命名为县级"文明单位";1998年,被铜川市委、市政府命名为市级"文明单位";2005年,被铜川市委、市政府命名为市级"文明单位标兵"。

文化活动 县气象局建成文化宣传栏、学习活动室、阅览室及职工活动场地。2000年起,县气象局每年组织演讲比赛等活动。2001—2008年,每年参加县政府组织的歌唱比赛。2005年,获县文明办"公民道德建设"知识竞赛优秀奖、"城建杯"知识竞赛优秀奖。

荣誉 2005年,被县委、县政府评为"新农村建设"先进单位和"支持县域经济突出贡献单位"。2007年、2008年被县委、县政府评为"社会经济协作和保障"先进单位。2008年,被县委、县政府评为"创佳评差"最佳单位。多人获省气象局表彰奖励。

台站建设

宜君县气象局属六类艰苦台站。1986年,国家投资5万元,建设业务办公用房288平方米,修建护坡60立方米。1996年,国家投资8万元,新建职工住宅4套(建筑面积338平方米,职工集资建房,国家配套补贴),新修护坡45立方米。2003年,国家投资61万元,进行台站综合改造,建办公楼319平方米,建铁艺围栏56米、铁艺大门1座,大院绿化200平方米,建成自动气象站。2007年,国家投资7万元购置小轿车1辆。2008年,国家投资6万元,改建业务平台,建成市—县可视化会商系统。

宜君县气象局旧办公楼(2001年7月)

2003年修建的宜君县气象局综合业务办公楼

2003年综合改造后的宜君县气象局观测场

2008年新建的宜君县人工影响天气指挥中心业务平台

耀州区气象局

耀州区历史悠久,西汉景帝二年始建县制,唐称华原县,民国二年改称耀县,2002 年撤县设区。耀州区地处关中平原和陕北黄土高原的交界带,辖 12 个乡(镇),4 个街道办事处,191 个行政村,人口 30 万,面积 1617 平方千米。北部和西部为山区,中部为残塬区,南部及东南部为河谷台塬区。耀州区有药王山、大香山、薛家寨等名胜和文物古迹 200 余处。是西晋哲学家傅玄、唐史学家令狐德棻、唐医药学家孙思邈、唐书法家柳公权、宋画家范宽的故乡。历史上,耀州瓷享有盛誉。近代革命史上,照金是刘志丹、谢志长、习仲勋等老一辈革命家创建的陕甘宁边区革命根据地之一。

耀州区属暖温带大陆性半干旱半湿润气候区,年平均气温 12.5℃,极端最高气温 39.7℃,极端最低气温−17.9℃,年平均降水量 541.3 毫米,年日照时数 2241.5 小时,年蒸发量 1964.4 毫米。昼夜温差大,光照好,是苹果、花椒、中药材的优生区。主要气象灾害有干旱、秋淋、冰雹等。

机构历史沿革

站址变迁 1959 年 1 月,陕西省耀县气候站成立,位于寺沟公社槐林大队堡子,属一般气象站。1976 年 1 月,站址南移 500 米至耀县北门外塔坡塬顶,观测场位置为东经 108°59′,北纬 34°56′,海拔高度 710.0 米。

历史沿革 1959 年 1 月,陕西省耀县气候站成立;1960 年 1 月—1961 年 12 月,因铜川、富平、耀县三县合一,并入富平气候站;1962 年 1 月,更名为耀县气象服务站;1980 年 2 月,更名为耀县气象站;1990 年 1 月,改称为耀县气象局(实行局站合一);2002 年 9 月,撤县设区,耀县气象局更名为耀州区气象局。

2000 年 1 月 1 日起,耀县气象局由一般气象站升级为国家基本气象站;2007 年 1 月 1 日,耀州区气象局由国家基本气象站调整为国家气象观测站一级站;2008 年 12 月 31 日,耀州区气象局由国家气象观测站一级站恢复为国家基本气象站。

管理体制 1959 年 1 月—1962 年 7 月,由耀县人民委员会管理;1962 年 8 月—1966 年 1 月,由省气象局管理;1966 年 2 月—1971 年 7 月,由耀县人民委员会管理;1971 年 8 月—1973 年 8 月,由耀县革命委员会人民武装部管理;1973 年 9 月—1979 年 12 月,由耀县革命委员会直接领导;1980 年 1 月起,实行气象部门与地方政府双重领导,以气象部门领导为主的管理体制。

1980 年 3 月因行政区划调整,耀县气象站由渭南地区气象局移交铜川市气象局管理。

单位名称及主要负责人变更情况

单位名称	姓名	职务	任职时间
陕西省耀县气候站	苏 卿	站长	1959.01—1959.12
并入富平气候站			1960.01—1961.12
耀县气象服务站	张宏武	站长	1962.01—1964.04
	程玉孝	站长	1964.04—1966.04
	赵秀英	站长	1966.04—1966.11
	张佑民	站长	1966.11—1975.03
	蒿克孝	站长	1975.03—1976.06
耀县气象站	丁忠祥	站长	1976.06—1980.02
			1980.02—1980.08
	焦念财	站长	1980.08—1984.07
	潘淑贤	站长	1984.07—1985.03
	赵东理	负责人	1985.03—1985.10
	刘荣仓	负责人	1985.10—1986.07
耀县气象局	袁军正	站长	1986.07—1989.12
		局长	1990.01—1996.02
	吕群章	局长	1996.02—2002.09
耀州区气象局			2002.09—2005.02
	童新民	局长	2005.02—

人员状况 1959 年陕西省耀县气候站有职工 8 人。1978 年有职工 5 人。截至 2008 年底,共有在职职工 16 人(在编职工 7 人,外聘职工 9 人),退休 3 人。在编职工中:本科 4 人,大专 2 人,中专 1 人;中级职称 3 人,初级职称 4 人;30 岁以下 2 人,31～35 岁 2 人,36～ 40 岁 1 人,41～45 岁 2 人。

气象业务与服务

1. 气象业务

气象业务从建站时简单的人工观测和预报业务发展到 2008 年的人工和自动化相结合的现代气象业务体系,气象服务从单一电话方式发展到手机短信、电子显示屏、新闻媒体、互联网站等综合服务体系。1998—2008 年,建成卫星地面接收站、自动气象站、天气预报可视会商系统和电视会议系统等,地面观测、数据、信息处理、资料传输等基本实现自动化。

①气象观测

从 1959 年 1 月建立陕西省耀县气候站开始,每天 3 次定时观测,观测项目有云、能见度、天气现象、气温、湿度、风向、风速、降水、地温、冻土、日照、雪深等,承担重要报及临时航空(危险)报发报任务。1998 年,记录数据计算、统计、报表制作、编发报文实现计算机自动处理。2000 年 1 月 1 日起,耀县气象站由一般气象站调整为基本气象站,采用计算机进行数据录入编发报,每天进行 02、08、14、20 时 4 次定时观测,7 次发报,观测项目有云、能见度、天气现象、气压、气温、湿度、风向、风速、降水、地温、冻土、电线积冰、日照、雪深雪压、蒸发等。2001年1月1日,开始向西安OBSAV拍发06—20时的航空(危险)报,4月1日,开始向西安OBSMH拍发04—22时的航(危险)报。2002年,建成DYYZ-Ⅱ型地面自动气象观测站,实现地面气压、气温、湿度、风向风速、降水、地温(地表、浅层、深层)自动记录。2003年1月,人工观测与自动观测双轨运行,2005年1月1日,自动气象站正式单轨运行,并增加草温观测。2006年,开始每天24小时向北京OBSAV拍发航(危险)报。2007年1月1日开始,每天进行02、05、08、11、14、17、20、23时8次定时观测,8次发报,并向省气象台拍发气象旬(月)报。

1980年以前,执行《地面气象观测暂行规范》;1980年1月1日,执行《地面气象观测规范》;2004年1月1日,执行《地面气象观测新规范》。2000年1月1日,使用AHDM 4.1地面测报软件;2005年1月1日,使用地面测报业务系统软件(OSSMO 2004)。

2002年12月,建DYYZ-Ⅱ型自动站;2005年,建成生态观测站和酸雨观测站;2006—2007年,建成10个自动区域气象站;2007年5月,建成人工土壤墒情监测站。

2005年5月1日,增加生态(冬小麦、苹果、油菜)观测、增加酸雨特种观测;2007年5月1日,增加人工土壤墒情观测;2006—2007年,建设自动区域气象站10个。

建站以来,5人次获250班无错情奖励,70余人次获百班无错情奖励。

②气象信息网络

1984年前,使用手摇电话机发报,收音机接收天气形势广播信息。1987年,配备CZ-80型传真机,接收北京、东京气象传真天气图。1988年,建立市县甚高频无线通信系统,进行预报传递和天气会商。1998年10月建成县级PC-VSAT气象卫星地面接收站。2001年,开通县级远程拨号X.25专线。2001年,开通省—市—县中文电子邮件办公系统。2005年,建成省—市—县宽带网、安装多普勒雷达显示终端。2008年,开通市—县天气预报可视会商、电视会议系统。拥有电信、移动、网通三条气象信息传输宽带网络。

③天气预报

天气预报业务始于20世纪60年代。1984年前,采用听广播、手工绘制九线图、单站要素时间变化曲线图、点聚图,结合农谚和看天经验,使用综合时间剖面图、简易天气图等方法制作补充天气预报。1987年,接收北京、东京气象传真天气图,结合单站要素曲线图制作预报。1998年,PC-VSAT建成后,应用MICAPS系统和多普勒雷达显示终端,结合单站要素指标和上级指导预报产品制作发布天气预报。

④农业气象

从建站开始,逐步开展农业气象业务,主要内容有土壤墒情监测,结合春播、三夏、秋播等关键农业生产活动需求向县政府和县农业部门提供气象信息和天气预报。1984—1985年,完成《耀县农业气候资源和区划》。1990年开始向县政府、涉农部门、乡镇编发"重要天气消息"、"农业产量预报"、"三夏专题预报"、"经济林果发育期天气预报和产量预报"、气候影响评价、气候分析及农事建议等产品。

2. 气象服务

①公众气象服务

20世纪60年代开始,主要通过耀县广播电台(站)对外发布天气预报信息。1988年,通过甚高频电话对外发布天气预报。1998年,开通"121"天气预报自动答询电话,开设电视天气预报栏目,每天播放2次。2004年,通过耀州气象网站发布未来3天天气预报、周天气趋势、重要天气消息等综合气象服务信息。2005年5月开始使用手机短信开展气象服务。2007年初,建成移动"企信通"手机短信平台系统。2008年,安装预警信息电子显示屏25块,发布常规天气预报、短时临近预报、灾害天气预警等。

②决策气象服务

常规决策气象服务产品主要有:《气象信息》、《送阅件》、《重大气象信息专报》、《重要天气消息》、《灾害性天气预警》、《雨情通报》等。按月、季、年编发《气候趋势预报》和《气候影响评价》,按季编发《生态监测公报》,适时制作农作物、经济林果发育期天气预报和产量预报,为地方党政领导和相关部门提供决策依据。2007年7月18日和25日,耀州区出现了两次暴雨天气,25日凌晨1小时最大降水量40毫米。预报服务人员严密监视天气动态,共发预警信号4次,雨情通报5次,送阅件1次。通过电话把暴雨消息向政府各级领导和相关单位报告,广播电台及时广播,通过"企信通"把暴雨消息发给各村干部,有关部门和群众提前防备,避免了灾害损失。2008年1月10—28日,耀州区出现持续降雪、低温、冻害天气过程,过程降水量达29.0毫米,积雪深度为17厘米。此次过程日极端最低气温达-12.3℃,月平均气温-4.0℃,与历年同期相比偏低2.6℃。这次降雪范围之大、强度之强、持续时间之长为50年一遇的极端天气气候事件,铜川市耀州区气象局1月10日预报强降雪和降温天气过程,其中12日有大到暴雪,最低气温可达-11℃~-13℃。区气象局紧急启动二级应急响应,通过传真向区委办、区政府办、区农业局、林业局、广电局、交通局等部门发布消息,通过"企信通"短信将预报结果发送到村,晚间在电视台和广播电台播放。11日早8时发布道路结冰黄色预警信号。此次天气过程中,对外共发预警信号6次,雨情通报5期,送阅件3期,通过企信通短信平台发布手机天气预报短信1800多条,局领导亲自向政府领导汇报2次,在电视台发布重要天气消息3次。由于预报准确,服务及时,减少了灾害损失。

2006年、2007年、2008年铜川市耀州区气象局被区防汛抗旱指挥部评为"防汛工作先进集体",2008年被省气象局授予"重大气象服务先进集体"。

③专业与专项气象服务

专业气象服务 20世纪80年代中期开始,以电话、传真等方式向供电、交通、供水等单位提供专业气象服务信息,开展气象森林防火、飞播造林、重大社会活动、重大工程等专项气象服务。1988年,在县委办公室、县政府办公室、县防汛抗旱指挥部办公室、县农业局办公室、桃曲坡水库管理局办公室及各乡镇安装气象警报服务接收机,每天上午、下午各广播一次,服务单位通过警报接收机定时接收气象信息服务。1990年起开展农业、林业、水利、环保等行业的专项气象服务。2001年起为军航、民航开展航危报专项气象信息服务。

人工影响天气 1971年春季开始,使用土炮、土火箭、长龙炮进行防雹试验。1998年以前,人工影响天气工作由耀县农牧局管理。1998年,耀县人民政府成立人工影响天气领导小组,领导小组办公室设在县气象局,人工影响天气工作由县农牧局移交县气象局管理,有"三七"高炮5门。2005年,建成石柱和演池新兴标准化人工影响天气火箭站,2006年,建成关庄标准化人工影响天气火箭站,2008年,完成小丘、演池神湫人工影响天气设备更换和标准化火箭站建设。2005年4月,建成人工影响天气综合管理信息系统并投入使用。2007年,建成人工影响天气指挥、灾害天气预警发布、气象预报服务等多功能为一体的人工影响天气指挥中心。2008年建成石柱标准化人工影响天气高炮、火箭站实景监控系统。

2006年12月,铜川市耀州区政府成立人工影响天气工作站,为全额财政预算事业单位,编制2人,挂靠县气象局。2008年12月,铜川市耀州区有防雹增雨炮站4个、火箭站5个,指挥人员8名,人工影响天气作业及管理人员23名。

人工防雹增雨作业在保护当地果业生产中发挥了重要作用。2007年初,铜川市耀州区冬春连旱。2月27日至3月3日,区气象局抓住有利时机,组织开展大范围人工增雨,区长李志强、副区长李万民在石柱炮站现场指挥,先后5次实施人工增雨作业,共发射高炮炮弹110发,火箭弹17枚,过程总降雨量达26～50毫米,达到透雨标准,缓解了干旱。2007年7月24日22时至25日1时,耀州区出现强雷暴、降水天气,区气象局及时指挥各防雹点进行防雹作业6次,发射火箭弹14枚,高炮炮弹125发,作业防护区外局地雹灾严重,防护区内未受雹灾,有效保护了农作物和经济林果。2004—2008年,共发射防雹增雨"三七"高炮炮弹1901发、WR型火箭149枚。

2004—2008年,区气象局连续4次被市象局授予"人工影响天气工作先进单位"。

防雷减灾 1990年起,区气象局为各单位建筑物避雷设施开展安全检测服务。2005年起,逐步开展防雷工程、雷击风险评估等服务。2008年,开展服务项目有避雷装置安全检测、防雷工程、建(构)筑物防雷图纸设计与审核、雷电预警、雷电灾害调查鉴定、雷击安全风险评估等。避雷装置安全检测主要开展对高大建筑物、炸药库、油库、加油站、液化气站、计算机机房、通信机站等防雷设施的安全检测,特别对重点行业、重点单位、重点部位每年进行两次检测。

2008年4月,铜川市耀州区人民政府与区煤炭、教育、公安、城建、电力、安监等15个部门在全省率先签订了《雷电防护安全目标责任书》,《中国气象报》、《陕西日报》、《新气象网》、《天津防雷网》、《当代陕西网》等多家报纸和网站进行了报道,省气象局在全省气象部门推广。

④气象科技服务

从1985年开始,逐步通过传真、邮寄、警报接收机、天气预报自动答询电话、电视天气预报栏目、电子显示屏、手机短信等方式,面向社会各行各业开展气象科技服务。气象科技服务项目主要有影视广告服务、专业气象预报服务、气象资料信息服务、气候评价与论证服务、彩球施放服务、防雷检测服务、防雷工程服务、雷击风险评估服务等。

⑤气象科普宣传

每年坚持"3·23"世界气象日宣传活动,从1992年开始连续16年参加科技之春宣传、科技活动周、全国科普日宣传活动。不定期地组织人员利用展版、宣传资料、电子显示屏等媒介进行气象科普知识的宣传。发挥"气象科普教育基地"作用,接受社会各界群众到气象局参观。

气象法规建设与社会管理

法规建设 2000年开始,铜川市耀州区气象局贯彻落实《中华人民共和国气象法》、

《陕西省气象条例》、《气象探测环境和设施保护办法》等法律法规。2006—2008年,耀州区政府及办公室先后下发了《转发陕西省人民政府办公厅关于进一步做好防雷减灾工作的通知》(铜耀政办发〔2006〕33号)、《关于转发铜川市人民政府关于印发铜川市防雷减灾实施办法的通知》(铜耀政发〔2007〕26号)、《关于进一步加强雷电防护装置安全检测检查工作的通知》(铜耀政办发〔2007〕43)、《关于加强建(构)筑物防雷图纸设计专项审查工作的通知》(铜耀政办发〔2008〕20号)等文件。

社会管理 2005—2008年,与安监、建设、教育等部门开展气象行政执法检查20余次。2008年,耀州区气象局有兼职执法人员5名。2005年,耀州区气象局开展行政许可工作,项目有防雷装置设计审核,防雷装置竣工验收,升空气球活动审批(受市级气象主管机构委托)。2008年,《铜川市耀州区气象探测环境保护专项规划图》经铜川市耀州区城乡建设管理局备案批准,为气象观测环境保护提供了重要依据。

政务公开 2001年,开展政务公开工作,对气象部门的工作职责、机构设置、政策法规、气象行政审批办事程序、气象服务内容、服务承诺、气象行政执法依据、服务收费依据及标准等,采取户外公示栏、耀州气象信息网、电视公告等方式向社会公开。

党建与气象文化建设

1. 党建工作

党的组织建设 1990年前,县气象站无独立党支部,先后有10名党员编入耀县农牧局党支部。1990年成立耀县气象局党支部。2008年,有党员5人,其中退休党员2人。

党风廉政建设 落实党风廉政建设责任制,每年与铜川市气象局签订党风廉政建设责任书。2001年,在全省气象部门率先实行县局局务公开,财务收支、目标考评、评先选优、福利待遇、基础设施建设、物资采购等内容采取公示栏或职工大会等方式向职工公开。开展党风廉政建设宣传教育月和廉政文化建设活动,通过开展经常性的政治理论、法律法规、警示案例学习,提高干部职工的廉洁自律意识,造就清正廉洁的干部职工队伍。2008年,贯彻落实"三人决策"、"三重一大"、"联签会审"制度。建立健全惩治和预防腐败体系。2005年获全国气象部门"局务公开先进单位";2008年被省气象局授予"局务公开示范单位"。

2. 气象文化建设

精神文明建设 加强精神文明建设和气象文化建设。开展公民道德建设活动、文明单位创建活动、"创佳评差"竞赛活动、南北互动活动。开展经常性的政治理论、法律知识学习教育,提高干部职工的思想素质。1997年,开始精神文明规范化创建工作。改造观测场,装修业务值班室,院内进行美化绿化,改善工作生活环境。统一制作局务公开栏、学习园地、法制宣传栏、廉政文化宣传栏、文明创建标语等。建设"二室一场"(学习活动室、图书阅览室、室外活动场)。组织开展各项文体活动,营造良好氛围。通过文明创建活动,促进各项工作快速健康发展。2008年,开展南北互动活动和气象文化助推行动,弘扬"团结奋进、求实创新、防灾惠农、服务耀州"的耀州气象人精神。

　　文明单位创建　1998 年被县委、县政府授予县级"文明单位";2002 年被铜川市委、市政府授予市级"文明单位";2007 年被铜川市委、市政府授予市级"文明单位标兵"。

　　文体活动　局内设有文化宣传栏、学习活动室、职工健身场地。参加"华风杯"奥运气象知识竞赛、"华风杯"反腐倡廉建设知识竞赛活动;举办趣味运动会、气象人精神演讲比赛、诗歌朗诵会等多种文体活动。参加省、市气象局举办的职工运动会,多人获奖。

3. 荣誉

　　集体荣誉　2008 年被铜川市人民政府评为"市级园林式绿化单位"。
　　个人荣誉　截至 2008 年 12 月,共获得省部级以下奖励 75 人次。

台站建设

　　1976 年,建成平房 14 间,建筑面积 467 平方米。1996 年省气象局补助基建资金 12 万元,职工集资,修建单元式职工住房 6 套,396 平方米。2003 年国家下拨基本建设资金 68.5 万元,实施台站综合改造,新征地 0.13 公顷,新建综合业务办公楼 286 平方米,更换观测场围栏,修建职工健身场地。2007 年自筹资金 25 万元装修综合业务办公楼,新建综合业务平台和职工食堂。

20 世纪 80—90 年代的耀县气象站观测场
(1984 年 9 月)

2003 年以前的耀州区气象局业务值班室
(2001 年 7 月)

2003 年耀州区气象局综合改造后的观测场
(2004 年 11 月)

2004 年耀州区气象局新建的综合业务
办公楼(2004 年 11 月)

宝鸡市气象台站概况

宝鸡市古称陈仓,位于陕西省关中西部,地处军事战略要地,素有秦蜀襟喉、关陇锁钥之称。宝鸡是中华民族始祖炎帝的故里,亦是周秦王朝的发祥地。境内新石器文化遗址历史悠久,石鼓文、青铜器等文化遗存分布众多,历史人文荟萃,文化积淀深厚。市区三面环山,秦岭南屏,渭水中流,关中平原向东扩展。全市辖3区9县,总面积18172平方千米,总人口376万。

宝鸡市属暖温带半湿润气候区,大陆性季风气候特征明显。冬季干冷少雪,夏季炎热多雨,春季气候多变,秋季阴雨较多。境内地形复杂,气象灾害发生频繁,尤以干旱、雨涝、冻害、冰雹、大风、干热风危害为甚。

气象工作基本情况

台站概况 宝鸡气象站始建于1951年9月,1953年3月—1957年底,相继建立武功县(1954年),岐山县、太白县(1956年),陇县、凤县(1957年),眉县、凤翔县、扶风县(1958年),千阳县、麟游县(1959年),宝鸡县(1971年)及秦岭气象站(1973年)。宝鸡市气象局现辖陇县、凤翔、太白3个国家基本气象观测站和千阳、麟游、岐山、扶风、渭滨、陈仓、眉县、凤县8个国家一般气象观测站。有农业气象观测站1个、酸雨观测站2个、自动土壤水分监测站3个、生态观测站10个、航空危险天气发报站2个。

人员状况 截至2008年底,全市气象部门有在职职工174人(其中在编职工142人,外聘职工32人),在职职工中:研究生1人,本科52人,大专47人,其他74人;副研级高级职称10人,中级职称59人,助理工程师60人,技术员4人。

管理体制 宝鸡气象站1951年9月—1953年3月,归属部队建制。1953年3月—1957年12月,隶属省气象局领导。1958年1月—1962年7月,由当地政府领导。1962年7月—1966年6月,由省气象局领导。1966年6月—1979年12月,由当地政府领导(1970年12月—1973年2月,市县气象台站分别由宝鸡军分区、各县武装部和当地革命委员会领导)。1980年1月,实行气象部门与地方政府双重领导,以气象部门领导为主的管理体制。

1983年10月,武功县气象站划归咸阳地区气象局管理。1990年1月,根据省委办公厅(1986)10号文件精神,各县气象站改称为县气象局,实行局站合一。

1990年12月,秦岭气象站撤销。1997年11月,在宝鸡市气象观测站的基础上成立渭滨区气象局。2003年6月,宝鸡县撤县设区,宝鸡县气象局更名为陈仓区气象局。

党建与精神文明建设 各县(区)气象局均建有党支部(渭滨区气象局为党组),归属地方党委领导。市气象局设党组,机关设党总支,下辖4个党支部。截至2008年底,全市气象部门共有党员107人(其中在职67人、离退休40人)。

多年来,全市气象部门坚持"两手抓、两手都要硬"的方针,以培育"四有"新人为目标,以创建文明单位为重点,深入开展群众性精神文明创建活动。截至2008年底,全市12个气象局站共建成县级文明单位1个,市级文明单位8个,省级文明单位2个,省级文明单位标兵1个。

领导关怀 宝鸡气象工作得到了上级领导的重视和支持。1997年至2008年间,骆继宾、马鹤年、刘英金、宇如聪、沈晓农、孙先健等中国气象局领导先后来市气象局视察指导工作。马鹤年、骆继宾先后为市气象局题词,分别为:"沿海的今天,宝鸡的明天"。"为发展宝鸡经济争上游、创先进"。

主要业务范围

宝鸡市气象局为县(处)级事业单位,在上级气象主管机构和本级人民政府的领导下,依法履行本行政区域内的管理职能,组织实施

本级气象事业发展规划,负责本地区气象业务运行、质量管理和探测环境保护。制作本地区灾害性天气预报和常规天气要素预报的补充订正,提供指导产品。开展气候应用、生态与农业气象、雷电、人工影响天气、防灾减灾等相关业务预报预测服务和新一代天气雷达预警责任区的临近天气预警业务。主要业务范围为:气象观测、气象信息网络、气象预报、农业气象、气象服务、人工影响天气管理与作业指挥等。

各县区气象局(站)是乡(科)级事业单位,负责本县区气象事业与地方气象事业的建设与发展,配合市局履行社会社会管理职责。主要业务范围为地面气象观测、天气预报服务、人工影响天气管理和作业指挥。凤翔县气象局(站)除上述业务外,还承担农业气象观测以及向亚洲气象区域中心提供情报资料交换业务。

宝鸡市气象局

机构历史沿革

宝鸡先民的气象观测活动历史悠久。从《周易》获知,早在周代,人们就知道从观测天色、风、虹、云的变化来预测天气。《周礼》中记载周朝已设有专门负责观测天气现象的官员。唐贞观年间,著名科学家李淳风(今宝鸡岐山人)在最早的气象学著作《乙已占》中,将

风力划分为八级,并有唐代测风仪器形制的详细记述,比近代欧洲《蒲福风级》早问世一千多年。北宋"关学"宗师张载(宝鸡眉县人),用朴素的辩证法解释天气现象,提出"阳为阴累,则相持为雨而降,阳为阴得,飘扬为云而升";"浮而上者阳之清,降而下者阴之浊,其感遇聚结为风雨"。这种论述已含有现代气象科学中冷、暖空气相互作用的观点。宋、明、清代,已有官方所制测雨器用于各地雨量观测。民国时期,西北农学院齐敬鑫教授于1935年在眉县创办了实习林场气象站,从事基本气象要素的观测,该站后迁至武功,到1962年停止观测。1945年1月—1949年3月,民国政府曾在宝鸡市陵原机场建立气象站进行气象观测,先后隶属中美合作所(1945年1月—1946年8月)、民国国防部二厅(1946年9月—1947年5月)、民国中央气象局(1947年6月—1949年3月)管辖。

台站变迁 1951年9月1日,宝鸡军分区气象站在宝鸡市北郊八角寺建立,1954年5月,迁至渭滨区姜城堡九龙泉(宝鸡市清姜东一路20号)至今。局址位于北纬34°21′,东经107°08′,海拔高度612.4米。

历史沿革 1951年9月,成立宝鸡军分区气象站;1953年4月,改称宝鸡气象站;1957年12月,改称宝鸡市气象站;1960年1月扩建为宝鸡市气象服务台;1961年10月,更名为宝鸡专区气象台;1962年8月,成立宝鸡地区中心气象站;1966年6月,改设宝鸡地区气象服务台;1968年8月,成立宝鸡市气象台革命委员会;1973年2月,更名为宝鸡市气象局。

管理体制 1951年9月—1953年3月,归宝鸡军分区领导;1953年4月—1957年12月,隶属省气象局领导;1958年1月—1962年7月,由当地政府领导;1962年7月—1966年6月由省气象局领导;1966年6月—1979年12月,由当地政府领导(1970年12月—1973年2月,由宝鸡军分区和当地革命委员会领导);1980年1月起,实行气象部门与地方政府双重领导,以气象部门领导为主的管理体制。

机构设置 1973年1月,经宝鸡市革命委员会批准,宝鸡市气象局成立,下辖政办组、业务组(辖地面组)、气象台;2002年10月,市气象局机关实施公务员管理,同时进行机构改革,市气象局内设办公室(与人事教育科、监审室合署办公)、业务科技科、计划财务科、政策法规科等4个职能科室;2006年,业务技术体制改革,市气象局设置气象台、信息技术保障中心、人工影响天气办公室、后勤服务中心、气象科技服务中心、防雷中心6个直属事业单位。下辖11个县区气象局(站)。

单位名称及主要负责人变更情况

单位名称	姓名	职务	任职时间
宝鸡军分区气象站	蔺恒章	站长	1951.09—1953.03
宝鸡气象站			1953.04—1953.10
	常应珍	站长	1953.10—1953.11
	韩志新	站长	1953.11—1954.10
	薛宝忠	站长	1954.11—1957.12
宝鸡市气象站	贾树丛	站长	1957.12—1959.03
	马思儒	站长	1959.04—1960.01
宝鸡市气象服务台		副台长(主持工作)	1960.01—1961.10

单位名称	姓名	职务	任职时间
宝鸡专区气象台	武希庚	台长	1961.10—1962.07
		副站长(主持工作)	1962.08—1964.12
宝鸡地区中心气象站	薛士恭	代站长	1964.12—1965.04
	常应喜	教导员	1965.04—1966.06
宝鸡地区气象服务台			1966.06—1968.08
宝鸡市气象台革命委员会	李银海	主任	1968.08—1973.02
宝鸡市气象局	刘桂忠	局长	1973.02—1975.04
	何跃先	局长	1975.04—1980.03
	王克俭	副局长(主持工作)	1980.04—1982.01
	杨德和	副局长(主持工作)	1982.01—1984.04
	李民权	局长	1984.04—1993.04
	王长生	副局长(主持工作)	1993.04—1995.03
		局长	1995.03—1997.07
	刘世泰	局长	1997.07—2006.04
	年启华	局长	2006.04—

注:1971年1月—1973年2月期间,军代表刘永俭也为正职(表中未列出)。

人员状况 1951年宝鸡气象站建站时有在职职工7人。1980年有在职职工27人。截至2008年12月,宝鸡市气象局共有在职职工79人(在编职工70人,外聘职工9人),退休职工42人;在编职工中:研究生1人,本科33人,大专17人,其他19人;中级职称34人,高级职称8人。

气象业务与服务

1. 气象业务

①气象观测

宝鸡市气象站从1951年建站以来,气象观测项目不断拓展。20世纪50年代每日进行地方真太阳时03、06、09、12、15、18、21、24时8次观测。1960年改为北京时制,仍为每日8次观测。观测项目有气温、湿度、降水、日照、气压、地温、风向、风速、蒸发、云状、云向、云速、冻土、积雪、天气现象、电线积冰、高山积雪等。1980年1月,执行国家气象局《地面气象观测规范》。1984年PC-1500袖珍计算机用于地面观测数据处理和编发气象电报,初步改变了观测数据依赖人工处理的原始方式。1997年10月实现地面报表机制化。

2002—2007年,全市自动气象站相继建成,实现了地面气压、气温、湿度、风向风速、降水、地温(包括地表、浅层和深层)自动采集和信息上传。2004年6月,在宝鸡建成DATA雷电探测仪监测站,2005年1月投入业务运行。2007年5月,陇县站建立了自动气象站远程实景监控系统。

②气象通信网络

20世纪60年代,以无线通讯为主。使用短波交流、直流收报机,通过莫尔斯电台接收中央气象台编发的国内外天气情报。1973年10月,通讯设备更新为国产无线电单边带收讯机和西德产电传机收报。1983—1986年,各台站陆续配备79型定频接收机和CZ-80型传真机,接收气象传真图。

20世纪90年代起,宝鸡气象通讯步入快速发展阶段并初步实现信息网络化。1990年,第一台低分辨卫星云图接收机和单板机及绘图仪配发市气象台,开始自动填绘天气图,同年,286计算机开始用于气象业务工作。1996年,开通了省—市的X.25专线,调取预报资料和上传地面气象资料。90年代末,气象卫星综合应用业务系统全面投入使用。1999年,各台站使用PC-VSAT单收站调阅气象信息资料。2002年后,相继开通了省市中文电子邮件系统(Notes)和互联网,2003年,建成省市县气象宽带网。2004年,开通省市县天气预报可视会商系统。完成了市局局域网升级改造。

③天气预报预测

宝鸡天气预报业务始于20世纪50年代末,各台站先后开展补充订正预报。1960年1月,宝鸡市气象服务台成立,在天气分析的基础上,利用经验模式、相关相似、数理统计等预报工具和方法,制作发布未来1~3天及中长期天气预报及服务。

20世纪90年代中期,MICAPS系统已成为预报员从事天气业务的主要工作平台。以数值模式解释应用为核心的天气预报预测业务体系逐步形成,提高了预报时效和准确率,丰富了预报服务产品。如今预报业务有0~2小时临近预警,3~12小时短时预报、1~3天短期预报、4~10天中期预报、11~30天延伸期预报、1个月以上的气候预测,开展了精细化预报、地质灾害与森林火险气象等级预报、重大社会活动和节假日专题天气预报、各类灾害天气预警等现代化预报服务产品多达20余种。短期天气预报质量在过去40年里提升约20%,暴雨等灾害性天气预报准确率提升约10%。

2. 气象服务

气象防灾减灾、服务经济社会,是气象部门神圣的职责和永恒的主题。在各台站建立后的前20年里,主要以农业气象服务为重点,以气象情报资料服务为辅助。改革开放后30多年来,随着气象事业及其业务现代化的迅速发展,决策气象服务、农业气象服务、公众气象服务、专业专项服务同步发展并贯彻于气象服务的全过程。

公众气象服务 宝鸡公众气象服务历经半个世纪来的实践,早已告别单一天气预报服务的模式,发展到以精细化天气预报为依托,充分应用宽带网技术建立的"121"天气自动答询、手机短信、电子显示屏、电视、广播传输等诸多气象信息发布平台及服务手段。以气象资料信息库为基础,向专业化、深加工、多层次拓展的生态气候服务、风能监测与太阳能资源分析考察利用、交通旅游气象服务、大气环境测评、空气质量预报、节假日专题气象服务、地质灾害和安全生产气象保障等多类,多项气象服务项目。农村气象信息员队伍的建立,促进了农村各地信息服务"最后一千米"传输,使得气象服务的时效更加快捷、有效,防灾减灾的效率和效益进一步提高。

决策气象服务 宝鸡气象人秉承"无微不至、无所不在"的服务理念,"急政府所急,想政府所想",为各级政府防灾减灾、指挥生产,积极开展决策气象服务。一是围绕每年汛期防汛、抗旱需要,分别提供长期趋势、近期演变、短期预报、短时预警、灾情实况等适时气象信息,为领导部门宏观调控、临近指挥提供决策依据。二是抓好农作物产量预测、关键农事季节雨情、墒情、苗情、灾情专题气象条件分析、气候评价、气候事件评估分析以及人工防雹、增雨等防灾减灾气象服务。三是围绕重大社会活动、抗震救灾、应急管理提供气象服务保障。四是为重点建设项目提供气候评论、大气环境测评以及相关情况信息服务。

市气象局在决策气象服务中的贡献和作用深受政府领导的肯定和赞誉,先后被市委、市政府授予防汛工作先进单位、米袋子工程先进单位、为农服务先进单位、第四届城市运动会服务先进单位、森林博览会筹备先进单位、"两节一会"先进单位等荣誉,多次获得市政府通报表彰和奖励。袁小平、李建军、李振东分别被市委市政府授予小康示范村、"三农"工作、一村一品建设先进个人。李建芳、孟妙志、梁新兰等7人次获中国气象局优秀值班预报员称号。

农业气象服务　农业气象服务一直是各台站对外服务的一个重点。20世纪50年代至70年代中期,主要开展物候观测、土壤墒情监测及墒情报编发上报,农事关键季节气象情况分析及农气材料报送等项业务服务。随着全市先后两次农业气候区划工作开展,农业气象业务服务向纵深发展。按照宝鸡现代农业及农业产业化发展的要求,全市气象台站以农业气候区划成果应用为背景,以先进的计算机通信及卫星遥感技术为龙头的农业气象现代化开始起步并逐步拓展。

农业气象服务产品主要有:宝鸡气候与农情、宝鸡夏、秋粮产量预报、送阅件、专题气象服务简报、干旱与森林火险预警、农业气候区划十年滚动总结等。各台站始终坚持为全市小麦、玉米、油菜等主要粮食作物生产提供主动及时的农气服务。从本世纪开始,又相继开展花椒、辣椒、红豆杉、烤烟、蚕桑、苹果等20余项经济作物的生态气候监测与服务,为农业产业化发展提供了有力保障,受到市、县党政领导和农业部门的重视与好评。

人工影响天气　宝鸡防雹已有近200年历史,在陇县固关镇发现的防雹土炮为清代道光五年制造(1826年)。20世纪70年代初,在陇县、凤翔县开始空炸炮、小火箭防雹试验。1974年5月,在省气象局和地方政府组织领导下,抽调宝鸡永红机械厂、宝鸡石油机械厂、宝成仪表厂、宝鸡钢管厂高炮民兵连在陇县、凤翔县进行"三七"高炮消雹作业试验,市气象局、县气象站技术人员驻炮点指挥作业。1975年市政府投资购进车载711测雨雷达,在陇县石岭炮点进行防雹试验业务观测。1984年,雷达迁至市气象台。1991年,宝鸡市人工影响天气领导小组办公室成立,1993年开始人工增雨试验,各县"三七"高炮、WR-1型火箭逐步发展。至21世纪初,全市有高炮26门、火箭13架,作业人员百余人。人工影响天气队伍实行准军事化管理,人工影响天气作业、组织指挥、通讯网络不断完善,科研水平进一步提高,人工影响天气研究成果突出,科技论文多次在国际、国内学术会议上交流并获奖,在防灾减灾中发挥了重要作用。

陇县女子民兵防雹连扎根山区,艰苦奋斗,无私奉献,事迹突出,分别获中国人民解放军总参谋部、总政治部,兰州军区,陕西省委、省政府、省军区、省妇联,宝鸡市委、市政府、军分区、市妇联表彰奖励,被中央、省、市级20多家媒体宣传报道。联合国减灾署官员金玛丽·考尔博士亲临连队考察后称赞她们是"敢与雹魔抗衡的女英雄"。

2008年6月宝鸡新一代多普勒天气雷达建成并投入业务运行。雷达塔楼地处凤翔县灵山顶上,监测范围扩大,监测功能增强,成为关中西部强对流天气监测预警的重要骨干设施之一。

气象科技服务　宝鸡气象科技服务起步于 20 世纪 80 年代初期,以科技咨询服务为主,向大中型工矿企业、交通运输和商业服务与保险业、农村露天生产的乡镇企业等行业提供气象专业专项有偿服务,服务规模、收益的经济总量有限。从 20 世纪 90 年代中期开始,宝鸡科技服务进入快速发展时期。防雷检测、防雷工程、彩球礼仪服务、12121 声讯台、电视天气预报广告、手机短信、电子显示屏、计算机终端等多样化的科技服务方式和工具应运而生,服务面拓展,服务项目增多,服务效益不断提高。

3. 科学技术

气象科研开发　20 世纪 70 年代以来,全局相继开展了天气预报、气候研究、农气试验、气象服务、技术应用开发等课题的研究、攻关。市气象局开发的区域性暴雨物理量场变化及暴雨预报专家系统,汛期大降水预报模式,分县要素预报系统,市级决策服务系统,县级气象业务服务系统,雷达雹云回波识别,人工影响天气综合业务系统推广应用等预报方法、技术成果成为宝鸡灾害性天气预报、短时、短期天气预报的重要工具和服务指南。其中冰雹云识别指标被中国气象局编入《高炮人工防雹作业业务规范(试行)》在全国应用,县级气象业务服务系统在省内外推广。有两篇科技论文先后参加国际学术会议交流,各级学术刊物发表论文 200 余篇,出版学术及科普专著 6 部,科研成果获部省级和地厅级科技进步奖,成果推广奖 11 项 20 余人次,获学术成果奖、科技工作奖 25 项 40 余人次。

宝鸡市气象局获奖科研成果一览表

序号	获奖项目名称	获奖类别	主要完成人	奖励机关	获奖时间
1	陕西省小麦综合服务系统	陕西省科学技术进步二等奖	宝鸡市气象局	陕西省政府	1989.11
2	陕西省地市级农业气候区划	全国农业气候区划成果三等奖	宝鸡市气象局	全国气候区划委员会中华人民共和国农业部	1990.12
3	宝鸡地区 43 dBZ 雷达强回波对冰雹云的识别	宝鸡市科学技术进步二等奖	李金辉　刘世泰　李建芳	宝鸡市政府	2002.06
4	宝鸡地区 43dBZ 雷达强回波对冰雹云的识别	陕西省农业技术推广成果三等奖	李金辉　刘世泰　李建芳	陕西省委、省政府	2003.07
5	渭北地区农业气候资源开发及合理利用研究与推广	陕西省农业技术推广成果三等奖	韩正芳	陕西省政府	2002.11
6	雷达强回波 45 dBZ 识别冰雹云在宝鸡各县人工防雹作业中的应用	陕西省农业技术推广成果三等奖	李金辉　朱振凯	陕西省委、省政府	2003.12
7	千阳人工防雹增雨技术研究与应用	宝鸡市农业技术推广成果二等奖	张向荣　雷雯	宝鸡市委、市政府	2004 年
8	宝鸡市空气污染物扩散规律及大气环境容量研究	宝鸡市科学技术一等奖	张耀宽　梁新兰	宝鸡市委、市政府	2005.06
9	宝鸡市空气污染物扩散规律及大气环境容量研究	陕西省科学技术三等奖	张耀宽　梁新兰	陕西省委、省政府	2006.06

序号	获奖项目名称	获奖类别	主要完成人	奖励机关	获奖时间
10	关中西部线辣椒规范化栽培气象适用技术研究与推广	陕西省农业技术推广成果三等奖	张义芳 陈卫东 王春娟	陕西省委、省政府	2006.06
11	关中西部线辣椒规范化栽培气象适用技术研究与推广	宝鸡市农业技术推广成果二等奖	张义芳 陈卫东 王春娟	宝鸡市委、市政府	2007.12
12	市一县农业气象服务及灾害监测系统研究及推广	陕西省农业技术推广成果二等奖	屈振江 郭江峰 李建军等	陕西省委、省政府	2007.12

气象科普宣传 宝鸡市气象局于 2001 年被省教育厅、省科协授予青少年科技教育基地。多年来坚持运用气象台、自动站、雷达站、科普展馆、文化展室等现代化建设成果,深入开展气象科普宣传活动。每年接待大中专、中、小学生、社会人士参观访问千余人次,接纳大专院校学生开展毕业实习等社会实践活动。每年"3·23"世界气象日、"5·12"减灾日、学雷锋日、科技之春宣传月、"11·9"消防日等活动均组织力量上街下乡、摆摊设点,印发防灾减灾材料,宣传气象科技知识。结合专题,组织力量,开展气象科普进厂矿、进社区、进学校、进农村活动。

合作交流 市气象局坚持业务拓展与局局合作、局校合作、军地合作。实施与国土部门合作开展地质灾害等级预报、与环保部门开展空气质量指数预报、与农业部门开展病虫害预报、与交通管理部门开展公路交通气象服务、与林业部门开展森林火险等级预报、与宝鸡文理学院建立科研合作和教育教学实践基地,与 96401 部队气象室建立军地气象业务合作框架协议等合作形式,搭建科技合作与信息资源共享的平台,锻炼了人才,开阔了视野,拓展了气象服务领域和空间,提高了气象服务水平和能力。

气象法规建设与社会管理

随着《中华人民共和国气象法》、《陕西省气象条例》颁布实施,宝鸡市气象局依法加强社会管理职能,积极履行社会管理职责,2000 年,设置了法规科。2003 年,成立了执法大队。2004 年,设立了行政许可办公室、防雷办公室等机构。开展防雷图纸专项审核及竣工验收、施放气球单位资质认定、施放气球活动许可等社会管理。

制度建设 先后制定了"宝鸡市气象局行政执法责任制实施办法"、"行政执法人员工作纪律"、"行政处罚案件审查办法"、"行政执法案件档案管理办法"、"行政许可责任追究制度"、"行政许可工作监督检查制度"、"行政许可工作程序"、"行政许可项目规范"等 12 项依法行政内部管理制度。设立了依法行政公开栏、局务公开栏、意见箱,行政许可、行政执法、收费项目及标准、监督电话等内容统一公示上墙,接受社会监督。

法规建设 2003 年 5 月 17 日,宝鸡市人民政府印发了《宝鸡市防御雷电灾害管理办法》(宝鸡市人民政府令第 40 号);2004 年 1 月 18 日,宝鸡市人民政府印发了《宝鸡市施放气球管理办法》(宝鸡市人民政府令第 34 号);2006 年 2 月 22 日,宝鸡市人民政府下发了《宝鸡市人工影响天气管理办法》(宝鸡市人民政府令第 56 号);2007 年 12 月 4 日,宝鸡市人民政府印发了《宝鸡市气象探测环境和设施保护办法》(宝政发〔2007〕63 号)等规范性文件,为规范宝鸡市防雷管理、施放气球管理和气象探测环境保护奠定了良好的基础。

依法行政 市、县气象局执法部门认真履行法定职责,通过独立执法、联合执法等形式,多年来累计实施执法检查近 3000 个单位,发出整改通知 1000 余件,查处和纠正违法案件 360 起,结案率达 96%,办理行政许可 3600 余件。在省、市人大开展的气象行政执法检查中,对我局的行政执法工作给予了很高评价。

2001 年以来,市气象局 4 次荣获全省气象系统依法行政先进集体表彰。2004 年,被中国气象局授予全国气象法制工作先进集体。先后被市政府授予依法行政工作先进单位、法制宣传工作先进集体。

党建与气象文化建设

1. 党建工作

党的组织建设 1961 年 9 月,宝鸡市气象服务台党支部成立。1966—1968 年(文化革命期间),党组织瘫痪。1969 年 10 月,重新建立宝鸡地区气象台党支部,恢复党员组织生活。1975 年 8 月,成立宝鸡市革命委员会气象局总支部委员会。1979 年 5 月,成立宝鸡地区气象局党组。截至 2008 年底,市气象局机关党总支下辖机关支部、气象台支部、产业支部、离退休支部 4 个党支部,有党员 63 人(其中在职党员 37 人,离退休党员 26 人)。

2000 年以来,市气象局机关党组织先后被中共宝鸡市市直机关工委授予"先进基层党组织"、"规范化党支部";李建芳 2001 年被宝鸡市委授予优秀共产党员,另有 17 人次被市直机关工委授予优秀共产党员,4 人次被授予优秀党务工作者。市气象局机关工会被宝鸡市总工会命名为"模范职工之家"。

党风廉政建设 加强市局党组纪检组、监审室及各县区局纪检监察员队伍建设,明确职责,强化责任,勤于培训,不断提高纪检监察审计工作水平。每年开展党风廉政宣传教育月活动,组织普法学习和党风廉政知识竞赛、开展作风建设年活动和局领导述职述廉报告及党课教育活动,深化党纪政纪和廉洁从政教育、警示教育、社会主义荣辱观教育、家庭美德教育。层层签订党风廉政目标责任书,推进惩治和预防腐败体系建设。2003 年,建立健全宝鸡市气象局民主决策、业务、服务、财务、纪检监察审计、干部管理等六类 32 项规章制度并汇编成册。2008 年,对各项管理制度作了补充修订和完善。在宝鸡气象信息网站设立廉政建设专栏,构建网络廉政文化宣教平台。积极推进气象廉政文化建设,坚持开展廉政文化进机关、进台站、进社区活动。加强领导干部考核、评议、监督和廉洁自律工作。2004 年,市气象局被省气象局授予"局务公开"先进单位,2006 年,获全省气象部门廉政文化建设先进单位称号。

2. 气象文化建设

2000 年以来,市气象局党组将气象文化、精神文明建设纳入年度目标责任制管理。做到领导机构健全,工作职责落实。制定了气象文化建设、精神文明建设和思想政治工作要点及规划,征集凝炼了"天地人和、不懈求索、严谨务实、勇创一流"宝鸡气象精神。2003 年 8 月,成立宝鸡市气象局气象文化领导小组和气象文化研究会,建成宝鸡气象文化展室。联系实际,积极开展气象文化研讨活动,汇集刊印了《宝鸡气象文化论文选编》。开展"三讲"、"三个代表"、"保持共产党员先进性"、"解放思想大讨论"、学习先进模范人物、学习实践科学发展观等专题教育活动;建立文明市民学校、职工活动室、图书阅览室,开展形势教育、普法教育、党风廉政教育、安全生产教育;组织职工开展读书思廉、各类知识竞赛、气象人精神演讲、文艺汇演、歌咏比赛、文明家庭、文明职工评比活动;举办学习会、研讨会、报告会、职工书画展;积极参加西山扶贫、社会救灾、扶贫帮困等社会公益活动。每年由工会组织开展丰富多彩的职工文体活动,篮球、田径、广播体操、太极拳、羽毛球比赛等项目先后在市直机关运动会和全省气象系统职工运动会获奖。党组坚持为每位职工生日送礼物活动。围绕文明单位创建要求,先后投资百余万元改善硬件条件,重视环境治理,构置文体设施,美化工作生活环境,不断深化创建成果。

文明单位创建 1988 年,宝鸡市气象局被区委、区政府授予区级文明单位;1999 年,被市委、市政府授予市级文明单位;2002 年,被省委、省政府授予省级文明机关;2004 年,被陕西省爱卫会命名为省级卫生先进单位;2006 年,创建为市级"园林式机关"、"安全单位";多次获得全省气象系统精神文明建设先进集体、双文明建设先进单位等荣誉称号。张郁春、陈卫东被中国气象局授予双文明建设先进个人。

4. 荣誉

集体荣誉 2003 年被省委、省政府命名为创佳评差最佳单位。2004 年被市委、市政府授予"文明行业"。2004 年被中国气象局授予全国气象法制工作先进集体。2005 年被人事部、中国气象局联合表彰为全国气象系统先进集体。

个人荣誉 张郁春 1987 年被宝鸡市委、市政府授予"宝鸡市先进工作者",另有多人次获宝鸡市市级机关先进工作者、陕西省技术能手等荣誉。

人物简介 ★陈贵山,男,1937 年 7 月出生,1956 年 6 月加入中国共产党,1957 年 9 月毕业于汉中农校,同年 9 月参加工作,1959 年 9 月在成都气象学校进修,1976 年 7 月在南京大学进修。中专学历,工程师职称。1963 年 10 月被陕西省委、陕西省人委授予社会主义建设先进工作者。

★李金辉,男,1967 年 11 月出生,1991 年 7 月毕业于成都气象学院,大学本科学历,学士学位。1991 年 7 月参加工作,2002 年 6 月加入中国共产党,高级工程师。1999 年以来先后获陕西省人民政府颁发的陕西省农业技术推广成果二等奖,陕西省农业技术推广三等奖,陕西省人民政府科学技术二等奖,第五届陕西青年科技奖,被陕西省气象局授予全省气象系统优秀青年,"三五"人才,被宝鸡市委、市政府授予有突出贡献的中青年拔尖人才,宝鸡市有突出贡献拔尖人才,享受政府特殊津贴。获宝鸡市科技进步二等奖,自然科学优秀学术成果二等奖、三等奖。2007 年被省委、省政府授予"陕西省先进工作者"。

台站建设

综合改造 20 世纪 50 年代初,建有砖木结构业务值班平房 6 间。1954 年 5 月,站址从八角寺迁至宝鸡市南郊姜城堡九龙泉,占地 4050 平方米,新建业务、办公、住宿用房 14 间。

1976 年 5 月,新建三层砖混结构办公楼 1 栋。20 世纪 80 年代初,新建三层砖混结构资料楼 1 栋。1988 年 10 月,五层砖混结构 1 号职工住宅楼建成使用。1997 年 9 月,新建六层砖混结构 2 号住宅楼。2005 年 7 月,六层砖混结构 3 号住宅楼建成使用。

2004 年 2 月,在姜城堡九龙泉新征土地 3122 平方米。2008 年 8 月,新一代天气雷达数据楼在新址建成交付使用。2006 年 4 月,在凤翔灵山新征土地 3964 平方米,2007 年 12 月,灵山雷达站塔楼建成使用。

园区建设 通过建设项目带动,相继完善了局机关水、电、暖设施,实施院落绿化、美化、亮化工程,整修硬化路面,购置健身器材,建成多功能会议厅和职工活动室。更新办公家具,建设业务平台,工作和生活环境显著改善,现代化建设水平不断提高。

宝鸡气象站旧址(20 世纪 50 年代中期)　　　　宝鸡市气象局现貌(2008 年)

2007 年建成的宝鸡市气象局灵山雷达塔楼

渭滨区气象局

渭滨区位于陕西省关中西端,秦岭北麓,因濒临渭水而得名,地跨渭河两岸,扼川陕之咽喉,控秦陇之要冲。总面积 923 平方千米,人口 40 万。渭滨区人文历史源远流长,炎帝神农氏生于境内,是姜炎文化发祥地,青铜器之乡,是宝鸡市经济、文化中心。

渭滨区属暖温带半湿润气候区。年平均降水量为 660 毫米。年平均气温 13.2℃，历史极端最高气温为 41.7℃，极端最低气温为零下 16.7℃。四季气候变化分明：冬季寒冷干燥、降水稀少。春季气温逐渐回升，降水逐月增多，易出现寒潮、大风、春旱和沙尘暴等天气。秋季降温明显，常有秋淋天气出现。夏季降水集中，时空分布不均，多突发性、局地性强对流天气，与干旱一起严重制约着农业经济的发展。

机构历史沿革

台站变迁　1951 年 9 月，宝鸡军分区气象站在宝鸡市北郊八角寺建立。1954 年 5 月，站址迁至宝鸡市南郊姜城堡九龙泉郊外。1976 年 11 月观测场向西北迁移 120 余米处至今。观测场位于北纬 34°21′，东经 107°08′，海拔高度 612.4 米。

历史沿革　1997 年 11 月以前，渭滨区气象局为宝鸡市气象局下设的直属机构（1985 年 12 月，改称观测组。1987 年 8 月，改称宝鸡市气象观测站）。1997 年 11 月，成立了宝鸡市渭滨区气象局至今（实行局站合一）。

2004 年 12 月 31 日以前属国家基本站，2004 年 12 月 31 日改为国家气象观测一般站，2005 年 12 月 31 日改为国家气象站二级站，2008 年 12 月 31 日改为国家气象观测一般站。

管理体制　1997 年 11 月以前，隶属宝鸡市气象局领导，管理体制变动同市气象局；1997 年 11 月成立渭滨区气象局后，实行气象部门与地方政府双重领导，以气象部门领导为主的管理体制。

机构设置　1997 年建局时设测报股、服务股。2008 年设有测报股、服务股、行政办公室、防雷站等机构。

单位名称及主要负责人变更情况

单位名称	姓名	职务	任职时间
宝鸡市气象观测站	李正东	站长	1987.08—1992.02
	吕彦林	副站长（主持工作）	1992.02—1993.11
	杨军生	副站长（主持工作）	1993.12—1997.11
宝鸡市渭滨区气象局	王建刚	局长	1997.11—2002.10
	张积怀	局长	2002.10—

人员状况　渭滨区气象局 1997 年 11 月前是单纯气象测报机构，编制 6～7 人。1997 年 11 月定编为 11 人。2008 年定编 7 人，实有在职职工 10 人（在编职工 9 人，外聘职工 1 人），退休职工 1 人。在编职工中：大专以上学历 7 人，中专 2 人；高级职称 1 人，中级职称 1 人，初级职称 7 人。

气象业务与服务

1. 气象业务

①地面测报

1997 年 11 月成立渭滨区气象局后，每日进行 02、05、08、11、14、17、20、23 时 8 次观测。

2005 年 1 月 1 日由国家基本气象站改为国家一般气象站,发报时次改为北京时 08、14、20 时 3 次观测。观测项目有气温、湿度、降水、日照、气压、地温、风向、风速、蒸发、云状、云向、云速、冻土、积雪、天气现象、高山戴雪(后改称高山积雪)等。1957 年增加电线积冰观测。2004 年建成 ADTD 雷电探测站。2005 年增加酸雨观测。

发报内容　天气报的内容有云、能见度、天气现象、气压、气温、风向风速、降水、雪深、地温等。航空报的内容只有云、能见度、天气现象、风向风速等。当出现危险天气时,及时向有关航空报单位拍发危险报。重要天气报的内容有暴雨、大风、雨凇、积雪、冰雹、龙卷风等。

航危报　1997 年 12 月 31 日起,每天 24 小时向军航和民航拍发固定航空(危险)报。目前每天白天固定给 OBSMH 西安和 OBSAV 阎良拍发航危报。

报表　1997 年前向中国气象局、省气象局、地(市)气象局各邮寄报送报表 1 份,本站留底本 1 份,1997 年 10 月始实现地面报表机制化。2000 年 11 月通过“9210”分组网向省气象局转输报表资料,停止报送纸质报表。

现代化系统　2000 年开始使用《安徽地面 AHDM》处理观测数据和编发气象电报并制作月、年报表;2000 年 2 月通过气象卫星综合应用业务系统(“9210”工程)向省气象局传输报文。2002 年 11 月 DYYZ-Ⅱ型自动气象站建成,12 月 1 日试运行,自动气象站观测项目有气压、气温、湿度、风向风速、降水、地温等,观测项目全部采用仪器自动采集、记录,替代了人工观测。2003 年 1 月 1 日,自动气象站正式投入业务运行,同时各种报文传输实现了气象宽带网上传。2003 年应用 OSSMO 2002 软件,之后更新为 OSSMO 2004 版本。

自动区域气象站　2006—2008 年,在高家镇、马营镇、晁峪乡、八鱼镇、石鼓镇、神农镇建成温度、降雨两要素自动区域气象站 6 个,在秦岭嘉陵江源头建成四要素自动区域气象站 1 个。

②气象信息网络

2003 年建成市县计算机远程终端系统,年底建成气象信息宽带网,用于气象业务、办公政务、气象服务等工作。2005 年建立卫星地面单收站,接收天气图、云图资料。2006 年,开通省市县气象视频会商系统。

2. 气象服务

1997 年 11 月成立渭滨区气象局以后,开展针对渭滨区政府的决策气象服务、公众气象服务、专业气象服务。常规气象服务材料有《渭滨气象服务》、《气候与农情》、《重要天气报告》、《送阅件》、《气候影响评价》等。

1999 年 7 月 1 日渭滨区气象减灾广播电台开播,开始推行气象有偿专业服务。气象有偿专业服务主要是为全区各乡村或相关企事业单位通过气象减灾广播电台提供中、长期天气预报和气象资料,一般以旬、月天气预报,预警预报为主,每天上、下午各广播 1 次,汛期发布 3 次,服务单位通过预警接收机定时接收气象服务。2005 年后这种服务方式逐渐退出。

2006 年建成渭滨区气象灾害监测预警平台。2007 年,通过电信网络开通了气象短信平台,以手机短信方式向全区各级领导、防汛部门、气象信息员等发送气象信息。为有效应对突发气象灾害,提高气象灾害预警信号的发布速度,避免和减轻气象灾害造成的损失,开展了电子显示屏气象灾害信息发布工作。

科学管理与气象文化建设

1. 科学管理

局务公开 从 2002 年 5 月开始,实行局务公开、物资采购、财务监管三项制度,对气象行政审批办事程序、气象服务内容、服务承诺、气象行政执法依据、服务收费依据及标准等通过公示栏公示,干部任用、财务收支、目标考核、基础设施建设、工程招投标等内容则采取职工大会或公示栏等方式公开。财务一般每半年公示一次,年底对全年收支、职工奖金福利发放、领导干部待遇、劳保、住房公积金等向职工作详细说明,干部任用、职工晋职、晋级等及时公示或说明。

制度建设 1998 年 4 月制定了《渭滨区气象局制度汇编》,2003 年经重新修订后下发,内容包括党建、党组民主生活会、学习、入党积极分子培养制度,行政许可制度,“三夏”、“汛期”服务办法和值班制度,安全生产制度,公共卫生制度,业务值班室管理制度,会议制度,财务、福利制度、行政综合事务管理制度等。

2. 党建工作

党的组织建设 1998 年成立渭滨区气象局党组,隶属中共渭滨区委。截至 2008 年底有党员 3 人。

党风廉政建设 渭滨区气象局多年来认真落实党风廉政建设目标责任制,积极开展廉政教育和廉政文化建设活动,努力建设文明机关、和谐机关和廉洁机关。1998 年 9 月,制订了《渭滨区气象局党建目标管理制度》和《渭滨区气象局党风廉政建设责任制实施办法》。每年根据宝鸡市气象局、渭滨区委的党风廉政教育主题,组织党员干部学习领会提高认识。2008 年制定党员承诺制度,制作了党员承诺公开栏,同年落实“三人决策”、“三重一大”、“联签会审”制度,推进惩治和预防腐败体系建设。

3. 气象文化建设

精神文明建设 建局以来,始终坚持以人为本,弘扬自力更生、艰苦创业精神,深入持久地开展文明创建工作,做到政治学习有制度、文体活动有场所、电化教育有设施,职工生活丰富多彩。

渭滨区气象局把领导班子的自身建设和职工队伍的思想建设作为文明创建的重要内容,通过开展经常性的政治理论、法律法规学习,造就了清正廉洁的干部队伍,锻炼出一支高素质的职工队伍。近年来,选送多名职工到南京信息工程大学、中国气象局培训中心和党校学习深造。至 2008 年底,全局干部职工及家属子女无违法违纪案件。

1997 年成立渭滨区气象局,成立伊始,单位资金短缺,严重制约着气象事业发展。之后逐步出台改革措施,不断扩大市场,科技服务逐年发展,单位活力增强,职工精神面貌焕然一新。

在干部职工中牢固树立创新理念,营造创新氛围,完善创新机制,制定和推行相关创新工作制度。开展文明创建规范化建设,改造观测场,装修业务值班室,统一制作局务公开栏、台站环境状况证书、渭滨区基本气象要素变化栏、学习园地、文明创建标语、宝鸡气象精神等宣传用语牌。组织开展群众性、经常性的文化体育活动，丰富职工的业余文化生活和精神生活。

文明单位创建 2002年3月，被渭滨区委、区政府命名为"区级文明单位"和"区级卫生先进单位"；2004年2月被宝鸡市委、市政府命名为"市级文明单位"；2004年3月被宝鸡市委、市政府命名为"市级卫生先进单位"。

荣誉 1997年成立渭滨区气象局以来共获省部级以下各类表彰9项。先后有45人次获省部级以下表彰奖励。

台站建设

台站综合改善 自2001年起渭滨区气象局开始实施综合改造工程，2001年总投资70.5万元新建办公楼，2002年5月搬入，建筑面积430平方米。2003年5月2期综合改造开工，对机关院内的环境进行了绿化改造，修建了局院大门，硬化道路，购置办公设施，装修了值班室、会议室。2008年11月实现了集中供热。

园区建设 2002—2004年，渭滨区气象局分期分批对机关院内的环境进行了绿化改造，规划整修了道路，在庭院内修建草坪和花坛，重新修建了观测场围栏，改造了业务值班室，完成了业务系统的规范化建设。绿化面积2400多平方米，全局绿化率达到了75%，硬化了600平方米路面，使机关院内变成了风景秀丽的花园。

综合改造前渭滨区气象局办公及生活用房（1980年）

综合改造后的渭滨区气象局全貌（2006年）

麟游县气象局

麟游，秦汉时即设县制，古称杜阳、普润，距今已有2200多年历史。隋义宁元年更名为麟游。全县总面积1704平方千米，辖5镇5乡、100个行政村，总人口8.83万。

麟游县属暖温带大陆性季风气候，四季较为分明。总的特征是冬季雨雪稀少寒冷干燥;春季多大风、霾和雾,降水迅增;夏季多雷阵雨、冰雹,旱涝不均;秋季阴雨连绵、多雾。年平均气温为 9.4℃,极端最高气温 37.8℃,极端最低气温－25.2℃。年平均降水量为641.5 毫米。年平均日照总时数为 2205.9 小时。年雷暴日数 21.4 天。年平均无霜期 187天。主要气象灾害有霜冻、低温、冰雹、干旱、大风、暴雨等。

机构历史沿革

台站变迁 1959 年 8 月,凤翔县麟游气候服务站在麟游老城"兴国寺"建成,1979 年 1月,随着麟游县城整体搬迁而迁至县城西天台山。2001 年 1 月,迁到县城杜阳路 9 号,观测场位于北纬 34°41′,东经 107°47′,海拔高度 1026.3 米。

历史沿革 1959 年 8 月,成立凤翔县麟游气候服务站;1961 年 11 月,改为麟游县气候服务站;1968 年 12 月,改名麟游县农工业工作站革命委员会气象组;1970 年 6 月,更名为麟游县气象服务站革命领导小组;1972 年 2 月,改为麟游县革命委员会气象站;1978 年 10月,改名麟游县气象站;1990 年 1 月,改称麟游县气象局(实行局站合一)。

2007 年以前为国家一般气象站,2007 年 1 月 1 日,改为麟游国家气象观测站二级站,2009 年 1 月 1 日,改为麟游国家一般气象站。

管理体制 1959 年 8 月—1961 年 9 月,由凤翔县农林水牧局管理。1961 年 10 月—1962 年 8 月,由麟游县农林水牧局管理。1962 年 9 月—1966 年 6 月,归陕西省气象局领导。1966 年 7 月—1970 年 9 月,由麟游县农林水牧局管理;1970 年 10 月—1973 年 5 月,改为麟游县武装部管理。1973 年 6 月—1979 年 12 月,由麟游县农林局领导。1980 年 1 月起,实行气象部门与地方政府双重领导,以气象部门领导为主的管理体制。

机构设置 内设业务股、气象科技服务中心、防雷站、综合办公室。

单位名称及主要负责人变更情况

单位名称	姓名	职务	任职时间
凤翔县麟游气候服务站	卢文孝	负责人	1959.08—1961.10
麟游县气候服务站		站长	1961.11—1968.11
麟游县农业工作站革命委员会气象组		观测组长	1968.12—1970.05
			1970.06—1971.05
麟游县气象服务站革命领导小组	翟世斌	观测组长	1971.06—1972.01
麟游县革命委员会气象站		站长	1972.02—1974.11
麟游县革命委员会气象站	靳群义	站长	1974.12—1978.09
麟游县气象站	张郁春	站长	1978.10—1985.12
	张存贤	副站长(主持工作)	1985.12—1987.05
		站长	1987.05—1990.01
麟游县气象局		局长	1990.01—2004.11
	唐军奎	局长	2004.12—

人员状况 1959 年建站时只有职工 3 人。2003 年有在编职工和外聘人员共 10 人。2008 年 12 月,有在职职工 6 人,其中:本科 2 人,大专 3 人,其他 1 人;工程师 2 人,助理工程师 3 人,技术员 1 人。

气象业务与服务

麟游气象站为国家一般站，每天向陕西省气象台传输 3 次加密天气电报，制作气象月报和年报报表。制作发布短时、短期天气预报和中长期气候预测。

1. 气象业务

①气象观测

建站时每天进行地方太阳时 01、07、13、19 时 4 次观测，1960 年 1 月改为 07、13、19 时 3 次观测，同年 8 月观测时制改为北京时，每天进行 08、14、20 时 3 次观测。建站时观测项目有云、能见度、天气现象、气温、湿度、风向、风速、降水、蒸发、浅层地温、雪深、日照、冻土。1960 年 2 月开始增加了气压表观测。1961 年 1 月蒸发观测停止后于 1980 年 1 月恢复。1964 年 1 月开始压、温、湿自记观测。1971 年 4 月开始使用虹吸雨量自记仪器。70 年代增加农田小气候和物候观测。1983 年 1 月增加了 EL 型电接风自记观测。2007 年 4 月建成土壤水分自动检测系统。2008 年安装了电线积冰架，结束了雨凇在地表面观测的历史。

2002 年 1 月—2003 年 12 月，启用地面测报软件进行编报、制作报表。2004 年 1 月自动站建成后应用 OSSMO 2002 软件，之后更新为 OSSMO 2004 版本。

2003 年 11 月建成了 DYYZ-Ⅱ型自动气象站，2004 年 1 月 1 日正式投入业务运行，改变了地面气象要素人工观测的历史。2006 年 1 月 1 日人工仪器作为备份，以自动站为主进入单轨运行。自动采集的数据每月月底形成 A、J 文件，经预审员审核后网传省气象局数据质量控制科。每年底将全年资料刻录光盘存档。

气象电报 1960—1979 年先后向西安、武功、咸阳、户县分别预约拍发航危报。1985 年开始每年 4—9 月每日 14 时向宝鸡市气象台拍发小天气图报，现在每天编发 08、14、20 时 3 个时次的加密天气报。自建站开始本站一直承担水情报任务，到 2006 年停止。重要天气报的内容有暴雨、大风、雨凇、积雪、冰雹、龙卷风等，2008 年增加了雷暴、视程障碍现象（霾、浮尘、沙尘暴、雾）和指令性雨凇、积雪发报内容。气象报文的传输，在 2000 年以前采用人工编报，经专线电话通过邮电局公用电报发送到上级业务部门的方式来实现气象信息传输。随着计算机和网络信息技术的发展，从 2000 年起气象电报的传输实现了计算机自动编报，传输网络化、自动化。目前气象通信以中国电信网络传输为主，中国移动和广电网络为备份，气象信息的传输得到了多重保障。

②天气预报

从建站起一直制作单站天气预报，通过抄录整理气象资料绘制简易天气图、套用预报指标制作短、中、长期天气预报，1964 年开始手工填区域天气图。1973 年开始应用数理统计方法做预报，同年开始使用国产无线电单边带收讯机。1976 年，麟游气象站至少有 6 种预报工具。随着 1979 年《预报工作暂行规定》执行，预报的技术手段越来越多，预报准确率逐年提高。1983 年 5 月配备了 CZ-80 型传真机开始接收天气图和大台预报信息。1985 年在市气象局指导下开始应用 MOS 预报方法。1986 年停止手工绘制简易天气图。随着气象卫星综合应用业务系统（"9210"工程）的实施，1998 年建成开通了 PC-VSAT 卫星单收站,停收传真图,预报所需资料全部通过卫星传输、处理。卫星单收站接收使用,大大提高了预报准确率。

2. 气象服务

公众和决策服务 麟游县属渭北旱塬丘陵沟壑区,区域小气候特征十分明显,特别是暴雨、冰雹、干旱等灾害十分严重。麟游县气象站以服务当地经济发展为宗旨,努力做好决策、公众气象服务。常规的服务产品有:《麟游气象》、《麟游气候与农情》、《重要天气报告》、《专题天气预报》等,主要以书面文字发送为主。后来为了扩大服务面、增加服务手段,1973年建成 6 个乡镇气象哨。1985 年承担气候评价情报网建设任务。1990 年配备了甚高频电话和气象警报发射、接收系统。1995 年同电信局合作开通了"121"天气预报自动答询电话。1997 年开播了电视天气预报业务。2007—2009 年共建成自动区域气象站 12 个,气象预警电子显示屏 10 块,在防灾减灾工作中发挥了重要作用。

气象科技服务 1985 年开展气象专业有偿服务,主要向用户提供中长期天气预报和气象资料。2004 年成立麟游县气象科技服务中心,相继开展防雷减灾服务、手机短信服务、气象信息电话服务、专业气象服务、气象影视服务、环境评价气象服务及其他综合服务等科技服务业务,服务领域不断拓宽,服务手段不断丰富,社会效益显著提高,气象科技服务已经成为气象事业的重要组成部分。

人工影响天气 20 世纪 90 年代以前,基本上为分散的、群众自发的土炮防雹。1977年全县共有炮点 145 个,炮手 316 名,土火箭架 60 副,空炸炮 155 门,土炮 84 门,由于设备技术落后,防雹效果欠佳。1992 年麟游县政府成立麟游县防雹工作领导小组,下设办公室,办公室设在县气象局,办公室主任由气象局长兼任,明确了管理职责。在全县七个乡镇布设七门高炮,初步建成县域防雹(增雨)火力网,麟游县人工影响天气工作从此走向正规化。1996 年开展应用推广 WR-1B 火箭防雹增雨试点试验工作,荣获陕西省农业技术推广二等奖。2008 年全县共有炮点 13 个,其中高炮 4 门,火箭 9 门,每年举办一期炮手培训班,全部做到了持证上岗。为了保障 2006 年 10 月以"人文奥运·魅力西安·和谐世界"为主题的"盛典西安"大型文化活动顺利进行,麟游县气象局在省市气象局的领导下开展人工消雨作业,取得了圆满成功。16 年来,累计发射"三七"炮弹 700 多发,WR-1B 型火箭弹 380枚。击散冰雹 120 余次,累计受益面积 800 万亩;组织人工增雨 28 次,累计受益面积 560万亩,经济效益累计达到 1.8 余亿元。

科学管理与气象文化建设

1. 法规建设与管理

社会管理 麟游县气象局 2002 年成立了行政许可办公室,并对行政许可项目内容和工作流程进行公示。许可项目涉及升空气球活动审批、建(构)筑物防雷工程设计图纸专项审查、大气环境影响评价使用气象资料的审查、防雷装置设计审核和竣工验收。2002 年与相关单位联合下发了《关于加强建筑物防雷工作的通知》(麟气发(2002)3 号)。之后又多次与县建设局、安全监督管理局联合发文,对建(构)筑物防雷电设施安全管理工作做了规范,促进全县的防雷工作步入正规渠道。2008年麟游县人民政府办公室下发了《关于加快气象灾害监测预警信息服务网建设的通知》(麟政办发〔2008〕38号)。规范了气象灾害防御工作,在全县组建了一批乡镇义务气象信息员队伍。每年在"3·23"世界气象日组织科技宣传,让《中华人民共和国气象法》《陕西省气象条例》走进千家万户。

制度建设 制定了麟游县气象局综合管理制度,汇编成册,分为综合管理,行政执法及科技服务管理,财务管理,纪检监察审计管理,党建、精神文明及气象文化建设管理,行政事务管理等六大类。制作了局务公开栏,干部任用、财务收支、业务质量、重大事项及时通过公开栏向职工和社会公开,做到重大决策公开、透明。

党建工作 建站后由于党员人数少,组织关系隶属于麟游县农牧局党支部。20世纪70年代曾成立党支部,之后由于人员调动,党员人数减少,支部又撤并至农业局党总支。2004年3月经县级机关党委批准成立麟游县气象局党支部,有党员3名。截至2008年底有党员4名。

党支部各项工作制度齐全,支部经常组织党员进行政治理论学习,近年来先后组织开展了"三个代表"理论学习、党员先进性教育和学习实践科学发展观活动,提高了领导班子决策能力和干部群众政治水平。

气象文化建设 由于麟游气象站原站址均位于山上,交通不便,职工文化生活比较单调。2002年迁到现址后,领导班子把气象文化建设列入重要议事日程,狠抓领导班子自身建设和职工队伍思想建设。鼓励职工积极参加成人教育和各类培训。按照上级要求建成了"四室一场"。图书室藏书2000余册。购置家庭影院等文化娱乐设施,组织职工参加县上的各类文化活动。为职工统一定做了工作服,职工精神面貌焕然一新。2000年后,在当地电视台做专题宣传报道10余次,扩大了气象部门的知名度。

文明单位创建 迁站后的麟游县气象局环境优美,被县委县政府命名为"园林式单位"。2002年被宝鸡市委、市政府授予市级卫生单位、文明单位。2004年又进入省级卫生先进单位行列。

荣誉 截至2008年年底,集体共获省部级以下奖励28次;1985—2008年,麟游县气象局个人获奖共65人次。

台站建设

2001年开始实施迁站工程,由地处山顶的天台寺迁至县城现址,占地面积4680平方米,将购置的400平方米楼房改造后用于办公,新建砖混5层住宅楼1栋;硬化道路468平方米,修建铁艺透视墙110米,铺设人行道地砖440平方米,新建观测场和测报值班室、门面房,修筑河道护坡97米,绿化800平方米,总投资108.2万元。近年又逐步对单位环境进行了绿化改造,现绿化面积已达1877平方米。2008年修筑防洪通道65米,新建透视围墙88米。同年5月受汶川地震影响,麟游县气象局业务办公用楼出现多处裂缝,被相关部门鉴定为危楼,麟游县气象局成为地震灾后重建重点单位,计划投资227万元用于业务楼及其他业务设施的灾后恢复重建。

麟游县气象局旧貌(1983 年)　　　　麟游县气象局综合改造后新貌(2002 年)

陇县气象局

　　陇县,史称陇州,地处陇山东阪,位于陕西省渭北高原西部,东连千阳,西依陇山,与甘肃省清水、张家川县交界,南望关山与陈仓区接壤,北环千山与甘肃省华亭、崇信、灵台县毗邻。东西长 57 千米,南北宽 54 千米。全县辖 10 镇 5 乡 1 个管委会、158 个行政村,总人口 25.03 万。区域总面积 2418 平方千米,海拔高度 802～2466 米。境内地势西高东低,关山、千山南北对峙,千河流贯中部,宝中铁路、宝平、宝天公路交汇穿越县境,为陕、甘、宁"三省通衢"和边贸重镇。

　　陇县属暖温带大陆性季风气候。境内山岭重叠,沟壑纵横,山、川、塬地形同时存在,海拔高差较大,区域内气候差异明显。年平均日照时数 1908 小时,年平均气温 11.3℃,无霜期 196 天,年平均降水量 569 毫米,属干旱、半干旱气候。冬春干旱,夏季炎热,秋季凉爽多雨。干旱、洪涝、冰雹、大风、霜冻等自然灾害发生频繁,农业生产受气候因素制约明显。

机构历史沿革

　　始建情况　1957 年 10 月,在陇县城关乡朱家寨村建立陕西省陇县气候站,一直沿用至今。观测场位于,北纬 34°54′,东经 106°50′。观测场海拔高度 924.2 米。

　　历史沿革　1957 年 10 月,成立陕西省陇县气候站;1958 年 10 月改名为陇县气候站;1960 年 10 月,改名为陇县气候服务站;1962 年 2 月,改名为陇县气象服务站;1963 年 2 月,改名为陕西省陇县气象服务站;1970 年 1 月,改名为陕西省陇县革命委员会气象站;1975 年 6 月,改名为陇县气象站;1990 年 1 月,更名为陇县气象局(实行局站合一)。

　　2006 年由国家一般气象站升级为国家基本气象站,2007 年 1 月改为国家气象观测站一级站。

　　1973 年 5 月起,陇县政府防雹指挥部办公室成立,挂靠县气象局,经费列入地方财政预算。

管理体制 1957 年 10 月—1962 年,归属陇县人民委员会领导;1962—1965 年,归省气象局领导;1966—1970 年,由陇县人民委员会领导;1970—1973 年,归县人民武装部领导;1974—1979 年 12 月,归陇县农林局领导;1980 年 1 月起,实行气象部门与地方政府双重领导,以气象部门领导为主的管理体制。

机构设置 2008 年 12 月,县气象局下设业务股、科技服务股、行政许可办公室、防雷站、华云科技服务部等机构。

单位名称及主要负责人变更情况

单位名称	姓名	职务	任职时间
陕西省陇县气候站	王少聪	站长	1957.10—1958.10
陇县气候站			1958.10—1960.10
陇县气候服务站	穆继涛	站长	1960.10—1962.02
陇县气象服务站			1962.02—1963.02
陕西省陇县气象服务站			1963.02—1970.01
陕西省陇县革命委员会气象站	杨智贤	站长	1970.01—1975.06
陇县气象站			1975.06—1987.05
	张积怀	副站长(主持工作)	1987.05—1987.12
		站长	1987.12—1990.01
陇县气象局		局长	1990.01—2002.11
	朱文忠	局长	2002.11—

人员状况 1957 年建站时编制 3 人。1990 年改为陇县气象局后,编制 10 人。截至 2008 年底,共有在职职工 14 人(在编职工 10 人,外聘职工 4 人),在编职工中:本科 1 人,大专 3 人,中专 1 人,其他 5 人;中级职称 1 人,初级职称 9 人。

气象业务与服务

1. 气象业务

①气象观测

建站时每天进行 01、07、13、19 时(地方太阳时)4 次观测;1960 年 1 月改为 07、13、19 时 3 次观测,同年 8 月改为北京时,每天进行 08、14、20 时 3 次观测;2007 年 1 月 1 日升级为国家气象观测站一级站,每天 02、08、14、20 时 4 次观测。观测项目有云、能见度、天气现象、气温、气压、相对湿度、日照、蒸发量、地温(0~20 厘米)、风向、风速、降水量、雪深等。

2007 年 1 月 1 日后,陇县气象站升为国家基本站,24 小时值班,2007 年 1 月 1 日建成自动气象站,采用人工观测与自动观测相结合,以人工观测为主。地温观测深度增加至 160 厘米,新增草面温度观测,每小时定时向省气象局信息中心传送观测数据文件。2008 年以自动观测为主,人工观测作为对比观测使用。从 2009 年开始,自动站单轨运行,但仍保留人工观测仪器设备。

气象电报 每日 14 时给宝鸡气象台发小天气图报,夏、冬季给西安民航、西安军航发航危报,给黄河水利管理委员会发水情报。2001 年 4 月 1 日开始,给陕西省气象台发加密报,每天 3 次(08、14、20 时),停发小天气图报。2004 年停发西安民航航危报,2005 年停发黄河水利管理委员会水情报。

发报内容　天气报内容有云、能见度、天气现象、气压、气温、风向风速、降水、雪深、地温等;航空报内容只有云、能见度、天气现象、风向风速等。重要天气报的内容有暴雨、大风、雨凇、积雪、冰雹、龙卷风、雷暴等。

从建站到 1999 年,用电话口述电报由县电信局发到陕西省气象台和宝鸡市气象台。2000 年后,气象电报通过网络传输。

报表制作　1997 年前手工制作气表-1、气表-21,向省气象局资料室、地(市)气象局报送,同年 10 月实现地面报表机制化。2000 年 11 月通过气象卫星综合应用业务系统("9210"工程)向省气象局转输报表资料,停报送纸质报表。

自动区域气象站　2006—2009 年,先后在县域内建成 15 个温度和雨量两要素自动区域气象站,1 个雨量、温度、风速、风向四要素自动区域气象站。2006 年 12 月建成 1 个烤烟和核桃生态观测点。

②天气预报

短期天气预报　从建站到 20 世纪 80 年代初,以收音机接收气象广播,手工点绘简易天气图、曲线图等工具,结合本地气候特点制作单站补充天气预报。1984 年 5 月开展 MOS 预报方法应用。1986 年 5 月,配备 CZ-80 型无线传真接收机,接收北京、兰州气象中心、陕西省气象台传真的亚欧范围地面、高空天气图、云图资料以及中央台、省台天气预报资料与产品。20 世纪 90 年代,随着气象卫星综合应用业务系统的实施,气象预报产品日益丰富,预报准确率不断提高。从 2004 年起,预报股和测报股合并为业务股,结合本地天气特点,对市气象台预报作补充订正和解释应用。2004 年开始,开展精细化预报,空间上由全县细化至乡镇,时间上细化到 3～6 小时。

中期天气预报　20 世纪 70 年代,运用相关相似分析、韵律方法和阴阳历叠加等统计学方法制作中长期预报。80 年代初,根据中央气象台、省气象台的旬、月天气预报产品,结合本地气象资料、短期天气形势、天气过程的周期变化等制作旬天气趋势预报。

长期天气预报　20 世纪 80 年代开始,根据上级指导预报,运用数理统计方法和常规气象资料图表及天气谚语、韵律关系等方法,作补充订正预报。

长期预报产品有月预报、春播预报、三夏预报、汛期(5—9 月)预报、年度预报、秋播期预报。

③气象信息网络

2000 年接入 X.25 专线,实现了气象信息网络传输。2003 年开通省市县计算机远程终端。公文实现 Notes 系统传输。2005 年建立卫星地面单收站,接收天气图、云图资料。2006 年,开通省—市—县天气预报可视会商系统。

2. 气象服务

①公众与决策气象服务

陇县属渭北旱塬丘陵沟壑区,区域小气候特征十分明显,特别是暴雨、冰雹、干旱等灾害十分严重。陇县气象站以服务当地经济发展为宗旨,努力做好决策与公众气象服务。常规服务产品有《陇县气象服务》、《气候与农情》、《重要天气报告》、《专题天气预报》、《送阅件》、《气候影响评价》以及农事关键季节的气象服务专题材料等,以书面文字、电话传真、远程终端系统发送为主,向县、乡党政领导及有关单位提供。1990年配备了甚高频电话。

1998年,开通"121"(2005年号码升为"12121")天气预报自动答询系统,提供未来24、48小时预报、3~5天预报、周天气预报等。2000年6月,在陇县电视台开播天气预报节目,每天两次播出。2005年增加陇县旅游景区电视天气预报节目,开发气象远程终端服务系统,通过互联网向有关客户提供服务产品。同年开展手机短信服务。2008年用电子显示屏发布气象信息和重大灾害性天气预警信息业务。

②专项气象服务

防雹 1980年,成立陇县政府防雹指挥部,办公室设在县气象局,办公室主任由气象局局长兼任。

1974年以后,陇县的人工防雹告别了土法防雹,进入到现代化军事武器高射炮防雹的新阶段。1974年有"三七"高炮2门,1989年增加到8门,到2007年增加至11门,同时拥有WR-1B型火箭2副。防雹高炮点由1974年的3个增加到12个。根据全县区域内冰雹路径发生规律设置了3道防线,每个炮点配置"三七"高炮1门,在八渡镇大力村和河北乡石岭村各配置WR-1B型火箭1副。

2002年以前,县境内的12个炮点的房屋均为土木结构,水、电、路等基础设施较差。2003—2008年炮点改造了基础设施,建成全省一流的标准化炮站。

陇县现有防雹办管理人员4名,防雹炮点作业民兵72名,担负全县的防雹增雨作业任务。2001年前,防雹经费由县政府按全县的农业人口和土地面积核定标准分摊集资;2002年起,防雹经费由县财政列入当年财政预算统一解决。

为保证防雹增雨工作安全高效运行,县防雹办先后制定了《空域申请制度》、《通讯联络制度》、《高炮维护保养制度》、《弹药管理制度》、《炮点民兵岗位职责》等制度,并严格实施,确保了人工影响天气作业安全高效无事故。

1990年以来,全县共实施高炮防雹作业208次,发射炮弹24830发,减少经济损失3.72亿元。

陇县民兵女子防雹高炮连 1976年,组建了陇县民兵女子防雹高炮连,实行准军事化管理。民兵女子防雹高炮连编制72人,下辖12个民兵班,由县武装部和县气象局共同管理。

女子民兵防雹高炮连自1976年组建以来,长年奋战在艰苦的高山顶上,以防雹减灾、保障当地农业增产为己任,表现出了特别能吃苦、特别能奉献、特别能战斗的优良作风,被群众称为天不怕、地不怕的"女子管天兵"。女子民兵防雹高炮连的事迹经新华社、中央电视台、《解放军报》、《中国国防报》等媒体报道,传遍了神州大地,享誉国内外。2001年8月,被陕西省委、省政府、省军区授予"防雹英雄女民兵连"称号。2002年6月,被中国人民解放军总参谋部、总政治部评为"民兵预备役基层民兵建设先进单位"。2003年、2004年、2005年连队分别被陕西省委、省政府、省军区评为"民兵预备役基层民兵建设先进单位",连队获得市级以上表彰奖励和荣誉称号10多次。陇县气象局分别于2003年、2004年、2007年、2008年被省、市气象局授予人工影响天气工作先进集体。2002年7月25日,联合国防灾减灾署官员金玛丽·考尔博士一行考察了陇县民兵女子防雹连。2005年6月29

日,联合国开发计划署南南合作局专家德里卡·韦尔森博士考察陇县张家山炮点,均给予高度评价。原兰州军区司令员郭伯雄、陕西省军区司令员陈时宝及省、市政府等各级领导先后到陇县民兵女子防雹连视察指导。

1998 年 11 月 12 日,兰州军区司令员郭伯雄
上将视察陇县民兵女子防雹高炮连

陇县民兵女子防雹高炮连

人工增雨 1990 年以来,陇县气象局共实施人工增雨作业 76 次,累计创造经济效益约 1.3 亿元。1998 年 3 月 6—10 日,陇县、千阳、麟游三县联合实施地面高炮增雨作业,使北部山区过程降水量达 26 毫米以上,及时缓解了旱情。《宝鸡信息》《宝鸡日报》均对这次人工增雨做了深入报道,宝鸡市政府副市长王宏亲自带队深入炮点慰问了工作人员。

③气象科技服务

1990 年前,县气象局主要开展公益气象服务。之后,专业有偿气象服务相继开展,随着各行各业对气象服务的需求增长,1998 年成立气象科技服务股,改善服务手段,拓宽服务领域,增加服务产品,服务领域由过去的主要为农业服务拓展到畜牧业、建材业、旅游业、教育、交通等多种行业。在做好气象服务的同时,还向社会提供彩虹门、氢气球礼仪庆典、防雷检测等服务。

气象法规建设与社会管理

依法行政 2000 年,陇县气象局成立行政许可办公室,开展气象法律法规宣传教育,依法管理和规范气象设施及探测环境保护、气象灾害监测预警、气象信息发布、人工影响天气、雷电灾害防护、气候资源开发利用等活动。根据《中国气象局气象行政许可实施办法》,开展行政许可项目的审查、审批业务。主要包括:建设项目大气环境影响评价使用气象资料审查;防雷装置设计审核;防雷装置竣工验收;升放无人驾驶自由气球或者系留气球单位资质认定;升放无人驾驶自由气球或者系留气球活动的审批等工作,保证气象工作的依法有序开展。

防雷减灾 陇县属于雷电多发区,2000 年始,陇县气象局开展防雷减灾管理工作。2000 年 4 月,与陇县公安局联合下发《关于加强防雷安全设施技术检测工作的通知》。2001 年 7 月,陇县防雷站成立,开展防雷技术服务。2001—2008 年,累计实施防雷电检测 786 次,合格率为 85%,督促整改不合格防雷装置 68 套次,建筑物、构筑物防雷装置设计图纸审核,竣工验收 60 余家,初步形成了对全县主要企业和重要建筑设施的防雷电装置定期检测制度。

党建与气象文化建设

1. 党建工作

党的组织建设　1969 年前,党的关系隶属县农场党支部;1970 年至 1971 年合属邮电局党支部;1971 年成立气象站党支部,截至 2008 年有党员 5 名。

近年来,党支部先后开展了学习"三个代表"重要思想活动、学习社会主义荣辱观、学习实践科学发展观等学习教育活动,提出了"一个党员一面旗"的口号,发扬党员的先锋模范带头作用,在全局形成了爱岗奉献、不怕吃苦、团结互助的良好风气。由于党员的带头示范作用和党支部的战斗堡垒作用,在全体职工的共同努力下,连续 5 年获得县委、县政府年度目标管理先进单位。2005—2007 年陇县气象局被宝鸡市气象局连年表彰为目标考核优秀达标单位一等奖和二等奖。2005 年以来 6 次被宝鸡市气象局评为地面测报、气象科技服务和人工影响天气先进集体。各项工作位于全市气象系统前列。

党风廉政建设　党风廉政建设进一步加强。多年来认真落实党风廉政建设目标责任制,在党员、干部中积极开展党风廉政教育和廉政文化建设活动;单位一把手"一岗双责"制度得到有效落实;建立和完善了包括"一把手末位表态制"等在内的各项规章制度,局务公开更加细化和透明,建设文明单位、和谐单位和清廉单位的气氛日益浓厚。2008 年落实了"三人决策"、"三重一大"、"联签会审"制度,不断推进惩治和预防腐败体系建设。

2. 精神文明建设

陇县气象局坚持"两手抓、两手都要硬"的方针,始终把精神文明建设作为统揽全局的抓手。2002 年成立精神文明建设工作领导小组,制订文明单位创建规划,做到经费、人员、措施三落实,从环境的绿化美化、职工的思想道德教育、树新风、除陋习、积极开展文体活动和集体劳动、创佳评差活动入手,开展扎实有效的精神文明创建活动,取得显著成效,有力地推动了各项工作。

文明单位创建　2003 年,建成市级文明单位;2007 年,建成市级园林式单位;2008 年,建成省级文明单位。

3. 荣誉

集体荣誉　2001 年,陇县民兵女子防雹高炮连,被省委、省政府、省军区授予防雹英雄女民兵连荣誉称号。2005 年陇县气象局被省委、省政府、省军区授予"基层建设先进单位"称号。

个人荣誉　共获省部级以下各类表彰奖励 78 人次。

台站建设

1978 年以前,陇县气象站有砖木结构和土木结构平房 5 栋 35 间,建筑面积 1031 平方米。1979 年,投资 3.07 万元,扩建高炮房、职工宿舍和部分办公用平房。1997 年建成职工住宅楼 1 栋,2000 年修建砖木结构新平房。2007 年投资 85 万元新建办公楼 1 栋,建筑面积 420 平方米。装修了办公室、会议室、测报室、预报室、资料室、仪器室和防雹办公室,升级了业务设施,更新了办公家具,美化了单位形象。近年来,陇县气象局分期分批对机关院内的环境进行了绿化改造,规划修整了道路、草坪、花坛和观测场,改善了单位环境。2007年荣获市级园林式单位称号。

20 世纪 60 年代的陇县气象站

2007 年综合改造后的陇县气象局业务楼

千阳县气象局

千阳县地处关中西部边陲,位于宝鸡市以北,北靠甘肃省灵台县,南邻陈仓区,东与麟游、凤翔县毗连,西同陇县接壤。南北长 45 千米,东西宽 40 千米。境内台塬北垣,南山对峙,千河横贯其中,为"七山二塬一分川"地貌。宝中铁路、宝平公路从县内穿越。全县辖 6 镇 5 乡、98 个行政村。总面积 996.46 平方千米,总人口 13 万。

千阳属暖温带大陆性半湿润半干燥季风气候区,水热同季,四季分明,冬季干冷少雪,夏季炎热多雨,春季气候多变,秋季阴雨较多。降水变率大,时、空分布不均。境内地形复杂,山、川、塬小气候明显,灾害性天气频繁发生,尤以暴雨、干旱、冰雹、大风、雷电危害为甚。

机构历史沿革

台站变迁 1960 年 1 月,在千阳县曹家塬农场建成陕西省陇县曹家塬气候站;1991 年 1 月,站址迁到县城边的城关镇新民村四组,观测场位于北纬 34°39′,东经 107°8′,海拔高度 751.6 米;2004 年 12 月,实行局站分离,气象局搬至县城南关路,观测站仍在原处开展业务。

历史沿革 1960 年 1 月,建成陇县曹家塬气候站;1961 年 9 月,更名为千阳县气候站;1962 年 2 月,改名为千阳县气象服务站;1970 年 10 月,成立陕西省千阳县革命委员会气象站;1978 年 11 月,更名为千阳县气象站;1990 年 5 月,更名为千阳县气象局(实行局站合一)。

管理体制 1960 年 1 月—1961 年 8 月,归陇县人民政府领导;1961 年 9 月—1962 年 5 月,千阳、陇县分县后,归属千阳县农林水牧局领导;1962 年 10 月—1966 年 6 月,由气象部门统一管理;1966 年 7 月—1979 年 12 月,归县农林局领导(1970 年 12 月—1973 年 2 月,由当地革命委员会和县武装部管理,以县武装部领导为主);1980 年 1 月起,实行气象部门与地方政府双重领导,以气象部门领导为主的管理体制。

机构设置 千阳县气象局下设地面测报股、科技服务股、防雷站和行政许可办公室。

单位名称及主要负责人变更情况

单位名称	姓名	职务	任职时间
陕西省陇县曹家塬气候站	邵安泰	站长	1960.01—1961.08
千阳县气候站			1961.09—1962.01
千阳县气象服务站			1962.02—1969.02
	杨素清	站长	1969.02—1970.10
陕西省千阳县革命委员会气象站	何维江	站长	1970.10—1976.05
	张积功	站长	1976.05—1978.10
			1978.11—1981.01
千阳县气象站	常勤发	副站长(主持工作)	1981.01—1983.04
	杜明章	站长	1983.04—1985.03
	肖 辉	副站长(主持工作)	1985.03—1986.01
	冯志忠	站长	1986.01—1987.04
	贾林侠	副站长(主持工作)	1987.04—1988.01
	年启华	站长	1988.01—1990.05
千阳县气象局		局长	1990.05—1995.03
	卫 东	局长	1995.03—2001.02
	白 果	局长	2001.02—2003.01
	张向荣	副局长(主持工作)	2003.01—2003.11
		局长	2003.11—2005.11
	王来荣	副局长(主持工作)	2005.11—2006.06
		局长	2006.06—

人员状况 1960年,建站时只有2人。2008年,定编为6人,共有在职职工9人(在编职工6人,外聘职工3人),在职职工中:大学本科5人,大专3人,中专1人;中级职称3人,初级职称4人。

气象业务与服务

1. 气象业务

①气象观测

观测项目 千阳县气象站属于国家一般站,向省气象局每天传输3次定时观测报,制作地面月报表和年报表等业务。建站时每天地方太阳时07、13、19时3次观测,同年8月观测时制改为北京时,每天08、14、20时3次观测。观测项目有风向、风速、气温、气压、云、能见度、天气现象、降水、日照、小型蒸发、地温、雪深、冻土。观测方法、项目曾多次变更,1980年1月,执行国家气象局《地面气象观测规范》。2007年自动气象站建成运行后,增设了深层地温观测,气压、气温、湿度、风向风速、降水、地温自动观测项目改为24时定时观测、其他项目未变。

气象电报 千阳气象站建站后一直用手摇电话通过邮局向市台发6小时降水量,20时小图报,预约航危报、08—08时降水量,14时地面绘图报。1988年,配备了甚高频电话,无线对讲通讯,实现与市气象台的业务会商。观测发报用口传方式发至市气象台。2007年1月1日,建成自动气象站,实现地面基本气象观测资料采集、传输自动化。

发报内容 天气报的内容有云、能见度、天气现象、气压、气温、风向风速、降水、雪深、地温等。航空报的内容只有云、能见度、天气现象、风向风速等。重要天气报的内容有暴雨、大风、雨凇、积雪、冰雹、龙卷风、雷暴等。

气象报表 1960年建站以来,千阳县气象站气象月报表、年报表用手工抄录方式编制,一式3份,分别报送省气象局气候资料室、市气象局。从1994年1月开始用微机制作打印气象报表,结束了手工编制报表。

②气象信息网络

1999年5月,开通卫星气象单收站,停止传真机接收天气图业务。2000年,接入X.25专线,实现了气象信息网络传输。2003年,开通省市县计算机远程终端。公文实现Notes系统传输。2005年,建立卫星地面单收站,接收天气图、云图资料。2006年,开通省市县天气预报可视会商系统。

③天气预报

短期天气预报 从建站到20世纪80年代初,以收音机接收气象广播,手工点绘简易天气图、曲线图等工具,结合本站资料和本地气候特点制作单站补充天气预报。1984年10月,开始利用CZ-80型传真机接收北京、兰州气象中心、省气象台传真的亚欧范围地面、高空天气图、云图资料以及中央台、省台天气预报资料信息与产品,分析判断天气变化,制作天气预报,通过广播站向外发布。90年代,随着气象卫星综合应用业务系统的实施,气象预报产品日益丰富,预报准确率不断提高。2004年以后,上级天气预报指导信息更加丰富和完善,县局预报向精细化发展,在时效、落区上进一步细化,预报内容更趋丰富。

中、长期天气预报 主要运用数理统计方法和常规气象资料图表及相关相似、韵律关系分析等方法,在市气象台预报产品指导下,制作具有本地特点的旬、月预报。长期预报产品有春播预报、三夏汛期(5—9月)预报、秋播预报、年度预报等。

2. 气象服务

①公众气象服务

1990年3月,在县电视台开播天气预报节目。天气预报信息由气象局提供,电视节目由电视台制作,预报信息通过电话传输至广电局。2005年,通过移动通信网络开通了气象商务短信平台,以手机短信方式向全县各级领导和用户发送气象信息。2008年,开始应用气象电子显示屏,发布气象灾害信息,有效应对突发气象灾害,提高气象灾害预警时效,避免和减轻气象灾害造成的损失。

②决策气象服务

决策气象服务产品有《送阅件》、《重要天气消息》、《雨情通报》、《墒情通报》、《气候与农情》、短期气候预测、灾情报告、《人工影响天气简报》、《千阳气象》和《气候影响评价》等。根据农事生产,适时制作农作物各重要生育期农业气象分析专题材料,为地方党政领导和相关部门提供决策依据。决策服务产品主要通过专题书面报告、电话、传真、手机短信、电子显示屏等多种形式传递。

③专项气象服务

人工影响天气　1978年以前,使用土炮、小火箭实施人工消雹作业;1978年,开始使用"三七"高炮人工消雹;1993年,防雹工作移交气象部门管理;1994年,千阳县政府人工影响天气工作领导小组成立,办公室设在县气象局。1999年,开始用车载WR-1B型火箭进行防雹增雨作业。现有炮点6个,"三七"高炮6门,车载火箭架1副,流动作业车1辆,建成5个标准化炮站,建成9个两要素自动区域气象站。

服务效益　2003年6月21、25日的增雨作业效果明显,解除了严重的春夏连旱,受到县委、县政府表扬和群众的称赞,受益群众送来"防雹减灾尽职尽责,增雨为民一心一意"的锦旗,县电视台专题采访报道。

2005年"9·20"暴雨服务中,全局干部职工坚守岗位,严密监视天气变化,及时发布《暴雨天气消息》,为党政领导正确决策提供科学依据,使灾害损失降低到最低程度。

2008年,在低温冰冻雪灾和汶川大地震中,迅速启动应急预案,坚持各项气象业务正常开展,严密监测天气变化,向政府和抗震救灾应急决策部门及时准确地提供各种气象服务。

气象服务工作最大限度地降低了灾害损失,每年约减少经济损失约百万元左右。

④气象科技服务

1985年,开始开展气象专业有偿服务,主要为各乡镇(场)或相关单位提供短、中、长期天气预报和气象资料,同时开展种养殖、餐馆经营等项目的探索。1997年,开始为重要会议、重大社会活动开展彩球礼仪庆典活动。1997年6月,开通"121"天气预报自动咨询电话服务(2005年1月,"121"电话升位为"12121")。2001年7月,成立宝鸡市防雷中心千阳防雷站,对建(构)筑物、易燃易爆场所防雷装置进行检测,对新建筑物防雷图纸进行专项审核,并开展随工检测和竣工验收。2000年以来,科技服务项目逐步增多,服务面不断扩大,先后开展旬、月预报、短期天气预报、气象资料、"12121"电话、手机气象短信、电子显示屏、彩球礼仪庆典、防雷检测等多种服务。科技服务的发展增强了单位综合实力,提高了职工生活水平,也推动了气象事业的发展。

⑤气象科普宣传

利用"3·23"世界气象日、科技之春等机会,宣传《中华人民共和国气象法》、《陕西省气象条例》、《人工影响天气条例》,并向群众进行气象知识宣讲、咨询,提高了行业的知名度,进一步宣传了气象法律、法规。

气象法规建设与社会管理

法规建设　认真贯彻落实《中华人民共和国气象法》、《陕西省气象条例》、《国务院对确需保留的行政审批项目设定行政许可的决定》,千阳县气象局于2005年成立行政许可办公室。2006年,县政府下发《千阳县人民政府办公室关于进一步做好防雷减灾工作的通知》(千政办发〔2006〕59号),对防雷安全管理工作提出明确的要求。2007年县气象局与千阳县教育局联合发文,对全县学校的防雷安全做出具体安排。

    制度建设　1995 年,制定了《千阳县气象局综合管理制度》,以后每年重新修订和完善。内容包括:局务会议制度、业务管理制度、财务管理制度、局务公开制度、学习制度、民主生活会制度、考核奖惩制度等。通过规范管理、局务公开,做到科学决策、民主管理,努力做到办事有依据、每人有责任,奖优罚劣,充分调动干部职工的积极性。2002 年,制定《千阳县气象局制度汇编》,以后每年重新修订完善,内容包括党建、党组织民主生活会、学习、廉政建设、行政许可制度,"三夏"和"汛期"服务办法以及值班制度,安全生产制度,计算机网络安全管理工作制度,业务值班室管理制度,会议制度,财务、福利制度,行政综合事务管理制度等。

    行政执法　对升放轻气球活动、防雷装置设计审核和竣工验收、大气环境影响评价气象资料审查实施行政许可,并对许可项目、内容、办事程序进行公示。成功的对两起影响观测环境及非法发布天气预报的案例进行处理。电视台就案例进行报道,推动了气象依法行政工作。

    政务公开　2002 年,实行局务公开、物资采购、财务监管三项制度,认真执行廉政监督员制度,对机构设置、工作职责、气象行政审批办事程序、气象服务承诺、气象行政执法依据和纪律、服务收费依据及标准等内容向社会公开。对涉及群众切身利益的问题、热点难点问题、单位业务和财务及经济发展等重大决策和重大事项及时或定期向职工公开,必要时召开职工大会和局务会,广泛听取意见,集体讨论决定。

党建与气象文化建设

1. 党建工作

    党的组织建设　千阳气象站 1960—1990 年编入县农场党支部,1991 年—1992 年 7 月编入县农科所党支部,1993 年 8 月,成立千阳县气象局党支部,隶属县农业局党委,年启华任书记。1994 年,党支部改由县级机关党委领导。2001 年以来,共发展党员 7 人。截至 2008 年底有党员 5 人。

    党风廉政建设　多年来,局党支部重视党风廉政建设目标责任制的落实,积极开展廉政教育和廉政文化建设活动,建设文明机关、和谐机关和廉洁机关。重视全站精神文明建设和党建工作,注重把领导班子的自身建设和职工队伍的思想建设作为文化建设的重要内容。

2. 气象文化建设

    精神文明建设　2000 年以来,建立职工活动室、图书阅览室、健身场所,不断改善办公和生活条件,开展各种文体活动。利用"3·23"世界气象日、科技之春等机会,宣传《中华人民共和国气象法》《陕西省气象条例》《人工影响天气条例》并向群众进行气象知识宣讲、咨询,增进了群众对气象工作的了解,提高了行业的知名度,进一步宣传了气象法律、法规。扩大气象行政执法宣传面。

    文明单位创建　1993 年,被县委、县政府授予县级文明单位;2006 年,被市委、市政府授予市级文明单位。

3. 荣誉

集体荣誉　2005 年被中国气象局授予"局务公开先进单位"。

个人荣誉　截至 2008 年共获省部级以下综合表彰的先进个人 52 人次。2003 年雷雯被宝鸡市政府授予"突出贡献科技工作者"称号。

台站建设

台站综合改善　1991 年,投资 19 万元,购置 171 信箱 4166.9 平方米的独立院落,作为县气象局业务办公用房。2004 年投资 65 万元购买位于南关路 5 号税务局原办公楼 1274 平方米用于县气象局办公,实行局站分离。2007 年,投资 36 万元,分别对局办公楼和观测站办公楼进行装修改造,并建成了地面自动站。

园区建设　2007—2008 年,千阳县气象局对局机关和观测站的办公楼与环境进行了改造、绿化、美化。对局办公楼进行装修、改造,使气象局办公楼以崭新的姿态座落在县城繁华的南关路。对观测站的办公楼进行装修,院落进行了硬化,硬化面积 620 平方米,绿化面积 700 平方米。使观测站变成了鸟语花香的秀丽景区。

1991 年以前的千阳气象站

综合改造后的千阳县气象局观测场(2008 年)

综合改造后的千阳县气象局综合办公楼(2008 年)

陈仓区气象局

陈仓区原称宝鸡县,2003 年 5 月撤县建区后更名为陈仓区。陈仓区历史悠久,早在 7000 多年前,人类先祖们就在此依山傍水而定居,是"伏羲所治,炎帝所生,黄帝所都"之地。夏商时,为雍州域。秦武公设虢县,商末,县城虢镇为周文王母弟虢叔封地,史称西虢。秦孝公时设陈仓县(公元 361 年),距今已有 2370 年。

陈仓区地处秦岭北麓、陇山支脉、黄土高原和渭河地堑交界处,南、北、西三面环山,中部低凹,向东敞开。渭河自西向东穿中而过,全境呈西高东低的不规则箕状盆地。属大陆季风区域的暖温带半湿润、半干旱气候,境内地形复杂,小气候明显,气象灾害频繁发生,尤以干旱、雨涝、冻害、冰雹、大风、干热风危害为甚。

机构历史沿革

台站变迁 1972 年 12 月,在宝鸡县虢镇城北门外"乡村"建成宝鸡县气象站,沿用至今。观测场位于北纬 34°22′,东经 107°24′,海拔高度 563.0 米。

历史沿革 1972 年 12 月,建成宝鸡县气象站,1990 年 5 月,改称宝鸡县气象局(实行局站合一);2003 年 6 月,撤县建区后更名为陈仓区气象局,宝鸡县气象站名称依旧。

2007 年 1 月 1 日改为宝鸡县国家气象观测站二级站,2009 年 1 月 1 日改为宝鸡县国家气象观测一般站。

管理体制 1972 年 12 月—1979 年 12 月,由宝鸡县农林局领导;1980 年 1 月起,实行气象部门与地方人民政府双重领导,以气象部门领导为主的管理体制。

机构设置 陈仓区气象局下设地面测报股、科技服务股、办公室、行政许可办公室、防雷站。

单位名称及主要负责人变更情况

单位名称	姓名	职务	任职时间
宝鸡县气象站	刘志祥	站长	1972.12—1979.04
	张宏博	站长	1979.04—1984.11
	张丰龙	副站长(主持工作)	1984.11—1985.12
		站长	1985.12—1990.05
		局长	1990.05—1993.10
宝鸡县气象局	杨志亭	副局长(主持工作)	1993.10—1994.01
		局长	1994.01—1998.08
	王拴雄	局长	1998.08—2002.03
	杨多翠	副局长(主持工作)	2002.03—2002.09
		局长	2002.09—2003.05
陈仓区气象局			2003.06—

人员状况 1973年建站时有职工6人。截至2008年底,共有在职职工9人(在编职工6人,聘用职工3人),退休职工4人。在编职工中:研究生1人,大学4人,大专1人;中级职称1人,初级职称5人。

气象业务与服务

陈仓区气象局的主要业务是地面气象观测,制作,发布本地补充预报,同时做好气象服务。陈仓区气象局坚持气象服务以满足社会经济发展需求为目标,努力把决策气象服务、公众气象服务、专业气象服务和气象科技服务融入到经济社会发展和人民群众生产生活当中。

1. 气象业务

①气象观测

1973年10月1日宝鸡县气象站下设地面气象测报股。

观测时次 1973年10月1日起,每天进行08、14、20时(北京时)3次观测,夜间不守班。观测项目有云、能见度、天气现象、气压、气温、湿度、风向、风速、降水、日照、地温、冻土、蒸发、雪深等。

发报内容 1973年10月起主要承担重要天气报、小天气图报、雨量报的发报任务。2001年开始承担加密天气报的发报任务,用加密天气报代替小天气图报。加密天气报的内容有云、能见度、天气现象、气压、气温、风向风速、降水、雪深、地温等。重要天气报的内容有暴雨、大风、雨凇、积雪、冰雹、龙卷风,2008年增加雷暴、霾等现象。

电报发送方式 1973年到2002年5月通过电话传输给电信部门发送。2002年5月后报文通过气象分组交换网络进行传送。

气象报表制作 宝鸡县气象站编制的报表有气表-1、气表-21。向省气象局报送3份,本站留底本1份。1996年开始使用微机制作报表,应用AHDM软件制作、打印气象报表,向上级气象部门报送磁盘,停止报送纸质报表。2003年5月通过气象分组交换网向省气象局转输原始资料,每年气表-21仍报送纸质报表。

现代化观测系统 2006年12月宝鸡县气象站建成自动气象站,2007年1月1日开始双轨观测。自动站自动观测的项目有气压、气温、湿度、风向风速、降水、地温、草温。2009年1月1日,自动气象站进入单轨业务运行。

自动区域气象站陆续建设 2006年12月在陈仓区千河镇、县功镇、坪头镇首先建成温度、雨量两要素自动区域气象站,2007年8月建成香泉镇温度、雨量两要素自动区域气象站,同年12月建成凤阁岭镇四要素自动区域气象站。

②气象信息网络

1983年开始天气图传真接收业务。1987年,开通甚高频无线对讲通讯电话,实现与地区气象局直接业务会商。1997年建成PC-VSAT接收站,实现通过网络实时接收各类预报信息和图表,主要用于短期、中期天气预报业务的开展。2001年陈仓区气象局接入互联网,2003年建成市县计算机远程终端系统,2003年底建成气象信息宽带网,用于气象业务、办公政务、气象服务等工作。2005年建立卫星地面单收站,接收天气图、云图资料。2006年,开通省市县气象视频会商系统。

③天气预报

短期、中期天气预报 1974年6月,宝鸡县站开始制作补充天气预报。20世纪80年代通过传真机接收中央气象台、省气象台的旬、月天气预报,再结合分析本地气象资料、短期天气形势、天气过程的周期变化等制作短期预报、旬月天气过程趋势预报。

长期天气预报 县气象站主要运用数理统计方法和常规气象资料图表及上级预报服务产品,分别制作出符合本地特点的补充订正预报。20世纪80年代后为适应县区经济发展的需要,宝鸡县气象局强化长期专项气象预报服务产品。长期预报服务产品主要有:春播分析预报、三夏预报、汛期预报、秋播分析预报、冬管预报、年度预报、五一、国庆专题预报及服务材料。

2. 气象服务

公众气象服务 1987年开始逐步购置无线警报接收装置,安装到县防汛抗旱办公室、县农业局和各乡镇企事业单位,接收市气象预警信息,初步建成气象预警服务系统。1989年购置无线警报发射机,独立使用预警系统对外开展服务,夏季每天广播2次,冬季广播1次,汛期加播雷阵雨及重大天气预警服务,服务单位通过警报接收机定时接收气象服务信息。1997年,气象局同电信局合作开通“121”天气预报自动咨询电话。2003年7月,气象局与县广播电视局联合开播电视天气预报,天气预报信息由气象局提供,电视节目由电视台制作。预报信息通过电话传输至广电局。2005年,通过移动通信网络开通了气象商务短信平台,以手机短信方式向全县各级领导和用户发送气象信息。2007年开始应用气象电子显示屏,在全县主要部门和单位安装使用,开展气象灾害信息发布工作,有效应对突发气象灾害,提高气象灾害预警时效,避免和减轻气象灾害造成的损失。

决策气象服务 常规决策气象服务产品主要有《陈仓气象》、《气象信息》、《送阅件》、《重要天气消息》、《灾害性天气预警》、《雨情通报》等。按月、季、年编发旬、月、年度气候趋势预测和《气候影响评价》,适时制作农作物各重要生育期农业气象分析专题材料,为地方党政领导和相关部门提供决策依据。决策气象服务产品主要通过专题书面报告、电话、传真、手机短信、电子显示屏等多种形式传递。

气象科技服务 在做好公益服务的同时,1985年开始推行气象有偿专业服务。气象有偿专业服务主要是为全县各乡镇工厂(场)或相关企事业单位提供中、长期天气预报和气象资料,同时使用预警系统对外开展突发性气象预警和短期天气预报服务。20世纪末期以来,科技服务项目逐步增多,服务面不断扩大,先后通过旬、月预报、短期天气预报、气象资料、电视天气预报、12121电话、手机气象短信、电子显示屏、彩球礼仪庆典、防雷检测等多种服务手段,开展气象科技服务,增强单位综合实力,提高职工生活水平,有力地推动了气象事业的发展。

人工影响天气 1998年,宝鸡县政府人工影响天气领导小组成立,下设办公室,挂靠县气象局,气象局局长兼任办公室主任。同年县财政投入经费,购置WR-1B型火箭发射装置2副,在区新街镇、官村村各建设人工影响天气发射基地,为人工影响天气作业提供了可靠的安全保证。

服务效益　气象服务在当地经济社会发展和防灾减灾中发挥着巨大作用。气象预警服务主要对象是农村基层及全区大小百余家砖瓦厂,每年春季、冬季霜冻和夏季的雷阵雨灾害天气预防,可以减少数百万元的损失。2002年2月,2008年2月面对百日大旱,陈仓区气象局人工影响天气办公室选择有利时机多次进行人工增雨雪作业,全区受益面积2580平方千米,增雨总量2500万立方米,直接节约灌溉资金500万元,同时解决缺水地区的人畜饮水困难,降低森林火险的发生机率,间接创经济效益1000多万元。

气象法规建设与社会管理

法规建设　重点加强气象探测环境保护和雷电灾害防御的依法管理。2005年,陈仓区政府下发《关于加强气象探测环境保护工作的通知》(宝陈政办发〔2005〕35号)、陈仓区气象局联合城乡建设局、安监局下发了《关于加强建(构)筑物防雷安全管理工作的通知》(宝县气法〔2002〕2号)、《关于加强我区升空气球和防雷电设施安全管理的通知》等文件,规范防雷市场的管理,提高防雷工程的安全性。防雷行政许可和防雷技术服务逐步进入规范化建设。2001年,宝鸡县政府办公室发文,将防雷工程从设计、施工到竣工验收,全部纳入气象行政管理范围,县气象局防雷站承担全县的防雷设施检测。2002年宝鸡县气象局被列为县安全生产委员会成员单位,负责全县防雷安全的管理,定期对全区的防雷设施进行检查,对不符合防雷技术规范的单位,责令整改。

政务公开　2002年5月开始实行局务公开、物资采购、财务监管三项制度,对气象行政审批办事程序、气象服务内容、服务承诺、气象行政执法依据、服务收费依据及标准等,采取户外公示栏、发放宣传单等方式向社会公开。干部任用、财务收支、目标考核、业务质量、基础设施建设、工程招投标等内容则采取职工大会或局公开栏张榜等方式向职工公开。财务每月公示一次,年底对全年收支、职工奖金福利发放、领导干部待遇、劳保、住房公积金等向职工作详细说明。干部任用、职工晋职、晋级等及时向职工公示或说明。

管理制度　2002年4月县局制定了《宝鸡县气象局综合管理制度》,2003年重新修订,内容包括局务、业务管理制度、会议制度,财务管理、奖惩、福利制度等。

党建与气象文化建设

1. 党建工作

党的组织建设　1973年10月—1977年,有党员1人,1977—1988年,有党员7人,编入宝鸡县农业局农技中心党支部。1991年,宝鸡县气象局党支部成立。截至2008年底有在职党员3人,退休党员4人。

党风廉政建设　多年来,陈仓区气象局认真落实党风廉政建设目标责任制,积极开展廉政教育和廉政文化建设活动,努力建设文明机关、和谐机关和廉洁机关。开展了以"勤政廉政"为主题的廉政教育。组织全局职工观看了区机关工委要求的警示教育片,将局财务账表和上级财务部门审计结果向职工及时公开。2008年落实"三人决策"、"三重一大"、

"联签会审"制度,不断推进惩治和预防腐败体系建设。

2.气象文化建设

陈仓区气象局始终坚持以人为本,弘扬自力更生、艰苦创业精神,深入持久地开展文明创建工作,定期组织政治理论和业务、科技知识学习,不断提高职工素养。

陈仓区气象局把领导班子的自身建设和职工队伍的思想建设作为文明创建和气象文化建设的重要内容,开展经常性的学习教育,造就了清正廉洁的干部队伍。近年来,对政治上要求进步职工党支部进行重点培养,条件成熟及时发展。截至 2008 年底,全局干部职工及家属子女无一人违法违纪。

精神文明建设 2000 年以来,开展文明创建规范化建设,统一制作局务公开栏、学习园地、法制宣传栏和文明创建标语等宣传用语牌。建设"两室一场"(图书阅览室、职工学习室、小型运动场),拥有图书 1000 册。每年在"3·23"世界气象日、科技之春宣传月组织科技宣传,普及气象、防灾减灾、防雷等知识。积极组织全局职工参加区级文艺会演和户外健身活动,丰富职工的业余生活。

文明单位创建 1999 年被宝鸡县委、县政府授予县级文明单位。

荣誉 截至 2008 年底,集体共获省部级以下各种表彰奖励 35 项。个人共获省部级以下各种奖励 48 人次。

台站建设

2005—2008 年,陈仓区气象局分期分批对观测场、道路、铁艺围墙、院内的环境绿化进行改造。2007 年整修道路 1 千米,告别气象局出门走土路的历史。2008 年完成电网改造项目。目前新建装修业务值班室,初步建成县级业务平台,完成了业务系统的规范化建设。

气象局现占地面积 3804.5 平方米,办公楼 1 栋 170 平方米,目前灾后重建工作正在进行,拟新建办公楼、职工公寓、车库等。

1980 年 9 月的宝鸡县气象站

观测场标志牌(2008 年)

2007 年的陈仓区气象局综合业务值班室

凤翔县气象局

凤翔县因"凤鸣于岐,翔于雍"而得名,古称雍州,是周秦发祥之地、华夏九州之一、丝绸之路重要驿站和历史文化名城,被誉为西凤酒乡、民间工艺美术之乡和泥塑之乡。辖 12 镇 5 乡,233 个村,总面积 1179 平方千米,总人口 51 万。凤翔县位于关中盆地和渭北黄土台原西部,东与岐山县接壤,南与陈仓区毗邻,西达千阳县界,北与麟游县相连。境内地势北高南低,山原相连,沟壑并存。

凤翔县属暖温带大陆性季风气候区与半湿润半干旱地区,四季分明,水热同季,为陕西主要粮食产区之一。年平均日照时数 1998.2 小时,年平均气温 11.5℃,年极端最高气温 40.0℃,年极端最低气温 −19.2℃,年平均降水量 606.5 毫米。农业气象灾害主要有干旱、冰雹、大风、暴雨、干热风、连阴雨和霜冻。以春、夏干旱和秋季连阴雨危害最大。

机构历史沿革

台站变迁 1958 年 12 月,凤翔县气候站在县城南关雷家台(乡村)建成,为国家一般站,农业气象观测一级站。观测场位于北纬 34°31′,东经 107°23′;观测场海拔高度 781.1 米。2006 年 11 月,实行局站分离,气象局搬迁至县城雍兴路。

历史沿革 1958 年 12 月,成立凤翔县气候站;1960 年 6 月,更名为凤翔县南关气候服务站;1961 年 12 月,更名为凤翔县气象服务站;1963 年 2 月,更名为陕西省凤翔县气象服务站;1966 年 7 月,更名为凤翔县气象服务站;1971 年 1 月,更名为凤翔县气象站;1972 年 1 月,更名为凤翔县革命委员会气象站;1977 年 4 月,更名为凤翔县气象站;1990 年 1 月,改称为凤翔县气象局(实行局站合一)。

2005年1月,升级为凤翔国家基本气象站;2007年1月更名为凤翔国家气象观测站一级站;2009年1月,更名为凤翔国家基本气象站。

管理体制　1958年12月—1966年6月,隶属气象部门管理;1966年7月—1977年3月,归凤翔县人民委员会管理;1977年4月—1979年12月,归地方人民政府领导;1980年1月起,实行气象部门与地方政府双重领导,以气象部门领导为主的管理体制。

机构设置　机构设置有办公室、测报股、预报服务股、生态与农气股、政策法规股、人工影响天气办公室、气象科技服务中心等。

单位名称及主要负责人变更情况

单位名称	姓名	职务	任职时间
凤翔县气候站	史宪典	站长	1958.12—1960.06
凤翔县南关气候服务站			1960.06—1961.12
凤翔县气象服务站			1961.12—1963.02
陕西省凤翔县气象服务站			1963.02—1966.07
凤翔县气象服务站			1966.07—1970.04
	高万瑄	站长	1970.05—1970.12
凤翔县气象站			1971.01—1971.12
凤翔县革命委员会气象站			1972.01—1977.03
			1977.04—1980.03
凤翔县气象站	杜明章	站长	1980.04—1983.05
	罗炳义	副站长(主持工作)	1983.06—1987.11
		站长	1987.12—1990.01
		局长	1990.01—1998.08
凤翔县气象局	张义芳	副局长(主持工作)	1998.09—1999.11
		局长	1999.11—

人员状况　1958年12月建站时有职工2人。1978年有职工8人(其中外聘2人)。截至2008年底,有在职职工13人(在编职工8人,外聘职工5人),退休职工2人;在职职工中:大学本科4人,大专5人,中专1人;高级职称1人,中级职称6人,初级职称4人。自建站至今,先后有40余位同志在凤翔县气象局(站)工作过。

气象业务与服务

1. 气象业务

①气象观测

观测时次　建站时每天进行01、07、13、19时(地方太阳时)4次观测。1960年1月改为07、13、19时3次观测,同年8月观测时制改为北京时,每天进行08、14、20时3次观测。2005年1月改为02、08、14、20时(北京时)4次定时观测和05、11、17、23时4次补充天气观测,夜间守班。观测项目有云、能见度、天气现象、气压、气温、湿度、风向风速、降水、雪深、日照、蒸发、冻土、地温和电线积冰等。

发报内容 天气报内容有云、能见度、天气现象、气压、气温、风向风速、降水、雪深、电线积冰、地温等。重要天气报的内容有降水量、大风、龙卷风、积雪、雨凇、冰雹、雷暴、视程障碍现象等。

地面气象报表 编制的报表有气表-1、气表-21,向中国气象局、省气象局、地(市)气象局报送。2000年10月起用X.25网络向省气象局传输原始资料,停止报送纸质报表。

现代化观测系统 2004年12月CAWS600B(S)型自动气象站建成,2005年1月开始试运行。自动气象站观测项目有气压、温度、湿度、风向风速、降水、地温等,观测项目全部采用仪器自动采集、记录。2007年1月,自动气象站正式投入业务运行。

2006—2008年,建成16个CAWS-TR型温度、雨量两要素自动区域气象站。

②农业气象观测

1960年,凤翔气象站开展小麦物候和土壤湿度观测;1980年被确定为国家一级农业气象试验站,增加夏玉米、杏、蒲公英物候观测;1985年开始小麦遥感测定产量物候观测;2006年开始生态观测,观测内容为小麦、玉米、苹果和辣椒;2008年8月安装Gstar-Ⅰ土壤水分自动监测仪,并投入使用。

物候观测内容和方法:观测作物各个发育期,各发育期的植株高度、密度;病、虫害;灾害性天气对作物的影响;发育普遍期时的田间土壤湿度;产量分析。土壤湿度观测每旬逢3、8日进行。

编制的报表有农气表-1;农气表-2-1;农气表-3。向国家气象局、省气象局、地(市)气象局报送。

③天气预测预报

短期天气预报 1959年1月,用收听电台,绘简易图结合实况分析的方法,制作单站晴雨、大风和雷雨预报,电话通知各乡(区)。1986年5月,配备CZ-80型无线传真接收机,接收北京、兰州气象中心、陕西省气象台传真的亚欧范围地面、高空天气图、云图资料以及中央台、省台天气预报资料与产品,结合本站资料、预报图表和指标工具,分析制作单站补充短期天气预报。2004年以后,上级指导信息更加丰富和完善,县局预报向精细化发展,预报内容更趋丰富。

中期天气预报 20世纪80年代初,根据中央气象台、省气象台的旬、月天气预报产品,结合本地气象资料、短期天气形势、天气过程的周期变化等制作旬天气趋势预报。

长期天气预报 20世纪70年代中期开始,根据上级指导预报,运用数理统计方法和常规气象资料图表及天气谚语、韵律关系等方法,做出本地补充订正预报。

长期预报主要有春播预报、汛期(5—9月)预报、年度预报、秋季预报。

③气象信息网络

1970年开始,县气象站收音机收听陕西省气象台广播的天气形势和预报。1986年宝鸡市甚高频辅助通讯网开通,县气象局直接与市气象台会商天气。1999年6月建成卫星数据广播接收系统。2003年开通省市县计算机远程通讯网。2005年建立卫星地面单收站,接收天气图、云图资料。2006年,开通省市县天气预报可视会商系统。

2. 气象服务

公众服务与决策服务   建站初期,主要制作单站晴雨、大风和雷雨预报,通过电话向各乡(区)通知。1983年用传真机接收大台气象要素和预报图表、指导信息后,预报水平有了大的提高,开始由县广播站对外广播天气预报。1989年购置无线电警报发射机和11部警报接收装置,安装到县防汛抗旱办公室、各乡镇和砖厂等用户单位,建成气象预警服务系统。每天上、下午各广播1次,服务单位通过警报接收机定时接收气象服务信息。

1997年6月,凤翔县气象局同县电信局合作开通"121"天气预报咨询电话。2002年4月全市"121"答询电话实行集中管理(2005年1月,"121"电话升位为"12121")。2000年7月,地面卫星接收小站建成并启用,建成县级业务综合平台,预报资料全部通过县级业务系统网上接收。同年,通过移动通信网络开通了气象预警短信发布平台,以手机短信方式向全县各级领导发送气象信息,并在县、乡机关和有关部门安装电子显示屏,为社会公众发布气象信息。

决策服务始终是凤翔气象工作的重点。决策气象服务产品主要有《送阅件》《重要天气消息》《雨情通报》《墒情通报》《气候与农情》、与短期气候预测、灾情报告、《人工影响天气简报》《凤翔气象》和《气候影响评价》等,根据农事生产,适时制作农作物关键生育期农业气象分析专题材料,为地方党政领导和相关部门提供决策依据。决策气象服务产品主要通过专题书面报告、电话、传真、手机短信、电子显示屏等多种形式传递。

人工影响天气   1974年5月始,开展"三七"高炮防雹试验。1974年成立凤翔县人工降雨防雹指挥部。1977年4月,陕西省军区为凤翔调拨3门"三七"高炮,先后在张家店、汉封、柳林、大槐社、郭家沟、横水、陈村等地建立高炮点,随后高炮增至4门,分别固定在县城南关、范家寨乡范家寨村、汉丰乡汉丰村和唐村乡大槐社村。1999年,购置WR-1B型防雹增雨火箭架2副,其中,固定火箭点建在五渠湾乡,流动火箭点设在县气象站。每年5—9月,县人工影响天气办公室组织各炮点、火箭点进行人工防雹、增雨作业。

气象科技服务   根据《国务院办公厅转发国家气象局关于气象部门开展有偿服务和综合经营的通知》(国办发〔1985〕25号),1986年开始,开展气象专业有偿服务。主要向各乡(镇)或相关单位提供纸质中、长期天气预报和气象资料,以旬、月天气预报为主。1995年首次开展氢气球悬挂宣传条幅服务。随后开展"121"咨询电话、彩球礼仪庆典、手机短信、电子显示屏服务等。2001年7月,成立宝鸡市防雷中心凤翔县防雷站,对建(构)筑物、易燃易爆场所防雷装置进行检测,对新建筑物防雷图纸进行专项审核,并开展随工检测和竣工验收。服务面逐步扩大,服务项目逐步增多,服务效益不断提高。

2008年3月,凤翔县气象局开展气象科技下乡宣传活动。

服务效益 建站以来,通过天气预报、气候分析材料、气象资料、灾害天气预警信息和灾情调查等形式,为地方党政领导、有关部门和群众提供气象服务,取得显著的经济和社会效益。

1973年开展人工影响天气工作以来,成功实施500余次防雹作业和200余次增雨作业,产生经济效益1.7亿余元。

2002年12月—2004年10月,承担完成"关中西部线辣椒规范化栽培气象适用技术研究与推广",从2004年推广到凤翔全县及周边的扶风、岐山、陇县和千阳等辣椒主产县区,全市30万户辣农人均增收350元。2007年12月,张义芳等10人《关中西部线辣椒气象实用技术试验研究》获陕西省人民政府"农业科技推广成果奖三等奖"。

2008年"5·12"特大地震期间,协助上级部门为人员密集的广场、学校、医院等场所安装避雷装置10套,增加帐篷温湿度观测,发送天气预报服务信息,获得了良好的社会效益。

气象法规建设与社会管理

法规建设 《中华人民共和国气象法》颁布实施后,凤翔县人民政府为了贯彻落实国家有关气象社会管理职能要求,于2005年6月下发《关于进一步加强防雷减灾工作的意见》(凤政办发〔2005〕20号)、于2007年7月下发《关于加快气象事业发展的实施意见》(凤政办发〔2007〕36号)、于2008年8月下发《凤翔县气象探测环境保护办法》(凤政发〔2008〕18号)、于2008年8月下发《凤翔县气象灾害防御意见》(凤政办发〔2008〕21号)等文件,使气象依法行政工作得到加强。凤翔县气象局认真履行法律法规赋予的职责,重点加强探测环境保护、防御雷电灾害和氢气球市场管理等依法行政工作。每年利用"3·23"世界气象日、法制宣传日、科技之春宣传月等活动,广泛宣传气象科技、气象法律法规知识。初步规范了凤翔县境内防雷和氢气球市场的管理,有效保护了气象探测环境,保障了气象管理工作依法有序开展。

制度建设 2003年以来,先后制定了《凤翔县气象局综合管理制度》、《凤翔县气象局测报管理办法》、《凤翔县气象局预报服务管理办法》、《凤翔县人影管理制度》、《凤翔县气象局财务管理制度》、《凤翔县气象局气象科技服务管理办法》等多项规章制度。

党建与气象文化建设

1. 党建工作

党的组织建设 建站至2004年2月,党组织关系隶属县原种场党支部。2004年3月,成立凤翔县气象局党支部,现有党员4人。

建站到文化大革命初期,地处乡村僻壤,基础条件差,环境艰苦,工作单调,历任领导都重视对党员和职工的政治思想教育,团结带领党员干部和职工,紧密围绕党在各个时期的中心工作,严格管理,狠抓落实,在极端艰苦和困难的条件下,甘于清贫,承受寂寞,夏冒雷电,冬顶雪霜,积累了大量的、宝贵的第一手气候资料。文化大革命期间,党组织团结带领职工坚守本职岗位,保持了测站观测记录的连续性。改革开放以来,干部职工队伍建设得到加强,业务质量和服务水平显著提高,工作、生活条件和福利待遇明显改善。2008年12月以前,先后发展了3名新党员。

党风廉政建设 认真落实党风廉政建设目标责任制,在党员、干部中积极开展党风廉政教育和廉政文化建设活动。建立和完善了各项规章制度,局务公开更加细化和透明。2008年落实了"三人决策"、"三重一大"、"联签会审"制度,不断推进惩治和预防腐败体系建设,建设文明单位、和谐单位和清廉单位的气氛日益浓厚。分别被省、市气象局授予"全省气象系统基层先进党组织"、"创先争优先进党组织"等称号。

2. 气象文化建设

精神文明建设 高度重视精神文明建设和文化建设工作,积极开展创佳评差、文明单位创建升级、各类专题教育和形式多样的群众性文化体育活动,提高职工文化文明素养,丰富职工的业余文化生活。

文明单位创建 1996年3月创建成县级"文明单位";2007年3月建成县级"文明示范单位";2008年3月被宝鸡市委、市政府命名为市级"文明单位"。

3. 荣誉

集体荣誉 截至2008年底,共获省部级以下各种表彰奖励37次。其中2006年9月荣获"气象科技扶贫三等奖",受到中国气象局、中国气象学会表彰;2007年12月荣获"陕西省农业科技成果推广三等奖",受到陕西省人民政府表彰。

个人荣誉 1978年10月,杜明章出席全国气象群英会,受到党和国家领导人的亲切接见,并合影留念。2007年4月,雷春丽同志被中共宝鸡市委、市人民政府授予"劳动模范"称号。

截至2008年底,全局共有101人次获省部级以下各种表彰奖励。

台站建设

台站综合改善 凤翔县气象站建站之初,站址为县农场耕地,四周均为田地,距县农场大院300余米,距村庄500米开外,距县城2千米,出入道路为乡间土路,晴天尘土飞扬,雨天泥泞不堪,建筑物为土木结构的简易平房。

1986—1987年,凤翔县气象局投资近5万元,建起了400余平方米的二层砖混结构宿办楼。2004年,经上级批准,凤翔县气象局实行局站分离;同年底,由于宝鸡国家基本站业务调整,建起了自动化观测场、室。2005—2006年,在县城雍兴路开发区新征土地(0.335公顷),建起1240平方米的四层框架结构业务综合楼。2007年,在凤翔国家基本站大院新建业务砖混结构用房200平方米,建起了现代化、多功能的综合业务平台,改善了办公条件,单位面貌焕然一新。

20世纪70年代的凤翔县气象站测报值班室

凤翔县气象局2006年建成的业务综合大楼

岐山县气象局

岐山县因境内东北部箭括岭双峰对峙、山有两岐而得名。岐山县地处关中平原西部，北有千山余脉，南为泰岭北麓，中为台原川地，渭水横贯东西。境内交通发达，陇海铁路、西宝高速公路从县内穿越。是全国优势农产品产业带示范县。全县辖11镇3乡，总面积856.45平方千米，总人口46.3万。

岐山县属暖温带大陆性季风气候区，四季分明，水热同季。年平均日照时数1995.3小时，年平均气温12.0℃，年极端最高气温41.4℃，年极端最低气温−20.6℃，年平均降水量603.0毫米，日最大降水量为116.1毫米，降水主要集中在5—10月，降水变率大，时、空分布不均，灾害性天气频繁发生。主要农业气象灾害有干旱、连阴雨、暴雨、大风、冰雹、霜冻及干热风等。

机构历史沿革

台站变迁 1956年9月，在岐山县城西约6千米处的刘家塬董家务建成岐山县气象站。1974年8月，迁至岐山县城东五里铺"乡村"，观测场位于，东经107°39′，北纬34°27′，海拔高度669.6米。

历史沿革 1956年9月，成立陕西省岐山气候站；1959年1月，行政区划调整，岐山、凤翔、麟游三县合一，更名为凤翔县岐山气候站；1960年1月，更名为凤翔县刘家塬气候服务站；1961年12月，更名为岐山县刘家塬气候服务站；1963年1月，更名为陕西省岐山县气象服务站；1966年9月，更名为岐山县气象服务站；1971年3月，更名为岐山县农业气象服务站；1972年9月，更名为岐山县革命委员会气象站；1980年1月，更名为岐山县气象站；1990年6月，更名为岐山县气象局（实行局站合一）。

管理体制 1956年9月—1966年8月，归省气象局领导；1966年9月—1968年12月，归岐山县武装部领导；1969年1月—1979年12月，归岐山县农林局领导；1980年1月起,实行气象部门与地方政府双重领导,以气象部门领导为主的管理体制。

机构设置　设有测报股、预报服务股、行政许可办公室、防雷站、风云气象科技服务公司等机构。

单位名称及主要负责人变更情况

单位名称	姓名	职务	任职时间
陕西省岐山气候站	徐玉祥	负责人	1956.09—1958.12
凤翔县岐山气候站			1959.01—1959.12
凤翔县刘家塬气候服务站	龙志忠	站长	1960.01—1961.12
			1961.12—1962.06
岐山县刘家塬气候服务站	傅泉溪	站长	1962.06—1963.01
陕西省岐山县气象服务站			1963.01—1966.09
岐山县气象服务站			1966.09—1971.03
岐山县农业气象服务站	武全州	站长	1971.03—1972.08
			1972.09—1975,12
岐山县革命委员会气象站	岳志忠	站长	1975.12—1979.12
			1980.01—1981.05
岐山县气象站	蔡秦斌	副站长(主持工作)	1981.05—1987.11
	刘温仓	副站长(主持工作)	1987.11—1989.05
		站长	1989.05—1990.06
		局长	1990.06—2001.10
岐山县气象局	颉小丽	副局长(主持工作)	2001.10—2002.04
		局长	2002.04—

人员状况　截至 2008 年底,岐山县气象局编制 6 人,实有在职职工 8 人(在编职工 6 人,外聘职工 2 人),退休职工 4 人;在编职工中:本科 2 人,大专 4 人;工程师 2 人,助理工程师 4 人。

气象业务与气象服务

1. 气象业务

①测报业务

地面测报　建站时每天进行 01、07、13、19 时(地方太阳时)4 次观测,1960 年 1 月改为 07、13、19 时 3 次观测,同年 8 月观测时制改为北京时,每天进行 08、14、20 时 3 次观则。观测项目有云、能见度、天气现象、地面温度、雪深、冻土、气压、气温、降水、日照、小型蒸发、风向和风速等。编发 08、14、20 时天气加密报,定时和不定时编发重要天气报。每月制作和上报气象报表。

2002 年以前,所有的地面测报业务(包括编发气象报文、制作气象报表)均由手工制作,2002 年 1 月,用地面测报软件编报、制作报表。2003 年 12 月,建成自动气象站,2004 年 1 月投入业务运行。以自动站资料为标准编发天气加密报、重要天气报并制作月、年报表。

发报内容　天气报的内容有云、能见度、天气现象、气压、气温、风向风速、降水、雪深、地温等。重要天气报的内容有暴雨、大风、雨凇、积雪、冰雹、龙卷风等。

报文传输　20世纪90年代以前用电话口传报给邮局，通过邮路转发实现气象信息传输，20世纪90年代后，气象信息的传输通过计算机远程终端实现。

报表　1997年前手工制作气表-1、气表-21，向省气象局资料室、地(市)局报送，同年10月实现地面报表机制化。2000年11月通过气象卫星综合应用业务系统("9210"工程)向省气象局转输报表资料，停止报送纸质报表。

区域自动气象站建设　2006年，建成6个两要素区域自动气象站，2007年，建成1个四要素区域自动气象站。

②天气预报

20世纪60—70年代为晴雨预报或经验预报。预报员根据本站观测的气象要素资料，利用点聚图、曲线图、指标和韵律以及农谚验证等方法来作预报。

20世纪70年代末至80年代前期为定性预报，制作一般降水量预报和灾害天气预报。增加了简易天气图、压温湿曲线图、综合要素时间剖面图等工具，由于资料比较滞后，预报质量不高。

20世纪80年代中期至90年代末期为定量预报。新增CZ-80型传真机，接收北京、兰州气象中心、陕西省气象台传真的亚欧范围地面、高空天气图、云图资料以及中央台、省台天气预报资料与产品，结合本站资料，分析预报未来天气，预报准确率和服务能力有了提高。

21世纪初至今为精细化预报。建成气象卫星单收站、局域网和市—县天气预报可视会商系统，可利用卫星云图以及各种天气信息资料对上级预报产品加以订正，预报准确率明显提高，预报时效、预报落区进一步细化。

③气象信息网络

1987年，开通甚高频无线对讲通讯电话，实现与地区气象局直接业务会商。2000年，接入X.25专线，实现了气象信息网络传输。2003年开通省市县计算机远程终端。公文实现Notes系统传输。2004年，进行自动气象站建设和台站综合建设。2005年建立卫星地面单收站，接收天气图、云图资料。2006年，开通省市县天气预报可视会商系统。

2. 气象服务

公众气象服务　第一阶段(20世纪60—80年代)：通过有线广播向全县播发每日天气预报信息，向各乡、镇发送月、旬天气预报、春播、秋播专题气象服务材料。

第二阶段(20世纪80—90年代)：4月和9月增发5厘米平均地温，增加冬灌和三夏气候分析服务材料，通过电话为粮站、砖厂提供晴雨天气服务和霜冻服务。

第三阶段(20世纪90年代至今)：开展雨情通报、旱情观测服务，灾害性天气预警服务，发布电视天气预报，通过"12121"电话、手机气象短信、气象电子显示屏等向社会公众发布各种信息和天气实况。为重要农事生产活动和重大社会活动及节日提供专题气象服务。

决策气象服务 20世纪90年代以来,始终重视抓好为领导决策的气象服务。遇有关键性、转折性、灾害性天气过程、重要农事季节和重要社会活动等,通过专题预报、重要天气报告、电话、传真、手机短信、电子显示屏等多种形式,及时为县委、县政府指挥生产、防灾减灾提供决策气象服务,为重大活动提供气象保障服务,得到地方各级领导的重视与支持。决策气象服务产品主要有《岐山气象》、《气象信息》、《送阅件》、《重要天气消息》、《雨情通报》等。按月、季、年编发旬、月、年度气候趋势预测和《气候影响评价》,适时制作农作物各重要生育期农业气象分析专题材料,为地方党政领导和相关部门提供决策依据。

人工影响天气 1999年,县政府成立人工影响天气领导小组,办公室设在县气象局。现有WR-1型火箭架2副,流动作业车1辆。人工影响天气工作开展以来,增雨防雹作业十多次,社会、经济效益显著,获得地方党政领导、群众的肯定和好评。

气象科技服务 2001年7月,成立宝鸡市防雷中心岐山防雷站,对建(构)筑物、易燃易爆场所防雷装置进行检测,对新建筑物防雷图纸专项审核,并开展随工检测和竣工验收。

2005年,成立岐山县风云气象科技服务中心,通过电视天气预报、12121电话、手机气象短信、电子显示屏、彩球礼仪庆典、经济作物种植、苗木培育经营等多种服务手段开展气象科技服务。

技术开发 1984年,开展农业气候区划工作,编制《岐山县农业气候区划报告》,获陕西省农业区划委员会二等奖。2005年,开展线辣椒气象服务,参与《关中西部线辣椒规范化栽培气象适用技术研究与推广》课题研究,该项目获宝鸡市农业科技推广进步奖二等奖。

科学管理与气象文化建设

1. 法规建设与管理

2004年,成立岐山县气象行政许可办公室。许可项目包括:升放无人驾驶气球或系留气球、建筑物防雷装置设计审核和竣工验收、大气环境影响评价。对升放无人驾驶自由气球或系留气球活动、防雷装置设计审核和竣工验收、大气环境影响评价气象资料进行审查、公示和规范。2006年岐山县政府出台《岐山县气象灾害应急预案》(岐政办发〔2006〕8号)、《关于进一步做好防雷减灾工作的通知》(岐政办发〔2006〕51号),规范了气象灾害应急流程,加强了气象灾害防御工作,下发《关于进一步加强气象灾害防御工作的实施意见》(岐政办发〔2008〕78号),明确了气象部门防雷减灾的主体地位及县政府对防雷减灾工作的总体要求。2008年,县政府转发《宝鸡市气象探测环境和设施保护办法》,强化气象探测环境保护工作。

2. 党建工作

党的组织建设 1984年,气象站党支部成立。1984年4月,组织关系并入县农林局党支部。1995年,岐山县气象局重新成立党支部。2008年底有党员6人。

党风廉政建设　岐山县气象局多年来认真落实党风廉政建设目标责任制,在党员、干部中积极开展党风廉政教育和廉政文化建设活动;"一岗双责"制度得到有效落实;建立和完善了各项规章制度。2008 年落实了"三人决策"、"三重一大"、"联签会审"制度,不断推进惩治和预防腐败体系建设,建设文明单位、和谐单位和清廉单位的气氛日益浓厚。

3. 气象文化建设

精神文明建设　岐山县气象局坚持两手抓,两手都要硬的方针,发扬自力更生、艰苦奋斗精神,先后建起职工文化活动室和阅览室,安装有线电视,购置乒乓球桌、羽毛球拍以及室外健身器材,更换办公家具、添置图书,为职工创造了良好的工作和生活环境。在改善硬件条件的同时,积极开展群众性文化体育活动。组织开展"三个代表"重要思想、社会主义荣辱观、学习实践科学发展观等各种学习教育活动。经过多年努力,单位环境、站容站貌和职工精神面貌发生了根本性的变化。

文明单位创建　1994 年被县委县政府授予县级文明单位;2000 年被宝鸡市委市政府授予市级文明单位;2006 年被省委省政府授予省级文明单位。

荣誉　截至 2008 年底,集体共获省部级以下各种表彰奖励 28 次。1980 年荣获陕西省农业先进集体称号。个人共获省部级以下各种奖励 82 人次。

台站建设

1974 年 8 月 1 日迁址到岐山县城东五里铺"乡村",占地 0.33 公顷。有砖、土木结构办公房 3 间,仓库、厨房、职工宿舍 11 间,建筑面积 240 平方米。1991 年建起 2 层砖混结构的值班公寓楼,2002 年建起面积为 360 平方米砖混结构的 2 层办公楼。2005 年对办公楼进行了装修、对围墙和大院进行了整治,建起锅炉房、水塔等。规划整修院落,硬化道路,更新办公家具,栽花植绿,绿化环境,通过改造,局容局貌大为改观。2008 年,冰冻雪灾、汶川地震对基础设施造成损坏,当年,利用冰冻雪灾项目资金和抗震应急资金,对屋面进行全面维修。

1986 年的岐山县气象局

2004 年的岐山县气象局

2008 年的岐山县气象局观测场

扶风县气象局

扶风县位于关中平原西部,东临杨凌、乾县,南接眉县,西界岐山,北与麟游接壤。南北狭长,东西窄短,地形北高南低,总面积 750 平方千米。辖 9 镇 2 乡,人口 43 万。扶风县历史悠久,人文荟萃,安放释迦牟尼佛指舍利的法门寺就在境内。

扶风属暖温带大陆性半湿润半干燥季风气候区,四季分明,水热同季,降水变率大,时、空分布不均,灾害性天气频繁发生,尤以暴雨、干旱、大风、雷电危害为甚。

机构历史沿革

台站变迁 1958 年 10 月,在扶风县城关镇豆村建成扶风县气象站,同年 12 月开展气象业务工作。1994 年 1 月,迁往扶风县城关镇后沟村,观测场位于,北纬 34°22′,东经 107°53′,海拔高度 585.9 米。属国家一般气象站和六类艰苦站。

历史沿革 1958 年 10 月,成立兴平县扶风气候站;1961 年 9 月,改称扶风县气候服务站;1963 年 2 月,更名为扶风县气象服务站;1970 年 12 月,更名为扶风县革命委员会气象站;1973 年 8 月,改为扶风县气象站;1990 年 6 月,更名为扶风县气象局(实行局站合一)。

管理体制 1958 年 10 月—1960 年 3 月,属兴平县农林水牧局建制;1960 年 4 月—1963 年 1 月,归扶风县农牧局领导;1963 年 2 月—1970 年 11 月,归属陕西省气象局领导;1970 年 12 月—1973 年 7 月,归扶风县人武部领导;1973 年 8 月—1979 年 12 月,归扶风县农牧局领导;1980 年 1 月起,实行气象部门与地方政府双重领导,以气象部门领导为主的管理体制。

机构设置 下设业务股、办公室(含行政许可)、科技服务中心、防雷站等机构。

单位名称及主要负责人变更情况

单位名称	姓名	职务	任职时间
兴平县扶风气候站	窦生权	站长	1958.10—1961.09
扶风县气候服务站			1961.09—1963.02
扶风县气象服务站			1963.02—1970.12
扶风县革命委员会气象站			1970.12—1973.08
扶风县气象站			1973.08—1984.05
	卫东	副站长（主持工作）	1984.05—1984.11
		站长	1984.11—1990.06
扶风县气象局		局长	1990.06—1992.12
	孙少仁	局长	1992.12—1997.09
	岳浩	副局长（主持工作）	1997.09—2000.03
		局长	2000.03—2002.06
	蔺忠林	局长	2002.06—

人员状况　1958年建站时只有2人。截至2008年底，共有在职职工6人（在编职工5人，外聘职工1人），退休职工2人。在职职工中：本科1人，大专1人，中专3人；中级职称3人，初级职称3人。

气象业务与服务

1. 气象业务

主要业务有地面气象观测、制作和发布本县天气预报、开展气象灾害预报预警和气象为农服务、人工影响天气等。

①气象观测

建站时每天进行01、07、13、19时（地方太阳时）4次观测，1960年1月改为07、13、19时3次观测，同年8月观测时制改为北京时，每天进行08、14、20时3次观测。观测项目有云、能见度、天气现象、地面温度、雪深、冻土、气压、气温、降水、日照、小型蒸发、风向和风速等。每天编发08、14、20时天气加密报告，定时和不定时编发重要天气报告。每月制作和上报气象报表。

2002年以前，地面测报业务（编发气象报文、制作气象报表）均由观测员手工制作完成。2002年1月，启用"安徽地面测报软件"编报、制作报表。2005年12月，扶风县气象站建成自动气象站，2006年1月正式投入业务运行，实现了地面基本气象观测资料自动采集和传输。自动站的观测项目包括温度、湿度、气压、降水、风向、风速、地面温度和草面温度。以自动站资料为标准编发天气加密报、重要天气报，制作月、年报表。

气象报文传输　在20世纪90年代以前采用电话报给邮局，再通过邮路发送到上级业务部门的方式传输。90年代后，气象信息的传输实现自动化和网络化。局域网、互联网给气象信息传输提供了极大的便利。

②天气预报

从建站到20世纪80年代初，以收音机接收气象广播，手工点绘简易天气图、曲线图等工具,结合本站资料和本地气候特点制作单站补充天气预报。在预报业务中,续加灾害卡片 800 多张,建立数理统计、相似分析、曲线点绘等多种图表和工具,总结出多种有效的预报方法和预报指标。

1983 年 5 月,扶风县气象站装配 CZ-80 型传真机,结束了手工点绘简易天气图的历史。同时引进 EPP 预报方法。1984 年 5 月开展 MOS 预报方法试验和应用。随着气象卫星综合应用业务系统的实施,气象预报产品日益丰富,气象预报的制作手段越来越多,预报准确率逐步提高。

③气象信息网络

2000 年,接入 X.25 专线,实现了气象信息网络传输。2003 年开通省市县计算机远程终端。公文实现 Notes 系统传输。2004 年,进行了自动气象站建设和台站综合建设。2005 年建立卫星地面单收站,接收天气图、云图资料。2006 年,开通省市县天气预报可视会商系统。

2. 气象服务

决策服务与公众服务　扶风县气象站非常重视气象服务,特别是气象为农服务。1977 年 10 月,窦生权被推荐参加"全国县站预报工作会议"。20 世纪 70 年代末到 80 年代初,窦生权、徐玉祥等同志在《陕西农业科技》《陕西气象》等刊物多次发表农业气象科技论文,以科研成果提升气象服务能力,指导农业生产。80 年代末到 90 年代初,以 M7-1540 型甚高频电话对外发布气象预报、预警信息。1998 年,电视天气预报节目在扶风县电视台开播,同年建成"121"气象信息答询系统,全天候开展气象服务。2004 年由扶风县政府发文,成立扶风农网。扶风县气象局在全省率先建立了集农网信息员队伍、信息下乡为一体的网站系统,为解决农网信息"最后一公里"问题探索出一条有效路子。2005 年,经组织农业部门专家研讨,重新修订完善《扶风县决策气象服务周年方案》。2006 年启动辣椒生态观测、酸雨观测,不仅拓展了服务领域,而且提高了气象服务的针对性。2007 年,开展土壤墒情观测,建成 6 个自动区域气象站,使防汛、抗旱气象服务更具科学性和指导性。扶风县气象站多年的常规决策气象服务材料有:《扶风气象》《气象三情服务》《气候与农情》《重要天气报告》《送阅件》《灾害性天气报告》《扶风农网信息快报》《气候影响评价》等。

人工影响天气　1999 年,扶风县政府人工影响天气工作领导小组成立,办公室设在气象局。当年,政府出资购置 WR-1B 型火箭发射架 1 副,开展人工影响天气工作。十年来共开展增雨作业 30 余次,作业影响区面积 1.1 万平方千米,增雨总量约 0.45 亿吨,经济效益 900 万元,为缓解本县旱情,增加水库蓄水和保护生态环境起到了积极作用。

1999 年,扶风县政府发文批准成立扶风县防雷减灾领导小组,办公室设在扶风县气象局。2001 年 7 月,成立宝鸡市防雷中心扶风县防雷站,面向社会,广泛开展雷电预警、防雷检测、雷灾调查等服务工作。

气象科技服务　气象有偿专业服务起步于 1985 年。为全县各乡镇或有关企事业单位通过书面邮寄、电话等手段提供中、长期天气预报和气象资料,服务面窄,效益不高。20 世纪末期以来,科技服务项目逐步增多,服务面不断扩大,先后通过旬、月预报、短期天气预报、气象资料、电视天气预报、"12121"电话、手机气象短信、电子显示屏、彩球礼仪庆典、防雷检测等多种服务手段,开展气象科技服务,不断提高服务效益,增强单位综合实力,有力地推动了气象事业的发展。

科研开发 1984 年,《扶风县农业气候区划报告》获陕西省农业区划委员会二等奖。1994 年卫东、杨恭敬、袁润民主持的《关中灌区小麦玉米套种农业气象机理研究》,获国家科学技术委员会科技成果奖,同时获国家气象局气象科学技术发展和进步四等奖。2004 年,本局主研的《县级综合气象服务系统》获陕西省气象局自主科研成果三等奖,同年,扶风县农村经济综合信息网被评为陕西省气象部门网站开发优秀奖。2005 年参与完成了《关中西部线辣椒规范化栽培气象适用技术研究与推广》获宝鸡市农业科技推广进步奖二等奖。2006—2007 年,完成的宝鸡市气象局自立科研项目《县级新一代气象业务服务系统》,在宝鸡市及其他地区的 14 个县(区)气象局推广使用。

科学管理与气象文化建设

法规建设与管理 依据《中华人民共和国气象法》、《陕西省气象条例》、《国务院对确需保留的行政审批项目设定行政许可的决定》(中华人民共和国国务院令第 412 号),2004 年成立扶风县气象局行政许可办公室,对升放无人驾驶自由气球或系留气球活动、防雷装置设计审核和竣工验收、大气环境影响评价气象资料进行审查、公示和规范。2006 年扶风县政府出台《扶风县气象灾害应急预案》(扶政办发〔2006〕43 号)、2008 年出台《关于进一步加强气象灾害防御工作的实施意见》(扶政办发〔2008〕60 号),规范了气象灾害应急流程,加强了气象灾害防御工作;下发《关于进一步做好防雷减灾工作的通知》(扶政办发〔2006〕44 号),明确了气象部门防雷减灾的主体地位及县政府对防雷减灾工作的总体要求。2008 年,县政府转发《宝鸡市气象探测环境和设施保护办法》,强化气象探测环境保护工作。

党的组织建设 1958—1960 年,仅有 1 名党员,隶属于兴平县农林水牧局党支部。1961 年,隶属于扶风县农牧局党支部。2003 年成立了扶风县气象局党支部。截至 2008 年底,共有党员 3 名。

党风廉政建设 2000 年以来,认真落实党风廉政建设目标责任制,在党员、干部中积极开展党风廉政教育和廉政文化建设活动,建立和完善了各项规章制度,局务公开更加细化和透明,建设文明单位、和谐单位和清廉单位的气氛日益浓厚。2008 年落实"三人决策"、"三重一大"、"联签会审"制度,不断推进惩治和预防腐败体系建设。

精神文明建设 多年以来,扶风县气象局坚持以人为本,发扬自力更生,艰苦奋斗的精神,经过长期不懈努力,单位环境、职工精神面貌发生了根本性的变化。2005 年,建成职工文化活动室和阅览室,2008 年购置投影仪 1 台,添置图书 500 余册。通过开展文娱活动和创建园林式单位活动,增强职工主人翁意识。

文明单位创建 2003 年,扶风县气象局被宝鸡市委、市政府命名为"市级卫生先进单位"、"市级文明单位";2005 年被省政府命名为"省级卫生先进单位"。

荣誉 截至 2008 年年底,集体共获省部级以下各种表彰奖励 32 次。个人先后有 56 人次获省部级以下表彰奖励。

台站建设

扶风县气象站旧址建在距县城 5 千米的豆村。地处偏僻,交通不便。总面积 4070 平方米。拥有砖、土木结构工作室 3 间,仓库、厨房、职工宿舍 5 间,计 168 平方米。随着事业的发展和职工人数的不断增加,1977 年投资建设砖木结构瓦房 10 间,建筑总面积达 508 平方米。1992 年,经县政府同意并协调,将县屠宰场 0.13 公顷土地与气象局原址土地兑换,在扶风县城关镇后沟村建设气象局新址,建成二层 240 平方米的办公楼 1 栋,480 平方米的职工宿舍 1 栋和 16 米×20 米观测场 1 个。2002—2007 年共投资 72.0 万元进行台站综合改造,基础设施和单位环境大为改观。2008 年,受冰冻雪灾、汶川地震影响,基础设施遭受损坏,利用下拨的灾后恢复重建资金和应急资金,使损坏的基础设施得到修复。

1978 年的扶风县气象站

2007 年建成的气象观测站

2007 年建成的业务楼

眉县气象局

眉县位于关中平原西部,地处秦岭北麓,跨渭河两岸,东西宽 37.5 千米,南北长 39.8 千米,面积 863 平方千米。境内地形南高北低,东西平坦、开阔。全县辖 8 个镇,总人口 30

万。陇海铁路、西宝高速公路纵贯全境,公路四通八达,交通便利。是著名的猕猴桃之乡。眉县是个文明古县,风景名胜,文物古迹,土特产品,历史人物,在全省乃至全国都有名气。

眉县属于大陆性季风半湿润气候,四季冷暖干湿分明。冬季受西伯利亚冷气团控制,温度低,雨雪少,易发生干旱。春季是冷气团北退、暖气团北进的过渡季节,气温回升,降水增多,光照较充足,但冷暖变化大,常发生春旱、阴雨、霜冻、寒潮、大风等灾害。夏季为副热带高压控制,为光、热、水集中的高峰期。初夏干旱多大风,盛夏炎热多雷雨,77%的年份有伏旱。秋季为西太平洋副高渐退、西伯利亚冷气团增强的过渡季节,前秋是华西秋雨盛行期,阴雨多,降温快,光照少,后期是秋高气爽的少雨期。

机构历史沿革

台站变迁 1958年10月,在眉县城南门外建立陕西省眉县气候站。1981年迁站,新站址在原站东南方向,直线距离约400米,观测场位置北纬34°16′,东经107°44′,海拔高度517.6米。2005年7月,观测场在原址向西迁移约100米。

历史沿革 1958年10月,成立陕西省眉县气候站;1959年2月,更名为周至县首善气候服务站;1961年8月,更名为眉县气候服务站;1961年12月,更名为眉县气象服务站;1963年3月,更名为陕西省眉县气象服务站;1966年10月,更名为眉县气象服务站;1971年12月,更名为陕西省眉县革命委员会气象站;1980年1月,更名为眉县气象站;1990年6月,改称为眉县气象局(实行局站合一)。

管理体制 1958年10月—1958年12月,归眉县农林局领导;1959年1月—1963年1月,归周至县农林水牧局领导;1963年2月—1966年6月,归陕西省气象局宝鸡中心气象站领导;1966年7月—1970年11月,归眉县农业局领导;1970年12月—1973年7月,归眉县人民武装部和眉县革命委员会领导,以眉县人民武装部为主;1973年8月—1979年12月,归眉县革命委员会农林局领导;1980年1月起,实行气象部门与地方政府双重领导,以气象部门领导为主的管理体制。

机构设置 1980年以前,主要设立业务股。1980年以后,气象工作范围不断拓展,除业务股外,于1992年2月成立科技服务股,2001年7月成立眉县防雷站,2002年5月成立眉县人工影响天气办公室。

单位名称及主要负责人变更情况

单位名称	姓名	职务	任职时间
陕西省眉县气候站	齐宝元	站长	1958.10—1959.02
周至县首善气候服务站			1959.02—1959.06
	刘侦莲	站长	1959.06—1960.09
	游诗可	站长	1960.09—1961.08
眉县气候服务站			1961.08—1961.12
眉县气象服务站			1961.12—1963.03
陕西省眉县气象服务站			1963.03—1966.10
眉县气象服务站			1966.10—1971.12
陕西省眉县革命委员会气象站			1971.12—1972.01

单位名称	姓名	职务	任职时间
陕西省眉县革命委员会气象站	赵克敏	站长	1972.02—1976.05
	杜诗坛	站长	1976.05—1979.12
			1980.01—1982.01
眉县气象站	庞新年	副站长（主持工作）	1982.01—1984.03
	高洪志	站长	1984.03—1986.04
	刘湘彦	副站长（主持工作）	1986.04—1990.06
		副局长（主持工作）	1990.06—1992.02
		局长	1992.02—1994.01
眉县气象局	高洪志	副局长（主持工作）	1994.01—1996.11
		局长	1996.11—2001.03
	陈晓东	副局长（主持工作）	2001.03—2003.01
	白　果	局长	2003.01—2005.11
	冯宝平	局长	2005.11—

人员状况　1958年10月建站时只有职工2人。1978年,有在职职工7人。截至2008年12月,有在职职工7人(在编职工6人,外聘职工1人),退休职工4人。在职职工中:本科2人,大专3人,中专1人;工程师2人,助理工程师4人,技术员1人。从建站到2008年底,先后有35人在眉县气象局(站)工作。

气象业务与服务

1. 气象业务

①气象观测

1958年眉县气象站成立时,每天进行01、07、13、19时(地方太阳时)4次观测,1960年1月,改为07、13、19时3次观测,同年8月观测时制改为北京时,每天08、14、20时3次观测至今。观测的项目有云、能见度、天气现象、风向风速、气温、降水、地面状态、地温、蒸发、日照、冻土、气压和湿度。2004年,增加生态气候观测。2006年1月增加气温、气压、湿度、降水和地温、风向风速等七要素自动站观测设备,2008年,自动气象站单轨运行,云、能见度和天气现象仍由人工观测。

气象电报　1960年1月,向宝鸡气象台发小图报。1961年3月20日,向省气象局发08时和20时降水报。1962年3月,小图报改发渭南中心台。1963年和1964年夏季,向西安军航机场发航危天气报。1974年7月,向宝鸡发14时天气报。天气报的内容有云、能见度、天气现象、气压、气温、风向风速、降水、雪深、地温等。航空报的内容只有云、能见度、天气现象、风向风速。重要天气报的内容有暴雨、大风、雨凇、积雪、冰雹、龙卷风、雷暴等。

发报方式　建站后至1993年,通过邮电公众电路发报。建站初期用手摇电话机将气象电报口传至邮电局转发。1990年,改成模拟半程控电话,1993年,改用数字程控电话。1993年,单边带通讯建成,用单边带向宝鸡气象台发送小图报,重要天气报仍用电话经邮电局发送。2003年11月,气象宽带网投入业务运行,各类气象信息通过网络上传,结束了口传电报的历史。

报表 1997年前,手工制作气表-1、气表-21,向省气象局资料室、地(市)气象局报送,同年10月实现地面报表机制化。2000年11月,通过气象卫星综合应用业务系统("9210"工程)向省气象局转输报表资料,停止报送纸质报表。

眉县气象站保存的原始记录有气簿-1,农簿-1,值班日记,温度、湿度、气压自记纸,日照纸等,县气象站编制的报表有气表-1,气表-21,向省气象局资料室报送3份,留底本1份。2004年10月,整理装订地面气象观测资料交省气象局气候资料室保存。2006年,通过网络向省气象局传输原始资料,停止报送纸质报表。

②天气预报

短期天气预报 从建站到20世纪80年代初,以收音机接收气象广播,手工点绘简易天气图、曲线图等工具,结合本地气候特点制作单站补充天气预报。1984年5月,应用MOS预报方法。1986年5月,市气象局配备CZ-80型无线传真接收机,接收北京、兰州气象中心、陕西省气象台传真的亚欧范围地面、高空天气图、云图资料以及中央台、省台天气预报资料与产品。20世纪90年代初,随着气象卫星综合应用业务系统的实施,气象预报产品日益丰富,预报准确率不断提高。2004年以后,上级预报指导信息更加丰富和完善,县局天气预报向精细化发展,时效和落区进一步细化,预报内容更趋丰富。

中期天气预报 20世纪70年代初,眉县气象站运用韵律方法和阴阳历叠加等方法制作中长期预报。20世纪80年代初,根据中央气象台、省气象台的旬、月天气预报产品,结合本地气象资料、短期天气形势、天气过程的周期变化等制作旬天气趋势预报。

长期天气预报 20世纪70年代中期,运用数理统计方法和常规气象资料图表及天气谚语、韵律关系等方法,作补充订正预报。

长期预报有:月预报、春播预报、三夏预报、汛期(5—9月)预报、秋播期预报、年度预报。短期天气预报以广播形式向社会发布,中长期预报以书面方式向有关部门和用户投送。

③气象信息网络

1987年,开通甚高频无线对讲通讯电话,实现与地区气象局直接业务会商。2000年,接入X.25专线,实现了气象信息网络传输。2003年开通省市县计算机远程终端,公文实现Notes系统传输。2004年,进行了自动气象站建设和台站综合建设。2005年,建立卫星地面单收站,接收天气图、云图资料。2006年,开通省市县天气预报可视会商系统。

2. 气象服务

公众与决策气象服务 眉县属暖温带大陆性半湿润季风气候区,四季分明,水热同季,降水变率大,时空分布不均,灾害性天气频繁发生,尤以干旱和低温危害严重。眉县气象站一直把气象服务作为工作重点。

建站初期,在条件非常简陋的条件下,以获取的上级气象信息为指导,根据台站气象资料变化并充分发挥群众的看天经验制作短期天气预报,由县广播站每天2次向社会发布。20世纪80年代以后,随着设备的更新,中长期天气预报进入业务化,定期向县委、县政府和县级有关部门报送,用以指导农业生产。1998 年,和县电视台合作开展电视天气预报,通过电视栏目向社会发布短期天气预报。2000 年以来,通过预警信号、送阅件、重要天气消息、雨情通报、墒情通报、气候与农情、专题天气预报、短期气候预测、灾情报告、气象服务简报等多种方式为党政领导、有关部门和城乡群众提供及时、快捷的气象服务。2001 年,配备 WR-1B 型火箭发射架 1 副,用于人工增雨作业。

气象科技服务 20 世纪 80 年代中期,开展气象专业有偿服务业务,主要提供中长期天气预报和气象资料信息,服务对象主要是农口各个单位及农村用户。90 年代初期,购置气象警报接收机,用户通过警报接收机定时接收天气预报等气象服务信息。90 年代中后期,气象服务有了较大发展,除专业气象服务和情报服务外,还开展了礼仪庆典、建(构)筑物和易燃易爆防雷检测、"121"气象服务电话、手机短信、电子显示屏等气象服务。2001 年7 月,成立宝鸡市防雷中心眉县防雷站,对建(构)筑物、易燃易爆场所防雷装置进行检测,对新建筑物防雷图纸进行专项审核,并开展随工检测和竣工验收。

气象法规建设与社会管理

法规建设 2002 年,眉县气象局和眉县城建局联合发文,明确要求各建设单位在开工前进行防雷图纸专项审查。2006 年,县政府下发《眉县人民政府办公室关于进一步做好防雷减灾工作的通知》(眉政办发〔2006〕52 号),对防雷安全管理工作提出明确的要求。2007年,和眉县教育局联合发文,对全县学校的防雷安全做出具体安排。

社会管理 在履行社会管理职责中,加大执法检查力度。2007 年,对全县范围内无证施放或违规施放氢气球行为进行重点检查,共执法 7 次,对 2 家违法违规单位进行处罚。2008 年,对防雷安全工作重点检查,对拒不整改的,进行了查处。

政务公开 2002 年 5 月,开始实行局务公开、物资采购、财务监管三项制度,对气象行政许可项目、审批程序、办理时效上墙公示。单位决策、财务收支、目标考核、工程建设等采取职工大会或公示栏等向职工公开,接受群众监督。

党建和气象文化建设

党的组织建设 1970 年 7 月—1974 年 12 月,与邮电局合编为党支部。1975 年 1 月,组织关系改由农牧局党委管理。1976 年 10 月,气象站党支部成立,有党员 4 人。截至2008 年底有党员 5 人(其中退休职工党员 2 人)。

党风廉政建设 2000 年以来,党风廉政建设目标责任制得到进一步落实,积极开展反腐倡廉教育和廉政文化建设活动,组织观看警示教育片,组织党风廉政宣传教育月活动,多年来坚持走访慰问荣誉军人。建设文明机关、和谐机关和廉洁机关的气氛日渐浓厚。

气象文化建设 气象文化建设始终坚持以人为本,弘扬自力更生、艰苦创业精神,开展南北互动、互学互帮活动,参与社会救灾、扶贫解困等社会公益活动,深入持久地开展气象文化建设工作。

历届领导班子注重干部职工在职学习教育,提高队伍素质,除按要求和范围参加省、市局组织的各种培训外,还出台配套政策,鼓励干部职工积极参加学历教育。

近年来,眉县局先后新建办公楼、观测场,绿化美化大院,硬化道路,新建业务平台,更换办公设施,单位的面貌焕然一新。同时,进一步制定措施、完善制度,广泛开展各种群众性文化体育活动,不断深化文明单位创建工作。

文明单位创建 1999年被眉县县委、县政府授予县级文明单位,2008年12月,市级文明单位创建工作全面通过检查验收。

荣誉 截至2008年底,集体共获省部级以下各种表彰6次。个人共获省部级以下各种奖励16人次。

台站建设

建站至20世纪70年代,有砖土木结构平房3栋10间,建筑面积212平方米,辖土地面积0.193公顷。1980年1月,迁至县城2道巷,建有平房3栋25间,辖土地面积0.52公顷。2003年,扩征土地进行了综合改造。2004—2005年,投资50万元建成办公楼和综合楼各1栋。2006—2007年,投资17.7万元完成大院硬化和绿化,绿化率达到了60%,并规划整修了道路,更新了办公家具,升级了业务设施,职工的工作条件和生活环境得到显著改善。

1978年修建的眉县气象站业务值班室

2005年建成的眉县气象局办公楼和住宅楼

太白县气象局

太白县位于陕西省西部,宝鸡市东南方秦岭中高山地带,因秦岭主峰太白山在其境内而得名。全县横跨黄河、长江两大流域,北连秦川,南通巴蜀,为川陕之要冲。境内群峰耸立,山环水绕。县城驻地咀头镇,海拔高度为1540米。

太白县地处秦岭腹地,气候中温湿润,长冬无夏,春秋相连,带有大陆性季风气候与高山气候交汇的特征,水平分布差异大,垂直分带明显,大部分地区长冬无夏、冬季严寒,县城极端最低气温-29.80C。境内灾害性天气频发,主要灾害有霜冻、低温冻害、暴雨、连阴雨、雷电、大风、冰雹等。

机构历史沿革

台站变迁 1956 年 10 月,陕西省太白区唐口气候站在太白县唐口村建成。1961 年 11 月,迁至太白县咀头镇城郊南面。1965 年 1 月,迁至太白县咀头镇东南方"乡村"。2001 年 1 月,迁至太白县城东大街 27 号,观测场位于,北纬 34°02′,东经 107°19′,海拔高度 1543.6 米。

历史沿革 1956 年 10 月,成立陕西省太白区唐口乡气候站;1957 年 1 月,更名为陕西省太白区唐口气候站;1959 年 2 月,更名为陕西省太白气候站;1960 年 4 月,更名为太白气候服务站;1962 年 1 月,更名为太白县气象服务站;1963 年 2 月,更名为陕西省太白县气象服务站;1964 年 4 月,更名为太白县气象服务站;1971 年 6 月,更名为太白县革命委员会气象站;1980 年 1 月,更名为太白县气象站;1990 年 1 月,根据陕办发〔1986〕10 号文件精神,改为太白县气象局(实行局站合一)。

2007 年 1 月,调整为太白国家气象观测站一级站。2009 年 1 月更名为太白国家基本气象站。属国家基本气象站和六类艰苦台站。

管理体制 1956 年 10 月—1957 年 10 月,归陕西省气象局领导;1957 年 11 月—1961 年 12 月,由当地政府领导,省气象局负责业务领导和人事调遣;1962 年 1 月—1966 年 6 月,归宝鸡专区中心气象站领导;1966 年 7 月—1970 年 11 月,属太白县人民委员会建制,由县农牧局领导;1970 年 12 月—1973 年 5 月,属太白县人武部领导;1973 年 6 月—1979 年 12 月,属太白县革命委员会生产组领导;1980 年 1 月起,实行气象部门与地方政府双重领导,以气象部门领导为主的管理体制。

机构设置 至 2008 年 12 月,太白县气象局下设地面测报股、科技服务股、防雷站和行政许可办公室。

单位名称及主要负责人变更情况

单位名称	姓名	职务	任职时间
陕西省太白区塘口乡气候站	罗绍级	观测组长	1956.10—1957.01
陕西省太白区唐口气候站			1957.01—1959.02
陕西省太白气候站			1959.02—1960.04
太白气候服务站			1960.04—1962.01
太白县气象服务站	韩太保	站长	1962.01—1963.02
陕西省太白县气象服务站	王少聪	观测组长	1963.02—1964.04
太白县气象服务站	马 毅	观测副组长	1964.04—1965.12
	郭文孝	副站长(主持工作)	1965.12—1971.06
太白县革命委员会气象站	彭永聚	革命领导小组组长	1971.06—1972.08
	郭文孝	副站长(主持工作)	1972.08—1974.05
	彭世俊	站长	1974.05—1979.03
太白县气象站	郭文孝	副站长(主持工作)	1979.03—1979.12
			1980.01—1982.08
	卢文孝	代站长	1982.08—1984.09

单位名称	姓名	职务	任职时间
太白县气象站	刘忠平	副站长（主持工作）	1984.09—1987.03
	王继增	副站长（主持工作）	1987.03—1988.04
		站长	1988.04—1990.01
		局长	1990.01—1992.12
太白县气象局	马龙弟	副局长（主持工作）	1992.12—1995.03
		局长	1995.03—2001.03
	贾卫芳	局长	2001.03—

人员状况　截至2008年底，共有在职职工12人（在编职工6人，外聘职工6人），退休职工1人。在职职工中：本科4人，大专6人，其他2人；工程师2人，助理工程师4人。

气象业务与服务

1. 气象业务

①气象观测

观测机构　1956年10月在太白唐口建站至1980年2月，观测组编制为3～5人。1980年3月更名为太白县气象站，下设观测组，定编为5人。1990年1月更名为太白县气象局，下设地面测报股，有测报员4人。1997年1月取消航危报后定编3人。2007年1月升为一级站开始基本站业务，定编6人至今。

观测时次　1956年10月开始，每日进行01、07、13、19时（地方太阳时）4次观测。1960年1月改为07、13、19时3次观测，同年8月改为08、14、20时（北京时）3次观测。2007年1月1日升级为国家气象观测站一级站，每天进行02、08、14、20时4次天气观测，昼夜守班。观测项目有云、能见度、天气现象、气压、气温、湿度、风向风速、降水、雪深、日照、蒸发、冻土、地面温度和浅层地温。

气象电报　1959年3月31日起，向陕西省气象台发农业气象情报，同年7月22日起向西安民航机场发航危报，1960年2月2日起，向黄河水利管理委员会发汛报。以后的几十年中，气象电报的种类、发送单位、发报时次和发送方式经多次变更。先后承担西安、兰州、汉中民航和汉中、户县军航机场的航危报；负责向中央防汛抗旱指挥部、陕西省防汛指挥部、丹江口水利枢纽管理局等部门发汛期雨量报；向宝鸡市气象台拍发气象旬（月）报；4—9月向市气象台拍发小天气图报；全年向省气象台发重要天气报。1996年底停发航危报。2001年6月，开始向省气象台拍发天气加密报，至2007年1月，开始每天发天气报和补充天气报、重要天气报、气象旬月报等。

发报内容　天气报的内容有云、能见度、天气现象、气压、气温、风向风速、降水、雪深、地温等。航空报的内容只有云、能见度、天气现象、风向风速等。危险报编发除云蔽山以外所有危险天气。重要天气报的内容有降水量、大风、雨凇、积雪、冰雹、龙卷风、视程障碍现象、雷暴。气象旬月报编发1段基本数据，加报2段土壤墒情组，逢月初编发4段地温组。

地面气象报表　地面气象记录月（年）报表自1956年建站即开始，4份气表-1、4份气表-21。向中国气象局、省气象局、市气象局各报送 1 份,本站留底本 1 份。1959 年以后,报表不再上报国家气象局。2002 年 10 月,起用微机 AHDM 软件制作报表,用 X.25 专线向省气象局上传机制报表,停止报送纸质报表。2005 年 1 月,开始使用 OSSMO 2004 制作报表,使用宽带网向省气象局上传机制报表至今。

现代化观测系统 21 世纪初,县级气象现代化建设逐步推进。2002 年 5 月,县局开始使用微机用 AHDM 编发气象电报和数据处理。2003 年 10 月,建成 DYYZ II 型自动气象站并开始试运行(至 2003 年 12 月)。自动观测项目有压、温、湿、风、降水、地温等,全部采用仪器自动采集、记录,微机处理数据,替代人工观测。2004 年 3 月,启用移动宽带网进行数据和电报的传输,2005 年 1 月,自动站正式运行,使用 OSSMO 2004 进行编发报和数据处理上传。

区域气象观测网络初具规模。2004 年 7 月,建成 6 个 HYA-R 自动雨量观测站,2006 年,设备升级改造为温雨两要素区域自动气象站,同时增建高龙乡温雨两要素区域自动气象站,并建成石沟口风能自动监测站。

②天气预报预测

短期天气预报 1958 年 6 月,开始作补充天气预报。20 世纪 80 年代初期,业务基本建设加强,基本资料、图表、档案和方法整理达标。1982 年以来,根据预报需要共整理 55 项资料、共绘制简易天气图等 9 种基本图表,并对建站后的各种灾害性天气个例建档,对气候分析材料、预报服务调查与灾害性天气调查材料、预报方法使用效果检验、预报质量月报表、预报技术材料、中央省地各类预报业务会议材料等建立业务技术档案。20 世纪 80 年代末,县局开展解释预报业务。2004 年以后,上级指导信息更加丰富和完善,相应县局预报亦向精细化发展,空间上细化至乡镇,时间上细化到 3~6 小时,预报内容更趋丰富。

中期天气预报 20 世纪 80 年代初,通过传真接收中央气象台,省气象台的旬、月天气预报,再结合分析本地气象资料,短期天气形势,天气过程的周期变化等制作旬天气过程趋势预报。

长期天气预报 20 世纪 70 年代中期开始制作长期天气预报,主要运用数理统计方法和常规气象资料图表及天气谚语、韵律关系等方法,作出具有本地特点的补充订正预报。80 年代,为适应预报工作发展的需要,贯彻执行中央气象局提出的"大中小、图资群、长中短"相结合技术原则,组织力量,多次会战,建立了一整套长期预报的特征指标和方法,方法一直沿用至今。

③气象通信网络

1987 年,开通甚高频无线对讲通讯电话,实现与地区气象局直接业务会商。2000 年接入 X.25 专线,实现了气象信息网络传输。2003 年开通省市县计算机远程终端。公文实现 Notes 系统传输。2004 年 3 月,启用移动宽带网进行数据和电报的传输。2005 年建立卫星地面单收站,接收天气图、云图资料。2006 年开通省市县天气预报可视会商系统。

2. 气象服务

县气象局始终坚持以经济社会需求为牵引,把决策气象服务、公众气象服务、专业气象服务和气象科技服务融入到经济社会发展和人民群众生产生活当中。

服务方式　1958年6月,开始用收听电台,绘简易图结合实况分析的方法,制作单站晴雨、大风和雷雨预报,电话通知各乡(区)。随后的20多年县气象站预报不断改进和提高,至1983年5月,增加了传真图,预报水平有了提高,开始由县广播站对外广播天气预报。1989年,开通甚高频无线对讲通讯电话,实现与地区气象局和县气象局业务会商,同时购置无线电警报发射机和警报接收装置,安装到县防汛抗旱办公室、各乡镇和砖厂等用户单位,建成气象预警服务系统。每天上、下午各广播一次,服务单位通过警报接收机定时接收气象服务信息。

1995年5月,开始在太白县电教台电视频道播放太白县天气预报,预报信息由气象局提供,电视节目由电教台制作。1997年10月,因电教台重组停止。2005年6月,开始在太白县电视台播放天气预报,预报信息由气象局每天下午从电子邮箱传递,电视节目由电视台制作。

1997年6月,气象局同电信局合作开通"121"天气预报自动咨询电话。2005年1月,"121"电话升位为"12121"。

2000年4月,地面卫星接收小站建成并启用,2005年建成县级业务平台,预报资料全部通过县级业务系统网上接收。相继在县防汛抗旱指挥部办公室和各乡镇用户单位安装终端系统,气象预报服务功能增强。2006年10月,针对太白县森林覆盖面广、冬春季干燥多大风,建成"太白县森林防火网",后陆续向用户单位和各乡镇安装电子显示屏20多块,扩大了气象预报预警信息的覆盖面,促进了全县气象服务产业化和信息化的发展。

服务种类　从建站开始间断开展了农作物物候观测、作物生育期预报、畜牧业适宜条件分析、作物灾害预报和防御方法研究等。20世纪80年代初,制作了《太白县农业气象服务一览表》,编绘了《太白县农业气候示意图》,明确了每个季节和关键农事季节的服务任务。

决策气象服务产品主要有:《太白气象》、《气象信息》、《送阅件》、《重要天气消息》、《灾害性天气预警》、《雨情通报》等。按月、季、年编发旬、月、年度气候趋势预测和《气候影响评价》,适时制作农作物各重要生育期农业气象分析专题材料,为地方党政领导和相关部门提供决策依据。决策气象服务产品主要通过专题书面报告、电话、传真、手机短信、电子显示屏等多种形式传递

1978年6月,太白县革命委员会成立人工防雹增雨机构,下设6个土火箭防雹点,气象站负责业务指导。次年6月,成立县防雹指挥部,气象站为指挥部成员,组织民兵在每年的5—8月进行人工防雹、增雨作业。1982年底,防雹增雨工作移交县农科所管理,县气象站停止了此项工作。

在做好公益服务的同时,1985年开始推行气象有偿专业服务。气象有偿专业服务主要是为全县各乡镇(场)或相关企事业单位提供中、长期天气预报和气象资料,以旬天气预报为主。20世纪末期以来,科技服务项目逐步增多,服务面不断扩大,先后通过旬、月预报、短期天气预报、气象资料、电视天气预报、"12121"电话、手机气象短信、电子显示屏、彩球礼仪庆典、防雷检测等多种服务手段,开展气象科技服务,增强单位综合实力,提高职工生活水平,有力地推动了气象事业的发展。

服务效益　气象服务在当地经济社会发展和防灾减灾中发挥着重大作用。服务重点

突出,每年夏季以防汛为中心做好暴雨连阴雨预报,冬季以森林防火为中心做好大风和森林火险等级预报。从年初的年度天气趋势展望、春播种期气候分析、三夏麦收期天气形势分析、到秋收秋播期天气分析、全年气候评价。多次在重大活动、灾害时期、农业、农事、森林防火的关键时刻为政府和相关部门及公众提供了准确及时的气象服务信息。1989 年,与县农科所合作进行了《太白县地膜玉米对比观测和分析》课题研究,为太白县地膜玉米种植推广提供了有力依据,次年粮食产量大幅提高,受到县委、县政府表彰奖励和高度评价。2008 年"5·12"地震抗震救灾期间,县气象局及时为人员密集的广场、学校、医院等场所安装电子显示屏,发送天气预报服务信息,针对阴雨、雷电、夜间低温发布加密预报信息,获得了很好的社会效益。

气象法规建设与社会管理

行政执法 2000 年以来,县局认真贯彻落实《中华人民共和国气象法》、《陕西省气象条例》等法律法规。2005 年 3 月,成立行政许可办公室,承担气象行政审批职能,规范天气预报发布和传播,实行升空氢气球施放审批制度。2006 年,气象局被列为县安全生产委员会成员单位,负责全县防雷安全的管理。2006—2008 年,与安监、建设、教育等部门联合开展气象行政执法检查 20 余次。

气象探测环境保护 2005 年 3 月,按照市气象局要求,按照《关于加强气象探测环境保护工作的通知》精神,在县政府办公室、县建设局、县国土局备案。2007 年,升为一级站后,重新按基本站标准备案,绘制了《太白县气象观测环境保护控制图》,完成《探测环境保护专业规划》编制,为气象观测环境保护提供了重要依据和保证。

气象灾害应急管理 2004 年 5 月,制定了《太白县气象局防汛应急预案》、2008 年 6 月,制定《太白县气象局地震灾害应急预案》,提高了县局防御灾害和突发性事件的能力。2008 年 7 月,受县政府委托,编制了《太白县气象灾害应急预案》,县政府随即成立气象灾害应急指挥部,办公室设在县气象局,贾卫芳局长兼任办公室主任。主要担负天气形势监测、提供气象信息,为启动和终止气象应急预案提供决策依据并负责灾害性天气预报预警信息的发布。

防雷减灾管理 2001 年,成立太白县防雷站。2001—2006 年,协助市气象局防雷中心开展太白县防雷电检测。2007 年开始承担全县防雷电检测,逐步开展建筑物防雷装置、新建建(构)筑物防雷工程图纸审核、竣工验收、计算机信息系统等防雷安全检测。将"防雷装置设计审核和竣工验收"纳入行政许可项目。

制度建设 1996 年,制定了《太白县气象局综合管理制度》,2004 年、2008 年,重新修订和完善。内容包括:局务会议制度、业务管理制度、财务管理制度、局务公开制度、学习制度、民主生活会制度、考核奖惩制度等。通过规范管理、局务公开,做到科学决策、民主管理,努力做到办事有依据、每人有责任,奖优罚劣,充分调动干部职工的积极性。

政务公开 2002 年 5 月,实行局务公开、物资采购、财务监管三项制度,认真执行廉政监督员制度,对机构设置、工作职责、气象行政审批办事程序、气象服务、服务承诺、气象行政执法依据和纪律、服务收费依据及标准等内容向社会公开。对涉及群众切身利益的问题、热点难点问题、单位业务和财务及经济发展等重大决策和重大事项及时或定期向职工公开,必要时召开职工大会和局务会,广泛听取意见,集体讨论决定。

党建与气象文化建设

1. 党建工作

党的组织建设 1978 年至 2001 年 3 月,有党员 2 人,参加县种子公司党支部。2005 年 10 月,成立太白县气象局党支部,属县级机关党委领导,截至 2008 年底有党员 5 人。

党风廉政建设 多年来,认真落实党风廉政建设目标责任制,开展廉政教育和廉政文化建设活动,努力建设文明单位、和谐和廉洁单位。组织干部职工学习党风廉政建设知识,参加党风廉政知识竞赛活动,大力推行"三项制度",完善局务公开。开展了以"情系民生、勤政廉政"为主题的廉政教育。2008 年,落实"三人决策"、"三重一大"、"联签会审"制度,不断推进惩治和预防腐败体系建设。

2. 气象文化建设

精神文明建设 始终坚持以人为本,弘扬自力更生、艰苦创业精神。从"快乐工作"理念到"追求卓越、勇创一流"的太白气象精神,真实反映了太白县气象局干部职工不畏艰难,勤奋敬业的精神世界。

太白县气象局历经 3 次创业。1956 年初,建站时只有 3 间房、3 个人组成的观测组,房屋简陋、条件艰苦、人手少、任务重,但精神乐观。1985 年开始开展气象专业有偿服务,开始第二次创业,面对艰苦的环境、落后的地方经济条件,县气象站在努力开创专业有偿服务局面的同时,先后集资养鸡、种木耳、种菜发展庭园经济,办电脑打字社,进行了尝试和努力。2000 年迁站后,单位资金短缺,严重制约着气象现代化建设的发展,开始第三次创业。大胆改革,加强管理,不断提高服务效益和综合实力,增强了事业发展的活力,单位环境和职工精神面貌焕然一新。

县气象局始终把领导班子的自身建设和职工队伍的思想建设作为文明创建的重要内容,通过开展经常性的政治理论、法律法规学习,造就了清正廉洁的干部队伍,锻炼出一支高素质的职工队伍。

深入持久地开展文明创建工作。在做好职工思想教育的同时,不断加强基础设施建设,开展文明创建规范化建设,改造观测场,装修业务值班室,统一制作局务公开栏、学习园地、廉政、荣誉、法制宣传栏和文明创建标语等宣传用语牌。建设"两室一场"(图书阅览室、职工学习室、小型运动场)、党员活动室,购置图书 800 多册。

每年组织职工进行气象科普知识宣传,参与科协、法制办、安监局、武装部的宣传和活动,普及气象科技和防灾减灾知识,宣传气象法规,接受国防教育。

文明单位创建 1998 年被县委、县政府授予县级文明单位;2001 年被市委、市政府授予市级文明单位;2004 年,被陕西省委、陕西省人民政府授予省级文明单位。2005 年被陕西省委、陕西省人民政府授予省级"文明单位标兵"。2006 年,被中国气象局授予"全国气象部门文明台站标兵"。

3. 荣誉

集体荣誉　截至 2008 年,共获省部级以下各类奖励 22 次。

省部级及以上奖励列表

年份	荣誉称号	表彰单位
2005 年	全国气象部门局务公开先进单位	中国气象局
2005 年	文明台站标兵	中国气象局
2005 年	全省气象系统先进集体	陕西省人事厅、陕西省气象局
2008 年	全国抗震救灾气象服务先进集体	中国气象局
2008 年	全国气象部门局务公开示范单位	中国气象局

个人荣誉　截至 2008 年,共获省部级以下各种奖励 81 人次。

台站建设

台站综合改善　由省气象局拨款和职工集资,1999 年,建成 800 平方米的宿办楼,2000—2001 年台站搬迁;2003 年,扩建了办公楼 90 多平方米,2004 年装修改造,逐步建成了县级地面气象卫星接收小站、DYYZ Ⅱ 型地面自动观测站、安装了宽带网络,2005 年在全市率先建成现代化的县级气象业务平台。

气象局现占地面积 8965.9 多平方米,有宿舍办公楼 1 栋 1300 平方米,20 米×16 米观测场 1 个,工作用车 3 辆。基本站扩建改造、地震灾后重建和陆态站建设正在进行当中。

园区建设　2002—2005 年,太白县气象局分两次对院内的环境硬化、绿化、美化改造,规划整修了道路,在庭院内修建了草坪和花坛,重新装饰、粉刷了宿办楼,改造扩建了业务值班室,完成了业务系统的规范化建设。修建了 1000 多平方米草坪、花坛,栽种了风景树,全局绿化率达到了 60%,硬化了 850 平方米路面,使县局院内变成了风景秀丽的花园,2007 年 3 月被县政府授予园林式单位。

1980 年的太白县气象站业务值班室

2002 年修建的太白县气象局业务值班室

凤县气象局

凤县历史悠久,古称凤州,位于秦岭西段南麓,嘉陵江源头,地处秦岭腹地,属山地地貌类型,山大沟深,高低悬殊,起伏较大,高山、梁峁、川台、河坝均有分布。境内矿产、植被资源丰富。宝成铁路、川陕公路从县内穿越。全县辖 10 镇 2 乡、100 个行政村,总面积 3187 平方千米,总人口 11 万。

凤县属暖温带半湿润大陆性季风气候。年平均气温 11.4℃,极端最高气温 37.5℃,极端最低气温−18.3℃。年日照时数 1710.0 小时,年日照百分率 39%。年降水总量 615.6 毫米,日最大降水量 135.4 毫米,降水主要集中在 5—9 月,降水变率大,时、空分布不均,灾害性天气频繁发生,主要气象灾害有暴雨、干旱、连阴雨、霜冻、冰雹、大风。

机构历史沿革

台站变迁 1957 年 9 月,凤县气候站在凤县桑园农场建立,同月开始进行气象观测。1993 年 1 月,站址迁至凤县双石铺镇双吉子村,观测场位于北纬 33°54′,东经 106°32′,海拔高度 985.9 米。2003 年 11 月,实行局站分离,县气象局机关迁至县计划生育局 3 楼办公。

历史沿革 1957 年 9 月,成立凤县气候站;1960 年 9 月,更名为凤县气候服务站;1962 年 1 月,更名为凤县气象服务站;1973 年 5 月,更名为凤县革命委员会气象站;1980 年 4 月,更名为凤县气象站;1990 年 6 月,根据陕办发〔1986〕10 号文件精神,改称为凤县气象局(实行局站合一)。

凤县气象站属国家一般站和 5 类艰苦台站;2006 年 7 月 1 日改为国家气象观测站二级站。

管理体制 1957 年 9 月—1959 年 10 月,由陕西省气象局管理。1959 年 11 月—1962 年 1 月,由凤县人民委员会领导。1962 年 2 月—1966 年 10 月,由陕西省气象局管理。1966 年 11 月—1970 年 9 月,由凤县人民委员会领导。1970 年 10 月—1973 年 11 月,由凤县人民武装部军管。1973 年 12 月—1980 年 1 月,由凤县革命委员会领导,行政管理以县农牧局为主。1980 年 1 月起,实行气象部门与地方政府双重领导,以气象部门领导为主的管理体制。

机构设置 下设综合办公室、地面测报股、科技服务股、防雷站和行政许可办公室。

单位名称及主要负责人变更情况

单位名称	姓名	职务	任职时间
凤县气候站			1957.09—1960.08
凤县气候服务站	杜明章	负责人	1960.09—1961.12
凤县气象服务站			1962.01—1963.08
	张世明	站长	1963.08—1966.02
	李正安	副站长(主持工作)	1966.02—1970.12
	张世明	站长	1970.12—1973.04

单位名称	姓名	职务	任职时间
凤县革命委员会气象站	张世明	站长	1973.05—1979.04
	冯生海	站长	1979.04—1980.03
			1980.04—1980.09
凤县气象站	李正安	站长	1980.09—1988.03
	韩正芳	站长	1988.03—1989.06
	冯宝平	副站长（主持工作）	1989.06—1990.06
凤县气象局		副局长（主持工作）	1990.06—1992.03
		局长	1992.03—2005.11
	胡宝平	副局长（主持工作）	2005.11—2006.06
		局长	2006.06—

人员状况 1957年9月建站时只有4人。2008年12月底,有在职职工7人(在编职工5人,外聘职工2人),退休2人。在职职工中:大学本科1人,大专5人,中专1人;工程师1人,助理工程师3人,技术员1人。

气象业务与服务

1. 气象业务

凤县气象站主要业务是:地面气象观测、制作和发布本县天气预报、开展气象灾害预报、预警和气象为农服务,人工影响天气等。

①气象观测

气象观测 建站时每天进行01、07、13、19时(地方太阳时)4次观测,1960年1月,改为07、13、19时3次观测,同年8月,观测时制改为北京时,每天进行08、14、20时3次观测。观测项目有温度、湿度、风向、风速、降水、积雪、地面状态、云、能见度、天气现象、地温、冻土、蒸发、日照、农业气象观测。现观测项目有气压、温度、湿度、风向、风速、降水、积雪、蒸发、雪深、云、能见度、天气现象、地温(0、5、10、15、20厘米)、冻土、日照。

1975年1月1日—1985年12月31日,向西安、兰州、中川等机场拍发航危天气报。

发报内容 天气报的内容有云、能见度、天气现象、气压、气温、风向风速、降水、雪深、地温等。航空报的内容只有云、能见度、天气现象、风向风速等。重要天气报的内容有暴雨、大风、雨淞、积雪、冰雹、龙卷风、雷暴等。

从建站到1999年,用电话口述电报,由县电信局接收后分别发到陕西省气象台和宝鸡市气象台。2000年后,气象电报通过网络传输。

现代化观测系统 2005年12月,建成自动气象站,2006年1月1日开始观测。自动气象站观测项目有气压、气温、湿度、风向风速、降水、地温、草温等。地面基本观测项目全部采用仪器自动采集、记录。

雨量点和区域自动气象站陆续建设。1999年,在平木镇、三岔镇、唐藏乡、黄牛铺镇、河口镇五乡镇建成人工雨量点。2006年7月—2008年7月,建成区域自动气象站11个。

②天气预报

短期天气预报 建站到 20 世纪 80 年代初,以收音机接收气象广播,手工点绘简易天气图、曲线图等工具,结合本地气候特点制作单站补充天气预报。1984 年 5 月,开展 MOS 预报方法应用。1986 年 5 月,市气象局配备 CZ-80 型无线传真接收机,接收北京、兰州气象中心、陕西省气象台传真的亚欧范围地面、高空天气图、云图资料以及中央台、省台天气预报资料与产品。20 世纪 90 年代初,随着气象卫星综合应用业务系统的实施,气象预报产品日益丰富,预报准确率不断提高。2004 年以后,上级指导信息更加丰富和完善,县局预报向精细化发展,预报内容更趋丰富。

中期天气预报 20 世纪 80 年代初,根据中央气象台、省气象台的旬、月天气预报产品,结合本地气象资料、短期天气形势、天气过程的周期变化等制作旬天气趋势预报。

长期天气预报 20 世纪 70 年代中期开始,根据上级指导预报,运用数理统计方法和常规气象资料图表及天气谚语、韵律关系等方法,作出本地补充订正预报。长期预报有春播预报、汛期(5—9 月)预报、年度预报、秋季预报。

③气象信息网络

2000 年,接入 X.25 专线,实现了气象信息网络传输。2003 年开通省市县计算机远程终端。公文实现 Notes 系统传输。2004 年,进行了自动气象站建设和台站综合建设。2005 年,建立卫星地面单收站,接收天气图、云图资料。2006 年,开通省市县天气预报可视会商系统。

2. 气象服务

公众和决策气象服务 20 世纪 90 年代前,决策气象服务产品以纸质材料传送为主;20 世纪 90 年代至今,由电话、传真、信函等发送转变为电视、微机终端、手机短信等发送。

2000 年,建立了县级 PC-VSAT 单收站系统和"121"天气预报电话自动答询系统。2002 年 7 月,电视天气预报节目在凤县电视台开播。

【气象服务事例】 2008 年在"5·12"汶川特大地震期间,宝成铁路甘肃徽县境内 109 隧道发生塌方,严重影响救灾物资运送,凤县气象局当日成立气象服务领导小组,启动应急气象服务预案,及时向 109 隧道抢险指挥部提供逐日天气实况、雨情通报和常规预报,为 109 隧道和嘉陵江堰塞湖抢险提供了全方位气象服务。抢险期间累计提供天气实况、雨情通报和常规预报 123 期,局领导电话通报 11 次,服务成效明显。7 月 10 日甘肃徽县水利局代表 109 隧道抢险指挥部送来感谢信,对气象服务工作给予充分肯定,并表示深切的感谢。

气象科技服务 1988 开始气象专业有偿服务业务,服务内容为中长期天气预报和灾害性天气警报,服务方式为专送纸质预报。1993 年,拓展施放升空氢气球服务,2000 年,开通"121"天气预报自动答询系统,2002 年,开展防雷专项检测服务,2005 年,开展气象远程终端服务业务,2006 开始,发展气象电子显示屏业务。随着科技服务项目增多,科技服务收入逐年增加,提高了单位综合实力,推动了气象事业的发展。

农业气象服务和科研开发 凤县气象站以为农服务为主,1958 年,开展小麦、玉米物候观测和土壤湿度观测,并向县农业部门发送农业气象旬报。1985 年开展小麦遥感测定产量的物候观测。1986 年 5 月,开始用动态模型方法,进行小麦产量预报。

依托农业气候区划成果,注重技术总结和开发利用,《凤县甜椒适生区试验研究》(1990年)、《凤县初夏暴雨预报技术浅析》(1991 年)课题荣获省气象局科技进步奖;2008 年《凤县党参生长的气候条件分析》、《凤县秦艽生长的气候规律分析》课题同时荣获宝鸡市委市政府自然科学优秀学术成果奖。

气象法规建设与社会管理

法规建设 依据《中华人民共和国气象法》、《陕西省气象条例》、《国务院对确需保留的行政审批项目设定行政许可的决定》(中华人民共和国国务院令第 412 号),凤县气象局于 2005 年成立行政许可办公室。对升放无人驾驶自由气球或系留气球活动、防雷装置设计审核和竣工验收、大气环境影响评价气象资料审查实施行政许可,并对许可项目、内容、办事程序进行公示。2006 年,凤县政府出台《凤县气象灾害应急预案》(凤政办发〔2006〕71 号)、《关于进一步加强气象灾害防御工作的实施意见》(凤政办发〔2008〕65 号),规范了气象灾害应急流程,加强了气象灾害防御工作;下发《关于进一步做好防雷减灾工作的通知》(凤政办发〔2006〕58 号),明确了气象部门防雷减灾的主体地位及县政府对防雷减灾工作的总体要求。

健全内部管理制度 1995 年 4 月,制定《凤县气象局制度汇编》,2002 年 4 月,重新修订完善,内容包括党建、党组织民主生活会、学习、廉政建设、行政许可制度,"三夏"、"汛期"服务办法和值班制度,安全生产制度,计算机网络安全管理工作制度,业务值班室管理制度,会议制度,财务、福利制度,行政综合事务管理制度等。

政务公开 2002 年 5 月开始,实行局务公开、物资采购、财务监管三项制度,对气象行政审批办事程序、气象服务内容、服务承诺、气象行政执法依据、服务收费依据及标准等通过户外公示栏公示。单位重大事项等采取职工大会或公示栏公开。2008 年,制定党员承诺制度,制作了党员承诺公开栏。

党建与气象文化建设

1. 党建工作

党的组织建设 1998 年以前,隶属凤县农牧局党总支,1998 年 1 月成立凤县气象局党支部,属凤县机关工委领导。截至 2008 年 12 月,有党员 3 人。

党风廉政建设 1998 年 9 月,制订《凤县气象局党建目标管理制度》和《凤县气象局党风廉政建设责任制实施办法》,落实党风廉政建设目标责任制,每年开展廉政教育和廉政文化建设活动,努力建设文明、和谐和廉洁单位。2008 年,落实"三人决策"、"三重一大"、"联签会审"制度,推进惩治和预防腐败体系建设。

2. 气象文化建设

本世纪初以来,注重气象文化建设,坚持以人为本,弘扬自力更生、艰苦创业精神,深入持久地开展文明创建工作,政治学习有制度,文体活动有场所,职工生活丰富多彩。

凤县气象局把领导班子的自身建设和职工队伍的思想建设作为文明创建的重要内容,通过开展经常性的政治理论、法律法规学习,造就了清正廉洁的干部队伍。近年来,选送多名职工到成都信息工程学院、陕西省气象局培训中心和党校学习深造。截至 2008 年底,全局干部职工及家属子女无违法违纪。

精神文明建设 在干部职工中牢固树立创新理念,营造创新氛围,完善创新机制,制定和推行相关创新工作制度。2000 年以来,积极推进文明单位创建规范化建设,改造观测场室,制作局务公开栏、学习园地、文明创建标语、宝鸡气象精神等宣传用语牌,悬挂台站环境状况证书。组织开展群众性、经常性的文化体育活动,丰富职工的业余文化生活和精神生活。

文明单位创建 1996 年 3 月,被县委、县政府命名县级文明单位;2005 年 1 月,被宝鸡市委、市政府命名为"市级文明单位"和"市级卫生先进单位"。

荣誉 截至 2008 年底,集体共获省部级以下各种表彰奖励 12 项,个人共获省部级以下荣誉 40 人次。

台站建设

台站综合改善 凤县气象站始建 1957 年,地处凤州桑园,房屋简陋,设备落后。随着时间的推移和气象为农服务的需求,20 世纪 70 年代气象设备有所增加,气象服务逐步精细化。

1993 年迁站以来,省市气象局投资进行基础设施局部改造。2000 年后,省市气象局加大了台站基础设施改造投资力度,2003 年底,租用凤县计生局部分办公用房作为局办公场所,实行局站分离。2004 年底,完成自动站场室改造。2005 年,实现集中供热。

园区建设 2004—2007 年,分期对气象站及局院内的环境进行绿化、美化,绿化面积300 多平方米,全局绿化率达到 75%,硬化路面 200 平方米,使局站变成风景秀丽的花园。

1992 年的凤县气象站

1998 年的凤县气象局

新建观测场(2004 年)

咸阳市气象台站概况

咸阳市地处陕西省关中平原腹地,渭水穿南,宗山亘北,山水俱阳。咸阳是公元前221年秦王嬴政并灭六国建都之地,也是汉、晋、隋、唐等13个王朝的京畿。春秋时称渭阳,秦为咸阳。全市辖3区1市10县,总面积10213平方千米,人口503万。

咸阳属典型的大陆型季风气候。冬季寒冷干燥,春季气温不稳定,降水较少,多风沙天气;夏季气候炎热多雨,降水集中于7—9月,多暴雨、常出现伏旱;秋季凉爽较湿润,多有阴雨天气。咸阳市气象灾害主要有暴雨洪涝、干旱、霜冻低温、风雹、连阴雨及沙尘暴等,呈现出种类多、范围广、频率高、持续时间长、群发性突出等特点。

气象工作基本情况

台站概况 咸阳市气象局下辖秦都区、兴平市、长武、彬县、旬邑、淳化、永寿、乾县、礼泉、泾阳、三原、武功等12个县(市、区)气象局。国家基本地面气象观测站4个,一般地面气象观测站8个。国家一级农业气象试验站1个,国家一级农业气象观测站3个。711天气雷达站1个。

县气象站始建及沿革 1953年1月武功县气象站建成。1954年5月—1958年7月,泾阳、彬县、周至、长武、礼泉、兴平、乾县、永寿、淳化等县气象站建成。1959年5月—1972年1月,户县、秦都、双庙、旬邑、高陵、三原等县气象站建成。1978年6月,双庙气象站撤销。1983年10月,武功县气象站由宝鸡市气象局移交咸阳市气象局。周至、户县、高陵气象站由咸阳市气象局移交西安市气象局。

管理体制 1954年4月—1958年7月,实行部门管理建制,归陕西省气象局垂直领导;1958年8月—1961年10月,实行以地方党政领导为主,省气象局负责业务的双重领导体制;1961年11月—1965年7月,实行气象部门管理建制,归陕西省气象局领导;1965年8月—1971年1月,实行地方管理建制,归地区行署、县(市)政府领导;1971年2月—1973年9月,实行地区革命委员会、咸阳军分区双重领导体制,归军分区人武部领导;1973年10月—1979年10月,实行地方管理建制,归地区行署、县(市)农林局领导;从1979年11月起,实行气象部门与地方政府双重领导,以气象部门领导为主的管理体制。

人员状况 咸阳市气象局1961年、1981年、2001年在编职工分别为81人、168人、178

人。截至 2008 年 12 月,全市气象部门在职职工 178 人(在编职工 168 人,外聘职工 10 人),退休职工 83 人。在编职工中:研究生 4 人,大学本科 70 人,大专 61 人,中专 22 人,其他 11 人;高级工程师 10 人,工程师 76 人,初级职称 70 人,见习期 5 人,无职称 7 人。

党建工作　1971 年 6 月,成立中共咸阳地区气象台党支部;1978 年 1 月,成立中共咸阳地区气象局党组,地区气象局党支部转为机关党支部,受市直机关党委领导;2002 年 6 月成立咸阳市气象局党总支,下设三个党支部。截至 2008 年 12 月,全市 12 个县(市、区)局都成立了党支部。全市气象部门有党员 88 名,占职工总人数的 53%。2001 年开始市气象局党总支连续 9 年被市直机关工委评为先进党组织。

文明单位创建　截至 2008 年全市气象部门 13 个单位全部建成了市级以上文明单位。其中省级标兵 2 个,省级文明单位 1 个,市级标兵 6 个,市级文明单位 4 个。全系统为市级文明行业。

领导关怀　咸阳市气象工作得到了各级领导的关心和支持。1961 年,中央气象局卢鋆副局长来咸阳斗口农业气象试验站检查指导工作。1987—2008 年期间,邹竞蒙、温克刚、秦大河、章基嘉、颜宏、马鹤年、郑国光、许小峰、沈晓农、李黄、孙先健等中国气象局领导先后来市气象局视察指导工作;侯宗宾、王双锡、王寿森等陕西省政府领导先后来市气象局视察指导工作。1998 年 9 月,世界气象组织哈桑先生率埃及、苏丹等 8 国气象局长来咸阳市气象局考察。

主要业务范围

1. 气象业务

①气象观测

地面气象观测　民国十年(1921 年)1 月起,高陵县通远坊天主堂开始观测气温、降水、风等气象要素到 1938 年。新中国成立后,1953 年 1 月武功县气象站开始地面气象观测。1954 年 5 月—1958 年 7 月,泾阳、彬县、周至、长武、礼泉、兴平、乾县、永寿、淳化等县气象站开始地面气象观测。1959 年 5 月—1972 年 1 月,户县、秦都、双庙、旬邑、高陵、三原等县气象站开始地面气象观测。1978 年 6 月,双庙气象站撤销,观测任务停止。1960 年开始,在全市陆续组建了 39 个气象哨,220 个雨量点,后因仪器设备和维持经费缺乏,陆续撤、迁、并、停。2002 年 11 月—2007 年 1 月完成全市 12 个县(区、市)自动气象站建设。

全市气象部门现有 12 个地面气象观测站,其中国家基本气象站 4 个,一般气象站 8 个。

农业气象观测　1955 年泾阳斗口气象站开始农业气象观测,经过四十多年的变迁。1999 年 12 月与秦都区气象局合并。1980 年 5 月建立永寿县农业气象观测站。1983 年 10 月新增武功县农业气象观测站。1990 年 8 月新增旬邑县农业气象观测站。

截至 2008 年 12 月,全市有农业气象观测站 4 个,其中国家一级农业气象试验站 1 个,国家一级农业气象观测站 3 个。

其他观测　1992 年 6 月,在旬邑县建立 711 天气雷达站。2006 年 6 月进行了数字化升级改造。2000 年 3 月在市气象局建成农业气象遥感信息中心。2006 年 10 月在全市 11

个县(区)建立生态气象观测站点 23 个。2006—2008 年 2 月在全市 12 个县(区、市)建成 76 个区域自动气象站,其中两要素站 68 个,四要素站 7 个,六要素站 1 个。2007 年在秦都 区气象站建立酸雨观测站。2008 年在泾阳、礼泉县气象局建立了 GPS/MET 水汽探测站。 在淳化、秦都、长武、永寿气象站建立自动土壤水分观测站。

②天气预报

市台预报 1961 年 11 月,咸阳专区中心气象站成立(地区气象台的前身),利用经验 模式、相关相似、数理统计等预报工具和方法,制作发布长期天气气候展望,不定期向地委、 专署、农林局、各县气象站发送。1965 年底,咸阳专区气象服务台成立,填绘分析 08、14 时 亚欧地面天气图、高空分析图,制作发布 24、48 小时短期天气预报。1966 年文化大革命开 始,撤掉天气图,土法制作天气预报,饲养动物,通过观察动物(如黄鳝、泥鳅、田螺、鱼、蚂 蚁)的变化,配合天象变化给预报人员提供有关天气征兆的线索。历时两个月,因缺乏科学 根据而废弃,恢复绘制分析天气图业务。1973 年 10 月,引进数理统计方法制作发布中长 期天气预报。1974 年 3 月,1985 年 5 月—1986 年 11 月,咸阳市气象局作为陕西省气象局 预报业务技术体制改革和管理体制改革试点单位,研制开发市台分片预报和县站解释预报 方法,完成全市 4—10 月份小雨以上降水,5—10 月份中雨以上降水,7—8 月份大暴雨降水 的分片预报方法,形成了市台分片预报和县站解释预报业务流程。2000 年 8 月研制开发 仙鹤牌"121"电话自动答询系统,在西北五省地市气象局推广应用。2004 年 5 月森林火险 等级预报、空气质量预报列入市气象台预报业务。2005 年 5 月地质灾害预报、面雨量预报 列入市气象台预报业务。

截至 2008 年 12 月,市气象台按 6 小时间隔制作 24 小时、按 12 小时间隔制作 48 小时 分县预报、按 24 小时间隔制作 168 小时分县预报。

县气象站预报 县气象站预报发展过程,经历了单站补充订正预报、县站预报、县站解 释预报三个阶段。20 世纪 50 年代中期前,只担负气象观测任务,不做天气预报;50 年代后 期到 70 年代初,主要用单站要素时间变化曲线图,结合农谚和看天经验制作补充天气预报, 开展了长期(一个月以内)、中期(3~5 天)、短期(3 天以内)和短时(12 小时)天气预报;从 70 年代初期到 80 年代初,除统一使用综合时间剖面图、九线图、简易天气图外,还研究开发了具 有当地天气特点的预报工具、方法制作天气预报。形成春季连阴雨、暴雨、冰雹等 22 种预报 方法和短期预报模式及 188 条指标。1986 年预报业务技术体制改革后,县气象站不再制作 中、长期天气预报,改为转发省台预报,短期预报在省、市台指导预报基础上进行解释加工。

③人工影响天气

咸阳市早在 20 世纪 50 年代末 60 年代初就用土炮、土火箭开展了人工防雹增雨试验。 1959 年 3 月 12 日,在三原县嵯峨山第一次用无缝钢管制作的土炮发射内装碘化银的礼花 炮弹进行人工增雨,作业后试验区出现 7.9 毫米的降水。1965 年 3 月开始土炮防雹试验作 业。1970 年 4 月,长武、旬邑、淳化、彬县 4 县先后开展防雹作业。20 世纪 80 年代开始使 用"三七"高炮进行人工防雹增雨,90 年代末逐步引进火箭作业技术。

随着防雹增雨作业技术水平不断提高,作业方式已由比较单一的高炮催化作业模式扩 大到由飞机、火箭、高炮三者并举的人工防雹增雨模式,并且防雹增雨效果也愈加显著。至 2008 年底,全市 12 个县(市、区)开展人工影响天气作业,拥有"三七"高炮 55 门、火箭架 31

副。建成了标准化炮（箭）站 41 个及覆盖全市的雷达监测、指挥和通讯网。

2. 气象服务

公众气象服务 1978 年以前咸阳市公众气象服务通过信函、电话、有线广播对外发布。1978 年以后通过电视、电台、互联网、手机短信、"121"电话、电子显示屏、传真及报纸等途径发布。开设市、县电视天气预报栏目 15 套，收视观众达 350 万人，占全市总人数的70%。2005 年 8 月与咸阳电视台、农业局合作开办了《农事科技》栏目，2007 年 3 月在咸阳报开设《每周天气与农事》专栏。在市广播电台《行风热线》栏目，现场答询社会各界关注的气象热点问题。在 2005 年 1 月"12121"天气预报电话答询平台开设了声讯台，年均拨打量超过 430 万次。手机气象短信用户达到 14 万户。市、县级气象网站年均点击 10 万次。在全市城镇、乡村、广场、校园、社区、车站等人员密集区建立预警信息显示屏。

决策气象服务 1978 年以后气象决策服务由单纯提供雨情、灾情、旱情分析资料逐渐发展到积极主动地为地方各级党委、政府提供了重要天气信息和防灾减灾信息，为其指挥防灾救灾、制定国民经济和社会发展计划、组织重大社会活动等起到了重要参谋作用。制作发布《气象决策参考》、《送阅件》等 13 种决策服务产品，为党政领导和政府相关部门提供决策依据。内容包括：灾害性、关键性、转折性天气预报和情报的服务，短期气候预测、气候变化、农业气象产量预报预测服务，针对重大决策、突发公共事件等提供的专项服务。

农业气象服务 经过几代农业气象技术人员的努力，咸阳市农业气象服务项目由建站初期为粮、棉等种植业提供情报资料服务发展到如今包括为农、林、牧、渔、特色农业等在内的大农业提供有针对性的服务。农业气象业务由常规的情报、预报和农用天气服务，发展到为农业产业结构调整、农业产业化、粮食安全等多个方面，提供包括农业气候区划、气候可行性论证、农业气候资源评价和合理开发利用等在内的各类专题专项服务。服务对象由主要为党政机关的决策服务发展到同时为农业生产单位、经营实体或生产者服务。

2000 年 3 月开始应用卫星遥感技术，对全市洪涝、干旱、农作物长势、种植面积和森林火灾等进行遥感动态监测，卫星遥感监测资料已成为市委、市政府指导农业生产的重要决策依据。

2007 年 9 月成立了咸阳果业气象服务台，针对全市苹果、梨、杏、葡萄等开展周年跟踪服务。

2007 年 10 月开展全省设施蔬菜短信服务，服务内容有温室大棚温度预报、气象灾害对温室影响评估、温室作物病虫害预测、预报等。

气象科技服务 1985 年 3 月起，根据国务院办公厅《转发国家气象局关于气象部门开展有偿服务和综合经营的报告的通知》（国办发〔1985〕25 号）文件精神，利用邮寄、警报系统、影视、手机短信等手段，面向各行业开展气象科技服务。1990 年起，为各单位新建建（构）筑物避雷设施开展安全检测。1994 年起，开展庆典气球施放。2005 年起，对重大工程项目开展雷击灾害评估。

气象科研 1990—2010 年，咸阳市气象业务技术人员完成了陕西省气象局、咸阳市人民政府下达的 32 项科研、推广项目的实验研究工作，10 项获省部级科技进步、农业技术推广奖，20 项获厅局级科技进步、农业技术推广奖奖。

咸阳市气象部门(1995—2009年)获省部级科研成果奖统计表

序号	项目名称	主要内容	主要完成人	获奖时间
1	市台天气预报业务系统	系统充分利用已有的气象信息,进行了次天气尺度系统分析、研究,应用统计学方法进行大样本动态分型,将天气尺度系统、次天气尺度系统与统计学方法结合,客观定量的制作全市分片、分县要素预报和暴雨落区预报。	姜创业、王小克、朱海利、王索民、李祥林、田菊生、李社民	1994年获陕西省气象局1994年度科技进步二等奖;1995年4月获国家气象局科技进步四等奖。
2	咸阳市人工防雹增雨试验推广	项目系统分析了北五县地形特点,冰雹活动规律和移动路径,冰雹云特征,客观的揭示了咸阳渭北降水、降雹天气背景和地理、地形、地貌特征的关系,综合给出了区域联防冰雹、人工增雨的天气类型、预报指标、火力布局联网、催化技术方法和效果检验评估技术指标。	刘耀武、马延庆、姜创业、朱海利、尚恩昌、袁义来、刘映宁、蒋梦德、王骊华、袁光明	1994年获咸阳市农村科技进步二等奖。1995年获陕西省政府农业技术推广三等奖。
3	棉花热量补偿实用气象技术研究	明确了铃重与温度的定量关系,提出了棉花铃重与生育期间温度条件的统计模型,为全省提高棉花产量提供了可行的技术措施。	张治民、刘海山、刘长民、屈华涛、李四虎等	1995年获第二届中国杨凌农业博览会金像奖;1996年获陕西省政府农业技术推广三等奖。
4	咸阳市干旱、冰雹灾害防治技术研究与推广	建立了咸阳市300年旱涝气候序列,建立了渭北旱塬旱情指标诊断模型,旱度指数模式、节水灌溉通用计算公式;研发了渭北半干旱地区土壤水分动态模型、咸阳北部农田土壤水分增量模型、土壤水分贮量模式、咸阳市自然灾害粮食灾损量评估模型;组建了市、县、乡、村气象警报服务网;建成了由监测、预报、通讯、防御系统构成的咸阳北部自然灾害综合防御体系。	马延庆、王斌生、朱海利、刘长民、李社民、王素娥、吴宁强、赵西社、袁义来、赵民生、纪英海、赵效昌、侯建民、袁光明、谢军	1997年获咸阳市政府农村科技进步二等奖。1998年获陕西省政府农业技术推广二等奖。
5	县级气象预报服务系统	以"9210"工程平台和基本业务系统为依托,研制开发了由省市指导预报、气象服务信息、解释预报制作、服务产品编辑、气象服务管理、综合信息查询六部分组成的《县级气象预报服务系统》。实现了从指导信息获取、加工、分发、服务人机交互自动化。为程序化、规范化的县级气象预报服务探索了一条行之有效的途径。	马延庆、朱海利、薛春芳、高莹、曹赞芳、段焕云、王斌生	2000年获陕西省气象局科技进步二等奖。2001年获陕西省科技进步三等奖。

序号	项目名称	主要内容	主要完成人	获奖时间
6	渭北地区农业气候资源开发及合理利用研究与推广	对渭北地区农业气候资源的合理开发利用进行了系统分析研究,提出了渭北旱原区农业气候资源合理开发的思路和对策。开展了渭北旱原地区农作物气候潜势和布局、渭北旱原地区农作物生产与气候资源依存和发展关系、渭北旱原地区不利气候条件等7项专题分析研究,在示范区域资源开发、农业产业结构调整、防灾减灾、优化布局决策中发挥了积极作用。	马延庆、刘长民、朱海利、韩正芳、王旭仙、吕俊杰、邓芳莲、王素娥、杜鹏	2001年获咸阳市农村科技进步二等奖。2002年获陕西省农业技术推广三等奖。
7	卫星数字化信息在农业生态环境监测中的应用研究	利用卫星资料建立与之相适应的地面监测信息网,研发了"卫星遥感综合应用系统"。建立了空地对应系统模式,体现并发挥了地县占有大量地面信息的特点和优势,同时具有信息的统计功能,可生成最终应用产品。	王勇、李社民、吴宁强、徐军昶、邓芳莲、王小克	2002年获咸阳市政府科技进步二等奖,2004年获陕西省政府科学技术三等奖。
8	优质苹果气象服务技术开发与推广	总结归纳了苹果全生育期30多项气象服务指标;实施了5种苹果小气候调控技术;开展了苹果花期冻害防御措施研究;研发了由苹果气象指标、气象灾害类型、病虫害防御、灾害防御月历、气象实用技术、周年服务方案6个模块组成的苹果气象服务系统,建成了苹果气象系列化服务系统业务平台。	赵奕兵、马延庆、刘长民、武文龙、邓芳莲、王述东、王兴民、魏国胜、马文	2005年获咸阳市农村科技进步二等奖。2006年获陕西省农业技术推广三等奖。
9	咸阳市优质苹果花期冻害技术研究及试验推广	在咸阳北部苹果优生区推广了桔杆覆盖、树体涂白、空中放烟为主要组合的综合防御技术,三年推广面积14万公顷,亩增效益491元,投资收益率达24.64%。	赵西社、赵晓峰、窦慎、朱海利、张亚娣、赵奕兵、袁光明、王维、刘玲珠、马文	2006年获咸阳市农村科技进步二等奖。陕西省农业技术推广三等奖。
10	优质葡萄生产气象保障技术研究与推广	通过开展咸阳北部葡萄生态气候条件分析,提出了葡萄栽培趋利避害的五条对策建议;以无霜期和干燥度为葡萄区划指标,对咸阳市葡萄种植区域进行了区划;分析了葡萄霜霉病发生规律与气象条件关系,总结了葡萄霜霉病预测预报指标;分析了气候变化对咸阳葡萄生产的影响;研制开发了葡萄气象服务业务系统。	马延庆、朱海利、赵西社、刘长民、刘玲珠、陈力、马文、杨安祥	2009年获咸阳市农村科技进步二等奖。2010年获陕西省农业技术推广三等奖。

台站建设

1987 年咸阳市、县气象部门占地面积 10543.6 平方米,业务用房建筑面积 3834.2 平方米,职工宿舍建筑面积 5469.8 平方米。基层台站建设中严重存在着基础设施建设与业务平面布局和气象科技文化氛围不相适应,硬件环境改善与软件建设不相适应等问题。1998 年以来,在中国气象局和省气象局的大力支持下,加大了基层台站基础设施改善和硬件环境提升力度。截至 2008 年,市气象局争取国家、省、市投资 1042 万元,完成了 9 个县气象局的综合改造工程,新建办公用房 3267 平方米,装修改造 4000 平方米,使大部分基层台站的基础设施得到改善,为职工创造了优美舒适的工作、学习和生活环境。

咸阳市气象局

机构历史沿革

台站变迁 1961 年 11 月,咸阳专区中心气象站成立,办公地址设在咸阳地区农林局院内;1963 年 9 月迁至咸阳市乐育路 35 号;1970 年 4 月迁至咸阳市中山街 405 号咸阳地区农林局院内;1983 年 1 月迁至咸阳市玉泉路 6 号。

历史沿革 1961 年 11 月,成立咸阳专区中心气象站;1965 年 8 月,更名为咸阳专区气象台;1968 年 9 月,成立咸阳专区革命委员会气象台;1971 年 11 月,更名为咸阳地区气象台;1978 年 1 月,成立咸阳地区气象局;1984 年 6 月,咸阳撤地设市,更名为咸阳市气象局。

管理体制 1961 年 11 月—1965 年 7 月,归陕西省气象局领导;1965 年 8 月—1971 年 1 月,归地区行署领导;1971 年 2 月—1973 年 9 月,实行地区革命委员会、咸阳军分区双重领导体制,归军分区领导;1973 年 10 月—1979 年 10 月,归地区农林局领导;1979 年 11 月起,实行气象部门与地方政府双重领导,以气象部门领导为主的管理体制。

机构设置 1978 年,咸阳地区气象局内设秘书科、业务科、气象台,负责管理 16 个县(市)气象站的业务。2008 年,咸阳市气象局内设办公室(与人事教育科、监审室合署办公)、业务科技科、计划财务科、政策法规科 4 个职能科室;下设市气象台、市气象科技服务中心、市气象信息技术保障中心、市生态与农业气象中心、市人工影响天气领导小组办公室、市防雷中心、市气象局财务核算中心 7 个直属事业单位,辖 12 个县(市、区)气象局和 1 个咸阳农业气象科学研究所(咸阳农业气象试验站)。

单位名称及主要负责人变更情况

单位名称	姓名	职务	任职时间
咸阳专区气象中心站	张志诚	站长	1961.11—1965.08
咸阳专区气象台		副台长	1965.08—1968.09
咸阳专区革命委员会气象台			1968.09—1971.11
咸阳地区气象台	陈集武	台长	1971.11—1974.11
	赵明哲	负责人	1974.11—1978.01
咸阳地区气象局	任玉宝	局长	1978.01—1984.06
咸阳市气象局			1984.06—1984.08
	刘建华	局长	1984.08—1992.02
	刘耀武	局长	1992.02—1998.06
	郭巨学	局长	1998.06—1999.11
	李社民	局长	1999.11—2005.02
	赵西社	局长	2005.02—

人员状况 1961 年咸阳专区气象中心站成立时有在职职工 6 人。1988 年底,咸阳市气象局机关共有在职职工 61 人,离退休职工 6 人。截至 2008 年底,共有在职职工 77 人,离退休职工 26 人。在职职工中:研究生 3 人,大学本科 22 人,大专 35 人,中专 8 人,高中及以下 9 人;高级职称 8 人,中级职称 17 人,初级职称 26 人。

气象业务与服务

1. 气象业务

①气象观测

地面观测 承担全市 12 个县(区、市)气象站地面气象观测业务管理。

农业气象观测 承担武功、永寿、旬邑、秦都区 4 个县气象站农业气象业务管理。

生态观测 承担全市 11 个县(区)气象站生态气象观测业务管理。

雷达观测 观测项目:云顶高度、温度、强度等。

酸雨观测 观测项目:降水采样、降水样品 pH 值、降水样品电导率、酸雨等。

卫星遥感监测 观测项目:利用 EOS/MODIS 卫星资料接收处理系统和 DVB-S 卫星数据广播接收处理系统接收卫星资料。2000 年 3 月开始应用卫星遥感技术,对全市洪涝、干旱、农作物长势、种植面积和森林火灾等进行遥感动态监测,其资料已成为市委、市政府指导农业生产的重要决策依据。

GPS/MET 水气探测 观测项目:大气中的水汽分布和空间电离层电子数密度分布等。

②气象信息网络

信息接收 1974 年 4 月市气象台开始使用无线莫尔斯通讯,通过莫尔斯电码接收中央气象台、西安、兰州气象台拍发的气象情报资料。1977 年 10 月配备 55 型电传机接收兰州、北京中心国内、国外报。1978 年 1 月配备 CZ-80 型传真机,接收北京、东京气象广播台的传真天气图和数值预报图等。1978 年 1 月以前,县气象站利用收音机收听陕西省气象台播发的天气预报和天气形势。1986 年 3 月,建成市、县甚高频无线通信,进行预报传递和天气会商。截至 2008 年 12 月,利用移动和电信 2 比特/秒 SDH 线路、广电网络完成了全市气象宽带广域网建设,省—市—县传输带宽每路 2 兆,主干速率达到 100 兆;完成了市局计算机局域网升级改造,建成了市县(区、市)气象局计算机局域网,速率 100 兆;建成了省到市可视会商和视频会议系统及市—县会商系统;中文电子邮件办公系统延伸到县局。1999 年 12 月随着卫星数据广播系统全面业务化,市、县建成了 PC-VSAT 接收站。

信息发布 1986 年前,市县气象局主要通过广播和邮寄方式发布气象信息。1986 年 1 月市县气象局建立气象警报系统,面向专业用户开展天气预报警报信息发布服务。1994 年 10 月开始在市县电视台制作、发布电视天气预报。1996 年 9 月开通天气预报电话自动答询系统。2004 年 1 月开通手机短信气象信息发布系统。2006 年起,建成气象电子显示屏预警气象信息发布平台。2007 年 3 月建立气象实况信息自动报警系统。2002 年 10 月建成咸阳市气象信息网站和咸阳兴农网站,各县局建成气象信息网站(页),发布农业、气象、政务等各类信息。

③天气预报

截至 2008 年 12 月,市气象台建立了预报会商系统、地市级预报业务系统、县级预报服务系统、气候预测业务系统、气象情报灾情收集系统、气候影响评价系统等。市气象台按 6 小时间隔制作 24 小时、按 12 小时间隔制作 48 小时分县预报、按 24 小时间隔制作 168 小时分县预报。2004 年 5 月制作森林火险等级预报、空气质量预报列入市气象台预报业务。2005 年 5 月地质灾害预报、面雨量预报列入市气象台预报业务。预报发布方式由单一的广播发布到报纸、电台、电视、互联网、"12121"、手机短信等。在预报服务种类上增加了决策服务、精细化预报、专项预报、重点工程(活动)气象保障及气象灾害预警预报等。

2. 气象服务

公众气象服务 1978 年以前咸阳市公众气象服务通过信函、电话、有线广播对外发布。1978 年以后通过电视、电台、互联网、手机短信、"12121"电话、电子显示屏、传真及报纸等途径发布。开设市、县电视天气预报栏目 15 套,收视观众达 350 万人,占全市总人数的 70%。2005 年 8 月与咸阳电视台、农业局合作开办了《农事科技》栏目,2007 年 3 月在咸阳报开设《每周天气与农事》专栏。在市广播电台《行风热线》栏目,现场答询社会各界关注的气象热点问题。2005 年 1 月,"12121"天气预报电话答询平台开设了声讯台,年均拨打量超过 430 万次。手机气象短信用户达到 14 万户。市、县级气象网站年均点击 10 万次。在全市城镇、乡村、广场、校园、社区、车站等人员密集区建立预警信息显示屏。

决策气象服务 1978 年以后气象决策服务由单纯提供雨情、灾情、旱情分析资料逐渐发展到积极主动地为地方各级党委、政府提供了重要天气信息和防灾减灾信息,为其指挥防灾救灾、制定国民经济和社会发展计划、组织重大社会活动等起到了重要参谋作用。制作发布《气象决策参考》、《送阅件》等 13 种决策服务产品,为党政领导和政府相关部门提供决策依据。内容包括:灾害性、关键性、转折性天气预报和情报的服务,短期气候预测、气候变化、农业气象产量预报预测服务,针对重大决策、突发公共事件等提供的专项服务。

准确预报了 2007 年 8 月 8 日 19 时—9 日 14 时百年一遇的区域性大暴雨,2008 年 1 月

11—28日50年一遇的低温、雨雪、冰冻灾害,2008年11月1日—2009年2月6日20年一遇的干旱,2005年5月30日20年一遇的冰雹、雷雨、大风天气等重大灾害性天气。编发的《气象决策参考》,2005年被市政府授予优秀科技建议二等奖,2008年被市政府授予优秀科技建议一等奖。

农业气象服务 经过几代农业气象技术人员的努力,咸阳市农业气象服务项目由建站初期为粮、棉等种植业提供情报资料服务发展到如今包括为农、林、牧、渔、特色农业等在内的大农业提供有针对性的服务。农业气象业务由常规的情报、预报和农用天气服务,发展到为农业产业结构调整、农业产业化、粮食安全等多个方面,提供包括农业气候区划、气候可行性论证、农业气候资源评价和合理开发利用等在内的各类专题专项服务。服务对象由主要为党政机关的决策服务发展到同时为农业生产单位、经营实体或生产者服务。

2000年3月开始应用卫星遥感技术,对全市洪涝、干旱、农作物长势、种植面积和森林火灾等进行遥感动态监测,其资料已成为市委、市政府指导农业生产的重要决策依据。

2007年9月成立了咸阳果业气象服务台,针对全市苹果、梨、杏、葡萄等开展周年跟踪服务。

2007年10月开展全省设施蔬菜短信服务,服务内容有温室大棚温度预报、气象灾害对温室影响评估、温室作物病虫害预测、预报等。

气象科技服务 1985年3月起,根据国务院办公厅《转发国家气象局关于气象部门开展有偿服务和综合经营的报告的通知》(国办发〔1985〕25号)文件精神,利用邮寄、警报系统、影视、手机短信等手段,面向各行业开展气象科技服务。1990年起,为各单位新建建(构)筑物避雷设施开展安全检测。1994年起,开展庆典气球施放。2005年起,对重大工程项目开展雷击灾害评估。

气象科普宣传 1992年开始连续16年参加咸阳市科技之春宣传和中国科协举办的科技周宣传。1997年8月被中国气象局、中国气象学会授予全国气象科普工作先进单位。1998年3月被陕西省科协授予农村科普工作先进集体。1999年8月组建青少年气象科普教育基地,2000年10月被咸阳市委宣传部、市科委、市科协授予咸阳市青少年科普教育基地。2006年9月被省委宣传部、省科协、省科技厅授予陕西省青少年科普教育基地。

气象法规建设与社会管理

法规建设 2007年3月,咸阳市人民政府下发了《咸阳市人民政府关于加快气象事业发展的实施意见》(咸政发〔2007〕7号)。2008年12月,《咸阳市防雷减灾管理办法》、《咸阳市人工影响天气工作管理办法》,经市政府第五十一次常务会议审议通过,以咸政发〔2008〕73号、咸政发〔2008〕74号文件下发实施。

制度建设 2002年6月—2005年10月制订了"咸阳市气象局行政许可工作制度"、"咸阳市气象局行政执法协调管理办法"等14项制度。2006年2月25日,国务院办公厅赴陕检查组对咸阳市气象局贯彻实施《国务院办公厅关于推行行政执法责任制的若干意见》进行了专项检查,对咸阳市气象局推行行政执法责任制工作给予了充分肯定。2007年10月26日陕西省人民政府法制办对咸阳市气象行政执法责任制工作进行了检查。岳喜栋副主任指出:"咸阳市气象局依法行政工作走在全省、甚至全国先进行列"。

社会管理 《中华人民共和国气象法》颁布实施以来,咸阳市气象局局依法加强社会管理职能,积极履行社会管理职责。2002 年 9 月成立咸阳市气象局依法行政工作领导小组,下设办公室。2003 年 10 月组建市气象行政执法队。2005 年 5 月成立咸阳市气象局行政许可办公室。全市持有执法证件的 73 人,专职执法人员 2 名,兼职执法人员 51 人。

先后开展了防雷图纸专项审核及竣工验收、施放气球单位资质认定、施放气球活动许可、气象探测环境保护等社会管理。

政务公开 对气象行政审批办事程序、气象服务内容、服务承诺、气象行政执法依据、服务收费依据及标准等,采取了通过户外公示栏、电视广告、发放宣传单等方式向社会公开。财务收支、目标考核、基础设施建设、工程招投标等内容则采取职工大会或上局公示栏张榜等方式向职工公开。财务一般每半年公示一次,年底对全年收支、职工奖金福利发放、领导干部待遇、劳保、住房公积金等向职工作详细说明。干部任用、职工晋职、晋级等及时向职工公示或说明。

党建与气象文化建设

1. 党建工作

党的组织建设 从成立中心站至 1977 年,中心站、气象台都设有独立党支部;1978 年 1 月,成立中共咸阳地区气象局党组,局内党支部转为机关党支部,受市直机关党委领导;2002 年 6 月成立咸阳市气象局党总支,下设 3 个党支部。截至 2008 年 12 月,市气象局有党员 56 名,占职工总人数的 60%。

从 2001 年开始市气象局党总支连续 9 年被市直机关工委评为先进党组织。

党风廉政建设 1984 年,市气象局设立党组纪检组,组长由一名副局长兼任。1998 年,配备专职纪检组长,由一名党组成员担任。局党组书记、局长每年与下属单位领导签订党风廉政建设责任书。先后开展了党纪法规教育、违纪违法案例警示教育、先进典型示范教育、岗位廉政和效能教育。建立完善了党风廉政建设领导体制和工作机制,不断增强干部职工廉洁自律意识,筑牢拒腐防变的思想道德和党纪国法防线。

2. 气象文化建设

咸阳气象局始终把气象文化建设作为一项重要工作列入党组议事日程,加强了对气象文化建设的领导,坚持用科学理论武装人,正确的思想引导人,文明的氛围影响人,优美的环境塑造人,形成了行政一把手负总责,分管领导具体负责实施,工会、共青团、妇联等群众团体积极配合,全体职工广泛参与的良好氛围。先后建成职工阅览室和健身娱乐设施,其中包括羽毛球、乒乓球等健身场所,跑步机、健身器材等运动设施,并组织职工开展各项文体活动。2008 年 1 月实施《气象部门南北互动行动计划》,2009 年 1 月实施《陕西气象文化助推行动》。

精神文明建设 咸阳市气象局始终坚持以科学发展观为指导,坚持以人为本,弘扬自力更生、艰苦创业精神,在着力加强机关作风效能建设的同时经常组织职工开展多种形式的精神文明建设工作,把领导班子的自身建设和职工队伍的思想建设作为文明创建的重要内容,通过开展经常性的政治理论、法律法规学习,造就了一支清正廉洁、求真务实的职工队伍。

文明单位创建 1987年6月,被秦都区委、区政府授予"文明单位"称号;1992年3月,被咸阳市委、市政府授予"文明单位"称号;1997年2月,被咸阳市委、市政府授予"文明单位标兵"称号;2002年11月,被咸阳市委、市政府授予"市级文明行业"称号。

3. 荣誉

集体荣誉 1997年咸阳市气象局被中国气象局授予全国重大气象服务先进集体,被中国气象局、中国气象学会授予全国气象部门科普工作先进单位。从2003年起参加市委市政府开展的"创佳评差"活动,连年被评为最佳单位、优秀单位。2004年2月和2007年1月两次获省委省政府表彰的"创佳评差"最佳单位。获省部级科技进奖、农业技术推广奖10项;获厅局级科技进步奖20项。

个人荣誉 1978—2008年,共获省部级以上奖励19人次。刘建华1987年被陕西省委、省政府授予"陕西省劳动模范";刘耀武1997年4月被陕西省委、省政府授予陕西省先进工作者;崔小兰获全国气象部门"双学"先进个人。

共获得省部级以下奖励112人次。62人次撰写的30篇学术论文获省部、厅局级优秀学术论文奖。

人物简介 ★刘建华,男,汉族,生于1946年3月,陕西咸阳人,中共党员,1968年毕业于西安空军工程学院,1965年8月参加工作,正研级高级工程师,先后任咸阳市气象台副台长、气象局副局长、局长,西藏自治区气象局副局长,云南省气象局副局长,局长、党组书记等职务。

1980年4月被陕西省政府授予农业战线先进个人,1986年5月被陕西省政府授予军转干部先进个人,1987年4月被陕西省委、省政府授予陕西省劳动模范,1991年8月被中国气象局授予全国气象部门双文明建设先进个人。刘建华在气象业务和服务工作中先后获得省部级奖7项。1999年12月随团赴南极考察。

★刘耀武,男,汉族,生于1941年2月,山西平陆县人,中共党员,1965年8月毕业于北京农业大学物理气象系,同年参加工作,正研级高级工程师。先后任咸阳气象科研所所长、咸阳市气象局党组书记、局长、陕西省气象局科学研究所总工程师等职务。1999年享受国务院特殊津贴。

1994年起连续4年被陕西省气象局评为优秀处级干部,1990—1991年被中国气象局评为科技扶贫先进个人,1996年6月被咸阳市委授予优秀共产党员,1997年4月被陕西省委、省政府授予陕西省先进工作者。刘耀武获科技进步和成果奖励25项,其中省部级以上科研成果奖12项;在省级以上刊物发表论文、译文50余篇。

台站建设

1962年咸阳专署中心气象站成立,设在农林局大院内,只有3间平房。1963年在咸阳市乐育路北段建成26间平房,占地2.7亩。1970年,由于"文化大革命"动乱,原址被挤占,迁至咸阳市中山街农林局大院,占用土木结构破旧砖瓦房18间。1974年建成1000平方米的四层办公楼。1983年迁至咸阳市玉泉路6号,占地6580.3平方米,建成1440平方米的四层办公楼和 1800 平方米的家属楼。1995 年建成第二栋家属楼。2002 年全额集资建成第三栋家属楼。

1998 以来年,咸阳市气象局每年都投入资金对机关院内的环境进行改造。修建了活动室、阅览室,安装了健身器材,对道路进行了硬化、栽培了花卉、树,修建草坪和花园,为职工创造了优美舒适的工作、学习和生活环境。

2008 年装修后的咸阳市气象台天气会商室

秦都区气象局

秦都因秦朝在此建都而得名。位于陕西关中平原腹地,地势西北高,东南低,南部是渭河平原。周边与西安市、长安县、户县、兴平市、礼泉县、渭城区接壤。全区总面积 251 平方千米,人口 45 万。

秦都区属暖温带半湿润大陆性季风气候。年平均气温 13.0℃,年降水量 500.5 毫米,年日照时数 2095.7 小时。主要气象灾害有干旱、连阴雨、暴雨、冰雹、霜冻、低温、高温等。

机构历史沿革

始建情况 1958 年 8 月,咸阳市(县级市)气候站在咸阳市周陵陵召村建成,观测场位于北纬 34°24′,东经 108°43′,海拔高度 472.8 米。站址沿用至今。

历史沿革 1958 年 8 月,成立咸阳市(县级市)气候站;1960 年 5 月,更名咸阳市气候服务站;1961 年 12 月,更名为咸阳市气象站;1968 年 9 月,更名为咸阳市气象服务站革命领导小组;1972 年 1 月,更名为咸阳市革命委员会气象站;1980 年 5 月,更名为咸阳市气象站;1984 年 6 月,因咸阳撤地设市,原县级咸阳市划分为秦都、渭城两区。设立秦都(渭城)

区气象站(秦都、渭城两区气象站为一套班子,两块牌子);1990 年 1 月,改称为秦都(渭城)区气象局(实行局站合一)。

2007 年 1 月起,升级为国家一级气象站;2008 年 12 月 31 日被确定为国家气象观测基本站。

管理体制　1958 年 8 月—1970 年 12 月,由陕西省气象局直接领导。1971 年 1 月—1973 年 8 月,由咸阳市革命委员会、市武装部双重领导。1973 年 9 月—1979 年 10 月,归咸阳市农林局领导。1979 年 11 月起,实行气象部门与地方政府双重领导,以气象部门领导为主的管理体制。

机构设置　自建站至 1962 年,秦都局无内设机构。1986 年 1 月,内设预报组、测报组、服务组。1999 年 12 月与农气所合署办公,内设办公室、人工影响天气办公室、地面观测组、农气观测组、农业气象试验服务组、气象科技服务公司。2005 年 3 月,内设办公室、业务股、天宇气象科技服务公司、人工影响天气办公室、气象行政执法小组。

单位名称及主要负责人变更情况

单位名称	姓名	职务	任职时间
咸阳市气候站	耿静藩	站长	1958.08—1960.05
咸阳市气候服务站	任致和	站长	1960.05—1961.12
咸阳市气象站			1961.12—1965.09
			1965.09—1968.09
咸阳市气象服务站革命领导小组	马思林	站长	1968.09—1971.12
咸阳市革命委员会气象站			1972.01—1978.08
	侯寿凯	站长	1978.08—1980.05
咸阳市气象站			1980.05—1984.05
秦都(渭城)区气象站			1984.06—1987.06
	侯留成	站长	1987.06—1989.12
		局长	1990.01—1994.04
秦都(渭城)区气象局	闫勤虎	局长	1994.04—1999.11
	王骊华	局长	1999.11—2001.05
	杜　鹏	局长	2001.05—2007.12
	赵晓峰	局长	2007.01—

人员状况　秦都局成立时 4 人。2006 年有在编 9 人,外聘 2 人。截至 2008 年底,共有在职职工 11 人(在编职工 9 人,外聘职工 2 人),退休职工 8 人。在编职工中:本科 3 人,大专 4 人,中专 2 人;工程师 6 人,助理工程师 2 人,技术员 1 人;40～49 岁 5 人,30～39 岁 3 人,30 岁以下 1 人。

气象业务与气象服务

1. 气象业务

①地面气象观测

地面观测　1958 年 8 月建站后,按照中央气象局统一使用的《地面气象观测暂行规范》采用地方太阳时每日进行 01、07、13、19 时 4 次观测。1960 年 8 月,取消地方太阳时,使用北京时观测。1961 年 1 月由每日 4 次观测改为每日 08、14、20(北京时)3 次观测。1997 年 1 月使用安徽地面测报软件。2003 年 10 月,建成 DYYZⅡ型自动气象站并开始对比观测。2004 年 1 月,自动站正式投入业务使用。

2007 年 1 月经中国气象局批准由一般气候观测站升为国家气象观测站一级站,每日进行 02、05、08、11、14、17、20、23 时(北京时)8 次观测。人工观测项目有云、能见度、天气现象、蒸发、积雪深度、冻土厚度。自动观测项目有风向、风速、气温、气压、降水、日照、地面温度、5～320 厘米地温。测报业务使用 OSSMO 2004 版本软件,实现了数据采集、编报、上传自动化。编发气象报文使用数据以自动站为准,自动站采集数据与人工观测资料共存于计算机互为备份,每月定时复制光盘归档、保存、上报。同时增加酸雨观测和每小时 1 次航空报任务。

2008 年 4 月,安装闪电定位仪并开始监测,监测资料通过气象内部网自动上传陕西省气象局信息中心。

报表制作 建站后气象月报、年报表,用手工抄写方式编制,一式 4 份,分别报国家气象局、陕西省气象局气候资料室、咸阳市气象局各 1 份,气象站留底 1 份。2004 年 1 月后通过网络传输至陕西省气象信息中心审核科,气象站利用异地异机、移动硬盘、纸质备份月报表。

数据统计工具 1958 年 8 月—1983 年底,气象资料的整理、统计采用常用表、算盘、计算尺。1984 年 1 月—1996 年底,气象资料的整理、统计采用常用表、计算器。1997 年 1 月—2008 年底,气象资料的整理、统计采用计算机。

报文传送 2003 年 12 月以前,每天承担 08、14、20 时 3 次定时补充天气报及重要天气报告任务,报文通过邮局报房分别传至陕西省气象台、咸阳市气象台,符合中央标准的重要天气报告再由省台传至中央气象台。2004 年 1 月—2006 年 12 月通过气象内部网传送。

从 2007 年 1 月开始,秦都站发报任务改为 02、08、14、20 时 4 次定时及 05、11、17、23 时 4 次补充天气报、重要天气报、航空报、危险报、酸雨分析报告。所有报文均通过气象内部网络传至省气象局信息中心。

从 1980 年开展地面气象观测竞赛以来,职工个人共创百班无错情 68 个。2008 年度,2 人获中国气象局"优秀观测员"称号。

②天气预报

1958 年 8 月—1971 年底,开展补充天气预报工作。制作方法为收听省气象台大范围天气形势预报广播结合本地气象资料和群众经验制作短期局地天气预报。

1972 年 1 月—1982 年底,短期预报主要运用单站气象要素综合时间剖面图、九线图、简易天气图等工具制作。中、长期天气预报直接接收省气象台预报对外发布。

1983 年后,采用滚筒传真机每天接收中央气象台发送的 500 百帕、700 百帕、850 百帕、地面图,陕西省气象台发送的 24 小时、48 小时天气预报,单站要素综合时间剖面图制作短期订正预报,中、长期预报接收省气象局发送的周预报、旬预报和月预报对外发布。

1986 年 3 月预报业务体制改革后,建成甚高频电话,实现与市局、省气象局直接对话。值班员除利用每天接收的传真天气图外,还与市气象台在每日 11 时 30 分和 17 时 30 分会商天气,制作秦都区气象局短期解释预报。中、长期预报利用省、市台预报结论对外发布。

1998年1月开始,秦都、渭城区气象局不承担天气预报制作任务,直接利用省、市台长、中、短期、短时预报产品对外开展气象服务。

2003年8月建成县级地面卫星单收站。

③气象信息网络

信息接收 1978年1月以前,利用收音机收听陕西省气象台播发的天气预报和天气形势。1983年3月配备CZ-80型传真机,接收北京、东京气象广播电台的传真天气图和数值预报图等。1994年12月,开通了64千比特/秒X.25气象网络专线,市县气象业务通信采用了电话拨号和64千比特/秒X.25专线传输。2003年12月,开通电信2兆比特/秒SDH专用网络线路,完成了气象宽带广域网建设。2004年1月,使用省—市—区三级可视天气会商系统、视频会议系统和中文电子办公系统。

信息发布 1986年以前,主要通过广播和邮寄方式发布气象信息。1992年1月建立气象警报系统,面向专业用户开展天气预报警报信息发布服务。1996年7月开始制作电视天气预报。2002年10月建成气象内部信息网站,利用网站发布农业、气象、政务等各类信息。2004年1月开通手机短信气象信息发布系统。2006年1月建成气象电子显示屏预警气象信息发布平台。截至2008年底,信息发布的方式有手机短信、气象预警电子显示屏、区政府网站、纸质材料、电话汇报等。

2. 气象服务

公众气象服务 1971年12月—1990年8月,每天下午利用电话将制作好的短期天气预报传至咸阳市广播站,由广播站对外发布天气预报,同时播报预报员编号。1992年5月,利用天气警报网对外发布短期、短时天气预报。1997年4月制作电视天气预报节目并通过咸阳市电视台2套发布。2007年1月,利用手机短信、气象预警显示屏开展对辖区发布气象灾害预警信息。

决策气象服务 1960年1月—1979年底,主要利用短期天气预报、周预报向市委、市政府提供决策服务。1980年1月—2003年底利用纸质材料,以《重要天气报告》、《中期天气预报》、《长期天气预报》、《汛期天气形势分析》等形式提供决策服务。2004年1月,定期制作《农业气象信息参考》,由专人送至区委、区政府、区农林局、防汛办等单位。2006年定期编制《气象科技情报》、《咸阳果业气象》由专人送至区委、政府、农林局、防汛办等单位。2007年1月,通过秦都区政府门户网站对外发布气象灾害预警信息、《气象科技情报》、《农业气象信息参考》、《咸阳果业气象》。

秦都区气象局在2007年4月果树花期冻害和2008年1月雪灾冰冻灾害气象服务中,积极开展灾情调查及时向地方政府和有关部门提供气象灾情服务,受到政府充分肯定,为此中国气象报陕西记者站进行了专题采访。

专业气象服务 1985年3月,遵照国务院办公厅《转发国家气象局关于气象部门开展有偿服务和综合经营的报告的通知》(国办发〔1985〕25号)文件精神,开展专业气象有偿服务,主要利用信件邮寄向各行业开展气象科技情报服务。1991年1月开展彩球广告服务业务。1996年8月开展气象影视广告业务。2005年10月成立咸阳天宇气象科技服务公司。2007年3月组建了乡、镇区域气象自动站,同时积极开展气象灾害预警电子显示屏推广工作。

气象为农服务　1960年1月—1979年底,利用气象资料和物候观测资料制作小麦、玉米、棉花等作物播种期预报开展服务。1980年1月—1982年底,利用气象观测资料结合不同作物不同发育期开展气候分析和评价,对农业提供合理化建议。1982—1984年,开展农业气候资源调查进行农业气候区划,系统分析研究了咸阳市气候资源的现状、特点,形成《陕西省咸阳市农业气候资源调查和农业气候区划报告》。1985年—1999年11月,重点围绕粮食生产开展小麦、玉米土壤湿度监测调查,编制农业生产专题服务材料,报送市委、市政府、市农业局开展服务。

2000—2008年,每年在全市范围内开展农业气象大田调查,调查内容涉及大棚蔬菜、粮食作物、果树、家禽、家畜、土壤水分、农作物病虫灾害、气象灾害。及时形成《调查报告》、《送阅件》等专题材料,报送农业部门开展为农服务。特别在2006年4月8日全市低温冻害气象服务中编制的《低温冻害调查报告》专题服务材料,得到陕西省气象局李良序局长的高度评价。

气象科普宣传　2000年6月,成立了咸阳市青少年气象科普教育基地,同年10月咸阳市委宣传部、咸阳市科委、咸阳市科协联合授牌,确定为咸阳市第一批青少年科普教育基地。2002年与咸阳市七九五中学联合,建成七九五中学气象科技实验教育基地。2005年被咸阳市委宣传部确定为第二批市级科普教育基地。2006年被陕西省科协、陕西省委宣传部、陕西省科技厅确定为陕西省气象科普教育基地。2008年4月聘任乡、镇气象协理员、气象信息员267人。

2000—2008年,在开展中小学气象科普知识教育中,接待来访学生、群众累计3万余人次。在气象科普宣传中,利用街道宣传咨询、气象科技下乡、手机短信、报刊专版、电子屏、网站等方式,推进气象科普进农村、进工厂、进学校、进社区,气象科普教育受众面达60万余人。

2006年9月秦都区气象局开展气象科普教育活动

2007年3月,秦都区气象局利用"科技下乡月活动"开展气象科普宣传。

人工影响天气　1998年3月秦都区政府成立了人工影响天气领导小组,组长由主管农业副区长担任。人工影响天气办公室设在气象局,区气象局局长任办公室主任,有3名作业人员。购置了人工增雨火箭发射装置 1 套,布设人工增雨作业点 6 个,建立了人工影响天气通信指挥系统。截至 2008 年底,累计组织实施增雨作业 15 次。

气象法规建设与社会管理

行政执法 2000 年开始与政府签订《目标责任合同书》,行政执法工作纳入区政府目标责任制考核体系。2002 年 8 月,通过咸阳市气象局培训考核,4 名兼职执法人员持证上岗,参与气象行政执法社会管理。2005 年 6 月,按照国家一般气候观测站标准编制了《渭城气象观测环境保护控制图》并在渭城区政府、渭城区城市建设规划局、渭城土地管理局(单位地理位置辖渭城区)进行探测环境保护备案。2007 年按照国家气象观测站一级站标准编制了《探测环境保护专业规划》,在渭城区人民政府、渭城区城市建设规划局、渭城区土地管理局进行了第二次探测环境保护备案。

社会管理 2005—2007 年,制订了《秦都突发公共事件总体应急预案》(秦气发〔2005〕26 号)、《秦都气象灾害应急预案》、《渭城突发公共事件总体应急预案》(渭气发〔2005〕27 号)、《渭城气象灾害应急预案》。秦都、渭城两区政府分别成立了气象灾害应急、防汛抗旱指挥、人工影响天气三个领导小组,区气象局作为主要成员单位参与社会管理,其中人工影响天气办公室设在气象局。

党建与气象文化建设

党的组织建设 建站至 1980 年 6 月,气象站无党支部,党员由咸阳市(县)农林局党支部管理。1980 年 7 月,咸阳市气象站党支部成立。1985 年 1 月更名渭城区气象站党支部。1997 年 6 月更名渭城区气象局党支部。2000 年 4 月渭城区气象局党支部与咸阳农业气象科学研究所党支部合并,统称咸阳农业气象科学研究所党支部。截至 2008 年底,有党员 12 名。

党风廉政建设 2002 年起,连续 6 年开展党风廉政教育月活动。2005 年在全国气象部门党风廉政建设对联征集活动中,赵变茂、胡军领、刘新生作品入选。2004—2008 年制订了工作、学习、服务、财务、政务公开、党风廉政、卫生安全、等六个方面 32 项规章制度。

气象文化建设 秦都区气象局在气象文化建设中,开展了"局兴我荣,局衰我耻"的思想政治教育活动。凝炼出了"团结友爱、求真务实"的气象文化精神。2006 年 5 月,在全市"气象人"精神演讲比赛中获最佳组织奖,韩莹获得了个人演讲第二名。2007 年 7 月在陕西省气象职工首届运动会上,白晓英取得了 1500 米、3000 米长跑第三名和第四名的成绩。2008 年 7 月参加了渭城区农林局党委组织的歌咏比赛,获得第三名。

精神文明建设 1997 年 4 月,秦都气象局成立精神文明建设领导小组,确立创建文明单位目标。1998 年 4 月渭城区委、区人民政府授予"文明单位"称号;2003 年 3 月渭城区委、区人民政府授予"文明单位标兵"称号;2005 年 4 月咸阳市委、市人民政府授予"文明单位"称号;2008 年 3 月咸阳市委、市人民政府授予"文明单位标兵"。

台站建设

1958 年 8 月,建成咸阳市气候服务站,占地 2866.7 平方米,修建土木结构房屋 1 栋 3

间,砖木结构 2 栋 7 间房,建筑面积 230 平方米,其中工作值班室 3 间,面积 70 平方米。观测场按 25 米×25 米标准建设。

1982 年 7 月,实施台站改造,新建平房 8 间,建筑面积 168 平方米,使用至今。2001 年 1 月,购置长安之星小型面包车 1 辆。2004 年 7 月,对台站站貌、观测场进行维护。

20 世纪 70—80 年代的咸阳市气象站(1981 年 11 月)　　　　2008 年的秦都区气象局(2008 年 8 月)

咸阳农业气象科学研究所

咸阳农副产品业发达,是陕西重要的粮、油、果、菜、畜禽产地,也西北地区国家大型商品粮基地市和杨凌高新农业示范区最新实验基地。改革开放以来,咸阳苹果和畜牧产业发展迅速,有利的气候条件使咸阳很快成为全国优质苹果生产基地市和陕西最大的奶源基地。近几年来,咸阳蔬菜种植面积不断增加,生产的辣椒、大蒜等大量绿色无公害蔬菜长期供应日本、韩国等市场。

机构历史沿革

台站变迁　1954 年 5 月,在三原县雪河乡斗口村建成三原斗口农业气候服务站;1978 年 12 月,泾阳县农业气象试验站在泾阳县雪河乡汉堤大队宫家寨村建成;1989 年 12 月,迁至咸阳市渭城区周陵镇陵召村,站址位于北纬 34°24′,东经 108°43′,海拔高度 472.8 米。

历史沿革　1954 年 4 月,成立三原斗口农业气候服务站;1955 年 6 月,更名为泾阳斗口气候服务站;1957 年 9 月,更名为咸阳专区斗口农业气象试验站(是当时西北地区唯一的农业气象试验站);1963 年 7 月,更名为陕西省泾阳斗口农业气象试验站;1966 年 8 月—1976 年 11 月,泾阳斗口农业气象试验站撤销;1976 年 12 月,陕西省气象局将泾阳县气象站恢复为泾阳农业气象试验站,1980 年 9 月,泾阳县农业气象试验站与泾阳县气象站合并,改称为咸阳市农业气象试验站,被中国气象局确定为国家一级农业气象试验站。1987 年 4 月,更名咸阳农业气象科学研究所。1988 年 12 月,咸阳农业气象科学研究所与泾阳县气象站分设。

管理体制 1954年5月—1965年3月,由陕西省气象局气象科直接管理;1965年4月—1966年12月,由泾阳县武装部代管;1967年1月—1978年11月,撤销建制;1978年12月—1979年12月,恢复建制后,归泾阳县农业局管理;1981年1月起,实行气象部门与地方政府双重领导,以气象部门领导为主的管理体制。(1989年1月—1999年10月,由陕西省气象局科技教育处管理;1999年11月由咸阳市气象局管理。)

机构设置 自建站至1978年12月,无内设机构,主要承担气象观测、农业气象试验、气象服务。1979年1月,内设机构有:地面观测组、农气观测组、农气试验组、气象预报服务组;1989年1月,内设农气观测组,农业气象试验组。1999年12月与秦都区气象局合署办公,内设办公室、人工影响天气办公室、地面观测组、农气观测组、农业气象试验服务组、气象科技服务公司。2005年3月起,内设办公室、业务股、天宇气象科技服务公司、人工影响天气办公室、气象行政执法小组。

单位名称及主要负责人变更情况

单位名称	姓名	职务	任职时间
三原斗口农业气候服务站	马品英	站长	1954.04—1955.06
泾阳斗口气候服务站			1955.06—1957.09
咸阳专区斗口农业气象试验站	张自成	站长	1957.09—1961.12
	辛 斌	站长	1961.12—1963.07
陕西省泾阳斗口农业气象试验站			1963.07—1963.12
	赵新中	站长	1963.12—1965.03
	张传真	站长	1965.03—1966.08
撤销			1966.08—1976.12
泾阳农业气象试验站	梁开端	站长	1976.12—1980.09
	高长山	站长	1980.09—1981.04
咸阳市农业气象试验站	王忠志	站长	1981.04—1985.04
	杨运新	站长	1985.04—1987.04
		所长	1987.04—1988.12
	刘耀武	所长	1988.12—1992.04
	杨必仁	所长	1992.04—1995.03
咸阳农业气象科学研究所	刘海山	所长	1995.03—1998.10
	李化龙	所长	1998.10—1999.11
	王骊华	所长	1999.11—2001.04
	杜 鹏	所长	2001.04—2007.12
	赵晓峰	所长	2007.12—

人员状况 咸阳农业气象科研所成立时仅有2人。1976年恢复建制为4人。2006年,咸阳农业气象科研所定编为7人。截至2008年底,共有在职职工18人(在编职工12人,外聘职工6人),退休职工6人。在职职工中:本科6人,大专2人,中专9人,其他1人;高级工程师4人,工程师6人,助理工程师5人,技术员2人,农民工1人。

气象业务与服务

1. 气象业务

农业气象观测 1954年5月建站后,按照地方平均太阳时每日进行01、07、13、19时4次气候观测。1957年9月开始用中央统一规定的《农业气象暂行观测方法》进行作物、物候、土壤水分、气象水文的观测。1966年观测终止,前期积累观测资料部分丢失,农业气象试验站撤销。1978年12月恢复建制后按照1963年中央气象局下发的《工农业气象观测暂行规范》进行观测。1979年执行中央气象局下发的《农业气象观测方法》,1980年开始有正式观测记录。1994年执行由中国气象局编定,气象出版社出版的《农业气象观测规范》至今。承担任务有作物观测(小麦、玉米、棉花)、物候观测(泡桐、毛白杨、苍耳、蒲公英、蟾蜍、蝉、家燕、蟋蟀)、土壤水分观测(作物地段土层深度0～50厘米、固定地段土层深度0～100厘米)、气象水文观测(霜、雪、结冰、土壤冻结、雷声、闪电)和农业气象生态观测。咸阳农业气象试验站是陕西省唯一进行农作物生长量观测的农业气象试验站。2008年8月建成土壤水分自动观测站。

农业气象试验 1957年开展了冬小麦、棉花分期播种的相关试验研究,为中央气象局、北京农业大学、南京气象学院等科研机构提供了大量的基础性试验数据。

1959—1960年,前苏联专家拉祖莫娃(女)与大卫达亚(男)在三原斗口驻地考察试验,与农试站合作完成了土壤水分试验研究和小麦越冬负积温研究。

1978—1989年间,先后进行了冬小麦、玉米、棉花等作物生长气象条件试验研究,尤其在棉花试验研究中,取得了较为突出的成绩。1988年8月,陕西省副省长王双锡亲临试验站视察指导工作。

进入20世纪90年代后,农业气象试验范围不断扩大,涉及的试验有作物、花卉、蔬菜、果业、园林、畜牧、肥料、土壤水分等,取得了一系列试验成果。1999年后,重点开展了大棚蔬菜、畜牧气象、果业气象等农业气象服务措施及方法的试验研究。先后完成了日光温室保温材料的对比试验、渭北旱塬保水节水方法对比试验、土壤性状参数测定与逐次降水土壤入渗深度观测试验、套袋苹果袋内温度观测对比试验、日光温室温度观测对比试验,为农业气象科研服务工作提供了大量基础数据。

2. 农业气象科研服务

20世纪50—60年代,主要围绕小麦、玉米、棉花、油菜等作物生产开展服务。服务内容为农作物生长气象条件分析、作物生长发育适宜气象指标寻找、作物生育期预报、作物产量预报、病虫害对作物产量的影响等。

1988年8月,陕西省气象局组织关中各市、县气象局参观咸阳农业气象科研所棉花试验地,张治民介绍了"棉花热量补偿菱形整枝"实用技术,该技术被列为全省棉花生产技术推广项目。

1992年6月30日,咸阳市政府组织市农委、市气象局、市农牧局领导及各县(区)农业县长及有关人员40余人参观了咸阳农业气象科研所的棉花试验地。张治民介绍了双膜无土移栽、单膜无土移栽、打孔点播、常规地膜播种、直播五种旱塬棉花栽培方式试验。

1993年6月,购置安装了陕西省唯一的大型土壤水分蒸渗计和显微镜、土壤水分自动观测仪、恒温箱及实验器材并建成实验室。

1994年9月,安装了土壤水分中子观测仪。

1998年10月,购置了植物营养成分分析仪主要围绕经济作物开展服务。

2000—2003年,针对陕西关中"十年九旱"的气候特点,开展了干旱预报、作物栽培节水措施推广应用及新、特、优经济作物的引种试验。

2004年1月,创办了每年10期的《农业气象信息参考》,内容涉及粮食生产、畜牧生产、果业生产、蔬菜生产、花卉生产中的实时气象信息、气候趋势预测、气候对生产影响的评估、生产建议等,同时积极开展畜牧业气象服务,根据历史气候资料重点对陕西畜牧资源进行了气候区划。

2005年,把多年积累的果业、蔬菜、花卉、蜜蜂农业气象服务经验进行总结归纳,结合陕西关中地区气候特点,编写印刷了《果园历书》、《菜园历书》、《花卉历书》、《养蜂历书》等系列专业服务小册子。

2006年开展对陕西优质品种家畜进行了适生区划,同时开展农业气象情报调查及农业气象生态监测平台建设。完成的《日光温室黄瓜光合作用及干物质生产与分配模拟模型》获《陕西气象》2006年度优秀论文一等奖。

2007年5月,成立咸阳果业气象服务台,开发了苹果病虫害气候预测评估模型。制订了《温室小气候要素观测》、《苹果着色期光照条件》、《日光温室采光结构》3个陕西地方标准。研发了作物农事手机短信编发系统、大棚蔬菜农事短信编发系统,面向陕西省开展农业气象手机短信服务。

2008年10月,出版发行了《陕西省畜牧业气象服务手册》一书,编写的《陕西黄土高原果业气候生态条件研究及应用》一书初稿,已通过市局专家验收,筹备出版发行。

1990年5月,咸阳农业气象科研所高级工程师刘耀武(右二)带领技术人员进行小麦玉米套种试验对比观测并接受陕西省电视台专题采访时的情景。

2005年10月,咸阳农业气象研究所利用小气候自动观测仪进行温室大棚小气候观测。

3. 主要科研成果

参加完成的"陕西省冬小麦综合估产服务系统"项目,获陕西省气象局 1988 年度科技进步一等奖;获陕西省人民政府 1989 年度科技进步二等奖。

主持完成的"陕西省土壤水分资源开发利用"项目,获陕西省气象局 1988 年度科技进步二等奖;获陕西省人民政府 1989 年度科技进步三等奖。

主持完成的"棉花系列化农业气象技术推广应用"项目,获陕西省 1988 年度农村科技进步三等奖;获陕西省人民政府 1993 年度农业技术推广成果三等奖。

主持完成的"棉花热量补偿实用气象技术研究"项目,获 1995 年第二届中国杨凌农业博览会金像奖、陕西省气象局 1996 年度科技进步三等奖。

主持完成的"二氧化碳气肥研究及推广应用"项目,获 1998 年第五届中国杨凌农业博览会后稷金像奖。

主持完成的"棉花优质高产农业气象适用技术研究"项目,获陕西省气象局 1998 年度科技进步一等奖;获陕西省人民政府 1999 年度科技进步二等奖。

参加完成的"渭北地区农业气候资源开发及合理利用研究与推广"项目,获陕西省人民政府 2001 年度农技推广成果三等奖。

棉花热量补偿菱形整枝实用技术示范标本

党建与精神文明建设

党的组织建设 1988 年 7 月前无党支部,党员归陕西省棉花研究所支部、泾阳县农林局党支部管理。1988 年 8 月成立农业气象试验站党支部。1989 年 12 月迁至咸阳市渭城区周陵镇后,更名陕西省咸阳农业气象科学研究所党支部。2000 年 4 月与渭城区气象局党支部合并,统称陕西省咸阳农业气象科学研究所党支部。截至 2008 年底,共有党员 4 人。

2003—2004 年度被渭城区农林局党委评为"思想政治工作先进集体"。2007—2008 年度被渭城区农林局党委评为"先进党支部"。

精神文明建设 1997—2008 年,先后制订了精神文明建设规划,购置了篮球、乒乓球、羽毛球、象棋等体育器材和科普读书,办起了职工运动场和文化阅览室,制作了事务公开、学习园地、法制宣传、气候资料栏,以丰富干部职工业余文化生活。

文明单位创建 1998 年,咸阳农业气象科研所被渭城区委、区政府授予文明单位。2003 年,被渭城区委、区政府授予文明单位标兵。2005 年被咸阳市委、市政府授予文明单位。2008 年被咸阳市委、市政府授予文明单位标兵。

集体荣誉　自建站以来,共获县(处)级以上奖励58项,厅(局)级以上奖励11项。

1960年,被陕西省人民政府评为"农业气象服务先进集体"。2001年,被陕甘宁老区气象科技扶贫协作领导小组评为陕甘宁区"1998—2001年度气象科技扶贫先进集体"。

个人荣誉　自建站以来,共获厅(局)级以上奖励26人次。

台站建设

1954年成立时仅有砖木结构瓦房2栋5间。1978年12月迁至泾阳雪河,征地0.5公顷,其中试验地0.3公顷,建楼房1栋二层18间,砖木结构瓦房2幢13间。1989年12月迁至咸阳渭城区周陵镇,征地12665.4平方米,其中试验地6666.7平方米,建楼房2栋各三层,办公用房建筑面积800平方米;住宅建筑面积660平方米;平房9间,建筑面积180平方米;门房2间36平方米;变电房1间12平方米。1990年1月,陕西省气象局划拨212北京吉普1辆。2000年租赁陵召村土地400平方米,用于大门改造。同时进行了办公设施维护。2004年,更换住宅楼窗户、办公楼屋顶维修,同时建成冬季供暖锅炉。

乾县气象局

乾县是古丝绸之路上的重镇,历史悠久,是唐高宗与武则天合葬墓所在地,中外驰名。乾县位于渭河平原与陕北高原的过渡地带,为泾渭两河之冲积地,地势北高南低,中部为带状平原,北部旱塬丘陵沟壑。全县总面积1172平方千米,辖20个乡镇、257个行政村,总人口55万。

乾县地处中纬度地带,属暖温带半干旱半湿润大陆性季风气候,主要气象灾害有干旱、连阴雨、大风、干热风、霜冻、冰雹等。

机构历史沿革

台站变迁　1958年10月,在乾县长留公社亢父村(县农场内)建成陕西省乾县气候站。1966年7月,迁至乾县城关镇青仁村,地理位置北纬34°33′,东经108°14′,观测场海拔高度变为636.0米。

历史沿革　1958年10月,成立陕西省乾县气候站;1963年12月,更名为陕西省乾县气象服务站;1965年6月,更名为乾县气象服务站;1971年2月,更名为陕西省乾县革命委员会气象站;1976年8月,更名为乾县气象站;1990年1月,更名为乾县气象局(实行局站合一)。

自建站至今,乾县气象站承担国家一般站观测任务。

1999年9月,陕西省气象局三八鞋厂划归咸阳市气象局管理,由乾县气象局代管。

管理体制　1958年10月—1961年10月,实行以地方党政领导为主,省气象局负责业务的领导;1961年11月—1965年7月,实行气象部门管理,归咸阳气象中心站领导;1965年8月—1971年1月,归乾县人民政府领导;1971年2月—1973年9月,实行地区革命委员会、咸阳军分区双重领导体制,归乾县人民武装部领导;1973 年 10 月—1979 年 10 月,实行地方管理,归乾县农林局领导;1979 年 11 月起,实行气象部门与地方政府双重领导,以气象部门领导为主的管理体制。

机构设置 1958—1986 年,无下设机构。1987—1997 年,下设预报股、测报股、服务股。1993 年成立乾县气象科技服务中心。2008 年,下设办公室、业务股、防雷站、气象科技服务中心、人工影响天气办公室、气象依法行政办公室。

单位名称及主要负责人变更情况

单位名称	姓名	职务	任职时间
陕西省乾县气候站	刘宏则	站长	1958.10—1963.12
陕西省乾县气象服务站			1963.12—1965.06
			1965.06—1968.07
乾县气象服务站	云敬国	站长	1968.07—1970.12
	吕学承	站长	1970.12—1971.02
陕西省乾县革命委员会气象站			1971.02—1972.12
	丁世孝	站长	1972.12—1976.08
			1976.08—1978.09
乾县气象站	陈天寿	站长	1978.09—1979.12
	付大同	站长	1979.12—1985.07
	穆继涛	站长	1985.07—1989.10
	上官玉亭	站长	1989.10—1990.01
		局长	1990.01—1994.12
乾县气象局	侯建民	局长	1994.12—1997.09
	韩卫省	局长	1997.09—1999.04
	云明会	局长	1999.04—2003.07
	王兴民	局长	2003.07—2005.08
	罗贤	局长	2005.08—

人员状况 1958 年有在职职工 3 人。1978 年有 7 人。截至 2008 年底,共有在职职工 10 人(在编职工 7 人,外聘职工 3 人),退休职工 14 人。在编职工中:大学 2 人,大专 2 人,中专 2 人,其他 1 人;中级职称 2 人,初级职称 4 人;41～50 岁 5 人,40 岁以下 2 人。

气象业务与服务

1. 气象业务

①地面观测

观测时次 1958 年 10 月—1959 年 12 月,每天进行 01、07、13、19(地方时)时观测 4 次;1960 年 1 月—1960 年 6 月,每天进行 07、13、19 时(地方时)3 次观测;1960 年 7 月—2008 年 12 月,每天 08、14、20 时(北京时)观测 3 次,夜间不守班。观测项目有地温、云、能见度、天气现象、气压、气温、湿度、风向风速、降水、雪深、冻土、日照、蒸发等。

航危报 1964 年 6 月起首次承担 04—19 时向 OBSAV 西安拍发预约航危报。1969 年 11 月起,每日 06—20 时向 OBSAV 西安、兰州拍发预约航危报。1974 年全年每日 06—20 时向 OBSMH 西安固定拍发、向 OBSMH 兰州预约拍发。1975—1989 年每日 06—20 时向 OBSMH 西安固定拍发。1990—1995 年每日 06—20 时向 OBSMH 西安固定拍发、向 OBSAV 阎良预约拍发。1996—1998 年每日 06—20 时向 OBSMH 西安固定拍发航危报。

水情报 1964 年按水利部规定电码在 6 月 15 日—10 月 15 日向黄河水利委员会拍发日、旬、月降水量;向龙岩寺水文站提供全年雨量资料报表。1969—1971 年在 6 月 15 日—9 月 30 日向黄委会拍发。1972 年全年向黄委会拍发。1973 年在 5 月 15 日—10 月 15 日向黄委会和陕西省防汛指挥部拍发。1974 年在 5 月 1 日—10 月 31 日向黄委会拍发。1975—1979 年在 5 月 1 日—10 月 31 日向黄委会和省防汛指及好時河水文站拍发。1980 年在 5 月 1 日—10 月 31 日向黄委会、山东防汛指挥部拍发,全年向省防汛指及好時河水文站拍发。

重要天气报 1983 年 10 月 1 日起,按重要天气报规定向国家气象中心和省气象局观测发报。

加密天气报 从 2001 年 6 月 1 日起,按照 GD-05 修订稿规定向中国气象局观测发报。

报表编制 编制气表-1、气表-21;气表-1 向省、市局各报送 1 份;气表-21 向中国气象局、省气象局、地市气象局各报送 1 份,本站留底本 1 份。1993 年 4 月起每月 5 日前向省气象局上报气表-1 简表 1 份。2002 年 10 月通过从计算机网络向省气象局转输原始资料,停止报送纸质报表。

自动气象站 2006 年 7 月乾县自动气象站建成。2007 年 1 月双轨运行,以人工站为主;2008 年 1 月双轨运行,以自动站为主;2009 年 1 月单轨运行,自动采集数据作为正式记录。

区域自动气象站 2007 年 6 月在阳峪、乾陵、注泔乡镇建成两要素区域自动气象站 3 个;2009 年在大杨、石牛、关头、梁村、王村、峰阳乡镇建成两要素区域自动气象站 6 个。均在建成后投入业务运行。

②气象信息网络

信息接收 建站至 20 世纪 70 年代初主要接收省台和兰州气象中心的天气形势广播,人工绘制简易天气图,分析判断补充订正天气预报。1983 年 8 月正式开始天气图传真接收工作,取得较好预报效果。2003 年开通省—市—县计算机远程终端,大大提高了气象信息传递时效。1998 年 10 月气象地面卫星接收系统建成并正式启用。通过卫星直接接收亚欧范围云图、地面天气图、500 百帕、700 百帕高空天气图资料,同时通过计算机远程终端接收西安新一代天气雷达、旬邑 711 雷达资料,用以制作短期订正及短时临近预报。截至 2008 年 12 月,利用移动和电信 SDH 线路、广电网络完成了气象宽带广域网建设,建成了省—市—县传输带宽每路 2 兆,主干速率达到 100 兆;建成了县气象局计算机局域网,速率 100 兆;建成了省一市—县会商系统及中文电子邮件办公系统。

信息发布 1991 年前,主要通过广播和邮寄中、长期预报方式向全县发布气象信息。1991—1992 年利用天气警报网每天 2 次向有关部门、乡(镇)、村等发布天气预报警报信息。2002 年开通"121"天气预报电话自动答询系统(2005 年 1 月改号为"12121")。2005 年利用手机短信每天发布气象信息。2007 年通过电子显示屏向公众传递气象信息。同时建立灾害性天气预报预警发布平台。

③天气预报

短期天气预报　建站初期,预报主要利用单站资料及经验制作发布预报。20 世纪 70 年代中期在省、市气象局领导下,开展了县站预报基本建设,建立了基本图表、基本资料、基本档案、基本方法(四基本),成立预报服务组,每天绘制简易天气图、单站距平、滑动等 10 种预报图表。1986 年预报业务技术体制改革后,短期预报在省、市台指导预报基础上进行解释加工。

中长期天气预报　在 20 世纪 80 年代初,建立了中、长期天气预报指标和方法。主要有:春播预报、汛期(5—9 月)预报,年度、秋季预报。通过传真接收中央气象台,省气象台的旬、月天气预报,利用本地气象资料,制作周、旬、长期天气趋势预报。1986 年预报业务技术体制改革以后,不再制作中、长期预报,仅转发省市台预报。

2. 气象服务

公众气象服务　20 世纪 70—80 年代,利用农村有线广播站播报气象消息。1990 年由县电视台制作文字形式气象节目,开展日常预报、天气趋势、生活指数、灾害防御、科普知识、农业气象等服务。1994 年建成了气象警报广播系统。2002 年开通手机 3～5 天和 24 小时气象短信服务。2007 年建成气象预警电子显示屏信息网。定期开展节假日专题气象服务,每年为县"两会"、"乾县旅游文化节"、"果品交易洽谈会"等重大活动提供气象保障。

决策气象服务　1980 年以前,以电话形式口头向县委县政府提供决策服务。1980 年以后利用《乾县气象》、《重要天气报告》、《送阅件》、《雨情通报》、《专题气象服务》等决策服务产品向县委县政府及有关部门发布气象决策服务信息。2008 年 1 月 11 日—28 日乾县出现连续 18 天冰冻、雨雪灾害,县气象局高度重视此次持续性冰冻雨雪天气过程的气象服务,1 月 10 日开始及时向县政府和公众发布各类气象信息,先后发布《重要天气报告》3 期、气象灾害预警信号 16 次、雨情通报 8 期。

专业气象服务　气象服务领域进一步拓展,由粮、棉、油等种植业发展到包括农、林、牧、渔、特色农业。农业气象业务由常规的情报、预报和农用天气预报,发展到为农业产业结构调整、农业产业化、粮食安全等多方面,提供包括农业气候区划、气候可行性论证、农业气候资源评价和合理开发利用等在内的各类专题专项服务。服务对象也逐步由主要为党政机关的决策服务发展到同时为农业生产单位、经营实体或生产者服务。从 1992 年开始,结合乾县主导产业—苹果,开展了苹果气象系列化服务,针对不同的果树生育期气象条件要求提供适时的气象服务,其中包括果树生育期气象条件的分析和预测、病虫害发生发展气象条件的分析和预测及未来一段时期内天气形势分析,并有针对性地提出合理的生产建议和田间管理措施。2005 年完成的《优质苹果生产气象服务技术与推广》课题获得陕西省人民政府颁发的"陕西省农业技术推广成果奖"三等奖。

气象科技服务与技术开发　1985 年 3 月,遵照国务院办公厅《转发国家气象局关于气象部门开展有偿服务和综合经营的报告的通知》(国办发〔1985〕25 号)文件精神,专业气象有偿服务开始起步,利用电话、警报接收机、"121"声讯电话、影视、电子屏、手机短信等手段,面向各行业开展气象科技服务。1992 年起,开展庆典气球施放服务。1997 年起,为各单位建筑物避雷设施开展安全检测;1999 年起,对全县各类新建筑物进行避雷装置安装、检测。2007 年起,对重大工程建设项目开展雷击灾害风险评估。

人工影响天气　1999 年 6 月乾县人民政府人工影响天气领导小组成立,下设办公室,办公室设在气象局。2007 年 9 月建成峰阳、阳峪、注泔镇人工影响天气基地。配备"三七"高炮 2 门,火箭架 2 副。有指挥、作业人员 18 名,全部持证上岗。

气象法规建设与社会管理

法规建设与管理　贯彻落实《中华人民共和国气象法》、《陕西省气象条例》等法律法规。乾县气象局认真贯彻执行气象法,重点加强雷电防御工作、彩球施放和探测环境保护的依法管理工作。2005 年乾县人民政府下发了《关于进一步加强灾害防御管理工作的通知》(乾政办字〔2005〕85 号)、《关于加强建(构)筑物防雷装置设计图纸审核工作的通知》(乾政办字〔2005〕90 号)、《关于认真贯彻落实咸阳市气象局、咸阳市安监局在全市开展防雷安全专项督(检)活动的通知》(乾政办发〔2008〕11 号)等文件,先后与县安监、建设、教育、公安等单位联合发文,重点开展行业防雷设施管理和行政执法,组织执法人员重点对各建设施工单位进行建筑物防雷设施图纸设计审查和竣工验收检测报告的专项执法检查。2005 年对气象探测环境在县有关部门进行了备案保护。社会管理主要有:规范升空氢气球管理、气象信息传播、避雷装置检测、探测环境保护等。

政务公开　对气象行政审批办事程序、气象服务内容、服务承诺、气象行政执法依据、服务收费依据及标准等,采取了通过户外公示栏、电视广告、发放宣传单等方式向社会公开。财务收支、目标考核、基础设施建设、工程招投标等内容则采取职工大会或上局公示栏张榜等方式向职工公开。干部任用、职工晋职、晋级等及时向职工公示或说明。

制度建设　制定了包括业务值班室管理制度、会议制度,财务、福利制度等内容的县气象局综合管理制度。

党建与气象文化建设

党的组织建设　2003 年 5 月成立乾县气象局党支部。截至 2008 年底有党员 3 名。乾县气象局支部隶属中共乾县县级机关工委。党支部建立以来面对艰苦环境,重视对党员干部的爱岗敬业和艰苦奋斗、团结协作的集体主义教育。支部定期召开民主生活会,注重对青年同志的培养,开展党员先进性教育和实践科学发展观活动教育。

党风廉政建设　认真落实党风廉政建设目标责任制,反腐倡廉,抵制商业贿赂,积极开展廉政教育和廉政文化建设活动,努力创建文明机关,和谐机关和廉洁机关,深入开展"情系民生,勤政廉政"为主题的廉政教育活动,组织观看了"北极光"等警示教育片。局财务账目每年接受上级财务部门的年度审计,并将结果向职工公布。

气象文化建设　认真贯彻执行各项文明创建活动的规章制度,做到政治学习有制度,文体活动有场所,电化教育有设施,职工文化生活丰富多彩。对政治上要求进步、党支部重点培养的同志,条件成熟及时发展。多次选送职工到成都信息工程学院、省气象局培训中心和县党校学习深造。全局干部职工及家属无一人违法违规,无一例刑事民事案件,无一人超生超育。

文明单位创建　2003 年 3 月被乾县县委、政府授予县级文明单位;2004 年 4 月被咸阳市委、市政府授予市级文明单位;2007 年 2 月被咸阳市委、市政府授予市级文明单位标兵。

集体荣誉 自建站以来,共获的省级以下奖励 28 项。

2005 年被咸阳市委、政府授予创佳评差最佳单位。1985 年 5 月,乾县农业气候区划成果荣获陕西省农业区划优秀成果三等奖。

个人荣誉 自建站以来,共获省部级以下奖励 18 人次。

台站建设

建站时只有 5 间平房,基础设施简陋,面积 80 平方米。1997 年建成 1 栋二层 2 单元 8 户,626 平方米职工住宅楼。2005 年建成 1 栋二层、491 平方米机关办公楼。完善水、电、路配套设施,对局内大院进行了硬化及绿化,新建大门、车库、锅炉房、灶房。按照自动气象站建设的相关要求,对值班室和观测场进行了改造。

2003 购置公务用车 1 辆,2008 年重新购置公务用车 1 辆,将公务用车更换。

乾县气象局旧貌(1980 年 3 月)

乾县气象局现办公楼(2007 年 9 月)

彬县气象局

彬县,位于陕西西北部,古为西戎地,后公刘迁居于此,曰豳国。周属秦。汉设漆县。唐开元十三年,改幽州为邠州,1913 年撤邠州设邠县,1964 年 9 月改邠县为彬县。全县总面积 1183 平方千米,辖 8 镇 8 乡,247 个行政村,总人口 32.4 万。彬县自然资源丰富,地下矿藏多,被省政府确定为能源化工基地县。

彬县属典型的大陆性暖温带半干旱气候,气候宜人。干旱、冰雹、暴雨、雷电等气象灾害也比较严重。

机构历史沿革

台站变迁 1956 年 10 月,邠县气象服务站建成,站址位于彬县城关镇东关,一直沿用至今。观测场位于北纬 35°02′,东经 108°06′,海拔高度 839.5 米。1991 年观测场在原址加高,海拔高度为 840.7 米。

历史沿革　1956 年 10 月,成立陕西省邠县气象站;1963 年 12 月,更名为陕西省邠县气象服务站;1964 年 9 月,更名为陕西省彬县气象服务站;1968 年 7 月,更名为彬县气象服务站;1972 年 8 月,更名为彬县革命委员会气象站;1976 年 9 月,更名为彬县气象站;1990年 1 月,根据省委办公厅陕办发〔1986〕10 号文件精神,彬县气象站改称为彬县气象局(实行局站合一)。

1956 年 10 月,属国家基本发报站;1980 年 1 月,改为国家基本站;1983 年 1 月,改为国家一般站。

管理体制　1956 年 10 月—1968 年 6 月,由省气象局直接领导;1968 年 7 月—1979 年12 月,划归地方政府领导(1971 年 5 月—1972 年 9 月,由地方武装部管理);1980 年 1 月,实行气象部门与地方政府双重领导,以气象部门领导为主的管理体制。

机构设置　1958—1986 年,无下设机构。1987—1997 年,下设预报股、测报股、服务股。1993 年成立彬县气象科技服务中心。2008 年,下设办公室、业务股、防雷站、气象科技服务中心、人工影响天气办公室、气象依法行政办公室。

单位名称及主要负责人变更情况

单位名称	姓名	职务	任职时间
陕西省邠县气候站	马思儒	站长	1956.10—1956.12
	吕 钧	站长	1956.12—1959.12
	李彦令	站长	1959.12—1961.12
	贾文德	站长	1961.12—1962.12
	李景唐	站长	1962.12—1963.12
陕西省邠县气象服务站			1963.12—1964.09
陕西省彬县气象服务站			1964.09—1965.12
	王富信	站长	1965.12—1968.07
			1968.07—1968.09
彬县气象服务站	张维效	站长	1968.09—1970.02
	杨凤林	站长	1970.02—1971.02
	王德春	站长	1971.02—1971.04
	王富信	站长	1971.04—1972.08
彬县革命委员会气象站			1972.08—1974.10
	王德春	站长	1974.10—1976.09
			1976.09—1980.02
彬县气象站	杨钧成	站长	1982.02—1984.09
	万道光	站长	1984.09—19860.2
	王述东	站长	1986.02—1987.04
	程广兴	站长	1987.04—1990.01
彬县气象局		局长	1990.01—1992.07
	袁义来	局长	1992.07—2004.09
	高联门	局长	2004.09—

人员状况 1956年建站时有在职职工6人。截至2008年底,共有在职职工14人(在编职工8人,外聘职工2人,地方编制职工4人),退休职工3人。在编职工中:大学本科1人,大专4人,中专3人;中级职称3人,初级职称5人。

气象业务与服务

1. 气象业务

地面观测 彬县站成立于1956年10月,为国家基本发报站,观测项目有云、能见度、天气现象、气压、气温、湿度、风向、风速、降水、雪深、雪压、日照、蒸发、地温、电线积冰等。

承担02、05、08、11、14、17、20时OBSER兰州7次绘图发报任务,OBSAV西安24小时固定航危报及23个单位24小时预约航危报,OBSMH西安、中川白天固定,夜间预约航危报,OBSPK北京24小时预约航危报。1980年1月改为国家基本站,每天进行02、08、14、20时4次定时观测,气象电报及航危报同时取消,观测项目不变。1983年1月改为国家一般站。每天进行08、14、20时3次观测,观测项目不变至今。

现代化观测系统建设 气象站建设初期观测多为手工操作,气象电报传送采用气象站与电信局专线电话,口语相授,电信局用莫尔斯电报传到用户,后电信局改为传真发报,到1979年底发报任务取消。2003年底建成自动气象站,改变了长期以来全部手工操作的局面,2004年底建成光缆连接的气象通讯网,实现了观测资料、月报表网上传送。2006年7月建成两要素温雨区域自动气象站3个,分布在西坡、枣渠、大佛寺,2007年11月建成两要素区域自动气象站2个,四要素区域自动气象站2个,分布在韩家、曹家店、水口、义门4地,2009年8月又建成新堡子、太峪、龙高、炭店、车家庄两要素区域自动气象站5个,并同时开始运行。

天气预报 彬县气象站天气预报工作经历了4个发展阶段:开始采用收听广播加看天气,制作发布天气预报;20世纪60年代后期采用绘制简易天气图和单站要素分析对外发布天气预报;1983年采用无线滚筒传真机接收北京中心预报产品,结合本站资料综合分析做出当地预报;2000年升级为计算机远程终端接收气象资料信息产品。2003年7月建成宽带广域网及局域网投入业务运行。2006年9月建成新一代天气雷达接收小站。2006年8月建成彬县气象信息网,提供服务产品主要有24小时、48小时天气预报,一周内天气滚动预报,森林火险等级预报,地质灾害等级预报,旅游景点天气预报及重要天气消息等。

气象信息网络 1980年前,县气象站气象信息接收利用收音机收听上级以及周边气象台站播发的天气预报和天气形势。1984年4月配备123-1B型气象传真机,同年5月正式开始天气图传真接收工作。1986年5月架设开通15瓦特甚高频无线对讲通讯电话。1998年12月,开通"121"天气预报自动答询系统(2005年1月"121"电话升位为"12121")。2001年5月安装并开通VSAT气象卫星地面接收小站。2007年8月先后建成天气预报可视会商系统、预警短信发布平台和灾情直报系统,投入使用。

2. 气象服务

彬县地处黄土高原沟壑区,特殊的地理环境将全县分为一条川道和南北二原,天气变化复杂,气象灾害频发。主要灾害有干旱、冰雹、暴雨、雷电、大风、晚霜冻及秋季连阴雨,其中干旱、冰雹最为严重。彬县气象局以经济发展和社会需求为切入点,把决策气象服务、公众气象服务、专业气象服务和气象科技服务融入到经济建设、人民群众生活和农业生产。

①公众气象服务

彬县气象局从1958年开始用黑板发布县境内天气预报,县广播站成立以后,用广播发布24小时预报。1998年5月,县气象局在全省率先建成县级多媒体电视天气预报制作系统,将自制节目录像带送电视台播放,2006年4月,电视天气预报制作系统升级为非线性编辑系统。

1996年6月,气象局与电信局合作正式开通"121"天气预报自动咨询电话。2004年7月开通手机气象预报短信,2005年由咸阳市气象局实行集约经营。2009年,彬县人民政府办公室转发了气象局起草的《彬县气象灾害预警电子显示屏建设方案》,建成安装电子显示屏14个。

②决策气象服务

决策服务领域涉及防汛抗旱、三农服务、森林防火、地质灾害服务以及重大活动专题气象保障服务等。20世纪60—80年代,以口头、电话或传真方式向县政府提供决策服务。1987年开始,每年的3—5月3次向县委政府及相关部门提供小麦产量趋势及单产预报。90年代后围绕当地经济建设,提供《重要天气报告》、《气象科技信息》、《气候影响评价》等服务产品。结合气候资料每年向政府及农业部门提供年气候趋势预报,月温度、降水趋势及过程预报,2月份提供烤烟育苗期温度预报,3—4月发布晚霜冻预报及第一场透墒雨预报。5月发布汛期趋势预报。8月份向政府及农业部门提供冬小麦适播期气象条件分析。

③专业与专项气象服务

目前可通过广播、电视、信息电话、手机短信和互联网络等多种途径获取10几种决策服务产品,为县政府及防汛抗旱部门提供决策服务。

专项气象服务 彬县是陕西省果品大县,苹果树种植面积20多万亩,苹果在整个生长期中,主要气象灾害是:花期霜冻低温、果实膨大期干旱和采收期连阴雨。彬县气象局紧紧围绕这3个时段开展服务,深入田间地头,开展针对性服务,取得了显著成效。2001年3月咸阳市局在彬县召开果树花期防霜冻现场会,会上介绍了彬县气象局自制防霜烟幕弹,并进行了演示。

人工影响天气 彬县的人工影响天气工作始于1972年,一直由地方政府管理,气象部门协助。1997年4月县政府将人工影响天气工作归口县气象局管理。1998年3月县政府成立了彬县人工影响天气领导小组,县长任组长,主管副县长、武装部领导任副组长,政府办、公安、财政、广播电视及涉农部门为成员单位,人工影响天气领导小组办公室设在气象局,县气象局长兼办公室主任。各乡镇成立了乡镇人工影响天气领导小组。截至2008年底,全县共有高炮作业点14个,高炮14门,火箭作业点5个,火箭发射架5副。

人工影响天气经费来源由县财政、农民共同负担,改为县财政全额拨付。建成了县、乡两级人工影响天气工作管理体系,人工影响天气工作纳入地方政府日常管理。4名工作人员列入地方编制。县政府每年4月召开全县"四防"(防汛、防雹、防雷电、防滑坡)会议,和各乡政府签订目标责任书。县人工影响天气办公室与各乡镇政府炮手签订目标管理责任书。

1999年制订了《彬县人工影响天气工作实施细则》，规范了县乡人工影响天气职责。建立了《防雹高炮保管维修制度》、《高炮炮弹保管运输使用制度》、《高炮作业安全规则》等规章制度。印发了《彬县人工影响天气文件汇编》，保证了人工影响天气工作安全。

气象科技服务 1985年3月起,彬县气象局根据国务院办公厅《转发国家气象局关于气象部门开展有偿服务和综合经营的报告的通知》(国办发〔1985〕25号)文件精神,利用邮寄、警报系统、影视、手机短信等手段,面向各行业开展气象科技服务。1993年起开展避雷检测工作,每年春季与公安局联合对各煤矿、炸药库、油库、液化气库进行防雷装置检测。2001年5月县政府下发《彬县防雷减灾管理实施细则》(彬政发〔2001〕41号),对防雷工作进行了规范。2004年3月与县城建局联合发文开展了建设工程防雷装置图纸审核、设计评价和竣工验收工作。同年,开展计算机信息系统防雷安全检测。2005年2月与城乡建设规划局联合发出《关于加强建(构)筑物防雷装置设计图纸审核工作的通知》,对建(构)筑物防雷装置设计审核范围、报审程序、审核程序、图纸审核等方面进行了规范,规定了对违规责任人的处罚原则。2005—2008年共计审核建筑物防雷装置图纸42份,对竣工工程进行了验收。2008年组织对全县54个防雷减灾安全检测的重点单位开展雷电灾害调查。1994年起,开展庆典气球施放。2005年起,对重大工程项目开展雷击灾害评估。

气象法规建设与社会管理

社会管理 贯彻落实《中华人民共和国气象法》、《陕西省气象条例》等法律法规。先后与县安监、建设、教育、公安等单位联合发文,重点开展行业防雷设施管理和行政执法,组织执法人员重点对各建设施工单位进行建筑物防雷设施图纸设计审查和竣工验收检测报告的专项执法检查。2005年底对气象探测环境在县有关部门进行了备案保护。社会管理主要有:规范升空氢气球管理、气象信息传播、避雷装置检测、探测环境保护等。

政务公开 对气象行政审批办事程序、气象服务内容、服务承诺、气象行政执法依据、服务收费依据及标准等,采取了通过户外公示栏、电视广告、发放宣传单等方式向社会公开。财务收支、目标考核、基础设施建设、工程招投标等内容则采取职工大会或上局公示栏张榜等方式向职工公开。干部任用、职工晋职、晋级等及时向职工公示或说明。

制度建设 制定了包括业务值班室管理制度、会议制度、财务制度、福利制度等内容的县气象局综合管理制度。

党建与气象文化建设

党的组织建设 彬县气象局党支部建立于1972年5月。2003年7月选举成立支部委员会,健全了支部领导班子。支部建立以来共发展党员7名,截至2008年底有党员5名。彬县气象局党支部隶属中共彬县县级机关工委。

党支部建立以来,重视对党员干部的爱岗敬业和艰苦奋斗、团结协作的集体主义教育。特别是1993—2002年10年期间,在经费短缺,人员工资上级只拨付70%的情况下,党支部和党员发挥战斗堡垒和模范带头作用。适时提出"方向不偏,人心不散,任务不减,质量不降"的口号,坚持改革开放不动摇,开拓服务领域,在艰难中获得发展。职工待遇不减,反而有所增加,台站环境也得到基本改善。支部定期召开民主生活会,注重对青年同志的培养,开展党员先进性教育和学习实践科学发展观活动教育,7人次获县级优秀党员称号。

党风廉政建设 每年签订并落实党风廉政建设目标责任制,结合工作实际做到标本兼治,综合治理。强化责任,抓好落实,加大从源头上预防和治理腐败的力度,不断推进党风廉政建设和反腐败工作深入开展。制定局(事)务公开,财务监管和物资采购三项制度,使党风廉政建设落实到具体工作中。县气象局党支部和纪检员在加强自身廉政建设的基础上加强对局领导成员的监督,重点抓班子和职工队伍建设。积极参加省、市气象局,县委组织的廉政教育、廉政文化建设和反腐倡廉知识竞赛等活动,努力建设文明机关,和谐机关。

气象文化建设 基层台站远离城镇,工作环境艰苦,气象人员默默奉献了半个多世纪。为了弘扬气象人乐于奉献,甘于寂寞,艰苦奋斗的革命精神,建立了荣誉档案和荣誉室。彬县气象局成立了精神明建设领导小组,结合工作实际,制定了创建活动实施细则。绿化美化了院内环境,建立了党员活动室、学习园地、职工读书室,并购置了文体和健身器材,组织职工参加各项文体活动,活跃职工生活,职工有了一个心情舒畅的工作环境。

文明单位创建 彬县气象局1990年3月被县委、县政府授予县级文明单位;2000年3月被咸阳市委、市政府授予市级文明机关;2003年12月被咸阳市委、市政府授予市级文明单位标兵。

集体荣誉 1992—2008年,彬县气象局获县级以上奖励17次。

2004年被省人事厅、省气象局授予全省人工影响天气工作先进集体。获省政府农业技术推广奖2项,获市政府农村科技进步奖2项。

个人荣誉 1992—2008年,个人获县、市级以上表彰奖励32人次。

台站建设

彬县气象局始建于1956年10月,后经1972年、1978年扩建,共占地9732.4平方米。建设初期砖土木结构房8间,120平方米,1979年新建砖木结构房屋24间,360平方米。1990年3月由省气象局拨款新建宿办楼520平方米。2000年1月采用自筹资金加省、市局补贴的办法,硬化混凝土道路1140平方米,装修楼外表315平方米,办公室、会议室4间,新修了大门、花园、花墙。2003年12月根据建设一流台站的要求上报《彬县气象局综合改造方案》,经省气象局批准立项。2005年5月省气象局拨款对办公楼内进行了装修,2007年10月建成锅炉房,解决了冬季取暖问题。工作用车3辆。2003年10月建成局内区域网,外联互联网,实现了自动化办公平台。2005年7月又对自动化办公业务平台进行了升级改造,实现了局域网、互联网、气象通讯网、彬县党政办公网4网联通。

1990 年修建的彬县气象站办公楼

2000 年改造后的彬县气象局综合办公楼

礼泉县气象局

礼泉县位于陕西省关中中段的泾河西侧、渭河以北,隋开皇十八年(598 年)置醴泉县。1964 年简化为礼泉县。全县总面积 1018 平方千米,辖 11 镇 4 乡 448 个行政村,人口 45 万。礼泉主导产业为苹果,是西北最大的苹果集散地。

礼泉县属暖温带半干旱大陆性季风气候,冷暖适中,自然环境十分优越。主要气象灾害有干旱、冰雹、暴雨、霜冻等,特别是干旱灾害危害最大。

机构历史沿革

始建情况 1957 年 7 月,礼泉县气象服务站在裴寨乡尖角张村建成,观测场位于北纬 34°30′,东经 108°29′,海拔高度 543.2 米,属国家一般气象站,站址一直沿用至今。

历史沿革 1957 年 7 月,成立陕西省醴泉县气候站;1963 年 12 月,更名为陕西省醴泉县气象服务站;1965 年 6 月,更名为礼泉县气象服务站;1971 年 3 月,更名为礼泉县革命委员会气象站;1976 年 6 月,更名为礼泉县气象站;1990 年 1 月,更名为礼泉县气象局(实行局站合一)。

管理体制 1957 年 7 月—1961 年 10 月,实行地方管理,归礼泉县农林局领导;1961 年 11 月—1965 年 7 月,实行部门管理,归省气象局领导;1965 年 8 月—1971 年 1 月,实行地方管理,归礼泉县农林局领导;1971 年 3 月—1973 年 9 月,实行军队管理,归礼泉县武装部领导;1973 年 10 月—1979 年 10 月,实行地方管理,归礼泉县农林局领导;1980 年 1 月起,实行气象部门与地方政府双重领导,以气象部门领导为主的管理体制。

机构设置 1958—1986 年,无下设机构。1987—1997 年,下设预报股、测报股、服务股。1993 年成立礼泉县气象科技服务中心。2008 年 12 月,下设办公室、业务股、防雷站、气象科技服务中心、人工影响天气办公室、气象依法行政办公室。

单位名称及主要负责人变更情况

单位名称	姓名	职务	任职时间
陕西省醴泉县气候站	谢忠合	站长	1957.07—1960.01
	吕汉文	站长	1960.01—1963.01
	蔡慕秋	站长	1963.01—1963.12
陕西省醴泉县气象服务站			1963.12—1965.06
礼泉县气象服务站			1965.06—1971.03
礼泉县革命委员会气象站			1971.03—1973.09
			1973.09—1976.06
			1976.06—1983.03
礼泉县气象站	穆继涛	站长	1983.03—1983.08
	刘元瑜	站长	1983.08—1984.09
	刘吉胜	站长	1984.09—1987.11
	王述东	站长	1987.11—1989.07
	刘秉强	站长	1989.07—1990.01
		局长	1990.01—1992.03
礼泉县气象局	刘锋	局长	1992.03—1996.01
	赵西社	局长	1996.01—1998.05
	杜鹏	局长	1998.05—2001.04
	杨鑫	局长	2001.04—2002.07
	赵奕兵	局长	2002.07—2006.02
	陈力	局长	2006.02—

人员状况 建站时编制3人。截至2008年底,共有在职职工10人(在编职工6人,外聘职工4人),退休职工2人。在编职工中:研究生1人,大专学历2人,中专学历3人;中级职称2人,初级职称2人。

气象业务与服务

1. 气象业务

①气象观测

1957年7月1日起,每天进行08、14、20时3次地面观测。观测项目有风向、风速、气温、气压、云、能见度、天气现象、降水、日照、小型蒸发、地面温度、草面温度、雪深、电线积冰等。每天编发08、14、20时3次的定时补充绘图报。除草温外均为发报项目。2007年4月开始使用自动雨量计。

2006年底,建成了DYYZ-Ⅱ型自动气象站,于2007年1月投入业务运行。自动站观测项目包括温度、湿度、气压、风向风速、降水、地面温度、草面温度。除地面温度和草面温度外都进行人工并行观测,现以自动站资料为准发报,自动站采集的资料与人工站观测资料存于计算机中互为备份,每月定时复制光盘归档、保存、上报。

建站初期,气象月报表(气表-1)、年报表(气表-21),用手工抄写方式编制,一式3份,分别上报省气象局气候资料室、市气象局各 1 份,本站留底 1 份。从 1987 年 7 月开始使用微机打印气象报表,向上级气象部门报送磁盘。现在使用高速打印机打印报表,上报报表数据文件并保存资料档案。

农业气象观测　2005 年开始苹果、梨生长发育期生态观测业务。

②气象信息网络

信息传输　气象信息传输可分为 3 个阶段:第一阶段为 1958—1986 年,信息传输主要通过口信、电话、电报、信件、收音机等方式;第二阶段为 1986—2003 年,上报信息采用甚高频对讲机、电话、电报、信件。信息接收方式有甚高频对讲机、电话、电报、信件、传真、电视;第三阶段为 2004—2008 年底,信息上传与接收主要通过网络、电话,基本实现无纸办公。

信息接收　1970 年开始,县气象站利用收音机收听陕西省口语气象广播播发的天气形势和预报。1986 年咸阳市甚高频通讯网开通,县局直接与市气象台会商天气。1986 年 6 月市局配发传真机,接收北京、兰州气象中心、陕西省气象台传真的亚欧范围地面、500 百帕、700 百帕高空天气图、云图资料。2003 年开通省—市—县计算机远程通讯网。1998 年 5 月建立卫星地面单收站,接收天气图、云图资料。2006 年 1 月,建立省市县气象视频会商系统,开通气象专用光缆,为气象信息的采集、传输处理、分发应用提供支持。

信息发布　1991 年前,主要通过广播和邮寄旬月报方式向全县发布气象信息。1991—1992 年组建天气警报网,每天 2 次向有关部门、乡(镇)、村等发布天气预报警报信息。2002 年开通“121”天气预报电话自动答询系统(2005 年 1 月改号为“12121”)。2005 年利用手机短信发布气象信息。2006 年建立灾害性天气预报预警业务平台,通过 BOSS 系统发送灾害性天气预警手机短信。2007 年开始发展气象电子屏,通过显示屏向公众传递气象信息。

③天气预报

短期天气预报　从建站开始至 1986 年前独立制作短期、中期和长期天气预报,并在省、市气象局的领导下,组织多次县级预报会战,建成了多种预报方法指标数据库。1970 年开始,县气象站主要通过收听陕西省口语气象广播绘制小天气图,结合县局气象资料制作未来 2 天的短期天气预报。1984 年前,短期天气预报由每天抄收兰州气象数据广播结合单站基本资料、基本图表、基本方法和基本指标,绘制 500 百帕、700 百帕天气图和地面图,制作 24、48 小时常规预报和短时灾害性天气预报。1984 年后,短期预报改为接收中央气象台的气象传真图结合本站基本资料分析制作。1986 年进行预报业务体制改革,市气象台分片制作短、中、长期天气预报,然后发至县气象局,由县气象局发送给服务单位。县气象局主要是做好预报传递和服务工作,并根据上级气象台的指导预报,结合单站要素资料制作短期订正及短时解释预报。

中长期天气预报　在 20 世纪 80 年代初,通过传真接收中央气象台,省气象台的旬、月天气预报,在结合分析本地气象资料,建立了一套中长期预报方法和工具。中期预报产品主要包括:周天气趋势和旬天气趋势分析。长期天气预报主要运用概率统计方法和常规气象资料图表模式分析及天气谚语、韵律关系。长期预报产品主要有月预报、春(秋)播预报、三夏预报、汛期预报、年度趋势预报等。1986 预报业务技术体制改革后,县气象站不再制作中、长期预报,改为转发省市气象台天气预报。截至 2008 年底,主要通过计算机远程终端接收云图、天气图、新一代天气雷达、旬邑 711 雷达资料,结合单站要素、县内各乡镇自动站资料制作短期订正及短时临近预报。开展灾害性天气预报预警业务和制作供领导决策的各类重要天气报告。

2. 气象服务

公众气象服务 20 世纪 70—80 年代,利用县广播站有线广播播报气象消息。90 年代至今由县电视台制作文字形式气象节目,开展日常预报、天气趋势、生活指数、灾害防御、科普知识、农业气象等服务。1994 年建成了覆盖全县 20 个乡镇、440 个行政村的气象警报广播系统。2002 年开通手机 3~5 天和 24 小时气象短信服务。截至 2008 年底,短信用户 10 万余户。2007 年建成电子显示屏气象灾害预警信息网,分别为县委、县政府、水利局、农业局、国土局及各企事业单位等安装气象灾害预警显示屏 30 余块。定期开展节假日专题气象服务,每年为县"两会"、"礼泉县乡村旅游文化节"、"西北果品交易洽谈会"和"陕西·渔村桃花节"等重大活动提供气象保障。

决策气象服务 20 世纪 80 年代以电话形式口头向县委县政府提供决策服务。90 年代以后采用《礼泉气象》、《重要天气报告》、《送阅件》、《雨情通报》、《专题气象服务》、《苹果气象》等决策服务产品向县委县政府及有关部门发布气象服务信息。2007 年,建立县政府气象预警信息发布平台。目前可通过广播、电视、信息电话、手机短信和互联网络等多种途径获取 10 几种决策服务产品,为县政府及防汛抗旱部门提供决策服务。服务产品有短时临近预报、精细化预报、短期气象预报、气候预测、中长期天气预报、重要天气消息、灾害性天气预警以及重大天气过程的实时跟踪服务等,为党政领导决策提供了科学依据。决策服务产品由过去的人工送达发展到网络、气象手机短信服务。

【气象服务事例】 2007 年 8 月 8 日夜间,礼泉出现罕见的特大暴雨,其中 1 小时降水量达到 100 毫米,12 小时达 159.9 毫米,24 小时降雨量累计达 215 毫米。在"8·8"特大暴雨预报服务过程中,县气象局提前 5 个小时发布暴雨、雷电天气消息,提前 1 小时 30 分钟发布特大暴雨预警。并通过电视台、传真、灾害天气预警发布系统、手机短信和"12121"等形式广泛地向社会各界发布。县委、县政府对此非常重视,县委书记、县长深入一线组织群众开展抢险救灾,紧急安置转移受灾群众 1200 人。准确及时的预报服务为政府及群众的抢险救灾工作赢得了宝贵的时间,最大限度地降低了人员伤亡和财产损失,直接经济效益近亿元,得到县委、县政府领导和社会各界的高度赞扬。

1997 年被中国气象局授予"重大气象服务先进集体"。

专业气象服务 气象服务项目进一步拓展,由粮、棉、油等种植业发展到包括农、林、牧、渔、特色农业等在内的大农业。农业气象业务由常规的情报、预报和农用天气服务,发展到为农业产业结构调整、农业产业化、粮食安全等多方面,提供包括农业气候区划、气候可行性论证、农业气候资源评价和合理开发利用等在内的各类专题专项服务。服务对象也逐步由主要为党政机关的决策服务发展到同时为农业生产单位、经营实体或生产者服务。从 20 世纪 90 年代中期开始,结合礼泉主导产业—苹果,开展了苹果气象系列化服务,针对不同的果树生育期气象条件要求提供有针对性的气象服务,其中包括果树生育期气象条件的分析和预测、病虫害发生发展气象条件的分析和预测及未来一段时期内天气形势分析,提出合理的生产建议和田间管理措施。2005 年完成的《优质苹果生产气象服务技术与推广》课题获得陕西省人们政府颁发的"陕西省农业技术推广三等奖"。

气象科技服务 1985 年 3 月,遵照国务院办公厅《转发国家气象局关于气象部门开展有偿服务和综合经营的报告的通知》(国办发〔1985〕25 号)文件精神,专业气象有偿服务开始起步,利用电话、警报接收机、"121"声讯电话、影视、电子屏、手机短信等手段,面向各行业开展气象科技服务。1992 年起,开展庆典气球施放服务;1997 年起,为各单位建筑物避雷设施开展安全检测;1999 年起,全县各类新建建(构)筑物按照规范要求安装避雷装置;2007 年起,对重大工程建设项目开展雷击灾害风险评估。2006 年成立了"礼泉县气象服务中心",主要从事专业气象服务、防雷检测、防雷工程、彩球礼仪等服务。

人工影响天气 在 1995 年 3 月召开的礼泉县人大、政协会议上,5 个代表团 42 名人大代表、13 名政协委员提出了由气象局牵头建立防雹增雨人工影响天气体系的议案。7 月 17 日礼泉县人民政府第七次常务会议研究决定建立礼泉县人工防雹增雨体系,成立礼泉县防雹增雨指挥部,办公室设在县气象局。以礼政发〔1995〕57 号文件通知各乡镇政府、县级各部门,按照"谁受益、谁投资"的原则落实人工影响天气经费,要求有关部门尽快布设炮点,购置高炮,落实人员,建立防雹增雨作业指挥系统。2000 年礼泉县防雹增雨指挥部更名为礼泉县人工影响天气办公室。配备人工防雹增雨火箭发射装置 2 套、"三七"高炮 6 门,建成防雹增雨作业站点 7 个。

气象法规建设与社会管理

法规建设与管理 贯彻落实《中华人民共和国气象法》、《陕西省气象条例》等法律法规。先后与县安监、建设、教育、公安等单位联合发文,重点开展行业防雷设施管理和行政执法,组织执法人员重点对各建设施工单位进行建筑物防雷设施图纸设计审查和竣工验收检测报告的专项执法检查。2005 年 1 月对气象探测环境在县有关部门进行了备案保护。社会管理主要有规范升空氢气球管理、气象信息传播、避雷装置检测、探测环境保护等。

政务公开 对气象行政审批办事程序、气象服务内容、服务承诺、气象行政执法依据、服务收费依据及标准等,采取了通过户外公示栏、电视广告、发放宣传单等方式向社会公开。财务收支、目标考核、基础设施建设、工程招投标等内容则采取职工大会或上局公示栏张榜等方式向职工公开。干部任用、职工晋职、晋级等及时向职工公示或说明。

制度建设 制定了包括业务值班室管理制度、会议制度,财务,福利制度等内容的县气象局综合管理制度。

党建与气象文化建设

党的组织建设 2002 年以前,没有独立党支部,党员归农业局党委管理。2002 年成立独立党支部,隶属农业局党委。截至 2008 年底有党员 5 人。

礼泉县气象局历来高度重视党建工作,注重发挥党支部的战斗堡垒和党员的模范带头作用,带动群众完成各项工作任务。党支部定期召开民主生活会,开展民主评议党员活动。制定了学习计划和学习制度,保证1年不低于100小时的集体学习时间。从党支部成立至今,已连续5年荣获"优秀党支部"光荣称号,5人(次)获得"模范党员"光荣称号。

党风廉政建设 建立"三人决策"和局务会制度,实施局务公开,有固定的局务公开栏,重大事项、重大决策、大额资金开支、与职工利益相关的敏感问题,定期或不定期地通过会议或局务公开栏向职工公开。落实党风廉政建设目标责任制,积极开展廉政教育和廉政文化建设活动。除每年完成与市气象局和县政府签订目标责任合同外,定期召集党员学习,进行廉政勤政教育。每年召开职工大会,征求对党风廉政工作意见,进行整改。每年4月开展党风廉政宣传教育月活动,通过开展各种活动,促进党风廉政建设。

气象文化建设 礼泉县气象站成立半个世纪以来,气象人员在这里默默工作、无私奉献,谱写了一曲又一曲动人的乐章。为了弘扬气象人精神,树立气象人文明形象,凝练出了"敬业爱岗、艰苦创业、无私奉献、顽强拼搏"的礼泉气象人精神,并以此为鉴,充分展现出我们气象人不畏艰辛、无私奉献的精神风貌。先后投资3万余元建成了职工阅览室和健身娱乐设施,其中包括羽毛球、乒乓球等健身场所,跑步机、健身器材等运动设施,并组织职工开展各项文体活动。建成气象文化和精神文明建设展板10余幅,台站资料展板5幅,有力推进了县气象站气象文化和精神文明建设。2008年1月实施《气象部门南北互动行动计划》,2009年1月实施《陕西气象文化助推行动》。

礼泉县气象站始终将创建工作与业务工作相结合,成立了以局长为组长的创建工作领导小组,制订长远规划和年度计划,落实责任制,明确分工、责任到人,做到规范化、制度化、经常化,各项工作不断创新,亮点突出,得到市委、市政府和县委、县政府及省、市局的充分肯定。2000年1月开展了"三讲"教育活动。2005年1月开展了保持共产党员先进性教育活动。2009年3月开展了第二批深入学习实践科学发展观活动。

文明单位创建 1997年,被县委、县政府授予县级文明单位;2000年,被市委、市政府授予市级文明单位;1997年、2002年被中宣部、中国气象局命名为"全国文明服务示范单位";2007年,被省委、省政府授予"省级文明单位";2008年荣获"全国气象部门文明台站标兵"光荣称号。

荣誉 截至2008年底,集体获得县级以上的各项殊荣70次;获得县级以上的个人奖励58人次

台站建设

建站初,工作生活条件较为艰苦,人员紧张,办公环境简陋,仅有5孔窑洞和几副办公桌椅。2004年,新建办公楼1栋。先后建成业务服务平台、人工影响天气指挥平台和礼泉县防灾减灾业务平台。

1984 年的礼泉县气象站业务值班室　　　　　2008 年的礼泉县气象局全貌

兴平市气象局

兴平,位于关中平原腹地,北依莽山,南临渭水,古称犬邱。唐"安史之乱"爆发后此地置"兴平军",因该军平叛安史之乱有功,故于至德二年(公元 757 年)以该军之名命名为兴平县,取"兴旺平安"之意,县名沿袭至今。1993 年 6 月,兴平经国务院批准撤县设市。全市总面积 507 平方千米,辖 7 镇 4 乡 3 个街道办事处,223 个行政村,人口 58 万。兴平地势平坦,土壤肥沃,水利条件优越,素有"关中白菜心"、"平原米粮仓"和"辣蒜之乡"的美称。

兴平属暖温带半湿润大陆性季风气候。主要气象灾害有干旱、连阴雨、暴雨、冰雹等。

机构历史沿革

台站变迁　1958 年 10 月,兴平气候站在兴平市南郊铁路农场建成。1963 年 3 月,迁至县火车站西南,观测场位于北纬 34°17′,东经 108°27′,海拔高度 410.9 米。为国家一般气象观测站。

历史沿革　1958 年 10 月,兴平气候站成立;1960 年 3 月,更名为兴平县气候服务站;1962 年 1 月,更名为兴平县气象服务站;1970 年 1 月,更名为陕西省兴平县气象站;1972 年 3 月,更名为兴平县革命委员会气象站;1976 年 9 月,更名为兴平县气象站;1990 年 1 月,根据省委办公厅陕办发〔1986〕10 号文件精神,改称为兴平县气象局;1994 年 12 月,兴平县撤县设市,更名为兴平市气象局。

管理体制　1958 年 10 月—1961 年 10 月,实行地方管理,归兴平县农林局领导;1961 年 11 月—1965 年 7 月,实行部门管理,归省气象局领导;1965 年 8 月—1971 年 1 月,实行地方管理,归兴平县农林局领导;1971 年 2 月—1973 年 9 月,实行军队管理,归兴平县武装部领导;1973 年 10 月—1979 年 10 月,实行地方管理,归兴平县农林局领导;1979 年 11 月起,实行气象部门与地方政府双重领导,以气象部门领导为主的管理体制。

机构设置　1958—1986 年,无下设机构。1987—1997 年,下设预报股、测报股、服务股。2008年12月,下设办公室、业务股、防雷站、气象科技服务中心、人工影响天气办公室、气象依法行政办公室。

单位名称及主要负责人变更情况

单位名称	姓名	职务	任职时间
兴平气候站	欧阳玉莲	站长	1958.10—1960.03
兴平县气候服务站			1960.03—1962.01
兴平县气象服务站			1962.01—1963.12
	屈定安	站长	1963.12—1969.08
陕西省兴平县气象站	王玉贵	站长	1969.08—1970.01
			1970.01—1972.03
兴平县革命委员会气象站			1972.03—1976.09
兴平县气象站	杨义祥	站长	1976.09—1978.12
	宇文书	站长	1978.12—1984.05
	车维成	站长	1984.05—1988.10
	杜百荣	站长	1988.10—1990.01
兴平县气象局		局长	1990.01—1991.01
	张树财	局长	1991.01—1994.12
兴平市气象局		局长	1994.12—1996.02
	陈志军	局长	1996.02—2004.09
	崔鑫	局长	2004.09—

人员状况 1958年10月,建站时工作人员仅有2人。1978年末共有职工11人。截至2008年底,共有在编职工7人,离退休6人;在编职工中:大专4人,中专3人;中级职称2人,初级职称4人,未聘1人;40~50岁4人,30~39岁3人。

气象业务与服务

1. 气象业务

气象观测 1958年10月1日起,每天进行08、14、20时3次地面观测,向省气象台拍发省区域天气加密报。加密报的内容包括云、能见度、天气现象、气压、气温、湿度、风、降水、雪深、日照、蒸发(小型)和地温(距地面0、5、10、15、20厘米)。重要天气报的内容有暴雨、大风、雨凇、雷暴、冰雹、龙卷风、沙尘天气、积雪、雾等。

气象旬月报的内容有气温、降水量、大风、日照、干土层厚度、10厘米、20厘米、50厘米土壤湿度等。每月逢3日进行1次土壤湿度加密观测,发报内容为10~50厘米土壤湿度。每月向省气象局报送《地面气象记录月报表》(气表-1),每年通过省气象局向中央气象局报送《地面气象记录年报表》(气表-2)。

从1981年起向省气候资料室、国家气象局气候资料室上报《气象异常年表》。2005年1月通过局域网直接向省气象局传输月报表资料,停止报送纸制报表。

自动气象站 2007年1月建成自动气象站(DYYZ-Ⅱ型地面气象综合有线遥测仪)并

开始自动观测及资料上传、报表制作上报,观测项目有气压、气温、湿度、降水、风向风速、地温(0~320厘米)、草温。观测项目全部采用仪器自动采集、记录,替代了人工观测。2005年12月在马嵬乡、店张乡、丰仪乡、南市镇、西吴镇、茂陵、田阜乡建成7个ZQZ-A型温度、雨量两要素自动区域气象站。

气象信息网络 建站至1978年1月,兴平县气象站利用收音机收听陕西省气象台播发的天气预报和天气形势。1978年1月起,配备CZ-80型传真机,接收北京、东京气象广播台的传真天气图和数值预报图等。1996年,建成市、县甚高频无线通信,进行预报传递和天气会商。2003年开通省—市—县计算机远程终端。截至2008年12月,利用移动和电信SDH线路、广电网络完成了全市气象宽带广域网建设。建成了市—县天气会商系统及中文电子邮件办公系统。

天气预报 从建站至20世纪70年代,主要通过收听陕西省气象广播绘制小天气图,主要用单站要素时间变化曲线图,结合农谚和看天经验制作补充天气预报。每月末制作下月天气趋势预报。20世纪70年代至80年代初,主要运用反映单站气压、温度、湿度、风向、风速等气象要素的综合时间剖面图、九线图、简易天气图等工具制作天气预报。1986年6月,兴平县气象局配置了传真机,主要依靠中央气象局、兰州气象中心、省气象台传真的亚欧范围地面、500百帕、700百帕高空天气图、云图资料,结合单站实时气象资料制作天气预报。

1987年1月按照预报业务体制改革要求,咸阳市气象台分片制作短、中、长期天气预报,然后发至各县气象局。兴平县气象局主要是做好预报传递和服务工作,并根据上级气象台的指导预报,结合单站要素资料制作短期订正及短时解释预报。

2003年1月建成县级气象信息综合分析处理系统(MICAPS),预报业务所用纸质天气图全部取消。2005年10月建成卫星地面单收站,通过卫星直接接收亚欧范围云图、地面、500百帕、700百帕高空天气图资料,同时通过计算机远程终端接收西安新一代天气雷达资料,用以制作短期订正及短时临近预报。截至2008年底,主要通过计算机远程终端接收欧洲、日本、国家气象中心T213数值预报和各层实况天气图,接收西安、宝鸡新一代天气雷达资料,结合单站要素、各乡镇自动站资料制作短期订正及短时临近预报。开展灾害性天气预报预警业务和制作供领导决策的各类重要天气报告。

2. 气象服务

公众气象服务 20世纪80年代初,兴平县气象局气象服务主要以书面文字发送为主。20世纪90年代至今,产品由电话、传真、信函等向电视、微机终端、互联网等发展,各级领导可通过计算机终端随时调看实时云图、雷达回波图、中小尺度雨量点的雨情。1990年5月气象服务信息主要是常规预报产品和情报资料。1997年7月,正式开通"121"天气预报自动答询电话(2005年1月,"121"电话升位为"12121")。2005年5月全市"12121"答询电话实行集约经营。2005年在兴平市电视台开播兴平天气预报栏目。2006年通过移动通信网络开通了气象短信预警发布系统,以手机短信方式向全市各级领导发送气象信息,提高气象灾害预警信号的发布时效。2007年在全市14个乡镇安装气象灾害预警显示屏。

决策气象服务 20世纪80年代主要以口头或传真方式向县委县政府提供决策服务。90年代后利用《重要天气报告》、《送阅件》、《气象信息专报》、《汛期天气形势分析》、《节假日专题预报》等提供决策服务产品。2005年制定了《兴平市气象局决策气象服务方案》。目前可通过广播、电视、信息电话、手机短信和互联网络等多种途径获取10几种决策服务产品,为县政府及防汛抗旱部门提供决策服务。服务产品有短时临近预报、精细化预报、短期气象预报、气候预测、中长期天气预报、重要天气消息、灾害性天气预警以及重大天气过程的实时跟踪服务等为党政领导决策提供了科学依据。决策服务产品由过去的人工送达发展到网络、气象手机短信服务。

【气象服务事例】 兴平市气象局在2005年"5·30"冰雹袭击、2006年"6·3"突发暴雨洪涝、2007年"8·8"百年一遇区域性大暴雨时,都能准确预报灾害天气过程,及时向党委政府和有关部门提供决策服务,有效减轻了自然灾害造成的损失。

2008年1月中下旬持续低温降雪,降雪总量21.2毫米,最大积雪深度11厘米,为1956年有气象记录以来最长的降雪过程。这次灾害天气使全市果树、蔬菜发生了明显的冻害,特别是新栽植的幼树受害最为明显。兴平市气象局在这次过程为果农提供准确的预报服务,编发服务材料14篇,发布灾害天气预警信号14次,提出了切实可行的对策建议。

2008年6月15日,咸阳市气象局赵西社局长与兴平市委书记马浚民、市长杜润民、就兴平气象事业发展进行了座谈,马浚民书记充分肯定了兴平市气象局为兴平经济发展作出的突出贡献,并表示将一如既往地支持地方气象事业的发展。

气象科技服务 1985年3月遵照国务院办公厅《转发国家气象局关于气象部门开展有偿服务和综合经营的报告的通知》(国办发〔1985〕25号)文件精神,县气象站专业气象有偿服务开始起步,利用传真邮寄、警报系统、声讯、影视、电子屏、手机短信等手段,面向各行业开展气象科技服务。2007年兴平市政府提出建设以沿西宝高速万亩设施蔬菜、沿渭河万亩清水莲菜和塬坡万亩时令水果为主的"三万工程",市气象局加强与各部门协作,根据作物生育期对气象条件的要求,及时编写《作物生长期气象条件评述》,认真做好蔬菜、莲菜、水果产业产前、产中、产后系列化气象服务工作。1990年起为各单位建筑物避雷设施开展安全检测,检测单位主要是易燃易爆场所。1992年开展庆典气球施放服务。2006年对施放气球公司进行培训和管理。2001年11月陕西省气象科技服务工作会议在兴平市隆重举行,省气象局崔讲学局长、胡中联副局长、陈洪田副局长和全省各市气象局局长,主管科技服务副局长、法规科长共100余人参加会议。2005年起开展气象影视广告业务,由广电中心联系广告。

2005年1月成立兴平市风云气象中心,主营防雷检测、工程,理顺了省市驻兴企业的防雷检测,检测面不断扩大,特别是随工竣工检测,通过前期的执法带动了随工竣工检测项目。2008年,随工竣工检测面积占到了兴平市开工面积的95%以上,领先于全省各县局。同时也有效地促进了科技服务的增长。2008年对行政区域内兴化集团的10万吨稀硝酸项目出具了雷击风险评估报告。

人工影响天气 2005年兴平市政府成立兴平市人工影响天气领导小组,办公室设在气象局。配备人工增雨火箭发射装置1套,人员由气象局调配解决。每年市政府调剂解决经费。但是因距离咸阳机场和武功军用机场较近,空域管理部门对具体火箭作业点也一直不予批复,经过市县气象局共同向空域管理部门申请争取,2005年底在马嵬镇建立人工增雨作业基地。

气象法规建设与社会管理

1. 行政执法

2001 年以来,兴平市气象局认真贯彻落实《中华人民共和国气象法》、《陕西省气象条例》等法律法规,市人大领导和法制委每年视察或听取气象工作汇报。气象工作纳入县政府目标责任制考核体系。

2001 年 3 月,开始承担气象行政审批职能,规范天气预报发布和传播,实行低空飘浮物施放审批制度。2002 年起,每年 3 月和 6 月开展气象法律法规和安全生产宣传教育活动。

2004 年绘制了《兴平市气象观测环境保护控制图》,为气象探测环境保护提供重要依据。2005 年起联合兴平市人民法院对辖区内各违法单位进行执法,同年 10 月,成立兴平市气象行政执法大队,4 名兼职执法人员均通过省政府法制办培训考核,持证上岗。2004—2008 年与安监、建设、教育、公安等部门联合开展气象行政执法检查 20 余次。2008 年完成《探测环境保护专业规划》编制。

2. 社会管理

灾害应急管理　2004 年 6 月,兴平市政府印发《兴平市灾害性天气预警信号发布试行规定的通知》(兴政发〔2006〕78 号)。

2007 年 11 月,《兴平市人民政府办公室关于建立防灾减灾气象信息预警网的通知》(兴政办发〔2007〕99 号)。

2005—2007 年,兴平市政府成立了气象灾害应急、防雷减灾工作、人工影响天气三个领导小组,办公室设在兴平市气象局,负责日常工作。

防雷减灾管理　1990 年成立兴平市防雷检测所,开展建筑物防雷装置、新建建(构)筑物防雷工程图纸审核、设计评价等工作。

2005 年起,每年由政府组织召开防雷工作会议,会议邀请市政府主管领导和咸阳市气象局主管领导参加,相关单位、省市驻兴企业安全负责人参加会议。会议由市政府发文、出资表彰先进单位和先进个人。兴平防雷会议被作为防雷管理先进经验向全省推广。

2007 年起开展农村防雷减灾工作,面向农村做针对性宣传和农村学校建立防雷工程。

2008 年,按照兴平市政府要求成立兴平市防雷协会,挂靠气象局。成员有城建、安监等部门的负责人和各大中型企业的法人代表。

兴平市政府召开防雷工作会议

党建与气象文化建设

党的组织建设　1958年10月,兴平县气候站成立时,无独立党支部,党员归县农林局党支部管理。1997年7月成立兴平市气象局党支部(中共兴平市委组织部〔1997〕117号),有党员3人,隶属市政府党总支领导。截至2008年底,共有党员6人(含退休人员2人)。

局党支部2007年被市委和市直机关党委评为"先进党支部"。

精神文明建设　1997年被兴平市委、市政府评为"支持经济建设优异单位"并奖励单位1名农转非指标或1名符合条件的子女到企业就业。2003年开展学习"三个代表"重要思想活动,开展创建"学习型、服务型、落实型机关"活动。贯彻落实《咸阳市气象系统文化建设实施意见》。2005年,开展保持共产党员先进性教育活动。2004—2008年,先后开展"三个代表"、"保持共产党员先进性"等教育活动,并与社区结对共建,与桑镇政府结对帮扶。2005年起,每年组织春游、运动会、文艺演出、演讲比赛等活动,2007年积极参与兴平市政府组织的歌咏比赛,获得优秀奖。

文明单位创建　1997年3月被兴平市委、市政府授予"文明单位",2010年1月被咸阳市委、市政府授予"文明单位"。

荣誉　集体共获得省部级以下奖励24次;个人共获得省部级以下奖励28人次

台站建设

兴平市气象局占地3200平方米。1958年,建造业务办公用房,建筑面积仅有150平方米。1996年10月,修建大门,建造围墙30米。2008年开始台站综合项目改造,目前正在进行中。

2005年12月,购置伊兰特公务用车1辆。2008年11月购置本田雅阁小轿车1辆。

兴平市气象局业务值班室现状图(2008年)

兴平市气象局业务办公楼(2008年)

兴平市气象局办公环境规划图

永寿县气象局

永寿，地处"秦陇咽喉"，"古丝绸之路"第一驿站。北周大象元年（公元579年）设永寿县。据《元和郡县志》记载，永寿县"因（永寿）原而名"。永寿县位于渭北黄土高原西部，总面积889平方千米，辖7镇6乡，人口19.16万。永寿历史悠久，资源丰富，天时地理俱佳。

永寿属暖温带大陆性季风气候，气候温和宜人，四季分明，是旅游和度假"自然空调区"。干旱、冰雹、暴雨和干热风等是主要气象灾害。

机构历史沿革

始建情况　1958年10月，永寿县气候站在监军镇西三村七队南壕塬上建成。1958年11月，开展气象观测业务，站址沿用至今。观测场位于北纬34°42′，东经108°09′，海拔高度为994.6米。

历史沿革　1958年10月，永寿气候站成立；1959年8月，更名为乾县永寿气候站；1961年2月，更名为乾县永寿气候分站；1961年8月，更名为永寿气候服务站；1962年8月，更名为永寿气象服务站；1970年9月，更名为永寿县革命委员会气象站；1973年10月，更名为永寿县气象站；1990年1月，更名为永寿县气象局（实行局站合一）。

1980年5月确定为国家一级农业气象观测站；2007年1月起，升级为国家一级气象站；2008年12月31日被确定为国家气象观测基本站。

管理体制　1958年10月—1961年1月，归乾县农业局领导；1961年2月—1962年7月，归永寿县农业局领导；1962年8月—1970年8月，归气象系统管理，由咸阳专区中心气象站领导；1970年9月—1973年9月，实行军事部门和地方革命委员会双重领导，以军事部门为主的管理体制，归县武装部领导；1973年10月—1979年10月，实行地方管理，归永寿农业局领导,业务受气象部门指导;1980 年 1 月起,实行气象部门与地方政府双重领导,以气象部门领导为主的管理体制。

机构设置 1958—1986 年,无下设机构。1987—1997 年,下设预报股、测报股、服务股。1993 年成立永寿气象科技服务中心。2008 年 12 月,下设办公室、业务股、防雷站、气象科技服务中心、人工影响天气办公室、气象依法行政办公室。

单位名称及主要负责人变更情况

单位名称	姓名	职务	任职时间
永寿气候站	卢金全	站长	1958.10—1959.08
乾县永寿气候站			1959.08—1961.02
乾县永寿气候分站			1961.02—1961.08
永寿气候服务站			1961.08—1962.08
永寿气象服务站			1962.08—1963.11
	秦振华	站长	1963.11—1970.09
永寿县革命委员会气象站			1970.09—1973.10
			1973.10—1974.10
永寿县气象站	李洁泉	站长	1974.10—1979.12
	王俊杰	站长	1979.12—1988.12
	冯 旭	站长	1988.12—1989.12
永寿县气象局	袁光明	局长	1989.12—1998.10
	周德宏	局长	1998.10—2001.03
	赵晓峰	局长	2001.03—2003.08
	云明会	局长	2003.08—2006.03
	魏博山	局长	2006.03—

人员状况 建站时有在编职工 4 人,1978 年有在职职工 10 人。截至 2008 年底,共有在职职工 14 人(在编职工 6 人,外聘职工 8 人)。在职职工中:大学 2 人,大专 6 人,中专 6 人;中级职称 2 人,初级职称 9 人;40～50 岁的 3 人,30～40 岁的 4 人,30 岁以下的 7 人。

气象业务与服务

1. 气象业务

①地面测报

1958 年 11 月 1 日开始观测,采用地方太阳时每日进行 01、07、13、19 时 4 次地面观测。1960 年 8 月取消地方太阳时,使用北京时,改为每日进行 02、08、14、20 时 4 次观测。1966 年 7 月—2006 年 12 月每日进行 08、14、20 时 3 次观测,夜间不守班。2007 年 1 月起,升级为国家一级气象站,每日进行 02、08、14、20 时 4 次定时观测和 05、11、17、23 时 4 次补充观测。观测的项目有风向、风速、气温、湿度、云、能见度、天气现象、降水、日照、蒸发、积雪、地面温度、冻土。

自动气象站 2002 年 12 月建立了 DYYZ-Ⅱ型自动气象站,于 2003 年 1 月到 2004 年

12月正式同人工站一起并行观测。2003年以人工观测为主,2004年以自动气象站观测为主。观测项目包括温度、湿度、气压、风向、风速、降水、地面温度、浅层地温。2005年1月起自动气象站单轨运行,以自动气象站资料为准发报。自动气象站采集的资料与人工观测资料存于计算机中,生成报表。每天对自动气象站数据进行备份,每月定时归档、上报。同年在永寿县槐山建立了风能资源调查站;在常宁镇建成了温度、雨量两要素自动观测站。2007年在永平镇、仪井镇、甘井镇、马坊镇建立了温度、雨量两要素自动观测站;在永太乡建立了温度、雨量、风向、风速四要素自动观测站。

从1959年1月起开始编发天气报。1964年8月—1996年12月,通过白天预约方式向西安民航编发OBSAV航危报,向军航编发OBSMH航危报。1997年航危报停发一年,1998年后又恢复航报业务,航报发报时间夏半年06—20时每小时1次,冬半年07—18时每小时1次。1997年航报从1971年1月起每日08时定时向兰州中心通过邮局编发降水量和重要天气报。个人共创百班无错情57人(次)。

农业气象观测 1959年11月根据农业部通知增加了病虫的观测。1960年根据省气象局通知,增加了土壤墒情观测。1980年5月确定为国家一级农业气象观测站。1980年开始作物物候观测,作物观测项目有冬小麦、夏玉米、春玉米、油菜;物候观测项目有蝉、青蛙、家燕、蒲公英、苍耳、白毛杨、泡桐。1981年开始进行固定地段土壤湿度观测,观测深度10～100厘米。1985年开展油菜观测并承担冬小麦遥感产量监测预报任务。1991年7月11日起执行气象旬(月)报电码(HD-03)气资发〈91〉14号。1993年省气象局配发"LNW-50C型智能中子水分仪"1部。1994年春播作物播种开始执行《农业气象观测规范》〈94〉陕气业发第6号。1994年1月,按中国气象局中气候发〔1994〕1号文件,开始执行新的《农业气象观测规范》。1996年6月起执行陕西省气象局〈96〉陕气业便字第56号文件,加测土壤湿度并编报。2008年8月,建成土壤水分自动站。

气候生态观测 2005年5月开始气候生态观测,观测项目有冬小麦、油菜、苹果等。

②气象信息网络

信息传输 气象信息接收,建站至20世纪70年代初主要接收省台和兰州气象中心台的天气形势广播,人工绘制简易天气图,分析判断补充订正天气预报。1983年8月正式开始天气图传真接收工作,主要接收中央局的气象传真和省气象局的传真图表,利用传真图表独立地分析判断天气变化,取得较好预报效果。2003年开通省—市—县计算机远程终端,大大提高了气象信息传递时效。1999年3月气地面卫星接收系统建成并正式启用。通过卫星直接接收亚欧范围云图、地面、500百帕、700百帕高空天气图资料,同时通过计算机远程终端接收西安新一代天气雷达、旬邑711雷达资料,用以制作短期订正及短时临近预报。截至2008年12月,利用移动和电信SDH线路、广电网络完成了气象宽带广域网建设,建成了省—市—县传输带宽每路2兆,主干速率达到100兆;建成了县气象局计算机局域网,速率10兆;建成了省—市—县会商系统;中文电子邮件办公系统。

信息发布 1990年前,主要通过广播和邮寄旬月报方式向全县发布气象信息,每天向广播站提供24小时天气预报服务,并配合防汛防雹指挥部作好天气临测,印发固定天气预报,使公众气象服务制度化。1991—1992年组建天气警报网,每天2次向有关部门、乡(镇)、村等发布天气预报警报信息。1999—2008年通过"121"气象信息电话、手机短信、传真、气象预警显示屏发布气象信息。

③天气预报

县站预报发展过程,经历了单站补充订正预报、县站预报、县站解释预报三个阶段。建站时,只担负气象观测任务,不作天气预报。20世纪60年代初期到70年代初,主要用单站要素时间变化曲线图,结合农谚和看天经验制作补充天气预报。从70年代初期到80年代初,除统一使用综合时间剖面图、九线图、简易天气图外,还研究开发了具有当地天气特点的预报工具、方法制作天气预报,形成春季连阴雨、暴雨、冰雹等8种预报方法和短期预报模式及12条指标。1986年预报业务技术体制改革后,县气象站不作中、长期预报,转发省台预报,短期预报在省、市台指导预报基础上进行解释加工。

2. 气象服务

公众气象服务 从1959年开始,用黑板发布县境内天气预报,县广播站成立以后,在广播上发布24小时预报。1999年10月,气象局与电信局合作正式开通"121"天气预报自动咨询电话,2005年1月改号为"12121",由咸阳市气象局实行集约经营。2008年,安装气象预警电子显示屏21块,向公众传递气象信息。同时建立灾害性天气预报预警发布平台。

决策气象服务 1972年起气象局以电话、书面资料方式定期或不定期为政府部门报送各种服务材料和气象预报信息。遇有重大天气过程及时以《送阅件》、《重要天气报告》、《雨情通报》发送到县委、县政府主要领导和有关部门。2007年建立灾害性天气预报预警业务平台,汛期向各级领导通过LED系统发送灾害性天气预警。

2008年7月23日,咸阳市局局长赵西社与永寿县委书记庞少波、县长齐海斌、人大主任陈希文、政协主席张晓儒就永寿气象事业发展进行了座谈,庞少波书记充分肯定了永寿县气象局为永寿经济发展作出的突出贡献,并表示将一如既往地支持地方气象事业的发展。

专业气象服务 协助地方防讯、抗旱部门搞好气象专项服务。制作冬小麦产量预报为农业部门服务。利用气象卫星信息,开展森林防火险、火情监测、预警为林业部门服务。通过气象警报服务系统向专业用户发布长、中、短期,短时专题天气预报。在干旱季节进行人工增雨,多雹发生时期,进行人工防雹。

农业气象服务 1982年3月—1984年12月,完成永寿县气候资源与区划工作,形成了永寿县农业气候区划。并被编入到《陕西省永寿县农业资源调查和农业区划报告集》。1985年建立冬小麦遥感测产地面监测点,并开始冬小麦遥感测产和地面监测等工作,1987年,采用多项回归、逐步判辨分析、积分回归分析等方法,建立了冬小麦产量预报模式。1988年协作完成《陕西省冬小麦遥感综合估产服务系统》课题获陕西省气象局科技进步一等奖,1989年获陕西省人民政府科技进步二等奖。1991年完成《永寿县农业气候区划更新研究报告》。1993年开展了农作物病虫害预报跟踪服务;气候资源开发利用研究和综合服务;配合当地经济发展规划,开展农村能源自然开发利用及农业系统工程和生态平衡等重大应用气候服务;完成了大气环境污染监测、评估、规划工作。1994年组织开展了苹果气象系列化服务和果树花期冻害防御气象服务。针对不同的果树生育期气象条件要求提供了果树生育期气象条件分析和预测、病虫害发生发展气象条件的分析,提出合理的生产建议和田间管理措施。1995年参加完成中国气象局重点推广项目《小麦气候生态研究成果推广应用》课题的协作研究,获得河南省气象局科技进步二等奖,中国气象局科技进步四等奖。2005 年完成的《优质苹果生产气象服务技术与推广》课题获得陕西省人民政府颁发的"陕西省农业技术推广成果奖"三等奖,获"咸阳市科学技术推广"二等奖。

气象科技服务 1985 年 3 月,遵照国务院办公厅《转发国家气象局关于气象部门开展有偿服务和综合经营的报告的通知》(国办发〔1985〕25 号)文件精神,县气象局专业气象有偿服务开始起步。1990 年起,组织开展施放气球活动。1991 年开始进行防雷装置年度检测。1993 根据陕政发〔1992〕57 号、咸政发〔1992〕137 号及咸气发〔1993〕4 号文件精神,于5 月成立了气象科技服务中心。1997 年起,为各单位建筑物避雷设施开展安全检测。1999年起,全县各类新建建(构)筑物按照规范要求安装避雷装置。2004 年与县城建局联合发文开展对建设工程防雷装置图纸审核,设计评价竣工验收,开展计算机信息系统防雷安全检测。2006 年完成的福银高速公路炸药库防雷电工程,该工程成功经验作为范例被陕西省气象局法规处在全省范围内推广。2007 年对全县 120 所中小学校的防雷电设施进行整改。

人工影响天气 永寿县人工影响天气工作从 20 世纪 80 年代开始,归县农业局管理。1999 年 1 月人工影响天气工作移交县气象局管理并成立了永寿县人工影响天气领导小组,由主管农业的副县长任组长,由财政、农口等单位任小组成员,领导小组下设办公室,办公室设在气象局。人工影响天气经费由县财政承担。现有人工影响天气作业人员 32 人,其中人工影响天气指挥 5 人,作业手 27 人。成立了永寿县高炮防雹连,实行准军事化管理,实现了指挥人员专业化、作业人员准军事化的要求。

截至 2008 年,建立了人工影响天气作业管理指挥平台、防灾减灾预警系统。有人工影响天气作业点 9 个,火箭发射架 6 副,"三七"高炮 3 门,分别布设在永寿县 9 个乡镇,建成标准化炮点 4 个。有效防御面积 300 平方千米。2006 年 11 月实施《渭北优势果业区人工防雹增雨及气象灾害防御体系建设项目》。

气象法规建设与社会管理

法规建设 贯彻落实《中华人民共和国气象法》、《陕西省气象条例》等法律法规。先后与县安监、建设、教育、公安等单位联合发文,重点开展行业防雷设施管理和行政执法,组织执法人员重点对各建设施工单位进行建筑物防雷设施图纸设计审查和竣工验收检测报告的专项执法检查。社会管理主要有规范升空氢气球管理、气象信息传播、避雷装置检测、探测环境保护等。1996 年永寿县政府发布《永寿县人民政府关于加强施放气球管理的通告》(永政通字〔1996〕52 号)。2000 年以来,制定永寿县气象局行政执法岗位职责。有 4 名执法人员均通过上级培训考核。

社会管理 2003 年后与县安监局、城建局、公安局等部门联合开展气象执法,每年 3月和 6 月开展气象法律法规和安全生产宣传教育活动。气象局被列为县安全生产委员会成员单位,负责全县防雹安全管理。定期对全县范围内所有液化气站、加油站、炸药库等易燃易爆场所,以及各单位的高大建筑、微机室等重要场所的防雷设施进行检测。

2005—2007 年,每年向县政府、城建局、国土局开展了气象探测环境和设施保护备案,2008 年 3 月编制完成观测环境和设施保护专项规划。1996 年永寿县政府发布《永寿县人民政府关于加强施放气球管理的通告》(永政通字〔1996〕52 号)。2003 年 1 月开展建筑物防雷工程图纸审核及竣工验收行政审批工作。2004 年 8 月与教育局联合开展学校防雷电设施安全检测。

政务公开　对气象行政审批办事程序、气象服务内容、服务承诺、气象行政执法依据、服务收费依据及标准等,采取了通过户外公示栏、电视广告、发放宣传单等方式向社会公开。财务收支、目标考核、基础设施建设、工程招投标等内容则采取职工大会或上局公示栏张榜等方式向职工公开。干部任用、职工晋职、晋级等及时向职工公示或说明。

制度建设　制定了包括业务值班室管理制度、会议制度、财务制度、福利制度等内容的县气象局综合管理制度。

党建与气象文化建设

党的组织建设　1980 年 3 月成立永寿县气象站党支部,归县直属机关党委领导。1987 年,党员人数减少,党员归县农业局党支部管理。2006 年 6 月重新成立永寿县气象局党支部,归县政府总支管理。支部注重党员队伍建设,对政治上要求进步的青年职工进行重点培养,条件成熟的及时发展。截至 2008 年底共有党员 8 人(其中预备党员 2 人)。

党风廉政建设　开展党风廉政建设目标责任管理,一把手负总责,每年开展党风廉政教育月活动。2004 开始配备县气象局纪检监察员。2006 年起,每年局领导向职工作党风廉政述职报告,并与咸阳市气象局签订党风廉政目标责任书,推进惩治和防腐败体系建设。

精神文明建设　2001 年起,永寿县局深入开展学习“三个代表”重要思想,开展保持共产党员先进性教育,开展“创佳选优评差”竞赛活动,每年参加中国气象局举办的“华云杯”知识竞赛。2003 年 4 月永寿局被共青团永寿县委命名为“青年文明号”。2006 年永寿县气象局杨强获得咸阳市气象局书写廉政短信一等奖,胡晓锋获三等奖。2008 年 2 月深入开展“文明礼仪年”活动。

文明单位创建　1999 年 4 月被县委县政府授予“县级文明单位”;2000 年 4 月被咸阳市委、市政府授予“市级文明单位”。

文体活动　2002 年 8 月建成永寿局图书室。2006 年 6 月,在全市“气象人”精神演讲比赛中获最佳组织奖。2007 年 7 月,在陕西省气象职工运动会上,有 2 人荣获较好名次。

荣誉　1990 年以来,集体共获县(处)级以上奖励 32 项。2006 年 4 月被咸阳市委、市政府授予“创佳选优评差”先进单位;个人共获县(处)级以上奖励 58 人次。

台站建设

1958 年建站时,有工作室 3 间,使用面积 60 平方米。1976 年建职工宿舍 8 间,使用面积 160 平方米。1990 年 4 月—7 月底,建成宿办楼,总面积 348.9 平方米。1998 年建设办公平房 5 间。

2001 年进行台站综合改造建设,新建业务办公平房 110 平方米。对原办公平房进行了改造,改造面积 120 平方米。对局内大院进行了硬化及绿化。按照自动气象站建设的相关要求,对值班室和观测场进行了改造。2006 年购置公务用车(桑塔纳 3000)1 辆。2008 年 8 月开始实施国家一级站环境保护及办公条件改造项目,该项目正在建设。

1980 年的永寿县气象站全貌

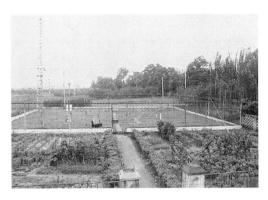

2002 年永寿县气象局改造后的地面观测场

2002 年综合改造后永寿县气象局全貌

2008 年改造后的永寿县气象局综合业务平台

三原县气象局

三原县位于关中平原中部,渭河以北,因境内有孟候原、丰原、白鹿原而得名。辖 10 镇 4 乡 205 个行政村,总面积 577.4 平方千米,人口 40.67 万。三原县农业资源丰富,是国家高效农业示范县,全国粮食生产先进县,全国及陕西果品、蔬菜、秦川牛等八大商品生产基地县。

三原县属暖温带大陆性季风气候区,四季冷暖分明,光热资源丰富。干旱、冰雹和暴雨等是主要气象灾害。暴雨、雷电、泥石流、滑坡等气象灾害及次生灾害也比较严重。

机构历史沿革

台站变迁 1970 年 7 月,三原县气候服务站在县城东郊城关镇东兴隆村建成。1972 年 1 月,开展地面气象业务观测。2005 年 9 月,迁至三原县城北清河产业园区,占地 3500 平方米,观测场位于北纬 34°38′,东经 108°55′,海拔高度 424.0 米。

历史沿革 1970 年 7 月,成立三原县气候服务站;1973 年 2 月,更名为三原县革命委员会气象站;1976 年 9 月,更名为三原县气象站;1988 年 6 月起,取消地面观测任务,改为辅助站;1990 年 1 月,改为三原县气象局(实行局站合一)。

2006 年 1 月 1 日起,恢复地面观测业务,承担国家一般气象站观测任务;

管理体制 1970 年 7 月—1971 年 1 月,由地方政府领导,归县农林局管理,业务受陕西省气象局指导;1971 年 2 月—1973 年 9 月,实行军队管理建制,归三原县武装部领导;1973 年 10 月—1979 年 10 月,实行地方管理建制,归县农林局领导,业务受陕西省气象局指导;1979 年 11 月起,实行气象部门与地方政府双重领导,以气象部门领导为主的管理体制。

机构设置 1970—1986 年,无下设机构。1987—1997 年,下设预报股、测报股、服务股。1993 年成立三原县气象科技服务中心。2008 年底,下设办公室、业务股、防雷站、气象科技服务中心、人工影响天气办公室、气象依法行政办公室。

单位名称及主要负责人变更情况

单位名称	姓名	职务	任职时间
三原县气候服务站	田效功	站长	1970.07—1972.08
	朱汉杰	站长	1972.08—1973.02
三原县革命委员会气象站			1973.02—1974.01
	周明亭	站长	1974.01—1975.02
	李 锐	站长	1975.02—1976.09
三原县气象站			1976.09—1979.11
	马志英	站长	1979.11—1983.03
	田四喜	站长	1983.03—1986.03
	王鹏华	站长	1986.03—1990.01
三原县气象局		局长	1990.01—1999.12
	李朋利	局长	1999.12—

人员状况 1970 年建站时有 9 人。截至 2008 年底,共有在职职工 8 人(在编职工 6 人,编外职工 2 人),退休职工 4 人。在编职工中:本科 1 人,大专 5 人;中级职称 4 人,初级职称 2 人。

气象业务与服务

1. 气象观测

①地面观测

三原县气象站地面观测开始于 1972 年 1 月,每天进行 08、14、20 时 3 次定时观测,观测的项目有云、能见度、天气状况、气压、气温、湿度、蒸发、降水、风向风速、日照、地温(0～20 厘米)、冻土、积雪。1988 年 6 月改为辅助站,只进行降水观测。2006 年 1 月恢复地面观测任务,观测项目不变。

自动气象站 2006 年 1 月建成自动观测气象站(CAWS-600-BN 型地面气象综合有线

遥测仪),观测项目有气压、气温、湿度、降水、风向风速、地温(0~320厘米)、草温。2006年1月双轨运行,以人工站为主;2007年1月双轨运行,以自动站为主;2008年1月单轨运行,自动采集数据作为正式记录。

区域气象站 2004—2009年,在三原徐木、陵前、洪水、西阳、马额、独李、新兴、安乐、张坳9个乡镇建立了温度、降水两要素区域自动气象站。

特种观测 1975年8月开始地震观测工作。2005年3月开始桃的生长发育期生态观测业务。2007年7月开始土壤墒情测定观测及发报业务工作。

气象报表的制作 三原县气象站建站后气象月报表、年报表均由手工抄写、核算方式编制而成,一式4份,分别上报国家气象局、省气象局气候资料室、地区气象局资料室和本站留底。1988年6月三原县气象站改为辅助气象站以后,每月只上传降水简报,一式3份,报省气象局气候资料室、地区气象局资料室和本站留底。2006年1月起恢复地面测报业务工作之后,气象月报表和年报表采用电子档形式,每月上报省气象局审核科1份,包括人工站A文件,自动站A、J、Z文件;2008年单轨运行以后每月只上报自动站A、J、Z文件及年报表R文件,同时本站对电子档、文字档全部进行备份、存档。

②气象信息网络

信息接收 建站至20世纪70年代初主要接收省台和兰州气象中心的天气形势广播,人工绘制简易天气图,分析判断补充订正天气预报。1983年8月正式开始天气图传真接收工作,主要接收国家气象局的气象传真和省气象局的传真图表,利用传真图表独立地分析判断天气变化,取得较好预报效果。

2003年开通省—市—县计算机远程终端。1998年4月气地面卫星接收系统建成。通过卫星直接接收亚欧范围云图、地面、500百帕、700百帕高空天气图资料,同时通过计算机远程终端接收西安新一代天气雷达、旬邑711雷达资料,用以制作短期订正及短时临近预报。截至2008年12月,利用移动和电信SDH线路、广电网络完成了气象宽带广域网建设,建成了省—市—县传输带宽每路2兆,主干速率达到100兆;建成了县气象局计算机局域网,速率100兆;建成了省—市—县会商系统及中文电子邮件办公系统。

信息发布 1991年前,主要通过广播和邮寄旬月报方式向全县发布气象信息。1991—1992年组建天气警报网,每天2次向有关部门、乡(镇)、村等发布天气预报警报信息。1998年开通"121"天气预报电话自动答询系统(2005年1月改号为"12121")。2005年利用手机短信每天发布气象信息。2007年通过电子显示屏向公众传递气象信息,目前已在全县6个部门及14个乡镇建成28个气象电子显示屏。同时建立灾害性天气预报预警发布平台,每日定时发布常规预报,并及时发布突发性、灾害性天气预警消息。截至2008年三原县气象局已经在预报发布手段上采用了电视、网络、报纸、手机短信、电子显示屏等多种方式。

③天气预报

短期天气预报 从建站开始至20世纪80年代采用独立制作短期、中期和长期天气预报,并在省、市气象局的领导下,组织多次县级预报会战,建成了多种预报方法指标数据库。主要通过收听陕西省口语气象广播绘制小天气图,结合县局气象资料制作短期天气预报和灾害性天气预报。1986年预报业务体制改革后,市气象台分片制作短、中、长期天气预报,然后发至县气象局,由县气象局发送给服务单位。

中长期天气预报 在20世纪80年代初,通过传真接收中央气象台,省气象台的旬、月天气预报,结合分析本地气象资料,建立了一套中长期预报方法和工具。中期预报产品主要包括周天气趋势和旬天气趋势分析。长期天气预报主要运用概率统计方法和常规气象资料图表模式分析及天气谚语、韵律关系进行制作。长期预报产品主要有月预报、春(秋)播预报、三夏预报、汛期预报、年度趋势预报等。1986预报业务技术体制改革后,县站不制作中、长期预报,转发省市台预报。

2. 气象服务

公众气象服务 20世纪70—80年代,利用农村有线广播站播报气象消息。现在预报发布采用了电视、网络、报纸、手机短信、电子显示屏等多种方式。加强了重要农事季节、黄金周、高考、县境内重大活动等方面的气象服务工作。

决策气象服务 20世纪80年代以电话形式口头向县委县政府提供决策服务。90年代以后逐步采用《三原气象》、《重要天气报告》、《送阅件》、《雨情通报》、《专题气象服务》等决策服务产品向县委县政府及有关部门发布气象决策服务信息。

专业气象服务 农业气象业务由常规的情报、预报和农用天气服务,发展到为农业产业结构调整、农业产业化、粮食安全等多方面,提供包括农业气候区划、气候可行性论证、农业气候资源评价和合理开发利用等在内的各类专题专项服务。服务对象也逐步由主要为党政机关的决策服务发展到同时为农业生产单位、经营实体或生产者服务。从90年代中期开始,根据县政府提出的"南菜北果全县畜"的发展思路,加强了对北部塬区果业基地及南北灌区大程、鲁桥两重点大棚菜种植乡镇在苹果、葡萄、蔬菜方面的气象服务工作。

气象科技服务 1985年3月,遵照国务院办公厅《转发国家气象局关于气象部门开展有偿服务和综合经营的报告的通知》(国办发〔1985〕25号)文件精神,专业气象有偿服务开始起步,利用电话、警报接收机、"121"声讯电话、影视、电子屏、手机短信等手段,面向各行业开展气象科技服务。1992年起,开展庆典气球施放服务。1997年起,为各单位建筑物避雷设施开展安全检测;1999年起,全县各类新建建(构)筑物按照规范要求安装避雷装置;2007年起,对重大工程建设项目开展雷击灾害风险评估。

人工影响天气 三原县人工影响天气工作始于1993年10月,由农业部门管理。1998年10月由当地农业部门移交三原县气象局管理。2001年成立以县政府主管副县长为组长,县气象、财政、农业、水利等部门为成员单位的人工影响天气领导小组,领导小组办公室设在气象局,办公室主任由县气象局局长担任,负责县人工影响天气工作的日常事务。根据多年进入三原县的冰雹路径规律,在北部塬区设有马额、徐木2个防雹站。截至2008年底共计有"三七"高炮2门、移动火箭1副,指挥人员3名,高炮作业人员6名,火箭操作手3名。

气象法规建设与社会管理

法规建设 2000年以来,三原县气象局认真贯彻落实《中华人民共和国气象法》、《人工影响天气管理条例》、《陕西省气象条例》等法律法规。由县人民政府办公室专门发文,就加强防雷检测、防雷图纸审核、气象探测环境保护等提出要求。2003 年三原县人民政府以三政办发〔2003〕84 号文件要求加强全县防雷安全检测及防雷图纸审核工作。2004 年与县城建局联合下发《关于加强防雷图纸审核的通知》；2005 年与县教育局联合下发《关于中小学防雷安全工作的通知》；2006 年与县安检局联合下发《关于加强全县防雷安全检测及防雷图审工作的通知》。

行政执法　近年以来，三原县气象局认真贯彻落实《中华人民共和国气象法》《陕西省气象条例》等法律法规。每年开展 2 次气象法律法规和安全生产宣传教育活动。2003 年 3 名兼职执法人员通过省政府法制办培训考核，并取得气象行政执法资格，并于 2004 年制订《三原县气象局行政执法岗位职责》。2000 年起对全县防雷工作进行检查。

2005—2009 年与县安监局、建设局、教育局等部门联合开展气象行政执法检查 20 余次。

施放气球管理　2001 年根据《陕西省省气象条例》开展施放气球管理。2003 年县政府以三政办〔2003〕83 号文件下发了施放气球管理的通知，进一步加强了对施放气球的管理，并受市气象局委托开展系留气球作业行政审批。

气象探测环境保护　2006 年迁入新址并恢复一般气象观测站后绘制了《三原县气象局观测环境保护控制图》，2007 年 12 月 28 日向县人民政府、县城建局、县土地局、县清河园区办公室提出探测环境和设施保护备案的申请，并得到相关单位的批复，使气象探测环境得到有效保护。

防雷减灾管理　2007 年 8 月 8 日陕西省人民政府在三原县高渠乡和平小学召开陕西省人民政府向全省各中、小学赠送防雷电安全挂图、光碟活动启动仪式，省、市、县政府领导及教育、安监、气象等部门 400 多人参加会议。

党建与气象文化建设

党的组织建设　三原县气象局党支部建于 1982 年 3 月，隶属于县农业局党委领导。截至 2008 年底有党员 6 名。

三原县气象局党支部隶属中共三原县县级机关工委。党支部建立以来面对艰苦环境，重视对党员干部的爱岗敬业和艰苦奋斗、团结协作的集体主义教育。支部定期召开民主生活会，注重对青年同志的培养，开展党员先进性教育和实践科学发展观活动教育。2000 年起，连续五年被县农业局党委评为"先进党支部"，3 个人获县级优秀党员称号。

党风廉政建设　2002 年起，连续 7 年开展党风廉政教育月活动。2004 年配备纪检监察员。每年与咸阳市气象局签订党风廉政目标责任书，推进惩治和防腐败体系建设。

修订了包括行政、后勤、财务、业务、服务、人工影响天气等 6 个方面工作共计 6 章 75 项的《三原县气象局管理制度汇编》。

气象文化建设　始终坚持以人为本，弘扬自力更生、艰苦创业精神，开展文明创建规范化建设，统一制作局务公开栏、学习园地、法制宣传栏和文明创建标语等宣传用语牌，建立了图书阅览室、文体活动室和健身场地。每年在 3 月 23 日世界气象日组织科技宣传，普及防雷知识。积极参加当地政府组织的各类文艺会演和户外健身活动，丰富职工的业余文化生活。

精神文明建设　成立了精神文明工作领导小组，由一把手任组长，分管领导具体抓。

并将精神文明建设列入单位的目标管理重点考核,层层落实创建工作责任制。县气象局院内设有文化宣传栏、党员学习活动室、阅览室及老干部活动室。

文明单位创建 三原县气象局1994年被县委、县政府命名文明单位,1998年被县委、县政府命名文明单位标兵,2006年被咸阳市委、市政府命名市级文明单位。

荣誉 1999年起,集体共获得省部级以下奖励28项。个人共获得省部级以下奖励36人次。

台站建设

台站综合改造 2004年征地3500平方米。2005年9月在三原县清河工业园区建成办公楼1栋412平方米、辅助用房2间、20米×16米小观测场1个,完成水、电、路等基础配套设施建设。2006年购置中华牌小轿车1辆。

1978年的三原县气象站

三原县县气象局新貌(2005年摄)

泾阳县气象局

泾阳自秦始皇二年(公元前245年)设县。境内有我国古代著名三大水利工程之一郑国渠、中华人民共和国大地原点。全县总面积779.68平方千米,辖4乡12镇,231个行政村,人口51万。

泾阳县属暖温带大陆性季风气候,四季冷暖、干湿分明。气象灾害主要有干旱、连阴雨、冰雹、暴雨和霜冻等。

机构历史沿革

站址变迁 1953年4月,陕西省农业试验场气象站在泾阳县雪河乡斗口村建成。1976年9月,迁至现址泾阳县三渠镇汉堤村,观测场位于北纬34°33′,东经108°49′,海拔高度427.4米,2006年10月,观测场加高后海拔高度为428.1米。承担国家一般气象站观测任务。

历史沿革 1953年4月,成立陕西省农业试验场气象站;1954年3月,更名为三原气象站;1955年6月,更名为泾阳县斗口气候站;1957年8月,更名为泾阳县斗口农业气象试验站;1959年1月,更名为三原县斗口农业气象试验站;1962年4月,更名为泾阳县斗口农业气象试验站;1966年4月,泾阳县斗口农业气象试验站撤销,保留地面气象观测,改为泾阳气象站;1971年7月,更名为泾阳县革命委员会气象站;1975年8月,更名为泾阳县气象站;1980年9月,泾阳县气象站与咸阳地区农业气象试验站合并,统称咸阳地区农业气象试验站;1988年9月,两站分设,更名为泾阳县气象站;1990年1月,根据省委办公厅陕办发(1986)10号文件精神,泾阳县气象站改称为泾阳县气象局(实行局站合一)。

管理体制 1953年4月—1959年5月,归陕西省财政经济委员会气象科管理;1959年6月—1962年7月,归泾阳县农业局管理;1962年8月—1966年6月,归省气象局管理;1966年7月—1970年9月,归泾阳县农业局管理;1970年9月—1973年4月,由军事部门和泾阳县革委会双重管理,以县人武部领导为主;1973年5月—1979年12月,归泾阳县农业局管理,业务受陕西省气象局指导;1980年1月起,实行气象部门与地方政府双重领导,以气象部门领导为主的管理体制。

机构设置 泾阳县气象局现设综合办公室、综合业务股、气象行政许可办公室和气象科技服务中心(下设防雷检测站、彩球服务部)。

单位名称及主要负责人变更情况

单位名称	姓名	职务	任职时间
陕西省农业试验场气象站	杨永恒	站长	1953.04—1954.03
三原气象站			1954.03—1955.06
泾阳县斗口气候站			1955.06—1957.07
泾阳县斗口农业气象试验站	张子诚	站长	1957.08—1959.01
			1959.01—1960.07
三原县斗口农业气象试验站	辛 斌	站长	1960.07—1962.04
			1962.04—1963.05
泾阳县斗口农业气象试验站	梁开端	站长	1963.05—1966.04
泾阳气象站			1966.04—1971.07
泾阳县革命委员会气象站	任宝义	站长	1971.07—1975.08

续表

单位名称	姓名	职务	任职时间
泾阳县气象站	杨宝玉	站长	1975.08—1978.02
	王忠志	站长	1978.02—1980.09
咸阳地区农业气象试验站			1980.09—1984.09
	杨运新	站长	1984.09—1988.09
泾阳县气象站		站长	1988.09—1990.01
泾阳县气象局		局长	1990.01—1994.05
	谢 军	局长	1994.05—

人员状况 1953年建站初期有职工2人。1964年有12人。1982年有22人。截至2008年有在编职工7人，退休职工3人。在编职工中：大学本科3人，大专1人，中专2人，其他1人；中级职称4人，初级职称3人；50岁以上1人，40～49岁5人，40岁以下1人。

气象业务与服务

1. 气象业务

①气象观测

地面观测 1953年4月起，采用地方太阳时每天进行06、09、12、15、18、21时6次观测。1954年5月起每天进行01、07、13、19时4次观测；1960年1月起，改为每天07、13、19时3次观测。1960年8月起（取消地方太阳时，使用北京时），每天进行08、14、20时3次定时观测，观测的项目有云、能见度、天气状况、气压、气温、湿度、蒸发、降水、风向风速、日照、地温（0～20厘米）、冻土、积雪。

每月向省气象局报送《地面气象记录月报表》（气表-1），每年通过省气象局向中央气象局报送《地面气象记录年报表》（气表-2）。从1981年起向省气象局气候资料室、中央气象局气候资料室上报《气象异常年表》。每天编发天气报、雨情报，旬末月末编发农业气象旬月报。2003年以前通过邮局向省、市气象台发送，2003年开始通过省—市—县计算机远程终端直接发送。1976年在全县乡镇建立20个气象哨雨量点，1980年移交给县农业局，不久撤销。2004年开始执行中国气象局颁发的2003年版《地面气象观测规范》。2007年1月建成自动气象站（DYYZ-Ⅱ型地面气象综合有线遥测仪）并开始自动观测及资料上传、报表制作上报，观测项目有气压、气温、湿度、降水、风向风速、地温（0～320厘米）、草温。

生态观测 2005年开始葡萄生长发育期生态观测业务。2007年与咸阳市测绘局合作建成GPS卫星定位参考站。

自动气象站 2004—2008年，在永乐、龙泉、太平、云阳、白王、桥底、高庄7个乡镇建立了温度、降水两要素区域自动气象站。

②气象信息网络

信息接收 1970年开始，县气象站利用收音机收听陕西省口语气象广播播发的天气形势和预报。1986年咸阳市甚高频通讯网开通，县局直接与市气象台会商天气。1986年6月市局配发传真机，接收北京、兰州气象中心、陕西省气象台传真的亚欧范围地面、500百帕、700 百帕高空天气图、云图资料。2003 年开通省—市—县计算机远程通信网。1998 年 10 建立卫星地面单收站,接收天气图、云图资料。2006 年,建立省市县气象视频会商系统,开通气象专用光缆,为气象信息的采集、传输处理、分发应用提供支持。

信息发布 1991 年前,主要通过广播和邮寄旬、月预报方式向全县发布气象信息。1991—1992 年组建天气警报网,每天 2 次向有关部门、乡(镇)、村等发布天气预报警报信息。2002 年开通"121"天气预报电话自动答询系统(2005 年 1 月改号为"12121")。2007 年组建气象预警电子显示屏,通过显示屏向公众传递气象信息。同时建立灾害性天气预报预警业务平台,通过 BOSS 系统发送灾害性天气预警手机短信。

③天气预报

1970 年开始,县气象站主要通过收听陕西省口语气象广播绘制小天气图,结合县局气象资料制作未来 2 天的短期天气预报(未制作月天气趋势预报)。1986 年 6 月依靠传真天气图、云图资料,结合单站实时气象资料制作天气预报。1987 年进行预报业务体制改革,市气象台分片制作短、中、长期天气预报,然后发至县气象局,由县气象局发送给服务单位。县气象局主要是做好预报传递和服务工作,并根据上级气象台的指导预报,结合单站要素资料制作短期订正及短时解释预报。截至 2008 年末,主要通过计算机远程终端接收云图、天气图、新一代天气雷达、旬邑 711 雷达资料,结合单站要素、县内各乡镇自动站资料制作短期订正及短时临近预报。开展灾害性天气预报预警业务和制作供领导决策的各类重要天气报告。

2. 气象服务

公众气象服务 1991 年前,主要通过广播和邮寄旬月报方式向全县发布气象信息。1991—1992 年组建天气警报网,安装气象警报器 31 台,2 个乡镇建成三级气象预警网。每天 2 次向有关部门、乡(镇)、村等发布天气预报警报信息。2002 年开通"121"天气预报电话自动答询系统(2005 年 1 月改号为"12121")。2005 年编制《泾阳县气象局突发事件气象服务应急预案》,2006 年制定《泾阳县重大气象灾害预警应急预案》。

决策气象服务 1979 年起以电话、书面资料方式定期或不定期为政府部门报送各种服务材料和气象预报信息。遇有重大天气过程及时以《送阅件》、《重要天气报告》、《雨情通报》发送到县委、县政府主要领导和有关部门。1999 年制定《泾阳县气象局决策气象服务周年方案》。2007 年建立灾害性天气预报预警业务平台,汛期开始向各级领导通过 BOSS 系统发送灾害性天气预警手机短信。

农业气象服务 泾阳县气象站始建在陕西省农业试验场,从建站起至 1980 年为农业气象的试验研究工作提供了大量基础数据,在陕西省乃至全国都产生过很大影响。1982—1984 年,完成《泾阳县农业气候资源与区划报告》编制,1991 年完成《泾阳县农业气候区划更新研究报告》。1986 年建立冬小麦遥感测产地面监测点,并开始冬小麦遥感测产工作。1987 年开展棉花小拱棚栽培试验及改"倒三角"整枝为"菱形"整枝试验。1991 年开展棉花塑料大棚育苗地膜移栽新技术试验示范推广。1992 年组建棉花气象服务专业队,与县科协、棉办、棉花公司抓示范点 10 处,棉田 8000 亩。1996—1998 年开展双模直播棉技术示范推广。2005—2007 年,组织开展了优质葡萄生产气象保障技术研究与推广工作。同时与陕西省经济作物台在泾阳县樊尧蔬菜良种试验示范基地建设了蔬菜生长发育监控系统。

气象科技服务 1983 年泾阳县气象局开始以电话、邮寄资料等方式开展气象预报、气象信息资料、气候咨询等服务。1992 年开展彩球广告服务。1991 年开始进行防雷装置年度检测。2005 年开始对新建建筑防雷设施进行随工检测及竣工验收。2006 年 7 月设立泾阳气象科技服务中心,经营范围为:防雷装置检测、防雷工程、升空彩球服务、专业气象服务、气象资料加工、气象短信、"12121"信息电话、气象影视节目制作、防雷产品销售。

人工影响天气 1976 年泾阳县在白王、口镇、云阳、蒋路、龙泉五个公社建立人工影响天气土火箭试验点,1980 年移交县农业局随后撤销。1999 年 9 月成立泾阳县人工影响天气工作领导小组(泾政办机字(1999)15 号),办公室设在气象局。2005 年配备了人工影响天气火箭,在口镇设立火箭作业点 1 个。通过培训考核取得证书的人工影响天气指挥人员 2 名、火箭手 2 名。同年建立人工影响天气业务平台。

气象法规建设与社会管理

行政执法 2000 年以来,泾阳县气象局认真贯彻落实《中华人民共和国气象法》、《陕西省气象条例》等法律法规。每年 3 月和 6 月开展气象法律法规和安全生产宣传教育活动。2003 年 8 月 3 名兼职执法人员通过省政府法制办培训考核。同年制订《泾阳县气象局行政执法岗位职责》。2006—2008 年与县安监局、建设局、教育局等部门联合开展气象行政执法检查 20 次。

政务公开 2001 年开展政务公开工作,对气象行政审批办事程序、气象服务、服务承诺、气象行政执法依据、服务收费依据及标准等内容向社会公开,

探测环境保护 2005 年绘制了《泾阳县气象局观测环境保护控制图》,并以泾气发〔2005〕05 号文向县政府及相关单位进行气象探测环境保护备案。

施放气球管理 2001 年开展施放气球管理。2005 年县政府发布关于加强施放气球管理通告。2008 年受市气象局委托开展系留气球作业行政审批。

防雷减灾管理 2000 年起对全县防雷工作进行检查。2001 年泾阳县人民政府成立泾阳县防雷减灾工作领导小组,办公室设在气象局。2003 年开始县气象局进行新建建(构)筑物防雷工程图纸审核、竣工验收行政审批工作。2004 年与教育局联合开展学校防雷电设施安全检查。

党建与精神文明建设

党的组织建设 1980 年 6 月成立泾阳县气象站党支部,归县农业局党委领导。1990 年 1 月更名为泾阳县气象局党支部。截至 2008 年底共有党员 5 人(含退休人员 2 人)。

2007 年 6 月被县农林局党委评为"先进党支部"。

党风廉政建设 2002 年起,连续 7 年开展党风廉政教育月活动。2004 配备纪检监察员。2006 年起开展党风廉政述职报告活动,并与咸阳市气象局签订党风廉政目标责任书,推进惩治和防腐败体系建设。

气象文化建设 为了弘扬气象人乐于奉献、甘于寂寞、艰苦奋斗的革命精神,建立了荣誉档案和荣誉室。泾阳县气象局成立了精神明建设领导小组,结合工作实际,制定了创建活动实施细则。绿化美化了院内环境,建立了党员活动室、学习园地、职工读书室,并购置了文体和健身器材,组织职工参加各项文体活动,活跃职工生活,职工有了一个心情舒畅的工作环境。

文明单位创建 1987年4月被泾阳县委、县政府授予文明单位;2007年3月被咸阳市委、市政府授予市级文明机关。

荣誉 1990—2008年,集体共获得省部级以下奖励32次。个人共获得省部级以下奖励48人次。

台站建设

1978年迁站时,在雪河乡(2005年合并为三渠镇)汉堤村建成二层砖混楼房18间、450平方米,砖木平房9间、225平方米,气象占地面积4554平方米。1980年与咸阳地区农业气象试验站合并后共占地面积9687.6平方米。2006年在台站综合改造时建成二层办公楼360平方米。2007年1月购置公务用车(桑塔纳)1辆。

1982年的泾阳县气象站　　　　　　　2006年修建的泾阳县气象局业务办公楼

旬邑县气象局

旬邑历史悠久。古称豳,秦封邑,汉置县,周人先祖后稷四世孙公刘在此开疆立国,是华夏文明发祥地之一。旬邑地处陕西渭北旱塬区,是革命老区,陕甘宁边区的一部分。全县总面积1811平方千米,辖9镇8乡,280个行政村,总人口26.8万。旬邑自然条件优越,土质疏松,土层深厚,发展农业生产的自然条件得天独厚。

旬邑属暖温带大陆性气候,干旱、连阴雨、冰雹、暴雨等是主要气象灾害。

机构历史沿革

台站变迁　1956 年省气象局与省公安厅联合在旬邑县马栏农场建立了旬邑县农业气候站，1962 年移交给马栏农场。1966 年 6 月，按国家一般气象站标准在旬邑县城关公社东关建成旬邑县气象服务站。同月，开展地面气象观测业务。1971 年 1 月，迁至旬邑县太村镇唐家三队。1990 年 1 月，迁至旬邑县太村镇屯庄村。观测场位于东经 108°18′，北纬35°10′，海拔高度 1277.0 米。

历史沿革　1966 年 6 月，成立旬邑县气象服务站。1971 年 9 月，更名为旬邑县革命委员会气象站；1976 年 9 月，更名为旬邑县气象站；1990 年 1 月，改称为旬邑县气象局（实行局站合一）。

自建站至今，旬邑县承担国家一般气象站观测任务。1990 年 8 月确定为国家一级农业气象观测站。

2000 年，旬邑县防雹工作站纳入气象局管理。

管理体制　1966 年 6 月—1971 年 1 月，实行地方管理，归旬邑县农林局领导，业务受省气象局指导；1971 年 2 月—1973 年 8 月，实行军队管理，归旬邑县武装部领导；1973 年10 月—1979 年 10 月，实行地方管理，归旬邑县农林局领导，业务受省气象局指导；1979 年11 月起，实行气象部门与地方政府双重领导，以气象部门领导为主的管理体制。

机构设置　1966—1986 年，无下设机构。1987—1997 年，下设预报股、测报股、服务股。1993 年成立旬邑气象科技服务中心。2008 年 12 月，下设办公室、业务股、防雷站、气象科技服务中心、人工影响天气办公室、气象依法行政办公室。

单位名称及主要负责人变更情况

单位名称	姓名	职务	任职时间
旬邑县气象服务站	刘元喻	站长	1966.06—1971.09
旬邑县革命委员会气象服务站	房廷森	站长	1971.09—1972.10
	梁占有	站长	1972.10—1973.09
旬邑县气象站	贾景辰	站长	1973.09—1976.09
			1976.09—1978.01
	张平仓	站长	1978.01—1979.12
	刘元喻	站长	1979.12—1983.07
	宇文书	站长	1983.07—1984.09
旬邑县气象局	李社民	站长	1984.09—1990.01
		局长	1990.01—1990.10
	赵民生	局长	1990.10—1991.09
	刘映宁	局长	1991.09—1992.12
	赵民生	局长	1992.12—2000.02
	王兴民	局长	2000.02—2003.07
	赵晓峰	局长	2003.07—2007.12
	程国锋	局长	2007.12—

人员状况　1966 年 6 月建站时,有在编职工 3 人。1978 年有在编职工 5 人。截至 2008 年底,共有在编职工 6 人,离退休职工 2 人。在编职工中:本科 1 人,大专 3 人,高中 2 人;工程师 2 人,助理工程师 2 人,未聘 2 人。截至 2008 年底,旬邑县防雹工作站共有正式职工 16 人,临时工 8 人。

气象业务与服务

1. 气象业务

①气象观测

地面观测　承担一般站地面观测任务。1966 年 6 月 1 日,每天 3 次地面观测。观测的项目有风向、风速、气温、湿度、云、能见度、天气现象、降水、日照、蒸发、积雪、地面温度、冻土。从 1971 年 1 月起每日 08 时定时向兰州中心通过邮局编发降水量和重要天气报。

旬邑气象服务站成立后,即按照《陆地测站定时绘图天气观测报告电码编报》GD-01 向中央气象局气象中心拍发电报。1970 年执行《陆地测站定时绘图天气观测报告电码 GD-01(第二次修订本)》,1973 年 4 月开始通过电话向地区气象台发报。1978 年执行新的编码规定,通过邮局向中国气象局拍发电码。1981 年中央气象局下发《陆地测站地面天气报告电码(GD-01Ⅱ)》,1983 年按国家局下发《重要天气报告电码》(GD-11)向北京气象中心、兰州区域中心拍发重要天气报。1991 年 11 月开始执行《陆地测站地面天气报告电码(GD-01Ⅲ)》。

自动气象站　2007 年 1 月建立了 DYYZ-Ⅱ型自动气象站,采集的资料与人工观测资料存于计算机中互为备份每月定时归档、保存、上报。2007 年在城关镇、底庙镇建成六要素区域自动气象站 2 个,在青塬、湫坡头镇、职田镇、原地乡建成两要素区域自动气象站 4 个。

农业气象观测　1959 年开始进行作物、物候观测,1965 年停止。1983 年作为 AB 报站开始进行土壤水分观测。1985 年开始进行小麦遥感监测,通过 AB 报上报农气观测资料。1990 年 8 月确定为国家一级农业气象观测站。1990 年开始小麦、玉米物候观测和作物墒情及物候观测。1991 年 7 月 11 日起执行气象旬(月)报电码(HD-03)陕气资发〈91〉14 号。1994 年春播作物播种开始执行《农业气象观测规范》〈94〉陕气业发第 6 号。1994 年 1 月,中气候发〔1994〕1 号文件开始执行新的农业气象观测规范。1996 年 6 月起加测编报土壤湿度〈96〉陕气业便字第 56 号。观测项目有农作物(冬小麦、春玉米)、土壤湿度(作物地段 0～50 厘米)、物候(苹果、杨树、桃、车前草、家燕、蟋蟀、蝉)。2003 年执行《陕西省气象局经济作物观测方法》开始苹果观测,2005 年执行《陕西省生态观测规范》,开始进行小麦、玉米、苹果、烤烟、花椒、黄芪四大类 6 种作物进行生育期、生长状况、产量分析及气候影响分析观测,并以网页的形式上报旬报,当年开始制作年度报表。

②气象信息网络

信息接收　建站至 20 世纪 70 年代初主要接收省台和兰州气象中心台的天气形势广播,人工绘制简易天气图,分析判断补充订正天气预报。1983 年 8 月正式开始天气图传真接收工作,主要接收国家气象局的气象传真和省气象局的传真图表,利用传真图表独立地分析判断天气变化,取得较好预报效果。2003年开通省—市—县计算机远程终端,大大提高了气象信息传递时效。1998年11月气象地面卫星接收系统建成并正式启用。通过卫星直接接收亚欧范围云图、地面、500百帕、700百帕高空天气图资料,同时通过计算机远程终端接收西安新一代天气雷达、旬邑711雷达资料,用以制作短期订正及短时临近预报。截至2008年12月,利用移动和电信SDH线路、广电网络完成了气象宽带广域网建设,建成了省—市—县传输带宽每路2兆,主干速率达到100兆;建成了县气象局计算机局域网,速率100兆;建成了省—市—县视频会商系统及中文电子邮件办公系统。

信息发布　1991年前,主要通过广播和邮寄旬月报方式向全县发布气象信息。1991—1992年组建天气警报网,每天2次向有关部门、乡(镇)、村等发布天气预报警报信息。2002年开通"121"天气预报电话自动答询系统(2005年1月改号为"12121")。2002年建成《旬邑气象网》和《旬邑兴农网》两个服务网站,提供网上天气预报,2005年利用手机短信每天发布气象信息。2007年通过电子显示屏向公众传递气象信息。同时建立灾害性天气预报预警发布平台。

③天气预报

建站到20世纪70年代初,主要用单站要素时间变化曲线图,结合农谚和看天经验制作补充天气预报。1971—1973年,建立起较完整的台站基本资料、基本图表、基本档案和基本预报方法制作天气预报。1976年咸阳地区气象台总结推广了旬邑县气象站《小天气图在县气象站应用》的经验。1983年开始通过传真接收中央气象台、省气象台中长期预报和地面气象要素天气图表、高空形势图表,台站结合本地天气形势,运用数理统计方法,作出适用本地的短时、短期、中期、长期天气预报。1986年不再制作中、长期预报,转发省、市台预报,短期预报在省、市台指导预报基础上进行解释加工。2008年12月,建成了县气象局计算机局域网及省—市—县视频会商系统。主要通过计算机远程终端接收云图、天气图、新一代天气雷达、旬邑711雷达资料,结合单站要素、县内各乡镇自动站资料制作短期订正及短时临近预报。开展灾害性天气预报预警业务和制作供领导决策的各类重要天气报告。

气象科研　1985年开始,作为全省25个小麦遥感观测站之一,参加《小麦遥感综合产量预报》项目。1989年,实现小麦产量预报业务化运行。

2002—2005年主持完成的《咸阳市苹果花期冻害综合防御技术研究》,建立了旬邑苹果花期冻害气候指标体系,同时针对不同类型的冻害提出了不同的防御技术,2006年荣获咸阳市科技进步三等奖。

2002—2006年主持完成的《咸阳市优质苹果低温冻害防御技术示范推广项目》,得出咸阳市低温冻害发生规律及气候特点,建立起咸阳市苹果种植区低温冻害气候学指标,结合冻害类型提出了不同组合的冻害防御技术。获咸阳市农村科技进步三等奖,陕西省农业科技推广三等奖。

2007年主持完成的《咸阳北部塬区春末干旱的气候特征和预报模式》,应用自然正交函数分解EOF分解方法,通过北部五县1975—2004年30年的气候资料,分析渭北旱塬区春旱综合评价指数DH的空间分布特征及随时间演变规律;分析春旱对小麦、玉米产量的影响;应用逐步回归方法建立春旱预报模型。获旬邑县科技进步二等奖。

2004年以来,在国家级核心期刊上发表论文5篇,参加国家级学术交流论文4篇,4篇论文获市政府优秀论文二等奖,1篇优秀奖。

2. 气象服务

公众气象服务 20 世纪 70 年代初期通过信函、简报、电话等形式提供长、中、短期天气预报,以及农业活动生产建议。2000 年以后通过《旬邑气象》《旬邑气候简报》等 3 类 9 种服务产品,以纸制文件、网络、广播电视频道、手机短信为发布载体,根据内容,按不同的发布渠道进行定期、不定期发布。

决策气象服务 决策服务以《送阅件》《专题送阅件》《旬邑气象》《旬邑气候简报》《旬邑气象警报》《旬邑灾情通报》为服务产品,向县委、政府、人大、政协县级领导和涉农部门领导开展服务。《专题送阅件》不定期发布。主要发布重大灾害天气分析调查和气候诊断信息以及县域重大活动的气象服务工作。《送阅件》主要发布农作物关键生育期气候分析、小麦产量预报、半年、年度气候评价等内容。以《旬邑气象警报》《灾情通报》发布防灾减灾信息。每年定时发布。

专业气象服务 专业服务按用户要求制作,近年来先后开展《旬邑县"德援工程"气象专题服务》、《旬邑县黄芪 GPA 认证气象保障服务》、《旬邑县山川秀美工程气象保障服务》、《旬邑县区域水土综合治理气象保障服务》等专题服务活动。

气象科技服务 1985 年 3 月,遵照国务院办公厅《转发国家气象局关于气象部门开展有偿服务和综合经营的报告的通知》(国办发〔1985〕25 号)文件精神,利用电话、警报接收机、"121"声讯电话、影视、电子屏、手机短信等手段,面向各行业开展气象科技服务。

人工影响天气 1972 年在县农场成立了防雹组。1974 年开始使用土炮进行作业。1977 年配置 2 门"三七"高炮用于防雹作业。县政府成立了以县长为组长的人工防雹领导小组,气象站为成员单位。1990 年成立旬邑县防雹工作站,租用省人工影响天气办公室"三七"高炮 13 门,调整了炮点布局。1992 年,省人工影响天气办公室车载式 711 测雨雷达进驻旬邑。1995 年购置火箭架 5 副。1997 年县政府对人工影响天气工作领导小组进行了调整,气象局局长任办公室副主任,承担作业指挥任务。1998 年旬邑县防雹雷达楼投入使用。2000 年县防雹工作站移交气象局管理,县人工影响天气工作领导小组办公室改设县气象局,气象局局长兼任办公室主任。2005 年 711 雷达划归咸阳市气象局管理,市气象局委托旬邑县气象局代管。2007 年投资 40 万元完成对雷达的数字化改造工作,2007—2008 年完成了 15 个标准化炮站建设。截至 2008 年底,建成了由 15 门高炮、5 副火箭架组成的火力防御系统;18 部高频对讲机、4 部手持对讲机、17 台微机组成的指挥系统;1 部 711 数字化雷达、气象信息网络组成的信息传输系统。建立了由 5 名信息指挥人员、12 名主炮手、30 名副炮手、5 名火箭手组成的人工影响天气作业队伍。

2003—2008 年当地群众先后 8 次自发组织向该局赠送锦旗,县政府每年召开专门的人工影响天气表彰会议,安排布置工作,表彰优秀指挥员、优秀炮手。

气象法规建设与社会管理

法规建设 2005 年县政府下发《旬邑县防雷减灾条例》、《关于进一步加强防雷减灾工件的通知》,防雷减灾工作实现规范化管理。2002 年,咸阳市防雷中心旬邑工作站成立,完成旬邑县烟草局东河复烤厂防雷工程建设通过省市验收。

社会管理　贯彻落实《中华人民共和国气象法》、《陕西省气象条例》等法律法规。先后与县安监、建设、教育、公安等单位联合发文，重点开展行业防雷设施管理和行政执法，组织执法人员重点对各建设施工单位进行建筑物防雷设施图纸设计审查和竣工验收检测报告的专项执法检查。2005年对气象探测环境在县有关部门进行了备案保护。社会管理主要有规范升空氢气球管理、气象信息传播、避雷装置检测、探测环境保护等。

政务公开　对气象行政审批办事程序、气象服务内容、服务承诺、气象行政执法依据、服务收费依据及标准等，采取了通过户外公示栏、电视广告、发放宣传单等方式向社会公开。财务收支、目标考核、基础设施建设、工程招投标等内容则采取职工大会或上局公示栏张榜等方式向职工公开。

制度建设　制定了包括业务值班室管理制度、会议制度、财务制度、福利制度等内容的县气象局综合管理制度。干部任用、职工晋职、晋级等及时向职工公示或说明，健全了内部规章管理制度。

党建与精神文明建设

党的组织建设　1966年6月党员归县农林局党支部管理。1971年与县农场组成联合党支部，归县农林局党委管理。1990年与县农机管理站组成联合支部。2000年成立旬邑县气象局党支部，归县直机关党委领导。截至2008年底有党员3名。2003—2007年连续5年被县机关工委评为优秀党支部。

精神文明建设　旬邑县气象局成立了由局长任组长的局精神文明建设领导小组，制定了长期规划和年度实施细则。在职工学习教育、法制建设和宣传、党风廉政建设、扶贫帮困、气象文化建设和业务服务工作方面做了大量的工作。

文明单位创建　1997年年4月旬邑县气象局被旬邑县委、政府命名为县级文明单位；2001年3月被咸阳市委、政府命名为市级文明单位；2003年4月被咸阳市委、政府命名为市级文明标兵单位；2008年4月，复评为市级文明标兵单位。

集体荣誉　2004年被中国气象局授予全国气象部门局务公开先进单位。获得省部级以下奖励38次。

个人荣誉　28人次获陕西省气象局、咸阳市政府表彰奖励。

台站建设

1971年旬邑县气象站由县东关迁至太村镇唐家村，建窑洞8个，建筑面积140平方米。1991年迁太村镇屯庄，建有7间二层宿办楼，业务平房和办公平房，建筑面积380平方米。2007年6月投资82万元，对宿办楼进行全面改造，新建业务办公平房360平方米，完成水、电、路等基础配套设施建设。2006年购置桑塔纳小轿车1辆，2008年购置广本小轿车1辆。

1984年的旬邑县气象站宿办楼

2007年修建的旬邑县气象局宿办楼

2007年修建的旬邑县气象局业务值班室

改造后的旬邑县气象局地面观测场(2007年)

淳化县气象局

　　淳化县以北宋太宗淳化年号立名,县城山围水绕,盆抱而聚。是一个典型的山区农业县、革命老区县和国家扶贫开发重点县。全县总面积983.81平方千米,辖5镇10乡,204个行政村,人口20.17万。境内地势北高南低,为"一丘一山三沟五塬"。淳化县是"全国水果20强县"和"全国绿化模范县"。

　　淳化县地处北温带,属温带大陆性季风气候。干旱、大风、冰雹、暴雨、霜冻等是主要气象灾害。

机构历史沿革

　　台站变迁　淳化县气候站于1958年10月,在淳化县润镇农场建成,同年10月正式开始气象业务工作。1973年12月,迁至城关镇辛店村三组,1974年1月开始观测,站址位于县城西北 5 千米的原上,观测场位置北纬 34°49′,东经 108°33′,海拔高度 1012.7 米。2003年 3 月,淳化县气象局机关迁至县城县妇幼保健处,实行局站分离。

历史沿革 1958 年 10 月,成立淳化县气候站;1959 年 7 月,更名为三原县润镇气候站;1961 年 9 月,更名为淳化县气象服务站;1968 年 2 月,改为为淳化县农业科学实验站;1969年 1 月,更名为淳化县科学实验站气象组;1971 年 3 月,更名为淳化县革命委员会气象站;1976 年 9 月,更名为淳化县气象站;1990 年 1 月,改称为淳化县气象局(实行局站合一)。

自建站至今,淳化县气象站为国家一般气象站。

管理体制 1958 年 10 月—1961 年 10 月,实行以地方党政领导为主,省气象局负责业务的双重领导体制;1961 年 11 月—1965 年 7 月实行气象部门管理,归陕西省气象局领导;1965 年 8 月—1971 年 1 月,实行地方管理,归淳化县政府领导;1971 年 2 月—1973 年 9月,实行地区革命委员会、咸阳军分区双重领导体制,归淳化县武装部领导;1973 年 10月—1979 年 10 月,实行地方管理,归淳化县农林局领导;1979 年 11 月起,实行气象部门与地方政府双重领导,以气象部门领导为主的管理体制。

机构设置 1958—1986 年,无下设机构。1987—1997 年,下设预报股、测报股、服务股。1993 年成立淳化县气象科技服务中心。2008 年 12 月,下设办公室、业务股、防雷站、气象科技服务中心、人工影响天气办公室、气象依法行政办公室。

单位名称及主要负责人变更情况

单位名称	姓名	职务	任职时间
淳化县气候站	曹厚立	站长	1958.10—1959.07
三原县润镇气候站			1959.07—1960.12
	张振地	站长	1960.12—1961.09
淳化县气象服务站			1961.09—1964.12
	孟呈祥	站长	1964.12—1968.02
淳化县农业科学实验站			1968.02—1968.12
	雷 彦	站长	1968.12—1969.01
淳化县科学实验站气象组		组长	1969.01—1970.12
		组长	1970.12—1971.03
淳化县革命委员会气象站	高进宝	站长	1971.03—1976.09
			1976.09—1977.08
	岳克发	站长	1977.08—1979.08
淳化县气象站	刘玉泉	站长	1979.08—1983.06
	蒋梦德	站长	1983.06—1984.09
	穆继涛	站长	1984.09—1985.07
	田四喜	站长	1985.07—1988.02
	蒋梦德	站长	1988.02—1990.01
		局长	1990.01—1996.02
淳化县气象局	赵思鹏	局长	1996.02—2000.02
	陈 力	局长	2000.02—2004.09
	任志强	局长	2004.09—

人员状况 建站初期有职工 3 人。1978 年有职工 6 人。截至 2008 年底,共有在职职工 9 人(在编职工 6 人,编外职工 3 人),退休职工 1 人。在编职工中:本科 2 人,大专 4 人;工程师 2 人,助理工程师 4 人。

气象业务与服务

1. 气象业务

淳化县气象站属国家四类艰苦台站。开展的业务有地面观测、生态观测、土壤水分观测、天气预报、气象服务、气象通信等。

①气象观测

地面观测 1958 年 10 月起,每天进行 08、14、20 时(北京时)3 个时次地面观测,夜间不守班。观测项目有风向、风速、气温、湿度、气压、云、能见度、天气现象、降水、日照、小型蒸发、地面温度、雪深、电线积冰、冻土等。每天定时编发 08、14、20 时 3 次天气报,不定时编发重要天气报。夏季 06—20 时、冬季 07—18 时编发某军航和某民航的每小时 1 次航空报和不定时的危险天气报。

地面报表 从建站开始,每月制作地面气象月报表(气表-1),每年制作地面气象年报表(气表-21),1992 年前,一式 2 份手抄本上报咸阳市气象局业务科,经业务科审核后一份上报省气象局气候资料室,一份留市气象局业务科。审核后的报表底本作为气象站原始地面气象报表保存。1993 年实行地面气象报表计算机制作后,一式 2 份报省气象局气候资料室审核,经审核后返回气象站一份作为正式档案资料保存。

从 1980 年开展地面基本气象观测竞赛以来,职工个人共创百班无错情 58 个,创"250"班无错情 1 个。

生态观测 从 2005 年 1 月开始,其观测项目以经济林—苹果为观测对象,从果树叶芽分化到落叶整个生育期,每旬观测 1 次,并以旬报形式向陕西省气象信息中心上传数据,年末上报年报表。

土壤水分观测 从 2006 年元月开始,自动监测 10～100 厘米土壤水分含量,并通过内网每 10 分钟自动向陕西省气象信息中心上传数据;人工观测每月逢 3 日、8 日进行,以旬报形式向咸阳市气象台上报数据。

自动气象站 2002 年至 2009 年 7 月在全县境内建成四要素区域自动气象站 2 个,两要素区域自动气象站 6 个,人工雨量站 5 个。

②气象信息网络

信息接收 建站至 20 世纪 70 年代初主要接收省台和兰州气象中心台的天气形势广播,人工绘制简易天气图,分析判断补充订正天气预报。1983 年 8 月正式开始天气图传真接收工作,主要接收中央气象局的气象传真和省气象局的传真图表,利用传真图表独立地分析判断天气变化。2003 年开通省—市—县计算机远程终端。1999 年 6 月气地面卫星接收系统建成并正式启用。通过卫星直接接收亚欧范围云图、地面、500 百帕、700 百帕高空天气图,同时通过计算机远程终端接收西安新一代天气雷达、旬邑 711 雷达资料,制作短期订正及短时临近预报。截至 2008 年 12 月,利用移动和电信 SDH 线路、广电网络完成了气象宽带广域网建设,建成了省—市—县传输带宽每路 2 兆,主干速率达到 100 兆;建成了县气象局计算机局域网,速率 100 兆;建成了省—市—县会商系统及中文电子邮件办公系统。

信息发布　1991 年前,主要通过广播和邮寄旬、月预报方式向全县发布气象信息。1991—1992 年组建天气警报网,每天 2 次向有关部门、乡(镇)、村等发布天气预报警报信息。2002 年开通"121"天气预报电话自动答询系统(2005 年 1 月改为"12121")。2004 年建立淳化气象信息网站。2005 年利用手机短信每天发布气象信息。2007 年通过电子显示屏向公众传递气象信息。同时建立灾害性天气预报预警发布平台。

③天气预报

从建站开始至 1986 年前独立制作短期、中期和长期天气预报,1986 年 2 月,为陕西省气象局气象业务体制改革县级试点单位。

短期天气预报　1986 年前,短期天气预报由每天抄收兰州气象数据广播结合单站基本资料、基本图表、基本方法和基本指标,绘制 500 百帕、700 百帕天气图和地面图,制作24、48 小时常规预报和短时灾害性天气预报。1986 年后,对省市台指导预报进行解释加工服务。

中期天气预报　1986 年以前,独立制作发布中期天气预报。中期预报通过参考中央气象台、省气象台预报产品,套用预报指标订正。中期预报产品有周天气趋势和旬天气趋势分析。

长期天气预报　利用概率统计方法和常规气象资料图表模式分析及天气谚语、韵律制作。长期预报产品有月预报、春(秋)播预报、三夏预报、汛期预报、年度趋势预报等。

1986 年预报业务技术体制改革后,县气象站不再制作中、长期预报,改为转发省台预报。20 世纪 90 年代后,通过接收中央气象台、省气象台的旬、月天气预报,结合分析本地气象资料制作旬、月天气过程趋势,制作县站解释预报。2000 年以后,利用卫星云图、新一代天气雷达图、500 百帕、700 百帕、地面天气图、多种预报产品等制作短期天气预报、预警信息、临近天气预报及订正天气预报。开展常规 24 小时、48 小时及未来 7 天的天气预报,同时开展灾害性天气预报预警业务,为领导提供决策服务。

2. 气象服务

公众气象服务　以电视天气预报形式发布 24、48 小时常规天气预报和短时灾害性天气预报及关键农事季节天气预报;以气象电子显示屏发布平台向全县 15 个乡镇发布气象灾害天气预警信息;通过手机短信向全县 209 个行政村领导发布重大天气过程预报、气象灾害预警信号及气象服务信息等。

决策气象服务　以《关键农事季节天气预报》、《重大天气过程预报》、《气象灾害天气预警》、《淳化气象》、《送阅件》等形式向县委、县政府及相关部门提供决策服务。

专业气象服务　为农业部门提供《土壤墒情预报》、为水利和国土部门提供《雨情预报》、为交通部门提供《积雪冰冻预报》以及其他部门所需要的专业服务等。

科技气象服务　"12121"信息电话、手机气象短信、防雷检测及防雷工程、彩球礼仪服务是科技服务的主要形式。

人工影响天气　人工影响天气工作始于 1971 年。1998 年经县政府第 3 次常务会议研究决定,由县农牧局移交县气象局管理,同时成立淳化县人工影响天气领导小组,办公室设在气象局。办公室下设防雹站。人工影响天气办公室现有职工 44 名。其中作业指挥员 4 名,防雹站职工 7 名,炮手 33 名。人员工资和业务经费均由县财政负担。

现有"三七"高炮 11 门,WR-98 型火箭发射架 3 副。在西北、东北 2 条冰雹多发路径上由北向南设置了三道防线,共有 12 个炮(箭)站。2000 年以来,以省气象局多普勒雷达和旬邑 711 警戒雷达的监测预警系统为依托,建成了以固定电话、手机通信和高频对讲机为主的指挥预警平台和信息管理平台。

2007 年,咸阳市牛继鹏(左四)副市长视察永寿气象局防雹站

2004 年 8 月,村民为淳化县气象局送来锦旗,感谢人影防雹为农业生产保驾护航。

截至 2008 年底,已建成标准化炮(箭)站 7 个。县财政累计投资人工影响天气经费 210 万元。开展防雹、增雨作业消耗"三七"炮弹 4 万发,火箭弹 200 多枚。挽回直接经济损失 2 亿多元。先后被省、市各级评为"人影工作先进集体"。

气象法规建设与社会管理

法规建设与管理　贯彻落实《中华人民共和国气象法》、《陕西省气象条例》等法律法规。先后与县安监、建设、教育、公安等单位联合发文,重点开展行业防雷设施管理和行政执法,组织执法人员重点对各建设施工单位进行建筑物防雷设施图纸设计审查和竣工验收检测报告的专项执法检查。淳化县气象局从 2005 年开始对本县行政区域内的防雷装置设计审核和竣工验收及升放无人驾驶自由气球实行行政许可管理。县政府下发了《淳化县人民政府关于加强防雷安全管理的通告》,并将防雷等职能管理纳入年度管理目标考核。对气象探测环境在县有关部门进行了备案保护。社会管理主要有:规范升空氢气球管理、气象信息传播、避雷装置检测、探测环境保护等。

政务公开　对气象行政审批办事程序、气象服务内容、服务承诺、气象行政执法依据、服务收费依据及标准等,采取了通过户外公示栏、电视广告、发放宣传单等方式向社会公开。财务收支、目标考核、基础设施建设、工程招投标等内容则采取职工大会或上局公示栏张榜等方式向职工公开。干部任用、职工晋职、晋级等及时向职工公示或说明。

制度建设　制定了包括业务值班室管理制度、会议制度、财务制度、福利制度等内容的县气象局综合管理制度。

党建与气象文化建设

1. 党建工作

党的组织建设　1992 年 10 月,淳化县气象局党支部成立,隶属淳化县农业发展办公室党委管理。截至 2008 年底有党员 4 人。支部成立后先后有五位同志入党。

党风廉政建设　按照一岗双责原则,落实党风廉政建设岗位责任制,以党内民主建设为抓手,把开展思想教育作为支部政治思想教育工作的重要方式,以气象部门真实的反腐案件经常性地开展警示教育。

气象文化建设　2002 年,淳化县气象局提出了把争创"四个一流"台站,创建"学习型"部门,建设文化基础设施,外延淳化"三苦"气象精神新内涵,作为气象文化建设中心内容进行规划。围绕规划的实施,提出了发扬"准确及时、优质服务"的敬业精神;"锲而不舍"的科学精神;"与时俱进"的创新精神为指导方针开展工作。先后建成了"三室一场"(图书阅览室、展览室、活动室和小型运动场)等文化设施、场所。新的综合活动室和"职工之家"正在建设。

精神文明建设　以开展"创、选、评"和争创文明单位上台阶为主要内容,狠抓精神文明建设,积极开展学习型、服务型机关创建活动;加强依法行政工作和气象文化建设的硬件投入;积极开展"十比"活动、评选"五好家庭"、"好公婆"、"好媳妇"、"大孝子"、"计划生育模范户"等活动;积极落实安全生产措施,努力创造社会和谐秩序。

文明单位创建　1992 年 2 月,被县委、县政府授予县级文明单位;2003 年 3 月,被咸阳市委、市政府授予文明单位标兵。

集体荣誉　1990 年以来,共获县级以上业务奖励 35 项,获县级以上行政奖励 43 项。

个人荣誉　1990 年以来,全局职工共获县级以上奖励 38 人次。

蒋梦德因获国家气象局科技进步奖、陕西省农业技术推广奖 3 项,其他荣誉奖 21 项,1989 年被咸阳市市委、市政府授予"劳动模范"称号。

台站建设

淳化县气象局始建时只有 3 间土木结构办公用房。1973 年迁址后,业务用房、职工宿舍、辅助用房(土木结构)等增加到 21 间(378 平方米),打了机井,配备了供电设备和摩托车,结束了吃水靠辘轳,照明靠油灯,交通靠自行车的"三苦"历史。1995 年改建了 8 间(185 平方米)砖混结构办公用房,安装了小型取暖锅炉,实现了部分道路的硬化。2003 年实行局站分离,局机关迁至县城,租赁县妇幼保健站 200 平方米办公用房。2006 年国家局配发了尼桑越野车 1 辆,发电机 1 台。目前,投资 210 万元的基础设施建设正在进行。

2002 年完成改造后的淳化县气象站全景

长武县气象局

长武以唐建长武城而得名,北宋时置长武县。地处陕西省关中西部秦陇交界。全县总面积 568 平方千米,辖 6 镇 5 乡,216 个行政村,1 个社区居委会,人口 17.7 万。

长武县地处渭北旱塬沟壑区,光照充足,四季分明,属西北内陆暖温带半湿润大陆性季风气候区。降水量多集中于夏秋季节,雨热同季,农作物一年一熟或两年三熟。干旱、大风、冰雹、暴雨、霜冻等是主要气象灾害。

机构历史沿革

始建情况 1956 年 9 月,长武县气候站在长武县丁家镇五里铺村建成,同月,开展气象业务,站址沿用至今。观测场位于北纬 35°12′,东经 107°48′,海拔高度 1206.5 米。

历史沿革 1956 年 9 月,成立陕西省长武县气候站;1964 年 1 月,更名为陕西省长武县气象服务站;1971 年 2 月,更名为长武县革命委员会气象站;1976 年 2 月,更名为长武县气象站;1990 年 1 月,根据陕西省委办公厅陕办发〔1986〕10 号文件精神,改称为长武县气象局(实行局站合一)。

1964 年 1 月,确定为国家气象观测一般站,1979 年 1 月,改为国家气象观测基本站,2006 年 7 月,确定为国家气象观测站一级站,2008 年 12 月,确定为国家基本气象站。

管理体制 1956 年 9 月—1958 年 7 月,实行部门管理,归陕西省气象局领导;1958 年 8 月—1961 年 10 月,实行地方管理,归长武县农林局领导;1961 年 11 月—1965 年 7 月,实行部门管理,归省气象局领导;1965 年 8 月—1971 年 1 月,实行地方管理,归长武县农林局领导;1971年2月—1973年9月,实行军队管理,归长武县武装部领导;1973年10月—1979年10月,实行地方管理,归长武县农林局领导;1979年11月起,实行气象部门与地方政府双重领导,以气象部门领导为主的管理体制。

　　机构设置　2008年12月,长武县气象局下设:综合办公室、综合业务股、气象行政许可办公室和气象科技服务中心。

单位名称及主要负责人变更情况

单位名称	姓名	职务	任职时间
陕西省长武县气候站	闫泽民	站长	1956.09—1958.10
	赵长斌	站长	1958.10—1961.01
	康正印	站长	1961.01—1963.02
陕西省长武县气象服务站	石多谋	站长	1963.02—1964.01
			1964.01—1969.12
长武县革命委员会气象站	董志明	站长	1969.12—1971.02
			1971.02—1971.04
长武县气象站	陈国钧	站长	1971.04—1976.02
			1976.02—1984.05
	游诗可	站长	1984.05—1986.10
	赵民生	站长	1986.10—1989.09
长武县气象局	尚恩昌	站长	1989.09—1990.01
		局长	1990.01—1996.04
	赵效昌	局长	1996.04—

　　人员状况　1956年建站初期有职工3人,1978年有职工13人。截至2008年底,共有在职职工9人(在编职工7人,外聘职工2人),退休职工4人。在编职工中:大学本科2人,大专3人,中专2人;中级职称2人,初级职称5人;50岁以上2人;40～49岁1人;40岁以下4人。

气象业务与服务

1. 气象业务

①气象观测

　　地面观测　1956年9月—1959年12月观测时次采用地方时01、07、13、19时,每天4次观测;1960年1月1日起观测时次采用地方时每天07、13、19时3次观测;1960年8月1日起改为每天08、14、20时(北京时)3次观测。观测项目有云、能见度、天气现象、气压、气温、湿度、风向、风速、降水、雪深、雪压、日照、蒸发、地温等。

　　1972—1974年在芋元乡芋元村、巨家乡马家村和原路家乡路家村建立了3个气象哨,气象哨的观测项目有气温、风向风速、天气现象、地温和雨量。另外,还在全县11个乡镇建立了雨量点。这些观测资料为1982—1984年开展的农业气候资源区划提供了参考依据。

　　1979年1月1日拍发绘图和辅助绘图天气报告。1979年1月1日改为每天02、08、

14、20 时 4 次观测,实行 24 小时值班,担负向兰州气象中心拍发绘图和辅助绘图天气报告。另外,每天还担负向西安(军航)、平凉、阎良和西安(民航)、西峰 5 个飞机场拍发航空天气报和危险天气报任务。如有降水过程时还要向省市气象台拍发降水报。

自动气象站 2002 年 11 月 1 日建成自动气象站(DYYZ-Ⅱ型地面气象综合有线遥测仪)。人工观测项目有云、能见度、天气现象、气压、气温、湿度、降水、地温、日照、蒸发、风向、风速、雪深、冻土等。自动观测项目有气压、气温、湿度、风向、风速、降水、蒸发、地温等,每小时整点上传地面气象要素数据。2004 年开始执行中国气象局颁发的 2003 年版《地面气象观测规范》。2006 年建成区域自动气象观测站 5 个。其中,彭公、相公、芋元、洪家自动气象观测站承担温度、雨量两要素观测任务;巨家自动气象观测站承担温度、雨量、风等六要素观测任务。2008 年建设 1 个自动土壤水分观测站。

生态观测 2005 年起开始进行生态气象观测,除按规定上报观测资料外每月定期向果业管理部门和果农印发服务材料。

气象报表制作 建站至 1998 年,每月向省气象局报送《地面气象记录月报表》(气表-1),每年通过省气象局向中央气象局报送《地面气象记录年报表》(气表-2)。从 1981 年起向省气候资料室,国家气象局气候资料室上报《气象异常年表》。1998 年开始使用微机制作打印各种报表。从 2002 年起,使用网络传输报表、刻录光盘并存档。2003 年以前各种报文经长武县邮局向兰州气象中心和 5 个飞机场及省市气象台发送,2003 年开始通过省—市—县计算机远程终端直接发送。

②气象信息网络

信息接收 1970 年开始,县气象站利用收音机收听陕西省口语气象广播播发的天气形势和预报。1986 年咸阳市甚高频辅助通讯网开通,县局直接与市气象台会商天气。1986 年 6 月市局配发传真机,接收北京、兰州气象中心、陕西省气象台传真的亚欧范围地面、500 百帕、700 百帕高空天气图、云图资料。1999 年 6 月建成卫星数据广播接收系统。2003 年开通省—市—县计算机远程通讯网。2005 年建立卫星地面单收站,接收天气图、云图资料。2006 年,建立省市县气象视频会商系统。

信息发布 1991 年前,主要通过广播和邮寄旬月报方式向全县发布气象信息。1991—1992 年组建天气警报网,每天 2 次向有关部门、乡(镇)、村等发布天气预报警报信息。2002 年开通"121"天气预报电话自动答询系统(2005 年 1 月改号为"12121")。2006 年建成灾害性天气预报预警业务平台,通过 BOSS 系统发送灾害性天气预警手机短信。2007 年开始发展气象电子屏,通过显示屏向公众传递气象信息。

③天气预报

短期天气预报 1978 年以前,主要通过收听陕西省气象台语音气象广播绘制小天气图。结合县局资料制作未来 2~3 天短期天气预报。每月末制作下月天气趋势预报。共统计整理 20 多项基本气象资料,绘制了时间剖面图等 6 种基本图表,建立了暴雨、冰雹等灾害性天气档案,做到了基本资料、图表、档案、方法齐全。1978 年以后,接收北京、东京气象广播电台的传真天气图和数值预报图,研究开发了长武县暴雨、冰雹、大风等具有当地天气特点的预报工具、方法。1986 年省气象局预报业务体制改革后,开通高频无线对讲机,实现与市、县气象局和甘肃省的上游台站直接通话,进行预报会商和天气实况的互相传递,根据上级气象台的指导预报,结合单站要素资料制作短期订正及短时解释预报。2007 年 6 月年通过移动通信网络开通了预警免费短信平台,向全县各级领导发送气象信息。

中长期天气预报 1978 年以前,通过传真接收中央气象台,省气象台的旬、月天气预报,在结合分析本地气象资料,建立了一套中长期预报方法和工具,制作周、旬、长期天气趋势预报,后来此种预报作为专业专项服务内容,取得一定的社会效益。1986 年预报业务技术体制改革以后,不再制作中、长期预报,改为转发省市台预报。

2000 年以后,利用卫星云图、新一代天气雷达图、500 百帕、700 百帕、地面天气图、多种预报产品等制作短期天气预报、预警信息、临近天气预报及订正天气预报。开展常规 24 小时、48 小时及未来 7 天的天气预报,同时开展灾害性天气预报预警业务,为领导提供决策服务。

2. 气象服务

公众气象服务 1991 年县政府拨专款 2.5 万元购置了 25 部无线电通信接收机,安装到县委、县政府、县防汛抗旱办、县农业局和各乡镇政府办公室以及各防雹点,建成覆盖全县的气象预警服务系统。正式使用预警系统对外开展服务,每天上午、中午、下午各广播 1 次,服务单位通过预警接收机定时接收天气预报和农时气象服务信息。

1993 年 3 月天始在县电视台播放长武地区天气预报,预报信息通过电话传输至广播电视局。1998 年 5 月,气象局同电信局合作开通了"121"天气预报自动咨询电话(2005 年 1 月升级为"12121")。2004 年 5 月,建立了长武县兴农网,并在全县各乡镇开通了兴农信息站,促进了全县农村产业化和信息化的发展。2007 年 6 月年通过移动通信网络开通了预警免费短信平台,向全县各级领导发送气象信息。

2008 年 12 月开通影视天气预报,每天分 4 个时次播报。通过移动通信网络开通了商务短信平台,以手机短信方式向全县各级领导发送气象信息。在全县 11 个乡镇和部分公共场所安装了电子显示屏,开展了重大气象灾害预警信息发布工作。

决策气象服务 1980 年起,长武县气象局以电话、书面资料形式定期或不定期的为县委、县政府、农口各部门报送《长武气象》服务材料和气象预报信息,遇有重大天气过程及时以《送阅件》、《重要天气报告》、《雨情通报》发送。2000 年制定了《长武县气象局决策气象服务方案》。2007 年建立灾害性天气预报预警业务平台,汛期开始向各级领导通过 BOSS 系统发送灾害性预警手机短信。

【气象服务事例】 2008 年 7 月 21 日,长武县出现了 50 年不遇的特大暴雨,日降水量 107.8 毫米,降水强度之大,为历史同期所罕见。暴雨引发洪涝、泥石流、滑坡等。气象局提前向县委、政府、县抗旱防汛办公室汇报,并通过各种通信平台向全县发布橙色预警信息,使灾害损失降到了最低程度,全县没有发生人员伤亡和财产损失。

长武县气象局服务材料曾得到《中国气象报》记者朱振全同志的赞扬,1997 年 5 月他到长武局采访后,于 5 月 19 日在中国气象报第二版刊登了一篇题为《一路高歌》的报道。

为农服务 1971 年起通过县广播站有线广播播报天气预报。1982—1984 年,完成《长武县农业气候资源与区划报告》编制,1991 年完成《长武县农业气候区划更新研究报告》。1986 年建立冬小麦遥感测产地面监测点,并开始冬小麦遥感测产工作。同年开始编写气候影响评价。1990 年和 2007 年为《长武县地方志》以及每年的《长武年鉴》提供气象史料。1990 年起利用《长武气象》、《送阅件》、《重要天气报告》等服务产品开展苹果气象系列化服务。

气象科技服务　1985 年 3 月起,长武县气象局根据国办发〔1985〕25 号文件精神,利用邮寄、警报系统、影视、手机短信等手段,面向各行业开展气象科技服务。1990 年起,为各单位新建(构)筑物避雷设施开展安全检测。1996 年起,开展庆典气球施放。2005 年起,对重大工程项目开展雷击灾害评估。2007 年 8 月设立长武县气象科技服务中心,其经营范围为:防雷装置检测、防雷工程、升空彩球服务、专业气象服务、气象资料加工、气象短信、"12121"信息电话、气象影视节目制作、防雷产品销售。

人工影响天气　1970 年长武县开始开展防雹作业,成立防雹站(隶属县农业局),有专业防雹人员 5 人,1995 年防雹站正式移交气象局管理,有专职人员 8 人。1997 年 6 月,长武县成立人工影响天气工作领导小组(长政办字〔1997〕12 号)。1998 年 5 月调整长武县人工影响天气工作领导小组成员(长政办字〔1998〕36 号)。领导小组办公室设在县气象局。

近年来,长武县人影事业飞速发展,政府先后投资 200 余万元,分别在丁家、相公、巨家、马寨、枣元、洪家建立标准化高炮、火箭防雹增雨站(点)6 个,购置"三七"高炮 6 门,火箭架 4 副。现有高炮、火箭手 30 多人,这些炮手都经过专业技术学习,具有一定的作业技术水平和岗位上岗证。

2005 年建立了人工影响天气业务平台。每年防雹增雨作业达 50 多炮(次),耗弹 1500 多发,火箭弹 20 多枚,受益农田 32 万亩。据统计自 1998 年至 2008 年全县累计可挽回经济损失约 5 亿元以上。

2007 年人工影响天气工作应急演练现场

气象法规建设与社会管理

依法行政　2001 年 4 月长武县公安局、长武县气象局联合下发了《关于规范和加强全县避雷及防静电工作通知》(长气字〔2001〕16 号)。2002 年长武县人民政府办公室下发《关于切实加强防雷电装置安全探测工作的通知》,同时成立长武县防雷减灾工作领导小组,领导小组办公室设在气象局。2005 年县气象局与教育局联合下发了《加强学校防雷电设施安全管理工作的通知》。2006 年 3 月长武县气象局、计划局、城建局联合下发了《关于开展新建建(构)筑物防雷图纸审核、竣工验收的通知》(长气字〔2006〕11 号)。2007 年 4 月制订了《长武县重大气象灾害预警应急预案》,县人民政府下发各部门及各乡(镇)贯彻执行。《重大气象灾害预警应急预案》共分 8 章,从组织领导到具体实施等都做了详细规定。

社会管理　贯彻落实《中华人民共和国气象法》、《陕西省气象条例》等法律法规。先后与县安监、建设、教育、公安等单位联合发文,重点开展行业防雷设施管理和行政执法,组织执法人员重点对各建设施工单位进行建筑物防雷设施图纸设计审查和竣工验收检测报告的专项执法检查。2005年对气象探测环境在县有关部门进行了备案保护。社会管理规范有升空氢气球管理、气象信息传播、避雷装置检测、探测环境保护等。

2000年以来，每年3月和6月在全县范围内积极开展气象法律法规和安全生产宣传教育活动。2003年有4名兼职执法人员通过省政府法制办培训考核，持证上岗，同时又制定了长武县气象局行政执法岗位责任制。2005年县人民政府法制办批复县气象局具有独立的行政执法主体资格，气象局成立行政执法队，为5名职工配发了行政执法证。气象局被列为县安全生产委员会成员单位，负责全县防雷安全管理，每年定期对全县范围内的所有的液化气站、加油站、煤矿、电厂、易燃易爆等高危行业和高大建筑物、微机室等重要场所的防雷设施进行检测，对不符合防雷技术规范的单位，责令进行整改。

2005年8月绘制了《长武县气象局观测环境保护控制图》并向县政府及相关单位进行气象探测环境保护备案。2008年8月长武县招商引资的"麦基二甲醚"项目拟在长武县气象局观测场以西征地800亩建立厂房，若厂房建成必将对气象探测环境造成严重影响，依据《气象探测环境保护条例》，通过气象行政执法，将该项目选址向西推移210米，成功地阻止了破坏气象探测环境事件发生。

自2005年以来，长武县气象局与县安监局、建设局、教育局等部门联合开展气象执法检查9次。

政务公开 对气象行政审批办事程序、气象服务内容、服务承诺、气象行政执法依据、服务收费依据及标准等，采取了通过户外公示栏、电视广告、发放宣传单等方式向社会公开。财务收支、目标考核、基础设施建设、工程招投标等内容则采取职工大会或上局公示栏张榜等方式向职工公开。干部任用、职工晋职、晋级等及时向职工公示或说明。

长武县气象局内部健全规章管理制度。制定了包括业务值班室管理制度、会议制度、财务制度、福利制度等内容的县气象局综合管理制度。

党建与气象文化建设

党的组织建设 1989年8月长武县气象站党支部成立，归县农业局党委领导。支部注重党员队伍建设，对政治上要求进步的青年职工，进行重点培养，条件成熟的及时发展。2000年以来，先后发展新党员9名。2004—2008年连续5年被县委和县直机关党委评为"红旗党支部"。截至2008年底有党员13人（其中气象局9人，防雹站4人）。

党风廉政建设 从2002年开始与县委、市局党组签订《党风廉政建设目标责任书》，积极开展廉政教育和廉政文化建设活动，财务账目每年接受上级财务部门年度审计，并及时将结果向职工公布。2004年配备县气象局纪检监察员。2006年8月省气象局在长武局召开了全省气象部门纪检组长会议，参加会议的有省气象局纪检组长赵国令、各地市气象局纪检组长和长武县委、县政府领导。会议期间还举办了党风廉政书画展。2000—2008年底，全局干部职工及家属子女无一人违法违纪，无一例刑事案件，无一人超生超育。

气象文化建设 长武县气象局把气象文化建设和职工队伍的思想建设作为文明创建的重要内容，通过开展经常性的政治理论、法律法规学习，造就了清正廉洁的干部队伍，铸炼出一支高素质的职工队伍。近年来，多次选送职工到有关大学进行函授学习和省气象学校参加业务培训，并参加市、县党校学习深造。

精神文明建设 从 1993 年开展创建文明单位活动以来,先后改造了观测场,装修了业务值班室,新建了会议室、办公室,配备了公务车、小型发电机,接通了自来水,安装了取暖锅炉。院内硬化面积 1800 平方米,栽种了风景树,修建了花园,绿化面积 1240 平方米,使机关院内变成了风景秀丽的花园。院落布局合理,办公生活区域宽敞、花草繁茂、绿树成荫、三季有花、四季常青。统一制作了宣传牌、局务公开栏、学习园地,建起了"两室一场"(图书阅览室,职工学习活动室,小型运动场),拥有各类图书上万册,积极参加县上组织的文艺汇演和科普知识宣传活动,2006 年获县"文艺汇演"第一名。

文明单位创建 1994 年 1 月,被县委、县政府授予县级文明单位;1999 年 3 月,被咸阳市委、市政府授予市级文明单位;2002 年 2 月被咸阳市委、市政府授予市级文明单位标兵;2003 年 2 月,被陕西省委、省政府授予省级文明单位;2006 年 1 月,被陕西省委、省政府授予省级文明单位标兵。

3. 荣誉

集体荣誉 1993—2008 年,长武县气象局共获集体荣誉 53 项。

2005 年,被省爱国卫生运动委员会命名为"卫生先进单位";2006 年 12 月,被中国气象局授予"全国气象部门廉政文化示范点"。

个人荣誉 1978—2008 年,长武县气象局个人获奖共 172 人(次)。1978 年 10 月,崔小兰被评为全国气象部门"双学"先进个人。

台站建设

长武县气象局初建时只有 3 间土木结构的瓦房,房屋简陋,工作生活条件十分艰苦。经过几代气象人员的艰苦创业,目前局机关占地面积 5196 平方米,建筑面积 953 平方米,绿化面积 1240 平方米。院内硬化面积 1800 平方米。装修了业务值班室,新建了会议室、办公室,配备了公务车、小型发电机,接通了自来水,安装了取暖锅炉等。修建了花园,使机关院内变成了风景秀丽的花园。

1985 年长武县气象局旧貌

2008 年的长武县气象局

武功县气象局

武功县历史悠久,文化发达,是周人始祖后稷教民稼穑之地。武功县位于陕西省关中平原西部,地形西北高、东南低,从北向南呈阶梯跌落状。全县总面积 392.8 平方千米,辖 12 个乡镇、236 个行政村,人口 42.3 万。

武功县属大陆性季风半湿润气候,四季分明,光照充足,受特殊地形影响,天气复杂,气候多变,气象灾害多。主要气象灾害是干旱、暴雨、低温、霜冻等。

机构历史沿革

台站变迁 1953 年 1 月,武功县气象站始建于杨凌西北农林科学院研究所,同年 3 月开展气象观测业务;1976 年 11 月,迁址武功县普集镇;2003 年 8 月实行局站分离,观测场迁至武功县普集镇长青路北段的县城生态公园内,新站址位于北纬 34°15′50″,东经 108°13′18″,海拔高度 447.8 米。

历史沿革 1953 年 1 月,成立武功县气候站;1961 年 12 月,更名为兴平县武功气象服务站;1962 年 9 月,改称为陕西省武功县气象服务站;1971 年 9 月,改为武功县革命委员会气象站;1976 年 12 月,改为武功县气象站;1990 年 1 月,改称为武功县气象局(实行局站合一)。

建站至 1976 年 11 月,被确定为国家气象观测一般站;1976 年 12 月,确定国家基本观测站;2006 年 7 月,被确定为国家气象观测站一级站;2008 年 12 月,被确定为国家气象观测基本站。

管理体制 1953 年 1 月—1954 年 3 月,由西北农林科学院研究所领导;1954 年 4 月—1958 年 5 月,由陕西省气象局西北气象处管理领导;1958 年 5 月—1966 年 6 月,由气象部门垂直管理;1966 年 7 月—1979 年 12 月,由武功县政府领导(1970 年 12 月—1973 年 2 月,由武功县武装部和当地革命委员会领导);1980 年 1 月起,实行气象部门与地方政府双重领导,以气象部门领导为主的管理体制。1983 年 10 月以前,归宝鸡市气象局领导,1983 年 10 月起,改属咸阳市气象局领导。

机构设置 1953—1986 年,无下设机构。1987—1997 年,下设预报股、测报股、服务股。1993 年成立武功县气象科技服务中心。2008 年 12 月,下设办公室、业务股、防雷站、气象科技服务中心、人工影响天气办公室、气象依法行政办公室。

单位名称及主要负责人变更情况

单位名称	姓名	职务	任职时间
武功县气候站	谭志新	站长	1953.01—1955.11
	刘子信	站长	1955.11—1956.06
	冯金生	站长	1956.06—1957.11

单位名称	姓名	职务	任职时间
武功县气候站	卢占明	站长	1957.11—1959.04
	齐全胜	站长	1959.04—1961.12
兴平县武功气象服务站			1961.12—1962.09
			1962.09—1968.08
陕西省武功县气象服务站	卢仰杰	站长	1968.08—1971.09
武功县革命委员会气象站			1971.09—1976.12
武功县气象站	张世忠	站长	1976.12—1985.12
	杨必仁	站长	1985.12—1990.01
		局长	1990.01—1993.10
武功县气象局	谭永孝	局长	1993.10—1995.07
	崔玉山	局长	1995.07—1996.03
	刘 锋	局长	1996.03—2000.05
	韩卫省	局长	2000.05—2004.03
	陈 力	局长	2004.03—2006.02
	宇文革联	局长	2006.02—

人员状况 1953 年建站时有职工 3 人,2007 年 1 月定编为 12 人。截至 2008 年底,共有在职职工 8 人(在编职工 7 人,编外职工 1 人),退休职工 7 人。在编职工中:本科 2 人,大专 4 人,中专 1 人;中级职称 2 人,初级职称 4 人,未聘 1 人。50～55 岁 1 人,40～49 岁 2 人,40 岁以下 4 人。

气象业务与服务

1. 气象业务

①气象观测

地面观测 1953 年 3 月—2006 年 12 月每天进行 02、08、14、20 时 4 次整点定时观测和 05、11、17、23 时 4 次补充观测,观测项目有云、能见度、天气现象、气压、气温、湿度、风向和风速、降水、雪深、日照、蒸发、地温、冻土等。其中,20 世纪 60 年代中(文化大革命)02 时观测停止,气表编制按 3 次规定处理,70 年代恢复 4 次定时观测。1987 年 1 月采用 PC-1500 袖珍计算机查算编报,2000 年 4 月开始用微机计算编报,2004 年 1 月,建成 DYYZ-Ⅱ型自动气象站并开始对比观测,2006 年 1 月起正式运行。2007 年 1 月起,以自动站资料为准发报,自动站采集的资料与人工观测资料存于计算机互为备份,每月定时复制光盘归档、保存、上报。

2004—2008 年,在苏坊镇、武功镇、大庄镇、普集镇、贞元镇、普集街乡、河道乡等 7 个乡镇共建立了 7 个两要素区域自动气象站。

气象电报传输 2006 年以前每天只承担 05、08、14、17 时 4 次天气报任务,通过邮局报房传至兰州气象中心,再传至中央气象台,资料参与亚洲气象资料交换及中央气象台地面气象天气预报。从 2006 年 1 月开始,自动站单轨运行,武功天气报任务改为 02、08、14、20 时 4 次定时及 05、11、17、23 时 4 次补充天气报,由网络传至省气象局报房,再上传至中央气象台。

农业气象观测　武功气象站承担国家一级农气观测站观测任务。1955 年 8 月开始土壤湿度观测并发送农气旬（月）报。1955 年 10 月开始冬小麦发育期观测。1956 年 6 月开始夏玉米发育期观测。1955—1958 年和西北农科所共同承担物候观测。1957 年 4 月开始棉花生育期观测。1959 年后气象站独立开展气象和物候观测。1983 年取消棉花物候观测。1985 年开始参与省上的冬小麦遥感观测并制作发布冬小麦产量预报。2005 年始开展生态监测试运行，2006 年 9 月 1 日生态观测正式纳入业务管理考核。农气和生态业务严格按《农业气象观测规范》、《陕西省生态气候环境观测规范》和《陕西省气象监测网篮业务工作手册农业气象业务分册》执行。

②气象信息网络

信息接收　建站至 70 年代初主要接收省台和兰州气象中心台的天气形势广播，人工绘制简易天气图，分析判断补充订正天气预报。1983 年 8 月正式开始天气图传真接收工作，主要接收中央气象局的气象传真和省气象局的传真图表，利用传真图表独立地分析判断天气变化，取得较好预报效果。

2003 年始开通省—市—县计算机远程终端，大大提高了气象信息传递时效。2005 年始气地面卫星接收系统建成并正式启用。通过卫星直接接收亚欧范围云图、地面、500 百帕、700 百帕高空天气图资料，同时通过计算机远程终端接收西安新一代天气雷达、旬邑 711 雷达资料，用以制作短期订正及短时临近预报。截至 2008 年 12 月，利用移动 SDH 线路、广电网络完成了气象宽带广域网建设，建成了省—市—县会商系统及中文电子邮件办公系统。

信息发布　1991 年前，主要通过广播和邮寄旬月报方式向全县发布气象信息。1991—1992 年组建天气警报网，每天 2 次向有关部门、乡（镇）、村等发布天气预报警报信息。2002 年开通"121"天气预报电话自动答询系统（2005 年 1 月改号为"12121"）。2005 年利用手机短信每天发布气象信息。2007 年通过电子显示屏向公众传递气象信息。同时建立灾害性天气预报预警发布平台。

③天气预报

短期天气预报　1958 年 10 月开展补充天气预报业务，由于资料年代少等原因，预报主要依据省、市台预报、单站资料及经验制作发布预报。1977 年 10 月，杨必仁撰写的《麦收期大风预报》在全国县站预报会议上交流，并被收编入《气象站预报学术论文集》。1978 年 1 月执行《预报工作暂行规定》第一分册和有关规定。20 世纪 80 年代在省、市局领导下，进行县站预报基本建设，建立了基本图表、基本资料、基本档案、基本方法（四基本），成立预报服务组，每天绘制简易天气图、单站距平、滑动等 9 种预报图表，显著提高了县站预报准确率，每天早晚通过县广播站对外发布预报。1986 年预报业务技术体制改革后，短期预报在省、市台指导预报基础上进行解释加工。

中长期天气预报　20 世纪 80 年代初，通过传真接收中央气象台、省气象台的旬、月天气预报，结合分析本地气象资料，建立了一套中长期预报方法和工具，制作周、旬、长期天气趋势预报，后来此种预报作为专业专项服务内容，取得一定的社会效益。1986 年以后，不再制作中、长期预报，改为转发省台预报。

2000 年以后，利用卫星云图、新一代天气雷达图、500 百帕、700 百帕、地面天气图、多种预报产品等制作短期天气预报、预警信息、临近天气预报及订正天气预报。开展常规 24 小时、

48 小时及未来 7 天的天气预报,同时开展灾害性天气预报预警业务,为领导提供决策服务。

2. 气象服务

公众气象服务 1991 年前,主要通过广播和邮寄旬月报方式向全县发布气象信息。1989—1993 年组建天气警报网,安装各乡、镇、村级气象警报器,建成县—乡—村三级气象警报网,每天 2 次发布天气预报及气象信息。1995 年 5 月气象局和电信局合作正式开通"121"天气预报自动咨询电话(2005 年 1 月升位为"12121")。同年 5 月与县电视台协商开通武功县电视天气预报。2006 年 6 月为更好地为农业生产服务,建立起武功县农经网。2007 年采用移动通信网络以手机短信方式向全县各级领导发送气象信息。2008 年利用全县公共场所安装的电子显示屏开展气象灾害信息发布工作。

决策气象服务 制作了《武功气象》、《农业气象参考》、《决策气象服务》、《农业遥感信息》、《送阅件》、《重要天气报告》等决策服务产品,针对重大决策、突发公共事件等提供专项服务。制定了《武功县气象局决策气象服务周年方案》、《武功县气象局突发事件气象服务应急预案》、《武功县重大气象灾害预警应急预案》,为各级领导部门处置突发事件的决策提供科学依据,取得了良好的社会和经济效益。

【气象服务事例】 2006 年 8 月 14 日 19 时,武功县气象局接到市台发布的暴雨短时预警消息,立即派人向县委、县政府主要领导汇报,并通过电话、手机短信、预警平台、电视台发送暴雨信息。实况:14 日 20 时—15 日 20 时,降水 140.8 毫米,其中 1 小时最大降水达 83.6 毫米。这次过程全县没有出现重大灾情和人员伤亡。

2008 年初武功遭受历史罕见的低温雨雪冰冻灾害天气袭击,1 月 11—23 日持续降雪 13 天,降雪量 18.0 毫米、最大积雪深度 15 厘米,为 1954 年有气象记录以来最长的降雪过程,给交通、电力、农业生产、群众生活造成巨大困难。在这次低温雨雪过程中,武功县气象局共编发《重要天气报告》、《雨情通报》、《送阅件》12 期,发布预警信号 5 次,全力做好低温雨雪冰冻监测、预报、预警服务工作。

气象科技服务 1985 年按照国务院办公厅《转发国家气象局关于气象部门开展有偿服务和综合经营的报告的通知》(国办发〔1985〕25 号)文件精神,武功县气象局开始以电话、邮寄资料等方式开展气象预报、气象信息资料、气候咨询等专业气象有偿服务。2005 年成立武功县气象科技服务中心,组织开展庆典施放气球。2005 年与县安监局联合开展易燃易爆场所防雷检测工作,与城建局联合开展防雷图审工作,2006 年起开展防雷检测、防雷图审工作,2007 年扩展服务领域,防雷工作涉及通讯、金融、石油、石化、液化气和危险品储藏、企事业单位等各个行业。2008 年实现了气象科技服务产业工作的快速发展。

目前开展的气象科技服务项目有防雷检测、防雷图审、防雷工程、电子显示屏、气象专业预报服务、气象资料、气象证明、电视天气预报、"12121"信息电话、手机短信服务、彩球礼仪等。

气象为农业服务 从建站至 1976 年为西北农林科学院研究所的试验教学研究提供了大量科学有效数据。20 世纪 50 年代至 70 年代中期,主要开展物候观测、土壤墒情监测及墒情报编发上报,农事关键季节气象情况分析及农气材料报送等项业务服务。农业气候区划工作的开展,使农业气象业务服务开始向纵深发展。近年来,先后开发了县级气象预报服务系统、农业气象业务服务系统、生态环境监测系统等。

农业气象服务项目进一步拓展,由粮、棉、油等作物发展到林、牧特色农业气象服务,农业气象业务由常规的情报、预报和农业天气服务,发展到为农业产业结构调整、农业产业化、粮食安全等多方面,提供农业气候区划、气候可行性论证、气候资源评价和合理开发利用的各类专题专项服务。

2006年制定了《武功县农业气象服务周年方案》,根据不同农事季节提供相应气象服务。针对小麦良种基地、大棚蔬菜基地等社会需求,充分利用网络、传真、短信等现代化通讯手段,开展形式多样的专业气象信息服务。2007年9月26日成功为武功县召开的全国"一村一品观摩会"提供准确及时的专题气象服务。粮食产量预报准确率进一步提高,制作的全县粮食总产预报准确率达98.9%,已成为县政府制定粮食政策、指导农业生产的重要依据。

人工影响天气 2004年,县政府成立了武功县人工影响天气领导小组,办公室设在气象局,购置增雨防雹火箭架1副。2007年7月24日下午市台预报夜间我县将出现强对流大风和冰雹天气,县人工影响天气办公室精心安排组织相关人员连夜作战,25日0时24分进行防雹作业,作业区域内仅有零星降雹,有效地保护了我县20多万亩农作物免受雹灾损失。4年来开展增雨作业10余次,作业影响面积1000平方千米,为缓解旱情,增加水库蓄水和保护生态环境起到了积极作用。由于人工影响天气安全责任层层落实,作业人员思想高度重视,严格执行操作规范,人工影响天气工作迄今未发生任何安全事故。

气象法规建设与社会管理

法规建设 2003年武功县人民政府下发了武政办发〔2003〕10号《武功县建设工程防雷项目管理办法》。2008年制订了《武功县防雷工程设计审核、施工监督和竣工验收管理办法》规范性文件,并在全县范围内实施,防雷行政许可和防雷技术服务正逐步规范化。

社会管理 2000年以来,武功县气象局认真贯彻落实《中华人民共和国气象法》、《陕西省气象条例》等法律法规。每年3月和6月开展气象法律法规和安全生产宣传教育活动。县人民政府法制办批复县气象局具有独立的行政执法主体资格,气象局成立行政执法队,3名兼职执法人员均通过省政府法制办培训考核,持证上岗。气象局被列为县安全生产委员会成员单位,负责全县防雷安全管理,每年定期对全县范围内电信、金融、石化、石油、液化气和危险品储藏等重点行业及易燃易爆场所各单位的高大建筑、微机室等重要场所的防雷设施进行检测。

2002年武功县人民政府办公室下发《关于切实加强防雷电装置安全检测工作的通知》,同时成立武功县防雷减灾工作领导小组,领导小组办公室设在气象局,负责日常工作。2002年5月16日武功县气象局与武功县原油成品油市场整顿办公室联合下发《关于加强对加油站等易燃易爆场所防雷装置安全检测的通知》(武气发〔2002〕05号)。2004年11月17日武功县教育局与武功县气象局联合下发《关于开展计算机场地专项防雷安全检测的通知》(武政教发〔2004〕171号)。2004年11月17日武功县气象局与武功县教育局联合下发了《关于加强防雷电设施安全管理工作的通知》(武气发〔2004〕24号)。2005年8月绘制了《武功县气象局观测环境保护控制图》并以正式文件向县政府及相关单位进行气象探测环境保护技术规定备案。2005年3月20日武功县人民政府办公室下发了《关于加强防雷电设施安全管理工作的通知》(武政办发〔2005〕17号)。2006年武功县建设局下发了《关于加强武功县建设项目防雷装置防雷设计、跟踪检测、竣工验收工作的通知》(武建〔2006〕11

号）。2006年7月13日武功县安全生产监督管理局与武功县气象局联合下发了《关于做好2006年度防雷电工作的通知》（武安监发〔2006〕10号）。2006年7月14日武功县气象局与武功县安全生产监督管理局联合下发了《关于加强施放气球管理的通知》（武气〔2006〕18号）。2007年3月21日武功县人民政府办公室下发了《关于加强防雷电设施安全管理工作的通知》（武政办发〔2007〕13号）。2008年6月25日武功县气象局与武功县教育局联合下发了《关于做好学校防雷安全工作的通知》（武气发〔2008〕14号）。2008年5月6日武功县安全生产监督管理局与武功县气象局联合下发了《关于对重点领域防雷安全管理工作进行检查的通知》（武安监发〔2008〕20号）。

2006—2008年，与咸阳市气象局法规科、县安监局、建设局、教育局等部门联合开展气象行政执法检查20余次，对违反《气象观测环境和设施保护办法》《施放气球管理办法》《防雷减灾管理办法》《防雷装置设计审核和竣工验收规定》《气象预报发布与刊播管理办法》等气象法规规定的单位进行气象法规宣传，下发整改指令，对个别拒不整改单位进行行政处罚，气象依法行政步入正轨。

政务公开 对气象行政审批办事程序、气象服务内容、服务承诺、气象行政执法依据、服务收费依据及标准等，采取了通过户外公示栏、电视广告、发放宣传单等方式向社会公开。财务收支、目标考核、基础设施建设、工程招投标等内容则采取职工大会或上局公示栏张榜等方式向职工公开。干部任用、职工晋职、晋级等及时向职工公示或说明。

武功县气象局内部健全规章管理制度。制定了包括业务值班室管理制度、会议制度、财务制度、福利制度等内容的县气象局综合管理制度。

党建与气象文化建设

党的组织建设 1986年，成立武功县气象站党支部，有5名党员。归县农业局党委领导。1990年更名为武功县气象局党支部，归县直属机关党委领导。党支部成立以来面对艰苦环境，重视对党员干部的爱岗敬业和艰苦奋斗、团结协作的集体主义教育。支部定期召开民主生活会，注重对青年同志的培养，开展党员先进性教育和实践科学发展观活动教育。2006—2008年连续3年被县机关党委评为"先进党支部"。截至2008年底有党员5人。

党风廉政建设 从2002年起，开展党风廉政建设目标责任制，积极开展廉政教育和廉政文化建设活动。财务账目每年接受上级财务部门年度审计，并及时将结果向职工公布。2004年配备县气象局纪检监察员。

2006年起，开展局领导党风廉政述职报告活动，并与咸阳市气象局签订党风廉政目标责任书。2007年起大力加强惩防腐败体系建设，积极落实"三项制度"，从规范决策程序、完善民主制度、促进管理透明入手，进一步健全管理机制，消除制度隐患，减少管理漏洞，制定了涵盖行政、后勤、财务、人工影响天气、科技服务、基本业务等的《武功县气象局管理制度汇编》。局（财）务公开上墙，建立了公开档案，并组建局（财）务监督领导小组。公开向社会聘请了5名义务行风监督员，对外设立了投诉电话、投诉箱。

精神文明建设 武功县气象局把气象文化建设和职工队伍的思想建设作为精神文明建设的重要内容，成立了精神文明建设领导小组，局长为组长。积极开展"创佳选优评差"、"文明礼仪年"活动，开展文明素质、公民道德教育。建立了党风廉政建设文化长廊、统一制作局务公开栏、学习园地和文明创建标语等宣传用语牌。购置了职工娱乐活动器材,建设"两室一场"(图书阅览室、学习室、小型运动场)。积极开展丰富多彩的文艺活动,充实职工业余文化生活,增强团队意识,进一步提高了职工的综合素质。

文明单位创建 1986年4月,被县委、县政府授予文明单位;1989年,被咸阳市委、市政府授予"文明单位";2008年3月,被咸阳市委、市政府授予"文明单位标兵"。

荣誉 1990—2008年,集体共获得省部级以下奖励28项。1980年1月,武功县气象站被陕西省人民政府授予农业先进单位。个人共获得省部级以下奖励36人次。

台站建设

随着城市基础设施建设的不断发展,办公区和观测场被后稷路分为南北两部分,观测环境严重恶化。为了妥善解决观测环境遭受破坏的问题,经与地方政府和上级部门协商,采用局站分离的综合改造方案,即办公楼建在原观测场,迁移观测场于县城生态公园内。2003年新建自动站值班室80平方米,25米×25米自动站观测场1个,2004年新建了办公楼1栋,建筑面积401平方米,铺设人行道彩砖336平方米,硬化地面445平方米,道砖铺设小路78平方米;2006年规划院落布局,装修了办公楼,新建80平方米辅助用房,安装了取暖锅炉,绿化美化院内环境,更新了办公设备。2004年购置公务用小轿车1辆。2008年购置公务用小轿车1辆。

1984年武功县气象局宿舍办公楼

1960—2003年武功县气象局使用的观测场

2008年武功县气象局

2003年武功县气象局新建的观测场

渭南市气象台站概况

渭南位于黄河中游,关中平原东部。东与山西、河南毗邻,西与西安、咸阳接壤,南靠秦岭与商州交界,北与延安、铜川相连,有"三秦要道,八省通衢"之称,自古为兵家必争之地。今是西北地区的"东大门",是国家实施大开发战略的前沿地带。是陕西农业大市,素有陕西"粮仓、棉库"之美誉。全市总面积13134平方千米,辖两区(临渭区、高新技术开发区)、两市(韩城、华阴)、八县(华县、潼关、大荔、蒲城、澄城、白水、合阳、富平),人口548.94万。

渭南地形复杂,山、塬、川地皆有,气候差异大,大陆性气候特征明显。受季风气候影响,境内主要气象灾害有干旱、冰雹、洪涝、大风、连阴雨、低温冻害、雷电等,尤以干旱、冰雹、洪涝影响最大。

气象工作基本情况

台站变迁 1962年1月,成立渭南专区中心气象站,辖渭南、华山、大荔、韩城、蓝田、蒲城、澄城、临潼、白水、富平、潼关、华县、耀县、合阳14个气象站。1972年12月,更名为渭南地区革委会气象局,下辖渭南、潼关、华阴、华山、华县、大荔、蒲城、澄城、合阳、韩城、白水、富平和临潼、蓝田、耀县等15个气象站。由于行政区划变更,1980年耀县气象站划归铜川市气象局。1984年临潼、蓝田气象站划归西安市气象局。1997年12月,临渭区气象局成立。2008年12月,渭南市气象局(以下简称市局)下辖临渭区、韩城、华阴市、华县、潼关、大荔、蒲城、澄城、白水、合阳、富平11个县(市、区)气象局、1个华山气象站。

历史沿革 1962年1月,成立渭南专区中心气象站;1966年6月,改称为渭南专区气象台;1969年11月,改为渭南地区气象台革命委员会;1973年4月,改为渭南地区革命委员会气象局;1978年12月,改为渭南地区行政公署气象局;1980年1月,改为渭南地区气象局。为适应经济社会发展需要和气象业务工作的变化,1989年12月,除华山气象站外,其他各县气象站统一改为××县气象局。1995年5月,随着渭南地改市,改为渭南市气象局。

管理体制 渭南市气象部门从成立起,管理体制经历了从军队建制到地方政府管理、再到地方政府和军队双重领导的演变。1980年1月,体制调整,实行气象部门与地方政府双重领导,以气象部门领导为主的管理体制。

人员状况 1962 年渭南市气象部门总共有在职职工 77 人;1980 年有在职职工 184 人;2008 年,全市气象部门编制 162 人,共有在职职工 202 人(在编职工 161 人,计划内临时工 5 人,外聘职工 36 人),退休职工 73 人(其中离休干部 1 人)。在编职工中:研究生 1 人,本科 53 人,大专 67 人,其他 40 人;专业技术人员 145 人(其中高级工程师 12 人,工程师 56 人);50 岁以上 22 人,40~50 岁 56 人,30~40 岁 67 人,30 岁以下 16 人。

党建与文明创建 20 世纪 50 年代,全市气象部门基层党的建设工作除了华山气象站为独立的党支部外,多数站与其他单位成立联合党支部。从 20 世纪 80 年代开始,各县气象局相继成立了独立的党支部。2008 年底,全市气象部门有党总支 1 个,党支部 15 个,在职党员 90 人,占职工总数的 54.8%。

2004 年起,在各县(市、区)局、市局直属单位配备纪检监察员。

全市气象部门有 12 个单位开展文明单位创建活动(临渭区气象局和市局为一个创建单位),建成省级文明单位 3 个,市级文明单位 9 个。

目标管理 从 1984 年实行目标管理,做到了目标管理制度化、规范化。2001—2005 连续 5 年名列全省目标考核前 3 名。其中,2001—2003 年连续 3 年为第 1 名。

领导关怀 渭南市气象工作得到了各级领导的关心和支持。1994—2007 年,温克刚、刘英金、李黄、孙先健、许小峰、宇如聪等中国气象局领导先后来市、县气象局视察指导工作。2006 年 7 月 10 日,中国气象局副局长许小峰、陕西省副省长李堂堂、渭南市市长曹莉莉为成立"渭河流域气象预警中心"揭牌,并视察指导工作。省气象局李良序等各任领导、渭南市政府各任领导都先后到气象局检查指导工作。2008 年 7 月,时任市委书记梁凤民、市长徐新荣带领 4 名市委常委及市财政局局长到市气象局现场办公,解决渭河流域气象预警中心建设资金问题。

主要业务范围

1. 气象业务

①气象观测

地面气象观测 渭南地面气象观测始于 1932 年(民国 21 年),陕西省水利厅在合阳县城设立了 1 个雨量点,记录雨量至 1949 年。新中国成立后,1953 年 1 月华山气象站建成,1955 年 9 月—1970 年 1 月大荔、渭南、韩城、澄城、潼关、蒲城、兰田、临潼、耀县、合阳、富平、华县、白水、华阴等县气象站先后建成。截至 2008 年底,渭南市有国家气象台站 12 个,其中基本站 4 个,一般站 8 个,全部投入自动站运行。

全市各台站共同观测项目为:云、能见度、天气现象、气压、空气的温度和湿度、风向和风速、降水、日照、蒸发量、雪深。除华山站外,其他站无电线积冰观测项目;韩城、大荔无深层地温观测项目;渭南站夏季用 E601B 蒸发器观测蒸发量;华山站因地处高山之巅,无地温(地面温度、浅层和深层地温)、冻土观测项目;5 个站担负航危报任务(其中华山站 24 小时有航报拍发任务,其他 4 站为白天固定)。

农业气象观测 从 20 世纪 50 年起,渭南地区气象部门就有了农业气象业务,主要是农业气象要素和物候观测,专业服务以雨情、墒情、温情为主,配合关键农事季节的专题气候分析和气候评价等,虽经曲折,但服务始终坚持。从 20 世纪 80 年代开始,全市各县气象局都有农业气象观测业务以及服务工作,每旬逢 8 日测定土壤墒情,干旱较明显的 3—5 月份逢 3 日再加测 1 次,根据农作物生长各生育期指标等气象要素,以电报形式传到地区气象局,由专人汇总、整理、分析后编写"农业气象旬、月报"为渭南地方经济与农业生产服务。其中上级气象部门先后确定具有农业气象代表性的韩城市、大荔县、蒲城县、临渭区等 4 个气象局为基本农业气候观测站,(观测项目有:冬小麦、夏玉米、春玉米、油菜等农作物、农田土壤湿度以及苹果、酥梨等经济物候);2008 年底,除华山站外的 11 个站都担负土壤墒情监测任务,其中 5 个自动土壤墒情监测站;1 个闪电定位站;10 个生态站;3 个湿地监测站(观测项目有黄河湿地、农作物、经济林果的生育期、病虫害等);1 个酸雨站;6 个旬月报站;119 个自动区域气象站,其中四要素站 16 个。自 1978 年开展地面测报创优工作以来,全市共创百班无错情 700 余人次;250 班无错情 79 人次。

1990 年,陕西省棉花气象服务台在渭南建立,气象预报服务围绕棉花生产中的各个专题项目向更深层次的科技领域渗透,并为棉花气象应用学科的发展提供条件。

2002 年渭南市气象局气象台成立了决策气象服务组,继续坚持全面的农业气象科研与服务工作。2006 年气象部门机构改革,成立了渭南市气象局农业与生态气象服务中心,坚持编发"农业气象月报"、"全年气候影响评价"、"设施农业服务"、"农业产量预报"以及"三夏""三秋"与农作物关键生育期的重大决策服务和专题气象服务,为全市的农业生产当参谋,为市、县政府领导决策提供科学依据。

②天气预报

20 世纪 50—60 年代,主要制作 24 小时天气预报,即短期预报;70 年代预报时效延长到 48 小时,同时开始制作关键农事季节的长期天气预报;从 80 年代开始地区气象台分别制作长期(年、季、月)、中期(旬、周)、短期(2 天)不同时效的天气预报,特别是 90 年代开始不定期发布灾害性天气短时预报(12 小时内),21 世纪开始增发灾害性天气的预警信号和邻近预警。天气预报的制作和发布由各级气象台、站承担,并负责服务。

③人工影响天气

渭南市有组织地开展人工影响天气工作始于 20 世纪 60 年代,富平、澄城、大荔、白水、蒲城、合阳县及韩城市先后成立了防雹站。

1999 年 6 月,全市除临渭区外,其他 10 个县(市)都成立了人工影响天气办公室,并按渭南市政府要求移交给气象部门管理。2008 年,全市共有人工影响天气领导小组办公室 11 个,防雹增雨工作站 7 个,高炮 44 门,车载火箭 34 部,"711"测雨雷达 1 部,电台 39 部,全市从事人工影响天气工作的人员由原来的 60 人发展到 265 人(含季节性临时工)。

2. 气象服务

主要有公共气象服务、决策气象服务和专业气象服务三大类。主要内容:天气预报预警、气候评价、灾害评估、气象情报等。服务方式:电话传真、手机短信、专题汇报、广播电视、报纸、气象预警电子显示屏、气象新闻发布会、"12121"自动气象答询台、气象网站等。

20 世纪 60 年代前主要是雨情和温情;60 年代后期开始,先后增加了天气预报和关键农事季节的气象服务;1978 年,各台站编写出了当地《军事气候志》。

20世纪80年代中期,由于防灾减灾的需要和经济建设发展的要求,地、县气象部门组建了气象警报通讯辅助网,为防汛主要地段和一些厂矿企业及专业户,布设了气象警报接收机,以此将气象信息播送到用户,还以书面形式提供部分专业气象服务产品,专业气象服务起步并不断发展。

从20世纪90年代开始,气象服务的形式和手段更加多样化、人性化。1990年开展防雷电工作,对辖区避雷装置进行检测。1993年开通天气预报电视节目向社会公众播放。1998年开始通过"121"电话、报纸、传呼台等形式和媒体向社会各界服务。21世纪建立了气象网页,通过互联网向政府和社会服务。2007年开始各地先后利用电子显示屏为各级政府服务。

3. 气象信息网络

1971年前,气象通信主要依靠邮电部门的电话电报进行传输。1971年12月,使用一级(7512型)收讯电台。1972年10月,使用"八一"电台进行莫尔斯收发报传递气象信息。1979年使用单边带接收移频印字报,通过DCY-28电传打字机将电文自动转换为纸质报文,使用117型气象传真机接收北京区域或兰州区域中心发布的天气图。1980年使用123滚筒式传真机接收省气象台发布的气象传真图。1987年组建了省—地—县甚高频通信网。1989年为满足科技服务需要,增设电台对警报接收机用户传递服务信息。1990年配备1000型电传打字机。1994年,通信业务实现网络化,开始使用X.25分组交换网络与省气象局联网传输报文,传输速度9.6千比特/秒。1997年建成气象卫星综合应用业务系统(9210工程),通过卫星直接接收和发送气象信息。1998年10月,采用162拨号网络传输报文,网络速度提升至56千比特/秒。2001年开通省—市—县中文电子邮件办公系统。2003年7月,省、市、县气象局采用光纤连接,建成省—市—县天气预报可视会商系统,传输速率达到2兆。2005年10月,增加一条备份线路,经过升级后,全市气象广域网实现两条SDH线路互相备份,有效保证报文传输。

渭南市气象局

台站变迁　1958年9月,建立的渭南县气候站,建站时位于渭南县胡王公社农场内。1962年1月站址迁至双王公社杨刘村"乡村",位于北纬34°31′,东经109°29′,海拔高度341.9米。1991年12月,新办公楼建成,除地面观测组留在原址外,局机关及其他科室全部迁至渭南市西岳路5号。

历史沿革　1958年9月,成立陕西省渭南县气候站;1960年5月,改为渭南气候服务站;1962年1月,建立渭南专区中心气象站;1966年6月,改为渭南专区气象台;1969年11月,改为渭南地区气象台革命委员会;1973年3月,改为渭南地区革命委员会气象局;1978年12月,改为渭南地区行政公署气象局;1980年1月,改为渭南地区气象局;1995年5月,改为渭南市气象局。

1990年9月,陕西省棉花气象服务台成立,编制18人,挂靠渭南地区气象局,台长由气象局长兼任。2000年,陕西省棉花气象服务台撤销,所属业务移交给陕西省经济作物台。

管理体制 1958年9月—1961年12月,隶属陕西省气象局;1962年1月—1966年5月,隶属陕西省气象局和渭南县人民委员会双重领导,以地方领导为主;1966年6月—1969年10月,隶属渭南专署农林局领导;1969年11月—1978年11月,隶属渭南地区革委会领导(1971年5月—1973年3月,隶属渭南地区革委会和渭南地区军分区双重领导);1978年12月—1980年1月,隶属渭南地区行政公署领导;1980年1月起,实行气象部门与地方政府双重领导,以气象部门领导为主的管理体制。

机构设置 1972年市气象局设政工办事科、业务管理科和气象台。1984年设政工科、办公室、预报科、业务科、农气服务科。1998年设政办室、计划财务科、业务科、科技产业科、气象台、人工影响天气办公室、棉花专业技术气象服务科、棉花气象服务试验站、气象科技服务中心、彩球部、秦云公司等。2008年设办公室(人事教育科、监察审计室合署办公)、业务科技科、计划财务科、政策法规科4个职能科室;下设市气象台、气象技术保障中心、气象科技服务中心、生态与农业气象中心、财务核算中心等5个直属事业单位;市人工影响天气领导小组办公室、雷电预警防护中心2个地方编制机构。

单位名称及主要负责人变更情况

单位名称	姓名	职务	任职时间
陕西省渭南县气候站	荆学武	站长	1958.09—1960.05
渭南气候服务站			1960.05—1961.08
	朱志明	站长	1961.08—1962.01
渭南专区中心气象站			1962.01—1964.08
	阎广泰	站长	1964.08—1966.06
渭南专区气象台		台长	1966.06—1969.11
渭南地区气象台革命委员会			1969.11—1970.10
	惠春霖	负责人	1970.10—1973.03
渭南地区革命委员会气象局			1973.03—1973.07
渭南地区行政公署气象局	曲怒潮	局长	1973.07—1978.12
			1978.12—1980.01
渭南地区气象局	李扬	局长	1980.01—1984.03
	窦生权	局长	1984.03—1995.05
			1995.05—1997.12
渭南市气象局	赵国令	局长	1997.12—2000.09
	庞亚峰	局长	2000.09—2003.03
	贾金海	局长	2003.03—2008.12
	段昌辉	局长	2008.12—

人员状况 2008年渭南市气象局有在职职工76人。在职职工中:研究生1人,大学本科30人,大专26人,中专以下19人;高级工程师12人,工程师37人,初级职称27人;35岁及以下22人,36~45岁23人,46~55岁29人,56岁以上2人。省气象局"三五人才"第二层次人才1名、第三层次人才2名。

气象业务与服务

1. 气象观测

①地面观测

观测项目 云、能见度、天气现象、气压、气温、湿度、风向风速、降水、雪深、日照、蒸发、地温等。发报内容:天气报的内容有云、能见度、天气现象、气压、气温、风向风速、降水、雪深、地温等;重要天气报的内容有雷暴、大风、积雪、冰雹、霾、浮尘、沙尘暴、雾等。

观测时次 1958 年 9 月—1982 年 12 月,每天 01、07、13、19 时及地方平均太阳时 05、11、17、23 时 8 次观测发报,实行昼夜守班。1960 年 8 月起每天进行 02、08、14、20 时(北京时)4 次人工观测,夜间守班。1983 年 1 月—2006 年 12 月,每天进行 08、14、20 时 3 次气候站观测。每天 06—20 时,每小时观测 1 次,发报 1 次。编制的报表有 1 份气表-1,1 份气表-21,向国家气象局、省气象局、地(市)气象局各报送 1 份,本站留底本 1 份。承担西安等地的航危报业务。

地面天气报 地面天气报的内容有云、能见度、天气现象、气压、气温、风向风速、降水、雪深、地温等;航空报的内容只有云、能见度、天气现象、风向风速等。当出现危险天气时,5 分钟内及时向所有需要航空报的单位拍发危险报;重要天气报的内容有暴雨、大风、雨凇、积雪、冰雹、龙卷风、大雾、雷暴、霾、浮尘等。

报表编制 编制的报表有气表-1、气表-21,农气表-1、农气表-2、农气表-3。1998 年 12 月以前气表-1、气表-21 运用的是 AHDM 机制报表,手工抄录 2 份封面、封底。

②农业气象观测

1980 年渭南农业气象观测站被确定为国家一级农业气象站,主要开展作物观测和自然物候观测,提供定期和非定期农业气象情报。编报内容有农作物的旬内生育状况、作物成熟后的产量分析、旬内气温积温及百分率、旬内日照总数及百分率、旬内总降水量及百分率、干土层、渗透度以及 10 厘米、20 厘米、30 厘米、40 厘米、50 厘米深度的土壤湿度百分比、灾害情况和每月 5 日、15 日和 25 日的两个观测点土壤湿度百分比。1984 年完成全市农业气候资源调查和农业气候区划工作,获国家农业部两个科技进步三等奖。

1997 年 12 月,临渭区气象局成立,地面气象及农业气象观测业务随之移交给临渭区气象局。业务科技科负责对下属农气站的农业气象观测资料预审工作。

2. 天气预报

1958 年气象站建立初期,主要学习借鉴苏联经验,运用气象谚语、群众经验和动植物生理反应等土办法制作 24 小时天气预报。1963—1964 年渭南局被评为全国"土法上马"的样板。20 世纪 70 年代预报时效延长至 48 小时,根据上级台站发布的天气预报信息和单站气象要素,绘制综合时间剖面图、九线图、简易天气图制作补充订正天气预报。同时也开始制作关键农事季节的长期天气预报;从 20 世纪 80 年代开始,地区气象台分别制作长期(年、季、月)、中期(旬、周)、短期(2 天)不同时效的天气预报,特别是 20 世纪 90 年代开始不定期发布灾害性天气短时预报(12 小时内),21 世纪开始增发灾害性天气的预警信号和邻近预警。

3. 气象信息网络

1971 年前,气象通信主要依靠邮电部门的电话电报进行传输。1971 年 12 月,使用一级(7512 型)收讯电台。1972 年 10 月,使用"八一"电台进行莫尔斯收发报传递气象信息。1979 年使用单边带接收移频印字报,通过 DCY-28 电传打字机将电文自动转换为纸质报文,使用 117 型气象传真机接收北京区域或兰州区域中心发布的天气图。1980 年使用 123 滚筒式传真机接收省气象台发布的气象传真图。1987 年组建了省—地—县甚高频通信网。1989 年为满足科技服务需要,增设电台对警报接收机用户传递服务信息。1990 年配备 1000 型电传打字机。1994 年,通信业务实现网络化,开始使用 X.25 分组交换网络与省气象局联网传输报文,传输速度 9.6 千比特/秒。1997 年建成气象卫星综合应用业务系统(9210 工程),通过卫星直接接收和发送气象信息。1998 年 10 月,采用 162 拨号网络传输报文,网络速度提升至 56 千比特/秒。2001 年开通省—市—县中文电子邮件办公系统;2003 年 7 月,省、市、县气象局采用光纤连接,建成省—市—县天气预报可视会商系统,传输速率达到 2 兆。2005 年 10 月,增加一条备份线路,经过升级后,全市气象广域网实现两条 SDH 线路互相备份,有效保证报文传输。

4. 气象服务

①公众气象服务

20 世纪 90 年代以前,气象服务信息主要是常规预报产品和情报资料;1993 年开辟了电视栏目后,服务内容更加贴近生活(精细化预报、产量预报、森林火险等级预报),产品除通过电视播放外,还通过广播、报纸、互联网、"12121"声讯电话、电子显示屏等媒体向社会各界服务。

②决策气象服务

20 世纪 90 年代以前,气象服务主要是信函、电话方式。90 年代中期使用传真电话服务,并重视向领导当面专题汇报。2000 年后,决策服务更具特色,重大社会活动专题气象预报,及时通过手机短信发布预警信息,并将图文并茂的彩色服务材料呈送到领导面前。每年防汛动员、"三夏、三秋"等关键农事季节,特别是重要的天气过程,市委,市政府都邀请气象局参加会议,在会上作专题发言。2003 年 8 至 10 月,2005 年 10 月渭河先后两次出现了百年不遇的洪水灾害,尤其是在 2003 年 8 至 10 月渭河特大洪涝灾害服务中,渭南市局准确预报 5 次暴雨洪水,为政府指挥抗洪抢险提供了科学依据。在淹没区 30 万群众是否撤离的紧要关头,市局作出肯定性的意见,并向市委、政府领导提出建议,为群众安全撤离赢得了宝贵时间,主管市长在总结会上称赞:"渭南防洪抢险取得的决定性胜利,气象功不可没"。2003 年、2005 年市局先后两次被渭南市委、市政府评为"抗洪抢险先进单位"。

③专业与专项气象服务

从 1985 年开始推行气象专业有偿服务,涉及面窄,服务内容简单,手段单一。1990 年以后,服务面不断拓宽有了较大发展,2001 年专业气象服务快速发展,服务对象和服务内容逐步扩大,服务手段也呈多样性,服务效益大幅度提高。专项气象服务主要围绕渭南"粮棉油、果蔬、奶畜、林果"等支柱产业,针对供电、交通、林业、水利、环保、国土、资源等行业需求,开展专项气象服务。形成了具有自己特色发展模式和丰富的强势项目,其社会效益和经济效益不断提高,成为气象服务一个不可缺少的事业平台。1990年5月,陕西省棉花气象服务台成立,下设棉花专业服务科和棉花气象试验站,开展全省性的棉花系列化综合气象服务。试验推广双膜棉技术和彩色棉引种试验等,指导棉农科学务棉,棉花科研项目曾荣获陕西省政府科学技术三等奖、省农村科技进步二等奖等多项奖励。2006年9月渭南市局设立生态与农业气象中心,开展农业和生态气象服务。服务内容和产品有《渭南气象与服务》、《干旱监测公报》、《重要气象信息》、《年度气候盘点》、《灾害评估》、《西瓜上市天气参考》、《生态监测公报》、《重大气象信息专报》、《设施农业灾害警报》等。2007—2008年在全市建立了5个土壤水分自动监测点。完成了"设施农业气候资源利用和防灾减灾系统研究"项目,获2008年度渭南市科学技术一等奖。

人工影响天气 1993年初,渭南市政府(原行署)成立了渭南市人工影响天气领导小组,领导小组组长由主管副市长兼任,副组长由渭南市气象局局长、农牧局局长、军分区参谋长兼任,同年7月,成立了渭南市人工影响天气领导小组办公室(简称"渭南市人影办"),属地方气象事业,编制9人,办公室靠挂在渭南市气象局,办公室主任由气象局副局长兼任,主要负责管理全市的人工增雨和组织指挥防雹减灾工作。市人影办于1997年对"711天气雷达进行了数字化改造;1998年又购置3部WR-1B增雨防雹车载式火箭。每年5—10月支援雹灾严重的县防御冰雹灾害,冬春季节主要承担人工增雨作业。防雹增雨工作得到了各级政府领导以及社会各界的认可。渭南市委书记曾专门赋诗《造雨行》盛赞气象人工增雨,市政府2次为人工影响天气工作颁发嘉奖令。2006年10月全国人工影响天气工作咨评委会在渭南召开。

雷电预警防护 1990年,根据上级指示,成立了陕西省避雷装置检测中心渭南检测站(挂靠在渭南市气象局)。2001年1月4日,由市政府牵头,成立了由市气象局、公安局、城乡建设委员会、安全生产监督局、质量技术监督局等单位组成的渭南市防雷减灾工作领导小组,下设办公室,办公室设在市气象局,负责防雷减灾日常工作。2003年3月经渭南市政府批准成立渭南市防雷中心,2007年5月更名为渭南市雷电预警防护中心,2008年有职工9人。2002年7月,渭南市政府下发了《渭南市防御雷电灾害管理办法》;2007年,渭南市政府办公室下发了《关于进一步做好防雷减灾工作的通知》。2004年市雷电预警防护中心投资15万元在大荔县布设了闪电定位仪,2006年投资12万元建设了市级雷电业务服务平台,2008年投资10万元更新了防雷检测仪器和设备,提升了防雷服务的能力和水平。

④气象科普宣传

渭南市气象学会创建于1984年。2001年5月,被省教育厅和省科协确定为"陕西省青少年科技教育基地"。每年组织参加科技之春、科技三下乡、"3·23"世界气象日、科技活动周、全国科普日、全民科学素质提高行动等宣传活动,连续16年荣获渭南市"科技之春宣传"先进集体。2006年渭南市气象局被中共陕西省委宣传部、陕西省科技厅、陕西省科学技术协会联合表彰为陕西省科普教育基地建设工作先进集体。

⑤气象科研

渭南市气象局的气象科研工作从20世纪80年代初逐步展开。起初,主要是围绕天气预报工作进行一些预报指标和方法的研究,主要手段就是通过人工对天气图等气象资料进行分析,找出规律,形成预报指标。90 年代以后,随着计算机和计算机技术的快速普及,气象业务现代化建设飞速发展,为气象科研工作提供了技术支撑,研究的领域不断扩大,从单一天气预报技术研究向气象服务、业务、行政管理、通讯网络等多方面发展。渭南市气象局先后承担省、市科技部门科研项目近 10 项,承担各级气象部门科研项目 100 多项。"渭南市新一代天气预报综合业务系统"、"陕西省棉花气象预报服务系统""渭河流域雨情监测及洪涝灾害预警系统"等研究项目先后获得陕西省人民政府科技进步奖。

气象法规建设与社会管理

法规建设 随着社会经济和科学技术的发展,气象行业的法律法规得到了确立和加强。2002 年 7 月渭南市政府下发了《关于印发市防御雷电灾害管理办法的通知》;2005 年 4 月渭南市气象局、城市建设局、城市规划局联合发文《关于加强气象探测环境和设施保护的通知》;2006 年 4 月渭南市政府下发了《关于印发渭南市重大气象灾害预警应急预案的通知》;2007 年 2 月渭南市政府下发了《关于加快气象事业发展的实施意见》;2008 年 5 月渭南市政府下发了《关于加强气象灾害防御工作的实施意见》。

制度建设 为落实气象法律法规,市局建立健全了服务考核制度、告知制度、过错追究制度、行政许可公开制度、行政许可听政制度、监督检查制度、首问责任制、限时办结制、效能投诉制等制度,为气象依法行政打下了良好的基础。

社会管理 为履行好气象依法行政社会管理职能,2001 年 7 月成立了渭南市气象局法制办公室,2002 年更名为渭南市气象局政策法规科。2001 年为 46 人办理了气象执法证件,挑选 36 人兼职组成渭南市气象执法队伍。2006 年,市局建立了由 2 人组成的专职执法队伍,每县局配备兼职执法人员 3～4 人。从 2003 年开始,市局坚持每年与市政府法制办、市人大法工委联合对各县气象依法行政工作进行检查指导。

依法行政 气象依法行政主要是对防雷工程专业设计或者施工资质管理、施放气球单位的资质认定、施放气球活动实行许可制度以及依法对气象探测环境进行保护。

气象行政许可工作始于 2004 年,主要对气象工作的职责、机构设置、政策法规、突发气象灾害事件信息、经法定程序批准的行政许可审批事项等,通过渭南气象网站和渭南日报、电视向社会公开。行政许可项目有:建设项目大气环境影响评价使用气象资料审查;防雷装置设计审核;防雷装置竣工验收;升放无人驾驶自由气球或者系留气球单位资质认定;升放无人驾驶自由气球或者系留气球活动审批等。

党建与气象文化建设

1. 党建工作

党的组织建设 1965 年 12 月,渭南中心气象站成立党支部。"文化大革命"期间,党支部被革命委员会取代。1971 年,实行军、地双重领导,以军事部门为主,分区派驻军代表,恢复成立了党支部、团支部。1980 年 5 月,渭南地区气象局党组成立。2004 年 9 月,市局成立党总支,下设机关、直属单位和老干3个支部,属中共渭南市直属机关工委领导。截至2008年底有党员66人(其中离退休职工党员17人)。

2000年以来党组织先后开展了"三讲"、"先进性教育"、"学习实践科学发展观"等多项教育活动。党建工作坚持每年一个主题,有力地配合了党组工作,推动了基层党建工作。2008年,渭南局党总支被市直机关工委授予"党建工作示范单位"。王旭仙、李三明、孙健康先后被评选为中共渭南市第一、二、三届党代表。

党风廉政建设 1984年7月,渭南地区气象局党组下发《关于落实党风根本好转的规划》。1985年9月,中共渭南地区气象局党组纪检组成立,党风廉政建设不断加强。认真落实党风廉政建设责任制,积极开展廉政教育和廉政文化建设活动,努力建设文明机关、和谐机关和廉洁机关。坚持不懈开展各类主题廉政教育。每年与全市各单位负责人签订《党风廉政建设责任书》,党风廉政建设体制、制度不断健全。2005年被中国气象局评为"局务公开先进单位"。

2. 气象文化建设

精神文明建设 1984年8月,渭南局党组下发《关于开展创建文明单位活动的通知》安排部署创建文明单位工作。领导班子把自身建设和职工队伍的思想建设作为文明创建的重要内容,坚持"两手抓,两手都要硬",造就了清正廉洁的干部队伍,锻炼出一支高素质的职工队伍,渭南局的各项工作得以全面发展。

2004年,全国气象部门基层台站会议在韩城召开。在此基础上,市局凝练了"科学创新、求实奉献、测天为民、追求卓越"的渭南气象精神和"立高峰、测风云、比奉献、创一流"的华山气象精神。用先进的思想鼓舞人、引导人,凝心聚力创佳绩。积极开展文化体育活动,陶冶职工情操,增强单位凝聚力。积极参加省气象局和渭南市组织的各种文艺会演、演讲比赛和运动会。2004年获全省气象系统文艺汇演特等奖,并代表陕西参加全国气象系统文艺汇演。局机关每年坚持开展形式多样、丰富多彩的文体活动,丰富职工的业余生活。不断加强文化阵地建设,建立了气象文化长廊、职工活动室、学习室、图书阅览室,机关大院和家属院都安装了体育健身器材。为干部职工提供了良好的办公、学习、生活环境,职工的精神面貌在改变,单位的凝聚力不断提升。

文明单位创建 2000年、2003年、2005年,渭南市气象局先后被评为县级、市级、省级文明单位;连续6年被市文明委评为"创佳评差优胜部门"。

4. 荣誉

集体荣誉 1994年,棉花气象服务台被省人民政府授予"先进集体";2003年获渭南市委市政府"抗洪抢险先进集体";2005年,获中国气象局"局务公开先进单位"。

个人荣誉 渭南市气象局有137人次荣获中国气象局、陕西省政府、省气象局、渭南市政府的奖励。

台站建设

台站综合改造 1958年渭南县气候站成立时,在渭南县胡王乡占地只有3.5亩,几间简陋的办公用房。1964 年 2 月迁站至双王乡杨刘村,占地总面积为 6321.8 平方米。1983 年在渭南城区西岳路征地 6 亩(含公路路面),建家属楼 1 栋。1990 年在渭南城区西岳路开工建办公楼 1 栋,面积 1600 余平方米,于 1991 年 12 月搬迁至新办公楼。1997 年职工集资修建 24 套标准住房,1999 年集资修建 20 套标准住房,职工无住房问题得以解决。

渭河流域气象预警中心建设 渭河流域气象预警中心是陕西省气象局和渭南市人民政府联合建设的项目,2006 年 7 月,中国气象局副局长许小峰和陕西省副省长李堂堂为渭河流域气象预警中心建设揭牌。该中心占地 15 亩,地方政府投资 180 万(征地),中国气象局、省气象局共投资 400 万元,自筹资金 60 万元。2008 年,大楼已经建成,气象预警中心业务平台、气象影视演播厅、人工影响天气业务平台、雷电防预业务平台和生态农业与气象业务平台以及局史馆、科普教育基地、图书阅览室、党员活动室、职工活动室、篮球场等硬件设施正在建设中。

渭河流域气象预警中心业务平台

渭河流域气象预警中心揭牌仪式

20世纪90年代办公楼 2008年建成的渭河流域气象预警中心

20 世纪 70 年代、90 年代初期气象局办公楼与渭河流域气象预警中心业务大楼新旧对比。

临渭区气象局

临渭区历史悠久。春秋时期,秦武公十年(公元前 688 年),在渭河以北设立下邽县。秦统一中国后,在下邽之东设莲勺县,隋大业元年(公元 605 年)莲勺并入下邽;前秦苻坚甘露二年(360 年),在渭河以南设置渭南县。西魏废帝二年(公元 553 年),在阳郭塬一带曾设灵源县、中源县。自汉高祖二年(公元前 205 年)以后,曾多次设郡,历经数次变异沿革,分合兴废。元代至元元年(1264 年),下邽并入渭南。从此,渭河南北统一于渭南县。其后虽隶属变换频繁,但疆域未变。

临渭区地处渭河下游,地势南高北低,气候环境复杂,抵御自然气象灾害的能力弱,是陕西省的防汛重点区域。属温带季风气候,灾害性天气频发,尤以干旱、大风、暴雨、雷电、大雪为甚。

机构历史沿革

始建情况 1997 年 12 月的渭南市气象局观测站,属于渭河市气象局的直属事业单位。1995 年渭南地改市,将原渭南县改为临渭区,为了适应气象为当地的服务,渭南市气象局和临渭区政府于 1997 年 12 月联合成立了渭南市临渭区气象局(实行局站合一)。站址位于临渭区双王乡杨刘村"乡村",北纬 34°31′,东经 109°29′,海拔高度 349.8 米。

2007 年 1 月 1 日改为国家气象观测站二级站,2008 年 12 月 31 日改为国家一般气象站。

管理体制 成立以来一直实行气象部门与地方政府双重领导,以气象部门领导为主的管理体制。

机构设置 1997 年 12 月成立时设办公室、业务股。2007 年,设立气象行政执法队。

单位名称及主要负责人变更情况

单位名称	姓名	职务	任职时间
渭南市临渭区气象局	陈社益	局长	1997.12—2007.04
	鹿庆华	局长	2007.04—2008.12
	苏炳彦	局长	2008.12—

人员状况 1997 年建局时有职工 11 人。截至 2008 年底共有在职职工 10 人(在编职工 9 人,外聘职工 1 人)。在编职工中:大学本科 1 人,大专 5 人,其他 3 人;中级职称 2 人,初级职称 4 人,无职称 3 人;40 岁以上 4 人,40 岁以下 5 人。

气象业务与服务

1. 气象观测

①地面观测

每天进行 08、14、20 时 3 次观测。人工观测项目有云、能见度、天气现象、气压、气温、湿度、风向风速、浅层地温、深层地温、降水、雪深、日照、蒸发等。2005 年观测业务扩展酸雨监测业务。承担西安等地的航危报业务,2006 年取消航危报,只发地面加密天气报和重要天气报。

航危报 1997 年 12 月—2006 年 12 月 31 日,向西安发固定航空(危险)报,即夏半年拍发 06—20 时的航危报,冬半年拍发 07—18 时的航危报。

地面天气报 内容有云、能见度、天气现象、气压、气温、风向风速、降水、雪深、地温等;航空报的内容只有云、能见度、天气现象、风向风速等。当出现危险天气时,5 分钟内及时向所有需要航空报的单位拍发危险报;重要天气报的内容有暴雨、大风、雨淞、积雪、冰雹、龙卷风、大雾、雷暴、霾、浮尘等。2002 年 12 月以前为手工编报,再通过电信部门以电话形式传送,2003 年以后用 OSSMO 形式发报,停止手工编报发报。

报表编制 编制的报表有气表-1、气表-21,农气表-1、农气表-2、农气表-3。1998 年 12 月以前气表-1、气表-21 运用的是 AHDM 机制报表,手工抄录 2 份封面、封底。2003 年以后 OSSMO 形式制作报表,停止报送纸质报表。农气表-1、农气表-2、农气表-3 抄录 4 份向中国气象局、省气象局、地(市)气象局各报送 1 份,本站留底本 1 份。气表-1、气表-21 报表到 2008 年 12 月底已连续合格达 147 个月。

自动气象站 2002 年 11 月安装了 DYYZⅡ-4 自动气象站,2003 年 1 月 1 日,正式投入运行,实行双轨观测,2004 年 1 月以自动站的数据作为正式记录,2005 年 1 月实行自动气象站单轨运行,观测项目为六要素,有气压、温度、湿度、雨量和风向风速,全部采用仪器自动采集、记录,替代了人工观测。

2006 年,区域自动气象站陆续建设。先后在箭峪水库、三关庙镇建成温度、雨量两要素区域自动气象站,在高新区建成了 DYYZⅡ-4 型温度、雨量、风向、风速四要素区域自动气象站。2007 年在南师镇、畜店镇、3 号沟、沈河水库、渭北产业园建成了 DYYZⅡ-2 型温度、雨量两要素区域自动气象站。

②农业气象观测

临渭区气象局为国家一级农气观测站,观测项目有冬小麦、棉花、秋玉米、物候、土壤旱涝监测等项目。2004 年因业务扩展,将原来每年 5—9 月份的每月 3 日、13 日、23 日土壤旱涝监测加密观测,增加为全年加密观测。2002 年因棉花观测条件达不到规范要求,经过上级业务部门批准取消了棉花生育观测等项目。

农作物生育报 内容有农作物的旬内生育状况、作物成熟后的产量分析、旬内气温积温及百分率、旬内日照总数及百分率、旬内总降水量及百分率、干土层、渗透度以及 10 厘米、20 厘米、30 厘米、40 厘米、50 厘米深度的土壤湿度百分比、灾害情况和每月 5 日、15 日和 25 日的 2 个观测点土壤湿度百分比。2004 年以前为手工编报,再通过电话形式传送。2004 年因运用

413

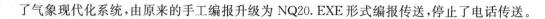

了气象现代化系统,由原来的手工编报升级为 NQ20.EXE 形式编报传送,停止了电话传送。

2. 天气预报

1997 年成立临渭区气象局后,开始作补充订正天气预报。随着气象现代化建设的不断加快,台站预报从原来的手工制作脱离开来,以微机制作为主,通过局域网调取大量的数据资料,运用 MICAPS 平台制作预报,局地灾害性天气预报更加准确,利用多普勒雷达云图进行指挥服务,基本上达到了定时、定量、定点,预报水平有了质的飞跃。长期预报主要有:春播预报、秋播预报、汛期(5—9 月)预报、三夏预报,年度气候分析、评价等。

3. 气象服务

临渭区气象局坚持以经济社会需求为牵引,把公众气象服务、决策气象服务、专业气象服务和气象科技服务融入到经济社会发展和人民群众生产生活。

①公众气象服务

1998 年,临渭区局与区广播电视局协商同意在电视台播放临渭区天气预报,天气预报信息由气象局提供,电视节目由电视台制作,预报信息通过人工传送至广播电视局。2001 年由于电视台电视播放系统升级,临渭区广播电视局与渭南市广播电视局合并,临渭区气象局停止了电视天气预报制作的工作。

②决策气象服务

2007 年 4 月,为了更及时准确地为各级领导服务,临渭区气象局与中国移动公司渭南分公司合作开通了"企信通"业务,通过手机短信形式向全区各级领导发送天气预报、重要天气消息和雨量通报等气象信息。2008 年由于渭南市气象局专业台拓展业务,手机短信服务形式范围扩大,临渭区气象局停止了"企信通"业务。

③专业与专项气象服务

临渭区气象局在做好公众气象服务外,还开展了有偿气象专业服务,服务的对象、范围、收费原则和标准等内容是按照陕西省物价局有关文件严格执行。气象有偿专业服务主要是为全区各乡镇(场)或相关企事业单位提供中、长期天气预报和气象资料。

防雷管理　2006 年临渭区人民政府办公室发文成立了防雷工作领导小组,区防雷工作领导小组下设办公室,办公室设在临渭区气象局,办公室主任由临渭区气象局局长担任。

人工影响天气　1999 年,临渭区人民政府人工影响天气领导小组办公室成立,挂靠临渭区气象局,负责临渭区的防雹增雨工作。临渭区人工影响天气工作主要任务是开展人工增雨作业,服务工农业生产,适时组织开展地面人工防雹增雨(雪)作业。影响比较大的是 1999 年秋、冬、春三季连旱和 2009 年 2 月的大旱,区人工影响天气办公室抓住有利时机,主动开展人工增雨,缓解了旱情。气象服务在当地经济社会发展和防灾减灾中发挥作用。

【气象服务事例】　2003 年 8 月和 2005 年 10 月,渭河流域出现大洪水,区气象局提前做出预报,为政府抗洪抢险决策提供了科学依据。2008 年 5 月 12 日四川汶川 8.0 级特大地震发生后,区气象局认真落实市气象局和区委、区政府的文件精神,立即启动应急气象服务预案,应急领导小组坚持 24 小时值班,积极与区政府应急办和区民政局联系,增发"防震专题天气预报",每周四给区政府应急办提供"周"预报,当有明显降水或预报有重大天气过程时,提供"应急专题预报",积极为抗震救灾工作提供气象服务。

气象法规建设与社会管理

行政执法　2007年,临渭区气象局成立气象行政执法队,为4人办理了行政执法证,主要负责气象探测环境保护和升空气球的审批和执法。

制度建设　1998年制定了《临渭区气象局综合管理制度》,2001年经重新修订后下发,主要内容包括计划生育,干部、职工脱产(函授)学习和申报职称等,干部、职工休假及奖励工资、医药费、业务值班室管理制度,会议制度,财务、福利制度等。

政务公开　对气象行政审批办事程序、气象服务内容、服务承诺、气象行政执法依据、服务收费依据及标准等,采取了通过户外公示栏、发放宣传单等方式向社会公开。

党建与气象文化建设

1. 党建工作

党的组织建设　1998年成立党支部。截至2008年底有党员6人。

党支部加强党员的学习、教育和管理,充分发挥党支部的战斗堡垒作用和党员的先锋模范作用;重视培养发展党员,条件成熟及时发展,1998—2008年先后发展党员4人。

党风廉政建设　2004年,渭南市局任命了纪检监察员。临渭区局认真落实党风廉政建设责任制,积极开展廉政教育和廉政文化建设活动,努力建设文明机关、和谐机关和廉洁机关。开展了以"情系民生,勤政廉政"为主题的廉政教育。组织观看了《忠诚》等警示教育片。加强局务公开。干部任用、财务收支、目标考核、基础设施建设、工程招投标等内容则采取职工大会或公示栏等方式向职工公开。局财务账目每年接受上级财务部门年度审计,并将结果向职工公布。财务一般每半年公示1次,年底对全年收支、职工奖金福利发放、领导干部待遇、劳保、住房公积金等向职工作详细说明。职工晋职、晋级等及时向职工公示或说明。

2. 气象文化建设

精神文明建设　始终坚持以人为本,弘扬自力更生、艰苦创业精神,深入持久地开展文明创建工作,做到政治学习有制度、文体活动有场所,职工生活丰富多彩。

文明单位创建　临渭区气象局把领导班子的自身建设和职工队伍的思想建设作为文明创建的重要内容,通过开展经常性的政治理论、法律法规学习,造就了清正廉洁的干部队伍,锻炼出一支高素质的职工队伍。全局干部职工及家属子女无一人违法违纪,无一例刑事民事案件,无一人超生超育(临渭区气象局与市气象局共处一院,与市气象局同为1个文明创建单位)。文明创建阵地建设得到加强。开展文明创建规范化建设,改造观测场,装修业务值班室,统一制作局务公开栏、学习园地、法制宣传栏和文明创建标语等宣传用语牌。每年在"3·23"世界气象日组织科技宣传,普及防雷知识。积极参加省市局和地方政府组织的文艺会演和户外健身,丰富职工的业余生活。

荣誉　从1997—2008年,共获集体荣誉8项;个人获奖共78人(次)。2005年肖湘卉被陕西省人事厅、陕西省气象局联合评为先进个人。

台站建设

台站综合改造 临渭区气象局初建时只有 4 间平房作为办公室。2002 年在原址进行了办公业务楼的综合改造,总投资约 25 万元,新建了业务楼,建筑面积 224.64 平方米,整修了观测场,美化绿化了环境,整体面貌大为改观。

园区建设 2002—2008 年,临渭区气象局分期分批对机关院内的环境进行了综合改造,规化整修了道路,在庭院内修建了草坪和花坛,栽种了风景树,全局绿化率达到了 60%,重新修建装饰了业务综合楼,改造了业务值班室,完成了业务系统的规范化建设,使机关院内变成了风景秀丽的花园,气象业务现代化建设取得了突破性进展。

1978 年的临渭区气象站观测场　　　　　　2004 年综合改造后的临渭区气象局观测场

韩城市气象局

韩城历史悠久,文化底蕴深厚,是我国西汉伟大的史学家、文学家、思想家司马迁的故乡。隋开皇十八年(公元 598),以古韩国改名韩城,即建韩城县,距今已有 1410 年。韩城市位于关中平原东北隅,东隔黄河与山西省河津、乡宁、万荣等县市相望,地形地貌为"七山一水二分田"。全市面积 1621 平方千米,辖 14 乡镇、2 个街道办事处、276 个行政村,人口38.5 万。1983 年 10 月经国务院批准,1984 年 1 月改为韩城市(县级市)。1985 年被国务院批准为对外开放城市,1986 年 12 月被命名为全国历史文化名城,2007 年 1 月被命名为中国优秀旅游城市。

韩城属于暖温带半干旱大陆性季风气候,四季分明,气候温和,雨量适宜,光照充足。干旱、冰雹、大风、霜冻、暴雨等气象灾害比较严重。

机构历史沿革

始建情况 1956 年 10 月,韩城县气候站在韩城县夏阳乡赵家寨村建站,沿用至今。

站址位于北纬 35°28′,东经 110°27′,海拔高度 458.1 米。

历史沿革 1956 年 10 月,成立韩城县气候站;1960 年 4 月,更名为韩城县气象服务站;1970 年 1 月,更名为韩城县气象站革命领导小组;1971 年 12 月,更名为韩城县革命委员会气象小组;1972 年 8 月,更名为韩城县革命委员会气象站;1979 年 12 月,更名为韩城县气象站,1984 年 1 月,随韩城撤县改市更名为韩城市气象站;1990 年 1 月起,改称韩城市气象局(实行局站合一)。

韩城市气象站,原属于国家一般气象站,2007 年 1 月,改为韩城国家气象观测站一级站;2009 年 1 月,改为国家基本气象站。

管理体制 1956 年 10 月—1966 年 6 月,由上级气象部门与韩城县政府双重领导,以气象部门领导为主;1966 年 7 月—1979 年 12 月,实行双重领导,以地方为主的管理体制(1970 年 1 月—1979 年 12 月,实行军事部门与地方政府双重领导,以军队为主的管理体制);1980 年 1 月,实行气象部门与地方政府双重领导,以气象部门领导为主的管理体制。

机构设置 内设机构有:业务股(气象台)、综合办公室(气象行政执法队)、气象科技服务中心、人工影响天气管理办公室、雷电防护预警防雷中心。一个下属单位韩城市增雨防雹工作站。

单位名称及主要负责人变更情况

单位名称	姓名	职务	任职时间
韩城气候站	纪耀先	站长	1956.10—1957.04
韩城县气象服务站	薛保忠	站长	1957.04—1960.04
			1960.04—1970.01
韩城县气象站革命领导小组		组长	1970.01—1971.12
韩城县革命委员会气象小组	孙宗康	组长	1971.12—1972.08
韩城县革命委员会气象站		站长	1972.08—1977.03
	程子真	站长	1977.03—1979.12
韩城县气象站	张双合	站长	1979.12—1982.02
	承顺焕	站长	1982.02—1984.01
韩城市气象站			1984.01—1984.09
	马福义	站长	1984.09—1989.11
	薛志民	站长	1989.11—1990.01
韩城市气象局		局长	1990.01—1994.03
	张华潮	局长	1994.03—1998.10
	王卫民	局长	1998.10—2006.07
	淡会星	局长	2006.08—

人员状况 1956 年建站时有职工 4 人。2006 年 8 月,定编职工为 11 人。2008 年底共有在职职工 15 人(在编职工 8 人,聘用 7 人),退休职工 4 人。在职职工中:大学本科 3 人,大专 6 人,中专 4 人,其他 2 人;中级职称 6 人,初级职称 2 人;在编职工中:40~49 岁 4 人,30~40 岁 4 人。

气象业务与服务

1. 气象业务

①气象观测

韩城市气象站每天向陕西省气象台传输 8 次定时观测电报,制作气象月报和年报报表。一直属于国家农气站,开展花椒、小麦、玉米等农业气象观测任务。承担航危报观测任务。

地面观测 1956 年 10 月 21 日—1982 年 12 月 31 日,每天 01、07、13、19 时及地方平均太阳时 05、11、17、23 时 8 次观测发报,实行昼夜守班。1960 年 8 月 1 日起每天进行 02、08、14、20 时(北京时)4 次人工观测,夜间守班。1983 年 1 月 1 日—2006 年 12 月 31 日,每天进行 08、14、20 时 3 次气候站观测。2002 年 11 月,建成 DYYZⅡ型自动气象站,2003 年 1 月 1 日投入业务运行。自动观测项目有气压、气温、湿度、风向、风速、降水、地温。2007 年 1 月 1 日升级为国家气象观测站一级站,增加 02 时定时观测,每天 02、08、14、20 时 4 次定时观测并编发天气报,05、11、17、23 时编发补充天气报。恢复昼夜守班。2009 年 1 月 1 日,改为国家基本气象站,业务保持不变。观测项目有云、能见度、天气现象、气压、气温、湿度、风向、风速、降水、雪深、日照、蒸发、地温等。每月编制地面气象记录月报表(气表-1);每年编制地面气象记录年报表(气表-21)。并向上级业务部门传输月、年报表,本站留底本 1 份。停止报送纸质报表。从 1956 年开始承担"航危报"观测、发报任务。目前,每天白天时段向北京(OBSAV、OBSZC)和阎良(OBSAV)编发每小时"航危报"。

2007 年建成 10 个乡(镇)自动区域气象站。

农业气象观测 农业气象从建站初一直延续到 2008 年,农作物主要观测蔬菜、果树。1989 年韩城被确定为国家一级农气站。观测项目有小麦、棉花、物候、土壤湿度等,后因种植面积减少,经请示国家气象局停止棉花观测。2005 年 3 月开始生态观测,观测内容有小麦、玉米、花椒。制作 1 份农气表-1;1 份农气表-21。2008 年建成了土壤水分自动监测站。

②天气预报

短期天气预报 1980 年 6 月,开始作补充订正天气预报。在 20 世纪 80 年代初期,上级业务部门非常重视基层的业务基本建设,要求每个台站的基本资料、基本图表、基本档案和基本方法(即四基本)必须达标。

中期天气预报 20 世纪 80 年代初,通过传真接收中央气象台,省市气象台的旬、月天气预报,再结合分析本地气象资料,短期天气形势,天气过程的周期变化等制作一旬天气过程趋势预报。后此种预报作为专业专项服务内容。

长期天气预报 主要运用数理统计方法和常规气象资料图表及天气谚语、韵律关系等方法,依靠上级的指导预报分别作出具有本地特点的补充订正预报。长期预报主要有:春播气候预测、汛期(5—9 月)气候预测、"三夏"预报、年度气候预测、秋季气候预测。

③气象信息网络

建站起定时观测资料采用人工编制气象电码,通过电话交由邮电局报务员转发省市气象台和各航空报用报单位。

气象通信从无线电台、邮局电报、无线高频、电话发展到互联网等,实现了快速发展。2000 年 11 月,通过 169 分组网向省市气象台发气象报文;2003 年建成自动气象站,省一市一县建成了基于电信和移动数字网络组建的双路(2×2 兆 SDH)气象信息专用宽带广域网,每小时将报文、自动站观测数据上传;2008 年,建成卫星雷达综合监测系统、县级预报服务系统、区域气象监测系统、生态与农业服务系统、人工影响天气指挥系统、预警发布系统等气象监测预警中心、天气预报可视会商系统等。建成了部门内的网上 Notes 办公系统,实现了办公自动化和现代化。

2. 气象服务

①公众气象服务

从建站到 20 世纪 80 年代后期,主要通过县、公社广播站向外播送天气预报;20 世纪 90 年代初中期,通过 BP 机向外播送天气预报;1996 年 6 月,正式开通"121"天气预报自动咨询电话;1999 年 1 月,开通韩城电视天气预报节目,每天 12、20、22 时播出 3 次;2005 年开通了手机短信天气预报;2007 年 10 月,在市委、市政府、人大政协、财政、广电、禹龙宾馆建成了气象电子显示屏,发布各类气象信息。

②决策气象服务

主要以书面材料进行服务,主要决策服务产品有《送阅件》、《气候预测》、《雨情通报》、《重要天气报告》、《春播气候预测》、《汛期气候预测》、《秋播气候预测》等。2008 年,利用电信"企信通"平台,以手机短信方式向全县各级领导及气象信息员发送灾害性气象预警信息。

③专业与专项气象服务

1985 年开始推行有偿专业气象服务。当时主要是为各乡镇(场)或相关企事业单位提供短、中、长期天气预报和气象资料,一般以周、旬天气预报为主。20 世纪 80 年代后期至 90 年代初期,利用无线高频对讲电话、气象警报接收机对厂矿、防汛、农业、林业等部门开展服务。2000 年起,根据韩城农业经济支柱产业—花椒,开展了花椒冻害防御、病虫害防治等系列气象服务工作。

人工影响天气 1990 年 6 月,韩城市人工影响天气领导小组办公室成立,办公室设在气象局。1999 年 5 月,韩城市机构编制委员会批复成立了韩城市增雨防雹工作站,股组级事业单位,编制 6 人,实行经费全额拨款,隶属气象局领导。2008 年有人工增雨专用"三七"高炮 3 门、人工增雨火箭弹发射架 5 副。

防雷工作 2002 年以前,防雷电减灾工作由各县气象局开展服务。2002—2005 年,防雷电减灾工作统一由渭南市防雷中心对全市开展服务,各县抽 1 名防雷电工作人员配合渭南市防雷中心开展本县防雷减灾工作。2006 年,防雷电减灾工作统一下放到县气象局。2005 年 10 月,韩城市人民政府办公室下发了《关于进一步加强雷电灾害防御管理工作的通知》,将防雷电装置年度检测及防雷工程从设计、施工到竣工验收,全部纳入气象行政管理范围,为开展防雷电减灾工作奠定了良好的基础。

④气象科技服务

近几年,基层气象科技服务工作取得了显著的成绩,服务项目不断增加,服务内容进一步拓展,服务形式趋于多样化,服务水平服务质量有了明显的提高。目前,气象科技服务的项目主要有:气象信息短信、气象信息"12121"、气象信息服务终端、雷电技术防护等、彩球施放、影视广告等。有针对性的气象科技服务工作有了新突破,针对煤矿、化工、易燃易爆等高危行业的气象信息直通,实现了对高危行业气象科技服务零距离。通过在煤矿、化工等高危行业的调度室、要害部门、人员集中的地方设立电子显示屏,灾害性天气预报信息能够在第一时间内在电子显示屏上播放出来,以便高危行业有关部门采取相应的措施,避免或减少安全事故的发生。

气象科普宣传 经过近多年的建设,韩城气象科普设施得到了进一步完善。在韩城市青年科普广场设立科普宣传栏 1 处。开展以"科技之春"宣传月活动、"3·23"世界气象日、"5·12"防灾减灾日、六一儿童节、安全生产宣传月等主要节日为主的气象科普宣传,制作防雷避险展板,印制"春季果树花期冻害的预防和补救措施、花椒病虫害的预防、人工增雨防雹、野外活动如何预防雷击、气象信息获取方法"等气象科普宣传单,开展气象宣传咨询活动。2008 年开展防雷科普直通车进企业、社区、学校、军营等宣传活动,赠送防雷科普挂图、DVD 光盘 400 套,扩大了气象科普知识的宣传面。组织科技下乡服务宣传,指导农民群众科学种植大棚蔬菜、果树防冻技术、花椒病虫害防治、合理利用气象条件服务农业生产等科技知识。每年通过社会调查问卷的形式,了解社会群众对气象信息服务的期望与满意程度,了解社会群众对当前气象服务的需求和建议。2006—2008 年,韩城市气象局发放科普资料 3 万多份,受教育群众达 2000 多人,举办青少年科普教育活动 8 次,受教育学生达 2200 多人。

服务效益 气象服务在"新农村"建设、地方经济社会发展和防灾减灾中发挥了重要作用。在 2000 年 8 月 12 日韩城出现的特大暴雨、2003 年 8 月薛峰水库泄洪等决策气象服务中,气象局预报及时准确,为防汛抢险提供了科学决策依据,将灾害损失降到最低。大红袍花椒是韩城农业的支柱产业,影响花椒生长发育的自然灾害是春季冻害。2002 年、2007 年 3 月底到 4 月初,韩城出现了霜冻天气,气象局及时发布灾害性霜冻信息,全市干部职工上下联动,群防群治,使全市霜冻灾害减小到最小程度。

气象法规建设与社会管理

1. 法规建设

韩城市气象局重点加强气象灾害防御工作的依法管理工作。得到了地方党委、政府的大力支持,下发了一系列加强气象工作的文件。

韩城市下发的加强气象工作的文件

时间	发文机关	文件名	文号
1999 年 5 月 10 日	韩城市机构编制委员会	《关于设立"韩城市增雨防雹工作站"的批复》	韩编发〔1999〕24 号
2005 年 10 月 11 日	韩城市人民政府办公室	《关于进一步加强雷电灾害防御管理工作的通知》	韩政办发〔2005〕97 号

续表

时间	发文机关	文件名	文号
2006 年 8 月 21 日	韩城市人民政府办公室	《关于进一步做好防雷减灾工作的通知》	韩政办发〔2006〕107 号
2007 年 3 月 6 日	韩城市人民政府办公室	《关于成立韩城市防雷减灾工作领导小组的通知》	韩政办发〔2007〕24 号
2007 年 3 月 30 日	韩城市人民政府	《关于进一步加快气象事业发展的实施意见》	韩政发〔2007〕18 号
2007 年 5 月 23 日	韩城市人民政府办公室	《关于印发韩城市重大气象灾害预警应急预案》	韩政办发〔2007〕61 号
2007 年 5 月 23 日	韩城市人民政府办公室	《关于进一步做好防雷减灾工作的通知》	韩政办发〔2007〕62 号
2007 年 10 月 9 日	韩城市机构编制委员会	《关于韩城市雷电预警防护中心机构设立职能配置和人员编制的通知》	韩编发〔2007〕23 号
2008 年 3 月 4 日	韩城市人民政府办公室	《关于进一步做好防雷减灾工作的通知》	韩政办发〔2008〕27 号
2009 年 6 月 23 日	韩城市人民政府办公室	《关于进一步加强防雷装置年度检测和设计审核及竣工验收工作的通知》	韩政办发〔2009〕87 号

2. 制度建设

建站初期,由于业务单纯,主要为测报、预报值班制度及业务质量奖罚制度。2000 年,制定了《韩城市气象局综合管理制度汇编》,主要内容包括综合管理、行政管理、业务管理和人事、财务、后勤管理以及安全、党风廉政建设和党建工作制度,通过规范化、制度化建设,使各项工作健康发展。

3. 社会管理

探测环境保护 2005 年,在市政府法制办、城建局、国土资源局进行了《气象探测环境保护法规汇编及技术规定》备案。2007 年 1 月,因升为一级站,气象探测环境的要求发生了变化,重新在市政府法制办、城建局、国土资源局进行了《气象探测环境保护》备案。2008年 1 月,中国气象局监测网络司下发了《韩城国家气象观测一级站观测环境状况证书》,将观测环境状况建档。

施放气球等管理 自 2003 年 6 月 6 日中国气象局公布了《施放气球管理办法》,对施放气球单位实行资质认定制度,未按规定取得《施放气球资质证》的单位不得从事施放气球活动。对从事施放气球的作业人员实行资格管理制度,未取得《施放气球资格证》的人员不得从事施放气球作业。施放气球活动实行许可制度。施放气球单位施放气球至少提前 3天向县气象局提出申请,审查符合规定的,行政许可后方可进行施放气球作业。

防雷管理 2006 年,防雷电减灾工作统一下放到县气象局,重点开展防雷社会管理职能,成立了韩城市防雷中心,负责辖区内防雷电装置定期检测和图纸技术审查及防雷随工检测,成立行政许可室,负责防雷图纸审核及竣工验收核准,同时成立气象行政执法队,对防雷减灾法规落实情况进行全面监督检查,确保防雷减灾工作扎实有序,科学有效。2007年,与安监局、法制办联合进行执法检查,检查单位 67 家,立案 6 起,在市人民法院民事厅的主持下,都得到了协商解决。2008 年开展执法检查(包括 3 次联合执法),对全市 110 余家企事业单位的防雷安全工作进行了一一排查,下达审批通知书 13 家,下达责令整改通知书 9 家,立案 6 起,结案 6 起。有力的保障了防雷法规的全面落实和防雷减灾工作的全面开展。

4. 政务公开

对气象行政审批办事程序、气象服务内容、服务承诺、气象行政执法依据、服务收费依据及标准等,采取了通过户外公示栏、电视广告、发放宣传单等方式向社会公开。

党建与气象文化建设

1. 党建工作

党的组织建设 从建站至 1994 年,党员人数一直少于 3 人,先后编入农林局、人武部、农林牧局党支部。1994 年 4 月,成立了气象局党支部,有党员 5 人。截至 2008 年底有党员 6 人。

党风廉政建设 2004 年,渭南市局任命了纪检监察员。认真落实党风廉政建设目标责任制,积极开展廉政教育和廉政文化建设活动,努力建设文明机关、和谐机关和廉洁机关。与下属单位防雹站、防雷中心签订了党风廉政建设目标责任制。组织职工观看宣传郭孝义先进事迹的迷糊剧《清风碑》,参观郭孝义故居及先进事迹展,积极参加气象部门"华云杯"反腐倡廉知识竞赛,使广大职工在先进人物身上接受教育、净化心灵。充分利用公开栏、宣传窗等形式开展廉政宣传,使干部职工通过多种形式积极参与,形成互相推动气象部门廉政文化建设深入、持久开展。加强局务公开。2006 年以后对各项制度进行了修订,"三人决策"制度、局务公开制度,"三重一大"事项决策等制度。局财务账目接受上级财务部门交叉年度审计,并将结果向职工公布。干部任用、财务收支、目标考核、基础设施建设、工程招投标等内容则采取职工大会或上局公示栏张榜等方式向职工公开。财务按照预决算、招待费、专项经费、固定资产及大宗物资、债权债务、工程预决算、维修招标、日常开支 8个项目,根据规定时限及时公开,年底对全年收支、职工奖金福利发放、领导干部待遇、劳保、住房公积金等向职工作详细说明。

2. 气象文化建设

韩城市气象局从 1999 年开始致力于气象文化建设的探索,逐渐形成了以"气象精神、服务宗旨、团队使命、行为规范"为框架的气象文化体系。

气象精神:艰苦奋斗 爱岗敬业 科技创新 追求实效

服务宗旨:想政府所想 做社会所需

团队使命:学大禹精神 测风云变化 创一流业绩 图强国富民

行为规范:政治立场　旗帜鲜明　思想作风　光明磊落

组织纪律　令行禁止　工作态度　严谨求实

业务技术　精益求精　同志相处　团结尊重

言行举止　文明有礼　齐心协力　共创一流

将安全生产、综合治理和计划生育工作作为单位文化建设的重要工作,由局领导班子成员分管负责,主抓各项工作,并与防雹站、防雷中心签订安全生产目标责任书,落实安全责任,确保机关及防雹工作万无一失。积极配合计生服务站对育龄妇女的每次检查,做到无违反计划生育政策现象发生,全力营造和谐发展环境。

气象文化建设的探讨,极大地激发了干部职工的工作热情,单位工作实现跨越式发展。先后投入大量资金用于气象文化硬件设施建设,文明创建阵地建设得到加强。建设有图书阅览室、职工活动室、健身运动场、乒乓球、羽毛球场,拥有图书1000册。统一制作局务公开栏、学习园地、文明创建标语等,文明单位创建活动蓬勃开展。

2004年6月16—17日,全国气象部门基层台站政治思想工作研讨会在韩城市召开,韩城局作为四名基层台站代表之一在会议上发言。

文明单位创建　1999年2月,被韩城市委、市政府,授予文明单位;2000年3月被渭南市委、市政府命名为市级"文明单位";2008年获渭南市委、市政府"创佳评差"最佳单位。

3. 荣誉

集体荣誉　从1978年至2006年,共获集体荣誉76项。2006年11月,被陕西省委宣传部、科学技术厅、科学技术协会授予"陕西省科普教育基地"。

个人荣誉　从1959年至2008年,个人获省部级以下奖励158人(次)。

台站建设

台站综合改造　韩城市气象局总占地面积为6708平方米,总建筑面积1014平方米,其中办公楼360平方米、职工宿舍470平方米、综合房100平方米、辅助房84平方米。2002年向省气象局申请综合改善资金16万元,将2栋瓦房拆除,对1979年修建的两层简易楼进行了粉刷装修,在院落西侧建设100平方米的综合房,在北侧建设了82平方米的辅助房;2008年重新修建装饰会议室,改造了业务值班室,安装了暖气,单位基础硬件设施得到了明显改善。

园区建设　2002年到2006年,韩城市气象局分期分批对局院内的环境进行了绿化改造,规划整修了道路,在庭院内修建了草坪和花坛。修建了3500多平方米草坪、花坛,栽种了风景树180余棵,绿化率达到了60%,硬化道路1100平方米,修建了职工健身广场、羽毛球、乒乓球场及象征韩城气象文化精神的大禹像,2005年被授予市级"园林式单位"。

1957年9月拍摄的观测场

2001年综合改造前韩城县气象局办公楼

综合改后的韩城市气象局大院(2002年)

综合改后的韩城市气象局观测场(2002年)

合阳县气象局

合阳县位于陕西省关中平原东部,总面积1437平方千米,辖12镇9乡365个行政村,人口44万。合阳县古称"有莘国",是黄河文化的发源地之一。帝喾葬于斯,伊尹耕于斯,周文王娶妃于斯,诗经的第一首诗在这里诞生。

全县为阶梯地貌,北高南低,海拔高度342~1543米。年平均气温为11.8℃、降雨量为533毫米,属暖温带半干旱大陆性季风气候,四季分明,冬夏长而春秋短。自然灾害较多,干旱、暴雨、冰雹、连阴雨、霜冻等气象灾害较为常见。

机构历史沿革

台站变迁 1959年8月,筹建合阳县气候服务站,站址位于合阳县南门外烈士陵园"西边"郊外,1961年10月正式建成,并进行地面观测,一直沿用至今。观测场位于北纬35°14′,东经110°09′,海拔高度708.8米。1970年11月,因观测场距离房屋过近,向南迁移了25米。

历史沿革 1932年(民国二十一年)陕西省水利厅在合阳县城设立1个雨量点,雨量资料记录至 1949 年;1959 年 8 月,筹建合阳县气候服务站,1961 年 10 月建成;1963 年 2 月,更名为陕西省合阳县气象服务站;1966 年 6 月,更名为合阳县气象服务站;1979 年 12 月,更名为合阳县气象站;1990 年 1 月,改称为合阳县气象局(局站合一)。

1980 年被国家气象局确定为气象观测国家一般站。2007 年 1 月 1 日改为国家气象观测站二级站。2009 年 1 月 1 日改为合阳国家一般气象站。

管理体制 1959 年 8 月—1961 年 12 月,归属合阳县农林局领导;1962 年 1 月—1966 年 5 月,隶属合阳县农林局、渭南中心气象站双重领导;1966 年 6 月—1970 年 9 月,归属合阳县农林局领导;1970 年 10 月—1973 年 8 月,归属合阳县人民武装部领导;1973 年 8 月—1979 年 12 月,隶属合阳县农牧局领导;1980 年 1 月起,实行气象部门与地方政府双重领导,以气象部门领导为主的管理体制。

机构设置 1986 年设预报股、测报股;1990 年设气象服务股,后更名为气象科技服务股;2007 年设办公室;2008 年成立合阳县人工影响天气领导小组办公室、合阳县雷电预警防护中心两个地方编制机构。

单位名称及主要负责人变更情况

单位名称	姓名	职务	任职时间
合阳县气候服务站	焦颜才	站长	1959.08—1962.03
	孟广振	站长	1962.03—1963.02
陕西省合阳县气象服务站			1963.02—1966.06
合阳县气象服务站			1966.06—1973.03
	王茂兴	站长	1973.03—1979.12
合阳县气象站			1979.12—1988.12
	王现福	站长	1988.12—1990.01
合阳县气象局		局长	1990.01—1992.11
	谢广佑	局长	1992.11—1994.09
	梁鹏斌	局长	1994.09—1995.01
	张增顺	局长	1995.01—2002.02
	冯小龙	局长	2002.02—2005.03
	淡会星	局长	2005.03—2006.07
	刘红	局长	2006.07—

人员状况 1961 年 10 月,有职工 3 人。2006 年定编为 7 人。2008 年共有在职职工 10 人(在编职工 8 人,聘用职工 2 人),退休职工 5 人。在编职工中:大学本科 1 人,大专 5 人,中专 1 人,其他 1 人;中级职称 3 人,初级职称 4 人。

气象业务与服务

1. 气象业务

①气象观测

地面观测 建站至 2003 年一直采用单一的人工观测方式。2003 年 11 月建成

CAWS600 型自动气象站,自动站观测项目为气温、湿度、气压、风向风速、降水、地温(包括地面温度、浅层地温、深层地温、)。自此,地面气象观测开始采用人工观测和自动观测相结合的方式。2004 年进入第一阶段试运行,2005 年进入第二阶段试运行,2006 年进入自动站单轨运行,停止压、温、湿、风、降水自记纸的整理,仅 20 时进行全部项目的对比观测。观测项目有气压、温度、相对湿度、风向风速、降水、云、能见度、天气现象、冻土、雪深、日照、地面温度、浅层地温、深层地温。观测任务:人工观测项目每天进行 08、14、20 时 3 次定时观测,自动观测项目每天进行 24 次定时观测。1984 年开始定时或不定时向省气象局编发重要天气报。2003 年以前每天 08、14 时向渭南市气象台编发小天气图报,之后,每天 08、14、20 时向省气象台、市气象台编发天气加密报。2001 年 1 月起由微机制报表代替了手工报表,减轻了观测员的劳动量,业务质量得到了很大的提高。

自动气象站 2006—2008 年,由省气象局、县政府、县气象局联合投资在全县 11 个乡镇建立了区域自动气象站。

农业气象观测 2007 年 4 月,安装并试运行土壤水分监测仪,监测 10 厘米、20 厘米、30 厘米、40 厘米、50 厘米、60 厘米、80 厘米、100 厘米的土壤墒情,并自动上传每小时观测资料。

生态观测 2005 年开始生态观测,主要观测种类:小麦、苹果、黄河湿地。编制生态年报表,编发旬(月)报。

②天气预报

20 世纪 60—70 年代,县气象站天气预报业务凭借预报员经验、天气谚语和观察动物的表现情况来做 24 小时短期预报。70 年代后期开始利用统计预报方法制作本县的长期预报。80 年代开始绘制简易天气图、接收传真图,结合省、市气象局的指导预报,制作出县站的旬、周预报和 24 小时短期订正天气预报。90 年代末,建成了气象卫星地面接收站,可以获取大量气象信息和预报服务产品。2003 年起,随着卫星、雷达、自动气象站监测资料和计算机网络技术的广泛应用,开始对上级制作的精细化预报和短时临近预报指导产品进行订正,重点是定时、定点和定量。

③气象信息网络

最初的气象信息传播只能通过人工送达、电话传递到当地邮局,通过邮局进行发报。1987 年开通甚高频电话。2003 年以 ADSL 宽带方式接入国际互联网。2004—2005 年,与县移动公司、电信公司合作,开通了省、市、县间的双路气象宽带广域网,通过网络传输资料和信息。2004 年建立了合阳气象减灾网,及时有效的为政府和公众进行服务。

2. 气象服务

①公众气象服务

1997 年 10 月,气象局同电信局合作开通"121"天气预报自动咨询电话,用户可以通过拨打固定电话"121"咨询未来 3 天的预报以及气象小常识,气象局采用人工录音方式每日早、晚更新预报内容为用户服务。2005 年 1 月,"121"电话升位为"12121"。2003 年 8 月,气象局与县广播电视局协商在合阳电视台播放天气预报,2004 年 5 月停播,2008 年 10 月重新开通,制作系统升级为非线性编辑系统。2007 年在全县范围内安装了 6 块气象电子显示屏,开展了气象灾害信息发布工作。

②决策气象服务

遇有重大天气过程,及时启动应急气象服务预案,开展应急气象服务工作,通过专题气象服务材料、气象短信等及时为各级政府和相关部门领导传递气象预警信息,为领导决策提供依据。

【气象服务事例】 2000 年 4 月 10 日、2001 年 4 月 10—14 日、2002 年 4 月 8—10 日,连续 3 年出现"倒春寒"天气,县气象局提前将预报送到县委、县政府及农牧局、果业局等相关部门,积极做好防御措施,将冻害损失减少到最低。2006 年 8 月 28 日,合阳县出现特大暴雨天气过程,预报人员及时会商天气,将最新天气信息送到县领导手中,充分利用"12121"、手机短信等媒体向社会发布气象预警信息,由于及时准确的预报,县委、县政府及早部署转移了群众 139 人、学生 24 名,减少了灾害损失。在全县防汛专题会议上,县气象局被评为"防汛抗旱先进单位"。

③专业与专项气象服务

根据天气变化及时制作发布《合阳气象》、《重要天气报告》、《雨情通报》等服务产品。每次重大活动、重要节假日、高考以及关键农事季节等都制作并发布专题天气预报。如2001—2004 年连续 4 年为"中国洽川旅游文化节"进行专题气象服务。2004 年 8 月为预备役 423 团实兵实装集结演练提供了成功的气象保障。

防雷工作 认真贯彻落实《陕西省防御雷电灾害管理规定》,依法强化雷电灾害管理。为规范合阳县防雷市场的管理,气象局争取县政府的支持,2008 年县政府批准成立了合阳县防雷中心,属自收自支型事业单位,编制 4 人。开展县域内防雷电装置安全检测、防雷工程图纸审核及随工检测和竣工验收、雷电事故调查等业务。

人工影响天气工作 合阳县是一个农业县,干旱、冰雹等气象灾害是农业生产发展的重要威胁。1995 年,合阳县人工增雨防雹工作站(简称防雹站)成立,挂靠县农牧局。1999 年 6 月归口县气象局管理。2005 年以来,地方政府加大了对人工影响天气工作的投入力度,2008 年防雹站拥有双管式"三七"高炮 10 门、人工影响天气车 1 辆和 2 部火箭发射系统。

2007 年上半年合阳出现持续干旱,3 月2—3 日合阳县"两会"期间的成功增雨,受到参会代表的充分肯定;5 月 10 日的成功增雨,

合阳县气象局修建人工影响天气固定火箭作业点时的情景

县长樊存弟亲自发来短信表示对增雨效果非常满意并对一线工作人员表示慰问。

④气象科技服务

1985 年,遵照国务院办公厅《转发国家气象局关于气象部门开展有偿服务和综合经营的报告的通知》(国办发〔1985〕25 号)文件精神,县气象站专业气象有偿服务开始起步。最初利用传真邮寄、警报系统开展服务,逐步发展为"121"电话咨询、影视、电子屏、手机短信等方式开展气象科技服务。1995 年起,开展庆典气球施放服务。

⑤气象科普宣传

2005年起,合阳县气象局逐年加大对气象宣传工作的投入,制作宣传展板、印制宣传单、挂图,购买气象科普知识书籍、光碟等,利用"3·23"世界气象日、"三下乡"等活动宣传防御气象灾害、应对气候变化等科技知识,提高人民群众防御自然灾害、应对气候变化的能力。广泛在全县中小学、农村、企事业单位普及气象科普知识以及气象灾害避险知识,每年来气象局参观的中、小学生近千人。2005年合阳县第二小学确立气象局为"科普教育基地"。

气象法规建设与社会管理

法规建设　围绕《中华人民共和国气象法》和《陕西省气象条例》的实施,加大执法人员的培训和执法力度,积极推进文明执法,有效地维护和保障了气象事业健康发展。合阳气象事业得到了地方政府的大力支持,合阳县政府办公室先后下发了《关于加快气象事业发展的实施意见》(合政发〔2007〕26号)、《关于成立合阳县防雷减灾工作领导小组的通知》(合政办发〔2007〕28号)、《关于进一步做好防雷减灾工作的通知》(合政办发〔2007〕52号)、《关于进一步加强气象灾害防御工作的意见》(合政办发〔2007〕138号)、《关于进一步加强气象灾害防御工作的通知》(合政办发〔2008〕142号)等规范性文件。

社会管理　依法开展气象行政许可、防雷安全管理、升空气球管理、气象观测环境保护、气象行政执法等社会管理工作。2005—2008年,立案查处气象违法案件62件,实施处罚16件,与地方政府和人大联合检查多次,社会管理职责得到切实履行。截至2008年底,有气象执法持证人员4人。2005年10月,气象局获知合阳县城市规划的凤凰西路将占用气象局观测场南约4~8米。2006年气象局先后以合气字〔2006〕10号、合气函〔2006〕2号函向县政府、县城市建设规划局明确提出:凤凰西路的开通将严重影响气象探测环境,要求重新调整凤凰西路路址或搬迁观测场事宜,至2008年底凤凰西路尚未开通,气象局与地方政府仍在积极协商。

政务公开　2001—2008年,合阳县气象局通过政务公开栏、电视、气象网站等对社会公开气象局的主要职责、机构设置、气象法律法规、服务承诺、收费依据和标准等。

党建与气象文化建设

1. 党建工作

党的组织建设　1970年以前合阳气象站无党员。1971年成立党支部,编入县武装部党委。1973—2008年归属农牧局党总支管理。党支部成立以来,不断加大党员干部的教育与管理,完善支部的工作制度,加大培育力度,为党组织不断注入新鲜血液。截至2008年底有党员6人。

党风廉政建设　认真贯彻落实党风廉政建设目标责任制,大力推进廉政文化建设。2004年,市气象局为合阳县气象局选配了纪检监察员。每年与市气象局签订党风廉政建设责任书,积极开展"党风廉政教育宣传月"活动。定时通报科技服务收支、重大设备购置等职工关心的内容,推动党风廉政建设,促进干群关系。

2. 气象文化建设

精神文明建设 加强对思想政治工作的领导,将精神文明建设单位列入重要议事日程。积极开展气象文化建设,加强思想教育,在职工中大力倡导艰苦奋斗的创业精神、勤奋爱岗的敬业精神,严谨求实的科学精神,团结共事的协作精神,大公无私的奉献精神。

文明单位创建 2000 年合阳县气象局被县委、县政府授予县级"文明单位"。2007 年被渭南市委、市政府授予市级"文明单位"。

文体活动 2005 年,设立了图书阅览室,购置了羽毛球、乒乓球、跳绳、跳棋等文体活动器材;举办了首次"气象精神"演讲赛。2006 年安装了健身器材,鼓励职工踊跃参加体育锻炼,强身健体。2008 年组队参加了渭南市气象局举办的首届职工运动会,取得了较好的成绩。

3. 荣誉

集体荣誉 1962—2008 年,合阳县气象局共获集体荣誉 46 项。

个人荣誉 1963—2008 年,合阳县气象局个人获奖共 98 人(次)。2007 年雷少武获合阳县"十佳青年"称号。

台站建设

台站综合改造 建站时仅有 5 间土木结构房。1979 年新建 6 孔窑洞。1988 年省气象局投资 5 万元,建起了 1 栋两层楼房和 1 栋平房。1998 年,通过职工个人集资、省气象局补助(每户 1 万元)的形式,在气象局院内建起了职工家属楼,解决了职工住房问题。2000 年,为改善办公环境,省气象局投资 7 万元新修办公平房 1 栋。2003 年,接通了城区自来水,解决了职工饮水困难问题。2004 年,省气象局投资 23 万元进行了台站场室综合改造,宽敞明亮的办公楼取代了陈旧的二层楼房,建成了现代化业务平台,同时对院内环境进行了绿化,修建了草坪和花坛,栽种了风景树,硬化了院内道路,台站面貌焕然一新。2007 年,多方筹资购买了"桑塔纳 3000"轿车 1 辆,结束了合阳局无交通工具的历史。2008 年底,由县财政出资购回普通"桑塔纳"轿车 1 辆。

合阳县气象局新建的四要素区域自动气象站

合阳县气象局修建的办公楼一角

澄城县气象局

澄城县地处陕西东府中部,属秦晋豫黄河金三角经济协作区腹地,全县国土面积 1121 平方千米,其中塬地占 54.5%,沟壑丘陵占 34.8%,山地占 10.7%。辖 8 镇 6 乡 266 个行政村,总人口 38 万。

澄城位于世界苹果黄金生产带,是全国优质苹果生产基地。为陕西唯一的国家标准化示范区,获得"中华名果"之桂冠。

县域地势北高南低,四条河川把全县划为"三梁一原"。属关中平原暖温带半干旱季风区,主要自然灾害有:霜冻、干旱、暴雨、冰雹、连阴雨、大风、雷电等。

机构历史沿革

台站变迁 1956 年 12 月,陕西省澄城县气候站在刘家洼乡葛家洼村建成,1957 年 1 月,正式开展气象业务工作;1962 年 10 月,站址迁到城关镇新城村郊外,距原址 10 千米,沿用至今。2004 年 1 月 1 日,建成自动站。观测场位置北纬 35°11′,东经 109°55′,海拔高度 679.1 米。

历史沿革 1956 年 10 月,建成陕西省澄城县气候站;1957 年 10 月,改名为澄城县葛家洼气候站;1959 年 3 月,改为蒲城县葛家洼气候站;1961 年 8 月,改称为澄城县葛家洼气候服务站;1968 年 12 月,改名为澄城县农业科学实验站革委会;1970 年 12 月,改为澄城县气象站;1990 年 3 月,更名为澄城县气象局(实行局站合一)。

建站时确定为国家一般气象站,2007 年 1 月,调整为澄城国家气象观测站二级站,2009 年 1 月,恢复为国家一般气象站。

管理体制 1956 年 10 月—1959 年 2 月,由陕西省气象局管理;1959 年 3 月—1962 年 8 月,由地方政府领导;1962 年 9 月—1966 年 8 月,由省气象局领导;1966 年 9 月—1979 年 12 月(1970 年 9 月—1973 年 8 月,受县武装部领导),受地方政府领导,县农牧局主管;1980 年 1 月起,实行气象部门与地方政府双重领导,以气象部门领导为主的管理体制。

机构设置 澄城县气象局内设办公室、业务股、防雷中心、防雹站。

单位名称及主要负责人变更情况

单位名称	姓名	职务	任职时间
陕西省澄城县气候站			1956.10—1957.09
澄城县葛家洼气候站		站长	1957.10—1959.03
蒲城县葛家洼气候站	高全德		1959.03—1961.08
澄城县葛家洼气候服务站			1961.08—1968.12
澄城县农业科学实验站革委会		指导员	1968.12—1970.12

单位名称	姓名	职务	任职时间
澄城县气象站	张彩玉	站长	1970.12—1971.04
	李书平	站长	1971.04—1979.01
	赵 迪	站长	1979.01—1980.07
	乔永淦	站长	1980.07—1981.12
澄城县气象局	黄建荣	站长	1981.12—1990.03
		局长	1990.03—1993.01
	杨增军	局长	1993.01—2006.03
	王永茂	局长	2006.3—

人员状况 1956 年建站初期有气象职工 2 人。截至 2008 年底,共有在职职工 9 人(在编职工 6 人,外聘职工 3 人)。在职职工中:本科 5 人,中专 1 人,其他 3 人;中级职称 3 人,初级职称 3 人;50 岁以上 1 人,40～49 岁 2 人,40 岁以下 6 人。

气象业务与服务

1. 气象业务

①气象观测

地面观测 1956 年 10 月 1 日—1960 年 12 月 31 日,每天进行 02、08、14、20 时 4 次定时地面观测,昼夜值班。1961 年 1 月 1 日起每天进行 08、14、20 时 3 次定时地面观测,夜间不守班,白天值班。观测项目有云、能见度、天气现象、气压、气温、湿度、风向风速、降水、雪深、日照、蒸发、地温、冻土等。主要拍发的气象电报有加密气象观测报告和重要天气报告。

区域自动站观测 21 世纪初,县级气象现代化建设开始起步,2003 年 11 月,DYYZ Ⅱ 型自动气象站建成,2004 年 1 月 1 日投入业务运行,自动观测项目有气压、气温、湿度、风向、风速、降水、地温。2006—2007 年,在全县 13 个乡镇建立 2 个四要素和 11 个两要素区域自动气象站,初步建成区域自动观测站网。

农业气象观测 20 世纪 60 年代后期,开始关键农事季节的气象服务,如:春播、三夏、伏旱、秋播;90 年代又增加了棉花、果树、蔬菜等经济作物的气象服务。

生态观测 为农业生产开展的土壤墒情观测,2006 年观测业务扩展到生态观测(苹果)。拍发的电报有:农业气象旬月报、土壤墒情报、生态环境观测旬报。

②天气预报

天气预报工作是建站后就开始的,当时受科学技术水平所限,预测天气变化的手段主要是用群众经验、气象谚语和动植物的生理反应等"土方法";20 世纪 70 年代,开展了统计预报,制作每日 24 小时天气预报;80 年代开始利用天气传真接收机接收北京、欧洲气象中心以及东京的气象传真图,分别制作长期、中期、短期和短时不同时效的天气预报。2002 年后利用互联网,收看从地面到高空各类天气形势图和卫星云图、雷达图,经过分析和会商,制作出精细的天气预报,同时,开展灾害性天气预报预警业务和供领导决策的各类重要天气报告等。

③气象通信网络

建站起本站定时观测资料采用人工编制气象电码,由电话通过邮电局转发至省市气象台。1987年3月起通过甚高频无线电话上传报文。2003年11月起通过光纤宽带广域网自动上传数据,报文也由计算机自动编报,人工直接点击上传。2003年开始使用 Notes 系统,实现了办公自动化。

2. 气象服务

公众气象服务　1995年前,主要通过农村有线广播、电话和邮寄方式向全县发布气象信息。1995—1996年建立气象警报系统,面向有关部门、乡(镇)、村每天开展2次天气预报警报信息发布服务。1997年开通"121"天气预报电话自动答询系统,开展日常预报、天气趋势、农业气象等服务。1999年建立电视天气预报制作系统。2004年建立了气象网页,通过互联网向政府和社会发布天气预报。2005年开通手机气象短信。2007—2008年,在全县安装气象预报预警信息电子显示屏30块,每天定时发布短期预报和不定时发布的各种预警信息,提高了气象灾害预警信息的发布速度,不同程度地避免和减轻气象灾害造成的损失。

决策气象服务　20世纪90年代以前通过电话口头或邮寄方式向县委县政府提供决策服务。90年代逐步开发《重要天气报告》、《雨情通报》、《农作物产量预报》、《汛期(5—9月)天气形势分析》等决策服务产品。如在2003年8月连阴雨、2006年8月28日特大暴雨天气过程、2007年4月2—4日的强降温过程、2008年1月严重低温雨雪冰冻灾害中,准确预报灾害天气过程,及时向地方政府和有关部门提供决策服务,为政府安排抢险救灾争取了主动权。

气象科技服务　1985年,遵照国务院办公厅《转发国家气象局关于气象部门开展有偿服务和综合经营的报告的通知》(国办发〔1985〕25号)文件精神,县气象局专业气象有偿服务开始起步,利用传真邮寄、警报系统、声讯、影视、电子屏、手机短信等手段,面向各行业开展气象科技服务。1990年开展防雷减灾工作,为各单位建筑物避雷设施开展安全检测。2007年起,对各类新建建(构)筑物按照规范要求安装避雷装置和防雷工程图纸专项审查。1995年起,开展庆典气球施放服务。2006年成立渭南市海天科技有限责任公司澄城分公司。

新农村建设气象服务　2006—2007年,完成了乡镇加密自动观测站网建设,并在每个乡镇设立气象预报预警信息电子显示屏,大大提高了气象灾害监测服务的有效性和时效性。2008年建立了覆盖各乡村的义务气象信息员队伍,这一举措,拓宽了气象预报预警信息的传播和灾情收集工作。

人工影响天气　澄城县人工影响天气工作始于1971年,当时有"三七"高炮2门,自制土炮3门,布设在县城北部农场,农牧局代管;1976年成立防雹队,1996年成立澄城县防雹工作站,2000年人工影响天气工作归口气象局管理。高炮由最初的2门发展到2001年的15门,后逐年淘汰高炮,购置火箭,至2008年保留高炮8门,新增固定火箭4部,车载火箭1部,人工增雨作业基地12个,通讯设施齐全,每年可减少因灾造成的损失在2000万元以上。

气象法规建设与社会管理

1. 气象法规建设

2000年1月1日起施行的《中华人民共和国气象法》和2001年9月1日起施行的《陕西省气象条例》赋予了气象部门依法行政权,以法律的形式明确了国家气象事业和地方气象事业的划分和投资渠道,把防御雷电和升空气球纳入了气象行政管理的范畴,气象工作走上依法管理和依法发展的轨道。2000年以来,澄城县政府先后出台《关于加快气象事业发展的实施意见》(澄政发〔2006〕28号),《关于进一步做好防雷减灾工作的通知》(澄政办发〔2006〕47号),《关于印发澄城县重大气象灾害预警应急预案的通知》(澄政办发〔2006〕40号),《关于进一步加强气象灾害防御工作的实施意见》(澄政办发〔2007〕58号),《关于进一步加强施放气球安全管理工作的通知》(澄政办发〔2008〕43号),《关于进一步加强防雷装置设计审核和竣工验收工作的通知》(澄政办发〔2008〕62号)等文件,履行气象行政审批职能,规范天气预报发布和传播。2003年8月,成立气象行政执法大队。

2. 社会管理

施放气球管理 1995年起,县局开展施放气球业务。2001年起,为了规范施放气球市场管理,单位承担提前审批,市场统一管理职能,县气象局制定了保障施放气球安全、严肃查处非法施放气球活动、建立健全协作分工和事故应急处理机制、加强《施放气球资质证》、《资格证》的管理制度。随着中国气象局第9号令《施放气球管理办法》的出台,气球管理得到进一步的加强。

防雷减灾管理 2000—2002年,由县局开展防雷减灾工作,业务内容单一,2003—2005年交由渭南市气象局防雷中心实施。2006年起县局全面管理防雷减灾工作,防雷中心也随之成立,承担澄城县防雷减灾具体业务工作,主要开展建筑物防雷装置、新建建(构)筑物防雷工程图纸审核、设计评价、竣工验收、计算机信息系统等防雷安全检测。2007年,县气象局与建设局联合下发《关于进一步加强建筑防雷工作的通知》(澄气发〔2007〕1号),2007年,县气象局、公安局和县安全生产监督管理局三家联合下发《关于防雷设施安全检查检测工作的通知》(澄气发〔2007〕3号),对防雷工程图纸审核进一步规范。2005—2007年,连续三年发生雷击伤亡事件。为增强中小学生的防雷意识,2007年向所有学校赠送防雷减灾宣传画及光盘。近年来,按照上级要求,落实首问责任制、气象服务限时办结、气象电话投诉、气象服务义务监督、领导接待日、财务管理等一系列规章制度。

政务公开 为了公开公平,澄城县气象局坚持政务公开,对公示内容坚持上墙、公示栏、及媒体等多条渠道开展政务公开工作。公示内容主要有:主要职能,领导成员分工,内设机构职责、联系方式;政策、规章制度、气象行政执法,防雷检测、审核,施放气球审批;防雷检测、施放气球管理服务承诺,服务流程、重大决策及执行情况等。局务公开有:职称评聘,廉政建设,干部管理、人事劳动、财务管理、党的建设;气象灾害预警预报,重大气象信息服务等。

党建与气象文化建设

1. 党建工作

党的组织建设 建站以来,因党员人数较少,组织关系一直在县种子公司,后转入农牧局。2000 年,防雹站业务由气象局管理,人员增多,2002 年澄城县气象局党支部成立。截至 2008 年底有党员 5 人。

党风廉政建设 2003 年起,县局不定期聘请党校老师进行党的知识教育活动,组织党员干部参与党风廉政知识竞赛,年底局领导向职工作党风廉政述职报告,并层层签订党风廉政目标责任书,推进惩治和预防腐败体系建设。2004 年,由纪检监察员负责此项工作,先后制定和完善多项规章制度,并进行了严格考核。每个党员干部都能自觉用党的纪律规范约束自己,保证了干部队伍的廉洁自律性,没有一个领导干部发生违法乱纪行为。

2. 气象文化建设

精神文明建设 加强对思想政治工作的领导,将创建文明单位列入重要议事日程,积极参加"创佳评差"竞赛活动。开展气象文化建设,实践渭南气象精神。组织职工开展各种文化娱乐活动,组织职工外出考察学习,参加市气象局组织的演讲比赛、体育运动会等取得较好成绩。2004 年,建立职工阅览室和活动场地,并购买安装多种健身器材。

文明单位创建 1994 年,被澄城县委、县政府授予县级文明单位;2005 年 1 月,被渭南市委、市政府授予市级文明单位。

荣誉 截至 2008 年 12 月,集体共获得省部级以下奖励 25 项。个人共获得省部级以下奖励 33 人次。

台站建设

台站综合建设 澄城县气象站 1962 年 10 月迁到现站址,占地 5380 平方米。综合改造前,局大院只有 2 排 10 多间窑洞,且破旧不堪。2003 年,投资 52 万元进行台站综合改造,新建办公楼 400 平方米,车库 30 平方米。观测场按 25 米×25 米标准建设。

院落绿化美化 2004 年,投资 4 万元对台站进行绿化,绿化面积 3200 平方米,占单位总面积的 60%。

办公与生活条件改善 近年来,气象业务现代化建设上也取得了较快发展,先后建成了地面气象卫星接收站(VSAT)、自动观测站、气象预警信息业务平台、区域自动气象站等业务系统工程。2002 年,购买桑塔纳轿车 1 辆,结束了澄城县气象局无办公车辆的历史。同时,对大院道路进行硬化处理,设立了职工文体健身活动中心。职工的工作、生活环境得到彻底改善。

澄城气象站旧貌(1978 年)

综合改造后的澄城县气象局全景(2003 年)

白水县气象局

白水县历史悠久。西周时,白水为彭衙邑。秦孝公 12 年(前 350)始设白水县。白水不乏历史名人,最有名的当数字圣仓颉、酒圣杜康。全县总面积 986.6 平方千米,辖 14 镇乡,194 个行政村,人口 30 万。县域经济以农业为主,苹果是全县主导产业。

白水县气候特点:春、冬两季多风,全年降水分布不均,灾害天气频发,尤以干旱、大风、霜冻、冰雹为多。

机构历史沿革

台站变迁 1961 年 10 月,白水县气象服务站在白水县城关镇北关大队泰山庙村建成,1965 年 1 月,站址东北迁移距原址 150 米,一直沿用至今。站址位置,北纬 35°11′,东经 109°35′,海拔高度 804.4 米。

历史沿革 1961 年 10 月,成立白水县气象服务站;1962 年 8 月,更名为陕西省白水县气象服务站;1966 年 7 月,更名为白水县气象服务站;1980 年 1 月,更名为白水县气象站;1990 年 1 月,更名为白水县气象局(实行局站合一)。

1990 年 1 月—2007 年 6 月,属国家一般气象站。2007 年 7 月—2008 年 12 月,改为国家气象观测站二级站。2009 年 1 月起,改为白水国家一般气象站。

管理体制 1961 年 10 月—1962 年 8 月,归白水县人民委员会管理;1962 年 8 月—1966 年 6 月,归陕西省气象局管理;1966 年 6 月—1968 年 4 月,归白水县人民委员会农牧局管理;1968 年 5 月—1970 年 9 月,归白水县革命委员会管理;1970 年 9 月—1973 年 7 月,归白水县革委会、人武部管理;1973 年 7 月—1979 年 12 月,归白水县革命委员会农牧局管理;1980 年 1 月起,实行气象部门与地方政府双重领导,以气象部门领导为主的管理体制。

机构设置 2007 年 10 前内设办公室、业务股、气象服务和产业股、防雷中心四个股室,2001年4月成立人工影响天气办公室;2007年业务技术体制改革后,内设办公室、业务股、气象科技服务股3个股室,白水县雷电预警防护中心和白水县人工影响天气领导小组办公室2个地方气象事业机构。

单位名称及主要负责人变更情况

单位名称	姓名	职务	任职时间
白水县气象服务站	蒋光修	站长	1961.10—1962.08
陕西省白水县气象服务站			1962.08—1966.07
			1966.07—1967.01
白水县气象服务站	无		1967.01—1970.08
白水县气象站	申照行	站长	1970.09—1980.01
			1980.01—1982.12
	马　泉	站长	1982.12—1988.12
	樊树旺	站长	1988.12—1989.12
白水县气象局		局长	1990.01—1993.02
	贾金海	局长	1993.02—1997.12
	杨盈侠	局长	1997.12—2008.12
	张　鹏	局长	2008.12—

注:1967年1月—1970年8月期间,因"文化大革命"无明确负责人。

人员状况　1961年建站时有职工3人。1982年核定编制人员7人,实有职工8人。截至2008年底,共有在职职工12人(在编职工6人,外聘职工6人)。在编职工中:本科4人,大专2人;助理工程师5人,技术员1人。

气象业务与服务

1. 气象业务

①气象观测

地面观测　1961年开始观测。观测时次:每天06—20时,每小时观测1次,发报1次。观测项目有云、能见度、天气现象、气压、气温、湿度、风向风速、降水、雪深、日照、蒸发、地温等。发报内容:天气报的内容有云、能见度、天气现象、气压、气温、风向风速、降水、雪深、地温等;重要天气报的内容有雷暴、大风、积雪、冰雹、霾、浮尘、沙尘暴、雾等。编制的报表有1份气表-1,1份气表-21,向国家局、省气象局、地(市)气象局各报送1份,本站留底本1份。2000年11月,通过162分组网向省气象局转输原始资料,停止报送纸质报表。

现代化观测系统　2003年11月,CAWS600BS-N型自动气象站建成,2004年1月1日开始试运行。自动气象站观测项目有气压、气温、湿度、风向风速、降水、地温等,观测项目全部采用仪器自动采集、记录,替代了人工观测。2005年1月1日,自动气象站正式投入业务运行。

区域自动站观测　2006年,白水气象局在乡镇建成5个两要素和1个四要素区域自动气象站;2007年,建成4个两要素和1个四要素区域自动气象站。2007年5月,在尧禾镇建成温度、雨量、风向、风速四要素自动站,在云台等 5 乡镇建成温度、雨量两要素自动观测站。2008 年 6 月,在纵目乡建成四要素自动站,在史官等 4 乡镇建成两要素自动观测站。

农业气象观测 20 世纪 60 年代开始,逐步开展农业气象业务,结合春播、三夏、秋播等关键农业生产活动需求,及时向政府和涉农部门提供气象信息和预报。1984—1985 年,完成《白水县农业气候资源和区划》编制。1990 年起,编发"月预报"、"三夏专题预报"、气候影响评价、气候分析及农事建议等产品。

②天气预报

20 世纪 60 年代开始,制作单站天气预报,主要通过收听广播和预报员看天做出预报。1983 年天气图传真接收工作运行后,利用传真图表和渭南地区局的指导预报分析判断天气变化。1999 年 5 月,气象卫星地面接收站建成并正式启用后,结合单站要素指标和上级指导预报产品制作发布天气预报。

③气象信息网络

信息接收 20 世纪 60 年代开始,使用收音机接收陕西气象形势广播信息。1983 年 5 月,正式开始天气图传真接收工作,主要接收西安的气象传真和渭南的传真图表,利用传真图表和渭南地区局的指导预报分析判断天气变化,为全县进行气象服务。1987 年 4 月,架设开通高频无线对讲通讯电话,实现与地区气象局直接天气会商。1992 年 10 月建成市(县)级业务系统并试运行。1999 年 5 月气象卫星地面接收站建成并正式启用。2001 年建成省—市—县中文电子邮件办公系统。2005 年建成省、市、县天气预报可视会商、视频会议系统。

信息发布 1961 年气象站成立后,气象预报通过手摇电话机传递到县广播站,利用广播向社会公众发布,书面气象服务材料通过专人送达政府或邮寄到相关单位。1996 年 6 月,气象局同电信局合作正式开通"121"天气预报自动答询电话。2006 年通过手机短信发布预报预警信息。2008 年安装气象电子显示屏,发布常规预报和灾害天气预警信息。

2. 气象服务

公众气象服务 20 世纪 60 年代开始,通过农村有线广播发布短期天气预报。1989 年 7 月,正式启用预警系统对外开展气象服务,每天上、下午各广播 1 次,服务单位通过预警接收机接收气象服务。1996 年 6 月,开通固定电话、移动电话"121"气象信息服务;2002 年,服务范围扩大到联通、小灵通。1996 年 11 月,经和县广播电视局协商建成电视预报栏目,开展影视预报服务。2007—2008 年在全县大部分乡镇和县委、县政府及相关部门安装电子显示屏,提供气象信息服务。

决策气象服务 20 世纪 70 年代,主要以电话、"月预报"方式向县委县政府及相关部门提供决策气象服务信息。90 年代以后,主要有《送阅件》、《重要天气消息》、《灾害天气警报》、《雨情通报》等服务产品,为各级政府和农业生产主管部门提供重要决策信息。遇有重大性、转折性天气以及灾害性天气,局长都要到县委、政府当面向领导汇报天气预报情况和建议意见。2005 年为各级领导开展手机短信气象服务。

专业与专项气象服务 20 世纪 70—80 年代,为当地交通、供水等行业提供专业服务。

1970 年至今编发航危报,为军航和民航开展专项气象信息服务。1993 年,针对苹果种植专业户对气象信息的需求,编辑出版了《白水农业气象》,结合气候特点,指导果农对苹果生长发育期管理、病虫害预防等,取得了良好的效果。2000 年起,开展飞播造林、森林防火、重大社会活动、重大工程等专项气象服务。

气象科技服务 1993 年开始,逐步通过邮寄、声讯、电子显示屏、手机短信等方式,面向各行各业开展气象科技服务。气象科技服务项目主要有专业气象预报服务、气象资料信息服务、气候评价服务、彩球施放服务、雷电防护服务等。

人工影响天气 1977 年开展防雹业务。2001 年 5 月,成立白水县人工影响天气领导小组及其办公室,办公室设在县气象局,县防雹工作站正式归口气象部门管理。2008 年防雹工作站有干部职工 37 人,其中助理工程师 5 人,专业技术人员 1 人。全县有高炮 11 门,固定火箭 4 门,移动火箭 1 部。2005 年建成人工影响天气信息综合管理系统。防雹工作在保护农业生产中发挥重要作用。2004 年 6 月 17 日,林皋、云台、大杨、尧禾 4 乡镇出现强对流天气过程,气象局、人工影响天气办公室指挥西北炮点和市人工影响天气办公室火箭车积极防御,有效遏制了冰雹灾害的侵袭。2008 年 6 月 2 日、6 月 5 日,全县出现大范围、高强度雷雨、冰雹天气过程,开展防雹作业 11 次,发射炮弹 1043 发、火箭弹 6 枚,确保苹果和其他农作物安全,受到县政府通报表彰。

防雷减灾 1998 年起为各单位建筑物、重要设施、电子设备开展雷电检测业务。2005 年逐步开展防雷工程服务。

气象法规建设与社会管理

法规建设 认真贯彻落实气象法律法规。2004—2008 年,白水县人民政府办公室先后下发了《关于建立防灾减灾气象信息预警网的通知》(白政办发〔2004〕70 号)、《关于切实加强 2004 年人工影响天气工作的通知》(白政办发〔2004〕32 号)、《关于印发白水县气象局灾害预警网电子显示屏建设实施方案的通知》(白政办发〔2007〕158 号)、《关于进一步做好防雷减灾工作的通知》(白政办发〔2008〕34 号)、《关于加强气象灾害防御工作的实施意见》(白政办发〔2008〕105 号)等一系列文件,进一步规范了气象依法行政工作。

社会管理 2004 年开展行政许可工作,项目有防雷装置设计审核、防雷装置竣工验收、升空气球活动审批(受市级气象主管机构委托)。2008 年,气象局、县建设局联合下发《白水县气象探测环境保护专项规划》,为气象观测环境保护提供了重要依据。

认真履行《中华人民共和国气象法》、《陕西省气象条例》等法律法规赋予的社会管理职责。2001 年成立气象执法队伍,对气象执法人员进行学习和培训,文明执法。2003 年 7 月29 日,依法对西安一家公司无任何证件擅自在县中心广场施放升空气球进行执法处罚,规范了县域升空气球施放市场。2008 年 8 月 4 日,北关村委会泰北村农民拟在观测场南建房,将影响气象观测环境,县气象局及时制止,致函城关镇政府,上报县政府,在县建设局、国土局的支持、配合下及时制止了破坏观测环境事件的发生。

政务公开 2004 年,设立了政务公开栏,对外公开气象工作的职责、机构设置、政策法规、行政许可审批事项等。

党建与气象文化建设

1. 党建工作

党的组织建设　党支部成立于1984年,归县农牧党委领导。截至2008年底有党员4人。

2005年、2006年、2007年被县直工委评为先进基层党组织。

党风廉政建设　坚持"局务公开、财务监管、物资采购"三项制度。2000年起积极参加地方纪委和省、市气象局开展的法律法规知识竞赛10余次。2002年起,每年开展党风廉政宣传教育月活动。2004年起,县局设纪检监察员,定期向市局纪检组上报重大事项公开情况。2005年起,每年坚持向县纪委专题汇报领导干部廉洁自律执行情况,开展局领导党风廉政述职报告和党课教育活动。2001—2008年,先后制定完善工作、学习、气象服务、值班、请销假、财务、党风廉政、卫生安全等九个方面26项规章制度。

2. 气象文化建设

精神文明建设　成立精神文明创建工作领导小组。制定文明创建宣传栏、文明创建规划、职业道德规范、"创佳评差"竞赛活动实施方案。开展扶贫助残、南北互动活动。凝练"观云测天、艰苦创业、务实奉献、服务至上"的白水气象人精神。

文明单位创建　1986年,县气象局被县委、县政府授予县级"文明单位"。1997年被渭南市委、市政府授予市级"文明单位"。

文体活动　2003年,硬化绿化美化大院,购置乒乓球、羽毛球、象棋、家庭影院,大院安装了健身器材,为职工业余文化生活提供条件。每年参加县工会、工委组织的各项文化体育活动。2006年,参加县文明办、县妇联主办的南桥煤业杯庆国庆女子韵律操比赛,获得了优秀奖。每年组织职工开展文化体育娱乐活动。

荣誉　1997—2008年,白水县气象局共获得集体荣誉71项。个人获奖共153人(次)。

2011年白水局新建的职工篮球、羽毛球场

台站建设

台站综合改造　2002年6月,白水县气象局综合业务楼开工建设,同时大院综合改造全面启动。2003年8月,综合业务楼竣工并投入使用,10月,大院综合改造全面完成。2008年10月,白水县气象局综合改造续建项目(职工公寓楼建设)正式开工,计划2009年5月竣工使用。

　　园区建设　2003年起,白水县气象局先后对大院进行绿化硬化,铺设道路,修建草坪、花园,栽植风景树木,重新粉刷综合业务楼,装修业务值班室,使职工的工作、生活环境得到了改善。

2001年以前的白水县气象局办公用房

2002年前的白水县气象局观测场

2002年以后的白水县气象局业务楼

2003年综合改造后的白水县气象局观测场

2008年白水县气象局新建的职工公寓楼

富平县气象局

富平县,取"富庶太平"之意,地处关中平原和陕北黄土高原的过渡地带,是一个具有2400多年历史的农业大县。全县面积1233平方千米,辖24个乡镇,有337个行政村,人口78万。

富平县属渭北黄土高原沟壑区,位于东亚中纬度内陆暖温带半干旱气候区,属于大陆性季风气候。气候特点是:光照充足,气候温和,降水适中,雨热同期,四季分明。春季多寒潮风沙,夏季多雷雨冰雹,春夏多吹东北风,秋冬多吹西北风。主要气象灾害有:干旱、连阴雨、暴雨、冰雹、大风、沙尘暴、积雪等。

机构历史沿革

台站变迁　1960年1月,铜川市庄里气象服务站在富平县庄里公社铁佛村建成。1973年1月,迁至富平县华朱乡华朱村,地理位置,北纬34°47′,东经109°11′,海拔高度470.9米。

历史沿革　1960年1月,成立铜川市庄里气象服务站;1961年6月,更名为富平县庄里气候站;1961年12月,更名为富平县庄里气象服务站;1963年2月,更名为富平县气象服务站;1974年1月,更名为富平县气象站;1990年1月,更名为富平县气象局(实行局站合一)。

2007年1月,富平县气象站调整为国家气象观测站二级站;2009年1月,调整为富平国家一般站。

管理体制　1960年1月—1961年5月,由铜川市农牧局和铜川市气象台双重领导;1961年6月—1967年12月,由富平县农牧局和渭南专区中心气象站双重领导;1968年1月—1979年12月,由富平县武装部领导,县农业局管理;1980年1月起,实行气象部门与地方政府双重领导,以气象部门领导为主的管理体制;

1968年3月成立县防雹组,1979年5月成立防雹(站)指挥部(1979—1997年由县农业局主管,1998年12月至今由气象局主管,人员、经费由地方政府负责)两个地方编制机构。

机构设置　1960年1月,成立业务股;1986年1月,成立服务股;1995年4月,成立富平县防雷检测站;1999年3月,成立富平县人工影响天气领导小组,办公室设在县气象局;2005年12月,成立渭南市海天科技有限责任公司富平分公司、气象科技服务中心;2006年1月,成立综合办公室、行政许可办公室、气象灾害预警中心。

单位名称及主要负责人变更情况

单位名称	姓名	职务	任职时间
铜川市庄里气象服务站	苏 卿	站长	1960.01—1961.06
富平县庄里气候站			1961.06—1961.12
富平县庄里气象服务站	张继亮	站长	1961.12—1962.12
	魏华邦	站长	1962.12—1963.02
			1963.02—1973.01
富平县气象服务站	魏华邦 刘智海	站长	1973.01—1973.12
	魏华邦	站长	1973.12—1979.03
富平县气象站			1974.01—1983.03
	李仓正	站长	1983.03—1984.07
	韩东庆	站长	1984.07—1990.01
富平县气象局		局长	1990.01—1994.07
	田培民	局长	1994.07—1998.01
	孙满昶	局长	1998.01—1999.12
	魏 琪	局长	1999.12—

注:1973年1—12月迁站对比观测,魏华邦负责原站,刘智海负责新站。

人员状况 气象站成立时有职工2人。截至2008年底共有在职职工13人(在编职工8人,计划内临时工1人,外聘职工4人)。在编职工中:本科3人,大专5人;工程师2人,助理工程师6人;在职职工中:40~50岁6人,30~40岁5人,30岁以下2人。

气象业务与服务

1. 气象业务

①气象观测

地面观测 1960年1月1日起每天进行07、13、19时(地方时)3次人工定时观测,8月1日起改为08、14、20时(北京时)3次人工观测。观测项目有云、能见度、天气现象、气压、气温、湿度、风向风速、降水、雪深、日照、蒸发、地温等。天气报内容有云、能见度、天气现象、气压、气温、风向风速、降水、雪深、地温等;1983年开始编发重要报;1999年3月1日开始编发天气加密报。编制的报表有月报表、年报表。2000年11月通过分组网向省台转输原始资料,停止报送纸质报表。2001年4月应用AHDM 4.1地面测报业务系统软件。

自动气象站 2004年1月1日CAWS600-B型自动气象站建成并试运行,业务程序为OSSMO软件,同时执行新的地面气象观测规范;2006年1月1日自动气象站正式使用,实现气压、气温、湿度、风向风速、降水、地温自动记录,观测、发报、编制报表全部自动化,20时进行1次人工观测用于与自动站资料对比。

区域自动站观测 1972—1979年在张桥、施家、到贤、流曲、淡村建立5个人工观测气象哨。2006—2007年在薛镇建成温度、雨量、风向、风速四要素区域自动气象站,在刘集、杜村、淡村、梅家坪、宫里、曹村、流曲、老庙、浴岭等9个乡镇建成温度、雨量两要素区域自动气象站,初步建立起覆盖全县的气象监测体系。

农业气象观测 1982年冬至1985年布设气象观测点,开展农业气候资源调查与农业气候区划。1985年秋至1987年秋开展小麦地面对比观测,配合省气象局小麦遥感测产工作。1986年3月开始编发农气旬(月)报,每旬逢8日测量土壤湿度,同时进行小麦、玉米发育期观测。2005年开展柿子生态观测,资料同时上传省经济作物台。2007年4月安装土壤水分自动监测仪,监测10~100厘米土壤湿度,并自动上传有关资料。

②天气预报

短期天气预报 20世纪60年代到1984年春手工绘制简易天气图,三支气流图,本站08时压、温、湿24小时变量图,14时气压、气温、水汽压九线比较图,单站资料时间剖面图,制作发布本县天气预报。1984年春至1992年,用气象传真机接收中央气象台天气图表和省气象局天气预报。1986年开始作补充订正天气预报。1999—2003年使用VSAT气象卫星地面接收站,应用MICAPS系统进行天气图云图分析预报。2003年11月通过广域网直接调用上级业务部门各种图表信息。2006年建成综合业务平台,应用上级指导产品,结合本地天气气候特点,补充订正和发布精细化天气预报,增强灾害性、突发性天气的监测预警水平。2008年9月建成天气预报可视会商系统。

中期天气预报 20世纪80年代初,通过传真接收中央气象台、省气象台的旬、月天气预报,再分析本地天气过程的周期变化等制作一旬天气过程趋势预报。

长期天气预报 主要运用数理统计方法和常规气象资料图表及天气谚语等方法,依靠上级的指导预报分别作出具有本地特点的补充订正预报。主要项目有春播预报、汛期预报(5—9月)、秋季预报、年度预报。

③气象信息网络

建站起本站定时观测资料采用人工编制气象电码,由电话通过邮电局转发至省市气象台。1987年3月起通过甚高频无线电话上传报文。2003年11月起通过光纤宽带广域网自动上传数据,报文也由计算机自动编报,人工直接点击上传。

2. 气象服务

①公众气象服务

1995年之前,通过有线广播向公众提供服务。1995年起,通过电视台新闻或游飞字幕向公众提供服务。1999年10月制作电视天气预报,每天18时30分及21时在富平新闻节目后播放。2006年建成综合业务平台,各轨道业务在平台内完成。2007年建立气象灾害预警手机短信发布系统及气象预警电子显示屏系统,加大为农服务及决策服务力度,气象科技和业务水平得到明显提高,气象防灾减灾和应对突发事件服务的能力明显增强。2008年1月开始通过富平县人民政府网

2006年9月27日,富平县电视台就秋季阴雨专题采访县气象局。

站向公众发布气象信息。

②决策气象服务

自建站以来,把为领导的决策服务放在重要位置,月季年气候预测、重大天气预报或实况通过电话、传真(2007年开始使用)向县委、县政府及相关部门提供。1974年4月完成《富平县军事气候志》,1983年起开展富平县气候评价工作,1985年完成《富平县农业气候区划报告》,1987年完成《富平县国土气候资源》,1989年完成《富平县气候志》,2006年续修1989—2005年《富平县志》气候及灾害部分。重点做好防冻、防雹、防汛、抗旱等防灾减灾工作及服务,遇突发事件,开展应急气象服务。开展道路积雪、雷电、风、雹、暴雨、滑坡等安全气象服务。及时做好本县重大社会活动及重大节日等气象服务工作。

③专项气象服务

人工影响天气 1968年3月成立县防雹组,1979年5月成立防雹(站)指挥部1998年12月以前防雹工作由县农业局主管,1998年12月—今由气象局主管。(人员、经费由地方政府负责)。建立县级人工影响天气作业指挥系统,负责地面人工影响天气作业,加强作业信息、效果资料收集上报。

雷电防护服务 1991年起开展防雷装置检测服务,依据是陕西省气象局、省公安厅、省安全生产管理委员会、陕西省保险分公司的联合发文,市气象局负责检测。1995年春成立富平县防雷检测站,开展防雷检测工作。2000年由渭南市防雷中心统一检测。2006年成立渭南市防雷中心富平防雷站,开展县域内防雷电装置定期检测、防雷工程图纸技术审查及随工检测和竣工验收、雷电事故调查、雷击风险评估等业务。

④气象科技服务

从1986年开始开展气象专业有偿服务,主要为各乡镇或相关企事业单位提供中、长期天气预报和气象资料。1990—1994年通过天气警报接收机开展天气警报服务工作。1995年开展系留氢气球施放服务。1997年11月开通"121"电话声讯服务,2000年底由两条线路人工录制语音更换为7条线路的自动电话答询系统,2005年由市专业气象服务台集团化管理,拨打号码升位为"12121"。2007年建成综合业务平台,通过手机短信发布平台向地方各级领导发布天气预警信息及重要天气报告。2007年11月开通气象预警电子显示屏服务项目,及时发布气象信息服务。

⑤气象科普宣传

1987年开展农业科技下乡活动,与农口单位联合巡回讲解县农业气候资源及利用、气象灾害及防御知识。1991年为县农业广播学校学生进行《农业气象》课程专题讲座和辅导。2002年起,每年利用"3·23"世界气象日、"文化、科技、卫生"科技三下乡活动月、安全宣传月等活动,悬挂横幅,布置展板,散发传单,电视新闻采访、发放防雷宣传挂图、光碟资料等多种形式大力进行气象法规、气象知识、灾害预防技术、气象信息获取方式等普及宣传。

气象法规建设与社会管理

法规建设 2003年富平县人民政府办公室下发《关于进一步加强雷电灾害防御工作的通知》(富政办发〔2007〕23号),2008年富平县人民政府办公室下发《关于进一步加强气象灾害防御工作的意见》(富政办发〔2008〕42号),2009年富平县人民政府办公室下发《关于印发富平县雪灾应急预案的通知》(富政办发〔2009〕8号)。2006年富平县气象局、富平县教育局联合下发的《关于加强教育系统防雷电装置安全检测工作的通知》(富气发〔2006〕03号),富平县安全生产委员会办公室下发的《关于对全县防雷安全工作进行专项检查的通知》(富安委办发〔2006〕03号),2007年富平县城建局、富平县气象局下发的《关于进一步加强建筑物防雷工作的通知》(富建发〔2007〕37号),富平县教育局《关于转发渭南市气象局、教育局关于加强学校防雷安全工作的通知》的通知(富教安字〔2007〕9号),富平县安全生产监督管理局、富平县气象局《关于对全县防雷电设施进行专项安全检查工作的通知》(富安监发〔2007〕25号)。2006年县气象局制订了《富平县重大气象灾害预警应急预案》。

社会管理 依法履行气象行政执法检查、气象行政许可、探测环境保护、施放气球和雷电安全管理等社会社会管理职责。2003年通过协调和执法,使其中一家公司向观测场南移动100米,确保观测环境不受影响。2005年在县政府法制办、城建局、国土资源局进行了《气象探测环境保护法规汇编及技术规定》备案。

政务公开 气象行政审批办事程序、服务内容、服务承诺、气象行政执法依据、服务收费依据及标准等,采取了通过公示栏、政府网站、发放宣传单等方式向社会公开。制作了事务公开栏、政务公开栏,重要事项、财务收支、考核、奖励、基础设施建设等内容采取职工大会或公示栏等方式公开。

党建与气象文化建设

1. 党建工作

党的组织建设 1998年之前,有5名中共党员,编入县农林局党支部。1998年3月富平气象局党支部成立。2008年有中共党员9名,其中退休党员3名。重视党建工作,注重发挥党支部的战斗堡垒和党员的模范带头作用,带动群众完成各项工作任务。先后开展了学习"八荣八耻"、"三个代表"、围绕党的十七大精神开展解放思想、深入学习实践科学发展观等活动。2008年被富平县直机关工委评为"先进基层党组织",魏琪获优秀党员称号。

党风廉政建设 贯彻落实党风廉政建设责任制,开展气象部门党风廉政宣传教育月活动,响应"反腐倡廉制度规范执行年"活动,开展"加强领导干部党性修养,树立和弘扬优良作风"知识竞赛活动。落实"局务公开、财务监管、物资采购"三项制度。2002年制定了《重大决策事项公开制度》、《富平县气象局财务管理制度》、《财务收支情况公开制度》、《领导干部廉洁自律公开制度》。

2. 气象文化建设

精神文明建设 加强精神文明建设和气象文化建设。2000年成立创建文明单位领导小组;逐步改造观测场、办公楼,装修业务值班室;建设图书阅览室和小型健身场所;开办学习园地;悬挂文明创建标语;购置了文体活动器材;组织职工开展各项文体活动。

文明单位创建 2001年被县委、县政府命名为县级"文明单位",2003年被市委、市政府命名为市级"文明单位",2006年被省委、省政府命名为省级"文明单位"。

荣誉 截至2008年12月,集体共获得省部级以下奖励26项;个人共获得省部级以下奖励 48 人(次)。

台站建设

台站综合改造 2005 年进行综合改造,拆除原办公平房,新建 1 栋 2 层 408 平方米的办公楼及 62 平方米的配套用房,改造了观测场外围栏,安装了锅炉取暖设施,购置了新办公家具及办公业务平台。

园区建设 庭院硬化、绿化面积 2746 平方米,"三季有花,四季常青",大院面貌及办公环境得到改观。

办公与生活条件改善 1973 年迁站至 2008 年,经过 2 次续征土地,总面积 6600 平方米。20 世纪 70 年代 2 排各 164 平方米砖木结构的房屋。1985 年建成 227 平方米砖混结构的办公平房。1998 年建成 246 平方米砖混结构的职工公寓房。2002 年 8 月安装了自来水,解决职工长期饮用高氟地下水问题。

综合改造后的富平县气象局全貌(2006 年)

蒲城县气象局

蒲城县位于陕西省关中平原东北部,分为北部山塬沟壑区,中部阶式台塬区和南部渭河平原区 3 个地质地貌单元。全县总面积 1584 平方千米,辖 24 乡镇,373 个行政村,人口 76 万,是陕西省主产粮棉、瓜果的农业大县,国家商品粮基地县。同时,也是文物大县,境内有桥、景、光、惠、泰五座唐陵。清代名相王鼎、辛亥革命先驱井勿幕、爱国将领杨虎成、水利专家李仪祉等名人出生在这里。

蒲城气候属暖温带大陆性半干旱气候区,四季分明。干旱、暴雨、冰雹、大风等是主要气象灾害。

机构历史沿革

始建情况　1958年10月,陕西省蒲城县农业气象试验站在蒲城县城南紫金塬上建成,一直沿用至今,站址位于北纬34°57′,东经109°35′,海拔高度499.2米。

历史沿革　1958年10月,成立陕西省蒲城县农业气象试验站;1959年1月,更名为陕西省蒲城县气候站;1960年4月,更名为蒲城县气候服务站;1961年12月,更名为蒲城县气象服务站;1962年8月,更名为陕西省蒲城县气象服务站;1966年10月,更名为蒲城县气象服务站;1968年11月,更名为蒲城县农业科学实验站革命委员会;1970年3月,更名为蒲城县气象站;1989年12月,改称蒲城县气象局(实行局站合一)。

2007年1月,原蒲城县气象站正式升级为国家气象观测站一级站,2009年1月1日恢复为国家基本气象站。

管理体制　1958年10月—1962年8月,由上级气象部门与蒲城县政府双重领导,以气象部门领导为主;1962年8月—1970年8月,实行双重领导,以地方政府为主的管理体制;1970年9月—1973年6月,实行军事部门与地方政府双重领导,以军队为主的管理体制;1973年7月—1979年12月,实行双重领导,以地方政府为主的管理体制;1980年1月起,实行气象部门与地方政府双重领导,以气象部门领导为主的管理体制。

内设机构　蒲城县气象局下设综合办公室、业务股2个股室,及雷电预警防护中心、人工影响天气管理办公室、防雹工作站3个地方编制机构。

单位名称及主要负责人变更情况

单位名称	姓名	职务	任职时间
陕西省蒲城县农业气象试验站	王永清	站长	1958.10—1959.01
陕西省蒲城县气候站			1959.01—1960.04
蒲城县气候服务站			1960.04—1961.12
蒲城县气象服务站			1961.12—1962.08
陕西省蒲城县气象服务站			1962.08—1966.10
蒲城县气象服务站			1966.10—1968.01
蒲城县农业科学实验站革命委员会	马天才	站长	1968.01—1968.11
		指导员	1968.11—1970.03
蒲城县气象站	王乙丙	站长	1970.03—1971.10
	高军毅	站长	1971.10—1973.02
	孙丙耀	站长	1973.02—1973.06
	奚华亭	站长	1973.06—1978.01
	王永清	站长	1978.01—1979.10
	屈廷芳	站长	1979.10—1980.01
	李恒茂	站长	1980.01—1984.10
	杨林	站长	1984.10—1987.09

单位名称	姓名	职务	任职时间
蒲城县气象站	任致和	站长	1987.09—1988.12
	孙满昶	站长	1988.12—1989.12
蒲城县气象局		局长	1989.12—1998.02
	刘信杰	副局长（主持工作）	1998.02—1999.06
	李三明	局长	1999.06—2000.02
	孙满昶	局长	2000.02—2004.09
	吴阳军	局长	2004.09—

人员状况　蒲城县气象局成立时有职工 5 人。2008 年编制 11 人,实有在职职工 15 人(在编职工 9 人,外聘职工 3 人,地方气象事业职工 3 人),退休职工 6 人。在职职工中:硕士研究生 1 人,本科 3 人,大专 10 人,高中 1 人;中级职称 7 人,初级职称 3 人。

气象业务与服务

1. 气象业务

蒲城县气象站早期的主要业务是完成地面气象测报工作,还担负航空气象服务工作,每天向市气象台传输 2 次定时小天气图报、重要天气报,并向阎良(军航)、临潼(军航)、西安(民航、军航)发预约航空报和危险报,制作气象月简表、气象月报表和年报表,并担负农业气象业务。20 世纪 90 年代起,气象现代化建设快速发展。1999 年建成了 VSAT 气象卫星地面接收站、2003 年建成自动气象站网监测系统、2006 年初步建成了气象信息网络系统、基于手机短信和无线电子屏的气象预警灾害系统、"12121"气象信息电话答询系统、蒲城县气象历史资料数据库、多普勒天气雷达图检测终端以及互联网站,初步建立较为完善的现代化气象业务体系。具体业务有:气象观测、气象资料的加工处理、天气预报、公共气象服务、防雷电安全管理、人工影响天气等工作。

①地面观测

观测时次　每天进行 02、08、14、20 时 4 次定时观测,05、11、17、23 时 4 次补充观测。观测项目有云量、云状、天气现象、风向、风速、气温、气压湿度、降水、小型蒸发、积雪深度、地温、日照。1978 年 1 月开始恢复使用小型蒸发皿观测。1980 年 1 月 1 日开始使用 EL 型电接风向风速仪、蒸发雨量器。

发报内容　天气报的内容有云、能见度、天气现象、气压、气温、露点温度、风向、风速、降水、雪深等;重要天气报的内容有暴雨、大风、雾、冰雹、霾、浮尘、沙尘暴、龙卷风等。危险报内容有大风、雷暴、冰雹、能见度(<1000 米)、雷雨、龙卷风。

气象报表的制作　建站后气象月报表、年报表一直采用手工抄写方式编制。月报表一式 3 份,报省、市气象台 2 份,本站留底 1 份;年报表一式 4 份,报中、省、市气象台 3 份,留底 1 份。2000 年开始使用 AHDM3.0 地面报表制作系统,开始地面报表的计算机制作、打印。2005 年 1 月 1 日起,自动站正式运行,只制作月报表,使用计算机打印,向上级部门报送并保存资料档案。

自动气象站　2003 年 10 月,建成了 DYYZ Ⅱ 型自动气象站,于 2004 年 1 月 1 日投入业务运行。观测项目有温度、湿度、气压、风向、风速、降水、地温(地表、浅层、深层)、日照、云、能见度、天气现象依然进行人工观测。20 时人工观测各个气象要素要与自动观测要素相互对比,确保自动站运行正常。以自动站资料为准发报,自动站采集资料与人工观测资料存于计算机中异机备份。2005 年 1 月 1 日开始双轨运行,以人工观测资料为准。2006 年 1 月 1 日开始单轨运行,以自动站观测资料为准。

现代化建设　1996 年 11 月蒲城县气象站配备第一台奔腾计算机。1999 年增加为 3 台计算机,安装了 VSAT 气象卫星地面接受站。2000 年始,配备计算机处理地面观测报表。2005 年后建成了自动观测气象站,所有资料均用计算机进行处理。2007 年组建了蒲城县气象局局域网,接通了移动、电信和广电 3 条光纤,用作内网通讯。现今包括自动站、预警信息发布系统、影视制作、视频会议及各办公室在内的计算机共 14 台,打印机 5 台,全部实现了办公自动化。

②区域自动站观测

2005 年以前蒲城县在 13 个乡镇建有雨量点,主要依靠人工观测后上报县气象局,观测质量主要依观测人员的责任心而定。2006 年起建成区域自动气象站 13 个,其中两要素的雨温站 11 个,分布在高阳、大孔、坡头、兴镇、上王、荆姚、东陈、陈庄、党睦、龙池、平路庙等乡镇;四要素自动气象站 2 个,分别位于洛滨镇和内府机场。每 2 分钟通过 GPRS(通用分组无线电业务系统)向市气象台传输信息。

③农业气象观测

建站初,有固定地段 50 厘米深土壤湿度观测。按照陕气业发〔89〕32 号文要求,1990 年正式进行农业气象观测,包括作物(小麦和玉米)、物候和土壤湿度观测(每旬逢 8 日,固定地段 100 厘米深土壤湿度和作物地段 50 厘米深土壤湿度;每旬逢 3 日加测固定地段 50 厘米土壤湿度)。2002 年取消玉米观测。2006 年增加了小麦和梨的生态观测。

上传资料　每旬末日 20 时后向省、市气象台发送农气旬(月)报。每旬逢 5 日 20 时后向省、市气象台发送加测报文。每旬逢 1 日向省气象局上传生态(小麦和梨)观测资料。各种资料均通过农气旬(月)报和网络上传省、市气象台。农气报表上报中、省、市气象台,生态报表上报省、市气象台。

④天气预报

短期天气预报　1958 年 10 月,开始作补充订正天气预报。20 世纪 70 年代中期,上级业务部门非常重视业务基本建设,要求每个站基本资料、基本报表、基本档案和基本方法必须具备。1976 年,根据预报需要抄录整理各种资料、绘制九线图、各月各种指示曲线图 5 种。在基本档案方面,建站后有气象资料以来的各种灾害性天气(冰雹、大风、暴雨、连阴雨、霜冻、寒潮、第一场透雨)逐个建立档案。逐步开展补充订正发布短期、短时天气要素预报和邻近灾害天气预警,服务当地政府部门和社会公众。

中、长期天气预报　20 世纪 80 年代以前主要通过传真机接收中央气象台、省气象台、市气象台的旬、月天气预报,再结合分析本地气象资料,天气的周期变化制作旬、月天气趋势预报。20 世纪 80—90 年代为适应预报工作发展的需求,作为专项服务内容,通过"组织力量,多次会战",建立了一整套中长期预报特征指标,用于气象预报。20 世纪 90 年代后期,上级对此项业务不作考核,但因服务需要,还在继续。

⑤气象信息网络

早期每天2次小天气图报、重要天气报和航危报靠专用手摇电话发报,传至邮电局报房,由邮局通过电报形式上传到省气象台和阎良、临潼和西安军航及西安民航,遇到线路故障,则人工送报文到邮电局报房。1987年配发了甚高频电话,对市气象台的报文通过甚高频电话发送。2003年建成自动气象站,所采集的数据通过全省气象广域网络传输,气象电报传输实现了网络化、自动化。

2. 气象服务

①公众气象服务

1996年5月,蒲城县气象局同电信局合作,正式开通"121"天气预报自动答询电话,面向电信、移动、联通通信商的手机、固定电话、小灵通用户,为其提供预报服务信息。2004年4月根据渭南市气象局的要求,全市"121"答询电话实行集约经营,主服务器由渭南市气象局建设维护。2005年1月,"121"电话升位为"12121"。2008年3月,蒲城县气象局与县广播电视局协商同意在电视台播放蒲城天气预报,天气预报节目由气象局制作,通过网络传输至广播电视局,在蒲城一套、二套、三套电视节目中每天各播放2次。2006年7月—2008年末,共为县级部门、乡镇及新农村安装了52块电子显示屏,通过电子显示屏更及时、准确地为公众发布天气预报和气象预警信息。全面开通气象预警短信和农业信息发布平台。

②决策气象服务

20世纪90年代前,以电话、传真方式向县委县政府及相关部门提供决策气象服务信息。90年代后,逐步编发《送阅件》、《重要天气报告》、《气象信息》、《气象灾害预警信息》、《雨情通报》、《气候评价》等决策服务产品,为各级政府和生产主管部门提供重要决策信息。2006年开展气象预报预警手机短信服务。通过和农业局、中国联通和中国电信紧密合作,在县气象局建立县政府突发性公共事件短信预警发布平台,承担突发性公共事件预警信息的发布与管理,以手机短信方式向全县各级领导发送气象信息,提高气象灾害预警信号的发布时效,为各级领导有效地应对突发气象灾害提高决策依据。

③专项气象服务

人工影响天气 1983年9月23日,蒲城县防雹工作站(前身是蒲城县防雹指挥部)成立,属股级事业单位,定编17人,其中干部2人。于1998年12月归口县气象局管理。2008年有编制23人,主要负责全县的防雹增雨及高炮的管理和使用等工作。2008年3月11日,蒲城县人工影响天气管理办公室成立(蒲编发〔2008〕03号),属副科级事业单位,编制4名,设主任1名,隶属县气象局直接领导。主要职责是:(1)负责制定本县人工影响天气工作发展规划,并组织实施;(2)负责对本县人工影响天气各项作业任务的开展,业务管理和技术指导工作;(3)负责对本县人工影响天气各项规章制度的落实和安全管理工作。

干旱、冰雹是危害蒲城县农业生产的主要灾害,对农业经济发展影响大、危害广。1999年3月17日,在市人工影响天气办公室的统一指挥下,蒲城气象局组织了较大规模的人工增雨作业,缓解了 100 多天的冬春连旱。2008 年 6 月 6 日,强冰雹云由白水、富平进入蒲城县辖区,几乎覆盖了全县所有乡镇,防雹站在得到上级指令后立即进行人工防雹作业,作业共计 18 炮(箭)次,消耗炮弹 298 发,火箭弹 1 枚,作业时长 5 个小时,最后,除高阳镇见软雹外,其余大部分乡镇普降中到大雨,使冰雹灾害造成的损失降到了最低点。

④气象科技服务

1988 年开始开展气象专业有偿服务,主要是为全县各乡(镇)、厂矿或相关企事业单位提供中、长期天气预报和气象资料,一般以旬、月天气预报为主。对蒲城县气象专业有偿服务的对象、范围、收费标准等内容进行规范,制订较切合实际的有关政策,全体人员积极性得以充分发挥。由于蒲城县气象局专业有偿服务开展较早、群众性广,措施得当,所以取得了较好的效果,在全渭南气象系统一直处于领先地位,自 1989 年开始,几乎每年都获得先进单位的奖励;在全省气象系统也有一定影响,并多次获得奖励,如 1989 年、1996 年、1998 年、2000—2003 年等先后获省气象局表彰奖励。随着经济的发展,气象科技服务的规模也在不断扩大,服务对象也更加广泛,服务效益大幅度提高。

⑤气象科普宣传

蒲城县气象局每年除"3·23"世界气象日对外进行科普宣传外,还不定期地组织工作人员利用展版、宣传资料、电子显示屏等媒介进行气象科普知识的宣传,使公共气象服务深入人心。还通过邀请县人大代表、中小学生、相关部门科技人员等到气象局参观。

气象法规建设与社会管理

法规建设 2006 年,蒲城县人民政府办公室下发《关于下发重大气象灾害应急预案的通知》(蒲政办发〔2006〕91 号)、《关于进一步做好防雷减灾工作的通知》(蒲政办发〔2006〕92 号)、《关于成立蒲城县防雷领导小组办公室的通知》(蒲政办发〔2006〕93 号)等文件,为气象依法行政工作奠定了良好的基础。2005 年 6 月蒲城县在修建西禹公路城区段时,城市规划与气象观测环境保护发生冲突,经与县政府和有关部门多次协调,最后公路不得不为气象观测环境让路,绕道而行。

社会管理 蒲城县气象局重点加强气象探测环境保护与雷电灾害防御工作的依法管理。2003 年成立了气象行政执法队,按照《中华人民共和国气象法》、《陕西省气象条例》与《通用航空管制条例》要求,对全县高大建筑物、易燃易爆场所和人员密集场所防雷电安全进行检测,对县域内的升空氢气球施放进行行政管理。2005 年 1 月,蒲城县人民政府发文,将防雷工程从设计、施工到竣工验收,全部纳入气象行政管理范围。2007 年成立气象行政许可办公室,正式开展防雷和施放氢气球行政许可工作。2008 年成立蒲城县雷电防护预警中心,开展防雷技术服务工作,从此蒲城县气象行政执法、气象行政许可及防雷技术服务工作基本规范化。

政务公开 对气象行政审批办事程序、气象服务内容、服务承诺、气象行政执法依据、服务收费依据及标准等,采取了通过户外公示栏、电视广播等方式向社会公开。

党建与气象文化建设

1. 党建工作

党的组织建设　建站初与农牧局同为一个党支部,有中共党员1人。1988年8月成立了气象站党支部。1991年1月防雹工作站党支部撤销,其党员交至气象局党支部管理。2006年10月因防雹站党员流动性较强,长期在外不便于学习和管理,因此分开为2个支部。1988—2008年先后共发展8名党员。截至2008年底气象局党支部有党员6名。

党的作风建设　历届支部重视对党员的教育,经常组织全体党员开展丰富多彩的党建活动。每年组织党员干部去烈士陵园、杨虎城纪念馆接受革命传统教育;定期组织党员开座谈会;加强党风廉政建设,经常教育提醒党员干部廉洁自律;开展乒乓球、羽毛球、象棋等友谊赛活动等。通过这些活动的开展,提高全体党员的学习热情,开创了党员和职工爱岗敬业,团结奋进,开拓创新,与时俱进的新局面。

党支部设有党员活动室,严格做到制度上墙、表册上墙、党旗上墙,一切按照规范化要求设置。党建工作注重发挥党支部战斗堡垒作用,制定各项工作制度,坚持"三会一课"制度,定期召开民主生活会,每半年开展民主评议党员活动,对党员和群众提出的合理化建议,能积极采纳。

2004年、2008年被县直机关工委评为"先进党支部",2007年3月获"规范化党支部"称号。

党风廉政建设　认真落实党风廉政建设责任制,坚持民主集中制,积极开展民主评议和检查,广泛征求社会意见,标本兼治,内外并举,坚决杜绝干部队伍中的消极腐败现象。坚持反腐倡廉,警钟长鸣,切实加强党员干部的思想教育和廉政教育,加强廉政文化建设,开展党风廉政建设宣传教育月活动,通过开展经常性的政治理论、法律法规学习,造就了一支清正廉洁的干部队伍,锻炼出一支高素质的职工队伍。推行局务公开,干部任用、财务收支、目标考评、基础设施建设、物资采购等内容采取职工大会或公示栏等方式向职工公开。

2. 气象文化建设

精神文明建设　积极开展公民道德建设、职业道德教育月、"创佳评差"、南北互动活动,与贫困村(户)结队帮扶活动,实施"三项制度"、"末位淘汰制"。加强气象文化建设,弘扬"科学创新,求实奉献,测天为民,追求卓越"的蒲城气象人精神。2007年,蒲城县气象局为实现创建"省级文明单位"的目标,成立精神文明建设领导小组,并制定了具体的创建规划,在原来的基础上完善了《气象资料管理办法》《蒲城县气象局机关工作管理制度》、《蒲城县气象局票据使用管理办法》、《蒲城县气象局事务公开制度》等各项内部规章管理制度。开展文明创建规范化建设,改造观测场,装修业务值班室,统一制作局务公开栏、学习园地、法制宣传栏和文明创建标语等宣传用语牌。

文明单位创建　1999年被县委、县政府命名为"县级文明单位";2001年被渭南市委、市政府命名为"市级文明单位"。

文体活动　建设"两室一场"(图书阅览室、职工学习室、小型健身场所)。不定期开展丰富多彩、健康有益的文体活动,并积极参与省、市局及县级举办的各类文体活动,以活跃职工的文化生活,陶冶职工的情操,提高职工的修养。

荣誉 截至 2008 年 12 月,集体共获得省部级以下奖励 98 项;个人共获得省部级以下奖励 123 人次。

台站建设

台站综合改造 2005 年对台站进行全面综合改造,拆除所有建筑,重新修建了 460 平方米的 1 层综合办公楼,改造了业务值班室,完成了业务系统的规范化建设,硬化路面 650 平方米,修建了 680 平方米的草坪、花坛,办公条件得到彻底改善。

办公与生活条件改善 蒲城县气象局建站之初,有拱房 6 间,前后各 3 间(90 平方米)。1974 年,在站东南角新建了 3 间办公室(36 平方米)。1975 年在后面又新盖了 9 间窑洞(130 平方米)。1983 年在院内打了 1 眼机井,从此解决了职工的生活用水难题。1987 年又建成 1 栋 310 平方米的二层宿办楼,职工的生活和工作环境较之前有了较大改观。1998 年建成了二层单元楼,一层 2 户(共 320 平方米),解决了部分职工住房问题。20 世纪 80 年代末,气象站为气象科技服务单位先后购置了 4 辆摩托车;2006 年 1 月购置 1 辆捷达轿车;2007 年 3 月购置 1 辆五菱面包车;2008 年 9 月,添置了 1 辆马自达小汽车。50 年来,蒲城县气象局不仅外部环境发生了翻天覆地的变化,气象业务现代化建设上更取得了突破性发展,建成了气象卫星地面接收站、自动观测站、区域自动气象监测网、决策气象服务和气象预警短信发布平台等业务系统工程。

1980 年 9 月蒲城县气象站全景

2008 年蒲城县气象局综合改造后办公楼全貌

大荔县气象局

大荔县历史悠久,源远流长。"大荔人"遗址的发现证明,远在距今二十万年左右,先民已在这里劳动、生息、繁衍。商、周时即为古芮国所在地,秦置临晋县,西汉时设冯翊郡,唐代武德元年(公元 618 年)改为同州,清雍正十三年(1735 年)升同州为府,民国时期设八区专署。大荔县位于关中平原东部,是黄、渭、洛三河汇流之地。素有"三秦通衢"、"三辅重镇"之称。大荔县域面积 1776.3 平方千米,辖 26 乡镇,415 个行政村,人口 70.69 万。

大荔县属暖温带半干旱大陆性季风气候。主要气象灾害有:低温冻害、雷电灾害、干旱、冰雹、暴雨、大风。

机构历史沿革

台站变迁 1955 年 9 月,大荔县气候站在大荔县许庄镇北农校建成;1956 年 9 月,迁至大荔县农场南门外;1960 年 1 月,迁至大荔县许庄西北乡村;2001 年 1 月,迁至大荔县城关镇凌草村,站址位置,北纬 34°48′,东经 109°58′,海拔高度 351.4 米。

历史沿革 1955 年 9 月,成立称大荔县气候站;1959 年 3 月,更名为大荔县气象站;1960 年 4 月,改为大荔县气象服务站;1963 年 1 月,改称陕西省大荔县气象服务站;1969 年 2 月,更名为陕西省大荔县气象服务站革命领导小组;1973 年 2 月,改称为陕西省大荔县气象站;1980 年 3 月,改为大荔县气象站;1990 年 1 月,改称为大荔县气象局(实行局站合一)。

2007 年 1 月,调整为大荔国家气象观测站二级站。2009 年 1 月,大荔国家气象观测站二级站恢复为大荔国家一般气象站。

管理体制 1955 年 9 月—1 日 1958 年 11 月,由陕西省气象局领导;1958 年 12 月—1962 年 7 月,由上级气象部门和大荔县人民委员会双重领导,以气象部门领导为主。1962 年 8 月—1970 年 9 月,改由上级气象部门领导。1970 年 10 月—1973 年 11 月,由县人民武装部管理;1973 年 12 月—1979 年 12 月,由地方政府领导;1980 年 1 月起,实行气象部门与地方政府双重领导,以气象部门领导为主的管理体制。

机构设置 1955 年 9 月大荔气象站内设:测报股和预报股;2000 年 8 月起设:办公室、测报股和防雷电检测办公室、人工影响天气办公室(1975 年成立防雹指挥部,1982 年变更成立防雹办公室,2000 年 8 月变更成立人工影响天气办公室,)2 个地方编制机构。

单位名称及主要负责人变更情况

单位名称	姓名	职务	任职时间
大荔县气候站	任英伯	站长	1955.09—1957.12
	冯金生	站长	1957.12—1959.03
大荔县气象站	张改名	代站长	1959.03—1960.04
大荔县气象服务站			1960.04—1963.01
陕西省大荔县气象服务站			1963.01—1964.07
	胡玉杰	站长	1964.07—1966.10
	李 刚	站长	1966.10—1969.02
陕西省大荔县气象服务站革命领导小组			1969.02—1970.06
	董年成	站长	1970.06—1973.02
陕西省大荔县气象站			1973.02—1979.12
	张双合	站长	1979.12—1980.03

单位名称	姓名	职务	任职时间
大荔县气象站	张双合	站长	1980.03—1980.05
	高　峰	站长	1980.05—1988.11
	王建升	站长	1988.11—1989.12
大荔县气象局		局长	1990.01—1998.01
	苏炳彦	局长	1998.01—2008.12
	祁宗敏	局长	2008.12—

人员状况　1955 年建站时有职工 4 人。2006 年 8 月定编为 7 人。截至 2008 年 12 月,有在职职工 10 人(在编职工 7 人,聘用职工 3 人),退休职工 3 人。在编职工中:大学本科 3 人,大专 2 人,中专 2 人;中级职称 4 人,初级职称 3 人;40～49 岁 2 人,40 岁以下 5 人。

气象业务与服务

1. 气象观测

①地面观测

1955 年 9 月 1 日建站始,地面气象观测时间,采用地方时,每天进行 01、07、13、19 时 4 次观测;1960 年 8 月之后改为北京时,每天进行 02、08、14、20 时 4 次观测。1966 年 9 月 7 日,取消 02 时定时气候观测,1970 年 3 月 31 日恢复 02 时定时气候观测;1972 年 3 月 31 日重新执行 3 次定时观测,白天守班。观测项目有云、能见度、天气现象、气压、气温、湿度、风向风速、降水、雪深、日照、蒸发(小型)、地温(地面及浅层)等。其间于 1967 年 3 月 1 日取消小型蒸发项目,1977 年 12 月 31 日恢复小型蒸发。

航危报 1957 年 1 月 1 日开始拍发航危报。一直到 1999 年 12 月,先后向西安民航、郑州民航、阎良、汉中、安康、三原、武功以及长治、永济、5474 部队等军民航拍发航危报。1974 年 6 月 12 日、1976 年 10 月 15 日增发为地震服务的气象电报。2000 年 1 月 1 日停止拍发一切航危报。

发报内容　天气报的内容有云、能见度、天气现象、气压、气温、风向风速、降水、雪深、地温以及出现的大风、冰雹、陆(海)龙卷、积雪、雨凇等重要天气现象。航空报的内容有云、能见度、天气现象(危险天气现象)、风向风速、海平面气压(1967 年 1 月 9 日取消该组)等。各种自记记录开始启用的时间:温度自记(1957 年 12 月)、湿度自记(1957 年 12 月)、气压自记(1960 年 2 月)、日照自记(1955 年 9 月)、雨量自记(1955 年 9 月)、风向风速自记(1971 年 8 月)。

气象报表　县气象站编制的报表有气表-1、气表-21、农气表-1、农气表-2 等。向国家气象局、省气象局、地(市)气象局各报送 1 份,本站留底本 1 份。2000 年开始使用 AHDM 测报业务软件制作机制报表。2005 年 1 月 1 日自动气象站正式单轨运行,向省气象局发送报表数据文件 A、Y 文件,停止报送纸质报表。

现代化观测系统　从建站到 20 世纪末,一直沿用人工编报,2000 年开始使用计算机进行编发报。2002 年安装 DYYZ II 型自动气象站,次年 1 月投入业务试运行,实现了气压、气温、湿度、风向、风速和降水的自动测量(其余项目仍由人工观测);2003—2004 年进行了自动气象站和人工观测同时进行的平行观测;2005 年 1 月 1 日自动气象站单轨运行。2001 年开始尝试用 FTP(文件传送协议)方式(使用公众数据线路)向市台发送信息。2004 年升级为专用光纤,传输速度极大改善。

②区域自动站观测

2005 年 8 月,分别在赵渡、官池建立四要素自动区域气象站,在冯村、双泉、步昌、范家、张家、羌白 6 个乡镇建立了两要素区域自动气象站,为当地的气象服务提供了更为及时准确的气象资料。

③农业气象观测

农业气象的自动化步伐较慢,观测方式大多沿用以前的方式、方法,报表仍以手抄为主,没有太多的改变。1955 年 9 月 17 日进行小麦、棉花物候观测,同年 10 月 16 日增加仪器测土壤湿度观测。1957 年 4 月 27 日开始制作农气旬月报,8 月 1 日增发农气旬报。1962 年 5 月 1 日定为农气站,增加作物生育期观测。2006 年增加生态和湿地观测。

2. 天气预报

短期天气预报 1980 年 6 月,开始制作补充订正天气预报。在 20 世纪 80 年代初期,上级业务部门非常重视基层的业务基本建设,要求每个台站的基本资料、基本图表、基本档案和基本方法(即四基本)必须达标。

中期天气预报 20 世纪 80 年代初,通过传真接收中央、省、市气象台的旬、月天气预报,再结合分析本地气象资料,短期天气形势,天气过程的周期变化等制作一旬天气过程趋势预报。后此种预报作为专业专项服务内容,上级业务部门对(县)市站制作中期预报不予考核。

长期天气预报 主要运用数理统计方法和常规气象资料图表及天气谚语、韵律关系等方法,依靠上级的指导预报分别作出具有本地特点的补充订正预报。长期预报主要有:春播预报、棉花生育期及年景预报、汛期(5—9 月)预报、年度预报、秋播预报等。

3. 气象服务

①公众气象服务

20 世纪 80 年代以前,气象服务主要通过电信局电话,有线广播对社会进行服务。1988 年 10 月,开始使用预警系统对外发布天气预报,每天上、下午各广播 1 次,用户通过预警接收机定时接收气象服务产品,1990 年服务范围辐射至全县 80% 以上的乡镇,涉及村组、农场、砖厂等多个行业。1993 年 3 月,大荔县气象局开始编写以天气预报为主,兼顾农业气象、病虫防治、气候预测等内容的为农服务性杂志《天地》,杂志为半月刊,通过邮局发行。主要对象为农村的农业技术带头人,高峰时大约每期发行 350 余份,覆盖了全县 95% 以上的村镇。2003 年停刊。1997 年 6 月,正式开通"121"天气预报自动咨询电话(2005 年 1 月,"121"电话升位为"12121"),服务内容由原来单一的 24 小时预报、48 小时预报,逐步发展到现在的中长期预报、气象要素预报、周边县市预报、气象科普知识答询等。1998 年 12 月,大荔县电视天气预报节目开通。节目由县气象局用建成的多媒体电视天气预报制作系统制作,将长达 120 秒的节目录像带送电视台播放。2006 年 3 月,电视台播放系统升级,电视天气预报制作系统升级为非线性编辑系统,节目质量明显提高。2005 年,通过移动通信网络开通了气象商务短信平台,向全县广大手机用户发送气象信息。

②决策气象服务

2007 年,建立气象灾害手机短信预警网,以手机短信方式向全县各级领导发送气象信息,以便更及时准确地为县领导及部门提供决策服务。

【气象服务事例】 2003 年 8 月下旬至 9 月上旬,大荔县出现特大洪涝灾害。县气象局提前作出大到暴雨、局部大暴雨预报,建议防汛办尽快组织抗洪抢险、抢排渍水,安排生产自救。过程结束后,及时对本次气象灾害提供灾害评估,为当地政府抢险救灾、安排生产及自救等提供参考依据。2006 年 6 月 25 日,大荔县遭受百年不遇的冰雹、大风、暴雨袭击,瞬时风速达到了创纪录的 32.5 米/秒,全县 26 个乡镇不同程度受灾。这次过程气象局从预报预警、服务、灾情上报和灾害的评估等方面做了准确及时周到的服务,为县委、县政府的防灾救灾工作提供了重要的决策依据。

③专项气象服务

人工影响天气 2000 年 8 月 31 日,正式成立大荔县人工影响天气办公室,办公室设在县气象局,事业编制 3 名,人员从县农业技术推广中心调整。辖区内在高明镇和段家乡设 2 个作业点。2007 年段家乡由高炮作业更换为火箭作业。

防雷减灾 2005 年起,逐步开展易燃易爆场所、建筑物避雷设施安全定期检测、建筑物防雷工程图纸专项审核及随工检测和竣工验收、防雷工程、雷击风险评估等服务。

④气象科技服务

从 1985 年开始,逐步通过传真、邮寄、警报系统、声讯、电子显示屏、手机短信等方式,面向各行各业开展气象科技服务。气象科技服务项目主要有专业气象预报服务、气象资料信息服务、气候评价与论证服务、彩球施放服务、雷电防护服务等。

⑤气象科普宣传

每年在"3·23"世界气象日组织科技宣传,普及防雷知识。组织参加县科协组织的"科技之春"、"三下乡"活动,发放气象科技宣传材料,接受群众有关气象方面问题的咨询,全面宣传气象常识、知识。

大荔县气象局开展气象科普宣传时的情景

气象法规建设与社会管理

法规建设 2005 年,县气象局与安监局联合下发了《关于开展防雷安全检查的通知》(荔气发〔2005〕1 号);2008 年县政府下发了《关于防雷图纸设计审核许可和竣工验收的通知》等有关文件,将防雷工程从设计、施工到竣工验收,全部纳入气象行政管理范围。

社会管理 2005 年,县气象局具有独立的气象行政执法主体资格,并为 4 名干部办理了行政执法证,气象局成立气象行政执法队伍。开展气象行政执法、气象行政许可、升空气球管理、气象信息发布、气象探测环境保护等社会管理工作。

政务公开 对气象行政审批办事程序、气象服务内容、服务承诺、气象行政执法依据、服务收费依据及标准等,采取了通过户外公示栏、电视广告、发放宣传单等方式向社会公开。

党建与气象文化建设

1. 党建工作

党的组织建设 1955年9月—1985年5月没有独立党支部,党员受许庄党委领导,1985年9月成立独立党支部,有党员5人,截至2008年,有党员3人。

党风廉政建设 认真落实党风廉政建设目标责任制,积极开展廉政教育和廉政文化建设活动,努力建设文明机关、和谐机关和廉洁机关。局财务帐目每年接受上级财务部门年度审计,并将结果向职工公布。推行局务公开。干部任用、财务收支、目标考核、基础设施建设、工程招投标等内容采取职工大会、公示栏等方式向职工公开。

2. 气象文化建设

精神文明建设 大荔县气象局把领导班子的自身建设和职工队伍的思想建设作为文明创建的重要内容,通过开展经常性的政治理论、法律法规学习,造就了清正廉洁的干部队伍,锻炼出一支高素质的职工队伍。全局干部职工及家属子女无一人违法违纪,无一例刑事民事案件,无一人超生超育。同时,改造观测场,装修业务值班室,统一制作局务公开栏、学习园地、法制宣传栏和文明创建标语等宣传用语牌。建设"两室一场"(图书阅览室、职工学习室、小型运动场),拥有图书3000册。

文明单位创建 2003年被县委、县政府授予县级文明单位;2005年被渭南市委、市政府授予市级"文明单位"。

文体活动 局院落安装了篮球架、乒乓球台、健身器材等,经常组织职工开展体育健身活动,积极参加县组织的文艺会演和户外健身活动,丰富职工的业余生活。

3. 荣誉

集体荣誉 从建站至2008年大荔县气象局共获集体荣誉21项(次)。1978年10月,大荔县气象站被中国气象局评为全国气象部门学大寨、学大庆先进集体。

个人荣誉 1979—2008年,大荔县气象局个人获奖共118人(次)。

台站建设

园区建设 2004—2008年,大荔县气象局分期分批对局院内的环境进行了绿化改造,规划整修了道路,完成了业务系统的规范化建设。累计投资90余万元。

办公与生活条件改善 1955年9月初创时房屋简陋、设备原始。1977年,建三层22间面积195.3平方米的办公楼1栋。1999—2001年,县政府及上级气象部门共同投资,站址由许庄镇迁至城关镇凌草村,占地面积3667平方米,新建办公楼1栋340平方米,锅炉房、车库、门房、健身场所等配套设施一应俱全。

建于 20 世纪 70 年代的大荔县气象站旧址

2003 年综合改造后的大荔县气象局办公楼

综合改造后的大荔县气象局地面观测场(2001 年)

华县气象局

　　华县(古称华州)地处陕西省关中盆地南部,"八百里秦川"东端,渭河流域下游。历史悠久,源远流长。公元前 806 年西周宣王之庶弟郑桓公受封于此,建立郑国。春秋时,秦国设置郑县,南北朝西魏设置华州,中华民国三年设华县。华县位于秦岭山脉北麓、渭河南岸,北部是渭河冲积平原,地势平坦,由于地势北仰南高,中部出现低洼夹槽,即"渭河二华夹槽"。全县总面积 1139.5 平方千米,人口 36.4 万。

　　华县属温带季风气候,灾害性天气频发,尤以干旱、大风、突发暴雨、雷电为甚。华县是渭南市乃至陕西省的防汛重点。

机构历史沿革

台站变迁　1960 年 4 月,按国家一般气象站标准在渭南县高塘公社南寨村建成渭南县高塘气候服务站;1962 年 1 月,迁至县城杨巷西关;1980 年 1 月,由原来公路北迁到公路南边。站址位置北纬 34°31′,东经 109°44′,海拔高度 341.5 米。

历史沿革　1960 年 4 月,成立渭南县高塘气候服务站;1962 年 2 月,更名为华县气象服务站;1962 年 12 月,更名为陕西省华县气象服务站;1966 年 7 月,更名为华县气象服务站;1970 年 6 月,更名为陕西省华县气象站;1976 年 10 月,更名为华县气象站;1990 年 1 月,改称为华县气象局(实行局站合一)。

2007 年 1 月以前为气象观测国家一般站,2007 年 1 月改为国家气象观测站一级站,2009 年 1 月,改为国家基本气象站。

管理体制　1960 年 4 月—1970 年 1 月,由华县人委和气象部门双重领导;1970 年 1 月—1973 年 12 月,由人武部管理;1974 年 1 月—1979 年 12 月,归县政府政府领导;1980 年 1 月起,实行气象部门与地方政府双重领导,以气象部门领导为主的管理体制。

机构设置　1960 年 4 月只有业务股,预报业务由测报人员轮流值班。2000 年设立了办公室、测报股、预报股。2008 年设办公室、测报股、预报股及防雷办公室、人工影响天气办公室两个地方气象事业机构。

单位名称及主要负责人变更情况

单位名称	姓名	职务	任职时间
渭南县高塘气候服务站	蒋光修	站长	1960.04—1962.02
华县气象服务站			1962.02—1962.12
陕西省华县气象服务站	谢常辛	站长	1962.12—1966.04
	蔡德勇	站长	1966.04—1966.07
华县气象服务站			1966.07—1970.06
			1970.06—1972.06
陕西省华县气象站	詹文贤	站长	1972.06—1974.12
	高日新	站长	1974.12—1976.10
			1976.10—1979.03
	李正芳	站长	1979.03—1980.07
华县气象站	张如常	站长	1980.07—1984.07
	郑典	站长	1984.07—1989.08
	仇永烈	站长	1989.08—1989.12
		局长	1990.01—1990.04
	李建书	副局长(主持工作)	1990.04—1991.03
华县气象局	董喜民	局长	1991.03—2000.03
	范建勋	局长	2000.03—2002.12
	吴阳军	局长	2002.12—2004.08
	刘晓银	局长	2004.08—

人员状况 1960 年 4 月,成立时有职工 3 人。1982 年定编为 6 人。截至 2008 年 12 月,有在职职工 16 人(在编职工 9 人,地方人工影响天气在编 2 人,外聘职工 5 人),退休职工 5 人。在编职工中:本科 7 人,大专 1 人,中专 1 人;工程师 2 人,助理工程师 2 人,技术员 3 人。

气象业务与服务

1. 气象观测

①地面观测

观测时次 1960 年 4 月建站始,地面气象观测每天进行 08、14、20 时 3 次观测。2007 年 1 月 1 日,升级为国家基本站后,地面气象观测改为每天 23、02、05、08、11、14、17、20 时 8 次天气报和白天航危报的观测和发报任务,以及重要报和旬月报的发报任务。

观测项目 云、能见度、天气现象、气压、气温、湿度、风向、风速、降水、雪深、日照、蒸发(小型)、地温、冻土以及土壤墒情等。

发报内容 天气报的内容有云、能见度、天气现象、气压、气温、风向风速、降水、雪深、地温以及出现的大风、冰雹、陆(海)龙卷、积雪、雨凇等重要天气现象。航空报的内容有云、能见度、天气现象(危险天气现象)、风向风速、海平面气压(1967 年 1 月 9 日后取消该组)等。各种自记记录开始启用的时间:温度自记(1957 年 12 月)、湿度自记(1957 年 12 月)、气压自记(1960 年 2 月)、日照自记(1955 年 9 月)、雨量自记(1955 年 9 月)、风向风速自记(1971 年 8 月)。1961 年 1 月 1 日开始执行修改后的地面气象观测规范,气表 1、3、4、7 合并为气表-1,同年 3 月 17 日执行新的农气观测规范。1962 年 8 月 20 日报送地面气象观测记录年简表。1978 年 1 月 1 日开始百班无错情劳动竞赛。1980 年执行《地面气象观测暂行规范》。2004 年执行《地面气象观测新规范》。2008 年 6 月 1 日执行新的重要报发报标准(增加视程障碍现象霾、雾、沙尘暴等)。县气象站编制的报表有气表-1、气表-21。向中国气象局、省气象局、地(市)气象局各报送 1 份,本站留底本 1 份。2000 年开始使用 AHDM 测报业务软件制作机制报表。

现代观测系统 20 世纪 90 年代末,市级气象现代化建设开始起步。2003 年 12 月,DYYZ Ⅱ型自动气象站建成,2004 年 1 月 1 日开始试运行,2004—2005 年与人工进行平行观测。自动气象站观测项目有气压、气温、湿度、风向风速、降水、地温等,观测项目全部采用仪器自动采集、记录,替代了人工观测。2006 年 1 月 1 日,自动气象站正式投入业务运行。2007 年 1 月 1 日升级为国家基本气象站,昼夜守班并增加白天向阎良发 OBSAV 航危报。

②区域自动站观测

2006 年 9 月,在少华山山顶建成温度、雨量、风向、风速四要素区域自动气象站,在高涯村、李家堡、仕王村、辛庄、下庙、毕家建成 6 个温度、雨量两要素区域自动气象站。2007 年 5 月,在金堆、涧峪水库、江村、天龙山、北侯村、瓜坡、东庄头建成 7 个温度、雨量两要素区域自动气象站,同年 6 月 1 日开始运行。

③农业气象观测

除了正常的土壤墒情观测外,2005年开始生态观测,观测项目为桃子和柿子。

2. 天气预报

1981年5月正式开始天气图传真接收工作,主要接收中央气象台和省气象台气象传真图表,利用传真图表同时依靠渭南地区气象局的指导预报分析判断天气变化,取得较好的预报效果。1987年7月,架设开通甚高频无线对讲通讯电话,实现与地区气象局直接业务会商。

短期天气预报　20世纪60—70年代,气象站天气预报业务凭借预报员经验、天气谚语和观察一些饲养动物的表现情况来做24小时短期预报。1980年6月,开始作补充订正天气预报。在20世纪80年代初期,上级业务部门非常重视基层的业务基本建设,要求每个台站的基本资料、基本图表、基本档案和基本方法(即四基本)必须达标。

中期天气预报　20世纪80年代初,通过传真接收中央、省、市气象台的旬、月天气预报,再结合分析单站气象资料、短期天气形势、天气过程的周期变化等制作一旬天气过程趋势预报。后此种预报作为专业专项气象服务内容,上级业务部门对县站制作中期预报不予考核。

长期天气预报　建站初期,主要运用数理统计方法和常规气象资料图表及天气谚语、韵律关系等方法,依靠上级的指导预报分别作出具有本地特点的补充订正预报。县气象站制作长期天气预报在20世纪70年代中期开始起步,80年代为适应预报工作发展的需要,进一步贯彻执行中央气象局提出的"大中小、图资群、长中短相结合"技术原则,组织力量,多次会战,建立一整套长期预报的特征指标和方法,这套预报方法一直沿用。长期预报主要有:春播预报、汛期(5—9月)预报、三夏预报、年度预报、秋季预报。到20世纪90年代后期,上级业务部门对长期预报业务不作考核,但因服务需要,这项工作仍在继续。

3. 气象信息网络

最初的气象信息传播通过人工送达。随后通过邮电局发报传递气象信息;1987年7月,架设开通甚高频无线对讲通讯电话,实现与地区气象局直接业务会商;1994年7月,县气象局建起县级业务系统,进行试运行,此系统于1996年12月正式开通使用(传真图接收同时进行);1998年9月停收传真图,预报所需资料全部通过县级业务系统进行网上接收;2002年6月,建成气象卫星地面接收站并正式启用;2003年以ADSL宽带方式接入国际互联网Internet网;2004—2005年,与县移动公司、电信公司合作,架设了两条光缆专线,开通了省—市—县间的双路气象宽带广域网,建成了气象信息网络系统,通过网络传输资料和信息。

4. 气象服务

华县气象局坚持以经济社会需求为牵引,把公众气象服务、决策气象服务、专业气象服务和气象科技服务融入到经济社会发展和人民群众生产生活之中。

公众气象服务　1989年,华县政府投资购置20部无线通讯接收装置,安装到县防汛抗旱办公室、县农业局和各乡镇(场)建成气象预警服务系统。1990 年 6 月,正式使用预警系统对外开展服务,每天上、下午各广播 1 次,服务单位通过预警接收机定时接收气象信息。2004 年 3 月,气象局与县广播电视局协商同意在电视台播放华县天气预报,天气预报节目由气象局制作,每天晚上播出 2 次。1997 年 10 月,气象局同电信局合作正式开通"121"天气预报自动咨询电话。华县受经济发展缓慢的影响,"121"电话拨打率比较低。2004 年 4 月,全市"121"自动答询电话实行集约经营,主服务器由渭南市气象局建设维护。2005 年 1 月,"121"电话升位为"12121"。

此后,相继在县防汛抗旱指挥部办公室(县防办)安装接收终端,气象预报服务功能增强。2004 年 9 月,为更好地为农业生产服务,建起了"华县气象网",不仅促进了全市农村产业化和信息化的发展,也成为县政府和各有关部门了解气象知识,获取气象信息的重要手段。

决策气象服务 20 世纪 90 年代前,以电话、传真方式向县委县政府及相关部门提供决策气象服务信息。90 年代后,逐步编发《送阅件》、《重要天气报告》、《气象信息》、《气象灾害预警信息》、《雨情通报》、《气候评价》等决策服务产品,为各级政府和生产主管部门提供重要决策信息。2007 年,为了更及时准确地为部门、乡镇、村领导服务,通过移动通信网络开通了气象预警短信发布平台,以手机短信方式向全县各级领导发送气象信息。为有效应对突发气象灾害,提高气象灾害预警信号的发布速度,避免和减轻气象灾害造成的损失,2007 年 12 月在子仪路什字少华山庄门前和少华广场建立 2 块超大电子显示屏,2009 年在乡镇和主要部门安装电子显示屏,开展气象灾害信息发布工作。

【气象服务事例】 1998 年出现百年不遇大洪水,渭河南山支流发生倒灌,华县支流堤坝多处发生溃口。气象局及时做出大到暴雨、局部大暴雨过程预报,并建议防汛办尽快组织抗洪抢险、抢排溃水,安排生产自救,降雨过程中,气象局开展全程跟踪服务,将灾害损失降到最低。降雨过程结束后,及时组织人员参加气象灾害调查,对本次气象灾害提供灾害评估,为当地政府抢险救灾、安排生产及自救等提供参考依据。2003 年 8—10 月,华县遭受了前所未有的特大洪灾,50 多天内发生 5 次大的洪峰。这次特大洪灾给华县人民带来了空前的灾难,经济损失达 23 亿元。特别是在 2003 年 9 月 8 日,4 号洪峰过后,由于洪水侵害时间过长,有些灾民开始自行返乡。气象局根据渭河流域降雨资料分析,做出后期将可能出现第五次洪峰,并把这一消息及时发送到县领导和有关部门,建议县政府阻止灾民返乡,及时抢修险工险段。对此,县上领导非常重视,积极采取措施,准确的预报和及时的服务使 5 号洪峰(流量为 2810 立方米/秒,水位 341.30 米)在 10 月 5 日 6 时通过华县时没有造成损失,华县气象局被县政府评为"'03·8'抗洪抢险先进单位"。

气象科技服务 在继续做好公益服务的同时,1985 年开始推行气象有偿专业服务。1988 年 6 月,华县人民政府办公室转发《县气象局关于开展气象有偿专业服务报告的通知》,对华县气象有偿专业服务的对象、范围、收费原则和标准等内容进行规范。气象有偿专业服务主要是为全乡镇(场)或相关企事业单位提供中、长期天气预报和气象资料,一般以句天气预报为主。通过开展气象科技服务,为气象事业的发展提供了一定的基础,也为改善气象职工工作生活条件提供了保障。华县气象局从 1988 年开展气象有偿服务开始,一直到 1996 年都没有什么进展。单位资金短缺,严重制约着气象事业发展,1997 华县气象局出台科技服务改革措施,加大创收力度,市场不断扩大,单位活力增强,职工精神面貌焕然一新。

农业气象服务 蔬菜是华县农业支柱性产业,深入开展设施农业气象服务,为菜农进行气象灾害预警预测、气象信息服务取得明显效果。

人工影响天气 1990年6月,华县人工影响天气领导小组办公室成立,挂靠气象局。2007年2月经县政府同意并投入76万元,购买人工增雨火箭车两辆,火箭发射架两部,建成人工影响天气作业平台1套。人工影响天气系统的建成,为人工影响天气作业提供了可靠的安全保证。积极开展人工增雨作业,特别是在2009年2月出现的大旱中,气象局抓住有利时机,成功组织人工增雨,取得很好的效果缓解了旱情,减少了旱灾造成的损失。

气象科普宣传 每年3月科技"三下乡"宣传活动、"3·23"世界气象日都要组织参加全县科普宣传活动,普及气象、防雷、人工影响天气等科普知识。

气象法规建设与社会管理

法规建设 为规范华县防雷管理工作,提高防雷工程的安全性,重点加强雷电灾害防御工作的依法管理工作。2003年华县人民政府办公室下发了《华县建设工程防雷项目管理办法》(华办发〔2003〕10号),2006年华县人民政府又以《关于加强华县建设项目防雷装置防雷设计、跟踪检测、竣工验收工作的通知》(华发〔2006〕11号),对华县气象局开展防雷工作以及各建设单位自觉接受防雷安全检测、防雷图纸审核、防雷工程验收等都作了明确规定和要求。华县气象局还争取县城建局的支持,转发了《防雷工程设计审核、施工监督和竣工验收管理办法》,并在全县范围内实施。

社会管理 2003年1月,华县人民政府办公室发文,将防雷电及防雷工程从设计、施工到竣工验收,全部纳入气象行政管理范围。2003年12月,华县人民政府法制办批复确认县气象局具有独立的行政执法主体资格,并为8名干部办理了行政执法证,气象局成立气象行政执法队伍。日常主要负责履行气象法律法规及全市防雷安全的管理,定期对液化气站、加油站、民爆仓库等高危行业和非煤矿山的防雷设施进行检查,对不符合防雷技术规范的单位,责令进行整改。

政务公开 面对社会加强气象政务公开,主要是对气象行政审批办事程序、气象服务内容、服务承诺、气象行政执法依据、服务收费依据及标准等,采取了通过户外公示栏、电视广告、发放宣传单、刊登报纸等方式向社会公开,接受社会对气象依法行政的监督。

党建与气象文化建设

1. 党建工作

党的组织建设 1966年7月—1975年1月,华县气象站有中共党员3人,没有独立党支部,党员编入县武装部党支部。1975年7月成立党支部,编入农林局党委。截至2008年底有党员4人。

党支部加强党的建设,重视发展党员工作;加强党员的政治教育,组织党员开展先进性教育、学习实践科学发展观教育;组织党员到渭华起义纪念馆开展"缅怀革命先烈重温入党誓词"主题党建活动。积极发挥党支部的战斗堡垒作用和党员的模范带头作用。

党风廉政建设 认真落实党风廉政建设目标责任制,每年与市局签订党风廉政建设责任书,积极开展廉政教育和廉政文化建设活动,努力建设文明机关、和谐机关和廉洁机关。开展了以"情系民生,勤政廉政"为主题的廉政教育,组织观看了《忠诚》等警示教育片。局财务账目每年接受上级财务部门年度审计,并将结果向职工公布。健全内部规章管理制度,2002年4月制定了《华县气象局综合管理制度》,主要内容包括干部职工脱产(函授)学习、休假、奖励、业务值班等管理制度,使各项管理做到有章可循。实行局务公开,对财务收支、目标考核、基础设施建设、工程招投标等内容,通过职工大会或公示栏形式向全体职工公开,财务一般每半年公示一次,年底对全年收支、职工奖金福利发放、领导干部待遇、劳保、住房公积金等向职工作详细说明。

2. 气象文化建设

精神文明建设 华县气象局始终坚持以人为本,弘扬自力更生、艰苦创业精神;加强领导班子自身建设和职工队伍的思想建设,做到政治学习有制度,通过开展经常性的政治理论、法律法规学习,爱岗敬业、职业道德等教育,造就了清正廉洁的干部队伍,锻炼出一支高素质的职工队伍。全局干部职工及家属子女无一人违法违纪,无一例刑事民事案件,无一人超生超育。

深入持久地开展文明创建工作。加强台站建设,改造观测场,装修业务值班室;统一制作局务公开栏、学习园地、法制宣传栏和文明创建标语等宣传用语牌;建设文体活动场所,创造良好的工作生活环境;鼓励职工学习深造,为职工提供接受再教育机会;开展丰富多彩的学习教育活动,文明创建工作持续健康发展。

文明单位创建 1986年被华县县委、政府评为"文明单位";2005年被渭南市委、市政府命名为市级"文明单位"。

文体活动 建成"两室一场"(图书阅览室、职工学习室、小型健身场所),积极参加文艺会演和户外健身,丰富职工的业余生活。

荣誉 1960—2008年,华县气象局共获集体荣誉27项;个人获奖共45人(次)。

台站建设

台站综合改造 华县气象服务站1960年建站时只有9间瓦房。1978年建设成7间二层共14间,280平方米宿办楼。2001年又增加建设6间(含楼梯)二层共12间,240平方米的办公楼。2007年1月,华县气象站从一般站改为基本站后,台站建设得到大幅度提高,2007年申请综合改善资金160万元,新征土地0.2公顷,从2008年开始对单位的环境面貌和业务系统进行了大的改造,新办公楼正在建设中,职工公寓正在筹建中。气象业务现代化建设上也取得了突破性进展,建起了气象地面卫星接收站、自动气象站、决策气象服务和气象预警短信发布平台等业务系统,为进一步做好气象服务工作提供了条件和保障。

1962 年建站初期的华县气象站观测场

2005 年综合改造后华县气象局观测场

2001 年修建的华县气象局业务楼及观测场全景

华阴市气象局

　　华阴因西岳华山雄居境内而得名,地处陕西省关中盆地南部,"八百里秦川"东端,渭河流域下游。华阴设县有 2300 多年历史,春秋设邑,战国置县。全市总面积 817 平方千米,辖 2 个街道办、4 个镇,人口 24 万。地形南高北低,山奇水秀,古有"山川形胜,甲于关中"之说。1990 年 12 月经国务院批准撤县设市。华山旅游资源得天独厚,具有深厚的历史文化内涵和文物旅游资源,是省级历史文化名城。

　　华阴属暖温带季风气候,气候宜人。暴雨、雷电、泥石流、滑坡等天气引发的气象灾害比较严重。

机构历史沿革

始建情况　1970年1月,华阴县气象服务站在华阴县南寨村建成,一直沿用至今。地理位置,北纬34°33′,东经110°05′,海拔高度351.3米。

历史沿革　1970年1月,成立华阴县气象服务站革命领导小组;1976年10月,更名为华阴县气象站;1990年1月,改称为华阴县气象局(实行局站合一);1999年5月,更名为华阴市气象局。

2007年1月,改为国家气象观测站二级站;2009年1月,改为国家一般气象站。

管理体制　1970年1月—1973年12月,由县人武部管理。1974年1月—1979年12月,实行气象部门与当地政府双重领导,以地方领导为主的体制。1980年1月起,实行气象部门与地方政府双重领导,以气象部门领导为主的管理体制。

2002年3月,华阴市气象局和华山气象站合并,实行一局两站的管理体制,即华阴市气象局管理华阴气象站和华山气象站,2004年10月,华山气象站分离独设。

机构设置　1970年华阴气象站内设测报股和预报服务股。1999年6月起,设综合办公室、业务股和气象服务股及防雷电检测办公室、人工影响天气办公室两个地方编制机构。

单位名称及主要负责人变更情况

单位名称	姓名	职务	任职时间
华阴县气象服务站革命领导小组	杨　涛	站长	1970.01—1975.12
	袁士珍	站长	1975.12—1976.10
			1976.10—1979.01
华阴县气象站	孟召远	站长	1979.01—1980.10
	雷光前	站长	1980.10—1983.08
	魏华帮	站长	1983.08—1984.10
	承顺焕	站长	1984.10—1988.04
	赵新会	站长	1988.04—1990.01
华阴县气象局		局长	1990.01—1990.03
	高战国	局长	1990.03—1990.12
			1990.12—1999.05
华阴市气象局	吴阳军	局长	1999.05—2000.12
	张华潮	局长	2000.12—2001.12
	赵新会	局长	2001.12—

人员状况　1970年1月—1975年12月,有工作人员5人。1976年1月—1989年12月,定编为6人。截至2008年12月,有在职职工6人,其中:大学本科5个,专科1个;中级职称6人;50岁以上1人,40～50岁1人,30～40岁4人。

气象业务与服务

1. 气象业务

气象业务从建站简单的人工观测和预报业务发展为人工和自动化相结合的现代业务体系,气象服务从单一电话方式发展为手机短信、电子显示屏、新闻媒体等全方位的综合服务体系。1998—2008 年,相继建成 PC-VSAT 气象卫星地面接收站、自动气象站、可视化会商系统等,地面观测、数据、信息处理、资料传输基本实现自动化。

①气象观测

地面观测每天进行 08、14、20 时定 3 次观测,观测项目有云、能见度、天气现象、气压、气温、湿度、风向风速、降水、雪深、日照、蒸发、地温等。2005 年开始生态观测,观测内容为栗子。天气报的内容有云、能见度、天气现象、气压、气温、风向风速、降水、雪深、地温等。重要天气报的内容有暴雨、大风、雨凇、积雪、冰雹、龙卷风等。编制报表有气表-1、气表-21。向中国气象局、省气象局、地(市)气象局各报送 1 份,本站留底本 1 份。2000 年 11 月通过162 分组网向省气象局转输原始资料,停止报送纸质报表。

自动气象站　2005 年 12 月,自动气象站建成,2006 年 1 月 1 日开始试运行。自动气象站观测项目有气压、气温、湿度、风向风速、降水、地温等,观测项目全部采用仪器自动采集记录,替代了人工观测。2008 年 1 月 1 日,自动气象站正式投入业务运行。

区域自动站观测　2005 年 8 月,开始在乡镇建设区域自动气象站,到 2006 年 8 月,先后在华西、罗夫等防汛重点地区建成四要素区域自动气象站 1 个、两要素自动区域气象站 9 个,大大提高了华阴市防汛气象信息监测和服务能力。

农业气象观测　20 世纪 70 年代开始,逐步开展农业气象业务,主要内容有土壤墒情监测,结合春播、三夏、秋播等关键农业生产活动需求向政府、农业管理部门提供气象信息和天气预报。1990 年开始向政府、涉农部门、乡镇编发"重要天气消息"、"农业产量预报"、"三夏专题预报"、气候影响评价、气候分析及农事建议等服务材料。

②天气预报

20 世纪 70 年代,制作单站天气预报,主要方法是收听广播和简单订正预报。20 世纪80 年代中后期,总结单站要素预报指标,在省市台预报的基础上制作单站解释订正预报。PC-VSAT 建成后,应用 MICAPS 系统,结合单站要素指标和上级指导预报产品制作发布天气预报。

③气象信息网络

20 世纪 70 年代,使用收音机接收陕西气象形势广播信息;1994 年开通远程拨号终端;1998 年建成县级 PC-VSAT 气象地面卫星接收站;2001 年开通远程拨号 X.25 专线、省—市—县中文电子邮件办公系统;2003—2008 年先后开通 2 兆移动、电信、广电宽带;2005 年建成省—市—县宽带网;2008 年开通市—县天气预报可视会商、视频会议系统。

2. 气象服务

华阴地处华山风景名胜区,北临渭河,南依南北气候分界线的秦岭,气候环境复杂,抵御自然气象灾害的能力弱,属于"二华夹槽"地带,是陕西省的防汛重点区域,属温带季风气候。灾害性天气频发,尤以干旱、大风、暴雨、雷电、大雪为甚。华阴市气象局坚持以经济社会需求为牵引,把公众气象服务、决策气象服务、专业气象服务和气象科技服务融入到经济社会发展和人民群众生产生活中。

①公众气象服务

20世纪70年代开始,通过农村有线广播发布短期天气预报。1989年,华阴县政府投资购置20部无线通讯接收装置,安装到县防汛抗旱办公室、县农业局和各乡镇(场),建成气象预警服务系统。1990年6月,正式使用预警系统对外开展服务,每天上、下午各广播1次,服务单位通过预警接收机定时接收气象服务。1997年6月,气象局同电信局合作正式开通"121"天气预报自动咨询电话,面向电信固定电话,小灵通用户和移动、联通手机用户提供预报服务信息。2004年4月全市"121"答询电话实行集约经营,主服务器由渭南市气象局建设维护,2005年1月,"121"答询电话升位为"12121"。1998年9月,气象局与市广播电视局协商同意在电视台播放华阴天气预报,天气预报节目由气象局制作,每天晚上播出2次。

2004年9月,建起了华阴市气象网。2008年在乡镇及相关部门建立预警信息电子显示屏,常规预报信息每天发布2次,根据天气变化,即时发布灾害天气预报信息、预警信号、短时临近预报等。

②决策气象服务

20世纪90年代前,以电话、传真方式向县委县政府及相关部门提供决策气象服务信息。90年代后,逐步编发《送阅件》、《重要天气报告》、《气象信息》、《气象灾害预警信息》、《雨情通报》、《气候评价》等决策服务产品,为各级政府和生产主管部门提供重要决策信息。2007年在市气象局建立短信预警发布平台,开展气象预报预警手机短信服务。1998年出现百年不遇大洪水,渭河南山支流发生倒灌,华阴支流堤防多处发生溃口,气象局及时作出大到暴雨、局部大暴雨过程预报,建议防汛办尽快组织抗洪抢险、抢排渍水,安排生产自救,将灾害损失降到最低。2003年8月渭河流域出现大洪水,南山支流发生倒灌,气象局提前做出预报,并及时向政府领导和防汛部门做好服务,为夺取长达55天的抗洪抢险做出了突出贡献,被市委、市政府评为"抗洪抢险先进单位"。

③专业与专项气象服务

专业服务 20世纪70年开始,根据当地旅游、供电、交通、供水等行业需求,以电话、传真等方式向有关单位提供专业气象服务信息。20世纪80年代开始,开展气象森林防火、飞播造林、重大社会活动、重大工程等专项气象服务。

人工影响天气 1999年6月,华阴市人工影响天气领导小组办公室成立,挂靠市气象局。2008年12月经市政府同意并投入19万元,购买人工增雨火箭一部。并建成人工影响天气指挥系统,为人工影响天气作业提供了可靠的安全保证。

防雷减灾 1990年起,为各单位建筑物避雷设施开展安全检测服务。2005年起,逐步开展防雷工程、雷击风险评估等服务。

④气象科技服务

从1985年开始,逐步通过传真、邮寄、警报系统、声讯、电子显示屏、手机短信等方式,面向各行各业开展气象科技服务。气象科技服务项目主要有专业气象预报服务、气象资料信息服务、气候评价与论证服务、彩球施放服务、雷电防护服务等。

气象法规建设与社会管理

法规建设 为重点加强雷电灾害防御工作的依法管理工作,华阴市人民政府下发了《华阴市建设工程防雷项目管理办法》(阴办发〔2003〕10 号)和《关于加强华阴市建设项目防雷装置防雷设计、跟踪检测、竣工验收工作的通知》(阴发〔2006〕11 号)等有关文件。为规范华阴市防雷市场的管理,提高防雷工程的安全性,华阴气象局还争取市城建局的支持,转发了《防雷工程设计审核、施工监督和竣工验收管理办法》,并在全市范围内实施。2007 年华阴市政府出台了《关于加快气象事业发展的实施意见》(阴政发〔2007〕24 号)的规范性文件。

制度建设 2002 年 4 月制定了《华阴市气象局综合管理制度》,主要内容包括计划生育,干部、职工脱产(函授)学习等,干部、职工休假及奖励工资、医药费、业务值班室管理制度,会议制度,财务、福利制度等。

社会管理 开展防雷电安全、升空气球施放、气象探测环境保护、气象行政许可、气象信息发布等社会管理工作。2007 年《华阴市气象探测环境保护专项规划》经华阴市城乡建设管理局备案批准,为气象观测环境保护提供了重要依据。

政务公开 对气象行政审批办事程序、气象服务内容、服务承诺、气象行政执法依据、服务收费依据及标准等,采取了通过户外公示栏、电视广告、发放宣传单等方式向社会公开。

党建与气象文化建设

1. 党建工作

党的组织建设 1970 年 1 月—1973 年 5 月,有党员 1 人,编入武装部党支部。1973 年 5 月—1990 年 1 月,有党员 3 人,编入农林局党支部。1990 年 5 月,气象局成立党支部,截至 2008 年底有党员 6 人。党支部对政治上要求进步的同志进行重点培养,条件成熟及时发展。由于人员较少,群团组织一直无专人负责,由局长协调办公室组织开展工作。

党风廉政建设 党风廉政建设随气象事业的发展得到加强。华阴市气象局注重加强领导班子的自身建设和职工队伍的思想建设,开展经常性的政治理论、法律法规学习,造就了清正廉洁的干部队伍,锻炼出一支高素质的职工队伍。认真落实党风廉政建设目标责任制,积极开展廉政教育和廉政文化建设活动,努力建设文明机关、和谐机关和廉洁机关。开展了以“情系民生、勤政廉政”为主题的廉政教育活动。2004 年,渭南市气象局选任了纪检员,负责华阴市气象局党风廉政工作,局财务账目每年接受上级年度审计,并将结果向职工公布。财务收支、目标考核、基础设施建设、工程招投标等内容采取职工大会或上局公示栏张榜等方式向职工公开。干部职工晋职、晋级等及时向职工公示或说明。

2. 气象文化建设

精神文明建设　始终坚持以人为本,弘扬自力更生、艰苦创业精神,深入持久地开展精神文明建设。做到政治学习有制度、文体活动有场所、职工生活丰富多彩。全局干部职工及家属子女无一人违法违纪,无一例刑事民事案件,无一人超生超育。深入开展文明创建规范化建设。改造观测场,装修业务值班室,统一制作局务公开栏、学习园地、法制宣传栏和文明创建标语等宣传用语牌。建设"两室一场"(图书阅览室、职工学习室、小型健身场所),拥有图书3000册。每年在"3·23"世界气象日组织科技宣传,普及防雷知识。积极参加文艺会演和户外健身,丰富职工的业余生活。

文明单位创建　1986年被华阴县委、县政府授予县级文明单位,2007年被渭南市委、市政府命名为市级"文明单位"。

集体荣誉　1971—2008年华阴市气象局共获集体荣誉57项。2005年度,被中国气象局授予"全国局务公开先进单位"。

个人荣誉　从1971年至2011年华阴市气象局个人共获奖励198人次。

台站建设

台站综合改造　1970年1月,初建时只有9间瓦房。1982年建成3间二层面积为120平方米的小办公楼。1984年又建成6间(含楼梯)二层面积为240平方米的办公楼。2005年华阴气象局列入综合改造,2006年申请综合改善资金62万元,修建了新办公楼。在3年时间内,对单位的环境面貌和业务系统进行了大的改造。气象局现占地面积1980平方米,办公楼1栋330平方米,职工宿舍1栋500平方米,锅炉房15平方米。

园区建设　2004—2006年,华阴市气象局分期分批对局院内的环境进行了综合改造,重新修建装饰了综合楼,硬化路面100平方米,改造了业务值班室,修建了1000多平方米草坪、花坛,栽种了风景树,全局绿化率达到了60%,使院内变成了风景秀丽的花园。

1970年建站初期的华阴县气象站观测场

2006年改造后的华阴市气象局观测场

2006 年改造后的华阴市气象局办公楼

潼关县气象局

潼关县历史悠久,古称冲关。潼关历代设兵,隶属多变。明洪武九年(1376 年)设潼关卫。清雍正五年(1727 年)裁卫设潼关县。乾隆十三年(1748 年)设潼关厅。中华民国二年(1913 年)复设潼关县。潼关县位于陕西省东端,东临河南省灵宝市,北与山西省芮城县隔河相望,古有"鸡叫听三省"之说。潼关南靠秦岭山脉,北有渭河、黄河流经本县境内,地形南高北低,东西沟壑纵横,是历来兵家必争之重地。全县面积 526 平方千米,人口 16 万。

潼关县属暖温带大陆半干旱季风气候区,灾害性天气较多,尤以暴雨、干旱、大风、冰雹、雷电等为重。

机构历史沿革

台站变迁 1956 年 12 月,陕西省潼关气候站在潼关县城南吴村塬上建成,属国家一般站;1974 年 1 月,迁至潼关县城北边"郊外",站址位置北纬 34°33′,东经 110°14′,海拔高度 556.3 米。

历史沿革 1956 年 12 月,成立陕西省潼关气候站;1957 年 12 月,更名为陕西省潼关吴村气候站;1959 年 1 月,更名为陕西省渭南县潼关气候站;1960 年 2 月,更名为渭南县潼关气候服务站;1961 年 10 月,更名为潼关县气象服务站;1962 年 10 月,更名为陕西省潼关县气象服务站;1966 年 8 月,更名为潼关县气象服务站;1969 年 4 月,更名为潼关县农林水牧工作站革命委员会气象组;1970 年 7 月,更名为潼关县气象服务站;1980 年 1 月,更名为潼关县气象站;1990 年 1 月,改称潼关县气象局(实行局站合一)。

2007 年 1 月,改为国家气象观测站二级站,2009 年 1 月,改称为国家一般气象站。

管理体制　1956 年 12 月—1969 年 4 月,由上级气象部门和潼关县政府双重领导,以部门领导为主;1969 年 5 月—1970 年 7 月,由县人武部管理;1970 年 8 月—1979 年 12 月,由渭南地区气象局和地方政府双重管理,以地方领导为主的体制;1980 年 1 月起,实行气象部门与地方政府双重领导,以气象部门领导为主的管理体制。

机构设置　2008 年 12 月,内设综合办公室、测报股、人工影响天气办公室、雷电预警防护中心。

单位名称及主要负责人变更情况

单位名称	姓名	职务	任职时间
陕西省潼关气候站	谢光洁	站长	1956.12—1957.08
			1957.08—1957.12
陕西省潼关吴村气候站			1957.12—1959.01
陕西省渭南县潼关气候站			1959.01—1960.02
渭南县潼关气候服务站		站长	1960.02—1961.10
潼关县气象服务站	张顺宾		1961.10—1962.10
陕西省潼关县气象服务站			1962.10—1966.08
潼关县气象服务站			1966.08—1969.04
潼关县农林水牧工作站革命委员会气象组		指导员	1969.04—1970.07
		站长	1970.07—1972.08
潼关县气象服务站	蔡德勇	站长	1972.08—1975.04
	罗养斋	站长	1975.04—1980.01
潼关县气象站	蔡德勇	站长	1980.01—1984.10
	任永安	站长	1984.10—1988.03
	练安宁	站长	1988.03—1990.01
潼关县气象局		局长	1990.01—2002.01
	刘战喜	副局长(主持工作)	2002.01—2003.08
	鹿庆华	局长	2003.08—2007.02
	程伟伟	局长	2007.02—

人员状况　1956 年建站时有职工 4 人。2006 年 8 月定编为 6 人。截至 2008 年底有在职职工 9 人(在编职工 5 人,外聘职工 4 人),退休职工 3 人。在职职工中:大学本科 2 人,大专 1 人,中专 3 人,其他 3 人;初级职称 6 人;50～55 岁 2 人,40～49 岁 4 人,40 岁以下的有 3 人。

气象业务与服务

1. 气象业务

气象业务从建站开始主要是地面观测,制作气象月报表和年报表,建成地面自动气象站、可视化会商系统等后,地面观测、数据、信息处理、资料传输基本实现自动化,为地方政府做好气象服务工作。

①气象观测

地面观测　1956 年 12 月 1 日—1959 年 12 月 31 日,每天进行 01、07、13、19 时(地方太阳时)4 个时次的地面观测,夜间不守班。观测项目有云状、云量、能见度、天气现象、气压、气温、湿度、风向风速、降水、雪深、日照、蒸发、地面状态等。1960 年 1 月 1 日改为每天进行 08、14、20 时(北京时)3 次观测。

现代观测系统　20 世纪 90 年代末,县级气象现代化建设开始起步,2005 年 10 月,潼关 AMS-Ⅱ型自动气象站建成,2006 年 1 月进行对比观测运行。自动气象站观测项目有气压、气温、湿度、风向风速、降水、地温等,观测项目全部采用仪器自动采集、记录,替代了人工观测。2008 年 1 月 1 日,自动气象站正式投入业务运行。

区域自动站观测　2005 年 6 月,在太要镇、安乐乡建成区域自动气象站。2006 年 8 月,投资 6 万元在桐峪镇、秦东镇、高桥乡建成区域自动气象站。在南头乡建成了 ZQZ-A 型温度、风向、风速、雨量四要素区域自动气象站,同年 9 月 1 日开始试运行。2008 年在潼关县矿管局资金支持下又在善车峪、蒿岔峪建成 2 个区域自动气象站。

农业气象观测　潼关县气象局除了正常的土壤墒情观测,2005 年开始对黄河湿地每年进行 2 次生态观测。

②天气预报

短期天气预报　20 世纪 60—70 年代,县气象站天气预报业务凭借预报员经验、天气谚语和观察一些饲养动物的表现情况来做 24 小时短期预报。1981 年 5 月正式开始天气图传真接收工作,主要接收北京的气象传真和日本的传真图表,利用传真图表独立地分析判断天气变化,取得较好的预报效果。1982 年起,县气象站根据预报需要抄录整理 55 项资料、绘制简易天气图等 9 种基本图表。在基本档案方面,主要对建站后有气象资料以来的各种灾害性天气个例进行建档,对气候分析材料、预报服务调查与灾害性天气调查材料、预报方法使用效果检验、预报质量月报表、预报技术材料、中央省地各类预报业务会议材料等建立业务技术档案。2002 年 6 月,气象卫星地面接收站建成并正式启用,气象预报服务功能增强。

中期天气预报　20 世纪 80 年代初,通过传真接收中央气象台、省气象台的旬、月天气预报,再结合分析本地气象资料、短期天气形势、天气过程的周期变化等制作一旬天气过程趋势预报。后此种预报作为专业专项服务内容,上级业务部门对县站制作中期预报不予考核。

长期天气预报　县气象站主要是根据省地(市)气象台每月按时发布的长期预报,结合当地历年资料进行分析,运用数理统计方法和常规气象资料图表,分别作出具有本地特点的补充订正预报。县气象站制作长期天气预报在 20 世纪 70 年代中期开始起步,80 年代为适应预报工作发展的需要,进一步贯彻执行中央气象局提出的"大中小、图资群、长中短相结合"技术原则,组织力量,多次会战,建立一整套长期预报的特征指标和方法,这套预报方法一直沿用。长期预报主要有春播预报、汛期(5—9 月)预报、三夏预报、年度预报、秋季预报。到 20 世纪 90 年代后期,上级业务部门对长期预报业务不作考核,但因服务需要,这项工作仍在继续。

③气象信息网络

最初的气象信息传播通过人工送达。随后通过当地邮局进行发报业务;1987 年 7 月,架设开通甚高频无线对讲通讯电话,实现与地区气象局直接业务会商;1994年7月,县气象局建起县级业务系统,进行试运行,此系统于1996年12月正式开通使用(传真图接收同时进行);1998年9月停收传真图,预报所需资料全部通过县级业务系统进行网上接收;2002年6月,建成气象卫星地面接收站并正式启用;2003年以ADSL宽带方式接入国际互联网Internet网;2004—2005年,与县移动公司、电信公司合作,架设了两条光缆专线,开通了省—市—县间的双路气象宽带广域网,建成了气象信息网络系统,通过网络传输资料和信息。

2. 气象服务

公众气象服务 公众服务主要以广播、电视、网络、手机短信载体,发布周预报及主要农事活动建议,并发布防灾减灾信息。1997年6月,气象局同电信局合作正式开通"121"天气预报自动咨询电话。2004年9月,建起了"潼关气象网"、"潼关农网"。2005年1月,"121"气象答询电话升位为"12121"。2006年1月"12121"统一由渭南市气象局管理,此后,由于固话受拨号升位和手机短信及手机直接拨打等多重影响,固话"12121"拨打量逐年萎缩。2006年9月,县气象局投资4万元建成电视天气预报制作非线性编辑系统,天气预报信息由气象局制作提供,在电视台播放潼关县天气预报。2008年,在全县各乡镇和有关部门安装气象电子显示屏用于发布气象灾害信息。开通气象灾害短信平台,以手机短信方式向全县各级领导发送气象预警信息。

决策气象服务 以《送阅件》、《专题送阅件》等为服务产品,向县委、政府、人大、政协县级领导和涉农部门领导开展服务。《专题送阅件》不定期发布。主要发布重大灾害天气分析调查和气候诊断信息以及县域重大活动的气象服务工作。《送阅件》主要发布农作物关键生育期气候分析、小麦产量预报、半年、年度气候评价等内容。遇有重大天气或灾害性天气过程,局长亲自到县委、政府向县领导汇报。气象服务在当地经济社会发展和防灾减灾中发挥重要作用。2003年8月,渭河出现百年不遇大洪水,潼关气象局于8月27日分别作出大到暴雨、局部大暴雨过程预报,建议防汛办尽快组织抗洪抢险、抢排溃水,安排生产自救,8月28日晚,渭河华县段防汛大堤决口,潼关县桃林寨段堤防出现险情,由于预报准确及时,将灾害损失降到最低。

专业与专项气象服务 1988年开始推行有偿专业气象服务。1989年9月,县政府拨款1万元购置无线通讯接收装置,安装到县防汛抗旱办公室、县农牧局、矿山企业和各乡镇,建成气象预警服务系统。1990年6月,正式使用预警系统对外开展服务,每天上、下午各广播1次,遇有重大天气过程,及时发布预警消息,服务单位通过预警接收机定时接收气象信息。

2007年县政府投资购买了人工增雨防雹车辆和火箭架。每年投入一定的资金用于潼关县增雨防雹。

气象法规建设与社会管理

法规建设 2006年县政府下发了《关于进一步做好防雷减灾工作的通知》(潼政办发〔2006〕46号)和《关于成立潼关县防雷减灾工作领导小组》(潼政办发〔2006〕53号)及《关于

加强潼关县建设项目防雷装置防雷设计、跟踪检测、竣工验收工作的通知》等有关文件。

制度建设 2003 年县局重新制定了潼关县气象局各项管理制度,主要内容包括业务值班、财务管理、请销假、物品采购、会议、干部职工学习等制度。2005 年被中国气象局授予"局务公开先进单位"。

社会管理 重点加强雷电灾害防御工作的依法管理工作。2008 年,潼关县编办批准设立潼关县雷电预警防护中心,挂靠县气象局。将防雷电工程从设计、施工到竣工验收,全部纳入气象行政管理范围,全面负责全县防雷电安全的管理,定期对液化气站、加油站、易燃易爆场所、矿山企业的防雷电设施进行检查检测。开展气象行政执法、气象行政许可、升空气球管理、气象信息发布、气象探测环境保护等社会管理工作。

政务公开 对气象行政审批办事程序、气象服务内容、服务承诺、气象行政执法依据、服务收费依据及标准等,采取了通过户外公示栏、发放宣传单等方式向社会公开。

党建与气象文化建设

1. 党建工作

党的组织建设 2004 年以前,由于潼关县气象局(站)党员少,均编入农牧局党支部。2004 年 1 月,成立气象局党支部,纳入县直机关工委管理。2008 年有党员 3 名。

党风廉政建设 贯彻落实党风廉政建设责任制,开展廉政宣传教育和廉政文化建设。加强局务公开,对本局的重大财务收支、目标考核、基础设施建设、工程招投标等内容实行集体决策,采取职工大会或公示栏张榜等方式向职工公开。财务支出一般每一季度公示一次。

2. 气象文化建设

精神文明建设 加强领导班子的自身建设和职工队伍的思想建设,始终坚持以人为本,弘扬自力更生、艰苦创业精神,通过开展经常性的政治理论、法律法规学习,造就了清正廉洁的干部队伍,锻炼出一支高素质的职工队伍。政治学习有制度、文体活动有场所、电化教育有设施,职工生活丰富多彩。开展文明创建规范化建设,改造观测场,装修业务值班室,绿化环境,统一制作局务公开栏、学习园地,建设了图书阅览室,拥有图书 500 余册。

文明单位创建 2002 年被潼关县委、县政府授予县级"文明单位";2005 年被渭南市委、市政府授予"市级文明单位"。

3. 荣誉

集体荣誉 2004 年以来,共获得省部级以下集体奖励 14 项。
2005 年被中国气象局授予"局务公开先进单位"。

个人荣誉 2004 年以来,共获得省部级以下个人奖励 36 人次。

台站建设

　　建站时有瓦房 4 间。1974 年迁站时,建有瓦房 12 间;1982 年增建平房 6 间;1992 年将瓦房改造为平房,新建职工公寓楼 1 栋。2004 年 4 月起两年时间,陕西省气象局和渭南市气象局先后投资 50 余万元资金,对潼关县气象局进行了综合改造,新建一栋 370 平方米的业务办公楼,购置了现代化的办公家具和办公设备,改造了 340 平方米的职工公寓楼,规划整修了道路,购置了健身器材,重新修建了门楼,改造了业务值班室,修建草坪、花坛,栽种了风景树,全局绿化率达到了 60%,硬化院内地面 700 平方米,使机关院内面貌焕然一新,工作和生活环境得到很好的改善。2005 年投资 3 万元购置了生态观测项目的全套设备,5 月份正式启动了黄河湿地生态监测项目。2006 年投资 20 余万元购置了全自动化气象设备,建立了自动气象观测站,实现了气象资料完全自动采集传输,大大提高了数据采集的准确性和及时性。

2004 年综合改造前的潼关县气象局业务值班室

2004 年综合改造前的潼关县气象局业务观测场

2006 年修建的潼关县气象局综合业务楼

综合改造后的潼关县气象局地面观测场(2007 年)

华山气象站

华山,是我国著名的五岳之一,位于陕西省华阴市境内,属秦岭山脉东部,素有"奇险天下第一山"之称。

华山西峰之顶的华山气象站,天气变化复杂,气候条件恶劣。年平均温度为 6.1℃,极端最低温度为零下 24.9℃,年平均大风日数 109 天,大雾 129 天,雷电次数最多达 43 天,冬季最长积雪可达近 5 个月时间。华山气象站的地理位置对天气过程下游气象台站预报天气,研究气候变化具有重要参考价值和指标意义。

华山气象站虽然条件艰苦,但是,全站职工无论从精神面貌、服务理念,还是人生价值观方面都展现出华山气象人的特色。建站 60 年,华山气象人为党的气象事业艰苦奋斗无私奉献,在崎岖陡峭的险道上努力攀登,用辛勤的劳动践行着"立高峰、测风云、比奉献、创一流"的华山气象精神。

机构历史沿革

始建情况 华山气象站 1952 年筹建,1953 年 1 月正式观测。站址位于华山西峰之顶,海拔 2064.9 米,观测场位置东经 110°05′,北纬 34°29′,是陕西省唯一的高山站。

历史沿革 1952 年 8 月,成立陕西省华山气象站;1955 年 5 月,更名为陕西省华阴气象站;1957 年 8 月,更名为陕西省华山气象站;1959 年 3 月,更名为陕西省渭南县华山气象站;1960 年 2 月,更名为渭南县华山气象服务站;1961 年 10 月,更名为华阴县华山气象服务站;1962 年 2 月,更名为陕西省华山气象服务站;1966 年 6 月,更名为华阴县华山气象服务站;1968 年 9 月,更名为陕西省华阴县华山气象站革命委员会;1969 年 10 月,更名为华阴县革命委员会华山气象站;1979 年 12 月,更名为华山气象站;1997 年 12 月,更名为陕西省华山气象管理处;2001 年 10 月,更名为华阴市气象局华山气象站;2004 年 10 月,更名为华山气象站。

2004 年 1 月,定为二类艰苦气象站。2007 年 1 月,更名为国家气象观测站一级站;2009 年 1 月,调整为国家基本气象站。每天 8 次天气报和 24 小时航空报任务,昼夜守班,是我国天气预报的重要指标站,资料参加亚洲气象情报交换。

管理体制 1952 年 8 月—1955 年 5 月,隶属陕西省军区气象科领导;1955 年 6 月—1966 年 6 月,隶属于陕西省气象局管理;1966 年 7 月—1968 年 9 月,隶属渭南地区中心气象台领导;1968 年 10 月—1970 年 8 月,隶属渭南地区气象台革委会领导;1970 年 9 月—1973 年 4 月,隶属华阴县革委会、武装部领导;1973 年 5 月—1979 年 12 月,隶属华阴县农林局领导;1980 年 1 月起,实行气象部门与地方政府双重领导,以气象部门领导为主的管理体制。

1997 年 12 月—2001 年 11 月,成立华山气象管理处,直属陕西省气象局领导;2001 年

12月—2005年3月,隶属华阴市气象局管理;2005年4月起,隶属渭南市气象局管理。

单位名称及主要负责人变更情况

单位名称	姓名	职务	任职时间
陕西省华山气象站	苏荣	站长	1952.08—1953.05
	郑国治	站长	1953.05—1953.12
	冯金生	站长	1953.12—1955.05
陕西省华阴气象站	杜成刚	站长	1955.05—1957.08
陕西省华山气象站			1957.08—1959.03
陕西省渭南县华山气象站	袁士珍	站长	1959.03—1960.02
渭南县华山气象服务站			1960.02—1961.10
华阴县华山气象服务站			1961.10—1962.02
			1962.02—1963.01
陕西省华山气象服务站	吕均	站长	1963.01—1966.03
			1966.03—1966.06
华阴县华山气象服务站	王亚平	站长	1966.06—1968.09
陕西省华阴县华山气象站革命委员会			1968.09—1969.10
华阴县革命委员会华山气象站			1969.10—1979.12
			1979.12—1984.06
华山气象站	赵新会	站长	1984.06—1988.05
	高战国	站长	1988.05—1990.05
	田社教	站长	1990.05—1997.12
陕西省华山气象管理处(副处级单位)	赵新会	处长兼站长	1997.12—2001.10
华阴市气象局华山气象站	刘晓银	站长	2001.10—2004.09
	陈兴全	副站长(主持工作)	2004.09—2004.10
华山气象站			2004.10—2006.09
		站长	2006.09—

人员状况　1952年8月,华山气象站刚建站时有13名解放军战士,成为第一批华山气象站的职工。1997年12月,编制14人,平均年龄25岁。2005年,华山气象站招收了2名本科生,成为华山气象站第一批本科学历的职工。截至2008年底,华山气象站编制12名,共有在职职工12人(在编职工7人,计划内临时工1人,外聘职工4人)。在职职工中:本科9人,大专3人;中级职称4人,初级职称8人;平均年龄28岁。

华山民兵组织概况

民兵组织概况　1952年8月,13名解放军战士来到华山西峰建设华山气象站,他们发扬人民军队的光荣传统,克服交通不便、物质匮乏、天气多变、气候恶劣,吃水、吃菜、取暖、就医难等困难,披荆斩棘、平整山地、开辟观测场,靠人背肩扛把仪器扛上山,立起无线杆、架起风向标,通过艰苦卓绝的奋斗,硬是在华山西峰之巅建起了气象站。从1953年1月开始观测记录华山气象资料,向人们展示这些年轻的气象工作者坚定的意志和大无畏的革命精神。建站初期,华山气象站有6支步枪、2支手枪,直到1984年,枪支才上交。

华山基干民兵排成立于1972年,民兵排的主要任务是保护气象工作,保护华山。民兵排不但每年坚持军训,而且为地方培训通讯人员。在业务上追求一流的业绩,在保护华山旅游景点方面也做出了突出的贡献。曾经多次解救过在山上轻生的青年,多次扑救山火,被誉为"华山景点保护神",受到兰州军区的表彰。2008年5月《中国国防报》以"林海深处管天兵"为题,报道了华山气象民兵排的事迹。

华山基干民兵组织主要领导更替表

时间	组织名称	隶属单位	姓名
1972年6月	华山基干民兵排	华阴县武装部	蔡淑琴
1973年8月	华山基干民兵排	华阴县武装部	赵新会
1988年5月	华山基干民兵排	华阴县武装部	高战国
1990年6月	华山基干民兵排	华阴县武装部	田社教
1992年8月	华山气象站民兵排	华山民兵连	苏炳彦
1994年8月	华山气象站民兵排	华山民兵连	武广良
1999年3月	华山气象站民兵排	华山民兵连	刘晓银
2004年9月	华山气象站民兵排	华山民兵连	陈兴全

气象业务与服务

1. 气象业务

华山气象站的主要业务是地面气象观测,每天向渭河流域气象预警气象中心提供四次天气报,每天向陕西省气象信息中心提供8次天气报,同时制作气象月报和年报报表。

气象观测　每天进行02、05、08、11、14、17、20、23时8次地面观测,同时编发以上8个时次的天气报。观测项目有风向、风速、气温、气压、湿度、云、能见度、天气现象、降水、日照、小型蒸发、雪深、电线积冰等。每天24小时为军航、民航提供每小时一次的航空天气报。2003年1月1日起建成并运行DYYZ-II型自动气象站,观测项目包括温度、湿度、气压、风向风速、降水。2003—2004年,实行人工与自动站平行对比观测。2005年,自动气象站成为正式观测资料,人工仪器作为备份仪器予以保留,以自动站资料为准发报,自动站采集的资料与人工观测资料存于计算机中互为备份,每月定时复制光盘归档、保存、上报。

气象信息网络　1953年1月1日起,观测气象数据通过用"八一电台"莫尔斯发报传输。1987年7月,开通甚高频无线对讲通讯电话,实现与省、地气象局直接业务会商。自动气象站建成后,每天24小时的整点各要素实时数据通过SDH宽带传送至陕西省气象信息中心,实现了网络化、自动化。建站后气象月(年)报表采用人工编制,一式4份,分别上报国家气象局、陕西省气象局气候资料室、渭南市气象局各1份,本站留底1份。从2000年开始使用微机打印气象报表,用网络向陕西省气象局信息中心上报电子档气象月(年)报表。

2. 气象服务

从建站开始,华山站就只有地面观测任务,一直没有天气预报和气象服务业务。1993年,华山管理委员会成立,华山气象站根据旅游需要,开展了针对华山景区的雷电防护、森林防火、山体滑坡等旅游景区天气预报服务。同时开展高山电台服务,为中科院地球环境研究所和三门峡库区管理局管理维护设在华山西峰的自动观测仪器。1988年,华山气象站修建了山上职工宿舍,1989年,利用职工腾挤出来的3间宿舍,开办了山上的简易招待所。1997年12月,成立了华山气象管理处。将华山气象站转运站宿舍兼办公楼改造为招待所,开展服务性经营。2001年,由于受310国道拓宽的影响,招待所被迫关闭。

党建与气象文化建设

1. 党建工作

党的组织建设 1969年,华山气象站成立党支部,有党员6人。党支部先后属华阴县革委会、华阴县农林局、华阴市农牧局党委领导。截至2008年12月,有党员5人。

党的作风建设 华山气象站地处高山,环境恶劣。冬季温度零下二十多度,雪深达到40多厘米,测风仪经常被十几厘米的雾(雨)凇冻住,风向标不能转动,观测员需要爬上十几米高的风向杆,身边就是一眼望不到底的万丈深渊,观测员只能用手小心翼翼将雾(雨)凇一点一点抠掉,才能进行正常观测,没有相当的勇气是不敢爬上去清理积冰的。夏天打雷时,雷电会顺着电缆线窜入值班室,把山上观测仪器、设备、电灯泡等打坏,十分怕人。夜间值班用手电筒,手工编报用煤油灯照明。无水无电,工作艰辛,生活艰苦。一年四季喝的都是收集的雨(雪)窖水,常年吃不到新鲜蔬菜,所有器材、物品必需用人背肩扛运送上山,上山步行要用6个多小时。面对艰苦环境,历届党支部高度重视对党员和干部职工进行艰苦奋斗、爱岗敬业和团结协作的思想教育。革命传统教育是每个华山气象工作者的"必修课"。20世纪70年代初期,党支部因势利导,利用艰苦的条件,培育出华山气象站独特的优良作风。站上每进一位新人,党支部都要给他们讲述华山站创业的艰辛。并多次聘请解放华山的战斗英雄讲当年解放华山的战斗情景。为了自觉地在艰苦的环境中磨练思想作风,党支部发出了"一根扁担两条绳,担脚上山为革命"的号召。在党支部的带领下,每位气象职工都投入到担运仪器设备和生活用品的行列。使大家真正了解了艰苦奋斗的精神,培养了华山气象人"不惧艰难困苦,团结协作,特别能吃苦,特别能战斗的优良作风。

新时期,华山气象站党支部更加重视基层党建工作,注重发挥党支部的战斗堡垒和党员的模范带头作用,带动职工完成各项工作任务。党支部定期召开民主生活会,开展民主评议党员活动。制定学习计划和学习制度,每周定期组织集体学习。2005年起,先后组织开展了保持共产党员先进性教育活动、对照"八荣八耻"开展荣辱观教育、围绕十七大精神开展解放思想、深入学习实践科学发展观等活动,取得了明显成效。

华山气象站以过硬的业务技术和优良作风、光荣传统成为渭南市气象局业务骨干和领导干部的培训锻炼基地。目前,渭南市气象部门12个县市局领导有80%都是经过华山气象站培养锻炼出来的,大多数业务骨干也都经过华山站的洗礼。因此,华山气象站被大家誉为渭南市气象部门的"黄埔军校"。

党风廉政建设 认真贯彻落实党风廉政建设责任制。积极参加地方纪委和省、市气象局开展的法律法规和廉政知识竞赛。2002年起,每年开展党风廉政宣传教育月活动。坚持"局务公开、财务监管、物资采购"三项制度。

2. 气象文化建设

精神文明建设 华山气象站十分重视精神文明建设,用华山气象站独特的地理环境和教育方式,培育出华山气象站的光荣传统和优良作风。50 多年来,先后有 200 多名气象职工在这里默默奉献,留下了许多可歌可泣的故事。2006 年以来,为加强气象文化建设,弘扬气象人精神,华山气象站成立了组织机构,制定了具体的实施方案,以"三和谐"即建和谐班子,带和谐队伍,创和谐单位,努力打造充满生机和活力的精神文化、制度文化、行为文化和环境文化,开创新时期华山气象工作的新途径。凝炼出了"立高峰、测风云、比奉献、创一流"的新时期华山气象人精神。筹建了站史展室和荣誉室,展示了华山站历任领导的变迁、取得的荣誉、领导视察、新时期本站先进人物于进江、牛平礼等同志的先进事迹,向社会各界展示新时期华山气象人的精神风貌,讴歌华山气象人精神,成为宣传华山气象的一个窗口。

文明单位创建 2002 年被渭南市委、市政府命名为市级"文明单位"。2008 年被陕西省委、省政府授予"省级文明单位"。被中国气象局评为"全国气象部门文明台站标兵"。

文体活动 改建了学习室、建成了图书阅览室,职工活动中心。购买了室内文体活动器材和图书约 1000 余册,大兴读书之风,拓宽知识面。充分利用山上仅有的条件,组织职工开展乒乓球、象棋、军棋比赛,自编自演反映华山站精神风貌的小节目,开展丰富多彩的业余文化活动,让华山气象站充满活力,更具凝聚力和战斗力。

3. 荣誉与人物

集体荣誉 建站以来,共获得多项省部级以下集体奖励:1978 年,获中国气象局"全国气象部门红旗单位"。1989 年获中国气象局"全国气象部门双文明建设先进标兵"称号。1996 年被中国气象局和人事部联合命名为"全国气象先进集体"。2006 年被陕西省人事厅和陕西省气象局联合授予"全省气象系统先进集体"称号。2008 年被中国气象局评为"全国气象部门文明台站标兵"称号。

个人荣誉 蔡德勇 1960 年被评为陕西省"先进生产者"。王亚平 1978 年 10 月被中国气象局授予"全国气象部门双学先进工作者";1980 年 1 月被陕西省政府授予"陕西省农业先进生产者"。牛变玲 1983 年 9 月被全国妇联评为全国"三八红旗手"。高战国 1983 年 1 月被共青团陕西省委评为"新长征突击手标兵"。李华珍 1985 年,荣获"全国边陲优秀儿女银质奖章";1989 年,被评为全国气象部门劳动模范。牛平礼 2007 年被陕西省城镇妇女"巾帼建功"活动领导小组评为"巾帼建功标兵"。

人物简介 ★王亚平,男,汉族,1934 年出生,上海市人,中共党员。1978 年 10 月被中国气象局授予"全国气象部门双学先进工作者";1980 年 1 月被陕西省政府授予"陕西省农业先进生产者"。

★蔡德勇,男,出生于 1932 年 7 月,1951 年 7 月参加工作,1955 年 7 月到华山气象站,由于工作认真,学习刻苦,对气象地面观测规范十分熟悉,能够随时回答和解决工作中的疑难问题,被同志们誉称为"活规范"。1960 年,被评为陕西省"先进生产者",并出席了陕西省农业生产建设者代表会、参加了天安门国庆观礼。

★李华珍,女,1954 年 12 月出生于陕西华阴,1971 年 11 月参加工作,1972 年 3 月分配到华山气象站,1985年底调到华阴气象局。在华山气象站工作14年间,和男同志一样工作学习,并担运仪器设备和生活用品上山,她为气象工作付出了最美好的青春年华。1985年,荣获"全国边陲优秀儿女银质奖章";1989年,被评为全国气象部门劳动模范。

★牛变玲,女,汉族,1960年3月出生,陕西华阴人,中共党员。毕业于陕西省气象学校,1979年3月8日参加工作,在华山气象站工作13年,后调至华阴市气象局工作。1983年4月被陕西省妇女联合会授予陕西省"三八红旗手",1983年9月被全国妇女联合会授予全国"三八红旗手"。

台站建设

建站初期,华山气象站内没有房屋,一直住在西峰的道观里,1987年由国家气象局投资修建了观测值班楼和职工宿舍楼,改善了职工办公和住宿的条件。建筑面积约734平方米,其中工作室1.5间,面积约30平方米,宿舍9间,使用面积315.5平方米,其余为灶房、储藏室等,房屋全部为古庙式的石木结构。1995年华山通电,从此结束了该站业务用电靠太阳能电池和手摇发电,照明用煤油灯的历史。1998年,华山气象站山上进行综合改造,山下转运站也重新装修改造。2003年,完成了山上值班室的防雷电工程,有效地保护了人员、仪器的安全。2006年,投资建成了净化水生产设备(使用时间:每年5—10月),水质达到纯净水标准,结束了多年吃窖水的历史。2007年,建成了华山气象站站史展览室和荣誉室。2005—2007年,华山气象站在山下建成综合业务楼,规划整修了道路,院内修建了草坪和花坛,栽种了风景树,改善了工作和生活环境。华山气象站的现代化建设取得了新进展。建成了自动气象站和宽带网络,建成了Notes中文办公传输系统,提高了业务信息和政务信息的传递时效,大大提升了基本业务的综合能力,为更快、更好、更准确地做好气象服务奠定了坚实的基础。

"一根扁担两条绳,担脚上山为革命"20世纪50—70年代初华山站职工自己担粮食上山

坐落在华山西峰之巅的气象站

原国防部长张爱萍将军为华山气象站题词"立高峰远观天象 测风云强国富民"

汉中市气象台站概况

汉中市位于陕西省西南部,北依秦岭,南屏巴山,与甘肃、四川毗邻,中部为盆地,长江最长、最大支流汉江横贯市境。全市辖 11 个县区,总面积 2.72 万平方千米,总人口 378 万。汉中历史悠久,生态环境良好,水能资源、生物资源、矿产资源、旅游资源丰富。是国家南水北调工程水源涵养地。

汉中地处暖温带和亚热带气候的过渡带,景色秀丽,气候温和、湿润,年平均气温 11.7~14.9℃,年平均降水量 791.6~1260.4 毫米,降水量时空分布不均,变率大。

汉中地处汉江上、中游,地理位置对天气过程下游气象台站预报预测,研究气候变化,以及江河防汛具有重要参考价值和指标意义。

气象工作基本情况

台站沿革 汉中市气象局现辖 11 个县区气象局。1953—1965 年市县相继建立气象站,分别是:略阳站(1953 年)、佛坪站(1956 年)、宁强站(1956 年)、汉中站(1956 年)、留坝站(1957 年)、西乡站(1957 年)、城固站(1957 年)、镇巴站(1958 年)、洋县站(1958 年)、勉县站(1958 年)和南郑站(1965 年)。20 世纪 70 年代末至 80 年代初,在今汉台区老君镇设立"汉中县气象站",后因仪器设备和维持经费短缺撤销。1996 年设立汉台区气象局。

管理体制 1973 年以前,汉中市气象部门管理体制大多经历了从军队建制到地方政府管理、再到地方政府和军队双重领导的演变;1973—1979 年,转为地方同级革命委员会领导,业务受上级气象部门指导;1980 年体制改革,实行气象部门与地方政府双重领导,以气象部门领导为主的管理体制。

人员状况 2008 年,全市有在职职工 180 人(其中市气象局机关及直属单位 59 人,县(区)气象局 121 人),退休职工 75 人。在职职工中:研究生 8 人(含在读 6 人),本科学历 34 人,大专学历 80 人,中专及以下 58 人;副研级高工 6 人,工程师 52 人,初级职称 72 人。50 岁以上 27 人,40~49 岁 67 人,40 岁以下 86 人。

党建与精神文明建设 截至 2008 年底,全市设有党组 1 个,党总支 1 个,党支部 12 个,联合支部 1 个。全市气象部门有党员 103 人(在职 66 人,退休 37 人)。

全市气象部门全部创建为文明单位。其中汉中市气象局(以下简称"市局")、南郑、勉县、宁强县气象局为市级文明单位标兵;城固、洋县、西乡县气象局为市级文明单位;佛坪县气象局为县级文明单位标兵;略阳、镇巴、留坝为县级文明单位。

领导关怀 汉中气象工作得到了各级领导的关心和支持。中国气象局领导温克刚、骆继宾、马鹤年、刘英金、郑国光、宇如聪、沈晓农、孙先健等先后来市气象局视察指导工作。

主要业务范围

1. 气象观测

地面气象观测 汉中市气象局目前下辖 11 个地面气象站,分别是汉中国家基准气候站,略阳、佛坪、留坝、镇巴、宁强国家基本气象站,勉县、南郑、西乡、城固、洋县国家一般气象站;2002 年、2003 年全市分 2 批全部建成了自动气象站,实现了气温、气压、相对湿度、风向、风速、地温、降水和蒸发(仅基准站配备)7(8)个气象要素的自动观测。目前,略阳、佛坪站还承担航危报任务。

2006 年至今,全市 10 县 1 区共建成 153 个区域气象观测站,均为温度、降水量两要素自动气象站。

高空气象探测 全市设 1 个高空探测站(汉中),探测资料参加全球气象数据交换。

农业气象观测 设有城固国家一级农业气象观测站,主要开展农作物、物候、人工土壤水分观测。另外,汉中、宁强、南郑、洋县、西乡、镇巴、勉县站开展人工土壤水分观测。2005 年,汉中站开展自动土壤水分观测。2005 年起各站还分别开展了农作物、中草药、经济林果、湿地等生态气候环境观测项目。

特种气象观测 全市建有酸雨观测站 2 个(汉中、略阳);闪电定位观测站 1 个(汉中);建有多普勒天气雷达 1 部(位于汉台区老君镇)。

2. 天气预报预测

建站初期,天气预报分析资料主要以台站实况观测资料为主。20 世纪 70 年代中期开始接收中央气象台和日本气象厅的传真天气图;80 年代接收欧洲中期天气预报中心发布的各种分析和预报传真天气图;进入 90 年代,逐步接收 1000 百帕、700 百帕、500 百帕24、36、48 小时形势预报、降水区、物理量预报、数值预报产品。天气预报由手工绘制分析天气图逐步发展到 MICAPS 综合气象信息分析处理系统。预报时效不断延长,由过去的以 24 小时为主的短期预报为主延伸到短时预报、短期预报、中期预报、延伸期预报、短期气候预测等。随着气象卫星、自动气象站、区域气象观测站、新一代天气雷达等观测资料的业务应用,预报准确率得到逐步提高。

3. 气象服务

服务领域由早期单一的公众天气预报服务拓展到决策服务、公众服务、专业服务、科技服务等。服务产品由天气预报增加到常规公众天气预报、关键农时季节气象预报、节假日专题预报、汛期专题预报,以及重大社会活动气象保障、突发公共事件应急、中药材、经济作物专项服务,高速公路、水利设施工程建设、环境评估等专业气象服务,防雷、人工影响天气等专项气象服务。服务方式由早期的书面报告、广播、电话向多媒体信息方向发展,现已形成广播、电视、电话、传真、网络、手机短信、电子显示屏,以及气象信息员、协理员等多手段互补的气象信息服务渠道。

社会管理 2005 年 6 月设立气象行政许可办公室。全市 48 人取得了省政府颁发的气象行政执法证件,形成市县两级气象行政执法体系。对防雷装置设计审核和竣工验收、施放气球单位资质、施放气球活动、大气环境影响评价使用气象资料等实行行政许可和社会管理。

探测环境保护 1981 年,镇巴县政府下发《关于保护县气象站观测环境的通知》(镇政发(1981)79 号)。2001 年起,全市气象部门相继将《中华人民共和国气象法》《陕西省气象条例》《探测环境保护办法》等法律法规在政府相关部门进行了备案。2001 年在市政府建设委员会支持下,制止汉中市鑫源房地产开发公司商品房修建对汉中国家基准气候站观测环境的破坏;2007 年在佛坪县政府支持协调下,制止村民建房对佛坪国家基本气象站观测环境的破坏。"气象探测环境审查"成为观测场周边建设项目规划审批前的一项重要内容和程序。

陕西第一部 L 波段探空雷达在汉中建成

汉中市气象局

机构历史沿革

始建情况 1956 年 12 月,在汉台区东关郝家营建成汉中气象站,占地 20928 平方米,一直沿用至今。地理坐标为东经 107°02′,北纬 33°04′,海拔高度 509.5 米。

历史沿革 1956 年 12 月,成立汉中气象站;1958 年 10 月,改称汉中专区中心气象站;1960 年 9 月,更名为汉中专员公署气象局;1962 年 8 月,更名为汉中专区中心气象站;1966 年 6 月,改名为汉中专区气象台;1968 年 2 月,改称汉中专区气象台革命生产委员会;1968 年 9 月,改称为汉中专区气象台革命委员会;1976 年 2 月,更名为汉中地区革命委员会气象局;1979年3月,改称为汉中地区行政公署气象局;1979年12月,更名为汉中地区气象局;1996年6月,行政撤地设市,更名为汉中市气象局。

管理体制 1956年12月—1960年8月,归上级气象部门领导;1960年9月—1962年7月,归地方专员公署领导;1963年8月—1966年5月,改为上级气象部门管理;1966年6月—1979年11月,以地方管理为主;1979年12月起,实行气象部门与地方政府双重领导,以气象部门领导为主的管理体制。

机构设置 2002年,市局机关实行参照公务员管理。2008年12月,市局内设4个职能科室:办公室(人事教育科、监察审计室)、业务科技科、计划财务科、政策法规科(行政许可办公室);6个直属单位:汉中市气象台、汉中市生态与农业气象中心、汉中市气象信息技术保障中心、汉中市气象科技服务中心、汉中市气象局后勤服务中心、汉中市气象局财务核算中心;2个地方编制机构:汉中市人工影响天气办公室、汉中市防雷中心。

单位名称及主要负责人变更表

单位名称	姓名	职务	任职时间
汉中气象站	刘运隆	站长	1956.12—1958.10
汉中专区中心气象站			1958.10—1959.06
	成学尧	站长	1959.06—1960.08
汉中专员公署气象局	范崇彦	局长	1960.09—1962.01
	成学尧	站长	1962.01—1962.03
	王正顺	副站长(主持工作)	1962.03—1962.08
汉中专区中心气象站			1962.08—1962.10
	廖清	站长	1962.10—1966.06
汉中专区气象台		台长	1966.06—1967.02
	(无领导)		1967.02—1968.02
汉中专区气象台革命生产委员会	李逢海	主席	1968.02—1968.09
汉中专区气象台革命委员会	郭永全	主任	1968.09—1972.11
	廖清	主任	1972.11—1976.02
汉中地区革命委员会气象局			1976.02—1979.03
汉中地区行政公署气象局	王造群	局长	1979.03—1979.12
			1979.12—1981.02
	王尔谢	副局长(主持工作)	1981.02—1984.04
汉中地区气象局	王亚平	局长	1984.04—1987.07
	李明玉	副局长(主持工作)	1987.07—1988.04
	向永贵	副局长(主持工作)	1988.04—1990.07
		局长	1990.07—1996.06
			1996.06—1997.11
	刘宇	局长	1997.11—2001.12
汉中市气象局	王国栋	副局长(主持工作)	2001.12—2003.03
	张世昌	局长	2003.03—2008.01
	王国栋	局长	2008.01—

注:1967年2月—1968年2月,因"文化大革命"影响,无领导。

人员状况 建站初期仅有 6 人。1978 年有职工 38 人。2008 年有在职职工 84 人(在编职工 76 人,外聘职工 8 人),退休职工 44 人。在职职工中:研究生 2 人,本科 32 人,大专 34 人,中专及以下 16 人;高级职称 5 人(副研级),中级职称 39 人,初级职称 37 人。

气象业务与服务

1. 气象业务

①气象观测

地面观测 建站后,地面观测每天进行 02、08、14、20 时 4 次定时观测,观测项目有气温、湿度、气压、风向、风速、云、降水、能见度、日照、蒸发、地温(0~40 厘米)、天气现象、雪深、雪压等。1979 年 12 月增加冻土观测;1980 年 1 月开展 80~320 厘米深层地温观测;1992 年 1 月升级为汉中国家基准气候站,承担 24 小时连续观测任务,每天 02、05、08、11、14、17、20、23 时 8 次编发天气报。2002 年 12 月,建成 CAWS600-S 型地面自动气象站,自动观测项目有:气温、气压、湿度、风向、风速、降水、蒸发、地温(0~320 厘米),2003 年 1 月投入业务使用,采用人工站、自动站并行对比观测。2004 年 1 月自动站正式运行观测,与人工观测双轨并行至今。2006 年至今,建成 5 个区域自动气象站。

建站之初,每天编发 02、08、14、20 时 4 次定时地面观测天气报;1957 年 3 月起承担航危报任务,1980 年 1 月停止;1958 年 10 月起至今,拍发气候月报;1992 年 1 月起,每天 02、05、08、11、14、17、20、23 时 8 次编发天气报。

高空气象探测 1958 年 6 月 1 日开始高空观测(小球测风),每天观测、发报 1 次;1959 年 10 月,由小球测风改为高空探测,每天观测、发报 2 次,制作月报表。建站后使用 49 型探空仪,1967 年 1 月改用 59 型探空仪至今。1963 年使用无线电定向仪测风;1969 年 11 月,改用 701 型测风雷达测风;2004 年 12 月,建成取代 701 雷达的 L 波段雷达系统,2005 年 1 月正式运行。建站后用人工化学(苛性钠、矽铁粉)制氢,1986 年改用水封罐电解水制氢机制氢。1998 年 7 月至今,使用 QDQ2-1 型电解水制氢机制氢。

农业气象观测 建站初期通过"褒城农业气象试验站"开展农业气象服务。2005 年 5 月开展生态环境监测,对水稻、油菜、小麦等主产作物进行生长状况监测。2005 年 6 月开展土壤湿度自动观测,对垂直深度 5 厘米、10 厘米、20 厘米、30 厘米、40 厘米、50 厘米、100 厘米、180 厘米的土壤水分状况进行监测。2006 年,樊朝武同志撰写的《陕西柑橘发展生态立地条件适应性及关键技术集成研究》获省政府科学技术三等奖。2007 年"市县农业气象服务及灾害监测系统研究与推广"项目获得陕西省农业技术推广成果二等奖。

特种气象观测 2005 年 12 月建立闪电定位观测系统。2006 年 6 月增加酸雨观测业务,承担本地酸雨试验等任务。2004 年将"汉中县气象站"原址土地置换,在汉台区老君镇建设汉中新一代天气雷达站,建成多普勒天气雷达 1 部(5 公分 CB 型),2007 年投入业务使用,主要监测和预警灾害性天气,探测重点是暴雨及强对流天气系统活动,为人工影响天气、灾害性天气监测提供服务。

②天气预报预测

气象台建于 1958 年,负责天气预报的制作、发布,为地方政府组织防御气象灾害提供决策依据。按时效分有短时、短期、中期、长期预报,按内容分有要素预报和形势预报,按性质分有天气预报和天气警报。从初期单纯的天气图加经验的主观定性预报,逐步发展为采用气象雷达、卫星云图、并行计算机系统等先进工具制作的客观定量定点数值预报。近年来 24 小时晴雨预报准确率 85% 以上,一般降水 65% 以上,最高、最低气温预报误差≤±2℃,准确率 60% 以上。

③气象信息网络

20 世纪 70 年代以前,采取莫尔斯电台和通过当地邮电局拍发气象电报。70 年代后期,开始使用电传机;从 1984 年起装备 PC-1500 袖珍计算机和 HKC-8800 机,1985 年配备苹果Ⅱ兼容机、天气图接收机、甚高频电话等设备。80 年代中期后,使用单边带和传真。1995 年 4 月,使用电信 X.25(9600 比特/秒)专线传输气象报文,2002 年 8 月速率提高至 64 千比特/秒,2004 年 8 月撤销;1995 年 8 月建成内部计算机局域网。1999 年 4 月开始使用 162 拨号方式传输资料。2003 年 10 月开通中国移动光纤(2 兆),2004 年 9 月接入中国电信 SDH 专线,2009 年 7 月接入广电专线通信光纤(2 兆)专线。

1996 年 10 月安装 FY-A 型地面卫星云图接收站,2003 年 6 月停用。1997 年 6 月安装 VSAT 双向卫星地面站;1999 年 5 月建成 PC-VSAT 单收站。2007 年 6 月,采用 DVB-S 接收卫星资料;2005 年 6 月,HY-1A 卫星云图接收站开始运行;2004 年 6 月建立省—市天气预报可视会商系统,2007 年 9 月完成市—县天气预报可视会商系统建设。

2. 气象服务

①公众气象服务

建站后至 20 世纪 80 年代,公众气象服务信息主要是订正预报;1997 年开展电视天气预报节目,服务内容更加贴近生活。1998 年建成"121"电话自动答询系统,到 2008 年年均拨打量达 400 多万人次;2006 年开通手机短信发布系统,2003 年 6 月,汉中气象网开通,为天气预报信息进村入户提供了有利条件。2004 年后,陆续和林业部门开展森林火险气象等级预报,和国土资源部门开展地质灾害气象等级预报等公众服务。目前,主要是通过广播、报纸、电视、"12121"声讯电话、互联网、电子显示屏等为公众服务。

②决策气象服务

建站后至 20 世纪 80 年代,气象服务主要以书面文字发送为主。20 世纪 90 年代,气象服务信息主要是常规预报产品和情报资料。90 年代至今,服务方式由电话、传真、信函等逐渐发展为通过广播、报纸、电视、"12121"声讯电话、互联网、电子显示屏等。

1986 年 10 月,王生有、杨良瑞、郭开钊等人完成的《陕西省汉中地区农业气候区划》,依据汉中气候的垂直地带性将全市分为 3 个类型气候带和 5 个农业气候区分别评述,为政府农业产业结构调整决策提供了重要依据。王生有执笔完成的《汉中平坝育秧的黄金时节》,张立新执笔完成的《秦巴山气候资源的开发利用》等项目研究成果,为农业丰产丰收、农业产业结构调整提出了指导性意见。

决策气象服务为政府部门指挥防汛抗旱提供了科学依据。2002 年 6 月 9 日,汉中佛坪出现特大暴雨,市局提前做出准确预报,启动应急预案,进行跟踪服务;2007 年 7 月,汉中以洋县为降水中心出现区域性大到暴雨、大暴雨,政府部门根据预报信息及时启动应急预案,将溃坝区群众提前组织撤离,避免了群众伤亡。

③专业与专项气象服务

1985 年开展专业有偿气象服务工作。市气象局早期通过电话、信函等为专业用户提供气象资料和预报服务。2004 年后,陆续和林业部门开展森林火险气象等级预报,和国土资源部门开展地质灾害气象等级预报等,为政府防汛部门建成了气象服务终端。

人工影响天气 1997 年由汉中市机构编制委员会同意,成立"汉中市人工影响天气办公室",编制 4 人。1998 年 5 月成立"汉中市人工影响天气领导小组"。1997 年后,依托省人工影响天气办公室开展飞机增雨作业。2000 年,汉中出现冬春夏连旱,市政府专款购置 WR-1B 型增雨火箭架 6 副。人工增雨为农业生产、塘库蓄水、森林防火等进行服务。

雷电预警服务 1990 年 2 月成立汉中地区避雷装置检测站,1998 年更名为汉中市防雷减灾中心。2000 年 11 月,经汉中市机构编制委员会批准更名为汉中市防雷中心,纳入地方编制。开展防雷检测、防雷工程、雷电风险评估、雷电预警等服务。2008 年汶川特大地震后,为汉中地震灾区实施防雷设施援建,协助安装避雷装置 760 余套。

④气象科普宣传

1982 年成立汉中地区(市)气象学会。利用"3·23"世界气象日、科技活动周、"科技之春"科普宣传月等组织开展气象科普宣传活动,多次荣获汉中市委、市政府奖励。2006 年,市气象局被省委宣传部、省科技厅、省科协联合授予陕西省科普教育基地。

1973 年,铺镇中学学生参观气象站,张效应同志讲解地温观测知识。

开展科普教育活动

气象法规建设与社会管理

法规建设 汉中市政府相继制定下发《汉中市防雷减灾管理办法》(2002 年 9 月)、《关于进一步加强防雷减灾工作的通知》(2005 年)、《汉中市突发气象灾害预警信号发布与传播管理办法(试行)》(2006 年)及人工影响天气、升空气球、气象探测环境保护、气象信息传播等规范性文件,这些文件为气象社会管理提供了法律依据和保障。

社会管理 2001—2003 年市气象局被确定为全省气象部门"行政执法试点单位"。

2001年,市局成立依法行政领导小组,设立政策法规科;2004年组建气象行政执法队;2005年6月设立气象行政许可办公室。全市48人取得了省政府颁发的气象行政执法证件,形成市县两级气象行政执法体系。近年来,市气象局多次与地方人大和政府部门开展联合执法检查。

党建和气象文化建设

1. 党建工作

党的组织建设 1960年9月,设立党支部。1979年12月调整管理体制后,恢复和建立了各项规章制度,召开了全区思想政治工作座谈会。1987年7月,有党员36名,党小组3个。1998年10月经市直机关工委批准成立中共汉中市气象局总支委员会,下设机关党支部、气象台党支部、离退休党支部至今。截至2008年12月,共有党员57人。

党风廉政建设 市气象局建立了党风廉政建设工作领导小组,每年与各单位签订"党风廉政建设责任书",落实党风廉政建设责任制,实施"三项制度",推进局务公开,加强内部审计。各单位设立廉政监督员、纪检监察员。积极开展廉政文化建设。2005年,韩光同志在全国气象部门党风廉政对联征集活动中荣获一等奖。

政务公开 2002年开始实行政务公开,坚持按规定公示、公开行政审批程序、气象许可内容、收费标准、干部任用、财务收支、目标考核、基建工程招投标、职工晋升与晋级、干部离任审计等内容,接受社会与职工监督。

2. 气象文化建设

汉中市气象局院内设有健身园、文化宣传栏、阅览室、活动室等。以开展"创佳评差"、"三型机关"、"文明创建"活动为载体,组织开展群众性文化体育活动,凝练新时期汉中气象精神。参加全省气象部门文体活动,多次赢得荣誉。2008年汶川特大地震发生后,全市气象部门出色完成了抗震救灾和各项应急服务任务,涌现出全国气象部门抗震救灾先进集体3个,先进个人2名,荣立二等功1人。抗震救灾事迹被省委组织部编写的《抗震救灾英雄谱》、中国气象局编写的《与汶川同在》载入。

精神文明创建 市局坚持精神文明"重在建设"的方针,突出以人为本和以活动为载体的创建理念,不断丰富和创新精神文明活动。扎实开展学劳模、树正气活动。把领导班子的自身建设和职工队伍的思想建设作为文明创建的重要内容,通过开展经常性的政治理论、法律法规学习,造就清正廉洁的干部队伍。

文明单位创建 2002年3月,市气象局被汉中市委、市政府授予市级文明单位;2005年3月,被汉中市委、市政府授予市级文明单位标兵。

3. 荣誉与人物

集体荣誉 1998年被中国气象局授予"防汛抗洪气象服务先进集体"称号。2001年被省人事厅、省气象局联合表彰,评为"全省气象系统先进集体"。2002年被中国气象局授予"重大气象服务先进集体"称号。2003年被省爱国卫生运动委员会评为"省级卫生先进单位"。2006 年被中国气象局授予"重大气象服务先进集体"。2008 年被中国气象局授予"全国气象部门抗震救灾气象服务先进集体"称号。

2008 年 12 月以前,共获得省部级以下奖励 35 项。

个人荣誉 2008 年 12 月以前,共获得省部级以下奖励 102 人次。

人物简介 ★王天寿,男,汉族,1936 年 12 月出生,湖北麻城人,中共党员。1958 年 3 月,被陕西省人民委员会授予"陕西省农业先进生产者"。

★尹振河,男,汉族,1939 年 2 月出生,山东平度人,中共党员。1963 年 10 月被陕西省委、省政府授予"陕西省社会主义建设先进生产者"。

★王爱琴,女,汉族,1954 年 4 月出生,河南郑州人,中共党员。1978 年 9 月被陕西省政府授予"陕西省农业先进工作者";1979 年 9 月,被全国妇女联合会授予全国"三八红旗手";1979 年 10 月,被陕西省妇女联合会授予陕西省"三八红旗手";1980 年 1 月,被陕西省政府授予"陕西省农业战线先进生产者"。

台站建设

建站初期,市局办公、职工居住均为平房。1975 年,修建办公楼 1 栋,面积 1296 平方米。改革开放以来,加强基层台站综合改善工作,20 世纪 80 年代中期至后期,陆续修建职工家属楼 3 栋,总面积 2717 平方米,解决了部分职工住房问题。1992 年修建二层业务楼,面积 271 平方米。1998 年,修建家属楼 1 栋,面积 2292 平方米,解决 30 户职工住房问题。同时征用土地,改建大门,对大院进行重新规划,完善配套设施,单位面貌焕然一新。

"十五"期间,完成新一代天气雷达站塔楼建设,对家属楼屋顶实施了防漏、隔热处理,对大院上下水实施了增容改造。

"十一五"期间,完成雷达数据处理楼建设(2600 平方米),实施了集中供暖项目,彻底改变了冬季取暖靠煤炉的历史。投资 56.6 万元实施备用电源建设项目,购置 150 千瓦功率发电机。

2008 年,"5·12"汶川特大地震使市气象局基础设施遭受严重损坏,市气象局及时实施地震灾害应急恢复建设项目,投资 55 万元,主要用于受损围墙的拆除修复、供暖系统的修复等。灾后恢复重建项目的立项、规划、可行性研究报告、实施方案等已通过上级批复。

汉中多普勒天气雷达站

2003 年完成改造的汉中市气象局大院

留坝县气象局

留坝县位于秦岭南坡紫柏山麓,汉中市北部,褒河上中游,总面积 1970 平方千米。全县辖 4 乡 5 镇,98 个行政村,总人口 4.5 万,其中农业人口 3.7 万。留坝为观光旅游佳地,境内群峰耸立,沟壑纵横,陕西三大名山之一紫柏山屹立其北,主峰海拔 2610 米。

留坝属亚热带北缘山区暖温带湿润季风气候,系长江流域汉江支流褒河水系。气候温和、雨量充沛。年平均日照 1695.8 小时,年降雨量 842.4 毫米,平均气温 11.4℃,无霜期 208 天。由于境内地势高差悬殊,气候复杂多样、垂直差异明显、灾害性天气频发。

机构历史沿革

始建情况 1957 年 9 月,陕西省留坝县气候站在留坝县城关镇东北太平山山顶建成,一直沿用至今。地理坐标为北纬 33°38′,东经 106°56′,海拔高度 1032.1 米。

历史沿革 1957 年 9 月,成立陕西省留坝县气候站;1959 年 4 月,改为凤县留坝气候服务站;1960 年 4 月,改称留坝县气候服务站;1961 年 3 月,改为汉中市留坝气象服务站;1961 年 10 月,改为留坝县气象服务站;1963 年 1 月,改为陕西省留坝县气象服务站;1966 年 7 月,改称留坝县气象服务站;1972 年 12 月,改为陕西省留坝县革命委员会气象站;1979 年 5 月,改称留坝县气象站;1990 年 1 月,改称为留坝县气象局(实行局站合一)。

2007 年 1 月改称"留坝国家气象观测站一级站"。

管理体制 1957 年 9 月—1959 年 3 月,由陕西省气象局领导;1959 年 4 月 1962 年 7 月,由地方政府领导;1962 年 8 月—1966 年 6 月,归属气象部门领导,由汉中专区中心气象站管理;1966 年 7 月—1979 年 11 月,由留坝县人民政府领导(1970 年 9 月—1973 年 5 月,实行留坝县人民武装部和地方革命委员会双重领导,以人民武装部领导为主);1979 年 12 月起,实行气象部门与地方政府双重领导,以气象部门领导为主的管理体制。

机构设置 内设观测站、气象台、防雷检测站、科技服务中心、人工影响天气办公室。

单位名称及主要负责人变更表

单位名称	姓名	职务	任职时间
陕西省留坝县气候站	陈远辉	站长	1957.09—1959.04
凤县留坝气候服务站			1959.04—1960.04
留坝县气候服务站	颜兴发	站长	1960.04—1961.03
汉中市留坝气象服务站			1961.03—1961.10
留坝县气象服务站			1961.10—1963.01
陕西省留坝县气象服务站			1963.01—1966.07
留坝县气象服务站			1966.07—1972.11
陕西省留坝县革命委员会气象站			1972.12—1979.05

单位名称	姓名	职务	任职时间
留坝县气象站	颜兴发	站长	1979.05—1983.03
	彭梅枒	副站长（主持工作）	1983.03—1984.08
		站长	1984.08—1987.08
	吴晓屏	副站长（主持工作）	1987.07—1989.03
留坝县气象局	苏培华	站长	1989.03—1990.01
		局长	1990.01—1998.12
	何赤箭	副局长（主持工作）	1998.12—2003.05
	杨松林	副局长（主持工作）	2003.05—

人员状况　1957 年建站之初仅有 2 人。50 余年来，先后有 35 人在留坝县气象局工作过。截至 2008 年底，有在职职工 11 人（在编职工 8 人，外聘职工 3 人），平均年龄 36 岁。在职职工中：本科 1 人，大专 3 人，中专及以下 7 人；工程师 1 人，助理工程师 7 人，技术员 3 人。

气象业务与服务

1. 气象业务

气象观测　1957 年 10 月开展地面气象人工观测，通过手工查算编发气象报告（包括天气报、重要报、水情报、旬月报等），并承担制作气象报表等任务。每日进行 01、07、13、19 时（地方时）4 次观测，观测项目有：云、能见度、天气现象、地面状态、降水量、蒸发、日照、温度、湿度、风向、风速、地面温度、积雪。1957 年 12 月增加地面最高温度观测；1958 年 5 月增加地面最低温度观测；1959 年 1 月增加冻土观测；1960 年 1 月改 4 次观测为 07、13、19 时 3 次观测，增加温度计、湿度计观测；1960 年 4 月增加曲管地温观测；1960 年 5 月增加气压计观测；1960 年 10 月由地方时改为北京时 08、14、20 时 3 次观测；1962 年 5 月 4 日停止蒸发量观测。1968 年 5 月 1—12 日，因其他原因，观测员撤离到凤县，记录缺测。1970 年 11 月增加水银气压表观测；1973 年 4 月增加雨量计观测；1978 年 1 月恢复蒸发量观测；2006 年 11 月升级为"留坝国家气象观测站一级站"，实行 24 小时守班，定时观测发报次数由原来的每天 3 次增加到 8 次。

2003 年 11 月安装自动气象站，2004 年 1 月正式投入使用，实行自动站与人工站并行对比观测；2006 年 1 月，自动气象站正式单轨运行，人工观测仪器仅在每天 20 时进行对比观测记录；2005—2006 年先后在全县范围内 7 个乡镇建成温度、降水两要素区域自动气象站。

1958 年 4 月开始农作物物候观测。1958 年 4 月 11 日增加土壤湿度观测；1958 年 5 月增发农作物旬报。1961 年 10 月 5 日停止农作物物候观测。2005 年开展西洋参、银杏农业生态监测项目，同时向省气象局信息中心传递旬（月）报。

2007 年建成多普勒天气雷达远程终端应用系统。

气象信息网络　1957 年建站后发报和日常通讯均使用手摇电话，由县邮局接转省气象局。1993 年改为程控拨号电话。20 世纪 80 年代前，预报信息以收音机收听省台定时播发的小天气图形势电码和 48 小时预报，以及通过邮局接收市气象台以气象电报形式向县气象站传递的短期预报为主。20 世纪 80—90 年代,省—县预报信息以 CZ-80 型传真机接收,各类电报仍以电话传邮局转发。2000 年使用 162 拨号上网传输气象资料,同年建成 PC-VSAT 卫星单收站。2003 年 3 月开通 ADSL(2 兆)宽带网络,部门内部信息和部分气象电报通过互联网传输,同时建成地面卫星接收小站,接收国家气象中心下发的预报产品。2003 年 10 月开通中国移动光纤(2 兆);2006 年开通电信 SDH 数据专线。从 2006 年开始,自动气象站数据使用移动硬盘、光盘储存归档。

天气预报　1958 年 4 月 2 日开始制作并发布订正天气预报,预报员主要根据本地的气象要素变化、气候特点、农谚、预报员经验以及通过广播收听上级台站的指导预报制作本地预报,预报产品有 24 小时、48 小时短期天气预报;1973 年 1 月开始使用综合时间剖面图,为预报产品的制作提供了新的方法;1983 年,使用 CZ-80 型传真机接收天气分析图、省台的指导预报意见,制作发布本县订正预报;2000 年建成 MICAPS 系统 1.0 版本天气预报应用系统;2002 年 MICAPS 系统 2.0 版本,2008 年 MICAPS 系统 3.0 版本版相继投入预报业务应用;2005 年 5 月建成集监测、预报、服务于一体的综合预报业务平台;2007 年建成多普勒天气雷达终端应用系统。

2. 气象服务

①公众气象服务

建站初期天气预报用电话传至县广播站向公众播发。1997 年开通“121”气象信息自动答询电话(2005 年“121”电话升位为“12121”),开设的栏目有未来天气、生活气象指数、气象知识、音乐欣赏等;2003 年建成“留坝气象网”,含有天气预报、气象新闻、气象法规、气象科普、政务信息、留坝旅游资源、土特产资讯介绍等;2005 年 11 月购置电视天气预报制作系统,开始制作 24、48 小时电视天气预报节目,每天利用有线电视台向公众发布,进入森林防火季节则增加发布森林火险气象等级预报;2006 年建立气象手机短信发布系统;2007 年开始通过电子显示屏发布气象信息。随着网络系统和多媒体的快速发展,目前已形成通过广播、电视、网站、信息电话、手机短信、电子显示屏等多渠道开展公众气象服务,主要服务产品有未来 24 小时、48 小时天气预报、节假日专题预报等。

②决策气象服务

决策气象服务领域涉及三农、防汛抗旱、森林防火、环境评价、地质灾害预防以及重大活动专题保障服务。服务产品有《留坝天气》、《重要天气报告》、《雨情通报》、《旱情分析》等 12 种,从单一化发展到多元化,短时临近预报、精细化预报、短期气象预报、气候预测、中长期天气预报、重要天气消息、灾害性天气预警以及重大天气过程的实时跟踪服务为党政领导决策提供科学依据。2006 年开始为地方党政领导和相关部门免费开通气象手机短信,提高了气象信息传输的时效性,服务效果显著。如 1981 年 8 月,留坝县一月内出现暴雨日 11 次,其中 8 月 15 日至 21 日,7 天降水 468.9 毫米,平均日降水量超过 50 毫米,占年平均降水量的 63.5%。连续暴雨致使褒河上游支流的红岩河、西河、蒿坝河同时出现特大洪峰,超过历史最高水位,致使境内褒河沿岸的村庄、农田、道路被毁,各地山体崩塌,滑坡面积达 40 万亩,泥石流达 300 余处,316 国道被洪水冲毁 168 处,全县交通、通讯中断。因灾死亡 23 人,水毁学校 20 所,体育场 8 个,医院 3 个,兽医站 6 个,企业 13 个。县境内江口至青桥驿沿襄河所建桥梁大小13座全部被冲毁。留坝县气象局预报服务及时准确,为政府部门指挥抗洪救灾,减轻灾害造成的损失,赢得了时间。多年来,气象决策服务效果突出,1982年获陕西省气象局"重大灾害性天气服务"奖。1984年获陕西省气象局"重大灾害性天气预报服务二等奖"。2005、2007和2008三年被留坝县政府评为"支持地方经济发展先进单位"。

③专业与专项气象服务

1981—1985年完成《留坝县农业气候区划报告》,为全县产业结构调整,农业发展布局规划提供了科学依据,获"陕西省农业区划优秀成果"二等奖。1987—1989年参加了由陕西省气象科学研究所主持的西洋参气候资源考察研究,为西洋参在留坝的落地生根提供了必要的技术和理论支持。始终把西洋参种植专项气象服务放在首位,在编发的《留坝天气》中开辟专栏,对西洋参生育期的管理、病虫害防治等提供指导,引导种植户的科学种植;并依托县域旅游产业发展,近年来先后开展《旅游专题天气预报》、《紫柏山登山节暨栈道漂流节专题预报》等,取得明显服务效果。

人工影响天气 1999年成立留坝县人工影响天气领导小组,领导小组办公室设在县气象局。2008年有人工影响天气指挥、作业人员2人(兼职)。2001年市人工影响天气办公室调拨1辆汉江微型汽车,留坝局投资3万元购置WR-1B型增雨火箭发射架1副。人工影响天气服务工作在市人工影响天气办公室支持下,先后为农业抗旱和石门水库蓄水组织人工增雨作业20余次,发射WR-1B型增雨火箭弹50余发,作业面涉及本县9个乡镇,为全县4万余亩耕地的抗旱保苗,以及下游的石门水库蓄水作出了积极贡献。2006年7月,在连续高温、旱情日益严峻的情况下,抢抓有利天气时机,及时实施增雨作业,作业区普降大雨,大大缓解了旱情,效果明显。受到政府领导和石门水库管理局的好评。

气象防雷减灾 1996年开展防雷工作,与县公安局联合发文,开展加油站防雷检测工作。2002年,留坝县政府下发贯彻落实《汉中市防雷减灾管理办法》的实施意见,明确防雷减灾工作制度和相关机制;2005年由县政府办公室发文成立留坝县防雷工作领导小组,明确了各部门在防雷工作中的责任和主要任务,防雷工作随之得到快速发展。防雷业务目前已发展到防雷检测、防雷工程、防雷图纸审核、雷电风险评估、雷电监测预警等。县气象局负责对县境内各中小学校、加油站、天然气站、炸药库、网吧及新建建筑的防雷装置进行检测,对新建建筑防雷图纸进行审核。

④气象科技服务

自1985年开展专业有偿服务以来,经历了初始阶段以气象观测资料、预报材料对少数单位进行有偿服务,收效甚微。1996年增加开展防雷检测服务;1997年开通"121"气象信息自动答询电话;2005年11月推出电视天气预报节目,附加商业广告,形成了气象科技服务新的增长点。2006年成立留坝县气象科技服务中心后,先后开展气象手机短信、电子显示屏等服务项目。随着气象科技服务产品的多元化组合和传递技术的不断提高,有力促进气象科技服务工作持续快速发展。

⑤气象科普宣传

不断加强气象科普宣传力度,充分利用"3·23"世界气象日、防灾减灾日、科技活动周、科技之春宣传月等时机,通过传单、展版、现场讲解等形式进行气象科普宣传。向群众介绍暴雨、雷电、冰雹、滑坡、泥石流等气象灾害和次生灾害防御知识。组织中小学生到气象局参观。2007年重庆开县发生重大雷击事件后,留坝县气象局及时向全县各中小学校赠送雷电防御科普知识画册和科教光盘,并将雷电防御科普光盘送县有线电视台连续播放,编发《防雷简报》抄送相关单位。2008年5月建成青少年科普教育基地。

气象法规建设与社会管理

制度建设 2004年开始将《中华人民共和国气象法》、《汉中市防雷减灾管理办法》等法律、法规相继在地方政府和相关部门进行了备案;2002年,留坝县政府下发了贯彻落实《汉中市防雷减灾管理办法》的实施意见的规范性文件;2006年建立完善了留坝县气象局行政许可制度和相关配套制度,对行政许可流程进行了公开;2008年,"气象探测环境审查"成为气象观测场周边建设项目规划审批前的一项重要内容和程序。

社会管理 现有行政许可审批项目3项,即对防雷装置设计审核和竣工验收、施放气球活动、大气环境影响评价使用气象资料进行行政许可。5人具备行政执法资格,并组织进行了多次执法检查,对防雷设施不合格单位下发整改通知书,限期整改。社会行业执法取得明显效果。

党建与气象文化建设

1. 党建工作

党的组织建设 建站初期至2006年,单位党员较少,由县农工部支部代管。2006年12月,成立中共留坝县气象局支部委员会,隶属县农工部党总支领导。截至2008年底有党员6人。

党风廉政建设 通过实施"阳光政务",落实"三项制度"、"三人决策"制度,建立局务及政务公开制度,重大事项、重大决策、大额资金开支、与职工利益相关的敏感问题,都通过会议或局务公开栏向职工公开。在办公楼走廊、办公室悬挂廉政标语,在电子显示屏滚动播出廉政宣传短信。

政务公开 2002年实行政务公开,坚持按规定公示、公开行政审批程序、气象许可内容、收费标准、干部任用、财务收支、目标考核、基建工程招投标、职工晋升与晋级、干部离任审计等内容进行公开公示,接受社会职工全面监督。

2. 气象文化建设

精神文明建设 把领导班子的自身建设和职工队伍的思想建设作为文明创建的重要内容,通过开展经常性的政治理论、法律法规学习,造就清正廉洁的干部队伍。2006年建成职工活动室、图书室,购置了羽毛球、乒乓球、象棋、围棋等体育器材,积极开展文体活动,丰富职工业余文化生活。

文明单位创建 1997年10月被留坝县委、县政府授予"县级文明单位"。2006年11月被留坝县委、县政府授予"文明单位标兵"。2007年3月被汉中市委、市政府授予"市级园林式单位"。2007 年 4 月荣获汉中市委、市政府"汉中市卫生标兵单位"。2009 年 3 月被汉中市政府授予"绿色文明示范工程绿色机关"称号。

3. 荣誉

集体荣誉 1960 年获陕西省人民政府"农业先进集体"奖;1963 年获陕西省人民政府"农业学大寨先进单位"奖;1985 年获陕西省农业区划委员会颁发的"陕西省农业区划优秀成果"二等奖。

2008 年 12 月以前,共获得省部级以下奖励 27 项。

个人荣誉 2008 年 12 月以前,共获得省部级以下奖励 52 人次。

台站建设

建站之初,占地面积 3000 平方米,建土木结构平房 8 间,建筑面积 150 平方米,其中工作室 2 间,宿舍 5 间,厨房 1 间,院落面积狭小,房舍简陋,工作生活条件十分艰苦,煮饭烧柴要到山里去砍,饮用水要到山下小沟挑取,上山道路是羊肠小道。1963 年 11 月观测场北边垮塌,观测场缩为 16 米×20 米;1973 年建水池 2 个,布设水管 100 余米,采用 2 级抽水的方法,用上了自来水。1977 年 11 月和 1980 年 12 月先后修建砖木结构平瓦房 17 间。1993 年为解决职工住房问题,由省气象局和地方政府共同投资在留坝县紫柏路中段购买商品房 5 套,面积 340 平方米。2000 年拆除平房修建砖混结构办公楼 1 栋,面积 210 平方米。1987 年,在古城墙西侧修建台阶小路。2003 年进行台站综合改造,续建框架结构办公楼,面积 105 平方米,扩建观测场为 20 米×20 米,更新了观测场围栏,增加防雷接地系统,对庭院进行了绿化美化。2005 年对上山简易公路进行了拓宽硬化,基本解决了上山难的问题。庭院整治中,几经砌筑石坎护坡,去高填低,修筑围墙,绿化美化,始成现状。

2008 年 5 月 12 日,受四川汶川特大地震波及,留坝县震感强烈,县气象局大部分房屋出现裂缝,原有砖围墙地基塌陷、墙体裂缝达 5~10 厘米。目前在上级部门领导下,正在扎实推进灾后恢复重建工作。

1970 年的留坝气象站全貌

1981 年的留坝县气象站

留坝县气象局综合改造后的观测场(2003 年)　　　　留坝县气象局综合改造后的办公楼(2000 年)

略阳县气象局

略阳县位于秦岭南麓,陕南西部,陕、甘、川三省交界地带。全县总面积 2831 平方千米,人口 20.3 万。境内山大沟深,地形地貌总体轮廓为高山峡谷特征,岩土体碎裂松散,是陕西地质灾害多发区。

略阳县属亚热带北缘山地湿润季风气候,年平均气温 13.3℃,年降雨量 791.9 毫米,汛期降水具有阵发性、暴雨多、雨量集中,滑坡、崩塌、泥石流等地质灾害发生频繁。

机构历史沿革

台站变迁　1953 年 1 月,在县城高台建成略阳气象站,同月开始气象业务工作;1955年 1 月,迁站至县城东关;1958 年 11 月,迁至略阳县城关镇北门外象山山顶,地理坐标为东经 106°09′,北纬 33°19′,海拔高度 794.2 米;2004 年 4 月,实行局、站分离,站址维持,局址迁至城关镇北门外略阳大厦 7 楼。

历史沿革　1953 年 1 月,成立略阳气象站;1955 年 2 月,改称为陕西省略阳气象站;1960年 6 月,变更为陕西省略阳县气象服务站;1967 年 12 月,改称为陕西省略阳县气象站革命领导小组;1979 年 3 月,改称略阳县气象站;1990 年 1 月,改称略阳县气象局(实行局站合一)。

略阳县气象局原属 6 类艰苦台站,1990 年变更为 5 类艰苦台站,为国家基本气象观测站,承担航空报发报任务。2007 年 1 月,改称略阳国家气象观测站一级站。

管理体制　1953 年 1 月—1959 年 3 月,由陕西省气象局领导;1959 年 4 月—1962 年 3月,财务、人事受略阳县人委领导,业务受汉中专员公署气象局指导;1962 年 4 月—1966 年6 月,受汉中专区中心气象站领导;1966 年 7 月—1970 年 8 月,由县人委领导;1970 年 9月—1973 年 4 月,受略阳县人武部和县人委领导,以县人武部为主;1973 年 5 月—1979 年11 月,受略阳县人民政府领导;1979 年 12 月起,实行气象部门与地方政府双重领导,以气象部门领导为主的管理体制。

机构设置 现内设观测站、气象台、科技服务部。

单位名称及主要负责人变更情况

单位名称	姓名	职务	任职时间
略阳气象站	赵银狮	站长	1953.01—1955.02
陕西省略阳气象站			1955.02—1959.09
	钱保义	站长	1959.10—1960.06
陕西省略阳县气象服务站			1960.06—1967.12
陕西省略阳县气象站革命领导小组			1967.12—1979.03
			1979.03—1984.08
略阳县气象站	尹振河	站长	1984.08—1986.09
	张建国	副站长(主持工作)	1986.10—1989.12
		副局长(主持工作)	1990.01—1990.09
略阳县气象局	米祖笔	局长	1990.10—1996.10
	张建国	局长	1996.11—

人员状况 建站初期有职工 3 人。截至 2008 年底,有在职职工 11 人(在编职工 10 人,外聘职工 1 人),退休职工 5 人。平均年龄 35 岁。在职职工中:大学本科 3 人,大学专科 4 人,中专 1 人,高中及以下学历 3 人;中级职称 3 人,初级职称 7 人。

气象业务与服务

1. 气象业务

气象观测 1953 年 1 月 1 日,建成地面气象观测站,承担人工观测、手工查算、编发气象报告(包括天气报、航危报、重要报、水情报、旬月报)、制作气象报表等任务。观测项目有气温、湿度、气压、风向、风速、云、降水量、积雪、能见度、日照、蒸发、地温、天气现象等。每天进行 03、06、09、12、14、18、21、24 时 8 次人工观测(地方时)。1954 年 12 月 1 日起,每天 02、05、08、11、14、17、20、23 时 8 次人工观测(北京时),编发天气报。1957 年 3 月 1 日起承担向重庆白市驿飞机场发送航危报任务;1958 年 8 月 4 日至 1960 年 8 月 10 日改向成都军航、民航部门发送航危报;1959 年 9 月 3 日起至今,改向西安军航、民航部门发送航危报。1986 年 1 月 PC-1500 袖珍计算机投入业务使用,首次实现了计算机查算、编制气象电报;1988 年 1 月 1 日,第 1 份机制报表由省气象局制作返回。2000 年 4 月,AST-486DX250 计算机投入业务使用,实现本站计算机制作报表。1999 年 5 月建成 PC-VSAT 地面气象卫星接收系统。2006 年 6 月开展酸雨观测业务。2007 年建成多普勒天气雷达远程终端应用系统和闪电定位远程终端应用系统。

2002 年 12 月,建成 DYYZ II 型自动气象站,2003 年 1 月正式投入气象观测业务使用,采用人工站、自动站并行对比观测。2005 年 1 月,自动站单轨运行观测,人工观测仪器备份使用。2006 年至今建成覆盖全县 14 个乡镇的区域自动气象观测站。

2005 年 5 月开展杜仲、银杏、天麻等作物发育期观测项目,编发生态旬(月)报。先后开展土壤墒情、蒸发等为农服务观测项目。

气象信息网络　　1954年1月—1956年5月使用自设莫尔斯电台传输气象报文。1956—1993年发报和通讯均使用手摇式电话,由县邮局接转。1993年手摇电话改程控拨号电话。1995年4月开通速率为9600比特/秒的拨号上网网络,建立局域网初始模型,部分气象数据尝试使用网络传输,但网速不高,网络性能不稳定。截至2000年8月31日气象电报仍通过电信部门转发,气象报表采用邮寄方式上传省气象局。2000年9月,气象电报、报表、气象数据正式采用网络传输。2002年8月建成X.25数据专线,速率提高到64千比特/秒,2004年8月撤消。2003年3月开通ADSL(2兆)宽带网络;2003年10月开通中国移动光纤(2兆),建成了速率高、性能稳定的气象数据专线;2004年6月,局、站均使用光纤,建成100M速率的局域网络;2005年8月,建成电信SDH数据专线,保证了气象数据的稳定传输。

天气预报　　1959年1月,开始制作并发布天气预报,预报员主要根据本地气象要素的变化、气候特点、预报员经验以及通过广播收听上级台站的指导预报制作本地预报,预报产品只有24小时短期天气预报。1961年开始绘制压、温、湿三线图,为预报产品的制作提供了新的方法。1983年通过CZ-80型传真机接收天气分析图、省台的预报指导意见,制作一周天气预报。1999年5月,建成PC-VSAT卫星单收站和MICAPS系统1.0版本天气预报应用系统,使县站的天气预报业务有了较大发展,卫星云图、各种数值预报产品在预报中开始运用。2002年使用MICAPS系统2.0版本;2005年5月建成预报业务平台。2007年建成了多普勒天气雷达终端应用系统,在短时临近预报和突发灾害性天气预警中发挥了重要作用;2008年使用MICAPS系统3.0版本。

2. 气象服务

公众气象服务　　1998年以前,天气预报主要通过广播向公众发布,1998年开通了"121"气象信息电话,使公众可以随时了解气象信息。2001年10月,建成电视天气预报制作系统,实现了通过电视向公众发布气象信息。随着网络系统和多媒体的快速发展,目前已经形成气象信息通过广播、电视、信息电话、手机短信、电子显示屏、网站等的多种渠道发布,公众服务效果显著,2002年、2004年被县委、县政府授予"支持略阳经济社会发展先进单位"称号。

决策气象服务　　略阳县地形复杂,地势高差悬殊,垂直气候差异明显,气象灾害及次生灾害频发。为了给当地政府抗击灾害提供科学的决策依据,有效提高防灾、减灾、抗灾能力和水平,略阳县气象局开展的决策气象服务领域已涉及三农气象服务、防汛抗旱气象服务、地质灾害气象服务等;服务产品从早期的24小时、48小时、72小时短期天气预报发展到气候预测、中期天气预报、重要天气消息、灾害性天气预警以及重大天气过程的实时跟踪服务。服务手段由以前的人工送达发展到电话、传真、网络、手机短信等,大大提高的气象信息传输的时效性,为党政部门决策提供了科学依据,服务效果显著。

【气象服务事例】　　1992年8月12日,因局地暴雨造成观音寺乡纪家沟村发生特大型泥石流,49人丧生,13户57间房被毁,45人无家可归,沟内良田全部被毁。气象局11日下午发布了局地暴雨的准确及时天气预报,为当地政府抗击灾害,采取措施提供了科学的决策依据,避免了次生灾害的发展、漫延,造成更大危害,受到县委、政府的充分肯定和表扬。

1990 年 7 月 5—6 日,略阳连续降雨 222 毫米,县城除高台、新城等高点外,全部被淹,中心广场水深 3 米,造成直接经济损失共 8300 余万元(不含省属厂矿)。7 月 5 日 08 时,略阳气象站及时发布了暴雨预报,县政府根据预报情况及时转移安置居民,有效降低了人员伤亡及财产损失,被略阳县政府评为"抗洪抢险先进集体"。同年被中国气象局授予"全国重大气象服务先进集体"称号。

专业气象服务 专题服务领域涉及森林火险气象服务、环境评价气象服务、地质灾害气象服务、重大活动专题气象服务等。2005 年开始为略阳钢铁厂、宝成铁路略阳站工务段提供地质灾害气象服务。2008 年无偿为县城凤凰山滑坡治理工作指挥部提供了建站以来的相关气象资料。

2002—2004 年,根据略阳县气候特点和优质天麻生长的气象条件,为略阳县天麻培育、生长基地建设提供了科学的区划分析,为略阳县天麻基地成功取得"GAP"认证鉴定了良好基础。

略阳是国内最大的杜仲基地县,被国家林业局首批命名为"中国名特优经济林—杜仲之乡",是略阳农民增收的主要骨干项目。为搞好气象为骨干产业服务,县气象局于 2007 年 6 月建成《略阳杜仲气象业务服务系统》,为略阳县中药材管理局科学指导杜仲生产、提高杜仲产量及品质提供了指导依据。

气象科技服务 根据国办发〔1985〕25 号文件精神,1985 年略阳县气象站开始对略阳钢铁厂、略阳铁路站工务段、陕南石棉矿等工矿企业开展专业气象有偿服务,同年创收超万元,是我省率先实现专业有偿服务突破万元的县站之一。1998 年以来随着服务产品的多元化组合和服务设备的不断更新,科技服务实现了突破发展,服务效果显著。2006 年、2007 年被市气象局授予"全市科技服务先进集体"称号。

人影和防雷减灾 2001 年成立略阳县人工影响天气工作领导小组,适时开展抗旱增雨、人工防雹作业。

2000 年开展防雷工作。2005 年由略阳县政府办公室发文,成立防雷工作领导小组,领导小组办公室设在县气象局,负责日常管理事务,防雷管理进入正规化、法制化轨道。2006 年,加强与建设、公安、安监等部门的合作,对矿山炸药库、略阳钢厂等工矿企业开展防雷检测。随着防雷工程、防雷图纸设计审核、雷电风险评估、雷电监测预警等服务工作的开展,防雷减灾工作取得了明显效益。

气象科普宣传 2000 年以前,科普宣传以职工自发撰写气象知识稿件,通过县广播站向公众播发为主。2000 年以后每年利用"3·23"世界气象日等时机制作宣传单、展板等,宣传暴雨、雷电、冰雹、滑坡、泥石流等气象灾害和次生灾害防御知识。组织中小学生参观,工作人员现场讲解气象仪器、设备用途,介绍天气预报制作原理和流程,现场观看卫星云图接收和演示。2005 年 9 月建成汉中市青少年科普教育示范基地,2007 年向全县各中、小学校赠送了雷电防御科普知识宣传画册和光碟。2008 年被略阳县委办、政府办授予"科普工作先进集体"称号。

气象法规建设与社会管理

法规建设 为加强探测环境保护工作,2004 年就探测环境保护相关法规规章在政府相关部门进行了备案,2006年与城建部门合作,形成气象部门批文成为审批规划建设项目的重要内容和程序;2006年制定略阳县气象局行政许可受理、送达、听证、决定公开、监督检查、过错追究制度,制定和公示了行政许可项目相关流程。

社会管理 现有行政许可审批项目3项,即对防雷装置设计审核和竣工验收、施放气球活动、大气环境影响评价使用气象资料进行许可。5人具备行政执法资格,依照法规程序,实现全面社会管理。

党建与气象文化建设

1. 党建工作

党的组织建设 1984年以前,仅有1名党员,挂靠农业系统党支部;1984年成立中共略阳县气象局支部委员会,归略阳县农业系统党委领导。截至2008年底有党员6人。

党风廉政建设 支部高度重视党风廉政建设工作,每年与市局和县政府签订《党风廉政建设责任书》,经常开展党风廉政教育工作,积极参加党风廉政教育活动,努力建设文明机关,和谐机关和廉洁机关,使全局职工始终以高度的事业心和责任感,投入到日常工作中去。设立公示栏,按照"三项制度"要求,在办公场所悬挂廉政警示标语,建立廉政书柜。通过开展系列活动,有力促进了党风廉政工作。

局务公开 2002年开始实行局务公开,坚持按规定公示、公开行政审批程序、气象许可内容、收费标准、干部任用、财务收支、目标考核、基建工程招投标、职工晋升与晋级、干部离任审计等内容进行公开公示,接受社会职工全面监督。2008年被陕西省气象局授予"全省气象部门局务公开示范单位"称号。

2. 气象文化建设

精神文明建设 在开展精神文明建设中,以"弘扬艰苦奋斗、爱岗敬业、无私奉献"精神为主题,以扎实开展学先进、树正气活动为动力。开展经常性的政治理论、法律法规学习,造就清正廉洁的干部队伍。对政治上要求进步的同志,党支部重点培养,条件成熟及时发展。全局干部职工及家属子女无一人违法违纪,无一例刑事民事案件,精神文明创建取得良好效果。2004年建成职工活动室、阅览室,积极组织各项文体活动,丰富职工业余文化生活。2008年参加气象系统"气象人精神"演讲比赛,取得好名次。2007年参加县农口系统首届运动会,取得乒乓球团体第3名,被县农业委员会、体育运动中心授予"体育道理风尚奖"。

文明单位创建 2006年,县委、县政府授予"县级文明单位标兵"。

3. 荣誉与人物

集体荣誉 1990年,荣获国家气象局"重大气象服务先进集体"。2005年,获得"全国气象部门局务公开先进单位"称号。

2008年12月以前,共获得省部级以下奖励34项。

个人荣誉 魏俊涛,2005 年被陕西省人事厅、陕西省气象局评为"陕西省气象系统先进工作者"。张建国,2008 年 6 月 17 日,荣获"全国气象部门抗震救灾先进个人"称号。

2008 年 12 月以前,共获得省部级以下奖励 81 人次。

台站建设

1958 年略阳县气象站迁至县城北门外象山山顶,占地面积 7510 平方米,建土木结构平房 9 间,建筑面积 180 平方米。1980 年,建砖木结构平房 22 间,建筑面积 525 平方米,将原观测场改建为 25×25 米的标准观测场,职工的工作和生活环境有所改善。20 世纪 80 年代初,利用水泵二次抽水到院内蓄水池解决用水问题。2002 年开始使用空调。同年,为解决职工生活不便,通过省气象局、当地政府、个人 3 方集资在略阳县象山湾购置职工住房 7 套。

2002 年,结合自动气象站项目建设,测报值班室、观测场得到改造,更新了观测场围栏,增加防雷接地系统;2004 年投资 88.8 万元进行台站综合改造,实施局站分离:一是在山下县城购置 350 平方米的局办公用房,装修并购置办公设施。二是对山上观测站进行综合改造,新建砖混结构业务用房 120 平方米,围墙 400 余米,大门 2 个,蓄水池和化粪池各 1 个,对院内道路、地面进行硬化、绿化、美化。2004 年 4 月,完成局站分离。通过台站综合改造,极大地改善了办公和工作环境,单位面貌焕然一新,对外形象得到提升;2007 年对观测站部分职工宿舍进行了维修改造。

2008 年 5 月 12 日,受四川汶川特大地震波及,略阳县气象局台站基础设施遭受严重损坏。中国气象局以及省、市气象局领导多次指导灾后恢复重建工作。略阳县气象局被中国气象局列为全国气象部门震后恢复重建重灾受援单位之一,由天津、厦门、大连市气象局实施对口援建。略阳县气象局灾后恢复重建工作由省气象局统筹部署,目前已进入实施阶段。

2001 年综合改造前的略阳县观测站一角

2004 年综合改造后的略阳县气象局观测站一角

2004 年综合改造后略阳县气象局观测站全景

2005 年建成的略阳县气象局预报业务平台

2008 年"5·12"地震后,略阳县气象局正在搭建活动板房

佛坪县气象局

佛坪县位于汉中市东北部,境内群山雄峙,溪流纵横,珍禽繁多,鸟语花香。被国家列为全国生态示范县、国家级山茱萸药源基地,享有"中国山茱萸之乡"、"大熊猫故乡"之称。佛坪县辖 3 镇 6 乡,总面积 1279 平方千米,总人口 3.38 万,是陕西省人口最少的县。

佛坪属亚热带北缘山地暖温带温润季风气候,冬无严寒,夏无酷暑,年平均气温11.5℃,年平均降水量 938 毫米,主要气象灾害有暴雨、冰雹、大风、低温冻害、连阴雨等。

机构历史沿革

台站变迁　1956年3月,在县城东面的关山山顶建成陕西省佛坪县气象站,1957年1月,正式开展气象业务工作;2001年7月,迁站至佛坪县城区,地理坐标为东经107°59′,北纬33°31′,海拔高度827米。

历史沿革　1956年3月,成立陕西省佛坪县气象站;1959年1月,更名为陕西省洋县佛坪气象站;1960年4月,更名为洋县佛坪气象服务站;1962年2月,更名为佛坪县气象服务站;1963年1月,改称为陕西佛坪县气象服务站;1968年5月,改称为佛坪县气象站革命委员会;1978年8月,更名为陕西省佛坪县革命委员会气象站;1980年4月,改称为佛坪县气象站;1990年1月,改称为佛坪县气象局(实行局站合一)。

1990年12月,由五类艰苦台站调整到四类。2007年1月"佛坪县气象站"改称"佛坪国家气象观测站一级站"。

管理体制　1956年3月—1959年3月,实行由省气象局和县人委双重领导,以省气象局领导为主的管理体制;1959年4月—1962年8月,财务、人事权受县人委管理,业务受汉中专区中心气象站管理;1962年8月—1966年6月,受汉中专区中心气象站管理;1966年7月—1970年9月,归属地方政府领导;1970年9月—1973年5月,实行由县人武部和县革委会双重管理,以人武部为主的管理体制;1973年5月—1979年12月,由县革命委员会管理;1980年1月起,实行气象部门与地方政府双重领导,以气象部门领导为主的管理体制。

机构设置　内设办公室、观测站、气象台、防雷检测站、行政许可办公室、科技服务中心。

单位名称及主要负责人变更情况

单位名称	姓名	职务	任职时间
陕西省佛坪县气象站	高玉魁	站长	1956.03—1959.01
			1959.01—1959.04
陕西省洋县佛坪气象站	张寿禄	站长	1959.04—1960.03
洋县佛坪气象服务站			1960.04—1962.01
佛坪县气象服务站			1962.02—1962.12
陕西佛坪县气象服务站			1963.01—1968.05
佛坪县气象站革命委员会			1968.05—1968.09
	张正贤	主任	1968.09—1970.04
	鲁民兵	主任	1970.04—1973.07
	肖　复	主任	1973.07—1978.07
陕西省佛坪县革命委员会气象站			1978.08—1980.03
佛坪县气象站		站长	1980.04—1989.04
	蒋海安	站长	1989.04—1989.12
佛坪县气象局		局长	1990.01—1992.02
	熊良鹏	局长	1992.02—

人员状况 建站至 2008 年,先后有 53 位职工在佛坪县气象局(站)工作过。截至 2008 年底,有在职职工 10 人(在编职工 7 人,外聘职工 1 人,计划内合同工 2 人)。在职职工中:本科 2 人,大专 4 人,中专 2 人,高中 2 人;工程师 3 人,助理工程师 4 人,技术员 2 人。

气象业务与服务

1. 气象业务

气象观测 1957 年 1 月开展地面观测,承担人工观测、编发气象报告、制作气象报表等任务。观测项目有云、能见度、天气现象、气温、湿度、气压、风向、风速、降水、积雪、日照、蒸发、地温、地面状态等,每天进行 01、07、13、19 时(地方时)4 次定时人工观测;1957 年 1 月 15 日起,每天进行 02、05、08、11、14、17、20、23 时(北京时)8 次观测、编发天气报;1986 年 1 月,PC-1500 袖珍计算机投入业务使用,首次实现了计算机计算、编发气象报告;1999 年 10 月台式 386 计算机及"AHOM 4.0 地面气象测报软件"投入业务使用。2001 年 1 月起使用计算机制作报表。自开展测报劳动竞赛以来,台站共有 15 人次创地面测报百班无错情 70 多个,250 班无错情 5 个。

2002 年 12 月,建成 DYYZII 型地面气象自动站。2003 年 1 月—2004 年 12 月自动站与人工站并行观测,2003 年以人工观测为主,2004 年以自动站观测为主,观测项目有温度、湿度、气压、风向、风速、降水、地面温度、浅层地温。2005 年 1 月起自动气象站单轨运行,以自动站资料为准发报,自动站采集的资料与人工观测资料储存计算机中,生成报表,每天进行备份,每月定时归档、上报。2007 年建成石墩河、岳坝 2 个区域自动气象站,先后投入业务使用。

2005 年开展生态气候环境监测项目,观测品种有山茱萸、附子、柴胡,观测项目为作物发育期,向省信息中心传递农气旬(月)报。

气象信息网络 1957 年 1 月—2001 年 6 月,气象报文通过电话传递给邮电局,再由邮电局转发省气象局。1984 年 CZ-80 型传真机投入业务使用,可收到天气分析图、数值预报图及省台的指导预报。2001 年 7 月,气象数据使用拨号网络传输,但由于网络性能不稳定、网速不高,部分气象报文数据仍由电信局转发;2002 年 8 月建成 X.25 数据专线,速率提高到 64 千比特/秒;2003 年 1 月开通 ADSL(2 兆)宽带网络,建成本局局域网;2003 年 10 月开通中国移动光纤(2 兆),建成速率高、性能稳定的气象数据专线;2005 年 8 月建成电信 SDH 数据专线。2007 年建成市—县天气预报可视会商系统。

天气预报 1958 年 6 月开始进行天气预报服务工作。1983 年以前,主要根据本县气候特征,结合单站气象要素变化、预报员经验、收听省广播电台的指导预报,分析单一时次欧亚 500 百帕特殊等值线和 500 百帕、700 百帕及地面指标站资料电码口语播报,点绘、分析、制作本地未来 48 小时短期天气预报;1984 年 CZ-80 型传真机投入业务使用,可收到天气分析图、数值预报图及省台的指导预报,开始制作周预报;2003 年地方配套资金 2 万元建成 PC-VSAT 地面气象卫星接收系统和 MICAPS 系统 1.0 版本天气预报应用系统;2005 年建成气象预报业务平台;2007 年多普勒天气雷达终端应用系统投入业务使用。PC-VSAT 小站和 MICAPS 系统、多普勒天气雷达终端应用系统、区域自动气象观测站资料的广泛应用,较大地提高了预报准确率。

农业气象 气象为农服务一直是对外服务的重点。近年来,先后开发了县级气象预报服务系统、生态环境监测服务系统;农业气象服务项目进一步拓展,由为粮、油作物安全生产服务发展到为山茱萸、柴胡、附子、五味子等特色产业服务;开发了《中草药生态监测气候简报》。农业气象业务发展到为农业产业结构调整、粮食安全等提供农业气候区划、气候资源评价和开发利用的各类专题专项服务。除发布年、月短期气候预测外,针对主要农事季节制作春播预报、汛期预报趋势、"三夏"预报,并向有关领导和部门提供了专题分析材料,提出趋利避害的建议。

2. 气象服务

公众气象服务 20世纪80年代初,公众气象服务主要以书面文字发送为主。90年代至今,公众服务产品由电话、广播、信函等向微机终端、互联网等发展。目前公众气象服务产品主要有:1~3天常规预报、旬天气预报、节假日专题天气预报、森林火险等级预报等。发布渠道为广播、网站、信息电话、手机短信等。

决策气象服务 佛坪县境内地势高差悬殊,沟壑纵横,雷暴、冰雹、大风、暴雨、连阴雨、寒潮等气象灾害以及洪涝、滑坡、泥石流等次生灾害频发。决策气象服务始终坚持"一年四季不放松,每个天气过程不放过"的服务理念,服务领域涉及三农服务、防汛抗旱、森林防火、地质灾害服务以及重大活动专题气象保障服务等。服务产品从单一化发展到多元化,短时临近预报、精细化预报、短期预报、气候预测、中长期天气预报、重要天气消息、灾害性天气预警以及重大天气过程的实时跟踪服务,为党政领导决策提供了科学依据。决策服务产品由过去的人工送达发展到电话、传真、网络,并为县委县、政府和有关部门领导、防汛抗旱指挥部成员免费开通了气象手机短信。

2002年6月9日,佛坪县出现了百年不遇的特大暴雨,15小时降雨量达203.3毫米,暴雨导致山洪暴发,全县9个乡镇全部受灾,3.4万人口有2.1万人受灾,倒塌房屋10564间,697户3130人无家可归。佛坪县境内道路、水电、通讯完全中断,县城损毁严重。全县工农业生产全部陷入困境,人民生命财产遭受重大损失,直接经济损失达5.1亿元。县局提前发布了天气信息,为抢险、救灾提供了科学依据。近年来,短时、临近预报、各类预警信号等服务产品深受政府和防汛、防滑等部门的欢迎。在2007年8月30日特大暴雨、泥石流灾害,2008年低温雨雪冰冻灾害期间,预报服务准确及时,受到政府和有关部门表彰奖励。

专业与专项气象服务 2004年成立佛坪县人工影响天气领导小组,办公室设在县气象局。2005年成立佛坪县防雷减灾领导小组,办公室设在县气象局。近年来积极开展了人工影响天气和防雷减灾服务工作。同时和县林业局、国土局、防汛办联合开展森林火险、地质灾害气象等级预报,建设信息共享网络,制作各类专题预报服务。

气象科技服务 佛坪人口稀少,地域经济落后,气象科技服务受到很大程度的制约。2000年以前无科技服务项目。近年来,通过实施"拓展战略",开展"南北互动"等,逐步开展了"12121"电话、防雷检测、气象专业预报服务、气象资料、手机短信、彩球庆典服务等项目,气象科技服务效益逐步提高。

气象科普宣传 2002年以前,气象科普宣传面比较狭窄。2002年以来,不断加强科普宣传力度,每年在"3·23"世界气象日、科技活动周、科普宣传月、安全生产活动月等期间,宣传气象科普常识。组织中小学生到气象站参观学习,现场讲解,普及气象灾害防御、气象与环境等知识。2002—2008年,接待来访学生、群众累计3000余人次。相应在气象科普宣传中,利用街道宣传咨询、气象科技下乡、网站有奖征答等方式,推进气象科普"进农村、进工厂、进学校、进社区",气象科普宣传受众达1万余人。2009年1月被汉中市科协、市教育局联合命名为青少年科普教育示范基地。

气象法规建设与社会管理

法规建设 2004年3月,县政府办公室下发《佛坪县人民政府办公室关于切实做好雷电灾害防御工作的通知》,雷电灾害防御工作开始步入正轨。2004年10月,县政府召开专题会议研究部署雷电灾害防御工作,部署实施细则。2003年制定了《佛坪县气象局局务公开制度》和依法行政3个项目的气象行政审批办事程序。

社会管理 《中华人民共和国气象法》和《陕西省气象条例》等法律、法规颁布后,县气象局每年组织行政执法人员在全县范围内开展专项检查。2004年就气象探测环境保护法律法规、控制范围、标准向县法制办、城建、国土部门备案。2005年县气象局成立行政执法队,同年县气象局被列为县安全生产委员会成员单位,负责全县防雷、防静电安全管理和每年定期对全县范围内的液化气站、加油站、煤矿、电厂、易燃易爆等高危行业和高大建筑物、微机室等重要场所的防雷设施进行检测,对不符合防雷技术规范的单位,责令进行整改。2007年,在县政府支持下,制止了村民建房对观测环境的破坏。2008年与县城建局联合,规定"凡在气象观测场周边建设的工程项目由气象部门进行气象探测环境审查同意后,县城建局再视情况审批"。

党建与气象文化建设

1. 党建工作

党的组织建设 2006年以前,佛坪县气象局无独立支部,党员参加农业局支部生活。2006年,成立了中共佛坪县气象局党支部,归农委党委领导,共有3名党员。截至2008年底有党员5人。

党风廉政建设 按照与市气象局签订的《党风廉政建设责任书》要求,进行对照检查,开展局务公开、财务监管、物资采购等三项制度建设。2003年实施局务公开工作,对干部任用、财务收支、目标考核、基础设施建设、工程招投标等内容采取职工大会或公示栏公开公示。对财务一般每半年公示1次,年底对全年收支、职工奖金福利发放、领导干部待遇、住房公积金等向职工详细说明。对干部任用、职工晋职、晋级等及时向职工公示或说明。各项事务每年公示在40~60期,且按要求整理成规范化档案。2004年配备县气象局纪检监察员。局务公开受到上级部门表彰,2006年荣获陕西省气象部门"局务公开先进单位"称号。经常加强与地方党委、纪检部门的联系,定时汇报工作,接受监督、检查和指导。

2. 气象文化建设

精神文明建设 以创建精神文明团队为载体,以创佳评差为动力,以文明廉洁机关创建和法制建设为目标,以以人为本和提高职工业务技术素质管理为目的,加强职工素质教育。1998年至今,累计有7人次到有关院校进行学习深造,有30余人次参加各类业务培训。通过各项活动开展精神文明建设,取得了实效。

2004—2008年,修建了标准的羽毛球场、乒乓球台和篮球场,建立了职工活动室,购买了跑步机和多功能健身器材,活跃了职工业余文体活动。建立了图书室和学习室,提高了职工文化素养和业务技术素质。2000年、2007年县气象局1名职工代表市气象局参加了全省气象部门职工运动会,取得较好成绩。

文明单位创建 2001年被县委、县政府授予"县级文明单位";2004被县委、县政府命名为"县级文明单位标兵"。

3. 荣誉与人物

集体荣誉 2008年12月以前,共获得省部级以下奖励45项。
个人荣誉 2008年12月以前,个人共获得省部级以下奖励64人次。
2002年10月,肖秀平因在2002年6月8—9日的特大暴雨面前,临危不惧,坚守工作岗位和突出表现,被陕西省委、省人民政府授予"抗洪救灾先进个人"荣誉称号。

台站建设

迁站前,气象站占地面积1088平方米,因条件限制,观测场长18米,宽14米。在艰苦的自然环境条件下,第一代气象工作者从山下肩挑背扛,运送建筑材料,终于建造起自己的家园。1957年和1977年建设房屋9幢30间,其中,为平房土木结构5幢12间、砖木结构4幢18间;建筑面积769.2平方米。1964年建设宿舍14间。1987年2月6日,佛坪县气象站遭遇1次山火,观测场围栏部分损毁。

2001年实施迁站,征地0.277公顷,新建办公楼373平方米;2002年进行了标准化观测场建设。2003年进行台站综合改造,装修办公楼,购置了空调等办公设施,进行院内硬化和绿化。2005年进行了业务平台建设。目前佛坪县气象局办公条件已位居全县机关事业单位前列。

20世纪80年代的佛坪县气象局观测场

20世纪80年代的佛坪县气象局业务值班室

2003 年完成迁站后的佛坪县气象局

勉县气象局

　　勉县位于汉中盆地西端,汉江上游,北依秦岭,南临巴山,中部为汉江平原,总面积 2406 平方千米。辖乡镇 25 个,242 个建制村,人口 42 万。勉县历史悠久,境内有文物古迹景点 330 多处,其中有国家级文物保护单位武侯墓,省级文物保护单位武侯祠、马超墓祠、定军山、古阳平关、天荡山等三国遗迹驰名中外。

　　勉县属北亚热带湿润季风气候,主要气象灾害有连阴雨和暴雨,其次有季节性干旱,偶见冰雹和大风。年平均气温 14.2℃,年平均最高气温 19.0℃,年平均最低气温 10.5℃,年霜期 133 天,年日照时数 1549.1 小时,年平均降水量 795.6 毫米。

机构历史沿革

　　台站变迁　1958 年 11 月,在勉县城东门外赵家庄建成沔县气候站,同年 11 月,开展气象业务;1977 年 1 月,迁至城东三官堂,地理坐标为北纬 33°10′,东经 106°42′,海拔高度 548 米。

　　历史沿革　1958 年 11 月,成立沔县气候站;1960 年 1 月,改为沔县气候服务站;1961 年 2 月,改为沔县气象服务站;1964 年 1 月,改为陕西勉县气象服务站;1968 年 1 月,改为勉县气象服务站革命领导小组;1971 年 1 月,改为勉县气象服务站;1980 年 1 月,改为勉县气象站。1990 年 1 月,改称为勉县气象局(实行局站合一)。

　　管理体制　1958 年 11 月—1959 年 3 月,由汉中专区中心气象站领导;1959 年 4 月—1962 年 7 月,隶属勉县县人委领导;1962 年 8 月—1966 年 6 月,归汉中专区中心气象站领导;1966 年 7 月—1970 年 8 月,隶属勉县人民政府领导;1970 年 9 月—1973 年 4 月,实行县人民武装部和勉县革命委员会双重领导,以军事部门为主的管理体制;1973 年 5 月—

1979 年 12 月,由勉县革命委员会领导;1980 年 1 月起,实行气象部门与地方政府双重领导,以气象部门领导为主的管理体制。

机构设置 内设公共气象服务中心(观测站与气象台)、气象科技服务中心、办公室(行政许可办)。

单位名称及主要负责人变更情况

单位名称	姓名	职务	任职时间
沔县气候站	杨叶森	站长	1958.11—1959.12
沔县气候服务站			1960.01—1961.01
沔县气象服务站			1961.02—1964.01
陕西勉县气象服务站	袁长富	站长	1964.01—1968.01
勉县气象服务站革命领导小组			1968.01—1970.12
勉县气象服务站			1971.01—1973.02
	阳文生	站长	1973.02—1979.12
勉县气象站	王 美	副站长(主持工作)	1980.01—1980.06
	杨文福	副站长(主持工作)	1980.06—1983.09
	李诚明	站长	1983.09—1988.04
	徐桂华	代站长	1988.05—1988.10
	田耀齐	站长	1988.10—1989.12
勉县气象局		局长	1990.01—1990.11
	张志明	局长	1990.11—1996.09
	田凤凤	局长	1996.09—2001.07
	袁再勤	局长	2001.07—2008.05
	孙卫东	副局长(主持工作)	2008.05—

人员状况 建站以来,先后有 39 人在勉县气象局(站)工作过。截至 2008 年底,有在职职工 10 人(在编职工 9 人,外聘职工 1 人),退休职工 4 人,平均年龄 39 岁。在职职工中:大学本科 2 人,大学专科 7 人,中专 1 人;中级职称 5 人,初级职称 4 人。

气象业务与服务

1. 气象业务

气象观测 1958 年 11 月,正式开展地面气象人工观测,承担编发气象报、制作气象报表等任务。观测项目有云状、云量、能见度、天气现象、风向、风速、气温、湿度、降水、蒸发、地面温度、冻土、积雪、日照、地面状态等,每天在 01、07、13、19 时(地方时)进行 4 次人工观测,夜间守班。1959 年 8 月增加 5～20 厘米地温观测;1960 年 1 月起,每天 4 次观测调整为 08、14、20 时(北京时)3 个时次;1964 年 4 月增加气压观测。气象档案资料有建站以来的气象观测簿、地面气象月(年)报表、历史天气图、气压、湿度、温度、风等各类自记气象资料,历史气象资料全部整理录入微机保存成电子文档。

2002 年 12 月,建成 DYYZⅡ型自动气象站,增加 40 厘米、80 厘米、160 厘米、320 厘米深层地温观测;2003 年 1 月正式投入气象观测业务使用,采用人工站和自动站双轨运行并以人工站为主,2004 年则以自动站为主双轨运行;2005 年 1 月自动站开始单轨运行观测,人工观测仪器仅在每天 20 时进行一次对比观测记录。2005 年至今,在乡镇共建成 20 个温度、雨量两要素区域自动气象观测站。

1959年1月开始进行农作物物候观测;2005年5月开始承担农业生态监测项目,观测油菜、水稻等农作物发育期、农业气象灾害等。2008年开展土壤水分监测。

气象信息网络 建站之初,发报和日常通讯均为手摇电话,由县邮电局接转省气象局,1993年改为程控拨号电话;1996年开通拨号上网,部分气象数据尝试使用网络传输,但网速较慢;2002年8月建成X.25数据专线,速率提高到64千比特/秒;2003年开通ADSL(2兆)宽带网络,之后相继开通电信、移动2兆光纤互为备份,实现了气象资料网络传输自动化;2007年安装天气预报可视会商系统。

天气预报 建站初期预报员通过电台收听上级台站的指导预报,订正制作本地24小时短期预报。20世纪60年代开始手工填制压、温、湿三线图。1963年11月建立县站补充预报记录簿和使用统一发布预报用语符号。1973年1月点绘本站综合时间剖面图,作为订正预报依据。20世纪80—90年代,以CZ-80型传真机接收天气图和省台的指导预报意见。1999年建成PC-VSAT卫星单收站和MICAPS综合分析系统;2005年建成勉县气象预报业务平台;2007年建成PUP多普勒天气雷达终端应用系统,同时实现了集天气图实况分析、卫星云图、天气雷达、各种数值产品、加密温雨站资料分析应用等多种功能,使预报质量得到了极大的提高,各种预报服务产品更加丰富和规范。

2. 气象服务

公众气象服务 1997年以前,天气预报主要通过广播向社会公众发布。1997年开通了"121"气象答询电话,使公众可以随时主动拨打电话了解气象信息;1999年12月,开播了电视天气预报节目;2003年开通勉县气象网;2008年建立手机短信发布平台;气象信息通过手机气象短信、电视天气预报、"12121"电话、网站、电子显示屏等渠道向公众服务。同时发布春运、春节、高考、"五一"、"十一"节假日专题预报;遇有重要天气过程还举行新闻发布会,通过记者专访等形式在县电视台播放。

决策气象服务 决策气象服务产品有《气候与农情》、《重要天气报告》、《短时临近预报》、《地质灾害等级预报》、《气候公报》等9种。及时发布短时临近预报、精细化预报、短期气象预报,气候预测、中长期天气预报、重要天气消息、灾害性天气预警等,对重大天气过程的实时跟踪服务,为党政领导的决策提供了科学的依据。决策服务方式由以前的纸质材料人工送达发展到电话、传真、网络传输。

【气象服务事例】 1981年7—8月出现多次暴雨,引起山洪暴发、江河泛滥5次,山区出现滑坡、塌方,交通、通讯中断,死亡123人。勉县气象局提前发布暴雨预报,并及时向地方政府及防汛部门传递本站及上游预报、雨情,为抗洪救灾做好跟踪预报服务。及时、准确的气象服务信息,使当地政府及时采取了应急措施,救灾效果显著。1981年11月被汉中地委、汉中地区行政公署授予"抗洪救灾先进集体"称号,同年被中共陕西省委、陕西省人民政府授予"抗洪抢险、生产救灾先进集体"称号。1990年7月6日的大暴雨预报服务使全县免遭重大人员伤亡,被县委、县政府授予"抗洪救灾、恢复生产先进集体"称号,同年12月被陕西省气象局授予"七六暴雨预报先进集体"。2008年7月19日,勉县出现局地短时暴雨,造成元墩、漆树坝、小河庙等乡镇受灾,出现山体滑坡、泥石流,道路、电力、通讯中断,部分房屋和农田被毁,造成 2 人死亡 7 人失踪,使灾后恢复重建中的地震灾区再次遭受严重损失。勉县气象局利用电话、传真、短信,向党政领导专送,做好政府决策参谋和跟踪服务,有效减少了灾害性天气带来的人员伤亡和经济损失,受到政府好评。2008 年被陕西省气象局评为"全省气象部门重大气象服务先进集体"。

专业气象服务 1992 年 1—8 月参加撰写《汉中平坝丘陵浅山区气候物候月历》,系统地描述了气象物候与农业生产、病虫害特征,物候现象之间内在联系,勉县大部分乡镇农技部门进行了翻印,应用在农业科技推广工作中。1992—1993 年 3 月根据八十年代气象资料对比分析,研究气候变化情况,分析撰写《勉县农业气候区划更新研究报告》,获得勉县区划委员会一等奖。1992—1994 年 5 月参加完成《秦岭南麓小气候资源开发》课题研究,在历时三年秦巴山区剖面气候和勉县西部丘陵浅中山区小气候梯度考察及田间对比,对 5 种小气候效应作了系统论述。

近年来为工农业、企业等专业用户提供气象服务,根据不同用户要求为其定制预报产品,提供个性化服务。20 世纪 90 年代以来,与县环保局长期建立专业服务合作关系,为其提供降水、降尘采样和大气监测气象服务。每年清明节前为"诸葛亮文化旅游节"制作专题预报。2009 年 7 月,为"十堰—天水"高速公路建设提供前期气候论证及中、短期预报服务。

人影与防雷减灾 1999 年成立人工影响天气领导小组,购置人工增雨专用车辆和火箭架设备,多次开展人工影响天气作业进行抗旱增雨。

1998 年率先在全市县局正式开展防雷工作,实施防雷检测业务;2004 年与勉县教育局联合发文加强学校防雷工作;2005 年由勉县政府办公室发文,明确了防雷工作的主要任务,加强了部门之间的协作。防雷工作现已发展为防雷检测、防雷工程、防雷图纸设计审核、雷电风险评估、雷电监测预警等范围。

气象科技服务 自 1985 年开展专业有偿服务以来,先后经历了庭院经济、多种经营等时期。1995 年起开展彩球庆典服务;1997 年与县电信局合作开通了"121"气象信息电话;1999 年 12 月购置影视制作系统,制作气象预报影视节目在县电视台开播;2005 年成立勉县气象科技服务中心,防雷、专业气象服务、信息电话、气象影视广告等得到了快速发展,当年气象科技服务收入就实现了翻番效益。2006 年至今,科技服务连续创新高,名列全市县气象局之首。2006 年荣获陕西省气象部门第四届气象影视节目评比县级一等奖,被陕西省气象局授予"气象科技服务先进集体"称号。

气象科普宣传 2000 年以后,加强了科普宣传的力度,每年利用"3·23"世界气象日、科技活动周、科普宣传月等开展气象科普宣传活动,深入乡镇基层开展科技下乡活动,向群众发放宣传材料,普及气象科普知识。共发放宣传材料万余份,现场讲解千余人次,受到群众欢迎。在县电视台播出气象防灾专题片;在勉县逸夫小学建立红领巾气象观测哨。2004 年被汉中市科协、市教育局授予"青少年科普教育示范基地"称号。

气象法规建设与社会管理

制度建设 2004 年起,对《中华人民共和国气象法》、《陕西省气象条例》、《汉中市防雷减灾管理办法》和《气象探测环境保护办法》等法律法规在政府和有关部门进行备案。重视规章制度建设。共制定出台 24 种规章制度,形成了《勉县气象局管理制度汇编》。

社会管理 按照《汉中市气象行政执法责任制》、《汉中市气象局气象行政执法队管理办法》等,围绕规范升空氢气球管理、气象信息传播、防雷装置检测、探测环境保护等工作,重点开展了社会管理和行政执法。做好《施放气球管理办法》和《施放气球审批规定》的贯彻落实工作。对大气环境影响评价事业气象资料审查、升放无人驾驶或系留气球活动审批、防雷电装置设计图纸审核和竣工验收等 3 项行政审批项目严格把关。1999 年以来,勉县气象局与县安监局、消防队、建设局等部门联合开展气象执法检查 10 余次。

党建与气象文化建设

1. 党建工作

党的组织建设 1999 年,成立中共勉县气象局支部,归勉县县直机关工委领导。2008年有党员 4 人。

党风廉政建设 建立了由主要领导任组长的党风廉政建设责任制领导小组。积极推行"三项制度"建设。成立了局务公开领导小组,制订了局务公开工作制度、局务会议制度、财务工作制度。认真落实"三重一大"、"三人决策"制度,提高基层民主决策、民主监督水平。

2. 气象文化建设

精神文明建设 以优秀人物的先进事迹激励和带动气象职工工作热情,凝练新时期气象人精神,积极参加"创佳评差"竞赛活动,加大创建省级文明单位活动力度,引领群众性精神文明创建活动。开展经常性的政治理论、法律法规学习,造就清正廉洁的干部队伍。全局干部职工及家属子女无一人违法违纪,无一例刑事民事案件,精神文明创建取得良好效果。组织开展丰富多彩的文化助推活动,修建了图书室、小型运动场,开展健康向上的职工文体活动,展示职工精神风貌。统一制作了工作服、胸牌、办公桌牌,集体学习文明礼仪,推行文明用语,把气象文化建设不断引向深入。

文明单位创建 1991 年被县委、县政府授予"县级文明单位"。1998 年被县委、县政府授予"县级文明单位标兵";2000 年被汉中市委、市政府授予"市级文明单位";2005 年被汉中市委、市政府授予"市级文明单位标兵"。

3. 荣誉

集体荣誉 1981 年 11 月,被中共陕西省委、陕西省人民政府授予"抗洪抢险、生产救灾先进集体"称号。2002 年被陕西省爱卫会授予"省级卫生先进单位"称号。

2008 年 12 月以前,共获得省部级以下奖励 38 项。

个人荣誉 2008 年 12 月以前共获得省部级以下奖励 62 人次。

台站建设

建站初期,台站环境和办公设施简陋,仅有土木结构平房。1977 年迁至新站址后,建有砖混二层宿办楼和观测值班用房,台站环境、面貌有了一定的改善。2003 年实施台站综合改造以来,先后改造了观测场,新建了职工家属楼、业务办公楼,各办公室安装了空调,硬化了道路,院内进行了绿化,改善了职工工作、生活环境。2007 年至今,先后购置公务轿车 1 辆、越野车 1 辆。台站综合面貌有了很大改观,有力提高了单位的整体形象。

1980 年的勉县气象站

1992 年的勉县气象局

2004 年综合改造后的勉县气象局

南郑县气象局

南郑县位于汉中盆地西南,全县总面积 2849 平方千米,辖 18 镇 12 乡,501 个行政村,人口 55 万。南郑地势南高北低,山区占 57%,丘陵浅山区占 28%,平川区占 15%。

南郑属北亚热带湿润季风气候。主要气象灾害有暴雨、低温、连阴雨,以及干旱、大风、冰雹、霜冻等。年平均气温 14.2℃,年平均降水量 924.5 毫米。

机构历史沿革

始建情况 1965 年 8 月,陕西省南郑县气象服务站在南郑县周家坪镇周家坪 7 队建成,1966 年 1 月,开展气象业务工作至今。地理坐标为北纬 33°00′,东经 106°56′,海拔高度 536.5 米。

历史沿革 1965 年 8 月,成立陕西省南郑县气象服务站;1980 年 3 月,更名为南郑县气象站;1990 年 1 月,更名为南郑县气象局(实行局站合一)。

2007 年 1 月南郑县气象站确定为南郑国家气象观测站二级站。

管理体制 1965 年 8 月—1966 年 6 月,由汉中专区中心气象站领导;1966 年 7 月—1970 年 8 月,由南郑县县人委领导;1970 年 9 月—1973 年 4 月,由南郑县人武部和县革命委员会双重领导,以县人武部领导为主;1973 年 5 月—1979 年 11 月,归县革命委员会领导,属南郑县农牧局管理;1979 年 12 月起,实行气象部门与地方政府双重领导,以气象部门领导为主的管理体制。

机构设置 内设观测站、气象台、气象科技咨询服务站、气象行政许可办公室,地方机构有南郑县人工影响天气办公室。

单位名称名称及主要负责人变更情况

单位名称	姓名	职务	任职时间
陕西省南郑县气象服务站	罗绍级	站长	1965.08—1974.07
	李 鹏	站长	1974.07—1976.09
	郭礼发	站长	1976.09—1980.02
南郑县气象站			1980.03—1984.07
	聂 彬	站长	1984.07—1989.03
	彭梅枌	站长	1989.03—1989.12
南郑县气象局		局长	1990.01—1996.11
	唐 晋	局长	1996.11—2008.10
	王小霞	副局长(主持工作)	2008.11—

人员状况 1965 年 8 月建站时有职工 4 人。建站以来,先后有 32 人在南郑县气象局(站)工作过。截至 2008 年底,有在职职工 9 人(在编职工 6 人,外聘职工 3 人),退休职工 6 人。平均年龄 39 岁。在编职工中:大学本科 1 人、专科 5 人;副研级高工 1 人,工程师 1

人,助理工程师 4 人。

气象业务与服务

1. 气象业务

气象观测 1966 年 1 月建成地面气象观测站,承担人工观测、编发气象报告(包括天气报、重要报、水情报、旬月报)、制作气象报表等任务。观测项目有气温、湿度、气压、风向、风速、云、降水量、积雪、能见度、日照、蒸发、地温、天气现象等,每天进行 08、14、20 时 3 次人工观测,08 时向省气象台编发雨情报,08、14 时向市气象台编发天气报。1993 年开始使用安徽地面测报软件。

2003 年 11 月建成 DYYZⅡ型自动气象站;2004 年 1 月投入业务试运行,采用人工站和自动站双轨运行并以人工站为主。2005 年以自动站为主双轨运行;2006 年 1 月自动站开始单轨运行观测,人工观测仪器仅在每天 20 时进行对比观测记录。2006 年至今建成 14 个二要素区域自动气象观测站。

2007 年建成多普勒天气雷达远程终端应用系统和闪电定位远程终端应用系统。

气象信息网络 建站后发报和日常通讯均为手摇电话,由县邮电局接转省气象局,1993 年改为程控拨号电话。20 世纪 80—90 年代,预报信息使用 CZ-80 型传真机接收,各类电报仍由邮局转发。1999 年 5 月建成 PC-VSAT 地面气象卫星接收系统。2000 年 9 月,气象报文、报表、气象数据正式采用网络传输;2002 年 8 月建成 X.25 数据专线,2004 年 8 月撤销;2003 年 3 月开通 ADSL(2 兆)宽带网络;2003 年 10 月开通中国移动光纤(2 兆);2005 年 8 月建成电信 SDH 数据专线。

天气预报 负责本行政区域范围内的天气预报、警报及其他气象信息的发布。预报产品有短时天气预报、短期天气预报、中期天气预报、长期天气预报等。从建站初期至 80 年代初期,预报员主要根据上级台站的指导预报制作本地预报。1983 年,通过传真机接收天气分析图,结合省台的指导预报,开始制作一周天气预报。1999 年 5 月 24 日,建成 PC-VSAT 卫星单收站和 MICAPS 1.0 版本的气象信息综合分析处理系统;2002 年应用 MICAPS 2.0 版。2004 年 5 月建成了南郑县气象局预报业务平台。2007 年建成多普勒天气雷达终端应用系统。

农业气象 农业气象观测承担着主要农作物生育状况、农业气象灾害、土壤水分和生态气候环境监测观测任务。为农服务主要开展作物适播期预报、农作物气象灾害预报、茶叶气象服务、烟叶气象服务等工作;发布专题旱情分析、农业气象条件分析、播期预报和农事建议等服务材料,编发《气象旬报》和《墒情简报》。1996 年以来开展《南郑县主要农作物决策气象服务的研究与应用》课题研究,对水稻、油菜、小麦、玉米、薯类等大宗粮食经济作物种植的主要气象条件进行研究,提出适宜全县相关地域实施推广的栽培模式和技术体系,为农业增效、农民增收提供科学依据。2002 年 5 月获得县政府科技进步二等奖。2004 年起,根据县域局地小气候特点和茶叶产业生产的特点,开展茶叶气象服务。根据茶叶生长情况,及时提出施肥、杀虫等意见。针对每年 3～4 月份频发"倒春寒",使萌发茶芽极易受冻成灾的特点,有针对性地开展服务,提醒茶农注意天气变化,并做好覆膜保温等防范措施。根据天气状况,提供春茶开采期预报;根据年际气候差异,开展气候对茶业产业生产的影响评述等。服务效果突出,被南郑县政府评为"科技兴县三等奖"

2. 气象服务

公众气象服务　建站至 20 世纪 90 年代中期,公众天气预报主要通过广播播发。1996年开通"121"气象信息电话,使公众可以随时了解天气变化。1998 年建成电视天气预报制作系统,通过电视向公众发布气象信息。2003 年建成"南郑气象网站",开办农网栏目,发布农产品资讯、气象信息、政务信息等相关信息。2007 年开始,对部分中小学校安装电子显示屏。随着网络系统和多媒体技术的快速发展,至 2008 年,已形成公众气象服务信息通过广播、电视、信息电话、手机短信、网站、电子显示屏等多渠道发布。

决策气象服务　决策服务产品由早期的《送阅件》《南郑气象》发展到《农业气象》《重要天气报告》《雨情通报》《旱情分析》,以及农时关键期预报、汛期预报等。服务产品由纸质材料人工送达发展到电话、传真、网络、手机短信服务等。2008 年,气象信息接入"南郑县政府信息网",党政部门领导可随时调阅,了解天气变化。决策服务成效显著,连续多年被县委、县政府评为"支持地方工作先进单位"。

专业气象服务　涉及茶叶气象服务、森林火险气象服务、环境评价气象服务、地质灾害气象服务、重大活动专题气象服务等。1994 年建成"南郑森林火险等级分片预报"和警报接收网络系统,有效提高了气象信息利用率。1994 年被县委、县政府授予"服务粮油生产先进单位"。

人工影响天气　南郑县人工影响天气工作始于 1998 年。1999 年县政府成立人工影响天气领导小组,领导小组办公室设在县气象局,负责日常管理和组织实施增雨作业。2000 年由县政府投资,购置人工增雨车 1 辆、WR-1B 型火箭发射架 1 副。自 1999 年以来,共开展增雨作业 13 次,对保护全县农业增产丰收做出了较大贡献。

气象防雷减灾　1996 年开展防雷工作,当年与县公安局联合发文,开展加油站防雷检测工作。2002 年,南郑县政府下发贯彻落实《汉中市防雷减灾管理办法》的实施意见,明确了防雷减灾工作制度和相关机制。2005 年开始,对学校、新建公共建筑物进行防雷设施检测。2007 年在全县开展防雷图纸专项审查。先后与县安监局、教育局联合发文,对全县易燃易爆场所、中小学远程电教设备进行检测。2006—2008 年,进一步加强与建设、公安、安监部门合作,促进防雷工作逐步进入正规化、法制化轨道。

气象科技服务　1985 年开展专业有偿服务。服务产品主要以天气预报、气象资料、工程项目评价为主。1996 年开展彩球和拱门庆典服务,同年开通"121"气象信息自动答询电话(2005 年"121"电话升位为"12121"),至 2008 年拨打量超过 25 万次。2005 年成立"南郑县气象科技咨询服务站"后,防雷、专业气象服务、信息电话、气象影视广告、彩球服务等得到快速发展,为气象事业可持续快速发展,提供了资金保证,服务效益显著。1992 年被省气象局授予"全省气象部门有偿服务先进集体";1997 年被陕西省气象局授予"全省产业发展先进集体"称号。

气象科普宣传　利用"3·23"世界气象日和县安监局组织的安全生产月等宣传活动,编印各类宣传材料 2 万余册,广泛宣传暴雨、洪涝、泥石流等灾害常识,全球气候变暖、温室效应等气象科普知识,引导社会公众增强气象灾害防范意识,提高应对气象灾害的自救、互救能力。2007 年向全县中小学校免费赠送防雷知识光碟和挂图。

气象法制建设与社会管理

制度建设 2004 年起对《中华人民共和国气象法》、《陕西省气象条例》、《防雷减灾管理办法》、《气象探测环境保护办法》、《施放气球管理办法》等法律、法规和规范性文件在政府相关部门进行了备案。2006 年制定南郑县气象局行政许可相关制度和流程。并制定和完善了各项规章制度,建立健全了支部会、局务会议事规则。建立局务、事务、财务公开制度等 14 项,形成《南郑县气象局规章制度汇编》手册。

社会管理 现有防雷装置设计审核和竣工验收、施放气球活动、大气环境影响评价使用气象资料行政许可审批项目 3 项。围绕规范升空气球管理、新建建筑物防雷电装置设计技术审查、气象信息传播、探测环境保护等项工作,先后与县安监局、城建局、教育局、公安局等单位联合发文,重点开展行业社会管理和气象行政执法检查。组织执法人员先后对房地产公司和各建设施工单位进行建筑物防雷电图纸设计审查和竣工验收检测报告的专项执法检查,履行社会监管职能。2007—2008 年,受理系留气球许可项目 134 件,审批 127 件,现场勘验 107 次;受理新建建筑物防雷图纸审核审批许可 21 家。通过监督检查和技术指导,进一步规范了全县防雷安全管理工作。

党建与气象文化建设

1. 党建工作

党的组织建设 1976 年 7 月,建立中共南郑县农技气象支部委员会;1990 年 6 月,经中共南郑县农业系统委员会批准,建立中共南郑县气象站支部委员会,隶属中共南郑县农业局总支委员会领导;2004 年调整为隶属中共南郑县农业系统工委领导。截至 2008 年底有党员 6 人。

2006 年被中共南郑县农业系统工委授予"先进党支部"称号。

党风廉政建设 积极实施"阳光政务",不断推进党风廉政建设和反腐败工作深入开展,建立了以主要负责人任组长的党风廉政建设责任制领导小组,指导督促检查落实工作。局务公开工作受到中国气象局表彰。

2. 气象文化建设

精神文明建设 在开展精神文明建设中,以弘扬"艰苦奋斗、爱岗敬业、无私奉献"精神为主题,以扎实开展学先进、树正气活动为动力,开展经常性的政治理论、法律法规学习,造就清正廉洁的干部队伍。绿化美化台站环境,进行文明礼仪教育。通过系列创建活动,取得良好效果。以学习园地、职工图书室提高职工道德修养和文化素质;以积极开展健康向上的职工文体活动,丰富职工业余文化生活,增强团结奋进的凝聚力;以台站改造、美化环境提高县级气象行业社会新形象。通过各种活动开展,有力促进气象文化建设迈上新台阶,取得实效。1998、2000 年被市爱卫会授予"市级卫生先进单位标兵"称号。

文明单位创建 1991 年 2 月,被南郑县委、县政府授予"县级文明单位"称号;1998 年 3

月,被汉中市委、市政府授予"市级文明单位"称号;2005 年被中共汉中市委、市政府授予"市级文明单位标兵"称号。

3. 荣誉

集体荣誉　2008 年 12 月以前,共获得省部级以下奖励 28 项。

个人荣誉　彭梅栿,1978 年被中国气象局授予"全国气象部门学大寨、学大庆先进工作者"。2008 年 12 月以前,共获得省部级以下奖励 61 人次。

台站建设

南郑县气象局业务办公用房始建于 1978 年,为一层 4 间,1980 年续建 4 间。自 1993 年开始,先后完成道路硬化、供电、供水设施改造;1995 年在一层办公用房基础上续加第二层,修建房屋 8 间。2003 年投资 26 万元进行台站综合改造,对办公楼进行了装修,更新了业务平台,办公环境和条件得到了明显改变。2006 年新建局大门和宽 4 米、长 36 米的道路,使单位周围环境更趋美化。2008 年汶川特大地震使台站基础设施受损,目前正在上级部门领导下扎实开展灾后恢复重建工作。

1978 年的南郑县气象站

2006 年综合改造后的南郑县气象局

2003 年建成的南郑县气象局预报服务中心

城固县气象局

城固县地处陕西南部汉中盆地腹地,北靠秦岭,南依巴山,是西汉著名外交家、探险家、"丝绸之路"开拓者张骞的故里。县域总面积 2265 平方千米,辖 24 个乡镇,总人口 53 万。

城固地形复杂,地势高差悬殊,垂直气候差异明显,干旱、暴雨、连阴雨、寒潮、雷暴、冰雹、大风、大雾等气象灾害以及洪涝、滑坡、泥石流等次生灾害频发。

机构历史沿革

站址变迁 城固县气象站建于 1957 年 5 月,(第 1 次迁站资料散失),1971 年初,迁址城固县谢家井村南,地理坐标为北纬 33°10′,东经 107°20′,海拔高度 486.4 米。

历史沿革 1957 年 5 月建站,始称城固县气象站,1963 年 3 月更名为陕西省城固县气象站;1967 年 8 月更名为城固县气象站革命领导小组;1979 年 3 月改称为城固县气象站;1990 年 1 月改称为城固县气象局(实行局站合一)。

城固县气象站属国家一般气象站。2007 年 1 月,城固县气象站调整为城固国家气象观测站二级站。

管理体制 1957 年 5 月—1962 年 3 月,实行双重管理,财务、人事由县人委领导,业务由汉中气象站领导;1962 年 4 月—1966 年 6 月,由汉中专区中心气象站领导;1966 年 7 月—1970 年 8 月,由县人委领导;1970 年 9 月—1973 年 5 月,归城固县人武部和城固县革命委员会双重领导,以县人武部领导为主;1973 年 5 月—1979 年 11 月,归城固县革命委员会领导;1979 年 12 月起,实行气象部门与地方政府双重领导,以气象部门领导为主的管理体制。

机构设置 内设机构有:城固国家一般气象站、城固国家一级农业气象站、城固县人工影响天气办公室、城固县防雷办公室、城固县气象科技服务中心。

单位名称及主要负责人变更情况

单位名称	姓名	职务	任职时间
城固县气象站	穆育人	站长	1957.05—1963.03
陕西省城固县气象站			1963.03—1967.08
城固县气象站革命领导小组	叶枝茂	站长	1967.08—1971.07
	贾舟全	站长	1971.08—1972.12
	陈英智	站长	1972.12—1979.02
城固县气象站	周成才	站长	1979.03—1984.06
	欠惠珍	站长	1984.06—1989.12
城固县气象局		局长	1990.01—1992.02
	张宏利	局长	1992.02—2002.09
	王来福	副局长(主持工作)	2002.09—

人员状况 建站以来,先后有 32 人在城固县气象站工作过。截至 2008 年底,有在职职工 10 人(在编职工 8 人,外聘职工 2 人),退休人员 6 人,平均年龄 40 岁。在编职工中:大学本科 1 人,大学专科 6 人,中专 1 人;中级职称 4 人,初级职称 3 人。

气象业务与服务

1. 气象业务

气象观测 1957 年建成地面气象人工观测站,承担观测任务。1971 年 1 月起承担编发气象报告、制作气象报表等任务。观测项目有气温、湿度、气压、风向、风速、云、降水量、积雪、能见度、日照、小型蒸发、地温、天气现象等,每天进行 08、14、20 时 3 次人工观测。2007 年建成多普勒天气雷达和闪电定位远程终端应用系统,初步形成了由地面气象观测、多普勒天气雷达监测、气象卫星监测等组成的综合气象观测系统。

2003 年 12 月,建成 DYYZ Ⅱ 型地面自动气象站;2004 年 1 月投入气象观测业务使用,进行人工站、自动站并行对比观测;2006 年 1 月,自动气象站正式单轨运行观测,人工观测仪器备份使用。2006 年开始陆续在县域乡镇建成 18 个两要素(温度、降水量)区域自动气象观测站。

农业气象观测 1979 年 10 月,城固县定为陕西省农业观测网一级站,定名为城固县农业气象观测站。1990 年 1 月先后开展土壤墒情、农作物发育期、物候等观测项目。2005 年开始启动生态气候环境监测,观测品种为柑橘、元胡、油菜、水稻等农经作物发育期。每月逢 1 日编发农业气象旬(月)报,逢 5 日编发土壤湿度报,上传省信息中心。

气象信息网络 建站之初,发报和日常通讯均使用手摇电话,由县邮局接转省气象局。1993 年,改为程控拨号电话。20 世纪 80 年代前期,预报信息以收音机收听省台定时播发的小天气图形势电码和 48 小时预报,以及通过邮局接收市台以气象电报形式发布的短期预报为主。1983 年预报信息以 CZ-80 型传真机接收,各类气象电报仍以电话传至邮局转发。1999 年 5 月建成 PC-VSAT 卫星数据广播接收系统。2003 年 3 月开通了 ADSL(2 兆)宽带网络,部门内部信息和部分气象电报通过互联网传输;2003 年 10 月开通中国移动光纤(2 兆),各类气象电报和实时数据完全通过互联网络传输;2005 年 8 月,开通电信 SDH 数据专线。自动站采集数据从 2006 年开始用硬盘储存归档。

天气预报 1971 年 1 月开始制作并发布天气预报,预报员主要根据本地气象要素变化、气候特点、预报员经验以及通过广播收听上级台站的指导预报制作本地预报,预报产品只有 24 小时短期天气预报;同年开始绘制压、温、湿三线图,为预报产品的制作提供新的方法。1983 年,通过 CZ-80 型传真机接收天气分析图、省台的指导意见,开始制作 1 周天气预报。1999 年 5 月,MICAPS 系统 1.0 版本气象信息综合分析处理系统投入业务运行,2002 年 MICAPS 系统 2.0 版本投入业务应用。2007 年建成气象预报业务平台,多普勒天气雷达资料、天气图实况资料、卫星云图、区域气象观测站,以及各种数值预报产品得到广泛应用,使天气预报业务得到快速发展,预报产品得以丰富和规范,预报准确率得到提高。

农业气象 1982—1984 年底,完成《陕西省城固县农业气候资源调查和农业气候区划报告》,为政府开展农业产业规划和布局提供科学依据。1985—1999 年,重点围绕城固县农业产业化发展开展农业、柑橘生产专题服务。2004 年为充分发掘气候资源,为城固县柑橘生产的科学布局提供依据,城固县气象局开展优质柑橘生产气候生态区划论证,建议在文川、龙头、许家庙、橘园、宝山、上元观等乡镇扩大柑橘种植面积 20 万亩,为形成城固县优质柑橘 60 万亩支柱产业献计献策。2006 年,王世平撰写的《陕南柑橘气候适应性论证》获陕西省科学技术进步三等奖。面对 2008 年 1 月低温雨雪冰冻灾害可能导致城固县 4 万多亩柑橘遭受冻害的情况,从 1 月 5 日起连续发布 40 余期《城固柑橘抗冻专题预报》,对政府和相关部门抗冻救灾提供参考,受到县委、县政府领导的高度重视和好评。

2. 气象服务

①公众气象服务

1996 年以前,天气预报主要通过广播向公众发布,1996 年开通"121"气象信息电话,使公众可以随时了解天气信息。1998 年 5 月,建成电视天气预报制作系统,和县广播电视局合作,实现了天气预报的电视播发。随着网络系统和多媒体技术的快速发展,至 2008 年已形成广播、电视、"12121"信息电话、手机短信、互联网站、电子显示屏等多种渠道发布公众气象服务信息。

②决策气象服务

气候预测、中长期天气预报、重要天气消息、灾害性天气预警等决策服务产品不断丰富,形成《送阅件》《农业气象》《重要天气报告》《雨情通报》《旱情分析》等 13 种决策服务材料。服务手段由人工送达发展到电话、传真、网络、手机短信等,大大提高了气象信息传输的时效性。通过对突发性、关键性、转折性重大天气过程的实时跟踪服务,为地方政府领导决策提供了科学依据。重大灾害决策服务准确、及时,1998 年被县委、县政府评为"抗洪抢险先进集体"。

③专业与专项气象服务

专业服务领域涉及工农业生产、防汛抗旱、森林防火、地质灾害预防、重大社会活动气象保障、环境评价服务等。其中,2005 年开展森林火险气象等级预报,在每年防火期(当年11 月 1 日至次年 5 月 1 日)每天通过县电视台天气预报节目播发。根据地质灾害成因和气象要素的影响特点,通过电视天气预报、城固气象网站、城固县政府网站向社会公众发布地质灾害气象等级预报。根据专业服务用户需求,有针对性地开展个性化服务。

人工影响天气　2001 年成立城固县人工影响天气工作领导小组,适时开展抗旱增雨、人工防雹作业。

气象防雷减灾　2000 年开展防雷检测业务。2005 年后,防雷服务快速拓展,防雷工程、雷电风险评估、雷电监测预警等工作得到了快速的发展,每年对全县易燃易爆场所、高大建筑物、电子信息等场所进行防雷装置安全检查、监测。

④气象科技服务

1985 年开展专业有偿服务后,先后经历了庭院经济、多种经营等时期。1996 年开通了"121"气象信息电话;1998 年 5 月,建成了电视天气预报制作系统,影视广告收入快速增长,1999—2001 年位列全省县气象局前列。1998 年 10 月开展彩球庆典服务。2000 年成立城固县气象科技服务中心,防雷、专业气象服务、信息电话、气象影视广告等得到快速发展,效益明显。

⑤气象科普宣传

2000年后,不断加大气象科普宣传工作力度。利用科技之春宣传月、"3·23"世界气象日、科技活动周等时机,通过发传单、制展板、现场讲解等形式开展科普知识宣传,年均发放宣传材料万余份,现场讲解2000余人次。组织中小学生到气象局参观,及时向全县各中小学校赠送雷电防御科普知识画册和科教光盘,2008年9月,被汉中市科协、市教育局联合命名为青少年科普教育示范基地。

气象法制建设与社会管理

制度建设 《中华人民共和国气象法》、《陕西省气象条例》、《防雷减灾管理办法》等法律法规和规范性文件相继出台后,城固县气象局积极与当地政府联系,全部进行了备案工作。2006年制定了城固县气象局行政许可受理制度、行政许可决定送达制度、行政许可听证制度、行政许可决定公开制度、行政许可监督检查制度、行政许可过错追究制度等。制作并公开了行政许可流程图、防雷装置设计审核竣工验收程序、大气环境影响评价使用气象资料的审查程序、施放无人驾驶自由气球、系留气球活动审批程序等。

社会管理 2005年,县政府办公室发文成立城固县防雷工作领导小组,明确了防雷工作的主要任务和相关部门的责任。领导小组办公室设在县气象局,负责日常的管理事务。同年,防雷图纸设计审核正式进入县城建局行政审批大厅,纳入审批流程。2006年,"气象探测环境审查"纳入审批气象观测场周边规划建设项目的重要内容和程序。现有3项行政许可审批项目,4人具备行政执法资格。先后配合汉中市气象局、城固县人大、县安委会、县消防等部门进行行政执法专项检查50余次,为加强依法行政和社会管理提供了保障。

党建与气象文化建设

1. 党建工作

党的组织建设 2000年,中共城固县气象局支部委员会成立,由城固县机关工委领导。截至2008年底有党员7名(含3名退休党员),预备党员1名。

党风廉政建设 认真落实党风廉政建设工作责任制;加强基层党组织建设,重视积极分子培养,积极发展党员;加强警示教育,在办公楼走廊、办公室悬挂了廉政警示标语;建立健全局务公开、"三重一大"、"三人决策"等制度,提高民主决策、民主监督水平。

2. 气象文化建设

精神文明创建 以气象文化建设为基础,以精神文明创建为目标,以创佳评差活动为动力,先后建成了职工活动场所、阅览室,丰富职工业余文化生活;经常组织各项文体活动,积极参与地方政府举办的各项体育文艺活动;倡导学习文明礼仪,推行文明用语,把气象文化建设不断引向深入。

文明单位创建　1993年被县委、县政府授予"文明单位";2001年被汉中市委、市政府命名为"市级文明单位"。

3. 荣誉

集体荣誉　2004年被省爱委会授予"省级卫生先进单位"称号。

2008年12月以前,共获得省部级以下奖励45项。

个人荣誉　2008年12月以前,共获得省部级以下奖励86人次。

台站建设

1971年城固气象站完成迁站后,占地面积2200平方米,建土木结构平房10间,其中工作室2间,宿舍8间,建筑面积180平方米。1978年,新建5间二层楼房,建筑面积256平方米,将原观测场改建为25米×25米标准观测场。2003年,依托自动气象站项目建设,对测报值班室、观测场进行改造,更新了观测场围栏,增加了防雷接地系统。2007年,投资37万元实施基层台站综合改造,改善了办公和工作条件,气象业务、服务综合能力得到增强,单位面貌焕然一新。

20世纪70年代的城固县气象站观测场和办公用房

2002年的城固县气象局业务办公楼

完成台站综合改造的城固县气象局(2007年)

洋县气象局

洋县位于陕西南部,汉中盆地东缘,北依秦岭,南靠巴山,汉江横贯其中,古为"汉江明珠",今称"朱鹮之乡",总面积 3206 平方千米,人口 43.8 万,辖 26 个乡镇,367 个行政村。

洋县属北亚热带内陆性季风气候,境内四季分明,光照充足,气候温和湿润。年平均气温 14.5℃,极端最高气温 38.7℃,极端最低气温−10.1℃。年平均日照 1752.2 小时,年平均降水 839.7 毫米,年平均降雨 120 天。

机构历史沿革

始建情况　1958 年 11 月,在洋县城东天宁寺建成陕西省洋县气候站,一直沿用至今;测站地理坐标为北纬 33°13′,东经 107°33′,海拔高度 468.6 米。

历史沿革　1958 年 11 月,成立陕西省洋县气候站;1960 年 4 月,改称为洋县气象服务站;1968 年 12 月,改为洋县气象站革命领导小组;1970 年 10 月,改称洋县气象服务站;1980 年 1 月,更名为洋县气象站;1990 年 1 月,改称为洋县气象局(实行局站合一)。

洋县气象站为国家一般气象观测站;2007 年 1 月,改为洋县国家气象观测站二级站。

管理体制　1958 年 11 月—1958 年 12 月,受汉中专区中心气象站和县人民委员会双重领导,以气象部门领导为主;1959 年 1 月—1962 年 7 月,由县人委领导;1962 年 8 月—1966 年 6 月,由汉中专区中心气象站管理,政治思想工作由县农业部门负责;1966 年 7 月—1970 年 9 月由县人委管理,主管部门为县农牧局;1970 年 9 月—1973 年 5 月,实行由县人武部和县革命委员会双重管理,以县人武部为主的管理体制;1973 年 5 月—1979 年 11 月,由县人委管理,主管部门为县农业局;1979 年 12 月起,实行气象部门与地方政府双重领导,以气象部门领导为主的管理体制。

单位名称及主要负责人变更情况

单位名称	姓名	职务	任职时间
陕西省洋县气候站	黄绪宽	负责人	1958.11—1959.02
		副站长(主持工作)	1959.02—1960.03
			1960.04—1962.12
洋县气象服务站		站长	1963.01—1966.02
	谢忠和		1966.02—1968.11
洋县气象站革命领导小组		负责人	1968.12—1970.09
			1970.10—1974.04
洋县气象服务站	高振业	站长	1974.05—1979.08
	马起和	站长	1979.09—1979.12
洋县气象站			1980.01—1984.04

续表

单位名称	姓名	职务	任职时间
洋县气象站	黄绪宽	站长	1984.05—1989.12
洋县气象局		局长	1990.01—1991.11
	王宏	副局长(主持工作)	1991.12—1992.12
		局长	1993.01—2006.12
	荆樑	局长	2006.12—

人员状况 建至 2008 年底,先后有 35 人在洋县气象站工作过。截至 2008 年底,有在职职工 9 人,退休职工 2 人;在职职工中:大学专科 3 人,中专 4 人,高中 2 人;工程师 4 人,助理工程师 4 人,技术员 1 人。

气象业务与服务

1. 气象业务

①气象观测

地面观测 洋县气象站从 1958 年 11 月正式开展地面气象人工观测,承担编发气象报告(包括天气报、重要报、水情报、旬月报等)、制作气象报表等任务。观测项目有气温、湿度、气压、风向、风速、云、降水、积雪、能见度、日照、蒸发、地温、冻土、天气现象等,每天进行 08、14、20 时 3 次定时观测。2000 年 2 月开始使用计算机,利用安徽地面测报软件制作机制报表。

自动气象站观测 2003 年 11 月建成 DYYZ II 型自动气象站,同时经上级批准,观测场向北移 11 米。2004 年 1 月,自动气象站投入业务试运行,采用人工站和自动站双轨运行并以人工站为主;2005 年以自动站运行为主;2006 年 1 月,自动站单轨运行观测,人工观测仪器仅在每天 20 时进行对比观测。2006—2009 年建成华阳、龙亭等 22 个温度、雨量两要素区域自动气象观测站。

农业气象观测 2005 年开展生态监测业务,承担项目为湿地、元胡、猕猴桃、绞股蓝发育期观测;2006 年增加黄金梨发育期观测;2007 年取消元胡发育期观测。2008 年 11 月增加土壤墒情观测。同时拍发农气旬(月)报。

②气象信息网络

建站后发报和日常通讯均为手摇电话,由县邮电局接转省气象局。1984 年前,预报信息以收音机收听省台定时播发的小天气图形势电码和 48 小时预报为主。1984 年开始,省—县预报信息以无线传真接收,各类电报仍以专线电话传邮局转发。1989 年后,办公改为程控电话。2000 年建成地面卫星接收小站,开始接收国家气象中心下发的各类预报信息;2003 年开通 ADSL(2 兆)宽带网络,部门内部信息和部分气象电报通过互联网传输;2003 年 11 月开通中国移动光纤(2 兆),自动站实时数据和各类气象电报完全通过互联网络传输;2005 年 8 月开通电信 SDH 数据专线。自动站采集数据从 2005 年起用硬盘存储归档。

③天气预报

1959 年开始制作并发布天气预报,预报员主要根据本地气象要素变化、农谚、预报员经验以及通过广播收听上级台站的指导预报,制作本地预报。预报产品只有 24 小时短期天气预报。1961 年开始绘制压、温、湿三线图,为预报产品的制作提供了新的方法。1984年,通过 CZ-80 型传真机接收天气分析图和省台的预报指导意见,制作发布本县订正预报。2000 年建成 PC-VSAT 卫星单收站,开始使用气象信息综合分析处理系统(MICAPS 系统1.0 版本),卫星云图、各种数值预报产品在预报中得到应用。2004 年 MICAPS 系统 2.0版安装使用。2005 年建成集监测、预报于一体的综合业务平台。2007 年建成多普勒天气雷达远程终端应用系统。

2. 气象服务

①公众气象服务

建站初期至 20 世纪 60 年代中期,通过在测站升 2 种不同颜色的旗帜的方式,使周边群众了解未来一天的晴雨状况;60 年代中期,通过县广播站向公众发布 48 小时天气预报和 24 小时订正预报。1998 年开通"121"气象信息自动答询电话;1999 年开始制作 24 小时、48 小时电视天气预报节目,每天以录像带的形式送县有线电视台播发;2005 年开始和县国土资源局联合发布地质灾害气象等级预报;2006 年开始和县林业局联合发布森林火险气象等级预报。目前公众可通过广播、电视、信息电话、手机短信和互联网络等多种途径获取气象信息。

②决策气象服务

决策服务领域涉及三农服务、防汛抗旱服务、森林防火服务、环境评价服务、地质灾害服务以及重大活动专题气象保障服务等。服务产品向多元化发展,短时临近预报、精细化预报、短期气象预报、气候预测、中长期天气预报、重要天气消息、灾害性天气预警以及重大天气过程的实时跟踪服务,为党政领导的决策提供了科学的依据。决策服务产品由以前的纸质材料人工送达发展到电话、传真、网络、气象手机短信,大大提高的气象信息传输的时效性。

【气象服务事例】 2007 年 7 月 4 日,洋县出现特大暴雨,由于气象预警及时准确,政府启动应急预案,在病险水库溃坝前组织撤离群众,避免了重大人员伤亡,洋县气象局被县委、县政府授予"抗洪救灾及灾后重建先进集体"称号。

2008 年"5·12"地震后,由于气象服务出色,县长胡瑞安对气象服务工作进行了充分肯定和表扬。

③专项气象服务

人工影响天气 1999 年成立洋县人工影响天气领导小组,领导小组办公室设在县气象局。2000 年,在政府支持下购置人工增雨火箭发射架 1 副、增雨专用车(福田小卡农用车)1 辆,开始独立实施人工增雨作业。2007 年由于持续少雨旱象严重,洋县气象局于 5 月23 日黎明和下午 14 时许抢抓增雨时机,在华阳等地开展增雨作业,效果明显,几小时后作业区普降中到大雨。洋县人民政府以洋政字〔2007〕61 号文件对人工增雨作业进行了通报表彰。由于服务效果突出,1997 年、1999 年、2000 年、2001 年、2003 年、2007 年被洋县县委、县政府授予"支持地方经济先进单位"称号。2008 年被县委、县政府授予"支持地方经济发展先进集体"称号。2007 年、2008 年在县委、县政府综合考评中获得优秀单位称号。

气象防雷减灾 1998 年与县公安局、中国人民财产保险公司洋县支公司联合发文,开始开展防雷检测工作;2002 年开始对厂矿企业进行防雷检测。2005 年开始对学校防雷设施进行检测。2006 年,洋县政府下发《关于进一步做好防雷减灾工作的通知》。联合县教育局、县城乡建设规划管理局、县安全生产监督管理局发布规范防雷安全工作的文件。2007 年对新建公共建筑的防雷设计图纸进行行政审查和竣工验收。防雷工作逐渐步入正规化、法制化轨道。

④气象科技服务

1985 年根据(国办发〔1985〕25 号)文件精神,洋县气象科技服务工作开始起步,初始阶段服务产品主要是初步整理后的气象观测资料和预报服务材料,通过电话和邮寄的方式对相关厂矿、企事业单位开展专业有偿服务,年收入仅几千元,徘徊不前;1998 年开展加油站防雷电检测及彩球庆典服务,同年开通"121"(2005 年升位为"12121")气象信息电话。1999 年购买电视天气预报制作系统开展影视广告服务,促使气象科技服务工作快速发展。2006 年将"12121"信息电话上挂市气象局平台,拨打率迅速提高,至 2008 年 12 月已达到每年固话拨打 10 余万次。2007 年成立洋县气象科技服务中心,实现了人员、设备、服务产品三到位。服务项目有雷击风险评估、防雷检测、"12121"信息电话、彩球庆典服务、气象影视广告、专业有偿服务等,效益保持年均 60％的增长率,气象科技服务工作持续快速发展。

⑤气象科普宣传

1999 年以前,气象科普宣传主要以职工自发对外宣传、讲解气象知识为主。1999 年后,坚持通过电视天气预报栏目对气象法律法规、气象科普知识进行宣传。2000 年起参加县上组织的"科技之春宣传月"活动,并在每年"3·23"世界气象日前后进行重点宣传,结合当年的主题制作宣传单、展板等,开展气象科普知识宣传;2005 年利用对中小学校进行防雷检测的机会对学校师生进行防御雷电灾害的科普宣传;2007 年向全县中小学校赠送了雷电防御知识科普宣传挂图和雷电科普光碟。

气象法规建设与社会管理

法规建设 为了加快气象事业快速发展和防灾减灾工作,2006 年 9 月和 2007 年 11 月,洋县人民政府分别下发了《关于进一步做好防雷减灾工作的通知》(洋政发〔2006〕45 号)和《关于加快气象事业发展及进一步加强气象灾害防御工作的意见》(洋政发〔2007〕85 号)两个规范性文件,对气象行业社会管理进行了明确规范。为了加大对气象行业法律法规和规范性文件的落实,2002 年洋县气象局和洋县城乡建设环境保护局联合下发了《关于加强建(构)筑物防雷工作的通知》(洋气发〔2002〕06 号);2005 年与洋县教育局、洋县安全生产监督管理局联合下发了《关于加强防雷电设施安全管理工作的通知》(洋气发〔2005〕06 号);2008 年 5 月与洋县教育局联合下发了《关于学校防雷电设施检测情况的通报》(洋教发〔2008〕70 号);2008 年 8 月与洋县安全生产监督管理局联合下发了《关于在全县开展防雷安全检查活动的通知》(洋气发〔2008〕12 号)。这些规范性文件为气象依法行政工作提供了基础和保证。

社会管理 2000 年以来,洋县气象局为认真贯彻落实《中华人民共和国气象法》,履行社会管理职能。2003 年,3 名兼职执法人员通过省政府法制办组织的行政执法证考试,实现了持证上岗,洋县气象局被列为洋县安委会成员单位。2004 年将探测环境保护相关法规规章在当地政府、土地管理局、城乡建设规划局等部门进行了备案。2007 年制定了《洋县气象局行政许可规程》。近年来,加强同教育、安监、城建部门合作,积极开展防雷、升空气球施放、民爆物品储存、加油(气)站等易燃易爆场所防雷电装置的安全管理,且对防雷设施年度安全检测、防雷图纸审核、随工检测、竣工验收检测步入规范程序,升空气球施放审批工作有序开展。2004—2008 年,联合县安全生产监督管理局、教育局等部门开展气象行政执法检查 30 余次。

党建与气象文化建设

1. 党建工作

党的组织建设 建站初期到 1996 年,单位不足 3 名党员,先后挂靠在洋县农技中心支部和洋县良种示范繁殖农场党支部;1996 年成立中共洋县气象局党支部,隶属洋县县直机关工委领导。其后陆续发展新党员 4 名,截至 2008 年底共有党员 6 人。

党风廉政建设 2000 年开始实行党风廉政责任制,每年主要领导和市气象局、县政府签订党风廉政责任书,接受上级监察审计部门的财务审计。设立了固定的局务公开栏,落实"三重一大"制度,局内的重大事项、重大决策、大额资金开支、与职工利益相关的敏感问题,都定期或不定期地通过会议或局务公开栏向职工公开。2004 年配备了纪检监察员。2007 年开始实行局务会议事制度,对重大事项实行集体决策。2008 年建立"三人决策"制度。党风廉政建设成效显著,2008 年被洋县县委授予"抗震救灾先进基层党支部"。

2. 气象文化建设

精神文明建设 以气象文化建设为基础,以精神文明创建为目标,以创佳评差活动为动力,加大精神文明建设,站上设有图书室、职工活动室,积极开展群众性文化体育活动,丰富职工精神文化生活。不定期开展社会主义道德观、职业道德观和"八荣八耻"教育等。集体学习文明礼仪,推行文明用语,把气象文化建设不断引向深入。

文明单位创建 1997 年被县委、县政府授予"县级卫生先进单位",同年授予"县级文明单位"。2001 年被市委、市政府授予"市级卫生先进单位";2002 年被市委、市政府授予"市级文明单位"。

荣誉 2008 年 12 月以前,集体共获得省部级以下奖励 29 项;个人获得省部级以下奖励 60 人次。

台站建设

建站初期,工作、生活设施简陋,仅有土木结构房屋 5 间。20 世纪 70 年代末,建二层简易办公楼 10 间,砖木结构平房 6 间,职工工作、生活条件和台站面貌有了一定改善,办公、住宿房屋分离。2003 年实施台站综合改造,新建业务办公楼,添置办公家具,各办公室安装了空调,改变了过去取暖用煤炉、降温靠风扇的状况。同时对院内道路和空地进行了硬化、绿化,安装路灯,对观测场和局大院、围墙进行改造,职工工作、生活环境和台站面貌得到较大改善。

1980 年的洋县气象局业务值班室

2006 年综合改造后的洋县气象局业务办公楼

2006 年综合改造后的洋县气象局全貌

宁强县气象局

宁强县位于陕西省西南隅,汉中市西南部,南连四川、西接甘肃,面积 3282.73 平方千米,辖 26 个乡镇,总人口 34 万。宁强属长江流域,分属嘉陵江和汉江两大水系。境内山峦重叠,河谷纵横。

宁强属温带山地湿润季风气候,雨量充沛,空气湿润,年均气温 13℃,极端最低气温-10.3℃,极端最高气温 36.2℃。年降水量最高达 1812.2 毫米,最少只有 847.3 毫米。干旱、低温冻害、雷暴、冰雹、大雾等气象灾害时有发生。

机构历史沿革

台站变迁 1956 年 10 月,陕西省宁强千佛坪气候站在宁强县金家坪乡农场建成,

1957年1月,正式开展气象业务;1966年1月,迁至宁强县汉源镇新市区石垭子,地理坐标为东经106°15′,北纬32°50′,海拔高度858.4米;2007年1月,将观测场海拔高度修正为836.1米。

历史沿革 1956年10月,成立陕西省宁强千佛坪气候站;1961年12月,更名为宁强县金家坪气候站;1965年6月,更名为宁强县气候服务站;1970年10月,更名为宁强县气象站;1990年1月,改称为宁强县气象局(实行局站合一)。

1979年10月,被批准为六类艰苦台站。2007年1月前为国家一般气象观测站,2007年1月,改为"宁强国家气象观测站一级站"。

管理体制 1956年10月—1965年5月,隶属汉中专区中心气象站管理;1965年6月—1970年9月,隶属县农牧局管理;1970年10月—1973年5月,隶属宁强县人民武装部管理;1973年6月—1979年11月,归属县人民政府领导;1979年12月起,实行上级气象部门与地方政府双重领导,以气象部门领导为主的管理体制。

机构设置 内设观测站、气象台、气象科技服务中心;地方机构2个,为宁强县人工影响天气领导小组办公室、宁强县防雷减灾领导小组办公室。

单位名称及主要负责人变更情况

单位名称	姓名	职务	任职时间
陕西省宁强千佛坪气候站	杨良瑞	站长	1956.10—1961.11
宁强县金家坪气候站			1961.12—1965.05
宁强县气候服务站			1965.06—1970.09
宁强县气象站			1970.10—1987.12
	孙少仁	站长	1988.01—1989.12
宁强县气象局		局长	1990.01—1992.05
	樊朝武	副局长(主持工作)	1992.05—1994.02
		局长	1994.02—2001.11
	柏自康	副局长(主持工作)	2001.11—2005.05
		局长	2005.05—

人员状况 1956年10月有职工2人。1956年10月—2008年底,共有32位人员先后在宁强县气象局(站)工作过。截至2008年底,有在职职工10人(在编职工6人,外聘职工4人),退休职工2人。在职职工中:本科4人,大学专科3人,中专3人;工程师3人,助理工程师3人,技术员2人。

气象业务与服务

1. 气象业务

①气象观测

地面观测 宁强县气象站从1956年10月17日正式开展地面气象人工观测,每日进行09、14、21时3次观测、完成编发气象电报、制作气象报表等任务。观测项目有气温、湿度、风向风速、云、降水、积雪、能见度、日照、蒸发、地温、冻土、天气现象和地面状态等。

1960年8月起,定时观测调整为08、14、20时3个时次。1993年开始使用安徽地面测报软件机制气表。2007年1月台站升级为国家气象观测站一级站后,实行24小时守班,定时观测发报次数由每天3次增加到8次。

自开展测报劳动竞赛以来,共有7人(次)先后创地面测报百班无错情30个。有计萍等同志在全省地面测报业务竞赛中获奖。1993年、1995年被省气象局评为"测报先进集体"。

自动站气象观测　2003年11月建成CAWS600型自动气象站,2004年1月自动气象站投入气象观测业务试运行,采用人工站和自动站双轨运行并以人工站为主;2005年以自动站为主双轨运行;2006年1月自动站单轨运行观测,人工观测仪器仅在每天20时进行一次对比观测记录。2005年10月—2008年底先后建成9个乡镇的温、雨两要素区域自动气象观测站。

2005年5月开展中草药发育期观测,编发生态旬(月)报。

②气象信息网络

建站之初,发报和日常通讯均为手摇电话,县邮局接转省气象局,1993年改为程控拨号电话。20世纪80年代前,预报信息以收音机收听省台定时播发的小天气图形势电码和48小时预报,市台以气象电报形式通过邮局向县站传递短期预报。80—90年代,预报信息使用CZ-80型传真机接收,各类电报仍以电话传邮局转发。1995年4月开通速率为9600比特/秒的拨号上网网络,建立局域网初始模型,部分气象数据尝试使用网络传输。2003年3月开通AD-SL(2兆)宽带网络,部门内部信息和部分气象电报通过互联网传输,同时建成地面卫星接收小站,开始接收国家气象中心通过卫星下发的各类预报信息;2003年10月开通中国移动光纤(2兆),自动站实时数据和各类气象电报完全通过互联网络传输;2005年8月,开通电信SDH数据专线。自动站采集数据从2006年开始用硬盘、光盘储存归档。

③天气预报

1958年7月起开始制作并发布订正天气预报,预报员主要根据本地的气象要素变化、农谚、预报员经验以及通过广播收听上级台站的指导预报制作本地预报。1961年开始绘制压、温、湿三线图,为预报产品的制作提供了新的方法。1983年,通过CZ-80型传真机接收天气分析图和省台的指导预报意见,制作发布本县订正预报。1999年建成了PC-VSAT卫星单收站和气象信息综合分析处理系统(MICAPS系统1.0版本),使县站的天气预报业务有了跨越式发展,卫星云图、各种数值预报产品在县站预报中开始运用。2001年建立了"气象信息网络服务系统",连通上级气象台预报指导,制作订正解释预报。2002年MICAPS系统2.0版版本安装,投入业务使用。2005年建成集监测、预报于一体的综合业务平台;2007年建成多普勒天气雷达远程终端应用系统,雷达回波、加密观测站采集数据在短时临近预报和突发灾害性天气预警中发挥了重要作用。

④农业气象

1983年6月—1985年3月,抽调4人配合县农业区划办公室开展农业气候区划研究工作,完成了《宁强县农业气候资源与区划》研究报告。1993年创办《宁强气象》,每周制作1期,向相关单位和专业服务用户发行,至2008年底累计发行800余期,有效的服务地方经济建设。2005年开展西洋参、丹参、杜仲和银杏的中草药生态气候观测,为县域特色经济服务。

2. 气象服务

①公众气象服务

1998年以前,通过县广播站的有线广播向公众发布48小时天气预报和24小时订正预报。1997年开通了"121"气象信息自动答询电话,公众可随时拨打,了解未来天气情况。2000年5月购置电视天气预报制作系统,开始制作24小时、48小时电视天气预报节目,每天一次以录像带的形式送至县有线电视台向公众发布,并同时发布地质灾害气象等级预报。2004年创办宁强气象网,网站内容涵盖天气预报、气象新闻、气象法规、气象科普、政务信息和宁强旅游资源、土特产资讯等内容,既实现了天气预报的互联网站发布,也向公众打开了一扇了解气象、宣传气象的窗口。目前,公众气象服务信息可通过广播、电视、信息电话、手机短信、互联网络、电子显示屏等多种渠道发布。

②决策气象服务

决策服务领域涉及三农服务、防汛抗旱服务、森林防火服务、环境评价服务、地质灾害服务以及重大活动专题气象保障服务等;服务产品从单一化发展到多元化,现有服务产品《重要天气报告》《短时临近预报》《地质灾害等级预报》《气候公报》等10余种。短时临近预报、精细化预报、短期气象预报、气候预测、中长期天气预报、重要天气消息、灾害性天气预警以及重大天气过程的实时跟踪服务,为党政领导的决策提供了科学的依据。决策服务方式由以前的纸质材料人工送达发展到电话、传真、网络。2006年为县委、政府领导和防汛抗旱指挥部成员开通气象手机短信,大大提高了气象信息传输的时效性和服务效果。如2003年7月15日,宁强出现建站以来日降雨量最大的暴雨天气,日降雨量达184.6毫米。宁强县气象局提前做出预报,以《送阅件》的形式报送县委、县政府有关领导。由于降雨量过大,造成全县26个乡镇不同程度受灾,农作物受灾18.5万亩,农户房屋垮塌2114户5188间,直接经济损失1.11亿元。但由于提前预报,决策服务到位,政府及时组织群众撤离和转移,未造成人员伤亡。

多年来,气象决策服务受到上级的表彰。1993年,被省气象局评为"重大灾害性、关键性天气预报服务三等奖";2001年,被省气象局授予"气象服务先进集体"称号。

③专项气象服务

人工影响天气 2000年4月,成立人工影响天气领导小组。下设人工影响天气办公室,县气象局局长任办公室主任,购置人工防雹、增雨火箭发射架1副,开展人工影响天气作业。

气象防雷减灾 1998年与县公安局联合发文,开展加油站防雷检测工作。2002年,宁强县政府下发贯彻落实《汉中市防雷减灾管理办法》的实施意见,明确了防雷减灾工作制度和相关机制,防雷检测业务得到拓展。2005年开始对各学校防雷设施进行检测,对少量新建公共建筑的防雷设计图纸进行行政审查和竣工验收。2006—2008年,进一步加强与建设、公安、安监部门合作,对新建建筑物进行防雷图审、竣工验收和易燃易爆场所的防雷检测,有力促使防雷工作逐步步入规范化、法制化轨道。

2008年"5·12"地震后,宁强县气象局积极开展防雷服务。图为为地震灾区"帐篷教室"装上了避雷针。

④气象科技服务

国办发〔1985〕25号文件下发后,开始开展气象科技服务,初始阶段以提供气象观测资料、预报产品对少数单位进行有偿服务,年收入不足千元。1996年,对外开展彩球庆典服务。1997年,开通"121"气象信息自动答询电话服务(2005年升位为"12121")。1998年开展加油站防雷检测,年收入数千元。2000年,通过电视天气预报节目插播商业广告,科技服务得到增长。2002年起,科技服务以防雷、"12121"电话、彩球庆典服务、专业有偿服务等项目全面开展,科技服务效益有了较大提升。针对二郎坝水电站建设、2008年"5·12"地震灾后恢复重建等全县重点项目开展专题服务,受到县委、县政府好评。

⑤气象科普宣传

2000年以前,科普宣传主要以站(局)工作人员自发撰写气象知识稿件,通过县广播站相关栏目向公众传播。2000年以后,每年利用"3·23"世界气象日、科技活动周等时机制作传单、展板等,宣传气象预报用语含义及暴雨、雷电、冰雹、滑坡、泥石流等气象灾害和次生灾害防御知识。组织中小学生到气象局参观,工作人员现场讲解各种气象仪器、设备用途,介绍天气预报制作原理和流程,观看卫星云图接收处理和动画演示。从2006年起,每年参加县政府组织的"科技之春活动",累计发放科普宣传材料1万余份。贺致美1980年创作的科普连环画册《灾害性天气及其预防》由国家农业出版社出版,后获陕西省气象局"气象科普一等奖";1985年在《中国气象》杂志上刊发的连环画《寒露风》,获国家气象局"全国气象科普二等奖"。

气象法规建设与社会管理

制度建设 《中华人民共和国气象法》、《陕西省气象条例》、《防雷减灾管理办法》、《大气探测环境保护办法》、《施放气球管理办法》等法律、法规和规范性文件颁布实施后,为加强依法行政工作,宁强县气象局积极与地方政府法制办和相关部门联系,完成备案工作。2004 年出台《宁强县气象局行政许可工作制度》;2006 年出台了《宁强县气象局行政许可项目办理程序》。

社会管理 2004 年将探测环境保护相关法规在政府法制办、土地管理局、城乡建设规划局等部门进行了备案。自 2006 年起,在气象局观测场周边的建设项目审批前,需由气象局签注意见,城建部门再视情况审批。近几年来,加强同公安、安监、城建部门合作检查,促使民爆物品储存场所防雷电装置逐步完善,防雷设施年度安全检测有序进行,大部分新建建筑物防雷设计图纸审核、随工竣工验收检测步入规范程序。

党建与气象文化建设

1. 党建工作

党的组织建设 建站之初,党组织挂靠县农委。1996 年组建中共宁强县气象局党支部,归属农业系统党委领导。截至 2008 年底,有党员 4 名。

党风廉政建设 局领导班子认真贯彻落实党风廉政建设责任制,建立了"三人决策"制度、"局(事)务公开"制度,有固定的局务、政务公开栏,重大事项、重大决策、大额资金开支、与职工利益相关的敏感问题,都定期或不定期地通过会议或局务公开栏向职工公开公示,促进民主管理。积极开展廉政文化建设活动,努力创建文明机关、廉洁机关。坚持用灵活多样的思想政治工作教育人,用规范系统的规章制度约束人,调动了全体党员职工的积极性和创造性,杜绝了各类违规违纪现象的发生,促进了气象事业持续快速健康发展。

政务公开 2002 年开始实行政务公开制度。坚持按规定公示、公开行政审批程序、气象许可内容、收费标准、干部任用、财务收支、目标考核、基建工程招投标、职工晋升与晋级、干部离任审计等内容,规范政务公开档案的挂历,自觉接受职工和有关方面的全面监督。

2. 气象文化建设

精神文明建设 以气象文化建设为基础,以精神文明创建为目标,以创佳评差活动为动力,以创建单位群众性文体活动为载体,积极开展健康向上的职工文体活动,丰富职工业余文化生活。修建了学习园地、职工图书室提高职工道德修养和文化素质;购置了健身器材,开展文体活动;参加"气象人精神"演讲,增强团结奋进的凝聚力;以台站改造、美化环境提高县级气象行业社会新形象,促进气象文化建设迈上新台阶。

文明单位创建 1987 年,被县委、县政府授予"县级文明单位";1996 年,被县委、县政府授予"县级文明单位标兵";2000 年被市委、市政府授予"市级文明单位";2005 年被市委、市政府授予"市级文明单位标兵"。

3. 荣誉与人物

集体荣誉 1978 年,获中央气象局"全国气象系统学大寨、学大庆先进集体"称号。

1980年,被陕西省政府授予"农业先进集体"称号。

2008年12月以前,共获得省部级以下奖励53项。

个人荣誉 杨良瑞,1963年10月被省委、省政府授予"陕西省社会主义建设先进生产者"。

2008年12月以前,共获得省部级以下奖励96人次。

人物简介 杨良瑞,男,汉族,1936年5月出生,湖北红安人,1955年9月参加工作,1956年建立宁强县千佛坪气候站。建站后,身为站长的杨良瑞带领职工克服困难,出色完成了各项任务,取得了多项科研成果。宁强气象站多次受到国家气象局、省政府和省气象局表彰,他个人也多次获得殊荣。1963年10月被省委、省政府授予"陕西省社会主义建设先进生产者"。1977年,杨良瑞作为宁强站代表赴北京瞻仰毛主席遗容。

台站建设

建站初期,仅有土木结构房屋数间。1966年迁至新站址后,建独立办公用房6间150余平方米。1982年建砖混二层共6套200余平方米职工宿舍,办公、住宿房屋分离,台站环境、面貌有了一定的改善。1995年在距离观测站山下约1千米处征地1600余平方米,1997年建成砖混结构二层共6套430余平方米的职工家属楼。2004年实施台站综合改造以来,累计投资110余万元,实行局站分离,在山下家属院内新建了400余平方米的业务办公楼,山上新建了90平方米的地面观测业务值班室,添置了办公家具,各办公室安装了空调,改变了过去取暖用煤炉、降温靠风扇的状况,还安装了电热水器,方便职工洗浴。同时对院内道路和部分空地进行了硬化、绿化,安装了多盏路灯,对局院大门进行了改造,职工工作、生活环境和台站总体面貌有了较大改观。

2008年受"5·12"特大地震波及,宁强县气象局基础设施受损严重,被中国气象局列为全国气象部门震后恢复重建重灾受援单位之一,由天津、厦门、大连市气象局实施对口援建。宁强县气象局灾后恢复重建工作由省气象局统筹部署,目前已进入实施阶段。

综合改造前的宁强县气象站台站(1982年)

综合改造后的宁强县气象局观测值班室(2004年)

新建的宁强县气象局办公楼（2004 年）

西乡县气象局

西乡县位于陕西南部、汉中东部的汉江谷地，总面积 3240 平方千米，辖 23 个乡镇，人口 41 万。西乡北倚秦岭，南临米仓山，中部为小盆地，西南高峻，东北低缓，中间低平。

西乡气候温和，属北亚热带湿润季风气候。雨量丰沛，地形平缓，物产富饶。主要气象灾害是初夏干旱、盛夏伏旱和秋季连阴雨，南部山区是全省暴雨中心之一。

机构历史沿革

始建情况 1957 年 10 月，陕西省西乡县气候站在西乡县王子岭代家河建成，一直沿用至今，地理坐标为北纬 32°59′，东经 107°43′，海拔高度 446 米。

历史沿革 1957 年 10 月，陕西省西乡县气候站成立；1960 年 4 月，更名为西乡县气候服务站；1963 年 3 月，更名为陕西省西乡县气候服务站；1966 年 7 月，更名为西乡县气候服务站；1968 年 10 月，更名为西乡县农场气象站革命领导小组；1972 年 12 月，更名为陕西省西乡县革命委员会气象站；1979 年 5 月，更名为西乡县气象站；1990 年 1 月，改称为西乡县气象局（实行局站合一）。

2007 年 1 月前，西乡县气象站属国家一般气象站。2007 年 1 月，改为西乡国家气象观测站二级站。

管理体制 1957 年 10 月—1958 年 12 月，实行陕西省气象局和西乡县人民革命委员会双重领导，以省气象局领导为主；1959 年 1 月—1962 年 7 月，由西乡县人民委员会领导；1962 年 8 月—1966 年 6 月，归属汉中专区中心气象站管理；1966 年 7 月—1970 年 8 月，由西乡县人民委员会领导；1970 年 9 月—1973 年 4 月，实行军事部门（县人武部）和地方革命委员会双重领导，以军事部门为主的管理体制；1973 年 5 月—1979 年 11 月，归属西乡县革命委员会领导；1979 年 12 月起，实行气象部门与地方政府双重领导，以气象部门领导为主的管理体制。

机构设置　内设机构有西乡国家一般气象站、西乡县人工影响天气办公室、西乡县防雷办公室、气象科技服务中心。

单位名称及主要负责人变更情况

单位名称	姓名	职务	任职时间
陕西省西乡县气候站	张吉祥	负责人	1957.10—1960.04
西乡县气候服务站	王进江	副站长（主持工作）	1960.04—1961.08
	贾翠华	站长	1961.08—1963.02
陕西省西乡县气候服务站			1963.03—1965.12
			1965.12—1966.06
西乡县气候服务站	荆志荣	站长	1966.07—1968.09
西乡县农场气象站革命领导小组			1968.10—1970.02
	王松篪	副站长（主持工作）	1970.02—1972.11
陕西省西乡县革命委员会气象站		站长	1972.12—1975.07
	贾翠华	站长	1975.08—1979.04
			1979.05—1980.09
西乡县气象站	王松篪	站长	1980.09—1984.03
	郭开钊	副站长（主持工作）	1984.03—1984.09
	封怀仁	站长	1984.09—1989.12
		局长	1990.01—1991.12
西乡县气象局	荆樑	副局长（主持工作）	1991.12—1992.12
		局长	1992.12—2006.12
	王宏	局长	2006.12—

人员状况　建站以来，先后有 43 人在西乡县气象站工作过。截至 2008 年底，有在职职工 10 人（在编职工 8 人，外聘职工 2 人），退休 1 人。平均年龄 46 岁。在编职工中：大学专科 4 人，中专 3 人，高中以下 1 人；中级职称 5 人，初级职称 3 人。

气象业务与服务

1. 气象业务

①气象观测

地面观测　建站后承担人工观测、手工查算、编发气象报告（包括天气报、重要报、水情报、旬月报等）、制作气象报表等任务，观测项目有气温、湿度、气压、风向、风速、云、降水、积雪、能见度、日照、蒸发、地温、天气现象等，每天进行 08、14、20 时 3 次人工观测；2000 年计算机投入业务使用，实现了计算机制作报表。2007 年建成多普勒天气雷达远程终端应用系统，以及闪电定位远程终端应用系统。

自动气象站观测　2003 年 11 月建成 CAWS600 型自动气象站，2004 年 1 月投入气象观测业务试运行，采用人工站和自动站双轨观测并以人工站为主。2005 年以自动站为主双轨运行；2006 年 1 月起自动站单轨运行观测，人工观测仪器仅在每天 20 时进行对比观测记录。2006—2008 年建成 21 个乡镇的温、雨两要素区域自动气象观测站。

农业气象观测　1984 年开始农业气象观测,主要观测作物是小麦和水稻。同时还开展作物观测地段土壤水分观测,发旬月报。1996 年取消农业气象观测任务。2005 年开展了樱桃、茶叶、小麦等农业生态气候环境监测项目。

②气象信息网络

建站后发报和日常通讯均为手摇电话,由县邮电局接转省气象局,1993 年改为程控拨号电话。20 世纪 80 年代前,预报信息主要由收音机收听省台预报,通过邮局接收市气象台的短期预报。1986 年 7 月配备 ZSQ-1(123)型气象传真接收机。1997 年开通拨号上网(速率为 9600 比特/秒)网络,建成县局局域网络的雏型。1999 年 5 月建成 PC-VSAT 地面气象卫星接收系统。2000 年 9 月,气象报文、气象数据采用网络传输。2003 年 3 月开通 ADSL(2 兆)宽带网络,2003 年 10 月开通中国移动光纤(2 兆)。2005 年 8 月,建成电信 SDH 数据专线。2007 年省—市—县天气预报可视会商系统建成使用。

③天气预报

建站至 20 世纪 70 年代初,开展补充天气预报工作,方法为在收听省气象台天气形势预报广播的基础上,主要用单站要素时间变化曲线图,结合农谚和预报经验制作。80 年代初,预报员主要通过广播收听省台的指导预报,用收音机接收电码绘制简易 500 百帕天气图,结合运用单站气压、温度、湿度、风向、风速等气象要素的综合时间剖面图、九线图、简易天气图等工具制作短期预报;通过接收省气象台预报,同时引用相关系数、回归分析、聚类分析、时间序列等数理统计方法制作中长期预报。研发了具有当地天气特点的预报工具和方法。

1986 年 7 月开始通过传真机接收北京、欧洲气象中心及东京的气象传真图;每天接收中央气象台发送的 500 百帕、700 百帕、850 百帕、地面图以及省气象台发送的 24 小时、48 小时天气预报;预报员结合单站要素综合时间剖面图制作短期订正预报。中、长期预报接收省气象局发送的周预报、旬预报和月预报,并结合本站的经验指标进行修订后对外发布。1986 年预报业务体制改革后建成甚高频电话,每天 16 时 30 分与市气象台会商天气,制作本站短期解释预报;中、长期预报利用省、市台预报结论对外发布。20 世纪 90 年代初,解释预报理论和方法得到应用。2000 年建成气象信息综合分析处理系统(MICAPS),取消接收传真图任务,使天气预报由传统的手工为主的定性分析方式向自动化、客观和定量分析方向的变革。2002 年开始使用 MICAPS 系统 2.0 版本,2008 年开始使用 MICAPS 系统 3.0 版本。同时依托新一代天气雷达探测网、中尺度加密自动气象站网、雷电监测网、气象卫星接收处理系统的应用,中小尺度天气系统探测能力明显提高,有效增强了对突发性、灾害性天气的监测预警能力。

④农业气象

积极开展气象为农服务。1981—1985 年完成了《西乡县农业气候自然资源及区划报告》,为全县调整农林结构、作物布局、改善中低产地区生产面貌和国土资源整治提供了依据。相继开展了"遥感测产"、"垄稻沟养鱼"等气象为农服务项目研究应用,取得良好效果。1987 年,西乡县气象局被省气象局授予"冬小麦遥感协作先进集体"。

2. 气象服务

①公众气象服务

1998 年以前,天气预报主要通过广播向公众播发。1998 年开通"121"气象信息电话,可以使公众随时了解气象信息。2001 年 10 月建成电视天气预报制作系统,开始在西乡有线电视台发布天气预报。2005 年,西乡气象网开通,面向社会发布天气预报、警报、农业气象等相关信息。2008 年开始建立电子显示屏,为各乡镇发布气象灾害预警和气象实况监测信息。随着新技术的不断应用和快速发展,至 2008 年底已形成广播、电视、信息电话、手机短信、电子显示屏、网站等多种渠道发布气象信息,大大满足了公众对气象信息的需求。

②决策气象服务

决策气象服务领域涉及三农服务、防汛抗旱、森林防火、地质灾害以及重大活动专题服务等。服务产品由人工送达发展到电话、传真、网络等。2006 年开始,为提高决策服务效率,为地方党政部门领导、防汛抗旱指挥部成员开通手机气象短信,有效提高了气象信息传输的时效性。1983 年夏,西乡出现 50 年一遇的洪涝灾害。由于服务准确及时,效益显著,被县政府授予"汛期气象服务先进单位"称号,1 名同志被省气象局评为"汛期气象服务先进个人"。

③专项气象服务

人工影响天气 人工影响天气工作开始于 1999 年。2000 年 6 月县财政拨付抗旱经费 8 万元,购买了人工影响天气专用车及火箭架。同年县政府成立了人工影响天气领导小组,办公室设在县气象局。2007 年更新了全部人工影响天气设备,人工影响天气办公室及时抢抓有利天气时机,及时组织开展增雨作业,效果显著。2000—2002 年,连续三年荣获"全省人工影响天气工作先进集体"称号。

气象防雷减灾 2000 年开展防雷减灾工作,初期以检测为主。近年来,防雷检测、防雷工程、防雷图纸设计审核、雷电风险评估、雷电监测预警等工作得到了快速发展。

④气象科技服务

自 1985 年开展专业有偿服务以来,先后经历了专业服务、庭院经济、多种经营等发展过程。1989 年开始使用预警系统对外开展气象服务;1998 年开通"121"气象信息电话;2000 年开展防雷检测;2001 年起建成天气预报影视节目制作系统;2005 年开通"西乡气象网",并陆续开通旅游天气预报、森林火险等级预报、交通气象预报、地质灾害等级预报等气象服务项目,服务效益增进速率达年均 60% 以上,效果显著。2001 年、2005 年,分别荣获"全省气象科技产业先进集体"称号。2006 年成立西乡县气象科技服务中心,防雷、专业气象服务、信息电话、气象影视广告等服务项目得到快速发展。

⑤气象科普宣传

2000 年以后,不断加强科普宣传力度,每年利用"3·23"世界气象日、科技活动周、"科技之春"宣传月、送科技下乡等活动开展气象科普知识宣传,编印防灾减灾、气象灾害预报、人工影响天气、避雷知识等宣传材料,年均发放 1 万余份。2003 年被汉中市科学技术协会和市教育局联合授予"汉中市青少年科普教育示范基地"称号。

气象法规建设与社会管理

制度建设 建立并完善了西乡县气象局行政许可受理和行政许可决定送达制度、行政许可听证制度、行政许可决定公开制度、行政许可监督检查制度、行政许可过错追究制度等配套制度,制作并公开了行政许可流程图、防雷装置设计审核竣工验收程序、升放无人驾驶自由气球、系留气球活动审批程序等。

社会管理 《中华人民共和国气象法》、《气象探测环境保护办法》等法律、法规和规范性文件相继出台后,西乡县气象局积极与当地政府联系进行备案。2004 年就探测环境保护相关法规规章在当地政府、土地管理局、规划建设局等部门进行了备案。2006 年,气象探测环境审查成为审批气象观测场周边规划建设项目前的重要内容和程序。对防雷装置设计审核和竣工验收、施放气球活动、大气环境影响评价使用气象资料的 3 项行政许可审批项目进行严格审查。多次开展执法检查,履行社会管理职责。

党建与气象文化建设

1. 党建工作

党的组织建设 1987 年 11 月,经县直机关党委批准,成立中共西乡县气象站支部委员会,归西乡县农委党委领导;1992 年 8 月,因部分同志陆续调离,党支部人数不足,随即被撤销。至 2008 年底为联合支部,挂靠农业局机关党支部,有党员 2 名。

党风廉政建设 建立了由主要领导任组长的党风廉政建设责任制领导小组。加强警示教育,在办公楼走廊、办公室悬挂局务公开栏和廉政警示标语,建立了廉政书柜,积极推行"三项制度"建设。成立了局务公开领导小组,制订了局务公开工作制度、局务会议制度、财务工作制度。认真落实"三重一大"、"三人决策"制度,提高基层民主决策、民主监督水平。

2. 气象文化建设

精神文明建设 重视精神文明建设工作,深入开展党风廉政教育。以弘扬艰苦奋斗、爱岗敬业、无私奉献"精神为主题,以扎实开展学先进、树正气活动为动力。开展经常性的政治理论、法律法规学习,造就清正廉洁的干部队伍。2004 年实施台站综合改善,建成职工活动室、图书室,并积极参与省、市气象部门和地方政府举办的各项文体活动,丰富职工业余文化生活。倡导学习文明礼仪,推行文明用语,把气象文化建设不断引向深入。

文明单位创建 1992 年被县委、县政府授予"县级文明单位";2002 年被县委、县政府授予"县级文明单位标兵";2005 年被市委、市政府授予"市级文明单位"。

3. 荣誉

集体荣誉 2008 年 12 月以前,共获得省部级以下奖励 31 项。
个人荣誉 荆樑 2005 年被陕西省人事厅、陕西省气象局评为"陕西省气象系统先进工作者"。2008 年 12 月以前,共获得省部级以下奖励 68 人次。

台站建设

　　建站之初,西乡县气象站占地面积 3322 平方米,房屋建筑面积 790 平方米,建土木结构瓦房 5 间,砖木结构瓦房 8 间半。1977 年新建砖木结构瓦房 6 间半,建筑面积 140 平方米。1978 年修围墙 120 米。1980 年,建砖混结构楼房 1 栋,上、下各 5 间,计 288 平方米,整修观测场外水泥围栏 200 多米,修建大门,1981 年竣工。1984 年,将 6 间半平房改造为砖木结构家属住房。2002 年对观测场进行改造,更新围栏,增加了防雷接地系统。2003—2004 年,投资 45 万元进行台站综合改造,拆除办公用房,在原址修建二层 8 间的办公楼,对宿办楼进行改造,新建围墙 100 余米,改造围墙 100 余米,新建大门 1 个。同时对大院进行绿化、美化和硬化,大大改善了职工办公和工作环境。

综合改造前的西乡县气象局办公用房(1977 年)

综合改造前的西乡县气象局大门(2004 年)

综合改造后的西乡县气象局业务办公用房(2004 年)

综合改造后的西乡县气象局大门(2004 年)

镇巴县气象局

　　镇巴县位于陕西省南端,汉中市东南隅,南接四川省万源市、通江县,被誉为陕西"南大门"。全境总面积3437平方千米,辖24个乡镇,总人口27.2万。镇巴地处大巴山西部,米仓山东段,是革命老区,红四方面军在此创立了川陕革命根据地。

镇巴属北亚热带季风湿润气候带,年平均气温13.8℃,年平均降水量1260.4毫米,汛期降水具有阵发性、雨量集中的特点,暴雨从晚春到深秋都有出现,夏秋暴雨频繁,是全省的暴雨中心之一。

机构历史沿革

台站变迁　1958年6月,陕西省镇巴县气候服务站在城关区周家营建成。1982年1月,迁址镇巴县泾洋镇王家院子,地理坐标为北纬32°32′,东经107°54′,海拔高度693.9米。

历史沿革　1958年6月,成立陕西省镇巴县气候服务站;1960年4月,更名为镇巴县气象服务站;1969年1月,更名为镇巴县气象站;1990年1月,改称为镇巴县气象局(实行局站合一)。

1979年10月被批准为六类艰苦台站。属国家一般气象观测站,2007年升格为国家气象观测站一级站。

管理体制　1958年6月—1958年12月,实行陕西省气象局和镇巴县人民革命委员会(以下简称县人委)双重领导,以省气象局领导为主的管理体制;1959年1月—1962年7月,受县人委管理,主管部门为县农林局;1962年8月—1966年6月,归属汉中专区中心气象站管理,行政由县农业局负责;1966年7月—1970年8月,归地方政府管理,主管部门为县农业局;1970年9月—1973年4月,实行县人武部和县人委双重管理,以人武部为主的管理体制;1973年5月—1979年11月,由地方政府管理,主管部门为县农业局;1979年12月起,实行气象部门与地方政府双重领导,以气象部门领导为主的管理体制。

机构设置　内设机构:观测站、气象台、防雷检测站、办公室、科技服务中心。

单位名称及主要负责人变更情况

单位名称	姓名	职务	任职时间
陕西省镇巴县气候服务站	赵生海	站长	1958.06—1960.03
镇巴县气象服务站			1960.04—1961.03
镇巴县气象站	王世谦	站长	1961.03—1968.12
			1969.01—1974.03
	王敏朴	站长	1974.03—1979.12
	梁惠娴	站长	1979.12—1983.10
	徐治平	站长	1983.10—1989.02
镇巴县气象局	段文林	站长	1989.02—1989.12
		副局长(主持工作)	1990.01—1992.12
	赵希坤	副局长(主持工作)	1992.12—1996.11
		局长	1996.12—2008.11
	杨长志	副局长(主持工作)	2008.11—

人员状况　建站初期,仅有2名工作人员。1961年后,人员调动频繁,建站至2008年底,先后有33人在镇巴县气象站工作过。截至2008年12月,有在职职工10人(在编职工

8人,外聘职工2人),退休1人。在职职工中:大学本科1人,大学专科4人,中专4人,初中1人;工程师3人,助理工程师4人,技术员1人。

气象业务与服务

1. 气象业务

①气象观测

地面观测　建站后正式开展地面气象人工观测,进行手工查算、编发气象报告(包括天气报、重要报、水情报、旬月报等)、制作气象报表等任务。观测项目有气温、湿度、气压、风向、风速、云、降水、积雪、能见度、日照、蒸发、地温、冻土、天气现象等;1958年11月—1960年7月,每天01、07、13、19时(地方时)进行人工观测;1960年8月起,每天定时观测调整为08、14、20时(北京时)3个时次。2002年开始使用486计算机和安徽地面测报软件机制气表。2007年1月台站升级为国家气象观测站一级站后,实行24小时守班,每天02、05、08、11、14、17、20、23时观测,拍发天气报和补充天气报。

自开展测报劳动竞赛以来,共有7人创地面测报百班无错情20个,250班无错情1个。

自动气象站　2002年11月建成CAWS600型自动气象站,2003年1月投入气象观测业务试运行,采用人工站和自动站双轨运行并以人工站为主,2004年以自动站为主双轨运行;2005年1月自动气象站开始单轨运行观测,人工观测仪器仅在每天20时进行1次对比观测记录。2005—2007年先后建成杨家河、长岭等7个乡镇的温度、雨量两要素区域自动气象观测站。

②天气预报

1959年1月开始制作并发布天气预报,预报员主要根据本地的气象要素变化、农谚、预报员经验以及通过广播收听上级台站的指导预报,制作本地预报,预报产品只有24小时短期天气预报;1961年开始绘制压、温、湿三线图,为预报产品的制作提供了新的方法;1983年,通过CZ-80型传真机接收天气分析图和省台的指导预报意见,制作发布本县订正预报;2003年3月建成气象信息综合分析处理系统(MICAPS系统1.0版本),使县站的天气预报业务有了较大发展,卫星云图、各种数值预报产品在县站预报中开始运用;2002年MICAPS系统2.0版安装使用。2005年建成集监测、预报、服务于一体的综合业务平台;2007年建成多普勒天气雷达远程终端应用系统,雷达回波、区域气象观测站数据在短时临近预报和突发灾害性天气预警中发挥了重要作用。

③气象信息网络

建站之初,发报和日常通讯均为手摇电话,由县邮电局接转省气象局,1993年改为程控拨号电话。20世纪80年代前,预报信息接收以收音机收听为主;20世纪80—90年代,预报信息使用CZ-80型传真机接收,各类电报仍以电话传邮局转发;2003年3月建成PC-VSAT卫星单收站,开通ADSL(2兆)宽带网络,部门内部信息和部分气象电报通过互联网传输,同时建成地面卫星接收小站,开始接收国家气象中心下发的各类预报信息;2003年10月开通中国移动光纤(2兆),自动站实时数据和各类气象电报完全通过互联网络传输;2005年8月,开通电信SDH数据专线,气象信息的网络传输更为可靠。自动站采集数据从 2006 年开始用硬盘储存归档。

④农业气象

积极研究开发气象为农服务产品,开展农业气象服务工作。1981—1984 年完成了《镇巴县农业气候资源及区划报告》,为镇巴县作物布局、作物引种、提高中高山地区粮食产量和国土整治提供了科学依据,成果产品被省气象局评为"优秀科技成果三等奖"。1993 年完成了《镇巴县农业气候资源及区划更新研究报告》,为镇巴县农业结构调整、作物布局、主导产业开发、布局提供了科学依据。在充分利用气候资源,科学应对气候变化对当地农业生产造成的影响上发挥了重要作用,成果产品被镇巴县人民政府评为"优秀科技成果一等奖"。1998 年镇巴站向泾洋镇大盘龙村无偿捐赠板栗、银杏树苗,指导农民利用有利天气,规范栽培,科学防御病虫害。同时为服务县域农业经济结构调整,开展了中药材生长气候条件论证,核桃、板栗等经济林果生态气候观测服务,对支持三农工作发挥了积极作用,被省气象局授予"科技兴农扶贫先进集体"称号。

2. 气象服务

①公众气象服务

建站初期至 60 年代中期,通过在测站升降两种不同颜色的旗帜,使周边群众了解未来一天的晴雨状况;20 世纪 60 年代中期至 1998 年,通过县广播站的有线广播向公众发布 48 小时天气预报和 24 小时订正预报;1998 年开通"121"气象信息自动答询电话,公众可随时拨打,了解未来天气变化;2004 年 5 月,购置了电视天气预报制作系统,开始制作 24 小时、48 小时电视天气预报节目,每天通过县有线电视台向公众发布,并同时发布地质灾害气象等级预报。2007 年对电视天气预报制作系统进行升级改造,每天使用 U 盘储存送电视台播放。目前公众可通过广播、电视、信息电话、手机短信和互联网络等多种途径获取公众气象服务产品。

②决策气象服务

决策服务领域涉及到三农服务、防汛抗旱、森林防火、地质灾害服务以及重大活动专题气象保障服务等;服务产品从单一化发展到多元化,短时临近预报、精细化预报、短期气象预报,气候预测、中长期天气预报、重要天气消息、灾害性天气预警以及重大天气过程的实时跟踪服务,为党政领导决策提供了科学依据;决策服务产品由过去的人工送达发展到电话、传真、网络,2006 年为县委、政府领导和防汛抗旱指挥部成员开通了气象手机短信。

【气象服务事例】 2003 年 8 月 30 日—9 月 1 日,镇巴县出现连续大暴雨天气过程,3 天累计降水 294.9 毫米,在暴雨来临前,县气象局做出了准确预报,及时向县委、县政府和县防汛办汇报,各级政府提前采取了防御措施,在降雨过程中及时向政府及相关部门通报雨情、汛情和后期天气展望,为政府防灾抗灾提供了决策的科学依据,当年被省气象局评为"重大气象服务先进集体",被镇巴县委、县政府授予"抗洪抢险先进集体"称号。

2005 年 7 月 4—7 日,镇巴连续出现大暴雨和暴雨,4 天降水总量 437.7 毫米,降雨时间之长、降水量之大属历史之最,尽管县气象局提前做出了较准确的预报,并及时进行了服务,终因暴雨持续时间长、雨量集中,仍造成全县 24 个乡镇 252 个村和居民社区的 10.7 万人受灾,因滑坡造成 4 人死亡、1 人重伤,直接经济损失 8700 万元。镇巴县气象局从气候角度,向坐镇指挥的汉中市委书记田杰科学分析和汇报了造成重大损失的原因。灾害发生后,每天定时向县委、县政府及相关部门发送专题预报,为救灾和恢复重建服务。被省气象局授予"汛期气象服务先进集体"称号。

③专项气象服务

人工影响天气 2000 年 4 月,成立人工影响天气领导小组,2004 年经县编委批准,更名为人工影响天气办公室,县气象局局长任办公室主任,购置了人工防雹、增雨火箭弹发射架。

气象防雷减灾 1998 年与公安局消防科、财产保险公司联合发文,开展加油站防雷检测工作;2002 年,县政府以镇政发〔2002〕56 号文件下发贯彻落实《汉中市防雷减灾管理办法》的实施意见,明确防雷减灾工作的重要性、防雷减灾工作制度和防雷装置管理及定期检测制度,防雷检测业务有了新的拓展;2005 年,开始对学校防雷设施进行检测,对少量新建公共建筑的防雷设计图纸进行行政审查和竣工验收;2006—2008 年,进一步加强与建设、公安、安监部门合作,对新建建筑防雷图审、竣工验收和易燃易爆场所的防雷工作进行严格检查、监测,取得良好效果。

④气象科技服务

国办发〔1985〕25 号文件下发后,气象专业有偿服务开始起步,初始阶段以气象观测资料、旬、月、年预报对少数单位进行有偿服务;20 世纪 90 年代中期,购置了粉煤机,对外加工蜂窝煤,同时自制氢气,对外开展彩球庆典服务和重大节假日小氢气球销售;1998 年开展加油站防雷检测,同时开通"121"气象信息自动答询电话服务,气象科技服务有了较大发展;2004—2005 年通过电视天气预报节目画面插播商业广告;2006 年起,科技服务以防雷电服务为龙头,"12121"、彩球庆典、专业有偿服务等项目全面开展,气象科技服务进入快速发展阶段。2008 年被省气象局授予"气象科技服务先进集体"称号。

⑤气象科普宣传

2000 年以前,科普宣传主要以站(局)工作人员自发撰写气象知识稿件,通过县广播站相关栏目向公众播发。2000 年以后,每年利用"3·23"世界气象日制作宣传单、宣传展板,宣传气象预报用语含义及暴雨、雷电、冰雹、滑坡、泥石流等气象灾害和次生灾害防御知识,组织中小学生到气象局参观学习,工作人员现场讲解各种气象仪器、设备用途,介绍天气预报制作原理和流程,现场观看卫星云图接收处理和动画演示。2007 年重庆开县雷击学校事件后,向全县各中小学校赠送了雷电防御知识科普宣传挂图和雷电科普卡通动画光碟,并将雷电防御科普光碟在县有线电视台连续播放 1 周。

气象法规建设与社会管理

制度建设 《中华人民共和国气象法》、《陕西省气象条例》、《防雷减灾管理办法》、《大气探测环境保护办法》等法律、法规颁布实施后,为加强依法行政,及时向政府法制部门和相关单位作了备案;2004 年制定了《镇巴县气象局行政许可工作制度》;2006 年制定《镇巴县气象局行政许可项目办理程序》;2007 年制定《镇巴县气象局政务公开目录》。

社会管理   2004 年将探测环境保护相关法规规章在当地政府、土地管理局、城乡建设规划局等部门进行了备案。与城建部门合作，规定"从 2006 年起，凡在气象观测场周围的建房申请先由气象局根据气象探测环境保护规定在审批表中签注意见，城建局再视情况审批"。

镇巴县矿产资源丰富，全县拥有开采企业 60 余家，民爆物品设施管理不严，存在严重的雷电安全隐患。2007 年以来，气象局多次与公安、经贸、安监等部门组织开展炸药库防雷电专项执法检查，进行防雷电设施建设的技术指导。通过近年的努力，全县矿山企业的民爆物品储存场所的防雷电装置逐步完善，防雷电设施年度安全检测有序进行。通过与城建部门合作，全县大部分新建建筑防雷设计图纸审核、竣工验收检测步入规范化程序。

党建与气象文化建设

1. 党建工作

党的组织建设   建站初期至 2003 年，单位仅有 1 名党员，挂靠农业局党支部。2004—2005 年先后发展新党员 3 名，2007 年调入党员 1 人，截至 2008 年底共有党员 5 人。2008 年底向县农业局党支部和县直机关工委申请，请求建立独立的气象局党支部。

党风廉政建设   建立了由主要领导任组长的党风廉政建设责任制领导小组。积极推行"三项制度"建设。单位建立了"三人决策"制度，局务公开制度。有固定的局务、政务公开栏，重大事项、重大决策、大额资金开支、与职工利益相关的敏感问题，都定期或不定期地通过会议或局务公开栏向职工公示。

2. 气象文化建设

精神文明建设   在开展精神文明建设中，以弘扬艰苦奋斗、爱岗敬业、无私奉献"精神为主题，以扎实开展学先进、树正气活动为动力。开展经常性的政治理论、法律法规学习，造就清正廉洁的干部队伍。绿化美化台站环境，进行文明礼仪教育。2004 年实施台站综合改善，建成职工活动室、图书室，并积极参与省、市气象部门和地方政府举办的各项文体活动，丰富职工业余文化生活。倡导学习文明礼仪，推行文明用语，把气象文化建设不断引向深入。

文明单位创建   1992 年被县委、县政府授予"县级文明单位"。

3. 荣誉

集体荣誉   1966 年被国家农业部授予"工作先进单位"。2008 年 12 月以前，共获得省部级以下奖励 21 项。

个人荣誉   2008 年 12 月以前，共获得省部级以下奖励 55 人次。

台站建设

　　建站初期,办公仅有土木结构房屋 10 间;1982 年迁至新站址后,建砖混二层共 8 套 450 余平方米职工宿舍,办公用房 6 间 150 余平方米;2002 年投资 3 万余元,建设观测场混凝土围栏基础,并外贴瓷砖,以不锈钢围栏替换了原观测场铁丝网围栏,埋设观测场防雷网,通往观测场的全部电源线路和通信线路采用地埋方式,彩砖铺设观测场小路;2004 年开展台站综合改造以来,累计投资 60 余万元,新建了 350 平方米左右的业务办公用房,添置了办公家具,各办公室安装了空调、饮水机,结束了办公场所煤炉取暖、风扇降温和饮水自备的历史;单位还安装了太阳能热水器,方便职工洗浴,同时对院内道路和部分空地进行了硬化、绿化,安装了多盏路灯,对局院大门进行了改造,职工工作、生活环境和台站总体面貌有了较大改观。

20 世纪 50 年代的镇巴县气象站

1982 年迁址后的镇巴县气象站

2005 年综合改造后的镇巴县气象站办公楼

安康市气象台站概况

安康市位于陕西省最南部,地处东经 108°01′～110°12′,北纬 31°42′～33°49′之间。东西宽约 200 千米,南北长约 240 千米,北与西安市的周至、户县、长安县以及商洛市的柞水、镇安毗连,西与汉中市的佛坪、洋县、西乡县接壤;南与川渝两省市的万源、城口、巫溪县为邻;东与湖北省的竹山、竹溪、郧西、郧县相接。处于陕、鄂、川、渝四省市的邻接的位置,故地方志称安康为"东接襄沔、西达梁洋、南通巴蜀、北控商虢"。是陕南交通枢纽和政治文化中心。2000 年 12 月经国务院批准建立省辖市。

安康北靠秦岭主脊,南依大巴山北坡,南北高山夹峙,河谷盆地居中,汉江由西向东横贯全市,形成"两山夹一川"的地势轮廓。安康市国土面积 23391 平方千米。

安康市属亚热带大陆性季风气候,春夏秋冬四季分明,有温暖的春天、比较炎热的夏天、温凉湿润的秋天和比较寒冷的冬天。7—8 月受西太平洋副热带高压控制,气温高,经常出现持续性闷热干旱天气,日最高气温经常在 35℃以上,甚至高达 40℃以上,是全国气温最高的地区之一,暴雨季节长、范围广、强度大、易造成洪涝、滑坡、泥石流等次生灾害。

气象工作基本情况

所辖台站概况　市气象局设职能科室 4 个(办公室、政策法规科、计划财务科、业务科技科),直属事业单位 6 个(气象台、观象台、科技服务中心、信息技术保障中心、雷电预警防护中心、财务核算中心),下辖县气象局 10 个(宁陕县气象局、石泉县气象局、汉阴县气象局、汉滨区气象局、紫阳县气象局、平利县气象局、岚皋县气象局、旬阳县气象局、白河县气象局、镇坪县气象局)。

人员状况　建站初期,全市气象事业编制在职职工 32 人,1980 年底有在职职工 140人,2008 年底有在职职工 167 人(在编职工 130 人,外聘职工 37 人),离退休 69 人。在职职工中:研究生 1 人,大学本科 61 人,大学专科 51 人,中专以下 54 人;高级职称 5 人,中级职称 38人,初级职称 87 人;30 岁以下 56 人,31～40 岁 36 人,41～50 岁 52 人,51 岁以上 23 人。

党建工作　截至 2008 年底全市气象部门有党总支 1 个,党支部 12 个,党员 88 人(在职党员 62 人,退休党员 26 人)。

文明单位　截至 2008 年底,全市各县(区)气象局全部建成文明单位,其中省级文明单位 1 个,市级文明单位 7 个。

党风廉政建设 2000 年以来,每年 4 月开展党风廉政建设宣传教育活动,通过征集短信、艺术作品,举办廉政演讲比赛,红歌演唱会、开展各种形式警示教育,提升干部职工廉政意识。2005 年以来与各县(区)气象局、各科室、直属单位主要领导签订党风廉政建设责任书、开展干部年度述职述廉和群众测评活动。制定《安康市气象局建立惩治和防腐败工作方案》,坚持和开展局务公开活动。

领导关怀 建局以来,上级部门领导非常重视关心安康气象工作,中国气象局领导温克刚、郑国光、马鹤年、骆继宾、沈晓农等领导先后来安康市气象局视察指导工作。1996 年 8 月陕西省副省长潘连生来市气象局视察指导工作。

主要业务范围

1. 气象观测

地面气象观测 安康地面气象观测自 1952 年 10 月建立安康气象站起,全市地面气象观测站总数为 10 个(国家基准气候站 1 个,国家基本气候站 2 个,国家一般气象站 7 个)。另建成区域自动气象观测站 182 个(国家基准气候站自动观测为 9 要素,国家基本气象站和国家一般气象站自动观测为七要素,区域站为两要素)。辐射站为三级站。

2002 年 10 月第一台 CAWS600SE 和 DYYZ II 自动气象站在安康、石泉站投入业务使用。随后,旬阳、白河、紫阳、汉阴、岚皋(2005 年)、宁陕、镇坪、平利(2006 年)等县自动气象站全部建成并投入运行。2003 年,增加雷电观测项目。2006 年 6 月,增加酸雨观测项目,主要观测大气降水 pH 值。

农业气象观测 1958 年至 1959 年开展农业气象观测的站有 6 个,1964 年中央气象局选定安康观测站为全国第一批农业气象基本观测站,汉阴县站为全国第二批农业气象观测网点站,1966—1968 年农业气象观测全部停顿。1980 年省气象局决定恢复安康局省级农业气象观测站。2005 年安康、石泉、宁陕、汉阴、旬阳、紫阳、平利、镇坪县站承担农业生态气象观测任务。

高空探测 1960 年 1 月 1 日安康专区气象台设立高空观测站,每日 07 时探空观测。1969 年 5 月改为每日 2 次(07、19 时)探空观测。1973 年开始 59—701 型测风雷达在安康探空站使用。2006 年完成了高空 L 波段探测雷达换型。

天气雷达观测 1984 年省气象局将省人工控制天气室的 711 雷达调给安康地区气象台并投入业务运行。2002 年中国气象局与安康市政府共同投资建成安康新一代多普勒天气雷达。

2. 天气预报预测

天气预报 安康市气象台站建立后,即开展制作补充订正天气预报。1983 年县气象局装备了传真机后,利用传真机提供的天气形势图,结合本地气象要素演变图(九线图)制作短期补充预报。2005 年起根据业务技术体制改革的要求,县局主要制作短期短时补充订正预报。

为了适应农业经济生产和防洪抗旱工作的需要,县气象站从 20 世纪 70 年代开始制作了一套集天气谚语、韵律关系、气象要素及相关物理量特征变化为一体,运用数理统计方法制作的长期预报指标。为了提高预报预测准确率,从 1973 年开始,每年举办气象部门春播期、汛期长期天气预报讨论会或短时气候研讨会。

市气象台开展的天气预报业务有短时临近预报、短期预报;负责向全市气象台站提供预报指导产品和技术指导;向全市台站提供中期预报、精细化预报、灾害性天气落区指导预报。

气候预测　市气象台主要开展年、月平均气温、降水趋势预测;发布春、夏、秋、冬和伏期干旱气候趋势预测;发布汛期和秋季降水趋势预测;发布冬季和年度气候趋势预测。

农业气象预报　市气象台主要开展对气候事件的追踪分析,发布夏秋粮食产量预报;《气候与农情》、《农业生态情报》、《气候影响评价》等各类气候变化产品和专题评估报告。

汉江流域气象预警　主要开展汉江流域 24 小时、12 小时、6 小时、3 小时的洪水、流域面雨量及地质气象灾害等级预报的发布。

人工增雨　安康进行人工增雨试验开始于 1995 年 7 月,并成立了人工增雨领导小组办公室,积极协调开展了人工增雨工作。全市有高炮 33 门,火箭发射装置 9 套。

3. 气象服务

主要有公共气象服务、决策气象服务、专业气象服务和气息防灾减灾服务四大类。近年来开展的有天气预报预警、气候预测和评估、农业气象与生态环境监测评估、重大活动气象保障、重点工程气象保障服务、交通、地质灾害和森林防火监测预警、人工增雨抗旱、气候资源开发利用等。开通市气象、防汛部门宽带通信,建立了防灾减灾预警信号发布与传播系统。出台《安康气象灾害应急预警预案》、《气象灾害预警信号发布与传播办法》、《防雷减灾管理办法》等一系列规范性文件。实现省—市—县天气预报视频会商和地方政府部门的视频会议。建成标准化炮点 1 个、高炮火箭发射点 42 个和乡镇气象灾害预警信息电子显示屏 28 个。

2006 年 7 月 21 日,汉江流域气象预警中心在安康市气象局正式挂牌成立,陕西省气象局局长李良序、安康市委书记黄玮、市长刘建明等领导同志出席成立大会。

2008 年 11 月 11 日兰州区域中心局长联席会议在安康召开,西北五省气象局长及内蒙古自治区局长参加了会议,安康市政府常委副市长邹明出席会议并讲话。

行政管理　2002 年 4 月设立政策法规科;2005 年 3 月,市县气象部门分别成立气象行政执法机构;2006 年 3 月组建气象行政执法队。全市 45 人取得省政府颁发的气象行政执法证件,形成市县两级气象行政执法体系。

50 多年来,安康气象事业在省气象局和安康市委市政府的领导下,取得了很大成绩。随着改革开放的深入,在人才、设备、技术、服务等方面又取得了前所未有的成绩。展望未来,安康气象事业必将在现有的基础上不断前进。

安康市气象局

机构历史沿革

台站变迁　1952 年 10 月,创建安康气象站,站址位于新城泰山庙;1960 年 1 月,迁站至安康汉江北面杨家岭;1967年8月,迁站至安康小南门外东坝村;1972年1月,迁站至安康城郊跃进大队一里坡至今。地理坐标为北纬32°43′东经109°02′,观测场海拔高度290.8米,属国家基准气候站。

历史沿革 1952年10月,成立安康气象站;1958年9月,改称为安康专区中心气象站;1961年1月,改称为安康专区气象台;1962年5月,改称安康专区中心气象站;1967年8月,改称安康专区革命委员会气象台;1971年5月,改为安康专区气象台革命领导小组;1977年7月,更名为安康地区气象局;2001年1月,更名为安康市气象局。

2006年7月,经中国气象局批准成立汉江流域气象预警中心,挂靠安康市气象局。

管理体制 1952年10月—1953年7月,由陕西省气象科管理;1953年8月—1958年8月,归属安康专署领导;1959年9月—1966年1月,实行由省气象局与安康专区双重领导,以气象部门领导为主的管理体制;1966年1月—1967年7月,归属安康专署领导;1967年7月—1970年9月,由陕西省气象局领导;1970年9月—1973年5月,实行部队与地方革命委员会双重领导,以部队为主的管理体制;1973年5月—1979年12月,实行双重领导,以地方政府为主的体制,业务受省气象局指导;1980年1月起,实行气象部门与地方政府双重领导,以气象部门领导为主的管理体制。

机构设置 市气象局设职能科室4个,即:办公室、政策法规科、计划财务科、业务科技科;直属事业单位6个,即:气象台、观象台、科技服务中心、信息技术保障中心、雷电预警防护中心、财务核算中心。

单位名称及主要领导变更情况

单位名称	姓名	职务	任职时间
安康气象站	温明	组长、站长	1952.10—1953.02
	路平	站长	1953.02—1957.01
	郑国志	站长	1957.01—1958.02
	苗占盛	站长	1958.02—1958.08
安康专区中心气象站			1958.09—1961.01
安康专区气象台	樊守魁	台长	1961.01—1962.05
安康专区中心气象站	吕俊卿	站长	1962.05—1967.08
安康专区革命委员会气象台		台长	1967.08—1971.05
安康专区气象台革命领导小组			1971.05—1977.07
安康地区气象局	史忠武	局长	1977.07—1980.04
	李烽	局长	1980.04—1984.06
	胡中联	局长	1984.06—1987.01
	杨华龙	局长	1987.01—1989.06
	刘堂平	局长	1989.06—1998.01
	赵西社	副局长(主持工作)	1998.01—2000.12
安康市气象局		局长	2001.01—2005.02
	李玉文	局长	2005.02—

人员状况 1952年建站时有在职职工5人。截至2008年12月,有在职职工92人(在编职工82人,外聘职工10人),退休职工51人。在职职工中:硕士学位以上1人,大学本

科 41 人,大学专科 32 人,中专 18 人。在编职工中:高级职称 5 人,中级职称 32 人,初级职称 45 人。

气象业务与服务

1. 气象业务

①气象观测

地面气象观测　1952 年 10 月 1 日起,观测时次采用地方时 03、06、09、12、14、18、21、24 时,每天进行 8 次观测;1963 年 2 月 1 日起,改为北京时 02、05、08、11、14、17、20、23 时,每天进行 8 次观测。观测项目有云、能见度、天气现象、气压、气温、湿度、风向、风速、降水、雪深、日照、蒸发、地温等。

1983 年安康站姚渊同志开发《PC-1500 地面气象观测自动编报程序》和《地面气象报表-1 统计程序》在全省气象台站推广使用。

1997 年开始使用 AHDM 测报软件编制报表,2002 年开始使用 OSSMO 系列软件进行发报,编制报表。

航空报　1956 年 10 月 1 日开始承担向西安机场拍发航空报任务;1960 年 8 月 10 日增加向军队拍发航空报任务;1978 年 4 月 1 日增加向军队拍发 24 小时固定航空报任务;1980 年 1 月 1 日至 1990 年 12 月先后承担向西安、汉中、临汾、成都、兰州拍发栾川(OB-SAV)和光华(OBSDS)航空报任务。

高空气象观测　1960 年 1 月 1 日,安康专区气象台建立高空观测组,进行每日 07 时探空观测,观测仪器使用经纬仪和 P3-049 探空仪。1969 年改成每天 07 时、19 时两次观测。1967 年 12 月 11 日至 1968 年 10 月 10 日(文化大革命期间)暂停观测。1973 年 8 月开始,"59-701"型测风雷达在安康探空站投入使用,探空仪使用 059 式探空仪。2006 年完成 L 波段探空雷达换型,使用 GTSI 数字式探空仪。

农业气象观测　1958 年开始农业气象观测。1964 年中央气象局选定安康为全国第一批农业气象基本观测站。1966—1968 年(文化大革命期间)农业气象暂停观测。1980 年省气象局恢复安康为省级农业气象观测站,主要观测作物有小麦、玉米和油菜。1981 年恢复制作土壤水分报表。

天气雷达观测　1984 年安康地区气象台 711 型天气雷达投入使用,主要用于对强对流突发性天气进行监测。2005 年建成新一代多普勒天气雷达并投入业务运行。

辐射观测　1989 年建立辐射观测三级站,使用 TBQ-2-B 型自动辐射记录仪观测总辐射。

雷电观测　2003 年增加雷电观测项目,使用 ADAD 雷电定位探测仪进行观测。

大气成分观测　2006 年 6 月增加酸雨观测,使用 PHS-3B 型仪器,主要测定大气降水样品 pH 值。

观测自动化　建站初期,地面观测记录和编报为人工操作,1980 年开始先后使用风向风速、雨量、气压、温度自动设备,1985 年起应用 PC-1500 袖珍计算机编报,1992 年改由微机编报和制作报表,2002 年 10 月自动气象站安装完成。设备采用华云公司生产

AWS600SE 系统,自动监测项目有气压、温度、湿度、风向风速、降水量和地温。

②天气预报

天气预报　1958 年 2 月 25 日开始面向社会发布公众天气预报。20 世纪 60 年代,按照中央气象局提出的"四基本"、"三结合"和"三为主",建立一整套长中短期预报指标和方法。70 年代,引用相关系数、回归分析、聚类分析、时间序列等数理统计方法制作中长期预报。80 年代,采用传真图代替部分自绘天气图。1980 年初,在安康地区气象局业务科的倡议下,由陕西省安康地区、汉中地区、湖北省襄樊市、十堰地区、四川达县地区、河南省南阳地区共同协商并确定:于同年 3 月下旬在安康地区召开首次协作会议,建立川陕鄂豫四省六地(市)的气象协作关系,同时规定,协作区每年召开一次年度例会,讨论汛期预报结论,交流学术论文。由值勤单位负责本年度协作区工作组织、联络和召集会议等事项。1989 年市台开始制作分片解释预报。1992 年取消了电传打字机收报和填图业务,改由自动填图机,逐步引入数值天气预报方法。1997 年应用 T106 和 T213 数值预报产品制作短期预报,取消了纸质天气图,天气预报业务全部转到"9210"工程为主的业务平台上,结合利用卫星云图、雷达回波、自动站资料和特种观测资料制作短期、短时预报。

2006 年建成汉江流域气象预警中心,围绕"业务服务系统建设"和"业务服务能力建设"两大项目开展工作。建成预警信息大屏幕电视墙,完成雷达、区域站、卫星云图、MICAPS 资料等综合气象信息集成显示。构建与防汛部门和市县视频会议系统,实现省市会商、市县会商、流域会商和地方政府部门视频会议。建立天气、气候、生态、农气、雷电、人工影响天气等多功能综合公共服务业务平台。

中长期天气预报　中长期预报起始于 1959 年,中期预报主要制作逐旬(10 天)天气过程预报,1985 年起增加周预报。长期预报主要制作年、季、月和春播、汛期、三夏、秋播及专业用户所需时段预报。

③气象信息网络

通讯网络　20 世纪 80 年代初采用移频电传,1985 年结束莫尔斯气象广播和手抄广播的历史,1986 年 7 月配备 ZSQ-1(123)气象传真接收机,接收北京、欧洲气象中心及东京的气象传真图。

1992 年开通气象台计算机终端,实现气象资料传输。1993 年至 1995 年建成计算机局域网络,陕西省气象局到安康地区局开通速率为 9600 千比特/秒的 X.25 专线。1997 年建成气象卫星综合业务应用("9210"工程)VSAT 系统,实现双向数据通信和语音通信。1998 年安装中国气象局统一配发的 MICAPS 系统,2004 年 7 月开通省—市天气预报可视会商系统,2007 年 10 月开通市—县天气预报可视会商系统。

信息发布　1985 年通过有线电话、电报、广播、邮件等途径发布气象信息。1986 年建成气象警报系统,服务单位通过警报接收机定时接收气象服务。

1990 年开通电视天气预报业务,预报信息由气象台提供,节目由电视台制作。1996 年建立多媒体电视天气预报制作系统,节目由气象台录制,专人送达电视台,电视台负责播放。1997 年 8 月购置 HF-5800 非线性编辑三维动画制作系统。2000 年电视天气预报节目信息传递采用网络传送。

2. 气象服务

决策气象服务 20世纪80年代以电话、传真或口头向政府提供决策服务。20世纪90年代以传真和计算机终端提供服务,关键时期印发《送阅件》、《重要天气报告》、《汛期气象分析》等决策服务产品。2000年建立了市气象局与市政府及有关部门气象信息传递微机终端,领导可通过终端直接看到天气预报产品和卫星云图、雷达回波等实时气象信息,增强了预报信息的直观性。2006年建成了汉江流域气象预警中心,建立了天气、气候、生态、农气、雷电、人工影响天气等多功能公共服务平台。

【气象服务事例】 1983年7月31日安康汉江上游出现历史罕见的连续性和区域性暴雨,造成特大洪水灾害。安康地区气象台7月26日发布书面暴雨天气公报,7月30日发布24小时内大于100毫米的大暴雨预报,7月31日发布短时临近预报,并与水文部门合作为政府决策服务,提前撤离安康县城5万多居民,减轻了国家和人民生命财产损失。此次,安康地区气象台获"国家科技进步一等奖",被安康地委、行署授予"抗洪抢险先进集体"称号。

安康特大洪水(1983年)

安康特大洪水(2007年)

2000年6月6—9日"中国中西部经济技术协作区十五届协调会投资贸易洽谈会暨陕西安康龙舟节"气象保障服务,被市委、市政府评为"两会一节"有功单位。

2002年6月8日至9日宁陕突发性大暴雨气象服务,被市委、市政府授予"抗洪抢险先进集体"称号。

2003年8月29日—9月8日区域性、连续性暴雨预报服务,被市委市政府授予"抗洪抢险先进集体"称号。同年被中国气象局授予"全国重大气象服务先进集体"称号。

2005年7月6—9日,四川达州、万源、宣汉地区降特大暴雨,安康市气象局及时通过多普勒雷达跟踪监测天气系统演变过程,并向达州市气象台发送雷达回波信息,提供雨情、水情和汛情资料,为达州市委、市政府抗洪抢险的科学调度提供依据。7月15日四川达州市委市政府向安康气象局专门致信表示感谢。

2007年8月7日安康市出现区域性暴雨,市县两级气象部门提前2至3天发布准确预报、预警,取得良好社会和经济效益,被市委市政府授予"抗洪抢险先进集体"称号。同年被中国气象局授予"全国重大气象服务先进集体"称号。

专业气象服务 1970年9月安康市气象台在关庙进行为期一个月的风向、风速对比观测,为安康火车站设计建设提供现场气象资料。

1971年襄渝线中段开工修建,安康气象台成立专项气象服务小组,为安康、紫阳、毛坝、鱼渡坝、万源、城口等施工现场指挥部提供气象服务,定期传送天气预报、水情、雨情等信息服务。

国家"七五"计划的重点建设项目安康水电站1978年4月开工,1983年12月25日截流,1993年竣工。安康气象台配合安康水电站第三工程局水情组建立水文气象保障服务。服务的工作重点为:一是上游石泉、汉阴和西南部紫阳、岚皋区间的降水量、河道汇流预报;二是单点12小时、24小时暴雨、局地性暴雨、大雨或连续性大雨预报,为电站施工决策抗洪抢险提供气象保障。电站开工到竣工15年间,每年汛前、汛期进行专题气候分析,召开专题会议讨论,与省台和邻近省市气象部门会商。

农业气象服务 为配合"1978—1985年全国科学发展规划纲要"的农业自然资源调查和区划任务,1981年至1985年开展粮食作物种植区划(玉米、水稻、小麦、油菜、洋芋、大豆、杂粮和林业、茶叶等单项区划),为全区调整农林结构、作物布局、改变中低产地区生产面貌和国土整治提供依据,获省区划成果三等奖。

1989—1994年开展粮食作物种植比例最优化模型推广服务,地委行署依据最优化模型共调整扩大小麦种植面积74.46万亩,油菜36.94万亩,水稻32.36万亩,净增粮油202476吨。《中国科学报》1991年10月29日以"适应气候资源调整布局 安康地区三年增产粮油九万吨"为题报道气象服务所获得的经济效益,《安康日报》《陕西日报》、陕西电视台、广播电台先后作专题报道。此次服务产品获陕西省政府科技进步三等奖。

特色气象服务 为充分利用气候资源实现安康烤烟生产的科学布局,1994—1997年开展优质烤烟试验示范推广,提炼出优质烤烟气候生态区划,建议在汉滨、平利、岚皋、旬阳、白河、紫阳、石泉、汉阴8个区县扩大烤烟种植面积20万亩,地委行署接受气象局建议,将全区烤烟面积由1994年的5万亩调整到1997年的24万亩,形成安康的支柱产业,获安康行署科技进步二、三等奖。

1999年2月26日—4月12日在汉滨、白河、石泉等6县区实施人工增雨作业,增加雨量4000多万吨,受益面积224万亩。同年3月12日至4月10日,中央电视台、陕西电视台、安康电视台分别作了重点报道。

2002—2005年,安康气象台为配合市委、市政府建设月河流域现代高效农业科技示范区设施农业建设工作,开展设施农业气候论证和设施蔬菜、花卉、草莓等作物的小气候观测,提炼出设施农田小气候综合调控技术,同时开展设施结构与光能利用率关系的研究,为设施结构设计和设施作物轮作制度的优化提供依据。通过设施农业气象服务的实施,指导月河流域发展设施农业14200亩,累计新增产值6941.24万元。2007年,此项目被市政府授予科技进步二等奖,被中国气象局、中国气象学会授予科技扶贫三等奖。

2006年针对陕南紫阳富硒茶基地建设和中国富硒茶农业标准化示范园建设的需求,开发富硒茶生态气候服务产品,构建富硒茶采摘期、春茶产量预报模型,进行富硒茶生态气候区划,建立茶业气象服务业务平台。在指导茶叶生产、优化茶树品种布局、规范种植、适时采收、科学防治病虫害等方面发挥了重要作用。

气象科技服务 1989年开始正式使用预警系统对外开展气象服务。1996年起建成天气预报影视制作系统,1997年8月,节目制作系统升级为非线性编辑系统。陆续开通旅游天气预报、森林火险气象等级预报、交通气象、地质灾害气象等级预报。

1997年3月开通"121"天气预报自动答询系统(2005年"121"电话升位为"12121")。2004年7月使用三套数字7号信令"121"系统,其中电信60路,移动、联通各30路。同时开通手机短信天气预报服务,中继线路达120路,信箱9个,延续至今。

2005年安康气象信息网开通,面向社会发布天气预报、警报、农业气象、政务等各类信息。同年,建成28个气象电子显示屏,为各乡镇发布气象灾害预警和气象实况监测信息等。

气象科研成果 获地厅级以上科技进步奖18项。"1981年至1984年四次大暴雨预报的成功和优质服务"项目获国家科技进步一等奖;1992年,郑洪初、李敬云、李桥彦等同志共同完成的"作物种植比例最优化模型研究"项目获陕西省政府科技进步三等奖;2005年,李再刚同志主持完成的"设施农业的气象因子及其调控措施"项目获中国气象局、中国气象学会科技扶贫三等奖。2007年2月获安康市政府科技进步二等奖。

气象科普宣传 1960年5月建立专区气象学会。1966年5月学会工作停顿。1988年气象学会恢复活动至今。

《气象科普日历》1980创编至今共发行36万册(1983—1987年停刊)。

1988年至今地区气象学会协助市气象局围绕每年世界气象日主题,举办纪念活动,参加总人数累计达15万人。

1991—2008年参加安康市"科技之春"活动,编印防灾减灾、灾害预测预报、防雷知识普及宣传小册子10万册,现场科普报告40余篇,咨询解答20万人次。2008年被市科协评为"科普先进集体",4名同志被评为"科普先进个人"。

气象法规建设与社会管理

制度建设 安康市政府相继制定下发《安康市防雷减灾管理办法》(安政办发〔2006〕19号)、《关于加强建(构)筑物防雷安全管理工作的通知》(安建〔2002〕23号)、《关于加强农村小水电站防雷安全管理工作的通知》(安水利〔2005〕28号)等规范性文件,为气象社会管理提供了法律依据和保障。

社会管理 相继制定防雷、人工影响天气、升空气球、气象探测环境保护、气象信息传播等规范性文件。加强执法机构建设,加大执法力度,与地方人大和政府部门开展联合执法检查。对防雷电、升空气球管理、气象信息传播、防雷电检测和工程资质评审、防雷电专项设计审查、探测环境保护等进行规范。

党建与气象文化建设

1. 党建工作

党的组织建设 1964年建立气象党支部,2002年5月建立安康市气象党总支,下设三个支部。截至2008年底,安康市气象局共有党员53人(其中离退休职工党员15人)。

2007年被安康市机关工委评为"先进基层党组织",4名同志被评为"优秀共产党员"称号。

党风廉政建设 近年来,贯彻落实党风廉政宣传教育计划,每周组织主题活动。履行一把手"一岗双责",执行"两委"会议制度、车辆管理制度和公务接待制度,严格执行党风廉政建设责任制。

2.气象文化建设

2004年以来,先后投资数十万元建设图书阅览室、党员活动室、健身室等。

文明单位创建 2004年3月,被安康市委、市政府授予市级文明单位;2008年被陕西省委、省政府授予省级文明单位。

荣誉 1983—2008年,共获省部级以下集体荣誉27项。个人获得省部级以下奖励共274人(次)。

2003年、2007年分别被中国气象局授予"重大气象服务先进集体"称号。

台站建设

气象观测站建设 2006年建成安康气象观测站(含探空站)办公楼,建筑面积520平方米,观测场按25米×25米标准建设,成为集气象观测、气象科普一体的科普教育实践基地。利用项目工程资金带动,先后完成了10个县区气象局工作、生活环境的改善,完成了"三室一场"。

气象科技大楼建设 2003—2006年,投资1300万的气象科技大楼建成并投入使用。该大楼建筑面积3050平方米,建有汉江流域气象预警中心业务平台,气象可视会商演播厅,气象灾害培训基地及图书阅览室、党员活动室、职工活动室、篮球场等硬件设施。

省气象局局长李良序(右三)与安康市委书记黄炜(右二)为汉江流域气象预警中心成立揭牌

安康市气象局园景(2006年)

汉阴县气象局

汉阴县地处秦巴腹地,北枕秦岭,南倚巴山,凤凰山横亘东西,汉江、月河穿流其间,全县面积 1347 平方千米,辖 18 个乡镇,179 个行政村,总人口 29.2 万。汉阴境内资源丰富,河流纵横,山川秀丽,物阜民殷,素有安康"鱼米之乡"美誉,矿产、动植物资源丰富。

机构历史沿革

台站变迁 1959 年 8 月,按国家一般气象站标准在汉阴县汉阴镇迎春营区双星生产队建成汉阴县气候站,1959 年 10 月,开展气象业务工作。1965 年 1 月,迁至汉阴县城关镇龙岭村,地理坐标为北纬 32°54′,东经 108°30′,海拔高度 413.1 米。

历史沿革 1959 年 8 月,成立汉阴县气候站;1960 年 4 月,改为汉阴县气候服务站;1961 年 12 月,改称汉阴气象服务站;1965 年 1 月,更名为陕西省石泉县汉阴气候站;1968 年 11 月,更名为汉阴县革命委员会气象站;1971 年 5 月,改为汉阴气象站革命领导小组;1972 年 5 月,更名为汉阴气象站;1990 年 1 月,改称为汉阴县气象局(实行局站合一).

2007 年 7 月为国家气象观测站二级站,2008 年 12 月,改为汉阴县国家一般气象站。

管理体制 1959 年 9 月—1962 年 7 月,由省气象局和县政府领导;1962 年 8 月—1966 年 6 月,由陕西省气象局领导;1966 年 7 月—1970 年 8 月,由汉阴县革命委员会领导;1970 年 9 月—1973 年 5 月由县革命委员会和县武装部领导;1973 年 6 月—1979 年 12 月,由县政府领导;1980 年 1 月起,实行气象部门与地方政府双重领导,以气象部门领导为主管理体制。

机构设置 内设综合办公室,气象观测站、预报股、气象科技服务中心、人工影响天气办公室。

单位名称及主要负责人变更情况

单位名称	姓名	职务	任职时间
汉阴气候站	乔锦健	站长	1959.08—1960.04
汉阴县气候服务站			1960.04—1961.12
汉阴气象服务站			1961.12—1965.01
陕西省石泉县汉阴气候站			1965.01—1965.12
	时宪聚	站长	1965.12—1968.11
汉阴县革命委员会气象站			1968.11—1970.06
	龚高贤	站长	1970.06—1971.05
汉阴气象站革命领导小组			1971.05—1972.05
			1972.05—1976.08
汉阴县气象站	禹宝增	站长	1976.08—1977.10
	龚高贤	站长	1977.10—1984.12
	卫选能	站长	1984.12—1990.01
		局长	1990.01—1991.01
汉阴县气象局	肖俊生	站长	1991.01—1999.03
	廖德海	局长	1999.03—2001.10
	韩秀云	局长	2001.10—2008.04
	张宏芳	副局长(主持工作)	2008.04—

人员状况 1959 年建站时有职工 2 人。截至 2008 年底,有在职职工 7 人(在编职工 6 人,外聘职工 1 人),退休职工 4 人。在职职工中:大学本科 4 人,大专 3 人;中级职称 1 人,初级职称 5 人。

气象业务与服务

1. 气象业务

气象观测 1959 年 10 月 1 日,汉阴气候站观测时次 08、14、20 时每日 3 次观测。观测项目有风向、风速、气温、气压、云、能见度、天气现象、降水、日照、小型蒸发、地面温度、雪深等。每天编发 08、14、20 时 3 个时次的天气加密报。2007 年 4 月开始使用自动雨量计。

1967 年 6 月—9 月向部队编发预约航危报。1973 年 1 月—5 月向西安军航编发预约航危报。1974 年 1 月—1975 年向西安、安康编发预约航危报。1978 年 4 月向河南栾川部队编发白天预约航危报。1978 年 4 月—8 月向湖北物探队编发预约航危报。1980 年 4 月—5 月向部队编发预约航危报。

2005 年 8 月建成 CAWS600BS-N 型自动站并开始试运行,2007 年 12 月正式投入单轨业务运行。自动气象站投入业务运行后,按新版《地面气象观测规范》程序观测云、能见度、天气现象以及自动气象站不具备的人工器测项目并输入微机,使用自动气象站测得的气象资料用地面气象观测业务软件(OSSMO)编发各类气象电报和形成自动气象站的月(年)报表。自动站观测项目包括温度、湿度、气压、风向、风速、降水、地面温度,每天 20 时对所有观测项目进行人工站与自动站对比观测,以自动站资料为准发报。2003 年 5 月后通过网络报送电子报表,停止报送纸质报表。

2007 年至 2008 年建成 18 个乡镇两要素气象自动站。

天气预报 1966 年始开始制作并发布天气预报,预报主要根据本地气象要素的变化、气候特点、预报员经验以及通过广播收听上级台站的指导预报制作本地预报,预报产品只有 24 小时短期天气预报;1971 年开始绘制压、温、湿三线图,为预报产品的制作提供了新的方法;1983 年通过滚筒式传真机接收天气分析图、省台的预报指导意见,制作一周天气预报;1988—1999 年,开展县站解释预报。1999 年 5 月 24 日,建成 PC-VSAT 卫星单收站和 MICAPS 1.0 气象信息综合分析处理系统,使县站的天气预报业务有了较大发展,卫星云图、各种数值预报产品在预报中开始运用;2002 年使用 MICAPS 系统 2.0 版本;2005 年 5 月建成汉阴县气象局预报业务平台;2007 年建成了多普勒天气雷达终端应用系统,在短时临近预报和突发灾害性天气预警中发挥了重要作用;2008 年使用 MICAPS 系统 3.0 版本。同时开展灾害性天气预报预警业务,为领导提供决策服务。

气象信息网络 1980 年前,气象站利用收音机收听上级以及周边气象台站播发的天气预报和天气形势;1998 年 12 月开通"121"(2005 年 1 月升位为"12121")天气预报电话自动答询系统;1999 年,建立 PC-VSAT 站,气象网络应用平台、专用服务器和省市县气象视频会商系统,接收从地面到高空各类天气形势图和云图、雷达等数据,为气象信息的采集、传输处理、分发应用、会商分析提供支持;2003 年建成宽带广域网及局域网,开始使用

Notes 邮件系统；2005 年 8 月建成 CAWS600BS_N 型自动站并开始试运行，建起了电信备份网络线路，开始实现无纸化办公；2006—2008 年逐步完善业务办公平台硬件设施的更新，建立自动站备份系统；2007 年建立市—县视频会商系统。

2. 气象服务

公众气象服务 1996 年以前，通过县广播站的有线广播向公众发布 24～48 小时天气预报。1996 年 5 月开通"121"电话，使公众可以随时了解天气信息。1998 年 5 月，建成电视天气预报制作系统，和县广电局合作，实现了天气预报的电视播发。随着网络系统和多媒体技术的快速发展，至 2008 年已形成广播、电视、"12121"信息电话、电子显示屏、手机短信、互联网站等多种渠道发布气象信息和多种途径获取气象服务产品。每年开展节日气象服务和重大活动提供气象保障。

决策气象服务 从建站以来通过当面汇报、电话、短信、传真、电子公文、广播以及书面材料报送等多种方式为县委县政府和相关部门提供气象服务。2000 年以后，利用卫星云图、新一代天气雷达图等多种预报产品制作短期天气预报、预警信息、临近天气预报及订正天气预报。2003 年以后开始制作《重大事件专题天气预报》、《重要天气报告》、《临近预报》、《雨情通报》等服务产品。2007 年建立县政府气象预警信息发布平台，开始制作《灾害性预警信号》，主动为地方各级党委、政府提供重要天气信息和防灾减灾信息，为防灾减灾、制定县域经济和发展计划、组织重大社会活动起到了重要的决策作用。2008 年，对"1·13"雨雪冰冻灾害、"5·12"汶川特大地震后提供专题天气预报并跟踪服务。

【气象服务事例】 2000 年，准确预报 7 月 11—14 日灾害性暴雨天气过程，其中 12 日降水 103.1 毫米致使河水暴涨，形成洪涝灾害，发布降水消息，使损失减到最少。精确预报 2002 年 6 月 21 日至 24 日灾害性天气过程，对重点降水区域进行天气预报并跟踪服务。2005 年 9 月 23 日至 10 月 3 日，汉阴县出现连阴雨及暴雨天气过程，22 日 17 时发布《连阴雨重要天气预报》，23 日至 30 日每日发布《汛期天气预报》和《雨情通报》，10 月 1 日 7 时发布《临近天气预报》，由于预报准确及时，预防快速有效，受到县委政府领导的肯定。

气象科技服务 国办发〔1985〕25 号文件下发后，县气象站开始开展气象科技服务，初始阶段以初步整理后的气象观测资料和旬、月、年预报对相关厂矿企事业单位开展专业有偿服务。20 世纪 90 年代开始为本县交通、农业、林业、水利等 30 多个部门开展有偿气象服务。2000 年开展防雷检测业务。2005 年后，防雷服务快速拓展，防雷工程、雷电风险评估、雷电监测预警等工作得到了快速的发展，每年对全县易燃易爆、高大建筑物、电子信息、人员密集等场所进行防雷装置安全检查、检测。

1996 年开通"121"气象信息电话。1998 年 5 月，建成电视天气预报制作系统。1998 年 10 月开展彩球庆典服务。2000 年成立汉阴县气象科技服务中心，开展防雷常规检测等服务工作。服务领域涉及工农业生产、防汛抗旱、森林防火、地质灾害预防、重大社会活动气象保障、环境评价服务等。其中，2005 年开展森林火险气象等级预报，在每年防火期（当年 11 月 1 日至次年 5 月 1 日）每天通过县电视台天气预报节目播发。根据地质灾害成因和气象要素的影响特点,通过电视天气预报、"汉阴气象"网站向社会公众发布地质灾害等级预报。2006 年开展油菜花节、高考等重大活动专题天气预报服务。

农业气象服务 1959 年至 1963 年 4 月,开展首蓿地温观测。1961 年,建立凤凰山、上七镇、汉阳、漩涡区、铁佛寺区 5 个农业气象哨。1976 年至今,进行农气物候、土壤墒情观测,针对农作物、畜牧业的生长规律,每年初制作前一年的气候影响评价,内容涉及基本的气候概况和主要影响天气事件,并根据全年气候预测对农业生产决策提供依据。2005 年开展小麦、水稻生态观测。2006 年开展生态环境监测评价工作。

人工影响天气 2001 年开始,县政府成立人工影响天气领导小组,下设办公室,县气象局局长任办公室主任。购置 3 门"三七"高炮,在城关、龙垭、永宁三个炮点实施人工影响天气作业。2007 年县政府投入资金,购置了 1 台人工影响天气车载式移动火箭。人工影响天气技术已由过去的单一依靠人工观测云层、采用"三七"高炮发射碘化银炮弹作业,发展到利用气象卫星、多普勒天气雷达等先进探测手段,形成与车载式火箭、"三七"高炮相结合的新作业方式。

气象科普宣传 2000 年以前,科普宣传以撰写气象知识稿件,通过县广播站向公众播发为主;2000 年以后每年利用"3·23"世界气象日等时机制作宣传单、展板等,宣传暴雨、雷电、冰雹、滑坡、泥石流等气象灾害和次生灾害防御知识,组织中小学生参观县气象局,现场讲解气象仪器、设备用途,介绍天气预报制作原理和流程,现场观看卫星云图接收和演示等;2007 年向全县各中、小学校赠送雷电防御科普知识宣传画册和光碟。同时积极参加政府组织的各种安全教育宣传活动。

气象法规建设与社会管理

法规建设 《中华人民共和国气象法》和《陕西省气象条例》颁布实施后,2006 年汉阴县人民政府办公室下发《关于成立防雷减灾工作领导小组的通知》及《汉阴县防雷减灾管理办法》等文件,规范气象法规体系,依法对防雷工程专业设计、施工单位资质管理、施放气球单位资质认定等进行规范管理。积极开展执法监督检查,制止和查处各种违法行为,严格依法管理。

社会管理 2004 年始,成立县气象局气象行政许可办公室,2008 年 3 名兼职执法人员均通过省政府法制办培训考核,持证上岗,并配备执法器材。2005 年实施各项行政许可项目,编制《气象行政许可项目规范》,公布气象许可项目的名称、申请条件、承办单位、办理期限、监督电话等内容。行政许可审批项目 3 项:防雷装置设计审核和竣工验收、施放气球活动、大气环境影响评价使用气象资料进行许可。

政务公开 2001 年开始实行政务公开,坚持按规定公示、公开行政审批程序、气象许可内容、收费标准、干部任用、财务收支、目标考核、基建工程招投标、职工晋升与晋级、干部离任审计等内容。2001—2008 年累计公示的项目和内容有 6 项 450 余件。

党建与气象文化建设

1. 党建工作

党的组织建设　建站初期至 1970 年 9 月,党组织关系归属县农林局支部;1970 年 9 月—1973 年 5 月,归属县武装部支部;1973 年 5 月—2007 年 2 月,归属宁陕县农林水牧局支部;2001 年 6 月,经县机关工委批准组建汉阴县气象局党支部,有党员 4 人。截至 2008 年 12 月,共有党员 5 人。

党支部成立后,定期组织开展活动,召开专题民主生活会,开展党员评议,充分发挥班子、支部和广大党员的积极性和创造性,取得了良好效果。几年来,县直机关工委连续 3 次授予汉阴县气象局党支部"先进党支部"称号,连续 6 年都有党员荣获"优秀共产党员"称号,曾 3 次参加省气象局组织的全省党建工作交流会议。2000 年 1 月开展了"三讲"教育活动。2005 年 1 月开展了保持共产党员先进性教育活动。2009 年 3 月开展了第二批深入学习实践科学发展观活动。

党风廉政建设　2002—2008 年,先后建立《气象局局务公开》、《财务工作》、《基建管理》、《票据使用》、《物品采购》、《来客接待》等各项管理制度;认真落实党风廉政建设目标责任制,积极开展廉政教育和廉政文化建设活动。除每年完成与市气象局和县政府签订目标责任合同外,定期召集党员学习,进行廉政勤政教育。每年召开职工大会,征求对党风廉政工作意见,进行整改。每年 4 月开展党风廉政宣传教育月活动,通过各种活动的开展,有力促进党风廉政建设。

2. 气象文化建设

汉阴县气象站把领导班子的自身建设和职工队伍的思想建设作为文明建设的重要内容,开设局务公开栏、学习园地等文化专栏,建起了精神文明活动室、羽毛球场地以及图书阅览室,丰富了职工的业余生活。

2008 年 1 月,根据省、市局提出的"南北互动计划",立足本站实际,与"创佳评差活动"相结合,全站形成以艰苦为荣、克服困难、努力工作、团结友爱的风气,培养出一支爱岗敬业、不畏艰险、特别能战斗的队伍,使汉阴县气象站的精神面貌焕然一新。

文明单位创建　2005 年 3 月,被汉阴县委、县政府命名为县级文明单位。2007 年 3 月,被安康市委、市政府命名为市级文明机关。

荣誉　建站至 2008 年,共获得省部级以下集体奖励 1 项,个人奖励 2 人次。

台站建设

2002 年 4 月县气象站台站综合改善项目进入省气象局综合改造计划,综合改造项目工程总投资 70.8 万元(省气象局投资 60.8 万元,地方政府配套资金 10 万元)。2004 年办公楼起建,2005 年建成并投入使用,总建筑面积 383.45 平方米。行政办公楼的修建、观测站的改造与院落的绿化、美化,为职工创造了一个亮、绿、净、美的工作生活环境。

1984 年的汉阴县气象站

2004 年修建的汉阴县气象局办公楼

综合改造后的汉阴县气象局观测场(2004 年)

综合改造后的汉阴县气象局观测业务平台
(2004 年)

石泉县气象局

　　石泉县地处陕西南部,北依秦岭,南接巴山,汉江自西向东穿境而过,地形轮廓呈"两山夹一川"之势。因城南石隙多泉而得名。全县总面积 1525 平方千米,辖 8 镇 7 乡,202 个行政村、11 个居委会,总人口 18.2 万。

机构历史沿革

　　台站变迁　1959 年 9 月,按国家气象观测站标准在石泉县城关镇东关外三十里岗,建成石泉县气候站,1959 年 12 月,开展气象业务至今。地理坐标,北纬 33°03′,东经 108°16′,观测场海拔高度为 484.9 米。1991 年 5 月,石泉县气象局实行局、站分离,站址沿用未变,局址迁至城北环路东段。

　　历史沿革　1959 年 9 月,成立石泉县气候站;1960 年 4 月,改称石泉县气候服务站;

1961年12月,更名为石泉县气象服务站;1965年12月,更名为石泉县气候站;1968年6月,更名为石泉县革命委员会气象站;1971年5月,改为石泉县气象站革命领导小组;1972年5月,改为石泉气象站;1990年1月,改为石泉县气象局(实行局站合一)。

石泉县气象站为国家基本气象观测站,属国家五类艰苦台站。2006年12月—2008年12月,称石泉国家气象观测站一级站;2009年1月起,恢复为石泉国家基本气象站。

管理体制 1959年9月—1962年7月,由省气象局和县政府领导;1962年8月—1966年6月,由省气象局领导;1966年7月—1970年8月,由石泉县革命委员会领导;1970年9月—1973年5月,由县革命委员会和县武装部领导;1973年6月—1979年12月,由县政府领导;1980年1月起,实行气象部门与地方政府双重领导,以气象部门领导为主的管理体制。

机构设置 内设综合办公室(含行政许可办公室)、地面气象观测站、气象台、气象科技服务中心、人工影响天气办公室。

单位名称及主要负责人变更情况

单位名称	姓名	职务	任职时间
石泉县气候站	王宝贤	站长	1959.09—1960.04
石泉县气候服务站			1960.04—1961.11
石泉县气象服务站			1961.12—1965.12
石泉县气候站	李作林	站长	1965.12—1968.06
石泉县革命委员会气象站	罗永喜	站长	1968.06—1971.04
石泉县气象站革命领导小组			1971.05—1972.04
石泉县气象站			1972.05—1989.12
石泉县气象局		局长	1990.01—1993.09
	乔堂木	局长	1993.09—2000.04
	戴尚海	局长	2000.04—

人员状况 1959年建站初期有职工3人。截至2008年底,有在职职工14人(在编职工9人,外聘职工5人),退休职工3人。在职职工中:大学本科及以上5人,大专4人,中专以下5人;中级职称3人,初级职称6人;30岁以下8人,31~40岁3人,41~50岁2人,50岁以上1人。

气象业务与服务

1. 气象业务

①气象观测

地面气象观测 1959年9月石泉气象站自建站开始每日观测4次(02、08、14、20时),夜间守班。1967年3月—1974年5月每日观测3次(08、14、20时)。1974年6月—2006年12月改为每日观测4次(02、08、14、20时),夜间守班。2007年1月—今每天进行02、05、08、11、14、17、20、23时8个时次地面观测,并编发8次天气报。观测项目有风向和风速、空气的温度和湿度、气压、云、能见度、天气现象、降水、日照、大型蒸发、地面温度、草面温度、雪深、冻土、浅层和深层地温。1986 年 1 月 1 日,PC-1500 袖珍计算机投入业务使用,首次实现了计算机查算、编制气象电报;2000 年 4 月,AST-486DX250 计算机投入业务使用,实现本站计算机制作报表;2004 年 8 月,建成 DYYZⅡ型自动气象站并正式投入气象观测业务使用;2005 年 1 月 1 日,实行自动站单轨运行观测;2007 年 1 月 1 日起承担向西安飞机场发送航危报任务。

自建站起增加的业务项目和时间

启用时间	启用的观测项目
1961 年 1 月	5 厘米至 20 厘米浅层地温。
1978 年 1 月 1 日	使用小型蒸发皿,进行蒸发量的观测。
1979 年 1 月 1 日	冻土观测。
1986 年 1 月 1 日	地面气象测报程序,以计算机输出的结果作正式记录。
2002 年 1 月 1 日	停用小型蒸发皿,启用 E601 型蒸发器。
2004 年 1 月 1 日	启用新规范。
2005 年 1 月 1 日	40 厘米至 320 厘米深层地温观测。
2006 年 4 月	草面温度观测。
2007 年 1 月 1 日	增加白天小时制航危报观测发报任务。

酸雨监测 2006 年 4 月,开展酸雨监测业务。酸雨监测采用雷磁系列型号为 PHS-3D 的 pH 计及型号为 DDS-307 的电导率仪等仪器监测自然降水的酸碱度及电导率值,每日通过酸雨测报软件传输上报日数据值,并承担制作及报送月报表。

生态监测 2005 年 5 月,开展农业生态监测业务。观测项目为经济林果类——桑树。通过对桑树生育期的人工观测,生长量指标叶长、叶宽的手工测定及理论、实际产量的测定,结合天气、气候状况定期与不定期上报旬月报。

土壤墒情监测 2008 年 8 月,开展土壤墒情监测业务。于每旬逢 3、逢 8 日在固定区域采用人工土钻法取土,并采用烘干法进行浅山区土壤水分含量的测定。定期上报土壤墒情监测数据。并根据服务需要,进行土壤墒情加密观测。

自动站建设 2004 年 1 月建成 DYYZⅡ型自动站并试运行,开始自动站与人工站平行观测;2004 年 12 月 31 日 20 时正式投入单轨业务运行。自动站观测项目包括气温、湿度、气压、风向风速、降水、地面温度、深层地温、草面温度。2003 年起通过网络报送电子报表,除年报需同时报送纸质报表外,其他报表都停止报送纸质报表。2006 年配置自动站备份计算机,作为自动站系统的备用计算机使用。

区域自动气象观测站建设 2007 年 5 月启动石泉县区域自动气象观测站建设一期工程。截至 2008 年 5 月 30 日,分 3 批在全县 15 个乡镇建成 16 个雨量、温度二要素区域自动气象观测站。区域自动气象站的建成使石泉各个乡镇结束了没有气象监测站的历史,所获气象数据的使用和积累,为气象部门进一步提高灾害性天气的监测预警能力和服务水平气象服务提供了保障,也为今后的城乡规划建设、农业区划、交通、民生等方面的气象服务奠定了基础。

②天气预报

1960 年开始制作并发布天气预报,预报主要根据本地气象要素的变化、气候特点、预报员经验以及通过广播收听上级台站的指导预报制作本地预报,预报产品只有24小时短期天气预报;1965年开始绘制压、温、湿三线图,为预报产品的制作提供了新的方法;1985年通过滚筒式传真机接收天气分析图、省台预报指导意见,制作一周天气预报;2002年,建成PC-VSAT卫星单收站和MICAPS系统2.0版本天气预报应用系统,使县站的天气预报业务有了较大发展,卫星云图、各种数值预报产品在预报中开始运用;2006年5月建成县气象局气象台集监测、预报、服务于一体的综合业务平台,开展常规24小时、未来3~5天和旬月报等短、中、长期解释天气预报以及临近预报;2007年建成了多普勒天气雷达终端应用系统,在短时临近预报和突发灾害性天气预警中发挥了重要作用;2008年使用MICAPS系统3.0版本,同时,开发了灾害性天气预报预警业务和供领导决策的各类重要天气报告等。

③气象信息网络

气象通讯网络　1959年开始通过电话、电报经县邮局接转上传气象报文,气象报表采用邮寄方式上传省气象局;1990年使用PC-1500袖珍计算机编制报文,但气象电报仍通过电信部门转发;2000年使用微机编制报文,同年使用X.25专线传输报文和信息网络传输,进入数字通信时代;2002年建设气象卫星综合应用业务系统("9210"工程)和MICAPS系统。2003年采用移动宽带专线(SDH)建立省—市—县气象宽带专用通信网络,传输带宽2兆,完成全省气象站的组网工作,保证了气象数据的稳定传输。2005年开通移动和电信10兆光缆,接收从地面到高空各类天气形势图和云图、雷达等数据,为气象信息的采集、传输处理、分发应用、会商分析提供支持。2007年建成市县可视会商系统和气象政务办公系统并投入使用。

信息发布　1986年前,县气象站主要通过广播和邮寄旬报方式向全县发布气象信息。1985年建立气象警报系统,面向有关部门、乡(镇)、村、农户和企业等每天16时发布天气预报警报信息服务。1998年12月30日开通"121"(2005年1月改号为"12121")天气预报电话自动答询系统。1998年8月26日建立气象影视制作系统。2005年1月开通了小灵通气象短信,2006年9月利用手机短信每天2时次发布气象信息。2007年1月建立气象实况信息自动报警系统。2006年起,建立"石泉气象"网站,发布农业、气象等各类信息。

2. 气象服务

石泉县地形地貌复杂,地势高差悬殊,垂直气候差异明显,干旱、暴雨、连阴雨、寒潮、雷暴、冰雹、大风、大雾等气象灾害以其诱发的山洪、滑坡、泥石流、道路坍塌等次生灾害频发。科学合理、及时有效的气象信息服务在防御自然灾害和支持地方经济社会发展中发挥着越来越重要的作用。

公众气象服务　自建站以来主要以短期天气预报为主,利用农村有线广播站播报气象消息。1993年由县电视台制作文字形式气象节目;1997年10月由县气象局应用非线性编辑系统制作电视气象节目,向公众发布;1998年12月30日开通"121"(2005年1月改号为"12121")天气预报电话自动答询系统,使公众可以随时了解气象信息;2005年,与县国土局联合开展地质灾害气象等级预报、与县林业局联合开展森林火险等级预报,并通过县电视台天气预报节目发布;2006年1月与县电视台协作,制作乡镇电视天气预报节目,通过石泉县有线电视向全县及周边地区发布天气消息。2008 年随着网络系统和多媒体的快速发展,利用县农村广播直通系统,通过网络视听、调频电台、农村有线广播开展气象服务。目前已经形成气象信息通过广播、电视、信息电话、手机短信等多种渠道向广大社会公众发布,并逐步将气象信息向偏远农村、落后地区延伸覆盖。每年为节日、高考等专题、重大社会活动提供气象保障。

决策气象服务 决策气象服务领域逐步涉及三农气象服务、防汛抗旱气象服务、地质灾害气象服务、节日专题气象服务、重大事件气象服务等。20 世纪 80 年代以口头或传真方式向县委县政府提供决策服务。90 年代开发《重要天气报告》、《气象科技信息》、《气候影响评价》等决策服务产品,截至 2008 年,已有 10 几种服务产品,包括森林火险等级预报、地质灾害预报、预警信号等。建立了县政府突发公共事件预警信息发布平台,全面承担突发公共事件预警信息的发布与管理,在重大天气过程中,向县政府和有关部门提供决策服务。决策气象服务产品从早期的 48 小时短期气象预报发展到气候预测、中长期天气预报、重要天气消息、灾害性天气预警以及重大天气过程的实时跟踪服务。服务手段由人工送达发展到电话、传真、网络、手机短信等,大大提高了气象信息传输的时效性,为地方政府经济建设及农业生产决策提供了科学依据。

气象科技服务 1985 年 3 月,遵照国务院办公厅《关于气象部门开展有偿服务和综合经营的报告的通知》文件精神,专业气象有偿服务开始起步,利用传真邮寄、警报系统、声讯、手机短信等手段,面向各行业开展气象科技服务。20 世纪 90 年代开始为本县交通、农业、林业、水利等 30 多个部门开展有偿气象服务。1991 年 3 月起,为各单位建筑物避雷设施开展安全检测。1999 年 1 月起,对全县各类新建(构)筑物按照规范要求安装避雷装置。2000 年 4 月开通"121"电话天气预报自动答询系统,2005 年 1 月"121"升位为"12121",同时,开通手机短信预报服务业务。同年,独家代理石泉县有线电视台《天气预报》栏目背景广告,开展庆典气球、拱门及相关项目服务等。2007 年 10 月开展学校防雷安全检测。同年,对水电站、煤矿开展雷击灾害风险评估。

农业气象服务 2006 年 1 月始,逐步开展农业气象业务。每月制作一期《气候与农情》,分析县域基本气候概况,描述影响天气气候事件,针对农业、畜牧业的特点开展气候影响服务,向县政府、涉农部门、乡镇寄发《农业气象月报》、《蚕桑气候分析》、《农业产量预报》、《秋季低温预报》等业务产品,给广大农民蚕农吃上了"定心丸",为农业生产决策提供准确的历史依据及气象预报信息服务。

气象科普宣传 2000 年以前,科普宣传以县广播站向公众播发气象科普知识为主。2000 年以后在每年世界气象日、科技之春、安全生产日等活动期间,县气象站都会通过网络、电视、设置咨询宣传台等方式,利用宣传单、展板、画册、宣传短片等宣传暴雨、雷电、冰雹、滑坡、泥石流等气象灾害和次生灾害防御知识;宣传气象相关法律法规知识等。组织中小学生参观气象观测站,工作人员现场讲解气象仪器、设备用途,介绍天气预报制作原理和流程,进行气象科普宣传。自 2007 年重庆开县雷击事件后,石泉县气象局向全县各中、小学校赠送了雷电防御科普知识宣传画册和光碟,加强了中小学校防雷安全教育及宣传。

气象法规建设与社会管理

法规建设 2000年以来,为贯彻落实《中华人民共和国气象法》《陕西省气象条例》等法律法规,县政府出台了《关于加快气象事业发展的意见》等规范性文件,气象工作纳入县政府目标责任制考核体系。2006年5月向政府、国土、城建上报《石泉县气象观测环境保护备案》,为气象观测环境保护提供重要依据。2005年3月,石泉县政府办公室下发《关于做好防雷减灾工作的通知》,成立了石泉县防雷减灾工作小组,办公室设在县气象局,编写了《石泉县防雷减灾管理办法》。2006年初县政府办公室下发《关于印发石泉县重大气象灾害预警应急预案的通知》;同年,印发《关于建立防灾减灾气象信息预警网的通知》,成立石泉县防雷减灾工作领导小组,办公室设在县气象局。2007年5月,县政府办公室下发《关于进一步加强防雷减灾工作的通知》,同年7月,下发《关于规范建设项目防雷工程设计审核和竣工验收工作意见的通知》。按照防雷安全管理工作的规范要求,对县域内行政许可、雷灾事故调查、资质管理等依法进行管理和专项检查。

社会管理 2000年起,每年3月开展气象法律法规宣传活动。2005年,成立石泉县气象局行政许可办公室,依法将气象探测环境保护、升空气球施放、防雷电设施的设计审核、竣工验收及大气环境影响评价使用气象资料等纳入到气象行政管理范围,进行行政许可审批,依法行使社会管理职能。2008年,4名执法人员均通过省政府法制办培训考核,持证上岗。

制度建设 石泉县气象站在原有常规规章制度的基础上,2006年制定《石泉县气象局气象科技服务与产业岗位管理考核办法》,2007年制定了《石泉气象观测站业务质量日常考核办法》与《石泉气象观测站业务质量奖惩办法》,强化了业务日常考核与管理。

党建与气象文化建设

1. 党建工作

党的组织建设 建站后党组织关系归县农林局支部管理;1970年10月—1973年9月,归县武装部支部;1973年10月—2001年3月,归县农林局支部;2001年4月,经县机关工委批准成立县气象局党支部(2006年以前党支部隶属石泉县广电总支,2006年划属石泉县直机关工委)。党支部发展党员4人,截至2008年底有正式党员3人。

党支部成立后,加强党的思想、组织、作风和制度建设,定期组织开展活动,召开专题民主生活会,开展党员评议,充分发挥班子、支部和广大党员的积极性和创造性,取得了良好效果。先后多次被县机关工委、县委表彰,多名党员荣获优秀党务工作者与优秀党员等称号。2000年1月开展了"三讲"教育活动。2005年1月开展了保持共产党员先进性教育活动。2009年3月开展了第二批深入学习实践科学发展观活动。

党风廉政建设 2003年建立气象局局务公开、财务工作、票据使用、物品采购、来客接待等各项管理制度,认真落实党风廉政建设目标责任制,积极开展廉政教育和廉政文化建设活动。除每年完成与市气象局和县政府签订党风廉政目标责任外,定期召集党员学习,进行廉政勤政教育。每年召开职工大会,征求对党风廉政工作意见,进行整改。2004年开设局务公开栏、学习园地等文化专栏。每年4月开展党风廉政宣传教育月活动,通过开展各种活动,促进党风廉政建设。提高职工法制观念和履行监督职责。

2. 气象文化建设

精神文明建设　石泉县气象站历来重视精神文明建设,以优秀人物的先进事迹激励和带动气象职工工作热情,促进气象业务服务工作高质量上水平。2004年开设局务公开栏、学习园地等文化专栏。2005年建立精神文明活动室及职工之家、图书阅览室等。开展并积极参与地方举办的各项活动,丰富了职工业余文化生活。2008年3月与县工会、农业局主办了"迎奥运·农业杯"运动会。

文明单位创建　1991年3月,被县委、县政府授予县级文明单位;2001年3月,被市委、市政府授予市级文明单位。

荣誉　建站至2008年12月,集体共获得省部级以下奖励1项,个人获得省部级以下奖励2人次。

台站建设

2001年8月,石泉县气象站台站综合改善项目进入省气象局综合改造计划,2002年批准实施方案,国家财政投资85万元,地方财政投资18万元,共计投资98万元。项目于2002年8月开工,2004年11月竣工。行政办公楼的修建、观测站的改造与院落的绿化、美化,为职工创造一个亮、绿、净、美工作生活环境。2006年,国家财政投资14万,实施了气象观测站供水系统的改造,彻底解决了观测站用水难题。2006—2008年,不断加大投入,对业务平台、服务平台进行了升级改造,新购买五台计算机,建成了布局合理、功能齐全的现代化气象业务平台,气象业务稳步提高,服务设施得到快速发展。

综合改造前石泉县气象局业务值班用房(1986年)

综合改造后的石泉县气象局(2004年)

综合改造后的石泉县气象局行政办公楼
（2004 年）

综合改造后的石泉县气象局观测场（2004 年）

宁陕县气象局

宁陕县地处秦岭中段南麓，素有"九山半水半分田"之称，地貌以山林为主，呈"V"字形河谷分部，地形北高南低，总面积 3678 平方千米。森林面积 448 万亩，森林覆盖率达 82％，辖区内有 14 乡镇 98 个行政村，汉、回、蒙、满、壮 5 个民族，总人口 7.46 万。

机构历史沿革

始建情况　1957 年 11 月，按国家一般站标准在县城北面天井梁建成宁陕县气候站，1958 年 1 月开展气象业务，站址沿用至今，地理位置坐标，北纬 33°19′，东经 108°19′，观测场海拔高度 802 米。

历史沿革　1957 年 11 月，成立宁陕县气候站；1960 年 4 月，改称宁陕县气候服务站；1961 年 12 月，更名为宁陕县气象服务站；1968 年 11 月，更名宁陕县革命委员会气象站；1971 年 5 月，更名为宁陕县气象站革命领导小组；1972 年 5 月，改为宁陕县气象站；1990 年 1 月，更名宁陕县气象局（实行局站合一）。

2007 年 1 月前，为国家一般站；2007 年 1 月改为国家气象观测站二级站。属国家六类艰苦台站。

管理体制　1957 年 11 月—1957 年 12 月，由省气象局领导；1958 年 10 月—1962 年 7 月，由县政府领导；1962 年 8 月—1966 年 6 月，由省气象局领导；1966 年 7 月—1970 年 8 月，由宁陕县革命委员会领导；1970 年 9 月—1973 年 5 月，由县革命委员会和县武装部领导；1973 年 5 月—1979 年 12 月，由县政府领导；1980 年 1 月起，实行气象部门与地方政府双重领导，以气象部门领导为主的管理体制。

机构设置　内设综合办公室、观测站、预报服务股、气象科技服务中心、人工影响天气办公室。

单位名称及主要负责人变更情况

单位名称	姓名	职务	任职时间
宁陕县气候站	王宝贤	站长	1957.11—1960.04
宁陕县气候服务站			1960.04—1961.12
宁陕县气象服务站			1961.12—1968.10
宁陕县革命委员会气象站			1968.11—1971.05
宁陕县气象站革命领导小组	张桂生	站长	1971.05—1972.04
宁陕县气象站			1972.05—1983.04
	田忠卿	站长	1983.04—1990.01
宁陕县气象局		局长	1990.01—1991.05
	吴文全	局长	1991.05—2002.03
	邹 涛	局长	2002.03—2007.09
	王大君	局长	2007.09—

人员状况 1957 年建站初期有职工 2 人。截至 2008 年底,共有在职职工 9 人(在编职工 6 人,外聘职工 3 人)。在编职工中:大学以上 2 人,大专 1 人,中专及以下 6 人;中级职称 1 人,初级职称 5 人;在职职工中:30 岁以下 3 人,31～50 岁 4 人,50 岁以上 2 人。

气象业务与服务

1. 气象业务

①气象观测

地面观测 1957 年 10 月 1 日起,每日进行 01、07、13、19 时(地方太阳时)4 次定时观测;1959 年 1 月 1 日变更为每日进行 08、14、20 时(北京时)3 次观测。1959 年启用雨量计观测,1963 年启用气压观测,1966 年启用气压计、电接风速仪观测,1970 年启用温度计、湿度计观测,1978 年启用电接风向风速自记仪观测。观测项目有云、能见度、天气现象、日照时数、气温、风向风速、风压、降水、地面状态、积雪深度、小型蒸发、湿度。

1981 年 1 月 1 日—1984 年底向西安、汉中编发预约航报;1980 年 1 月 1 日至 1982 年底向武汉等 9 单位编发水情报,向武昌、武汉、石泉编发汛期水报;1982 年 1 月 1 日至 1984 年底向兰州编发预约航报;1984 年 1 月 1 日至 1988 年底向西安、汉中编发固定航报。1994 年起取消航危报,改发地面天气报和重要天气报。

自动气象观测站 宁陕自动气象站建于 2006 年 12 月,2007 年 1 月开始试运行。2007—2008 年,全县 14 个乡镇建立两要素区域自动气象观测站,初步建成地面中小尺度气象灾害自动监测网。

农业气象观测 宁陕气象站自 1958 年开始进行冬小麦、水稻、玉米、黄豆、土壤湿度等物候观测;1958 年开始编发农气旬报,1961 年终止物候观测,同时终止农气旬报。2006 年开始生态监测,监测项目为玉米。2008 年开始土壤墒情监测。

②天气预报

1958 年开始制作单站预报;1961 年开始森林火险等级预报。县气象站主要根据本地气象要素的变化、气候特点、预报经验以及通过广播收听上级台站的指导预报制作本地预报,预报产品只有24小时短期天气预报。1961年开始绘制压、温、湿三线图,为预报产品的制作提供了新的方法。每日通过广播站对外发布天气预报一次,主要发布24小时、48小时的天气预报。20世纪70年代,采用点聚图、气象要素时间演变曲线图、气象要素综合时间剖面图、简易天气图等制作每日早晚制作24小时内日常天气预报。20世纪80年代,配置气象传真机和电子计算机等现代化设备,应用市台指导预报产品,制作县站解释预报。

1999年5月,建成PC-VSAT卫星单收站和MICAPS 1.0天气预报应用系统,使县站的天气预报业务有了较大发展,卫星云图、各种数值预报产品在预报中开始运用。2002年使用MICAPS系统2.0版本。2005年5月建成宁陕县气象局预报业务平台,开展常规24小时、未来3～5天和旬月报等短、中、长期解释天气预报以及临近预报。2007年建成了多普勒天气雷达终端应用系统,在短时临近预报和突发灾害性天气预警中发挥了重要作用。2008年使用MICAPS·系统3.0版本,同时,开展灾害性天气预报预警业务和供领导决策的各类重要天气报告等。

③气象信息网络

1980年前,县气象站气象信息接收利用收音机收听上级以及周边气象台站播发的天气预报和天气形势。20世纪80年代初,配备传真机,接收日本气象中心及北京气象中心高空及地面资料。1990年开始使用短波单边带或甚高频电台。1990年开始使用PC-1500袖珍计算机。2000年开始使用微机编制报文,同年使用X.25专线传输报文和信息。2002年建设气象卫星综合应用业务系统("9210"工程)和MICAPS系统。2003年采用移动宽带专线(SDH)建立省—市—县气象宽带专用通信网络,传输带宽2兆,建立VSAT站、气象网络应用平台、专用服务器和省市县气象视频会商系统,完成全市气象站的组网工作。2005年开通移动和电信10兆光缆,接收从地面到高空各类天气形势图和云图、雷达等数据,为气象信息的采集、传输处理、分发应用、会商分析提供支持。2007年建成市县可视会商系统和气象政务办公系统并投入使用。

信息发布 1986年前,县气象站主要通过广播和邮寄旬报方式向全县发布气象信息。1985年建立气象警报系统,面向有关部门、乡(镇)、村、农户和企业等每天16时发布天气预报警报信息服务。1998年12月30日开通"121"(2005年1月改号为"12121")天气预报电话自动答询系统。1998年8月26日建立气象影视制作系统。2004年利用手机短信每天2时次发布气象信息,2005年开通了小灵通气象短信,2007年依托乡镇自动气象站连续观测数据,建立气象实况信息自动报警系统。2006年起,建立"宁陕气象"网站,发布农业、气象、政务等各类信息。

2. 气象服务

公众气象服务 20世纪60年代中期—1998年,通过县广播站有线广播向公众发布24小时和48小时订正天气预报。1998年开通"121"气象信息自动答询电话。2004年5月,购置了电视天气预报制作系统,开始制作24、48小时电视天气预报节目,每天2次以录像带的形式送县有线电视台向公众发布,并同时发布地质灾害气象等级预报。同年,开通宁陕气象信息网,向公众提供气象预报服务和气象政策法规宣传。2006年,与国土局联合开展地质灾害气象预报、与林业局联合开展森林火险等级预报。2006 年 1 月制作乡镇电视天气预报,通过天气预报节目向全县及周边地区发布天气消息。2007 年,对电视天气预报制作系统进行了升级改造,每天用 U 盘储存将天气预报节目送电视台播放。目前公众可通过广播、电视、信息电话、手机短信和互联网络等多种途径获取公众气象服务产品。每年开展节日气象服务和重大活动提供气象保障。

2002—2003 年邹涛连续 2 年被省气象局授予"重大气象服务先进个人"荣誉称号。2002—2003 年宁陕县气象局连续 2 年被省气象局授予"重大气象服务先进集体"、被地方政府授予"抗洪抢险先进集体"荣誉称号。

决策气象服务　20 世纪 70 年代,以口头或传真方式向县政府提供决策服务。90 年代开发《重要天气报告》、《气象科技信息》、《气候影响评价》等决策服务产品,为县政府及防汛抗旱部门提供决策服务。截至 2008 年,已有 10 几种服务产品,包括《森林火险等级预报》、《地质气象灾害等级预报》、《预警信号》等。在 2002 年 6 月 8 日至 9 日、2007 年 8 月 7 日特大暴雨洪涝和 2008 年初低温雨雪冰冻灾害、"5·12"抗震救灾中,向县委政府和有关部门提供决策服务。2007 年,建立县政府气象预警信息发布平台,为 11 个部门发布涉及交通安全、公共卫生、供电停电、地质灾害、农业病虫害等突发公共事件预警 30 多次,相关服务信息 2000 余条次。从 2008 年起开展气象灾害评估服务。

新农村建设气象服务　围绕全省气象防灾减灾体系建设,构建农村新型气象工作体系,推进现代气象业务体系向农村延伸、气象应急管理体系向农村延伸、公共气象服务向农村延伸,创新气象为"三农"服务模式,实施"农村气象防灾减灾"和"信息进村入户"两项工程,强化气象灾害防御社会化管理职能,建立了县气象预警信息发布平台,开展了气象为新农村建设服务工作。

气象科技服务　1985 年 3 月,遵照国务院办公厅《转发国家气象局关于气象部门开展有偿服务和综合经营的报告的通知》文件精神,专业气象有偿服务开始起步,利用传真邮寄、警报系统、声讯、手机短信等手段,面向各行业开展气象科技服务。1998 年开通"121"电话天气预报自动答询系统。2005 年 1 月"121"升位为"12121",同时,开通手机短信预报服务业务。1992 年起,开展庆典气球施放服务。1986 年,开展建筑物避雷设施安全检测。1991 年起,为各单位建筑物避雷设施开展安全检测;1999 年起,全县各类新建建(构)筑物按照规范要求安装避雷装置。2005 年起,对重大工程建设项目开展雷击灾害风险评估。

人工影响天气　2001 年宁陕县政府成立人工影响天气领导小组,办公室设在县气象局,由县气象局负责实施人工影响天气作业。2002 年 4 月,在宁陕县关口、汤坪实施首次人工增雨作业,安康电视台、广播电台等媒体作了报道。

气象科普宣传　2000 年以前,撰写气象知识稿件,通过县广播站相关栏目向公众传播。2000 年以后,每年利用"3·23"世界气象日制作宣传单、宣传展板,宣传气象预报用语含义及暴雨、雷电、冰雹、滑坡、泥石流等气象灾害和次生灾害防御知识。组织中小学生到气象局参观学习,现场讲解各种气象仪器、设备用途,介绍天气预报制作原理和流程,现场观看卫星云图接收处理和动画演示。从 2006 年起,每年参加县政府组织的"科技之春"活动,累计发放科普宣传材料万余份。

气象法规建设与社会管理

法规建设 2000 年以来，认真贯彻落实《中华人民共和国气象法》《陕西省气象条例》等法律法规，县人大领导和法制委每年视察或听取气象工作汇报，县政府先后出台《关于加快气象事业发展的实施意见》规范性文件，气象工作纳入县政府目标责任制考核体系。2000 年起，每年 4 月开展气象法律法规和安全生产宣传教育活动。2001 年以来，先后与安监、公安、建设等部门联合发文，出台涉及防雷、升放气球、探测环境保护、人工影响天气等各项气象工作相关文件。

2004 年 9 月，成立宁陕县气象局气象行政许可办公室，2 名兼职执法人员均通过省政府法制办培训考核，持证上岗。截至 2008 年底，有气象执法人员 3 人，并配备执法器材。2005 年实施各项行政许可项目，编制《气象行政许可项目规范》，公布气象许可项目的名称、申请条件、承办单位、办理期限、监督电话等内容。

2006 年成立以副县长为组长，公安、气象主要负责人为副组长，相关单位负责人为成员的防雷减灾领导小组（《宁陕县人民政府办公室关于成立宁陕县防雷减灾工作领导小组的通知》宁政办字〔2006〕16 号）。

2007 年落实中国气象局第 10、11 号令，联合城建部门规范新建改建建筑物防雷安全管理工作，制定新建改建建筑物防雷装置设计、施工、竣工验收等工作流程。联合宁陕县公安部门将《建筑物防雷装置竣工验收合格证》纳入到非煤矿山安全认证档案。

社会管理 2005—2007 年，县政府成立了气象灾害应急、防雷减灾工作、人工影响天气三个领导小组，在气象局设立办公室，负责日常工作。在防汛防旱工作中，为发挥气象部门第一道防线作用，局主要领导担任县防汛防旱指挥部成员，承担气象防灾减灾管理职能。

2004 年将探测环境保护相关法规规章在当地政府、土地管理局、城乡建设规划局等部门进行了备案。从 2006 年起，气象局周围的新建建筑物申请先由气象局根据气象探测环境保护规定在审批表中签注意见，城建局再视情况审批。

政务公开 2001 年开始实行政务公开，坚持按规定公示、公开行政审批程序、气象许可内容、收费标准、干部任用、财务收支、目标考核、基建工程招投标、职工晋升与晋级、干部离任审计等内容。2001 年至 2008 年累计公示的项目和内容有 6 项 400 余件。

党建与气象文化建设

1. 党建工作

党的组织建设 建站初期党组织关系归属石泉县农林水牧局支部；1961—1970 年归属宁陕县武装部支部；1970—1980 年归属宁陕县农林水牧局支部；2007 年 7 月，经县机关工委批准成立宁陕县气象局党支部。截至 2008 年底有党员 4 人。

2000 年 1 月开展了"三讲"教育活动。2005 年 1 月开展了保持共产党员先进性教育活动。2009 年 3 月开展了第二批深入学习实践科学发展观活动。

党风廉政建设 组织开展以党风廉政为主题的知识竞赛活动；每年开展局领导党风廉

政述职报告和党课教育活动,签订党风廉政目标责任书。2002—2008 年先后建立气象局局务公开、财务工作、基建管理、票据使用、物品采购、来客接待等各项管理制度;认真落实党风廉政建设目标责任制,积极开展廉政教育和廉政文化建设活动。除每年完成与市气象局和县政府签订目标责任合同外,定期召集党员学习,进行廉政勤政教育。每年召开职工大会,征求对局党风廉政工作意见,进行整改。每年 4 月开展党风廉政宣传教育月活动,通过开展各种活动,促进党风廉政建设。

2. 气象文化建设

成立县气象局精神文明领导小组,主要局领导任负责人。设立局务公开栏、学习园地文化专栏和争做"文明市民、文明单位"宣传专栏。元旦、春节等节假日组织开展系列活动:"五一"乒乓球比赛;"六一"职工家庭健康娱乐活动;"七一"向困难党员献爱心活动等。2008 年,先后与导航台、城关镇城北社区、城关镇校场村开展共建活动。

2008 年 1 月开展《陕西省气象部门南北互动行动计划》,实施四大行动:科技下基层行动、素质提高行动、关注民生行动、文化建设行动。与西安市长安区气象局开展了"南北互联互动,结对子,一帮一"活动。2009 年 1 月开展陕西气象文化助推行动。

文明单位创建 1998 年被县委、县政府授予县级文明单位;2004 年被市委、市政府授予市级文明单位。

荣誉 建站至 2008 年 12 月,集体共获得省部级以下奖励 1 项,个人共获得省部级以下奖励 2 人次。

台站建设

宁陕县气象站观测场按 25 米×25 米标准建设。2003 年 8 月开始对观测站实施综合改造,项目总投资 45.0 万元,工程主体为 246 平方米办公楼建设及辅助工程(办公楼装修、护坎建设、透视围墙、大门、院落平整及绿化等),已于 2004 年 12 月建成并投入使用。2006 年 10 月开始实施综合改造续建项目,项目包括:54 平方米值班室修建、25 米×25 米自动站观测场改造、业务平台建设、护坎、140 米透视围墙、办公楼改造、绿化等,总投资 28.8 万元。

综合改造前的宁陕县气象站(1984 年)

综合改造后的宁陕县气象局(2004 年)　　　宁陕县气象局综合业务办公楼一角(2004 年)

白河县气象局

白河县位于陕西省安康市东部。南依巴山,北临汉江,西接旬阳,三面环楚,素有"秦头楚尾"之称。全县地势南高北低,山脉与沟相间,总面积 1450 平方千米。辖 9 镇 6 乡、124个村民委员会、3 个城镇社区,总人口为 20.90 万。

机构历史沿革

台站变迁　1960 年 1 月,按国家一般气象站标准在白河县天池岭(山顶)建成白河气候站,1960 年 4 月开展气象业务;1962 年 5 月,迁至白河县城关烈士陵园。地理坐标为北纬 32°49′,东经 110°07′,海拔高度 322.5 米。

历史沿革　1960 年 1 月,成立白河气候站;1961 年 12 月,改为白河县气象服务站;1968 年 11 月,改为白河县革命委员会气象站;1971 年 5 月,改为白河县气象站革命领导小组;1972 年 5 月,改为白河县气象站;1990 年 1 月,改称白河县气象局(实行局站合一)。

2007 年 1 月升级为白河国家气象观测站二级站,2009 年 1 月,改为白河国家一般气象站。

管理体制　1960 年 1 月—1962 年 7 月,由省气象局和县政府双重领导;1962 年 8 月—1966 年 6 月,由省气象局领导;1966 年 7 月—1970 年 8 月,由县革命委员会领导;1970 年 9月—1973 年 5 月,由县革命委员会和县武装部领导;1973 年 6 月—1979 年 12 月,由县政府领导;1980 年 1 月起,实行气象部门与地方政府双重领导,以气象部门领导为主的管理体制。

机构设置　白河县气象局下设综合管理办公室、气象观测站、预报股、气象科技服务中心、人工影响天气办公室。

单位名称及主要负责人变更情况

单位名称	姓名	职务	任职时间
白河气候站	赵五苓	站长	1960.01—1960.08
	史文修	站长	1960.08—1961.10
白河县气象服务站	侯廷荣	站长	1961.10—1961.11
			1961.12—1962.12
	黄云仙	站长	1962.12—1964.06
白河县革命委员会气象站	张耀华	站长	1964.06—1968.10
			1968.11—1971.04
白河县气象站革命领导小组			1971.05—1972.04
			1972.05—1974.12
白河县气象站	王义贵	站长	1974.12—1975.12
	侯廷荣	站长	1975.12—1983.04
	黄尚植	站长	1983.04—1986.09
	侯廷荣	站长	1986.09—1989.05
	周艳刚	站长	1989.06—1989.12
白河县气象局		局长	1990.01—1999.08
	杨雪萍	局长	1999.09—2004.07
	周宗满	局长	2004.07—

人员状况 1960年建站时有职工4人。2003年5月定编为6人。截至2008年底,有在职职工8人(在编职工3人,外聘职工5人),退休职工2人。在职职工中:本科以上3人,大专3人,中专及以下2人;中级职称1人,初级职称4人;30岁以下5人,31～40岁2人,40岁以上1人。

气象业务与服务

1. 气象业务

①气象观测

地面观测 1960年4月—1960年7月,每天进行01、07、13、19时(地方时)观测。1960年8月改为每天08、14、20时(北京时)3次观测,夜间不守班。观测项目有云量、能见度、天气现象、气温、湿度、风向风速、降水、日照、小型蒸发、地温、地面状态。1967年6—9月向703部队编发预约航危报。1973年1—5月向西安军航编发预约航危报。1974年1月—1975年向西安、安康编发预约航危报。1978年4月向河南栾川部队编发白天预约航危报。1978年4—8月向湖北物探队编发预约航危报。1980年4—5月向部队编发预约航危报。2008年5月开始进行土壤墒情监测。

自动气象观测站 2005年8月,白河自动气象站CAWS600SE系统安装完成。2006年1月—2006年12月和2007年1月—2007年12月分别进行两个阶段的对比观测。2008年1月开始单轨业务运行,人工站并行观测。每天23、02、05、08、11、14、17、20时8次观测,观测项目有云、能见度、天气现象、气压、气温、湿度、风向风速、降水、雪深、日照、蒸发、地温、冻土等。2007—2008年,全县14个乡镇先后建立两要素区域自动气象观测站。初步建成地面中小尺度气象灾害自动监测网。

②天气预报

建站初期,县气象站预报主要根据本地的气象要素变化、农谚、预报员经验以及通过广播收听上级台站的指导预报制作本地预报,预报产品只有24小时短期天气预报;1961年5月开始绘制压、温、湿三线图,为预报产品的制作提供了新的方法;1983年4月,通过滚筒式无线传真机接收天气分析图和省台的指导预报意见,制作发布本县订正预报;2002年3月建成PC-VSAT卫星单收站和气象信息综合分析处理系统(MICAPS 1.0),卫星云图、各种数值预报产品在县站预报中开始运用;2002年10月MICAPS 2.0版安装使用;2005年4月建成集监测、预报、服务于一体的综合业务平台;2007年6月建成多普勒天气雷达远程终端应用系统,雷达回波、区域气象观测站数据在短时临近预报和突发灾害性天气预警中发挥了重要作用。

③气象信息网络

1980年前,县气象站利用收音机收听上级以及周边气象台站播发的天气预报和天气形势。20世纪80年代初,配备了传真机,接收日本气象中心及北京气象中心高空及地面资料。1990年使用短波单边带电台和甚高频电台,进行天气会商、传输气象服务信息和行政事务通话。1998年12月开通"121"天气预报电话自动答询系统(2005年1月改号为"12121")。2002年3月建立PC-VSAT站,同年4月开始利用X.25接收从地面到高空各类天气形势图和云图、雷达等数据,为气象信息的采集、传输处理、分发应用、会商分析提供支持。2003年4月开通移动和电信10兆光缆,建成宽带广域网及局域网,2006年3月建立白河气象网站,发布农业、气象、政务等各类信息。2007年6月建立市—县天气预报可视会商系统。

2. 气象服务

公众气象服务 1960年起,县气象站利用农村有线广播站播报气象信息,发布暴雨等灾害天气预报。1983年4月开始天气图传真接收工作,主要接收北京的气象传真和日本传真图表等,用以分析判断天气变化。1987年开通高频通讯电话,实现与地区气象局的无线会商,发布天气预报,编发绘图报、航危报、重要报、水文报等。1991年3月由县电视台制作发布文字形式气象节目,每日发布公众预报。1998年12月开通"121"天气预报自动语音答询系统。2000年5月开通气象信息网,挂靠在白河县政府网站。2005年1月开通24小时至72小时手机短信天气预报服务。2006年起,建立白河气象网站,发布农业、气象、政务等各类信息。

决策气象服务 县气象站从建站至20世纪80年代初主要利用口头、电话、书面等方式向县政府提供决策气象服务。2004年以后,县气象站开始制作节日专题天气预报、重大事件专题天气预报以及重要天气消息、临近预报,并开始发布灾害性预警信号,为政府防灾减灾提供重要的决策依据。坚持每月制作专题气象服务,向县委县政府和防汛以及相关部门报送《重要天气报告》、《天气消息》、《旬月预报》、《汛期气候预测》、《年景预报》、《送阅件》、《雨情通报》等决策服务产品。2006年1月制作乡镇电视天气预报,通过天气预报节目向全县及周边地区发布天气消息。2006年3月与国土局联合开展地质灾害气象预报、与林业局联合开展森林火险等级预报。

【气象服务事例】 1983年7月31日白河出现百年不遇的汉江特大洪水。由于7月下旬汉江上游普降暴雨到大暴雨,使汉江河水暴涨,造成汉江沿岸及老城河街全部水淹。气象站于7月27日提前作出预报并把预报结果及时向县政府汇报,并通过县广播站向全县广播,为抗洪抢险,生产自救提供准确及时的气象预报信息,将灾害损失降到最低。

2005年9月24日—10月6日白河县出现连阴雨天气过程,气象局于9月24日—10月6日作出中到大雨及连阴雨天气过程,播发出重要天气消息、雨情通报各4期,电话通报50多次。周宗满同志被中共白河县委、白河县政府"授予抗洪抢险先进个人"。

2008年1月12—22日,白河县出现降雪天气过程,最低气温降至零下2℃~5℃,道路结冰日长达17天。此次过程,气象局发布"重要天气消息"、"气象灾害预警信号"、"雪情通报"16次。本次降雪过程由于提前发布预报预警,在工农业生产、防灾减灾中起了重要作用,也受到县政府的肯定。

气象科技服务 1985年3月,按照国务院办公厅《转发国家气象局关于气象部门开展有偿服务和综合经营的报告的通知》(国办发〔1985〕25号)文件精神,县气象站专业气象有偿服务开始起步,利用传真邮件、声讯、手机短信等手段,面向各行业开展气象科技服务。1993年起,为各单位建筑物避雷设施开展安全检测;1999年始,全县各类新建建(构)筑物按照规范要求安装避雷装置;2000年12月开通"121"气象短信服务(2005年1月"121"电话升位为"12121");2005年3月独家代理白河县有线电视台《天气预报》栏目背景广告,开展庆典气球施放服务及相关项目服务等。

农业气象服务 县气象站每半年制作一期气候影响评价,分析基本的气候概况,描述影响天气气候事件,针对农业、养殖业等作出气候影响评价,为未来的农业生产决策提供准确的历史依据。

人工影响天气 1999年3月,县政府成立县人工影响天气办公室,办公室设在县气象局,由县气象局负责实施人工影响天气作业。配备人工增雨高炮3门、火箭发射装置1套。同年4月,在白河县茅坪镇实施首次人工增雨作业,效果明显,全县普降中到大雨,缓解旱情。陕西电视台、安康电视台、广播电台、陕西日报、安康日报等媒体纷纷作了报道。

气象科普宣传 2002年以前,气象科普宣传开展面较窄,2002年以来,加强科普宣传力度,每年在"3·23"世界气象日、科技活动周、科普宣传月、"安全生产月宣传活动"等活动期间,组织中小学生到气象站参观学习、现场讲解,宣传气象常识、气象灾害防御、气象与环境等科普知识。每年发放宣传材料3000余份。每年3月参加县委县政府组织的文化科技卫生三下乡活动,在活动中宣传气象知识、防雷科普知识。

气象法规建设与社会管理

法规建设 2005年1月,白河县人民政府下发《白河县人民政府办公室关于成立防雷减灾工作小组的通知》,同年下发《关于进一步做好防雷减灾工作的通知》。2006年3月与白河县建设局联合发文《关于加强建(构)筑物防雷工作的通知》。2007年5月白河县人民政府办公室下发《关于开展防雷安全隐患排查工作的通知》、白河县防雷减灾工作领导小组发出《关于开展2007年防雷安全专项检查的通知》,使防雷行政许可管理走向规范化。

社会管理 2004年4月将气象探测环境保护相关法规规章在当地政府、土地管理局、城乡建设规划局等部门进行备案。从2006年起,在气象局周围建房申请需先由气象局根据气象探测环境保护规定在审批表中签注意见,城建局再视情况审批。2005年5月县政府办公室发文成立白河县行政许可办公室。每年定期对液化气站、加油站、民爆仓库等高危行业防雷设施进行检查,对不符合防雷技术规范的单位责令整改,依法负责全县防雷安全管理工作。

白河县矿产资源丰富,全县拥有锰矿、矾矿、铁矿等开采企业70余家,企业在日常生产中都要使用炸药、雷管等民爆物品,而这些企业对爆炸品的储存管理却不规范,绝大多数企业的炸药、雷管库没有安装防雷、防静电设施,存在严重的雷电安全隐患。2005年以来,白河县气象局多次与公安、经贸、安监等部门组织开展炸药库防雷电专项执法检查,进行防雷电设施建设的技术指导。通过近年的努力,全县矿山企业的民爆物品储存场所的防雷电装置逐步完善,防雷电设施年度安全检测有序进行。通过与城建部门合作,全县新建建筑防雷设计图纸审核、随工竣工验收检测步入规范程序。

政务公开 对气象行政审批办事程序、气象服务内容、服务承诺、气象行政执法依据等采取通过户外公示、网站公示以及上墙公示多种方式向社会公开。

制度建设 制订白河县气象局《气象科技服务经营管理办法》、《气象科技服务实体考核奖罚办法》、《气象行政执法管理办法》、《车辆管理办法》、《购物小修管理办法》、《气象行政执法管理办法》等文件。修改完善《首问负责制》、《绩效考评制》、《限时办结制》、《效能投诉制》、《服务承诺制》、《失职追究制》等六项廉政建设规章制度。

党建与气象文化建设

1. 党建工作

党的组织建设 1977年9月—1979年7月,气象站与拖拉机站、供电所三单位联合成立党支部;1980年3月—1998年7月,县农工部与气象局合为联合支部;1998年7月—2005年11月,与县农业局合为联合支部;2005年11月成立气象局党支部,有党员3人,截至2008年12月有党员4人。

党风廉政建设 组织开展以党风廉政为主题的知识竞赛活动;每年开展局领导党风廉政述职报告和党课教育活动,签订党风廉政目标责任书。积极开展廉政教育和廉政文化建设活动。除每年完成与市气象局和县政府签订目标责任合同外,定期召集党员学习,进行廉政勤政教育。每年召开职工大会,征求对局党风廉政工作意见,进行整改。每年4月开展党风廉政宣传教育月活动,通过开展各种活动,促进党风廉政建设。单位内财务收支、目标考核等内容采取职工大会或者局内公示栏张贴等形式向职工公开。

2. 气象文化建设

开展文明创建规范化建设,统一制作局务公开栏、学习园地、法制宣传栏和文明创建标语等宣传语牌。建成精神文明活动室、职工之家、乒乓球场地以及图书阅览室,丰富职工的业余生活。2008年1月实施《气象部门南北互动行动计划》,2009年1月实施陕西气象文化助推行动。

文明单位创建 2000年3月被县委、县政府授予县级文明单位。2007年3月被市委、市政府命名为市级文明单位称号。

荣誉 1982—2008年,集体共获得省部级以下奖励1项,个人共获得省部级以下奖励2人次。

台站建设

2003年,白河县气象局台站综合改造项目总投资79万元。新建业务办公楼353平方米,硬化院落500平方米,改造自动站观测场、新建职工餐厅、辅助生活用房102平方米,绿化院落1000平方米。县气象局面貌焕然一新,人文气息浓郁,为职工创造了一个更加舒适、优美的办公和生活环境。

白河县气象站建站时台站全貌(1980年)

20世纪90年代的白河县气象局业务办公楼

综合改造后的白河县气象局业务办公楼(2003年)

综合改造后的白河县气象局自动站观测场(2004年)

紫阳县气象局

紫阳县位于安康市西南部,与四川省万源市和重庆市城口县接壤,汉江自西北至东南横贯全境,任河由西南向西北注入汉江,两条河水将全县分割为东南部大巴山区、西南部米仓山区、北部凤凰山区,加上蒿坪河川道,从而形成"三山两水一川"的地貌特点。全县辖25个乡镇,面积2204平方千米,人口35万。紫阳素有茶乡、歌乡、橘乡之称。

机构历史沿革

台站变迁 1957年8月,按国家一般站标准在紫阳县瓦房店山腰建成陕西省紫阳瓦房店气候站,1957年10月,开展气象业务。1976年1月,迁址至紫阳县城关镇北坡山腰,站址位于东经108°32′,北纬32°32′,观测场海拔高度503.8米。

历史沿革 1957年10月,成立陕西省紫阳瓦房店气候站;1960年4月,更名为紫阳县气候服务站;1961年12月,改为紫阳县气象服务站;1967年12月,改为紫阳县革命委员会气象站;1971年8月,改为紫阳县气象站革命领导小组;1972年5月,名称改为紫阳县气象站;1990年1月,改称紫阳县气象局(实行局站合一)。

紫阳县气象站是国家一般气候站,2007年改为国家气象观测站二级站,属国家六类艰苦台站。

管理体制 1957年10月—1957年12月,由省气象局领导;1958年1月—1962年7月,由县政府领导;1962年8月—1966年6月,由省气象局领导;1966年7月—1970年8月,由县革命委员会领导;1970年9月—1973年5月,由县革命委员会和县武装部领导;1973年6月—1979年12月,由县政府领导;1980年1月起,实行气象部门与地方政府双重领导,以气象部门领导为主的管理体制。

机构设置 内设综合办公室、观测站、气象台、气象科技服务中心、人工影响天气办公室。

单位名称及主要负责人变更情况

单位名称	姓名	职务	任职时间
陕西省紫阳瓦房店气候站	杨秉财	站长	1957.10—1960.04
紫阳县气候服务站	李志民	站长	1960.04—1961.11
			1961.12—1966.09
紫阳县气象服务站			
	乔锦健	站长	1966.09—1967.12
紫阳县革命委员会气象站			1967.12—1969.04
			1969.04—1971.07
	齐志才	站长	1971.08—1972.05
紫阳县气象站革命领导小组			
紫阳县气象站			1972.05—1984.10
	李志民	站长	1984.10—1989.12
		局长	1990.01—1992.11
紫阳县气象局	王国安	局长	1992.11—2002.07
	孟术	局长	2002.07—

人员状况 1957年建站初期有职工2人。截至2008年底,共有在职职工8人(在编职工5人,外聘职工3人),退休职工2人。在职职工中:大学本科以上3人,大学专科以下5人;中级职称1人,初级职称4人;30岁以下5人,30岁以上3人。

气象业务与服务

1. 气象业务

①气象观测

地面观测 1957 年 10 月每天进行 08、14、20 时 3 个时次观测。1959 年启用雨量计观测,1963 年启用气压观测,1966 年启用气压计、电接风速仪观测,1970 年启用温度计、湿度计观测,1978 年启用电接风向风速自记仪观测。观测项目有风向、风速、气温、气压、云、能见度、天气现象、降水、日照、小型蒸发、地面温度、雪深等。每天编发 08、14、20 时 3 个时次的天气加密报,天气加密报的发报内容有云、能见度、天气现象、气压、气温、风向风速、降水、雪深、地温等,重要天气报的内容有暴雨、雷暴、大风、雾、积雪、冰雹、龙卷风、沙尘暴等。

自动气象观测站 2005 年 8 月建成 CAWS600-RT 型自动站并开始试运行,2007 年 12 月 31 日 20 时起正式投入单轨业务运行。自动气象站投入业务运行后,使用自动气象站测得的气象资料用地面气象观测业务软件(OSSMO)编发各种气象电报和形成自动气象站的月(年)报表。自动站观测项目包括温度、湿度、气压、风向风速、降水、地面温度,每天 20 点对所有观测项目进行人工对比观测,以自动站资料为准发报。

自建站定期编制并向省气象局报送地面观测月、年报表。2003 年起通过网络报送电子报表,停止报送纸质报表。

农业气象观测 县气象站自 1958 年开始进行冬小麦、玉米、黄豆、茶、橘和土壤湿度等物候观测。1958 年开始编发农气旬报,1961 年终止物候观测,同时终止农气旬报。2006 年开始生态监测,监测项目为茶、橘。2008 年开始土壤墒情监测。

②天气预报

1958 年开始制作单站预报。1961 年开始森林火险等级预报。县气象站主要根据本地气象要素的变化、气候特点、预报经验以及通过广播收听上级台站的指导预报制作本地预报,预报产品只有 24 小时短期天气预报。1961 年开始绘制压、温、湿三线图,为预报产品的制作提供了新的方法。每日通过广播站对外发布天气预报 1 次,主要发布 24 小时、48 小时的天气预报。20 世纪 70 年代,采用点聚图、气象要素时间演变曲线图、气象要素综合时间剖面图、简易天气图等制作每日早晚制作 24 小时内日常天气预报。20 世纪 80 年代,配置气象传真机和电子计算机等现代化设备,应用市台指导预报产品,制作县站解释预报。

1999 年 6 月,建成 PC-VSAT 卫星单收站和 MICAPS 1.0 天气预报应用系统,使县站的天气预报业务有了较大发展,卫星云图、各种数值预报产品在预报中开始运用。2002 年使用 MICAPS 系统 2.0 版本。2005 年 6 月建成紫阳县气象局预报业务平台,开展常规 24 小时、未来 3~5 天和旬月报等解释天气预报以及临近预报。2007 年建成了多普勒天气雷达终端应用系统,在短时临近预报和突发灾害性天气预警中发挥了重要作用。

③气象信息网络

通讯网络 1980 年前,县气象站气象信息接收利用收音机收听上级以及周边气象台站播发的天气预报和天气形势。20 世纪 80 年代初,配备传真机,接收日本气象中心及北京气象中心高空及地面资料。1990 年开始使用短波单边带或甚高频电台,同年开始使用

PC-1500 袖珍计算机。2000 年开始使用微机编制报文,同年使用 X.25 专线传输报文和信息。2002 年建设气象卫星综合应用业务系统("9210"工程)和 MICAPS 系统。2003 年采用移动宽带专线(SDH)建立省—市—县气象宽带专用通信网络,传输带宽 2 兆,建立 VSAT 站、气象网络应用平台、专用服务器和省市县气象视频会商系统,完成全市气象站的组网工作。2005 年开通移动和电信 10 兆光缆,接收从地面到高空各类天气形势图和云图、雷达等数据,为气象信息的采集、传输处理、分发应用、会商分析提供支持。2007 年建成市县可视会商系统和气象政务办公系统并投入使用。

信息发布　1986 年前,县气象站主要通过广播和邮寄旬报方式向全县发布气象信息。1985 年建立气象警报系统,面向有关部门、乡(镇)、村、农户和企业等每天 16 时发布天气预报警报信息服务。1998 年 12 月 30 日开通"121"(2005 年 1 月改号为"12121")天气预报电话自动答询系统。1998 年 8 月 26 日建立气象影视制作系统。2004 年利用手机短信每天 2 时次发布气象信息,2005 年 1 月开通了小灵通气象短信。2007 年依托乡镇自动气象站连续观测数据,建立气象实况信息自动报警系统。2006 年起,建立"紫阳气象"网站,发布农业、气象、政务等各类信息。

2. 气象服务

公众气象服务　1966 年起,利用有线广播站播报气象消息。1998 年由县电视台制作文字形式气象节目。2003 年以后开始制作节日专题天气预报、重大事件专题天气预报以及重要天气消息、临近预报。2004 年开通紫阳气象信息网,开始在网络上向公众提供公益气象预报服务和政策法规的宣传。2006 年开通手机气象短信,至 2008 年底,短信用户 2000 余户。2007 年开始发布灾害性预警信号。2008 年使用非线性编辑系统制作电视气象节目;每年为节日、高考及川、陕、渝篮球赛等社会活动提供气象保障。

决策气象服务　20 世纪 80 年代,以口头或传真方式向县委县政府提供决策服务。90 年代开发《重要天气报告》、《气象科技信息》、《气候影响评价》等决策服务产品。截至 2008 年,已有 10 几种服务产品,包括森林火险等级预报、地质灾害预报、预警信号等。在重大天气过程中,向县政府和有关部门提供决策服务。2007 年,建立县政府气象预警信息发布平台,为 11 个部门发布涉及交通安全、公共卫生、供电停电、地质灾害、农业病虫害等突发公共事件预警 30 多次,相关服务信息 2000 余条次。从 2008 年起开展气象灾害评估服务。

气象科技服务　1985 年 3 月,遵照国务院办公厅《转发国家气象局关于气象部门开展有偿服务和综合经营的报告的通知》文件精神,专业气象有偿服务开始起步,利用传真邮寄、警报系统、声讯、手机短信等手段,面向各行业开展气象科技服务。20 世纪 90 年代开始为本县交通、农业、林业、水利等 30 多个部门开展有偿气象服务。1998 年开通"121"电话天气预报自动答询系统,2005 年 1 月"121"升位为"12121",同时,开通手机短信预报服务业务。1992 年起,开展庆典气球施放服务。1986 年起,开始开展建筑物避雷设施安全检测。1991 年起,为各单位建筑物避雷设施开展安全检测;1999 年起,全县各类新建建(构)筑物按照规范要求安装避雷装置。2007 年起,对水电站、煤矿开展雷击灾害风险评估。

农业气象服务　1982—1983 年,完成紫阳县农业气候区划。2005 年开展茶叶与夏玉米生态观测。2008 年开始进行土壤墒情观测业务,每年初制作前一年的气候影响评价。

每月制作专题气象服务,报送相关部门。

人工影响天气 2001年6月购置3门"三七"高炮,开始实施人工影响天气作业。2001年成立由县政府领导的紫阳县人工影响天气工作领导小组,下设办公室,气象局局长任办公室主任。同年开展首次人工增雨作业并取得成功。

气象科普宣传 利用每年"3·23"世界气象日、安全生产月等重大活动,积极向社会公众宣传气象科普知识,摆放科普展板,散发宣传材料,播放气象专题片,开放气象站。2008年联合县地震办举办"防雷减灾和防震减灾"宣传活动。

【气象服务事例】 2000年为"7·13"特大滑坡、泥石流灾害进行全程天气预报及跟踪服务。

2004年准确预报"5·27"、"7·16"、"9·30"等灾害性天气过程,为全省艺术家紫阳采风、县两会召开、全县庆七一民歌竞赛等大型活动进行全程气象服务。

2005年,准确预报7月8日至9日、10月1日至2日等灾害性天气过程,为县"两会"召开、县"两基"工作验收等大型活动进行天气预报并跟踪服务。

2006年准确预报2月26日和4月11日"倒春寒"天气过程,5月21日、6月30日、9月27日暴雨天气过程,并对6—8月干旱天气进行预报和跟踪服务,对县党代会、人代会、政协会、高考、第五届富硒茶文化节、创建卫生县城万人签名活动、襄渝二线建设等重大活动(事件)进行天气预报并跟踪服务。

2007年,准确预报7月2—8日、7月28—29日、8月31日暴雨天气过程,对第六届富硒茶文化节、高考、襄渝二线建设等重大活动(事件)进行天气预报并跟踪服务。

2008年,对第五届"紫阳县十佳杰出青年"颁奖典礼、紫阳广场建设、"阿伊莲紫阳助学活动"等社会活动进行天气预报并跟踪服务;并对"6·9"沉船事故、"5·12"汶川大地震震后抗震救灾、"1·13"雪灾冰冻、"12·4"寒潮、"9·11"雷击等开展专题天气预报服务。

气象法规建设与社会管理

法规建设 2000年以来,认真贯彻落实《中华人民共和国气象法》、《陕西省气象条例》等法律法规,县政府出台《关于加快气象事业发展的意见》规范性文件,气象工作纳入县政府目标责任制考核体系。2006年向政府、国土、城建上报《紫阳县气象观测环境保护备案》,为气象观测环境保护提供重要依据。2005年,紫阳县人民政府办公室下发《关于成立防雷减灾工作领导小组的通知》,同年成立防雷科技服务中心。2006年出台《关于印发紫阳县重大气象灾害预警应急预案的通知》;同年,紫阳县政府办公室印发《关于建立防灾减灾气象信息预警网的通知》;成立紫阳县防雷减灾工作领导小组,办公室设在县气象局。2007年5月,县政府办公室下发《关于进一步加强防雷减灾工作的通知》,同年7月,县政府办公室下发《关于规范建设项目防雷工程设计审核和竣工验收工作意见的通知》。

社会管理 2000年起,每年3月开展气象法律法规活动。2007年,成立紫阳县气象局行政许可办公室,依法行使社会管理职能。2008年,3名兼职执法人员均通过省政府法制办培训考核,持证上岗。

政务公开 2001年开始实行政务公开,坚持按规定公示、公开行政审批程序、气象许可内容、收费标准、干部任用、财务收支、目标考核、基建工程招投标、职工晋升与晋级、干部离任审计等内容,2001—2008 年累计公示的项目和内容有 7 项 650 余件。

党建与气象文化建设

1. 党建工作

党的组织建设 建站后,由于党员人数少,没有成立独立党支部,党员的组织关系编入县农林水牧局党支部;1970 年 10 月归属县武装部党支部;1973 至 1980 年归属宁陕县农林水牧局党支部;2006 年 6 月经县机关工委批准成立县气象局党支部。截至 2008 年底有党员 3 人。

定期组织开展教育月活动,召开专题民主生活会。2000 年 1 月开展了"三讲"教育活动。2005 年 1 月开展了保持共产党员先进性教育活动。2009 年 3 月开展了第二批深入学习实践科学发展观活动。

党风廉政建设 2002 年在局机关建立《气象局局务公开》、《财务工作》、《基建管理》、《票据使用》、《物品采购》、《来客接待》等各项管理制度;认真落实党风廉政建设目标责任制,积极开展廉政教育和廉政文化建设活动。除每年完成与市气象局和县政府签订目标责任外,定期召集党员学习,进行廉政勤政教育。每年召开职工大会,征求对党风廉政工作意见,进行整改。每年 4 月开展党风廉政宣传教育月活动,通过开展各种活动,促进党风廉政建设。

2. 气象文化建设

2004 年开设学习园地、局务公开栏等文化专栏。2005 年建起精神文明活动室及职工之家,建设羽毛球场地、乒乓球室以及图书阅览室。2008 年 1 月实施《气象部门南北互动行动计划》。2009 年 1 月与省防雷中心、吴起县气象局开展了"南北互联互动,结对子,一帮一"活动和实施陕西气象文化助推行动。

文明单位创建 2002 年被县委、县政府命名为县级文明单位。2005 年初,被安康市委、市政府命名为市级文明单位。

3. 荣誉与人物

集体荣誉 2008 年 12 月以前,共获得省部级以下奖励 2 项。

个人荣誉 李志民 1982 年被陕西省政府授予"陕西省劳动模范"和"先进生产(工作)者称号"。

2008 年 12 月以前,有 1 人次获得省部级以下奖励。

人物简介 李志民,男,汉族,1936 年出生,1957 年参加工作。1960—1966 年任紫阳县气象站站长。1960 年 2 月出席陕西省农业社会主义建设先进工作(生产)者劳模大会,受到大会表彰和奖励。1982 年 9 月被陕西省政府授予"陕西省劳动模范"和"先进生产(工作)者称号"。李志民同志带领紫阳县气象站以准确及时的气象预报为县委县政府提供优质气象决策服务,为紫阳县农业生产做出了大量的贡献。

台站建设

　　2002 年,紫阳县气象站台站综合改善项目进入省气象局综合改造计划,2003 年批准实施方案,投资 47.1 万元,当年开工建设,2005 年 9 月工程完工。2006 年实施台站综合改善续建项目,投资 15.9 万元,当年开工建设,并于 2006 年 12 月全部完工,建立了气象预警中心业务平台以及图书阅览室、党员活动室、职工活动室等硬件设施。

综合改造前的紫阳县气象站办公室(1982 年)

综合改造后的紫阳县气象局全貌(2005 年)

岚皋县气象局

　　岚皋县位于陕西南部的鄂、渝、陕三省交界处,大巴山北麓,汉江南岸,全县总面积1851 平方千米,辖 17 个乡镇、198 个行政村,总人口 17 万。岚皋物华天宝,资源丰饶,满目葱翠,万物如洗,是绿色食品的生产基地。魔芋种植历史悠久,先后被国家列为"全国魔芋种植基地重点县"和"全国魔芋加工重点县"。

机构历史沿革

　　始建情况　1962 年 2 月,按国家一般气象站标准在岚皋县城关镇东新村建成岚皋县气候站,同月开展气象业务,站址沿用至今,站址地理坐标为北纬 32°19′,东经 108°54′,观测场海拔高度 438.5 米。

　　历史沿革　1962 年 2 月,岚皋县气候站成立;1968 年 11 月,改为岚皋县革命委员会气象站;1971 年 5 月,改称为岚皋县气象站革命领导小组;1972 年 5 月,改称岚皋县气象站;1990 年 1 月,改为岚皋县气象局(实行局站合一)。

　　1990 年 1 月,被确定为国家气象观测一般站;2006 年 7 月,被确定为国家气象观测站二级站;2008 年 12 月,被确定为国家气象观测一般站。

　　管理体制　1962 年 2 月—1962 年 4 月,由县政府领导,业务受陕西省气象局指导;

1662年4月—1966年6月,由陕西省气象局领导;1966年7月—1970年8月,由县革命委员会领导,业务受陕西省气象局指导;1970年9月—1973年5月,由县人民武装部和县革命委员会领导;1973年6月—1979年12月,归县政府领导,业务受陕西省气象局指导;1980年1月起,实行气象部门与地方政府双重领导,以气象部门领导为主的管理体制。

机构设置　内设综合办公室、观测站、预报股、气象科技服务中心、人工影响天气办公室。

单位名称及主要负责人变更情况

单位名称	姓名	职务	任职时间
岚皋县气候站	王一心	站长	1962.02—1962.04
	朱宣茂	站长	1962.04—1963.09
	谢建臣	站长	1963.09—1968.11
岚皋县革命委员会气象站			1968.11—1971.05
岚皋县气象站革命领导小组			1971.05—1971.08
	吴祥银	站长	1971.08—1972.04
			1972.05—1975.06
岚皋县气象站	陈正义	站长	1975.06—1982.08
	覃文仲	站长	1982.08—1987.08
	程久平	站长	1987.08—1989.12
		局长	1990.01—1990.09
岚皋县气象局	覃文仲	局长	1990.10—2003.02
	杜世英	局长	2003.02—2006.02
	郑世平	局长	2006.02—

人员状况　1962年建站时有职工3人。截至2008年底,有在职职工8人(在编职工6人,外聘职工2人),退休职工3人。在职职工中:大学本科3人,大专4人,中专及以下1人;中级职称2人,初级职称4人;30岁以下3人,31~40岁1人,41~50岁3人,50岁以上1人。

气象业务与服务

1. 气象业务

①气象观测

地面观测　1962年2月1日起,每天进行08、14、20时3次观测,观测项目有气温、风向风速、云、能见度、雨量、蒸发、日照、天气现象、气压、气温、湿度、降水、地温。1963年5月向安康专区中心气象站编发5天、10天土壤湿度报。1966年1月停止40厘米、80厘米地温观测。1967年4月增加雨量自记观测。1973年1月—5月向西安军航发预约航危报;1974年1月—1975年向西安、安康发预约航危报。1976年1月增加冻土观测。2001年4月通过微机编制报表,2003年起通过网络报送电子报表,停止报送纸质报表。先后12人次被省气象局授予测报"百班无错情"奖励。

自动气象观测站 2005年8月CAWS600SE型自动气象站开始试运行。2006年12月—2007年12月,分别进行两个阶段的对比观测,2007年12月后正式投入单轨业务运行。自动气象站投入业务运行后,除现行《地面气象观测规范》和"三站四网"方案中已明确规定的内容外,自动气象站与人工的并行观测按照《关于自动气象站业务运行有关问题的补充通知》(气测函〔2003〕17号)的有关规定执行,开始执行《自动气象站业务规章制度》(气发〔2003〕182号)。观测项目包括温度、湿度、气压、风向风速、降水、地面温度,每天20时对所有观测项目进行人工对比观测,以自动站资料为准发报,2008年配置自动站备份计算机,作为自动站系统的备用计算机使用。自动站资料和人工观测资料都进行异机备份,每月定时上报。

农业气象观测 2008年5月开始进行土壤墒情监测。

②天气预报

1962年开始制作单站预报,主要根据本地气象要素的变化、气候特点、预报经验以及通过广播收听上级台站的指导预报制作本地预报,预报产品只有24小时短期天气预报。1963年始开始绘制压、温、湿三线图,为预报产品的制作提供了新的方法。每日通过广播站对外发布天气预报1次,主要发布24小时、48小时的天气预报。20世纪70年代,采用点聚图、气象要素时间演变曲线图、气象要素综合时间剖面图、简易天气图等制作每日早晚制作24小时内日常天气预报。20世纪90年代后,通过接收中央气象台、省气象台的旬、月天气预报,结合分析本地气象资料制作旬、月天气过程趋势,制作县站解释预报。2000年以后,利用卫星云图、新一代天气雷达图、500百帕、700百帕、地面天气图、多种预报产品等制作短期天气预报、预警信息、临近天气预报及订正天气预报。开展常规24小时、48小时及未来7天的天气预报,同时开展灾害性天气预报预警业务,为领导提供决策服务。

③气象信息网络

1980年前,县气象站气象信息接收利用收音机收听上级以及周边气象台站播发的天气预报和天气形势。1984年4月配备123-1B型气象传真机,同年5月正式开始天气图传真接收工作。1986年5月架设开通15瓦特甚高频无线对讲通讯电话,实现与地区气象局业务会商。1998年12月,开通"121"天气预报自动答询系统。2004年3月全市"121"答询电话实行集约经营,主服务器由安康市气象局建设维护。2005年1月"121"电话升位为"12121"。2001年5月安装并开通PC-VSAT气象卫星地面接收小站。2003年7月14日建成宽带广域网及局域网投入业务运行。2006年9月建成新一代天气雷达接收小站。2006年8月建成岚皋气象信息网,提供的服务产品主要有24小时、48小时天气预报,一周内天气滚动预报,森林火险等级预报,地质灾害等级预报,旅游景点天气预报及重要天气消息等。2007年8月先后建成天气预报可视会商系统、预警短信发布平台和灾情直报系统,并投入使用。2008年1月,建成15个两要素区域自动气象观测站。

2. 气象服务

公众气象服务 20世纪60年代中期至1998年,通过县广播站的有线广播向公众发布24~48小时天气预报。1998年5月开通"121"气象信息自动答询电话,公众可随时拨打,了解未来天气变化。2004年5月,购置了电视天气预报制作系统,开始制作24小时、48小时电视天气预报节目,每天2次以录像带的形式送县有线电视台向公众发布,并同时发布地质灾害气象等级预报。同年,开通岚皋气象信息网,向公众提供气象预报服务和气象政策法规宣传。2007年,对电视天气预报制作系统进行了升级改造,预报员每天用移动存储器将天气预报节目送电视台播放。目前,公众可通过广播、电视、信息电话、手机短信和互联网络等多种途径获取气象服务产品。每年开展节日气象服务和重大活动提供气象保障。

决策气象服务 决策服务领域涉及防汛抗旱、三农服务、森林防火、地质灾害服务以及重大活动专题气象保障服务等。20世纪60—80年代,以口头、电话或传真方式向县政府提供决策服务。90年代后提供《重要天气报告》《气象科技信息》《气候影响评价》等服务产品。2000年以后,利用卫星云图、新一代天气雷达图等多种预报产品等制作短期天气预报、预警信息、临近天气预报及订正天气预报。2007年,建立县政府气象预警信息发布平台。目前可通过广播、电视、信息电话、手机短信和互联网络等多种途径获取10几种决策服务产品,为县政府及防汛抗旱部门提供决策服务。服务产品有短时临近预报、精细化预报、短期气象预报,气候预测、中长期天气预报、重要天气消息、灾害性天气预警以及重大天气过程的实时跟踪服务等,为党政领导决策提供了科学依据。决策服务产品由过去的人工送达发展到网络、气象手机短信服务。

【气象服务事例】 2003年8月30日至9月7日岚皋县出现持续强降水天气,造成重大灾害。此次降雨过程,县气象局共发出气象快报3期。由于预报准确,服务及时,县政府指挥得当,有效地降低灾害损失。

2007年8月7日岚皋县遭遇百年不遇的短时特大暴雨,过程雨量达98.1毫米,1小时雨量达63.4毫米,佐龙、晓道、铁炉、民主、城关等乡镇均出现了短时大暴雨,局地特大暴雨,导致河水暴涨,山洪、泥石流并发。此次暴雨过程造成直接经济损失2.62亿元,全县因灾死亡11人、失踪25人。8月7日07时,局预报值班员根据最新气象资料和雷达监测信息通过传真向县政府及防汛相关部门发送短时强降水预警消息,为县政府领导指挥抢险救灾工作提供决策依据。

气象科技服务 国办发〔1985〕25号文件下发后,开始开展气象科技服务,初始阶段以初步整理后的气象观测资料和旬、月、年预报对相关厂矿企事业单位开展专业有偿服务。1998年开展加油站防雷电检测及彩球庆典服务,同年开通"121"气象信息服务,1999年多方筹措资金购买电视天气预报制作系统开展影视广告,科技服务有了明显发展。目前已形成雷击风险评估、防雷检测、防雷工程、防雷图审、"12121"、彩球庆典、专业专项有偿服务等项目全面开展的局面。针对各行各业对气象服务的不同需求,有针对性地开展服务,对重点工程项目立项、建设提供气候资料论证分析、评估服务。

农业气象服务 1982年至1983年,县气象局先后完成农业气候区划、气候可行性论证、农业气候资源评价,还根据各季节、各时段农村工作的重点,有针对性地分析归纳、总结出本县年度气候旱涝趋势预报预测方法、春季倒春寒预报方法、春季日平均气温稳定通过12度的预报方法、年积温预报方法、年累积日照时数的预报方法。1987—1990年参与省气象局组织领导的秦巴山区农业气候资源剖面考察工作。组织开展分析魔芋种植气候论证与评价。

人工影响天气 2001年4月,县政府成立人工影响天气领导小组,下设办公室,县气象局局长任办公室主任。购置人工增雨火箭弹发射架、3门"三七"高炮,实施人工增雨作业。

气象科普宣传 1999年以前,科普宣传主要以职工自发对外宣传、讲解气象知识为主。1999年后,坚持通过电视天气预报栏目对气象法律法规、气象科普知识进行宣传;2000年起每年在"3·23"世界气象日前后,结合当年的主题制作宣传单、展板等,开展气象科普知识宣传,组织中小学生到气象局参观等;2007年向全县中小学校赠送了雷电防御知识科普宣传挂图和雷电科普光盘。

气象法规建设与社会管理

法规建设 2005年5月,岚皋县人民政府下发了《岚皋县人民政府办公室关于成立防雷减灾工作小组的通知》,成立了由县政府分管领导任组长,气象、安监、公安、消防、建设、教育等部门领导为成员的岚皋县防雷减灾工作领导小组,为推进气象依法行政和防雷减灾工作提供了组织保障;2006年3月与县建设局联合下发了《关于加强建(构)筑物防雷工作的通知》,进一步加强和规范了岚皋县各类建、构筑物防雷安全管理工作;2007年6月岚皋县人民政府办公室下发了《关于开展防雷安全隐患排查工作的通知》,对全县防雷减灾和防雷装置安全管理工作做具体的安排和部署。每年联合安监、水利、公安、消防、交通等部门在全县范围内开展防雷安全专项联合执法检查,促进防雷安全管理及相关法律法规的贯彻实施。

社会管理 2004年9月,成立县气象局气象行政许可办公室,2名兼职执法人员均通过省政府法制办培训考核,持证上岗,并配备执法器材。2005年实施各项行政许可项目,编制《气象行政许可项目规范》,公布气象许可项目的名称、申请条件、承办单位、办理期限、监督电话等内容。履行法律赋予的各项社会管理职能,严格按照相关法律、法规、规定要求,对县域内的气象探测环境和设施保护、气象信息刊发传播、防雷、升空气球施放等各类气象活动实施管理。

县防雷减灾工作领导小组对防雷装置设计审核和竣工验收相关手续、气象行政审批办事程序、气象服务内容、服务承诺、气象行政执法依据等,采取户外公示、网站公示以及上墙公示多种方式向社会公开。

政务公开 2002年5月开始实行政务公开,坚持按规定公示、公开行政审批程序、气象许可内容、收费标准、干部任用、财务收支、目标考核、基建工程招投标、职工晋升与晋级、干部离任审计等内容。2002年至2008年累计公示的项目和内容有6项32件。

党建与气象文化建设

1. 党建工作

党的组织建设 建站初期至1970年9月,党组织关系归属县农林水牧局支部;1970年9月—1973年5月,归属县武装部支部;1973年5月—2007年2月,归属宁陕县农林水牧局支部;2007年2月,经县机关工委批准组建岚皋县气象局独立党支部,有中共党员6人。

2000年1月开展了"三讲"教育活动。2005年1月开展了保持共产党员先进性教育活动。2009年3月开展了第二批深入学习实践科学发展观活动。

党风廉政建设　建立"三人决策"和局务会制度,实施局务公开,有固定的局务公开栏,重大事项、重大决策、大额资金开支、与职工利益相关的敏感问题,定期或不定期地通过会议或局务公开栏向职工公开。落实党风廉政建设目标责任制,积极开展廉政教育和廉政文化建设活动。除每年完成与市气象局和县政府签订目标责任合同外,定期召集党员学习,进行廉政勤政教育。每年召开职工大会,征求对党风廉政工作意见,进行整改。每年4月开展党风廉政宣传教育月活动,通过开展各种活动,促进党风廉政建设。

2. 气象文化建设

建立精神文明活动室、图书阅览室,购置乒乓球、羽毛球等健身器材。设立局务公开栏、学习园地文化专栏和争做"文明市民、文明单位"宣传专栏。配合县委开展的争创卫生、文明城市,开办法制宣传。每年3月份参加县委县政府组织的文化科技卫生三下乡活动。2008年1月实施《气象部门南北互动行动计划》,2009年1月实施《陕西气象文化助推行动》。

文明单位创建　1985年3月被县委、县政府授予县级文明单位;1987年3月被安康地委、行署命名为市级文明单位。

3. 荣誉

集体荣誉　2005年5月被中国气象局授予"政务公开"先进单位。2008年以前共获得省部级以下奖励2项。

个人荣誉　2008年以前共获得省部级以下奖励2人次。

台站建设

岚皋县气象局2004年总投资48万元进行台站综合改造,新建办公楼255.5平方米、铁艺透视围墙61米,改造旧围墙62米,硬化地面430平方米,改造绿化600平方米,修建16米×20米自动站观测场。

20世纪80年代岚皋县气象站地面气象观测场　综合改造后的岚皋县大气探测自动站观测场（2004年）

20 世纪 80 年代岚皋县气象站业务办公室

综合改造后的岚皋县气象局业务办公楼
（2004 年）

平利县气象局

平利县位于陕西省安康市东南部，大巴山北坡。县境东与湖北省竹溪县为邻，南与重庆市城口县接壤，西与岚皋县相连，北与汉滨区和旬阳县交界，属典型的省际边关县。境内地势南高北低，山地、丘陵、川坝纵横交错，林草资源丰富，特殊的山林地貌造就了复杂的地形和丰富的生物种群。全县面积 2627 平方千米，辖 9 镇 3 乡，190 个行政村，总人口 23 万。平利人文历史悠久，是人类始祖女娲的故里，是全国绞股蓝生产第一县和西北名茶大县。

机构历史沿革

台站变迁 1958 年 10 月，按国家气象观测一般站标准在平利县城南门外捞钵盖山顶建成平利县气候站。1959 年 1 月，开展气象业务；1998 年 1 月，站址迁至平利县商贸小区，地理位置北纬 32°24′，东经 109°20′，观测场海拔高度 431 米。

历史沿革 1958 年 10 月，平利县气候站成立；1960 年 4 月，更名为平利县气候服务站；1961 年 12 月，改为平利县气象服务站；1968 年 11 月，改为平利县革命委员会气象站；1971 年 5 月，改称平利县气象站革命领导小组；1972 年 5 月，改称平利县气象站；1990 年 1 月，更名为平利县气象局（实行局站合一）。

2006 年 7 月改为国家气象观测站二级站，2008 年 12 月被确定为国家气象观测一般站。

管理体制 1958 年 10 月—1962 年 7 月，由省气象局和县政府双重领导；1962 年 8 月—1966 年 6 月，由省气象局领导；1966 年 7 月—1970 年 8 月，由县革命委员会领导；1970 年 9 月—1973 年 5 月，由县武装部领导；1973 年 6 月—1979 年 12 月由县政府领导；1980 年 1 月起，实行气象部门与地方政府双重领导，以气象部门领导为主的管理体制。

机构设置 内设综合办公室、地面观测站、预报股、气象科技服务中心、人工影响天气办公室。

单位名称及主要负责人变更情况

单位名称	姓名	职务	任职时间
平利县气候站	任英伯	站长	1958.10—1960.03
平利县气候服务站			1960.04—1960.12
	吴作均	站长	1960.12—1961.11
			1961.12—1962.01
平利县气象服务站	张跃华	负责人	1962.01—1963.05
	任英伯	副站长(主持工作)	1963.05—1968.10
平利县革命委员会气象站			1968.11—1970.10
	樊文章	站长	1970.10—1971.04
平利县气象站革命领导小组			1971.05—1972.05
平利县气象站			1972.05—1984.07
	李再刚	站长	1984.07—1990.01
平利县气象局		局长	1990.01—1992.07
	杜世英	副局长(主持工作)	1992.07—2000.04
	樊平	局长	2000.04—

人员状况 1957年建站初期有职工2人。截至2008年底有在职职工8人(在编职工7人,外聘职工1人)。在编职工中:大专以上5人,中专及以下2人;中级职称1人,初级职称6人。

气象业务与服务

1.气象业务

①气象观测

地面观测 1959年1月1日至今,每天进行08、14、20时3次定时观测,夜间不守班。观测项目有云、能见度、天气现象、气压、气温、湿度、风向风速、降水、雪深、日照、蒸发、冻土、地温等。1966年1月—1980年12月间,向安康民航和西安军航拍发预约航空报。

自动气象观测 2006年12月建成DYYZ-Ⅱ型自动气象观测站。2006年12月—2008年12月进行自动站双轨运行,2008年12月正式进入单轨业务运行。观测项目包括温度、湿度、气压、风向风速、降水、地面温度。2008年7月在12个乡镇建成两要素区域自动气象观测站12个。初步建成县域"地面中小尺度气象灾害自动监测网"。

②天气预报

建站初期,县气象站开始制作单站预报,主要根据本地气象要素的变化、气候特点、预报经验以及通过广播收听上级台站的指导预报制作本地预报,预报产品只有24小时短期天气预报;1961年开始绘制压、温、湿三线图,为预报产品的制作提供了新的方法。每日通过县广播站对外发布天气预报1次,主要发布24小时、48小时的天气预报。1970年数理统计方法引入气象站预报业务,通过绘制点聚图、8次气压剖面图、曲线图等预报图表,建立天气模式、指标制作天气预报。1974—1975年县气象站试制成了"太阳光谱探测仪"和

"天(闪)电强度探测仪",这些探测资料主要用于制作短期天气预报时参考。1975—1976年气象站与西北大学数学系合作,首次将数字滤波技术应用于天气预报业务,成果被中央气象局气象科学研究所编入"数理统计气象预报文集"。1980年至今应用市台指导预报产品发布气象预报。1983年,通过滚筒式无线气象传真机接收天气分析图和省气象台的指导预报意见,制作发布本县订正预报;配置电子计算器等现代计算设备,收听省台天气形势预报、应用市台指导预报产品,制作县站解释预报。1999年8月,建成卫星单收站(PC-VSAT)和天气预报应用系统MICAPS 1.0版本,使县站的天气预报业务有了较大发展,卫星云图、各种数值预报产品在预报中开始运用。2002年使用MICAPS系统2.0版本。2005年5月建成县局集监测、预报、服务于一体的综合业务平台,开展常规24小时、未来3~5天和旬月报等短、中、长期解释天气预报以及临近预报。2007年5月建成了多普勒天气雷达终端应用系统,在短时临近预报和突发灾害性天气预警中发挥了重要作用。2008年开展灾害性天气预报预警业务和供领导决策的各类重要天气报告等。

③气象信息网络

通讯现代化 1980年前,气象信息接收利用收音机收听上级以及周边气象台站播发的天气预报和天气形势。20世纪80年代初,配备传真机,接收日本气象中心及北京气象中心高空及地面资料。1990年开始使用短波单边带或甚高频电台。1990年开始使用PC-1500袖珍计算机。2000年开始使用微机编制报文,同年使用X.25专线传输报文和信息。2002年建设气象卫星综合应用业务系统("9210"工程)和MICAPS系统。2003年采用移动宽带专线,建立省—市—县气象宽带专用通信网络,建立PC-VSAT站、气象网络应用平台、专用服务器和省市县气象视频会商系统。2005年开通移动和电信光缆,接收从地面到高空各类天气形势图和云图、雷达等数据,为气象信息的采集、传输处理、分发应用、会商分析提供支持。2007年建成市县可视会商系统和气象政务办公系统并投入使用。

信息发布 1986年前,主要通过广播和邮寄旬报方式向全县发布气象信息。1985年建立气象警报系统,面向有关部门、乡(镇)、村、农户和企业等每天16时发布天气预报警报信息服务。1998年12月30日开通"121"天气预报电话自动答询系统(2005年1月升位为"12121")。1998年9月建立非线性编辑三维动画气象影视制作系统。2004年利用手机短信每天2时次发布气象信息,2005年1月开通了小灵通气象短信,2007年依托乡镇自动气象站连续观测数据,建立气象实况信息自动报警系统。2006年起,建立平利气象网站,发布农业、气象、政务等各类信息。

2. 气象服务

公众气象服务 1961年起,利用农村有线广播站播报气象信息,发布暴雨等灾害天气预报。1983年5月开始天气图传真接收工作,主要接收北京的气象传真和日本传真图表等,用以分析判断天气变化。1987年开通高频通讯电话,实现与地区气象局的无线会商,发布天气预报,编发绘图报、航危报、重要报、水文报等。1991年9月由县电视台制作发布文字形式气象节目,每日发布公众预报。1998年12月开通"121"天气预报自动语音答询系统。2000年6月开通气象信息网,挂靠在平利县政府网站。2005年1月开通24小时至72小时手机短信天气预报服务。2006年起,建立"平利气象"网站,发布农业、气象、政务等各类信息。

决策气象服务 从建站至 20 世纪 80 年代初,主要利用口头、电话、书面等方式向县政府提供决策气象服务。20 世纪 80 年代中期,与县林业特产局联合开展森林防火预报服务。1999 年 3 月建成 PC-VSAT 卫星小站,主要接收高空、地面天气图和卫星云图以及各种数值预报产品。2000 年 5 月开发向政府和防汛部门报送《重要天气报告》、《天气消息》、《旬月预报》、《汛期气候预测》、《年景预报》、《送阅件》、《雨情通报》等决策服务产品。2007 年 7 月与县国土资源局开展防滑气象服务,同年开展地质灾害预警信号的发布。2007 年建成市县视频会商系统,为气象信息的采集、传输处理、开发应用、会商分析提供支持。2005 年 2 月,樊平同志被陕西省气象局授予"重大气象服务先进个人"。

农业气象服务 1969 年 3 月始开展农业气象服务。主要编印粮食作物生育期气候指标与科学种田相关科普材料。1975 年至 1976 年在老县区农技站设立农业气象哨,开展小麦、玉米、油菜、水稻物候观测,并制作农情、植保气候趋势预报开展农业气象服务。1977 年 9 月编辑《平利县农业气象服务手册》,发行 15000 册。广西柳州市科技情报研究所与平利县气象站联动,互相交流农林气象等科技信息活动一直延续至 1983 年。1980—1983 年开展农业资源调查和农业气候区划,完成综合农业气候区划和茶叶避冻区划、农作物种植、林业、生漆、蚕桑五个单项气候区划,其中四项获安康地区区划委员会一、二、三等奖。1985—1989 年围绕商品基地建设提出了茶叶、猕猴桃、食用菌、黄连、杜仲五大基地的气候论证,论证报告参加了 1987 年 10 月 22—25 日全国气象科技扶贫经验交流大会,并在 1988 年《气象》第二期作了专题刊登,《安康日报》、《中国气象报》作了专题报道,同年被中国气象局、中国气象学会授予科技扶贫二等奖。平利县气象站也被陕西省政府授予"送科技下乡先进集体"。

为响应党中央、国务院关于"科技兴农"的号召,推动先进适用农业科技成果的普及与推广工作。1986—1989 年组织开展的玉米三项技术试验示范推广工作,在海拔 500 米至 1450 米高度上布点,开展玉米三项技术气象观测,1989 年 4 月获省农业科技推广一等奖。1989 年 5 月,省农办组织省电视台、省气象局联合拍摄气象科技兴农专题片,陕西电视台第一套节目中播出。1987—1989 年开发中药材野生绞股蓝引种人工栽培试验示范推广服务,全区推广 16.5 万亩,取得经济效益 2.6 亿元,《安康日报》、《中国气象报》作了专题报道。此项目获省气象科学技术进步二等奖。1991 年被编入《中国农业科技成果精选》一书。

1988 年开展的"垄作水稻增产效应"试验推广服务工作,在《中国农业气象》发表,并于 1990 年被《中国气象年鉴》摘登。1989 年 9 月开展适用技术方法研究,陕气农发〔1989〕15 号文件转发全省气象台站学习推广。1990—1991 年完成的《平利农业气候资源滚动区划研究》一书获安康自然科学优秀论文一等奖。1991 年编印《平利农业气象服务总体规划》,省气象局全文转发全省各地气象台站参考。1991—1992 年开发猕猴桃、杜仲剥皮、蚕桑草、桑树引种气象适用技术,绞股蓝虫害防治,日光温棚香椿栽培调控技术等产品获陕西省农村科技进步一等奖。2005 年开展茶叶与绞股蓝生态观测,2006 年增加水稻生态观测。

气象科技服务 1985 年 3 月,按照国务院办公厅《转发国家气象局关于气象部门开展有偿服务和综合经营的报告的通知》(国办发〔1985〕25 号)文件精神,专业气象有偿服务开始起步,利用传真邮件、声讯、手机短信等手段,面向各行业开展气象科技服务。1993 年起,为各单位建筑物避雷设施开展安全检测;1999 年始,全县各类新建建(构)筑物按照规范要求安装避雷装置;2005 年始,对重大工程建设项目开展雷击灾害风险评估。2005 年始,开展庆典气球施放服务,为历届平利县茶文化节和"两会"等重大活动提供专题天气预报和彩球服务。

人工影响天气　2000 年 3 月县政府成立县人工影响天气办公室,办公室设在县气象局,由县气象局负责实施人工影响天气作业。配备人工增雨高炮 3 门、火箭发射装置 1 套。

气象科普宣传　2000 年以前,科普宣传以自发撰写气象知识稿件,通过县广播站、报社相关栏目向公众传播;2000 年以后,每年利用"3·23"世界气象日制作宣传单、宣传展板,宣传气象预报用语含义及暴雨、雷电、冰雹、滑坡、泥石流等气象灾害和次生灾害防御知识,组织中小学生到气象局参观学习,工作人员现场讲解各种气象仪器、设备用途,介绍天气预报制作原理和流程,现场观看卫星云图接收处理和动画演示。从 2006 年起,每年参加县政府组织的"科技之春活动",累计发放科普宣传材料万余份。

气象科研　1988 年 4 月李再刚同志主持完成的"农业气象综合技术服务"分别获陕西省农业科技研究院科技进步二等奖和中国气象局中国气象学会科技扶贫二等奖。

1990 年 3 月李再刚同志主持完成的"农业科技推广"获陕西省政府农村科技进步一等奖。

1992 年 3 月李再刚主持完成的"绞股蓝生长与气象因子关系研究"获陕西省科学技术进步二等奖。

气象法规建设与社会管理

制度建设　《中华人民共和国气象法》、《中华人民共和国安全生产法》、《陕西省气象条例》、国务院办公厅《关于进一步做好防雷减灾工作的通知》、《防雷减灾管理办法》颁布实施以来,县政府下发了《关于进一步做好防雷减灾工作的通知》,对防雷减灾工作进行规范化管理。2007 年、2008 年连续两年联合平利县安监局下发《关于加强防雷安全管理及防雷装置检测的通知》。县政府下发《平利县气象灾害应急方案》、《平利县雷电灾害应急方案》、《平利县防汛、森林防火应急方案》。

社会管理　2007 年 3 月县政府成立气象灾害应急、防雷减灾工作、人工影响天气领导小组办公室,办公室均设在气象局,负责日常工作,承担气象防灾减灾管理职能。县局联合安监、水利、公安、消防、交通等部门在全县范围内开展防雷安全专项联合执法检查,促进防雷安全管理等相关法律法规的贯彻实施。2007 年 3 月,成立平利县气象局行政许可办公室,2008 年开始,3 名执法人员均通过省政府法制办培训考核,持证上岗。

党建与气象文化建设

1. 党建工作

党的组织建设　建站后至 1987 年,党组织关系归属县委办公室党支部。1988 年 7 月经县机关工委批准成立县气象局党支部。2000 年为便于管理和党员组织生活,在县机关工委协调下,成立县气象局和商贸小区联合党支部。截至 2008 年 12 月,有党员 3 人。

党支部加强党的思想、组织、作风和制度建设,定期组织开展活动,召开专题民主生活会,开展党员评议,充分发挥班子、支部和广大党员的积极性和创造性,取得了良好效果。2000年1月开展了"三讲"教育活动。2005年1月开展了保持共产党员先进性教育活动。2009年3月开展了第二批深入学习实践科学发展观活动。

党风廉政建设 2000年起,县气象局组织开展以党风廉政为主题的知识竞赛活动。每年开展局领导党风廉政述职报告和党课教育活动,签订党风廉政目标责任书,落实党风廉政建设目标责任制,积极开展廉政教育和廉政文化建设活动。除每年完成与市气象局和县政府签订目标责任合同外,定期召集党员学习,进行廉政勤政教育。召开职工大会,征求对党风廉政工作意见,进行整改。开展党风廉政宣传教育月活动。

2. 气象文化建设

1976年5月,平利县气象站试制一台"超再生式"接收机并应用回形振子天线,接收陕西电视台的伴音信号。同年7月购买来一台"海燕牌"14时黑白电视机,县气象站职工万军同志自制"五单元"天线,接收到了陕西电视节目。喜讯传开,县城区数千人每晚爬两千米陡坡路赶至气象站看"稀奇"。同年9月9日毛泽东主席逝世,群众听说可在电视上瞻仰毛泽东主席遗容,出于对革命领袖的敬仰与深情,人们涌上气象站,七天中共接待2万多人(次)观看。这是平利县最早的一台电视机。2005年建立精神文明活动室及职工之家、图书阅览室等。开展并积极参与地方举办的各项活动,丰富了职工业余文化生活。2008年1月开展《陕西省气象部门南北互动行动计划》,实施四大行动:科技下基层行动、素质提高行动、关注民生行动、文化建设行动。

文明单位创建 2002年被平利县委、县政府命名为县级文明单位;

3. 荣誉和人物

集体荣誉 1988年3月被陕西省政府授予"送科技下乡先进集体",同年4月被国家气象局、中国气象学会授予"科技扶贫二等奖";2008年以前共获得省部级以下奖励4项。

个人荣誉 2008年以前共获得省部级以下奖励10人次。

台站建设

1997年7月,中央财政投入14.0万,将观测站从县城南门外捞钵盖"山顶"迁至商贸小区。占地面积1330平方米,新建办公室256平方米和16米×20米观测场。2004年12月,中央国债资金投入14.7万元,陕西省地方财政投入4.5万元,主要实施自动气象站建设、自动气象站场室改造和观测场标准化建设。2006年12月建成DYYZ-Ⅱ型自动气象观测站,完成了自动气象站场室改造和观测场标准化建设。2005年6月,中央财政投入5.9万元实施了冬季集中供暖项目,结束了平利县气象局冬季烤蜂窝煤取暖,夏季电风扇降温的历史。

1985 年的平利县气象站观测场

综合改造后的平利大气探测自动站观测场
（2006 年）

综合改造后的平利县气象局（2006 年）

综合改造后的平利县气象局业务办公室
（2006 年）

镇坪县气象局

　　镇坪县位于陕西省东南部大巴山北麓。东与湖北省竹溪县接壤，南与重庆市巫溪县、城口县毗邻，西北与本省平利县连界。境内山冈连绵，峰岭叠嶂，大巴山主脊横亘县境南部，南江河纵贯南北，将全县切割为东西两半，形成"两山夹一谷"的地貌，平均海拔 1615 米。鸡心岭为陕、渝、鄂交界点，也是中国版图的"自然国心"，有"鸡鸣一声听三省"、"一脚踏三省"之称，故享有"国心之县"的美誉。全县面积 1503.26 平方千米，辖 4 镇 6 乡，78 个行政村，总人口为 5.9 万。

机构历史沿革

　　台站变迁　　1960 年 1 月，按国家一般气象站标准在镇坪县城关镇文彩村獐子场建成镇坪气候站，1960 年 9 月开展气象业务；1973 年 12 月，迁站至城关镇文彩村大庙子梁。地理坐标为北纬 31°54′,东经 109°43′,海拔高度 995.8 米。2006 年 4 月,实行局站分离,站址维持不变,局址位于城关镇下新街。

历史沿革　1960 年 1 月,镇坪气候站成立;1960 年 4 月,改称为镇坪县气候服务站;1961 年 12 月,改称为镇坪县气象站;1968 年 11 月,更名为镇坪县革命委员会气象站;1971 年 5 月,改为镇坪气象站革命领导小组;1972 年 5 月,更名为镇坪县气象站;1990 年 1 月,更名称镇坪县气象局(实行局站合一)。

2007 年 1 月,升级为镇坪国家气象观测一级站。2008 年 12 月 31 日改为镇坪县国家基本站气象站。

管理体制　1960 年 1 月—1962 年 7 月,由省气象局和县政府领导;1962 年 8 月—1966 年 6 月,由省气象局领导;1966 年 7 月—1970 年 8 月,由,镇坪县革命委员会领导;1970 年 9 月—1973 年 5 月,由县革委会和县武装部双重领导;1973 年 6 月—1979 年 12 月,由县政府领导;1980 年 1 月起,实行气象部门与地方政府双重领导,以气象部门领导为主的管理体制。

机构设置　内设综合办公室、气象观测站、预报股、气象科技服务中心、人工影响天气办公室。

单位名称及主要负责人变更情况

单位名称	姓名	职务	任职时间
镇坪县气候站	吴治明	站长	1960.01—1960.03
镇坪县气候服务站			1960.04—1961.11
镇坪县气象站			1961.12—1968.10
镇坪县革命委员会气象站			1968.11—1971.04
镇坪县气象站革命领导小组			1971.05—1972.04
镇坪县气象站			1972.05—1975.05
	张祖耀	站长	1975.05—1980.07
	叶泽茂	站长	1980.07—1984.03
	张道贵	站长	1984.03—1988.01
	喻西平	站长	1988.01—1989.12
镇坪县气象局		局长	1990.01—1997.04
	王显安	局长	1997.04—2003.10
	袁小林	局长	2003.10—

人员状况　1960 年建站时有职工 3 人。截至 2008 年底,有在职职工 11 人(在编职工 4 人,外聘职工 7 人)。在职职工中:大学本科以上 3 人,大专 5 人,中专及以下 3 人;中级职称 1 人,初级职称 3 人;20~30 岁 7 人,30 岁以上 4 人,

气象业务与服务

1. 气象业务

①气象观测

地面观测　自 1960 年 9 月 1 日起每日进行 08、14、20 时 3 次定时观测,观测项目有风

向、风速、气温、气压、云、能见度、天气现象、降水、日照、小型蒸发、地面温度、雪深等。1961年1月增加气压自记和气温自记。1962年1月增加空气湿度自记。1963年7月增加5厘米、10厘米、15厘米地中温度观测。1964年1月增加20厘米地中温度和气压定时观测。1974年1月将风力观测改为风向风速观测。1978年1月增加小型蒸发。1979年1月增加冻土观测。2006年增加生态监测,监测项目为杜仲和玉米。2008年增加土壤墒情监测。

自动气象观测站 2006年12月自动气象站安装,2007年1月开始试运行,每天进行23、02、05、08、11、14、17、20时8次观测,观测项目有云、能见度、天气现象、气压、气温、湿度、风向风速、降水、雪深、日照、蒸发、地温、冻土等。2007—2008年,在小河、洪石、洪阳、茅坪、白家、小曙河、曙坪、大河、钟宝、化龙山10个乡镇建立两要素区域自动气象观测站,初步建成地面中小尺度气象灾害自动监测网。

1984年1月1日起,发报工作全面调整。每日向省、地气象台发重要天气报;汛期每日14时向安康地区气象台发小天气图报;汛期向湖北省防汛指挥部、陕西省防汛指挥部、安康地区防汛指挥部、丹江水库管理处发降水量报。1999年1月改发天气加密报,2007年1月改发地面天气报。

②天气预报

1966年县站开始天气预报工作,在收听省台天气预报广播的基础上,结合本地天气演变实况发布本地天气预报,通过县广播站每日对外发布1次24小时、48小时晴雨天气预报。20世纪70年代,气象站开始采用点聚图、气象要素时间演变曲线图、气象要素综合时间剖面图等,结合简易天气图制作天气预报,每日对外发布2次24小时、48小时晴雨天气预报。20世纪80年代初期,通过滚筒式传真机接收天气分析图、省台的预报指导意见,开始制作中长期天气预报。主要运用数理统计和常规气象资料图表及天气谚语、韵律关系,制作具有本地特点的补充订正预报。预报内容有:旬月预报、季度预报、春播预报、三夏预报、汛期(5—9月)预报、年预报。1982年以来,县气象站根据预报需要,整理资料55项,绘制简易天气图7种。在建立基本档案方面,主要对建站后有气象记录以来的各种灾害性天气建立档案,对气候分析材料、预报服务调查与灾害性天气调查、预报方法使用效果检验、预报技术材料等建立技术档案。1987年4月开始使用PC-1500袖珍计算机制作大降水解释预报。90年代逐步开发《重要天气报告》、《气象科技信息》等决策服务产品。1999年5月24日,建成PC-VSAT卫星单收站和MICAPS1.0天气预报应用系统,使县站的天气预报业务有了较大发展,卫星云图、各种数值预报产品在预报中开始运用;2002年使用MICAPS系统2.0版本。2005年5月建成县气象局预报业务平台。2007年建成了多普勒天气雷达终端应用系统,在短时临近预报和突发灾害性天气预警中发挥了重要作用。2008年使用MICAPS系统3.0版本。同时开展灾害性天气预报预警业务,为领导提供决策服务。

③气象信息网络

1980年前,县气象站利用收音机收听上级以及周边气象台站播发的天气预报和天气形势。20世纪80年代初,配备了传真机,接收日本气象中心及北京气象中心高空及地面资料。1990年开始使用短波单边带或甚高频电台。1998年12月30日开通"121"(2005年1月改号为"12121")天气预报电话自动答询系统。1998年8月26日建立电视气象影视制作系统。1999 年,建立 PC-VSAT 站,2003 年利用 X.25 接收从地面到高空各类天气形势图和云图、雷达等数据,为气象信息的采集、传输处理、分发应用、会商分析提供支持。2005 年开通移动和电信 10 兆光缆,2006 年,建立镇坪气象网站,发布农业、气象、政务等各类信息。2007 年建立市—县天气预报可视会商系统。

2. 气象服务

公众气象服务 1966 年起,利用县有线广播站播报气象消息。1998 年由县电视台制作文字形式气象节目;2008 年使用非线性编辑系统制作电视气象节目,实现了天气预报的电视播发。2006 年开通手机气象短信,至 2008 年底,短信用户 2000 余户。随着网络系统和多媒体技术的快速发展,至 2008 年已形成广播、电视、"12121"信息电话、电子显示屏、手机短信、互联网站、等多种渠道发布气象信息。目前,随着网络系统和多媒体技术的快速发展,公众可通过广播、电视、信息电话、电子显示屏、"12121"信息电话、手机短信和互联网络等多种途径获取气象服务产品。每年开展节日气象服务和为重大活动提供气象保障。

决策气象服务 20 世纪 80 年代以口头或传真方式向县委县政府提供决策服务。90 年代开发《重要天气报告》、《气象科技信息》、《气候影响评价》等决策服务产品。1994 年 6 月县政府副县长周瑞林以《洞察天穹揭玄机抗魔防患立头功》赞扬镇坪县气象局气象服务及时准确,指导生产效益明显。截至 2008 年,县局已有 10 余种决策服务产品,包括《森林火险等级预报》、《地质气象灾害等级预报》、《预警信号》等。在 1998 年"8·9"、2004 年"7·16"特大暴雨洪涝和 2008 年初低温雨雪冰冻灾害、2008 年抗震救灾中,向县委、县政府和有关部门提供决策服务。2007 年,建立了县政府气象预警信息发布平台,为 11 个部门发布涉及交通安全、公共卫生、供电停电、地质灾害、农业病虫害等突发公共事件预警 30 多次,相关服务信息 2000 余条次。为建立健全气象灾害应急响应体系,2007 年 3 月,县政府出台了《关于印发镇坪县重大气象灾害预警应急预案的通知》(镇气字〔2007〕1 号)。从 2008 年起开展气象灾害评估服务。2005 年袁小林同志被中国气象局评为"全国气象服务先进个人"。2007 年鄢代凯同志被省气象局评为"重大气象服务先进个人"。

气象科技服务 国办发〔1985〕25 号文件下发后,镇坪县气象站开始开展气象科技服务,初始阶段以初步整理后的气象观测资料和旬、月、年预报对相关厂矿企事业单位开展专业有偿服务。20 世纪 80 年代初专业气象有偿服务开始起步,利用邮局发报、邮寄手段为丹江水库、黄龙滩电厂、十堰电厂等单位开展气象科技服务。90 年代开始为本县交通、农业、林业、水利等 30 多个部门开展有偿气象服务。1996 年开通"121"气象信息电话。1998 年 5 月,建成电视天气预报制作系统。1998 年 10 月开展彩球庆典服务。2000 年 2 月开展防雷安全检测。2005 年起,全县各类新建建(构)筑物按照规范要求安装避雷装置。2007 年起,对水电站、煤矿开展雷击灾害风险评估。

农业气象服务 县站先后于 1982 年 4 月—1983 年 1 月在华坪乡三坝、1983 年 1 月 1 日到 12 月 31 日在牛头店乡水晶坪和白家乡八坪山建立气象资料考查点,完成气候资源的调查和农业气候区划工作。由王显安同志与喻西平同志撰写的《玉米三项技术是镇坪抗灾的重要措施》、《玉米营养钵育苗移栽增产的气象效应》、《镇坪县人工栽培绞股蓝的气候分析和区划报告》分别获得本县农业科技论文一、二、三等奖。2008 年陈庆庆同志入选为全省县级技术带头人。

人工影响天气 2001年2月,成立镇坪县政府人工影响天气工作领导小组,下设办公室,县气象局局长任办公室主任。同年6月购置3门"三七"高炮,实施人工影响天气作业。

气象科普宣传 充分利用每年"3·23"世界气象日、安全生产月等活动,宣传暴雨、雷电、冰雹、滑坡、泥石流等气象灾害和次生灾害防御知识,积极向社会公众宣传气象科普知识,组织中小学生参观县气象局。2007年向全县各中、小学校赠送雷电防御科普知识宣传画册和光碟。2008年联合县地震办举办"防雷减灾和防震减灾"宣传活动。

气象法规建设与社会管理

法规建设 2000年以来,认真贯彻落实《中华人民共和国气象法》《陕西省气象条例》等法律法规,县政府出台了《关于加快气象事业发展的意见》(镇政发〔2007〕23号),气象工作纳入县政府目标责任制考核体系。2006年1月向政府上报了《镇坪气象观测环境保护备案》,为气象观测环境保护提供重要依据。2007年3月,县政府下发《关于印发镇坪县重大气象灾害预警应急预案的通知》(镇气字〔2007〕1号);同年6月,镇坪县政府办公室印发《关于建立防灾减灾气象信息预警网的通知》(镇政办发〔2007〕23号)。

社会管理 2002年开始,镇坪县政府成立县气象局气象行政许可办公室,每年3月开展气象行政执法活动。2008年4名兼职执法人员均通过省政府法制办培训考核,持证上岗,并配备执法器材。2005年2月实施各项行政许可项目,编制《气象行政许可项目规范》,公布气象许可项目的名称、申请条件、承办单位、办理期限、监督电话等内容。

依法行政 2005年8月11日成立镇坪县防雷科技服务中心,逐步开展建筑物防雷装置、新建建(构)筑物防雷工程图纸审核、竣工验收。2007年5月,县政府办公室下发《关于进一步加强防雷减灾工作的通知》(镇政办发〔2007〕22号),同年7月,县政府办公室下发《关于规范建设项目防雷工程设计审核和竣工验收工作意见的通知》(镇政办发〔2007〕37号)。2007年县政府成立镇坪县防雷减灾工作领导小组,办公室设在县气象局。对防雷装置设计进行审核和竣工验收,对施放气球活动、大气环境影响评价使用气象资料进行许可认证。

政务公开 2001年开始实行政务公开,坚持按规定公示、公开行政审批程序、气象许可内容、收费标准、干部任用、财务收支、目标考核、基建工程招投标、职工晋升与晋级、干部离任审计等内容。2001—2008年累计公示的项目和内容有8项300余件。

党建与气象文化建设

1. 党建工作

党的组织建设 建站初期至1970年9月,党组织关系归属镇坪县农林局党支部;1970年9月—1973年5月,归属镇坪县武装部党支部;1973年5月—1998年5月归属县农林局党支部;1998年6月3日成立镇坪县气象局党支部,有党员5人。截至2008年12月,有党员6人。2000年1月开展了"三讲"教育活动。2005年1月开展了保持共产党员先进性教育活动。2009年3月开展了第二批深入学习实践科学发展观活动。

党风廉政建设 2002年建立局务公开、财务、基建管理、票据使用、物品采购、来客接待等管理制度。认真落实党风廉政建设目标责任制,积极开展廉政教育和廉政文化建设活动。除每年完成与市气象局和县政府签订目标责任合同外,定期召集党员学习,进行廉政勤政教育。每年召开职工大会,征求对局党风廉政工作意见,进行整改。每年4月开展党风廉政宣传教育月活动,通过各种活动的开展,有力地促进了党风廉政建设。

2. 气象文化建设

2007年,在全县政风行风测评中,县气象局在公共服务行业中获得第二名,同年建立精神文明建设活动室,购置乒乓球桌、羽毛球等文体用品。

2008年1月实施《气象部门南北互动行动计划》,2009年1月与兴平—镇坪县气象局开展了"南北互联互动,结对子,一帮一"帮扶互动活动和实施陕西气象文化助推行动。

文明单位创建 1986年底被县委、县政府命名为文明单位;1988年被市委、市政府命名为市级文明单位。

3. 荣誉

集体荣誉 2005年被中国气象局评为"气象部门局务公开先进单位";2008年以前,共获得省部级以下奖励2项。

个人荣誉 2008年以前,共获得省部级以下奖励3人次。

台站建设

镇坪县气象局属局站分离。2004年9月开始对观测站实施综合改造,主要包括新建值班室、新建改造围墙、硬化地面、新修道路以及观测场改造等。2006年4月省气象局综合改造项目工程投资共计96万元,购置新办公楼并进行综合改造。新办公楼建筑面积约800平方米。设有气象灾害预警中心。行政许可办公室、防雷站、党员活动室、职工文体活动室及食堂等。行政办公楼的修建、观测站的改造与院落的绿化、美化,使镇坪县气象局面貌焕然一新,人文气息浓郁,为职工创造了一个更加舒适、优美的办公和生活环境。

综合改造前的镇平县气象站观测场(1984年)

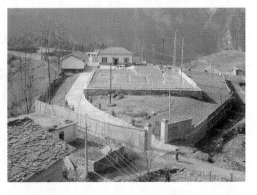

综合改造后的镇坪县气象局观测场(2004年)

综合改造后的镇坪县气象局办公楼(2006 年)

旬阳县气象局

旬阳县地处陕西省东南部,秦巴山区东段,汉江横贯其中。县城位于汉江、旬河交汇处,曲水环流,状若太极,被誉为"中华天然太极城",是革命老区县。全县总面积 3554 平方千米,辖 28 个乡镇 319 个村(居、社区),总人口 45 万。

机构历史沿革

台站变迁 1959 年 1 月,在旬阳县小河北丹凤岭山顶建成陕西省旬阳气候站;2000 年 1 月,迁至旬阳县城关镇龚家梁山顶,地理坐标,东经 109°22′,北纬 32°51′,观测场海拔高度 285.5 米。

历史沿革 1959 年 1 月,成立陕西省旬阳气候站;1960 年 4 月,改为旬阳县气候服务站;1961 年 12 月,改为旬阳县气象服务站;1968 年 11 月,改为旬阳县革命委员会气象站;1971 年 5 月,改称旬阳县气象站革命领导小组;1972 年 5 月,改为旬阳县气象站;1990 年 1 月,更名为旬阳县气象局(实行局站合一)。

旬阳县气象站原属一般气候站。2007 年 1 月,改为国家二级气象站;2009 年 1 月,改为旬阳县国家一般气象站。属国家五类艰苦台站。

管理体制 1959 年 1 月—1962 年 7 月,由省气象局和县政府领导;1962 年 8 月—1966 年 6 月,由省气象局领导;1966 年 7 月—1972 年 8 月,由县革命委员会领导;1970 年 9 月—1973 年 5 月,由县革命委员会和县武装部领导;1973 年 6 月—1979 年 12 月,归属县政府领导;1980 年 1 月起,实行气象部门与地方政府双重领导,以气象部门领导为主的管理体制。

机构设置 内设综合办公室、气象观测站、预报股、气象科技服务中心、人工影响天气办公室。

单位名称及主要负责人变更情况

单位名称	姓名	职务	任职时间
陕西省旬阳气候站	杨继仁	负责人	1959.01—1960.03
旬阳县气候服务站			1960.04—1961.12
旬阳县气象服务站	杨自清	负责人	1961.12—1968.10
旬阳县革命委员会气象站			1968.11—1971.04
旬阳县气象站革命领导小组			1971.05—1972.05
旬阳县气象站	李秉魁	站长	1972.05—1978.04
	王治业	站长	1978.06—1985.12
	赵成远	站长	1985.12—1989.12
旬阳县气象局		局长	1990.01—1991.05
	吴世鼎	局长	1991.05—2003.09
	罗兴福	局长	2003.09—2006.06
	钱启荣	局长	2006.06—

人员状况 1959年建站初期有职工2人。截至2008年底共有在职职工8人（在编职工4人，外聘职工4人），退休职工5人。在职职工中：大学本科以上3人，大专2人，中专及以下3人；中级职称1人，初级职称4人；30岁以下2人，31～40岁3人，40岁以上3人。

气象业务与服务

1. 气象业务

①气象观测

地面观测 1959年1月，每天进行07、13、19时（地方时）3次观测；1960年8月起改每天08、14、20时（北京时），实测次数为3次，夜间不守班。观测的项目有云、能见度、天气现象、气压、气温、湿度、风向风速、降水、雪深、日照、蒸发、地温、积雪。1966年1月停止160厘米、320厘米地温观测。1967年2月增加雨量自记观测。1970年启用温度计、湿度计观测，1978年启用电接风向风速自记仪观测。1973年1—5月向西安军航编发预约航空报；1974年1月—1975年向西安、安康发预约航危报；1976年1月增加冻土观测。2001年4月通过微机编制气象报表，2003年起通过网络报送气象电子报表，同时终止报送纸质气象报表。

2005年8月建成CAWS600S-N型自动站，2006年8月—2007年11月进行对比观测，2007年12月正式投入单轨业务运行。自动站观测项目包括温度、湿度、气压、风向风速、降水、地面温度。2008年配置自动站备份计算机，作为自动站系统的备用计算机使用。

②天气预报

建站初期，县气象站开始制作单站预报，主要根据本地气象要素的变化、气候特点、预报经验以及通过广播收听上级台站的指导预报制作本地预报，预报产品只有24小时短期天气预报。1961年开始绘制压、温、湿三线图，为预报产品的制作提供了新的方法。每日通过县广播站对外发布天气预报1次，主要发布24小时、48小时的天气预报。20世纪70年代，采用点聚图、气象要素时间演变曲线图、气象要素综合时间剖面图、简易天气图等制作每日早晚制作并发布 24 小时内日常天气预报。1983 年,通过滚筒式无线气象传真机接收天气分析图和省气象台的指导预报意见,制作发布本县订正预报。配置电子计算器等现代计算设备,应用市台指导预报产品,制作县站解释预报。

1999 年 5 月,建成卫星单收站(PC-VSAT)和天气预报应用系统 MICAPS 1.0 版本,使县站的天气预报业务有了较大发展,卫星云图、各种数值预报产品在预报中开始运用。2002 年使用 MICAPS 系统 2.0 版本。2005 年 5 月建成县气象局集监测、预报、服务于一体的综合业务平台,开展常规 24 小时、未来 3～5 天和旬月报等短、中、长期解释天气预报以及临近预报。2007 年 5 月建成了多普勒天气雷达终端应用系统,在短时临近预报和突发灾害性天气预警中发挥了重要作用。2008 年开展灾害性天气预报预警业务和供领导决策的各类重要天气报告等。

③气象信息网络

信息接收 1985 年前,县气象站气象信息接收利用收音机收听上级以及周边气象台站播发的天气预报和天气形势。20 世纪 80 年代初,配备传真机,接收日本气象中心及北京气象中心高空及地面资料。1990 年开始使用短波单边带或甚高频电台,同年开始使用 PC-1500 袖珍计算机。2000 年开始使用微机编制报文,同年使用 X.25 专线传输报文和信息。2000 年 8 月引进卫星云图接收设备,以 APT 接收低分辨率日本气象同步卫星云图,2002 年建设气象卫星综合应用业务系统("9210"工程)。2005 年开通移动和电信 10 兆光缆,接收从地面到高空各类天气形势图和云图、雷达等数据,为气象信息的采集、传输处理、分发应用、会商分析提供支持。2007 年采用移动宽带专线(SDH)建立省—市—县气象宽带专用通信网络,传输带宽 2 兆,建立 PC-VSAT 站、气象网络应用平台、专用服务器和省市县气象视频会商系统,接收从地面到高空各类天气形势图和云图、雷达等数据,完成市县气象站的组网工作。同年建成市县可视会商系统和气象政务办公系统并投入使用。

信息发布 1986 年前,县气象站主要通过广播和邮寄旬报方式向全县发布气象信息。1986 年建立气象警报系统,面向有关部门、乡(镇)、村、农户和企业等每天 16 时发布天气预报警报信息服务。1998 年 12 月 30 日开通"121"天气预报电话自动答询系统(2005 年 1 月改号为"12121")。1998 年 8 月建立气象影视制作系统。2004 年利用手机短信每天 2 时次发布气象信息,2005 年开通了小灵通气象短信。2007 年依托乡镇自动气象站连续观测数据,建立气象实况信息自动报警系统。2006 年起,建立旬阳气象网站,发布农业、气象、政务等各类信息。

2. 气象服务

公众气象服务 20 世纪 60 年代中期至 1998 年,通过县广播站有线广播向公众发布 24 小时和 48 小时订正天气预报。1996 年 8 月联合开通 BP 机天气预报。1998 年开通"121"气象信息自动答询电话,公众可随时拨打,了解未来天气变化。2004 年 5 月,购置了语音卡通电视天气预报制作系统,开始制作 24 小时、48 小时电视天气预报节目,每天 2 次以录像带的形式送县有线电视台向公众发布,并同时发布地质灾害气象等级预报。同年,开通旬阳气象信息网,向公众提供气象预报服务和气象政策法规宣传。2006 年,与国土局联合开展地质灾害气象预报、与林业局联合开展森林火险等级预报。2006 年 1 月制作乡镇电视天气预报,通过天气预报节目向全县及周边地区发布天气消息。2007年,对电视天气预报制作系统进行了升级改造,每天用移动存储设备将天气预报节目送电视台播放。目前公众可通过广播、电视、信息电话、手机短信和互联网络等多种途径获取公众气象服务产品。每年开展节日气象服务和重大活动提供气象保障。

决策气象服务 决策服务领域涉及防汛抗旱、三农服务、森林防火、地质灾害服务以及重大活动专题气象保障服务等,决策服务产品有短时临近预报、精细化预报、短期气象预报、气候预测、中长期天气预报、重要天气消息、灾害性天气预警以及重大天气过程的实时跟踪服务等,为党政领导决策提供了科学依据。20世纪70年代,决策服务产品由过去的口头或传真、人工送达方式发展到电话、传真、网络、气象手机短信。90年代开发《重要天气报告》《气象科技信息》《气候影响评价》等决策服务产品,为县政府及防汛抗旱部门提供决策服务。截至2008年,已有10几种服务产品,包括《森林火险等级预报》《地质气象灾害等级预报》《预警信号》等。在2002年6月8—9日、2007年8月7日特大暴雨洪涝和2008年初低温雨雪冰冻灾害、"5·12"抗震救灾中,向县委政府和有关部门提供决策服务。2007年,建立县政府气象预警信息发布平台,为交通安全、公共卫生、供电停电、地质灾害、农业病虫害等防灾减灾、突发公共事件提供预警服务信息2000余条次。从2008年起开展气象灾害评估服务。

【气象服务事例】 1983年7月31日旬阳出现百年不遇的汉江特大洪水。由于7月下旬汉江上游普降暴雨到大暴雨,使汉江河水暴涨,造成汉江沿岸及老城河街全部水淹。气象站于7月27日提前做出预报并把预报结果及时向县政府汇报,并通过县广播站向全县广播,为抗洪抢险,生产自救提供准确及时的气象预报信息,将灾害损失降到最低。

2005年9月24日至10月6日旬阳县出现连阴雨天气过程,汉江出现50年一遇的洪灾,县气象局提前作出中到大雨及连阴雨天气过程预报。

2007年7月31日夜间,红军乡出现百年一遇特大暴雨袭击,12小时雨量超过100毫米,致使部分乡镇公路出现了塌方和泥石流,交通中断,农田水毁严重,基础设施损毁严重。县气象局作出准确预报,并在抢险救灾中每小时通过电话、传真等方式向政府主要领导、防汛部门汇报天气形势、提供雨情信息。灾情过程未出现人员伤亡。

2008年1月12—22日,旬阳县降雪天气过程,最低气温降至−2～−5℃,道路结冰日长达17天。此次过程,气象局发布"重要天气消息"、"气象灾害预警信号"、"雪情通报"12次。本次降雪过程由于提前发布预报预警,在工农业生产、交通运输疏导中起了重要作用,受到地方政府的肯定。

气象科技服务 1985年3月,遵照国务院办公厅《转发国家气象局关于气象部门开展有偿服务和综合经营的报告的通知》(国办发〔1985〕25号文件)精神,开始开展气象科技服务。初始阶段主要利用气象观测资料、旬、月、年预报对少数单位进行有偿服务,专业气象有偿服务开始起步,利用传真邮寄、警报系统、声讯、手机短信等手段,面向各行业开展气象科技服务。20世纪90年对外开展彩球庆典服务。1998年开展加油站防雷检测,同时开通"121"气象信息自动答询电话服务(2005年1月,"121"电话升位为"12121")。2004—2005年通过电视天气预报节目画面插播商业广告。2005年10月,开始对学校防雷设施进行检测,对少量新建公共建筑的防雷设计图纸进行行政审查和竣工验收。2006—2008年,进一步加强与建设、公安、安监部门合作,新建建筑防雷图审、竣工验收和易燃易爆场所的防雷工作快速发展。2007 年被评为安康市科技服务先进集体。2008 年在全县 28 个乡镇及县委、政府、祝尔慷广场建成预警显示屏。

农业气象服务 旬阳气象站自 1958 年开始进行冬小麦、水稻、玉米、黄豆、土壤湿度等物候观测,并年开始编发农气旬报,1961 年终止物候观测,同时终止农气旬报。2005 年开展烤烟与蚕桑生态观测。根据本县气候特征,每月制作《旬阳县气候与农情》和气候影响评价。

2006 年开始生态监测,监测项目为玉米。2008 年开始土壤墒情监测。每周制作专题气象服务,并给予相应的生产建议报送县委县政府以及相关部门。1983—1985 年,开展农业气候资源调查和农业气候区划。被安康地区区划委员会评为三等奖。2008 年被旬阳县县政府评为"服务烟草先进单位"。

人工影响天气 2001 年 4 月,旬阳县政府成立人工影响天气领导小组,办公室设在县气象局,由县气象局负责实施人工影响天气作业。购置人工增雨火箭弹发射架 1 个和"三七"高炮 3 门,实施人工增雨作业。

气象科普宣传 2000 年以前,科普宣传主要以站(局)工作人员自发撰写气象知识稿件,通过县广播站相关栏目向公众播发。2000 年以后,每年利用"3·23"世界气象日制作宣传单、宣传展板,宣传气象预报用语含义及暴雨、雷电、冰雹、滑坡、泥石流等气象灾害和次生灾害防御知识,组织中小学生到气象局参观学习,工作人员现场讲解各种气象仪器、设备用途,介绍天气预报制作原理和流程,现场观看卫星云图接收处理和动画演示。

气象法规建设与社会管理

法规建设 2000 年以来,旬阳县认真贯彻落实《中华人民共和国气象法》、《陕西省气象条例》等法律法规,县人大领导和法制委每年视察或听取气象工作汇报,县政府先后出台《关于加快气象事业发展的实施意见》规范性文件,气象工作纳入县政府目标责任制考核体系。2005 年,旬阳县人民政府先后下发《旬阳县人民政府办公室关于成立防雷减灾工作小组的通知》、《关于进一步做好防雷减灾工作的通知》、《关于加强防雷减灾安全管理工作的通知》等法规文件,县气象局严格按照防雷安全管理工作的规范要求,开展防雷电安全专项检查,对防雷电设计审核和竣工验收相关手续进行依法审批。

2005 年,成立旬阳县行政许可办公室,2 人具备行政执法资格。每年定期对液化气站、加油站、民爆仓库等高危行业的防雷设施进行检查,对不符合防雷技术规范的单位,责令进行整改,依法负责全县的防雷安全管理。

社会管理 2004 年将探测环境保护相关法规规章在当地政府、土地管理局、城乡建设规划局等部门进行了备案,从 2006 年起,在气象局周围的新建建筑物申请先由气象局根据气象探测环境保护规定在审批表中签注意见,城建局再视情况审批。

旬阳县矿产资源丰富,全县拥有锰矿、矾矿、铁矿等开采企业 70 余家,这些企业在日常生产中都要使用炸药、雷管等民爆物品,却对爆炸品的储存管理不规范,绝大多数企业的炸药、雷管库没有安装防雷、防静电设施,存在严重的雷电安全隐患。2005 年以来,旬阳县气象局多次与公安、经贸、安监等部门组织开展炸药库防雷电专项执法检查,进行防雷电设施建设的技术指导。通过近年的努力,全县矿山企业的民爆物品储存场所的防雷电装置逐步完善,防雷电设施年度安全检测有序进行。通过与城建部门合作,全县大部分新建建筑防雷设计图纸审核、随工竣工验收检测步入规范程序。现有行政许可审批项目4项。

政务公开   2001年开始实行政务公开,坚持按规定公示、公开行政审批程序、气象许可内容、收费标准、干部任用、财务收支、目标考核、基建工程招投标、职工晋升与晋级、干部离任审计等内容。2001年至2008年累计公示的项目和内容有10项600余件。

党建与气象文化建设

1. 党建工作

党的组织建设   建站初期党组织关系归属县农林水牧局支部;1978年旬阳县气象局成立独立党支部,隶属县直机关工委。截至2008年12月有党员3人。

党支部定期组织党员学习、开展党风廉政宣传教育月活动,召开专题民主生活会。2000年1月开展了"三讲"教育活动。2005年1月,开展了保持共产党员先进性教育活动。2009年3月,开展了第二批深入学习实践科学发展观活动。

党风廉政建设   2002年至2008年先后建立气象局局务公开、财务工作、基建管理、票据使用、物品采购、来客接待等各项管理制度,认真落实党风廉政建设目标责任制,积极开展廉政教育和廉政文化建设活动。除每年完成与市气象局和县政府签订目标责任合同外,定期召集党员学习,进行廉政勤政教育。每年召开职工大会,征求对局党风廉政工作意见,进行整改。每年4月开展党风廉政宣传教育月活动,通过开展各种活动,促进党风廉政建设。

2. 气象文化建设

2004年开设局务公开栏、学习园地等文化专栏,举办丰富多彩的文体活动。每年都开展"创佳评差"活动。

文明单位创建   2006年被县委县政府授予"县级文明单位"。

荣誉   2008年以前,集体共获得省部级以下奖励4项,个人共获得省部级以下奖励3人次。

台站建设

1999年6月省气象局投资20.8万元迁站,6月完成观测场前期建设,12月完成办公设施改造,2000年1月,迁入新址办公。

2004年5月,省气象局投资45.3万元,新修办公楼320平方米,自动站观测场改造以及办公设施的购置。2006年6月搬入新办公楼办公。先后改善了县气象局工作、生活环境,完成了图书阅览室、党员活动室、职工活动室、篮球场等硬件设施。

综合改造前的旬阳县气象局(1999 年)

综合改造后的旬阳县气象局观测场(1999 年)

综合改造后的旬阳县气象局综合业务
办公楼(2004 年)

商洛市气象台站概况

商洛地处陕西东南,秦岭南麓,(北纬 33°2′30″~34°24′40″,东经 108°34′20″~111°1′25″)是一个地质结构复杂的土石山区,岭谷相间排列,山势结构犹如手掌,掌结位于柞水西北部,呈手指状向东、东南方向延伸。丹、汉、洛水西北向东南纵穿。西康、陕沪、西武高速,西合、西康铁路贯通全境,占据东进西出、北上南下的区位优势。现辖 6 县 1 区,总面积 19454 平方千米,人口 243 万。

商洛属北亚热带向暖温带过渡的季风性半湿润山地性气候,冬无严寒,夏无酷暑,雨热同季,四季分明。受山地特殊地形影响,立体气候特征明显。年平均气温 11.0~14.0℃,极端最高气温 41.70℃,极端最低气温-22.6℃,年≥0℃积温 4133.7~5100.7℃,年平均无霜期 175~235 天。主要气象灾害有干旱、暴雨、冰雹、连阴雨、低温寒潮、霜冻、大风等,且发生频繁,具有突发性、局地性,灾种多、成灾重的特性。曾出现全国内陆降水极值(1998年 7 月 9 日大暴雨,6 小时降水量 1402 毫米)。

气象工作基本情况

历史沿革　1948 年 3 月,在商县西街建立测候站,1953 年 3 月,建立商县气象站。随后相继建立了柞水县气候站(1956 年 11 月)、商南、镇安、洛南(1957 年 10 月)、山阳(1958年 12 月)、丹凤(1960 年 10 月)、柞水(1968 年 1 月)县气象站。1960 年起,在各区公所陆续组建气象哨 54 个,后因仪器设备和维持经费缺乏,陆续撤停。1999 年起,建立 130 个乡镇雨量点。

1979 年 10 月,陕西省气象局批复:商县为陕西省农业气象观测网一级站;商南、山阳为陕西省农业气象观测网二级站。全市现有农业气象观测站 3 个,其中国家农业气象观测站 1 个,省级农业气象观测站 2 个。2005 年,在全市建立 8 个生态气候环境监测站。2008 年,建成 4 个土壤湿度发报站(生态环境监测、土壤湿度发报站附设在各县站和市农气中心)。

全市有地面气象观测站 7 个(国家气象观测基本站 3 个,国家气象观测一般站 4 个),农业气象观测站 1 个。

管理体制　1953 年 8 月—1954 年 12 月,归陕西省气象科领导;1955 年 1 月—1966 年5 月,归陕西省气象局领导;1966 年 6 月—1970 年 11 月,归陕西省农林厅气象局领导;1970

年 12 月—1973 年 2 月,属商洛地区革命委员会、商洛军分区双重领导;1973 年 3 月—1979 年 12 月,属商洛地区革命委员会农业局领导;1980 年 1 月起,实行气象部门与地方政府双重领导,以气象部门领导为主的管理体制。

人员状况 2008 年底全市气象部门有在职职工 138 人(在编职工 105 人,外聘职工 33 人),离退休职工 35 人。在编职工中:研究生 2 人,本科生 37 人,大专 48 人,中专及以下 18 人;副研级高工 5 人,工程师 40 人,初级职称 60 人;30 岁以下 19 人,31～40 岁 37 人,41～50 岁 30 人,50 岁以上 19 人。

党建与精神文明建设 全市气象局设有党支部 11 个,党员 85 人(离退休党员 19 人)。从 2002 年起认真落实党风廉政建设目标责任制,积极开展廉政教育和廉政文化建设,努力建设文明机关,廉洁机关,和谐机关。除每年完成与省气象局和市政府签订的目标责任合同外,还开展“执政为民,勤政廉政”、“情系民生,公正廉明”为主题的廉政教育;党组中心组每年召开职工大会,征求对党风廉政工作意见;组织观看电视警示教育片,提高防腐拒变能力。累计有 15 人被评为优秀共产党员。局财务账目除接受上级财务部门年度审计外,并将结果向职工公布,接受社会和职工监督。

2000 年以来,商洛市气象局着力推进精神文明创建活动,以精神文明建设为目标,以创佳评差活动为动力,开展全面创建活动,通过扎实有效工作,2008 年,参加地方“创佳评差”活动,被市委、市政府评为“最佳单位”,授予市级精神文明单位称号。

2008 年 12 月前全市气象部门共有国家级精神文明单位 1 个;市级文明单位 5 个;县级文明单位 2 个。2008 年,商州区气象局被中央文明委授予“全国精神文明建设先进单位”。

领导关怀 商洛气象工作得到各级领导的关心和支持。1996 年 8 月,陕西省副省长潘连生到市气象局视察并题词。2000 年 4 月中国气象局副局长郑国光、2005 年 9 月及 2008 年 8 月全国政协环资委副主任(原中国气象局局长)温克刚、2006 年 1 月中国气象局人事司司长(现中国气象局副局长)沈晓农等中国气象局领导先后到商洛气象局视察指导工作。

主要业务范围

地面气象观测 全市 7 个县(区)气象站承担人工和自动地面气象观测业务。人工观测项目有云、能见度、天气现象、气压、气温、湿度、风向、风速、降水、日照、蒸发、地温、雪深、冻土等;自动观测项目有气压、气温、湿度、风向、风速、降水、蒸发、地温等,每小时上传整点地面气象要素数据文件,每日 20 时上传日数据文件。

商州区、镇安、商南县气象站承担向西安、兰州、户县、武功、临潼、汉中、北京、光化拍发航空报和危险报任务。每小时编发 1 次航空天气报告,遇危险天气,5 分钟内编发危险天气报。

农业气象观测 市生态与农业气象服务中心承担农气观测任务。观测项目农作物有冬小麦、夏玉米、大豆;作物地段 0～50 厘米、固定地段 0～50 厘米深度土壤湿度以及核桃、车前、藜、青蛙、蚱蝉等物候观测。商南、山阳农业气象观测网二级站(土壤湿度站)只测定 0～50 厘米深度土壤湿度,同时向省信息中心上传旬(月)报。

天气预报 1958 年 5 月,县气象站开始作补充天气预报;1962 年起,地台开始制作天气预报;20 世纪 80 年代初期开始制作中长期天气预报。1986 年,开始研制开发“商洛地区大降水分片解释预报方法”,建立地台分片预报和县站解释预报业务流程。1988 年,纳入业务使用,县气象站不再制作中、长期预报,只在省、市台指导预报基础上进行解释加工。1997年,开始使用中国气象局升级为 T106L19 数值天气预报技术;2000年后,应用 T106 和 T213 数字预报产品制作短期预报,形成以数值天气预报产品为基础、人机交互处理系统为平台、综合应用多种技术方法的天气预报制作系统。

人工影响天气 开始于 20 世纪 50 年代,由民间或地方部门组织。1995年6月,商洛市行署下发商署办〔1995〕061号文件,成立了主管专员为组长的商洛地区人工影响天气工作领导小组,办公室设在地区气象局。1996年,地方人工影响天气工作陆续移交气象部门管理。2000年,有"三七"高炮34门,WR-1B 型防雹增雨火箭14套。2002年,制定出台《商洛人影高炮火箭管理使用规定》等4个规定和制度。2003年,组建448人的商洛民兵高炮防雹连;建成31座标准化炮站。2005—2007年,市编办增加地方人工影响天气编制25名。平均每年作业15次,保护面积5000多平方千米,减少灾害损失上亿元。

公众气象服务 开设市级电视天气预报栏目4套,县级电视天气预报栏目2套,2002年1月,增加"旅游天气预报"和"森林火险等级预报"栏目。2007年8月,与商洛市公路局、国土局合作,在商洛电视台新闻综合频道开播"公路气象"、"地质灾害等级预报"服务。

决策气象服务 制作《重要气象信息》、《送阅件》、《商洛气候与农情》、《气象决策服务参考》、《气象决策服务专报》《商洛气候与核桃》、《商洛气候与中药材》等服务专刊,为各级政府和社会各界提供重要决策信息。

专业气象服务 从1985年开始,推行气象专业有偿服务,当时只有简单的气象资料、气象预报服务;1989年,有偿专业服务有了较大发展,2001年,专业气象服务快速发展,服务对象和服务内容逐步扩大。服务效益逐年上升,为气象事业可持续发展奠定了基础。

专项气象服务 围绕商洛农业"粮、畜、药、果、烟"五大支柱产业,开展制作有针对性的专业气象服务产品。服务地方产业发展。

商洛市气象局

机构历史沿革

台站变迁 1948年3月,在商县西街建立了测候站。新中国成立后1953年3月,在商县四浩庙,建立商县气象站。1954年1月,迁址商县城东东龙山。观测场海拔高度742.2米,位于北纬33°52′,东经109°58′。1997年4月,实行局站分离,局址迁至东新路20号;2006年4月,局址迁至商州区移动路通信巷。

历史沿革 1953年3月,成立商县气象站;1958年10月,成立商洛专区气象台;1960年4月,改称商洛专区气象服务台;1963年1月,改称陕西省商洛专区气象服务台;1966年7月,改称商洛专区气象服务台;1972年10月,成立商洛地区中心气象站;1978年2月,更名商洛地区气象局(1996年12月,将原地面观测组改设为商州市气象局);2001年1月,撤

商洛市气象台站概况

地设市,更名为商洛市气象局。

2005 年 5 月,商洛市人民政府成立商洛市人工影响天气领导小组,办公室挂靠市气象局。

管理体制 1953 年 8 月—1954 年 12 月,归陕西省气象科领导;1955 年 1 月—1966 年 5 月,归陕西省气象局领导;1966 年 6 月—1970 年 11 月,归陕西省农林厅气象局领导;1970 年 12 月—1973 年 2 月,属商洛地区革命委员会、商洛军分区双重领导;1973 年 3 月—1979 年 12 月,属商洛地区革命委员会农业局领导;1980 年 1 月起,实行气象部门与地方政府双重领导,以气象部门领导为主的管理体制。

机构设置 1978 年前属站级设置,内设办公室,业务管理科、气象台(含地面观测)。1978 年,商洛地区气象局内设办公室、人事科、业务科、服务科、气象台。1993 年 11 月,成立产业科技服务中心。1997 年 6 月,增设财务科。1998 年 2 月,成立商洛市农业气象服务中心。1999 年 10 月,成立商洛市雷达站。2006 年 6 月,撤销科技服务中心,成立专业气象服务台。2008 年 12 月,市气象局内设办公室(与人事教育科、监审室合署办公)、业务科技科、计划财务科、政策法规科 4 个职能科室,下设市气象台(与市气象信息技术保障中心合署办公)、市专业气象台、市生态与农业气象中心、市雷达站(与市人工影响天气办公室合署办公)、市防雷中心、市财务核算中心、后勤中心 7 个直属事业单位。下辖 7 个县区气象局。

单位名称及主要负责人变更情况

单位名称	姓名	职务	任职时间
商县气象站	沈熊义	站长	1953.03—1955.12
	刘祖才	站长	1955.12—1958.09
			1958.10—1958.12
商洛专区气象台	强文俊	台长	1958.12—1959.08
	姬新法	台长	1959.08—1960.03
			1960.04—1961.11
商洛专区气象服务台	李合群	台长	1961.11—1962.12
陕西省商洛专区气象服务台			1963.01—1966.06
商洛专区气象服务台			1966.07—1971.07
	刘友发	台长	1971.07—1972.09
		站长	1972.10—1973.11
商洛地区中心气象站	王忠堂	站长	1973.11—1977.07
	屈新荣	站长	1977.07—1978.01
		局长	1978.02—1984.12
商洛地区气象局	胡荣才	副局长	1984.12—1992.11
	张道贵	局长	1992.11—1994.12
	刘文亚	局长	1994.12—2000.12
			2001.01—2002.07
商洛市气象局	年启华	局长	2002.07—2006.04
	白光弼	局长	2006.04—2008.12
	杜军	局长	2008.12—

619

人员状况　市局气象局2008年有在职职工67人(在编职工53人,外聘职工14人),离退休18人。在编职工中:本科及以上25人,大专18人,中专及以下10人;副研级高工4人,工程师20人,初级职称28人;30岁以下10人,31~40岁19人,41~50岁15人,50岁以上9人。

气象业务与服务

1. 气象观测

①地面气象观测

观测时次及项目变更

起止时间	观测时间	时间标准	观测次数	观测内容及变动	备注
1953年3月1日—1954年6月15日	03、06、09、12、14、18、21、24时	地方平均太阳时	8	有云、能见度、天气现象、气温、湿度、气压、风、降水、积雪、蒸发、地面状态、地温。	夜间守班
1954年6月15日—1960年6月	02、08、14、20时(定时)05、11、17、23时(补充)	地方平均太阳时	8	1955年8月,增加雨量计观测;1955年10月15日,增加冻土观测;1956年10月11日起,增加电线积冰观测;1957年1月,增加电线积冰器械观测;1959年7月1日增加40、80、160、320厘米地温观测;1960年5月1日,增加高空测风;1960年6月6日,增加拍发土壤墒情。	夜间守班
1960年8月1日—1967年10月10日	02、08、14、20时(定时)05、11、17、23时(补充)	北京时	8	1960年8月1日,取消地面状态观测;1962年5月1日,停止高空测风观测;1962年7月1日,增加电接风向风速计。1964年3月,气压表放置地点作了变动,但高度不变;1966年1月1日,增设雨量筒,停止最低温度表的补充订正观测,1967年3月1日,取消小型蒸发和1.6、3.2米地温观测。	夜间守班
1971年1月—1979年10月	02、08、14、20时(定时)05、11、17、23时(补充)	北京时	8	1971年1月1日,每月制作3份气表-6;1975年5月11日,应用新的气象旬月(五日)报电码,向省台拍发;1977年12月31日,20时起恢复20厘米小型蒸发观测;1979年10月15日,定为我省农业观测网站;	夜间守班

起止时间	观测时间	时间标准	观测次数	观测内容及变动	备注
1980 年 4 月 1 日—1996 年 12 月	02、08、14、20 时（定时）05、11、17、23 时（补充）	北京时	8	1980 年 4 月 1 日,停止发 MA 北京固定报;1981 年 2 月 23 日,国家站 AV 西安 24 小时预约改固定;1982 年 3 月,使用新的湿度查算表;1983 年 9 月,拍发重要天气报。	夜间守班

发报种类 航危报:1954 年 12 月 1 日起发 04—23 时航空报;1957 年 12 月,增加拍发危险报;1960 年 8 月 10 日起,向西安、临潼、武功、北京拍发航危报;1967 年 5 月 4 日起,向汉中拍发 24 小时预约航空报;1967 年 10 月 10 日起,向西安、兰州、户县、武功、临潼、汉中、北京、光化白天拍发 24 小时预约航危报。天气加密报（补充报）:1954 年 6 月 15 日起,增加拍发补充报。雨量报:1966 年 10 月 1 日向省台拍发 08—08 时总降水量;1972 年 5 月 1 日—10 月 1 日拍发雨情报;1995 年 6 月 1 日起向省台拍发 20—20 时降水量;1996 年 10 月 4 日起全年拍发 05—05 时雨量。重要天气报:1954 年 12 月起,增加 05、11、17、23 时辅助补绘报;1962 年 8 月 24 日起,增加 20 时西安绘图报;1966 年 4 月 27 日起,拍发专区小天气图报;1971 年 7 月 13 日,02 时起增发 ER 西安绘图天气报告。1983 年 9 月起,拍发重要天气报。

电报传输 建站初期,每天 4 次地面绘图报的传输,使用 15 瓦无线短波电台。1959 年配备了 M7-1540 型甚高频电话,观测电报通过邮政局中转,用口传方式发至省台,由省台转发至兰州区域气象中心。20 世纪 80 年代,配备了 PC-1500 袖珍计算取代人工编报,手摇电话发报。

气象报表制作 1953 年 3 月开始进行报表制作;1956 年 6 月 16 日起,开展报表预审工作;1956 年 7 月 19 日起,制作气象-20;1961 年 1 月起,将以往用的气表 1、3、4、7 合并为气表-1;1962 年起,增加年简表;1962 年 4 月开始恢复报表预审工作。

资料管理 气象原始资料,由局资料室统一管理,2005 年测报原始资料上交省气象局档案馆管理。

②农业气象观测

观测时次和日界 发育期一般 2 天观测 1 次,隔日或双日进行;禾本科作物抽穗、开花期每日观测;规定观测的相邻两个发育期间隔时间很长,在不漏测发育期的前提下,可逢 5 日或旬末巡视观测,邻近发育期即恢复隔日观测;冬小麦冬季停止生长,春季日平均温度达到 0℃之前每月末巡视 1 次,以后恢复隔日观测;观测时间一般为下午,有的作物开花时间在上午,开花期则应在上午观测。

观测项目 观测作物有小麦、玉米、大豆,观测项目有作物发育期、高度、密度测定、生长状况评定、产量因素测定、农业气象灾害、病虫害观测和调查。

观测仪器 卷尺、卡尺、高度丈量杆。

农业气象情报 每旬逢末向省气象局信息中心发报交流,并向市防汛抗旱办和政府相关部门传递服务。

农业气象报表 观测地段作物收获后 3 个月内向省气象局信息中心报送作物生育状况观测记录报表一式 2 份,并存底本。

③土壤湿度观测

土壤湿度观测始于 1960 年 5 月 1 日,到 1966 年 9 月因故停测,1979 年 3 月 15 日开始测定,1979 年 10 月 15 日农气观测站成立进入正常运行。观测内容有固定作物地段 0～50 厘米各层次土壤重量含水率、土壤相对湿度、总贮存量、有效水分贮存量。逢 8 日取土,旬末向省气象局信息中心发报。同时制作上报固定作物地段土壤水分报表一式 2 份。2004 年 6 月 9 日增加固定地段 0～50 厘米各层次每旬逢 3 日取土逢 5 日发报任务。2002 年建起固定地段 2 米、作物地段 1 米深土壤水分自动观测站,自动将信息传输到省气象局信息中心。

④生态观测

2005 年 5 月,在市生态与农业气象服务中心建立生态气候环境监测站点 1 个。观测项目农作物为小麦、玉米、大豆发育期。每旬末向省气象局信息中心发报,年底制作上报年报表。

⑤物候观测

1979 年在市生态与农业气象服务中心进行物候重点发育期观测,观测内容:植物有核桃、车前、藜,动物有青蛙、蚱蝉。每旬末向省气象局信息中心发报和制作上报年报表。

2. 气象信息网络

通信现代化 从 1958 年开始,传输主要靠电话、广播,警报器传输。1996 年,开通"121"气象信息固定电话答询系统。2007 年 4 月,更新"12121"气象信息自动答询系统,2008 年 3 月,利用"12121"平台服务器建成"气象信息外呼"平台,利用移动和电信 SDH 线路、广电网络完成全市气象宽带广域网建设,省—市—县传输带宽每路 2 兆;建成市级高速计算机局域网,主干速率达到 100 兆;完成市气象局计算机局域网升级改造,市、县(区)气象局建成计算机局域网,速率 100 兆;建成了省到市可视会商和视频会议系统及市—县会商系统;开通中文电子邮件办公系统,信息传递接收速率大大加快。

信息接收 1974 年,市气象台开始使用无线莫尔斯通讯。1977 年,配备 55 型电传机接收兰州、北京气象中心国内、国外报。1978 年,配备 CZ-80 型传真机,接收北京、东京气象广播台的传真天气图和数值预报图等。1985 年,建成单边带话传通信。1992 年,市局开通省市计算机远程终端。1996 年,建成市、县甚高频无线通信,进行预报传递和天气会商。1998 年初,市局开通气象卫星综合应用业务系统。截至 2008 年 12 月,利用移动和电信 SDH 线路、广电网络完成全市气象宽带广域网建设,建成市级高速计算机局域网和市、县(区)气象局建成计算机局域网与省到市可视会商和视频会议系统及市—县会商系统。

信息发布 开设市级电视天气预报栏目 4 套,2002 年 1 月,增加"旅游天气预报"和"森林火险等级预报"栏目。2007 年 8 月,与商洛市公路局、国土局合作,在商洛电视台新闻综合频道开播"公路气象"、"地质灾害等级预报"。在全市启动 LED 电子显示屏气象信息服务业务,先后为市、县政府及各重点建设单位及乡镇安装气象信息电子显示屏 200 余块,建成 LED 电子显示屏天气预报预警信息发送平台。建立了"12121"气象信息自动答询系统及手机气象短信发布平台。

3. 天气预报预测

短期天气预报 1958年5月,开始制作补充天气预报;1962年,地台开始制作天气预报;1986年,开始研制开发"商洛地区大降水分片解释预报方法",建立地台分片预报和县站解释预报业务流程。"商洛地区大降水分片解释预报方法"获陕西省人民政府科技进步三等奖,1988年,纳入业务使用;1997年开始使用中国气象局升级为T106、L19数值天气预报新技术。2000年后,应用T106和T213数字预报产品制作短期预报,形成以数值天气预报产品为基础、人机交互处理系统为平台、综合应用多种技术方法的天气预报制作系统。

中期天气预报 始于20世纪80年代初期,通过传真接收北京、东京气象广播电台的传真天气图和数值预报图。1998年初,通过气象卫星综合应用业务系统接收中央、省气象台的旬月天气趋势预报,再结合分析本地气象资料、短期天气预报、天气过程的周期变化、本地气候特点等方法,制作一旬(周)天气过程趋势预报。

长期天气预报 在中央、省台月、年天气趋势预测的基础上,根据本地历年气象资料、气候特点和地貌变化特征,运用数理统计模拟,常规气象资料图表及变化规律关系等模拟外延,制作月、年气候趋势预报。

4. 气象服务

①公众气象服务

2000年开设市级电视天气预报栏目4套,县级电视天气预报栏目2套,收视观众180万人,占全市总人数的75%。2002年1月,增加"旅游天气预报"和"森林火险等级预报"栏目。2007年8月,在商洛电视台新闻综合频道开播"公路气象"、"地质灾害等级预报"。建立了"12121"气象信息自动答询系统及手机气象短信发布平台,在全市乡镇、广场、校园、公路、车站等地建立预警信息显示屏200块,播发气象信息。

②决策气象服务

制作《重要气象信息》、《送阅件》、《商洛气候与农情》、《气象决策服务参考》、《气象决策服务专刊》《商洛气候与核桃》、《商洛气候与中药材》等服务专刊,为各级政府和社会各界提供重要决策信息。

【气象服务事例】 暴雨服务效果:1998年7月9日,丹凤、商南、山阳出现了历史上罕见的特大暴雨,丹凤的双槽乡6小时降雨1402毫米,引发地质灾害和洪水,损失惨重。气象部门准确预报、及时服务,效果突出,得到地区行署通报嘉奖。

2007年7月28—30日,商洛市东南部出现了局部特大暴雨天气,雨量最大48小时332毫米,商南县河、水库告急。市台连夜做出"雨势转小并很快停止"的准确预报结论,建议市、县政府采取保坝方案,避免了炸泄洪坝而造成的巨大损失,得到市政府通报嘉奖。

干旱服务效果:2005年1月1日—6月23日,全市出现174天持续性冬春夏连旱,降水比历年同期偏少70%～100%,达重旱程度,市局于4月21日、6月15日2次发布《当前旱情持续蔓延,抗旱保苗迫在眉睫》送阅件,市政府秘书长作重要批示,以特急件形式下发各县区政府执行。

应急服务效果：2006年4月30日，镇安县黄金公司发生尾矿坝溃坝事故，党中央、国务院高度重视，胡锦涛总书记和温家宝总理做了重要批示。面对事故，市气象局紧急启动突发性公共事件应急气象服务预案，成立气象服务领导小组，现场建立气象观测站及"虚拟"气象台，成功开展了气象应急保障服务，抢险救援指挥部和县委、县政府先后发来感谢信和请功函。

③专业与专项气象服务

围绕商洛农业"粮、畜、药、果、烟"五大支柱产业，开展有针对性的专业气象服务。1980—2005年，研发了"陕西省商洛地区农业气候区划研究"、"秦巴山区气候资源开发利用"、"商洛市基于GIS农业气候资源及专题区划研究"等专项服务产品，为政府和产业发展进行专项气象科技服务。

人工影响天气　开始于20世纪50年代，由民间或地方部门组织。1995年6月，商洛市行署下发商署办〔1995〕061号文件，成立了主管副专员为组长的商洛地区人工影响天气工作领导小组，办公室设在地区气象局。1996年，地方人工影响天气工作陆续移交气象部门管理。1999年10月，引进711B1数字化天气雷达1部。2000年，2002年，制定出台《商洛人影高炮火箭管理使用规定》等4个规定和制度。2003年，组建448人的商洛民兵高炮防雹连，建成31座标准化炮站。2005—2007年，市编办增加地方人工影响天气编制25名。人工影响天气工作从建制、人员、编制、经费、指挥全部到位，形成一定规模。从2000年开始，平均每年作业15次，保护面积5000多平方千米，减少灾害损失上亿元。市人工影响天气办公室2000年被评为"全省人工影响天气工作先进集体"，2003年，被评为"全省人影工作2000—2002年度先进集体"。3人被评为全省人工影响天气工作先进个人。

防雷减灾　1990年3月开始，从对建（构）筑物及部分易燃易爆场所防雷装置的安全性能进行检测，发展到2002年9月对辖区内建筑物、计算机（场地）信息系统、易燃易爆场所及其他设施安装的防雷装置的安全性能检测、图纸审核、施工监督、竣工验收、雷电灾害的调查鉴定，对进入本行政区域内的防雷电产品、防雷电材料进行质量监督与管理。

④气象科技服务

从1985年开始推行气象专业有偿服务，只有简单的气象资料、气象预报服务。1989年有偿专业服务有了较大发展，服务项目扩展到专项服务和防雷检测，气象警报接收机。2001年专业气象服务快速发展，服务对象和服务内容逐步扩大。服务对象由城市转向广大农村，服务内容增加到电视栏目、"12121"答询、手机信息连发、显示屏预警等，服务效益逐年上升，为气象事业可持续发展和提高职工福利奠定了基础。

5. 科学技术

气象科普宣传　1998年开始，参与科技之春宣传和纪念"3·23"世界气象日活动，宣传气象知识和气象法规。2007年，市局被市教育局、科技局、市科协授予商洛市青少年气象科普教育基地；2008年，被商洛学院和商洛烟草专卖局定为气象科普实习基地。商洛市气象学会3次被市科协评为气象科普先进单位，2004年，被陕西省科协授予四星级气象学会。

气象科研 1980 年至 2006 年,承担厅局级以上科研项目 10 多项。由李明玉、陈明彬等承担的《陕西省商洛地区农业气候区划研究》《陕西省商洛地区农业气候区划更新研究》《商洛地区农村能源区划》《商洛地区柑橘种植的气候适应性区划与评价》《秦巴山区气候资源开发利用》《温棚养猪调控适用技术》《商洛市基于 GIS 农业气候资源及专题区划研究》《烤烟栽培与气象》《商洛核桃低温冻害及防御对策》《秦巴山区中草药气象服务业务系统建设及推广》等项目,由王万瑞、吕东周、姜创业等承担的《商洛地区分片预报和解释预报技术研究》项目,有 2 项获全国农业区划委员会、农业部优秀科技成果三等奖;1 项获中国气象局科技进步三等奖;3 项获陕西人民政府科学技术二、三等奖;5 项获厅局级科技进步特、一、三等奖。农业气象技术推广应用,促进商洛五大支柱产业产生较大经济效益;分片预报和解释预报技术推广应用在全国气象部门产生很大影响。

气象法规建设与社会管理

法规建设 为加快人工影响天气、防雷、气象灾害防御快速反应和加快气象事业发展,商洛市人民政府先后下发了《关于印发〈商洛市人工影响天气工作实施办法〉的通知》(商政发〔2004〕45 号)、《关于印发〈商洛市防雷减灾实施办法〉的通知》(商政发〔2005〕48 号)等 4 个规范性文件。针对气象灾害网络建设和气象观测环境保护工作,商洛市政府办公室适时下发《关于加快气象灾害监测预警信息服务网建设的通知》(商政办发〔2007〕93 号)等 2 个规范性文件。

制度建设 为规范执法活动,监督执法行为,确保执法活动取得实效,市局先后制定《商洛市气象局行政执法责任制(试行)办法》等规范执法活动的相关七项制度,对依法行政管理工作起到积极促进作用。

社会管理 依据中国气象局《防雷装置设计审核和竣工验收规定》《施放气球管理办法》《气象探测环境和设施保护办法》《气象灾害预警信号发布与传播办法》等法规规定,对辖区内的防雷电管理、施放气球管理、气象探测环境保护、气象预报统一发布、气象资料汇总依法实行统一监督、发布和社会管理。2000 年起,成立了管理机构,建立了管理队伍,制订了管理制度,管理力度逐年加大。2007—2008 年,实现了气象社会管理的初步规范,取得明显社会效果。

政务公开 2000 年以来,从重大事项、规章制度、干部人事、精神文明、计划财务、科技服务等六个方面全面进行局事务公开,累计公开公示近 6000 次(份)。

党建与气象文化建设

1. 党建工作

党的组织建设 商洛中心气象站党支部成立于 1971 年 7 月,有党员 9 名。隶属于商洛军分区党委。1973 年 11 月起,隶属于中共商洛地区革委会农办党委。1980 年 9 月,成立中共商洛气象局党委,隶属于中共商洛地委组织部,有 16 名党员。1986 年 6 月起成立中共商洛地区气象局党总支,下设 3 个支部,隶属于商洛市机关工委。1998 年经市直机关党委同意市气象局党总支设立 4 个支部,截至 2008 年 12 月有党员 43 人。

党的作风建设 从 2002 年起,认真落实党的作风建设目标责任制,局党总支非常重视党建工作,定期召开民主生活会,开展党员评议;先后开展了学习"三个代表"、十七大精神、科学发展观等教育活动,充分发挥党组、总支和广大党员的积极性和创造性,努力建设文明机关,廉洁机关,和谐机关。有力促进了机关精神面貌转变,累计有韩贵堂、张晓霞等 15 人被地直工委评为优秀共产党员。党建工作取得了良好效果。

党风廉政建设 从 2002 年起,积极开展党风廉政教育和廉政文化建设,除每年完成与省气象局和市政府签订党风廉政建设目标责任合同外,还积极开展"执政为民,勤政廉政"、"情系民生,公正廉明"为主题的廉政教育;党组中心组每年召开职工大会,征求对党风廉政工作意见;组织观看电视警示教育片,提高防腐拒变能力。局财务账目除接受上级财务部门年度审计外,并将结果向职工公布,接受社会和职工监督。

2. 气象文化建设

精神文明建设 精神文明创建始终坚持"重在建设"的方针,突出以人为本和以活动为载体的创建理念,不断丰富和创新精神文明活动形式,以弘扬商洛气象人"艰苦奋斗、爱岗敬业、无私奉献"的素华精神,扎实开展学劳模、树正气活动。把领导班子的自身建设和职工队伍的思想建设作为文明创建的基本内容,通过开展经常性的政治理论、法律法规学习活动,不断培育清正廉洁的干部队伍。为气象事业可持续发展提供了物质基础、精神动力、思想保障和智力支持。

文明单位创建 1998 年被商州区委、区政府命名为区级文明单位;2008 年,被商洛市委、市政府授予市级文明单位。

气象文化建设 多年来,市气象局积极开展气象文化创建活动。参加全国、全省气象部门、市直机关职工运动会取得了好的名次;参加全省"气象人精神"演讲比赛获得二等奖;参加"迎奥运、讲文明、树新风"礼仪知识电视大赛,荣获"优秀组织奖"。大力倡导商洛气象精神,开展了"学英模,树新风,扬正气"活动,用英模人物高尚品质,精神境界启迪和陶冶了职工情操。加大投资,努力改善单位办公和生活条件,建成了市县气象局图书室和职工活动场所。通过气象文化创建,凝聚了人心,增强了团队意识,为商洛气象事业可持续发展提供了精神支撑。

3. 荣誉与人物

集体荣誉 1997 年被中国气象局表彰为重大气象服务先进集体;1980—2008 年共获得省部级以下集体荣誉 25 项。

个人荣誉 陈素华同志 1991 年被授予全国五一劳动奖章等称号;1980—2008 年共获得省部级以下个人奖励 182 人次。

人物简介 陈素华,出生于 1945 年,女,汉族,中共党员,四川省成都市人,1964 年 7 月毕业于成都气象学校,分配到陕西商洛中心气象站工作。1993 年调西安市气象局任咨询员,1994 年调陕西省气象局技术装备中心任副调研员。

陈素华同志热爱本职工作,扎根贫困山区,无怨无悔,干一行、爱一行、精一行。1988

年患直肠癌,手术后以超乎常人的毅力与病魔作斗争,并带病坚持工作,为人民服务的精神支柱始终支撑她的奉献人生。用她的话说:"我是一名共产党员,一切要从我做起,以实际行动树立党的光辉形象,同周围的同志一起为实现气象事业的宏伟蓝图做出更大的贡献。"

陈素华同志的奉献精神得到了党和人民的肯定和称赞。陕西省《共产党人》杂志发表了她事迹的长篇通讯《大山的女儿》,中国气象报发表了《平凡闪光的人生》和《情洒商洛》。

1991年6月,人事部和中国气象局授予她"全国气象系统模范工作者"光荣称号;7月荣获"陕西省优秀劳动标兵"称号,"全国三八红旗手"、"全国五一劳动奖章"获得者;1992年,被评为陕西省十大新闻人物。

台站建设

台站综合改造 商洛市气象局1997年前在商州区东龙山办公,条件较差,1997年,因服务工作需要,迁址城东家属楼,面积400平方米,条件特别差。2004年,由中国气象局、省气象局和市政府共同出资618万元进行办公楼修建迁局工作,2006年完成2500平方米办公楼修建迁局工程,业务办公条件优越,基础设施得到改善,为职工创造了优美舒适的工作、学习和生活环境。

园区建设 2006年,市气象局对院落进行全面绿化改造,绿化面积达1000平方米,市局机关大院成为园林式风景秀丽的花园。

办公与生活条件改善 2006年,对机关办公室、预报业务平台、专业服务业务平台、会议室进行了装修,建成了五大业务平台。2008年6月,对五大业务平台进行了升级改造,基础设施得到改善,为职工创造了优美舒适的工作、学习环境。2006年以前,职工住宅一直在山上单间土木结构房内,1996年建成了36套2740平方米职工住宅楼。

商洛市气象局综合改造后办公大楼(2006年)

商州区气象局

商州是一块古老的土地,历史悠久。早在 5000 多年前的新石器时代,这里就有先民繁衍生息。境内生态环境优美,生物资源丰实,森林覆盖率达 59%,是国家南水北调工程重要的水源涵养区,丹江源头第一城。商州区现辖 30 个乡(镇)、办事处,总面积 2672 平方千米,人口 54 万。

商州属北亚热带型暖温带过渡的季风性半湿润山地气候,冬无严寒,夏无酷暑。主要气象灾害有:干旱、暴雨、冰雹、霜冻、低温寒潮、大风等。

机构历史沿革

台站变迁 1948 年 3 月,在商县西街建立测候站,观测至 1949 年 12 月。1953 年 3月,商县气象站在四浩庙建站;1954 年 1 月,迁址商州区大赵峪办事处所辖的龙山村东龙山顶,地理坐标为北纬 33°52′,东经 109°58′,海拔高度 742.2 米。

历史沿革 商州区气象局的前身是商洛地区气象局的地面观测组;1996 年 10 月,组建商州市气象局(台站史编纂以商州建局后写起),1997 年 1 月起,独立运行;2002 年 2 月,更名为商州区气象局。

1980 年,被确定为国家气象观测基本站,2006 年 7 月,变为国家气象观测站一级站,2008 年 12 月,恢复为国家气象观测站基本站。

管理体制 1996 年 10 月以前,属商洛市气象局的直属单位;1996 年 10 月起,实行气象部门与地方政府双重领导,以气象部门领导为主的管理体制(实行局站合一)。

机构设置 内设 2 个中心(业务中心、气象科技服务中心)和 2 个办公室(行政办公室、人工影响天气办公室)。

单位名称及主要负责人变更情况

单位名称	姓名	职务	任职时间
商州市气象局	董宝春	副局长(主持工作)	1996.10—1998.12
		局长	1998.12—2002.02
商州区气象局			2002.02—2006.08
	徐世有	局长	2006.08—

人员状况 1997 年,重组后人员编制 13 人。2001 年,由于机构设置变动,商州市气象局定编 11 人。2007 年,地方政府增设人工影响天气编制 3 人。截至 2008 年底,有在编职工 14 人,其中:研究生 1 人,大专及以上学历 12 人,中专学历 1 人;中级职称 4 人,初级职称 10 人;40~52 岁 5 人;40 岁以下 9 人。

气象业务与服务

1. 气象业务

①气象观测

地面观测 新中国成立后,气象观测方法、项目、时次等按照中国气象局颁发的国家基本气象站的规范、规定进行。每天进行02、05、08、11、14、17、20、23时8个时次地面观测。开始时观测项目有云、能见度、天气现象、气温、湿度、气压、风、降水、积雪、蒸发、地面状态、浅层地温等。1955年8月,增加雨量观测;1956年10月,增加电线积冰观测;1957年12月,增加冻土观测;1959年,增加40、80、160、320厘米深层地温观测。开始发报日期为1954年6月,每天发报4次,发报时间02、08、14、20时。1954年12月起,增加05、11、17、23时辅助补绘报;1954年12月1日起,增加04—23时航空报;1957年12月,增加旬报、危险报;1960年8月,向西安、临潼、武功、北京拍发航危报;1967年10月,向西安、兰州、户县、武功、临潼、汉中、北京、光化白天拍发24小时预约航危报。

2001年7月1日起,地面观测正式使用AHDM4-11软件;10月微机制作报表投入试运行;2002年1月,上报机制报表和软盘;2002年10月网络上传地面气象月报表;2004年1月至今,自动气象站使用中国气象局颁布的地面气象测报业务软件OSSMO2004,每天进行02、08、14、20时(北京时)4次定时观测,并拍发天气电报;进行05、11、17、23时补充定时观测,拍发补充天气报告,向OBSAV西安发报。

2002年12月,完成自动气象站的场、室改造和仪器安装工作,2003年1月1日投入业务运行,除云、能见度和天气现象三个项目外,其余气象观测项目全部实现了由人工观测、记录、发报向自动观测、记录、传输,生成报表的重大变革,结束了人工抄录、制作和邮寄上报地面观测报表的历史。2005年1月1日,实现自动站单轨运行。自动站采集的资料与人工观测资料存于计算机中互为备份,每月定时复制光盘归档、保存、上报。

1998年、2001年、2002年,先后3次被省气象局表彰为"全省测报工作先进集体"。2008年11月,荣获"全市地面测报业务技能竞赛团体第二名",2名同志代表市局参加全省测报技能竞赛均荣获优秀奖。

生态观测 2005年5月,建立生态气候环境监测站,观测项目主要有核桃、柿子、黄芩、丹参、桔梗、板蓝根6个。并通过网络传输旬(月)报到陕西省信息中心。2006年,开始制作生态表-1。

酸雨观测 2005年,设立商州酸雨观测站,观测项目有自然降水的酸碱度及电导率值。

气候监测 1999年7月,在商州29个乡镇布设了人工雨量监测点。2007年7月,陆续在全区26个乡镇和1个办事处建立区域自动气象观测站,其中:六要素自动站2个,四要素自动站3个,两要素自动站22个,实现了区域加密自动站乡镇全覆盖。利用计算机通讯和数据库技术实现数据实时自动显示记录、上传,实现了资源共享。

②气象信息网络

1997年,商州局成立之初,信息传输主要依靠程控电话。1998年,建成了以接收各种气象信息为主的气象信息远程终端,实现了与省、市气象部门的计算机联网。2000年,建成了气象卫星地面接收站("9210"工程)并正式投入业务使用,完成地面测报 PC-1500 袖珍计算机的换型任务。2003年,实现气象电报传输 X.25 专线升级和宽带接入,天气报和报表通过网络上传。同年,建成局域网、县级气象服务决策系统、商州气象信息网和商州农村经济信息网。2004年,建成县级可视会商系统和中文电子邮件系统,2007年6月,建成了气象部门与地方防汛部门之间的远程可视会商系统。

③天气预报

短期天气预报 1997年,建立数值天气预报系统;2000年9月,开始接收卫星云图资料,形成了以数值天气预报产品为基础、人机交互处理系统为平台、综合应用多种技术方法的天气预报制作系统。制作发布补充订正的短期解释天气预报。

中长期天气预报 依据省、市气象台的中长期天气趋势预报,结合商州气候变化规律,运用数理统计方法,常规气象资料图表、地方天气谚语及韵律关系等方法,分别制作中、长期补充订正趋势预报,发布未来一旬(月)中(长)期天气趋势预报。

2. 气象服务

公众气象服务 2005年6月,在商州电视台正式开播了电视天气预报栏目,天气预报覆盖了全区60%以上的农村人口。2006年,陆续开设了"森林火险等级预报"和"地质灾害等级预报"栏目。2007—2008年,先后在区委、政府、防汛办和重点乡镇安装了气象预警显示屏,建成了商州区气象灾害预警中心,组建了由30名乡镇(办事处)主管领导和30名兼职气象干部组成的基层气象工作管理机构,由411名乡村义务气象信息员组成的气象信息传递网络。2008年4月16日,省气象局杜继稳副局长致信全省各市气象局局长,充分肯定商州区局建设气象灾害预警网,延伸气象服务和管理到乡镇、到村组,加强和创新基层气象服务的做法。

决策气象服务 1997年开始,以《送阅件》的形式向党委和政府提供气象服务产品。2006年,对社会定期发布《商州气候与农情》、《气象决策服务参考》、《重要气象信息》、《重大气象服务专报》、《雨情报告》、《商州人影简报》等多种决策服务产品,积极为各级政府和生产主管部门提供决策依据。2003年7月,区气象局党支部获得商州区委组织部"2003年支农工作先进党支部"的表彰,并制作了《撑起农业的保护伞》电视专题片,介绍了决策气象服务在地方经济发展和"三农"服务中的具体做法和取得的效果。

【气象服务事例】 2000年8月18日,发布暴雨预报,引起市领导高度重视,并据此做出紧急安排,把正在召开的全市乡书记、乡长会议内容精减压缩,提前结束,并要求所有乡镇领导限时赶回乡镇,对于没有交通工具或交通不便的乡镇领导由政府办派车送回。天气实况是,8月17日晚到18日上午,全市普降大到暴雨,本站降水量为49.2毫米,有5个乡镇的降雨量超过了100毫米,但由于服务及时准确,将损失降到了最低,收到非常好的效果。

2001年6月22—24日,连续3天局部出现暴雨、冰雹天气,给当地农业生产造成直接经济损失700万元以上。由于气象局积极主动服务,为领导和政府指挥防灾救灾工作起到了良好参谋助手作用。市政府在本级财政困难的情况下仍拿出了10多万元支持发展人工防雹增雨作业。

2003年8月28日,商州区14个乡镇降了暴雨,12小时降雨量达到了70~100毫米,其中腰市、李庙、蒲峪3个乡镇降了大暴雨,12小时降雨量超过了100毫米,最大降水量为132毫米,引发塌方、泥石流和洪灾,灾情十分严重,直接经济损失超过4000万元。由于气象服务工作主动、及时、准确,受到商州区委书记张改萍多次大会点名表扬。商州区人民政府还发函建议商洛市气象局对商州区气象局汛期气象服务工作给予表彰。2004年3月,被商洛市气象局授予"2003年度全市气象服务工作先进集体"。

人工影响天气 商州地处秦岭东段南麓,立体垂直小气候特征明显,干旱、冰雹等灾害性天气严重制约当地主导产业的发展。

1998年12月26日,商州市政府常务会议研究决定,成立商州市人工影响天气工作领导小组,办公室设在市气象局,主任由原气象局局长董保春同志兼任,商洛市人工影响天气办公室直接指导业务。2001年5月,在解放军总参谋部及商洛军分区的大力支持下,从山西无偿调拨回"三七"高炮5门,布设高炮炮点10个。至2002年上半年,在烤烟种植重点乡镇(板桥、李庙、蒲峪、腰市)和区气象局院内建成标准化人工影响天气作业炮站。2003年3月,对内设机构和职责进行调整,明确了人工影响天气办公室的主要职责和人员组成。同年5月,按照人工影响天气工作的技术和安全要求,商州区人工影响天气领导小组办公室在全市率先制定了《商州区人工影响天气工作基本要求》(即:十要十禁止和五个坚决杜绝),切实加强了对人工影响天气工作的管理。

多年来,地方政府领导通过召开专题会议,下发文件,增加财政预算,增设编制,批转专题材料等多种方式支持人工影响天气工作,使商州人工影响天气事业得到了快速健康发展。商州区烟草局给区人工影响天气办公室解决办公经费、赠送计算机、更换变压器、增加炮手工资,全力支持烤烟人工防雹工作,成为全商洛市部门共建地方气象事业的一个范例。

2003—2008年,共开展人工防雹作业35次,开展增雨作业15次,有效避免和减轻了冰雹和干旱给商州支柱产业及农业生产造成的巨大损失,取得了一定的社会效益和经济效益,多次受到上级气象部门和地方政府领导的表彰奖励。2006—2008年,连续3年被商州区政府表彰为"支持烤烟生产工作先进集体"和"全区森林防火工作先进集体"。

气象科技服务 1997年,商州局独立运行后,气象科技服务项目为防雷和彩球服务两个项目。2001年,市局防雷中心成立后,防雷项目收归市防雷中心统一管理经营。2002年以来,商州局改革管理模式,不断加大对科技服务的投入和管理。气象科技服务人员创新思路,更新观念,树立市场意识和危机意识,勇创市场,挖掘潜力,每年都超额完成目标任务,使得气象科技服务可利用资金逐年增长,递增率年平均超过50%,有力地支撑了气象事业的发展。

气象科普宣传 充分利用"科技之春"宣传月、"3·23"世界气象日活动,大力进行气象法律法规、探测环境保护、气象灾害防御等科普知识宣传,积极在城区中小学校开展防御气象灾害、普及气象科普知识问卷调查,使社会公众与广大师生掌握了各种气象灾害的特点、预警信号及防范常识,增强公众避险、自救、互救能力。2000年,与东郊中学建成"红领巾课外科普基地",2004年6月,与商洛师专建成人才培养基地和教学实践基地,2008年4月,被商州区委、区政府授予"科普示范单位"。

1998—2008年,先后在《中国气象报》、《陕西日报》、《商洛日报》及新气象网站、中国气象局网站上刊登稿件100余篇。2001年4月,被中共商州市委宣传部表彰为"2000年度宣传思想工作先进集体";2007年5月,李会军同志被中国气象报社表彰为"2006年度优秀通讯员"。

科学管理与气象文化建设

1. 科学管理

社会管理 2003年6月,成立了行政执法队,先后有7名职工经过培训取得了气象行政执法证。2005年6月,成立了气象行政执法办公室。社会管理工作加强领导,健全制度,明确职责,强化管理。对辖区内的气象台站的探测环境、人工影响天气设施、升空气球市场、自动站设施、气象行政执法、科技有偿服务等内容进行了排查建档,并多次在商州城区开展了气象执法检查活动。2003年12月19日,对商洛市邮政局速递礼仪公司在商洛市中心广场施放氢气球的违法行为进行执法过程中,执法人员姚永胜被市邮政局速递礼仪公司经理刘××打伤。通过司法程序和组织协调,2004年3月,使执法处罚和打人两件事都得到了圆满解决。商洛市邮政局速递礼仪公司接受了气象行政处罚,写出了书面检查,并保证今后不再发生违法施放氢气球事件。《中国气象报》以"向气象法低头"为题对此次事件进行了报道。

政务公开 商州区局对气象行政审批办事程序、气象服务内容、服务承诺、气象行政执法依据、服务收费依据及标准等,通过局事务公开栏向社会公开。干部任用、财务收支、目标考核、重大物资采购等内容则采取职工大会或张榜公示等方式及时向职工公开。台站基本建设方面将施工队考察、各项手续办理、议标程序、招投标结果、签订的合同及工程的决算报告等都及时进行了公示。财务收支、公务用车、招待费定期公示。年底对全年收支、职工奖金福利发放、领导干部待遇、劳保、住房公积金等向职工作详细说明。干部任用、职工晋职、工作岗位调整、专业技术人员评聘、评优评先等及时向职工公示或说明。2005年11月,被中国气象局、省气象局授予"局务公开工作先进单位"。2008年12月,被中国气象局、省气象局授予"局务公开工作示范单位";被中共商州区委授予"作风建设先进集体";被商州区纪委授予"政务公开工作先进单位"。

2. 党建工作

党的组织建设 1997年10月,经原商州市组织部研究同意成立了中共商州市气象局党支部,有党员4人。2001年,成立了中共商州区气象局党支部委员会。近10年先后发展党员7名,截至2008年12月有党员8名,党员总数占全局职工总人数的64%。

2003年,董保春同志被选举为中共商州区第十五届委员会正式代表。2006年6月,被中共商州区委表彰为"标杆党支部"。2001—2008年,先后有12人次荣获上级党委表彰。

党风廉政建设 认真落实市气象局和区政府《党风廉政建设目标责任书》,积极开展廉政教育活动,努力建设高效机关、文明机关、和谐机关和廉洁机关。2003年12月,聘请1位同志为廉政监督员,并将其吸收为局务会成员,对全局重大事项的决策实行全程监督。积极开展"党风廉政教育宣传月"活动,组织全体职工参加"华云杯"反腐倡廉建设知识竞赛活动。2007年,出台《三人决策制度》和《"三大一重"议事制度》,2008年,在气象科技服务财务支出中实行三人联签会审制度。

2. 气象文化建设

为弘扬陈素华敬业爱岗、不屈不挠、无私奉献的崇高精神,商州局通过总结和凝练,对陈素华精神进行丰富和升华。提出了以"艰苦奋斗、求实创新、和谐发展、争创一流"的新时期商州气象精神。2006年,建成职工荣誉室、党员(职工)活动室、并购置活动器材。同时,经常组织职工开展篮球、乒乓球和"气象知识知多少"等各种文体竞赛活动,定期和周边的单位开展羽毛球、象棋和卡拉"OK"等多种文体交流,丰富了山头上气象职工的业余文化生活。

精神文明建设 精神文明创建始终坚持"重在建设"的方针,突出以人为本和以活动为载体的创建理念,不断丰富和创新精神文明活动形式,为气象事业可持续发展提供了物质基础、精神动力、思想保障和智力支持。

文明单位创建 1999年,被原商州市委、市政府授予"市级文明单位"称号;被商州市共青团、人劳局、农发办联合授予"青年文明号";2001年,被商洛地委、行署授予"地级文明单位";2003年,被商洛市委、市政府授予"市级文明单位标兵";2004年,被陕西省委、省政府授予"省级文明单位";2007年,被陕西省委、省政府授予"省级文明单位标兵";2008年,被省爱国卫生委员会授予"省级卫生先进单位",被中央文明委授予"全国精神文明建设先进单位"。

3. 荣誉

集体荣誉 2006年10月,商州区气象局被省气象局、省人事厅联合表彰为"全省气象部门先进集体";2006年12月,被中国气象局授予"全国气象部门文明台站标兵"称号。

2008年以前,共获得省部级以下集体奖励6项。

个人荣誉 2008年以前,共获得省部级以下个人奖励12人次。

台站建设

台站综合改造 1997年,商州区气象局独立运行后,一直在20世纪80年代修建的平房中办公和生活。1999—2002年,多方筹集资金近百万元,在山下打饮水井、硬化上山公路、架设专用电线、铺设排污管网等等,先后解决了"吃水难、行路难、排污难、用电难、看电视难、取暖难"等六难问题。2005年,拆除原办公用房,总投资110.2万元新建并装修欧式框架一层办公楼435平方米(含职工活动室、会议室、业务平台及相关办公室),修建铁艺透视围墙242米,硬化道路及场所800平方米,同时重建了大门和门房、库房、炮房,对排污和电路进行改造,统一配置办公家具。2008年6月,对现用业务平台进行了升级改造。

园区建设 2002年,对机关大院初次改造,修建了花池,栽植风景树和花卉。2006年,对大院内进行二次规划改造,实施了庭院绿化、美化、亮化工程。2008年,3次实施大院绿化美化扩展工程,绿化面积2300余平方米,种花面积300余平方米,修建小路100余米,建室外休息平台一处70余平方米,使机关院内成为园林式的风景秀丽花园。

商县气象局建站时照片(1953年)

商州区气象局实施综合改造后鸟瞰图(2008年)

洛南县气象局

洛南县地处陕西秦岭南麓,地跨黄河、长江两大流域,全县辖25个乡镇,总人口46万,全县总面积2380平方千米。

洛南县属北亚热带向暖温带过渡的季风性半湿润山地性气候,冬无严寒,夏无酷暑,雨热同季,四季分明。受山地特殊地形影响,立体气候特征明显,气象灾害发生频繁,灾害种类多,突发灾害严重。

机构历史沿革

台站变迁 1957年10月,雒南气候站在洛南县祖师公社柳林二队建成。1991年1月,迁至洛南县城关镇柏槐村西塬擂鼓台,地理坐标北纬34°06′,东经110°09′,海拔高度963.4米。

历史沿革 1957年10月,成立雒南气候站;1959年1月,改称陕西省雒南县气候站;1960年4月,改称雒南气候服务站;1962年8月,改称雒南县气象服务站;1963年3月,改称陕西省雒南县气象服务站;1964年9月,改称陕西省洛南县气象服务站;1966年8月,改称洛南县气象服务站;1969年5月,改称洛南县农林水牧服务站;1971年6月,改称洛南县气象站革命领导小组;1980年3月,改称洛南县气象站;1990年1月,改称洛南县气象局(实行局站合一)。

管制体制 1957年10月—1958年12月,受商县气象站领导;1959年1月—1962年7月,由洛南县农林水牧局领导;1962年8月—1966年5月,由商洛专区气象台领导;1966年6月—1968年2月,由商洛专区气象台和县农林局双重领导,以商洛专区气象台为主;1968年3月—1970年11月,由商洛专区气象台领导;1970年12月—1978年1月,由洛南县革命委员会和县武装部双重领导;1978年2月起,实行气象部门与地方政府双重领导,以气象部门领导为主的管理体制。

　　机构设置　内设 2 股(业务股、服务股)1 中心(气象科技服务中心)和 2 个办公室(行政办公室、人工影响天气办公室)。

单位名称及主要负责人变更情况

单位名称	姓名	职务	任职时间
雒南气候站	梁智勇	站长	1957.10—1959.01
陕西省雒南县气候站	刘维高	负责人	1959.01—1960.04
雒南县气候服务站	郭进山	站长	1960.04—1962.07
雒南县气象服务站			1962.08—1963.02
陕西省雒南县气象服务站			1963.03—1964.09
陕西省洛南县气象服务站	刘俊三	负责人	1964.09—1966.03
	李广增	站长	1966.03—1966.07
洛南县气象服务站			1966.08—1969.04
洛南县农林水牧服务站			1969.05—1971.05
			1971.06—1971.12
洛南县气象站革命领导小组	杨兴汉	组长	1971.12—1972.07
	谢继昌	组长	1972.07—1976.06
	谢志武	组长	1976.06—1980.01
	郭换俊	站长	1980.01—1980.03
洛南县气象站			1980.03—1984.12
	王志平	站长	1984.12—1990.01
洛南县气象局		局长	1990.01—1996.01
	唐钧枢	局长	1996.01—

　　人员状况　洛南县气象局成立之初有在职职工 2 人,截至 2008 年底,有在职职工 11 人(在编职工 7 人,地方编制 2 人,外聘职工 2 人),退休职工 3 人。在职职工中:大学本科及以上 3 人,大专 3 人,中专及以下 5 人;中级职称 3 人,初级职称 3 人。

气象业务与服务

1. 气象业务

①气象观测

　　地面观测　洛南县气象站是国家地面气象观测一般站,开始于 1957 年 10 月,每天有 02、08、14、20 时 4 次观测任务;1959 年 3 月起,改为每天 08、14、20 时观测 3 次;观测项目有云、能见度、天气现象、风、降水、气温、湿度、积雪、蒸发、日照、地面温度、草面温度、雪深、电线积冰等。

　　2005 年 8 月,县级自动气象站建成,2006 年 1 月开始,除云、能见度和天气现象 3 个项目外,其余气象观测项目全部实现了由人工观测、记录、发报向自动观测、记录、传输到生成报表的重大变革。2008 年 1 月 1 日,自动站开始单轨运行。

　　1999 年,全县建立了 25 个人工观测雨量点;2007 年 7 月开始,相继在 25 个乡镇建立了覆盖全县的区域自动气象站(其中两要素 21 个,四要素 3 个,六要素 1 个),利用计算机通讯和数据库技术实现数据实时自动显示记录、上传。

天气报的内容有云、能见度、天气现象、风、降水、气温、气压、湿度、雪深、蒸发、日照、地面温度、草面温度、雪深等;重要天气报的内容有暴雨、大风、雨凇、雾凇、霾、沙尘暴、雾、积雪、冰雹、雷暴等。发报种类有每天固定时间的天气报和不固定时间的重要天气报。

农业气象和生态监测 1983 年初,开展了农业气候资源区划。1992 年,进行更新研究。2005 年起,生态监测工作全面启动,监测项目有中草药、农作物、经济林果三类作物发育期,作物品种为丹参、桔梗、柴胡、红豆杉、烤烟、核桃六种,向省信息中心拍发生态观测旬(月)报,并开展了农业、生态监测和农业气候资源评价等专题专项分析业务。2008 年,建成土壤湿度发报站,同时向省信息中心发土壤湿度旬(月)报。

报表制作 洛南气象报表分为气象月报表、年报表,1957 年,用手工抄写方式编制,报市气象局和省气象局审核。2002 年起,开始使用机制气象报表。现报表有 3 种:地面月报表、年报表、生态年报表。

②气象信息网络

1958 年,气象站利用电话发报和收音机收听西安气象台和上级以及周边气象台站播发的天气预报和天气形势。1978 年 10 月,配备 CZ-80 型传真机,接收北京、东京气象广播台的传真天气图和数值预报图等;1985 年,使用陕西省气象局配发的 79-1 型传真机;1987 年 4 月,架设甚高频无线电话接收信息;1989 年,使用程控电话;1999 年,建成了气象卫星地面接收站并正式投入使用,完成了气象电报传输专线的升级任务;2006 年,建成省、市、县气象局光纤专线内部网络,实现了测报信息上传、网上办公、信息收送、可视化预报会商等业务;2007 年 6 月,建成了气象防汛远程可视会商系统。

③天气预报

短期天气预报 1958 年 5 月开始,制作发布短期天气预报;1962 年,做订正天气预报;1989 年,制作分片解释预报;1996 年,逐步开始应用数值预报。2000 年后,形成了以数值天气预报产品为基础、人机交互处理系统为平台、综合应用多种技术方法的天气预报制作系统,按照上级指导预报,制作发布短期订正分片天气预报。

中长期天气预报 依据省、市气象台的中长期天气趋势预报,结合洛南气候变化规律,运用数理统计方法,常规气象资料图表及韵律关系等方法,制作出中长期补充订正趋势预报,发布未来一旬(月)中长期天气趋势预报。

2. 气象服务

①公众气象服务

1957 年 5 月起,通过有线电话向县广播站传递预报,由广播站对外播发;1988 年,通过架设甚高频无线对讲电话,会商传播天气预报;1989 年开始,正式使用预警系统对外开展气象服务;1996 年起,对外气象服务快速发展,并于 1998 年建成"影视天气预报制作系统",制作的节目在洛南县电视台播出,同时在节目中开辟了"森林火险等级预报"栏目。1996 年 6 月,建起了"121"答询电话;2004 年,按上级的要求,全市"121"答询电话实行集约管理,主服务器设在市气象局,县气象局制作订正天气预报,由市科技服务中心统一发布。

2008 开始,在全县 25 个乡镇安装了 LED 气象预警显示屏;建成了气象预警信息发布平台;在全县范围组建了 392 人的基层气象信息员队伍,使气象信息传递速度加快;随着气象现代化设备的投入,使气象业务应急体系建设更加完备。

发布每日天气预报,并提供春节、两会、五一、高(中)考、春播、夏收、秋播、国庆、汛期、城区重大活动专题气象预报,公众气象信息服务以纸质或新闻媒体传播为主。

②决策气象服务

1989 年,开始向各级政府提供气象服务产品《送阅件》;2006 年后,以《重要气象信息》、《重要天气报》等形式向各级政府和相关部门提供重要气象信息,为其指挥防灾减灾,组织重大决策提供科学依据。

【气象服务事例】 2003 年 8 月 28 日,洛南出现百年不遇的特大暴雨,降水量243.8 毫米。由于预报服务及时到位,为县委、县政府组织灾区群众及时撤离赢得了有利时机,有效避免了人员伤亡。

2006 年、2008 年,春季的晚霜冻,县局预报准确,信息传递及时,县委、县政府组织十多万人进行防御,措施得力,有效避免了霜冻对农业生产造成的严重损失。被县政府授予"服务县域经济工作先进单位"。

③专业与专项气象服务

围绕洛南农业支柱产业发展,1985 年,开展"农业气候区划研究",成为农业发展、规划布局不可缺少的应用产品,获陕西省农业区划委员会优秀成果三等奖;1995 年,针对产业结构调整,支柱种植产业的变化,开展了农业气候区划更新研究,其产品为支柱产业调整服务起到积极的促进作用;开展了烤烟与气候、核桃与气候、中药材与气候等专项服务,全方位多层次提供了综合气象服务产品。建立了气象科技产品推广应用和答询业务平台,气象服务效益显著。

人工影响天气 洛南人工影响天气工作始于 1975 年。当年建立了保安、景村、灵口、巡检、石门 5 个雨量点和古城、黄龙、三要 3 个气象哨,自制火炮和炮弹,开展人工土法防雹作业。1995 年 6 月,县政府成立了由主管县长任组长,多个部门参加的人工影响天气工作领导小组。人工影响天气工作由单一的人工观测指挥进行防雹作业状况,发展到利用气象卫星、多普勒天气雷达等先进探测手段与 WR-1B 火箭作业相结合的新的人工影响天气作业体系。1996—2000 年,相继建立了覆盖全县农业经济作物主产区的 10 个人工影响天气作业点,组建了 44 人的指挥作业队伍。每年开展人工影响天气作业 8 次以上,有效避免了干旱和冰雹给洛南的支柱产业—烤烟及农业生产造成的巨大损失,取得了显著的社会效益和经济效益。

雷电减灾服务 2001 年开始,实行雷电监测管理,每年对全县境内的高层建筑、公共场所、易燃易爆场所、电子信息场地的防雷电装置安全性能进行全面检测和检查;同时开展建筑图纸审核、施工监督,加强雷电天气预警预报工作,努力提高群众安全防范意识,有力促进了全县防雷减灾工作。

④气象科技服务

随着气象事业的不断发展,1985 年,开始开展气象有偿服务。进入 2000 年后,气象科技服务快速发展,在稳定传统领域和项目的同时,将气象科技服务工作扩展到工业、商业、能源、环保、旅游等多个行业,开展了交通气象服务、森林火险气象等级预报等服务项目,服务能力不断增强。气象科技服务为气象事业发展、台站改善、职工文化生活的提高发挥了不可替代的作用。

⑤气象科普宣传

充分利用"科技之春"宣传月、"3·23"世界气象日活动,大力进行气象法律法规、探测环境保护、防灾减灾科普知识宣传,增强人们对气象工作的了解和认知程度;在城区中小学校开展防御气象灾害、普及气象科普知识问卷调查,使社会公众与广大师生掌握了各种气象灾害的特点、预警信号及防范常识,增强公众避险、自救、互救能力。

气象法规建设与社会管理

法规建设　从 2001 年开始,洛南县政府相继出台了《洛南县突发气象灾害预警信号发布与传播管理暂行办法》(洛政办发〔2007〕197 号)、《洛南县人民政府关于加强防雷减灾安全管理工作的通知》(洛政办发〔2007〕199 号)、《洛南县人民政府关于加快气象灾害监测预警信息服务网建设的通知》(洛政办发〔2007〕338 号)及探测环境保护等多个规范性文件,使洛南气象社会管理工作步入法制化、规范化轨道。

社会管理　2003 年 6 月,成立了行政执法队。2005 年 6 月,成立了气象行政管理办公室。通过加强领导,健全制度,明确职责等措施来强化社会管理工作。对辖区内的气象台站的探测环境保护、人工影响天气设施、升空气球市场、自动站设施、气象行政执法、科技有偿服务等方面进行了执法检查,实行社会管理。每年与相关单位、乡镇政府签订《洛南县人工影响天气安全责任书》和《洛南县防雷电安全责任书》。2007—2008 年,执法检查 80 多个单位,下发整改指令书 6 份,经复查,整改到位 6 家,整改率为 100%。

政务公开　2000 年以来,从重大事项、规章制度、干部人事、精神文明、计划财务、科技服务等六个方面进行了局事务公开,累计公开、公示达 300 多份(次)。

党建与气象文化建设

1. 党建工作

党的组织建设　2000 年,成立了中共洛南县气象局支部,隶属洛南县农业局党委,截至 2008 年 12 月,有党员 4 人。

局党支部非常重视党建工作,定期召开民主生活会,开展党员评议。先后开展了学习"三个代表"、十七大精神、科学发展观等教育活动,充分发挥班子、支部和广大党员的积极性和创造性,取得了良好效果。

党风廉政建设　局支部高度重视党风廉政建设工作,每年与市气象局和洛南县人民政府签订《党风廉政建设责任书》,经常开展党风廉政教育工作,积极参加"商山深处党旗红"活动,努力建设文明机关、和谐机关和廉洁机关,使全局职工始终以高度的事业心和责任感,投入到日常工作中去,全局无一例违法违纪和超计划生育案件发生。

2. 气象文化建设

以优秀人物的先进事迹激励和带动气象职工的工作热情,打造商洛气象精神,促进气象业务服务工作高质量上水平;以法制宣传提高职工法制观念和履行监督职责;以英模榜样、学习园地、职工图书室提高职工道德修养和文化素质;通过购置健身器材,开展文体活动,参加"气象人精神"演讲,增强团结奋进的凝聚力;以台站改造、美化环境提高县级气象行业社会新形象,气象文化建设带来了促进气象事业快速发展的活力。

文明单位创建 1997 年被洛南县人民政府命名为"县级文明单位",2005 年被商洛市委、市政府命名为"市级文明单位"。

3.荣誉

集体荣誉 2008 年以前,共获得省部级以下奖励 3 项,2007 年,被中国气象局评为全国局务公开先进单位。

个人荣誉 2008 年以前,共获得省部级以下奖励 11 人次。

台站建设

1957 年 10 月,建站之初建有土木结构平房 8 间,工作和生活难以保障;1991 年,迁站后建有宿办楼 3 层,工作条件得到明显改善;2004 年,开始利用 3 年时间,争取上级气象部门、县政府投资 130 万元实施全面台站综合改造,拆除了原有的旧宿办楼,建成新型业务楼;建立了大气探测自动站,全面改造了观测场及周边设施,实现了生活和办公分离,台站建设和综合实力得到明显加强;对气象局大院重新规范布局,绿化、美化和靓化,为职工创造一个亮、绿、净、美的工作生活环境;2008 年,对局机关业务平台进行了升级改造,安置了中央空调和气象灾害预警系统设备,购买 10 台计算机,建成了集预报预警、生态与农业气象、人工影响天气、气象科技服务、防雷减灾为一体的功能齐全的现代化气象业务平台;一个花园式的单位正在建成。

洛南县气象局旧貌(1991 年)

洛南县气象局综合改后站貌(2006 年)

丹凤县气象局

丹凤县位于陕西东南部、秦岭东段南麓,境内物兼南北,山高清明,水流秀长,资源富盈,人文蔚起。全县辖 21 个乡镇,30 万人,总面积 2438 平方千米。西合铁路、"312"国道、陕沪高速东西横贯全境,区位优势明显。

丹凤县属北亚热带向暖温带过渡的季风性半湿润气候区,冬无严寒,夏无酷暑,雨热同季,四季分明。受山地特殊地形影响,立体气候特征明显,气象灾害发生频繁,灾害种类多,突发灾害严重。

机构历史沿革

台站变迁 1960 年 10 月,在丹江北岸的古城南岭上建立商县丹凤气象服务站。2001 年 1 月 1 日,迁至丹凤县城东段凤麓村七组,地理坐标为东经 110°20′,北纬 33°41′,海拔高度 581.7 米。

历史沿革 1960 年 10 月,成立商县丹凤气象服务站;1961 年 10 月,改为丹凤县气象服务站;1962 年 10 月,改称陕西省丹凤县气象服务站;1968 年 10 月,改称丹凤县农业系统革命委员会气象组;1970 年 4 月,改为丹凤县农业管理站革命委员会气象组;1971 年 9 月,改称陕西省丹凤县气象服务站;1972 年 11 月,改称丹凤县革命委员会气象站;1980 年 3 月,更名为丹凤县气象站;1990 年 1 月,更名为丹凤县气象局(实行局站合一)。

管理体制 1960 年 10 月—1961 年 9 月,归商县人民委员会领导;1961 年 10 月—1962 年 9 月,归丹凤县人民委员会领导;1962 年 10 月—1966 年 5 月,归商洛地区气象台领导;1966 年 6 月—1970 年 11 月,归丹凤县人民委员会领导;1970 年 12 月—1973 年 7 月,归丹凤县人武部和县革命委员会双重领导;1973 年 8 月—1979 年 12 月,归丹凤县革命委员会领导;1980 年 1 月起,实行气象部门与地方政府双重领导,以气象部门领导为主的管理体制。

机构设置 内设 2 个股(业务股、服务股)和 2 个办公室(行政办公室、人工影响天气办公室)。

单位名称及主要负责人变更情况

单位名称	姓名	职务	任职时间
商县丹凤气象服务站	刘祖才	站长	1960.10—1961.09
丹凤县气象服务站			1961.10—1962.07
	陈射斗	站长	1962.07—1962.09
陕西省丹凤县气象服务站			1962.10—1966.09
	蒋基权	站长	1966.09—1968.09
丹凤县农业系统革命委员会气象组		组长	1968.10—1970.03
丹凤县农业管理站革命委员会气象组			1970.04—1971.09
陕西省丹凤县气象服务站		站长	1971.09—1972.11
丹凤县革命委员会气象站	李汉成	站长	1972.11—1980.02
丹凤县气象站			1980.03—1988.06
	程兴胜	站长	1988.06—1989.12
丹凤县气象局		局长	1990.01—1992.10
	刘学更	局长	1992.10—1993.11
	艾来利	局长	1993.11—1996.07
	雷盘军	局长	1996.07—

人员状况 建站初期有职工 5 人;截至 2008 年底有在职职工 9 人(在编职工 6 人,地方编制 1 人,外聘职工 2 人),退休职工 2 人。在职职工中:大学本科以上 2 人,大专 7 人;工程师 2 人,助理工程师及技术员 4 人。

气象业务与服务

1. 气象业务

①气象观测

地面气象观测 丹凤县气象站是国家地面气象观测一般站。地面观测开始于 1960 年 10 月 1 日,观测次数 3 次,观测时间 08、14、20 时(北京时)。观测项目有云、能见度、天气现象、气压、气温、湿度、风向风速、降水、雪深、日照、蒸发、地温等。1961 年 11 月,增加冻土观测;1962 年 1 月,增加雨量观测;2001 年 7 月 1 日起,地面观测正式使用"AHDM4.11"软件,同年 10 月微机制作报表投入试运行;2002 年 1 月,上报机制报表和软盘;2002 年 10 月,网络上传地面气象月报表。

2005 年 12 月,县级自动气象站建成;2006 年 1 月开始运行,除云、能见度和天气现象 3 个项目外,其余气象观测项目全部实现了自动观测、记录、传输,生成报表。2008 年 1 月 1 日,自动站开始单轨运行。

1999 年,全县建立了人工雨量点 21 个。2007 年 7 月开始,在全县建立区域自动气象观测站 21 个(其中两要素站 17 个,四要素站 3 个),利用计算机通讯和数据库技术实现数据实时自动显示记录、上传。

开始发报日期为 1961 年 9 月 1 日,向地区拍发小天气图报,发报次数 3 次;发报时间为 08、14、20 时;天气报的内容有云、能见度、天气现象、风、降水、气温、气压、湿度、雪深、蒸发、日照、地面温度、草面温度、雪深等;重要天气报的内容有暴雨、大风、雨凇、雾凇、霾、沙尘暴、雾、积雪、冰雹、雷暴等。

1960 年 10 月起,报表用手工抄写方式编制,分别报市气象局和省气象局审核。2002 年起,开始使用机制气象报表,结束了手工制作。现报表有两种:地面气象观测月报表、年报表。

农业气象观测 始于 1979 年 3 月 15 日,只观测拍发 0~50 厘米深度土壤湿度旬报,1980 年 1 月 4 日,停止该项观测任务。2005 年 5 月,开展生态气候环境监测,观测品种为山茱萸、板蓝根、柴胡、桔梗、党参。2006 年,开始制作生态报表-1。2008 年 4 月,增加土壤水分五日和旬(月)报。

②气象信息网络

1962 年,利用手摇电话机发报和收音机收听西安气象台和上级以及周边气象台站播发的天气预报和天气形势。1978 年 10 月,配备 CZ-80 型传真机,接收北京、东京气象广播台的传真天气图和数值预报图等。1985 年,利用超短波单边带电台接收商洛气象局气象信息,同时配备 ZSQ-1(123)天气传真接收机接收北京、欧洲气象中心以及东京的气象传真图。1986 年,建立气象警报系统,开展每天 5 次天气预报警报信息发布服务。1989 年,引进无线传真接收设备,以 APT 接收低分辨率日本气象同步卫星云图。2000 年,通过

MICAPS系统接收高分辨率卫星云图。2004年,开通县气象信息和农业信息网。2006年5月,建成与市气象局光纤专线内部网络,实现了测报信息上传、网上办公、信息收送,建成省—市—县预报会商系统。

③天气预报

短期天气预报 1962年,开始做订正天气预报;1989年,开始制作分片解释预报;1996年,逐步开始应用数值预报。2000年后,形成了以数值天气预报产品为基础、人机交互处理系统为平台、综合应用多种技术方法的天气预报制作系统。

中、长期天气预报 依据省市气象台的中长期天气趋势预报,结合丹凤气候变化规律,运用数理统计方法、常规气象资料图表、地方天气谚语及韵律关系等方法,分别制作出中长期补充订正趋势预报,发布未来一旬(月)中长期天气趋势预报。

农业气象观测预报 1988年以来,根据地区农业天气专题预报,发布春秋播、小麦收获期订正预报和气候评价。

2. 气象服务

①公众气象服务

1980年起,利用农村有线广播站和无线甚高频发送接收机播报气象信息。1997年5月,开设"121"自动气象信息答询台。2003年1月,购置设备,制作气象预报节目,在县电视台播出,内容有"天气预报"、"森林火险等级预报"和"地质灾害等级预报"等。2008年6月,升级制作系统,节目由模拟信号转换为数字信号。2008年7月起,先后安装气象信息电子显示屏40余块,通过建立的LED电子显示屏发送平台发送天气预报预警信息。在全县范围组建了168人的基层气象信息员队伍,使气象信息传递速度加快,气象防灾减灾预警体系初步建立。

公众气象信息服务以新闻媒体传播为主。发布每日天气预报,并提供春节、两会、五一、高(中)考、春播、夏收、秋播、国庆、汛期、城区重大活动专题气象预报。

②决策气象服务

多年来开发《气象信息》、《重要天气信息》、《气象决策服务》、《预警信号发布》、《人影简报》、《防雷简报》等决策服务产品。向各级政府和相关部门提供,为其指挥防灾减灾,重大决策提供科学依据。被丹凤县委、县政府表彰为防汛抗旱先进集体。

2007年7月28日,丹凤县特大暴雨灾害现场

【气象服务事例】 2007年7月28日,大暴雨袭击了丹凤县铁峪铺镇,雨量最大时达到259.7毫米。县气象局预报服务准确、及时,效果突出,为县委、县政府组织灾区群众及时撤离赢得了时间,避免了人员伤亡,被丹凤县委、县政府表彰为防汛抗旱先进集体。

2008年初,严重低温雨雪冰冻灾害,最大积雪厚度达20厘米。因县气象局预报准确,信息传递及时,县委、县政府积极组织多部门 10 多万人进行防御,措施得力,有效减轻了低温雨雪冰冻灾害对农业生产造成的损失。

③专业与专项气象服务

围绕丹凤农业支柱产业发展,1985 年,开展"农业气候区划研究"形成农业发展应用产品,为种植业发展提供规划布局依据;1995 年,针对产业结构调整,支柱产业种植变化,开展了农业气候区划更新研究;开展了核桃与气候、中药材与气候等专项全方位多层次的综合气象服务。建立了气象科技产品推广应用和答询业务平台,气象服务效益日显。

人工影响天气　1963 年 7 月,在棣花、寺坪、庾岭建立了 3 个气象情报服务点,自制火炮和炮弹,开展人工土法防雹作业。2004 年,成立了行政上由地方领导,业务上受市人工影响天气办公室指导的人工影响天气工作领导小组和县人工影响天气工作高炮防雹连,配备人工增雨防雹高炮 5 套,车载 WR-1B 火箭 1 套。建立标准化人工增雨作业基地 5 个,组建了 24 人的作业队伍。人工影响天气技术由单一的人工观测发展到利用气象卫星、多普勒天气雷达等先进探测手段为主的新的人工影响天气指挥体系。每年开展人工影响天气作业 8 次以上,有效避免了干旱和冰雹给农业造成的损失。

雷电预警服务　1990 年起,实行雷电安全装置检测管理,每年对全县境内的高层建筑、公共场所、易燃易爆场所、电子信息场地的防雷电装置安全性能进行全面检测和检查。2002 年,增加图纸审核、施工监督、雷电天气预警预报和雷击灾害调查,提高了群众安全防范意识,有力促进了全县防雷减灾工作。

④气象科技服务

1985 年 3 月,遵照国务院办公厅(国办发〔1985〕25 号)文件精神,气象有偿服务开始起步。进入 2000 年后,气象科技服务快速发展,在稳定传统领域和项目的同时,将气象科技服务工作扩展到工业、商业、能源、环保、旅游等多个行业,服务能力不断增强,满足了社会需求,促进了气象事业可持续发展。

⑤气象科普宣传

充分利用"科技之春"宣传月、"3·23"世界气象日、电视天气预报、手机短信、报刊专版、电子屏、网站等渠道,采取入村、入企、入校、入社区等形式,组织中小学校开展防御气象灾害、普及气象科普知识问卷调查活动,进行气象法律法规、探测环境保护、防灾减灾科普知识的宣传,全县受众面达 10 万余人,使广大群众增强了对气象工作的了解和认知程度,掌握了各种气象灾害的防范常识,提高了公众避险、自救、互救能力。2006 年 3 月,被县科协和县职业技术教育中心定为气象科普教育基地。

气象法规建设与社会管理

法规建设　2005 年 6 月开始,县政府先后出台了《丹凤县人民政府关于加强防雷减灾安全管理工作的通知》、《丹凤县人民政府关于加强区域自动气象站管理的通知》、《丹凤县气象灾害应急预案》等规范性管理文件,使丹凤气象管理工作步入法制化、规范化轨道。

社会管理　2005 年 3 月,成立县气象行政执法大队,3 名执法人员持证上岗;6 月成立行政许可办公室。通过加强领导,健全制度,明确职责等措施来强化全县的社会管理工作。对辖区内的气象台站的探测环境保护、人工影响天气设施、升空气球市场、自动站设施、气象行政执法、科技有偿服务等方面进行了执法检查,实行社会管理。每年与相关单位、乡镇政府签订《丹凤县人工影响天气安全责任书》和《丹凤县防雷减灾安全责任书》。2006—2008年,与安监、建设、教育等部门联合开展气象行政执法检查30余次,发放整改指令24家,整改率100%,行政执法6起,结案率100%。2008年,气象探测环境保护执法一案,社会轰动。

政务公开 对气象行政审批、办事程序、气象服务内容、服务承诺、气象行政执法依据、服务收费依据及标准等,采取了户外公示栏、电视广告、发放传单等方式向社会公开,累计公开公示近500次(份)。

党建与气象文化建设

1. 党建工作

党的组织建设 1998年12月以前,党员编入农业局党支部。1998年12月,建立丹凤县气象局党支部,成立支部时有党员5人,截至2008年12月有党员7人。

党风廉政建设 2000—2008年,参与气象部门和地方党委开展的党章、党规、法律法规知识竞赛共12次。连续7年开展党风廉政教育月活动。2004年起,每年开展作风建设年活动。2006年起,每年定期开展局领导党风廉政述职和党课教育活动,并层层签订党风廉政目标责任书,有力推进惩治和防腐败体系的建设。

2. 气象文化建设

精神文明建设 弘扬商洛气象人"艰苦奋斗、爱岗敬业、无私奉献"的素华精神,扎实开展学劳模、树正气活动。把领导班子的自身建设和职工队伍的思想建设作为文明创建的重要内容,通过开展经常性的政治理论、法律法规学习活动,不断培育清正廉洁的干部队伍。近几年,对政治上要求进步的同志,党支部重点培养,条件成熟及时发展。多次送职工到县党校学习深造。全局干部职工及家属子女无一人违法违纪,无一例刑事民事案件,无一人超生超育。

文明单位创建 1998年,被县委、县政府授予县级文明单位;2006年,被市委、市政府授予市级文明单位。

气象文化建设 以优秀人物的先进事迹激励和带动气象职工工作热情,打造商洛气象精神,促进气象业务服务工作高质量上水平。2003年以来,积极参加县直机关工委组织的文体活动,取得优秀组织奖。2007年9月,参加全市气象系统职工运动会,2人3次获得奖励。2008年,参加全市气象部门元旦文艺晚会,获得舞蹈表演第一名。参加全市气象系统演讲比赛,取得优秀奖。通过气象文化创建,凝聚了人心,增强了团队意识,为丹凤气象事业可持续发展提供了精神支撑。

荣誉 建站至2008年,集体共获得省部级以下奖励6项;个人共获得省部级以下奖励8人次。

台站建设

2000 年,在县城东段凤麓村七组,新修 1 栋砖混结构二层 318 平方米业务楼。2007 年对临街 2 楼各办公室进行了整体改造,建成了多功能的现代化业务平台。2008 年,对 2 楼值班室、业务室等用房进行了装修,进一步改善了职工的办公环境。气象站院落绿化面积 300 多平方米,为职工创造了一个亮、绿、净、美的工作生活环境。

丹凤站老站全貌(1968 年)

丹凤县气象局综合改造后的业务办公楼(2007)

商南县气象局

商南县位于商洛市东端,秦岭东麓余脉。境内山清水秀,林木葱蔚,资源丰富。山虽多,但无危崖耸天;水亦丰,缺少湍流浊浪。全县辖 20 个乡镇,总人口 24 万,总面积 2300 平方千米。

商南县属北亚热带向暖温带过渡型气候。冬无严寒,夏无酷暑,雨热同季,四季分明。受山地特殊地形影响,立体气候特征明显,气象灾害种类较多,主要有:干旱、暴雨、冰雹、霜冻、大风等,危害严重。

机构历史沿革

台站变迁 1957 年 10 月,在县城东岗建成商南县气候站。1960 年 10 月,迁至县城以东的富家沟西山梁上,地理坐标东经 110°54′,北纬 33°32′,海拔高度 523.0 米。2002 年 10 月,实行局站分离,气象站仍在原址,气象局迁至东岗家属院办公楼。

历史沿革 1957 年 10 月,成立商南县气候站;1960 年 3 月,改称商南县气候服务站;1961 年 12 月,改称商南县气象服务站;1963 年 2 月,改称陕西省商南县气象服务站;1968 年 8 月,改称商南县农业系统革命委员会气象站;1970 年 11 月,改称商南县气象站;1990 年 1 月,更名为商南县气象局(实行局站合一)。

商南县气象观测站有三次大的调整。1957 年 10 月—1962 年 12 月,为气候站;1963 年 1

月—2006年12月,为国家地面观测一般站;2007年1月起,为国家地面观测基本站。

管理体制 1957年10月—1966年6月,归陕西省气象局领导;1966年6月—1970年11月,归陕西省农林厅气象局领导;1970年12月—1973年2月,归商南县人民武装部领导;1973年3月—1979年12月,归商南县革命委员会农业局领导;1980年1月起,实行气象部门与地方政府双重领导,以气象部门领导为主的管理体制。

机构设置 内设2股(业务股、服务股)一中心(气象科技服务中心)和2个办公室(行政办公室、人工影响天气办公室)。

单位名称及主要负责人变更情况

单位名称	姓名	职务	任职时间
商南县气候站	蒋基权	站长	1957.10—1960.03
商南县气候服务站	郑太柱	站长	1960.03—1961.11
商南县气象服务站			1961.12—1962.03
	刘宗堂	站长	1962.03—1963.01
陕西省商南县气象服务站			1963.02—1968.07
商南县农业系统革命委员会气象站			1968.08—1970.04
	陈射斗	站长	1970.04—1970.10
			1970.11—1971.04
商南县气象站	刘清海	站长	1971.04—1977.03
	王朝武	站长	1977.03—1984.11
	阮士文	站长	1984.11—1989.12
商南县气象局		局长	1990.01—2005.03
	徐世有	局长	2005.03—2006.10
	吴顺琴	局长	2006.10—

人员状况 建站之初有职工4人,1978年,定编为7人。截至2008年底有在职职工13人(在编职工9人,地方编制1人,外聘职工3人),退休职工4人。在编职工中:大学3人,大专4人,中专2人;高级职称1人,中级职称2人,初级职称6人。

气象业务与服务

1. 气象业务

①气象观测

地面观测 商南县气象观测始于1957年10月1日。每天观测4次,时次分别为地方时01、07、13、19时。观测项目有云量、云状、能见度、天气现象、风向、风速、降水量、干湿球温度、最高气温、毛发湿度、地面状态、雪深、蒸发、日照。2004年5月增加DATA雷电探测。2007年1月1日,由一般站调整为基本站,昼夜守班,观测时次增加到8次。承担天气报、重要报、农气旬(月)报、土壤墒情报发报任务。自动气象观测开始于2006年元月1日,使用华创升达公司生产的CAWS600设备,每分钟采集压、温、湿、风、降水、地温等数据,每小时将采集到的数据上传至陕西省气象信息中心。

全县人工雨量点由 1982 年的 5 个增加到 2008 年的 16 个。2007 年 7 月,开始陆续安装 17 个区域自动气象站。其中两要素站 13 个,四要素站 3 个,六要素站 1 个,所有数据通过移动通信网络无线接收和传输。

1982 年,根据农业气候资源区划的需要,在全县范围开展气候资源调查,设气象观测点 5 个,进行了为期 2 年的 1 月、4 月、7 月、10 月降水量、气温观测,取得了不同区域、不同海拔高程的基本气象资料。1987 年 12 月 18 日—1988 年 2 月 10 日,在赵川、湘河、二道河、富水等 11 乡镇布点,开展柑橘低温冻害专项观测实验。

生态与农业气象观测　早在 1958 年就开展了农业气象观测。当时观测的作物是玉米;1958 年 6 月,开始目测土壤湿度;1960 年 2 月,开始用土钻取土,测量土壤湿度,测定深度为 5～100 厘米;1962 年 1 月 1 日,开始观测土壤冻结、解冻现象;1987 年 1 月 1 日,开始冬小麦生长发育期观测,向陕西省农业信息遥感中心拍发农业气象旬(月)报;2005 年 5 月,开展了杜仲、银杏、山茱萸、桔梗、黄姜等 5 种中药材和茶叶的生态气候观测。

②气象信息网络

1958 年,气象站利用手摇电话发报和收音机收听西安气象台和上级以及周边气象台站播发的天气预报和天气形势。1978 年 10 月,配备 CZ-80 型传真机,接收北京、东京气象广播台的传真天气图和数值预报图等。1985 年,使用陕西省气象局统一配发的 79-1 型传真机,接收北京的气象传真和日本的气象图表,利用传真图开展天气分析预报工作。1987 年 4 月,架设甚高频无线电话,实现业务会商。1988 年以前,一直使用手摇电话发报,1989 年开始,使用程控电话。2006 年开始,使用光纤网络上传各类报文,接收各种天气形势图、卫星云图和雷达资料,实现了网上办公、信息传递,并建成省—市—县可视化预报会商业务系统。2007 年 6 月,商南县防汛指挥部为本站配备电脑、摄像头、音箱等设备,安装可视会商系统,实现防汛业务远程会商。2008 年 7 月,商南县委为县气象局安装安全电子邮件收发系统,实现公文、信息快速传递。

③天气预报

短期天气预报　1958 年 4 月,开展单站补充天气预报。20 世纪 80 年代初期,上级业务部门重视基层台站天气预报工作,要求每个台站的基本资料、基本图表、基本档案、基本方法必须达标。

1982 年以来,县气象站根据预报需要,整理资料 55 项,绘制简易天气图 7 种。对有气象记录以来的各种灾害性天气建立个例档案,对气候分析材料、预报服务调查与灾害性天气调查、预报方法使用效果检验、预报技术材料等建立技术档案。1987 年 4 月,开始使用PC-1500 袖珍计算机制作大降水解释预报。

1988 年,根据省、市预报业务体制改革实施方案的要求,分 3 年完成预报方法的转变。即:从过去常规补充订正预报转变为着重做好有针对性的专题和专业预报服务。公益服务的重点是抓好灾害性天气服务。县气象站预报服务的主要工具是在地区分片预报基础上建立各种预报的解释模型,并应用经验预报方法与地区台分片预报进行技术接口。

中期天气预报　20 世纪 80 年代初,通过传真机接收中央气象台、省气象台旬、月天气预报,再结合本地气象资料、短期天气形势预报、天气过程的周期变化等制作一旬天气过程趋势预报。20 世纪 90 年代以来,利用网络接收上级气象台预报资料开展服务。

长期天气预报 主要运用数理统计和常规气象资料图表及天气谚语、韵律关系,制作具有本地特点的补充订正预报。长期天气预报内容有月季预报、春播预报、三夏预报、汛期(5—9月)预报、年度预报。

2. 气象服务

公众气象服务 公众气象信息以新闻媒体传播为主。1972年,县气象站与县广播局协商,县广播站每天早、晚播送天气预报各1次。1999年,县气象局与电信局合作开通"121"自动答询电话。2004年,全市"121"答询电话实行集约管理,主服务器设在市气象局,县气象局制作订正天气预报,由市科技服务中心统一发布。2005年,"121"电话升级为"12121"。2007年,开通短信发布平台,以手机短信形式,快速及时地将"重要气象信息"传递到各级领导和公众手中。

1998年7月,县电视台在"商南新闻"节目后播出县气象局制作的天气预报节目。此后,播出内容陆续增加"森林火险气象等级预报"、"地质灾害气象等级预报"等。2004年1月,电视天气预报制作系统升级为非线性编辑系统。

2008年,全县各个乡镇、相关部门相继建起LED电子显示屏28块,每天发布气象预报、灾害性天气预警信息,在16个乡镇164个行政村发展义务气象信息员217名,成立了气象灾害群防群治队伍。

决策气象服务 除了定期向县委、县政府传递中、长期天气预报,重要农事、社会活动天气预报,重要节、假日天气预报外,还不定期发布《重要气象信息》、《重大气象信息专报》、《雨情通报》、《决策气象参考》、《送阅件》等气象服务产品。

【气象服务事例】 1998年7月9日,清油河乡、两岔乡出现了历史罕见的特大暴雨,部分村、组遭受毁灭性破坏。由于预报准确、服务及时,清油河街区居民提前撤离,虽数次冲毁民房百间,但未造成一人伤亡,得到县委、县政府通报嘉奖。

2007年7月29日,出现了局部特大暴雨天气,城区6小时降水量达150.9毫米,县河水库告急,暴雨造成商南县所有通讯网络中断。商南县气象局及时启动应急预案,局领导坐镇指挥,全体人员上阵,迅速架起了信息通道,保证了气象报文按时上传和服务信息的上报,为成功开展"7·29"暴雨抢险救灾服务赢得了时间。同时县气象局及时与市气象台会商,果断发布"雨势转小并很快停止"的准确预报,县政府采取保坝方案,避免了炸泄洪坝造成的巨大损失,县委、县政府通令嘉奖1万元。吴顺琴荣获2007年度商洛市防汛抢险先进个人。《商洛日报》、《陕西日报》均对商南"7·29"暴雨服务进行了全面报道。

气象科技服务 1985年,开展气象有偿专业服务工作。1987年3月,县政府批转《商南县气象局关于开展气象有偿专业服务的几点意见》。20世纪90年代,开展了防雷减灾气象服务,同时开展了气象科技产品推广应用和答询业务。2001年,气象科技服务快速发展,服务对象和服务内容逐步扩大,服务效益猛增,为气象事业可持续发展提供了资金支持。

科研与专业服务 根据业务、服务及地方经济建设需要开展实用技术研究与服务。组织完成省气象局科研项目6个,市气象局科研项目9个,获县、处级以上科技奖励10项,在各级、各类刊物上发表论文20多篇。1988年3月15日,创刊《商南气象》(扶贫专刊),刊载农业气象资讯、气象实用技术及气象科普知识,发往各乡镇及种、养殖业专业户,影响广泛。

编纂和刊印的《商南县气象服务手册》、《商南县名优中药材适生气候区域分析及试种推广》、《商南县养兔业气象条件初探》等技术资料,推广实用技术,进行特色气象服务。

1988年2月,吴顺琴获国家气象局科技进步三等奖。1994年获中国气象局、中国气象学会1992—1993年度全国气象科技扶贫工作三等奖。2003年,张厚发获得陕西省人民政府第四届陕西青年科技奖。

人工影响天气 1998年2月6日,县长办公会议决定,商南县人工影响天气工作由县农业局移交给县气象局,并成立商南县人工影响天气领导小组,人工影响天气领导小组办公室设在县气象局。现有火箭发射架2副,设在县气象站院内;"三七"高射炮3门,分设在清油河、梁家湾、湘河三地。自开展防雹增雨工作以来,保护区冰雹灾害明显减少,火箭、高炮增雨在干旱时节发挥了重要作用。2006年4月12日,《商南要情》通报了商南县气象局抓住有利时机实施人工增雨的情况。

气象科普宣传 利用多种形式开展科普宣传。在县电视台开展实用技术讲座。每年接待中、小学生参观200多人。每年"3·23"世界气象日,设立展板,开展咨询,充分利用电视天气预报、手机短信、报刊专版、电子屏、网站等渠道,大力进行气象法律法规、探测环境保护、防灾减灾科普知识的宣传,增强人们对气象工作的了解和认知程度。实施气象科普入村、入企、入校、入社区,全县科普教育受众面达10万余人。同时在城区中小学校开展防御气象灾害、普及气象科普知识问卷调查,使社会公众与广大师生掌握了各种气象灾害的特点、防范常识,增强公众避险、自救、互救能力。

气象法规建设与社会管理

法规建设 针对气象探测环境、雷电灾害防御、气象灾害应急服务等工作,为理顺行业社会管理,商南县人民政府2002年转发省政府办公厅《关于加强雷电灾害防御管理工作的通知》;2005年9月,县政府出台《气象灾害应急预案》;2005年10月,县政府办公室下发《关于加强气象探测环境保护工作的通知》;2008年12月,县政府办公室发又重新下发《关于切实加强气象探测环境和设施保护工作的通知》。这些规范性文件的出台,对气象社会管理起到积极促进作用。

社会管理 通过加强领导,健全制度,明确职责等措施来强化全县的社会管理工作。对辖区内气象台站的探测环境保护、人工影响天气设施、升空气球市场、自动站设施、气象行政执法、科技有偿服务等方面进行了执法检查,实行社会管理。管理过程中坚持执行各项法律、法规、政策,做到有法必依,执法必严,违法必究。同时,对本部门法律、法规进行广泛宣传,对气象服务必要的收费做到公开、公示,接受社会舆论监督。

2003年6月,商南县气象局成立了行政执法队;2005年6月,成立了气象行政管理办公室。县气象局被列为县安全生产委员会成员单位,负责全县防雷安全的管理,定期对液化气站、加油站、炸药库等高危场所和非煤矿山进行检查,对不符合防雷技术规定的单位,责令其限期整改。

政务公开 2000年开始实行政务公开制度,从重大事项、规章制度、干部人事、精神文明、计划财务、科技服务等六个方面全面进行局事务公开,累计公开公示近1000次(份)。

党建与气象文化建设

1. 党建工作

党的组织建设 1989年9月,成立商南县气象站党支部,有党员3人。1990年1月,改为商南县气象局党支部,隶属商南县农口党委。截至2008年12月有党员8人(含退休党员2人)。2004年,被商南县委评为"五个好党支部",作为典型进行宣传。2005年,被商南县委评为"第一批先进性教育先进党组织"。

党风廉政建设 从2000年起,每年年初都与商洛市气象局党组和商南县委签订党风廉正责任书,注重发挥党支部的战斗堡垒和共产党员的模范带头作用,党支部定期召开民主生活会,每半年开展一次民主评议党员活动。先后开展"八荣八耻"教育,践行"三个代表"重要思想和学习实践科学发展观活动,促进了各项工作的开展。组织党员干部认真学习《关于开展'廉洁商南'活动深化干部作风的意见》,学习十七届三中全会精神,学习新《党章》。邀请县农口党委书记讲党课,做理论辅导报告,组织全体干部职工到县纪委廉政宣教室接受廉政教育。组织全体职工聆听《新一轮解放思想》理论辅导讲座。通过各种学习形式激发全局职工进一步解放思想,更新观念。单位内部呈现出团结和谐,人心思进的良好氛围。深入开展"党风廉政教育宣传月"活动,全体职工参加"华云杯"反腐倡廉建设知识竞赛和"党风廉政书画作品赛"。制定反腐倡廉长效机制,明确了气象部门财务管理的三项制度,实行二公开一监督。

2. 气象文化建设

精神文明建设 在搞好基本业务工作的同时,着力推进精神文明创建活动。积极参加文明卫生县城创建活动,经常组织职工在指定区域打扫卫生,清除野广告。踊跃为灾区和慈善机构捐款,奉献爱心。积极开展包村扶贫工作,落实包扶对象。党员"结对子",为包扶对象送化肥、养殖饲料以及实用技术。通过开展一系列精神文明创建活动,改变了职工精神面貌。

文明单位创建 1990年,被商南县委、县政府授予县级文明单位;2005年,被商洛市委、市政府命名为市级文明单位。

气象文化建设 商南县是贫困县,商南站为艰苦台站。历任站领导和职工以站为家,常年坚守工作岗位,人心凝聚,人气旺盛。干部职工无私奉献,积极进取。开展"学素华,见行动"活动,大力弘扬艰苦奋斗精神,组织职工开展义务劳动,清除院内杂草,维修上山道路,在空闲地种菜,种药材,补充集体伙食,增加职工收入。坚持以人为本,把领导班子的自身建设和职工队伍的思想建设作为文明创建的重要内容。通过开展经常性的政治理论、法律法规学习,造就风清、气正的干部队伍。

开展经常性的文体活动。建起了篮球场和乒乓球活动场。每年开展1到2次爬山、棋类比赛和趣味体育比赛,活跃职工生活。在连续三届全市"气象人精神"演讲比赛中,均获得第二名的好成绩。多次送职工到成都信息工程学院、县委党校学习深造。通过气象文化创建,凝聚了人心,增强了团队意识,为商南气象事业可持续发展提供了精神支撑。

荣誉 截至2008年,集体共获省部级以下奖励15项;个人共获省部级以下奖励60人次。

台站建设

　　商南县气象站占地面积近 0.67 公顷。建站之初,有土木结构平房 4 间。历经数十年的发展,按照"局站分离"建设思路,1997 年,商南县气象局山下公路旁的住宅楼竣工投入使用。2002 年新建 500 平方米办公楼。2006 年,投资 48.5 万元在山上观测站新建 90 平方米业务用房,重建 380 米围墙。2007 年,积极争取县上"村村通"项目,政府投资十多万元,硬化了上山道路,解决了职工上、下班"行路难"问题。同年,上级为商南县气象局配备了小轿车。

商南县新建区域自动站(2007 年)

商南县气象观测站

商南县气象局业务平台

山阳县气象局

　　山阳县地处陕西省秦岭南麓,境内生态环境优美,生物资源丰富,森林覆盖率达 58%。

651

全县辖 30 个乡(镇),总面积 3475 平方千米。总人口 43.6 万。

山阳属北亚热带向暖温带过渡的季风性半湿润山地气候,冬无严寒,夏无酷暑。受山地特殊地形影响,立体气候特征明显,气象灾害发生频繁,灾害种类多,突发灾害严重。

机构历史沿革

台站变迁 山阳县气候站建站前曾在城关镇九子村试观测 1 个月;1958 年 12 月,山阳县气候站在十里铺农场内建成;1971 年 1 月,迁站五里乡裔家村;1991 年 11 月,迁至城关镇西河村许家湾,地理坐标北纬 33°33′,东经 109°52′,海拔高度 660.2 米。

历史沿革 1958 年 12 月,山阳县气候站成立;1960 年 3 月,改称为山阳县气候服务站;1961 年 12 月,改称山阳县气象服务站;1963 年 2 月,改称为陕西省山阳县气象服务站;1966 年 8 月,改称为山阳县气象服务站;1968 年 7 月,改称为山阳县革命委员会农林水牧组气象服务站;1968 年 10 月,改称为山阳县农业服务站革命委员会;1970 年 7 月,更名为山阳县气象站革命领导小组;1970 年 12 月,改称为山阳县气象站;1979 年 3 月,改称为陕西省山阳县气象站;1980 年 2 月,更名为山阳县气象站;1990 年 1 月,更名为山阳县气象局(实行局站合一)。

管理体制 1958 年 10 月—1966 年 7 月,由商洛专区气象服务台领导;1966 年 8 月—1979 年 12 月,受山阳县革命委员会领导,山阳县农林局管理(1970 年 12 月—1973 年 3 月,归山阳县武装部、革命委员会双重领导);1980 年 1 月起,实行气象部门与地方政府双重领导,以气象部门领导为主的管理体制。

机构设置 内设 2 股(业务股、服务股)和 2 个办公室(行政办公室、人工影响天气办公室)。

单位名称及主要负责人变更情况

单位名称	姓名	职务	任职时间
山阳县气候站	陈远澄	测报组长	1958.12—1959.07
	叶亦华	测报组长	1959.08—1960.03
山阳县气候服务站			1960.03—1960.12
	杨景文	站长	1960.12—1961.12
山阳县气象服务站			1961.12—1962.09
	无		1962.09—1963.02
陕西省山阳县气象服务站	无		1963.02—1964.11
	赵士钧	站长	1964.11—1964.11
	无		1964.12—1966.04
山阳县气象服务站	赵士钧	站长	1966.04—1966.08
			1966.08—1968.07
山阳县革命委员会农林水牧组气象服务站	无		1968.07—1968.10
山阳县农业服务站革命委员会	无		1968.10—1969.11
	张秉文	革委会主任	1969.11—1970.07
山阳县气象站革命领导小组	无		1970.07—1970.12

单位名称	姓名	职务	任职时间
山阳县气象站	无		1970.12—1971.06
	赵士钧	站长	1971.06—1971.11
陕西省山阳县气象站	卢振雷	负责人	1971.12—1979.03
			1979.03—1980.02
			1980.02—1980.07
山阳县气象站	赵士钧	站长	1980.07—1984.06
	胡名武	站长	1984.06—1986.07
	李荣善	站长	1986.07—1987.07
	何熙祥	站长	1987.07—1987.12
	李荣善	站长	1987.12—1988.07
	韩肇群	站长	1988.07—1990.01
山阳县气象局		局长	1990.01—1993.08
	徐世有	局长	1993.08—1994.06
	韩肇群	局长	1994.06—2006.12
	田　玲	局长	2006.12—

注:"文化大革命"期间任职比较混乱,无法查找。

人员状况　建站初期有职工 3 人,从事测报工作。截至 2008 年底,有在职职工 9 人(在编职工 6 人,地方编制 1 人,外聘职工 2 人),退休职工 2 人。在职职工中:本科 2 人,大专 6 人,中专 1 人;工程师 4 人,助理工程师 3 人。从建站至 2008 年 12 月,共有 34 人在山阳县气象站工作过。

气象业务与服务

1. 气象业务

①气象观测

地面观测　山阳县气象站是国家地面气象观测一般站。1958 年 12 月 1 日建站,观测时间是 02、08、14、20 时,1960 年 1 月 1 日,将原 4 次观测改为 08、14、20 时 3 次。观测项目有气温、湿度、地温、降水、风、蒸发、地面状态、积雪、云、能见度、天气现象、日照等。2005 年 8 月,建立自动气象站,2006—2007 年,实行人工站、自动站双轨运行,2008 年,实行自动站单轨运行。1999 年,布建乡镇人工雨量监测点 18 个。2007—2008 年,在全县 30 个乡镇建成了区域自动气象观测站 30 个,其中六、四、二要素区域自动气象站分别为 2 个、3 个、25 个。

1959 年 3 月 1 日,开始编发小天气图报,发报时间为 08、14、20 时;1974 年 1 月 1 日,向西安拍发天气预约航(危)报;1978 年 4 月 1 日,向河南栾川拍发白天预约航(危)报,并向武昌、江陵、襄樊、西安、兰州、北京、丹江口拍发水情报;1978 年 4 月 14 日后,向武汉、安康拍发白天预约航(危)报。

站内设有器材室,兼职器材保管员一人,现用、备份、送检仪器各 1 套,自动站技术保障由省市局负责。

农业与生态气候观测 1958 年 10 月 1 日,开始农业气象观测,观测的作物有小麦、玉米、水稻、红薯、洋芋;1960 年 2 月 12 日,开始拍发农业气象旬(月)报;1960 年 9 月 12 日,开始拍发农业气象五日报;1967 年 11 月停止农业气象观测。1979 年 3 月 15 日—10 月,开展固定土壤墒情观测并发报;2001 年 7 月 1 日,逢 3 日加测土壤湿度,逢 3 日加发农旬报;2005 年 5 月 1 日,开展生态气候环境监测,观测品种有黄芩、金银花、五味子、柴胡、丹参、薯蓣,并通过网络传输旬(月)报到陕西省信息中心,2006 年制作生态表—1。

②气象信息网络

1958 年,气象站利用手摇电话发报和收音机收听西安气象台和上级以及周边气象台站播发的天气预报和天气形势;1978 年 10 月,配备 CZ-80 型传真机,接收北京、东京气象广播台的传真天气图和数值预报图等;1985 年,使用陕西省气象局配发的 79-1 型传真机,接收北京的气象传真和日本的气象图表,利用传真图开展天气分析预报工作;1987 年 4 月,架设甚高频无线电话,实现业务会商。1988 年以前,一直使用手摇电话发报;1989 年,使用程控电话;1998 年,建成气象信息远程终端,实现了与全省气象部门计算机的联网;2000 年,建成了气象卫星地面接收站并投入业务使用;2002 年 11 月 1 日,利用网络正式上传加密报;2003 年 1 月 17 日,上传重要天气报和气象农旬(月)报;2006 年,开始使用光纤网络传输气象观测数据,实现了网上办公、信息传递,并建成省—市—县可视化预报会商业务系统。

③天气预报

短期天气预报 1958 年 12 月 1 日,开始制作补充天气预报,由广播站对外发布;1962 年,开始制作订正天气预报;1989 年,开始制作分片解释预报;1997 年,建立数值天气预报系统;2000 年 9 月,开始接收卫星云图资料,天气预报从人工预报业务发展到人工和自动化相结合的综合业务体系,按照上级指导预报,制作发布短期订正分片天气预报。

中长期天气预报 依据省市气象台的中长期天气趋势预报,结合山阳气候变化规律,运用数理统计方法,常规气象资料图表及韵律关系等方法,制作出中长期补充订正趋势预报,发布未来一旬(月)中长期天气趋势预报。

2. 气象服务

①公众气象服务

以广播、电视、网络等多种新闻媒体提供常规天气预报、森林火险等级预报、地质灾害气象预报、气候趋势预测分析、灾害性天气预报预警等公众气象服务信息。

1958 年,开始通过广播发布天气预报;1988 年,开通甚高频无线对讲电话;1989 年,开始使用预警系统对外开展气象服务;20 世纪 90 年代末,现代综合业务体系的逐步建立;1998 年,开通"121"气象信息答询台;2006 年,开始制作影视天气预报节目,2007 年,开通山阳县天气在线网站,并陆续开通"森林火险等级预报"、"地质灾害等级预报"等栏目;2008 年 3 月,利用"12121"平台服务器建成"气象信息外呼"平台。2006 年 7 月起,在全县安装了 LED 气象预警显示屏 46 块;建成了气象预警信息发布平台;在全县范围组建了 385 人的基层气象信息员队伍,使气象信息传递速度加快,气象防灾减灾预警体系初步建立。

【气象服务事例】 1987 年 6 月 5 日,山阳县出现特大暴雨洪涝灾害,17 小时降水量 83.7 毫米,由于准确的天气预报,及时的服务,无一人伤亡。

2007 年 7 月 29 日,山阳县出现历史上罕见的局部特大暴雨天气,有 4 个乡镇降水量超过 100 毫米,石佛乡降水量达 231 毫米。由于预警信息传递准确及时,降低了灾害损失,得到县委、县政府的通报表扬。

2008 年 7 月 22 日,山阳县双河钒矿尾矿库发生泄漏事故,县气象局迅速在事故现场安装了自动气象站,为抢险排险提供全方位应急气象服务,受到市、县两级政府的高度赞扬。

②决策气象服务

1989 年,开始以《送阅件》、《山阳县气象信息》、《重要气象信息》等形式向县政府提供气象服务;2007 年,开始新增《气象决策服务参考》、《重大气象信息专报》和《山阳农气资讯》期刊等,为政府决策提供科学依据。

③专业与专项气象服务

1985 年,开始推行专业有偿服务,其后服务项目逐年增加;2006 年,专业服务快速发展;2007 年,科技服务总收入成数十倍增长。专业气象服务发展拓展了服务领域,满足了社会需求,促进了气象事业可持续发展。

1986 年,"山阳县农业气候分析与区划"获陕西省农业区划委员会科技成果二等奖,列入推广项目;1995 年以来,以开展重点工程、重大活动的气象保障服务为主;2000 年,开始每年给政府撰写气候年鉴,重点工程论证,重大灾害影响评估等工作。同时围绕主导产业开展山阳气候与中草药、山阳气候与茶叶等专项气象服务,且跟踪监测评估,及时提供信息,取得了良好的服务效益。

人工影响天气 2001 年,开展人工影响天气,实施防雹增雨作业。全县共有"三七"高炮 4 门,WR-1 型火箭 2 副。2005 年 6 月 29 日,县政府成立了行政上由主管县长任组长,多个部门参加的人工影响天气工作领导小组。组建了人工影响天气作业专业队伍,每年开展人工影响天气作业 5 次以上,有效避免了干旱和冰雹给山阳的支柱产业及农作物造成的巨大损失,取得了显著的社会效益和经济效益。随着气象现代化建设步伐的加快,人工影响天气技术由单一的人工观测云层发展到利用气象卫星、多普勒天气雷达等先进探测手段与"三七"高炮、火箭作业相结合的新的人工影响天气体系。

防雷工程 1999 年,开始对高大建(构)筑物及部分易燃易爆场所防雷电装置的安全性能检测。2003 年起,对辖区内建筑物、计算机(场地)信息系统、易燃易爆场所及其他设施安装的防雷装置开展安全性能检测。2008 年 2 月 18 日,山阳县防雷减灾中心成立。除搞好防雷检测工作外,还负责防雷施工监督、竣工验收、雷电灾害的调查鉴定,以及对进入县域内的防雷电产品、防雷电材料进行质量监督与管理。

④气象科普宣传

充分利用"科技之春"宣传月、"3·23"世界气象日活动,大力进行气象法律法规、探测环境保护、防灾减灾科普知识宣传,增强人们对气象工作的了解和认知程度;在城区中小学校开展防御气象灾害、普及气象科普知识问卷调查,使社会公众与广大师生掌握了各种气象灾害的特点、预警信号及防范常识,增强公众避险、自救、互救能力。

社会管理与政务公开

社会管理　2003 年 6 月,成立了行政执法队。2005 年 6 月,成立了气象行政管理办公室。全县社会管理工作通过加强领导,健全制度,明确职责等措施来强化。对辖区内的气象台站的探测环境保护、人工影响天气设施、升空气球市场、自动站设施、气象行政执法、科技有偿服务等方面进行了执法检查,实行社会管理。2007—2008 年,累计执法检查 26 次。下发整改指令 25 份,整改到位 25 家。查处违法案件 1 起,进行公正有效处理,执法社会效益明显。管理过程中坚决执行各项法律法规,并对社会进行广泛宣传,同时接受社会监督。

政务公开　2002 年,开始实行政务公开,坚持按规定公示、公开行政审批程序、气象许可内容、收费标准、干部任用、财务收支、目标考核、基建工程招投标、职工晋升与晋级、干部离任审计等内容。2002—2008 年,累计公示的项目和内容有 6 项 579 件。

党建与气象文化建设

1. 党建工作

党的组织建设　1987 年,仅有党员 1 名,参加农业技术推广站党支部组织生活;1991 年后,政治学习受农业局党委协管;1999 年 6 月成立县气象局党支部,归山阳县农业局党委领导,共有党员 3 名;2008 年,党员人数发展到 8 人。

党风廉政建设　2002 年,在局机关建立了气象局局务公开、财务工作、基建管理、票据使用、物品采购、来客接待等各项管理制度;认真落实党风廉政建设目标责任制,积极开展廉政教育和廉政文化建设活动。除每年完成与市气象局和县政府签订的目标责任合同外,定期召集党员学习,进行廉政勤政教育,每年召开职工大会,征求对局党风廉政工作意见,进行整改,改变工作作风;通过各种活动的开展,有力促进了党风廉政建设。2003 年 9 月,韩肇群被省气象局评为陕西省气象部门"廉政兼优领导干部";2007 年局(事)务开始推行"一事一公开";2008 年起,气象科技服务财务支出开始实行 3 人联签会审制。

2. 气象文化建设

精神文明建设　在开展精神文明建设中,以弘扬商洛气象人"艰苦奋斗、爱岗敬业、无私奉献"的素华精神为主题,以扎实开展学英模、树正气活动为动力。开展经常性的政治理论、法律法规学习,造就清正廉洁的干部队伍。全局干部职工及家属子女无一人违法违纪,无一例刑事民事案件,无一人超生超育,精神文明创建取得良好效果。

文明单位创建　1999 年,被山阳县委、县政府授予县级文明单位。

气象文化建设　2003 年以来,先后 5 次参加农业局机关党委、商洛市气象局组织的演讲比赛。2007 年,参加商洛市气象系统首届职工运动会,取得了好的成绩;参加陕西省气象系统第二届职工运动会,取得女子 100 米和跳远两个项目的第 4 名。2008 年,参加"商洛市气象系统 2008 迎新春联谊晚会";举办了"气象人精神演讲比赛";参加全省气象部门廉政文化展,选送的两幅作品分获书法类二等奖和绘画类优秀奖。通过气象文化创建,凝聚了人心,增强了团队意识,为山阳气象事业可持续发展提供了精神支撑。

个人荣誉 2008 年 12 月以前,共获得省部级以下奖励 13 人次。

韩肇群、田玲 2 人 2006 年被省人事厅、省气象局授予"陕西省气象系统先进工作者"。

台站建设

台站建设 1959 年,在十里农场建起的山阳县气候站,面积不超过 800 平方米,办公生活用房为 60 平方米的土墙平房。1970 年,迁至禹家村,办公生活住房面积 250 平方米,依旧是土墙平房。1990 年,迁至西河村,占地面积 3742 平方米,有 460 平方米的多功能性办公用房和 450 平方米公寓楼,建筑均系钢筋混凝土结构。

台站综合改造 2004—2006 年,山阳县气象局扩征土地 1334 平方米,将观测场由 16 米×20 米扩建到 25 米×25 米,建成了大气探测自动气象站,新建 460 平方米的多功能办公楼;2007 年,完成了局址院内排污、职工公寓楼改造、院内场地平整及硬化、主大门及业务辅助用房建设;2008 年,自筹资金 17.6 万元,对业务平台进行升级改造,分别建成了山阳县气象灾害预警中心和综合探测中心,并完成了庭院绿化美化工程。

山阳县气象站建站时的值班室(1970 年)

山阳县气象局综合改造后的综合业务办公
楼(2007 年)

山阳县气象局综合改造后的观测场(2006 年)

镇安县气象局

镇安县地处陕西省东南,秦岭南麓,位于汉江上游,辖25个乡镇,29.8万人口,总面积3470平方千米,属九山半水半分田的山区农业县。

县境内气候温和,四季分明,冬无严寒,夏无酷暑,冬春干旱,夏秋多雨,属北亚热带向暖温带过渡的季风性半湿润山地气候,主要气象灾害有:干旱、暴雨、冰雹、霜冻、低温寒潮、大风等。

机构历史沿革

台站变迁 1957年10月,在县城北城坡山顶建成镇安县气象站。1980年1月,迁至县城东侧营盘梁山顶,地理坐标北纬33°26′,东经109°09,观测场海拔高度693.7米。

历史沿革 1957年10月,成立镇安县气象站;1960年5月,改名为镇安县气象服务站。1963年5月,改称陕西省镇安县气象服务站;1966年9月,改称为镇安县气象服务站;1979年7月,改为镇安县气象站;1990年1月,更名为镇安县气象局(实行局站合一)。是地面气象观测国家基本站。

管理体制 1957年10月—1966年8月,由商洛气象台(站)领导;1966年9月—1970年11月,由镇安县人委和革命委员会领导;1970年12月—1979年12月,由镇安县武装部和县革命委员会双重领导;1980年1月起,实行气象部门与当地政府双重领导,以气象部门领导为主的管理体制。

机构设置 内设2个股(业务股、服务股)和2个办公室(行政办公室、人工影响天气办公室)。

单位名称及主要负责人变更情况

单位名称	姓名	职务	任职时间
镇安县气象站	冯宗武	站长	1957.10—1960.04
镇安县气象服务站			1960.05—1963.04
陕西省镇安县气象服务站			1963.05—1964.06
	刘祖才	站长	1964.06—1966.08
			1966.09—1968.09
镇安县气象服务站	陈定铎	站长	1968.09—1978.08
	庾昌伟	站长	1978.08—1979.07
镇安县气象站			1979.07—1986.08
	胡名武	站长	1986.08—1990.01
		局长	1990.01—1996.12
镇安县气象局	余秉社	局长	1996.12—2006.11
	陈道辉	局长	2006.11—

人员状况 1957 年,建站时编制 6 人。1978 年底,有在职职工 10 人。截至 2008 年底,有在职职工 13 人(在编职工 9 人,地方人工影响天气编制 2 人,计划内集体工 2 人),退休职工 2 人。在职职工中:本科 1 人,大专 10 人,中专及以下 2 人;工程师 2 人,助理工程师 7 人,技术员 4 人。

气象业务与服务

1. 气象业务

①气象观测

地面观测 1957 年 10 月建站,每天进行 02、05、08、11、14、17、20、23 时 8 个时次地面观测。观测项目有云、能见度、天气现象、气压、气温、湿度、风向、风速、降水、日照、蒸发、地温、冻土、雪深、草温、电线积冰等,编发 02、08、14、20 时 4 个时次的定时天气报和 05、11、17、23 时 4 个时次的补充天气报,承担固定或预约航空危险天气报的拍发。1962 年 7 月,使用电接风向风速计。1985 年 7 月,配备 PC-1500 袖珍计算机,1986 年 1 月 1 日,利用 PC-1500 袖珍计算机取代人工查算编报。2001 年 7 月 1 日起,地面观测正式使用"AHDM4-12"软件,2002 年 1 月,上报机制报表和软盘。2003 年 10 月,建成 DYYZ-ⅡB 型自动气象站。2004 年 1 月,使用地面气象测报业务软件"OSSMO 2004"。2006 年 1 月 1 日,开始实行自动站业务单轨运行,自动站观测项目包括温度、湿度、气压、风向、风速、降水、地面温度、草面温度,其余项目仍进行人工观测;自动站采集的资料与人工观测资料均存于计算机中互为备份,每月定时复制光盘归档,保存上报。1986—2008 年,创地面测报百班无错情168 个,250 班无错情 15 个。

2000 年前,镇安县气象站永久性资料由本站归档保管。2005 年 9 月,经过整理登记,将 2000 年 12 月底前的气象观测资料上报省气象局档案馆归档保存。

1990 年 4 月,在全县九区一镇建立人工雨量监测站 10 个,2004 年增加到 18 个。2007年,启动乡镇雨量站升级改造项目,至 2008 年底在全县建成两要素区域自动气象观测站 25个,实现了雨量和温度 2 个气象要素的自动上传和实时监控。

农业气象与生态观测 2004 年前,根据需要不定期开展小麦、玉米等农作物苗情观测和土壤测墒监测,开展分析、评估与服务。2005 年,开展黄芩、连翘、五味子、银杏、板栗等中药材和林果农业生态气象观测,并纳入业务质量考核。

②气象信息网络

镇安县气象站自成立到 1999 年 12 月,发报均由镇安县邮电局报房中转上传。1969年,利用收音机收听西安气象台和上级以及周边气象台站播发的天气预报和天气形势。1978 年 10 月,配备 CZ-80 型传真机,接收北京、东京气象广播台的传真天气图和数值预报图等。1985 年,使用陕西省气象局配发的 79-1 型传真机。1987 年 4 月,架设甚高频无线电话接收信息。1998 年,建成以接收各种气象信息为主的远程终端,实现省市县信息联网。2000 年,建成卫星地面接收站并正式投入业务使用,同时完成了地面测报 PC-1500 袖珍计算机的更新换代,实现天气报和业务报表网络自动传输。2002 年,实现了加密天气报、重要报和报表的网络上传。2006 年,建成与省气象局、市气象局光纤专线内部网络,实现了测报信息上传、网上办公、信息收发、省—市—县预报会商和视频会议系统等多项功能。

2007年,启动气象灾害预警网项目建设,2008年底,在全县25个乡镇各安装了一块电子显示屏。在全县范围组建了232人的基层气象信息员队伍,气象信息传递速度加快,覆盖全县的气象灾害预警系统初步建成。

③天气预报

短期天气预报 1958年10月,开始制作补充订正预报;1962年,开始制作短期天气预报;1986年,接收北京和东京的传真图表,利用传真图表和自制图表资料分析、制作天气预报;1989年,制作分片解释预报;1991年,利用单边带无线对讲机,接收市台指导预报和天气会商,制作解释订正预报;1996年,建立数值天气预报系统,与补充订正预报同步运行;1999年,地面卫星接收站的建成,数值预报、卫星云图、雷达回波图成为预报的主要工具,突发性、灾害性天气的监测预警能力加强,同时结合本地气候变化规律和气候特点,建立预报指标,每天发布全县24、48小时分片解释天气预报。

中长期天气预报 1971年,开始制作旬预报。20世纪80年代后期,通过传真接收中央、省、市气象台的旬月天气预报和长期天气趋势预报指导,结合本地气象资料、气候变化规律和天气过程的周期变化及积累的预报经验、方法,制作发布旬、月、季度长期天气过程趋势预报。

2. 气象服务

①公众气象服务

1958年,开始通过广播发布24小时、48小时常规降水订正天气预报和灾害性天气监测预报,成为公众气象服务的主要手段;1989年,开始使用预警系统对外开展气象服务;1996年,开通"121"气象信息答询台;2000年,开始制作影视天气预报节目,并陆续开通"森林火险气象等级预报"、"地质灾害气象等级预报"等栏目;2008年3月,利用"12121"平台服务器建成"气象信息外呼"平台。2006年7月起,全市启动LED电子显示屏气象信息服务业务,气象信息实现了从有线到无线传输,气象服务从单一的天气预报发展到全方位多层次的综合服务体系,实现了公众、决策、专项、专题、应急服务的可视化管理,相应提高了气象信息传递时效和覆盖面,满足了社会公众需求。

②决策气象服务

坚持以决策气象服务和公共气象服务为导向,积极服务地方经济建设,及时编发《送阅件》、《雨情通报》、《雨量分布图》、《旱情分析》等服务材料和送阅件,为领导科学决策提供依据。

③专业与专项气象服务

围绕镇安农业支柱产业发展,1981年,研制的《镇安县农业气候区划研究报告》,获陕西省气象局优秀成果二等奖,成为农业发展应用产品,为种植业发展提供规划布局依据;开展了烤烟与气候、核桃与气候、中药材与气候等专项服务,全方位多层次提供了综合气象服务产品;同时还建立了气象科技产品推广应用和答询业务平台,气象服务效益显著。

人工影响天气 1999年4月,建立镇安县人工影响天气办公室。2001年5月,在解放军总参谋部及商洛军分区的大力支持下,从山西无偿调拨回"三七"高炮4门,并购置2副WR-1B型火箭。建成4个"三七"高炮、2个WR-1B型火箭防雹增雨作业站点。人工影响天气技术由单一的人工观测发展到利用气象卫星、多普勒天气雷达等先进探测手段与WR-1B火箭作业相结合的新型人工影响天气体系。县人工影响天气办公室成立以来,共组织开展人工防雹增雨作业118场次,发射"三七"炮弹1360发,发射WR-1B型火箭38枚,有效开发了空中水资源,降低了干旱、雹灾损失。

雷电预警服务 1990年起,实行雷电监测管理,每年对全县境内的高层建筑、公共场所、易燃易爆场所、电子信息场地的防雷电装置安全性能进行全面检测和检查;2002年,增加图纸审核、施工监督、雷电天气预警预报和雷击灾害调查。提高了群众安全防范意识,有力促进了全县防雷减灾工作。

【气象服务事例】 镇安县气象站加强关键性、转折性、重大灾害性天气过程的监测预报,并成功预报了1983年"7·20"、"7·31",1984年"7·18",1993年"8·7",2003年"8·29",2006年"8·2"等重大暴雨冰雹天气过程,为防灾减灾、促进县域经济发展作出了重要贡献。

2003年8月26日—9月7日,全县出现连阴雨夹暴雨天气过程,降水总量达251.7毫米,致河水暴涨、山体滑坡、房屋倒塌、人员伤亡,损失严重。镇安县气象局做出了准确的预报和及时的服务,得到了各级政府的肯定。

2006年4月30日,镇安县金矿尾矿库垮坝,镇安站成立应急服务小组,于第一时间赶赴事故现场,建立起气象观测站和"虚拟"气象台,开展现场专题气象服务,为指挥抢险救援工作提供了决策依据。县委、县政府先后发来感谢信和庆功函,在总结表彰会上,镇安站被评为"处置突发事件工作先进单位"。

2007年5月4日,县城西部滴水岩林区发生重大森林火灾,镇安站立即组织人力,奔赴火灾现场开展了专题应急保障服务,并抓住有利时机,组织了两次人工增雨作业,作业区降水达到20毫米以上,在森林火灾中发挥了至关重要的作用,受到县委县政府的表彰奖励。

④气象科技服务

1996年前,科技服务工作艰难徘徊了10年,开展的项目虽有彩球服务、专业服务、资料公证等,收入总量小,经济效益差。1997年开始建立完善的运行机制,加强组织管理,科技服务工作逐步迈入规范有序的发展轨道。2006年底,科技服务毛收入比1996年提高5倍。2007年12月,成立了"商洛市天瑞科技服务公司镇安分公司",建立经营章程,纳入公司管理,实现了科技服务的跨越式发展。2008年,科技服务收入比2006年提高3.5倍。

⑤气象科普宣传

1958—1980年,全县气象科普宣传由各区社气象哨负责实施,主要宣传行业用语、气象谚语、术语解释、降水量级等一般气象知识。1987—1991年,在县城繁华地段开设科普宣传栏1块,定期刊出墙报,宣传气象知识。1998年,县城关小学将气象站作为气象科普教育基地,不定期开展科普教育活动。2000年后,主要利用科技之春宣传月、"3·23"世界气象日、电视天气预报节目、"12121"自动答询台宣传气象科普知识。

气象法规建设与社会管理

法规建设 2007年6月10日,县政府印发《镇安县突发气象灾害预警信号发布与传播管理暂行办法》(镇政办发〔2007〕46号);2008年5月20日,县政府下发《镇安县防雷减灾实施办法》(镇政办发〔2008〕66号);2008年10月7日,镇安县人民政府下发《关于加强气象探测环境和设施保护工作的通知》(镇政办发〔2008〕66号)等多个规范性文件,使镇安气象社会管理工作步入法制化、规范化轨道。

制度建设 县局先后多次对行政、业务管理规章制度进行了认真系统的修改完善,2007年,形成制度汇编,共26章240多个条款。系统、全面、操作性较强的规章制度在促进事业发展中发挥了重要作用。

社会管理 2003年6月,成立了行政执法队;2005年6月,成立了气象行政管理办公室。全县社会管理工作通过加强领导,健全制度,明确职责等措施来强化。2005年5月,气象探测环境保护专题上报县政府备案,得到了及时批复;2006—2008年,下发整改通知书7份,开展执法检查12次,依法制止和纠正了多起影响和破坏观测环境的违规行为。如:2005年,对商洛联通公司在观测场南侧30米处选址修建移动电话发射塔问题进行了及时制止,对该公司在张家乡防雷增雨作业站东南侧150米处山梁在建发射塔工程,责令停建,限期拆除和搬迁。2007年,在县政府投资修建气象阁时,楼体超高,影响观测环境,县局及时向县政府汇报,与有关部门磋商,将气象阁高度整体降低了3米。

政务公开 2004年后,认真执行局务公开,财务兼管,物资采购有关规定,健全运行机制,修订规章制度,落实专人负责,及时对基建工程招标,重要物资采购,重大事项决策,较大财务收支等项目进行公开公示。2004—2008年,全局公开公示达到176期(份)。

党建与气象文化建设

1. 党建工作

党的组织建设 1972年6月,成立中共镇安县气象局党支部,属镇安县农业局党总支管理。有党员3人。1981—1990年,先后发展党员5名;1991—1996年,发展党员2名;1997—2006年,发展党员3名。截至2008年12月,全局有党员8人,占职工总人数的47%。

党风廉政建设 局领导班子认真贯彻落实党建目标责任制和党风廉政建设责任制,积极开展廉政文化建设活动,努力创建文明机关、和谐机关、廉洁机关,坚持用灵活多样的思想政治工作教育人,用规范系统的规章制度约束人,调动了全体党员职工的积极性和创造性,杜绝了各类违规违纪现象的发生,促进了气象事业持续快速健康发展。

2. 气象文化建设

精神文明建设 1986年,制定创建文明单位规划,成立组织领导机构,定期安排部署,精心组织实施,加大宣传和创建工作力度。开展公民道德、职业道德和遵纪守法教育,提高了职工政治思想素质和业务服务水平;弘扬商洛气象人精神,积极开展"学素华,见行动"活动;带领全体职工修路拉水,平整场地,栽树种草,绿化美化环境,努力提升"软件",改善"硬件",职工精神面貌和站容站貌焕然一新。

文明单位创建 1989年2月,被镇安县委县政府授予"文明单位";1990年,被商洛地委、行署授予"文明单位"、"卫生先进单位"。

气象文化建设 领导班子一直重视职工文化体育生活,扬长避短,积极开展文体活动,改善职工文化生活。2006年,建成了党员活动室、职工阅览室、体育活动室。2007年,绣屏公园中心广场周围安装20多台(件)体育设施,极大地丰富了职工文化生活。积极组织参加省市的气象人演讲比赛、文艺汇演和职工运动会,均获得了较好名次。以开展职工文化活动,增强团结奋进的凝聚力;以台站改造、美化环境提高县级气象行业社会新形象,气象文化建设带来了促进气象事业快速发展的活力。

3. 荣誉

集体荣誉 镇安县气象局自建站以来共获得上级单位奖励58次。

个人荣誉 镇安县气象局自建站以来共获得上级单位各项个人奖励65人次。胡名武1989年4月,被中国气象局授予全国气象系统双文明建设先进个人。

台站建设

台站综合改造 1986年,建成2层砖混结构楼房1栋,340平方米,砖木结构平房3排18间380平方米。2002年,台站综合改造实行局站分离,在县城北侧封子沟口征地0.15公顷,新建办公楼1栋458平方米,职工住宅楼1栋1740平方米。2005年以来,县委县政府修建绣屏公园,拆除原建房,投资300万元,新建了气象阁。气象阁占地面积324平方米,建筑面积940平方米,成为镇安县城的景观之一。2008年9月,气象阁2、3楼进行了装修,并购置了现代化办公设备,建成了镇安县气象灾害预警中心。

办公与生活条件改善 1998年,对地面测报值班室、预报值报班室、会议室进行了装修改造。1999年,修通了本站到县城的1.2米宽水泥小路。2005年,新区办公楼建成交付使用的同时,装修了办公室、购置了办公家具、组建了业务平台,改善了职工办公条件。同年,职工住宅楼竣工交付使用,解决了12户职工的住房困难问题。2006年,硬化了新区门前道路。2008年,硬化美化了新区院落。同年,购置五菱鸿途面包车1辆、省气象局调拨郑州日产尼桑越野车一辆。2008年,地面测报及行政办公迁入气象阁2、3楼。职工工作生活条件显著改善。

园区建设 2006年以后,镇安县气象站分期分批对门前道路、院内场地进行了硬化美化,对办公室进行了装饰装修。绣屏公园建设工程启动后,县上投资修通了进城公路,修建了中心广场、健身娱乐场、六合园、红叶园,使本站工作生活环境达到了全省一流水平。

1980 年的镇安县气象站

综合改造后的镇安县气象局全貌(2008 年)

综合改造后的镇安县气象局住宅楼(2005 年)

柞水县气象局

柞水县地处秦岭南麓,山岭连绵,沟壑纵横,曾有"终南首邑"、"秦楚咽喉"之称。辖 16 个乡镇,土地总面积 2332 平方千米,总人口 17 万。

柞水县境内植被繁衍群落差异明显、种类繁多。是亚热带向温暖带过渡气候带。主要气象灾害有干旱、暴雨、冰雹、霜冻、低温寒潮、大风等。

机构历史沿革

台站变迁 1956 年 11 月,在县城东北方九间房镇建立柞水气候站。1968 年 1 月,迁站至柞水县城南寨坪山,地理位置位于北纬 33°40′,东经 109°07′,观测场海拔高度 818.2

米。2008 年 10 月,实行局站分离,站址未变,局址迁至环城路中段。

历史沿革 1956 年 11 月,称陕西省柞水气候站;1959 年 1 月,更名为镇安县九间房气候站;1960 年 5 月,改称镇安县九间房气候服务站;1961 年 9 月,更名为柞水县九间房气象服务站;1967 年 1 月,改名为柞水县气象服务站;1970 年 10 月,改称陕西省柞水县气象站;1980 年 4 月,改称为柞水县气象站;1990 年 1 月,更名为柞水县气象局(实行局站合一)。

管理体制 1956 年 1 月—1959 年 1 月,归气象部门领导;1959 年 1 月—1967 年 1 月,归属商洛气象台(站)领导;1967 年 1 月—1969 年 3 月,归柞水县农林水牧局领导;1969 年 4 月—1970 年 11 月,归柞水县农业服务站领导;1970 年 12 月—1973 年 10 月,归县武装部领导;1973 年 11 月—1979 年 12 月,归柞水县革命委员会农业局领导;1980 年 1 月起,实行气象部门与地方政府双重领导,以气象部门领导为主的管理体制。

机构设置 内设 2 个股(业务股、服务股)和 2 个办公室(行政办公室、人工影响天气办公室)。

单位名称及主要负责人变更情况

单位名称	姓名	职务	任职时间
陕西省柞水气候站	宋景秀	站长	1956.11—1957.10
	牛能长	站长	1957.10—1959.01
镇安县九间房气候站	宋斌	站长	1959.01—1960.04
镇安县九间房气候服务站			1960.05—1961.08
柞水县九间房气象服务站			1961.09—1966.12
柞水县气象服务站			1967.01—1970.10
陕西省柞水县气象站	朱洪发	站长	1970.10—1972.05
	李文章	站长	1972.05—1980.04
柞水县气象站	储春和	站长	1980.04—1982.02
	朱洪发	站长	1982.02—1989.03
	郭振文	站长	1989.03—1989.12
柞水县气象局		局长	1990.01—1991.05
	余秉社	局长	1991.05—1996.12
	郑光祥	局长	1996.12—2006.10
	瑚波	局长	2006.10—

人员状况 1956 年,建站时有职工 3 人。截至 2008 年底,有在职职工 8 人(在编职工 5 人,计划内临时工 1 人,外聘职工 2 人),退休职工 2 人。在职职工中:本科 1 人,大专 6 人,中专 1 人;中级职称 2 人,初级职称 4 人;40～50 岁 2 人,40 岁以下 6 人。

气象业务与服务

1. 气象业务

①气象观测

地面观测 1956 年 11 月 25 日,开始观测,每日于地方时 01、07、13、19 时观测 4 次,不发报。观测项目有云量、云状、能见度、天气现象、风向风速、降水、地面状态、积雪、最高（最低）气温。1957年2月1日，开始日照和温湿度观测，4月1日，开始气压和蒸发观测。1976年4月1日，增加虹吸雨量计观测。1977年，增加EL型电接风向风速计观测。1987年，增加遥测雨量计观测。1960年8月1日，观测时间改为北京时08、14、20时，每日观测3次。1969年1月，开始向地区台报送气表-1。

1966—1967年和1968年5—10月，因故停止观测，导致气候资料短缺。

1969年1月1日，开始向省台、地区台拍发雨量报；1969年3月20日开始，08、14时向地区台拍发小图报；1971—1976年间，4—10月向安康地台拍发雨量报；1974年1月—1977年，向西安拍发白天预约航危报。2001年7月，正式使用"AHDM4.12"测报软件，10月微机制作报表试运行。2002年1月，上报机制报表同时报送软盘，停止上报手抄报表。10月开始通过网络上传报表，11月开始网络上传天气加密报。2003年1月，重要天气报网络上传。

2003年9月，建成CAWS-600型自动气象站，10月试运行。自动观测项目有气压、气温、湿度、风向风速、降水、地温等，实现实时、分钟数据自动采集、存储和实时数据上传。2005年1月，使用"地面测报业务系统软件"。

2006年7月1日，气象站称国家气象观测站二级站，2008年12月31日，恢复为国家气象观测站一般站。

柞水站建站后，月、年报表均用人工编制，一式3份，报省、市气象局各1份，本站保留底本。1988年下半年，购PC-1500袖珍计算机1台用于月报表预审；2002年1月，使用微机制作打印，网络上传并报送软盘。2004年后，自动站正式运行，人工只制作封面封底部分，网络上传并保存纸质及电子档案。

近10年来测报质量不断上升，1998—2008年，6人次被中国气象局授予"质量优秀测报员"；创地面测报百班无错情43个。

1969年，全县建成7个雨量点；1980年，在老林设农业气候区划观测站；1984年3月，气象观测点撤停。2003年，全县新布设乡镇人工雨量监测点13个。2007年，相陆续建成16个区域自动气象观测站，气象要素资料适时上传至省气象局气象信息中心。

农业气象与生态气候观测 2005年5月1日，柞水县气象站正式开展板栗、核桃、五味子、银杏、板蓝根、金银花等农业生态气象观测。2006年开始制作生态报表-1。2008年首创全省生态观测百班无错情2个。2008年5月，开始土壤水分观测，并向省气象局发AB报和TR报。

②气象信息网络

1969年，气象站利用手摇电话发报和收音机收听西安气象台和上级以及周边气象台站播发的天气预报和天气形势；1978年10月，配备CZ-80型传真机，接收北京、东京气象广播台的传真天气图和数值预报图等；1985年，使用陕西省气象局配发的79-1型传真机；1987年4月，架设甚高频无线电话接收信息；1998年，建成了以接收各种气象信息为主的气象信息远程终端；2000年，建成了气象卫星地面接收站并正式投入业务使用；2002年，实现了加密天气报、重要报和报表的网络上传；2006年，建成与省气象局、市气象局光纤专线内部网络，实现了测报信息上传、网上办公、信息收发、省—市—县预报会商和视频会议。

③天气预报

短期天气预报　1968年1月1日,开始制作1~3天补充天气预报;1986年,开始接收北京和东京的传真图表,利用传真图表和自制图表资料分析、制作天气预报;1980年,建立了灾害性天气预报档案,完善资料、图表,并进行暴雨、冰雹、连阴雨个例分析与研究。1987年,正式形成了柞水7、8月大暴雨解释预报方法。1991年7月,架设开通单边带无线对讲机,接收市台指导预报,进行天气会商,制作解释订正预报;1999年,地面卫星接收站建成,数值预报、卫星云图、雷达回波图成为预报的主要工具,突发性、灾害性天气的监测预警能力增强,气象预报受到地方领导重视和公众认可,2004年4月13日,《商洛日报》头版刊登报道,柞水县气象局被誉为地方经济发展的"火眼金睛"。

中长期天气预报　1971年,柞水站即开始制作旬预报。20世纪80年代后期,通过传真接收中央、省、市气象台的旬月天气预报和长期天气趋势预报指导,结合本地气象资料、气候变化规律和积累的预报经验、方法,制作发布订正的旬、月、季度中长期天气过程趋势预报。

2. 气象服务

①公众气象服务

1968年,利用电话传递天气预报。1989年,开始正式使用预警系统对外开展气象服务。2003年,建成"影视天气预报制作系统",制作的节目在柞水县电视台播出,同时在节目中开辟了"森林火险气象等级预报"、"地质灾害气象等级预报"栏目。1998年7月,底开通"121"气象信息台,2006年,更新"12121"气象信息自动答询系统,利用"12121"平台服务器建成"气象信息外呼"平台。2008年,在全县组建了150人的基层气象信息员队伍;在16个乡镇安装了LED气象预警显示屏,建成了气象预警信息发布平台,及时发送、更新各类天气预报及气象预警信息,提高传输速度,公益气象信息传播面覆盖全县。

②决策气象服务

专题制作旬、月、季预报,第一次透墒雨预报和农事专题分析,春播、三夏、秋播等关键农事季节预报,汛期天气展望等,编发《重要天气信息》、《气象决策服务参考》、《精细化天气预报》、《雨情通报》、《柞水气候与汛情》等服务材料、送阅件,为领导科学决策提供依据。

【气象服务事例】　2003年12月—2004年初夏,柞水县出现严重干旱。县人工影响天气办公室把握有利时机组织了3次火箭、高炮增雨作业,效益显著。县委、县政府分别在《柞水要情》和《柞水信息》上对人工影响天气作业效果进行了专题报道。

2007年7月4日,柞水县出现历史少见大暴雨天气,石瓮镇日最大降水量158.8毫米。柞水局提前48小时准确预报,发布《暴雨消息》、《地质灾害等级预报》并跟踪服务,石瓮镇提前将530户2000多人安全转移,全县各乡镇不同程度受灾,但没有1人伤亡,避免了重大损失。

③专业与专项气象服务

从1985年,开始推行气象有偿专业服务。2004年,专业气象服务快速发展,服务对象和服务内容逐步扩大,服务效益逐年上升,为气象事业可持续发展积累了资金,奠定了基础。

人工影响天气　1979年,培训了一支人工防雹群众队伍,作业设备有火箭发射架3副,高炮3门,后因经费、设备原因停止。1996年,成立柞水县人工影响天气领导小组,办公室设在县气象局。由政府资助 4.7 万元购置 WR-1B 火箭 1 副;1998 年,建成火箭点 2 个,"三七"高炮作业点 3 个,组建 20 余人的人工影响天气作业队伍,在县人工影响天气办公室的统一指挥下每年平均开展人工影响天气作业 5 次,保护支柱产业面积 70% 以上,有效避免了干旱和冰雹给农业造成的巨大损失,取得了显著的社会经济效益。

雷电减灾服务 2001 年开始,实行雷电监测管理,每年对全县境内的高层建筑、公共场所、易燃易爆场所、电子信息场地的防雷电装置安全性能进行全面检测和检查;同时开展建筑图纸审核、施工监督,加强雷电天气预警预报工作,努力提高群众安全防范意识,有力促进了全县防雷减灾工作。

④农业气象服务

1991 年,完成"柞水县农业气候区划研究",获商洛市区划成果二等奖。形成农业发展应用产品,为种植业发展提供规划布局依据;开展了板栗与气候、核桃与气候、中药材与气候专项服务,为支柱产业的快速发展提供全方位多层次的综合气象服务产品;建立了气象科技产品推广应用和答询业务平台,气象服务效益显著。

⑤气象科普宣传

1998 年起,参与县科技之春宣传月活动,1999 年起,每年利用纪念"3·23"世界气象日,在城区和重点乡镇设宣传点,宣传气象科普知识、防雷电常识和法律法规。2004 年,被县教育局和科技局授予气象科普教育基地。

科学管理与气象文化建设

1. 社会管理与政务公开

社会管理 柞水县气象局在国家、省、市气象部门和地方政府部门的管理和指导下,依托气象法律法规、条例等对气象台站的探测环境保护、辖区内防雷电设施、人工影响天气设施、自动站设施、气象行政执法、科技有偿服务等进行社会管理。2007—2008 年,5 次联合公安、安监等部门联合执法检查 50 多个单位,下发整改指令书 5 份,经复查,整改到位 5 家,整改率为 100%。通过规范管理,树立了气象部门依法履行社会管理职责的良好形象。

政务公开 自 2000 年开始,从重大事项、规章制度、干部人事、精神文明、计划财务、科技服务等 6 个方面全面进行局事务公开,累计公开公示 500 次余(份)。

2. 党建工作

党的组织建设 1990 年前,有党员 2 人,编入县农工部政研室党支部。1991 年,成立气象局党支部,隶属水电系统党总支。1996 年,县机构改革,将县气象局党支部划归农口单位管理,气象局支部一直归县农工部支部,截至 2008 年 12 月,县气象局有党员 4 人。

党风廉政建设 把加强勤政廉政建设作为文明创建的切入点,认真落实党风廉政建设目标责任制,积极开展廉政教育和廉政文化建设活动。组织观看警示教育影片,提高防腐拒变能力。除每年完成与市气象局和县政府签订的目标责任合同外,还开展了以"情系民生、勤政廉政"为主题的廉政教育活动,营造"以德养廉、组织倡廉、家庭助廉"的廉政文化氛围。通过党内民主生活会、健全监督机制、实行局务公开等活动,党风廉政建设取得明显效果。

3. 气象文化建设

精神文明建设 在搞好基本业务、服务的同时,大力推进精神文明创建活动,以文明单位创建为目标,以台站综合改造为牵引,以创佳评差活动为动力,认真实践"爱岗敬业、准确及时、优质服务"职业道德准则教育,深入开展精神文明创建活动,取得良好效果。

文明单位创建 2002年,被县委县政府授予县级文明单位兵;2005年,被县委县政府授予县级文明单位标兵;2007年被市委、市政府授予市级文明单位。

文体活动 柞水站地处孤立山头,离城远,职工文化生活单调。自2002年以来,每年组织开展职工家属联谊会、趣味运动会、兄弟县气象局篮球赛,利用多种形式的集体活动、文化娱乐活动鼓舞职工士气。参加县政府、县工会组织的公民道德知识竞赛,文体活动获得团体和个人第三名;参加市气象局组织的气象人演讲比赛、文艺汇演和职工运动会,均获得了较好名次。

荣誉 截至2008年12月,集体共获得省部级以下奖励8项。个人共获得省部级以下奖励36人次。

台站建设

柞水气象站距县城南3千米,建于1967年,共有房屋3栋17间,大部分成了危房。上山仅一条人行小路,交通不便。2003年,台站综合改造全面启动,省、市、县累计投资150多万元,实行局站分离建设,对局、站面貌和业务系统进行了彻底改造。在城区购买四层800多平方办公楼1栋,已完成气象预警中心业务平台改造和围墙修建;测站新建86平方米业务值班室及生活辅助设施,院落硬化565平方米、围墙重建48米、透视围墙改造160米。修建了连接102国道的600米上山道路。

2004—2005年,对测站院落进行了全面绿化改造,种植了花、草、绿化树和绿化带,绿化面积达1500平方米,完成了院落绿化、亮化、美化工程,测站景色宜人,成为园林式花园单位。

柞水县原气象站全貌(1978年)

柞水县气象站综合改造后新貌(2005年)

杨凌区气象局

杨凌古称杨陵,位于陕西关中平原中部,系中华农耕文明发祥地。早在4000多年前,我国历史上最早的农官—后稷,就在这里"教民稼穑,树艺五谷",开创了我国农耕文明的先河。1997年以前,隶属于咸阳市武功县的一个乡镇;1997年7月,国务院批准成立国家杨凌农业高新技术产业示范区,逐步建设发展成为中国现代"农科城"。总面积94平方千米,下辖县级杨陵区,总人口16万,城市人口8万。

杨凌属大陆性季风半湿润气候,四季分明,光照充足,年平均气温12.9℃,极端最高气温42.0℃,极端最低气温-19.4℃,无霜期221天,年平均降水量为550~600毫米,气温年际变化和降水变率较大。主要气象灾害有:干旱、高温、大风、暴雨、连阴雨、寒潮、沙尘暴、冰雹等。

机构历史沿革

始建情况 2006年4月,中国气象局下发《关于设立杨凌区气象局的批复》(气发〔2006〕119号),设立杨凌区气象局。2007年9月10日举行揭牌仪式,杨凌区气象局成立并正式运行。2006年8月—2007年6月,租用杨凌示范区创业大厦二层2间房办公。2007年8月,中国气象局《关于新建杨凌国家气象观测站的批复》(气发〔2007〕301号)和2007年10月,陕西省气象局监测网络处下发《关于新建杨凌国家气象观测站的批复》(陕气监网函〔2007〕85号),杨凌国家气象观测站二级站于2007年10月底开工建设,2008年1月,正式运行。站址位于东经108°04′,北纬34°17′,海拔高度506.0米。2008年12月后改为杨凌国家一般气象站,承担国家一般站观测任务。

管理体制 杨凌气象局为正县级建制,实行气象部门和杨凌示范区管委会双重领导,以气象部门领导为主的管理体制。

机构设置 2007年9月,杨凌气象局内设综合管理机构1个:办公室;直属事业单位1个:杨凌气象科技服务中心。2007年12月,杨凌区气象观测站建成,2008年3月,杨凌区气象台成立。

单位名称及主要负责人变更情况

单位名称	姓名	职务	任职时间
杨凌区气象局	段昌辉	筹建负责人	2006.08—2007.09
		局长	2007.09—

人员状况 2006年6月,筹建组5人,2008年12月,共有在职职工13人(在编职工10人,外聘职工3人),在编职工中:大学本科9人,大学专科1人;高工1人,工程师4人,助理工程师4人,科员1人。

气象业务与服务

1. 气象业务

①气象观测

2008年1月1日成立观测站起,每日进行08、14、20时(北京时)3次观测,夜间不守班。自动站观测项目有风向、风速、气温、湿度、降水、地温(0~20厘米)。人工观测项目有云、能见度、天气现象、风向、风速、气温、湿度、降水、地温(0~20厘米)、日照、蒸发、积雪、冻土。实行人工观测与自动观测并行的双轨运行机制。

2007年8月,建成区域自动气象站5个,其中六要素站1个,两要素站3个,单要素站1个。2008年5月28日起,增加自动土壤水分观测和人工土壤水分观测,人工土壤水分观测每月逢"3"、"8"取土,逢5和旬末发报,自动土壤水分观测每小时上传1次观测数据。

②气象信息网络

2007年9月,建成包括气象综合业务平台、突发性灾害性天气预警平台、远程可视化预报会商系统、杨凌气象信息网站等为主要内容的现代气象信息网络传输系统;2008年10月,建成杨凌气象信息系统发布平台和覆盖示范区所辖杨陵区各乡镇的20块电子显示屏,每日早晚各发布1次天气预报,遇有重大灾害性天气或紧急状态时,随时发布。

③天气预报

2008年3月前,气象预报业务由科技服务中心承担,2008年3月后,由气象台负责。预报业务按照市级气象台业务规范和业务流程运行。2008年5月,预报业务开始试运行。截至2008年12月31日,开展的预报基本业务有0~2小时临近预报,3~12小时短时预报,1~3天短期预报,4~10天中期预报,11~30天延伸期预报,1个月以上气候预测,以及重大社会活动和节假日专题天气预报等内容。

2. 气象服务

公众气象服务 杨凌区气象台成立之前,公众气象服务主要依托陕西省气象台和陕西省气象科技服务中心(专业气象台),通过电视、电台、手机短信,"12121"电话以及报纸等途径提供。2008年3月,杨凌气象台成立后,除"12121"电话仍依托省科技服务中心以外,其余全部由杨凌气象台开发提供,同时增加了互联网、电子显示屏、传真等现代化更加快捷方便的服务手段。

决策气象服务　2006年8月—2007年9月,杨凌气象局筹建组人员边建设边服务,利用省气象台、宝鸡、咸阳气象台提供的气象科技服务产品开展决策气象服务。2008年3月起,决策服务按照市级气象台业务规范和流程开始正规运行。

【气象服务事例】　2007年7月27日,中央电视台同一首歌节目组来杨凌演出,杨凌气象局从7月20日起,发布未来3天滚动天气预报,7月26日起,开始发布1小时1次的精细化天气预报,期间共提供服务材料9份;7月26日,出资1.4万元为舞台安装了避雷装置,及时提醒组委会准备了2万套雨衣。在演出结束总结会上示范区党工委副书记安宁表扬"有气象局和没有气象局就是不一样,你们预报准确,考虑周到,为保障演出顺利进行立了功"。

2008年8月8日傍晚,杨凌区受到历史罕见的强雷暴、大暴雨天气袭击。8月8日08时,经过专家和预报人员科学分析,天气形势易形成暴雨,8日16时做出《暴雨消息》报示范区管委会领导及有关部门。示范区党工委书记张光强接到《暴雨消息》后,当即中断了正在召开的会议,紧急做出防御安排部署。8月8日19时,强雷暴降水天气如期而至,雷鸣电闪,大雨如注。2小时降水量达70多毫米,过程降水量达103.3毫米。城市内涝严重,连接城区南北的几座铁路涵洞全部积水,车辆交通一度中断,1名砖瓦厂工人遭雷击当场身亡。由于预报准确,服务及时,预防措施到位,使灾害造成的损失降到最低限度。张光强书记表扬说:"你们的预报准确,警报发布及时,为防御这次大暴雨赢得了宝贵时间。感谢气象局!"。

2008年7月3日,奥运圣火在杨凌区传递,杨凌区气象局承担传递活动的气象服务保障任务。2008年3月,成立了奥运气象服务领导小组,制订了详细的服务方案;6月25日,向杨凌区奥组委火炬传递组委会发出首份气象服务材料。6月28日起,在对卫星云图、气象雷达、加密自动站资料等气象资料进行认真分析的同时,24小时严密监视天气变化,每天10时30分进行1次省地天气会商,预报员坚持昼夜值班,逐日传递服务专报。7月2日下午17时,杨凌气象台根据最新资料综合分析,发出"7月3日杨凌白天多云转阴,对庆典活动和火炬传递、转场无不利影响"的预报结果。7月3日实际天气情况与预报结论一致,圆满完成了气象服务保障任务。

专业气象服务　专业气象服务业务由杨凌区气象台承担。

2007年12月,为中国华电杨凌热电厂提供气象资料服务;2008年3月,为中兴林产厂提供气象服务;2006年8月—2008年12月,为各大用户提供各类气象灾害资料证明多份。

气象科技服务　2007年1月起,依托陕西省气象科技服务中心开展气象短信服务业务,主要任务是加强宣传,扩大用户,2008年与当地移动公司合作,推行手机短信外呼业务,使服务用户进一步扩大。2007年3月,开展防雷电装置常规安全检测。2008年,开展建筑工程防雷设施随工检测和竣工验收工作。两年来,气象科技服务收到良好的社会效益和经济效益,科技服务创收从无到有,大幅度增长。

气象法规建设与社会管理

法规建设　杨凌区气象局的成立,填补了杨凌示范区没有气象主管机构的空白。

2006年12月,与建设规划局联合印发了《关于加强建设项目防雷电安全管理工作的通知》(杨气发〔2006〕10号);2007年3月,与安全生产监督管理局联合印发了《关于加强防雷电设施安全管理工作的通知》(杨气发〔2007〕4号);2007年6月,与科教局联合印发了

《关于加强学校防雷安全工作的通知》(杨气发〔2007〕12 号);2008 年 7 月,与安全生产监督管理局联合印发《关于开展防雷安全专项督(检)查活动的通知》(杨气发〔2008〕15 号)等规范性文件。2008 年 3 月,制订了《施放系留气球作业行政许可程序》、《施放无人驾驶自由气球作业行政许可程序》、《施放气球单位资质行政许可程序》、《防雷装置设计审核行政许可程序》、《防雷装置竣工验收行政许可程序》等 5 项内部管理制度。2008 年 5 月防雷图纸审核工作被纳入示范区规划建设部门的审批流程。

社会管理 2006 年 10 月下发《关于办理施放气球单位资质证的通知》(杨气函〔2006〕8 号),举办施放气球培训班 1 期,示范区 6 家广告公司 18 人接受培训;同年 10 月印发《关于进行施放气球行政审批的通知》(杨气函〔2006〕9 号),对施放气球活动和资质进行清理和整顿;2007 年 7 月,杨凌示范区规划局印发了《关于示范区气象局探测环境保护备案的复函》(杨管建函〔2007〕45 号),同意对杨凌气象观测站气象探测环境进行保护备案。2007 年 9 月起,组织开展防雷专项检查;2008 年 7 月对杨凌气象观测站进行观测环境评估,确定了观测环境综合评价等级,并报上级气象主管部门备案。2008 年 12 月召开示范区防雷工作会议,邀请示范区管委会主管领导和职能部门领导及有关建筑工程开发企业领导与会。学习宣传《中华人民共和国气象法》、《陕西省防雷减灾管理条例》等内容,对加强示范区防雷工作提出具体意见及有关工作安排。每年 3 月,利用"3·23"世界气象日组织开展气象法规宣传。

党建与气象文化建设

1. 党建工作

党的组织建设 2008 年 3 月经中共杨凌示范区工作委员会组织部批准,成立杨凌区气象局党支部。支部成立后,制定了多项制度,开展经常性活动。截至 2008 年 12 月底,有党员 6 人。

党风廉政建设 设兼职纪检监察员 1 名,行使纪检监察工作职责;确定廉政监督员 1 名,协助做好基层纪检监察工作的有关宣传工作和廉政监督工作。每年开展党风廉政宣传教育月活动,督促领导班子认真履行党风廉政建设责任制,认真落实党风廉政建设责任书,制订《建立健全惩治和预防腐败体系工作规划实施细则》"三项制度"、"三重一大"、"联签会审"、"三人决策"等制度,组织开展以正面教育和警示教育相结合的廉政教育活动。春节及重大节假日,为科以上领导干部发送廉政短信 40 余条次。组织处级以上领导干部参加示范区廉政警示教育,组织科以上干部参加廉政教育学习,并撰写了心得体会,纪检监察工作职责前移,确保建局以来未发生违法违纪案件。

2. 精神文明建设

建局以来,局领导班子始终坚持两个文明一起抓,高度重视精神文明建设工作,把精神文明工作同其他业务服务工作同研究、同布置、同检查、同考核,收到良好的效果。

2008 年 3 月,开展了为期 1 个月的以"统一思想,转变作风,提高效率,勇创一流"为主题的纪律作风整顿活动,收到良好效果。

2008年5月,汶川大地震发生以后,召开职工会议和党支部会议,组织动员党员和广大职工除进行生产自救外,积极开展献爱心捐款捐物活动。为受灾较重的宝鸡市气象局送去了价值3000余元的方便食品;全体党员缴纳了"特殊党费",其中1名党员将1个月的工资收入1200余元一次性全部捐献,中组部为其颁发了荣誉证书。

2008年,认真组织实施省气象局推出的南北互动计划,开展互动10次,购置计算机2台,援助千阳县气象局恢复灾后重建。

文明单位创建　2007年,杨凌示范区党工委、管委会授予"文明单位"。

气象文化建设　2007年6月,凝练出"开放合作,求实创新,服务至上,追求卓越"的杨凌气象精神,并制作上墙。

2008年增加气象文化硬件投入,为职工统一租用体育活动场地,建立起体育活动长效机制。

结合实际,积极组织职工开展丰富多彩的文体娱乐活动。组织开展演唱会,羽毛球、乒乓球比赛、参观、爬山等活动,积极参加示范区体育运动会、省气象局组织的文艺演出并获奖。

4. 荣誉

集体荣誉　2008年底前,集体共获得省部级以下奖励4项。

个人荣誉　2008年底前,个人共获得省部级以下奖励17人次。

台站建设

2007年,投资200余万元,采用联合委托代建,分层购买的方式完成了杨凌区气象局业务办公楼建设。建设总面积733平方米,地理位置优越,装修简洁大方,基础设施齐全,功能齐备,2007年6月正式搬入使用。2007年,购置小轿车、微型面包车各1辆;2008年,购置小轿车2辆。

2007年的杨凌区气象局业务办公大楼

《陕西省基层气象台站简史》
撰写人名单
【凡例：姓名(地名)】

年启华(省气象局)。

西安市：白慧玲　李远弟(市局)，陈　卓(长安)，范婷丽(临潼)，冯　旭(户县)，董长宝(周至)，李家华(蓝田)，曹少艳(高陵)。

榆林市：常选如　李敬媛　张永祥(市局)，吕　娟(榆阳)，赵福江(府谷)，刘彩云(神木)，蒋国斌(定边)，姬海生(靖边)，康善描(横山)，陈换武(佳县)，常艳梅(米脂)，王治洲(绥德)，高怀军(子洲)，侯建彪(吴堡)，周桂珍(清涧)。

延安市：李新亚　杨春宝　程　璐(市局)，贾根喜(宝塔)，张发龙(吴起)，任志虎(志丹)，刘晓莉(安塞)，刘　红(子长)，姬玉娇(延川)，杜　浩(延长)，李兴富(富县)，范军勤(洛川)，王春蕾(黄陵)，宋建平(宜川)，李延平(黄龙)，南建仁(甘泉)。

铜川市：高社兵(市局)，宋　程(宜君)，张韫韬(耀州)。

宝鸡市：何熙祥　张丰龙(市局)，张晓舟(渭滨)，唐俊奎　尹乃霞(麟游)，朱文忠(陇县)，张振刚(千阳)，陈红亮(陈仓)，张义芳(凤翔)，张来虎(岐山)，马周恩(扶风)，石军成(眉县)，雷乖明(太白)，胡宝平(凤县)。

咸阳市：马延庆(市局)，刘新生(秦都)，刘新生(气科所)，魏博山(乾县)，袁义来(彬县)，杨　鑫(礼泉)，牛乐田(兴平)，杨　强(永寿)，李朋利(三原)，李泾民(泾阳)，窦　慎(旬邑)，刘建国(淳化)，赵效昌(长武)，宇文革联(武功)。

渭南市：李三明(市局)，苏炳彦(临渭)，淡会星(韩城)，杨建利(合阳)，雷军奇(澄城)，王晓海(白水)，肖　莉(富平)，王月娥(蒲城)，王　莉(大荔)，刘晓银(华县)，和朝阳(华阴)谢立华(潼关)，陈兴全(华山)。

汉中市：韩　光(市局)，刘健英(留坝)，段德军(略阳)，闫树斌(佛坪)，苏　倩(勉县)，龚平安(南镇)，张岳煜(城固)，鲁　勇(洋县)，程　波(宁强)，宋富强　乔治江(西乡)，杨述飞(镇巴)。

安康市:李再刚(市局),翁红梅(汉阴),张　亮(石泉),王大君(宁陕),胜红(白河),赵亮(紫阳),段小斐(岚皋),田光普(平利),陈庆庆(镇平),张昌敏(旬阳)。

商洛市:陈明彬(市局),李会军(商州),王　丽(洛南),赵　晴　武兴厚(丹凤),张厚发(商南),韩肇群(山阳),余秉社(镇安),程晓丹(柞水)。

杨凌区:白丁